中文版 AutoCAD 2013 室内装潢设计实例教程

陈志民　等编著

机械工业出版社

全书分为4大篇。第1章～第7章为基础篇，介绍了室内设计的基础知识和AutoCAD 2013基本功能的使用，以及室内绘图模板和常用家具图形的创建方法，使没有AutoCAD基础的读者能够快速熟悉和掌握AutoCAD 2013的使用方法和基本操作；第8章～第11章为家装篇，分别以小户型、现代风格两居室、错层和欧式风格别墅为例，按照家庭装潢设计的流程，依次讲解了平面布置、地面、顶棚、空间立面的设计和相应施工图的绘制方法；第12章～第15章为公装篇，介绍了现代办公空间、酒店大堂和客房、中式餐厅以及舞厅室内设计和施工图绘制方法；第16章~第18章为设备、详图及打印输出篇，介绍了室内装潢中的电气、水管布置、剖面及详图的绘制方法，以及施工图打印输出的方法和技巧。

本书结构清晰、讲解深入详尽，具有较强的针对性和实用性，对结构复杂和特殊的装饰结构还配备了大量实景图和效果图。没有AutoCAD基础和室内设计知识的初学者，也能通过本书轻松掌握AutoCAD进行室内设计的知识和方法。

本书附赠DVD多媒体学习光盘，配备了全书所有实例共12个小时多高清语音视频教学，并同时赠送7小时AutoCAD基础功能视频讲解，详细讲解了AutoCAD各个命令和功能的含义和用法。还特别赠送了2000多个精美的室内设计常用CAD图块，包括沙发、桌椅、床、台灯、人物、挂画、坐便器、门窗、灶具、龙头、雕塑、电视、冰箱、空调、音箱、绿化配景等，即调即用，可极大提高室内设计工作效率，真正的物超所值。

本书既可作为大中专院校、培训学校等相关专业的教材，也特别适合于渴望学习室内装潢设计知识及相关行业从业人员自学及参考。

图书在版编目（CIP）数据

中文版AutoCAD 2013室内装潢设计实例教程/陈志民等编著. —4版. —北京：机械工业出版社，2012.7（2013.9重印）

ISBN 978-7-111-39019-0

Ⅰ.①中…　Ⅱ.①陈…　Ⅲ.①室内装饰设计—计算机辅助设计—AutoCAD软件—教材　Ⅳ.①TU238-39

中国版本图书馆CIP数据核字（2012）第145555号

机械工业出版社（北京市百万庄大街22号　邮政编码100037）
策划编辑：曲彩云　　责任编辑：曲彩云
责任印制：杨　曦
北京中兴印刷有限公司印刷
2013年9月第4版第2次印刷
184mm×260mm · 28.75印张 · 713千字
4 001—5 500册
标准书号：ISBN 978-7-111-39019-0
　　　　　ISBN 978-7-89433-557-9（光盘）
定价：69.00元（含1DVD）

凡购本书，如有缺页、倒页、脱页，由本社发行部调换

策划编辑：(010)88379782

电话服务	网络服务
社服务中心：(010)88361066	教材网：http://www.cmpedu.com
销售一部：(010)68326294	机工官网：http://www.cmpbook.com
销售二部：(010)88379649	机工官博：http://weibo.com/cmp1952
读者购书热线：(010)88379203	**封面无防伪标均为盗版**

前言

● 关于本书

随着国民经济的快速发展和我国城市化进程的加快，住房逐渐成为人们消费的热点，房地产业由此而获得了持续高速的发展。蓬勃发展的房地产业，极大地带动了装饰装修行业的发展。最新统计数据表明，近 3 年来，我国建筑装饰行业的总产值以年均 20%左右的速度递增，全国家装行业总产值每年递增 30%以上。

行业发展带来的是人才的巨大需求。室内装潢设计涉及很多方面的知识，既要求熟悉室内环境设计原理，又要求能够灵活地使用辅助设计软件地绘制相应的施工图。本书针对目前室内设计现况，以多个实际工程案例，详细介绍了使用 AutoCAD 进行家装和公装设计的方法，包括设计构思和施工图绘制整个流程。

● AutoCAD 2013 简介

AutoCAD 是美国 Autodesk 公司开发的专门用于计算机绘图和设计工作的软件。自 20 世纪 80 年代 Autodesk 公司推出 AutoCAD R1.0 以来，由于其具有简便易学、精确高效等优点，一直深受广大工程设计人员的青睐。迄今为止，AutoCAD 历经了十余次的扩充与完善，如今它已经在航空航天、造船、建筑、机械、电子、化工、美工、轻纺等很多领域得到了广泛应用。

最新的 AutoCAD 2013 中文版极大地提高了二维制图功能的易用性，动态块、注释缩放等新功能的增加可以使设计人员更加高效率地创作、处理和设计。

● 本书特色

1. 体系完整　内容全面	2. 图文并茂　轻松掌握
本书既阐述了室内装潢设计的原理理论，又有 AutoCAD 软件的基础教学，一本相当于多本。即使没有任何基础的初学者，也能轻松入门，全面提高	全书采用图文对应方式进行讲解，清晰易懂，让读者在学习过程中轻松掌握书中的知识，快速成长为室内装潢设计高手

3. 案例实战　贴近实际	4. 视频教学　快乐互动
全书所有案例都是已经施工的实际工程案例，具有很强的实用性和实战性，读者可以举一反三，积累行业设计经验，灵活、快速应用到实际工作中	本书配套光盘中包含书中实例的源文件和实例制作过程的高清语音视频教学，可以帮助读者形象直观地理解和学习书中的内容，并熟练掌握该软件的使用方法

● 关于光盘

为了使广大读者更好、更高效地学习，本书附有一张 DVD 光盘，提供了书中示例的所有实例源文件和所有实例共 12 个多小时的语音视频教学。

此外，还随盘赠送 7 个小时的 AutoCAD 基础视频教学，逐个讲解了 AutoCAD 各个命令和功能的含义和用法，生动、形象的范例讲解，可以使读者成为 AutoCAD 应用高手。

● 本书作者

本书由陈志民、陈运炳、申玉秀、李红萍、李红艺、李红术、陈云香、陈文香、陈军云、彭斌全、林小群、刘清平、钟睦、江凡、张洁、刘里锋、朱海涛、廖博、喻文明、易盛、陈晶、张绍华、黄柯、何凯、黄华、陈文轶、杨少波、杨芳、刘有良等编著。

由于作者水平有限，书中错误、疏漏之处在所难免。在感谢您选择本书的同时，也希望您能够把对本书的意见和建议告诉我们。

E-mail:lushanbook@gmail.com

编者

目录

第 5 章 图块及设计中心……76

第 6 章 创建室内绘图模板……88

第2篇 家装篇

第 9 章 现代风格两居室室内设计 175

第 10 章 错层四居室室内设计 214

第3篇 公装篇

第 4 篇 设备、详图及打印输出篇

第1篇 基础篇

第1章 AutoCAD室内设计基础

本章导读

现代室内设计，也称室内环境设计，它是建筑设计的重要组成部分，旨在创造合理、舒适、优美的室内环境，以满足使用和审美要求。室内设计的主要内容包括：建筑平面设计和空间组织，围护结构内表面的处理，自然光和照明的运用以及室内家具、灯具、陈设的选型和布置。此外，还有植物、摆设和用具等的配置。

本章介绍了室内设计和室内制图的基础知识，为本书后面内容的学习打下坚实的基础。

本章重点

- ★ 室内设计内容
- ★ 室内设计的基本原则
- ★ 室内设计制图概述
- ★ 室内设计制图的要求和规范
- ★ 室内设计制图内容
- ★ 室内装饰设计欣赏

1.1 室内设计内容

现代室内设计是一门实用艺术，也是一门综合性科学。其涉猎与所包含的内容同传统意义上的室内装饰相比较，内容更加丰富、深入，相关的因素更为广泛。

随着社会生活发展和科技的进步，室内设计需要考虑的方面，还会有许多新的内容，对于从事室内设计的人员来说，虽然不可能对所有涉及的内容全部掌握，但是根据不同功能的室内设计，应尽可能熟悉相应有关的基本内容，了解与该室内设计项目关系密切、影响最大的环境因素，使设计时能主动和自觉地考虑诸项因素，也能与有关工种专业人员相互协调、密切配合，有效地提高室内设计的内在质量。

1.1.1 室内空间设计

室内空间设计是在建筑提供的室内空间基础上对其进行重新组织，对室内空间加以分析及配置，并应用人体工程学的尺度对室内加以合理安排。进行空间设计时，首先需要对原有建筑设计的意图充分理解，对建筑物的总体布局、功能分析、人流动向以及结构体系等有深入的了解，在室内设计时对室内空间和平面布置予以完善、调整或再创造。

现代室内空间的比例、尺度常常考虑与人的亲切关系，往往借助抬高或降低顶棚和地面，或采用隔墙、家具、绿化、水面等的分隔，来改变空间的比例、尺度，从而满足不同的功能需要，或组织成开、合、断续等空间形式，并通过色彩、光照和质感的协调或对比，取得不同的环境气氛和心理效果。图 1-1 所示为大厅空间设计示例。

1.1.2 室内色彩设计

色彩是室内设计中最为生动、最为活跃的因素，室内色彩往往给人们留下室内环境的第一印象。色彩最具表现力，通过人们的视觉感受产生的生理、心理和类似物理的效应，形成丰富的联想、深刻的寓意和象征。

1. 色彩的作用

色彩的作用主要体现在如下几个方面：

色彩的物理作用：指通过人的视觉系统所带来的物体物理性能上的一系列主观感觉的变化。它又分为温度感、距离感、体量感和重量感 4 种主观感受。

色彩的心理作用：主要表现在它的悦目性和情感性两个方面，它可以给人以美感，引起人的联想，影响人的情绪，因此它具有象征的作用。

色彩的生理作用：它主要表现在对人的视觉本身的影响，同时也对人的脉搏、心率、血压等产生明显的影响。

色彩的光线调节作用：不同的颜色具有不同的反射率，因此，色彩的运用对光线的强弱有着较大的影响。

2. 设计色彩的基本原则

设计师在设计色彩时要综合考虑功能、美观、空间、材料等因素。由于色彩的运用对于人的心理和生理会产生较大的影响，因此在设计时首先应考虑功能上的要求，如医院常用白色或中性色；商店的墙面应采用素雅的色彩；客厅的色彩宜用浅黄、浅绿等较具亲和力的浅色；卧室常采用乳白、淡蓝等注重安静感的色彩。

3. 色彩的界面处理

不同的界面采用的色彩各不相同，甚至同一界面也可以采用几种不同的色彩。如何使不同的色彩交接自然，这是一个很关键的问题。

墙面与顶棚：墙面是室内装修中面积较大的界面，色彩应以明快、淡雅为主；而顶棚是室内空间的顶盖，一般采用明度高的色彩，以免产生压抑感。

墙面与地面：地面的明度可以设计得较低，这样使整个地面具有较好的稳定性；而墙面的色彩可以设计得较亮，这时可以设置踢角来进行色彩的过渡。

图 1-2 所示是一个客厅的室内设计，墙面、地面、沙发、茶几、地毯、窗帘的色彩运用大胆而合理，营造出大气、舒适的气氛。

图 1-1 大厅空间设计

图 1-2 客厅室内色彩设计

1.1.3 室内照明设计

“正是由于有了光，才使人眼能够分清不同的建筑形体和细部”，光照是人们对外界视觉感受的前提。

室内光照是指室内环境的天然采光和人工照明，光照除了能满足正常的工作生活环境的采光、照明要求外，光照和光影效果还能有效地起到烘托室内环境气氛的作用。人工照明设计包括功能照明和美学照明两个方面。前者是合理布置光源，可采用均布或局部照射的方法，使室内各部位获得应有的照度；后者则利用灯具造型、色光、投射方位和光影取得各种艺术效果。

如图 1-3 所示的卧室，以台灯和灯带为主要照明，并配以射灯点缀，营造出温馨、浪漫的效果，使人感觉轻松愉快。

1.1.4 室内家具设计

家具包括固定家具（壁橱、壁柜、影剧院的座椅等）和可移动家具(床、沙发、书架、酒柜等)，家具不仅可以创造方便舒适的生活和工作条件，而且可以分隔空间，为室内增添情趣。家具的设计除了考虑舒适，耐用等使用功能外，还要考虑它们的造型、色彩、材料，质感等，以及对室内空间的整体艺术效果。

许多建筑师在进行建筑设计的同时，还从事家具设计，使家具成为建筑的有机组成部分。例如德国建筑师密斯·范德罗为巴塞罗那展览馆设计的椅子，被称为巴塞罗那椅，成为家具设计的杰作之一。中国的明式家具风格独特，在国内外享有盛誉。

随着社会分工的发展和生活水平的提高，已经出现了专业的家具设计师。室内设计师除特殊情况外，大多选用定型的成品家具。

1.1.5 室内陈设设计

室内陈设设计主要强调在室内空间中，进行家具、灯具、陈设艺术品以及绿化等方面进行规划和处理。其目的是使人们在室内环境工作、生活、休息时感到心情愉快、舒畅。

室内陈设设计包括两大类，一类是生活中必不可少的日用品，如家具、日用器皿、家用电器等；另一类是为观赏而陈设的艺术品，如字画、工艺品、古玩、盆景等。

做好室内的陈设设计是室内装修的点睛之笔，而做好陈设设计的前提是了解各种陈设品的不同功能和房屋主人的爱好和生活习惯，这样才能做到恰到好处地选择、组织日用品和艺术品。

室内绿化是指把自然界中的植物、水体和山石等景物移入室内，经过科学的设计和组织而形成具有多种功能的自然景观。

室内绿化在现代室内设计中具有不能代替的特殊作用。室内绿化具有改革室内小气候和吸附粉尘的功能，更为主要的是，室内绿化使室内环境生机勃勃，带来自然气息，令人赏心悦目，起到柔化室内人工环境，在高节奏的现代社会生活中具有协调人们心理使之平衡的作用。

室内绿化按其内容大致分为两个层次。一个层次是盆景和插花，这是一种以桌、几、架为依托的绿化，这类绿化一般尺度较小；另一个层次是以室内空间为依托的室内植物、水景和山石景，这类绿化在尺度上与所在空间相协调，人们既可静观又可游玩其中。

图 1-4 所示为某客厅的陈设设计效果，既有实用家具，又有增添气氛的工艺品陈设。

图 1-3　卧室照明设计

图 1-4　客厅陈设设计

1.1.6 室内材料设计

室内材料除了过去常用的竹、木、砖、石、陶瓷、玻璃、水泥、金属、涂料、编织物以外，近年来涌现出大量美观的轻质材料，如矿棉制品、合金、人工合成材料等。这些材料由

于本身物理化学性能的差异而具有疏松、坚实、柔软、光滑、平整、粗糙等不同质地，以及呈现条纹、冰裂纹、斑纹或结晶颗粒的肌理，可满足不同使用要求。

粗糙的外表，吸收较多的光而呈暗调。使人产生温暖之感和迫近之势；光滑的外表，对光的反射较多而呈明调，使人产生寒冷之感和后退之势。质地和肌理如运用得当不仅可调节空间感，还可使视觉在微观中产生更多的情趣，如运用不当，也会带来相反效果，丝绸、棉麻、毛绒等纺织品有不同的纹理和色彩，在室内常大面积使用，应分别认真选择和设计。

材料质地的选用，是室内设计中直接关系到实用效果和经济效益的重要环节，巧于用材是室内设计中的一大学问。饰面材料的选用，同时具有满足使用功能和人们身心感受这两方面的要求，例如坚硬、平整的花岗石地面，平滑、精巧的镜面饰面，轻柔、细软的室内纺织品，以及自然、亲切的本质面材等。

1.1.7 室内物理环境的设计

在室内空间中，还要充分地考虑室内良好的采光、通风、照明和音质效果等方面的设计处理，并充分协调室内环控、水电等设备的安装，使其布局合理。

简而言之，室内设计就是为了满足人们生活、工作和休息的需要，为了提高室内空间的生理和生活环境的质量，对建筑物内部的实质环境和非实质环境的规划和布置。

1.2 室内设计的基本原则

在现代生活中，人是中心，人造环境，环境造人。在设计开发的过程中，设计师应考虑以下几个设计原则。

1.2.1 功能性原则

这一原则的要求是使室内空间、装饰装修、物理环境、陈设绿化最大限度地满足功能所需，并使其与功能相和谐、统一。

任意一个室内空间在没有被人们利用之前都是无属性的，只有当人们入住以后，它才具有了个体属性，如一个 15 ㎡的房间，既可以作为卧室，也可以作为书房。而赋予它不同的功能以后，设计就要围绕这一功能进行。也就是说，设计要满足功能需求。在进行室内设计时，要结合室内空间的功能需求，使室内环境合理化、舒适化，同时还要考虑到人们的活动规律，处理好空间关系、空间尺度、空间比例等，并且要合理配置陈设与家具，妥善解决室内通风、采光与照明等问题。

1.2.2 经济性原则

广义来说，就是以最小的消耗达到所需的目的。如在建筑施工中使用的工作方法和程序省力、方便、低消耗、低成本等。一项设计要为大多数消费者所接受，必须在“代价”和“效用”之间谋求一个均衡点，但无论如何，降低成本不能以损害施工效果为代价。经济性设计原则包括两方面：生产性和有效性。

1.2.3 美观性原则

求美是人的天性。当然，美是一种随时间、空间、环境而变化性、适应性极强的概念。所以，在设计中美的标准和目的也会大不相同。我们既不能因强调设计在文化和社会方面的使命及责任而不顾及使用者需求的特点，同时也不能把美庸俗化，这需要有一个适当的平衡。

1.2.4 适切性原则

适切性简单地说，就是解决问题的设计方案与问题之间恰到好处，不牵强也不过分。如：针对室内空间中，艺术陈设品与空间气氛的统一就需如此考虑。

1.2.5 个性化原则

设计要具有独特的风格，缺少个性的设计是没有生命力与艺术感染力的。无论在设计的构思阶段、还是在设计深入的过程中，只有加以新奇的构想和巧妙的构思，才会赋予设计以勃勃生机。

现代的室内设计，是以增强室内环境的精神与心理需求的设计为最高目的。在发挥现有的物质条件下，在满足使用功能的同时，来实现并创造出巨大的精神价值。

1.2.6 舒适性原则

各个国家对舒适性的定义各有所异，但从整体上来看，舒适的室内设计是离不开充足的阳光、无污染的清新空气、安静的生活氛围、丰富的绿地和宽阔的室外活动空间、标志性的景观等。

阳光可以给人以温暖，满足人们生产、生活的需要；阳光也可以起到杀菌、净化空气的作用。人们从事的各种室外活动应在有充足的日照空间中进行。当然，除了充足的日照以外，清新的空气也是人们选择室外活动的主要依据，我们要杜绝有毒、有害气体和物质对室内设计的侵袭，所以进行合理的绿化是最有效的办法。

噪声的嘈杂，使紧张的生活变得不安。交通噪声、生活噪声不仅会影响人们安静的室内生活，也干扰人们的室外活动。为了减少噪声对使用者的影响，我们可以通过降低噪声源和进行噪声隔离两种方法来解决。我国对居民室内空间噪声白天不超过 50dB，夜间不超过 40dB 有明确的规定。在人们居住区内的小环境中，设计师除了进行绿化隔声以外，可以注意室内设计与建筑、街道的关系，还可以在小环境中进行声音空间的营造（水声、鸟声），使人在室外空间中也可以享受安静的快乐。

绿地景园是人们生活环境的重要组成部分，它不仅可以提供遮阳、隔声、防风固沙、杀菌防病、净化空气、改善小环境的微气候等诸多功能，还可以通过绿化来改善室内设计的形象，美化环境，满足使用者物质及精神等多方面的需要。

1.2.7 安全性原则

人只有在较低层次的需求得到满足之后，才会表现出对更高层次需求的追求。人的安全

需求可以说是仅次于吃饭、睡觉等位于第二位的基本需求，它包括个人私生活不受侵犯，个人财产和人身安全不被侵害等。所以，在室外环境中的空间领域性的划分，空间组合的处理，不仅有助于密切人与人之间的关系，而且有利于环境的安全保卫。

1.2.8 方便性原则

室内设计的方便性原则主要体现在对道路交通的组织，公共服务设施的配套服务和服务方式的方便程度。要根据使用者的生活习惯、活动特点采用合理的分级结构和宜人的尺度，使小空间内的公共服务半径最短，使用者来往的活动路线最顺畅，并且利于经营管理，这样才能创造出良好的、方便的室内设计。

1.2.9 区域性原则

由于人们所处的地区、地理条件存在差异，各民族生活习惯与文化传统也不一样，所以对室内设计的要求也存在着很大的差别。各个民族的地址特点、民族性格、风俗习惯及文化素养等因素的差异，使室内装饰设计也有所不同。因此，设计中要有各自不同的风格和特点。

图 1-5 所示分别为欧式风格与中式风格的室内设计效果。

图 1-5　欧式风格与中式风格

1.3 室内设计制图概述

1.3.1 室内设计制图的概念

室内设计制图就是根据正确的制图理论及方法，按照国家统一的室内制图规范将室内空间 6 个面的设计情况在二维图面上表现出来，它包括室内平面布置图、室内顶棚布置图、室内立面图、室内细部节点详图等。

室内设计制图多沿用建筑制图的方法和标准。但室内设计图样又不同于建筑图，因为室内设计是室内空间和环境的再创造，空间形态千变万化、复杂多样，其图样的绘制有其自身的特点。

1.3.2 室内设计制图的方式

室内设计制图有手工制图和计算机制图两种方式。手工制图又分为徒手绘制和工具绘制两种。

手工制图是学习 AutoCAD 软件或其他计算机绘图软件的基础，采用手工绘图方式可以绘制全部的图样文件，但是需要花费大量的精力和时间。计算机制图是指操作绘图软件在计算机上画出所需图形，并形成相应的图形文件，通过绘图仪或打印机将图形文件输出，形成具体的图样。一般情况下，手绘方式多用于方案构思设计阶段，计算机制图多用于施工图设计阶段。

1.3.3 室内设计制图的程序

室内设计制图的程序是与室内设计的程序相对应的。室内设计一般分为方案设计阶段和施工图设计阶段。方案设计阶段形成方案图。方案图包括平面图、顶棚图、立面图、剖面图以及透视图等，一般要进行色彩表现，它主要用于向业主或招标单位进行方案展示和汇报，所以它的重点在于形象地表现设计构思。

施工图包括平面图、顶棚图、剖面图、节点构造详图及透视图，它是施工的主要依据，因此它需要详细、准确地表示室内布置、各部分的形状、大小、材料、构造做法及相互关系等各项内容。

1.4 室内设计制图的要求和规范

1.4.1 图纸幅面

图纸幅面是指绘制图样所用图纸的大小，绘制图样时应优先采用表 1-1 中规定的基本幅面。表中 B、L 分别表示图纸的短别边和长边，a、c 分别为图框线到图幅边缘之间的距离。

表 1-1 图幅尺寸

尺寸代号	幅面代号				
	A0	A1	A2	A3	A4
$B\times L$	541×1189	594×841	420×594	297×420	210×297
c	10			5	
a	25				

图纸短边不得加长，长边可加长，加长尺寸应符合表 1-2 的规定。

表 1-2 图纸长边加长尺寸

幅面尺寸	长边尺寸	长边加长后尺寸
A0	1189	1486、1635、1783、1932、2080、2230、2378

幅面尺寸	长边尺寸	长边加长后尺寸
A1	841	1051、1261、1471、1682、1892、2102
A2	594	743、891、1041、1189、1338、1486、1635、1783、1932、2080
A3	420	630、841、1051、1261、1471、1682、1892

1.4.2 比例

比例是指图样中的图形与所表示的实物相应要素的线性尺寸之比，比例应以阿拉伯数字表示，宜写在图名的右侧，字高应比图名字高小一号或两号。一般情况下，应优先选用表 1-3 中的比例。

表 1-3　绘图用的比例

常用比例	1:1　1:2　1:5　1:25　1:50　1:100　1:200
	1:500　1:1000　1:2000　1:5000　1:10000
可用比例	1:3　1:15　1:60　1:150　1:300　1:400
	1:600　1:1500　1:2500　1:3000　1:4000　1:6000

1.4.3 图框格式

图框格式可分为两种，一种是留有装订边，如图 1-6 所示。另一种是不留装订边，如图 1-7 所示。同一类型的图纸只能采用同一种格式，并均应画出图框线和标题栏。

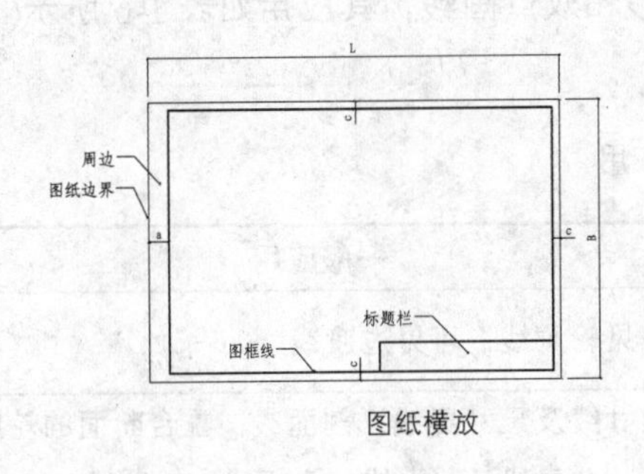

图纸横放

图纸竖放

图 1-6　留有装订边的图纸格式

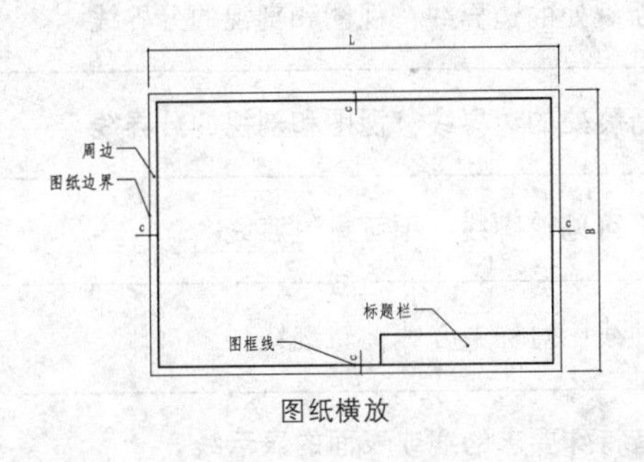

图纸横放

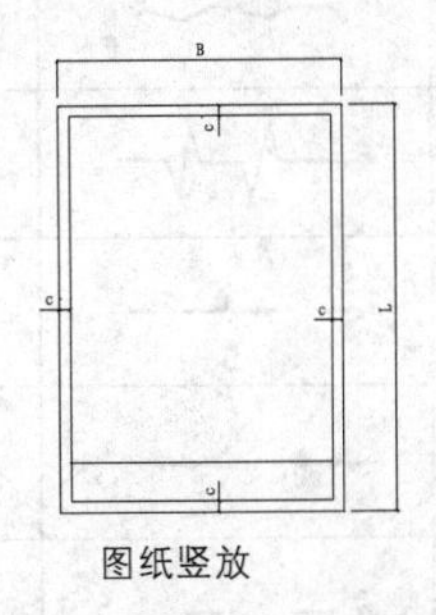

图纸竖放

图 1-7　不留装订边的图纸格式

图框线用粗实线绘制，一般情况下，标题栏位于图纸右下角，也允许位于图纸右上角。

标题栏中文字书写方向即为看图方向。

图签即图纸的图标栏，它包括设计单位名称、工程名称区、签字区、图名区及图号区等内容。图签格式一般如表 1-4 所示。如今不少设计单位采用自己设计的图签格式，但是仍必须包括这几项内容。

表 1-4　图签格式

<table>
<tr><td>设计单位名称</td><td>工程名称区</td><td rowspan="2">图号区</td></tr>
<tr><td>签 字 区</td><td>图 名 区</td></tr>
</table>

会签栏是为各工种负责人审核后签名用的表格，它包括专业、实名、日期等内容，具体内容根据需要设置，如表 1-5 所示为其中一种格式，对于不需要会签的图样，可以不设此栏。

表 1-5　会签栏格式

（专业）	（实名）	（签名）	（日期）

1.4.4 图线

图样中为了表示不同内容，并能分清主次，必须使用不同线型和线宽的图形线，常用的基本线型有粗实线、细实线、虚线、点画线、波浪线和双点画线，其应用如表 1-6 所示(d 选用 0.7mm)。

表 1-6　图线的应用

图线名称	图线型式	图线宽度	一般应用
粗实线	▬▬▬	d	可见轮廓线；可见过渡线
细实线	———	0.5 d	尺寸线及尺寸界线；剖面线；重合断面的轮廓线；分界线及范围线；弯折线；辅助线
波浪线	～～～	0.5 d	断裂处的边界线；视图和剖视的分界线
双折线	—\/\/—	0.5 d	断裂处的边界线；视图和剖视的分界线
虚线	— — — —	0.5 d	不可见轮廓线；不可见过渡线
细点画线	—— · —— ·	0.5 d	轴线；对称中心线；轨迹线
粗点画线	— · — ·	d	有特殊要求的线或表面的表示线
双点画线	— · · — · ·	0.5 d	极限位置的轮廓线；试验或工艺用结构的轮廓线中断线

1.4.5 文字说明

在一幅完整的图样中，用图线方式表现得不充分和无法用图线表示的地方，就需要进行文字说明，例如：材料名称、构配件名称、构造做法、统计表及图名等，文字说明是图样内容的重要组成部分，制图规范对文字标注中的字体、字的大小、字体字号搭配方面做了一些具体规定。

一般原则：字体端正，排列整齐，清晰准确，美观大方，避免过于个性化的文字标注。

字体：一般标注推荐采用仿宋字，标题可用楷体、隶书、黑体字等。例如

仿宋：AutoCAD（小四）AutoCAD（四号）AutoCAD（二号）

黑体：AutoCAD（四号）AutoCAD（二号）

楷体：AutoCAD（四号）AutoCAD（二号）

宋体：AutoCAD（三号）AutoCAD（一号）

字的大小：标注的文字高度要适中。同一类型的文字采用同一大小的字，较大的字用于较概括性的说明内容，较小的字用于较细致的说明内容等。

1.4.6 尺寸标注

在图样中除了按比例正确地画出物体的图形外，还必须标出完整的实际尺寸，施工时应以图样上所注的尺寸为依据，与所绘图形的准确度无关，更不得从图形上量取尺寸作为施工的依据。

图样上的尺寸单位，除了另有说明外，均以毫米(mm)为单位。

图样上一个完整的尺寸一般包括：尺寸线、尺寸界线、尺寸起止符号、尺寸数字4个部分，如图1-8所示。

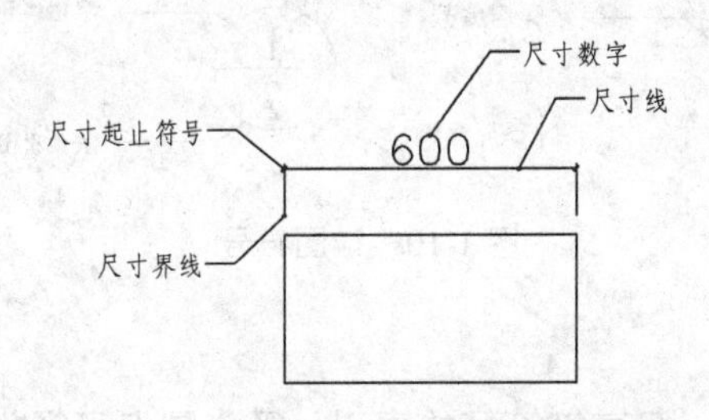

图1-8 尺寸标注的组成

尺寸线：尺寸线用细实线绘制，不得用其他图线代替，尺寸线一般必须与所注尺寸的方向平行，但在圆弧上标注半径尺寸时，尺寸线应通过圆心。

尺寸界线：尺寸界线一般也用细实线绘制，且与尺寸线垂直，末端约超出尺寸线外 2 mm，在某些情况下，也允许以轮廓线及中心线为尺寸界线。

尺寸起止符号：尺寸起止符号一般采用与尺寸界线成顺时针倾斜 45º 的中粗短线或细实线表示，长度宜为 2～3mm，在某些情况下，例如标注圆弧半径时，可用箭头作为起止符号。

尺寸数字：徒手书写的尺寸数字不得小于 2.5 号，注写尺寸数字时应在尺寸线的上方。

1.4.7 常用图示标志

❑ 详图索引符号及详图符号

室内平、立、剖面图中，在需要另设详图表示的部位，标注一个索引符号，以表明该详图的位置，这个索引符号就是详图的索引符号。详图索引符号采用细实线绘制，A0、A1、A2 图幅索引符号的圆直径为 12mm，A3、A4 图幅索引符号的圆直径为 10mm，如图 1-9 所示。图中 d～g 用于索引剖面详图，当详图就在本张图样时，采用图 a 形式，详图不在本张图样时，采用 b～g 的形式。

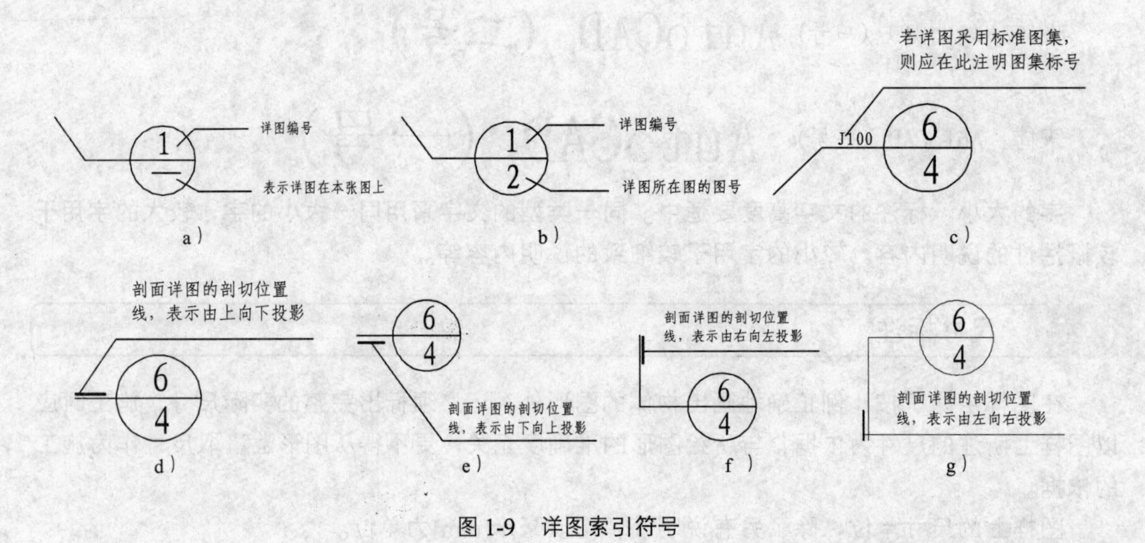

图 1-9　详图索引符号

详图符号即详图的编号，用粗实线绘制，圆直径为 14mm，如图 1-10 所示。

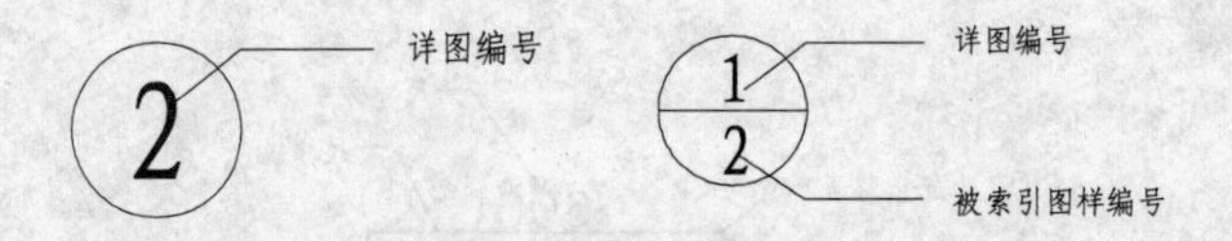

图 1-10　详图符号

❑ 引出线

引出线可用于详图符号、标高等符号的索引，箭头圆点直径为 3mm，圆点尺寸和引线宽度可根据图幅及图样比例调节，引出线在标注时应保证清晰规律，在满足标注准确、齐全功能的前提下，尽量保证图面美观。

常见的几种引出线标注方式，如图 1-11 所示。

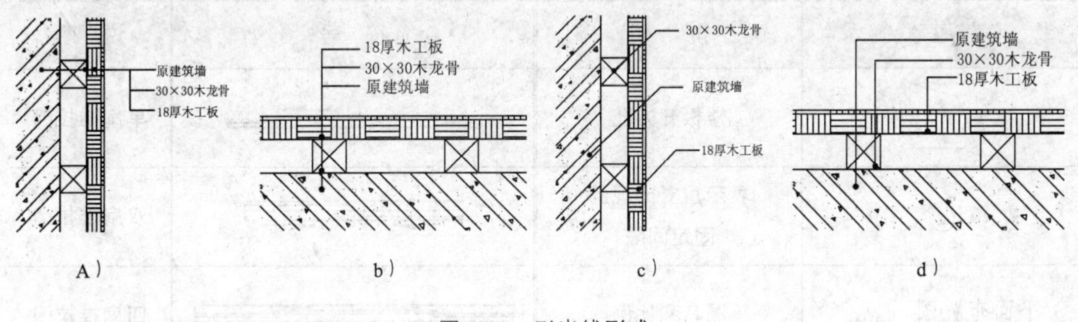

图 1-11　引出线形式

❑ 立面指向符

在房屋建筑中，一个特性的室内空间领域总存在竖向分隔来界定的。因此，根据具体情况，就有可能出现绘制 1 个或多个立面来表达隔断、墙体及家具、构配件的设计情况。立面索引符号标注在平面图中，包括视点位置、方向和编号三个信息，建立平面图和室内立面图之间的联系，立面索引指向符号的形式如图 1-12 所示，图中立面图编号可用英文字母或阿拉伯数字表示，黑色的箭头指向表示立面的方向；图中 a 为单向内视符号，图中 b 为双向内视符号，图中 c 为四向内视符号。

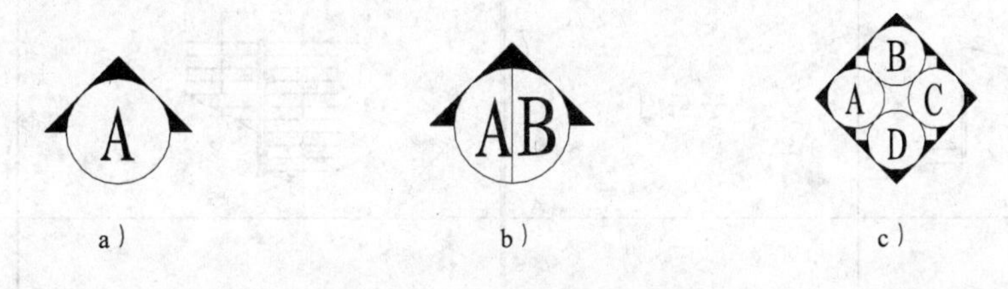

图 1-12　立面索引指向符号

室内设计制图其他常用符号及其意义如表 1-7 所示。

表 1-7　室内设计常用符号图例

符　号	说　明	符　号	说　明
0.00　0.00	标高符号，线上数字为标高值，下面的一种在标注位置比较拥挤时采用	N	指北针
1　1	标注剖切位置的符号，标注数字的方向为投影方向，“1”与剖切面的编号“1—1”对应		旋转门
	对称符号，在对称图形的中轴位置画此符号，可以省画另一半图形		电梯

符　号	说　明	符　号	说　明
	楼板开方孔		单扇推拉门
@	表示重复出现的固定间隔		双扇推拉门
平面布置图 1:50	图名和比例		四扇推拉门
	单扇平开门	上	首层楼梯
	双扇平开门	下 上	中间层楼梯
	子母门	下	顶层楼梯
	单扇弹簧门		窗
	双扇弹簧门		

1.4.8 常用材料符号

室内设计图中经常应用材料图例来表示材料，在无法用图例表示的地方则采用文字注释，如表1-8所示为常用的材料图例。

表1-8　常用材料图例

材料图例	说　明	材料图例	说　明
	混凝土		钢筋混凝土
	石材		多孔材料

材料图例	说 明	材料图例	说 明
	金属		玻璃
	木材		砖
	液体		砂、灰土

1.5 室内设计制图内容

一套完整的室内设计图包括施工图和效果图。

1.5.1 施工图和效果图

装饰施工图完整、详细地表达了装饰的结构、材料构成及施工的工艺技术要求等，它是木工、油漆工、水电工等相关施工人员进行施工的依据，具体指导每个工种、工序的施工。装饰施工图要求准确、详实，一般使用 AutoCAD 进行绘制。

如图 1-13 所示为施工图中的平面平置图。

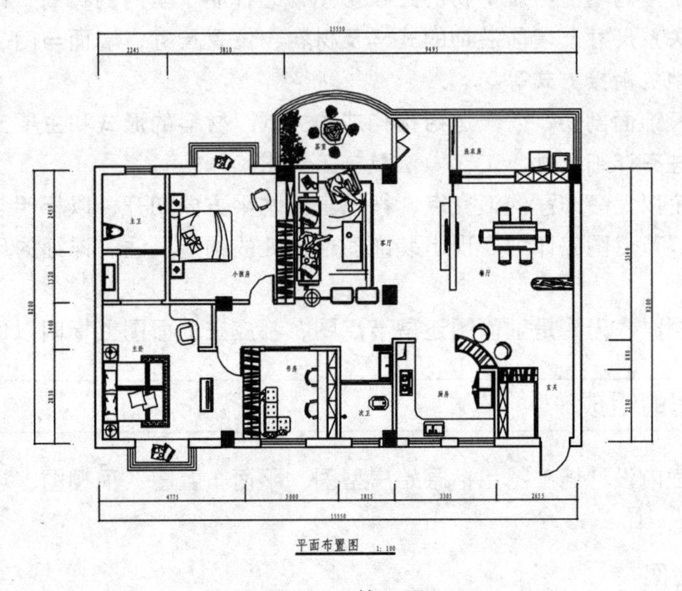

图 1-13　施工图

设计效果图是在施工图的基础上，把装修后的结果用彩色透视图的形式表现出来，以便对装修进行评估，如图 1-14 所示。

图 1-14　效果图

效果图一般使用 3ds max 绘制，它根据施工图的设计进行建模、编辑材质、设置灯光和渲染，最终得到一张彩色图像。效果图反映的是装修的用材、家具布置和灯光设计的综合效果，由于是三维透视彩色图像，没有任何装修专业知识的普通业主也可轻易地看懂设计方案，了解最终的装修效果。

1.5.2 施工图的分类

施工图可以分为立面图、剖面图和节点图三种类型。

施工立面图是室内墙面与装饰物的正投影图，它标明了室内的标高，吊顶装修的尺寸及梯次造型的相互关系尺寸，墙面装饰的式样及材料、位置尺寸，墙面与门、窗、隔断的高度尺寸，墙与顶，地的衔接方式等。

剖面图是将装饰面剖切，以表达结构构成的方式、材料的形式和主要支承构件的相互关系等。剖面图标注有详细尺寸，工艺做法及施工要求。

节点图是两个以上装饰面的汇交点，按垂直或水平方向切开，以标明装饰面之间的对接方式和固定方法。节点图应详细表现出装饰面连接处的构造，注有详细的尺寸和收口、封边的施工方法。

在设计施工图时，无论是剖面图还是节点图，都应在立面图上标明以便正确指导施工。

1.5.3 施工图的组成

一套完整的室内设计施工图包括原始房型图、平面布置图、顶棚图、地材图、电气图、给排水图等。

1. 原始房型图

在经过实地量房之后，设计师需要将测量结果用图纸表示出来，包括房型结构、空间关

系、尺寸等，这是室内设计绘制的第一张图，即原始房型图。其他专业的施工图都是在原始房型图的基础上进行绘制的，包括平面布置图、顶棚图、地材图、电气图等。

2．平面布置图

平面布置图是室内装饰施工图中的关键性图样。它是在原建筑结构的基础上，根据业主的要求和设计师的设计意图，对室内空间进行详细地功能划分和室内设施定位。

3．地材图

地材图是用来表示地面做法的图样，包括地面用材和形式。其形成方法与平面布置图相同，所不同的是地面平面图不需绘制室内家具，只需绘制地面所使用的材料和固定于地面的设备与设施图形。

4．电气图

电气图主要用来反映室内的配电情况，包括配电箱规格、型号、配置以及照明、插座、开关等线路的敷设方式和安装说明等。

5．顶棚平面图

顶棚平面图主要用来表示顶棚的造型和灯具的布置，同时也反映了室内空间组合的标高关系和尺寸等。其内容主要包括各种装饰图形、灯具、说明文字、尺寸和标高。有时为了更详细地表示某处的构造和做法，还需要绘制该处的剖面详图。与平面布置图一样，顶棚平面图也是室内装饰设计图中不可缺少的图样。

6．主要空间和构件立面图

立面图是一种与垂直界面平行的正投影图，它能够反映垂直界面的形状、装修做法和其上的陈设，是一种很重要的图样。

立面图所要表达的内容为 4 个面（左右墙、地面和顶棚）所围合成的垂直界面的轮廓和轮廓里面的内容，包括按正投影原理能够投影到画面上的所有构配件，如门、窗、隔断和窗帘、壁饰、灯具、家具、设备与陈设等。

7．给水施工图

家庭装潢中，管道有给水（包括热水和冷水）和排水两个部分。给水施工图就是用于描述室内给水和排水管道、开关等用水设施的布置和安装情况。

本书按照室内设计的流程，依次介绍各个设计施工图的绘制方法。

1.6 室内装饰设计欣赏

1.6.1 公共建筑空间室内设计效果欣赏

大堂装饰效果图，如图 1-15 所示。

餐厅装饰效果图，如图 1-16 所示。

图 1-15　大堂装饰效果图

图 1-16　餐厅装饰效果图

电梯厅装饰效果图，如图 1-17 所示。

售楼中心装饰效果图，如图 1-18 所示。

图 1-17　电梯厅装饰效果图

图 1-18　售楼中心装饰图

商业店铺装饰效果图，如图 1-19 所示。

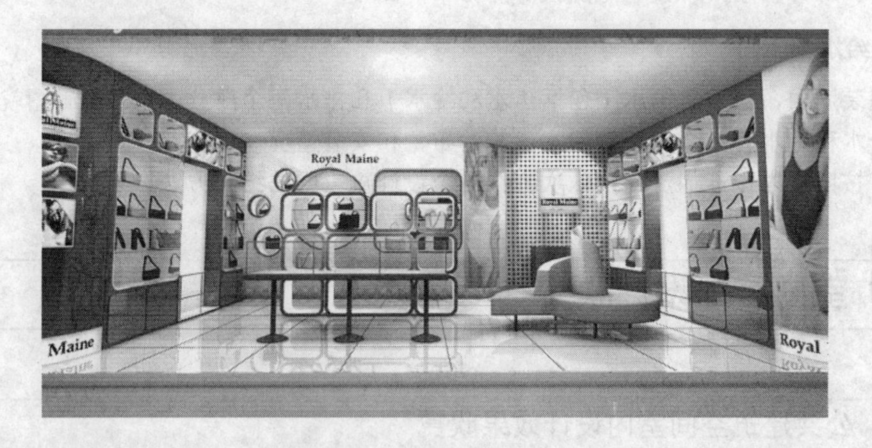

图 1-19　商业店铺装饰效果图

足浴中心装饰效果图，如图 1-20 所示。

办公空间装饰效果图，如图 1-21 所示。

图 1-20　足浴中心装饰效果图

图 1-21　办公空间装饰效果图

会议室装饰效果图，如图 1-22 所示。
演播厅装饰效果图，如图 1-23 所示。

图 1-22　会议室装饰效果图

图 1-23　演播厅装饰效果图

1.6.2　住宅建筑空间室内装修效果欣赏

玄关装饰效果图，如图 1-24 所示。
客厅装饰效果图，如图 1-25 所示。

图 1-24　玄关装饰效果图

图 1-25　客厅装饰效果图

餐厅装饰效果图，如图 1-26 所示。

卧室装饰效果图，如图 1-27 所示。

图 1-26　餐厅装饰效果图

图 1-27　卧室装饰效果图

厨房装饰效果图，如图 1-28 所示。

卫生间装饰效果图，如图 1-29 所示。

图 1-28　厨房装饰效果图

图 1-29　卫生间装饰效果图

第 2 章 AutoCAD 2013 的基本操作

本章导读

本章主要学习 AutoCAD 2013 绘图的有关基本知识。了解 AutoCAD 2013 的工作界面、图形文件的管理、图形文件的显示控制和命令的调用等内容，使读者快速熟悉 AutoCAD 2013 的操作环境。

本章重点

★ AutoCAD 2013 的工作界面
★ 图形文件的管理
★ 控制图形的显示
★ AutoCAD 命令的调用方法
★ 精确绘制图形

2.1 AutoCAD 2013 的工作界面

双击桌面 AutoCAD 2013 图标，即可进入到该软件的操作界面。AutoCAD 2013 操作界面由标题栏、菜单栏、绘图区、十字光标、坐标系图标、命令行、状态栏、工具栏和滚动条等元素组成，如图 2-1 所示。

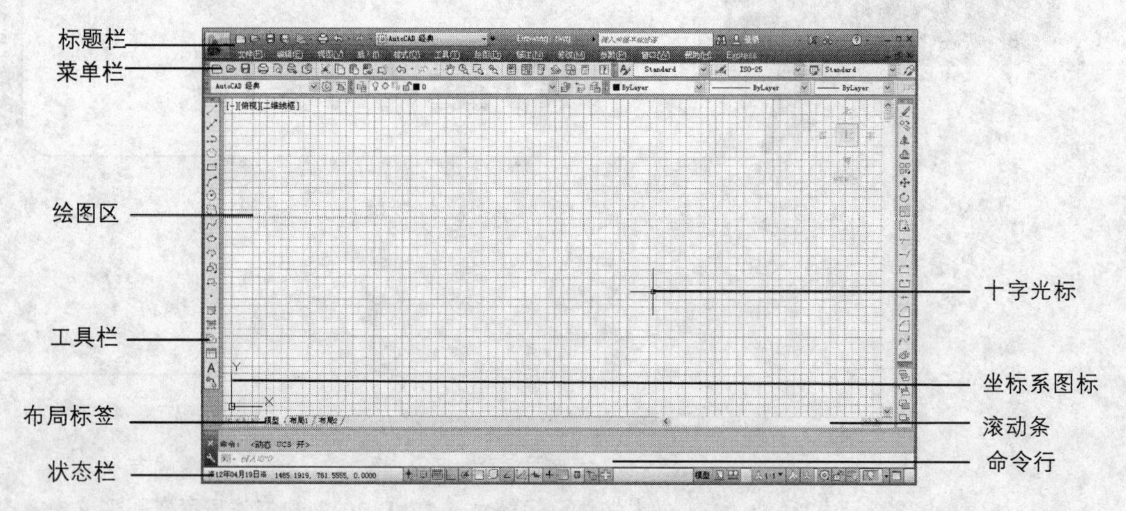

图 2-1　AutoCAD 2013 工作界面

提示　AutoCAD 2013 有“草图与注释”、“三维建模”、“AutoCAD 经典”和“三维基础”4 个空间界面，本书以最常用的 AutoCAD 经典工作空间进行讲解，如图 2-1 所示。在【工具】|【工作空间】子菜单中，可选择切换各个工作空间。

2.1.1 标题栏

工作界面最上端是标题栏。标题栏中显示了当前工作区中显示的图形文件的路径和名称。如果该文件是新建文件，还没有命名保存，AutoCAD 会在标题栏上显示 Drawingl.dwg、Drawing2.dwg、Drawing3.dwg……作为默认的文件名。

单击标题栏右边的三个按钮，可以将 AutoCAD 窗口最小化、最大化（或还原）或关闭。

2.1.2 菜单栏

菜单栏位于标题栏的下方，由【文件】、【编辑】、【视图】、【插入】、【格式】、【工具】、【绘图】、【标注】、【修改】、【参数】、【窗口】和【帮助】共 12 个主菜单组成，如图 2-2 所示。

文件(F)　编辑(E)　视图(V)　插入(I)　格式(O)　工具(T)　绘图(D)　标注(N)　修改(M)　参数(P)　窗口(W)　帮助(H)

图 2-2　菜单栏

在菜单栏中，每个主菜单又包含数目不等的子菜单，有些子菜单下还包含下一级子菜单，如图 2-3 所示，这些菜单中几乎包含了 AutoCAD 全部的功能和命令。

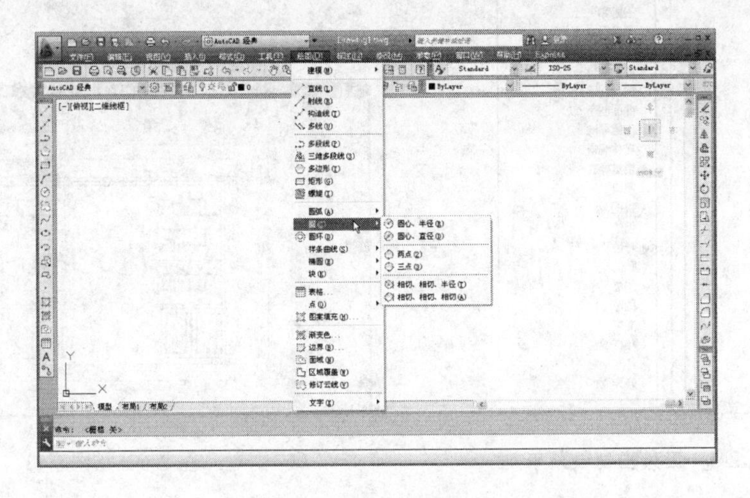

图 2-3　主菜单下的子菜单

2.1.3　工具栏

使用工具栏可以快速地执行 AutoCAD 中的各种命令。工具栏上的每一个图标都代表一个命令按钮，单击相应的按钮，即可执行 AutoCAD 命令。

默认状态下，系统会打开【标准】、【工作空间】、【绘图】、【绘图次序】、【特性】、【图层】、【修改】和【样式】等几个常用的工具栏，如图 2-4 所示。

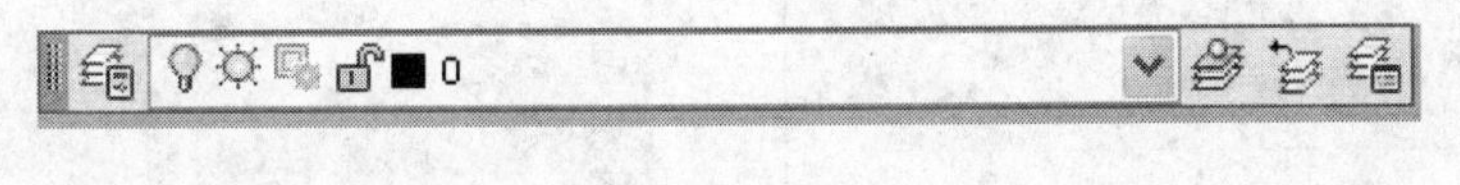

图 2-4　常用的工具栏

在任意工具栏上右击，都会弹出工具栏快捷菜单，在快捷菜单中可以选择打开或关闭工具栏。在该快捷菜单中，已打开的工具栏前面会显示一个✔符号，如图 2-5 所示。

2.1.4　绘图窗口

绘图窗口是绘制与编辑图形及文字的工作区域。一个图形文件对应一个绘图窗口，每个绘图窗口中都有标题栏、滚动条、控制按钮、布局选项卡、坐标系图标和十字光标等元素，如图 2-6 所示。绘图窗口的大小并不是一成不变的，用户可以通过关闭多余的工具栏以增大绘图空间。

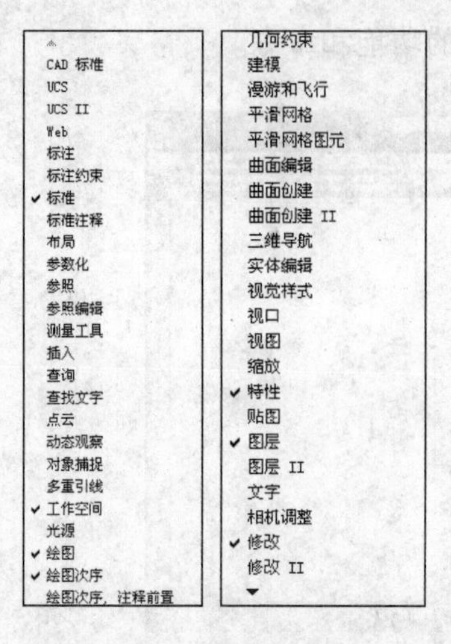

图 2-5 工具栏列表菜单

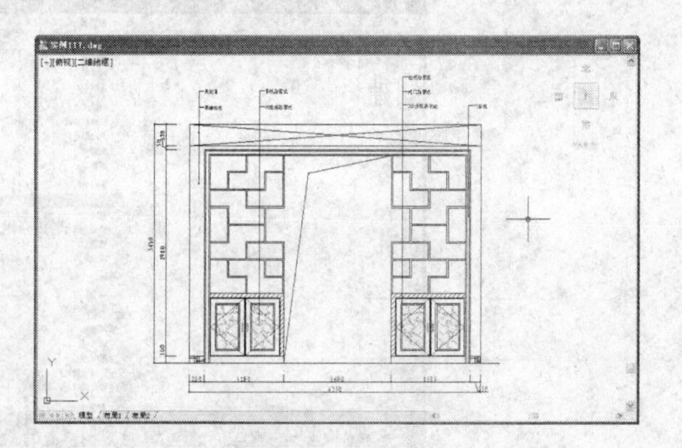

图 2-6 绘图窗口

2.1.5 命令行

命令行位于绘图窗口的下方，用于显示用户输入的命令，并显示 AutoCAD 的提示信息，如图 2-7 所示。

用户可以用鼠标拖动命令行的边框以改变命令行的大小，另外，按 F2 键还可以打开 AutoCAD 文本窗口，如图 2-8 所示。该窗口中显示的信息与命令行中显示的信息相同，当用户需要查询大量信息时，该窗口就会显得非常有用。

命令: 指定对角点或 [栏选(F)/圈围(WP)/圈交(CP)]:
命令: _.erase 找到 38 个
命令: 指定对角点或 [栏选(F)/圈围(WP)/圈交(CP)]:
命令: _.erase 找到 1 个
键入命令

图 2-7 命令行

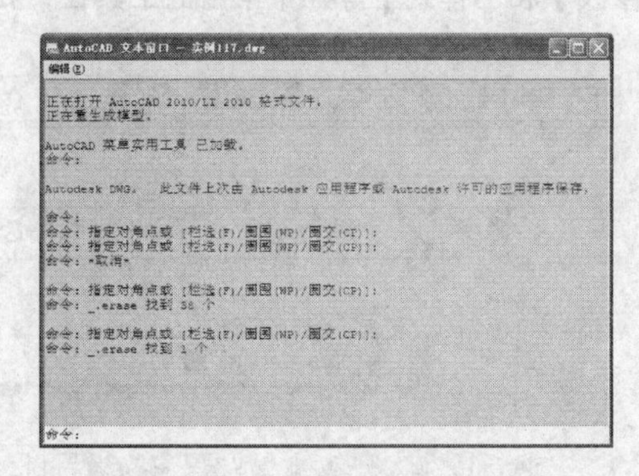

图 2-8 AutoCAD 文本窗口

2.1.6 布局标签

AutoCAD 2013 系统默认设定一个模型空间布局标签和“布局 1”、“布局 2”两个图样空间布局标签。

1. 布局

布局是系统为绘图设置的一种环境，包括图纸大小、尺寸单位、角度设定、数值精确度等，在系统预设的三个标签中，这些环境变量都按默认设置。用户根据实际需要改变这些变量的值。比如：默认的尺寸单位是米制的毫米，如果绘制的图形是使用英制的英寸，就可以

改变尺寸单位环境变量的设置，用户也可以根据自己的需要设置符合自己要求的新标签。

2．模型

AutoCAD 的空间分模型空间和图纸空间。模型空间是我们通常绘图的环境，而在图纸空间中，用户可以创建叫做“浮动视口”的区域，以不同视图显示所绘图形。用户可以在图纸空间中调整浮动视口并决定所包含视图的缩放比例。如果选择图纸空间，则可打印多个视图，用户可以打印任意布局的视图。

AutoCAD 2013 系统默认打开模型空间，用户可以单击选择需要的布局。

2.1.7　状态栏

状态栏位于绘图窗口的最下边，用于显示当前 AutoCAD 的工作状态，如图 2-9 所示。状态栏中包括诸如【推断约束】、【捕捉模式】、【栅格显示】、【正交模式】、【极轴追踪】、【对象捕捉】、【三维对象捕捉】、【对象捕捉追踪】、【允许/禁止动态 UCS】、【动态输入】、【显示/隐藏线宽】、【显示/隐藏透明度】、【快捷特性】、【选择循环】、【模型】和【图纸】等按钮。

图 2-9　状态栏

2.2　图形文件的管理

在 AutoCAD 中，图形文件的基本操作一般包括新建文件、保存文件、打开已有文件、输出文件、加密文件和关闭文件等。

2.2.1　新建图形文件

在快速访问工具栏中单击【新建】按钮，或单击【菜单浏览器】按钮，在弹出的菜单中选择【新建】命令，打开“选择样板”对话框，如图 2-10 所示。

在“选择样板”对话框中，若要创建默认样板的图形文件，单击【打开】按钮即可。也可以在样板列表框中选择其他样板图形文件，在该对话框右侧的“预览”栏中可预览到所选样板的样式，选择合适的样板后单击【打开】按钮，即可创建新图形。

2.2.2　保存图形文件

在 AutoCAD 中，可以使用多种方式将所绘图形以文件形式保存。在快速访问工具栏中单击【保存】按钮，或单击【菜单浏览器】按钮，在弹出的菜单中选择【保存】命令，在第一次保存文件时，系统将弹出“图形另存为”对话框，如图 2-11 所示，默认情况下文件以“AutoCAD 2013 图形（*.dwg）”格式保存，也可以在“文件类型”下拉列表框中选择其他格式。

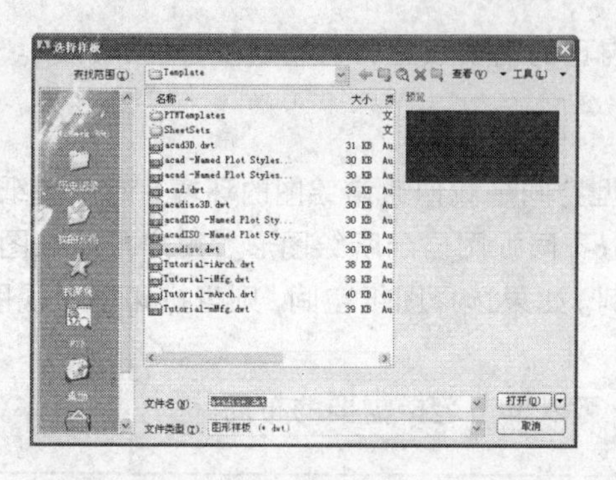

图2-10 “选择样板”对话框

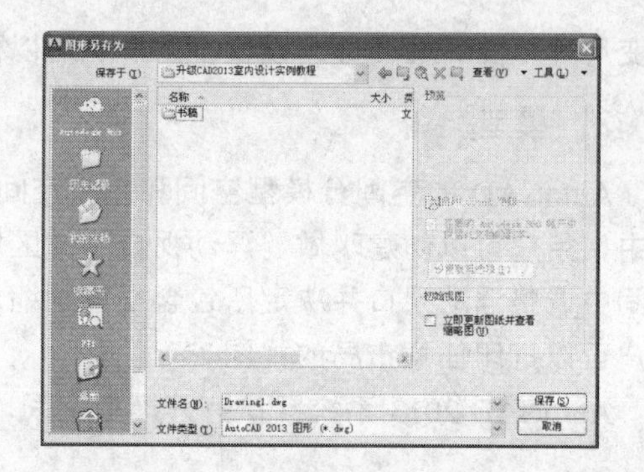

图2-11 “图形另存为”对话框

2.2.3 打开图形文件

在快速访问工具栏中单击【打开】按钮，或单击【菜单浏览器】按钮，在弹出的菜单中选择【打开】命令，此时将打开“选择文件”对话框，如图2-12所示。

在“选择文件”对话框的文件列中，选择需要打开的图形文件，在右侧的“预览”框中将显示出该图形的预览图像。

2.2.4 输出图形文件

单击“菜单浏览器”按钮，在弹出的菜单中选择“输出”命令，或选择菜单栏【文件】|【输出】命令，打开“输出数据”对话框，如图2-13所示，在“文件类型”下拉列表框中选择输出文件类型，在“文件名”文本框中输入保存文件名称，单击【保存】按钮，即可输出图形文件。

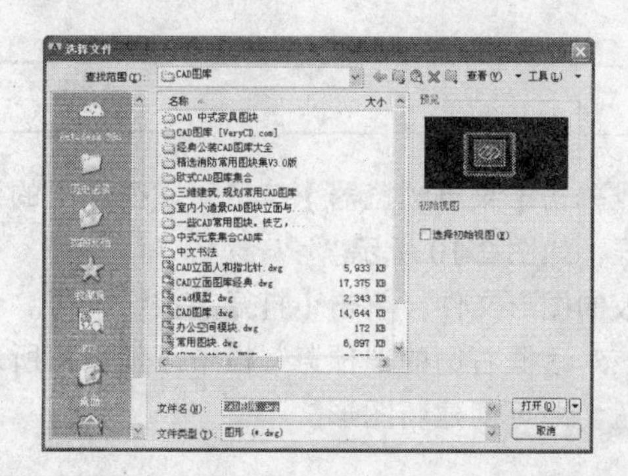

图2-12 “选择文件”对话框

图2-13 “输出数据”对话框

2.2.5 加密图形文件

单击【菜单浏览器】按钮，在弹出的菜单中选择【保存】或【另存为】命令，打开“图形另存为”对话框。在该对话框中单击【工具】按钮，在弹出的菜单中选择【安全选项】命令，打开“安全选项”对话框，如图2-14所示。在“密码”选项卡中，可以在“用于打开此图形的密码或短语”文本框中输入密码。然后单击【确定】按钮，打开“确认密码”对话框，并在“再次输入用于打开此图形的密码”文本框中输入确认密码，如图 2-15 所示。

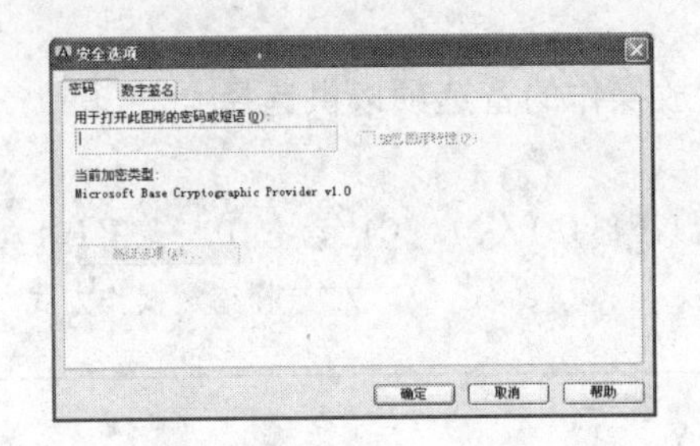

图 2-14 “安全选项”对话框

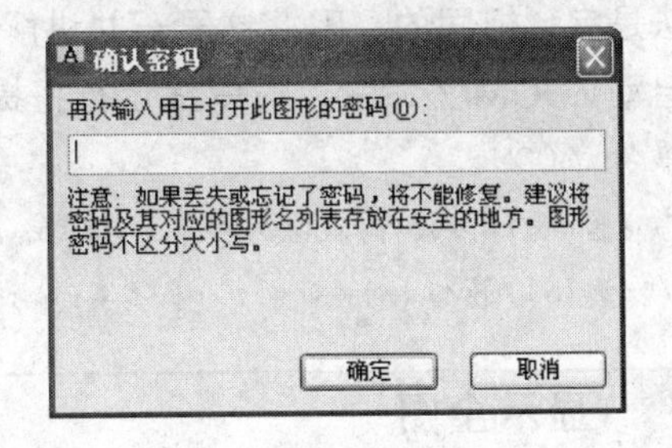

图 2-15 “确认密码”对话框

在进行加密设置时，可以在此选择 40 位和 128 位等多种加密长度。可在“密码”选项卡中单击【高级选项】按钮，在打开的“高级选项”对话框中进行设置加密算法，如图 2-16 所示。

为文件设置了密码后，在打开文件时系统将出现“密码”对话框，如图 2-17 所示，并要求输入正确的密码，否则将无法打开图形。

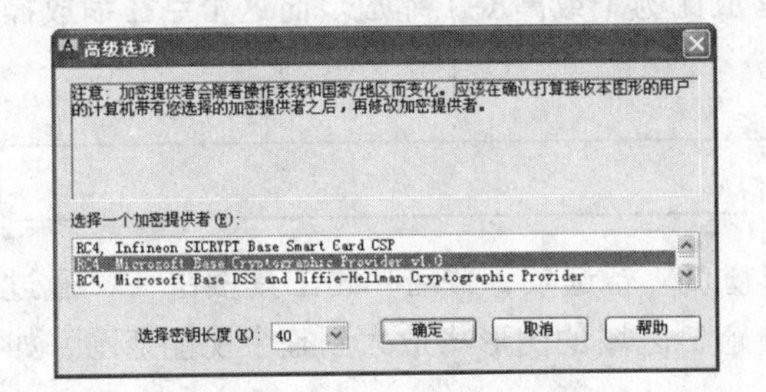

图 2-16 “高级选项”对话框

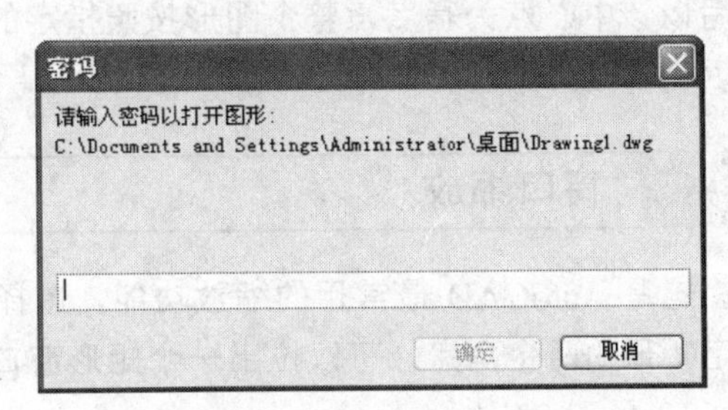

图 2-17 “密码”对话框

2.2.6 关闭图形文件

单击【菜单浏览器】按钮，在弹出的菜单中选择【关闭】命令，或在绘图窗口中单击【关闭】按钮，可以关闭当前图形文件。

执行“关闭”命令后，如果当前图形没有保存，系统将弹出 AutoCAD 警告对话框，询问是否保存文件，如图 2-18 所示，单击【是】按钮或直接按回车键，可以保存当前图形文件并将其关闭；单击【否】按钮，可以关闭当前图形文件但不保存；单击【取消】按钮，取消关闭当前图形文件操作，既不保存也不关闭。

图 2-18 提示框

2.3 控制图形的显示

在绘图过程中，为了方便绘图和提高绘图效率，经常要用到缩放视图的功能。控制视图缩放可以使用 ZOOM/Z 命令，也可以单击“标准”工具栏中的各个缩放工具按钮，它们的操作方法是完全相同的，因此这里一并讲解。

启动 ZOOM/Z 命令，命令提示行将提供几种缩放操作的备选项以供选择：

```
命令：ZOOM↙
指定窗口的角点，输入比例因子 (nX 或 nXP)，或者[全部(A)/中心(C)/动态(D)/范围(E)/上一个(P)/比例(S)/窗口(W)/对象(O)] <实时>:                //选择缩放操作方式
```

2.3.1 显示全图

选择“全部”备选项，或单击工具按钮，可以显示整个模型空间界限范围之内的所有图形对象，这种状态称为“全图”。

2.3.2 中心缩放

选择“中心”备选项，或单击工具按钮，将进入中心缩放状态。要求先确定中心点，然后以该中心点为基点，整个图形按照指定的缩放比例（或高度）缩放。而这个点在缩放操作之后将成为新视图的中心点。

2.3.3 窗口缩放

这是 AutoCAD 最常用的缩放功能，选择“窗口”备选项，或者单击工具按钮，通过确定矩形的两个角点，可以拉出一个矩形窗口，窗口区域的图形将放大到整个视图范围，如图 2-19 所示。

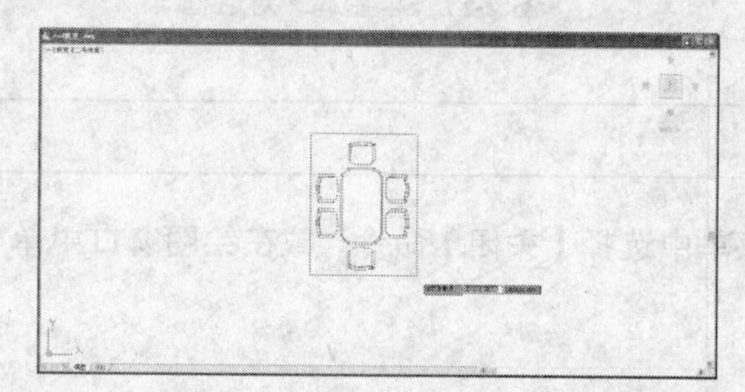

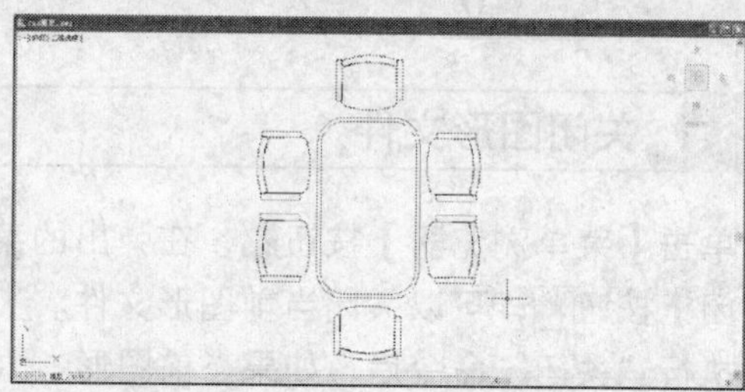

图 2-19　窗口缩放

2.3.4 范围缩放

实际制图过程中，通常模型空间的界限非常大，但是所绘制图形所占的区域又很小。缩放视图时如果使用显示全图功能，那么图形对象将会缩成很小的一部分。因此，AutoCAD 提供了范围显示功能，用来显示所绘制的所有图形对象的最大范围。选择“范围”备选项，或单击工具按钮，可使用此功能。

2.3.5 返回前视图

选择“缩放上一个”备选项，或者单击工具按钮，可以恢复到前一个视图显示的图形

状态。这也是一个常用的缩放功能。

2.3.6 比例缩放

根据输入的比例缩放图形，有 3 种输入比例的方法：直接输入数值，表示相对于图形界限进行缩放；在比例值后面加 x，表示相对于当前视图进行缩放；在比例值后面加上 xp，表示相对于图纸空间单位进行缩放。

2.3.7 对象缩放

选择的图形对象尽可能大地显示在屏幕。

2.3.8 动态缩放

动态缩放是 AutoCAD 的一个非常具有特色的缩放功能。该功能如同在模仿一架照相机的取景框，先用取景框在全图状态下“取景”，然后将取景框取到的内容放大到整个视图。

选择“动态”备选项，或者单击工具按钮，将进入动态缩放状态。视图此时显示为“全图”状态，视图的周围出现两个虚线方框，蓝色虚线方框表示模型空间的界限，绿色虚线方框表示上一视图的视图范围。

光标变成了一个矩形的取景框，取景框的中央有一个十字叉形的焦点，如图 2-20 所示。首先拖动取景框到所需位置并单击，调整取景框大小，然后按 Enter 键进行缩放。调整完毕后回车确定，取景框范围以内的所有实体将迅速放大到整个视图状态。

2.3.9 实时缩放

所谓“实时”缩放，指的是视图中的图形将随着光标的拖动而自动、同步地发生变化。这个功能也是 ZOOM 命令的默认项，也是最常用的缩放操作。直接回车或者单击工具按钮和，此时光标将变成放大镜形状。按住鼠标左键，并向不同方向拖动光标，图形对象将随着光标的拖动连续地缩放如图 2-21 所示。

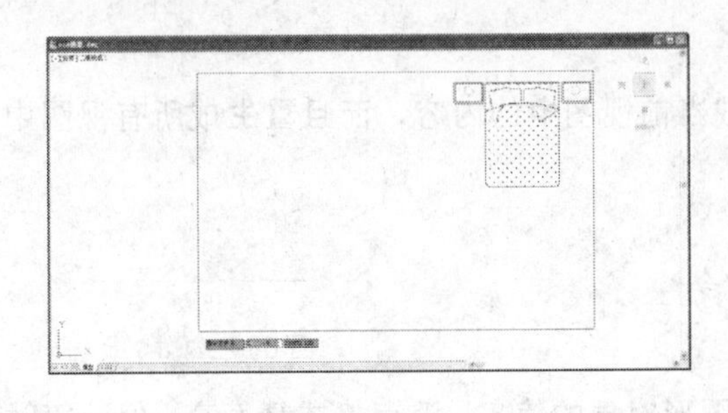

图 2-20　动态缩放

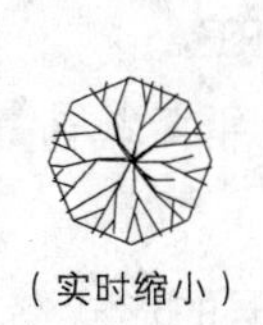

（实时缩小）

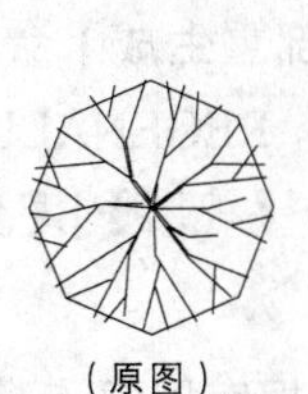

（原图）

（实时放大）

图 2-21　缩放前后对比

要启动实时缩放，也可以在绘图区单击鼠标右键，从快捷菜单中选择【缩放】命令项。

> 提示　滚动鼠标滚轮，可以快速地实时缩放视图。

2.3.10 图形平移

和缩放不同，平移命令不改变视图的显示比例，只改变显示范围。输入命令 PAN/P，或者单击工具按钮，此时光标将变成小手形状。按住鼠标左键，并向不同方向拖动光标，当前视图的显示区域将随之实时平移，如图 2-22 所示。

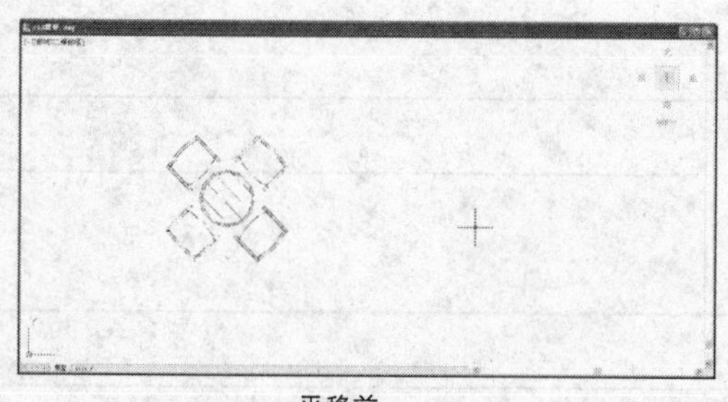

平移前　　平移后

图 2-22　视图平移

提示　按住鼠标中键拖动，可以进行视图平移。

2.3.11 重新生成与重画图形

在 AutoCAD 中，某些操作完成后，操作效果往往不会立即显示出来，或者在屏幕上留下绘图的痕迹与标记。因此，需要通过视图刷新对当前图形进行重新生成，以观察到最新的编辑效果。

❑ 重生成

REGEN【重生成】命令重新计算当前视区中所有对象的屏幕坐标并重新生成整个图形。它还重新建立图形数据库索引，从而优化显示和对象选择的性能。启动【重生成】命令的方式：

➢ 命令方式：REGEN / RE。
➢ 菜单方式：【视图】|【重生成】。

另外，使用【全部重生成】命令不仅重生成当前视图中的内容，而且重生成所有视图中的内容。启动【全部重生成】命令的方式：

➢ 命令方式：REGENALL/REA。
➢ 菜单方式：【视图】|【全部重生成】命令

❑ 重画

AutoCAD 用数据库以浮点数据的形式储存图形对象的信息，浮点格式精度高，但计算时间长。AutoCAD 重生成对象时，需要把浮点数值转换为适当的屏幕坐标。因此对于复杂图形，重生成需要花很长的时间。

AutoCAD 提供了另一个速度较快的刷新命令—【重画】。重画只刷新屏幕显示；而重生成不仅刷新显示，还更新图形数据库中所有图形对象的屏幕坐标。

启动【重画】命令的方式有：

➢ 命令方式：REDRAW / RA。

➢ 菜单方式：【视图】|【重画】命令

在进行复杂的图形处理时，应当充分考虑到重画和重生成命令的不同工作机制，合理使用。重画命令耗时较短，可以经常使用以刷新屏幕。每隔一段较长的时间，或【重画】命令无效时，可以使用一次【重生成】命令，更新后台数据库。

2.4 AutoCAD 命令的调用方法

在 AutoCAD 中，菜单命令、工具栏按钮、命令和系统变量都是相互的。可以选择某一菜单，或单击某个工具按钮，或在命令行中输入命令和系统变量来执行相应命令。

2.4.1 使用鼠标操作

在绘图窗口中，光标通常显示为“十”字线形式。当光标移至菜单选项、工具或对话框内时，光标变成一个箭头。无论光标呈“十”字线形式还是箭头形式，当单击或按住鼠标键时，都会执行相应的命令或动作。在 AutoCAD 中鼠标键是按照下述规则定义的：

1. 拾取键

通常指鼠标的左键，用户指定屏幕上的点，也可以用来选择 Windows 对象、AutoCAD 对象、工具按钮和菜单命令等。

2. 回车键

指鼠标右键，相当于 Enter 键，用于结束当前使用命令，此时系统将根据当前绘图状态而弹出不同的快捷菜单。

3. 弹出菜单

当使用 Shift 键和鼠标右键的组合时，系统将弹出一个快捷菜单，用于设置捕捉对象。

2.4.2 使用键盘输入

在 **AutoCAD 2013** 中，大部分的绘图、编辑功能都需要通过键盘输入来完成。通过键盘可以输入命令、系统变量。此外，键盘还是输入文本对象、数值参数、点的坐标或进行参数选择的唯一方法。

2.4.3 使用命令行

在 **AutoCAD 2013** 中，默认情况下“命令行”是一个固定的窗口，可以在当前命令行提示下输入命令和对象参数等内容。对于大多数命令，“命令行”中可以显示执行完的两条命令提示，而对于一些输出命令，需要在“命令行”或“AutoCAD 文本窗口”中显示。

在“命令行”窗口中右击，AutoCAD 将显示一个快捷菜单，如图 2-23 所示。通过快捷菜单可以选择最近使用过的 6 个命令、复制选定的文字或全部命令历史、粘贴文字以及打开“选项”对话框。

在命令行中，还可以使用 Backspace 或 Delete 键删除命令行中的文字，也可以选中命令历史，并执行【粘贴到命令行】命令，将其粘贴到命令行中。

2.4.4 使用菜单栏

菜单栏几乎包含了 AutoCAD 中全部的功能和命令，使用菜单栏执行命令，只需单击菜单栏中的主菜单，在弹出的子菜单中选择要执行的命令即可。例如要执行绘制【多段线】命令，选择【绘图】|【多段线】命令，如图 2-24 所示。

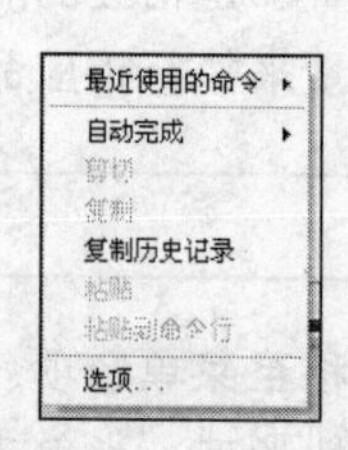

图 2-23　命令行快捷菜单

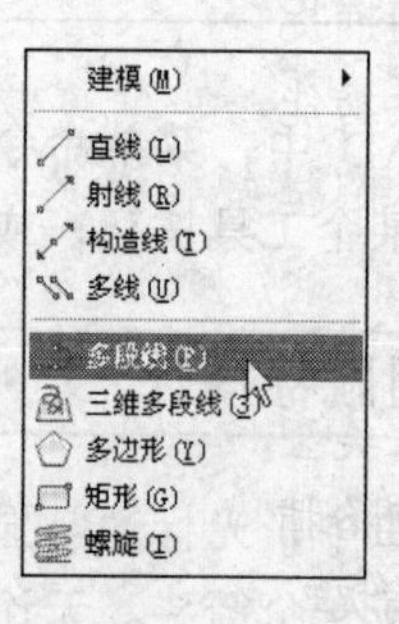

图 2-24　使用菜单栏执行绘制多段线命令

2.4.5 使用工具栏

大多数命令都可以在相应的工具栏中找到与其对应的图标按钮，单击该按钮即可快速执行 AutoCAD 命令。例如要执行【圆】命令，可以单击【绘图】工具栏中的【圆】按钮，再根据命令提示进行操作即可。

2.5 精确绘制图形

在绘图过程中，为了精确地绘制图形，需要利用捕捉、追踪和动态输入等功能，来提高绘图效率。

2.5.1 栅格

栅格的作用如同传统纸面制图中使用的坐标纸，按照相等的间距在屏幕上设置了栅格点，使用者可以通过栅格点数目来确定距离，从而达到精确绘图目的。栅格不是图形的一部分，打印时不会被输出。

控制栅格是否显示，有以下两种常用方法：

➢ 连续按功能键 F7，可以在开、关状态间切换。
➢ 单击状态栏“栅格”开关按钮。

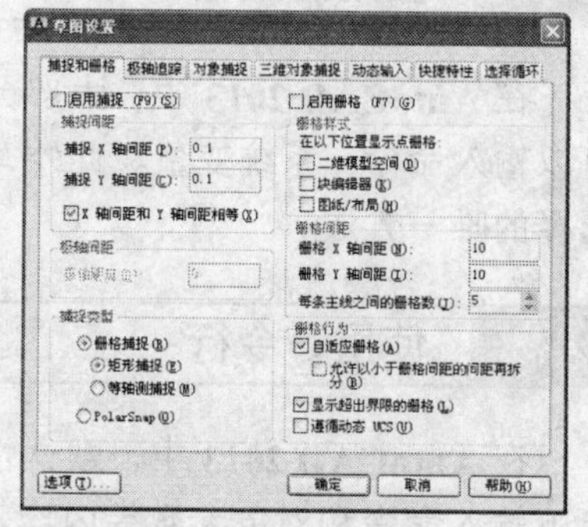

图 2-25　“捕捉和栅格”选项卡

选择状态栏“栅格”开关按钮，单击鼠标右键，选择“设置”选项。在打开的“草图设置”对话框中选中“捕捉和栅格”选项卡，如图 2-25 所示，选中或取消“启用栅格”复选

框，也可以控制显示或隐藏栅格。

在“栅格间距”选项组中，可以设置栅格点在 X 轴方向(水平)和 Y 轴方向(垂直)上的距离。此外，在命令行输入 GRID 命令，也可以设置栅格的间距和控制栅格的显示。

2.5.2 捕捉

捕捉功能(不是对象捕捉)经常和栅格功能联用。当捕捉功能打开时，光标只能停留在栅格点上。这样，只能绘制出栅格间距整数倍的距离。

打开和关闭捕捉功能的方法如下：

- 连续按功能键 F9，可以在开、关状态间切换。
- 单击状态栏中的“捕捉”开关按钮。

在图 2-25 所示的“捕捉和栅格”选项卡中，设置捕捉属性的选项有：

- “捕捉”选项组：可以设定 X 方向和 Y 方向的捕捉间距，及整个栅格的旋转角度。
- “捕捉类型和样式”选项组：可以选择“栅格捕捉”和“极轴捕捉”两种类型。选择“栅格捕捉”时，光标只能停留在栅格点上。栅格捕捉又有“矩形捕捉”和“等轴测捕捉”两种样式。两种样式的区别在于栅格的排列方式不同。“等轴测捕捉”常常用于绘制轴测图。

2.5.3 正交

在室内设计绘图中，有相当一部分直线是水平或垂直的。针对这种情况，AutoCAD 提供了一个正交开关，以方便绘制水平或垂直直线。

打开和关闭正交开关的方法有：

- 连续按功能键 F8，可以在开、关状态间切换。
- 单击状态栏“正交”开关按钮。

正交开关打开以后，系统就只能画出水平或垂直的直线，如图 2-26 所示。更方便的是，由于正交功能已经限制了直线的方向，所以要绘制一定长度的直线时，只需直接输入长度值，而不再需要输入完整的相对坐标了。

2.5.4 对象捕捉

使用对象捕捉可以精确定位现有图形对象的特征点，例如直线的中点、圆的圆心等，从而为精确绘图提供了条件。

1. 对象捕捉的开关设置

根据实际需要，可以打开或关闭对象捕捉，有以下两种常用的方法：

- 功能键 F3。连续按 F3 键，可以在开、关状态间切换。
- 单击状态栏中的“对象捕捉”开关按钮。

选择【工具】|【草图设置】命令，或输入命令 OSNAP，打开“草图设置”对话框。单击“对象捕捉”选项卡，选中或取消“启用对象捕捉”复选框，也可以打开或关闭对象捕捉，但由于操作麻烦，在实际工作中并不常用。

2. 设置对象捕捉点

在使用对象捕捉之前，需要设置好对象捕捉模式，也就是确定当探测到对象特征点时，哪些点捕捉，而哪些点可以忽略，从而避免视图混乱。对象捕捉模式的设置在如图 2-27 所示的“草图设置”对话框中进行。

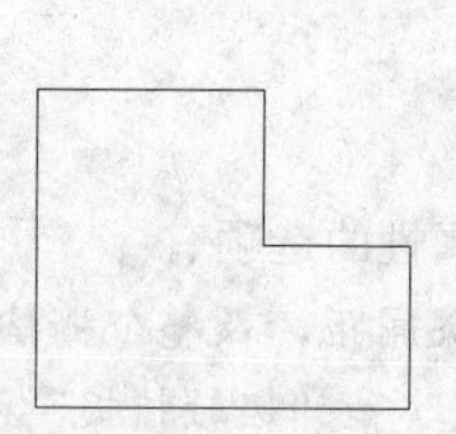

图 2-26 使用正交模式绘制水平或垂直直线

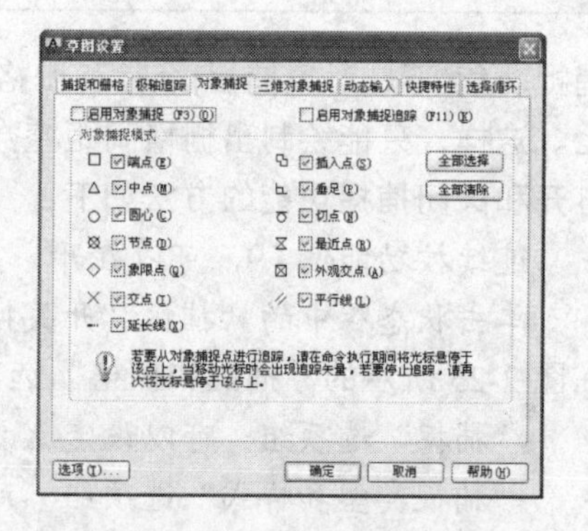

图 2-27 “对象捕捉”选项卡

对话框共列出了 13 种对象捕捉点和对应的捕捉标记。需要捕捉哪些对象捕捉点，就选中这些点前面的复选框。设置完毕后，单击【确定】按钮关闭对话框即可。

这些对象捕捉点的含义见表 2-1。

表 2-1 对象捕捉点的含义

对象捕捉点	含 义
端点	捕捉直线或曲线的端点
中点	捕捉直线或弧段的中间点
圆心	捕捉圆、椭圆或弧的中心点
节点	捕捉用 POINT 命令绘制的点对象
象限点	捕捉位于圆、椭圆或弧段上 0° 、90° 、180° 和 270° 处的点
交点	捕捉两条直线或弧段的交点
延伸	捕捉直线延长线路径上的点
插入点	捕捉图块、标注对象或外部参照的插入点
垂足	捕捉从已知点到已知直线的垂线的垂足
切点	捕捉圆、弧段及其他曲线的切点
最近点	捕捉处在直线、弧段、椭圆或样条线上，而且距离光标最近的特征点
外观交点	在三维视图中，从某个角度观察两个对象可能相交，但实际并不一定相交，可以使用“外观交点”捕捉对象在外观上相交的点
平行	选定路径上一点，使通过该点的直线与已知直线平行

3. 自动捕捉和临时捕捉

AutoCAD 提供了两种对象捕捉模式：自动捕捉和临时捕捉。自动捕捉模式要求使用者先设置好需要的对象捕捉点，以后当光标移动到这些对象捕捉点附近时，系统就会自动捕捉到这些点。

临时捕捉是一种一次性的捕捉模式，这种捕捉模式不是自动的。当用户需要临时捕捉某个特征点时，需要在捕捉之前手工设置需要捕捉的特征点，然后进行对象捕捉。而且这种捕捉设置是一次性的，不能反复使用。在下一次遇到相同的对象捕捉点时，需要再次设置。

在命令行提示输入点的坐标时，如果要使用临时捕捉模式，可按 Shift 键+鼠标右键，系统会弹出如图 2-28 所示的快捷菜单。单击选择需要的对象捕捉点，系统将会捕捉到该点。

2.5.5 自动追踪

自动追踪可按指定角度绘制对象，或者绘制与其他对象有特定关系的对象。自动追踪功能分极轴追踪和对象捕捉追踪两种，是非常有用的辅助绘图工具。

1. 极轴追踪

极轴追踪是按事先给定的角度增量来追踪特征点。极轴追踪功能可以在系统要求制定一个点时，按预先设置的角度增量显示一条无限延伸的辅助线，这时就可以沿辅助线追踪得到光标点，可在“草图设置”对话框的“极轴追踪”选项卡对极轴追踪进行设置，如图 2-29 所示。

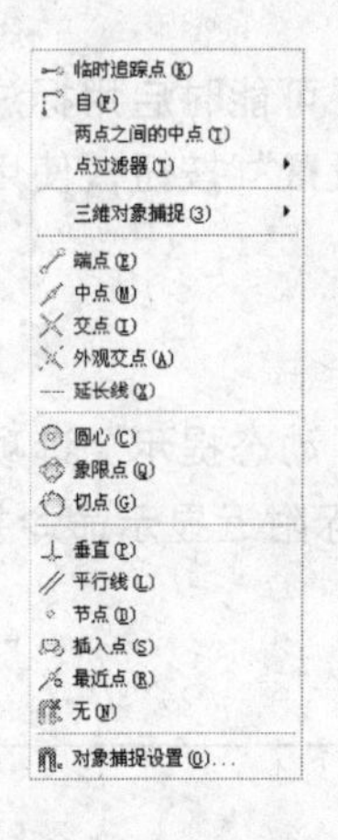

图 2-28　临时捕捉菜单

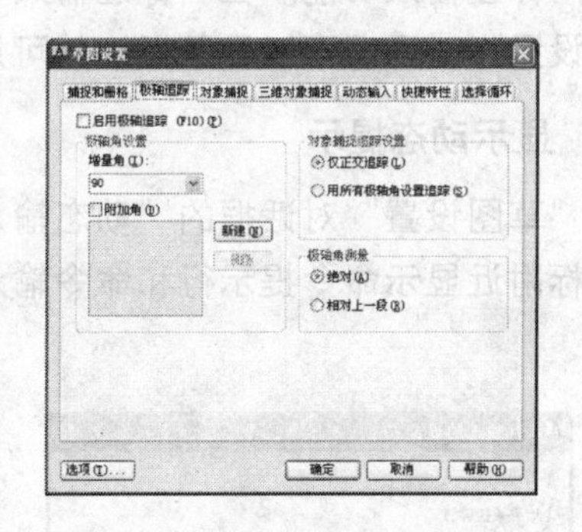

图 2-29　“极轴追踪”选项卡

2. 对象捕捉追踪

对象捕捉追踪是按照与对象的某种特性关系来追踪，不知道具体角度值，但知道特定的关系进行对象捕捉追踪。

要执行该追踪操作，可启用状态栏中的【对象捕捉追踪】功能，同样在“极轴追踪”选项卡中设置对象捕捉追踪的对应参数。

2.5.6 动态输入

使用动态输入功能可以在指针位置处显示标注输入和命令提示等信息，从而极大地方便了绘图。

1. 启用指针输入

在“草图设置”对话框的“动态输入”选项卡中，选择“启用指针输入”复选框可以启用输入功能，如图2-30所示。可以在“指针输入”选项卡区域中单击【设置】按钮，使用打开的“指针输入设置”对话框设置指针的格式和可见性，如图2-31所示。

图2-30 “动态输入”选项卡

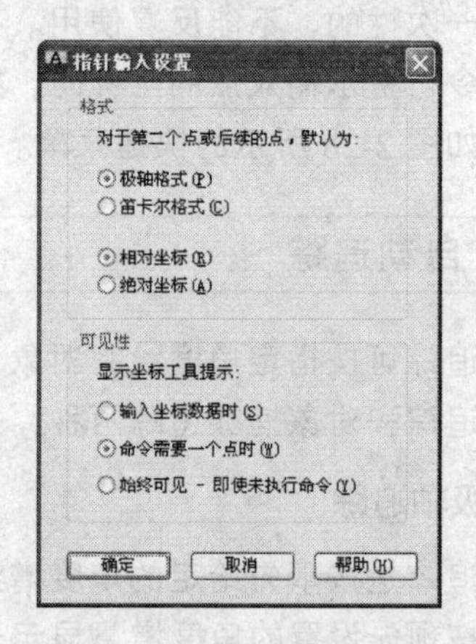

图2-31 “指针输入设置”对话框

2. 启用标注输入

在“草图设置”对话框的“动态输入”选项卡中，选择“可能时启用标注输入”复选框可以动用标注输入功能。在“标注输入”选项区域中单击“设置”按钮，使用打开的“标注输入的设置”对话框可以设置标注的可见性，如图2-32所示。

3. 显示动态提示

在“草图设置”对话框的“动态输入”选项卡中，选中“动态提示”选项区域中的“在十字光标附近显示命令提示行和命令输入”复选框，可以在光标附近显示命令提示，如图2-33所示。

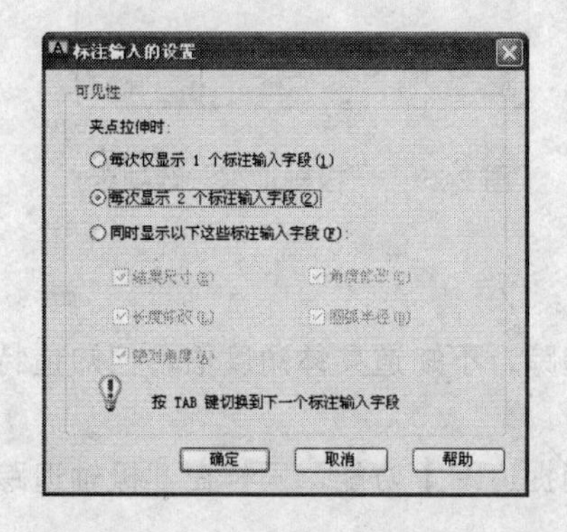

图2-32 “标注输入的设置”对话框

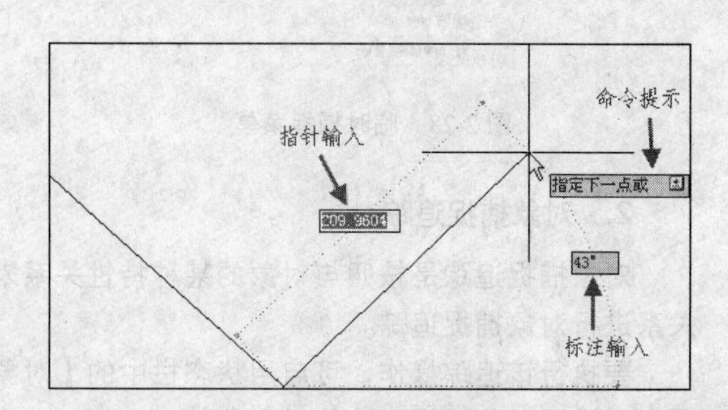

图2-33 显示动态提示

第 3 章 AutoCAD 图形的绘制

本章导读

绘图是 AutoCAD 的主要功能，也是最基本的功能，而二维平面图形的形状都很简单，创建起来也很容易，是整个 AutoCAD 的绘图基础。本章将详细介绍这些基本图形的绘制方法。

本章重点

★ 点对象的绘制
★ 直线型对象的绘制
★ 多边形对象的绘制
★ 曲线对象的绘制

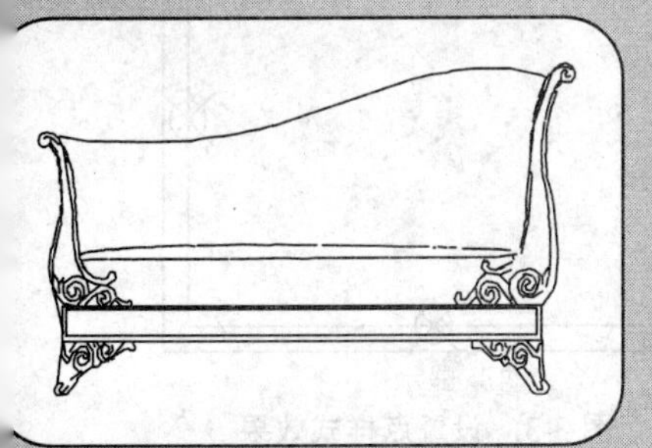

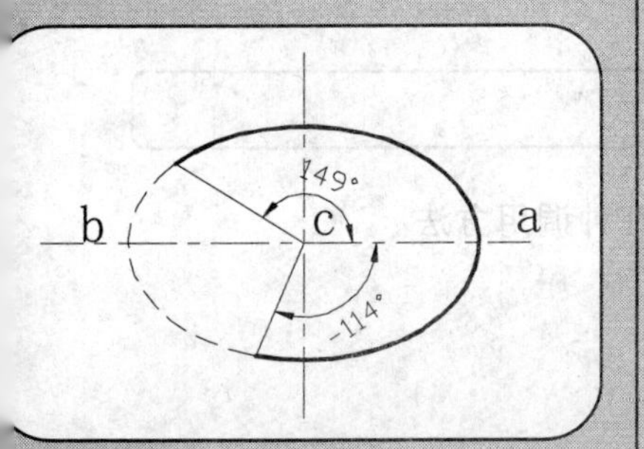

3.1 点对象的绘制

在 AutoCAD 中，点不仅是组成图形最基本的元素，还经常用来标识某些特殊的部分，如绘制直线时需要确定端点、绘制圆或圆弧时需要确定圆心等。

默认情况下，点是没有长度和大小的，在绘图区仅显示为一个小圆点，因此很难识别。在 AutoCAD 中，可以为点设置不同的显示样式，这样就可以清楚地知道点的位置，也使单纯的点更加美观和易于辨认。点包括“单点”、“多点”、“定数等分点”和“定距等分点”4种。

3.1.1 设置点样式

设置点样式首先需要执行【点样式】命令，该命令主要有如下几种调用方法：

- 命令行：DDPTYPE
- 菜单栏：【格式】|【点样式】命令

课堂举例 3-1：设置点样式

视频\第3章\课堂举例3-1.mp4

01 按 Ctrl+O 快捷键，打开“3.1.1 设置点样式.dwg”文件，如图 3-1 所示。此时的点样式为系统默认设置，在图中几乎无法辨认。

02 选择【格式】|【点样式】命令，打开“点样式”对话框，选择需要的点样式，单击【确定】按钮保存设置并关闭该对话框，如图 3-2 所示。

03 返回到操作界面中，即可查看到绘图区中的点样式由原来的小圆点变成了刚才设置的点样式，如图 3-3 所示。

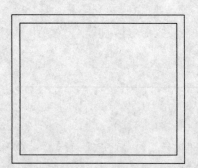

图 3-1　打开文件

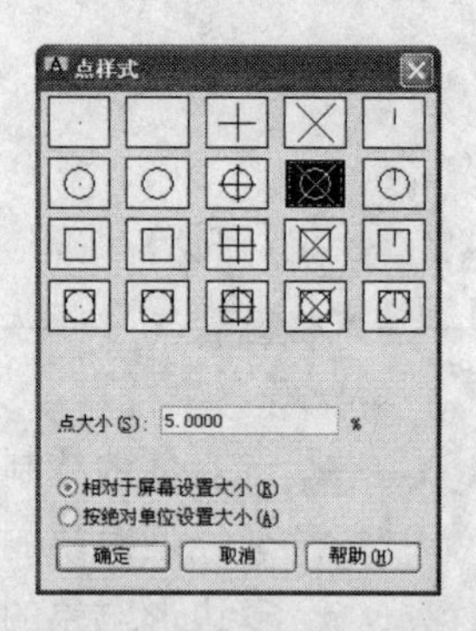

图 3-2　“点样式”对话框

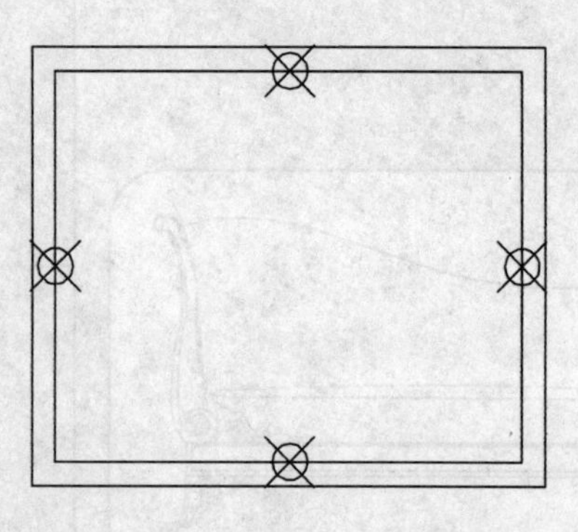

图 3-3　设置点样式效果

3.1.2 绘制单点

绘制单点首先需要执行【单点】命令，该命令主要有如下几种调用方法：

- 命令行：POINT/PO
- 菜单栏：【绘图】|【点】|【单点】命令

课堂举例 3-2：绘制单点　　视频\第 3 章\课堂举例 3-2.mp4

01 调用 CIRCLE/C【圆】命令，绘制一个任意大小的圆。

02 在命令行中输入 POINT/PO 命令，并按回车键。

03 命令提示行将显示“当前点模式：PDMODE=35　PDSIZE=0.0000”。在绘图区捕捉圆的象限点，单击鼠标左键，完成单点的绘制，如图 3-4 所示。

3.1.3　绘制多点

绘制多点就是指调用绘制命令后一次能指定多个点，直到按 ESC 键结束多点绘制状态为止。

绘制多点首先需要执行【多点】命令，该命令主要有如下几种调用方法：

- 菜单栏：【绘图】|【点】|【多点】命令
- 工具栏：“绘图”工具栏“点”按钮

课堂举例 3-3：绘制多点　　视频\第 3 章\课堂举例 3-3.mp4

01 调用 CIRCLE/C【圆】命令，绘制一个任意大小的圆。

02 选择【绘图】|【点】|【多点】命令。

03 命令提示行将显示“当前点模式：PDMODE=35　PDSIZE=0.0000”，捕捉圆的象限点和圆心，连续 5 次单击鼠标左键，绘制 5 个点如图 3-5 所示。

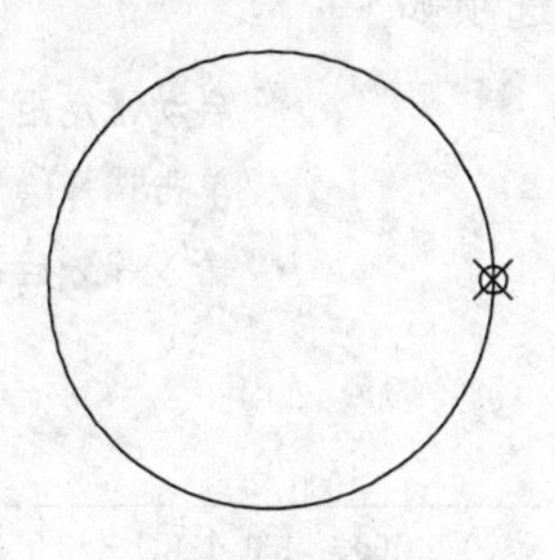

图 3-4　绘制单点

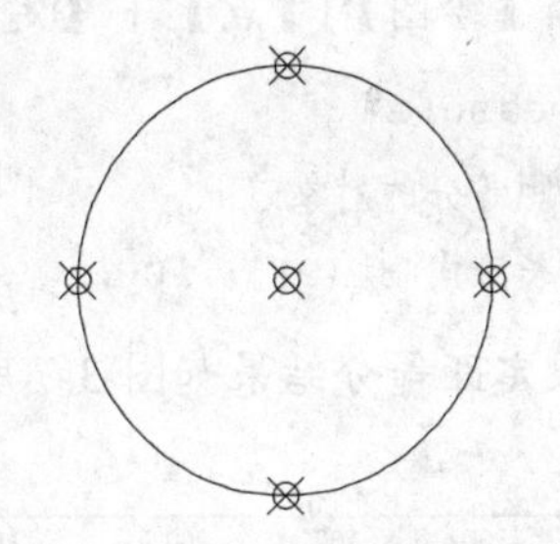

图 3-5　绘制多点

3.1.4　绘制定数等分点

绘制定数等分点是在指定的对象上绘制指定数目的点，每个点的距离保持相等。绘制定数等分点首先需要执行【定数等分】命令，该命令主要有如下几种调用方法：

- 命令行：DIVIDE / DIV
- 菜单栏：【绘图】|【点】|【定数等分】命令

定数等分方式需要输入等分的总段数，而系统自动计算每段的长度。已经存在一条长 1000 的线段，现将其等分成 5 段，则每段长 200。

课堂举例 3-4：绘制定数等分点

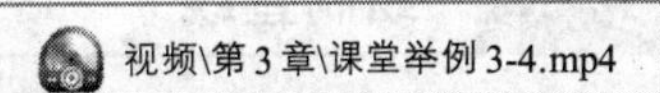

视频\第 3 章\课堂举例 3-4.mp4

01 调用 LINE/L 命令，绘制一条长 1000 的线段。

02 选择【绘图】|【点】|【定数等分】命令，命令选项如下：

```
命令: _divide↙                                    //启动【定数等分】命令
选择要定数等分的对象:                             //单击选取绘制的线段
输入线段数目或 [块(B)]: 5↙                       //输入段数 5
```

03 线段等分结果如图 3-6 所示。

3.1.5 绘制定距等分点

定距等分是在指定的对象上按确定的长度进行等分，即该操作是先指定所要创建的点与点之间的距离，再根据该间距值分隔所选对象。等分后的子线段的数量是原线段长度除以等分距的数量，如果等分后有多余的线段则为剩余线段。

绘制定距等分点首先需要执行【定距等分】的命令，该命令主要有如下几种调用方法：

- 命令行：MEASURE / ME
- 菜单栏：【绘图】|【点】|【定距等分】命令

已经存在一条长 1000 的线段，要求等分后每段长度为 100，则可以等分为 10 段。

课堂举例 3-5：绘制定距等分点　　视频\第 3 章\课堂举例 3-5.mp4

01 调用 LINE/L 命令，绘制一条长 1000 的线段。

02 选择【绘图】|【点】|【定距等分】命令，命令选项如下：

```
命令: _measure                                    //启动【定距等分】命令
选择要定距等分的对象:                             //单击选择绘制的线段
指定线段长度或[块(B)]: 100↙                      //输入等分后每段的长度
```

03 线段定距等分结果如图 3-7 所示。

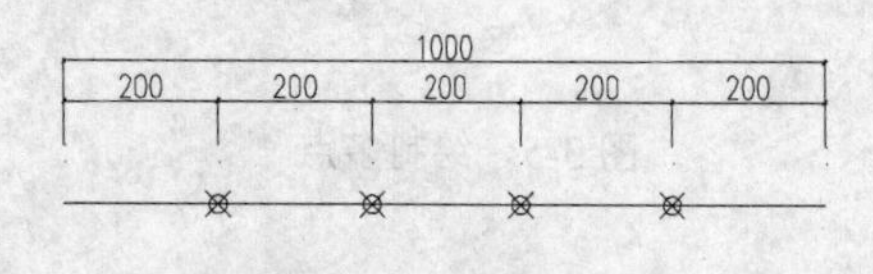

图 3-6　定数等分线段

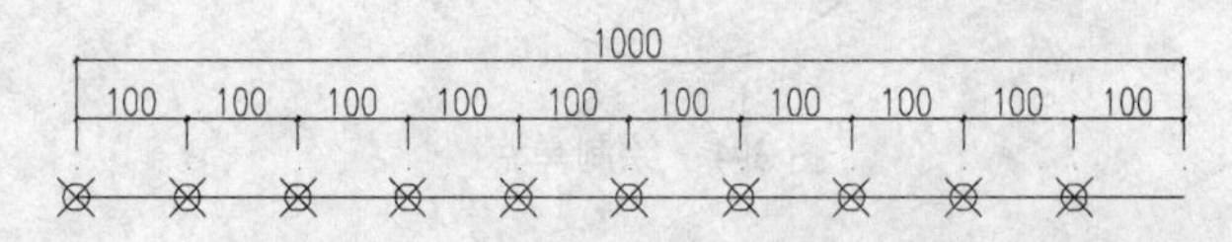

图 3-7　定距等分线段

3.2 直线型对象的绘制

直线型对象是所有图形的基础，在 AutoCAD 中直线型包括直线、射线、构造线、多段线和多线等。各线型具有不同的特征，应根据实际绘图需要选择不同的线型。

3.2.1 绘制直线

直线是所有绘图中最简单、最常用的图形对象，在绘图区指定直线的起点和终点即可绘

制一条直线。当绘制一条线段后，可继续以该线段的终点作为起点，然后指定下一个终点，反复操作可绘制首尾相连的图形，按 Esc 键即可退出直线绘制状态。

绘制直线首先需要执行【直线】命令，该命令主要有如下几种调用方法：

- 命令行：LINE / L
- 菜单栏：【绘图】|【直线】命令
- 工具栏："绘图"工具栏"直线"按钮

执行上述任意一种操作后，命令提示行及操作如下：

```
命令：_line 指定第一点：                    //执行【直线】命令
指定下一点或 [放弃(U)]：                    //在绘图区拾取一点作为直线的起点
指定下一点或 [放弃(U)]：                    //单击鼠标确定直线的终点
```

3.2.2　绘制射线

射线是只有起点和方向但没有终点的直线，即射线为一端固定而另一端无限延长的直线。射线一般作为辅助线，绘制射线后按 Esc 键退出绘制状态。

绘制射线的命令主要有如下几种调用方法：

- 命令行：RAY
- 菜单栏：【绘图】|【射线】命令

执行上述任意一种操作后，命令提示行及操作如下：

```
命令：_ray                                  //调用绘制【射线】命令
指定起点：                                  //在绘图区拾取一点作为射线的起点
指定通过点：                                //确定射线的方向
```

3.2.3　绘制构造线

构造线没有起点和终点，两端可以无限延长，常作为辅助线来使用。

绘制构造线首先需要执行【构造线】命令，该命令主要有如下几种调用方法：

- 命令行：XLINE / XL
- 菜单栏：【绘图】|【构造线】命令
- 工具栏："绘图"工具栏"构造线"按钮

执行上述任意一种操作后，命令提示行及操作如下：

```
命令：_xline                  //执行【构造线】命令
指定点或 [水平(H)/垂直(V)/角度(A)/二等分(B)/偏移(O)]：
指定通过点：                  //指定构造线所经过的一点
指定通过点：                  //指定构造线所要经过的另一点或按 Esc 键结束构造线绘制
```

执行构造线命令过程中各选项的含义如下：

- 水平(H)：选择该选项，可绘制水平构造线。
- 垂直(V)：选择该选项，可绘制垂直的构造线。
- 角度(A)：选择该选项，可按指定的角度创建一条构造线。
- 二等分(B)：选择该选项，可创建已知角的角平分线。使用该选项创建的构造线平分指定的两条线间的夹角，且通过该夹角的顶点。绘制角平分线时，系统要求用户依次指定已知角的顶点、起点及终点。

➢ 偏移(O): 选择该选项，可创建平行与另一个对象的平行线，这条平行线可以偏移一段距离与对象平行，也可以通过指定的点与对象平行。

3.2.4 绘制多段线

多段线是由等宽或不等宽的直线或圆弧等多条线段构成的特殊线段，这些线段所构成的图形是一个整体，可对其进行编辑。

绘制多段线的命令有如下几种调用方法:

➢ 命令行: PLINE / PL

➢ 菜单栏:【绘图】|【多段线】命令

➢ 工具栏:"绘图"工具栏"多段线"按钮

执行上述任意一种操作后，命令提示行及操作如下:

```
命令: PLINE↙                              //执行【多段线】命令
指定起点:                                  //指定一点作为多段线的起点
当前线宽为 0.0000                          //显示当前多段线线宽为 0，即没有线宽
指定下一个点或 [圆弧(A)/半宽(H)/长度(L)/放弃(U)/宽度(W)]:
                                           //指定多段线的下一点位置或选择一个选项绘制不同的线段
指定下一点或 [圆弧(A)/闭合(C)/半宽(H)/长度(L)/放弃(U)/宽度(W)]:↙
                                           //指定多段线的下一点位置或按回车键结束命令
```

执行 PLINE 命令过程中各选项的含义如下:

➢ 圆弧(A): 选择该选项，将以绘制圆弧的方式绘制多段线，其下的"半宽"、"长度"、"放弃"与"宽度"选项与主提示中的各选项含义相同。

➢ 半宽(H): 选择该选项，将指定多段线的半宽值，AutoCAD 将提示用户输入多段线的起点半宽值与终点半宽值。

➢ 长度(L): 选择该选项，将定义下一条多段线的长度。AutoCAD 将按照上一条线段的方向绘制这一条多段线。若上一段是圆弧，将绘制与此圆弧相切的线段。

➢ 放弃(U): 选择该选项，将取消上一次绘制的一段多段线。

➢ 宽度(W): 选择该选项，可以设置多段线宽度值。

在室内设计中，多段线的用途很多，常用来绘制窗帘、轴线等图形，如图 3-8 所示。

图 3-8 多段线绘制窗帘图形

3.2.5 绘制多线

多线是一种由多条平行线组成的组合图形对象。多线是 AutoCAD 中设置项目最多、应用最复杂的直线段对象。多线在室内设计制图中常用来绘制墙体和窗。

1．设置线样式

在使用【多线】命令之前，可对多线的数量和每条单线的偏移距离、颜色、线型和背景填充等特性进行设置。

设置【多线样式】命令主要有如下几种调用方法：

➢ 命令行：MLSTYLE

➢ 菜单栏：【格式】|【多线样式】命令

课堂举例 3-6：创建【平开窗】多线样式

视频\第 3 章\课堂举例 3-6.mp4

01 选择【格式】|【多线样式】命令，打开如图 3-9 所示"多线样式"对话框。单击【新建】按钮打开"创建新的多线样式"对话框。

02 在"新样式名"文本框中输入需要创建的多线样式名称，这里输入"平开窗"文本，单击【继续】按钮，如图 3-10 所示。

图 3-9　"多线样式"对话框

图 3-10　输入新样式名

03 打开"新建多线样式：平开窗"对话框，在该对话框中可以对新建的多线样式的封口、直线之间的距离、颜色和线型等因素进行设置，在"说明"文本框中可以对新建的多线样式进行用途、创建者、创建时间等说明，以便以后在选用多线样式时加以判断。如图 3-11 所示为平开窗设置参数。

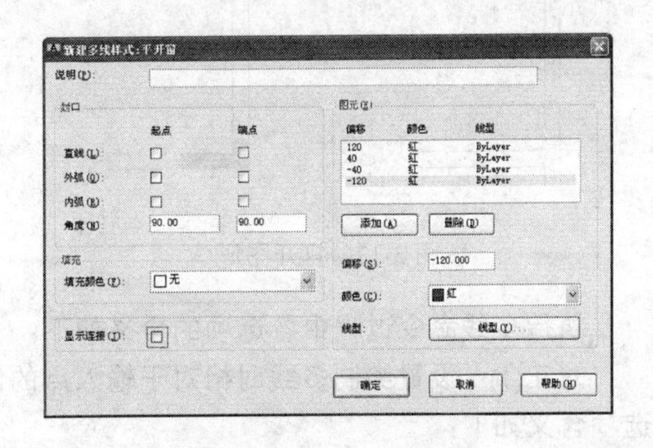

图 3-11　设置多线样式

04 设置完成后单击【确定】按钮，保存设置并关闭该对话框，返回"多线样式"对话框，此时，在"多线样式"对话框的"样式"列表框中将显示刚设置完成的多线样式。

在"多线样式"对话框的"样式"列表框中选择需要使用的多线样式。单击【置为当前】按钮，可将选择的多线样式设置为当前系统默认的样式；单击【修改】按钮，将打开"修改多线样式"对话框，该对话框与

“新建多线样式”对话框的选项完全一致，在其中可对指定样式的各选项进行修改；单击【重命名】按钮，可将选择的多线样式重新命名；单击【删除】按钮，可将选择的多线样式删除。

2. 绘制多线

【多线】的命令有如下几种调用方法：

➢ 命令行：MLINE / ML

➢ 菜单栏：选择【绘图】|【多线】命令

多线的绘制方法与直线的绘制方法相似，不同的是多线由两条线型相同的平行线组成。绘制的每一条多线都是一个完整的整体，不能对其进行偏移、倒角、延伸和剪切等编辑操作，只能使用分解命令将其分解成多条直线后再编辑。

课堂举例 3-7：使用多线绘制平开窗　　视频\第3章\课堂举例3-7.mp4

01 按 Ctrl+O 快捷键，打开“3.2.5 绘制多线.dwg”图形文件，如图 3-12 所示。

02 调用 MILINE/ML 命令，以该多线样式在墙体内绘制多线，命令提示行及操作如下：

```
命令：MLINE↙                                //调用【多线】命令
当前设置：对正 = 上，比例 = 1.00，样式 = PINGKAICHUANG
指定起点或 [对正(J)/比例(S)/样式(ST)]： S↙ //选择“比例（S）”选项
输入多线比例 <1.00>： 1↙                    //设置多线比例为1
当前设置：对正 = 上，比例 = 1.00，样式 = PINGKAICHUANG
指定起点或 [对正(J)/比例(S)/样式(ST)]： J↙ //选择“对正（J）”选项
输入对正类型 [上(T)/无(Z)/下(B)] <上>:T↙   //选择“上(T)”对正类型
当前设置：对正 = 上，比例 = 1.00，样式 = PINGKAICHUANG
指定起点或 [对正(J)/比例(S)/样式(ST)]：     //捕捉A点为多线的起点
指定下一点：                                //捕捉B点为多线的端点,结果如图3-13所示。
```

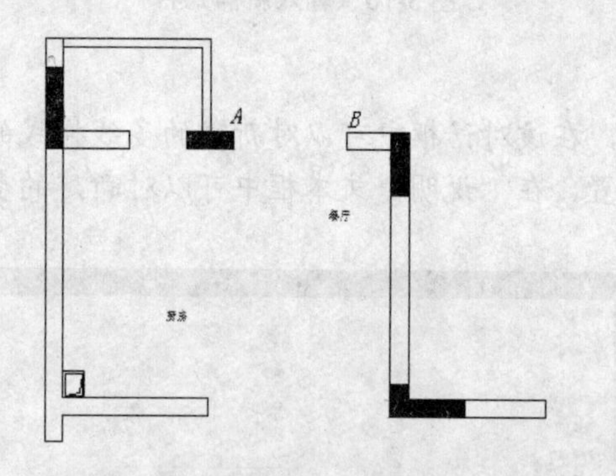

图 3-12　打开图形

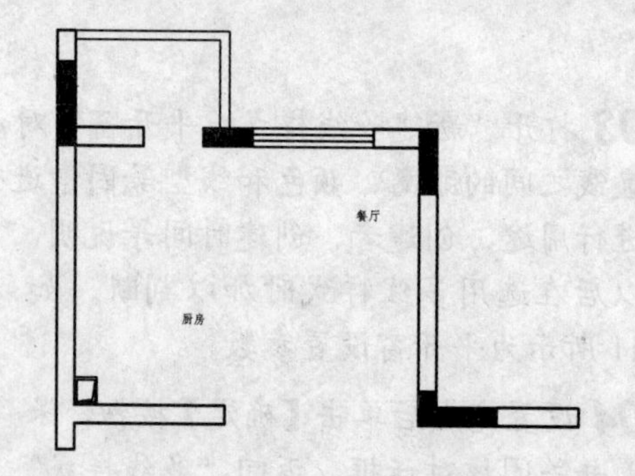

图 3-13　绘制平开窗

执行多线命令过程中各选项的含义如下：

对正(J)：设置绘制多线时相对于输入点的偏移位置。该选项有上、无和下 3 个选项，各选项含义如下：

➢ 上(T)：多线顶端的线随着光标移动。

➢ 无(Z)：多线的中心线随着光标移动。

➢ 下(B)：多线底端的线随着光标移动。

比例(S)：设置多线样式中平行多线的宽度比例。

样式(ST)：设置绘制多线时使用的样式，默认的多线样式为 STANDARD。选择该选项后，可以在提示信息“输入多线样式名或 [?]”后面输入已定义的样式名，输入“？”则会列出当前图形中所有的多线样式。

3.3 多边形对象的绘制

在 AutoCAD 中，矩形及多边形的各边构成一个单独的对象。它们在绘制复杂图形时比较常用。

3.3.1 绘制矩形

在 AutoCAD 中绘制矩形，可以为其设置倒角、圆角，以及宽度和厚度值等参数。

启动【矩形】命令有以下几种方法：

➢ 命令行：RECTANG／REC

➢ 菜单栏：【绘图】|【矩形】命令

➢ 工具栏：“绘图”工具栏“矩形”按钮

执行该命令后，命令行提示如下：

```
指定第一个角点或 [倒角(C)/标高(E)/圆角(F)/厚度(T)/宽度(W)]:
```

其中各选项的含义如下：

➢ 倒角（C）：绘制一个带倒角的矩形。

➢ 标高（E）：矩形的高度。默认情况下，矩形在 x、y 平面内。该选项一般用于三维绘图。

➢ 圆角（F）：绘制带圆角的矩形。

➢ 厚度（T）：矩形的厚度，该选项一般用于三维绘图。

➢ 宽度（W）：定义矩形的宽度。

如图 3-14 所示为各种样式的矩形效果。

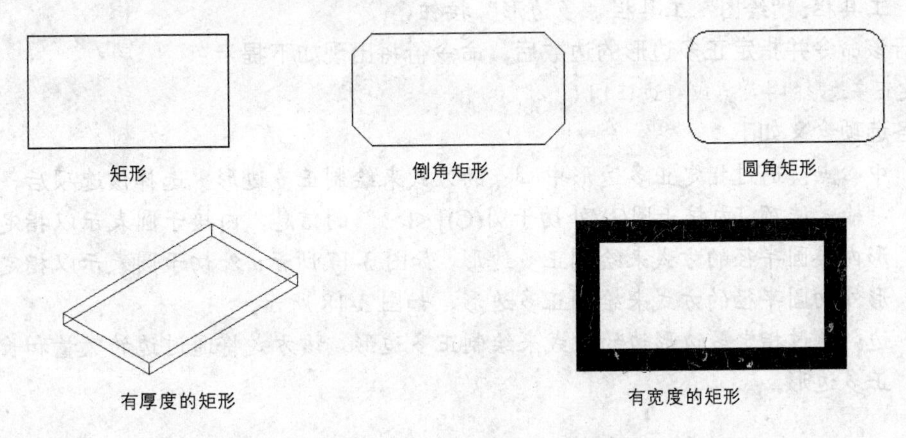

图 3-14　各种样式的矩形效果

课堂举例 3-8: 绘制矩形　　视频\第3章\课堂举例3-8.mp4

01 调用 RECTANG/REC 命令，绘制一个尺寸为 500 × 1000 矩形，命令行选项如下：

```
命令:RECTANG↙                                              //调用【矩形】命令
指定第一个角点或 [倒角(C)/标高(E)/圆角(F)/厚度(T)/宽度(W)]:
指定另一个角点或 [面积(A)/尺寸(D)/旋转(R)]: d↙              //选择"尺寸(D)"选项
指定矩形的长度 <10.0000>: 500↙                             //输入矩形的长度
指定矩形的宽度 <10.0000>: 1000↙                            //输入矩形的宽度
指定另一个角点或 [面积(A)/尺寸(D)/旋转(R)]: ↙               //按回车键退出命令
```

02 绘制完成的矩形如图 3-15 所示。

3.3.2 绘制正多边形

正多边形是由三条或三条以上长度相等的线段首尾相接形成的闭合图形。其边数范围在 3～1024 之间，如图 3-16 所示为各种正多边形效果。

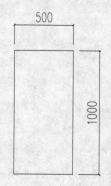

图 3-15　绘制的矩形

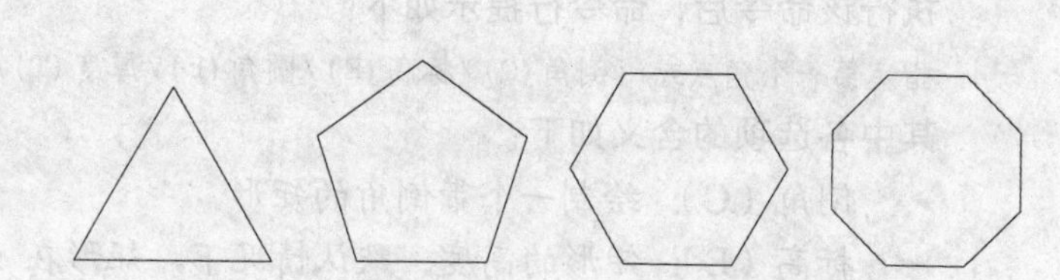

图 3-16　各种正多边形

启动【正多边形】有以下几种方法：

➢ 命令行：POLYGON / POL
➢ 菜单栏：【绘图】|【正多边形】命令
➢ 工具栏："绘图"工具栏"多边形"按钮

执行该命令并指定正多边形的边数后，命令行将出现如下提示：

```
指定正多边形的中心点或 [边(E)]:
```

其各选项含义如下：

➢ 中心点：通过指定正多边形中心点的方式来绘制正多边形。选择该选项后，会提示"输入选项 [内接于圆(I)/外切于圆(C)] <I>:"的信息，内接于圆表示以指定正多边形内接圆半径的方式来绘制正多边形，如图 3-17 所示；外切于圆表示以指定正多边形外切圆半径的方式来绘制正多边形，如图 3-18 所示。
➢ 边：通过指定多边形边的方式来绘制正多边形。该方式将通过边的数量和长度确定正多边形。

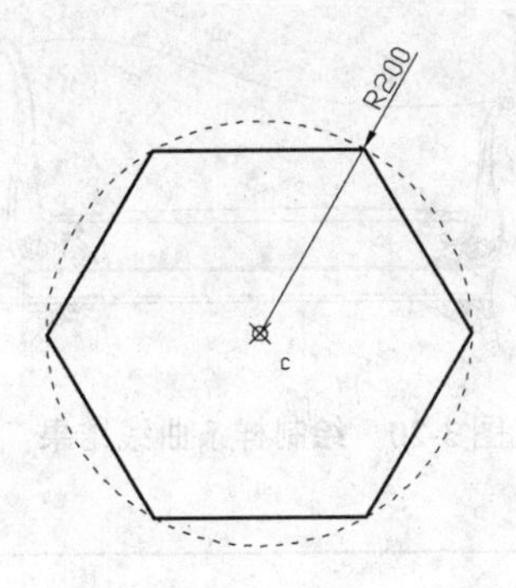

图 3-17 内接于圆画正多边形

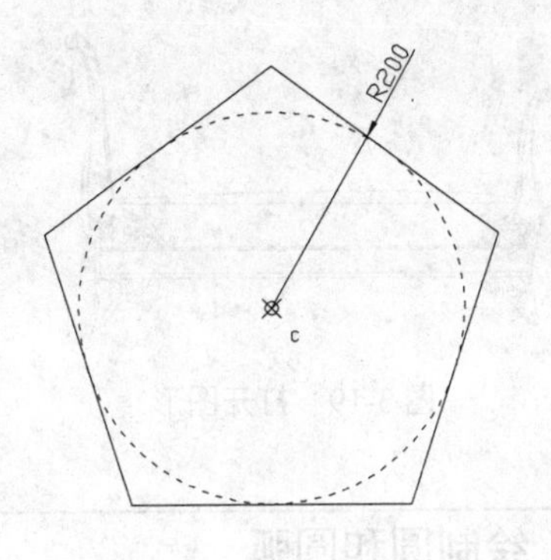

图 3-18 外切于圆画正多边形

3.4 曲线对象的绘制

在 AutoCAD 2013 中，圆、圆弧、椭圆、椭圆弧和圆环都属于曲线对象，其绘制方法相对比较复杂。

3.4.1 绘制样条曲线

样条曲线是一种能够自由编辑的曲线，在曲线周围将显示控制点，可以通过调整曲线上的起点、控制点来控制曲线形状。

【样条曲线】命令主要有如下几种调用方法：

- 命令行：SPLINE / SPL
- 菜单栏：【绘图】|【样条曲线】命令
- 工具栏："绘图"工具栏"样条曲线"按钮

课堂举例 3-9：绘制贵妃椅的靠背

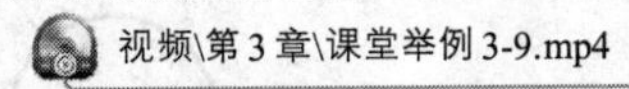
视频\第 3 章\课堂举例 3-9.mp4

01 按 Ctrl+O 快捷键，打开"3.4.1 绘制样条曲线.dwg"图形文件，如图 3-19 所示。

02 使用【样条曲线】命令绘制贵妃椅的靠背，执行上述任意一种操作后，命令提示行操作如下：

```
命令：SPLINE↙                                        //调用【样条曲线】命令
当前设置：方式=拟合    节点=弦
指定第一个点或 [方式(M)/节点(K)/对象(O)]:              //在贵妃椅的扶手上中捕捉一点作为样条曲线的起点
输入下一个点或 [起点切向(T)/公差(L)]:                  //指定样条曲线的下一个点
输入下一个点或 [端点相切(T)/公差(L)/放弃(U)]:          //再次指定样条曲线的下一个点
输入下一个点或 [端点相切(T)/公差(L)/放弃(U)/闭合(C)]: ↙     //按回车键结束绘制
```

03 贵妃椅的靠背绘制完成效果如图 3-20 所示。

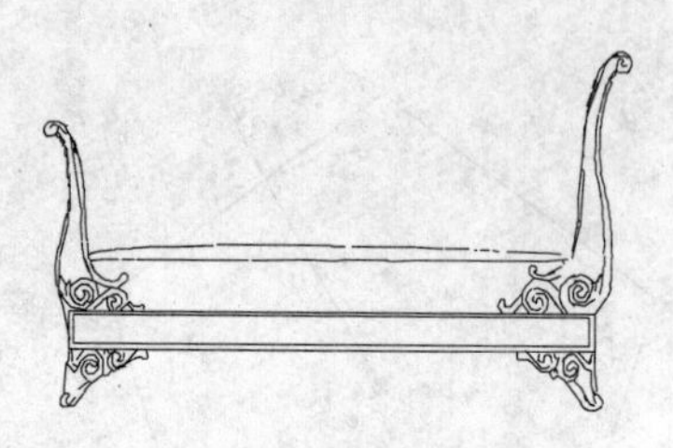

图 3-19　打开图形

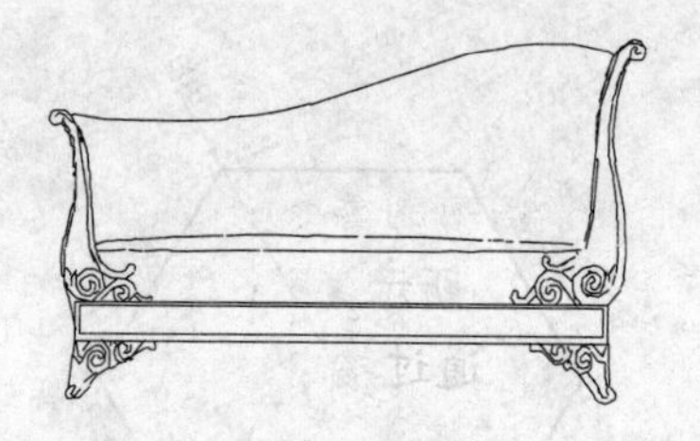

图 3-20　绘制样条曲线结果

3.4.2 绘制圆和圆弧

1. 绘制圆

启动【圆】命令有以下几种方法:

- 命令行: CIRCLE / C
- 菜单栏:【绘图】|【圆】命令
- 工具栏: "绘图" 工具栏 "圆" 按钮

菜单栏中的【绘图】|【圆】命令中提供了 6 种绘制圆的子命令，绘制方式如图 3-21 所示。各子命令的含义如下:

- 圆心、半径: 用圆心和半径方式绘制圆。
- 圆心、直径: 用圆心和直径方式绘制圆。
- 三点: 通过 3 点绘制圆，系统会提示指定第一点、第二点和第三点。
- 两点: 通过两个点绘制圆，系统会提示指定圆直径的第一端点和第二端点。
- 相切、相切、半径: 通过两个其它对象的切点和输入半径值来绘制圆。系统会提示指定圆的第一切线和第二切线上的点及圆的半径。
- 相切、相切、相切: 通过 3 条切线绘制圆。

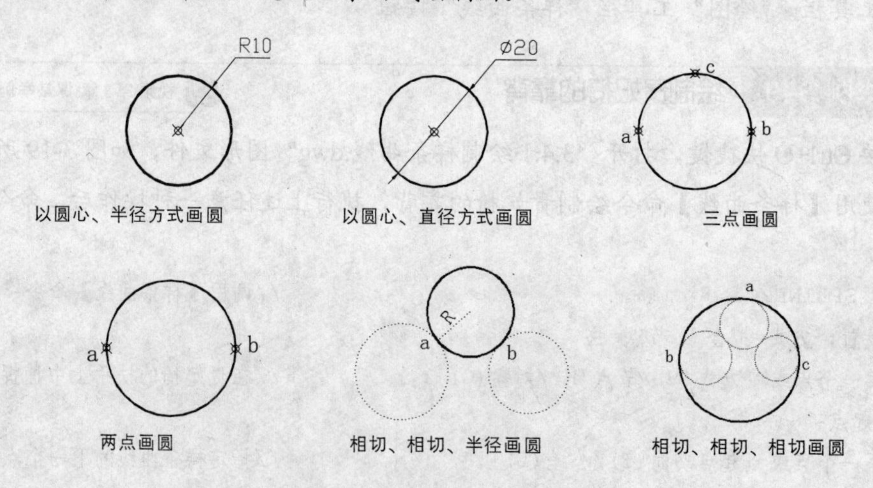

图 3-21　圆的 6 种绘制方式

2. 绘制圆弧

启动【圆弧】命令有以下几种方法:

- 命令行: ARC / A

- 菜单栏：【绘图】|【圆弧】命令
- 工具栏："绘图"工具栏"圆弧"按钮

单击菜单栏中的【绘图】|【圆弧】菜单项，其中提供了 11 种绘制圆弧的子命令，绘制方式如图 3-22 所示。各子命令的含义如下：

- 三点：通过指定圆弧上的三点绘制圆弧，需要指定圆弧的起点、通过的第二个点和端点。
- 起点、圆心、端点：通过指定圆弧的起点、圆心、端点绘制圆弧。
- 起点、圆心、角度：通过指定圆弧的起点、圆心、包含角绘制圆弧。执行此命令时会出现"指定包含角："的提示，在输入角度时，如果当前环境设置逆时针方向为角度正方向，且输入正的角度值，则绘制的圆弧是从起点绕圆心沿逆时针方向绘制，反之则沿顺时针方向绘制。
- 起点、圆心、长度：通过指定圆弧的起点、圆心、弦长绘制圆弧。另外，在命令行提示的"指定弦长："提示信息下，如果所输入的值为负，则该值的绝对值将作为对应整圆的空缺部分圆弧的弦长。
- 起点、端点、角度：通过指定圆弧的起点、端点、包含角绘制圆弧。
- 起点、端点、方向：通过指定圆弧的起点、端点和圆弧的起点切向绘制圆弧。命令执行过程中会出现"指定圆弧的起点切向："提示信息，此时拖动鼠标动态地确定圆弧在起始点处的切线方向与水平方向的夹角。拖动鼠标时，AutoCAD 会在当前光标与圆弧起始点之间形成一条线，即为圆弧在起始点处的切线。确定切线方向后，单击拾取键即可得到相应的圆弧。
- 起点、端点、半径：通过指定圆弧的起点、端点和圆弧半径绘制圆弧。
- 圆心、起点、端点：以圆弧的圆心、起点、端点方式绘制圆弧。
- 圆心、起点、角度：以圆弧的圆心、起点、圆心角方式绘制圆弧。
- 圆心、起点、长度：以圆弧的圆心、起点、弦长方式绘制圆弧。
- 继续：绘制其他直线或非封闭曲线后选择"绘图"|"圆弧"|"继续"命令，系统将自动以刚才绘制的对象的终点作为即将绘制的圆弧的起点。

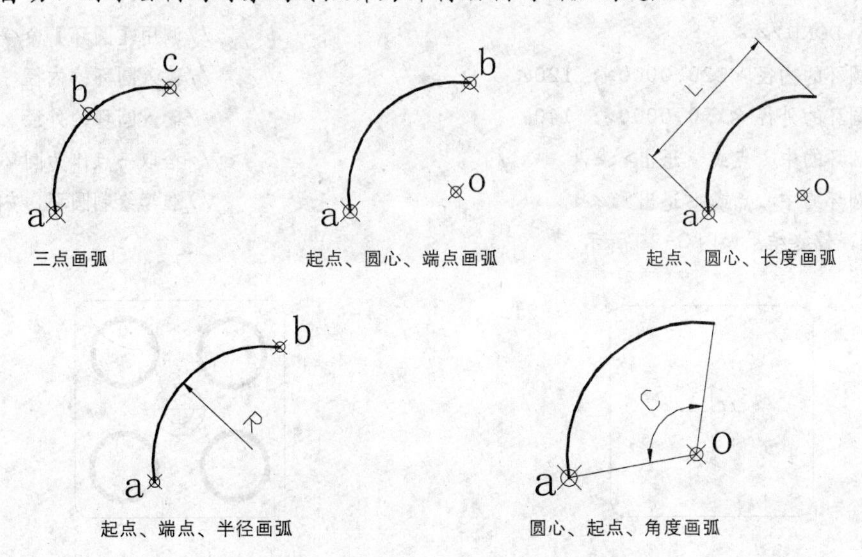

图 3-22　几种最常用的绘制圆弧的方法

3.4.3 绘制圆环和填充圆

圆环是由同一圆心、不同直径的两个同心圆组成的，控制圆环的主要参数是圆心、内直径和外直径。如果圆环的内直径为 0，则圆环为填充圆。

启动【圆环】命令有如下方法：

- 命令行：DONUT / DO
- 菜单栏：【绘图】|【圆环】命令

AutoCAD 默认情况下，所绘制的圆环为填充的实心图形。如果在绘制圆环之前，在命令行输入 FILL 命令，则可以控制圆环或圆的填充可见性。执行 FILL 命令后，命令行提示如下：

```
命令：FILL↙
输入模式 [开(ON)/关(OFF)] <开>:
```

选择“开（ON）”模式，表示绘制的圆环和圆要填充，如图 3-23 所示。选择“关（OFF）”模式，表示绘制的圆环和圆不要填充，如图 3-24 所示。

图 3-23 选择开（ON）模式

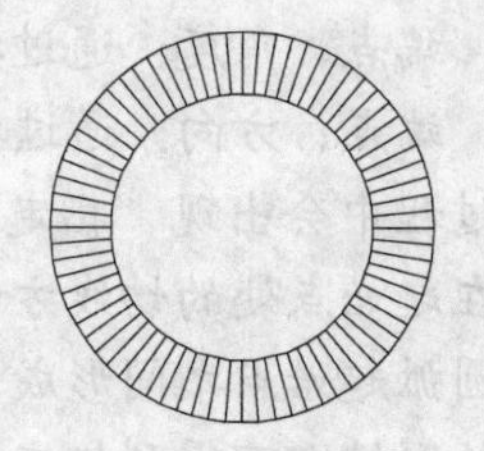

图 3-24 选择关(OFF)模式

课堂举例 3-10：绘制圆环

视频\第 3 章\课堂举例 3-10.mp4

01 按 Ctrl+O 快捷键，打开如图 3-25 所示的“3.4.3 绘制圆环”图形。

02 绘制圆环表示浴霸灯，调用 DONUT / DO 命令，命令行选项如下：

```
命令：DONUT↙                              //调用【圆环】命令
指定圆环的内径 <120.0000>: 120↙           //输入圆环的内径
指定圆环的外径 <150.0000>: 140↙           //输入圆环的外径
指定圆环的中心点或 <退出>:↙               //拾取一点作为圆环的中心点
指定圆环的中心点或 <退出>:↙               //继续绘制圆环，按回车键完成
圆环的绘制，最终结果如图 3-26 所示
```

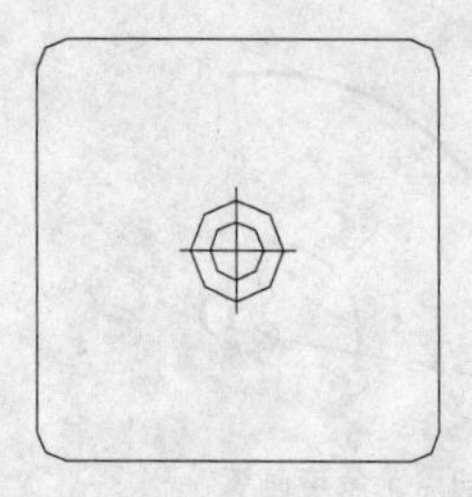

图 3-25 打开图形

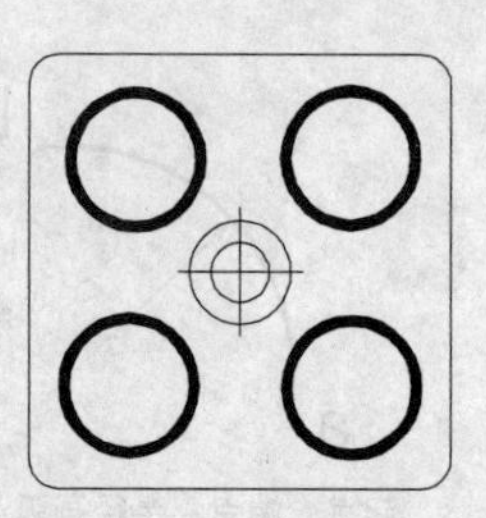

图 3-26 最终结果

3.4.4　绘制椭圆和椭圆弧

1. 绘制椭圆

椭圆是平面上到定点距离与到指定直线间距离之比为常数的所有点的集合。

启动【椭圆】命令有如下几种方法：

- 命令行：ELLIPSE / EL
- 菜单栏：【绘图】|【椭圆】命令
- 工具栏："绘图"工具栏"椭圆"按钮

在 AutoCAD 中，绘制椭圆有两种方法，即指定端点和指定中心点。

❑ 指定端点

单击菜单栏中的【绘图】|【椭圆】|【轴、端点】命令，或在命令行中执行 ELLIPSE / EL 命令，根据命令行提示绘制椭圆。

课堂举例 3-11：指定端点绘制椭圆　　视频\第 3 章\课堂举例 3-11.mp4

01 如绘制一个长半轴为 100，短半轴为 75 的椭圆，其命令行提示如下：

```
命令：ELLIPSE↙                                //调用 ellipse 命令
指定椭圆的轴端点或 [圆弧(A)/中心点(C)]:        //单击鼠标指定椭圆的一端点
指定轴的另一个端点:@300,0↙                    //用相对坐标方式输入椭圆的另一端点的距离
指定另一条半轴长度或 [旋转(R)]: 75↙            //输入椭圆短半轴的长度
```

02 如图 3-27 所示为所绘制的椭圆。

❑ 指定中点

单击菜单栏中的【绘图】|【椭圆】|【中点】命令，或在命令行中执行 ELLIPSE / EL 命令，根据命令行提示绘制椭圆。

下面绘制一个圆心坐标为（0，0），长半轴为 100，短半轴为 75 的椭圆。

课堂举例 3-12：指定中点绘制椭圆　　视频\第 3 章\课堂举例 3-12.mp4

01 使用中心点的方式绘制椭圆，命令行提示如下：

```
命令：ELLIPSE↙                              //调用【椭圆】命令
指定椭圆的轴端点或 [圆弧(A)/中心点(C)]:C↙          //选择"中心点(C)"绘制模式
指定椭圆的中心点: 0,0↙                      //输入椭圆中心点的坐标为 (0, 0)
指定轴的端点: @100,0↙                       //利用相对坐标输入方式确定椭圆长半轴的一端点
指定另一条半轴长度或 [旋转(R)]:75↙          //输入椭圆短半轴长度
```

02 绘制完成的长半轴为 200、短半轴为 75 的椭圆如图 3-27 所示。

2. 绘制椭圆弧

椭圆弧是椭圆的一部分，和椭圆不同的是，它的起点和终点没有闭合。绘制椭圆弧需要确定的参数有：椭圆弧所在椭圆的两条轴及椭圆弧的起点和终点的角度。

启动【椭圆弧】命令有如下方法：

- 命令行：ELLIPSE / EL
- 菜单栏：【绘图】|【椭圆】|【圆弧】命令
- 工具栏："绘图"工具栏"椭圆弧"按钮

课堂举例 3-13：绘制椭圆弧

视频\第 3 章\课堂举例 3-13.mp4

01 选择【绘图】|【椭圆】|【圆弧】命令，或者单击【绘图】工具栏上的【椭圆弧】按钮。

02 根据命令行提示信息，使用中心点或者端点方式，并设置起始角度和终止角度，即可完成椭圆弧的绘制，如图 3-28 所示。

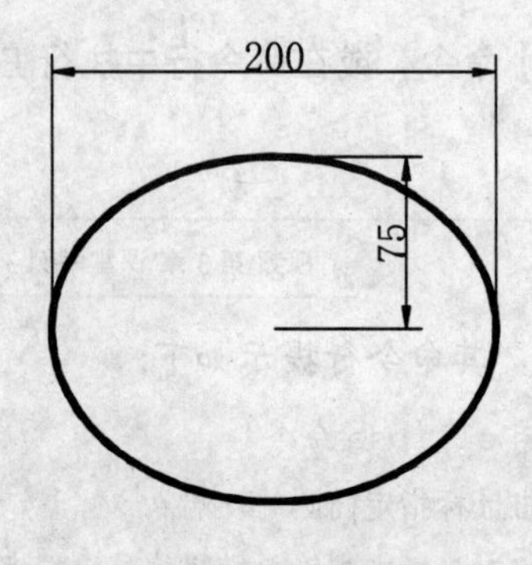

图 3-27　绘制椭圆

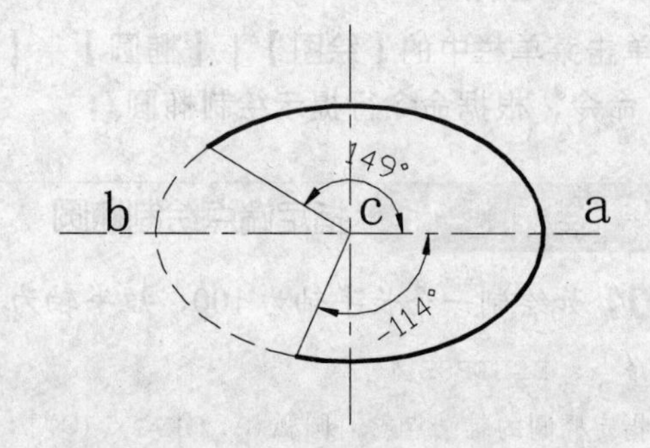

图 3-28　绘制椭圆弧

第 4 章 AutoCAD 图形的编辑

本章导读

使用 AutoCAD 绘图是一个由简到繁、由粗到精的过程。使用 AutoCAD 提供的一系列修改命令，对图形进行移动、复制、阵列、修剪、删除等多种操作，可以快速生成复杂的图形。本章将重点讲述这些图形编辑命令的用法。

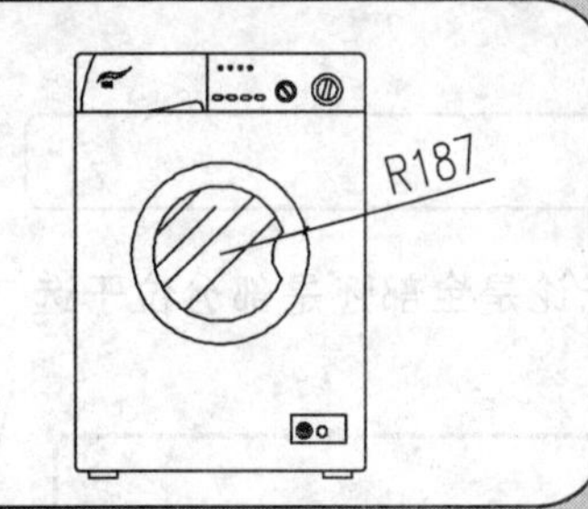

本章重点

★ 选择对象的方法
★ 移动和旋转对象
★ 删除、复制、镜像、偏移和阵列对象
★ 缩放、拉伸、修剪和延伸对象
★ 打断、合并和分解对象
★ 倒角和圆角对象
★ 使用夹点编辑对象

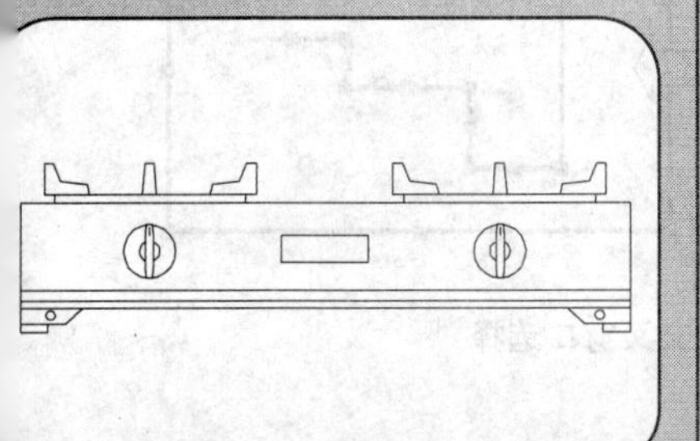

4.1 选择对象的方法

在编辑图形之前，首先需要对编辑的图形进行选择。在 AutoCAD 中，选择对象的方法有很多，本节介绍常用的几种选择方法。

4.1.1 直接选取

直接选取又称为点取对象，直接将光标拾取点移动到欲选取对象上，然后单击鼠标左键即可完成选取对象的操作，如图 4-1 所示。

> 提示 连续单击需要选择的对象，可以同时选择多个对象。按下 Shift 键并再次单击已经选中的对象，可以将这些对象从当前选择集中删除。按 Esc 键，可以取消对当前全部选定对象的选择。

4.1.2 窗口选取

窗口选取对象是以指定对角点的方式，定义矩形选取范围的一种选取方法。利用该方法选取对象时，从左往右拉出选择框，只有全部位于矩形窗口中的图形对象才会被选中，如图 4-2 所示。

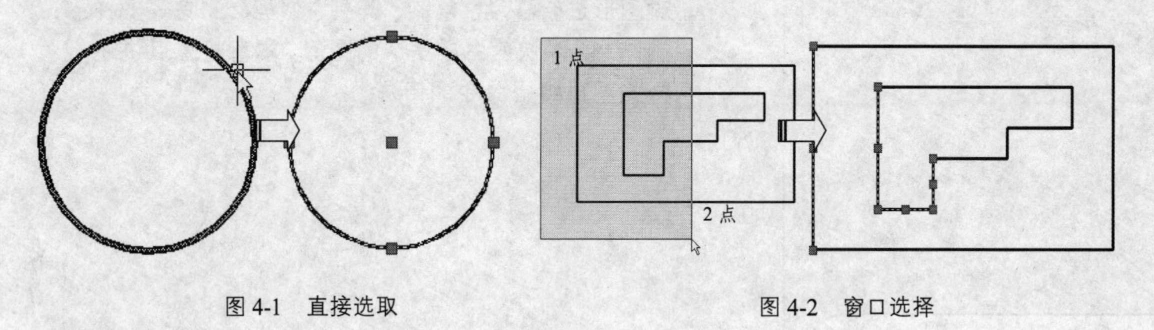

图 4-1　直接选取　　图 4-2　窗口选择

4.1.3 交叉窗口选取

交叉选择方式与窗口选择方式相反，从右往左拉出选择框，无论是全部还是部分位于选择框中的图形对象都将被选中，如图 4-3 所示。

> 提示 窗口选择时拉出的选择范围框为实线框，交叉窗口选择时拉出的选择范围框为虚线框。

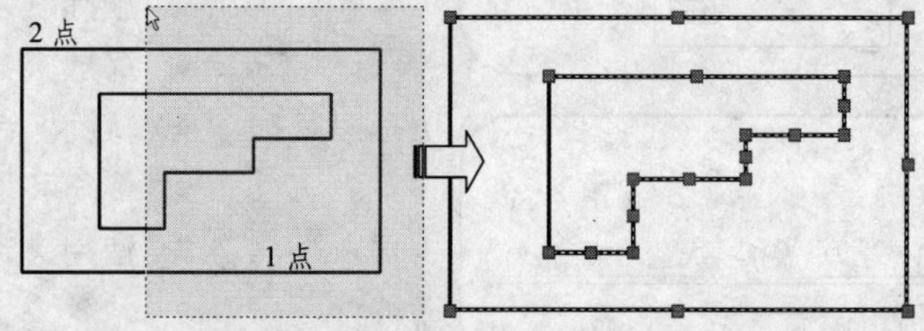

图 4-3　交叉窗口选择

4.1.4　不规则窗口选取

不规则窗口选取是通过指定若干点以定义不规则形状的区域方式来选择对象，包括圈围和圈交两种方式：圈围方式选择完全包含在多边形窗口内的对象，而圈交方式可以选择包含在多边形窗口内或与之相交的对象，相当于窗口选取和交叉窗口选取的区别。

课堂举例 4-1：圈围图形

视频\第 4 章\课堂举例 4-1.mp4

01 按 Ctrl+O 快捷键，打开如图 4-4 所示的“4.1.4 圈围图形.dwg”文件。

02 调用 ERASE【删除】命令，清理不需要的洗手盆，命令行操作如下：

```
命令: ERASE↙                          //调用【删除】命令
选择对象:WP↙                          //激活圈围选择方式
第一圈围点:                           //指定圈围点，确定圈围范围，如图 4-5 所示
指定直线的端点或 [放弃(U)]:           //按空格键结束圈围选择
找到 48 个
选择对象: ↙                           //按回车键结束对象选择
```

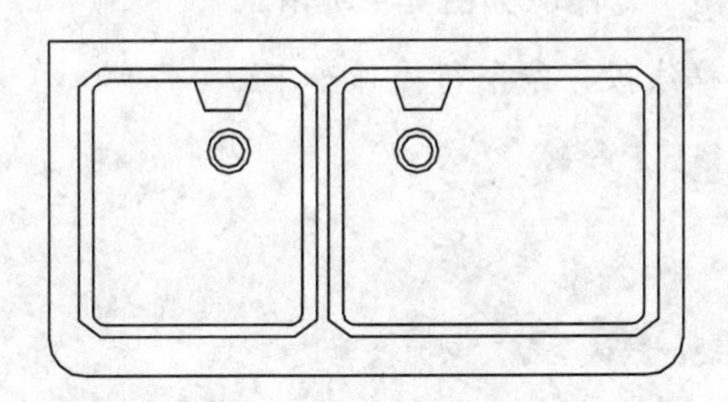

图 4-4　打开图形

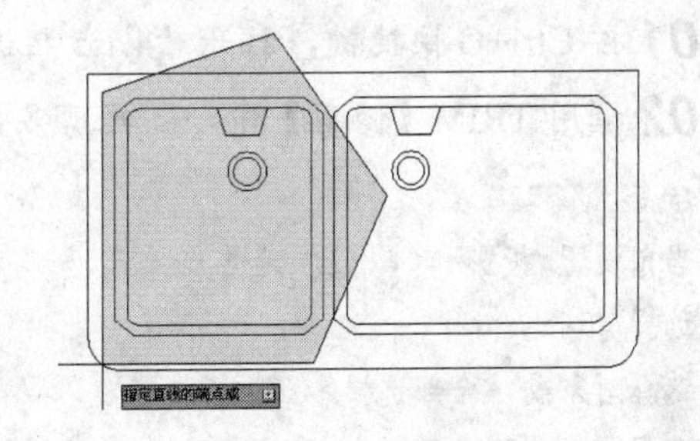

图 4-5　圈围图形

03 圈围选择对象删除结果如图 4-7 所示，完全包含在圈围范围框内的图形被删除。

课堂举例 4-2：圈交图形

视频\第 4 章\课堂举例 4-2.mp4

01 调用 ERASE【删除】命令，清理图形，命令行操作如下：

```
命令:ERASE↙                           //调用【删除】命令
选择对象:CP↙                          //激活圈交选项
第一圈围点:……                         //指定圈围点，如图 4-8 所示
指定直线的端点或 [放弃(U)]: ↙         //按空格键结束圈交范围指定
找到 55 个
选择对象:                             //按回车键结束对象选择
```

02 清理图形结果如图 4-6 所示，包含在圈交范围内和与圈交范围框相交的图形都被删除。

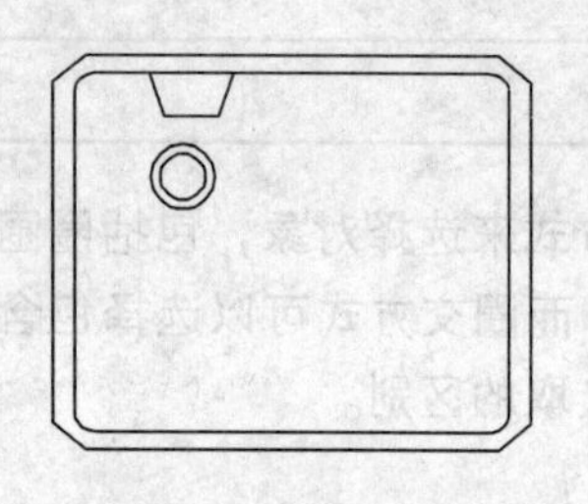

图 4-6　圈交删除结果

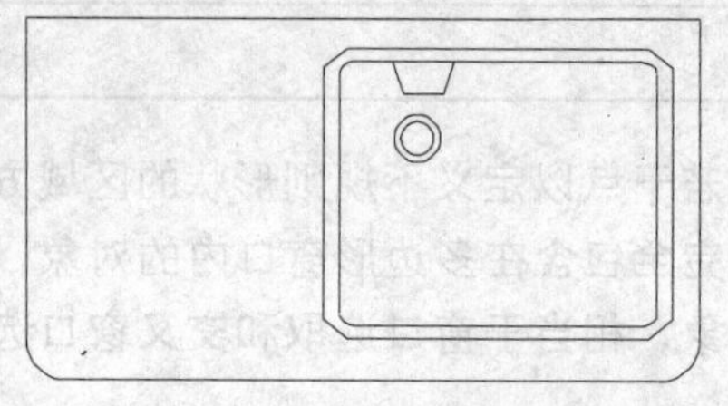

图 4-7　圈围删除结果

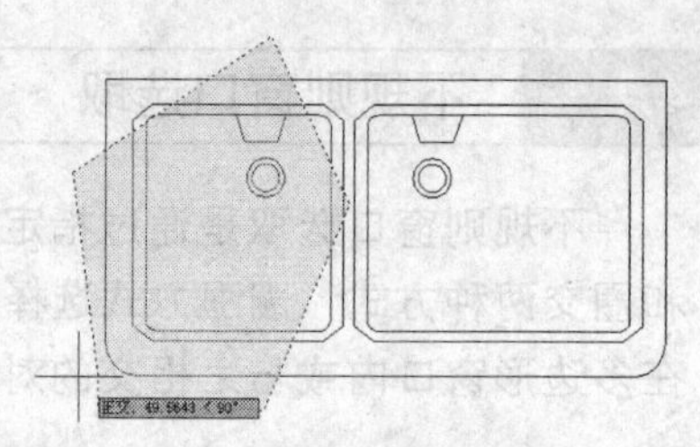

图 4-8　圈交对象

4.1.5 栏选取

使用该选取方式能够以画链的方式选择对象。所绘制的线链可以由一段或多段直线组成，所有与其相交的对象均被选中。

根据命令行提示，输入字母 F，按 Enter 键，然后在需要选择对象处绘制线链，线链绘制完成后按 Enter 键，即可完成对象选取。

课堂举例 4-3：栏选取修剪楼梯线

视频\第 4 章\课堂举例 4-3.mp4

01 按 Ctrl+O 快捷键，打开“4.1.5 栏选取.dwg”文件，如图 4-9 所示。

02 调用 TRIM【修剪】命令，修剪多余的楼梯线段，命令行操作如下：

```
命令: TRIM↙                              //调用【修剪】命令
当前设置:投影=UCS, 边=延伸
选择剪切边...
选择对象或 <全部选择>:↙                  //按回车键，默认全部对象为修剪边
选择要修剪的对象，或按住 Shift 键选择要延伸的对象，或[栏选(F)/窗交(C)/投影(P)/边(E)/
删除(R)/放弃(U)]:F↙                      //激活栏选取方式
指定第一个栏选点:                         //在 A 和 B 点分别单击，绘制栏选线链，如图 4-10 所示
选择要修剪的对象，或按住 Shift 键选择要延伸的对象，或[栏选(F)/窗交(C)/投影(P)/边(E)/
删除(R)/放弃(U)]: ↙                      //按回车键结束对象选择
```

03 栏选修剪结果如图 4-11 所示，与栏选线链相交的图形全部被修剪。

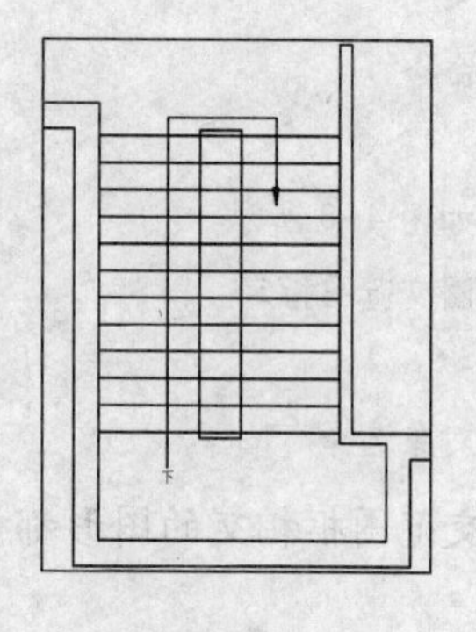

图 4-9　打开图形

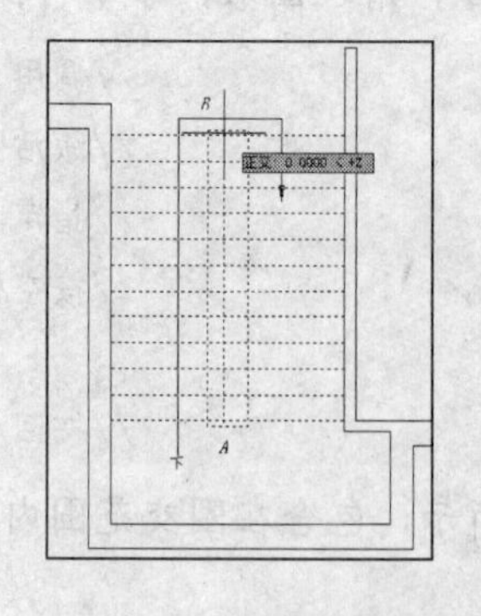

图 4-10　栏选取

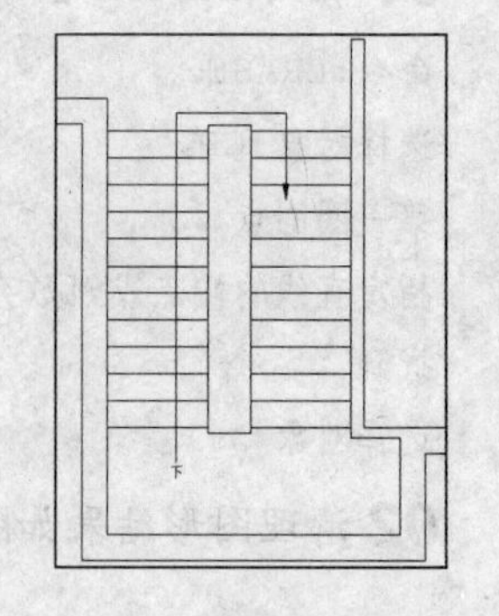

图 4-11　修剪效果

4.1.6 快速选择

快速选择可以根据对象的图层、线型、颜色、图案填充等特性和类型创建选择集，从而可以准确快速地从复杂的图形中选择满足某种特性的图形对象。

单击菜单栏中的【工具】|【快速选择】命令，系统弹出【快速选择】对话框，如图 4-12 所示。根据要求设置选择范围，单击【确定】按钮，完成选择操作。

4.2 移动和旋转对象

本节所介绍的编辑工具是对图形位置、角度进行调整，此类工具在室内装潢施工图绘制过程中使用非常频繁。

4.2.1 移动对象

移动对象是指对象的重定位，可以在指定方向上按指定距离移动对象，对象的位置发生了改变，但方向和大小不改变，可以通过以下方法调用【移动】命令：

➢ 命令行：MOVE / M
➢ 菜单栏：【修改】|【移动】命令
➢ 工具栏："修改"工具栏"移动"按钮

课堂举例 4-4：移动对象　　视频\第 4 章\课堂举例 4-4.mp4

01 按 Ctrl+O 快捷键，打开"4.2.1 移动对象.dwg"文件，如图 4-13 所示。

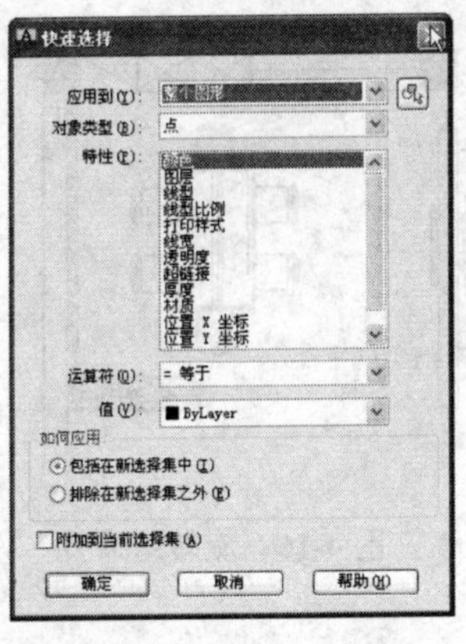

图 4-12　【快速选择】对话框

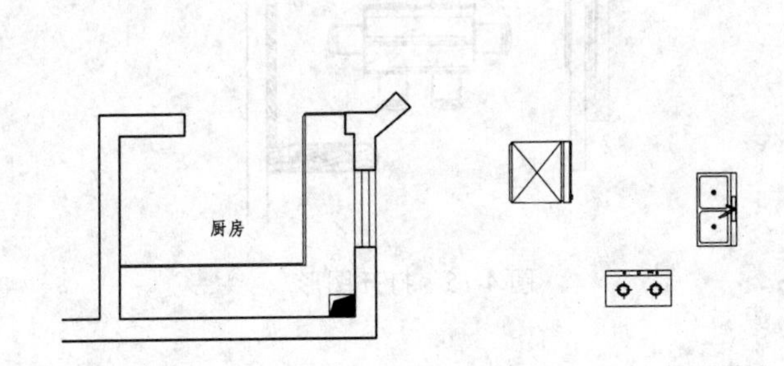

图 4-13　打开图形

02 使用【移动】命令，将冰箱、洗菜盆和燃气灶图形移动到厨房中，命令行操作如下：

```
命令：MOVE↙                              //调用【移动】命令
选择对象：指定对角点：找到 187 个          //选择需要移动的图形
选择对象：↙                              //按回车键结束选择对象
```

```
指定基点或 [位移(D)] <位移>:
                    //捕捉被移动对象的基点
指定第二个点或 <使用第一个点作为位移>:
                    //指定目标点，释放鼠标
```

03 移动厨房家具最终效果如图 4-14 所示。

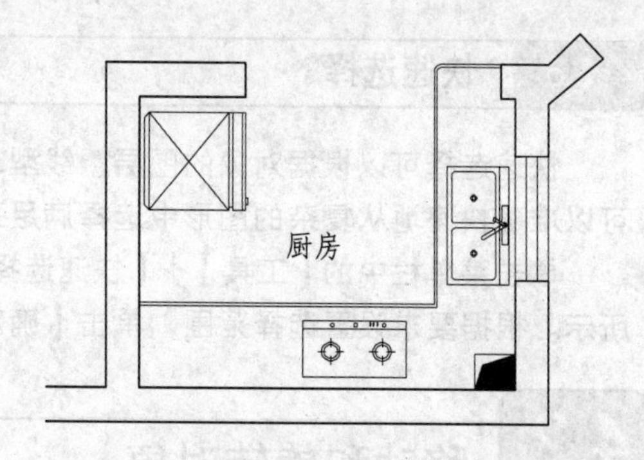

图 4-14　移动结果

4.2.2 旋转对象

使用【旋转】命令可以绕指定基点旋转图形中的对象。启动【旋转】命令方法如下：

- 命令行：ROTATE / RO
- 菜单栏：【修改】|【旋转】命令
- 工具栏："修改"工具栏"旋转"按钮

课堂举例 4-5：旋转对象

视频\第 4 章\课堂举例 4-5.mp4

01 按 Ctrl+O 快捷键，打开"4.2.2 旋转对象.dwg"文件，如图 4-15 所示。

02 调用【旋转】命令，调整餐桌图形方向，具体操作如下：

```
命令: ROTATE↙                                       //执行【旋转】命令
UCS 当前的正角方向:  ANGDIR=逆时针   ANGBASE=0    //系统显示当前 UCS 坐标
选择对象: 指定对角点: 找到 6 个                     //选择要旋转的对象
指定基点:                                           //捕捉图形中的一点作为旋转参考点
指定旋转角度，或[复制(C)/参照(R)] <0>:180↙          //输入旋转角度或按住鼠标不放拖动鼠标
```

03 餐桌图形旋转结果如图 4-16 所示。

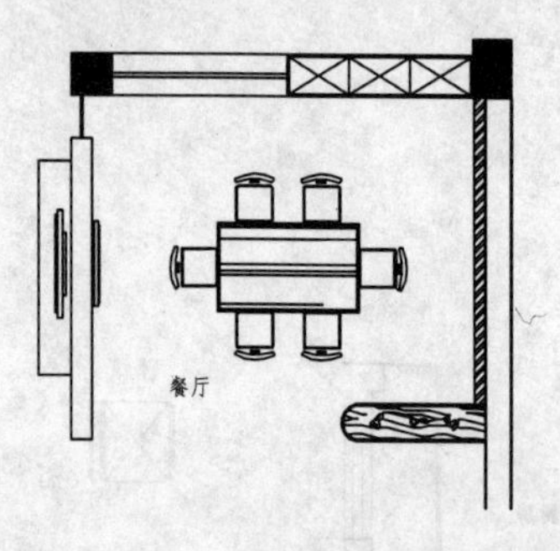

图 4-15　打开图形

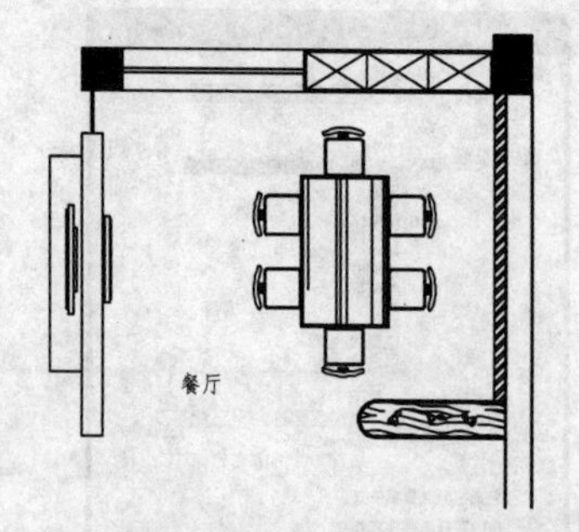

图 4-16　旋转结果

4.3 删除、复制、镜像、偏移和阵列对象

本节要介绍的编辑工具是以现有图形对象为源对象，绘制出与源对象相同或相似的图形，从而可以简化具有重复性或近似性特点图形的绘制步骤，以达到提高绘图效率和绘图精度的作用。

4.3.1　删除对象

在 AutoCAD 2013 中，可以使用【删除】命令，删除选中的对象，该命令调用方法如下：

- 命令行：ERASE／E
- 菜单栏：【修改】|【删除】命令
- 工具栏："修改"工具栏"删除"按钮

通常，当执行【删除】命令后，需要选择删除的对象，然后按回车键或 Space（空格）键结束对象选择，同时删除已选择的对象，如果在"选项"对话框的"选择集"选项卡中，选中"选择集模式"选项组中的"先选择后执行"复选框，就可以先选择对象，然后单击【删除】按钮删除，如图 4-17 所示。

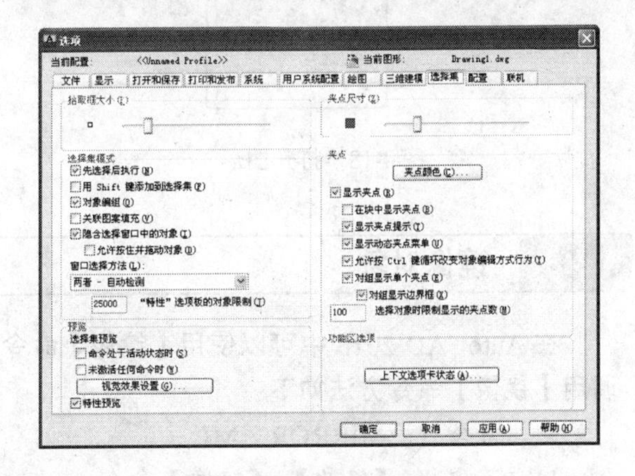

图 4-17　"选项"对话框

4.3.2　复制对象

在 AutoCAD 2013 中，使用【复制】命令，可以从原对象以指定的角度和方向创建对象的副本。通过以下方法可以启动【复制】命令：

- 命令行：COPY／CO
- 菜单栏：【修改】|【复制】命令
- 工具栏："修改"工具栏"复制"按钮

课堂举例 4-6：复制对象

视频\第 4 章\课堂举例 4-6.mp4

01 按 Ctrl+O 快捷键，打开"4.3.2 复制对象.dwg"文件，如图 4-18 所示。

02 使用【复制】命令，复制得到双人床图形右侧床头柜，命令选项如下：

```
命令：COPY↙                                            //调用【复制】命令
选择对象：找到 1 个                                     //选择左侧床头柜图形
选择对象：↙                                            //按回车键结束对象选择
当前设置： 复制模式 = 多个                              //系统当前提示
指定基点或 [位移(D)/模式(O)] <位移>:                    //拾取床头柜左上角点作为移动基点
指定第二个点或 [阵列(A)] <使用第一个点作为位移>:        //指定双人床右上角点为目标点
指定第二个点或 [阵列(A)/退出(E)/放弃(U)] <退出>:↙       //按回车键结束命令
```

03 复制床头柜结果如图 4-19 所示。

提示　AutoCAD 2013 为【复制】命令增加了"[阵列(A)]"选项，在"指定第二个点或[阵列(A)]"命令行提示下输入"A"，即可以线性阵列的方式快速大量复制对象，从而大大提高了工作效率。

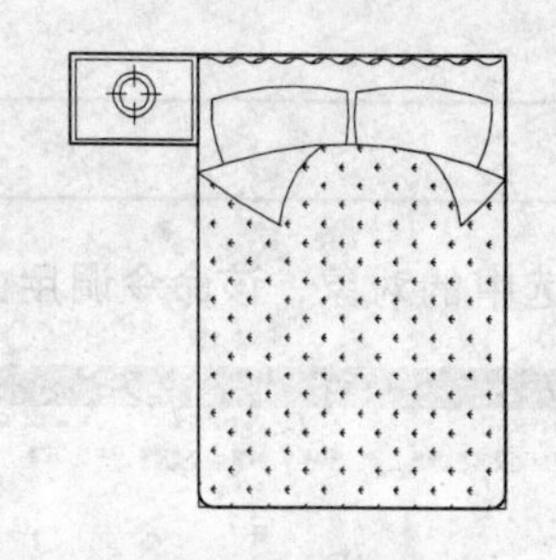

图 4-18 打开图形

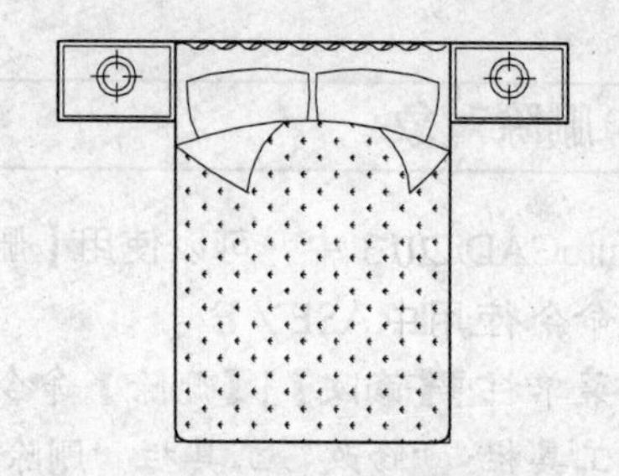

图 4-19 复制结果

4.3.3 镜像对象

在 AutoCAD 2013 中可以使用【镜像】命令绕指定轴翻转对象，创建对称的镜像图像。调用【镜像】命令方法如下：

- 命令行：MIRROR / MI
- 菜单栏：【修改】|【镜像】命令
- 工具栏："修改"工具栏"镜像"按钮

执行该命令时，需要选择要镜像的对象，然后依次指定镜像线上的两个点，命令行将显示"要删除源对象吗？[是(Y)/否(N)] <N>:"提示信息。如果直接按回车键，则镜像复制对象，并保留原来的对象；如果输入 Y，则在镜像复制对象的同时删除原对象。

技巧 在 AutoCAD 2013 中，使用系统变量 MIRRTEXT 可以控制文字的镜像方向，如果 MIRRTEXT 值为 1，则文字完全镜像，镜像出来的文字变得不可读；如果 MIRRTEXT 值为 0，则文字不镜像。

课堂举例 4-7：镜像对象

视频\第 4 章\课堂举例 4-7.mp4

01 按 Ctrl+O 快捷键，打开"4.3.3 镜像对象.dwg"文件，如图 4-20 所示。

02 调用【镜像】命令，镜像单扇门得到双开门，命令行操作如下：

```
命令:MIRROR↙                              //调用执行 MIRROR 命令
选择对象：指定对角点：找到 1 个             //选择单扇门图形
选择对象：↙                                //按回车键结束对象选择
指定镜像线的第一点：                        //捕捉门的圆弧下端点作为镜像的第一点
指定镜像线的第二点：                        //垂直向上移动光标，单击鼠标左键
要删除源对象吗？[是(Y)/否(N)] <N>:↙        //按回车键不删除源对象，并结束【镜像】命令
```

03 双开门绘制结果如图 4-21 所示。

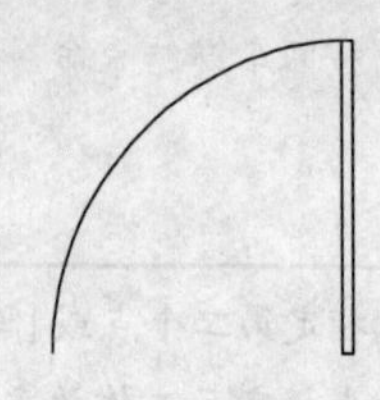

图 4-20 打开图形

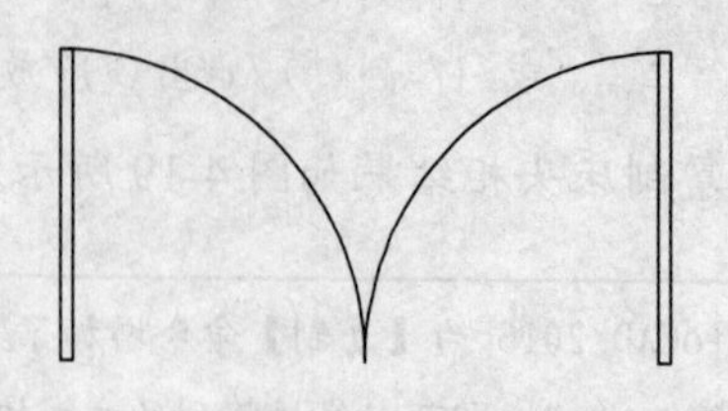

图 4-21 双开门

4.3.4 偏移对象

在 AutoCAD 2013 中，可以使用【偏移】命令，对指定的直线、圆弧和圆等对象做偏移复制。在实际应用中，常使用偏移命令的功能创建平行线或等距离分布图形。

偏移对象主要有以下几种方法：

➢ 命令行：OFFSET / O

➢ 菜单栏：【修改】|【偏移】命令

➢ 工具栏："修改"工具栏"偏移"按钮

默认情况下，需要指定偏移距离，然后指定偏移方向，以复制出对象。

课堂举例 4-8：偏移对象

视频\第 4 章\课堂举例 4-8.mp4

01 按 Ctrl+O 快捷键，打开"4.3.4 偏移对象.dwg"文件，如图 4-22 所示。

02 使用【偏移】命令绘制画框，命令行操作如下：

```
命令：OFFSET↙                                                     //调用【偏移】命令
当前设置：删除源=否　图层=源　OFFSETGAPTYPE=0                       //系统显示相关信息
指定偏移距离或 [通过(T)/删除(E)/图层(L)] <100.0000>:130↙            //指定偏移距离
选择要偏移的对象，或 [退出(E)/放弃(U)] <退出>:                       //选择要偏移的对象
指定要偏移的那一侧上的点，或 [退出(E)/多个(M)/放弃(U)] <退出>:↙      //单击鼠标左键指定
偏移方向，按回车键结束偏移
```

03 偏移绘制画框结果如图 4-23 所示。

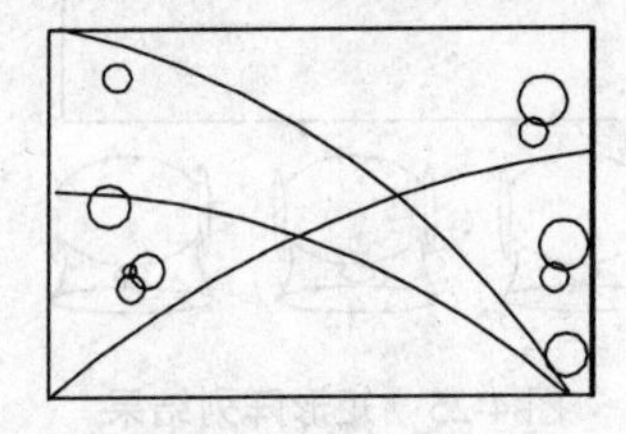

图 4-22　打开图形

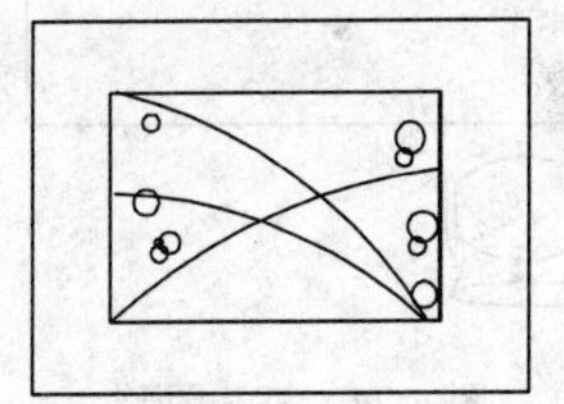

图 4-23　偏移结果

4.3.5 阵列对象

在 AutoCAD 2013 中，可以通过阵列命令多重复制对象。【阵列】命令调用方法如下：

➢ 命令行：ARRAY / AR

➢ 菜单栏：【修改】|【阵列】命令

➢ 工具栏："修改"工具栏"阵列"按钮

阵列共有有矩形、极轴和路径 3 种阵列方式。

1. 矩形阵列

课堂举例 4-9：矩形阵列绘制桌椅

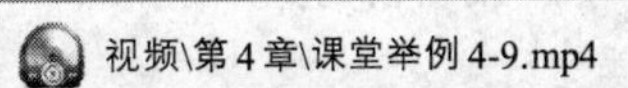

视频\第 4 章\课堂举例 4-9.mp4

01 按 Ctrl+O 快捷键，打开“4.3.5 矩形阵列.dwg”文件，如图 4-24 所示。

02 调用 ARRAY/AY 命令，复制桌椅图形，命令行操作如下：

```
命令:ARRAY↙                                                    //调用【阵列】命令
选择对象: 找到 1 个                                             //选择椅子图形
选择对象: ↙                                                     //按回车键结束对象选择
输入阵列类型 [矩形(R)/路径(PA)/极轴(PO)] <矩形>: R↙             //选择“矩形(R)”类型
类型 = 矩形  关联 = 是
选择夹点以编辑阵列或 [关联(AS)/基点(B)/计数(COU)/间距(S)/列数(COL)/行数(R)/层数
(L)/退出(X)] <退出>: COU↙                                      //选择“计数(COU)”选项
输入行数数或 [表达式(E)] <4>: 1↙                                //设置阵列的行数为 1
输入列数数或 [表达式(E)] <3>: 3↙                                //设置阵列的列数为 3
选择夹点以编辑阵列或 [关联(AS)/基点(B)/计数(COU)/间距(S)/列数(COL)/行数(R)/层数
(L)/退出(X)] <退出>: S↙                                        //选择“间距(S)”选项
指定列之间的距离或 [单位单元(U)] <1507.8062>: 600↙             //输入列之间的间距
选择夹点以编辑阵列或 [关联(AS)/基点(B)/计数(COU)/间距(S)/列数(COL)/行数(R)/层数
(L)/退出(X)] <退出>:↙                                          //按回车键结束阵列
```

03 矩形阵列结果如图 4-25 所示。

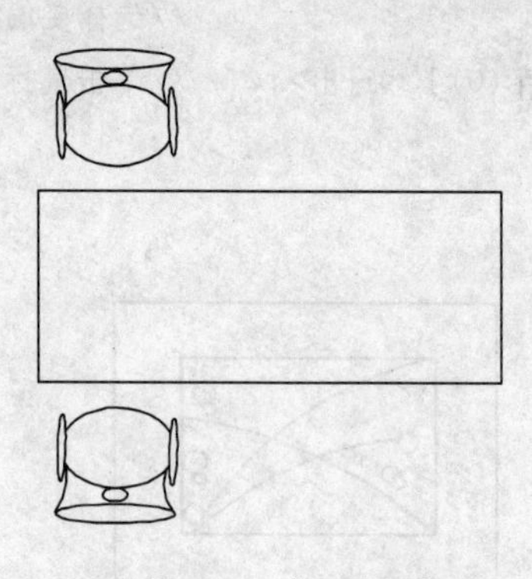

图 4-24　打开图形

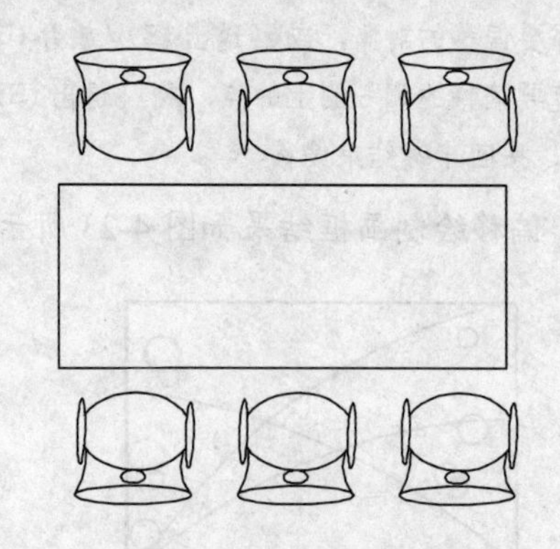

图 4-25　矩形阵列结果

2. 极轴阵列

极轴阵列又称为环形阵列，即将图形呈环形进行排列。

课堂举例 4-10：环形阵列绘制吊灯　　视频\第 4 章\课堂举例 4-10.mp4

01 按 Ctrl+O 快捷键，打开“4.3.5 环形阵列.dwg”文件，如图 4-26 所示。

02 调用 ARRAY/AR 命令，绘制吊灯周围的小灯，命令行操作如下：

```
命令:ARRAY↙                                                    //调用【阵列】命令
选择对象: 找到 1 个↙                                            //选择灯泡图形
选择对象: ↙                                                     //按回车键结束对象选择
输入阵列类型 [矩形(R)/路径(PA)/极轴(PO)] <矩形>: PO↙            //选择“极轴(PO)”阵列
类型
```

```
类型 = 极轴  关联 = 是
指定阵列的中心点或 [基点(B)/旋转轴(A)]:                    //拾取大圆的中心点作为阵列的中心点
选择夹点以编辑阵列或 [关联(AS)/基点(B)/项目(I)/项目间角度(A)/填充角度(F)/行(ROW)/层(L)/旋转项目(ROT)/退出(X)] <退出>: F↙    //选择“填充角度(F)”选项
指定填充角度(+=逆时针、-=顺时针)或 [表达式(EX)] <360>: 360↙  //输入填充角度
选择夹点以编辑阵列或 [关联(AS)/基点(B)/项目(I)/项目间角度(A)/填充角度(F)/行(ROW)/层(L)/旋转项目(ROT)/退出(X)] <退出>: I↙    //选择“项目(I)”选项
输入阵列中的项目数或 [表达式(E)] <8>: 8↙                     //输入项目数
选择夹点以编辑阵列或 [关联(AS)/基点(B)/项目(I)/项目间角度(A)/填充角度(F)/行(ROW)/层(L)/旋转项目(ROT)/退出(X)] <退出>:↙      //按回车键完成阵列
```

03 极轴阵列结果如图 4-27 所示，吊灯绘制完成。

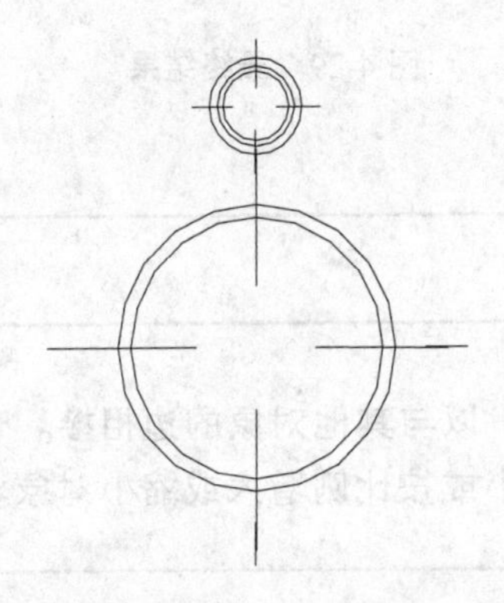

图 4-26 打开图形

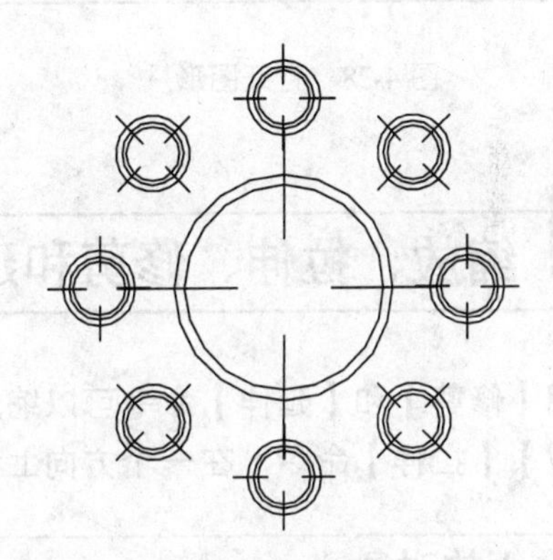

图 4-27 环形阵列结果

3. 路径阵列

路径阵列方式沿路径或部分路径均匀分布对象副本，其路径可以是直线、多段线、三维多段线、样条曲线、螺旋、圆弧、圆或椭圆。

课堂举例 4-11： 路径阵列绘制顶棚射灯 视频\第 4 章\课堂举例 4-11.mp4

01 按 Ctrl+O 快捷键，打开“4.3.5 路径阵列.dwg”文件，如图 4-28 所示。

02 调用【阵列】命令，在曲线路径上布置射灯图形，命令选项如下：

```
命令:ARRAY↙                                                  //调用【阵列】命令
选择对象: 找到 1 个↙                                         //选择灯具图形
选择对象: ↙                                                  //按回车键结束对象选择
输入阵列类型 [矩形(R)/路径(PA)/极轴(PO)] <极轴>: pa↙         //选择“路径(PA)”选项
类型 = 路径  关联 = 是
选择路径曲线:                                                //选择顶棚曲线作为路径曲线
选择夹点以编辑阵列或 [关联(AS)/方法(M)/基点(B)/切向(T)/项目(I)/行(R)/层(L)/对齐项目(A)/Z 方向(Z)/退出(X)] <退出>: I↙    //选择“项目(I)”选项
```

```
指定沿路径的项目之间的距离或 [表达式(E)] <16.444>: 820↙ //输入阵列图形之间的距离
最大项目数 = 12
指定项目数或 [填写完整路径(F)/表达式(E)] <8>: 12↙          //输入阵列的数量
选择夹点以编辑阵列或 [关联(AS)/方法(M)/基点(B)/切向(T)/项目(I)/行(R)/层(L)/对齐项目(A)/Z 方向(Z)/退出(X)] <退出>:↙          //按回车键应用阵列
```

03 路径阵列结果如图 4-29 所示，顶棚射灯绘制完成。

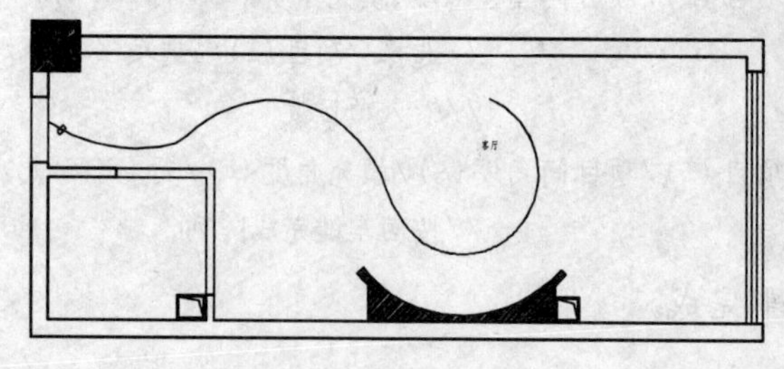

图 4-28　打开图形

图 4-29　最终结果

4.4 缩放、拉伸、修剪和延伸对象

使用【修剪】和【延伸】命令可以缩短或拉长对象，以与其他对象的边相接。也可以使用【缩放】、【拉伸】命令，在一个方向上调整对象的大小或按比例增大或缩小对象。

4.4.1 缩放对象

缩放对象可以调整对象大小，使其按比例增大或缩小。【缩放】命令调用方法如下：

- 命令行：SCALE / SC
- 菜单栏：【修改】|【缩放】命令
- 工具栏："修改"工具栏"缩放"按钮

使用【缩放】命令可以将对象按指定的比例因子相对于基点进行尺寸缩放。先选择对象，然后指定基点，命令提示行显示"指定比例因子或 [复制(C)/参照(R)] <1.0000>:"提示信息。如果直接指定缩放的比例因子，对象将根据该比例因子相对于基点缩放，当比例因子大于 0 而小于 1 时缩小对象，当比例因子大于 1 时放大对象。

如图 4-30 所示为缩放前后的效果对比。

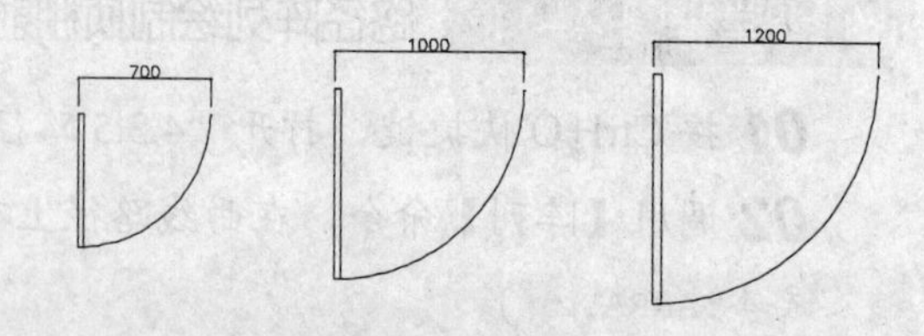

图 4-30　缩放示例

4.4.2 拉伸对象

【拉伸】命令可以将选择对象按规定的方向和角度拉长或缩短，并且使对象的形状发生改变，通过以下方法可以拉伸对象：

- 命令行：STRETCH / S
- 菜单栏：【修改】|【拉伸】命令

➢ 工具栏："修改"工具栏"拉伸"按钮

执行该命令时，可以使用"交叉窗口"方式或者"交叉多边形"方式选择对象，然后依次指定位移几点和位移矢量，将会移动全部位于选择窗口之内的对象，从而拉伸与选择窗口边界相交的对象。

课堂举例 4-12：使用拉伸调整门洞大小

视频\第 4 章\课堂举例 4-12.mp4

01 按 Ctrl+O 快捷键，打开"4.4.2 拉伸对象.dwg"文件，如图 4-31 所示。

02 使用【拉伸】命令，将门洞的宽度调整为 1000，命令选项如下：

```
命令： _stretch↙                                  //调用【拉伸】命令
以交叉窗口或交叉多边形选择要拉伸的对象...
选择对象：指定对角点：找到 1 个                     //交叉窗口方式选择右侧墙体
选择对象：↙                                       //按回车键结束对象选择
指定基点或 [位移(D)] <位移>：                       //捕捉拾取墙体的端点
指定第二个点或 <使用第一个点作为位移>：1800↙ //水平向左移动光标，指定拉伸的方向，然后输入拉伸距离
```

03 调整后的门洞宽度如图 4-32 所示。

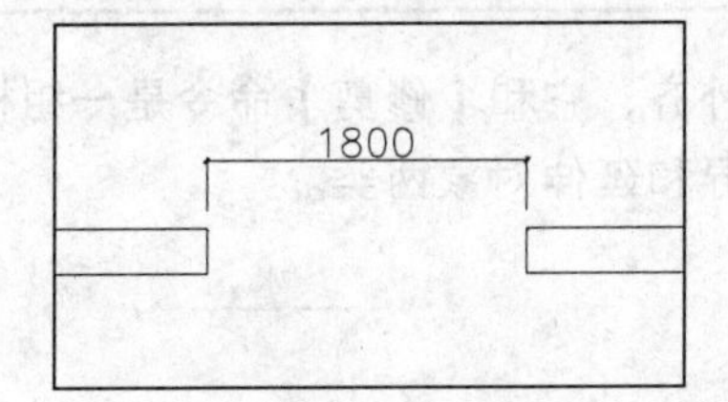

图 4-31　原图形

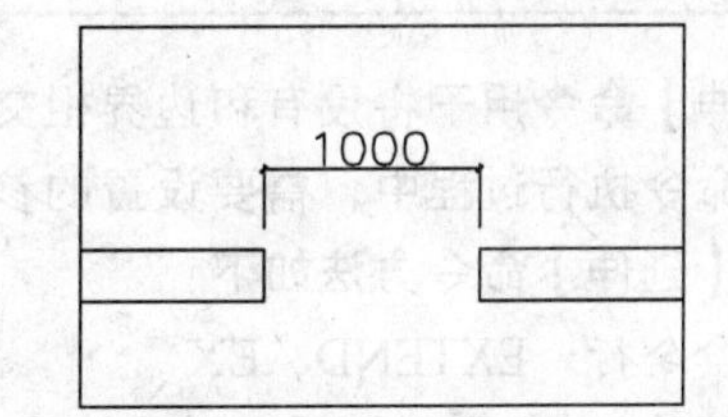

图 4-32　拉伸结果

4.4.3 修剪对象

修剪是指将对象超出边界的多余部分修剪删除掉。在命令执行过程中，需要设置的参数有修剪边界和修剪对象两类。在选择修剪对象时，需要注意光标所在的位置，需要删除哪一部分，则在该部分上单击。在室内绘图中，常用于修剪墙线。

【修剪】命令调用方法如下：

➢ 命令行：TRIM / TR

➢ 菜单栏：【修改】|【修剪】命令

➢ 工具栏：单击"修改"工具栏"修剪"按钮

课堂举例 4-13：修剪墙线

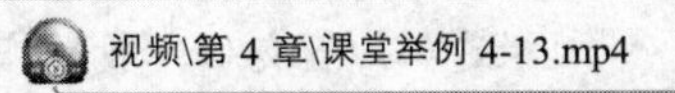

视频\第 4 章\课堂举例 4-13.mp4

01 按 Ctrl+O 快捷键，打开"4.4.3 修剪对象.dwg"文件，如图 4-33 所示。

```
命令：TRIM↙                                       //调用【修剪】命令
当前设置：投影=UCS，边=延伸
选择剪切边...
```

```
选择对象或 <全部选择>:↙                                    //按回车键默认全部对象为修剪边界
选择要修剪的对象，或按住 Shift 键选择要延伸的对象，或[栏选(F)/窗交(C)/投影(P)/边(E)/
删除(R)/放弃(U)]: ↙                                         //在需要修剪的墙线位置单击
选择要修剪的对象，或按住 Shift 键选择要延伸的对象，或[栏选(F)/窗交(C)/投影(P)/边(E)/
删除(R)/放弃(U)]:                                           //继续选择需要修剪的墙线，最后按
回车键退出命令
```

02 多余的墙线修剪完成，相连的墙体被打通，如图 4-34 所示。

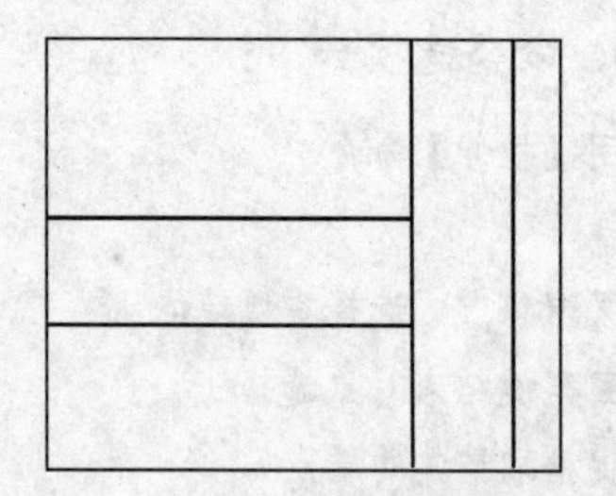

图 4-33　打开图形

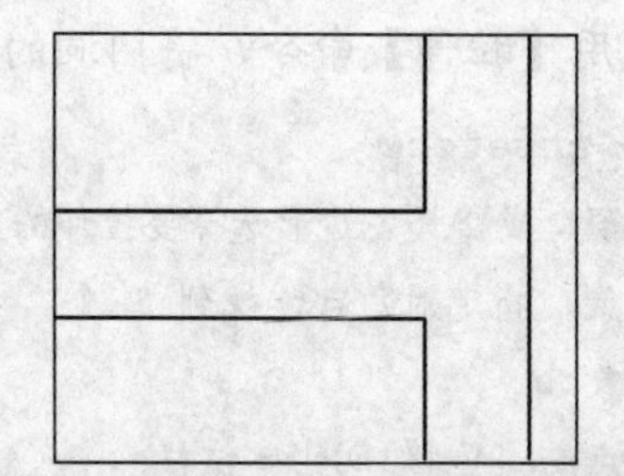

图 4-34　修剪墙体

4.4.4 延伸对象

【延伸】命令用于将没有和边界相交的部分延伸补齐，它和【修剪】命令是一组相对的命令。在命令执行过程中，需要设置的参数有延伸边界和延伸对象两类。

启动【延伸】命令方法如下：

- ➢ 命令行：EXTEND / EX
- ➢ 菜单栏：【修改】|【延伸】命令
- ➢ 工具栏："修改" 工具栏 "延伸" 按钮

课堂举例 4-14：绘制台灯平面图

视频\第 4 章\课堂举例 4-14.mp4

01 按 Ctrl+O 快捷键，打开 "4.4.4 延伸对象.dwg" 文件，如图 4-35 所示。

02 调用 EXTEND/EX 命令，延伸水平和垂直线段，绘制台灯图例，命令行操作如下。

```
命令：EXTEND↙                                              //调用【延伸】命令
当前设置:投影=UCS，边=延伸
选择边界的边...
选择对象或 <全部选择>：  找到 1 个                           //选择外围圆作为延伸边界
选择对象：↙                                                //按回车键结束边界选择
选择要延伸的对象，或按住 Shift 键选择要修剪的对象，或
[栏选(F)/窗交(C)/投影(P)/边(E)/放弃(U)]:                    //连续选择需要延伸的线段
选择要延伸的对象，或按住 Shift 键选择要修剪的对象，或
[栏选(F)/窗交(C)/投影(P)/边(E)/放弃(U)]:                    //按回车键结束操作
```

03 经过 4 次延伸操作，结果如图 4-36 所示。

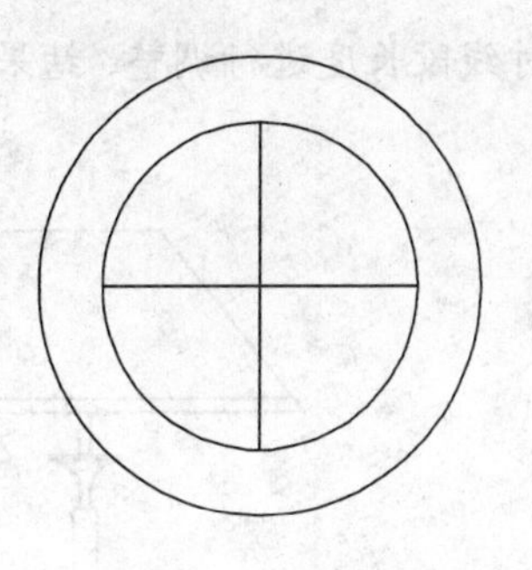

图 4-35 打开图形

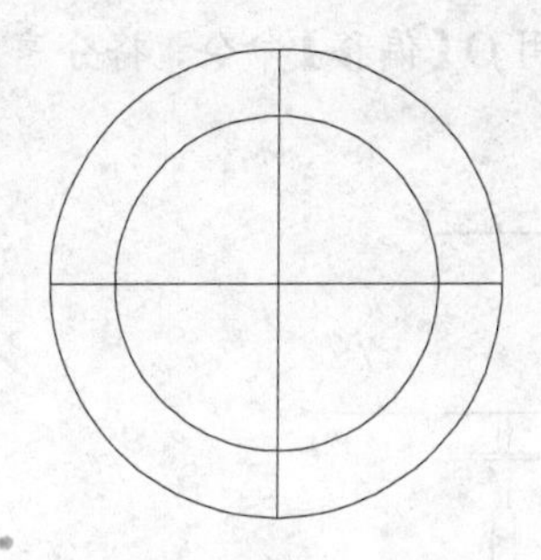

图 4-36 延伸线段

4.5 打断、合并和分解对象

运用打断、分解、合并工具编辑图形，可使图形在总体形状不变的情况下对局部进行编辑。

4.5.1 打断对象

打断对象是指把已有的线条分离为两段，被分离的线段只能是单独的线条，不能打断任何组合形体，如图块等。该命令主要有如下几种调用方法:

- 命令行: BREAK / BR
- 菜单栏:【修改】|【打断】命令
- 工具栏: "修改"工具栏"打断于点"按钮或"打断"按钮

1. 将对象打断于一点

将对象打断于一点是指将线段进行无缝断开，分离成两条独立的线段，但线段之间没有空隙。

课堂举例 4-15: 打断于一点 视频\第 4 章\课堂举例 4-15.mp4

01 按 Ctrl+O 快捷键，打开"4.5.1 将对象打断于一点.dwg"文件，如图 4-37 所示。该台灯灯盏使用【多段线】命令绘制，是一个整体，下面将其打断，以方便编辑。

02 单击工具栏"打断于点"按钮，将，命令选项如下:

```
命令:_BREAK                          //调用【打断于点】命令
选择对象:                            //选择要打断的对象
指定第二个打断点或[第一点(F)]:_f     //系统自动选择"第一点"选项，表示重新指定打断点
指定第一个打断点:                    //拾取 B 点作为断开点
指定第二个打断点: @                  //系统自动输入@符号，表示第二个打断点与第一个打断点
为同一点
```

03 多段线在 B 点断开，下方的水平线段从多段线分离，成为单独的线段，如图 4-38 所示。

04 调用 O【偏移】命令，将分享线段向上偏移，并对线段长度进行调整，结果如图 4-39 所示。

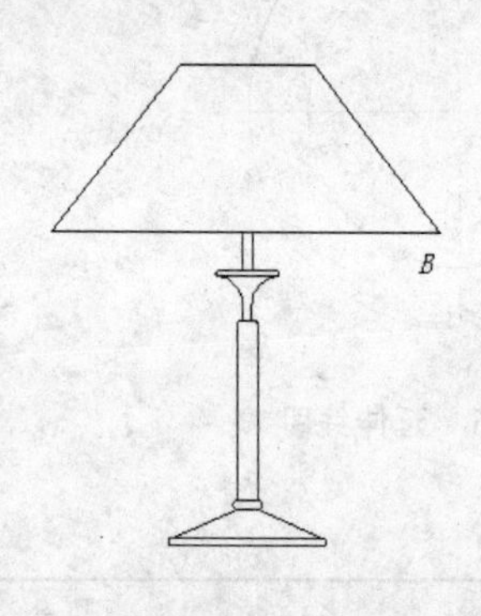

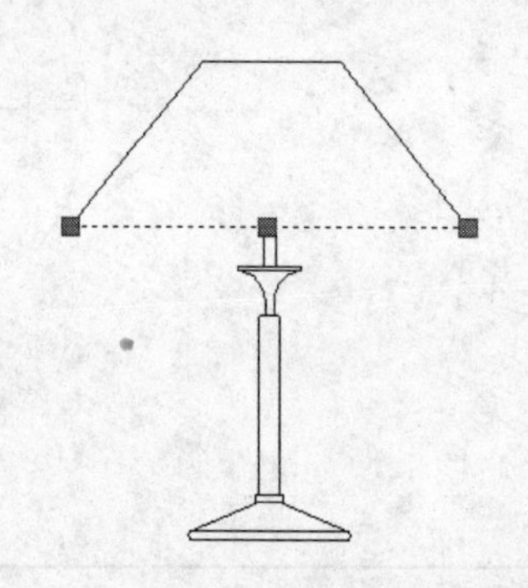

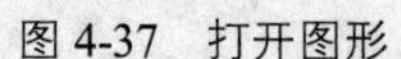

图 4-37　打开图形　　图 4-38　打断于点　　图 4-39　偏移线段

2. 以两点方式打断对象

以两点方式打断对象是指在对象上创建两个打断点，使对象以一定的距离断开。单击工具栏上的“打断”按钮，可以两点方式打断对象。

课堂举例 4-16：以两点方式打断对象

视频\第 4 章\课堂举例 4-16.mp4

01 按 Ctrl+O 快捷键，打开“4.5.1 以两点方式打断对象.dwg”文件，如图 4-40 所示。

02 以两点打断方式去除圆内线段，命令行操作如下：

```
命令:BREAK↙                          //调用【打断】命令
选择对象:                            //选择矩形
指定第二个打断点 或 [第一点(F)]:F↙                   //选择“第一点(F)”选项
指定第一个打断点:                    //捕捉并单击矩形上边线与圆相交的点，指定第一个打断点
指定第二个打断点:                    //捕捉并单击矩形右边线与圆相交的点，指定第二个打断点
```

03 打断效果如图 4-41 所示。

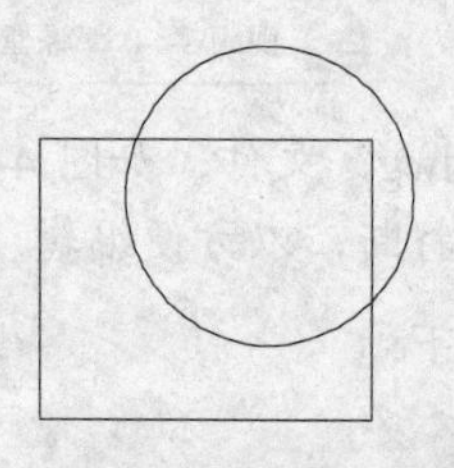

图 4-40　打开图形

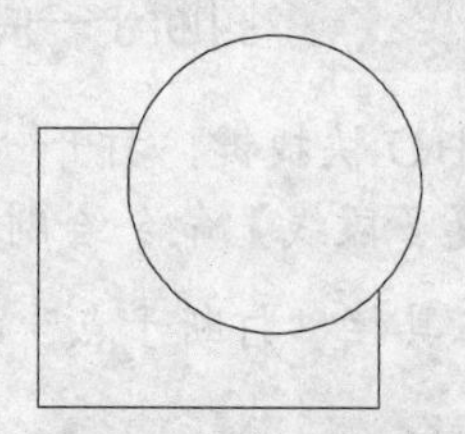

图 4-41　打断结果

4.5.2 合并对象

合并对象是指将相似的图形对象合并为一个对象，可以合并的对象包括圆弧、椭圆弧、直线、多段线和样条曲线，该命令主要有如下几种调用方法：

➢ 命令行：JOIN / J

- 菜单栏：选择【修改】|【合并】命令
- 工具栏：单击“修改”工具栏下的“合并”按钮

课堂举例 4-17：合并对象 视频\第 4 章\课堂举例 4-17.mp4

01 按 Ctrl+O 快捷键，打开“4.5.5 合并对象.dwg”文件，如图 4-42 所示。

02 调用 JOIN/J 命令，将圆床调整为封闭式，命令行操作如下。

```
命令：JOIN↙                                          //调用【合并】命令
选择源对象或要一次合并的多个对象：找到 1 个            //选择圆弧
选择要合并的对象：
选择圆弧，以合并到源或进行 [闭合(L)]:L↙               //选择“闭合(L)”选项
已将圆弧转换为圆。
```

03 圆弧合并结果如图 4-43 所示。

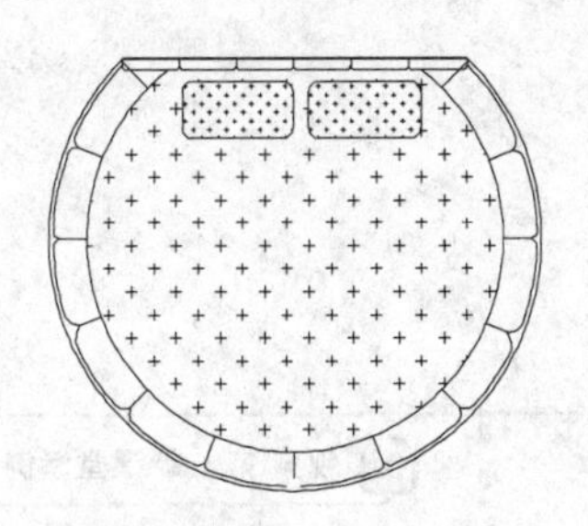

图 4-42 打开图形

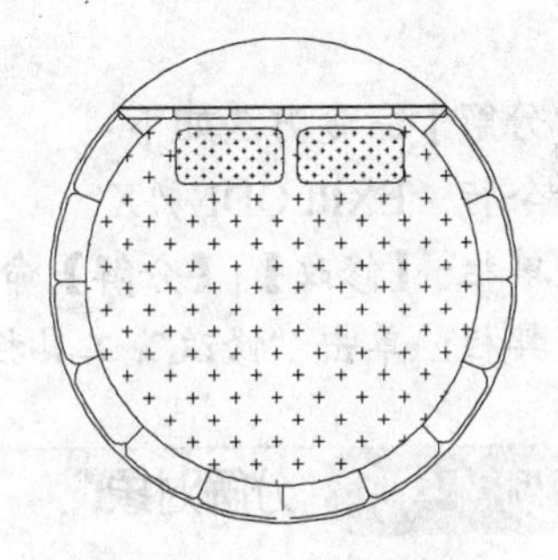

图 4-43 合并圆弧

4.5.3 光顺曲线

【光顺曲线】命令用于在两条开放曲线的端点绘制相切或平滑的样条曲线。

调用【光顺曲线】命令方法如下：

- 命令行：BLEND
- 菜单栏：【修改】|【光顺曲线】命令
- 工具栏：单击“修改”工具栏“光顺曲线”按钮

课堂举例 4-18：光顺曲线 视频\第 4 章\课堂举例 4-18.mp4

01 按 Ctrl+O 快捷键，打开“4.5.3 光顺曲线.dwg”文件，如图 4-44 所示。

02 调用 BLEND 命令，在书桌两侧创建连接曲线，命令行操作如下：

```
命令:BLEND↙                                          //调用【光顺曲线】命令
连续性 = 相切
选择第一个对象或 [连续性(CON)]:                        //选择书桌上侧线段
选择第二个点:                                          //选择书桌下侧线段
```

03 系统在书桌上、下侧线段间创建光顺曲线，如图 4-45 所示。

图 4-44　打开图形

图 4-45　绘制光顺曲线

4.5.4　分解对象

【分解】命令主要用于将复合对象，如多段线、图案填充和块等对象，分解还原为一般对象。任何被分解对象的颜色、线型和线宽都可能会改变，其他结果取决与所分解的合成对象的类型。

调用【分解】命令方法如下：

- 命令行：EXPLODE / X
- 菜单栏：【修改】|【分解】命令
- 工具栏：单击“修改”工具栏“分解”按钮

课堂举例 4-19：分解对象

视频\第 4 章\课堂举例 4-19.mp4

01 按 Ctrl+O 快捷键，打开“4.5.4 分解图形.dwg”文件，如图 4-46 所示。此时的椅子图形为一个整体，只能整体进行选择、旋转、缩放等操作。

02 调用【分解】命令分解座椅图块，命令行操作如下：

```
命令：EXPLODE↙                        //调用【分解】命令
选择对象：找到 1 个
选择对象：↙                           //按回车键结束对象的选择，选择的对象即被分解
```

03 分解后的图形可以单独选择各组成部分，如图 4-47 所示。

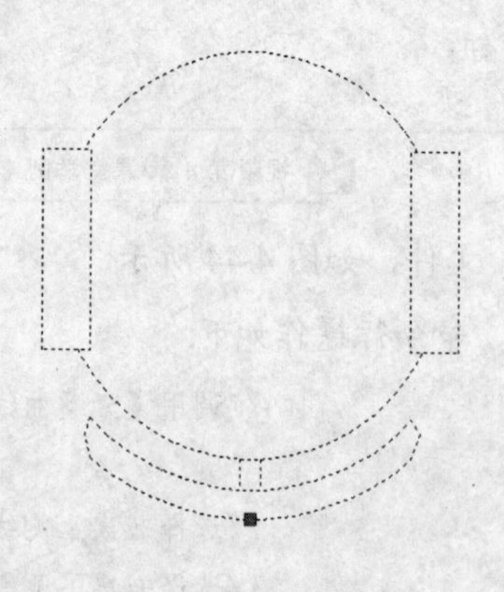

图 4-46　打开图形

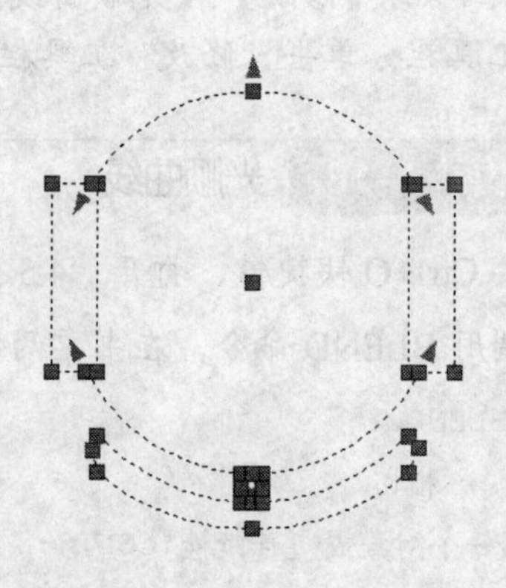

图 4-47　选择分解后图形

4.6 倒角和圆角对象

使用【倒角】、【圆角】命令修改对象，可使其以平角或圆角相接。

4.6.1 倒角对象

【倒角】命令用于两条非平行直线或多段线做出有斜度的倒角，通常在修改墙体时会用到，其命令主要有如下几种调用方法：

- 命令行：CHAMFER / CHA
- 菜单栏：【修改】|【倒角】命令
- 工具栏："修改"工具栏"倒角"按钮

课堂举例 4-20：倒角对象

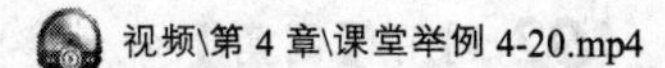
视频\第 4 章\课堂举例 4-20.mp4

01 按 Ctrl+O 快捷键，打开"4.6.1 倒角对象.dwg"文件，如图 4-48 所示。

02 调用【倒角】命令，设置倒角距离为 0，使墙线在拐角处无缝连接，命令行操作如下：

```
命令：CHAMFER↙                                          //调用【倒角】命令
（"修剪"模式）当前倒角距离 1 = 0.0000，距离 2 = 0.0000 //系统提示当前倒角设置，如果倒角距离不为 0，则选择选择"距离(D)"选项进行设置
选择第一条直线或 [放弃(U)/多段线(P)/距离(D)/角度(A)/修剪(T)/方式(E)/多个(M)]:
                                                        //选择第一条倒角墙线
选择第二条直线，或按住 Shift 键选择要应用角点的直线：   //选择第二条倒角墙线，完成倒角
```

03 重复倒角操作，将所有墙体线无缝连接，如图 4-49 所示。

图 4-48　打开图形　　　　图 4-49　倒角结果

命令执行过程中部分选项的含义如下：

- 多段线(P)：可对由多段线组成的图形的所有角同时进行倒角。
- 角度(A)：以指定一个角度和一段距离的方法来设置倒角的距离。
- 修剪(T)：设定修剪模式，控制倒角处理后是否删除原角的组成对象，默认为删除。
- 多个(M)：可连续对多组对象进行倒角处理，直至结束命令为止。

提示 从上述操作可以看出，使用【倒角】修剪墙线比【修剪】命令更方便、更有效率，操作的关键是设置倒角距离为 0。

4.6.2 圆角对象

圆角与倒角类似，它是将两条相交的直线通过一个圆弧连接起来，圆弧半径可以自由指定。该命令主要有如下几种调用方法：

- 命令行：FILLET／F
- 菜单栏：【修改】|【圆角】命令
- 工具栏："修改"工具栏"圆角"按钮

课堂举例 4-21：圆角对象

视频\第 4 章\课堂举例 4-21.mp4

01 按 Ctrl+O 快捷键，打开"4.6.2 圆角对象.dwg"文件，如图 4-50 所示。

02 调用【圆角】命令，对床尾进行圆角，命令行操作如下：

```
命令：FILLET↙                                                        //调用【圆角】命令
当前设置：模式 = 修剪，半径 = 0.0000                                  //系统提示当前圆角设置
选择第一个对象或 [放弃(U)/多段线(P)/半径(R)/修剪(T)/多个(M)]:R↙  //选择"半径(R)"选项
指定圆角半径 <0.0000>: 100↙                                           //输入圆角半径
选择第一个对象或[放弃(U)/多段线(P)/半径(R)/修剪(T)/多个(M)]:         //选择水平床边沿线
选择第二个对象，或按住 Shift 键选择要应用角点的对象：                //选择垂直床边沿线
```

03 圆角结果如图 4-51 所示。

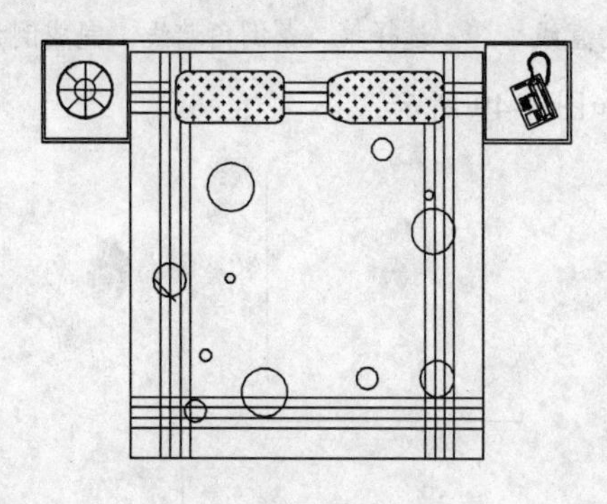

图 4-50 打开图形

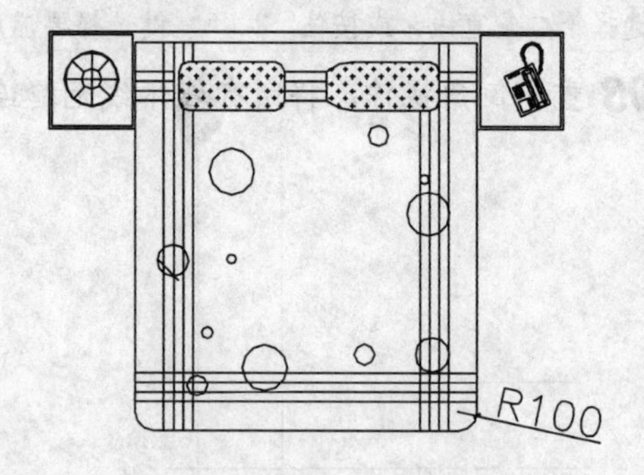

图 4-51 圆角结果

4.7 使用夹点编辑对象

所谓夹点指的是图形对象上的一些特征点，如端点、顶点、中点、中心点等，图形的位置和形状通常是由夹点的位置决定的。在 AutoCAD 中，夹点是一种集成的编辑模式，利用夹点可以编辑图形的大小、位置、方向以及对图形进行镜像复制操作等。

4.7.1　使用夹点拉伸对象

在不执行任何命令的情况下选择对象，显示其夹点，然后单击其中一个夹点作为拉伸基点，命令行提示拉伸点，指定拉伸点后，AutoCAD 把对象拉伸或移动到新的位置。因为对于某些夹点，移动时只能移动对象而不能拉伸对象，如文字、块、直线中点、圆心、椭圆中心和点对象上的夹点。

课堂举例 4-22：使用夹点拉伸调整立面轮廓

视频\第 4 章\课堂举例 4-22.mp4

01 按 Ctrl+O 快捷键，打开“4.7.1 使用夹点拉伸对象.dwg”图形，如图 4-52 所示。

02 选择需要拉伸的线段，激活合适的夹点，向左、向右或向下进行拉伸，调整立面墙体轮廓，如图 4-53 所示。

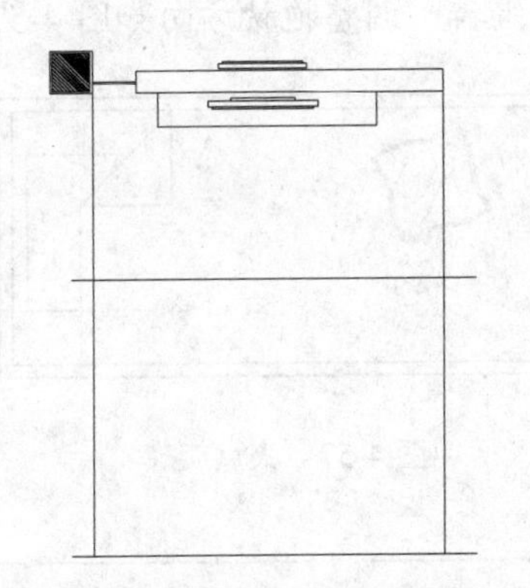

图 4-52　打开图形

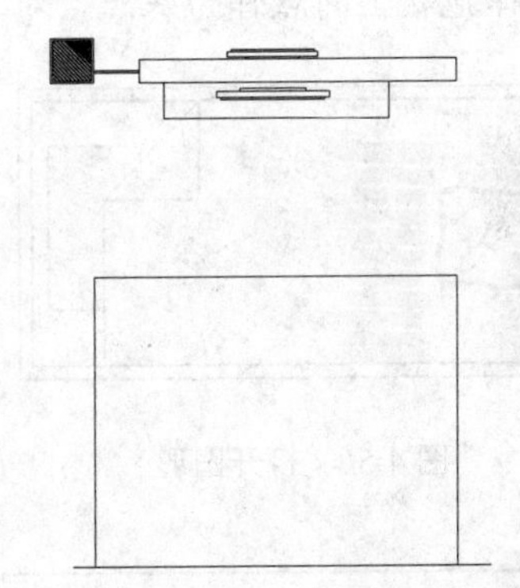

图 4-53　夹点拉伸线段

4.7.2　使用夹点移动对象

在夹点编辑模式下确定基点后，在命令提示行下输入 MO 即进入移动模式。

课堂举例 4-23：使用夹点移动对象

视频\第 4 章\课堂举例 4-23.mp4

01 按 Ctrl+O 快捷键，打开“4.7.2 使用夹点移动对象.dwg”文件，如图 4-54 所示。

02 使用夹点移动功能，调整圆形旋钮位置，命令行操作如下：

```
命令:                                                   //选择圆
命令:                                                   //选择圆上的夹点
** 拉伸 **                                              //进入拉伸模式
指定拉伸点或 [基点(B)/复制(C)/放弃(U)/退出(X)]: _move    //拾取夹点单击鼠标右键，选择“移动(M)选项”，将圆向左移动
```

03 重复上述操作，移动圆形旋钮位置如图 4-55 所示。

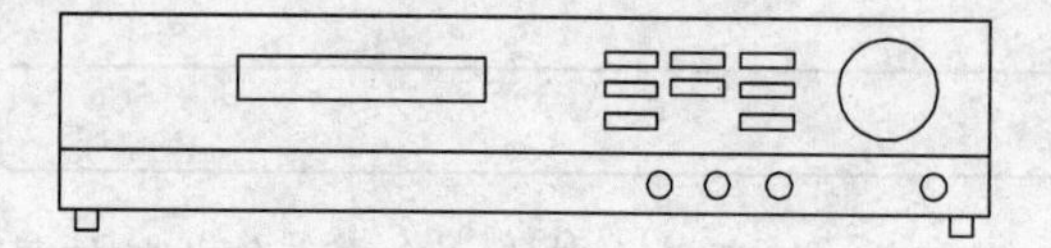

图 4-54　打开图形

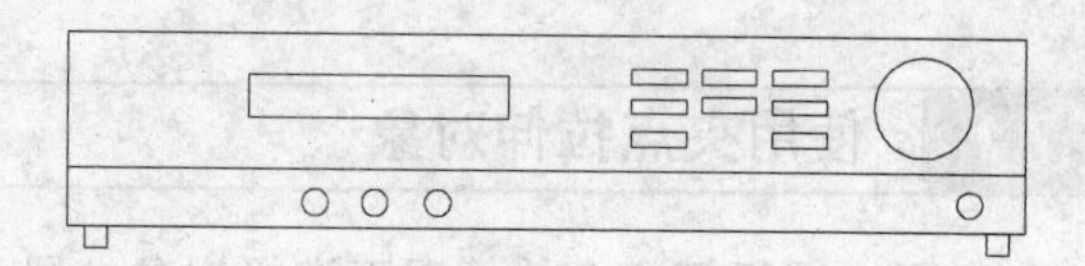

图 4-55　夹点移动

4.7.3 使用夹点旋转对象

在夹点编辑模式下，确定基点后，在命令行提示下输入 RO 即进入旋转模式。

课堂举例 4-24：使用夹点旋转对象

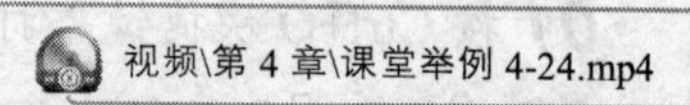

视频\第 4 章\课堂举例 4-24.mp4

01 按 Ctrl+O 快捷键，打开“4.7.2 使用夹点旋转对象.dwg”图形，如图 4-56 所示。

02 选择抱枕上的点作为基点，对其进行夹点旋转编辑，调整抱枕方向如图 4-57 所示。

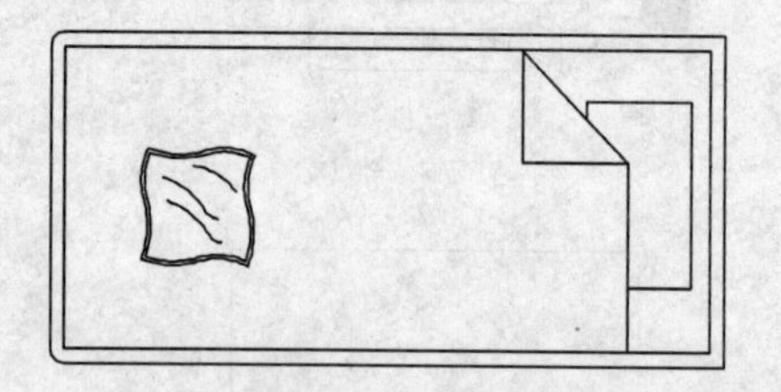

图 4-56　打开图形

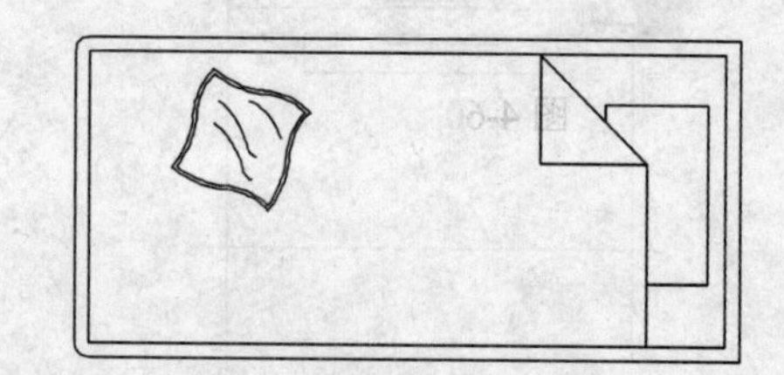

图 4-57　夹点旋转

4.7.4 使用夹点缩放对象

在夹点编辑模式下确定基点后，在命令行提示下输入 SC 即进入缩放模式。

课堂举例 4-25：使用夹点缩放对象

视频\第 4 章\课堂举例 4-25.mp4

01 按 Ctrl+O 快捷键，打开“4.7.3 使用夹点缩放对象.dwg”图形，如图 4-58 所示。

02 利用夹点缩放滚筒洗衣机观察窗，在命令行“指定比例因子”提示输入 1.1，指定缩放比例，缩放结果如图 4-59 所示。

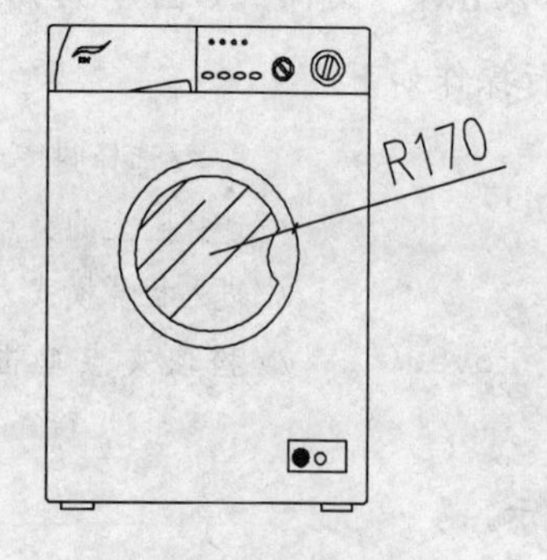

图 4-58　打开图形

图 4-59　夹点缩放

4.7.5 使用夹点镜像对象

在夹点编辑模式下确定基点后，在命令提示行输入 MI 进入镜像模式。

课堂举例 4-26：使用夹点镜像对象

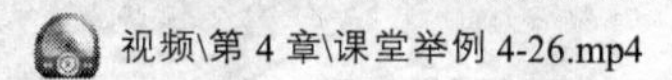

01 按 Ctrl+O 快捷键，打开“4.7.5 使用夹点镜像对象.dwg”图形，如图 4-60 所示。

02 选择左侧灶台和开关图形，如图 4-61 所示。

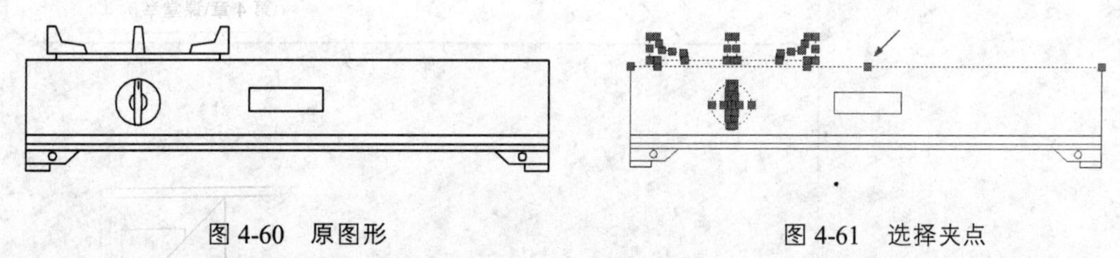

图 4-60　原图形　　图 4-61　选择夹点

03 使用夹点镜像功能，镜像复制至右侧位置，如图 4-62 所示。

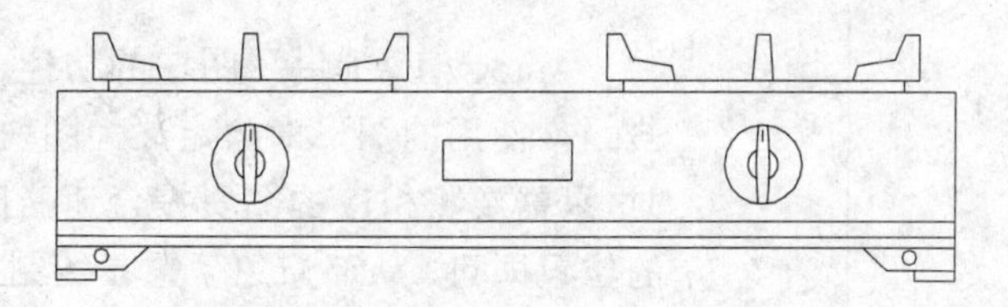

图 4-62　镜像结果

4.7.6 多功能夹点编辑

在 AutoCAD 2013 中，直线、多段线、圆弧、椭圆弧和样条曲线等二维图形，标注对象和多重引线注释对象，以及三维面、边和顶点等三维实体具有特殊功能的夹点，使用这些多功能夹点可以快速重新塑造、移动或操纵对象。

如图 4-63 所示，移动光标至矩形中点夹点位置时，将弹出一个该特定夹点的编辑选项菜单，通过分别选择【添加顶点】和【转换为圆弧】命令，可以将矩形快速编辑为一个窗形状的多段线图形。

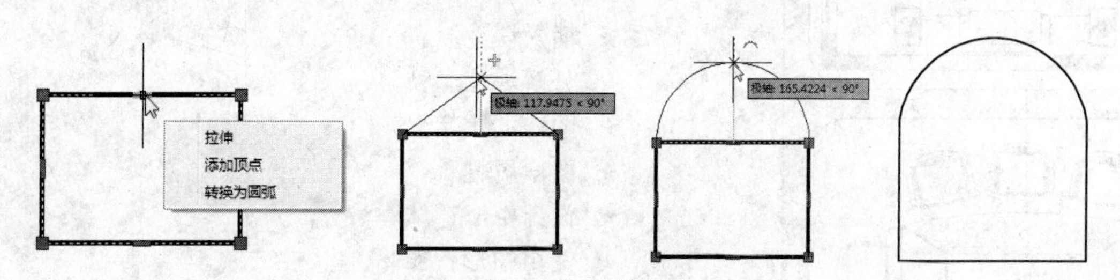

图 4-63　多功能夹点编辑范例

第 5 章 图块及设计中心

本章导读

AutoCAD 提供了图块的功能，用户可以将一些经常使用的图形对象定义为图块。使用这些图形时，只需要将相应的图块按合适的比例插入到指定的位置即可，从而避免了重复绘制，提高了工作效率。

设计中心是 AutoCAD 一个非常有用的工具。它的作用就像 Windows 操作系统中的资源管理器，用于管理众多的图形资源。这些图形资源包括 DWG 文档、图层、命名样式（文字、线型、标注等）、图块、外部参照、图案填充等。

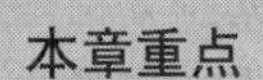

本章重点

★ 定义块
★ 控制图块的颜色和线型特性
★ 插入块
★ 分解块
★ 图块的重定义
★ 图块属性
★ 设计中心窗体
★ 使用图形资源
★ 工具选项板

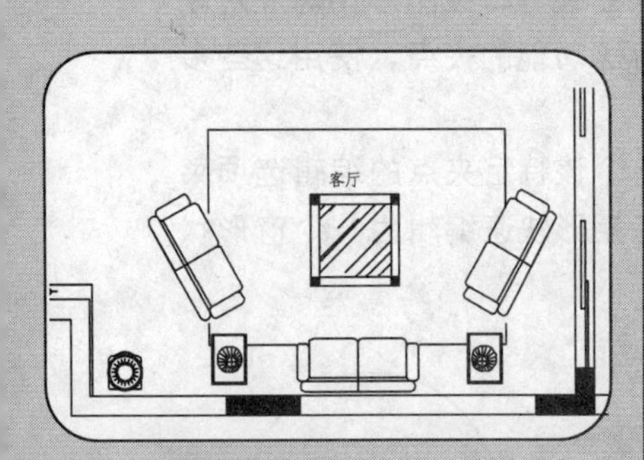

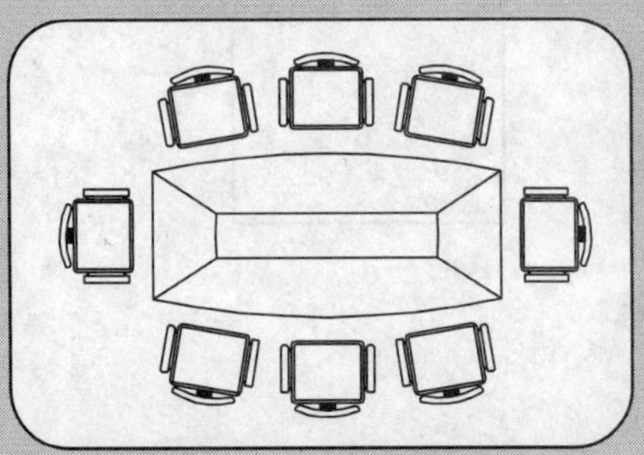

5.1 图块及其属性

把一组图形对象组合成图块加以保存，需要的时候可以把图块作为一个整体以任意比例和旋转角度插入到图形中的任意位置，这样不仅避免了大量的重复绘制，还提高了绘制速度和效率。

5.1.1 定义块

要创建一个新的图块，首先要用绘图和修改命令绘制出组成图块的所有图形对象，然后再用块定义命令定义为块。

定义内部块需要使用块定义命令，启动该命令的方式有：

- 命令行：BLOCK/B。
- 菜单栏：【绘图】|【块】|【创建】。
- 工具栏："绘图"工具栏下的"创建块"工具按钮。

启动 BLOCK 命令后，弹出如图 5-1 所示的"块定义"对话框。在该对话框中，需要设置以下内容：给块定义名称，选择组成图块的对象，选择插入基点。

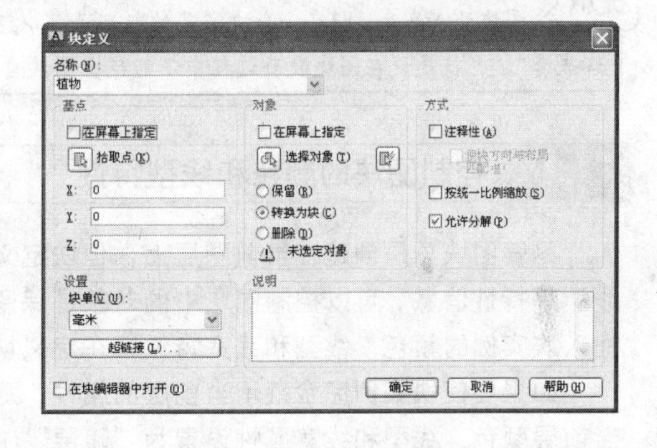

图 5-1 "块定义"对话框

1. 命名

在"名称"文本框中输入新图块的名称。单击右边的下拉列表框按钮，可以显示当前文档中所有已存在的块定义名称列表。

2. 选择对象

"对象"选项组用于选择组成图块的图形对象。单击【选择对象】按钮，"块定义"对话框暂时消失。此时，可以在工作区中连续选择需要组成该图块的图形对象。选择结束后按回车键，"块定义"对话框重新出现，并显示已选中的对象数目。至此，选择对象操作结束。

该选项组中的一组单选按钮用于设置块定义完成后被选择对象的处理方式，说明如下：

"保留"：被选中组成块的对象仍然保留在原位置，不转化为块实例。

"转换为块"：被选中组成块的对象转化为一个块实例。

"删除"：被选中组成块的对象在原位置被删除。

3. 确定插入基点

插入基点是插入图块实例时的参照点。插入块时，可通过确定插入基点的位置将整个块实例放置到指定的位置上。理论上，插入基点可以是图块的任意点。但为了方便定位，经常选取端点、中点、圆心等特征点作为插入基点。

插入基点的坐标可以直接在"基点"选项组的 X、Y、Z 三个文本框中输入。但通常情况下，在工作区间中用对象捕捉的方法确定基点比较简便。单击【拾取点】按钮，对话框暂时消失。此时，在工作区间中用对象捕捉的方法捕捉指定的点作为基点。捕捉确定后，对话框将重新出现。

课堂举例 5-1：定义植物图块 视频\第 5 章\课堂举例 5-1.mp4

01 按 Ctrl+O 快捷键，打开如图 5-2 所示的植物图形。

02 调用 BLOCK/B 命令，打开图 5-1 所示的“块定义”对话框。

03 图块命名。在“名称”文本框输入图块名“植物”。

04 选择对象。单击【选择对象】按钮，在屏幕上选取组成植物的所有图形对象。

05 确定插入基点。单击【拾取点】按钮，在屏幕上捕捉植物的中心点作为插入基点。

06 单击【确定】按钮，退出对话框。块定义结束。

重新打开“块定义”对话框，单击“名称”文本框右边的下三角按钮，可以看到名为“植物”的图块已经创建。

图 5-2　植物图块

> **提示** 图块可以嵌套，即在一个块定义的内部还可以包含其他块定义。但不允许“循环嵌套”，也就是说在图块嵌套过程中不能包含图块自身，而只能嵌套其他图块。

5.1.2 控制图块的颜色和线型特性

尽管图块总是创建在当前图层上，但块定义中保存了图块中各个对象的原图层、颜色和线型等特性信息。可以控制图块中的对象是保留其原特性还是继承当前层的特性。为了控制插入块实例的颜色、线型和线宽特性，在定义块时有如下三种情况：

如果要使块实例完全继承当前层的属性，那么在定义块时应将图形对象绘制在 0 层，将当前层颜色、线型和线宽属性设置为“随层”(ByLayer)。

如果希望能为块实例单独设置属性，那么在块定义时应将颜色、线型和线宽属性设置为“随块”(ByBlock)。

如果要使块实例中的对象保留属性，而不从当前层继承；那么在定义块时，应为每个对象分别设置颜色、线型和线宽属性，而不应当设置为“随块”或“随层”。

5.1.3 插入块

块定义完成后，就可以插入与块定义关联的块实例了。启动【插入块】命令的方式有：

- 命令行：Insert/I。
- 菜单栏：【插入】|【块】。
- 工具栏：“绘图”工具栏“插入块”工具按钮。

启动 Insert 命令后，弹出如图 5-4 所示的块“插入”对话框。在该对话框中需要指定块名称、插入点位置、块实例的缩放比例和旋转角度。说明如下：

“名称”下拉列表框：选择需要插入的块的名称。

“插入点”选项组：输入插入基点坐标。可以直接在 X、Y、Z 三个文本框中输入插入点的绝对坐标；更简单的方式是通过选中“在屏幕上指定”复选框，用对象捕捉的方法在工作区间上直接捕捉确定。

“缩放比例”选项组：设置块实例相对于块定义的缩放比例。可以直接在 X、Y、Z 三个文本框中输入三个方向上的缩放比例值；也可以通过选中“在屏幕上指定”复选框，在工作区间上动态确定缩放比例。选中“统一比例”复选框，则在 X、Y、Z 三个方向上的缩放比例相同。

“旋转”选项组：设置块实例相对于块定义的旋转角度。可以直接在“角度”文本框中输入旋转角度值；也可以通过选中“在屏幕上指定”复选框，在工作区间上动态确定旋转角度。

“分解”复选框：设置是否将块实例分解成普通的图形对象。

下面以在客厅平面图中插入“植物”块为例，介绍插入块的具体操作。

课堂举例 5-2：插入块　　视频\第 5 章\课堂举例 5-2.mp4

01 按 Ctrl+O 快捷键，打开“5.1.3 插入块.dwg”文件，如图 5-3 所示。

02 启动 INSERT 命令，打开“插入”对话框，如图 5-4 所示。

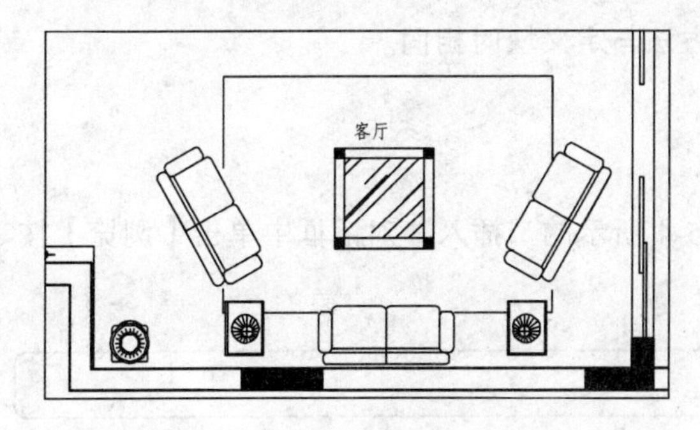

图 5-3　打开图形

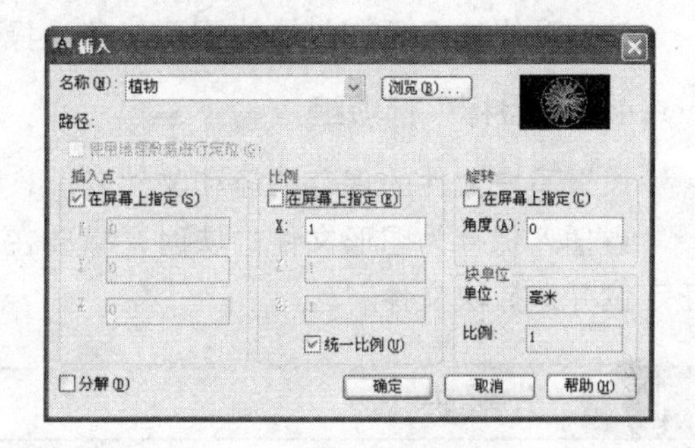

图 5-4　“插入”对话框

03 选择需要插入的内部块。打开“名称”下拉列表框，选择“植物”。确定缩放比例，选择“统一比例”复选框，在“X”框中输入 0.8。确定插入基点位置。在“插入点”选项组中选中“在屏幕上指定”复选框。

04 单击【确定】按钮退出对话框，在客厅右下角位置指定插入点，插入植物图块，如图 5-5 所示。

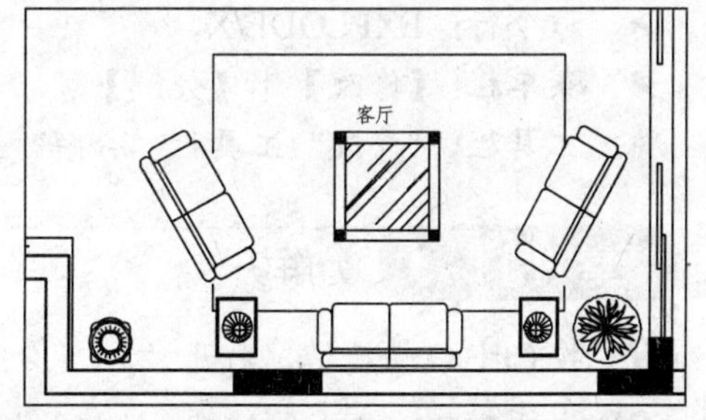

图 5-5　插入植物图块

5.1.4 写块

使用 BLOCK 命令定义的块只能在定义该图块的文件内部使用。如果要让所有的 AutoCAD 文档共用图块，就需要用【写块】命令 WBLOCK 定义外部块。定义外部块的过程，实质上就是将图块保存为一个单独的 DWG 图形文件，因为 DWG 文件可以被其他 AutoCAD 文件使用。

在命令行输入 WBLOCK，或者简写形式 W，将弹出如图 5-6 所示的“写块”对话框。

1. “源”选项组

设置外部块类型。可供选择的一组单选按钮是：

块：将已经定义好的块保存，可以在下拉列表中选择已有的内部块。如果当前文件中没有定义的块，该单选按钮不可用。

整个图形：将当前工作区中的全部图形保存为外部块。

对象：选择图形对象定义外部块。该项是默认选项，一般情况下选择此项即可。

2. “基点”选项组

该选项组确定插入基点。方法同块定义。

图 5-6 “写块”对话框

3. “对象”选项组

该选项组选择保存为块的图形对象，操作方法与定义块时相同。

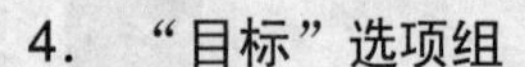

4. “目标”选项组

设置写块文件的保存路径和文件名。

当插入保存为图形文件的块时，需要在图 5-4 所示的“插入”对话框中单击【浏览】按钮定位并选择块文件。

5.1.5 分解块

块实例是一个整体，AutoCAD 不允许对块实例进行局部修改。因此需要修改块实例，必须先用分解块命令(EXPLODE)将块实例分解。

块实例被分解为彼此独立的普通图形对象后，每一个对象可以单独被选中，而且可以分别对这些对象进行修改操作。启动 EXPLODE 命令的方法有：

- 命令行：EXPLODE/X。
- 菜单栏：【修改】|【分解】。
- 工具栏：“修改”工具栏“分解”工具按钮。

课堂举例 5-3：分解块

视频\第 5 章\课堂举例 5-3.mp4

01 按 Ctrl+O 快捷键，打开“5.1.5 分解块.dwg”图形，如图 5-7 所示。

02 启动 EXPLODE 命令后，连续选择需要分解的块实例。选择结束后按回车键，选中的块实例将会被分解，如图 5-8 所示。

提示 EXPLODE 命令不仅可以分解块实例，还可以分解尺寸标注、填充区域等复合图形对象。

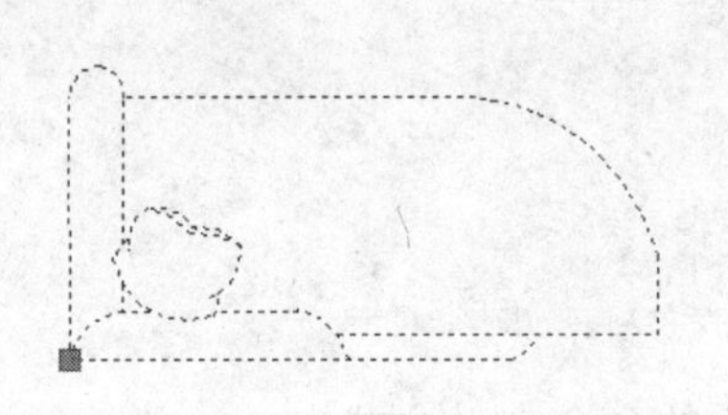

图 5-7　打开图形

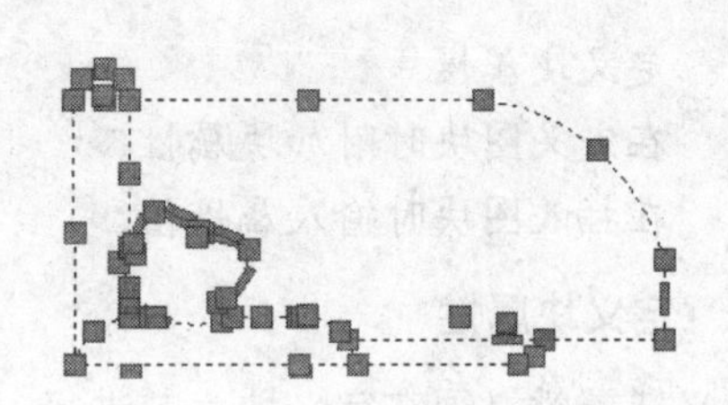

图 5-8　分解块

5.1.6　图块的重定义

通过对图块的重定义，可以更新所有与之关联的块实例，实现自动修改。

如图 5-9 所示的“会议桌”图块有 8 个座位，并在当前图形中插入了多个块实例。现在由于设计发生变化，要将 8 座更改为 6 座，此时可以通过重定义块操作，快速修改图形。

课堂举例 5-4：图块的重定义

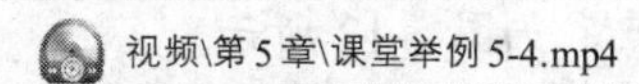

视频\第 5 章\课堂举例 5-4.mp4

01 按 Ctrl+O 快捷键，打开如图 5-9 所示的图形。

02 调用 EXPLODE/X 命令，分解“会议桌”图块。

03 选择删除会议桌侧面的两张座位，如图 5-10 所示。

04 重定义“会议桌”图块。启动 BLOCK/B 命令，弹出“块定义”对话框。在“名称”下拉列表框中选择“会议桌”，选择被分解的会议桌图形对象，确定插入基点。完成上述设置后，单击【确定】按钮。此时，AutoCAD 会提示是否替代已经存在的“会议桌”块定义，单击【是(Y)】按钮确定。重定义块操作完成。

05 上述操作完成后，将会发现图形中所有的“会议桌”块实例都已经被修改，由 8 个座位更改成了 6 个座位。

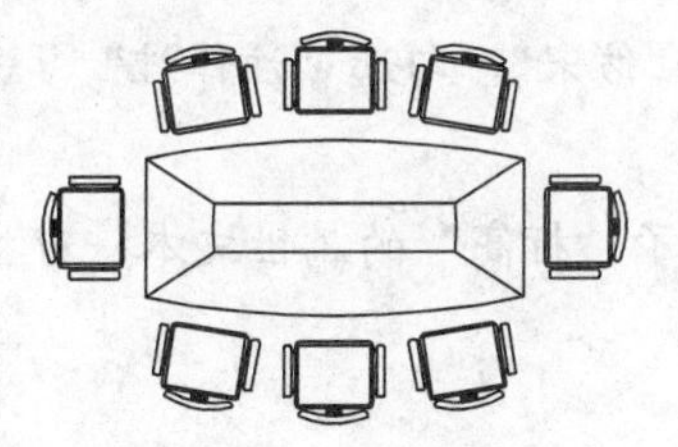

图 5-9　原图块

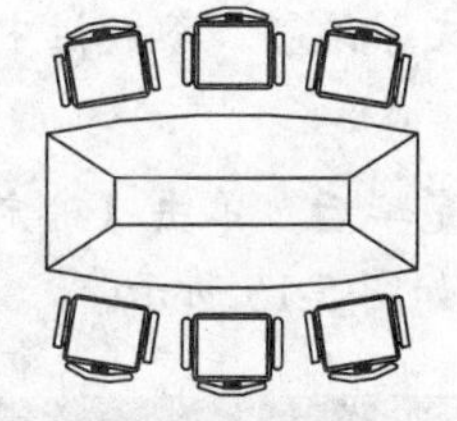

图 5-10　修改后的图块

5.1.7　图块属性

图块包含的信息可以分为两类：图形信息和非图形信息。块属性指图块的非图形信息，块属性必须和图块结合在一起使用，在图样上显示为块实例的标签或说明，单独的属性是没有意义的。

1．添加块属性

在 AutoCAD 中添加块属性的操作主要分为三步：

➢ 定义块属性。
➢ 在定义图块时附加块属性。
➢ 在插入图块时输入属性值。

2. 定义块属性

定义块属性必须在定义块之前进行。【定义属性】的命令启动方式有：

➢ 命令行：ATTDEF/ATT。
➢ 菜单栏：【绘图】|【块】|【定义属性】。

课堂举例 5-5：定义属性块

视频\第 5 章\课堂举例 5-5.mp4

01 绘制标高。调用 REC【矩形】绘制一个矩形，如图 5-11 所示。

02 调用 EXPLODE/X 命令分解矩形。

03 调用直线命令，捕捉矩形的第一个角点，将其与矩形的中点连接，再连接第二个角点，如图 5-12 所示。

04 删除多余的线段，只留下一个三角形，将三角形上侧边向右延伸，如图 5-13 所示，标高符号绘制完成。

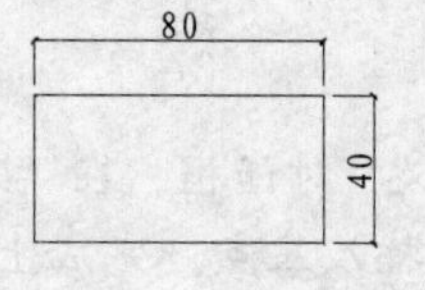

图 5-11 绘制矩形

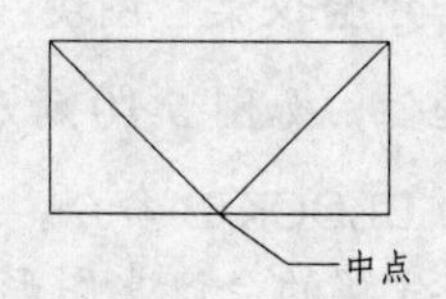

图 5-12 绘制线段

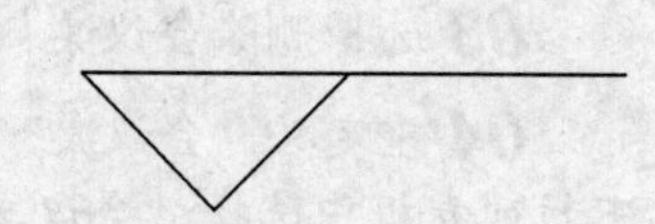
图 5-13 绘制直线

05 定义标高图块。执行【绘图】|【块】|【定义属性】命令，打开"属性定义"对话框，在"属性"参数栏中设置"标记"为 0.000，设置"提示"为"请输入标高值"，设置"默认"为 0.000。

06 在"文字设置"参数栏中设置"文字样式"为"仿宋"，勾选"注释性"复选框，如图 5-14 所示。

07 设置完毕后，单击【确定】按钮。此时，出现了"标高"的属性文本，可将其拖放到指定位置，如图 5-15 所示。

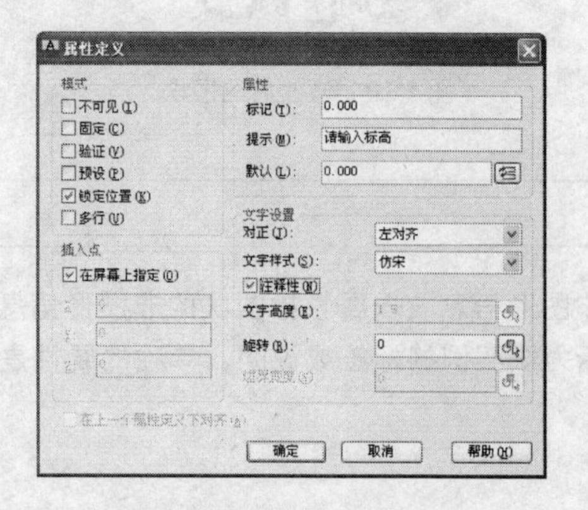

图 5-14 "属性定义"对话框

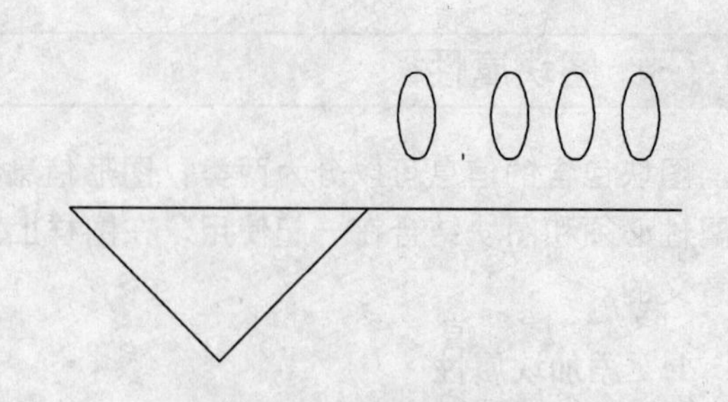

图 5-15 指定属性位置

08 选择图形和文字，在命令窗口中输入 BLOCK/B 后按回车键，打开“块定义”对话框，如图 5-16 所示。

09 在“对象”参数栏中单击 “选择对象”按钮，在图形窗口中选择标高图形，按回车键返回“块定义”对话框。

10 在“基点”参数栏中单击 “拾取点”按钮，捕捉并单击三角形左上角的端点作为图块的插入点。

11 单击【确定】按钮关闭对话框，完成标高图块的创建。

下面介绍插入属性块的方法。

课堂举例 5-6：插入属性块

视频\第 5 章\课堂举例 5-6.mp4

01 插入标高图块，命令行操作如下：

```
命令：I↙    INSERT                                               //启动【插入块】命令
指定插入点或[基点(B)/比例(S)/X/Y/Z/旋转(R)/预览比例(PS)/PX/PY/PZ/预览旋转(: PR)]:
                                                                  //确定插入基点
输入属性值。请输入标高：<0.000>:0.200                              //输入标高值
```

02 插入属性块结果如图 5-17 所示。

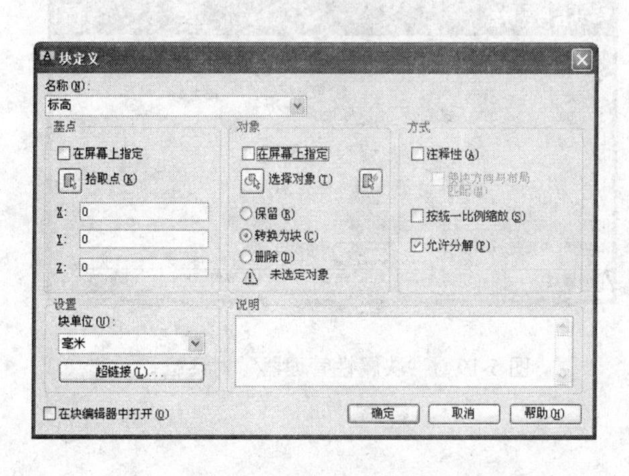

图 5-16　“块定义”对话框

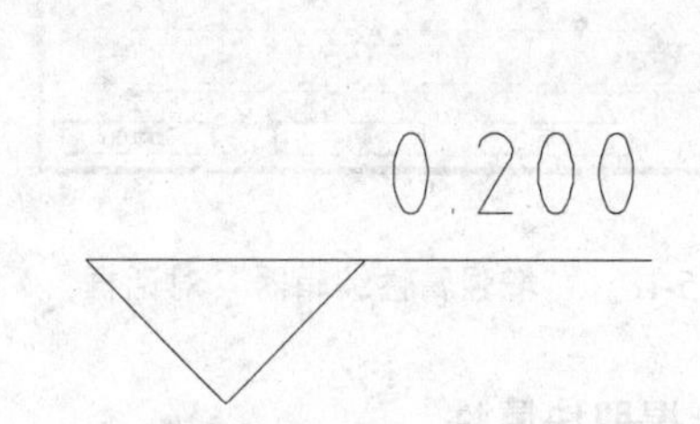

图 5-17　插入属性块

> **提示** 从上述操作可以看出，命令行中的提示信息正是图 5-14 中“提示”文本框中输入的内容，而尖括号中的默认值正是“值”文本框中输入的内容。

5.1.8 修改块属性

对块属性的修改主要包括块属性定义的修改和属性值的修改。

1. 修改属性值

使用增强属性编辑器可以方便地修改属性值和属性文字的格式。打开增强型属性编辑器的方式有：

➢ 命令行：EATTEDIT，或者直接双击块实例中的属性文字。

➢ 菜单栏：【修改】|【对象】|【属性】|【单个】。

启动 EATTEDIT 命令后，选择需要修改的属性文字，可以打开如图 5-18 所示的“增强属性编辑器”对话框。在该对话框的“属性”选项卡中选中某个属性值后，可以在“值”文本框中输入修改后的新值。在“文字选项”选项卡中，可以设置属性文字的格式。在“特性”选项卡中，可以设置属性文字所在的图层、线型、颜色、线宽等显示控制属性。

2. 修改块属性定义

使用块属性管理器，可以修改所有图块的块属性定义。打开块属性管理器的方式有：

➢ 命令行：BATTMAN。

➢ 菜单栏：【修改】|【对象】|【属性】|【块属性管理器】。

启动 BATTMAN 命令，弹出如图 5-19 所示的“块属性管理器”对话框。对话框中显示了已附加到图块的所有块属性列表。双击需要修改的属性项，可以在随之出现的“编辑属性”对话框中编辑属性项。选中某属性项，然后单击右边的【删除】按钮，可以从块属性定义中删除该属性项。

对块属性定义修改完成后，单击右边【同步】按钮，可以更新相应的所有的块实例。但同步操作仅能更新块属性定义，不能修改属性值。

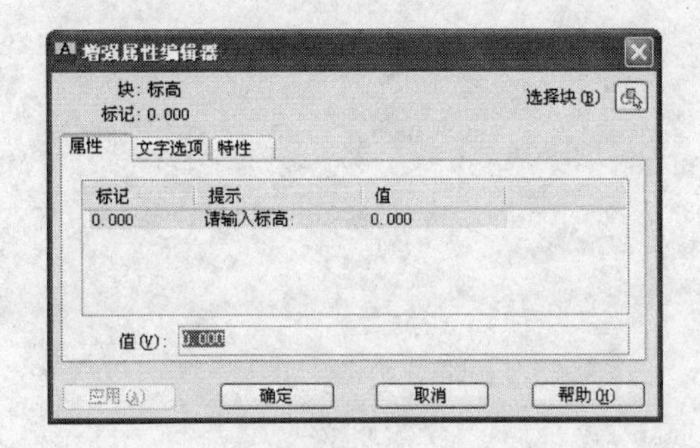

图 5-18 “增强属性编辑器”对话框

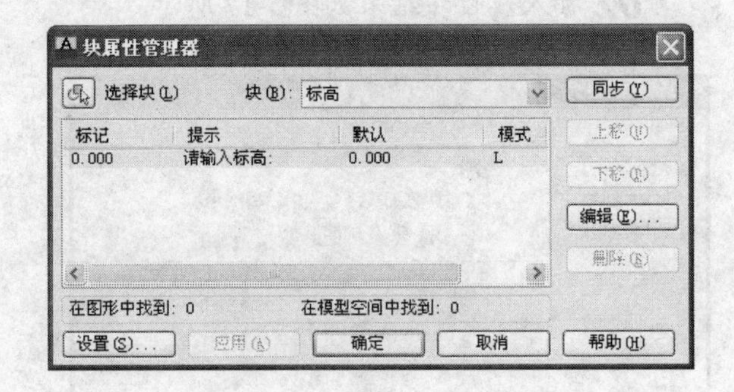

图 5-19 “块属性管理器”对话框

3. 提取块属性

附加在块实例上的块属性数据是重要的工程数据。在实际工作中，通常需要将块属性数据提取出来，供其他程序或外部数据库分析利用。属性提取功能可以将图块属性数据输出到表格或外部文件中，供分析使用。

利用 AutoCAD 提供的属性提取向导，只需根据向导提示按步骤操作，即可方便地提取块属性数据。打开属性提取向导的方式有：

➢ 命令方式：EATTEXT。

➢ 菜单方式【工具】|【属性提取】。

AutoCAD 提供了块属性提取向导以帮助用户一步步提取所需数据，详细操作步骤这里就不讲解了。

5.2 设计中心与工具选项板

使用设计中心可以将任何资源复制粘贴到其他文档中，也可以拖放到工具选项板上，从而实现了对图形资源的共享和重复利用，简化了绘图过程。工具选项板是“工具选项板”窗口中选项卡形式的区域，是组织、共享和放置块及填充图案的有效方法。

5.2.1 设计中心

利用设计中心，可以对图形设计资源实现以下管理功能：

- 浏览、查找和打开指定的图形资源。
- 能够将图形文件、图块、外部参照、命名样式迅速插入到当前文件中。
- 为经常访问的本地机或网络上的设计资源创建快捷方式，并添加到收藏夹中。

可以用以下方式打开“设计中心”窗体。

- 命令行：ADCENTER，或组合键 Ctrl+2。
- 菜单栏：【工具】|【设计中心】。
- 工具栏：“标准”工具栏“设计中心”工具按钮。

5.2.2 设计中心窗体

设计中心的外观与 Windows 资源管理器相似。双击蓝色的标题栏，可以将窗体固定放置在工作区一侧，或者浮动放置在工作区上。拖动标题栏或窗体边界，可以调整窗体的位置和大小。

位于窗体上部的是用于导航定位和设置外观的工具按钮，左侧的路径窗口以树状图的形式显示了图形资源的保存路径，右侧的内容窗口显示了各图形资源的缩略图和说明信息。如图 5-20 所示，单击“文件夹”标签，在左侧的树状目录中定位到图形文件中，可以观察到该文件中的标注、表格、布局、图块等所有图形资源的信息。

在“打开的图形”选项卡中，显示了当前已经打开的所有图形文件的资源结构。在“历史记录”选项卡中，显示了最近打开的图形文件的列表，通过双击文件可以迅速定位到某文件。

5.2.3 使用图形资源

1. 打开图形文件

如图 5-21 所示，通过设计中心打开 DWG 图形文件，可以在内容窗口中右击需要打开的文件，选择【插入为块】菜单项即可。

2. 插入图形资源

直接插入图形资源，是设计中心最实用的功能。可以直接将某个 AutoCAD 图形文件作为外部块或者外部参照插入到当前文件中；也可以直接将某图形文件中已经存在的图层、线型、样式、图块等命名对象直接插入到当前文件，而不需要在当前文件中对样式进行重复定义。

如图 5-21 所示，选择【插入块】菜单项，可以将 DWG 图形文件作为外部块插入到当前文件中。

如果要插入标注、图层、线型、样式、图块等任意资源对象，可以从内容窗口直接拖放到当前图形的工作区中。

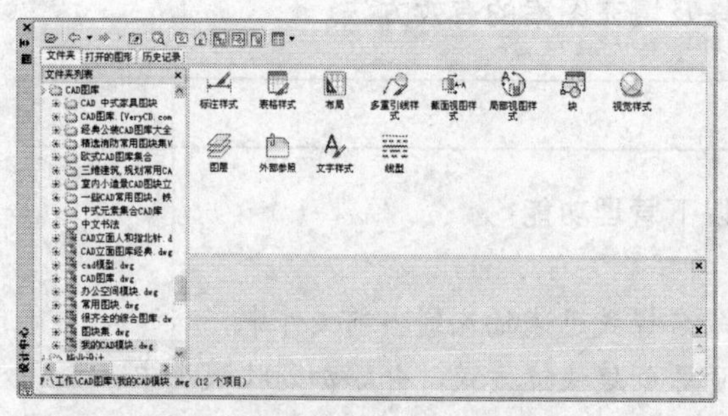

图 5-20 “设计中心”窗体

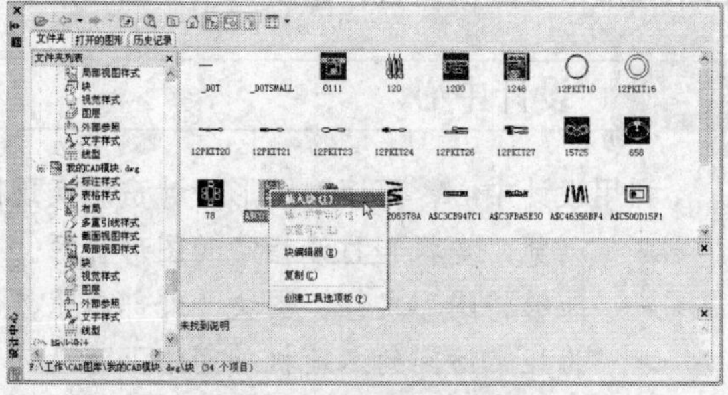

图 5-21 打开图形文件

3. 图块重新编辑

在设计中心中可以方便地对图块进行编辑。如图 5-22 所示，右击需要编辑的图块，选择相应的菜单项，可以对图块进行重新编辑。

5.2.4 联机设计中心

联机设计中心是 AutoCAD 为方便所有用户共享图形资源而提供的一个基于网络的图形资源库，包含了许多通用的预绘制内容，如图块、符号库、制造商内容和联机目录等。

计算机必须与 Internet 连接后，才能访问这些图形资源。单击“联机设计中心”选项卡，可以在其中浏览、搜索并下载可以在图形中使用的内容。需要在当前图形中使用这些资源时，将相应的资源对象拖放到当前工作区中即可。

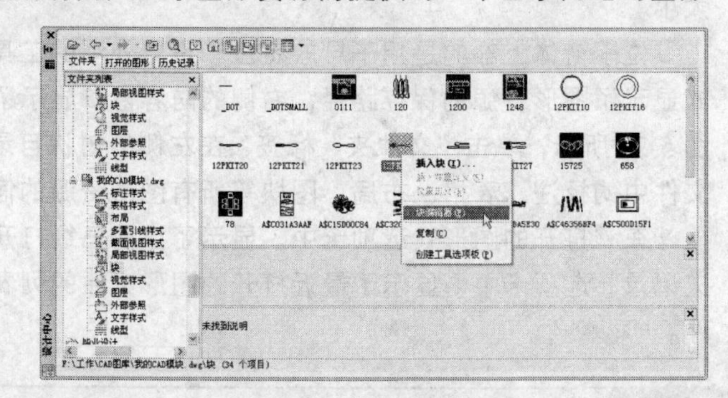

图 5-22 图块插入和重定义

5.2.5 工具选项板

工具选项板是 AutoCAD 的一个强大的自定义工具，能够让用户根据自己的工作需要将各种 AutoCAD 图形资源和常用的操作命令整合到工具选项板中，以便随时调用。

如图 5-23 所示，“工具选项板”窗体默认由“填充图案”、“表格”等若干个工具选项板组成。每个选项板中包含各种样例等图形资源。工具选项板中的图形资源和命令工具都称为“工具”。打开“工具选项板”窗体的方法有:

- 命令行：TOOLPALETTES，或组合键 Ctrl+3。
- 菜单栏：【工具】｜【工具选项板窗口】。
- 工具栏："标准"工具栏"工具选项板"工具按钮。

由于显示区域的限制，不能显示所有的工具选项板标签。此时可以用鼠标单击选项板标签的端部位置，在弹出的快捷菜单中选择需要显示的工具选项板名称，如图 5-24 所示。

在使用工具选项板中的工具时，单击需要的工具按钮，即可在工作区间中创建相应的图形对象。

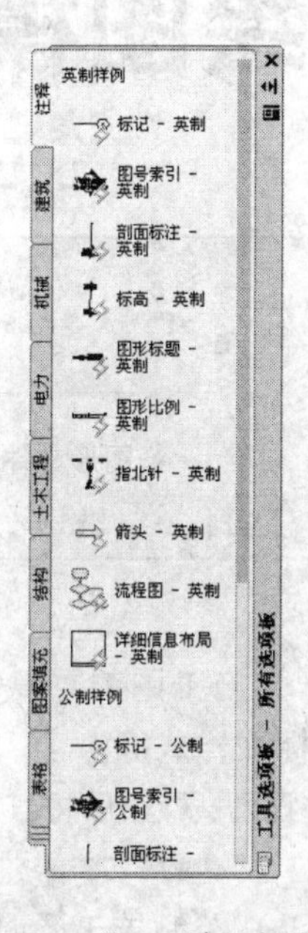

图 5-23　"工具选项板"窗体

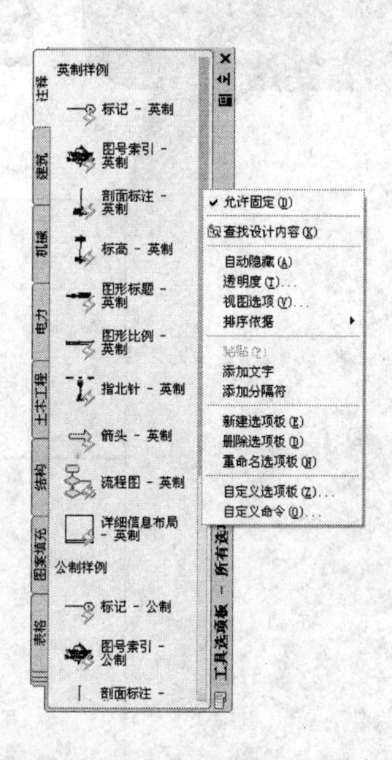

图 5-24　"工具选项板"快捷菜单

第 6 章 创建室内绘图模板

本章导读

为了避免绘制每一张施工图都重复地设置图层、线型、文字样式和标注样式等内容，可以预先将这些相同部分一次性设置好，然后将其保存为样板文件。

创建了样板文件后，在绘制施工图时，就可以在该样板文件基础上创建图形文件，从而加快了绘图速度，提高了工作效率。

本章重点

★ 创建样板文件
★ 设置图形界限
★ 创建尺寸标注样式
★ 设置引线样式
★ 绘制并创建门图块
★ 绘制并创建图名动态块
★ 绘制 A3 图框
★ 绘制详图索引符号和详图编号图形

6.1 设置样板文件

6.1.1 创建样板文件

样板文件需要以特殊的格式进行保存，在设置样式之前，应创建样板文件。

课堂举例 6-1：创建样板文件

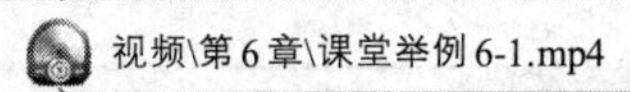
视频\第 6 章\课堂举例 6-1.mp4

01 启动 AutoCAD 2013，系统自动创建一个新的图形文件。

02 在“文件”下拉菜单中单击【保存】或【另存为】选项，打开“图形另存为”对话框，如图 6-1 所示。在“文件类型”下拉列表框中选择“AutoCAD 图形样板（*.dwt）”选项，输入文件名“室内装潢施工图模板”，单击“保存”按钮保存文件。

03 下次绘图时，可以打开该样板文件，如图 6-2 所示，在此基础上绘图。

图 6-1　保存样板文件

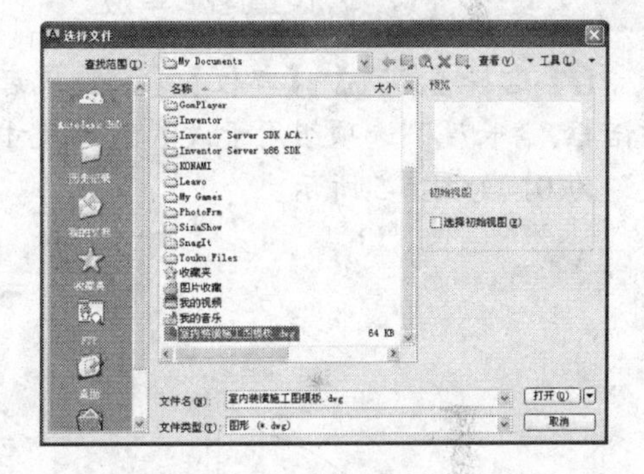

图 6-2　打开样板文件

6.1.2 设置图形界限

绘图界限就是 AutoCAD 的绘图区域，也称图限。通常所用的图纸都有一定的规格尺寸，室内装潢施工图一般调用 A3 图幅打印输出，打印输出比例通常为 1:100，所以图形界限通常设置为 42000×29700。为了将绘制的图形方便地打印输出，在绘图前应设置好图形界限。

课堂举例 6-2：设置图形界限

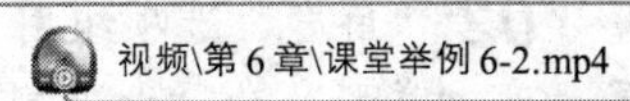
视频\第 6 章\课堂举例 6-2.mp4

01 设置图形界限范围为 42000×29700，命令行操作如下：

命令：LIMITS ↙

重新设置模型空间界限：

指定左下角点或[开(ON)/关(OFF)]<0.0000,0.0000>:↙　　//单击空格键或者 Enter 键默认坐标原点为图形界限的左下角点。此时若选择 ON 选项，则绘图时图形不能超出图形界限，若超出系统不予绘出，选 Off 则准予超出界限图形指定右上角点:42000, 29700↙ //输入图纸长度和宽度值，按下 Enter 键确定再按下 Esc 键退出，完成图形界限设置

02 单击状态栏【栅格显示】按钮▦，可以直观地观察到图形界限范围，如图 6-3 所示。

图 6-3 显示图形界限范围

注意 打开图形界限检查时，无法在图形界限之外指定点。但因为界限检查只是检查输入点，所以对象（例如圆）的某些部分仍然可能会延伸出图形界限。

6.1.3 设置图形单位

室内装潢施工图通常采用“毫米”作为基本单位，即一个图形单位为 1mm，并且采用 1:1 的比例，即按照实际尺寸绘图，在打印时再根据需要设置打印输出比例。例如：绘制一扇门的实际宽度为 800mm，则在 AutoCAD 中绘制 800 个单位宽度的图形，如图 6-4 所示。

课堂举例 6-3：设置图形单位

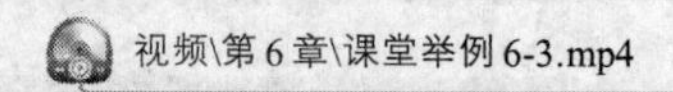

视频\第 6 章\课堂举例 6-3.mp4

01 选择【格式】|【单位】命令，或者在命令窗口中输入 UNITS/UN，打开“图形单位”对话框。“长度”选项组用于设置线性尺寸类型和精度，这里设置“类型”为“小数”，“精度”为 0，如图 6-5 所示。

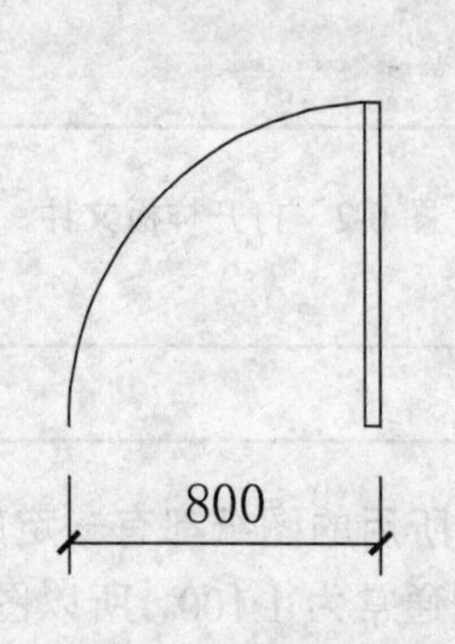

图 6-4 1:1 比例绘制图形

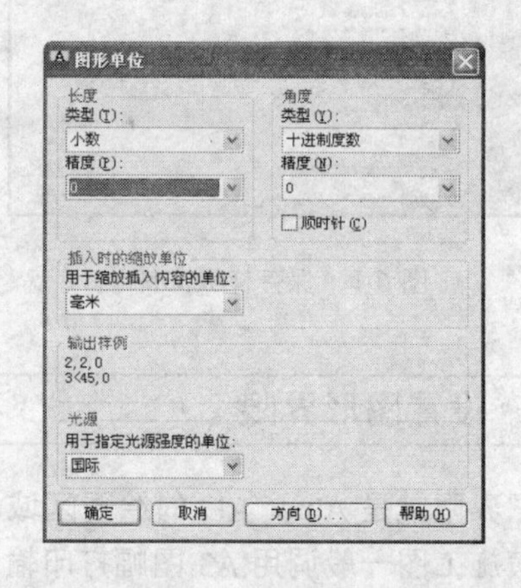

图 6-5 设置图形单位

02 “角度”选项组用于设置角度的类型和精度。这里取消“顺时针”复选框勾选，设置角度“类型”为“十进制度数”，精度为 0。

03 在“插入时的缩放单位”选项组中选择“用于缩放插入内容的单位”为“毫米”，这样当调用非毫米单位的图形时，图形能够自动根据单位比例进行缩放。最后单击【确定】关闭对话框，完成单位设置。

注意 图形精度影响计算机的运行效率，精度越高运行越慢，绘制室内装潢施工图，设置精度为 0 足以满足设计要求。

6.1.4 创建文字样式

文字样式是对同一类文字的格式设置的集合，包括字体、字高、显示效果等。在标注文字前，应首先定义文字样式，以指定字体、字高等参数，然后用定义好的文字样式进行标注。

这里创建“仿宋”文字标注样式，如图 6-6 所示为文字样式创建完成的效果。

课堂举例 6-4：创建文字样式

视频\第 6 章\课堂举例 6-4.mp4

01 在命令窗口中输入 STYLE/ST 并按回车键，或选择【格式】|【文字样式】命令，打开“文字样式”对话框，如图 6-7 所示。默认情况下，“样式”列表中只有唯一的 Standard 样式，在用户未创建新样式之前，所有输入的文字均调用该样式。

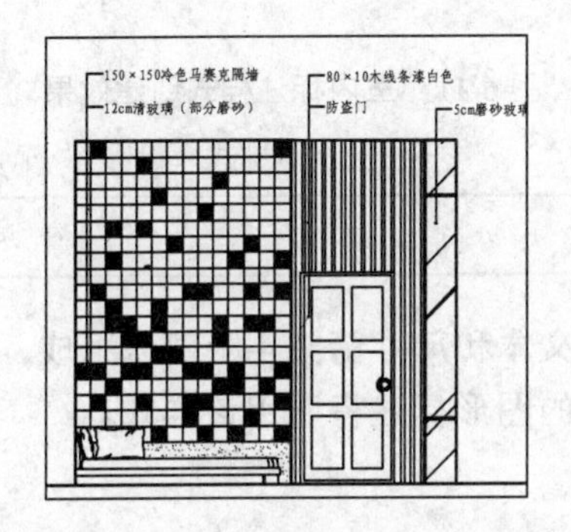

图 6-6　文字样式标注效果

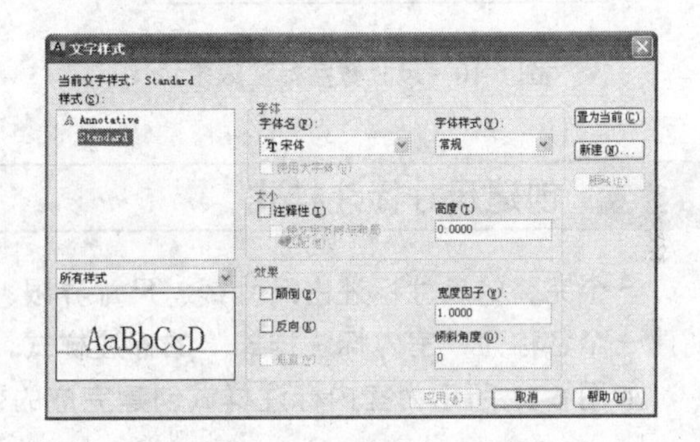

图 6-7　“文字样式”对话框

02 单击【新建】按钮，弹出“新建文字样式”对话框，在对话框中输入样式的名称，这里的名称设置为“仿宋”，如图 6-8 所示。单击【确定】按钮返回“文字样式”对话框。

03 在“字体名”下拉列表框中选择“仿宋”字体，如图 6-9 所示。

04 在“大小”选项组中勾选“注释性”复选项，使该文字样式成为注释性的文字样式，调用注释性文字样式创建的文字，将成为注释性对象，以后可以随时根据打印需要调整注释性的比例。

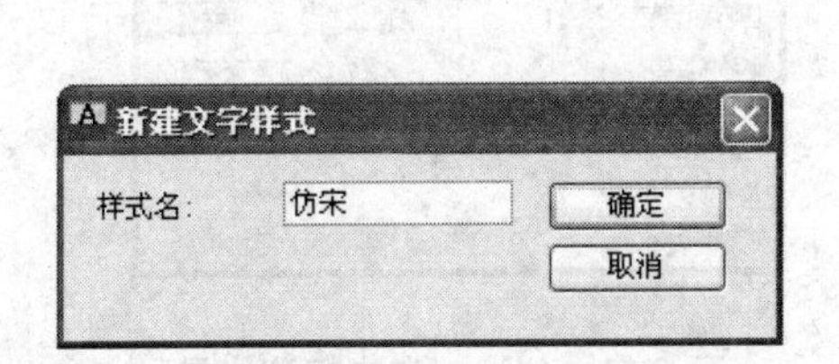

图 6-8　“新建文字样式”对话框

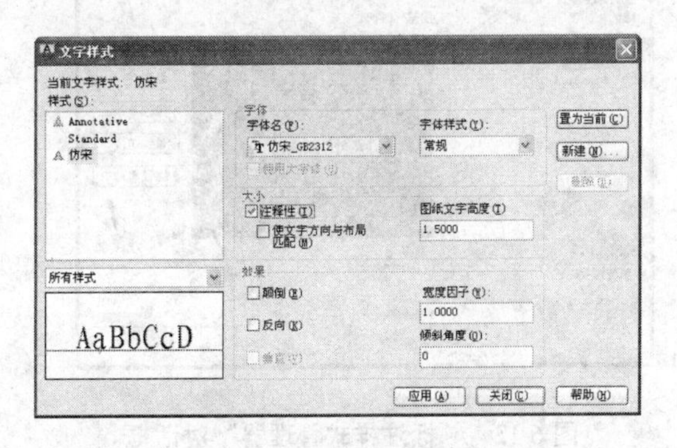

图 6-9　设置文字样式参数

05 设置“图纸文字高度”为 1.5（即文字的大小），在“效果”选项组中设置文字的“宽度因子”为 1，“倾斜角度”为 0，如图 6-9 所示，设置后单击【应用】按钮关闭对话框，完成“仿宋”文字样式的创建。

06 使用同样的方法创建“尺寸标注”文字样式，将其“字体名”设置为 romans.shx，该文字样式主要用于数字尺寸标注，效果如图 6-10 所示。

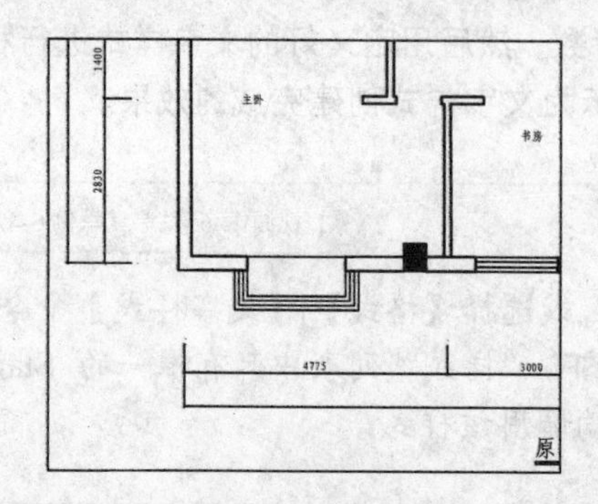

图 6-10　尺寸数字标注效果

图 6-11　室内标注样式创建效果

6.1.5 创建尺寸标注样式

一个完整的尺寸标注由尺寸线、尺寸界限、尺寸文本和尺寸箭头 4 个部分组成，下面将创建一个名称为“室内标注样式”的标注样式，所有的图形标注将调用该样式。

如图 6-11 所示为室内标注样式创建完成的效果。

课堂举例 6-5：创建尺寸标注样式

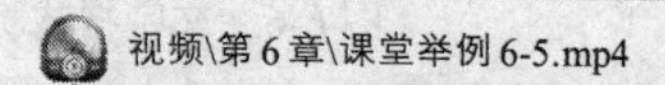

01 在命令窗口中输入 DIMSTYLE/D 并按回车键，或选择【格式】|【标注样式】命令，打开“标注样式管理器”对话框，如图 6-12 所示。

02 单击【新建】按钮，在打开的“创建新标注样式”对话框中输入新样式的名称“室内标注样式”，如图 6-13 所示。单击【继续】按钮，开始“室内标注样式”新样式设置。

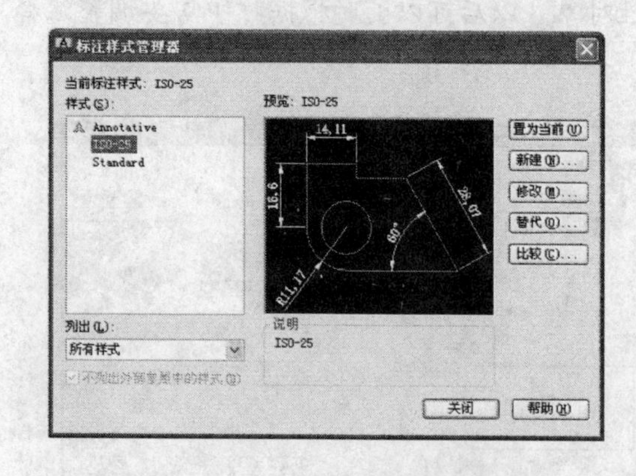

图 6-12　“标注样式管理器”对话框

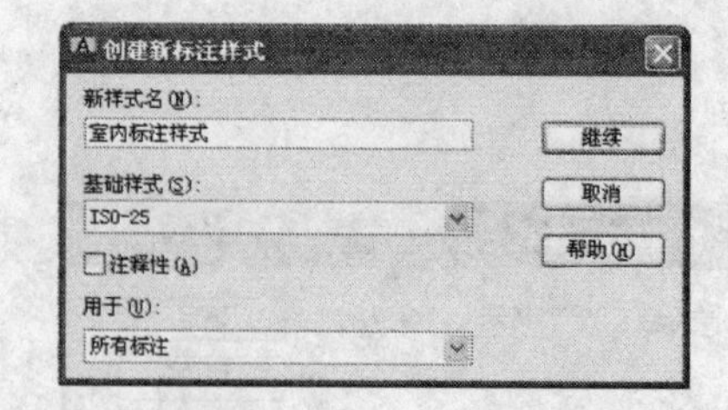

图 6-13　创建“室内标注样式”

03 系统弹出“新建标注样式：室内标注样式”对话框，选择“线”选项卡，分别对尺寸线和延伸线等参数进行调整，如图 6-14 所示。

04 选择“符号和箭头”选项卡，对箭头类型、大小进行设置，如图 6-15 所示。

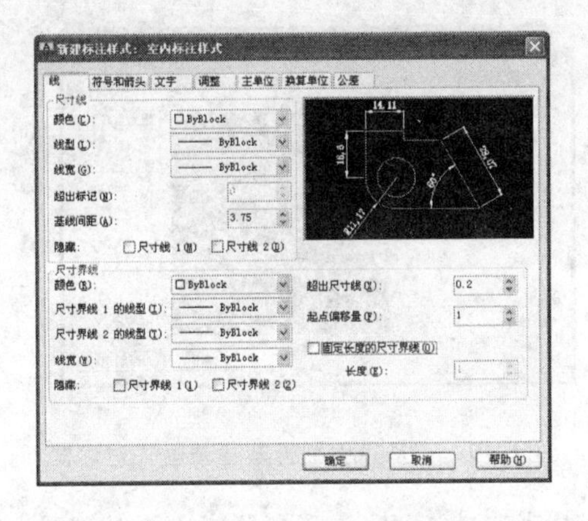

图 6-14　“线”选项卡参数设置

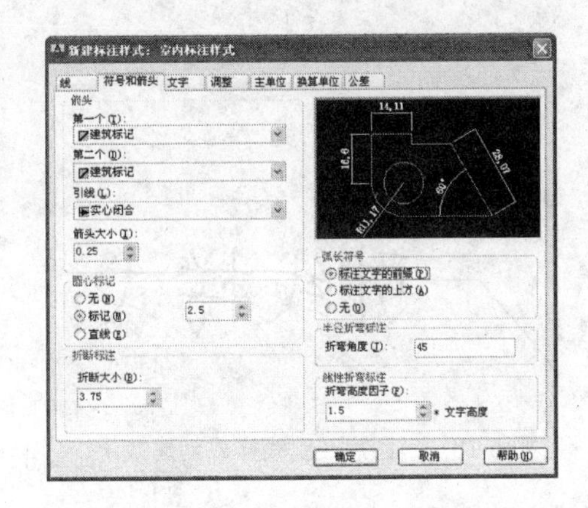

图 6-15　“符号和箭头”选项卡参数设置

05 选择“文字”选项卡，设置文字样式为“尺寸标注”，其他参数设置如图 6-16 所示。

06 选择“调整”选项卡，在“标注特征比例”选项组中勾选“注释性”复选框，使标注具有注释性功能，如图 6-17 所示，完成设置后，单击【确定】按钮返回“标注样式管理器”对话框，单击【置为当前】按钮，然后关闭对话框，完成“室内标注样式”标注样式的创建。

图 6-16　“文字”选项卡参数设置

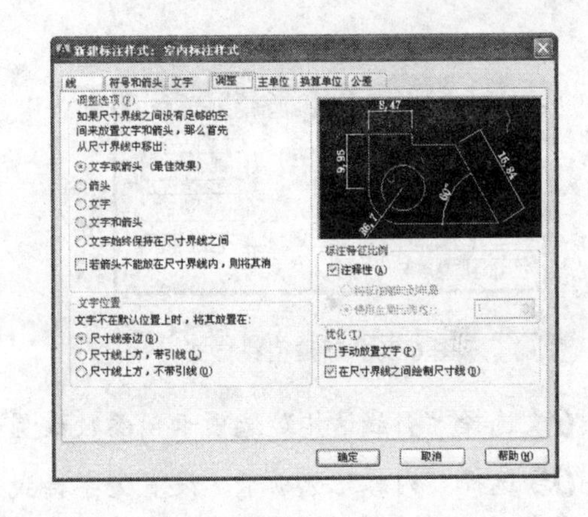

图 6-17　“调整”选项卡参数设置

6.1.6　设置引线样式

引线标注用于对指定部分进行文字解释说明，由引线、箭头和引线内容三部分组成。引线样式用于对引线的内容进行规范和设置，引出线与水平方向的夹角一般采用 0°、30°、45°、60° 或 90°。下面创建一个名称为“圆点”的引线样式，用于室内施工图的引线标注。如图 6-18 所示为“圆点”引线样式创建完成的效果。

课堂举例 6-6：创建引线样式

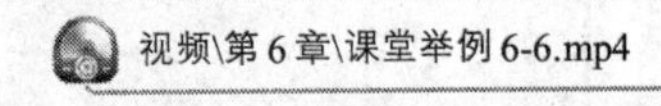

01 在命令窗口中输入 MLEADERSTYLE，或选择【格式】|【多重引线样式】命令，打开“多重引线样式管理器”对话框，如图 6-19 所示。

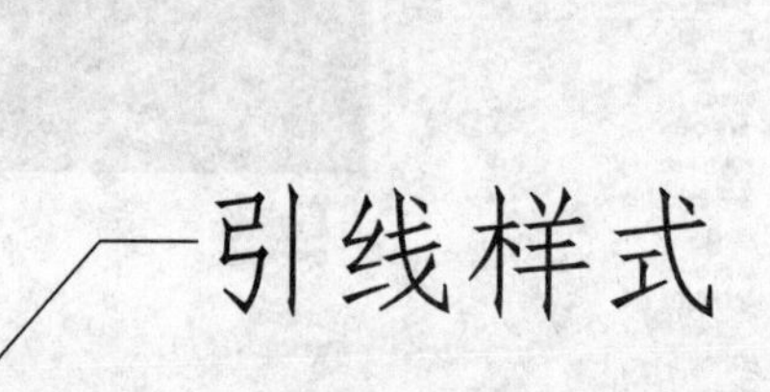

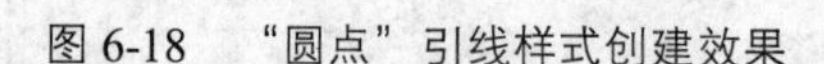
图 6-18 "圆点"引线样式创建效果

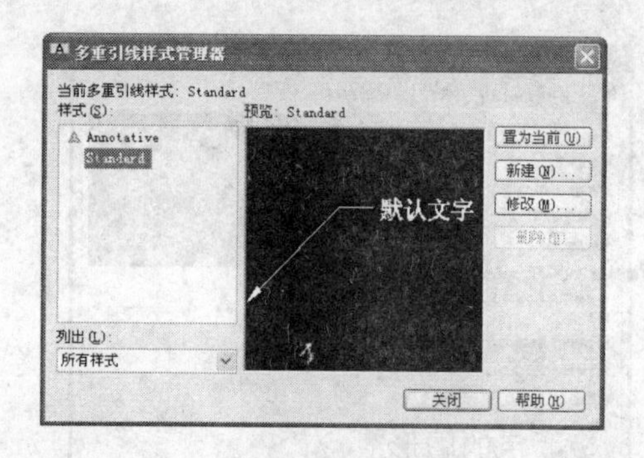

图 6-19 "多重引线样式管理器"对话框

02 单击【新建】按钮，打开"创建多重引线样式"对话框，设置新样式名称为"圆点"，并勾选"注释性"复选框，如图 6-20 所示。

03 单击【继续】按钮，系统弹出"修改多重引线样式：圆点"对话框，选择"引线格式"选项卡，设置箭头符号为"点"，大小为 0.25，其他参数设置如图 6-21 所示。

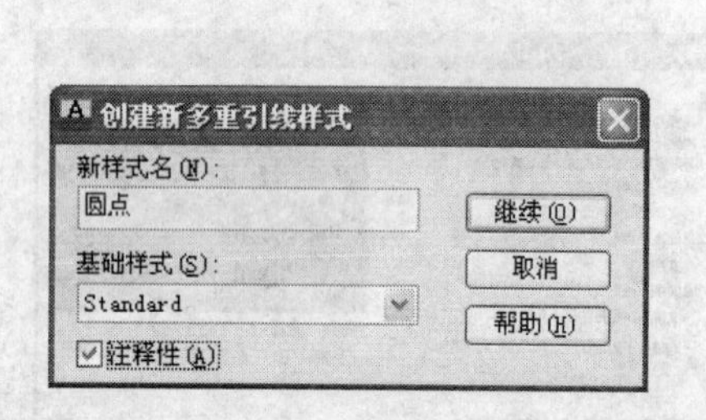

图 6-20 新建引线样式

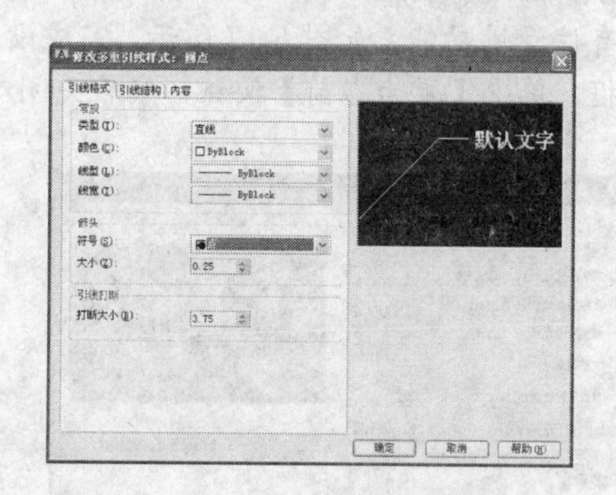

图 6-21 "引线格式"选项卡

04 选择"引线结构"选项卡，参数设置如图 6-22 所示。

05 选择"内容"选项卡，设置文字样式为"仿宋"，其他参数设置如图 6-23 所示。设置完参数后，单击【确定】按钮返回"多重引线样式管理器"对话框，"圆点"引线样式创建完成。

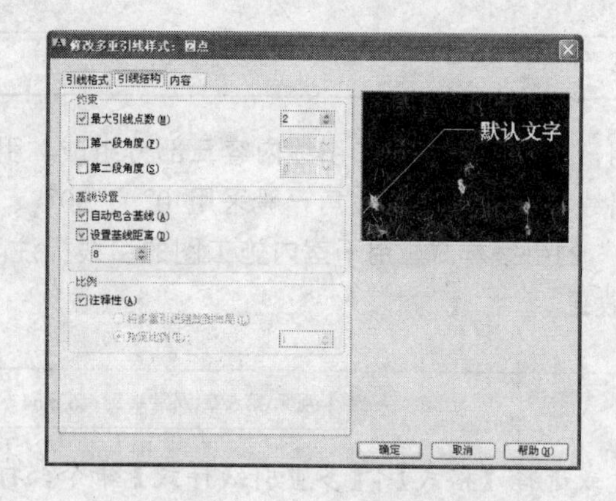

图 6-22 "引线结构"选项卡

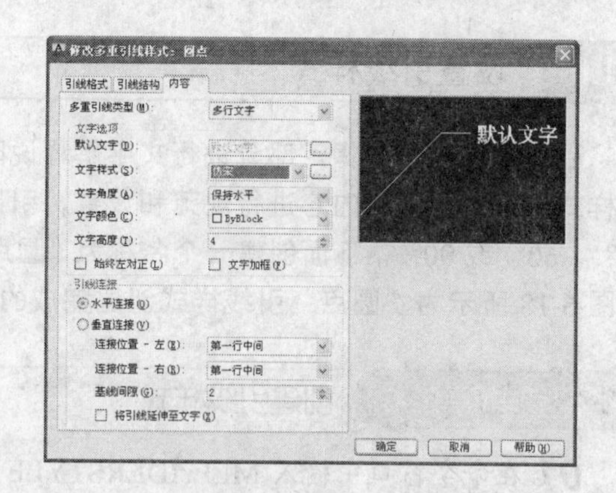

图 6-23 "内容"选项卡

6.1.7 创建打印样式

打印样式用于控制图形打印输出的线型、线宽、颜色等外观。如果打印时未调用打印样式，就有可能在打印输出时出现不可预料的结果，影响图纸的美观。

AutoCAD 2013 提供了两种打印样式，分别为颜色相关样式(CTB)和命名样式(STB)。一个图形可以调用命名或颜色相关打印样式，但两者不能同时调用。

CTB 样式类型以 255 种颜色为基础，通过设置与图形对象颜色对应的打印样式，使得所有具有该颜色的图形对象都具有相同的打印效果。例如，可以为所有用红色绘制的图形设置相同的打印笔宽、打印线型和填充样式等特性。CTB 打印样式表文件的后缀名为“*.ctb”。

STB 样式和线型、颜色、线宽等一样，是图形对象的一个普通属性。可以在图层特性管理器中为某图层指定打印样式，也可以在“特性”选项板中为单独的图形对象设置打印样式属性。STB 打印样式表文件的后缀名是“*.stb”。

绘制室内装潢施工图，调用“颜色相关打印样式”更为方便，同时也可兼容 AutoCAD R14 等早期版本，因此本书采用该打印样式进行讲解。

1. 激活颜色相关打印样式

AutoCAD 默认调用“颜色相关打印样式”，如果当前调用的是“命名打印样式”，则需要通过以下方法转换为“颜色相关打印样式”，然后调用 AutoCAD 提供的“添加打印样式表向导”快速创建颜色相关打印样式。

课堂举例 6-7：激活颜色相关打印样式

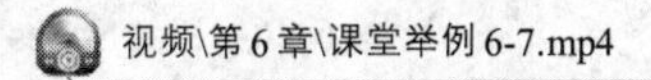

01 在转换打印样式模式之前，首先应判断当前图形调用的打印样式模式。在命令窗口中输入 pstylemode 并回车，如果系统返回“pstylemode = 0”信息，表示当前调用的是命名打印样式模式，如果系统返回“pstylemode = 1”信息，表示当前调用的是颜色打印模式。

02 如果当前是命名打印模式，在命名窗口输入 CONVERTPSTYLES 并回车，在打开的如图 6-24 所示提示对话框中单击【确定】按钮，即转换当前图形为颜色打印模式。

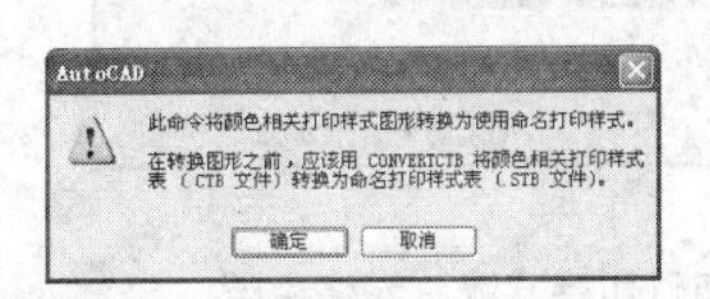

图 6-24 提示对话框

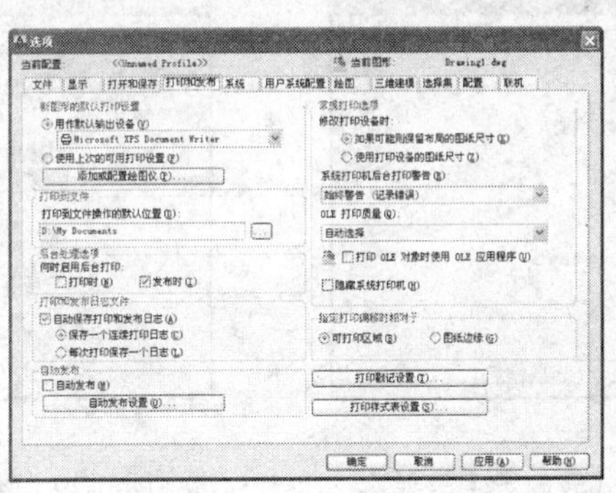
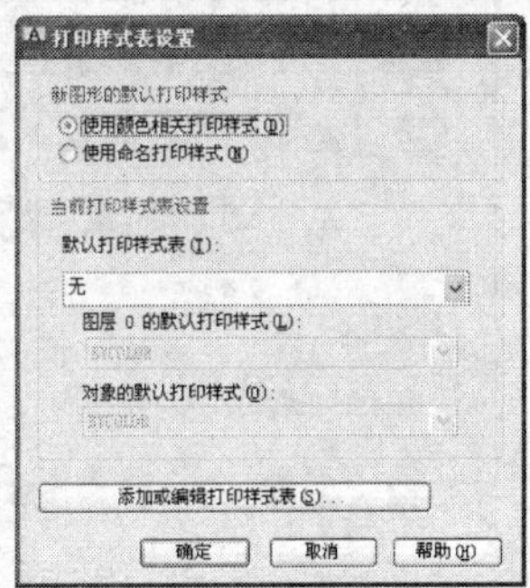

图 6-25 “选项”对话框

> **提示** 执行【工具】|【选项】命令，或在命令窗口中输入 OP 并回车，打开“选项”对话框，进入“打印和发布”选项卡，按照如图 6-25 所示设置，可以设置新图形的打印样式模式。

2. 创建颜色相关打印样式表

课堂举例 6-8: 创建颜色相关打印样式表　　视频\第 6 章\课堂举例 6-8.mp4

01 在命令窗口中输入 STYLESMANAGER 并按回车键，或执行【文件】|【打印样式管理器】命令，打开 Plot Styles 文件夹，如图 6-26 所示。该文件夹是所有 CTB 和 STB 打印样式表文件的存放路径。

02 双击“添加打印样式表向导”快捷方式图标，启动添加打印样式表向导，在打开的如图 6-27 所示的对话框中单击【下一步】按钮。

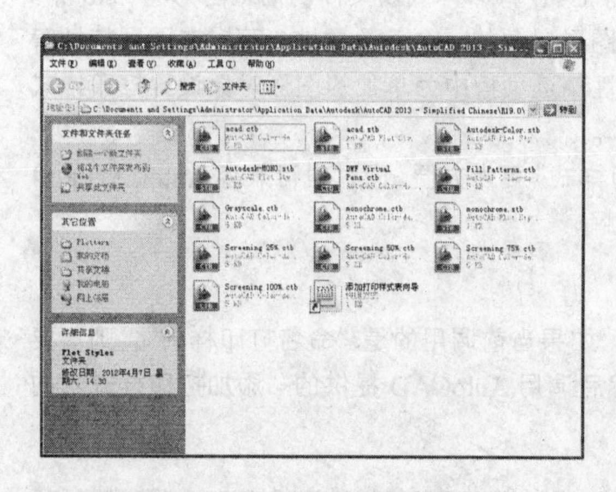

图 6-26　Plot Styles 文件夹　　　　图 6-27　添加打印样式表

03 在打开的如图 6-28 所示“开始”对话框中选择“创建新打印样式表”单选项，单击【下一步】按钮。

04 在打开的如图 6-29 所示“选择打印样式表”对话框中选择“调用颜色相关打印样式表”单选项，单击【下一步】按钮。

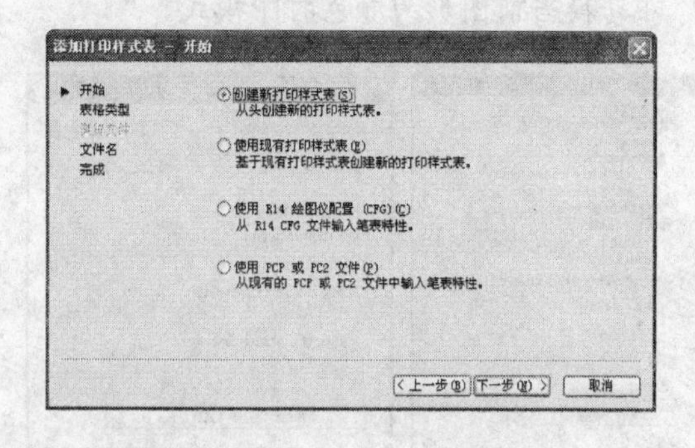

图 6-28　添加打印样式表向导 – 开始　　　　图 6-29　添加打印样式表 – 表格类型

05 在打开的如图 6-30 所示对话框的“文件名”文本框中输入打印样式表的名称，单击【下一步】按钮。

06 在打开的如图 6-31 所示对话框中单击【完成】按钮，关闭添加打印样式表向导，打印样式创建完毕。

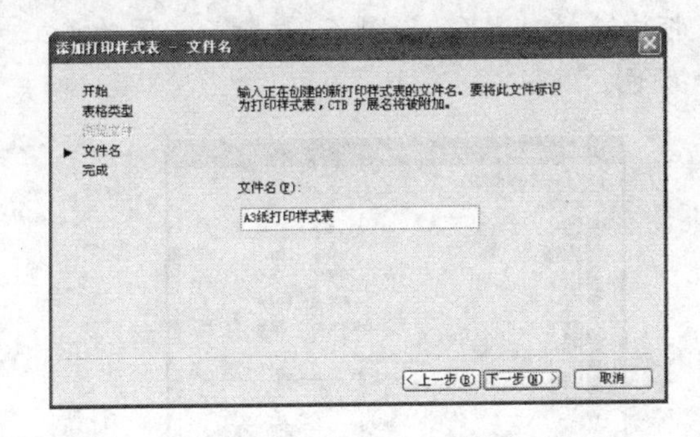

图 6-30 添加打印样式表 – 文件名

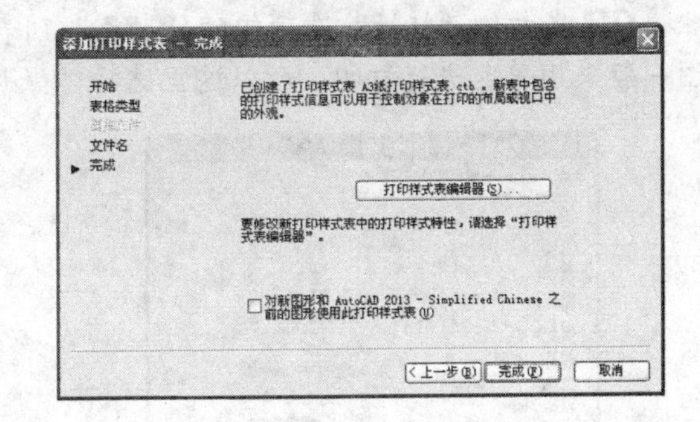

图 6-31 添加打印样式表 – 完成

3. 编辑打印样式表

创建完成的“A3 纸打印样式表”会立即显示在 Plot Styles 文件夹中，双击该打印样式表，打开“打印样式表编辑器”对话框，在该对话框中单击“表格视图”选项卡，即可对该打印样式表进行编辑，如图 6-32 所示。

“表格视图”选项卡由“打印样式”、“说明”和“特性”三个选项组组成。“打印样式”列表框显示了 255 种颜色和编号，每一种颜色可设置一种打印效果，右侧的“特性”选项组用于设置详细的打印效果，包括打印的颜色、线型、线宽等。

绘制室内施工图时，通常调用不同的线宽和线型来表示不同的结构，例如物体外轮廓调用中实线，内轮廓调用细实线，不可见的轮廓调用虚线，从而使打印的施工图清晰、美观。本书调用的颜色打印样式特性设置如表 6-1 所示。

表 6-1 所示的特性设置，共包含了 8 种颜色样式，这里以颜色 5（蓝）为例，介绍具体的设置方法。

课堂举例 6–9：编辑打印样式表

视频\第 6 章\课堂举例 6-9.mp4

01 在“打印样式表编辑器”对话框中单击“表格视图”选项卡，在“打印样式”列表框中选择“颜色 5”，即 5 号颜色（蓝），如图 6-33 所示。

表 6-1 颜色打印样式特性设置

颜色 \ 打印特性	打印颜色	淡显	线型	线宽/mm
颜色 5（蓝）	黑	100	——实心	0.35（粗实线）
颜色 1（红）	黑	100	——实心	0.18（中实线）
颜色 74（浅绿）	黑	100	——实心	0.09（细实线）
颜色 8（灰）	黑	100	——实心	0.09（细实线）
颜色 2（黄）	黑	100	– – 画	0.35（粗虚线）
颜色 4（青）	黑	100	– – 画	0.18（中虚线）
颜色 9（灰白）	黑	100	—·— 长画 短画	0.09（细点画线）
颜色 7（黑）	黑	100	调用对象线型	调用对象线宽

02 在右侧“特性”选项组的“颜色”列表框中选择“黑”，如图 6-33 所示。因为施工图一般采用单色进行打印，所以这里选择“黑”颜色。

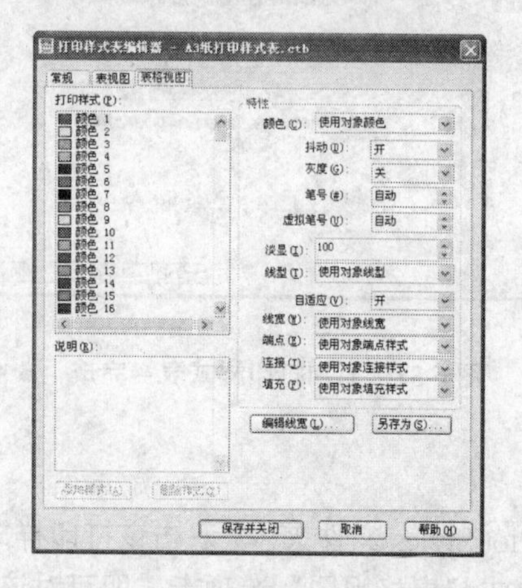

图 6-32　打印样式表编辑器

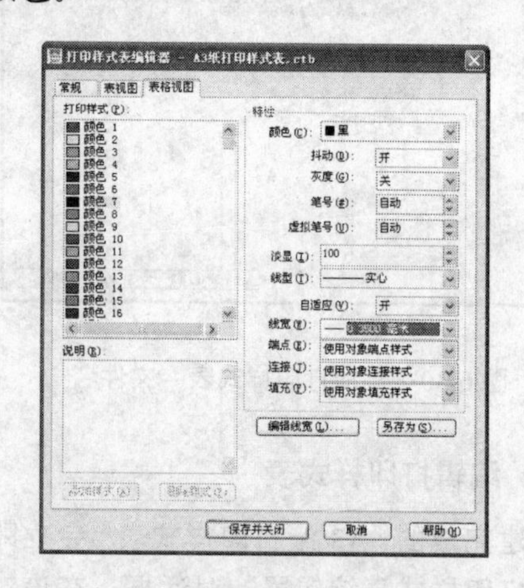

图 6-33　设置颜色 5 样式特性

03 设置“淡显”为 100，“线型”为“实心”，“线宽”为 0.35mm，其他参数为默认值，如图 6-33 所示。至此，“颜色 5”样式设置完成。在绘图时，如果将图形的颜色设置为蓝时，在打印时将得到颜色为黑色，线宽为 0.35mm，线型为“实心”的图形打印效果。

04 使用相同的方法，根据表 6-1 所示设置其他颜色样式，完成后单击【保存并关闭】按钮保存打印样式。

提示　“颜色 7”是为了方便打印样式中没有的线宽或线型而设置的。例如，当图形的线型为双点画线时，而样式中并没有这种线型，此时就可以将图形的颜色设置为黑色，即颜色 7，那么打印时就会根据图形自身所设置的线型进行打印。

6.1.8　设置图层

绘制室内装潢施工图需要创建“轴线、墙体、门、窗、楼梯、标注、节点、电气、吊顶、地面、填充、立面和家具等图层。下面以创建轴线图层为例，介绍图层的创建与设置方法。

课堂举例 6-10：创建室内绘图模板图层

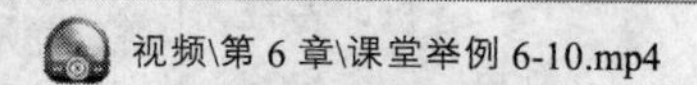

视频\第 6 章\课堂举例 6-10.mp4

01 在命令窗口中输入 LAYER/LA 并按回车键，或选择【格式】|【图层】命令，打开如图 6-34 所示“图层特性管理器”对话框。

02 单击对话框中的新建图层按钮，创建一个新的图层，在“名称”框中输入新图层名称“ZX_轴线”，如图 6-35 所示。

提示　为了避免外来图层（如从其他文件中复制的图块或图形）与当前图像中的图层掺杂在一起而产生混乱，每个图层名称前面使用了字母（中文图层名的缩写）与数字的组合。同时也可以保证新增的图层能够与其相似的图层排列在一起，从而方便查找。

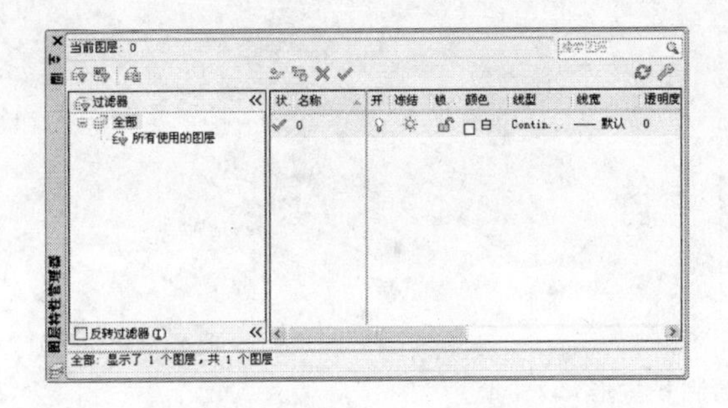

图 6-34　“图层特性管理器”对话框

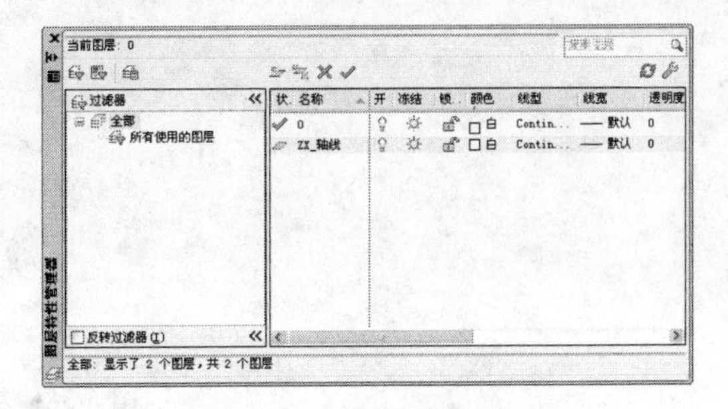

图 6-35　创建轴线图层

03 设置图层颜色。为了区分不同图层上的图线，增加图形不同部分的对比性，可以在“图层特性管理器”对话框中单击相应图层“颜色”标签下的颜色色块，打开“选择颜色”对话框，如图 6-36 所示。在该对话框中选择需要的颜色。

04 “ZX_轴线”图层其他特性保持默认值，图层创建完成，使用相同的方法创建其他图层，创建完成的图层如图 6-37 所示。

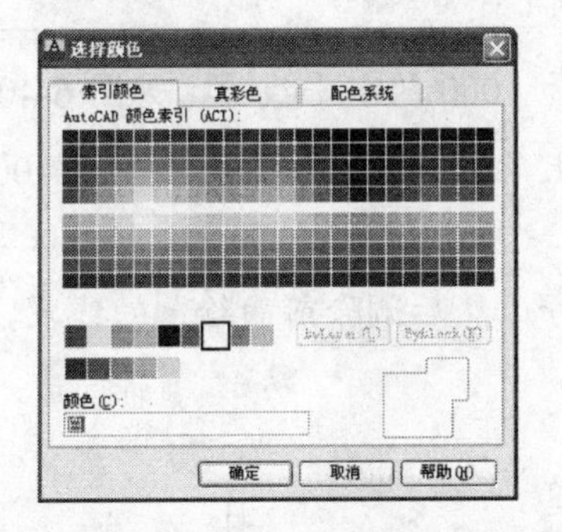

图 6-36　“选择颜色”对话框

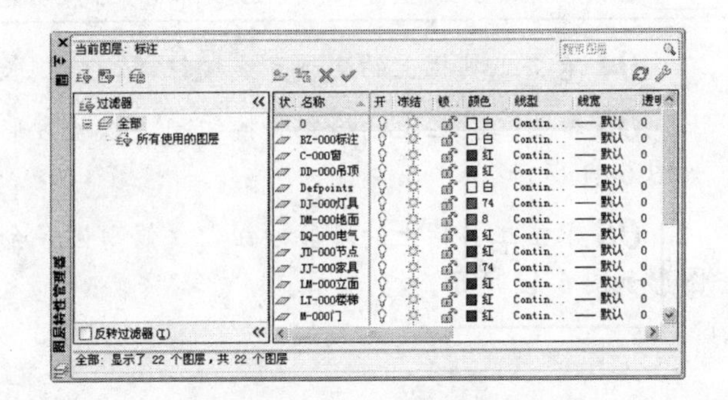

图 6-37　创建其他图层

6.2 绘制常用图形

绘制室内施工图经常会用到门、窗等基本图形，为了避免重复劳动，一般在样板文件中将其绘制出来并设置为图块，以方便调用。

6.2.1 绘制并创建门图块

首先绘制门的基本图形，然后创建门图块。

课堂举例 6-11：绘制门图形

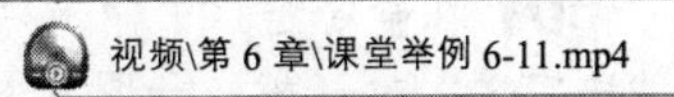

01 确定当前未选择任何对象，在“图层”工具栏图层下拉列表中选择“M_门”图层作为当前图层。

02 单击工具栏上的绘制矩形按钮，绘制尺寸为 40 × 1000 的长方形，如图 6-38 所示。

图 6-38　绘制长方形

03 分别单击状态栏中的“极轴”和“对象捕捉”按钮，使其呈凹下状态，开启 AutoCAD 的极轴追踪和对象捕捉功能，如图 6-39 所示。

图 6-39　AutoCAD 状态栏

> **注意** 以后如果没有特别说明，极轴追踪和对象捕捉功能均为开启状态。

04 单击工具栏上的绘制直线按钮，绘制长度为 1000 的水平线段，如图 6-40 所示。

05 单击工具栏上的绘制圆按钮，以长方形左上角端点为圆心绘制半径为 1000 的圆，如图 6-41 所示。

06 单击工具栏上的修剪按钮，修剪圆多余部分，然后删除前面绘制的线段，得到门图形如图 6-42 所示。

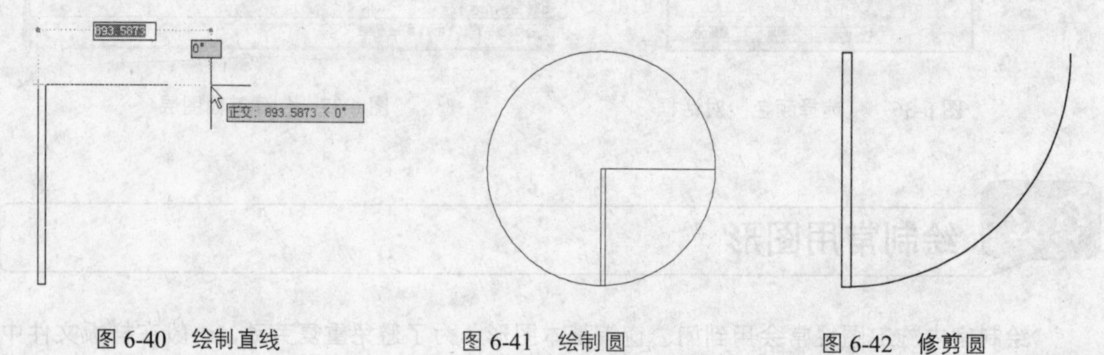

图 6-40　绘制直线　　图 6-41　绘制圆　　图 6-42　修剪圆

门的图形绘制完成后，即可调用 BLOCK/B 命令将其定义成图块，并可创建成动态图块，以方便调整门的大小和方向，本节先创建门图块。

课堂举例 6-12：创建门图块

视频\第 6 章\课堂举例 6-12.mp4

01 在命令窗口中输入“B”并按回车键，或选择【绘图】|【块】|【创建】命令，打开“块定义”对话框，如图 6-43 所示。

02 在“块定义”对话框中的“名称”文本框中输入图块的名称“门(1000)”。

03 在“对象”参数栏中单击（选择对象）按钮，在图形窗口中选择门图形，按回车键返回“块定义”对话框。

04 在“基点”参数栏中单击 (拾取点)按钮，捕捉并单击长方形左上角的端点作为图块的插入点，如图 6-44 所示。

05 在“块单位”下拉列表中选择“毫米”为单位。

06 单击【确定】按钮关闭对话框，完成门图块的创建。

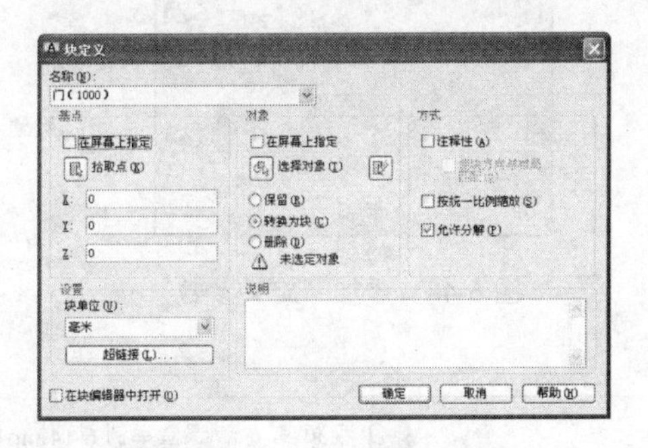

图 6-43　“块定义”对话框

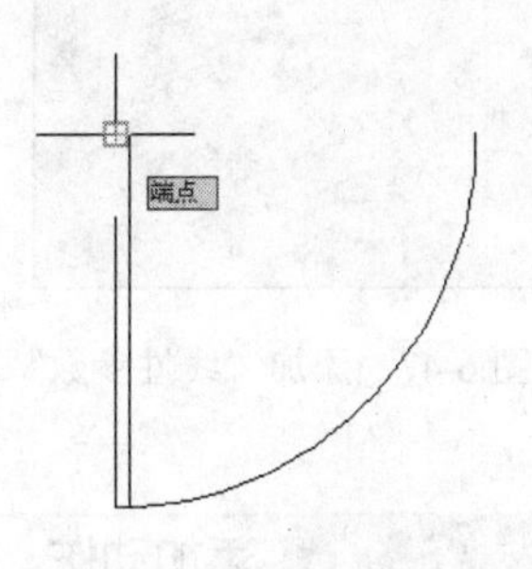

图 6-44　指定图块插入点

6.2.2　创建门动态块

将图块转换为动态图块后，可直接通过移动动态夹点来调整图块大小、角度，避免了频繁的参数输入和命令调用(如缩放、旋转等)，使图块的调整操作变得自如、轻松。

下面将前面创建的“门(1000)”图块创建成动态块，创建动态块使用 BEDIT 命令。要使块成为动态块，必须至少添加一个参数。然后添加一个动作并将该动作与参数相关联。添加到块定义中的参数和动作类型定义了块参照在图形中的作用方式。

课堂举例 6-13：创建门动态块

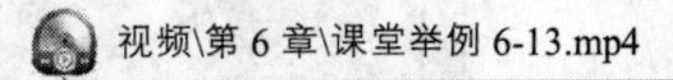

01 输入 BE 调用 BEDIT 命令，打开“编辑块定义”对话框，在该对话框中选择“门(1000)”图块，如图 6-45 所示，单击【确定】按钮确认，进入块编辑器。

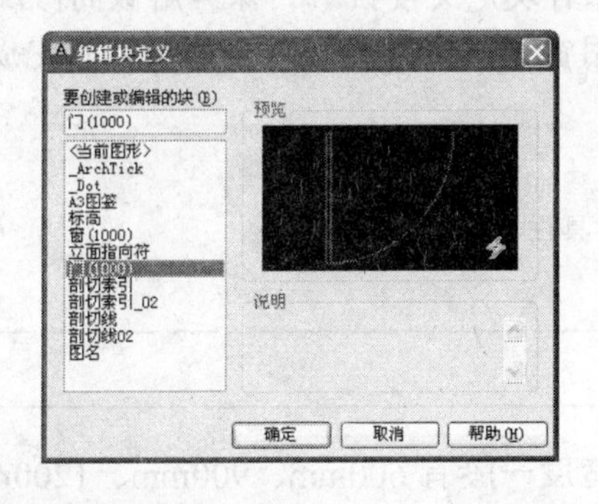

图 6-45　“编辑块定义”对话框

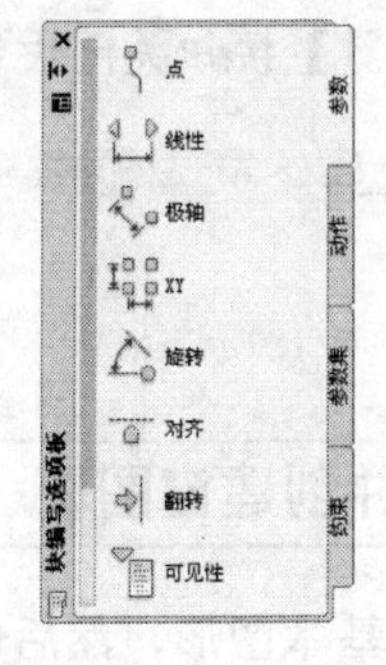

图 6-46　创建参数

> **提示**　在进入块编辑状态后，窗口背景会显示为浅灰色，同时窗口上显示出相应的选项板和工具栏。

02 添加参数。在“块编写选项板”右侧单击“参数”选项卡，再单击【线性】按钮，如图 6-46 所示，然后按系统提示操作，结果如图 6-47 所示。

03 在“块编写选项板”中单击“旋转参数”按钮，结果如图 6-48 所示。

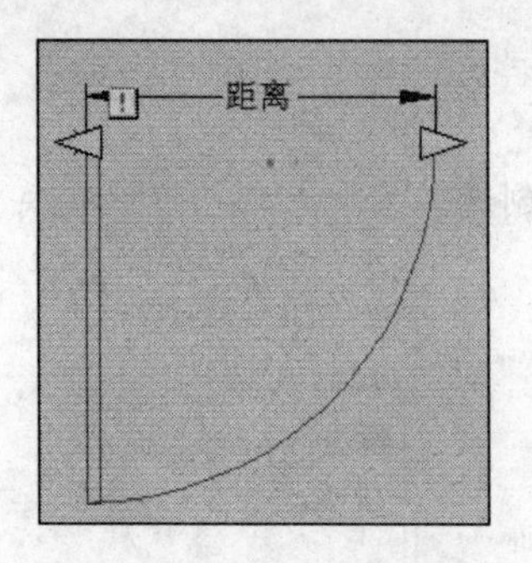

图 6-47 添加“线性参数”

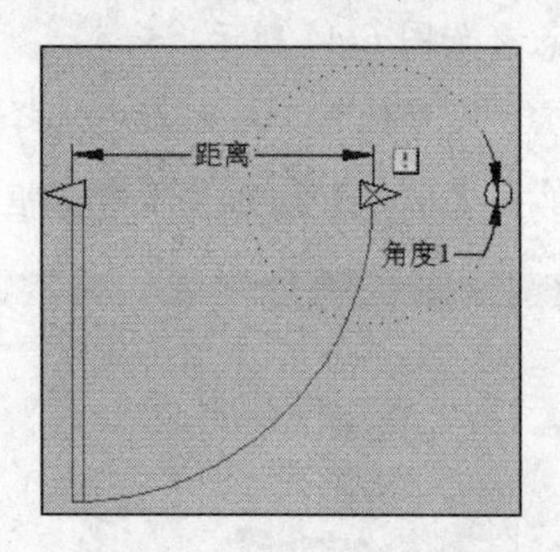

图 6-48 添加“旋转参数”

课堂举例 6-14：添加动作

视频\第 6 章\课堂举例 6-14.mp4

01 单击“块编写选项板”右侧的“动作”选项卡，再单击【缩放】按钮，结果如图 6-49 所示。

02 单击“旋转”按钮，结果如图 6-50 所示。

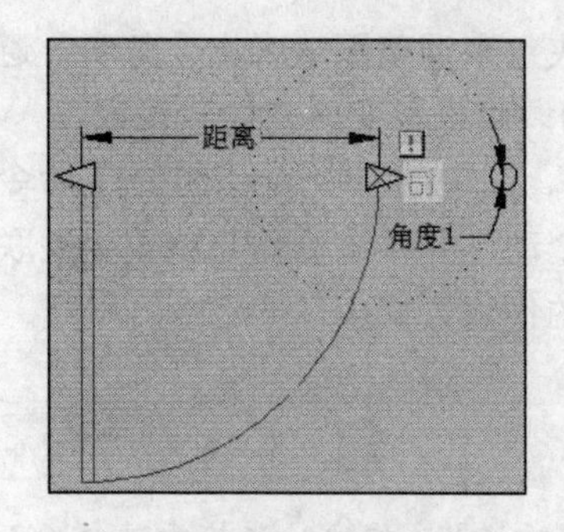

图 6-49 添加“缩放动作”

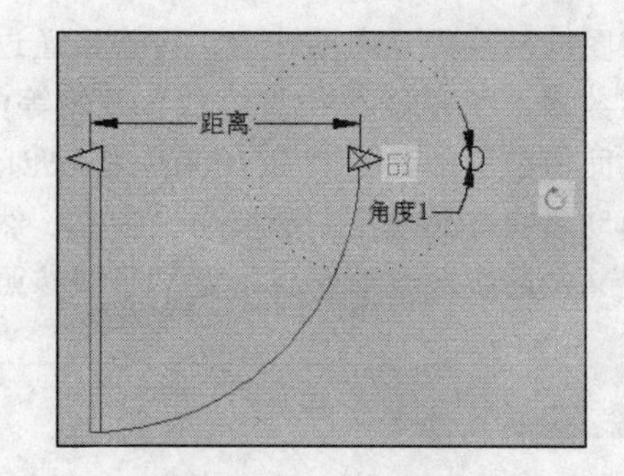

图 6-50 添加“旋转动作”

03 单击块编辑器工具栏(如图 6-51 所示)上的保存块定义按钮，保存所做的修改，单击【关闭块编辑器】按钮关闭块编辑器，返回到绘图窗口，“门(1000)”动态块创建完成。

图 6-51 块编辑工具栏

6.2.3 绘制并创建窗图块

首先绘制窗基本图形，然后创建窗图块。窗的宽度一般有 600mm、900mm、1200mm、1500mm、1800mm 等几种。

课堂举例 6-15：绘制窗并创建图块

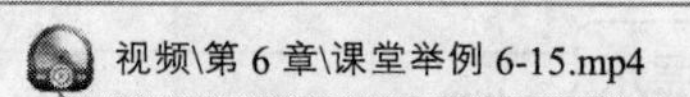

视频\第 6 章\课堂举例 6-15.mp4

01 绘制一个宽为 240、长为 1000 的图形作为窗的基本图形，如图 6-52 所示。

02 设置“C_窗”图层为当前图层，调用 RECTANG/REC 命令绘制尺寸为 1000 × 240

的长方形，如图 6-53 所示。

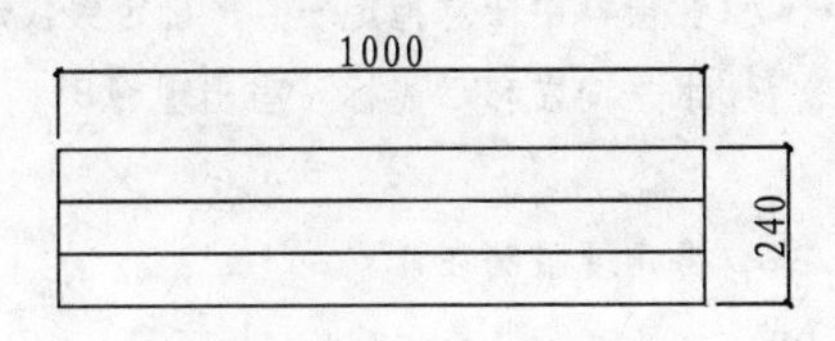

图 6-52　窗图形

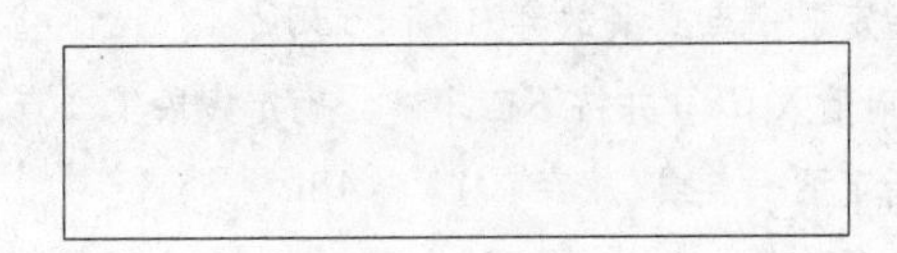

图 6-53　绘制的长方形

03 由于需要对长方形的边进行偏移操作，所以需先调用 EXPLODE/X 命令将长方形分解，使长方形 4 条边独立出来。

04 调用 OFFSET/O 命令偏移分解后的长方形，得到窗图形如图 6-54 所示。

05 应用前面介绍的创建门图块的方法，创建“窗(1000)”图块，在“块定义”对话框中取消“按统一比例缩放”复选框的勾选，如图 6-55 所示。

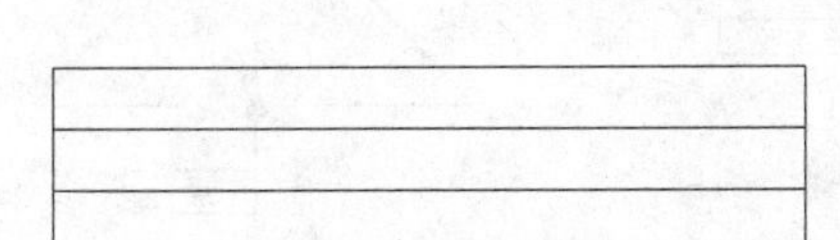

图 6-54　绘制的窗图形

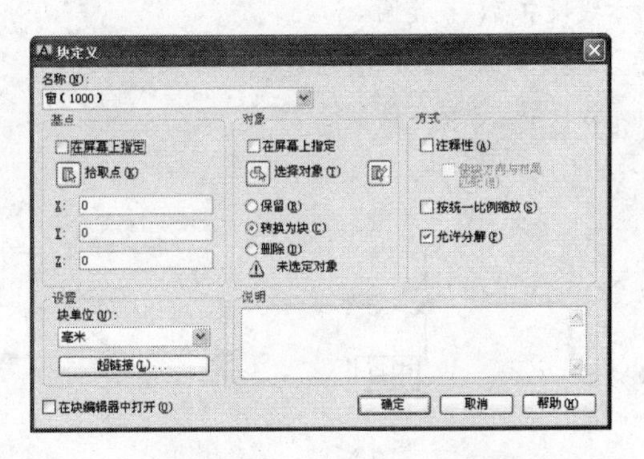

图 6-55　创建“窗(1000)”图块

6.2.4　绘制并创建立面指向符图块

立面指向符是室内装修施工图中特有的一种标识符号，主要用于立面图编号。当某个垂直界面需要绘制立面图时，在该垂直界面所对应的平面图中就要使用立面指向符，以方便确认该垂直界面的立面图编号。

立面指向符由等边直角三角形、圆和字母组成，其中字母为立面图的编号，黑色的箭头指向立面的方向。如图 6-56a 所示为单向内视符号，图 6-56b 所示为双向内视符号，图 6-56c 所示为四向内视符号(按顺时针方向进行编号)。

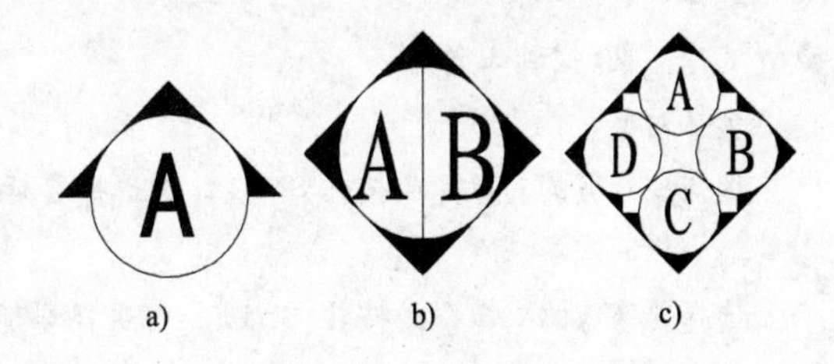

图 6-56　立面指向符

课堂举例 6-16：绘制立面指向符

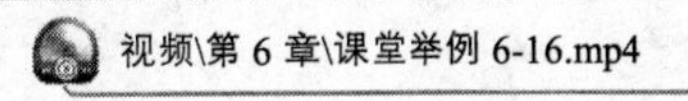

01 调用 PLINE/PL 命令，绘制等边直角三角形，命令选项如下：

命令:PLINE↙

指定第一点: //在窗口中任意指定一点，确定线段起点

指定下一点或 [放弃(U)]:380↙ //水平向左移动光标，当出现 180° 极轴追踪线时输入 380 并按下回车键，确定线段第二点

指定下一点或[放弃(U)]:<45↙ //将角度限制在 45°

角度替代:45

指定下一点或 [放弃(U)]: //捕捉如图 6-57 所示线段中点，然后垂直向上移动光标，当与 45° 线段相交并出现相交标记时(如图 6-58 所示)单击鼠标，确定线段第三点

指定下一点或 [闭合(C)/放弃(U)]:C↙ //闭合线段

02 调用 CIRCLE/C 命令绘制圆，命令选项如下:

命令: CIRCLE↙

指定圆的圆心或 [三点(3P)/两点(2P)/相切、相切、半径(T)]: //捕捉并单击如图 6-59 所示线段中点，确定圆心

指定圆的半径或[直径(D)] <134.3503>: //捕捉并单击如图 6-60 所示线段中点，确定圆半径

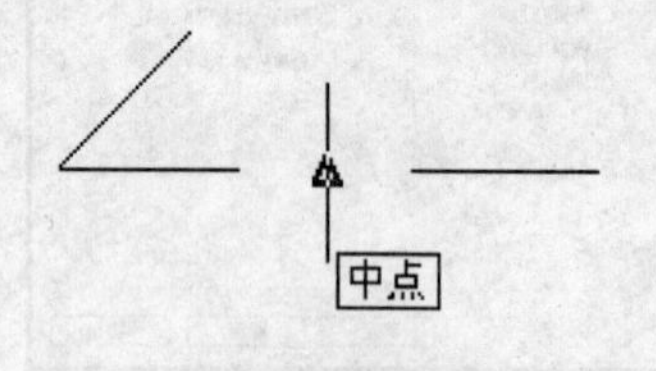

图 6-57 捕捉线段中点

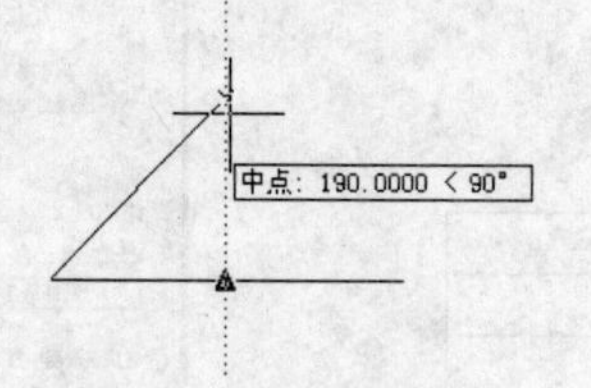

图 6-58 确定线段第三点

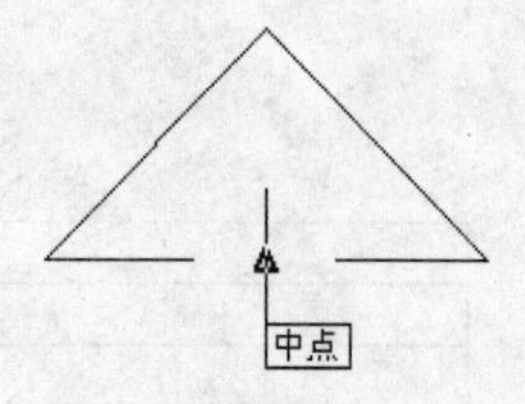

图 6-59 指定圆心

03 调用 TRIM/TR 命令修剪圆，命令选项如下:

命令:TRIM↙

当前设置:投影=UCS, 边=延伸

选择剪切边...

选择对象:找到 1 个 //选择圆

选择对象: //按回车键结束对象选择

选择要修剪的对象，或按住 Shift 键选择要延伸的对象，或[投影(P)/边(E)/放弃(U)]: //单击圆内的线段

选择要修剪的对象，或按住 Shift 键选择要延伸的对象，或[投影(P)/边(E)/放弃(U)]: //按回车键退出命令,效果如图 6-61 所示

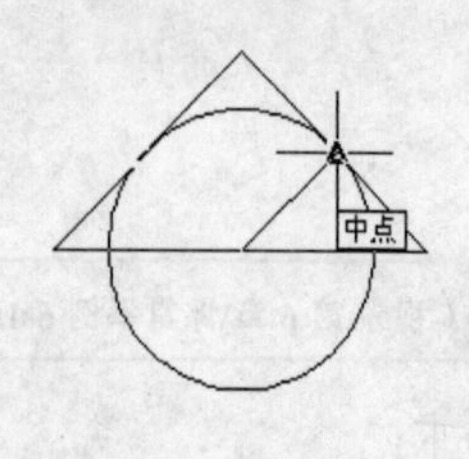

图 6-60 指定圆半径

图 6-61 修剪后的效果

图 6-62 填充结果

04 调用 BHATCH/H 命令，使用 SOLID 图案填充图形，结果如图 6-62 所示，填充参数设置如图 6-63 所示。立面指向符绘制完成。

05 调用 BLOCK/B 命令，创建“立面指向符”图块。

6.2.5 绘制并创建图名动态块

图名由图形名称、比例和下划线三部分组成，如图 6-64 所示。通过添加块属性和创建动态块，可随时更改图形名字和比例，并动态调整图名宽度，下面介绍绘制和创建方法。

图 6-63　填充参数设置

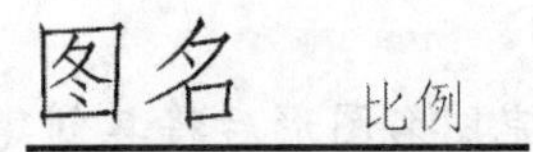

图 6-64　图名

课堂举例 6-17：绘制并创建图名图块

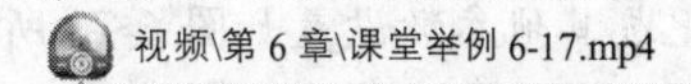

01 如图 6-65 所示，图形名称文字尺寸较大，可以创建一个新的文字样式。使用前面介绍的方法，选择【格式】|【文字样式】命令，创建“仿宋 2”文字样式，文字高度设置为 3，并勾选“注释性”复选项，其他参数设置如图 6-65 所示。

02 定义“图名”属性。执行【绘图】|【块】|【定义属性】命令，打开“属性定义”对话框，在“属性”参数栏中设置“标记”为“图名”，设置“提示”为“请输入图名:”，设置“默认”为“图名”，如图 6-66 所示。

03 在“文字设置”参数栏中设置“文字样式”为“仿宋 2”，勾选“注释性”复选框，如图 6-66 所示。

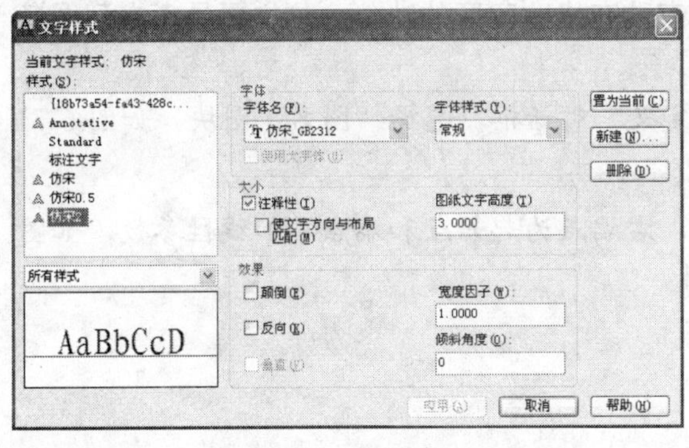

图 6-65　创建文字样式

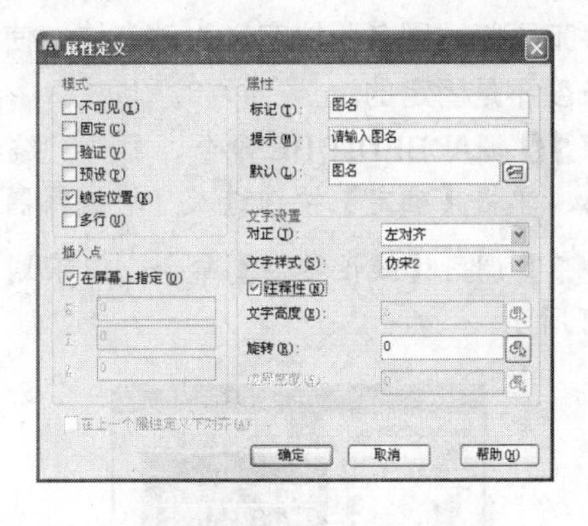

图 6-66　定义属性

04 单击【确定】按钮确认，在窗口内拾取一点确定属性位置，如图 6-67 所示。

05 用相同方法，创建“比例”属性，参数设置如图 6-68 所示，文字样式设置为“仿宋”。

06 使用 MOVE/M 命令将“图名”与“比例”文字移动到同一水平线上。

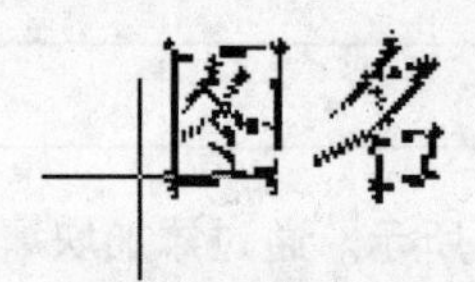

图 6-67　指定属性位置

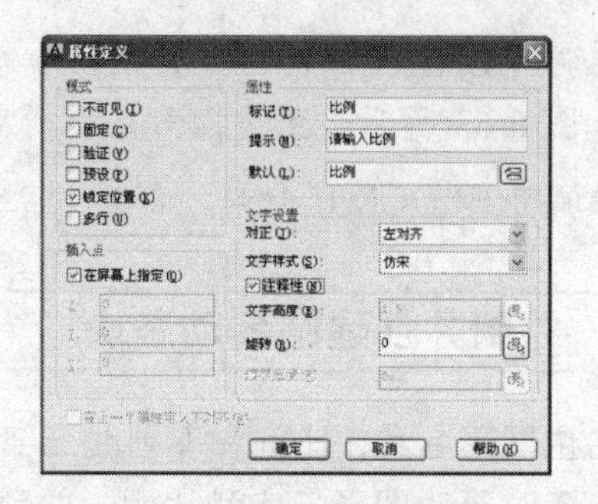

图 6-68　定义属性

07 调用 PLINE/PL 命令，在文字下方绘制宽度为 20 和 1 的多段线，图名图形绘制完成，如图 6-69 所示。

08 绘制完图名图形后将其创建成块。选择“图名”和“比例”文字及下划线，调用 BLOCK/B 命令，打开“块定义”对话框。

09 在“块定义”对话框中设置块“名称”为“图名”。单击（拾取点）按钮，在图形中拾取下划线左端点作为块的基点，勾选“注释性”复选框，使图块可随当前注释比例变化，其他参数设置如图 6-70 所示。单击【确定】按钮完成块定义。

图名　　比例

图 6-69　图名

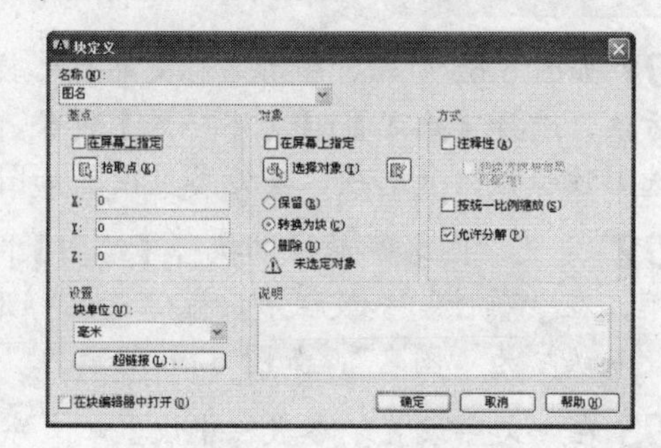

图 6-70　创建块

下面将“图名”块定义为动态块，使其具有动态修改宽度的功能，这主要是考虑到图名的长度不是固定的。

10 调用 BEDIT/BE 命令，打开“编辑块定义”对话框，选择“图名”图块，如图 6-71 所示。单击【确定】按钮进入“块编辑器”。

11 调用【线性参数】命令，以下划线左、右端点为起始点和端点添加线性参数，如图 6-72 所示。

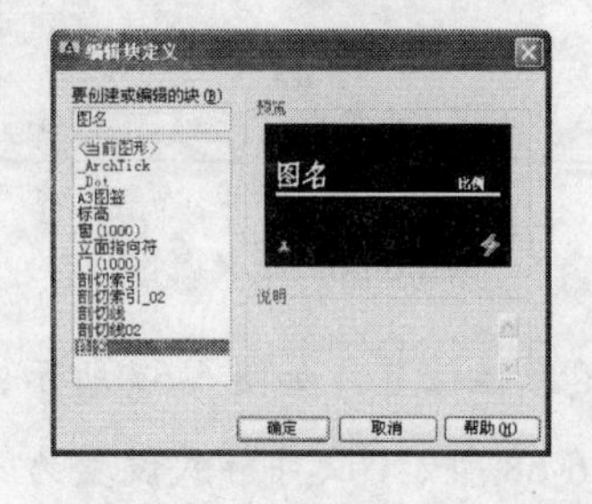

图 6-71　“编辑块定义”对话框

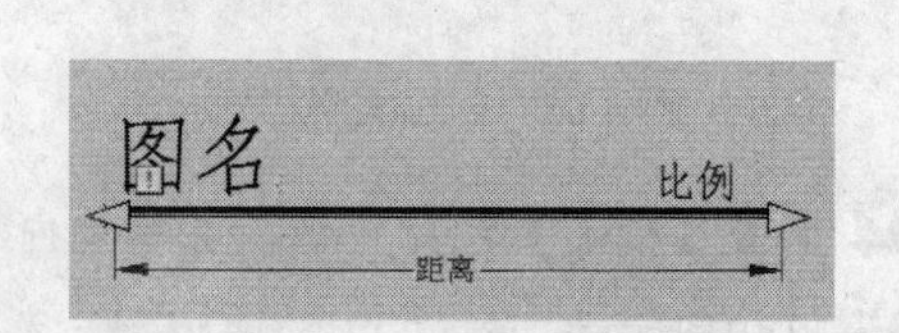

图 6-72　添加线性参数

12 调用【拉伸动作】命令创建拉伸动作，如图 6-73 所示，按命令提示操作：

```
命令: _BActionTool 拉伸
选择参数:                                   //选择前面创建的线性参数
指定要与动作关联的参数点或输入[起点(T)/第二点(S)] <第二点>:
                                            //捕捉并单击下划线右下角端点
指定拉伸框架的第一个角点或[圈交(CP)]:
指定对角点:                                 //拖动鼠标创建一个虚框，虚框内为可拉伸部分
指定要拉伸的对象
选择对象:找到 1 个
选择对象:指定对角点: 找到 5 个 (1 个重复), 总计 5 个
选择对象:                                   //选择除文字“图名”之外的其他所有对象
指定动作位置或 [乘数(M)/偏移(O)]:            //在适当位置拾取一点确定拉伸动作图标的位
置，结果如图 6-74 所示
```

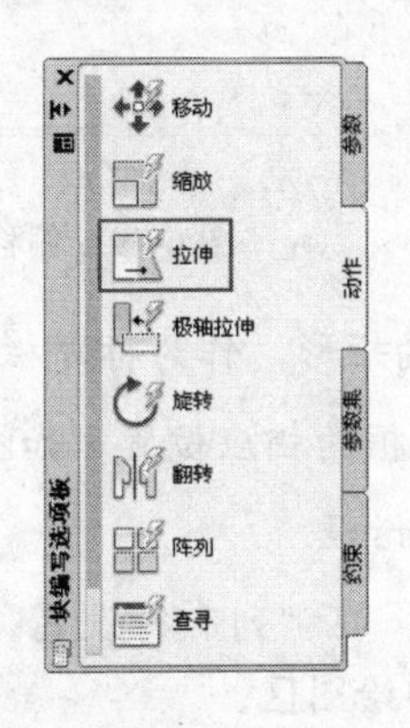

图 6-73 调用“拉伸动作”

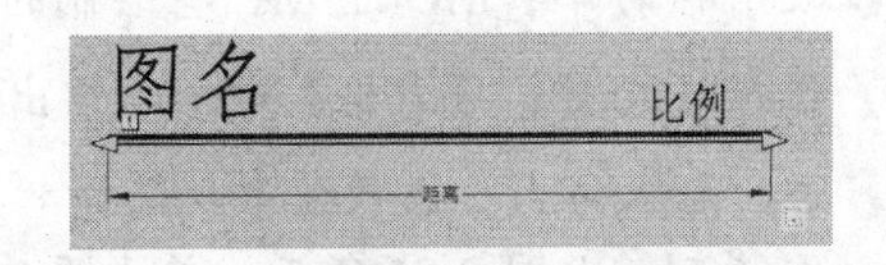

图 6-74 添加参数

13 单击工具栏【关闭块编辑器】按钮退出块编辑器，当弹出如图 6-75 所示提示对话框时，单击【是】按钮保存修改。

14 此时“图名”图块就具有了动态改变宽度的功能，如图 6-76 所示，

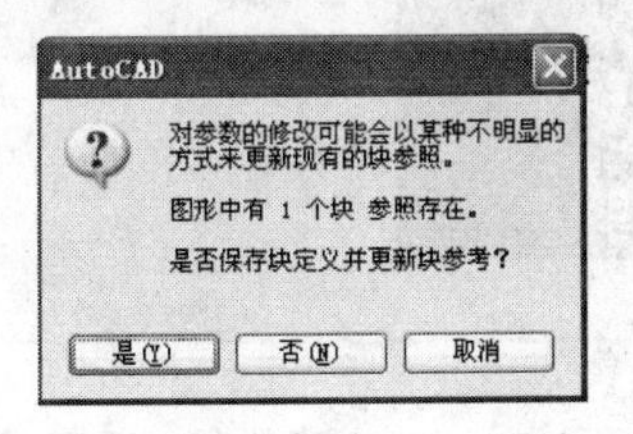

图 6-75 提示对话框

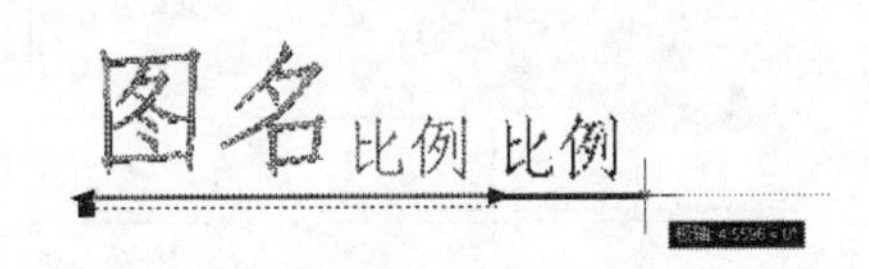

图 6-76 动态块效果

6.2.6 绘制 A3 图框

在本节中主要介绍 A3 图框的绘制方法，以练习表格和文字的创建和编辑方法，绘制完成的 A3 图框如图 6-77 所示。

课堂举例 6-18：绘制 A3 图框

视频\第 6 章\课堂举例 6-18.mp4

01 新建“TK_图框”图层，颜色为“白色”，将其置为当前图层。

02 使用矩形命令 RECTANG/REC，在绘图区域指定一点为矩形的端点，输入“D”，输入长度为 420，宽度为 297，如图 6-78 所示。

03 使用分解命令 EXPLODE/X，分解矩形。

04 使用偏移命令 OFFSET/O，将左边的线段向右偏移 25，分别将其他三个边长向内偏移 5。修剪多余的线条，如图 6-79 所示。

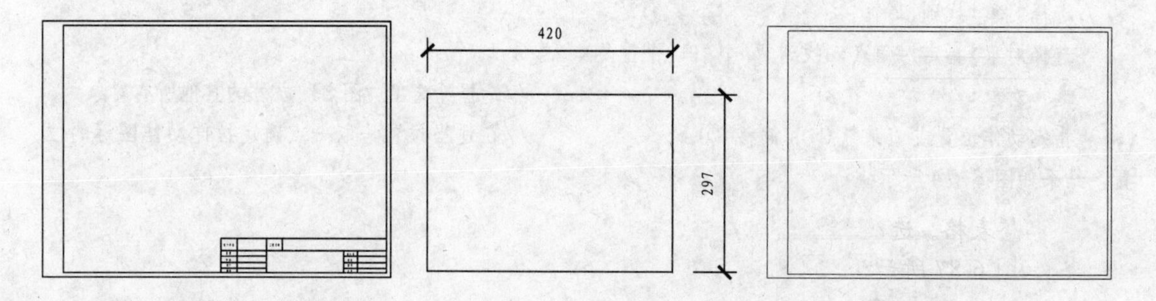

图 6-77　A3 图纸样板图形　　图 6-78　绘制矩形　　图 6-79　偏移线段

05 使用矩形命令 RECTANG/REC，绘制一个 200×40 的矩形，作为标题栏的范围。

06 使用移动命令 MOVE/M，将绘制的矩形移动至标题框的相应位置，如图 6-80 所示。

07 选择【绘图】|【表格】命令，弹出“插入表格”对话框。

08 在“插入方式”选项组中，选择“指定窗口”方式。在“列和行设置”选项组中，设置为 6 行 6 列，如图 6-81 所示。单击【确定】按钮，返回绘图区。

图 6-80　移动标题栏

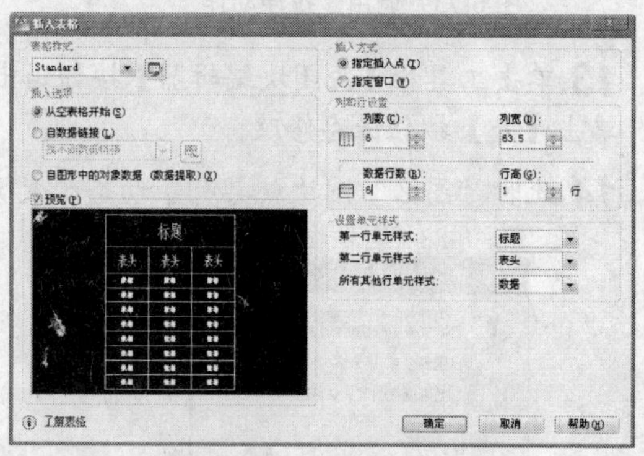

图 6-81　“插入表格”对话框

09 在绘图区中，为表格指定窗口。在矩形左上角单击，指定为表格的左上角点，拖动到矩形的右下角点，如图 6-82 所示。指定位置后，弹出“文字格式”编辑器。单击【确定】按钮，关闭编辑器，如图 6-83 所示。

图 6-82　为表格指定窗口

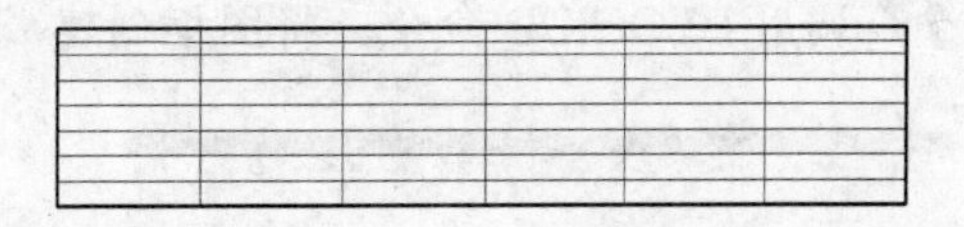

图 6-83　绘制表格

10 删除列标题和行标题。选择列标题和行标题，右击鼠标，选择【行】|【删除】命令，如图 6-84 所示，结果如图 6-85 所示。

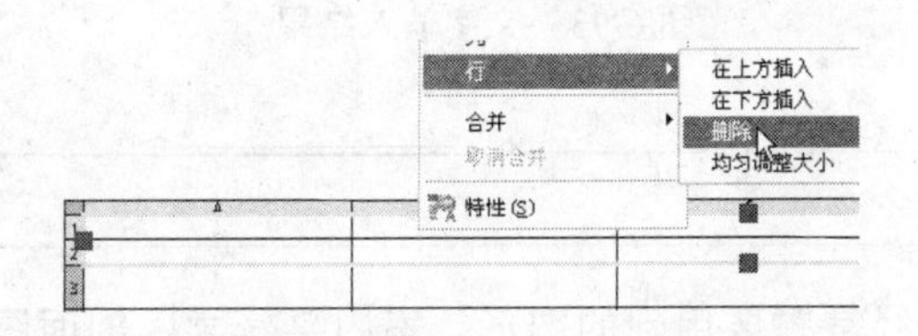

图 6-84　删除列标题和行标题

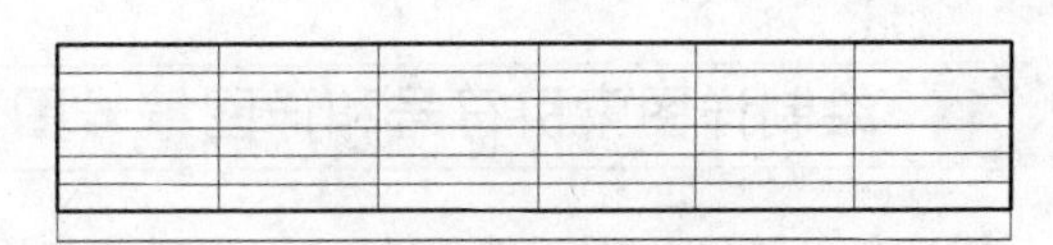

图 6-85　删除结果

11 调整表格。选择表格，对其进行夹点编辑，使其与矩形的大小相匹配，如图 6-86 所示，结果如图 6-87 所示。

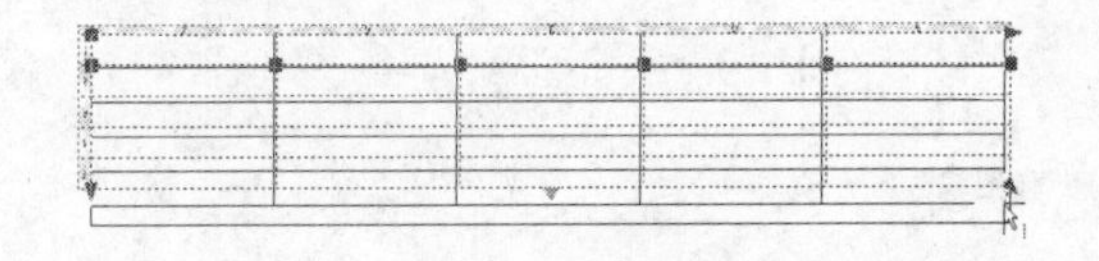

图 6-86　调整表格

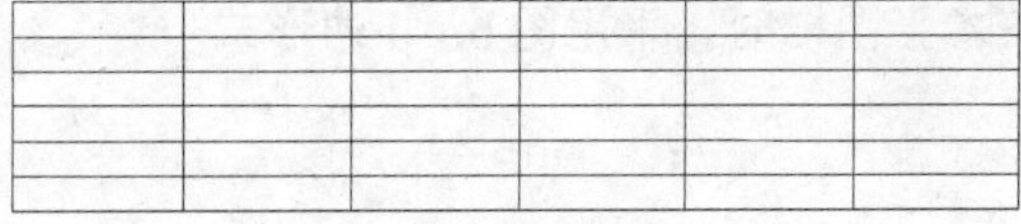

图 6-87　调整结果

12 合并单元格。选择左侧一列上两行的单元格，如图 6-88 所示。单击右键，选择【合并】|【全部】命令。结果如图 6-89 所示。

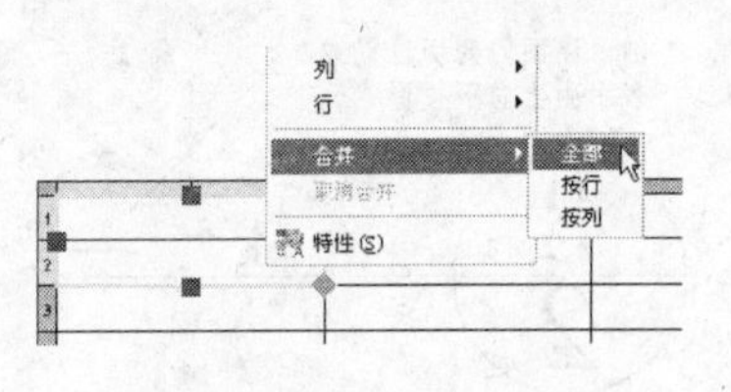

图 6-88　合并单元格

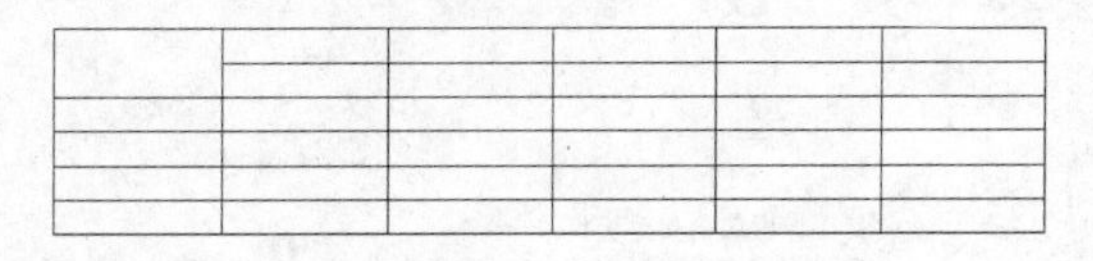

图 6-89　合并结果

13 以相同的方法，合并其他单元格，结果如图 6-90 所示。

14 调整表格。对表格进行夹点编辑。结果如图 6-91 所示。

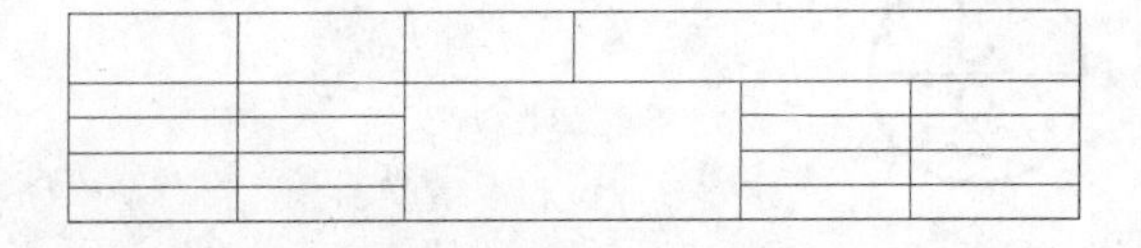

图 6-90　合并单元格

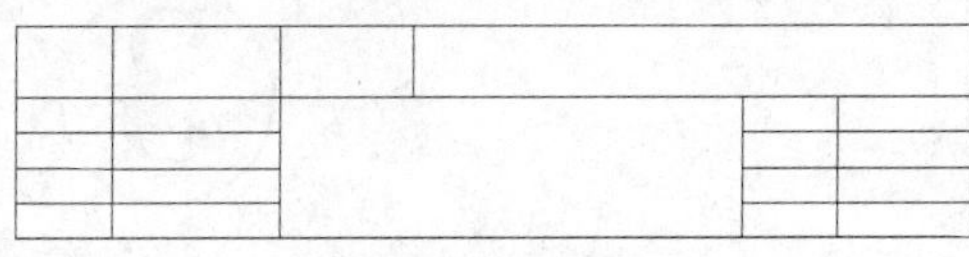

图 6-91　调整表格

15 在需要输入文字的单元格内双击左键，弹出“文字格式”对话框，单击“多行文字对正”按钮，在下拉列表中选择“正中”选项，输入文字“设计单位”，如图 6-92 所示。

16 输入文字，如图 6-93 所示。完成图框的绘制。

17 调用 BLOCK/B 命令，将图框创建成块。

图 6-92　输入文字“设计单位”

设计单位		工程名称		
负 责			设计号	
审 核			图 别	
设 计			图 号	
制 图			比 例	

图 6-93　文字输入结果

6.2.7 绘制详图索引符号和详图编号图形

详图索引符号、详图编号也都是绘制施工图经常需要用到的图形。室内平、立、剖面图中，在需要另设详图表示的部位，标注一个索引符号，以表明该详图的位置，这个索引符号就是详图索引符号。

图 6-94 所示 a、b 为详图索引符号，图 c、d 为剖面详图索引符号。详图索引符号采用细实线绘制，圆圈直径约 10mm 左右。当详图在本张图样时，采用图 6-94a、c 的形式，当详图不在本张图样时，采用图 b、d 的形式。

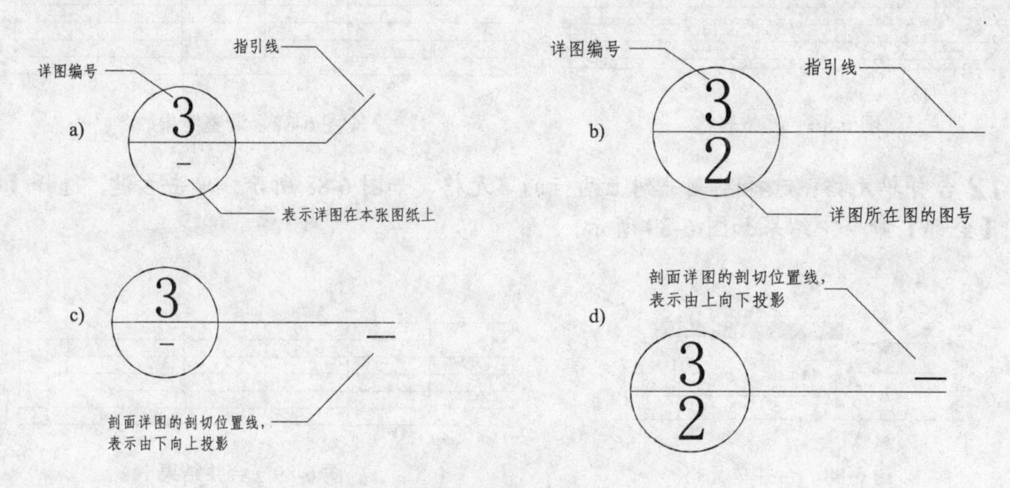

图 6-94　详图索引符号

详图的编号用粗实线绘制，圆圈直径 14mm 左右，如图 6-95 所示。

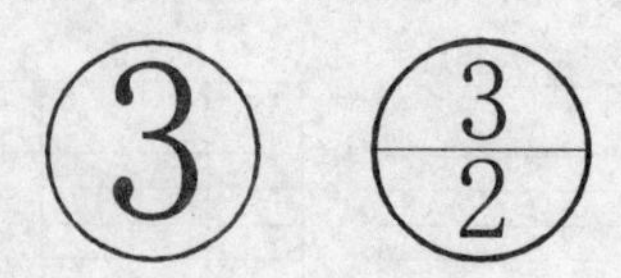

图 6-95　详图编号

第 7 章 绘制常用家具平立面图

本章导读

在室内装饰设计中，常常需要绘制家具、洁具和电器等各种设施，以便能够更真实地表达设计效果。本章讲解室内装饰设计中一些常见的家具及电器设施的绘制方法。通过绘制这些实例，读者可了解常见室内家具的尺寸、规格和结构，并练习前面学习的 AutoCAD 的绘图和编辑命令。

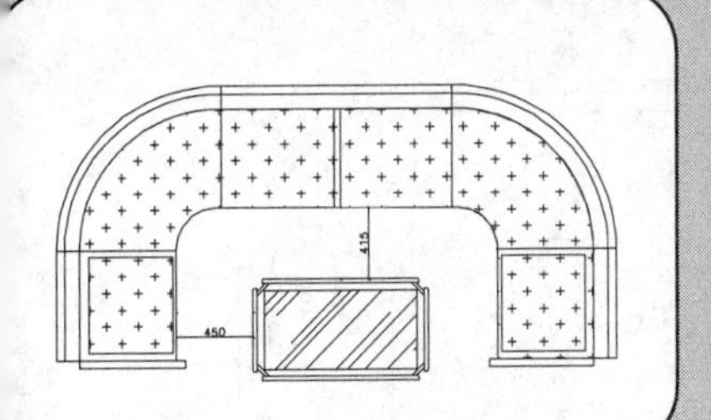

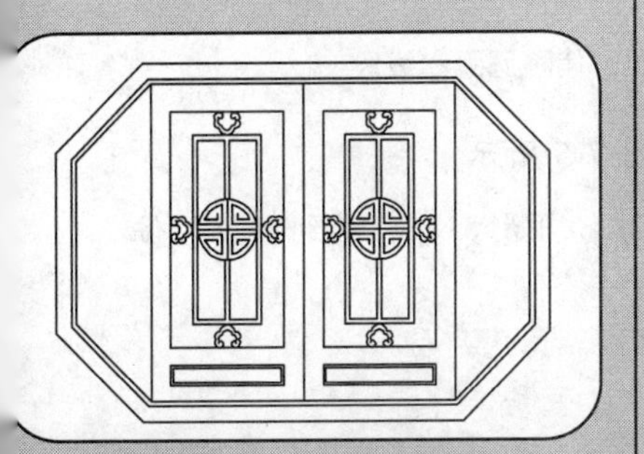

本章重点

★ 绘制转角沙发和茶几
★ 绘制浴缸
★ 绘制地面拼花
★ 绘制会议桌
★ 绘制冰箱
★ 绘制中式木格窗
★ 绘制饮水机
★ 绘制台灯
★ 绘制铁艺栏杆

7.1 家具平面图绘制

家具图形格式各样，种类繁多，是室内设计中非常重要的组成部分，能反映空间布局以及整个装潢风格。

7.1.1 绘制转角沙发和茶几

沙发和茶几通常摆放在客厅或者办公空间、酒店休息区等区域。本小节详细介绍如图 7-1 所示转角沙发和茶几的绘制方法。

课堂举例 7-1：绘制转角沙发和茶几　　视频\第 7 章\课堂举例 7-1.mp4

01 调用 PLINE/PL 命令，绘制多段线，如图 7-2 所示。

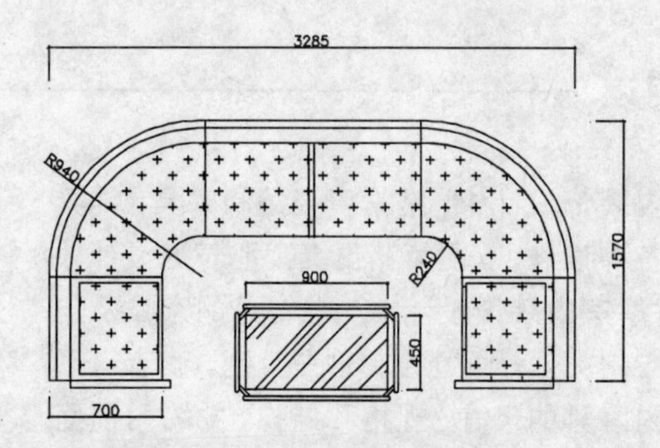

图 7-1　转角沙发和茶几

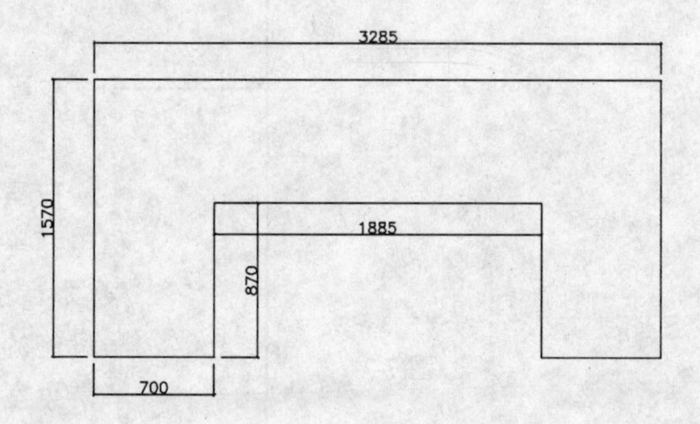

图 7-2　绘制多段线

02 调用 FILLET/F 命令，对多段线进行圆角，如图 7-3 所示。

03 调用 EXPLODE/X 命令，对多段线进行分解。

04 调用 OFFSET/O 命令，将圆弧和线段向内偏移 45 和 90，如图 7-4 所示。

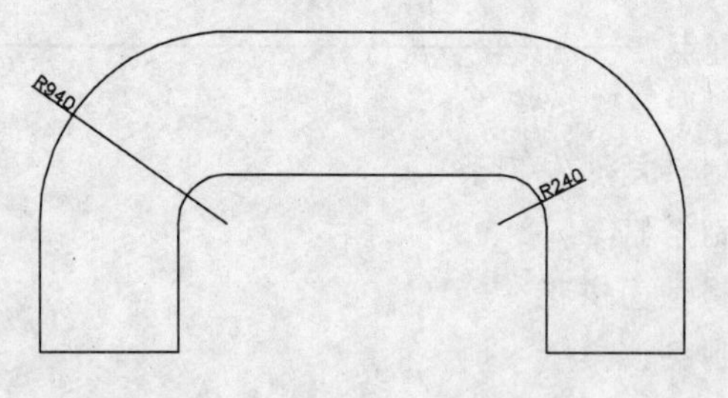

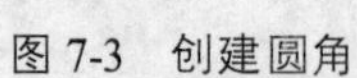

图 7-3　创建圆角

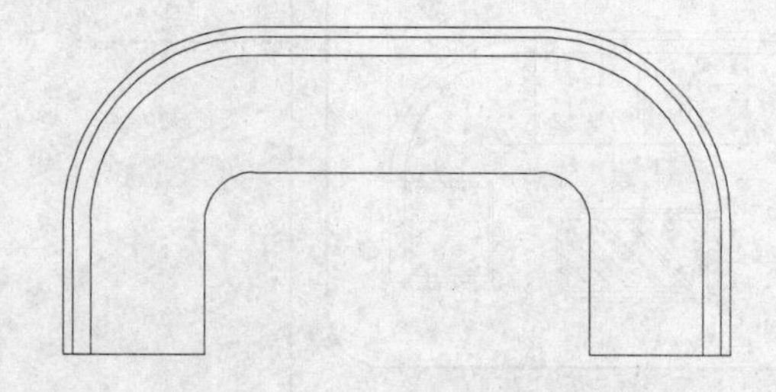

图 7-4　偏移圆弧和线段

05 调用 LINE/L 命令和 OFFSET/O 命令，绘制线段，如图 7-5 所示。

06 调用 RECTANG/REC 命令，绘制一个尺寸为 490 × 550 的矩形，并移动到相应的位置，如图 7-6 所示。

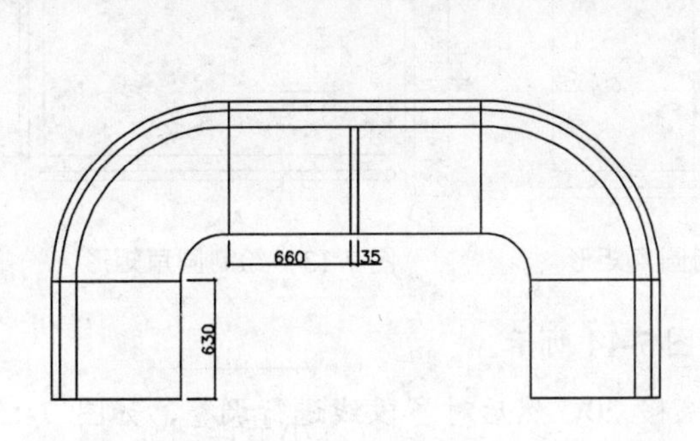

图 7-5　绘制线段

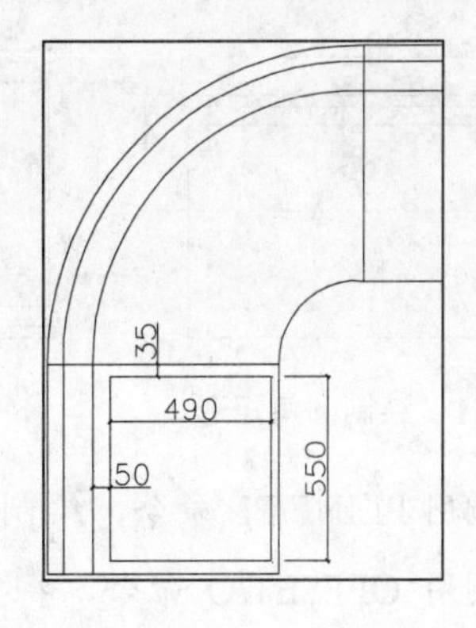

图 7-6　绘制矩形

07 调用 MIRROR/MI 命令，对矩形进行镜像，如图 7-7 所示。

08 绘制扶手。调用 RECTANG/REC 命令和 MIRROR/MI 命令，绘制沙发扶手，如图 7-8 所示。

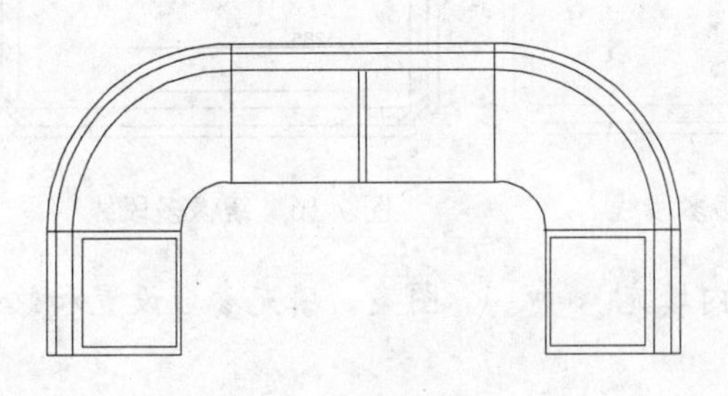

图 7-7　镜像矩形

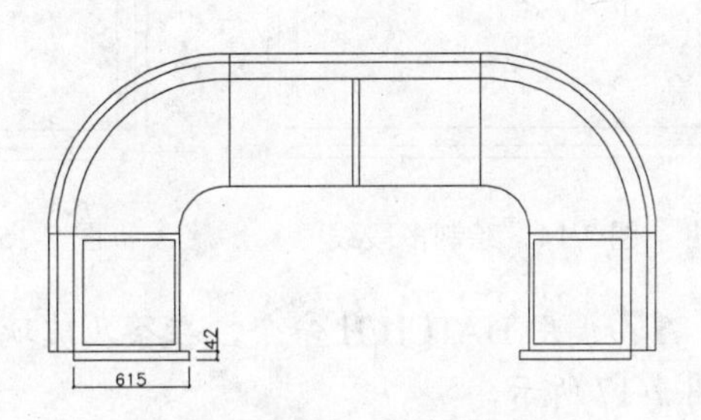

图 7-8　绘制扶手

09 调用 HATCH/H 命令，在坐垫区域填充 CROSS 图案，填充参数设置和效果如图 7-9 所示。

10 绘制茶几。调用 RECTANG/REC 命令，绘制尺寸为 900×450 的矩形，如图 7-10 所示。

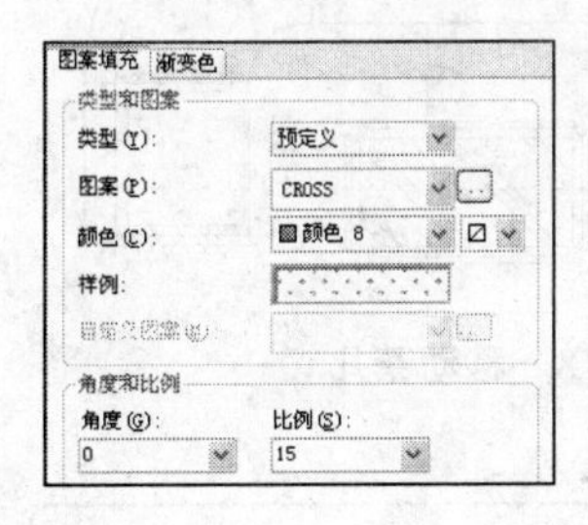

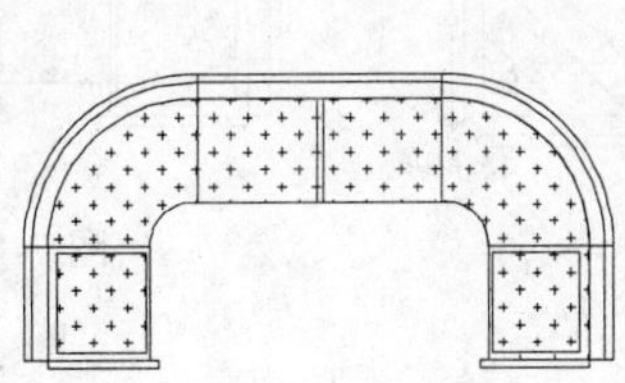

图 7-9　填充参数设置和效果

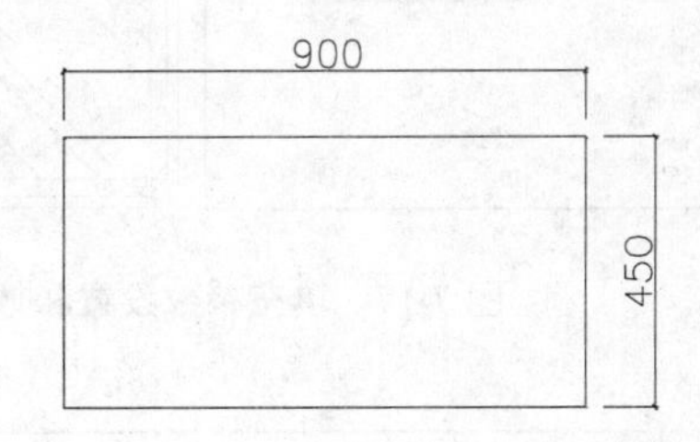

图 7-10　绘制矩形

11 调用 RECTANG/REC 命令，绘制尺寸为 930×25，圆角半径为 10 的圆角矩形，如图 7-11 所示。

12 调用 COPY/CO 命令，将圆角矩形向下复制，如图 7-12 所示。

13 使用同样的方法绘制两侧的圆角矩形，如图 7-13 所示。

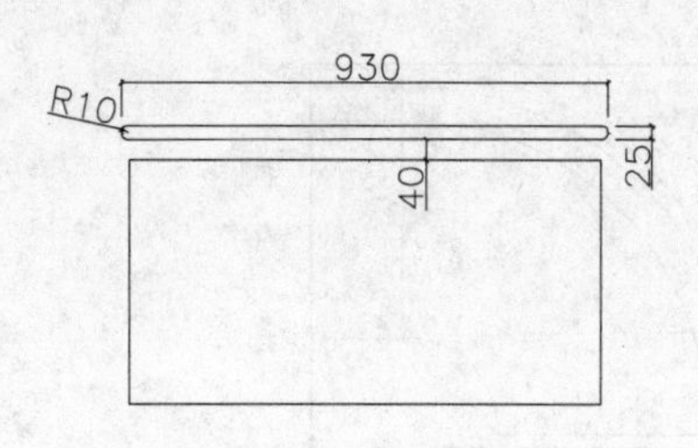

图 7-11　绘制圆角矩形

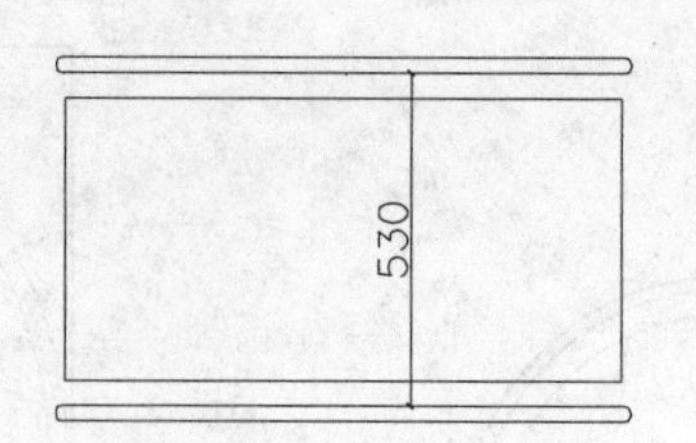

图 7-12　复制圆角矩形

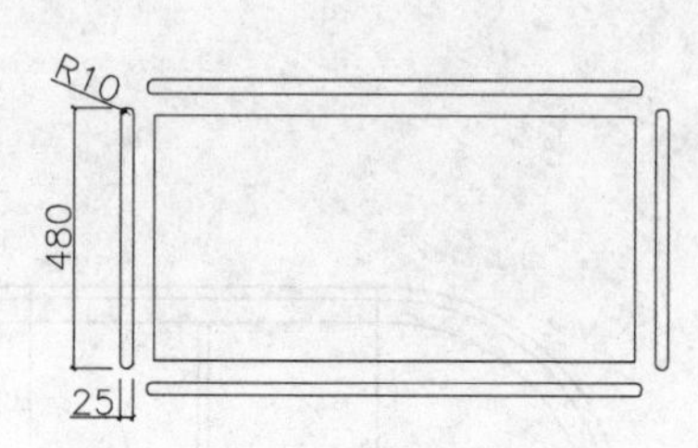

图 7-13　绘制圆角矩形

14 调用 PLINE/PL 命令，绘制多段线，如图 7-14 所示。

15 调用 OFFSET/O 命令，将多段线向右偏移 20，然后对多段线进行调整，如图 7-15 所示。

16 调用 MIRROR/MI 命令，对多段线进行镜像，如图 7-16 所示。

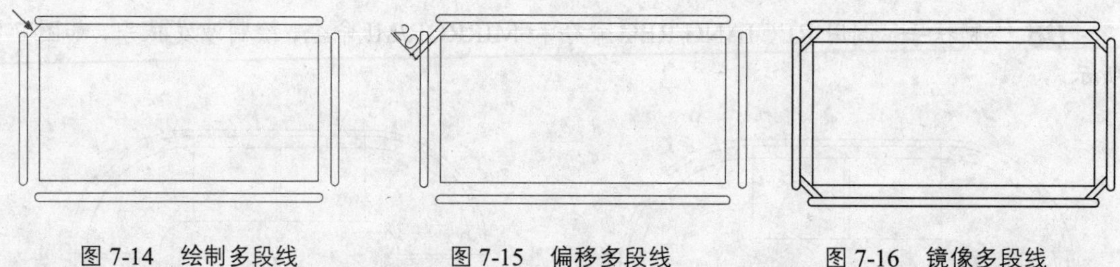

图 7-14　绘制多段线　　图 7-15　偏移多段线　　图 7-16　镜像多段线

17 调用 HATCH/H 命令，在茶几玻璃矩形内填充 AR-RROOF 图案，填充参数设置和效果如图 7-17 所示。

18 调用 MOVE/M 命令，将茶几移动到相应的位置，如图 7-18 所示，完成转角沙发和茶几的绘制。

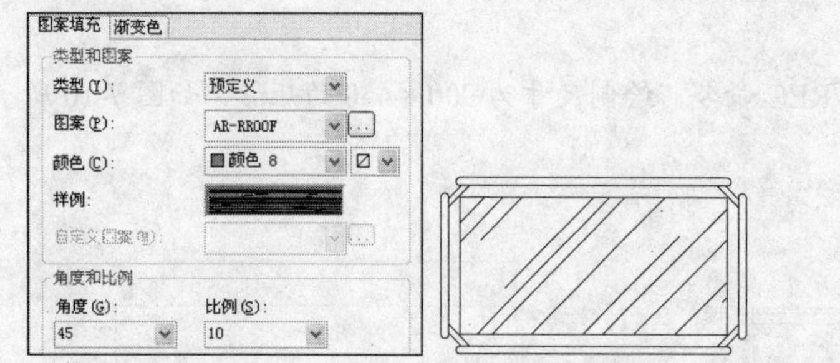

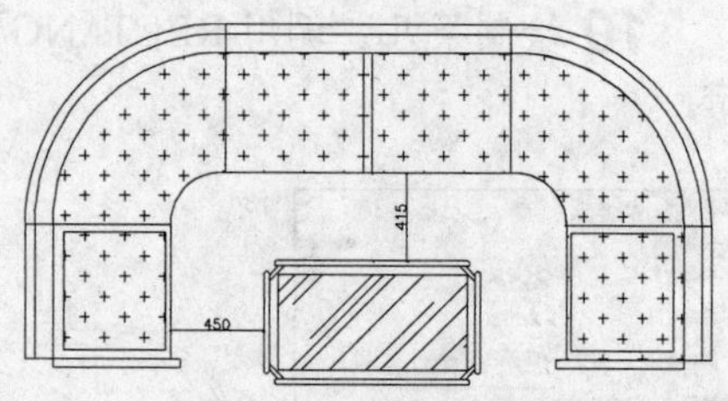

图 7-17　填充参数设置和效果　　图 7-18　移动茶几

7.1.2 绘制床和床头柜

床是卧室的主要家具，本节介绍双人床和床头柜的绘制方法，绘制完成的效果如图 7-19 所示。

课堂举例 7-2：绘制床和床头柜

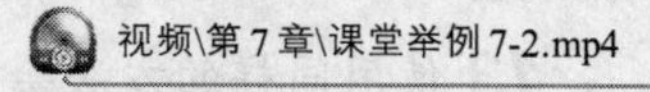

01 绘制床。调用 RECTANG/REC 命令，绘制一个尺寸为 1800 × 2100 的矩形，如图 7-20

所示。

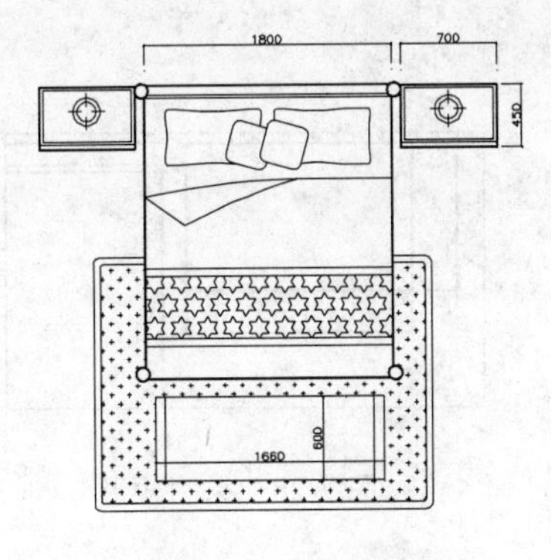

图 7-19　床和床头柜

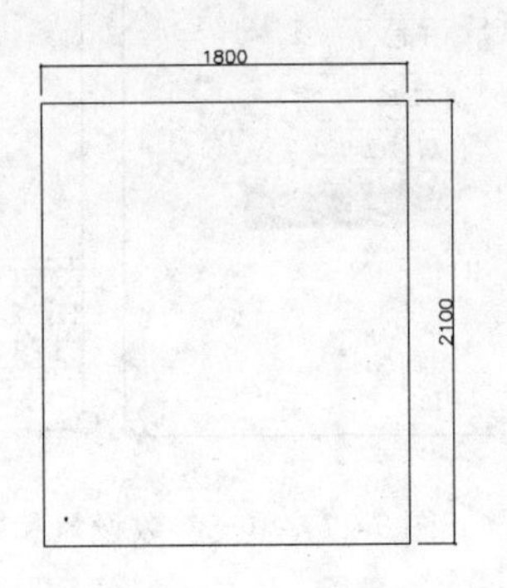

图 7-20　绘制矩形

02 调用 LINE/L 命令，绘制辅助线，如图 7-21 所示。

03 调用 CIRCLE/C 命令，以辅助线的交点为圆心绘制半径为 50 的圆，然后删除辅助线，如图 7-22 所示。

04 调用 TRIM/TR 命令，对线段相交的位置进行修剪，如图 7-23 所示。

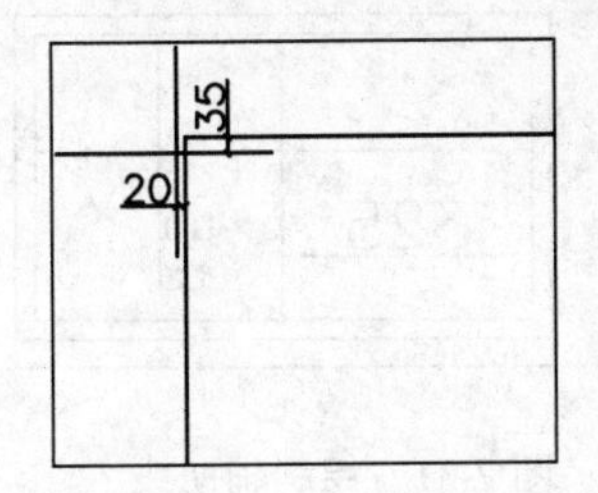

图 7-21　绘制辅助线

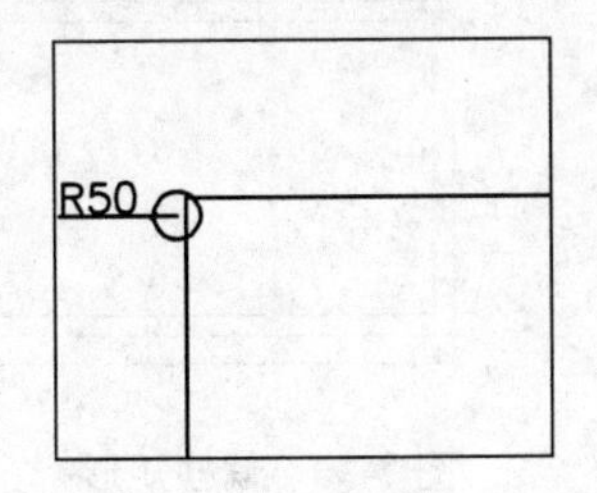

图 7-22　绘制圆

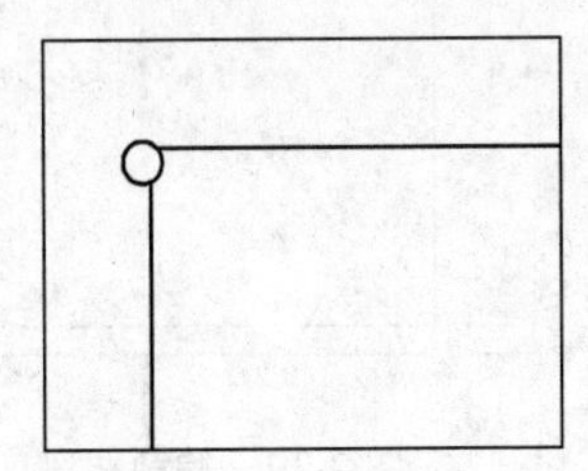

图 7-23　修剪线段

05 调用 COPY/CO 命令，对圆进行复制，然后对线段进行修剪，效果如图 7-24 所示。

06 调用 LINE/L 命令和 OFFSET/O 命令，绘制线段，如图 7-25 所示。

07 调用 LINE/L 命令和 OFFSET/O 命令，绘制线段，如图 7-26 所示。

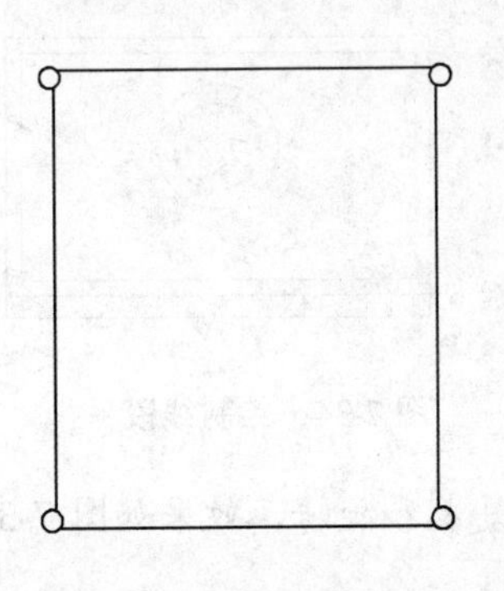

图 7-24　复制圆并修剪线段

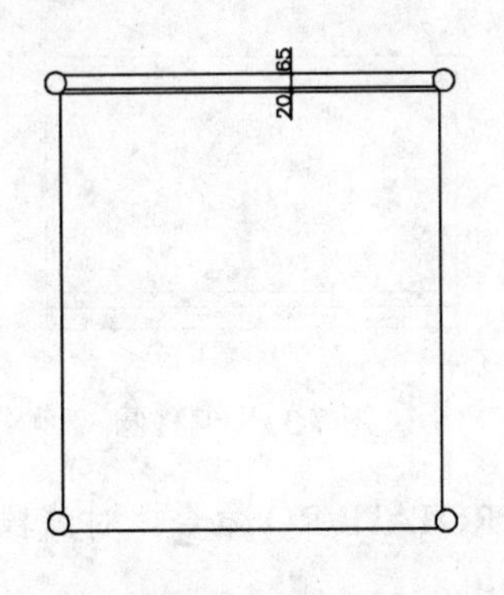

图 7-25　绘制线段

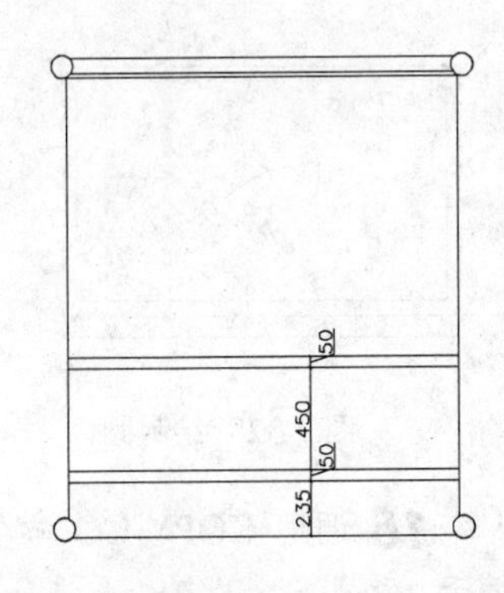

图 7-26　绘制线段

08 调用 HATCH/H 命令，在线段内填充 STARS 图案，填充参数设置和效果如图 7-27 所示。

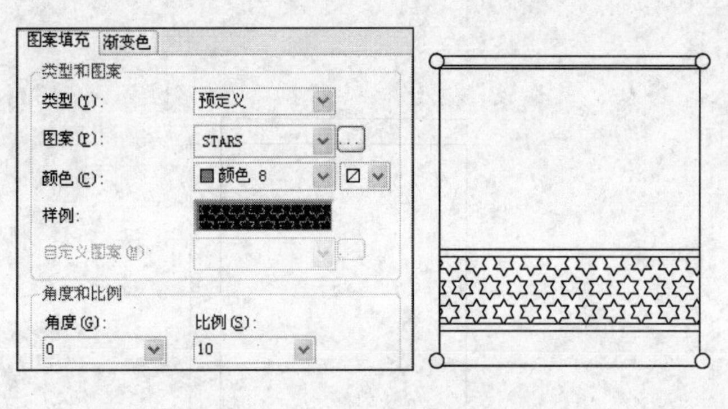

图 7-27　填充参数设置和效果

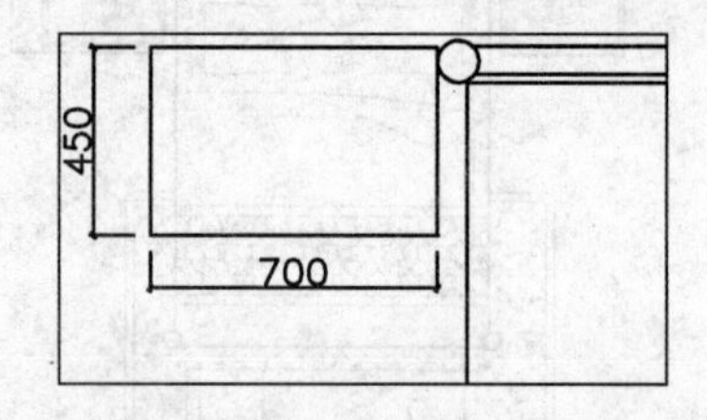

图 7-28　绘制矩形

09 绘制床头柜。调用 RECTANG/REC 命令，绘制一个尺寸为 700×450 的矩形，如图 7-28 所示。

10 调用 LINE/L 命令，绘制线段，如图 7-29 所示。

11 调用 RECTANG/REC 命令，绘制矩形，然后将矩形向内偏移 25，如图 7-30 所示。

12 调用 LINE/L 命令，绘制辅助线，如图 7-31 所示。

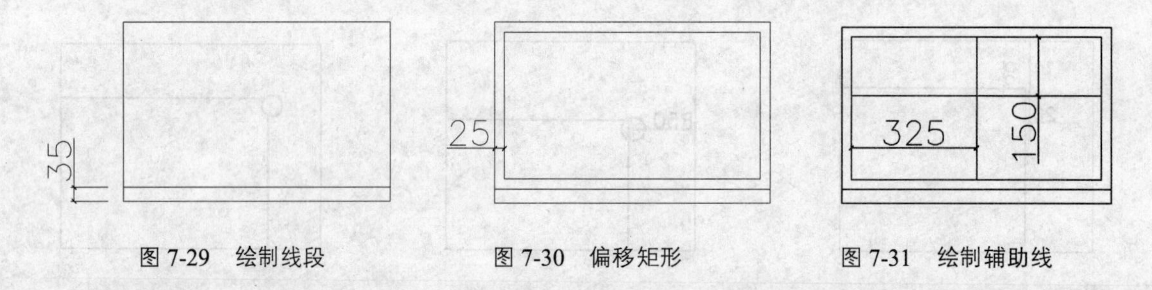

图 7-29　绘制线段　　图 7-30　偏移矩形　　图 7-31　绘制辅助线

13 调用 CIRCLE/C 命令，以辅助线的交点为圆心，绘制半径为 100 的圆，如图 7-32 所示。

14 调用 OFFSET/O 命令，将圆向内偏移 30，如图 7-33 所示。

15 调用 LINE/L 命令，绘制线段，如图 7-34 所示。

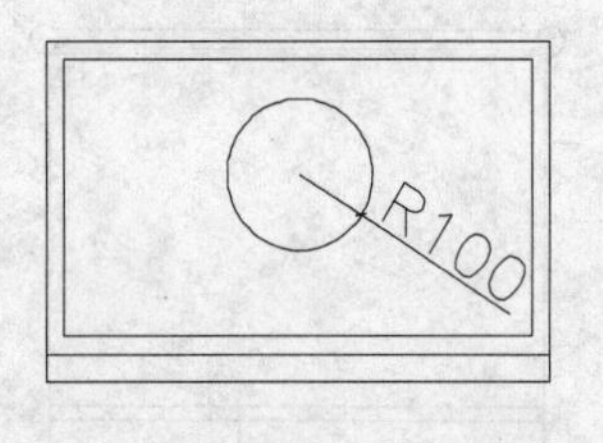

图 7-32　绘制圆

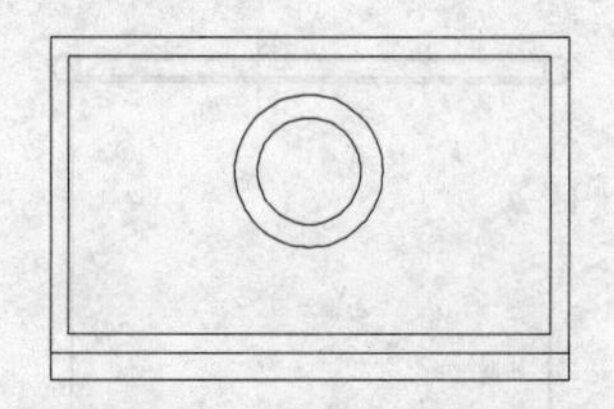

图 7-33　偏移圆

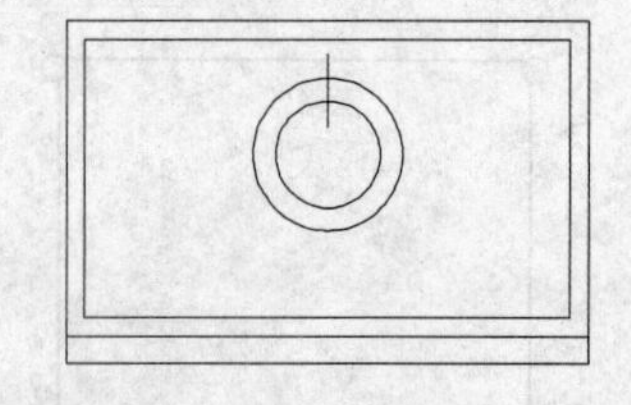

图 7-34　绘制线段

16 调用 COPY/CO 命令和 ROTATE/RO 命令，对线段进行复制和旋转，效果如图 7-35 所示。

17 调用 COPY/CO 命令，将床头柜复制到床的另一侧，如图 7-36 所示。

18 绘制床尾凳。调用 RECTANG/REC 命令，绘制尺寸为 1660×600 的矩形，如图 7-37 所示。

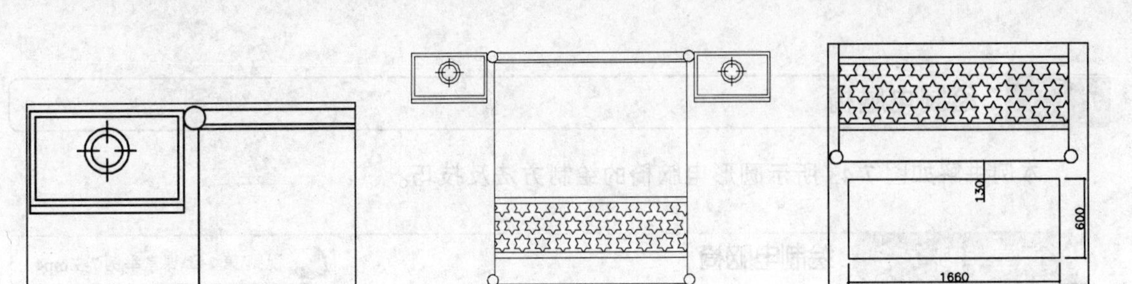

图 7-35　对线段进行复制和旋转　　图 7-36　复制床头柜　　图 7-37　绘制矩形

19 调用 LINE/L 命令，绘制线段，如图 7-38 所示。

20 绘制地毯。调用 RECTANG/REC 命令，绘制尺寸为 2365 × 1715，圆角半径为 20 的圆角矩形，如图 7-39 所示。

21 调用 TRIM/TR 命令，对圆角矩形与床相交的位置进行修剪，如图 7-40 所示。

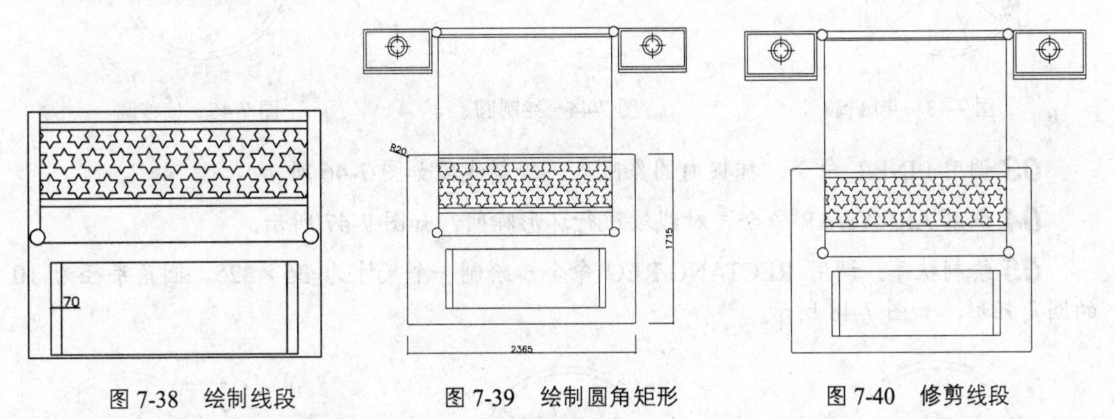

图 7-38　绘制线段　　图 7-39　绘制圆角矩形　　图 7-40　修剪线段

22 调用 OFFSET/O 命令，将圆角矩形向外偏移 50，如图 7-41 所示。

23 调用 HATCH/H 命令，在圆角矩形内填充 CROSS 图案，填充效果如图 7-42 所示。

24 插入图块。按 Ctrl+O 快捷键，打开配套光盘提供的“第 7 章\家具图例.dwg”文件，选择其中的枕头和被子图块，将其复制到床的区域，完成床和床头柜的绘制。

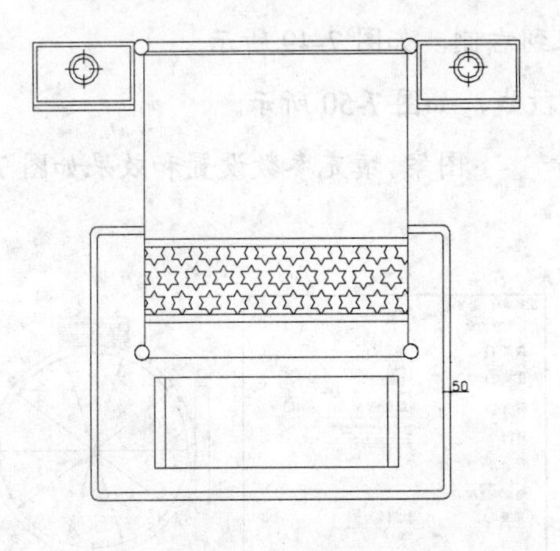

图 7-41　偏移圆角矩形

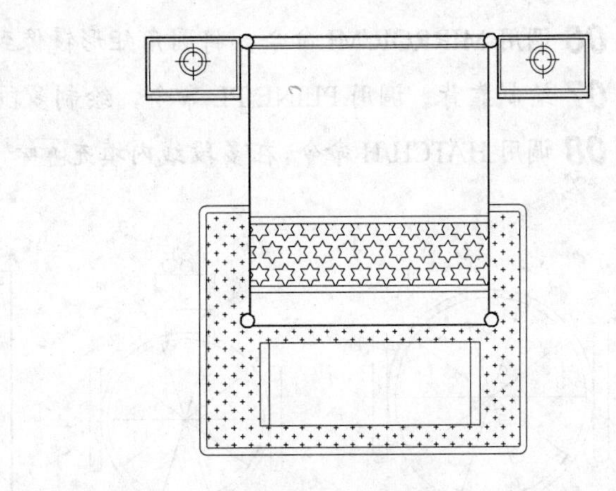

图 7-42　填充效果

7.1.3 绘制电脑椅

本例讲解如图 7-43 所示圆形电脑椅的绘制方法及技巧。

课堂举例 7-3：绘制电脑椅

视频\第 7 章\课堂举例 7-3.mp4

01 绘制坐垫。调用 CIRCLE/C 命令，绘制一个半径为 250 的圆，如图 7-44 所示。

02 调用 OFFSET/O 命令，将圆向外偏移 20，如图 7-45 所示。

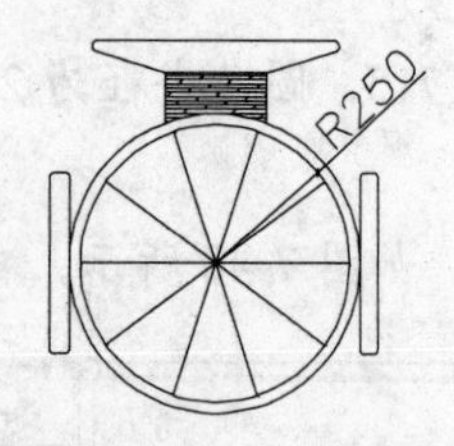

图 7-43　电脑椅

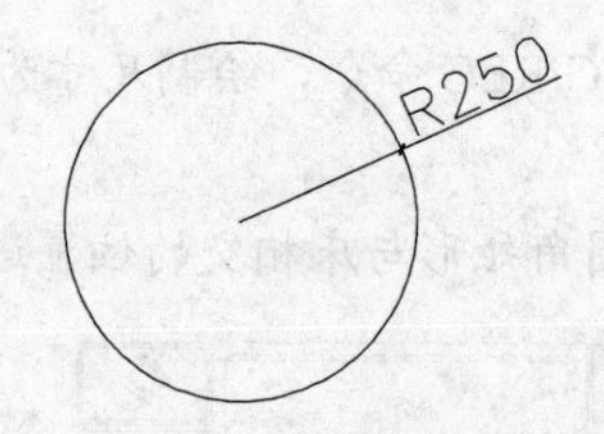

图 7-44　绘制圆

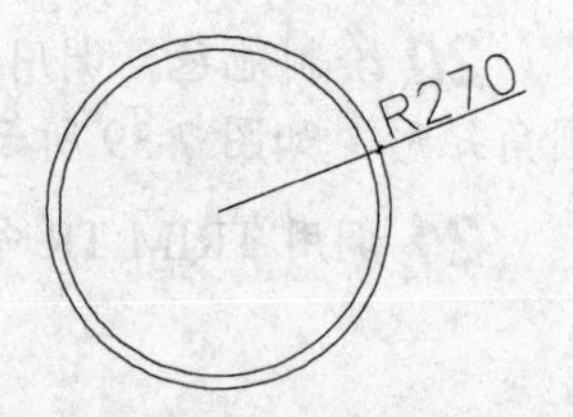

图 7-45　偏移圆

03 调用 LINE/L 命令，捕捉内圆象限点，绘制线段如图 7-46 所示。

04 调用 ARRAY/AR 命令，对线段进行环形阵列，如图 7-47 所示。

05 绘制扶手。调用 RECTANG/REC 命令，绘制一个尺寸为 35×325，圆角半径为 10 的圆角矩形，如图 7-48 所示。

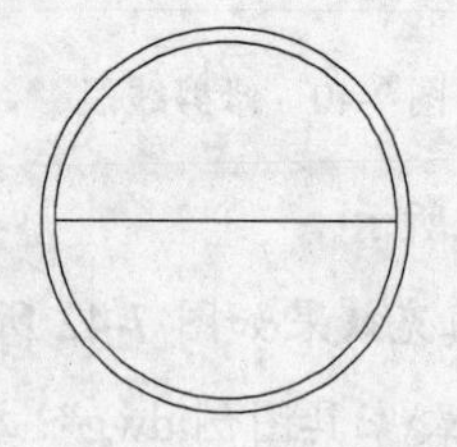

图 7-46　绘制线段

图 7-47　环形阵列

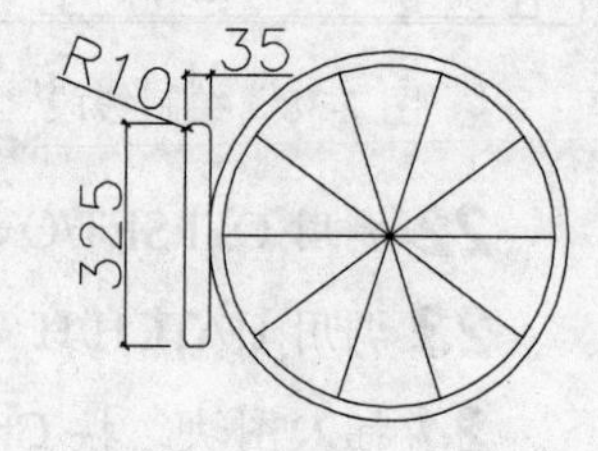

图 7-48　绘制圆角矩形

06 调用 MIRROR/MI 命令，将圆角矩形镜像到右侧，如图 7-49 所示。

07 绘制靠背。调用 PLINE/PL 命令，绘制多段线，如图 7-50 所示。

08 调用 HATCH/H 命令，在多段线内填充 DOLMIT 图案，填充参数设置和效果如图 7-51 所示。

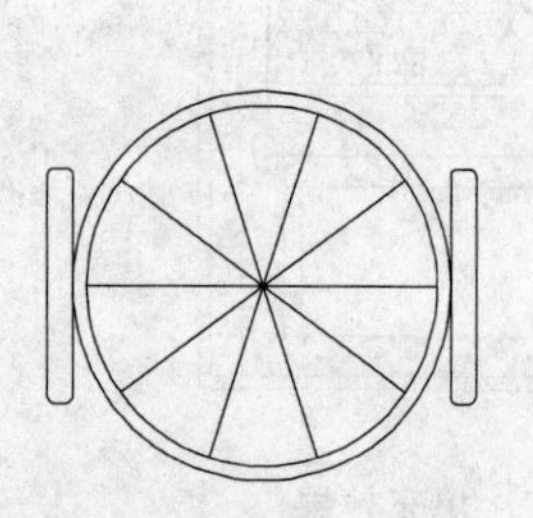

图 7-49　镜像圆角矩形

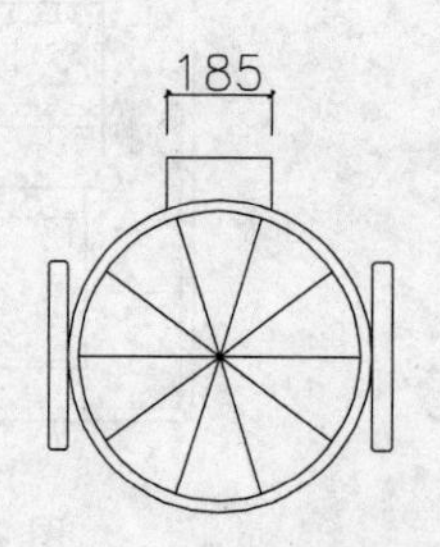

图 7-50　绘制多段线

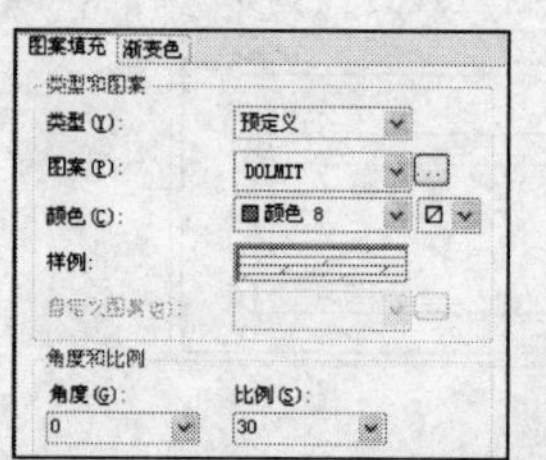

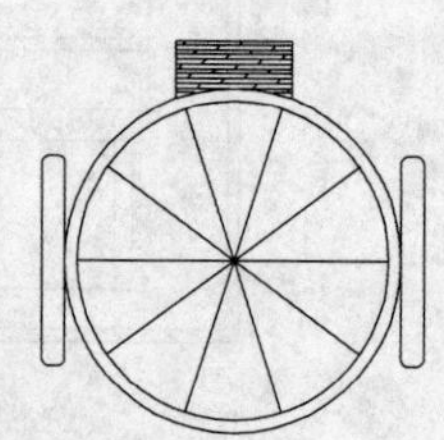

图 7-51　填充参数设置和效果

09 调用 RECTANG/REC 命令，绘制尺寸为 460×20，圆角半径为 10 的圆角矩形，如图 7-52 所示。

10 调用 LINE/L 命令，连接端点绘制线段，如图 7-53 所示。

11 调用 EXPLODE/X 命令，对圆角矩形进行分解，然后删除多余的线段，如图 7-54 所示，完成电脑椅的绘制。

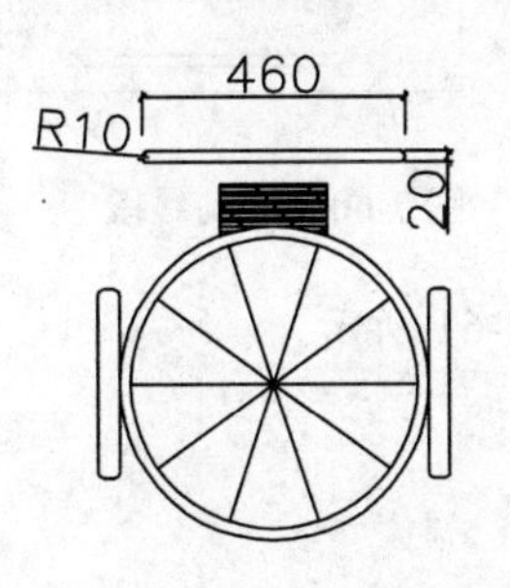

图 7-52　绘制圆角矩形

图 7-53　绘制线段

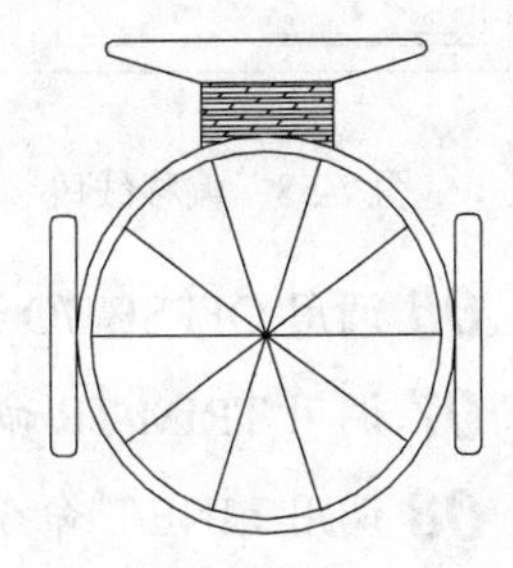
图 7-54　删除多余的线段

7.1.4 绘制浴缸

浴缸有心形、圆形、椭圆形、长方形和三角形等，本例讲解如图 7-55 所示心形浴缸的绘制方法。心形浴缸大多放在墙角，以充分利用卫生间的空间。

课堂举例 7-4：绘制浴缸

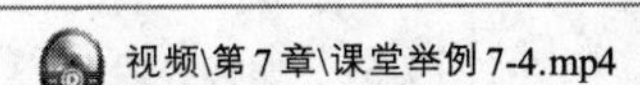

01 调用 RECTANG/REC 命令，绘制一个边长为 1300 的矩形，如图 7-56 所示。

02 调用 CHAMFER 命令，对最外侧的矩形进行倒角，倒角的距离为 700，如图 7-57 所示。

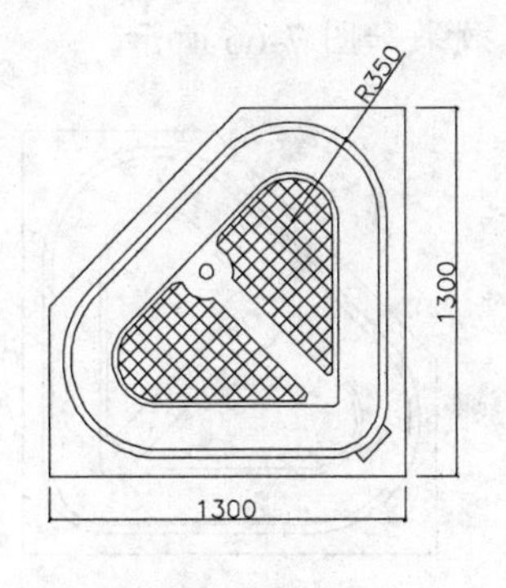

图 7-55　浴缸

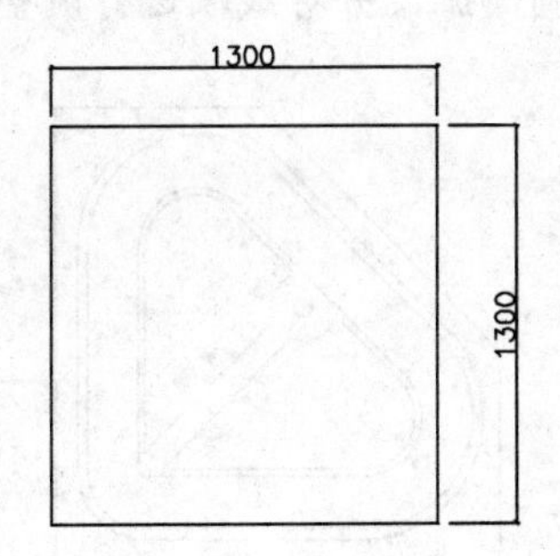

图 7-56　绘制矩形

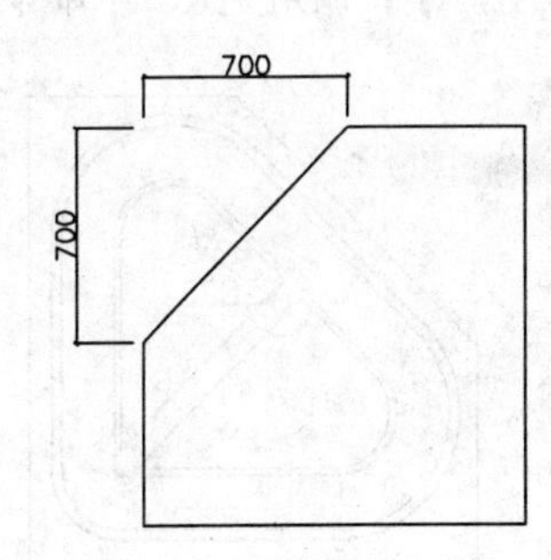

图 7-57　创建倒角

03 调用 OFFSET/O 命令，将倒角后的矩形向内偏移 65、30、150 和 20，如图 7-58 所示。

04 调用 FILLET/F 命令，对偏移后的矩形进行圆角，如图 7-59 所示。

05 调用 LINE/L 命令，捕捉端点和中点绘制线段，如图 7-60 所示。

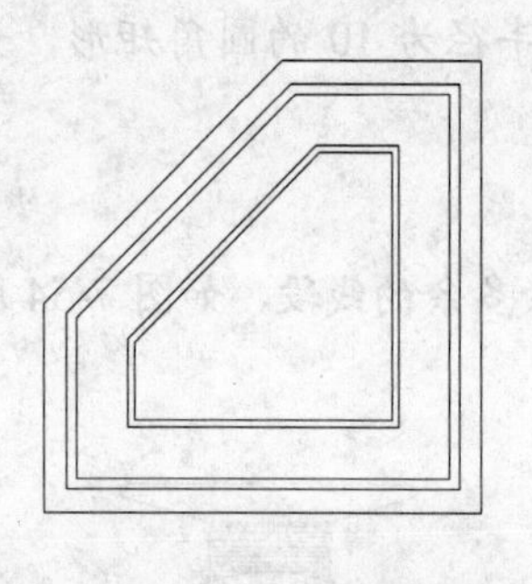

图 7-58　偏移线段

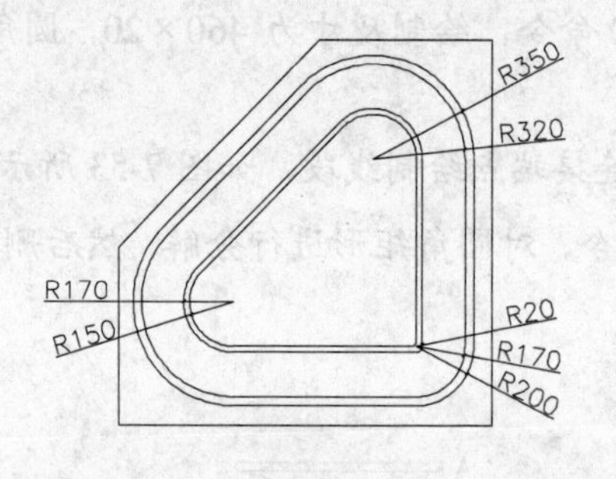

图 7-59　圆角

图 7-60　绘制线段

06 调用 OFFSET/O 命令，将线段分别向两侧偏移 35，如图 7-61 所示。

07 调用 TRIM/TR 命令，修剪多余的线段，如图 7-62 所示。

08 调用 LINE/L 命令，绘制辅助线，如图 7-63 所示。

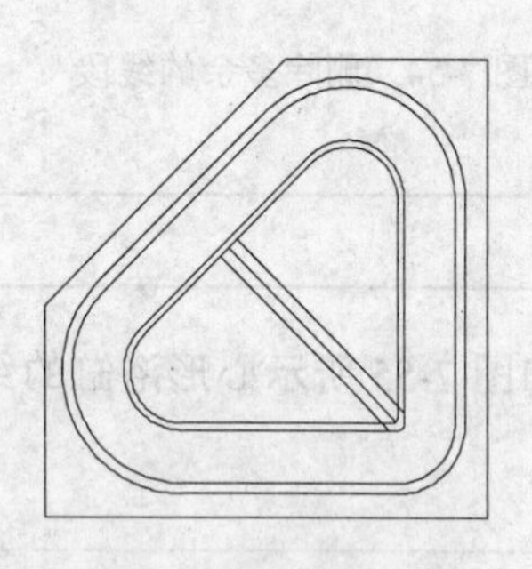

图 7-61　偏移线段

图 7-62　修剪线段

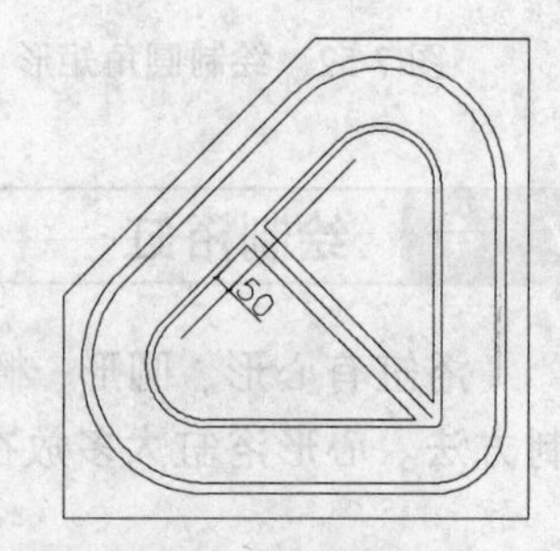

图 7-63　绘制辅助线

09 调用 CIRCLE/C 命令，以辅助线的交点为圆心绘制半径为 25 和 95 的圆，然后删除辅助线，如图 7-64 所示。

10 调用 TRIM/TR 命令，修剪多余的线段和圆，如图 7-65 所示。

11 调用 ARC/A 命令，绘制圆弧，并对线段进行调整，使其效果如图 7-66 所示。

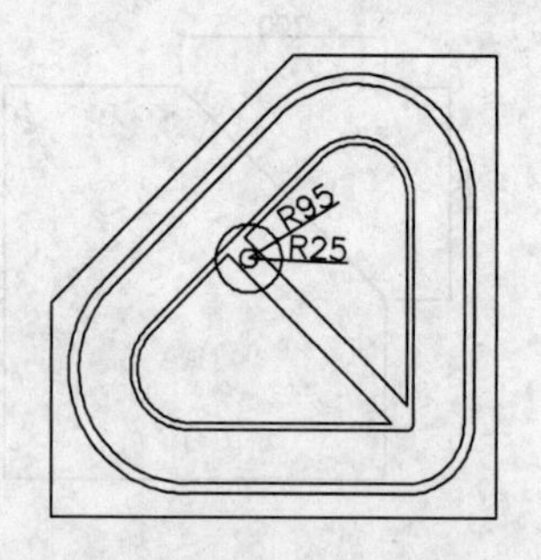

图 7-64　绘制圆

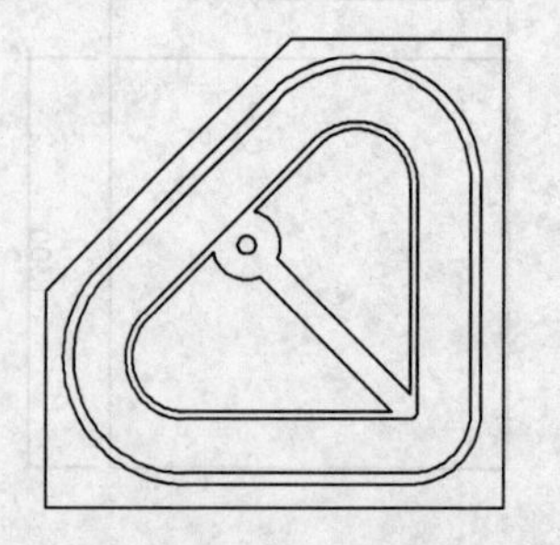

图 7-65　修剪线段和圆

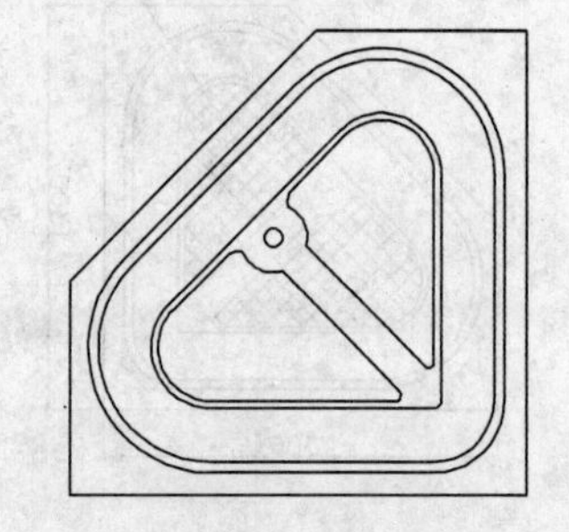

图 7-66　绘制圆弧和调整线段

12 调用 HATCH/H 命令，在图形内填充“用户定义”图案，填充参数设置和效果如图 7-67 所示。

13 调用 PLINE/PL 命令，绘制多段线，如图 7-68 所示，完成浴缸的绘制。

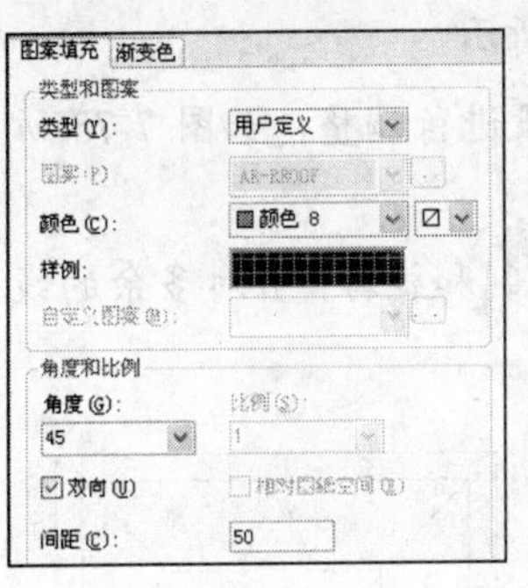

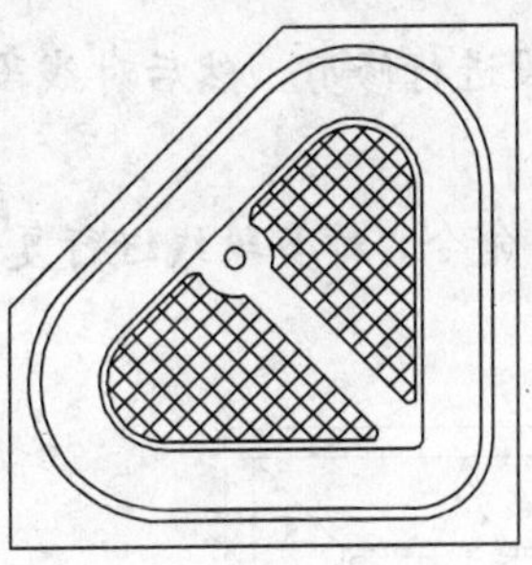

图 7-67　填充参数设置和效果

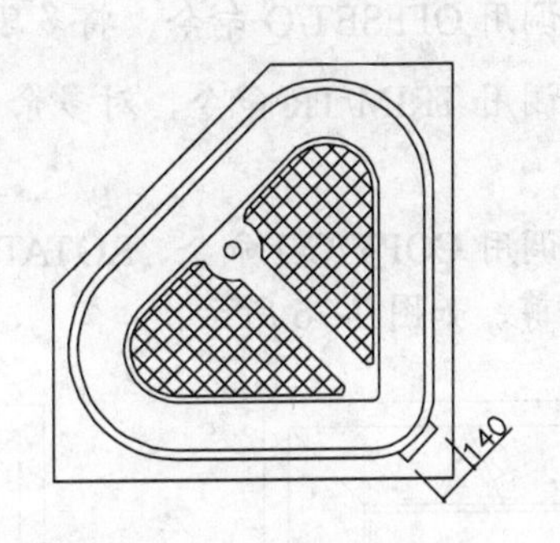

图 7-68　绘制多段线

7.1.5　绘制地面拼花

地面拼花是指地面装饰材料的拼接方法，常用于别墅客厅、餐厅等地面装修，本例讲解如图 7-69 所示地面拼花的绘制方法。

课堂举例 7-5：绘制地面拼花

视频\第 7 章\课堂举例 7-5.mp4

01 调用 RECTANG/REC 命令，绘制一个边长为 2500 的矩形，如图 7-70 所示。

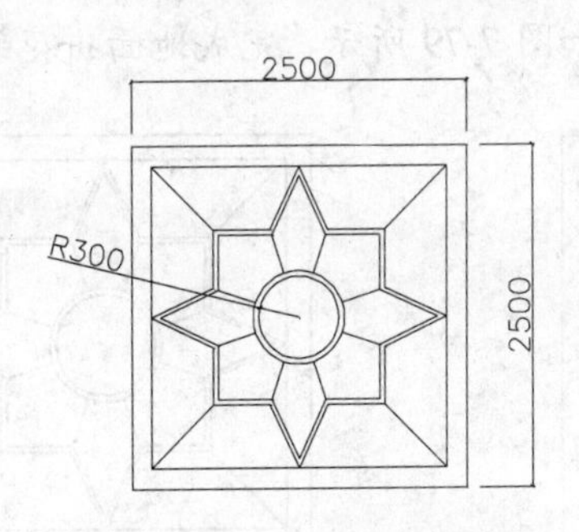

图 7-69　地面拼花

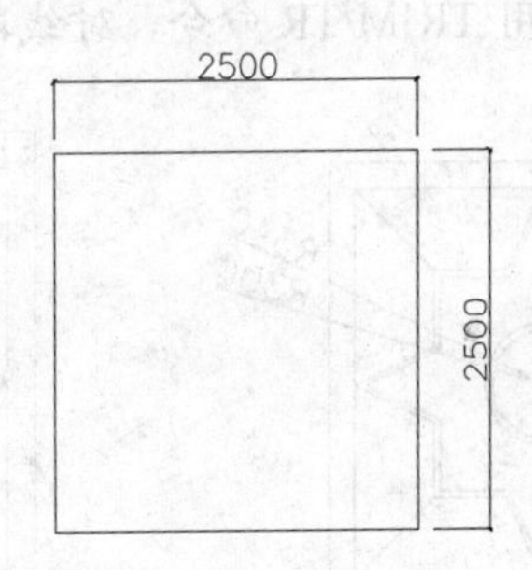

图 7-70　绘制矩形

02 调用 OFFSET/O 命令，将矩形向内偏移 150、460 和 40，如图 7-71 所示。

03 调用 LINE/L 命令，绘制线段连接矩形的对角线，如图 7-72 所示。

04 调用 PLINE/PL 命令，绘制多段线，如图 7-73 所示。

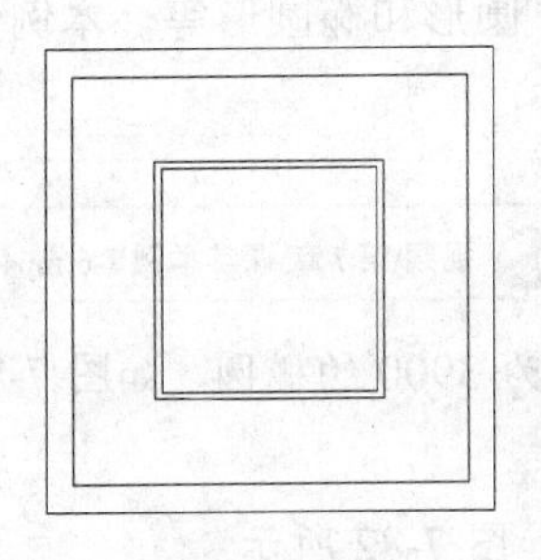

图 7-71　偏移矩形

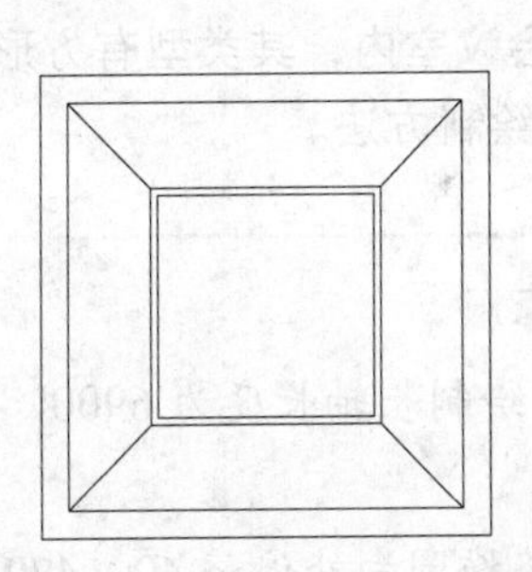

图 7-72　绘制对角线

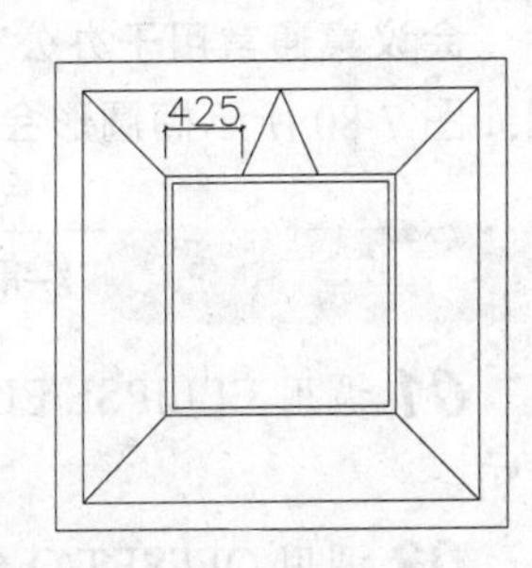

图 7-73　绘制多段线

05 调用 OFFSET/O 命令，将多段线向内偏移 40，如图 7-74 所示。

06 调用 TRIM/TR 命令，对多余的线段进行修剪，然后对线段进行调整，如图 7-75 所示。

07 调用 COPY/CO 命令、ROTATE/RO 命令，对多段线进行复制和旋转，并对多余的线段进行修剪，如图 7-76 所示。

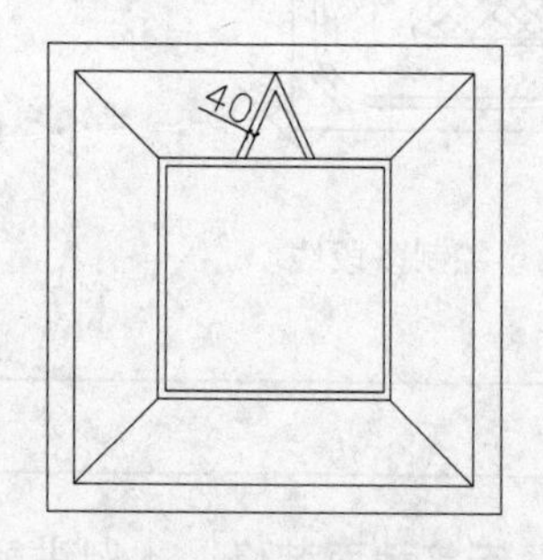

图 7-74　偏移多段线

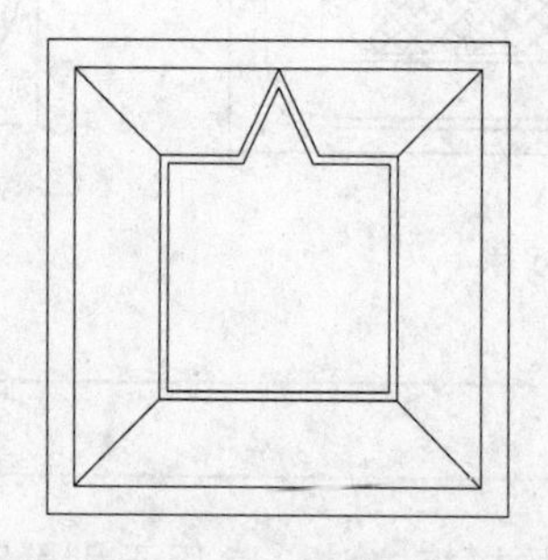

图 7-75　修剪调整线段

图 7-76　复制和旋转多段线

08 调用 CIRCLE/C 命令，以矩形的中点为圆心，绘制半径为 300 和 340 的圆，如图 7-77 所示。

09 调用 LINE/L 命令，绘制线段，如图 7-78 所示。

10 调用 TRIM/TR 命令，对线段进行修剪，效果如图 7-79 所示，完成地面拼花的绘制。

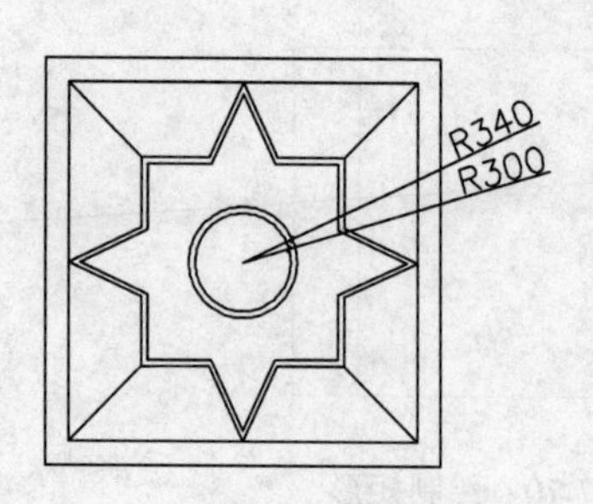

图 7-77　绘制圆

图 7-78　绘制线段

图 7-79　修剪线段

7.1.6 绘制会议桌

会议桌通常用于办公空间的会议室内，其类型有方形、长形、圆形和椭圆形等。本例介绍如图 7-80 所示椭圆形会议桌的绘制方法。

课堂举例 7-6：绘制会议桌

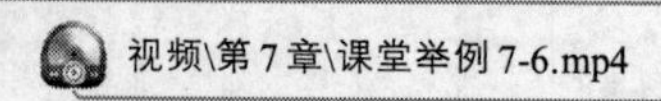

01 调用 ELLIPSE/EL 命令，绘制长轴长度为 6900，半轴长度为 3900 的椭圆，如图 7-81 所示。

02 调用 OFFSET/O 命令，将椭圆向外偏移 40、470 和 40，如图 7-82 所示。

03 调用 LINE/L 命令，绘制线段，如图 7-83 所示。

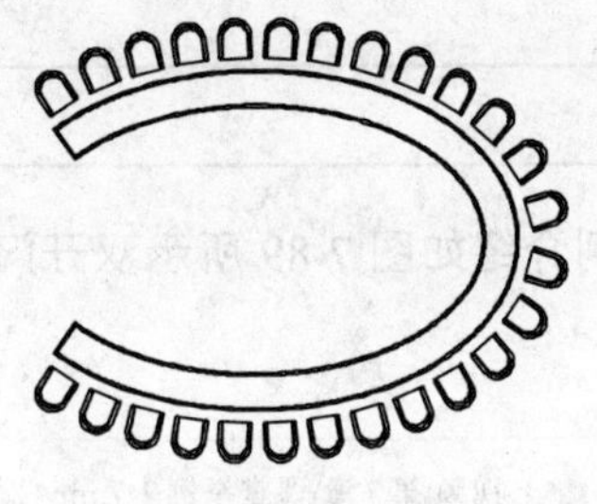

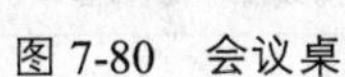

图 7-80　会议桌

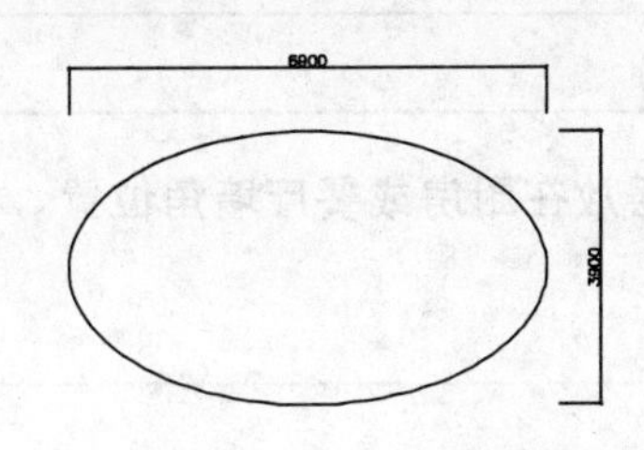

图 7-81　绘制椭圆

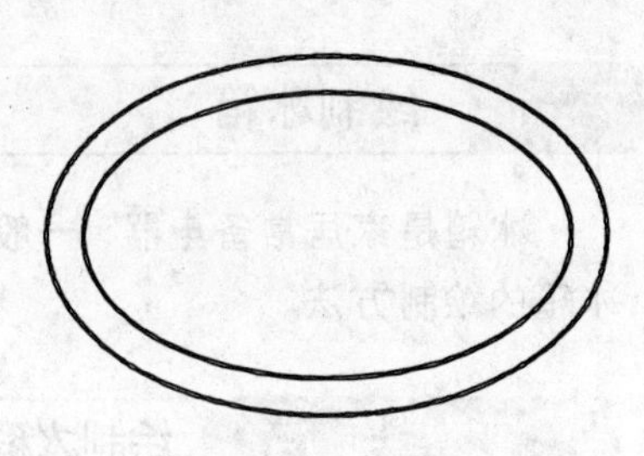

图 7-82　偏移椭圆

04 调用 OFFSET/O 命令，将线段向内偏移，偏移距离为 30，然后对线段进行调整，如图 7-84 所示。

05 调用 MIRROR/MI 命令，对线段进行镜像，如图 7-85 所示。

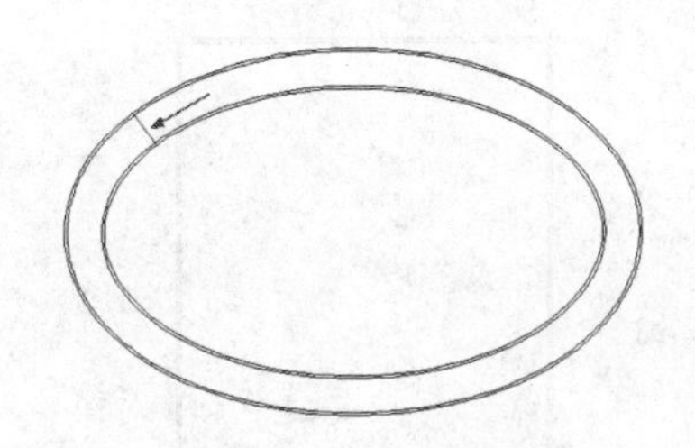

图 7-83　绘制线段

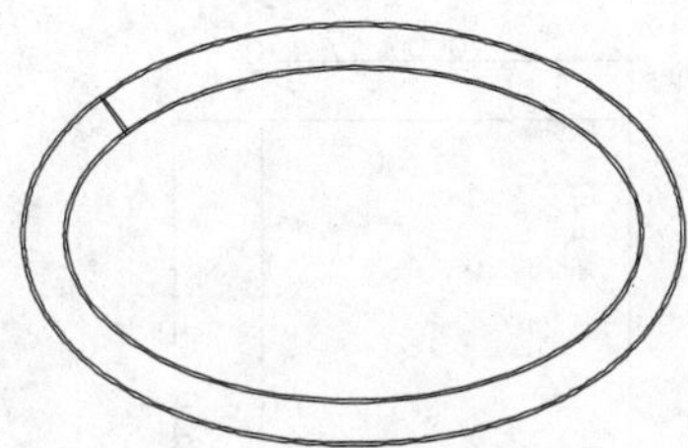

图 7-84　偏移线段

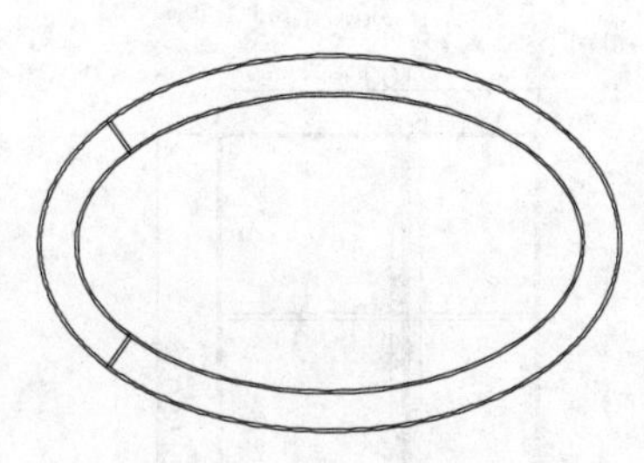

图 7-85　镜像线段

06 调用 TRIM/TR 命令，对线段和椭圆进行修剪，如图 7-86 所示。

07 从图库中插入办公椅图块，如图 7-87 所示。

08 调用 ARRAY/AR 命令，对办公椅进行路径阵列，选择外围椭圆作为路径曲线，设置项目为 13，距离为 650，效果如图 7-88 所示。

09 调用 MIRROR/MI 命令，对办公椅进行镜像，完成会议桌的绘制

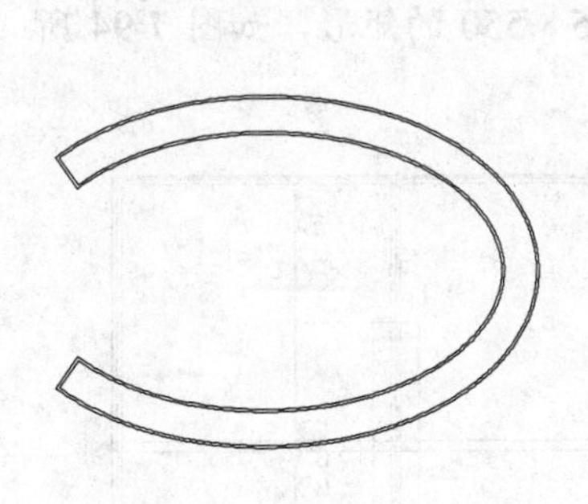

图 7-86　修剪椭圆和线段

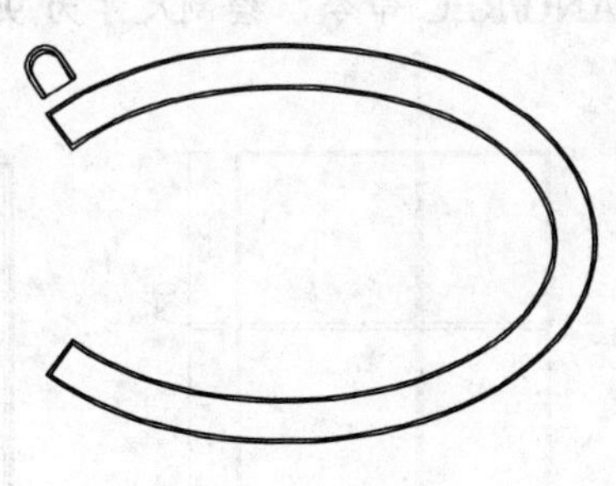

图 7-87　插入图块

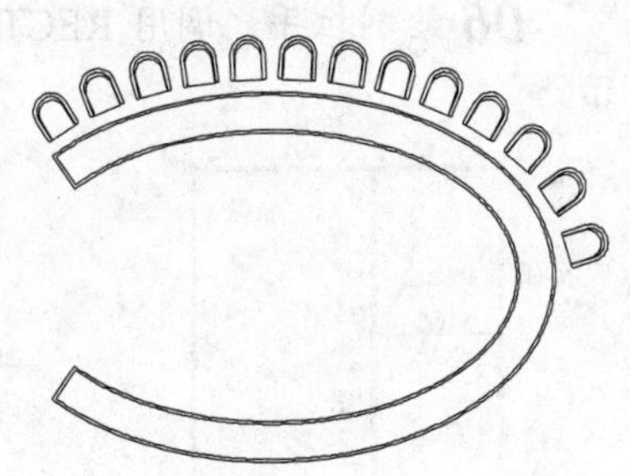

图 7-88　路径阵列

7.2 家具立面图绘制

本节通过介绍各种家具和电器立面图例的绘制方法，使读者可以熟练了解这些家具的立面结构，并掌握其绘制方法。

7.2.1 绘制冰箱

冰箱是家居常备电器，一般摆放在厨房或餐厅墙角位置。本例介绍如图 7-89 所示双开门冰箱的绘制方法。

课堂举例 7-7：绘制冰箱

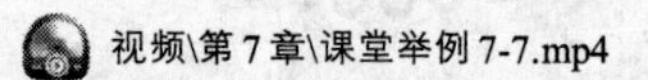

01 调用 RECTANG/RC 命令，绘制一个尺寸为 1000×1650 的矩形，如图 7-90 所示。

02 调用 EXPLODE/X 命令，分解矩形。

03 调用 OFFSET/O 命令，向内偏移分解后的矩形线段，然后对线段进行调整，如图 7-91 所示。

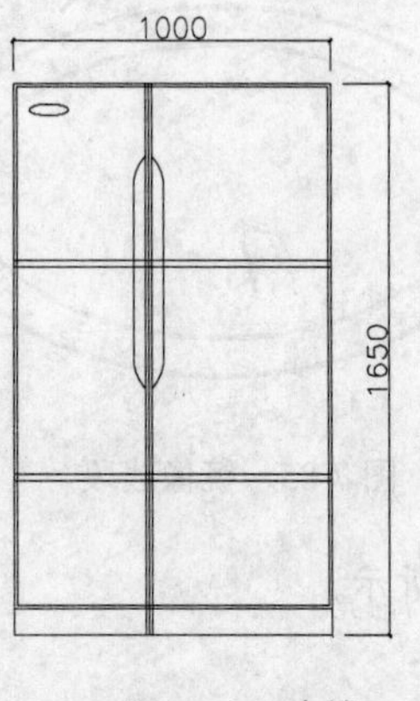

图 7-89　冰箱

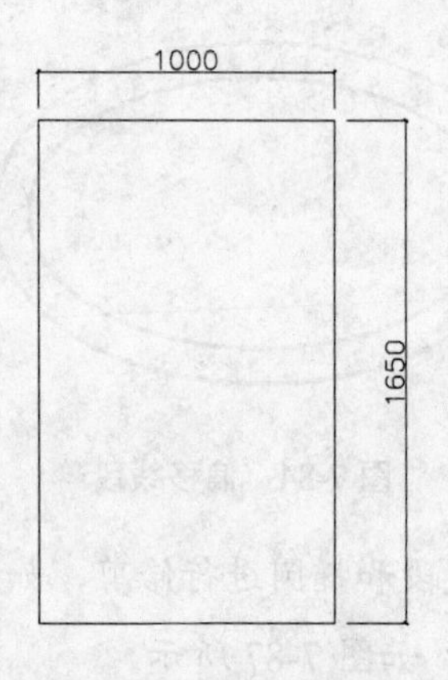

图 7-90　绘制矩形

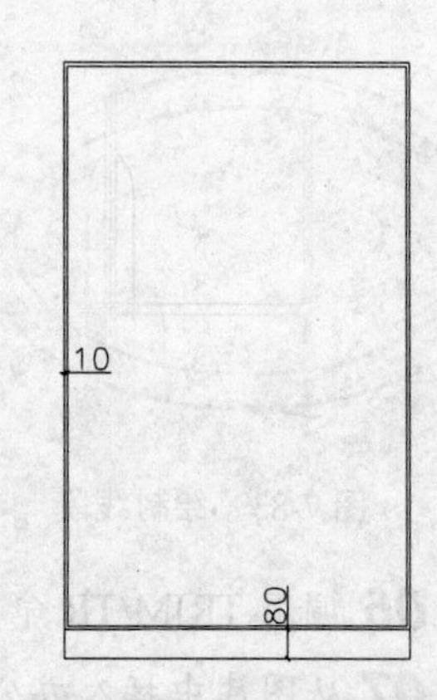

图 7-91　分解矩形和偏移线段

04 调用 LINE/L 命令和 OFFSET/O 命令，绘制线段，如图 7-92 所示。

05 调用 LINE/L 命令和 OFFSET/O 命令，绘制线段，如图 7-93 所示。

06 绘制拉手。调用 RECTANG/REC 命令，绘制尺寸为 95×550 的矩形，如图 7-94 所示。

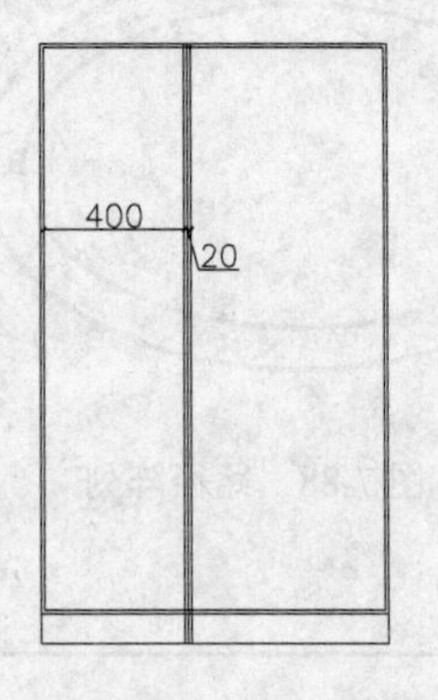

图 7-92　绘制线段

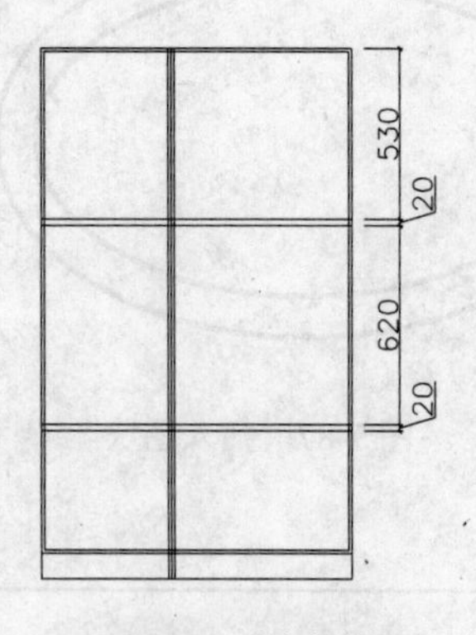

图 7-93　绘制线段

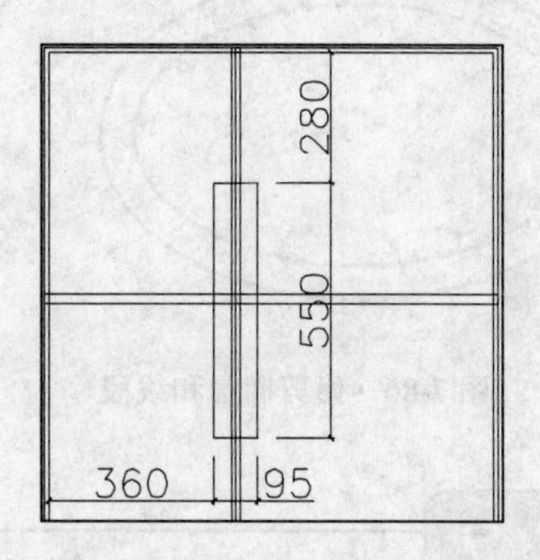

图 7-94　绘制矩形

07 调用 ARA/A 命令，绘制圆弧，如图 7-95 所示。

08 调用 MIRROR/MI 命令，对圆弧进行镜像，如图 7-96 所示。

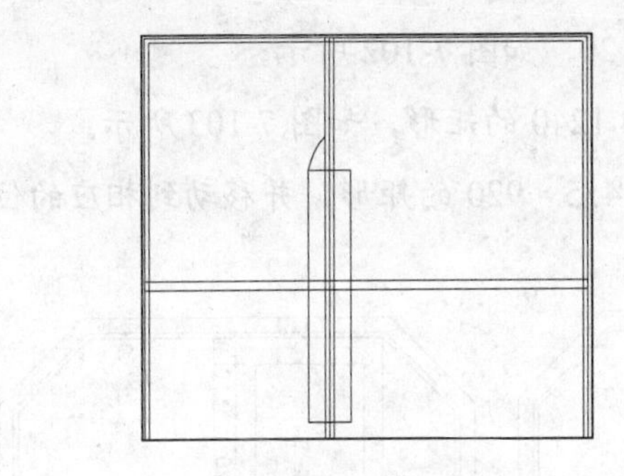

图 7-95　绘制圆弧

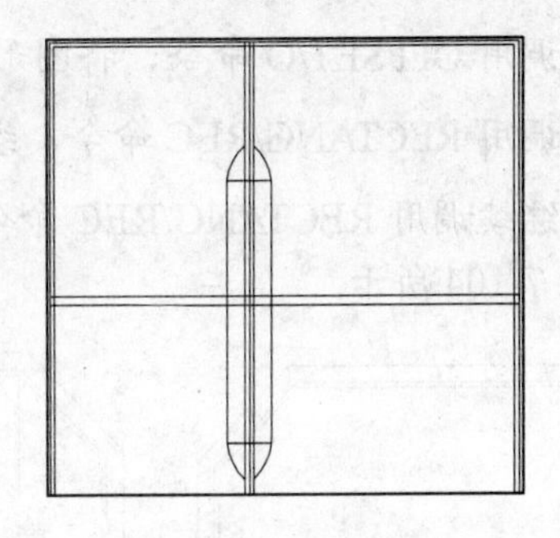

图 7-96　镜像圆弧

09 调用 TRIM/TR 命令，修剪多余的线段，如图 7-97 所示。

10 调用 ELLIPSE/EL 命令，绘制椭圆表示商标，如图 7-98 所示，完成冰箱的绘制。

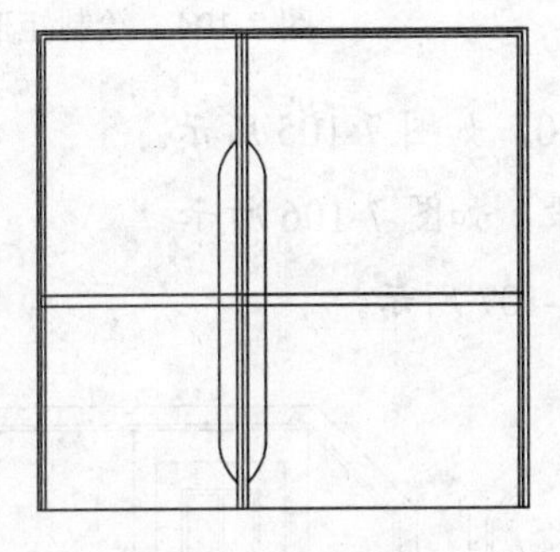

图 7-97　修剪线段

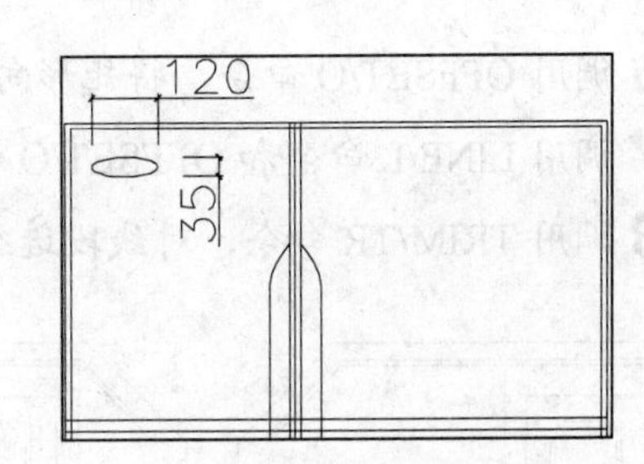

图 7-98　绘制椭圆

7.2.2　绘制中式木格窗

中式木格窗以木质为主，讲究雕刻彩绘，造型典雅，多采用酸枝木或大叶檀等高档硬木，本实例介绍如图 7-99 所示中式木格窗图例的绘制方法。

课堂举例 7-8：绘制中式木格窗

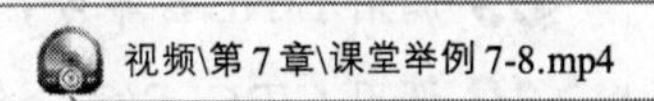

01 调用 RECTANG/REC 命令，绘制一个尺寸为 2000 × 1400 的矩形，如图 7-100 所示。

02 调用 CHAMFER/CHA 命令，对矩形进行倒角，倒角距离全部设置为 700，效果如图 7-101 所示。

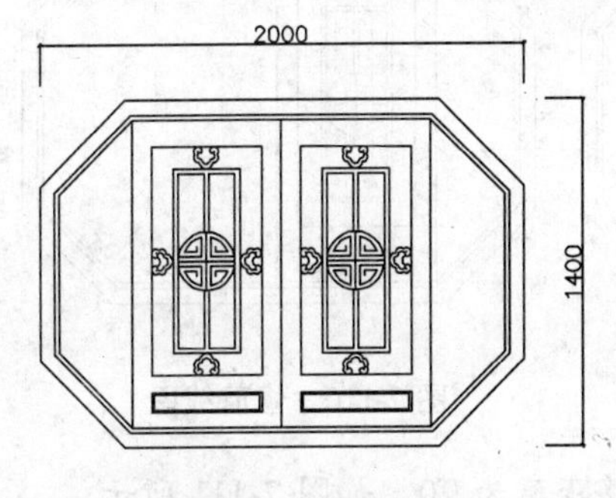

图 7-99　中式木格窗

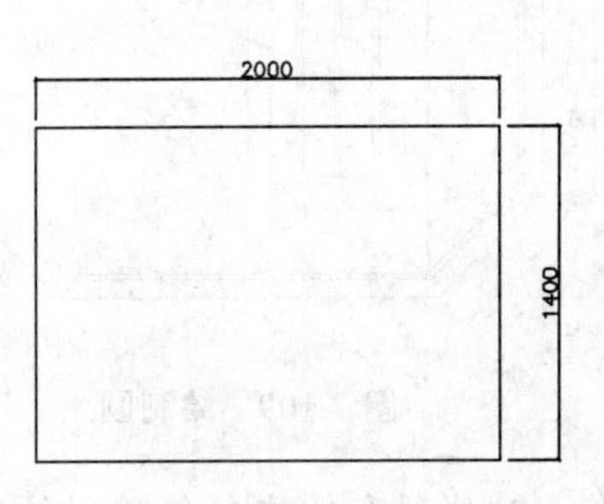

图 7-100　绘制矩形

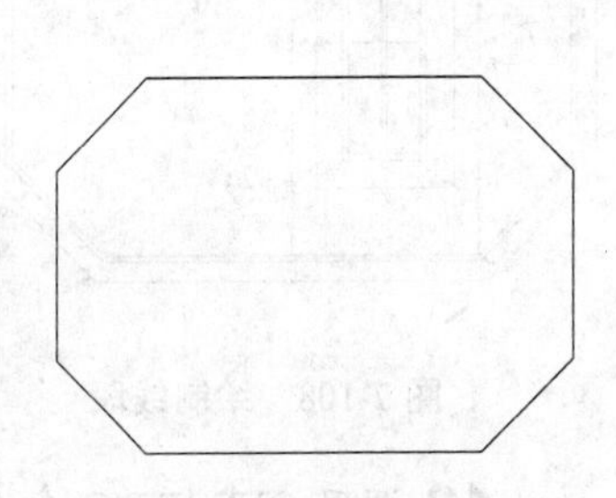

图 7-101　创建倒角

03 调用 OFFSET/O 命令，将图形向内偏移 60 和 20，如图 7-102 所示。

04 调用 RECTANG/REC 命令，绘制尺寸为 615×1240 的矩形，如图 7-103 所示。

05 继续调用 RECTANG/REC 命令，绘制尺寸为 455×920 的矩形，并移动到相应的位置，如图 7-104 所示。

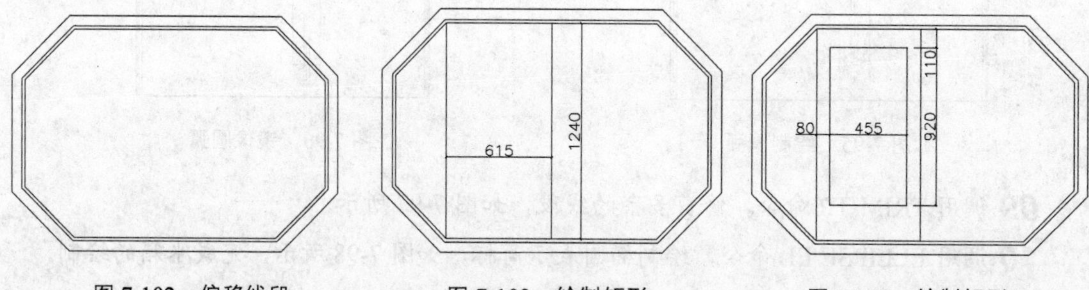

图 7-102　偏移线段　　图 7-103　绘制矩形　　图 7-104　绘制矩形

06 调用 OFFSET/O 命令，将矩形向内偏移 90 和 20，如图 7-105 所示。

07 调用 LINE/L 命令和 OFFSET/O 命令，绘制线段，如图 7-106 所示。

08 调用 TRIM/TR 命令，对线段进行修剪，如图 7-107 所示。

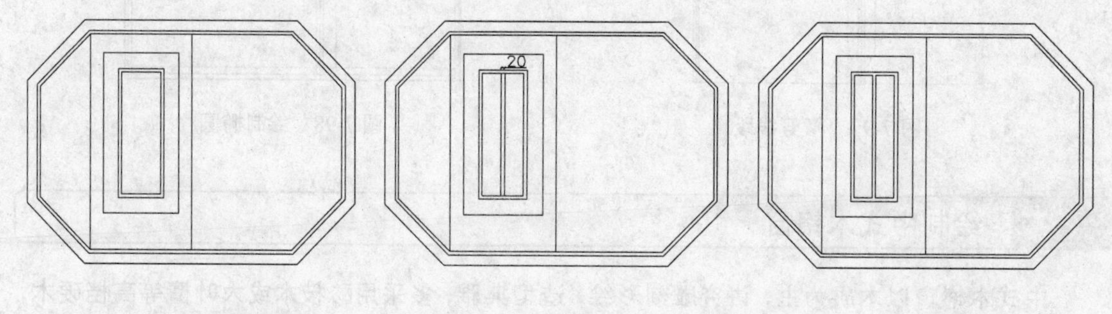

图 7-105　偏移矩形　　图 7-106　绘制线段　　图 7-107　修剪线段

09 调用 LINE/L 命令，捕捉中点绘制线段，如图 7-108 所示。

10 调用 CIRCLE/C 命令，以线段的交点为圆心绘制半径为 118 的圆，如图 7-109 所示。

11 调用 LINE/L 命令，捕捉圆象限点绘制线段，然后修剪多余的线段，如图 7-110 所示。

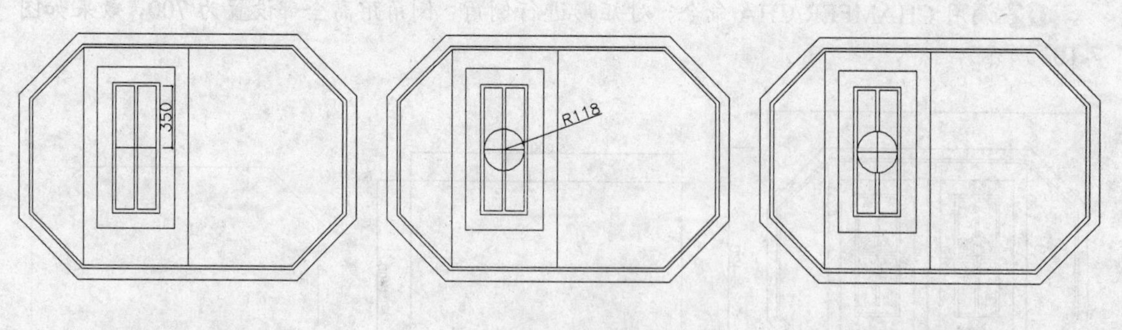

图 7-108　绘制线段　　图 7-109　绘制圆　　图 7-110　修剪线段

12 调用 OFFSET/O 命令，对线段和圆进行偏移，偏移距离为 20，如图 7-111 所示。

13 调用 TRIM/TR 命令，对线段和圆进行修剪，如图 7-112 所示。

14 调用 MIRROR/MI 命令，镜像复制图形，然后对多余的线段进行修剪，效果如图 7-113 所示。

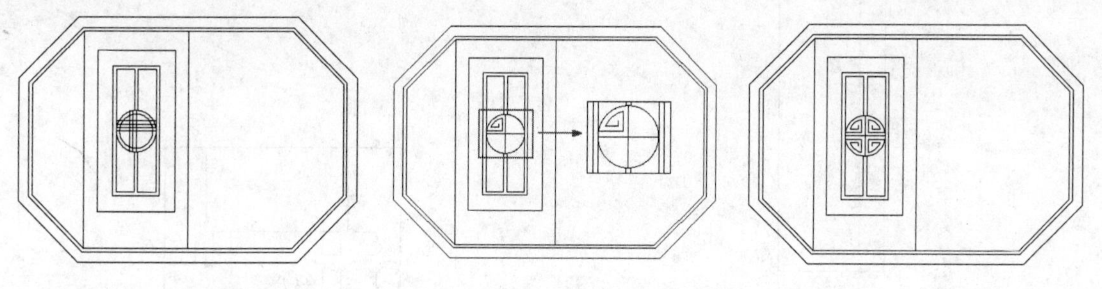

图 7-111　偏移圆和线段　　图 7-112　修剪线段和圆　　图 7-113　镜像图形

15 调用 RECTANG/REC 命令和 OFFSET/O 命令，绘制图形，如图 7-114 所示。

16 调用 COPY/CO 命令，将图形复制到右侧，如图 7-115 所示。

17 从图库中插入雕花图块到木格窗内，效果如图 7-116 所示，完成中式木格窗的绘制。

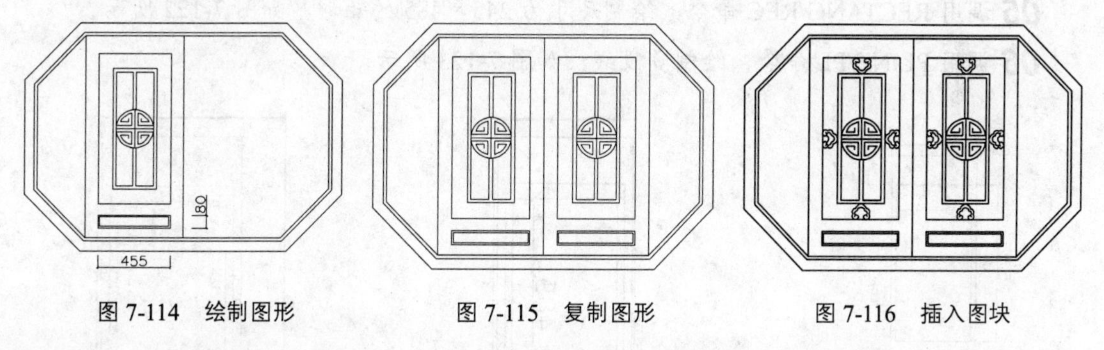

图 7-114　绘制图形　　图 7-115　复制图形　　图 7-116　插入图块

7.2.3　绘制饮水机

饮水机通常摆放在客厅或餐厅区域，下面讲解如图 7-117 所示饮水机的绘制方法。

课堂举例 7-9：绘制饮水机

视频\第 7 章\课堂举例 7-9.mp4

01 调用 RECTANG/REC 命令，绘制一个尺寸为 325×40 的矩形，如图 7-118 所示。

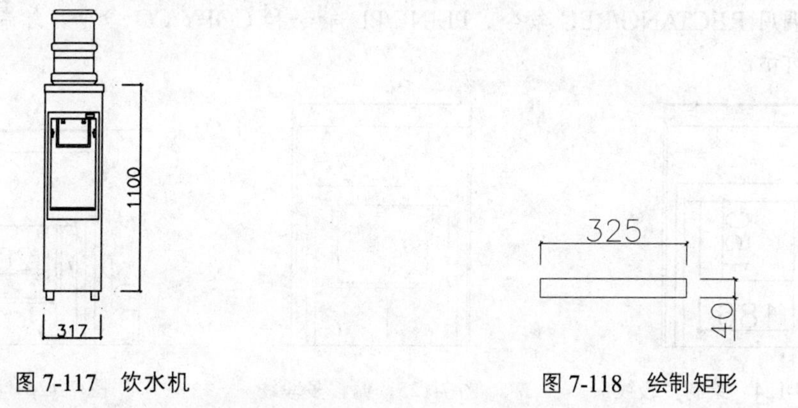

图 7-117　饮水机　　图 7-118　绘制矩形

02 调用 PLINE/PL 命令，绘制多段线，如图 7-119 所示。

03 调用 PLINE/PL 命令和 COPY/CO 命令，绘制多段线，如图 7-120 所示。

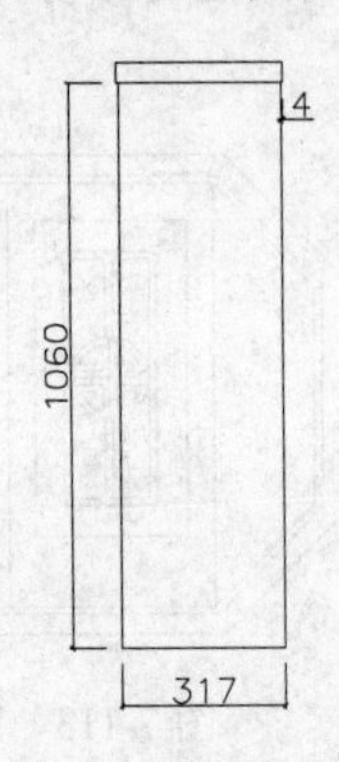

图 7-119　绘制多段线

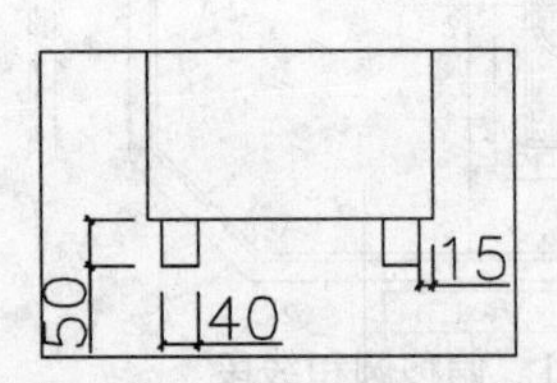

图 7-120　绘制多段线

04 调用 RECTANG/REC 命令，绘制尺寸为 280×572 的矩形，并移动到相应的位置，如图 7-121 所示。

05 调用 RECTANG/REC 命令，绘制尺寸为 245×485 的矩形，如图 7-122 所示。

06 调用 PLINE/PL 命令，绘制多段线，如图 7-123 所示。

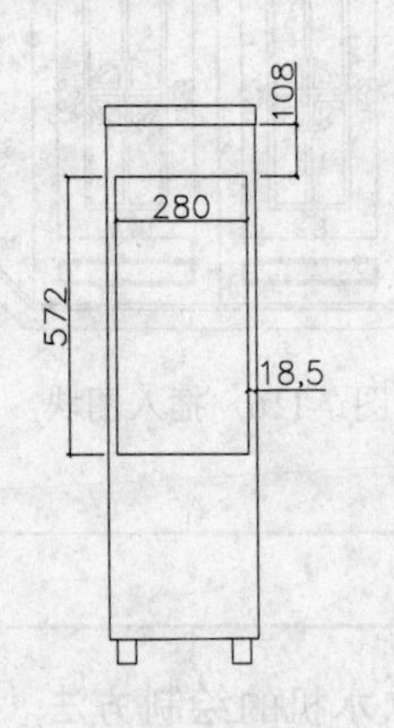

图 7-121　绘制矩形

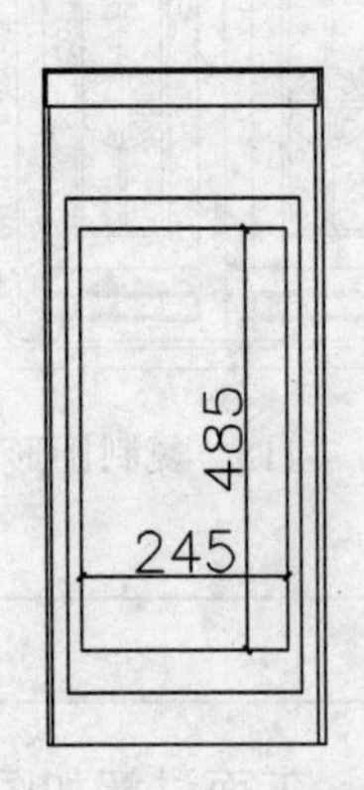

图 7-122　绘制矩形

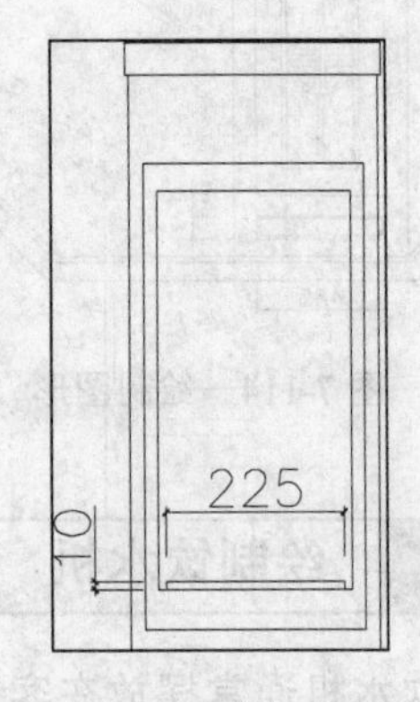

图 7-123　绘制多段线

07 调用 PLINE/PL 命令，绘制多段线，如图 7-124 所示。

08 调用 OFFSET/O 命令，将多段线向内偏移 10，如图 7-125 所示。

09 调用 RECTANG/REC 命令、PLINE/PL 命令和 COPY/CO 命令，绘制其他组件，如图 7-126 所示。

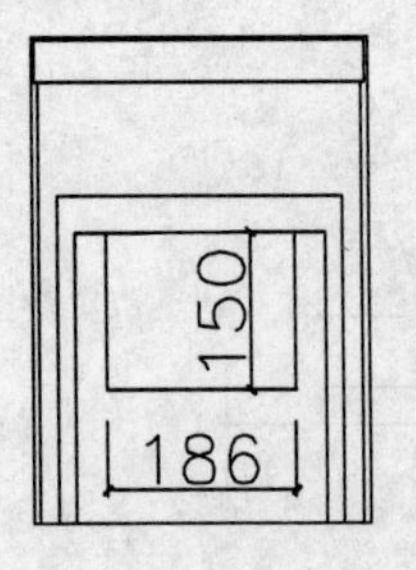

图 7-124　绘制多段线

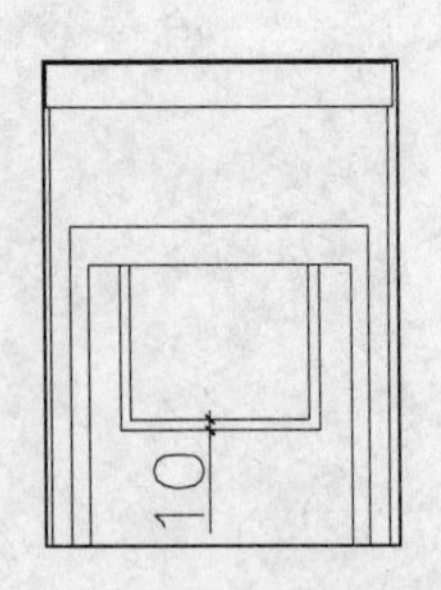

图 7-125　偏移多段线

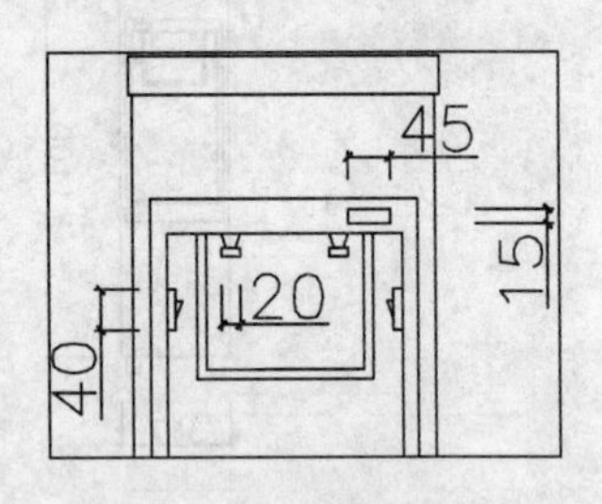

图 7-126　绘制组件

10 调用 PLINE/PL 命令，绘制多段线，如图 7-127 所示。

11 调用 RECTANG/REC 命令，绘制尺寸为 250×40 的矩形，如图 7-128 所示。

12 调用 FILLET/F 命令，对矩形进行圆角，圆角半径为 10，如图 7-129 所示。

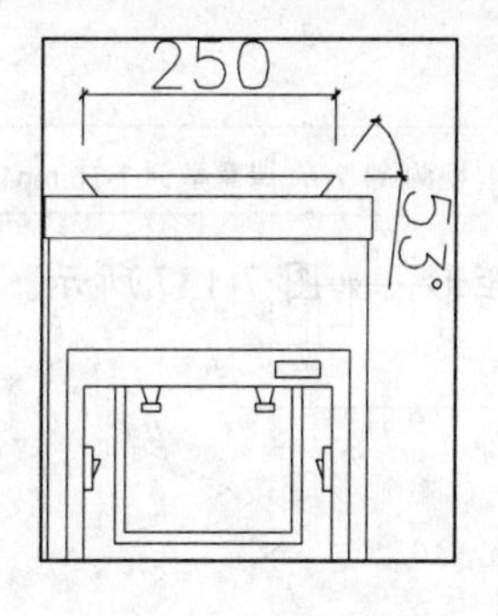

图 7-127　绘制多段线

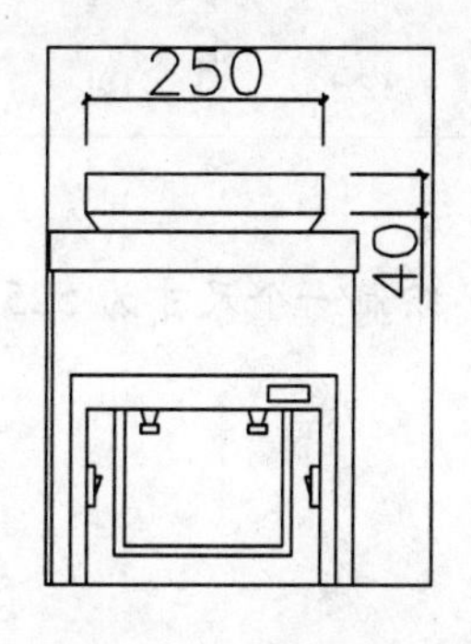

图 7-128　绘制矩形

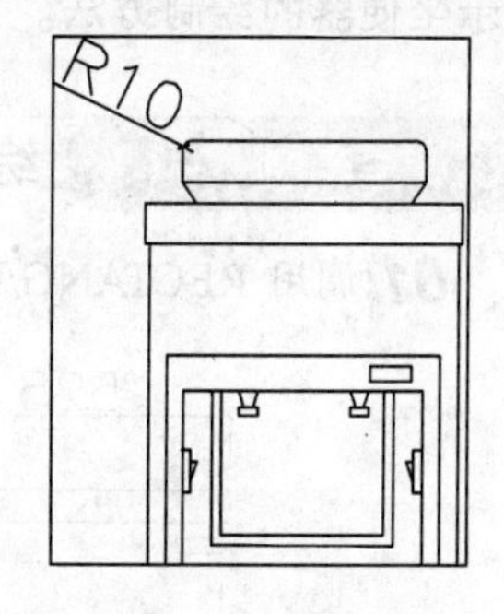

图 7-129　创建圆角

13 调用 COPY/CO 命令，将矩形向上复制，如图 7-130 所示。

14 调用 FILLET 命令，对矩形进行圆角，圆角半径为 10，如图 7-131 所示。

15 调用 PLINE/PL 命令，绘制多段线，如图 7-132 所示。

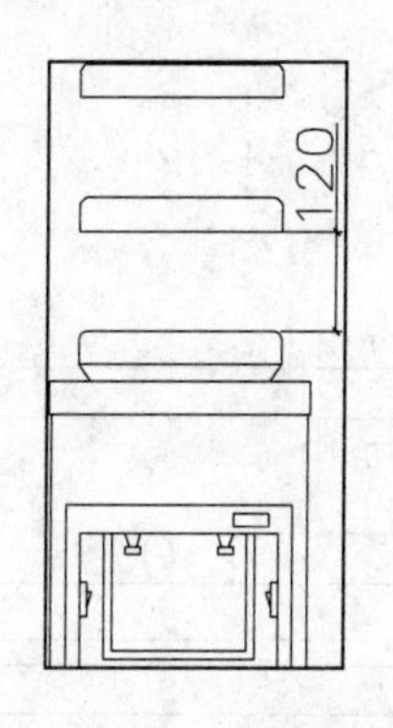

图 7-130　复制矩形

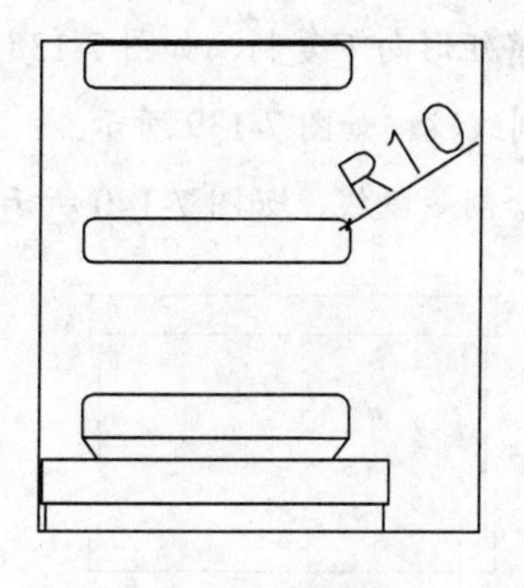

图 7-131　圆角

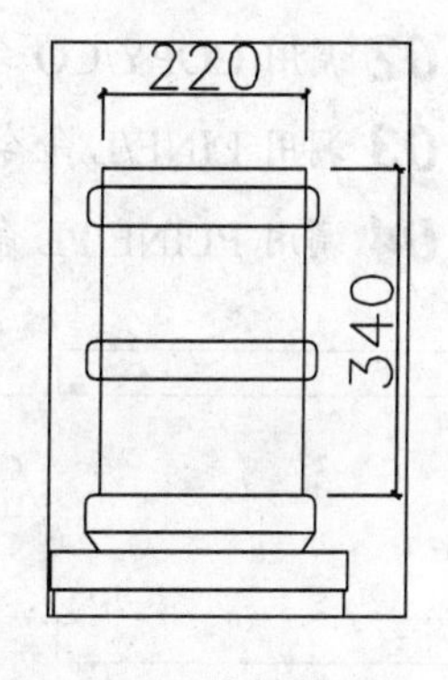

图 7-132　绘制多段线

16 调用 LINE/L 命令，绘制线段，如图 7-133 所示。

17 调用 TRIM/TR 命令，对线段相交的位置进行修剪，如图 7-134 所示。

18 调用 FILLET/F 命令，对多段线进行圆角，如图 7-135 所示，完成饮水机的绘制。

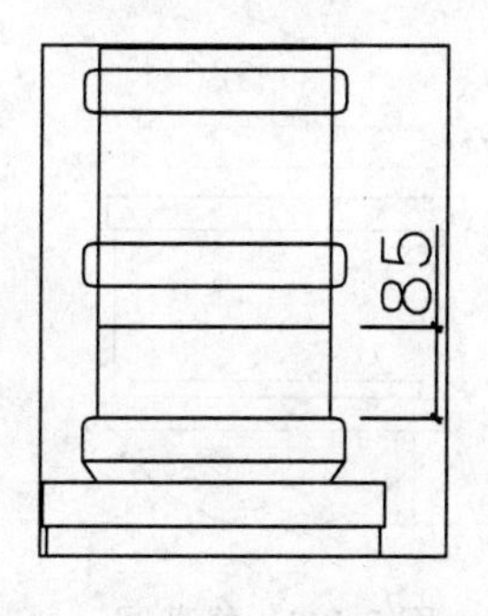

图 7-133　绘制线段

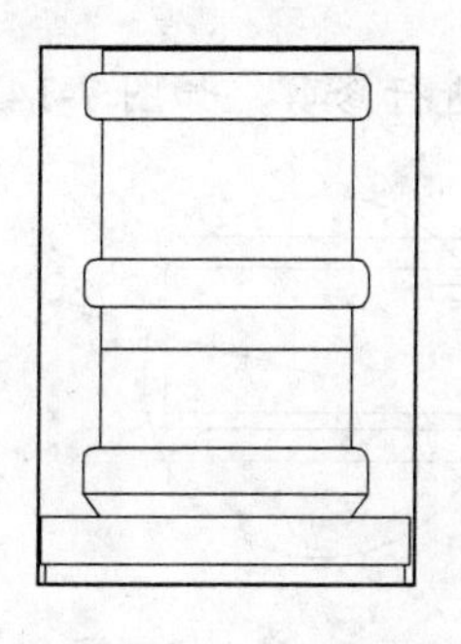

图 7-134　修剪线段

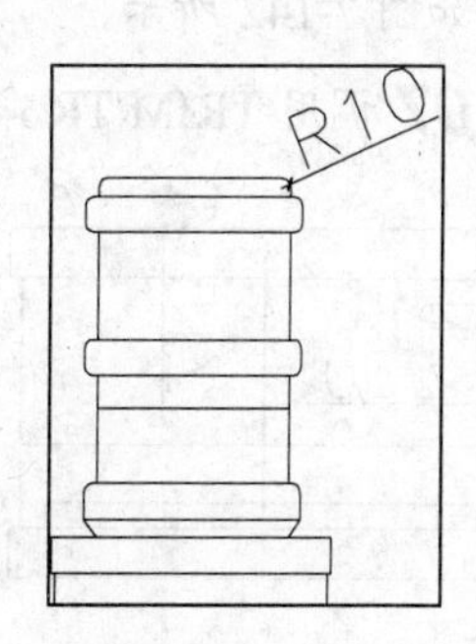

图 7-135　圆角

7.2.4 绘制坐便器

坐便器一般用于主卫生间，其下水口与坐便器的距离为 0.5m 以内。本例讲解如图 7-136 所示坐便器的绘制方法。

课堂举例 7-10：绘制坐便器

视频\第 7 章\课堂举例 7-10.mp4

01 调用 RECTANG/REC 命令，绘制一个尺寸为 525×50 的矩形，如图 7-137 所示。

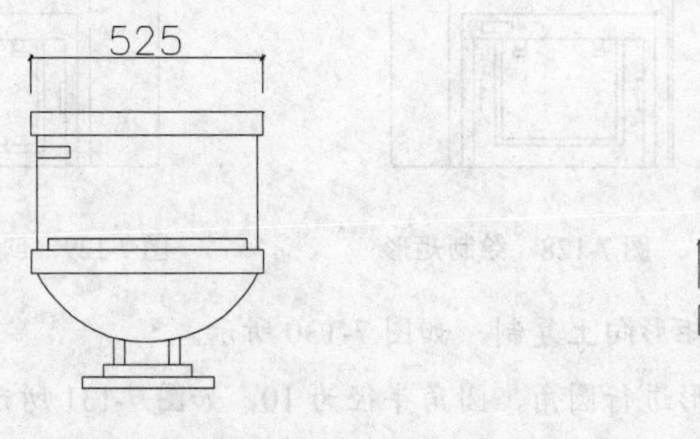

图 7-136 坐便器

图 7-137 绘制矩形

02 调用 COPY/CO 命令，将矩形向下复制，如图 7-138 所示。

03 调用 LINE/L 命令，绘制线段，如图 7-139 所示。

04 调用 PLINE/PL 命令，绘制多段线，如图 7-140 所示。

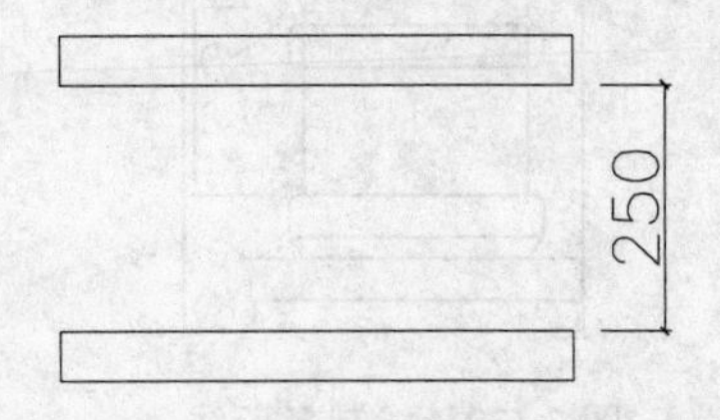

图 7-138 复制矩形

图 7-139 绘制线段

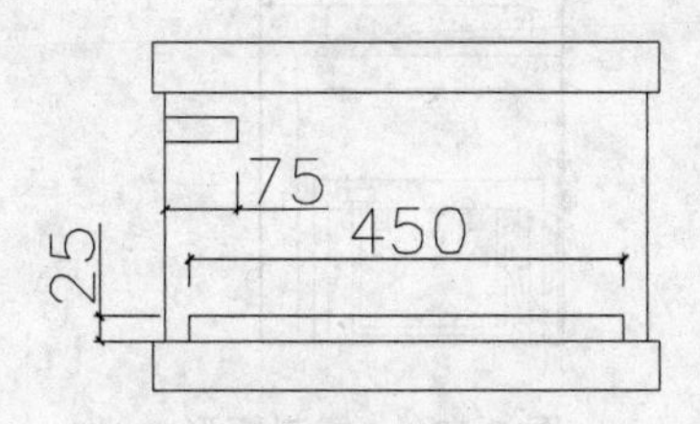

图 7-140 绘制多段线

05 调用 LINE/L 命令，绘制辅助线，如图 7-141 所示。

06 调用 CIRCLE/C 命令，以辅助线的交点为圆心绘制半径为 280 的圆，然后删除辅助线，如图 7-142 所示。

07 调用 TRIM/TR 命令，对圆进行修剪，如图 7-143 所示。

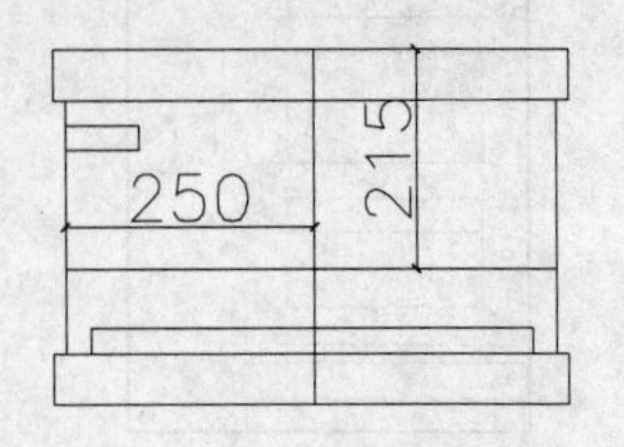

图 7-141 绘制辅助线

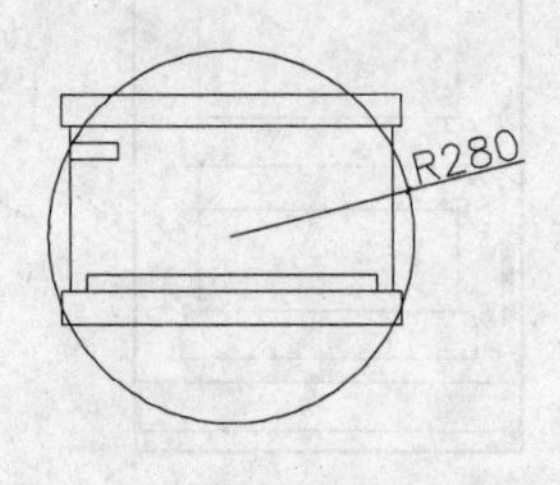

图 7-142 绘制圆

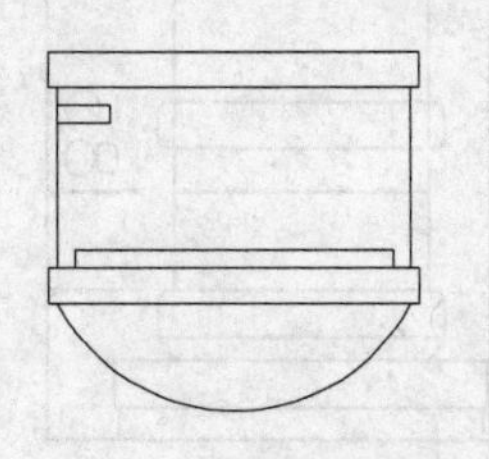

图 7-143 修剪圆

08 调用 RECTANG/REC 命令，绘制尺寸为 300×25 的矩形，如图 7-144 所示。

09 调用 RECTANG/REC 命令，绘制尺寸为 200×25 的矩形，如图 7-145 所示。

10 调用 LINE/L 命令和 OFFSET/O 命令，绘制线段，如图 7-146 所示，完成坐便器的绘制。

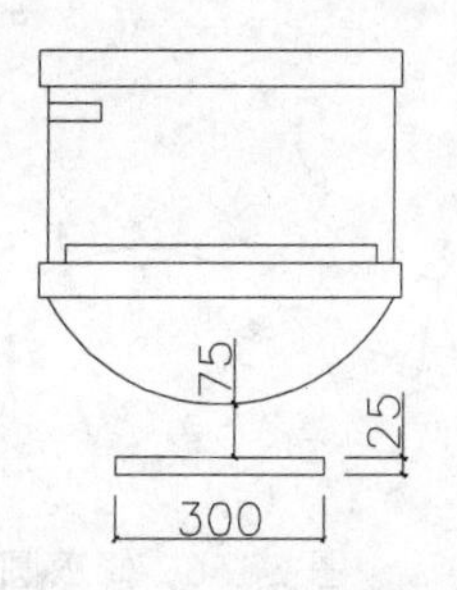

图 7-144　绘制矩形

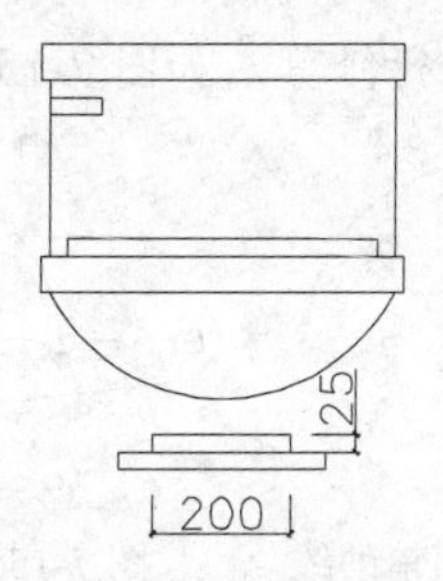

图 7-145　绘制矩形

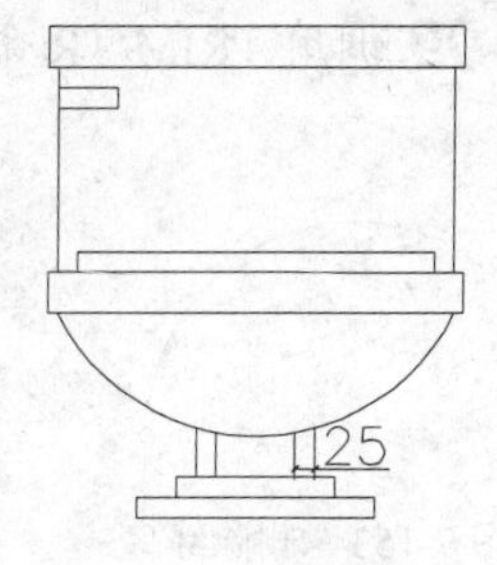

图 7-146　绘制线段

7.2.5 绘制台灯

台灯通常放置在卧室的床头柜上，或者是书房中，用来辅助照明或装饰空间，以烘托气氛。本例介绍如图 7-147 所示台灯的绘制方法。

课堂举例 7-11：绘制台灯

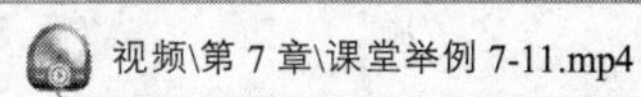

01 绘制灯罩。调用 CIRCLE/C 命令，绘制半径为 200 的圆，如图 7-148 所示。

02 调用 LINE/L 命令，捕捉圆象限点绘制过圆心线段，如图 7-149 所示。

图 7-147　台灯

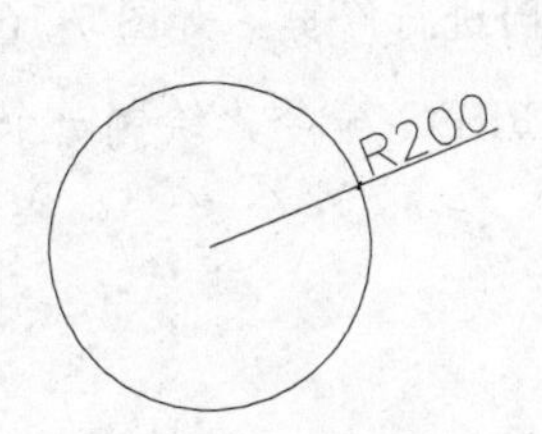

图 7-148　绘制圆

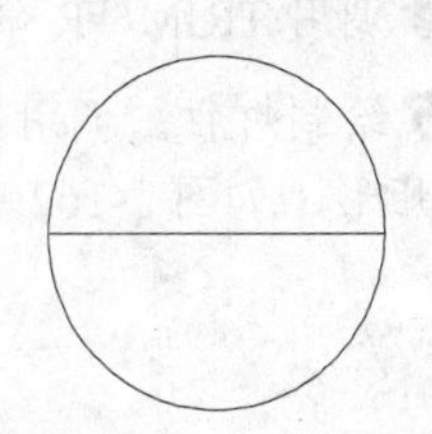
图 7-149　绘制线段

03 调用 TRIM/TR 命令，修剪得到半圆，如图 7-150 所示。

04 调用 CIRCLE/C 命令，以线段的端点为圆心绘制半径为 7 的圆，如图 7-151 所示。

05 调用 COPY/CO 命令，对圆进行复制，如图 7-152 所示。

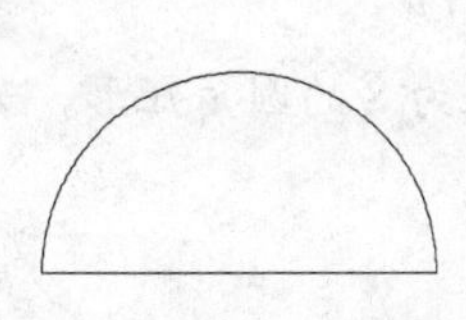
图 7-150　修剪圆

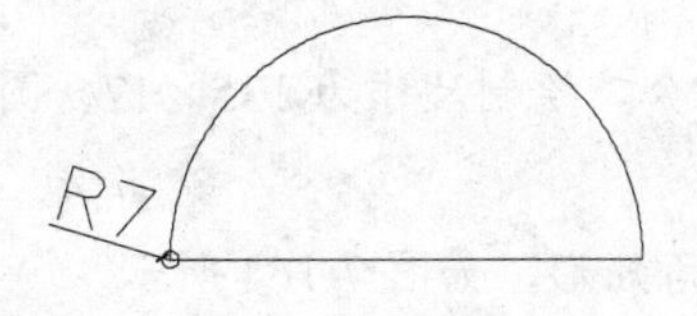

图 7-151　绘制圆

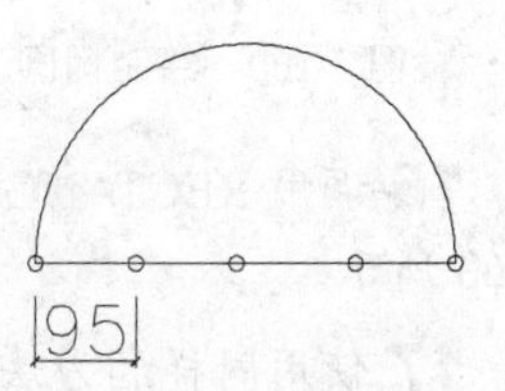

图 7-152　复制圆

06 删除半圆下的水平线段，如图 7-153 所示。

07 调用 LINE/L 命令和 OFFSET/O 命令，绘制辅助线，如图 7-154 所示。

08 调用 CIRCLE/C 命令，以辅助线的交点为圆心，绘制半径为 65 的圆，然后删除辅助线，如图 7-155 所示。

09 调用 TRIM/TR 命令，对圆进行修剪，如图 7-156 所示。

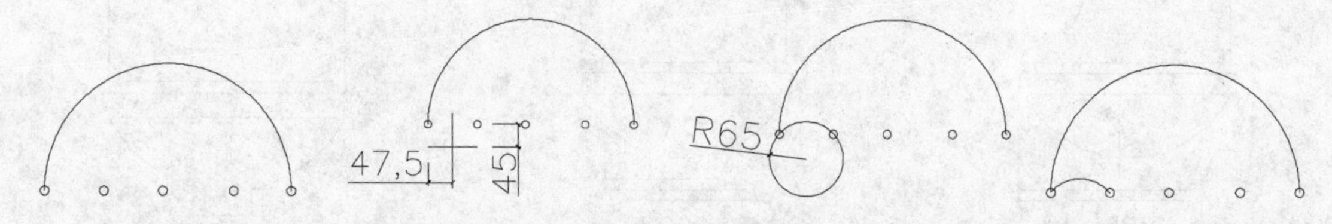

图 7-153　删除线段　　图 7-154　绘制辅助线　　图 7-155　绘制圆　　图 7-156　修剪圆

10 调用 LINE/L 命令，绘制线段，如图 7-157 所示。

11 调用 COPY/CO 命令，复制圆弧，如图 7-158 所示。

12 调用 ARC/A 命令和 MIRROR/MI 命令，绘制圆弧，如图 7-159 所示。

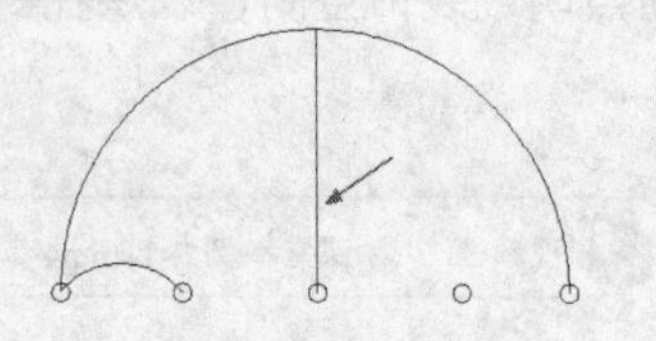

图 7-157　绘制线段

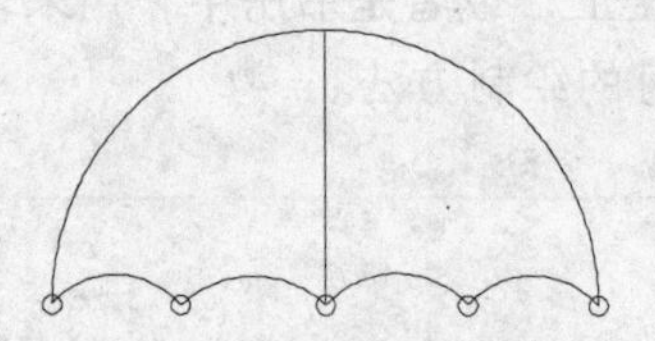

图 7-158　复制圆弧

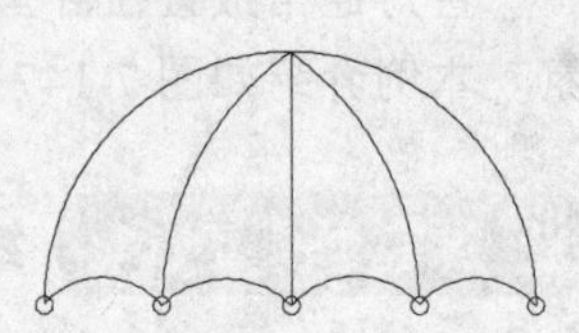

图 7-159　绘制圆弧

13 调用 ELLIPSE/EL 命令，绘制椭圆，如图 7-160 所示。

14 调用 TRIM/TR 命令，对椭圆进行修剪，如图 7-161 所示。

15 绘制灯柱。调用 RECTANG/REC 命令，绘制一个尺寸为 190×20、圆角半径为 10 的圆角矩形，如图 7-162 所示。

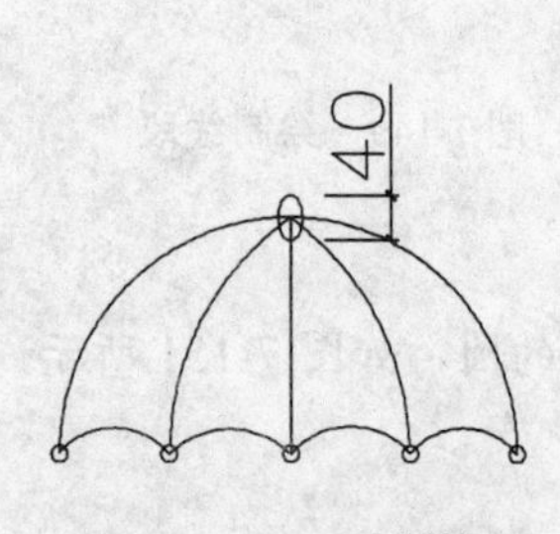

图 7-160　绘制椭圆

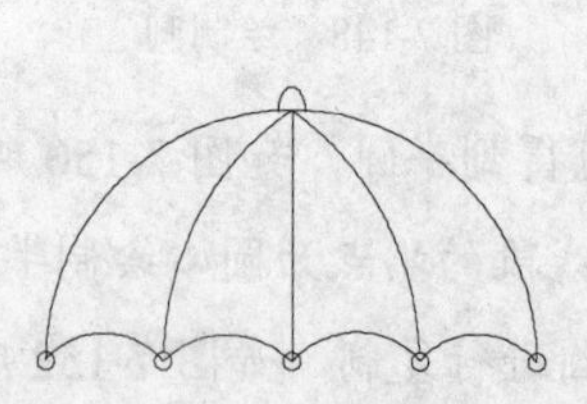

图 7-161　修剪椭圆

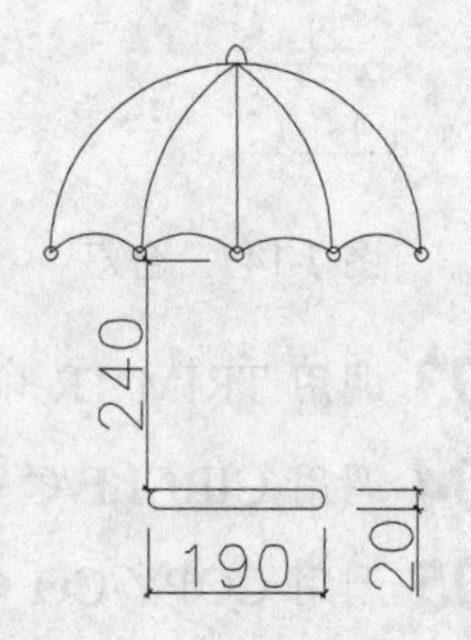

图 7-162　绘制圆角矩形

16 调用 RECTANG/REC 命令，绘制尺寸为 135×17、圆角半径为 8 的圆角矩形，如图 7-163 所示。

17 使用同样的方法绘制圆角矩形，如图 7-164 所示。

18 调用 LINE/L 命令，绘制线段，如图 7-165 所示，完成台灯的绘制。

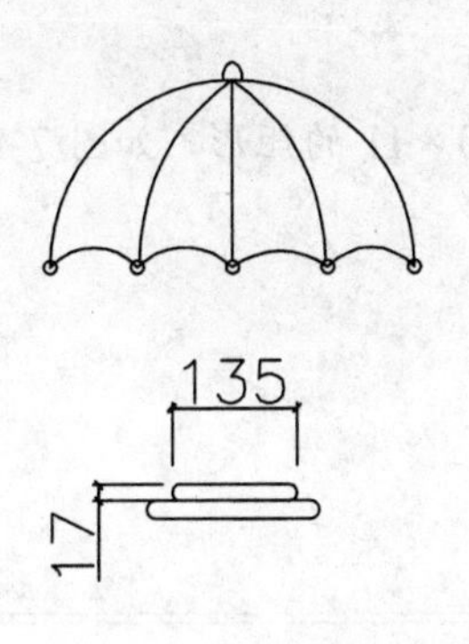

图 7-163　绘制圆角矩形

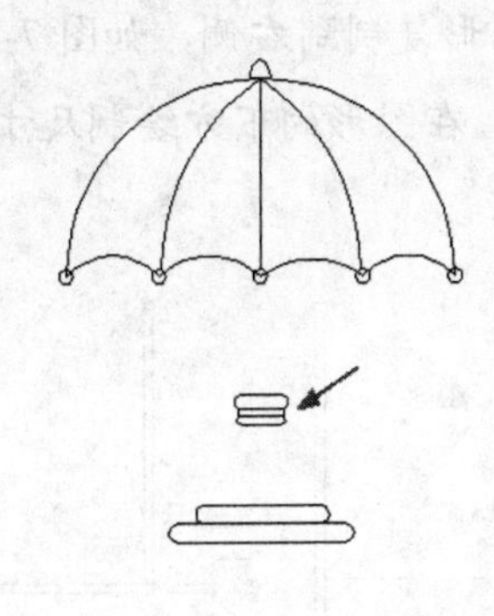

图 7-164　绘制圆角矩形

图 7-165　绘制线段

7.2.6　绘制铁艺栏杆

栏杆主要起保护作用。铁艺栏杆在艺术造型上、图案纹理上，都带有西方造型艺术风格的烙印。本例讲解如图 7-166 所示铁艺栏杆的绘制方法。

课堂举例 7-12：绘制铁艺栏杆

视频\第 7 章\课堂举例 7-12.mp4

01 调用 RECTANG/REC 命令，绘制一个尺寸为 11 × 350 的矩形，如图 7-167 所示。

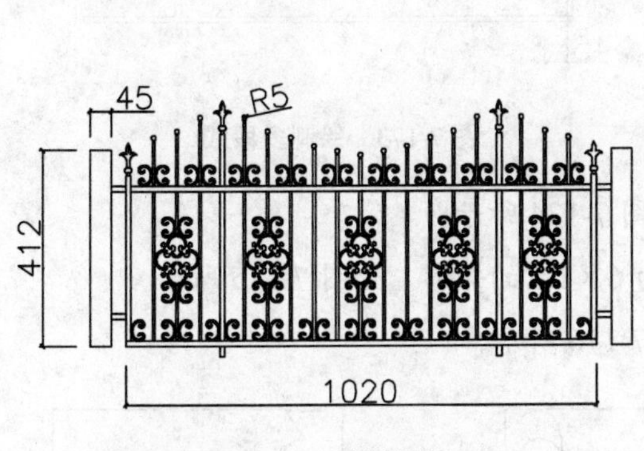

图 7-166　铁艺栏杆

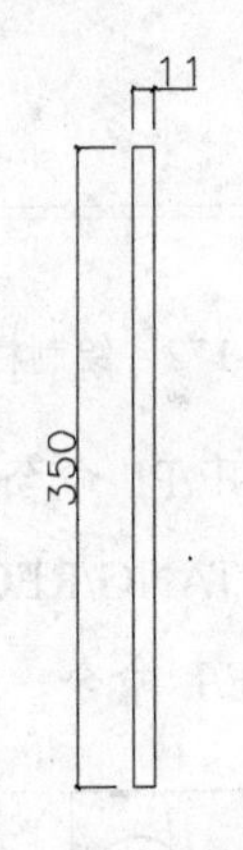

图 7-167　绘制矩形

02 调用 PLINE/PL 命令，绘制多段线，如图 7-168 所示。

03 调用 RECTANG/REC 命令，绘制尺寸为 15 × 10、圆角半径为 5 的圆角矩形，如图 7-169 所示。

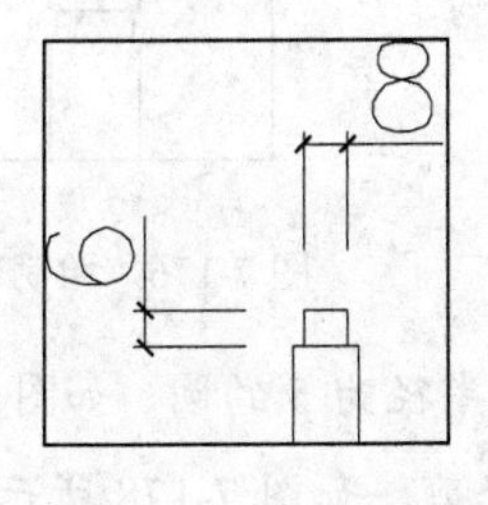

图 7-168　绘制多段线

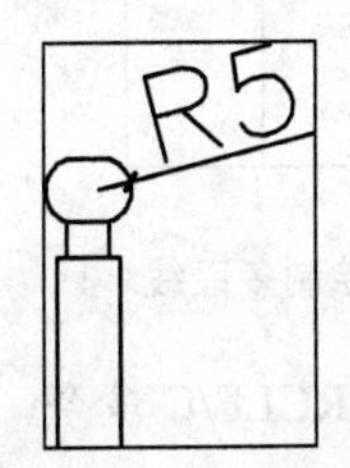

图 7-169　绘制圆角矩形

04 调用 COPY/CO 命令，将图形复制到右侧，如图 7-170 所示。

05 调用 RECTANG/REC 命令，在图形的下方绘制尺寸为 1020×11 的矩形，如图 7-171 所示。

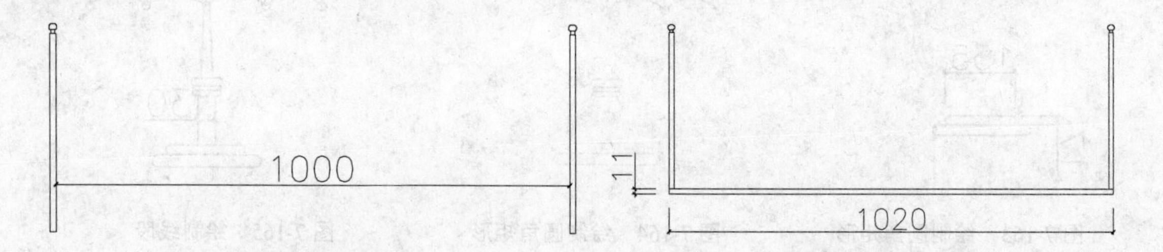

图 7-170　复制图形　　　　图 7-171　绘制矩形

06 使用相同的方法绘制其他两根栏杆，如图 7-172 所示。

07 调用 PLINE/PL 命令，绘制多段线，如图 7-173 所示。

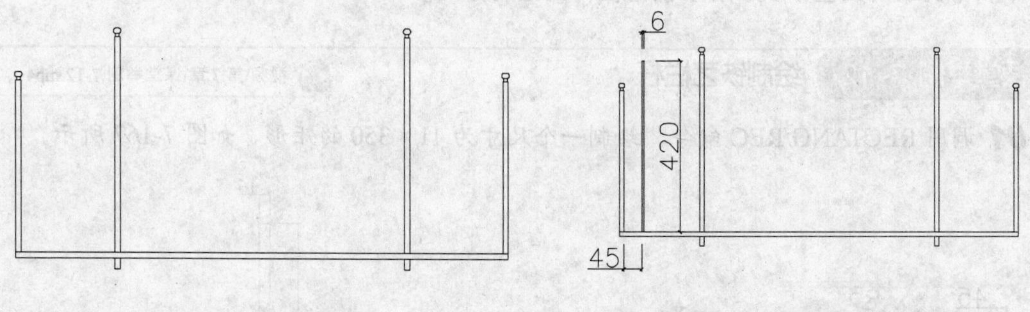

图 7-172　绘制栏杆　　　　图 7-173　绘制多段线

08 调用 PLINE/PL 命令，绘制多段线，如图 7-174 所示。

09 调用 RECTANG/REC 命令，绘制尺寸为 6×1.5 的矩形，如图 7-175 所示。

10 调用 LINE/L 命令，绘制辅助线，如图 7-176 所示。

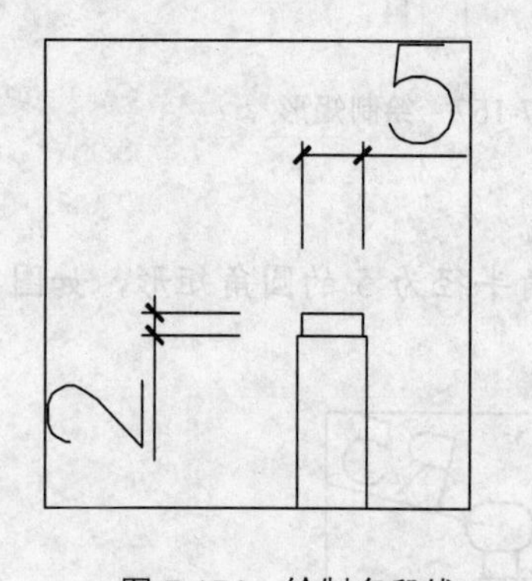

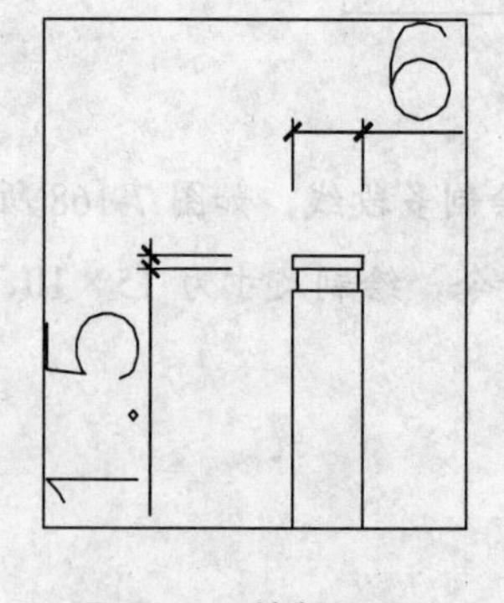

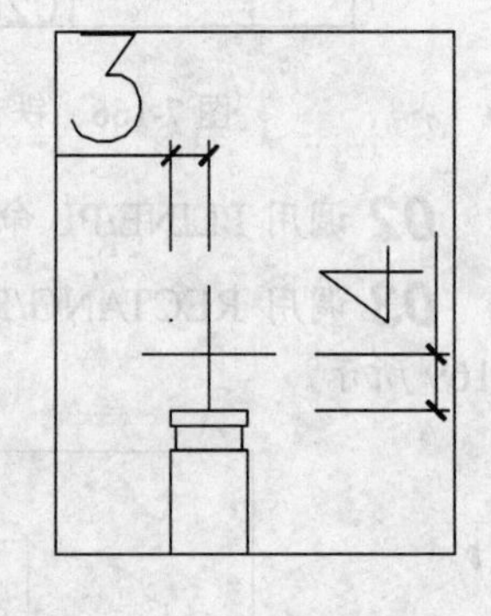

图 7-174　绘制多段线　　　　图 7-175　绘制矩形　　　　图 7-176　绘制辅助线

11 调用 CIRCLE/C 命令，以辅助线的交点为圆心绘制半径为 5 的圆，如图 7-177 所示。

12 调用 TRM/TR 命令，对圆和矩形相交的位置进行修剪，如图 7-178 所示。

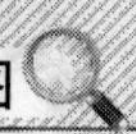

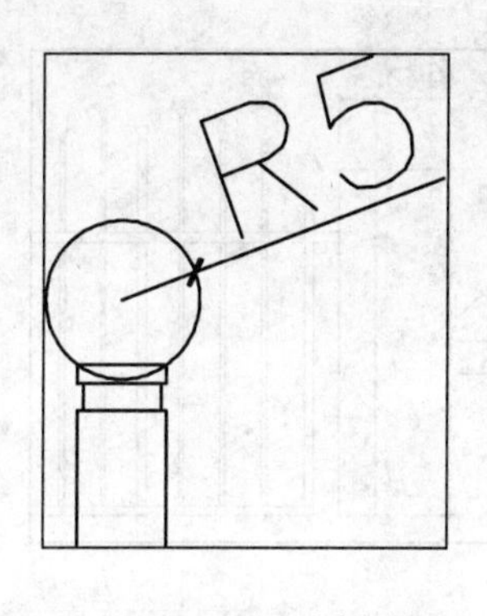

图 7-177　绘制圆

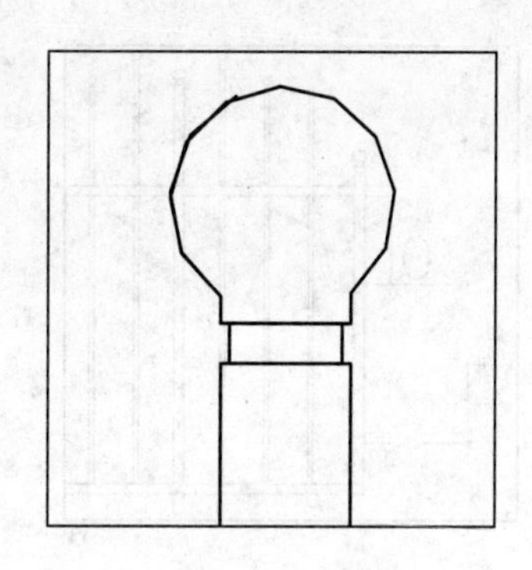

图 7-178　修剪

13 调用 COPY 命令，将图形向右复制，如图 7-179 所示。

14 调用 MOVE/M 命令，对图形进行上下移动，并使用夹点功能调整线段，使其效果如图 7-180 所示。

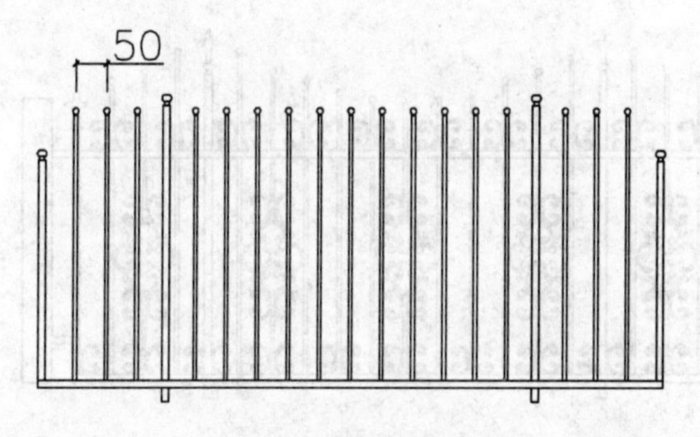

图 7-179　复制图形

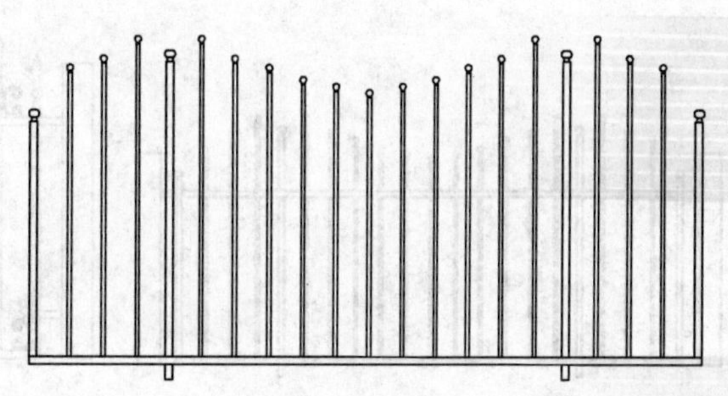

图 7-180　移动并调整图形

15 调用 LINE/L 命令和 OFFSET/O 命令，绘制线段，如图 7-181 所示。

16 调用 TRIM/TR 命令，对线段相交的位置进行修剪，如图 7-182 所示。

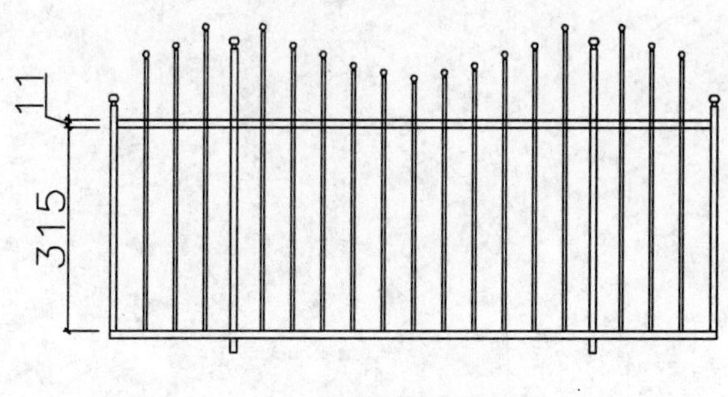

图 7-181　绘制线段

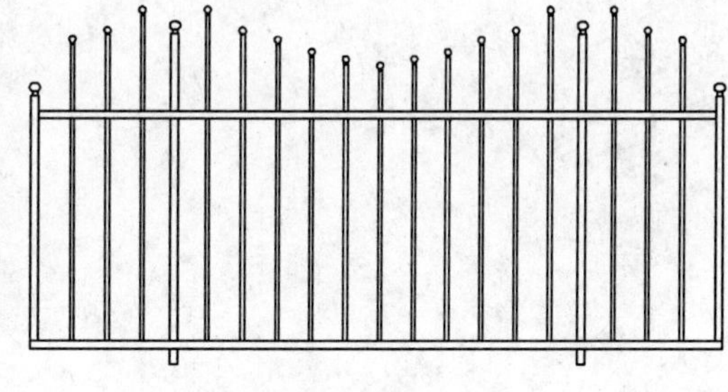

图 7-182　修剪线段

17 调用 LINE/L 命令和 OFFSET/O 命令，绘制线段，如图 7-183 所示。

18 调用 RECTANG/REC 命令，绘制尺寸为 45 × 412 的矩形，如图 7-184 所示。

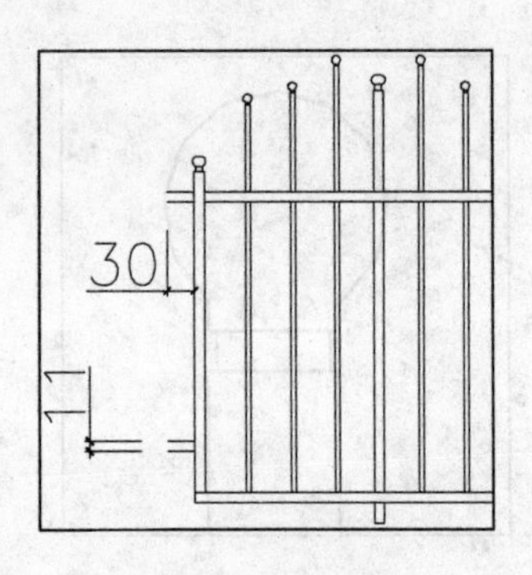

图 7-183 绘制线段

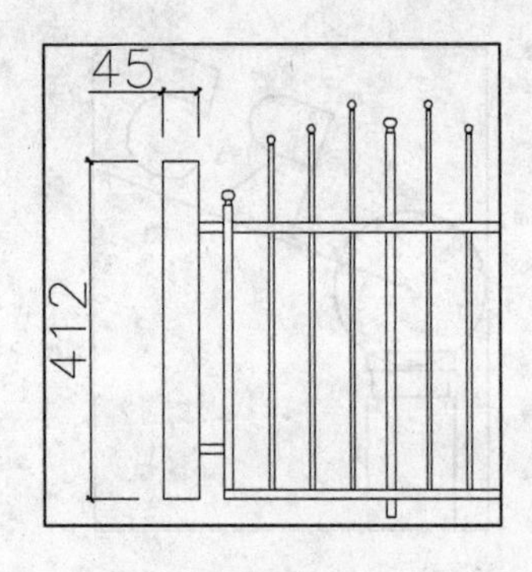

图 7-184 绘制矩形

19 调用 MIRROR/MI 命令，将矩形和线段镜像到右侧，如图 7-185 所示。

20 从图库中插入雕花图案，然后对线段与图案相交的位置进行修剪，效果如图 7-186 所示，完成铁艺栏杆的绘制。

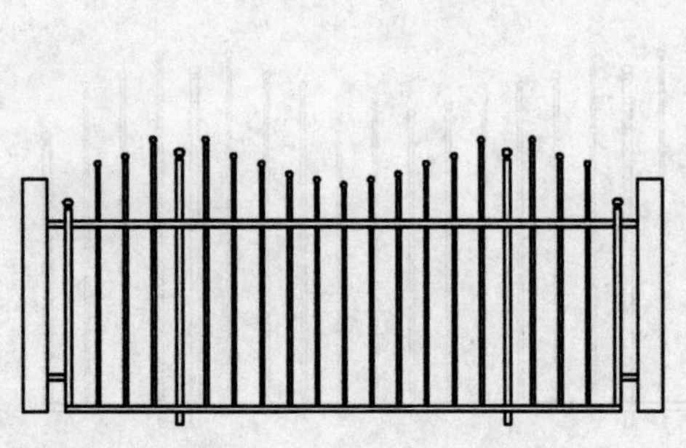

图 7-185 镜像矩形和线段

图 7-186 插入图块

第2篇 家装篇

第 8 章 小户型室内设计

本章导读

小户型的产生和发展是与城市人口结构和状态的变化息息相关的，刚成家的年轻人房型多以小户型为主，小户型的定义是每套建筑面积在 35m^2左右。如何巧妙地在有限空间中创造最大的使用功能是人们追求的设计理念。本章以小户型为例，介绍小户型的设计知识以及施工图的绘制方法。

本章重点

★ 小户型设计概论
★ 调用样板新建文件
★ 绘制小户型原始户型图
★ 绘制小户型平面布置图
★ 绘制小户型地材图
★ 绘制小户型顶棚图
★ 绘制小户型立面图

8.1 小户型设计概论

小户型设计主要以使用功能为主，在满足生活需要的基础上合理划分区域，尽量在有限的空间里安排出更多的使用空间。

8.1.1 小户型空间布置技巧

1. 色调：浅中色延伸空间

一般可选择浅色调、中间色作为家具及床罩、沙发和窗帘的基调。这些色彩因有扩散和后退性，能延伸空间，让空间看起来更大，使居室能给人以清新开朗、明亮宽敞的感受。

当整个空间有很多相对不同的色调安排时，房间的视觉效果将大大提高。但在同一空间内最好不要过多地采用不同的材质及色彩，以柔和亮丽的色彩为主调，如图 8-1 所示。

2. 家具：造型小巧妙布置

家具是居室布置的基本要素，可以利用空间的死角，摆放造型简单、质感轻、小巧的家具，尤其是可随意组合、拆装和收纳的家具，比较适合小户型。或选用占地面积小、比较高的家具，既可容纳大量物品，又不浪费空间，如图 8-2 所示。

如房间狭小，又希望拥有自己独立的空间，那么可以在居室中采用隔屏、滑轨拉门或采用可移动家具来取代原有隔断墙，如图 8-3 所示。

图 8-1 小户型色调设计

图 8-2 小户型家具布置

3. 空间分割：细化分工

小户型居室，对于性质类似的活动空间可进行统一布置，对性质不同或相反的活动空间进行分离。如会客区、用餐区等都是人比较多、热闹的活动区，可以布置在同一空间，如客厅内；而睡眠、学习则需要相对安静，可纳入统一空间。因此，会客、进餐与睡眠、学习就应该在空间上有硬性或软性的分隔，如图 8-4 所示。

图 8-3　使用隔帘

图 8-4　软性分隔空间

8.1.2　小户型设计注意事项

1. 不够周全的强弱电布置

小户型年轻人居住较多，对网络需求较高，所以在前期设计时需要充分考虑各种使用需求，避免后期家具和格局变动后造成接口不足。

2. 复杂的天花吊顶

小户型的居室大多较矮，所以天花吊顶应选用较薄、造型小的吊顶装饰，或者不做吊顶。如果吊顶形状太规则，会使天花的空间区域感太强，可以考虑做异形吊顶、木质、铝制或格栅吊顶。

3. 划分区域的地面装饰

地面的颜色应统一成明度较强而纯度较低的色系，略重于家具的颜色，才不会产生头重脚轻的感觉。也可以使用一些马赛克、鹅卵石做一点带有导向性的波打线，打破沉闷的视觉效果。

4. 单调的布光

由于天花的造型简单，区域感不强。小空间的布光应有主有次，主灯应大气明亮，以造型简洁的吸顶灯为主，辅之以台灯、壁灯和射灯等加以补充。要强调灯具的功能性和层次感，不同的光源效果交叉使用，主体突出，功能明确。

5. 镜子的盲目运用

镜子因对参照物的反射作用在狭小的空间中被广泛运用，使空间在视觉上有扩大的感觉。但过多会让人产生晕眩，没有安全感，要选择合适的位置进行点缀运用，比如在视觉的死角或光线暗角，以块状或条状布置为宜。

6. 过多占用空间的电器

小户型在选购电器时需进行合理的规划，如冰箱，小户型应根据厨房的结构与面积进行科学选择，不能图大图宽，应尽量选用横向适中高度可延的款式，这样不但节省了地面有限的使用面积，还不影响食物的储藏。电视可以选择体薄质轻，能够壁挂的产品，尽量减少电视柜占用空间。音响设备尽量在墙面与顶面安装，即可获得非常好的音效，又不会让面积紧张的地面更加繁杂琐碎。

8.2 调用样板新建文件

本书第 6 章创建了室内装潢施工图样板，该样板已经设置了相应的图形单位、样式、图层和图块等，原始户型图可以直接在此样板的基础上进行绘制。

课堂举例 8-1：调用样板新建文件

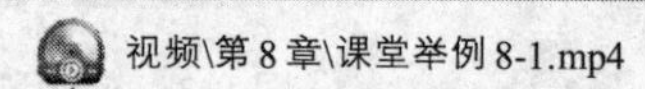

01 执行【文件】|【新建】命令，打开“选择文件”对话框。

02 单击使用样板按钮，选择“室内装潢施工图模板”，如图 8-5 所示。

03 单击【打开】按钮，以样板创建图形，新图形中包含了样板中创建的图层、样式和图块等内容。

04 选择【文件】|【保存】命令，打开“图形另存为”对话框，在“文件名”框中输入文件名，单击【保存】按钮保存图形。

8.3 绘制小户型原始户型图

原始户型图由墙体、预留门洞、窗、柱子和尺寸标注等图形元素组成。墙体是原始户型图的主体，同时也是住宅各功能空间划分的主要依据。在绘制原始户型图时，一般先绘制墙体图形，之后再绘制门、窗等固定设施，如图 8-6 所示为绘制完成的小户型原始户型图。

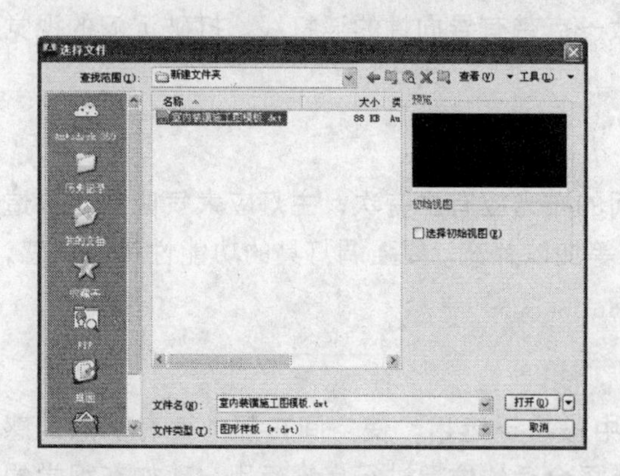

图 8-5 “选择文件”对话框

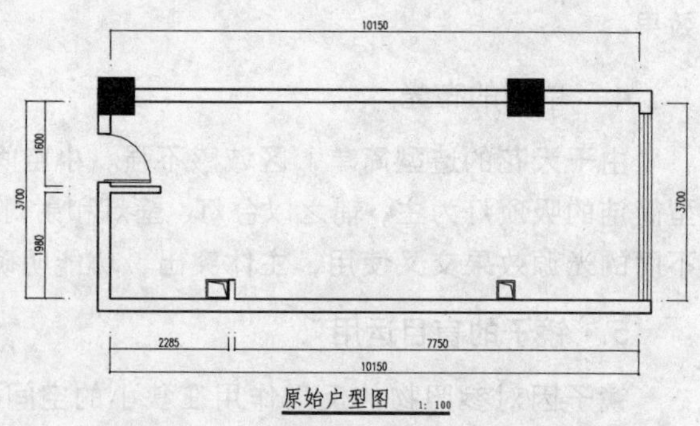

图 8-6 原始户型图

8.3.1 绘制墙体

小户型墙体结构较为简单，这里直接使用【矩形】、【直线】和【偏移】命令绘制。

课堂举例 8-2：绘制小户型墙体　　视频\第 8 章\课堂举例 8-2.mp4

01 设置“QT_墙体”图层为当前图层。

02 绘制外墙。通常房屋的外墙宽度为 240mm。调用 RECTANG/REC 命令，绘制一个尺寸为 10150×3700 的矩形，如图 8-7 所示。

03 调用 OFFSET/O 命令，将矩形向外偏移 240，如图 8-8 所示。

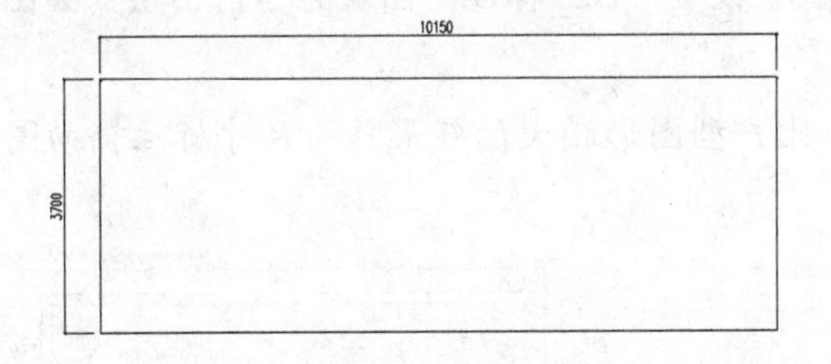

图 8-7　绘制矩形

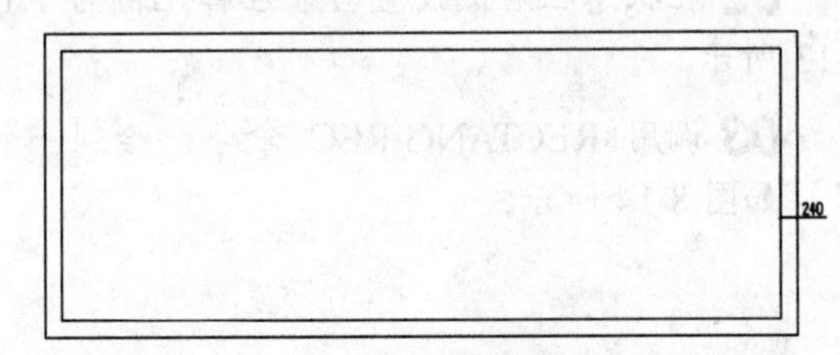

图 8-8　偏移矩形

04 绘制内墙。调用 PLINE/PL 命令，在距离左侧内墙线 2280 的位置绘制多段线，如图 8-9 所示。

05 调用 OFFSET/O 命令，将多段线向外偏移 120，得到内墙线，如图 8-10 所示。

8.3.2 修剪墙体

初步绘制的墙体还需要经过修剪才能得到理想的效果。

课堂举例 8-3：修剪小户型墙体

视频\第 8 章\课堂举例 8-3.mp4

01 单击【标准】工具栏窗口缩放按钮，放大显示小户型左下角墙体区域。

02 调用 TRIM/TR 命令，修剪多余的墙体线，如图 8-11 所示。

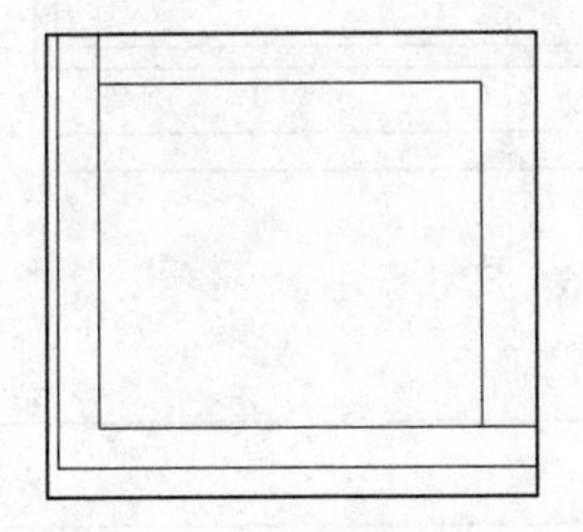

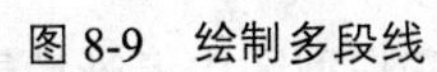
图 8-9　绘制多段线

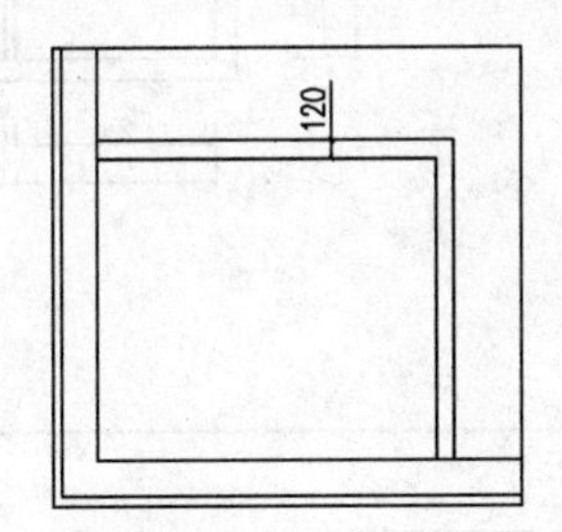

图 8-10　偏移多段线

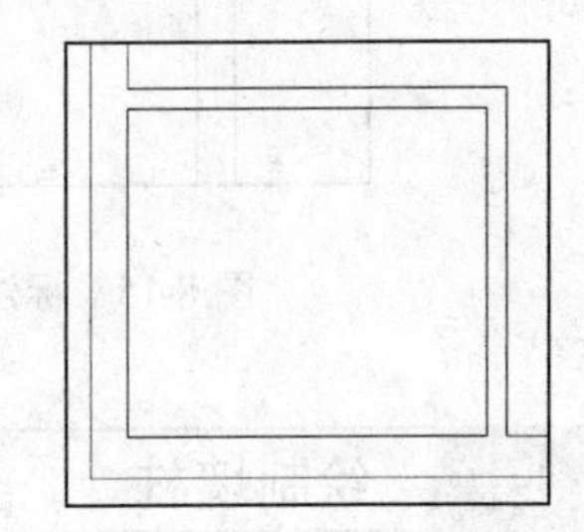

图 8-11　修剪墙体

8.3.3 尺寸标注

此处所标注的是房间内空，即墙体内部之间的尺寸，这也是目前室内装潢设计最常用的标注方式。标注内空尺寸可以更直观地了解房间大小，方便设计师进行室内布置和设计。

课堂举例 8-4：标注墙体尺寸

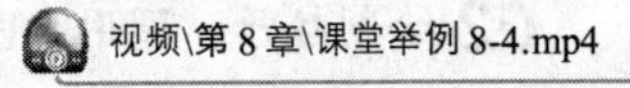
视频\第 8 章\课堂举例 8-4.mp4

01 在“样式”工具栏中选择“室内标注样式”为当前标注样式，如图 8-12 所示。

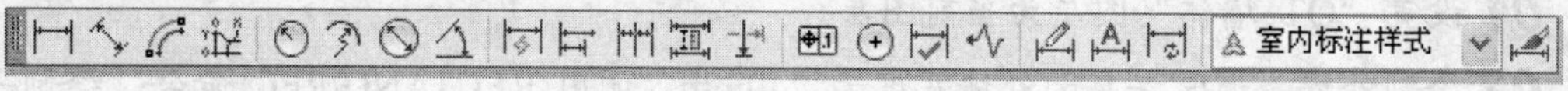

图 8-12 设置当前标注样式

02 在状态栏右侧设置当前注释比例为 1:100，设置“BZ_标注”图层为当前图层，如图 8-13 所示。

03 调用 RECTANG/REC 命令，绘制一个比户型图形稍大的矩形作为尺寸标注辅助图形，如图 8-14 所示。

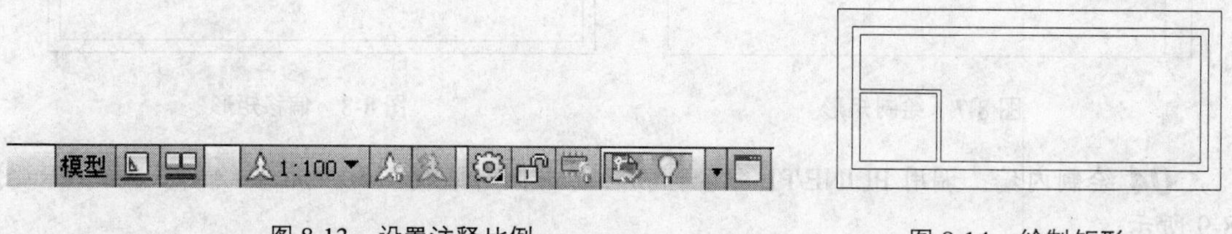

图 8-13 设置注释比例　　图 8-14 绘制矩形

04 调用 DIMLINEAR/DLI【线性标注】命令，进行尺寸标注，结果如图 8-15 所示。

05 使用同样的方法标注其他尺寸，标注后删除前面绘制的辅助矩形，结果如图 8-16 所示。

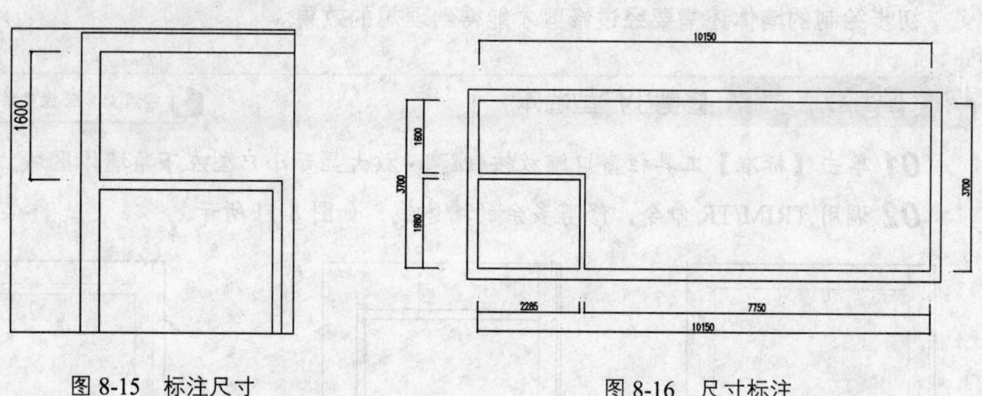

图 8-15 标注尺寸　　图 8-16 尺寸标注

8.3.4 绘制墙柱

墙柱作为建筑的承重支撑结构，是室内设计的重要参考，需要在户型图中清晰地表达出来。

课堂举例 8-5：绘制墙柱

视频\第 8 章\课堂举例 8-5.mp4

01 建立图层。建立新图层，命名为“ZZ_柱子”，设置图层颜色为灰色，并设置为当前图层。

02 绘制柱子。调用 RECTANG/REC 命令，在任意位置绘制一个边长为 700 的矩形，如

图 8-17 所示。

03 填充图案。调用 HATCH/H 命令，弹出“图案填充和渐变色”对话框，参数设置如图 8-18 所示，单击“添加：拾取点”按钮，返回到绘图界面，在柱子轮廓内单击鼠标指定填充区域，按回车键返回到对话框，单击【确定】按钮完成填充，如图 8-19 所示。

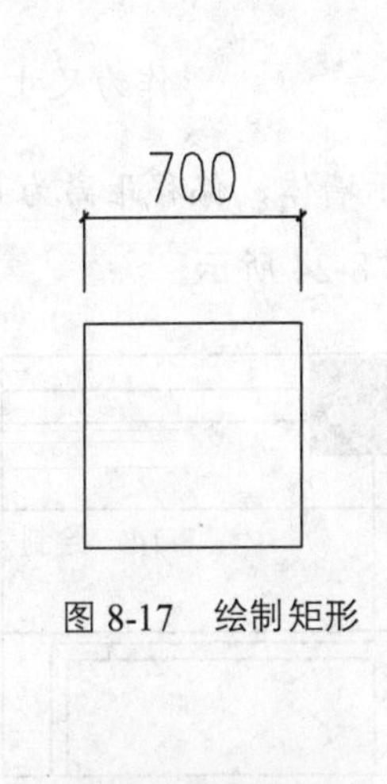

图 8-17　绘制矩形

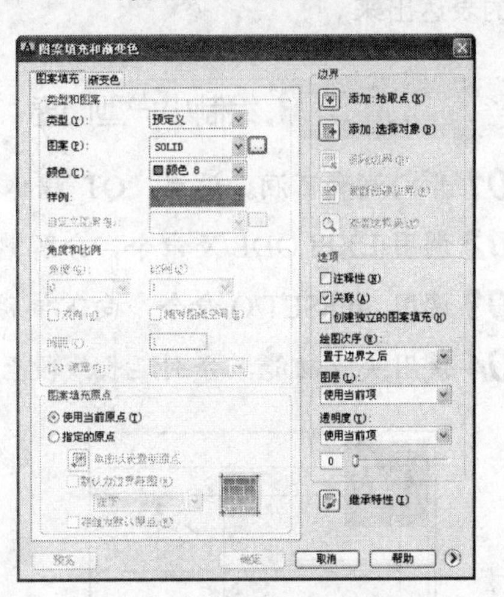

图 8-18　设置填充参数

图 8-19　填充结果

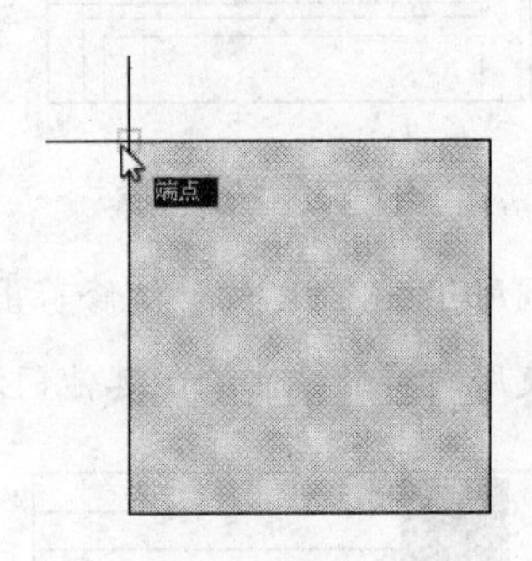

图 8-20　拾取端点

04 调用 MOVE/M 命令，捕捉墙柱矩形左上角端点作为移动基点，如图 8-20 所示，将柱子移动到墙体位置，如图 8-21 所示。

05 调用 COPY/CO 命令，将柱子复制到其他位置，如图 8-22 所示。

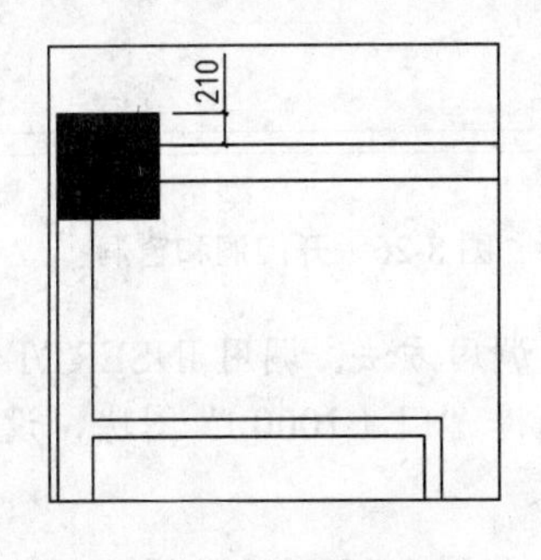

图 8-21　移动柱子

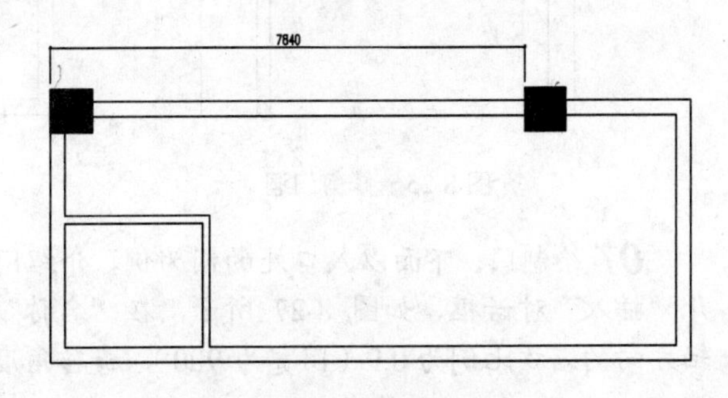

图 8-22　复制柱子

8.3.5 绘制门窗

毛坯房一般都预留了门洞，所以在绘制原始户型图的时候需要将这些门洞的位置和大小准确的表达出来。

课堂举例 8-6: 绘制小户型门窗

视频\第 8 章\课堂举例 8-6.mp4

01 开门洞和窗洞。设置“QT_墙体”图层为当前图层。

02 调用 EXPLODE/X 命令，分解墙体。

03 调用 OFFSET/O 命令，向下偏移如图 8-23 箭头所示墙体，偏移距离为 620 和 900。

04 使用夹点功能，分别延长线段至另一侧墙体，如图 8-24 所示。

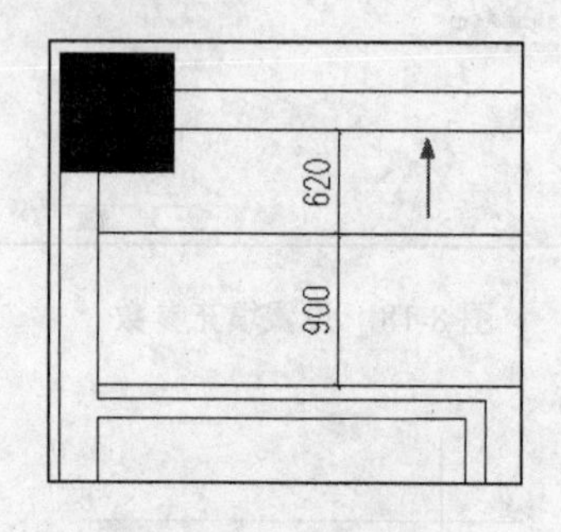

图 8-23　偏移线段

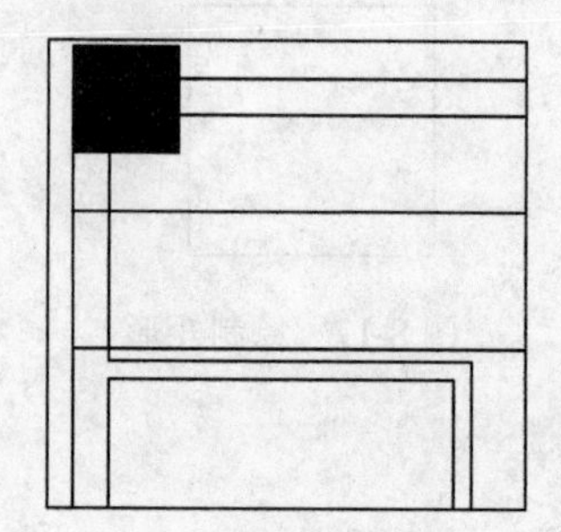

图 8-24　延长线段

05 调用 TRIM/TR 命令，修剪出门洞，如图 8-25 所示。

06 使用同样的方法绘制其他门洞和窗洞，如图 8-26 所示。

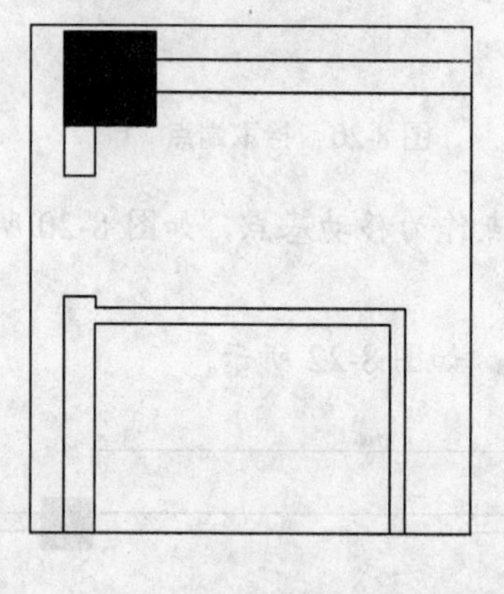

图 8-25　修剪门洞

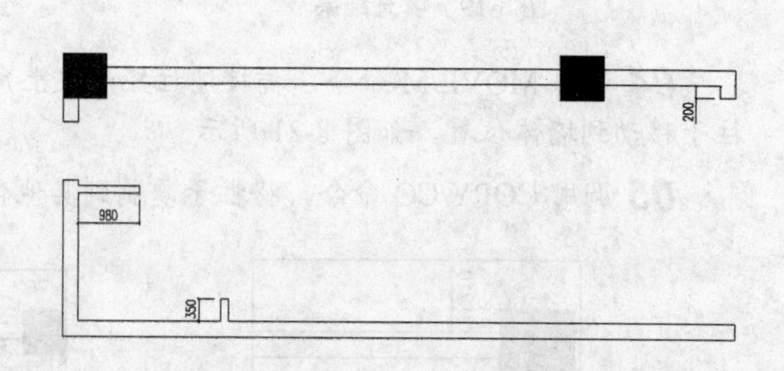

图 8-26　开门洞和窗洞

07 绘制门。下面以入口处的门为例，介绍门图块的调用方法。调用 INSERT/I 命令，打开“插入”对话框，如图 8-27 所示，在“名称”栏中选择“门（1000）”图块，设置“X”轴方向的缩放比例为 0.9（门宽为 900），旋转角度为 90°。

08 单击【确定】按钮关闭对话框，将门图块定位在如图 8-28 所示位置，门绘制完成。

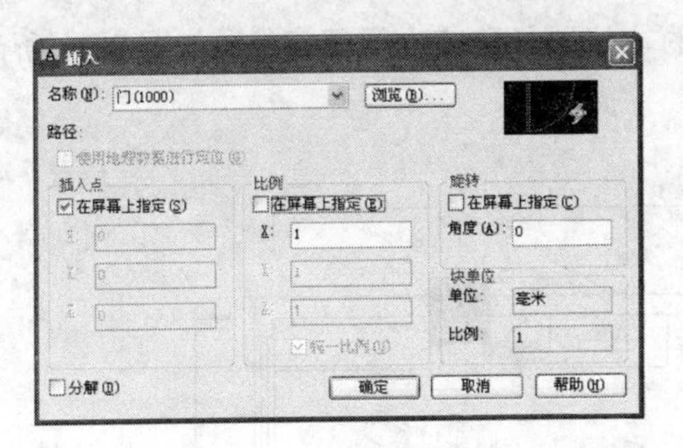

图 8-27　“插入”对话框

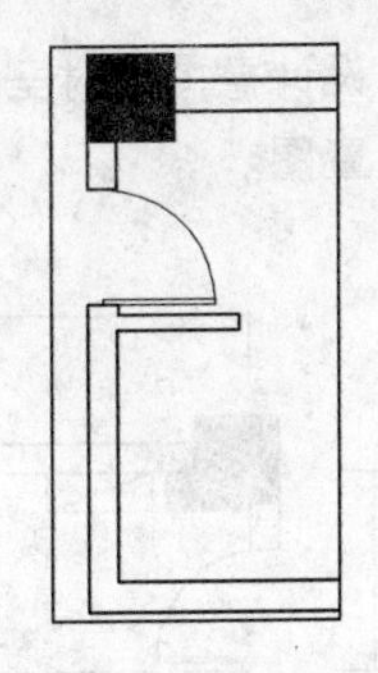

图 8-28　插入门图块

09 绘制窗。下面以绘制平开窗为例介绍“窗（1000）”图块的调用方法。由于尺寸不符，在插入“窗（1000）”图块时，需要对缩放比例进行调整，在创建绘图样板时绘制的“窗（1000）”图块尺寸如图 8-29 所示。

10 设置“C_窗”图层为当前图层。

11 调用 INSERT/I 命令，打开“插入”对话框，在“插入”对话框的“名称”列表中选择“窗（1000）”图块。

12 设置“X”轴的缩放比例为 3.5，“角度”设置为 90。

13 单击【确定】按钮关闭对话框，将窗图块定位到如图 8-30 所示位置。

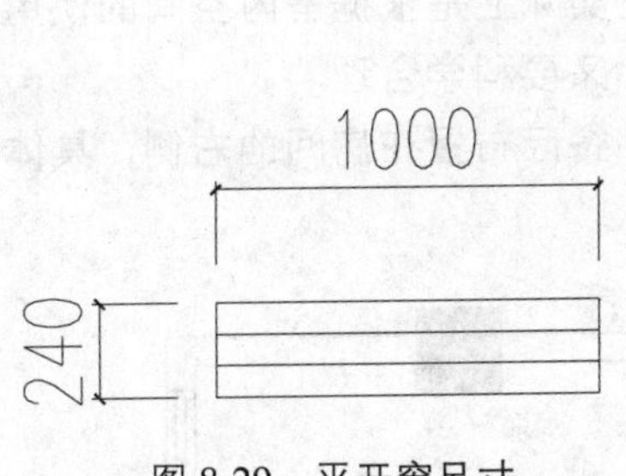

图 8-29　平开窗尺寸

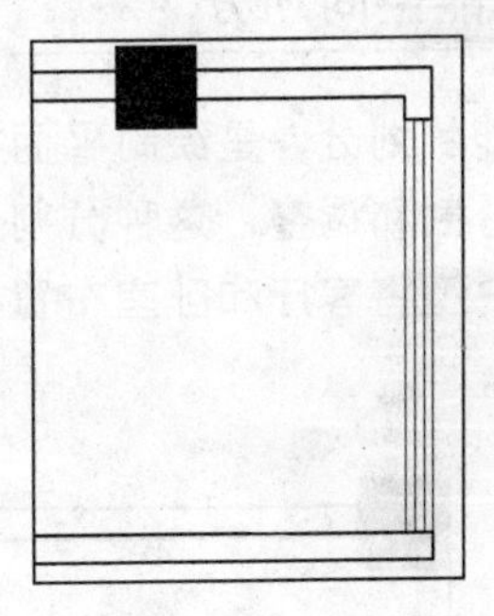

图 8-30　插入窗图块

8.3.6　绘制图名和管道

课堂举例 8-7：绘制图名和管道图形

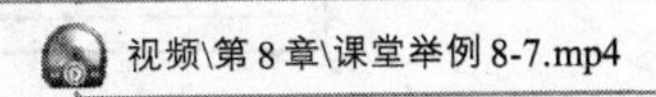

01 绘制管道。调用 RECTANG/REC 命令、OFFSET/O 命令和 LINE/L 命令，绘制管道。

02 绘制图名。调用 INSERT/I 命令，插入“图名”图块，设置“图名”为“原始户型图”，设置“比例”为 1:100，原始户型图绘制完成。

8.4　绘制小户型平面布置图

平面布置图是室内装饰施工图的关键性图样，它是在原始户型图的基础上，根据业主的要求和设计师的设计意图，对室内空间进行详细的功能划分和室内设置定位。如图 8-31 所示为小户型平面布置图。

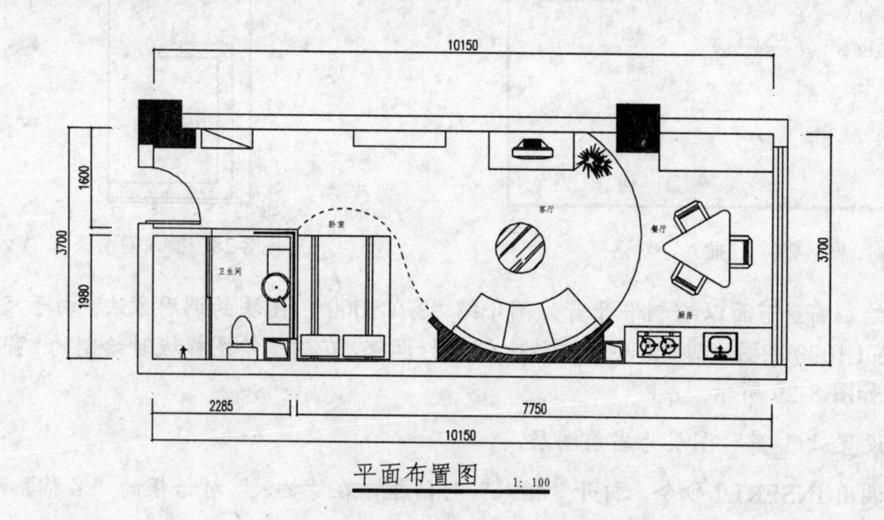

图 8-31　平面布置图

8.4.1　功能空间划分

空间功能的划分，是绘制平面布置图的第一步，它实际上是根据室内空间的使用要求对子空间进行分割和调整，这种分割既要赋予艺术想象，又要科学合理。

本例小户型将客厅和卧室布置在同一空间，厨房和餐厅布置在房间的右侧，具体布局如图 8-32 所示。

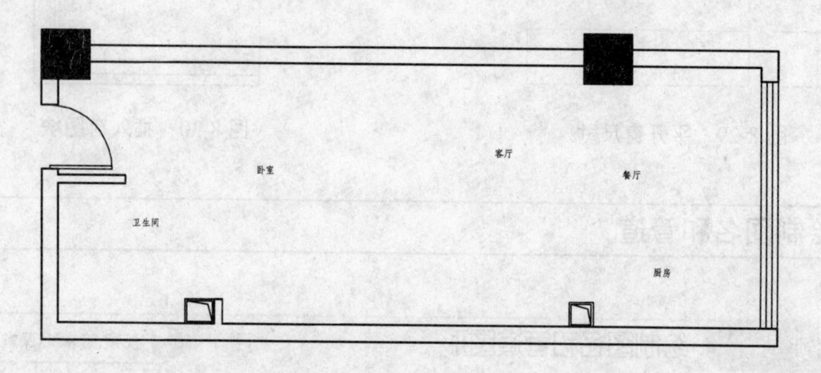

图 8-32　空间功能划分

划分各空间功能后，需要为房间注上文字说明，即房间名称。下面以“卫生间”为例，介绍说明文字的标注方法。

课堂举例 8-8：标注小户型空间类型

视频\第 8 章\课堂举例 8-8.mp4

01 设置“ZS_注释”图层为当前图层，设置当前注释比例为 1:100。

02 调用 MTEXT/MT/T 命令，对房间进行文字标注，如图 8-33 所示。

提示　在大多数情况下，建筑设计师在建筑规划阶段就已经确定好了各空间的基本用途，如客厅、卧室、厨房和卫生间的位置及它们的连接方式，并设置好了相关水电设备，室内设计师只需要在该布局的基础上，进行细微的调整即可。

8.4.2　绘制客厅和卧室平面布置图

如图 8-34 所示为客厅和卧室平面布置图，下面讲解其绘制方法。

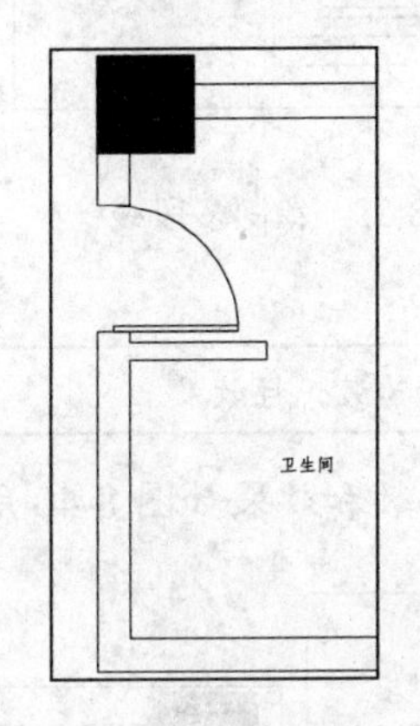

图 8-33　客厅和卧室平面布置图

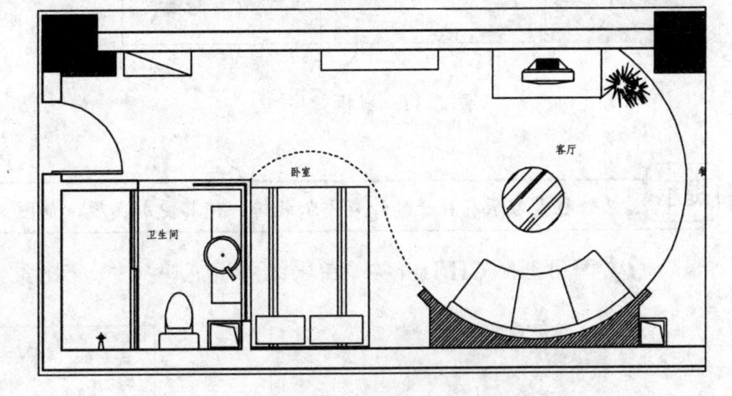

图 8-34　绘制矩形

课堂举例 8-9：绘制客厅和卧室平面布置图

视频\第 8 章\课堂举例 8-9.mp4

01 绘制鞋柜。调用 RECTANG/REC 命令，在距离柱子 340 的位置，绘制尺寸为 850×300 的矩形表示鞋柜，如图 8-35 所示。

02 调用 LINE/L 命令，在矩形中绘制一条直线，表示鞋柜是不到顶的，如图 8-36 所示。

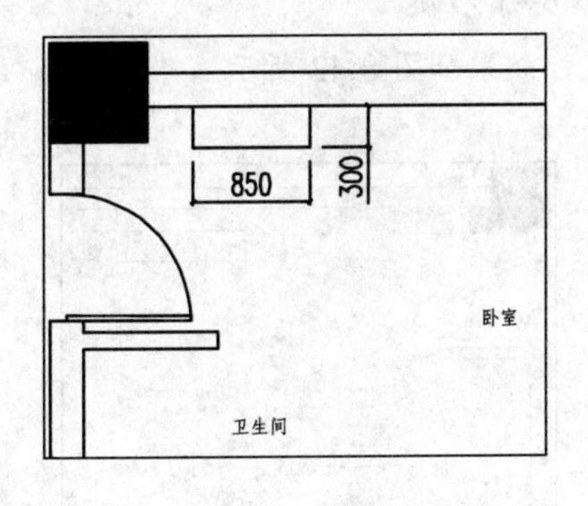

图 8-35　绘制矩形

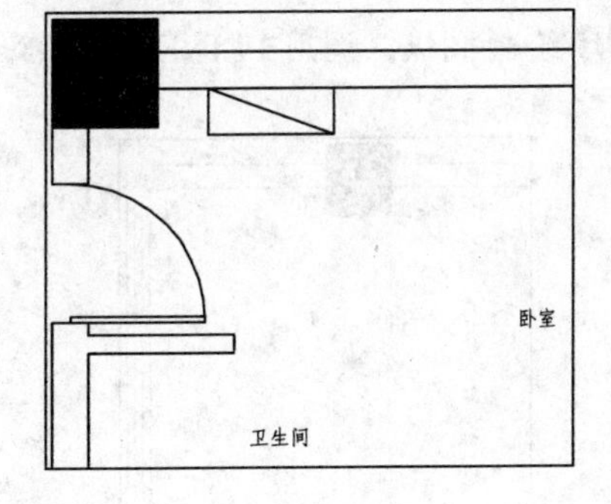

图 8-36　绘制线段

提示　在装修中，可以订做鞋柜或直接购买鞋柜。鞋柜可根据实际情况来设定内部搁板，深度在 350mm 左右，家居生活中，常用木质鞋柜。如图 8-37 所示为不同类型鞋柜的效果。

03 绘制装饰柱。本例装饰柱采用的材质是玻璃，调用 PLINE/PL 命令，绘制如图 8-38 所示多段线。

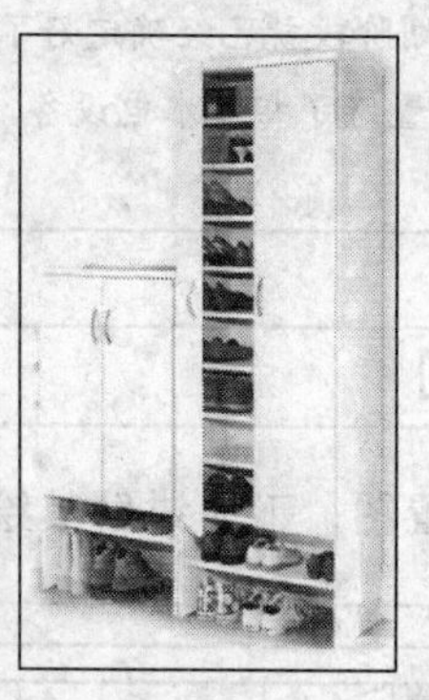

图 8-37　鞋柜效果

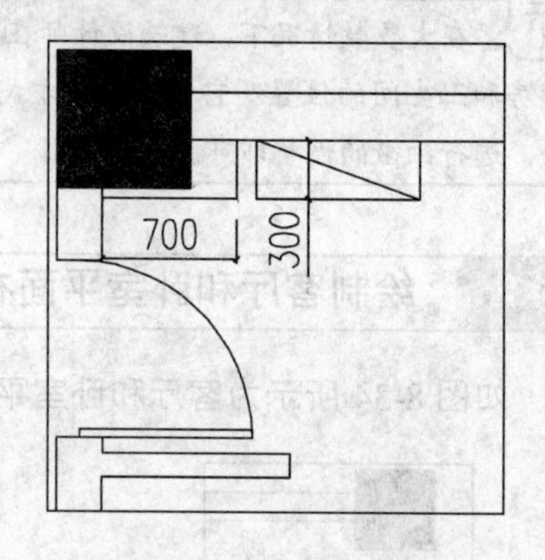

图 8-38　绘制多段线

提示　装饰柱是在原有柱子的外表添加装饰，使其更加美观，如图 8-39 所示为装饰柱效果。

04 调用 HATCH/H 命令，在段线内填充 ANSI31 图案，填充参数和效果如图 8-40 所示。

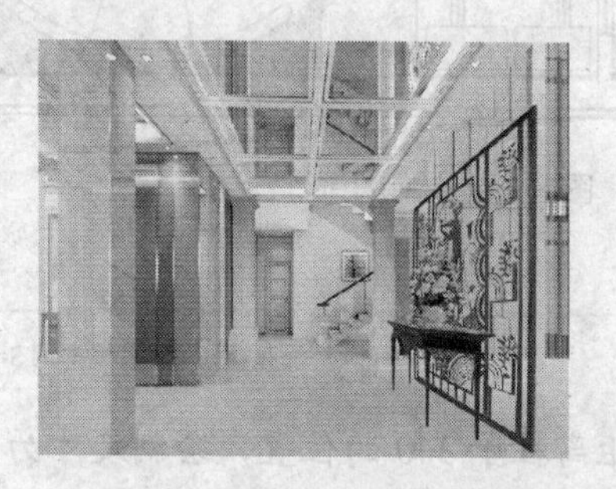

图 8-39　装饰柱效果

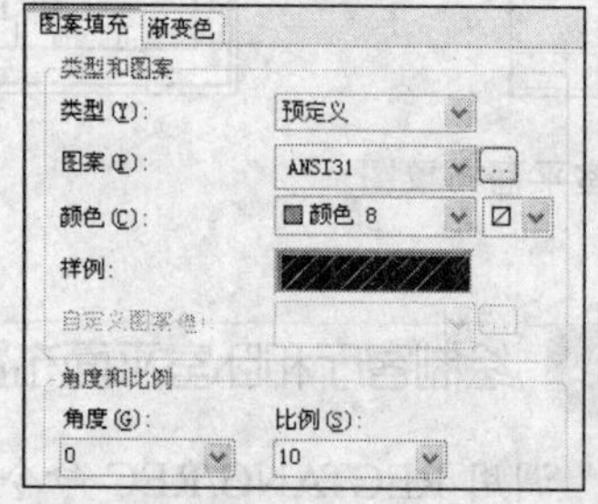

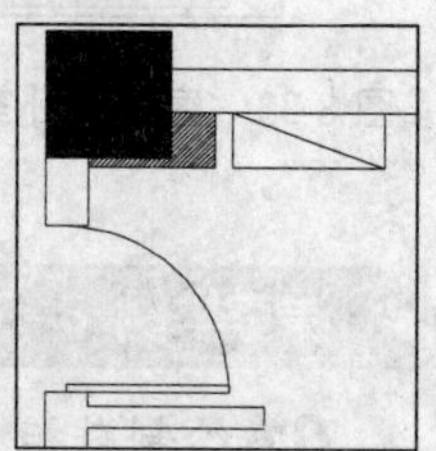

图 8-40　填充参数和效果

05 使用同样的方法绘制右侧装饰柱，效果如图 8-41 所示。

06 绘制搁板。调用 PLINE/PL 命令，绘制搁板，效果如图 8-42 所示。

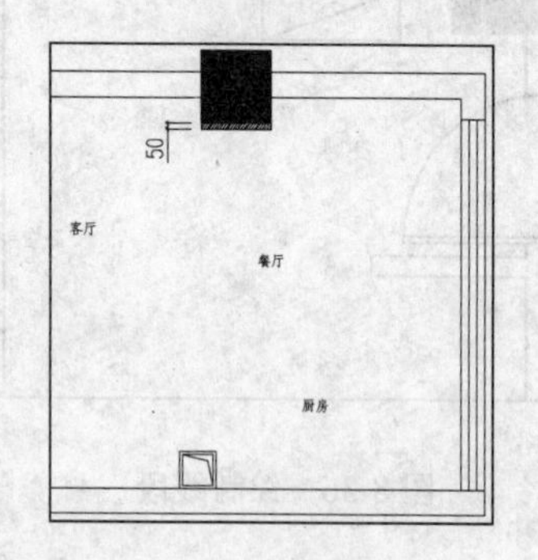

图 8-41　绘制装饰柱

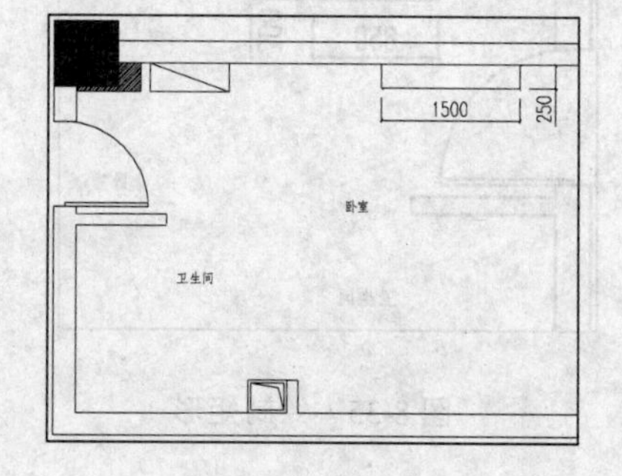

图 8-42　绘制搁板

提示　搁板常用来放置照片、书籍或小型装饰品，常用材质有木质或铁艺，如图 8-43 所示为搁板效果。

07 绘制电视柜。调用 PLINE/PL 命令，绘制如图 8-44 所示多段线，表示电视柜。

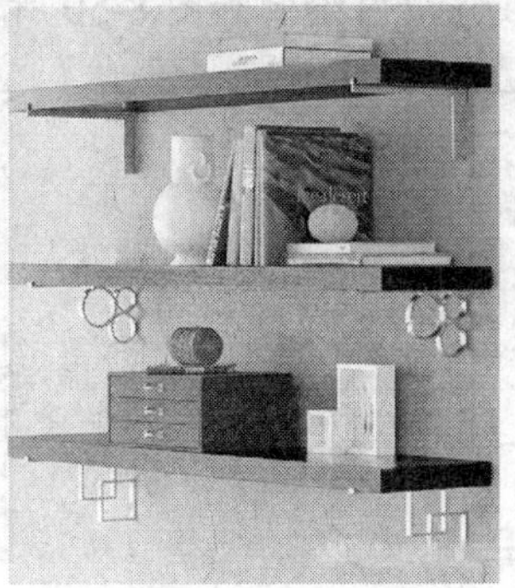

图 8-43　搁板效果

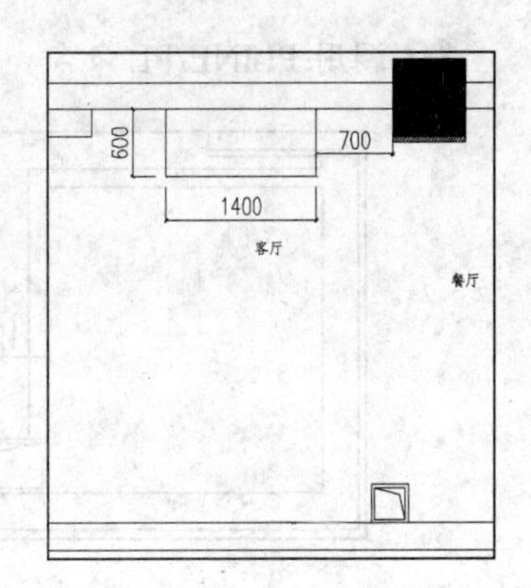

图 8-44　绘制电视柜

提示 电视柜有地柜式、组合式和板架结构几种类型。常用材质有钢木结构、玻璃、钢管及板式。随着时代的发展，越来越多的新材料、新工艺用在了电视柜的造型设计上，体现出电视柜在家具装饰和实用上的重要性。图 8-45～图 8-47 所示为电视柜效果。

图 8-45　地柜式

图 8-46　组合式

08 绘制玻璃隔墙。调用 PLINE/PL 命令，绘制如图 8-48 所示多段线。

图 8-47　板式结构

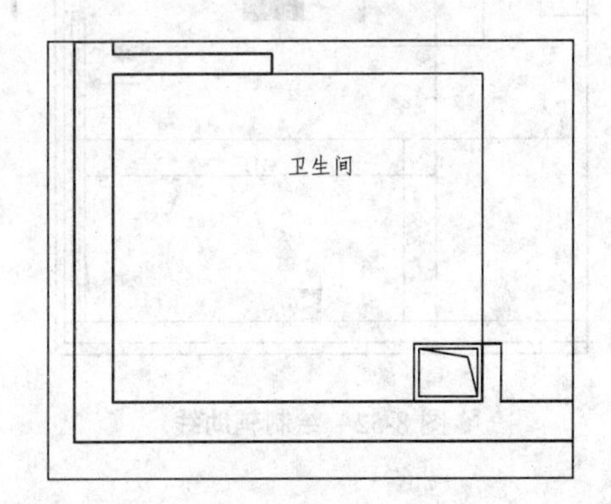

图 8-48　绘制多段线

09 调用 OFFSET/O 命令，将多段线向外偏移 120，如图 8-49 所示。

10 调用 PLINE/PL 命令，在隔墙内绘制如图 8-50 所示图形。

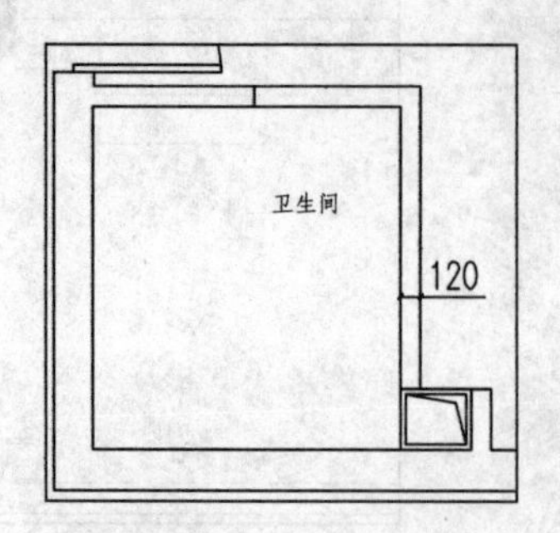

图 8-49　偏移多段线

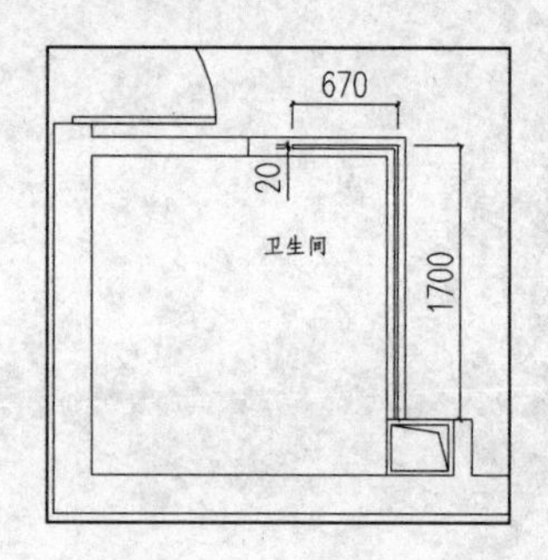

图 8-50　绘制隔墙

提示 隔墙是指不起承重作用，只用来分隔房间和空间的墙体。对于不同功能的房间隔墙有不同的要求，如厨房的隔墙应具有耐火性能；卫生间的隔墙应具有防潮能力。本例卫生间与卧室之间的隔墙采用的材质是玻璃，中间夹马赛克墙体，既美观又实用。如图 8-51 所示为隔墙效果。

图 8-51　隔墙效果

11 绘制弧形墙隔断。绘制辅助线。调用 OFFSET/O 命令，偏移如图 8-52 箭头所示线段。

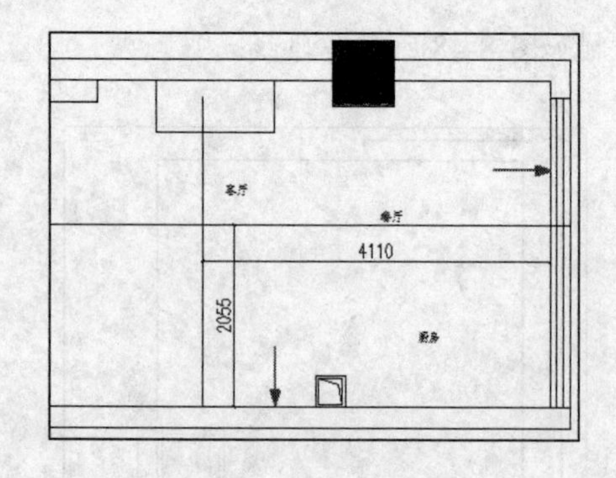

图 8-52　绘制辅助线

图 8-53　隔断效果图

提示 室内隔断是分割空间的重要构件，是非承重墙体的一种。常用隔断材料有百叶帘、玻璃、石膏板和珠帘等。本例客厅和卧室布置在同一空间，采用弧形帘子进行隔断，增强了卧室的私密性，如图 8-53 所示。

12 调用 CIRCLE/C 命令，以辅助线的交点为圆心，绘制半径为 1965 的圆，如图 8-54 所示。

13 使用同样的方法，绘制同类型的圆，结果如图 8-55 所示。

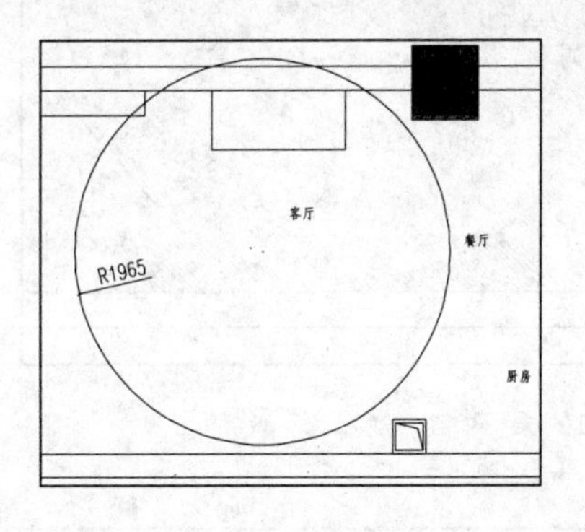

图 8-54　绘制圆

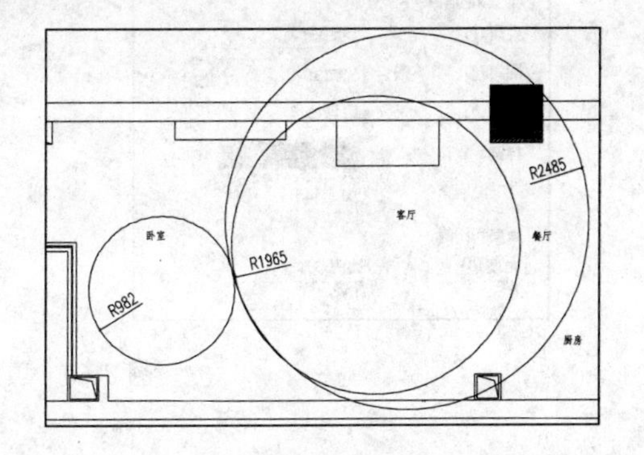

图 8-55　绘制圆

14 调用 TRIM/TR 命令，对圆进行修剪，如图 8-56 所示。

15 由于卧室处的弧形造型表示的是帘子，可以使用虚线表示，效果如图 8-57 所示。

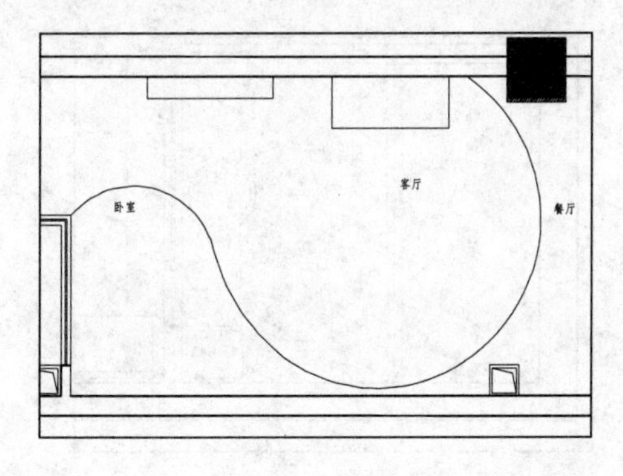

图 8-56　修剪圆

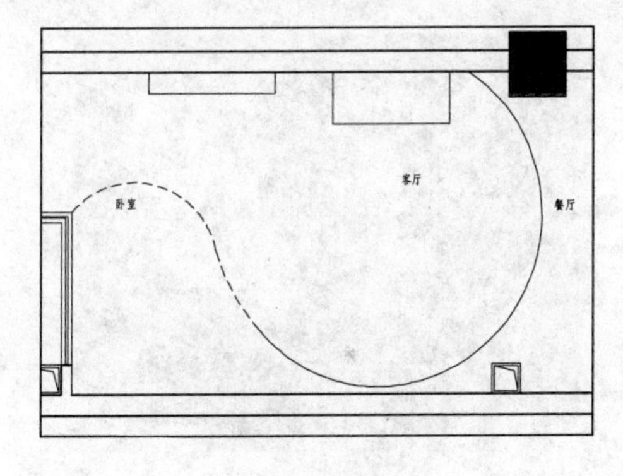

图 8-57　设置虚线

16 调用 PLINE/PL 命令，绘制多段线，如图 8-58 所示。

17 调用 MIRROR/MI 命令，通过镜像得到另一侧相同造型，如图 8-59 所示。

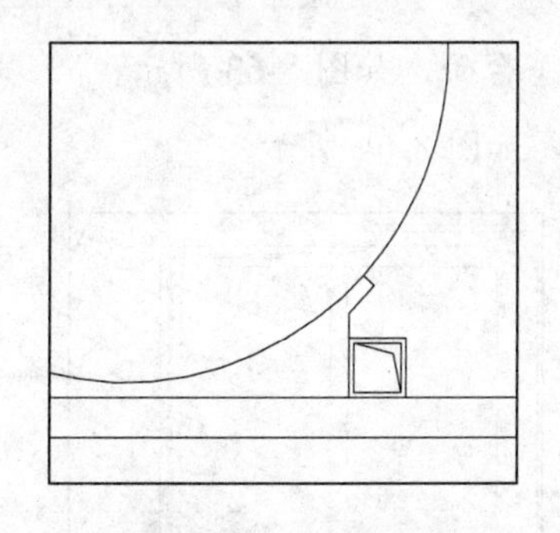

图 8-58　绘制多段线

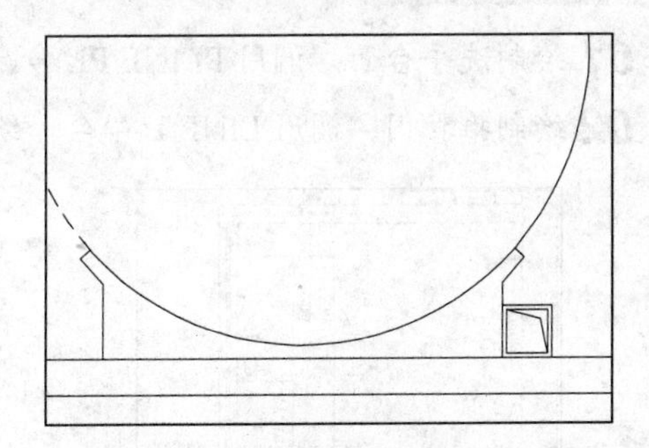

图 8-59　镜像结果

18 调用 HATCH/H 命令，在弧形墙内填充 ANSI31 图案，表示造型墙剖面，填充参数和效果如图 8-60 所示。

19 插入图块。客厅和卧室中的床、电视、沙发、茶几和植物等图形，可以从本书光盘中的“第 8 章\家具图例.dwg”文件中直接调用，完成后的效果如图 8-33 所示。

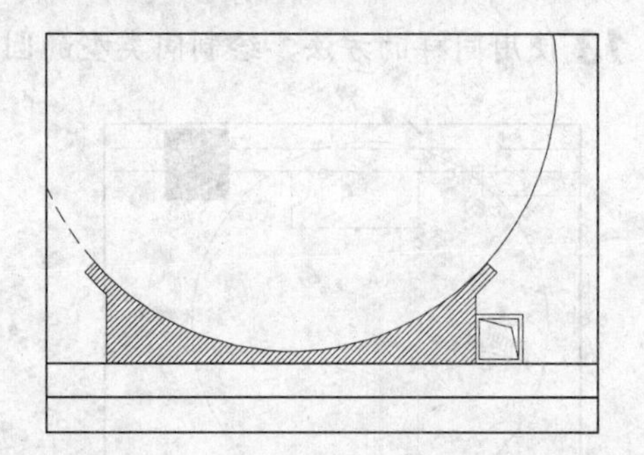

图 8-60　填充参数和效果

8.4.3 绘制卫生间平面布置图

本例卫生间设计采用的是干湿分区，用推拉门进行隔断。如图 8-61 所示为卫生间效果图。如图 8-62 所示为卫生间平面布置图，下面讲解绘制方法。

图 8-61　洗手间效果

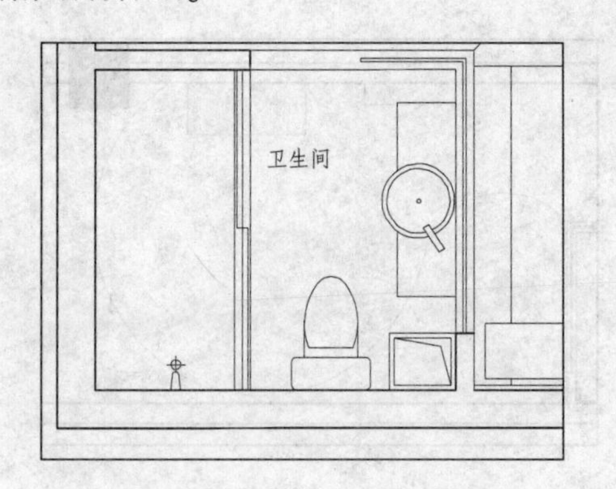

图 8-62　卫生间平面布置图

课堂举例 8-10：绘制卫生间平面布置图

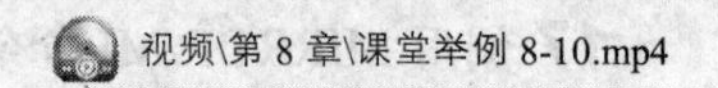

01 绘制洗手台面。调用 PLINE/PL 命令，绘制洗手台面，如图 8-63 所示。

02 绘制推拉门。调用 LINE/L 命令，绘制门槛线，如图 8-64 所示。

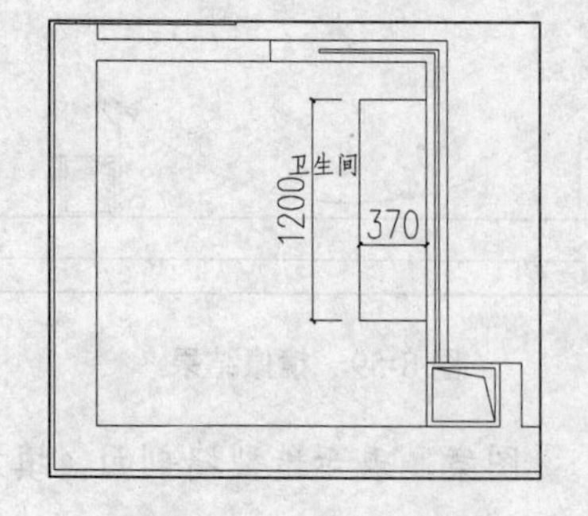

图 8-63　绘制洗手台面

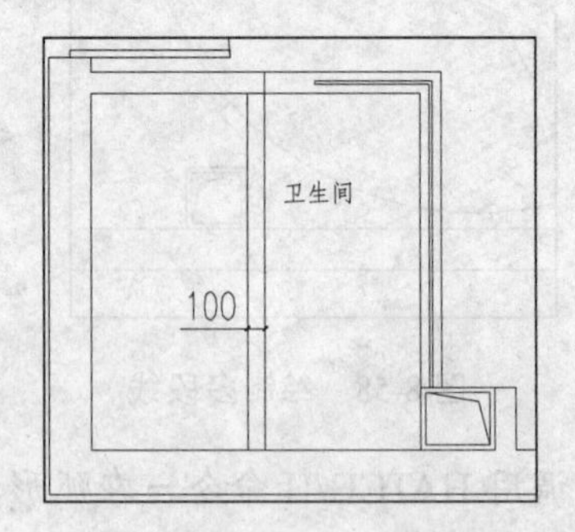

图 8-64　绘制门槛线

03 调用 RECTANG/REC 命令，绘制尺寸为 35 × 990 的矩形，如图 8-65 所示。

04 调用 MIRROR/MI 命令，对矩形进行镜像，得到推拉门，如图 8-66 所示。

05 插入图块。卫生间中需要的花洒、洗手盆和坐便器图块可以从本书光盘中的“第 8 章\家具图例.dwg”文件中直接调用，并调用 TRIM/TR 命令，对插入的图块和绘制的图形相交的位置进行修剪，完成后的效果如图 8-62 所示。

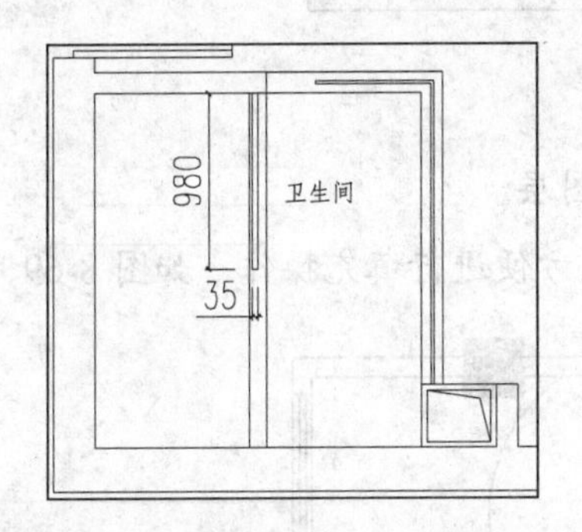

图 8-65　绘制矩形

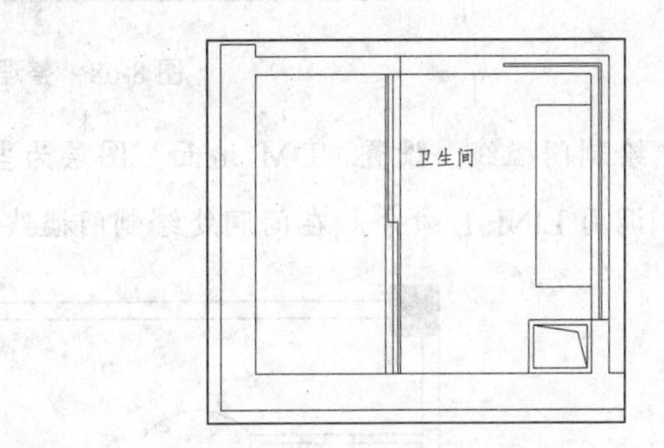

图 8-66　镜像矩形

8.5 绘制小户型地材图

地材图是用来表示地面做法的图样，包括地面铺设材料和形式（如分格和图案等），地材图形成方法与平面布置图相同，不同的是不需要绘制家具，只需绘制地[illegible]使用的材料和固定于地面设备与设施图形。

如图 8-67 所示为本例小户型地材图，下面讲解绘制方法。

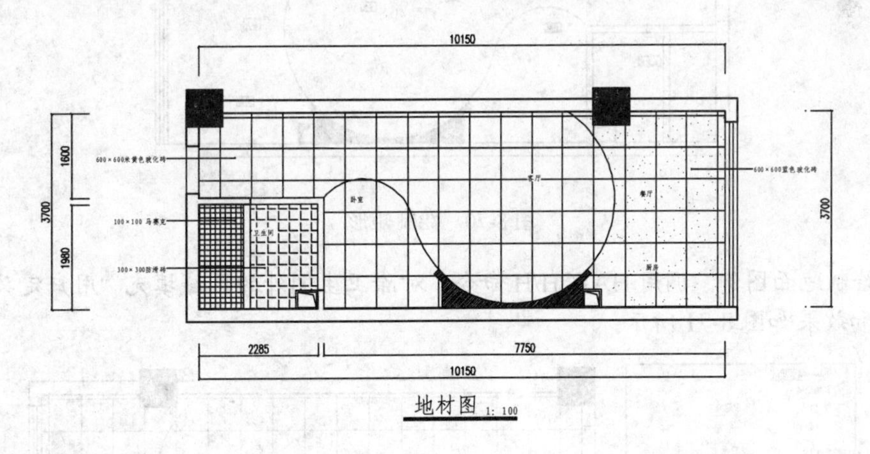

图 8-67　地材图

课堂举例 8-11：绘制小户型地材图

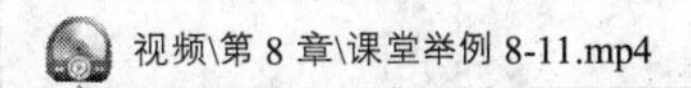

01 复制图形。调用 COPY/CO 命令，复制小户型平面布置图，并删除与地材图无关的图形，如图 8-68 所示。

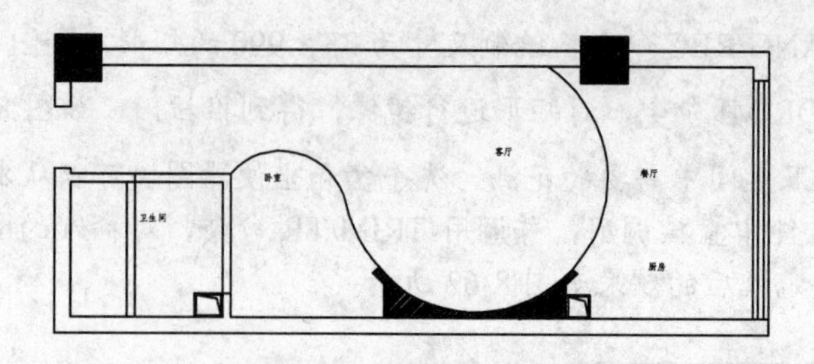

图 8-68　整理图形

02 绘制门槛线。设置“DM_地面”图层为当前图层。

03 调用 LINE/L 命令，在门洞处绘制门槛线，以方便进行填充操作，如图 8-69 所示。

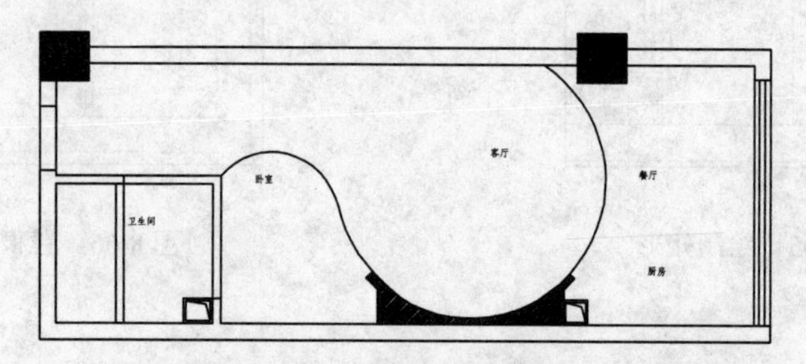

图 8-69　绘制门槛线

04 调用 RECTANG/REC 命令，绘制矩形框住文字，如图 8-70 所示，矩形内的区域不予填充。

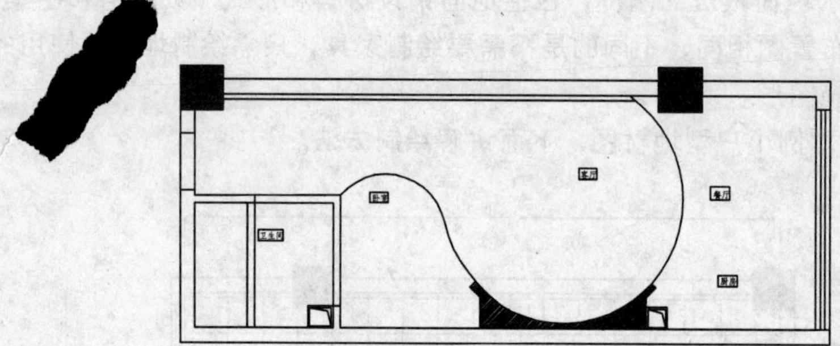

图 8-70　绘制矩形

05 绘制地面图例。调用 HATCH/H 命令，对除卫生间外的区域填充“用户定义”图案，填充参数和效果如图 8-71 所示。

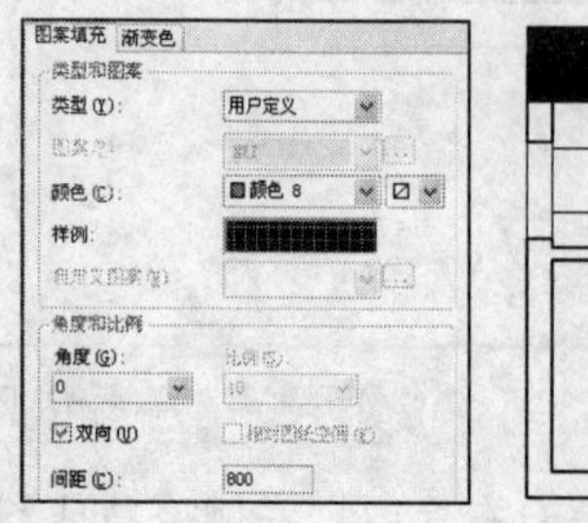

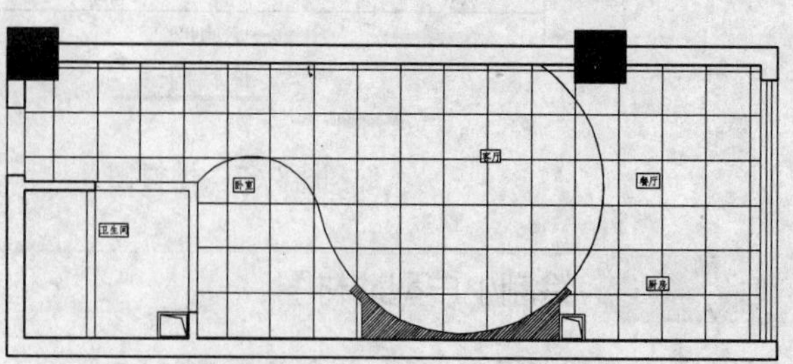

图 8-71　填充地面效果

06 调用 HATCH/H 命令，对餐厅和厨房区域填充 AR-SAND 图案，填充参数和效果如图 8-72 所示。

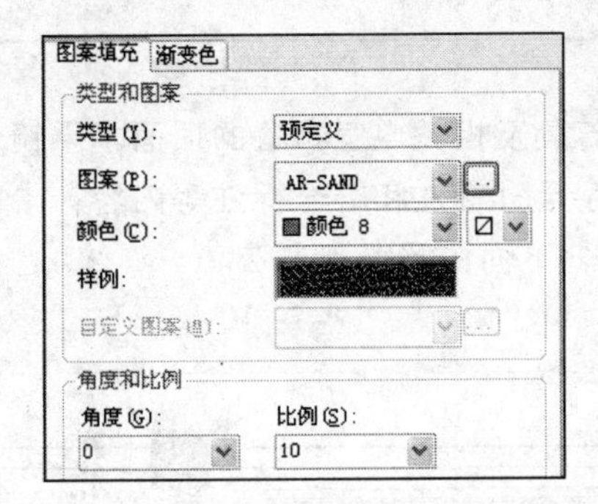

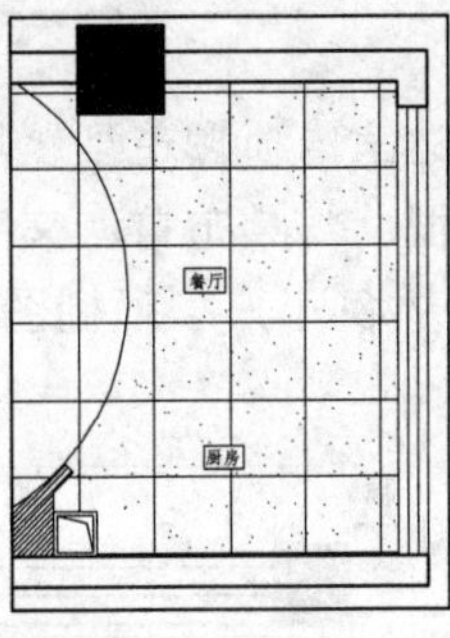

图 8-72　填充参数和效果

07 绘制卫生间地面。卫生间地面使用的材质是马赛克和防滑砖，调用 HATCH/H 命令，对淋浴区填充"用户定义"图案，效果如图 8-73 所示，间距为 100。对其他区域填充 ANGLE 图案，效果如图 8-74 所示。

08 填充后删除前面绘制的矩形。

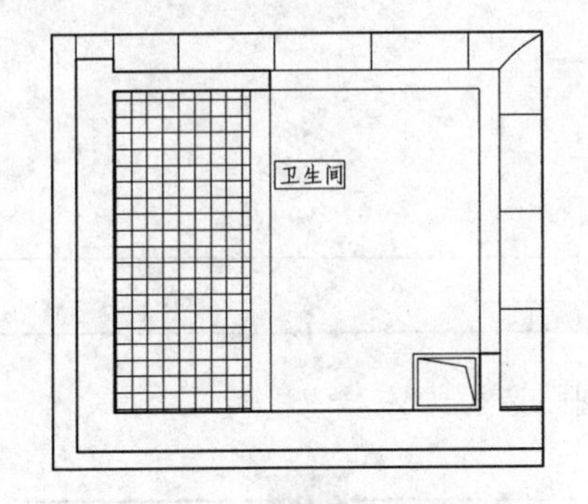

图 8-73　填充淋浴区地面

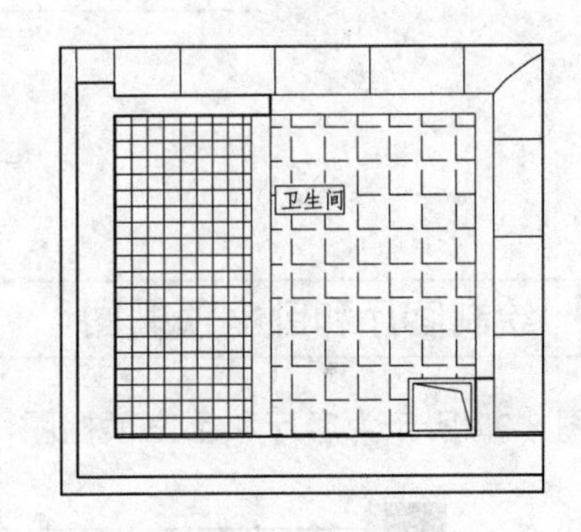

图 8-74　填充其他区域地面

09 文字说明。调用 MLEADER/MLD 命令，对地面材料进行名称标注，效果如图 8-75 所示，小户型地材图绘制完成。

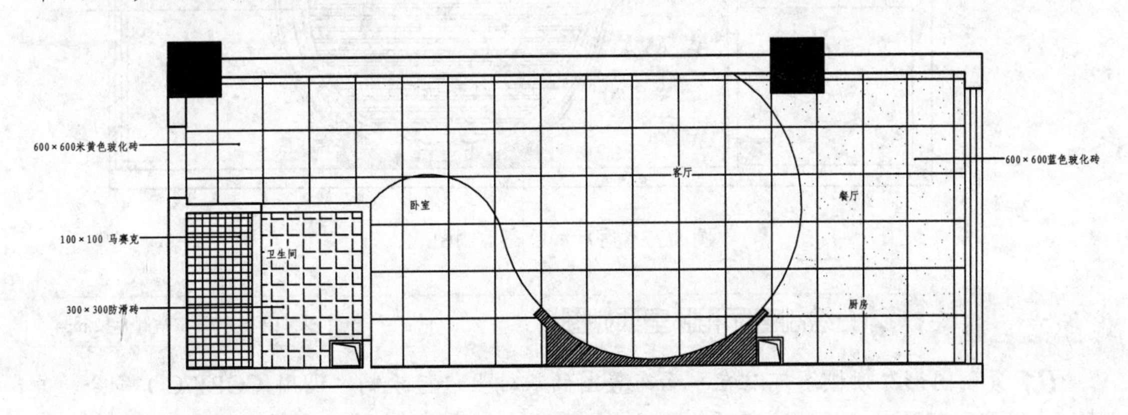

图 8-75　文字注释

8.6 绘制小户型顶棚图

顶棚图是用来表达室内顶棚造型、灯具及相关电气布置的顶面水平镜像投影图。本节将讲解如何绘制顶面造型、灯具布置、文字尺寸标注和符号标注等内容。

如图 8-76 所示为本例小户型顶棚图，下面讲解绘制方法。

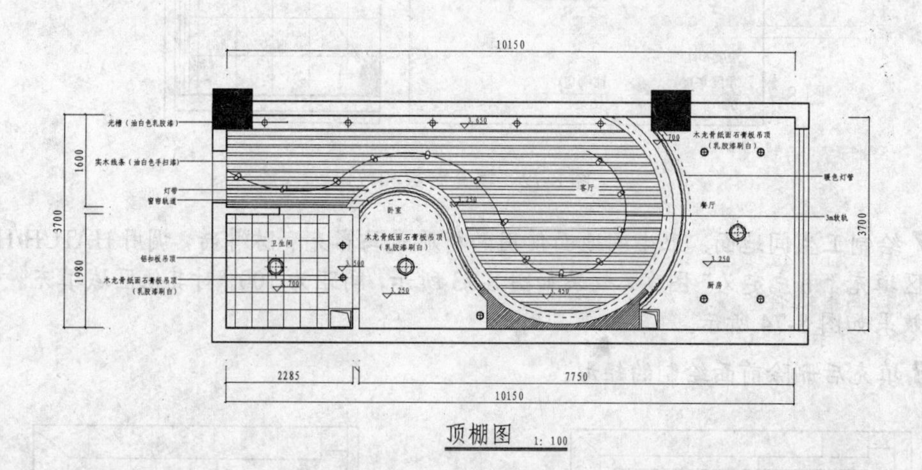

图 8-76 顶棚图

8.6.1 绘制客厅和卧室顶棚图

如图 8-77 所示为客厅和卧室顶棚图，主要是以圆弧造型为主。

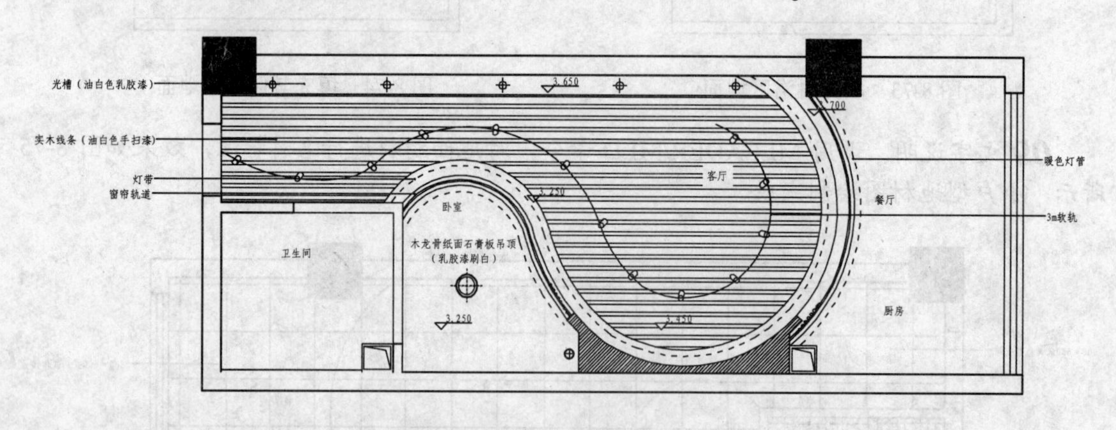

图 8-77 客厅和卧室顶棚图

课堂举例 8-12：绘制客厅和卧室顶棚图

视频\第 8 章\课堂举例 8-12.mp4

01 复制图形。顶棚图可以在平面布置图的基础上进行绘制，调用 COPY/CO 命令，复制小户型平面布置图，并删除与顶棚图无关的图形，效果如图 8-78 所示。

02 绘制墙体线。根据顶棚图的形成原理，水平剖切面在门的位置，顶棚图中门图形需要将门梁的内外边缘表示出来，门页和开启方向可以省略，调用 LINE 命令，绘制线段连接门洞，如图 8-79 所示。

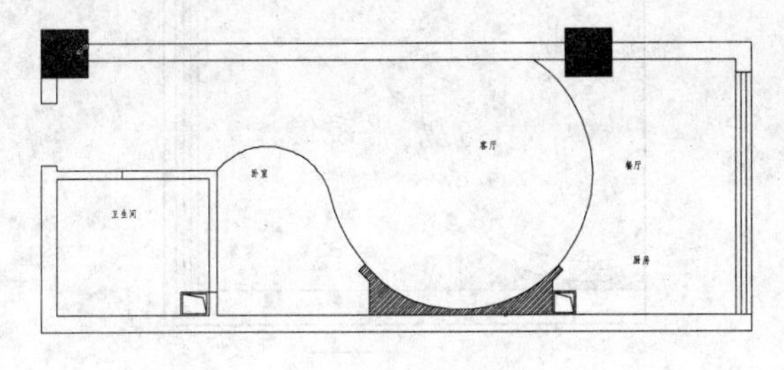

图 8-78 整理图形

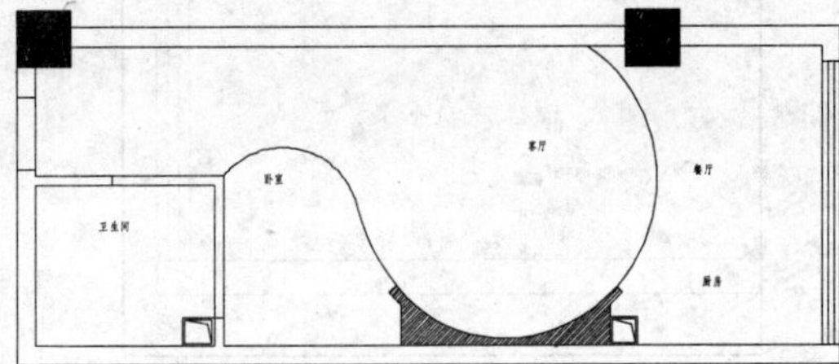

图 8-79 绘制墙体线

03 绘制吊顶造型。设置“DD_吊顶”图层为当前图层。

04 调用 OFFSET/O 命令，将圆弧向上分别偏移 120 和 80，如图 8-80 所示。

05 由于灯带位于灯槽内，在顶棚图中为不可见，选择灯带的轮廓线，在“特性”工具栏线型列表框中选择 ByLayer 线型，将偏移 120 后的圆弧设置为虚线，表示灯带，效果如图 8-81 所示。

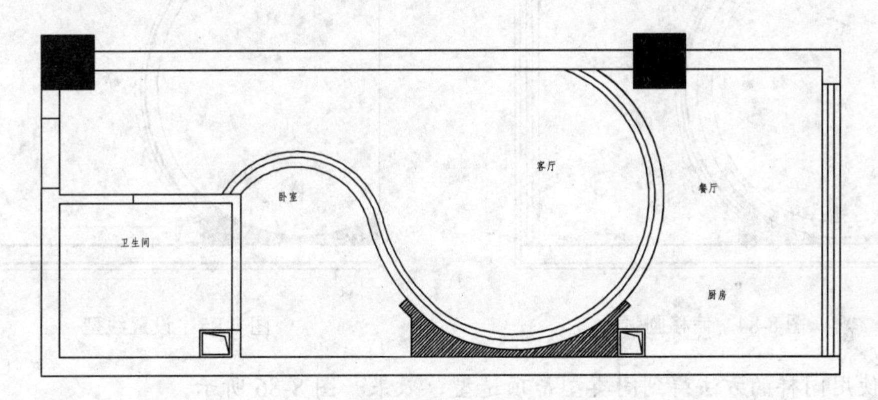

图 8-80 偏移圆弧

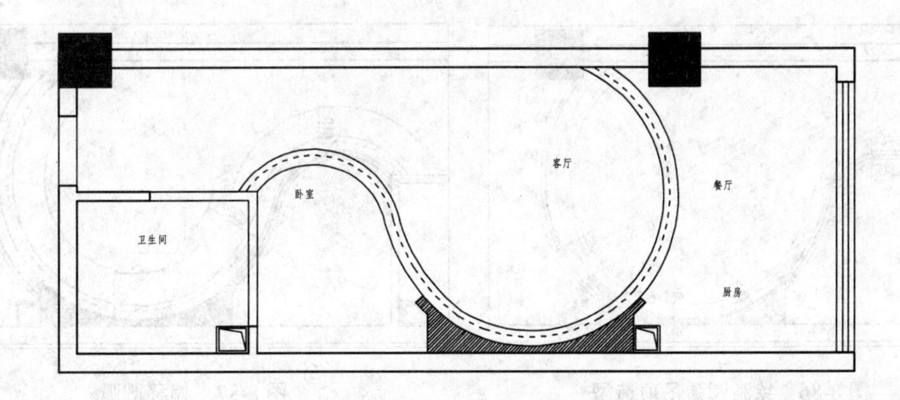

图 8-81 设置线型

06 打断圆弧。下面讲解对右侧圆弧进行打断的方法，调用 BREAK/BR 命令，在右侧弧形墙顶点单击鼠标，如图 8-82 所示，圆弧被打断，效果如图 8-83 所示。

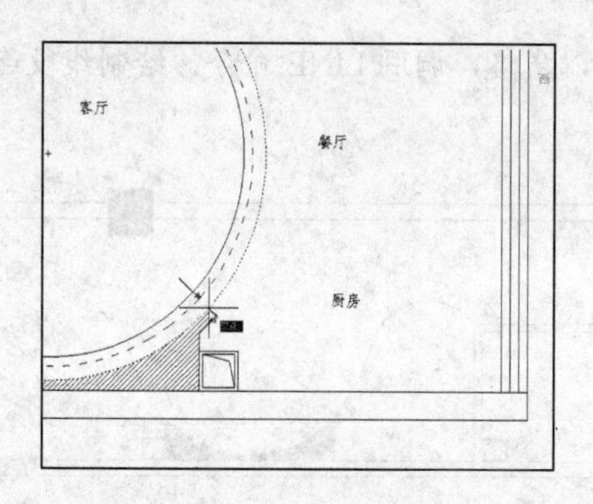

图 8-82 拾取打断点

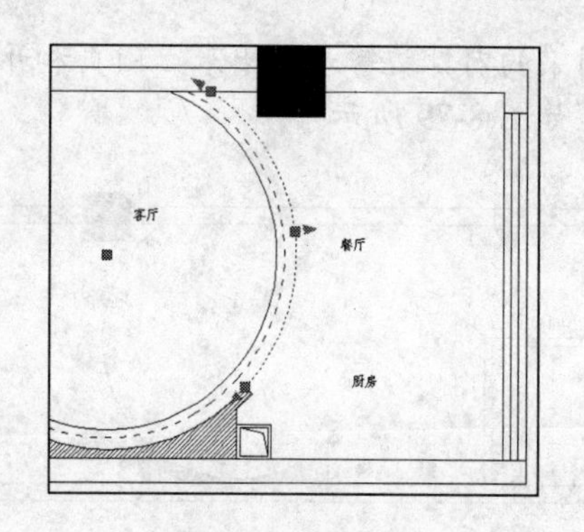

图 8-83 打断结果

07 调用 OFFSET/O 命令，将圆弧向右分别偏移 120、170、220 和 300，并进行修剪，效果如图 8-84 所示。

08 将偏移 300 后的圆弧设置为虚线，表示灯带，效果如图 8-85 所示。

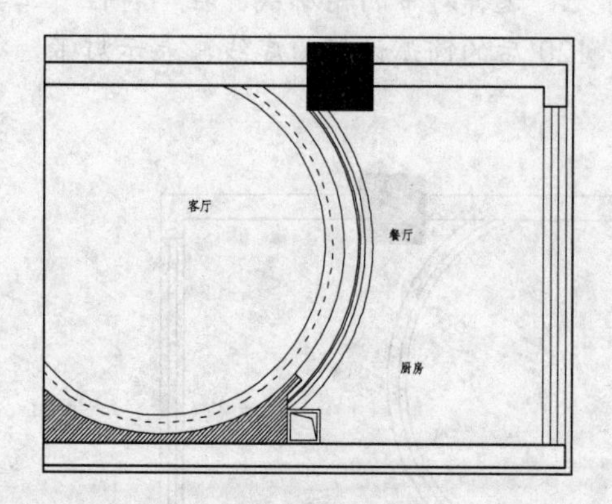

图 8-84 偏移圆弧

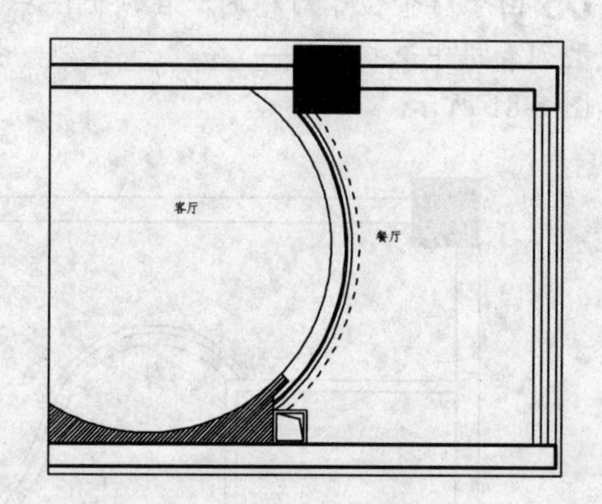

图 8-85 设置线型

09 使用同样的方法得到同类型吊顶造型，效果如图 8-86 所示。

10 调用 OFFSET/O 命令，将圆弧向上偏移，效果如图 8-87 所示。

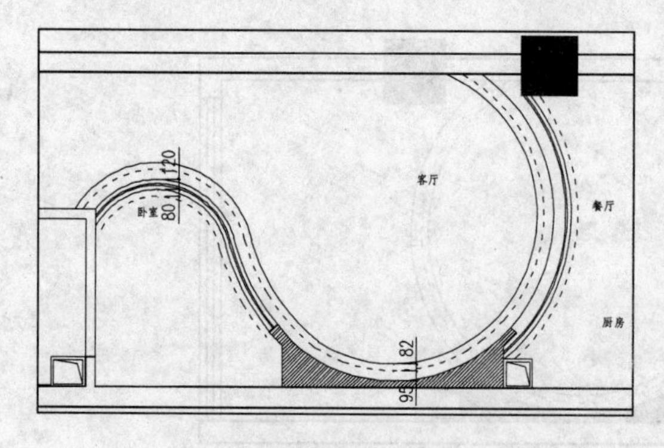

图 8-86 绘制圆弧吊顶造型

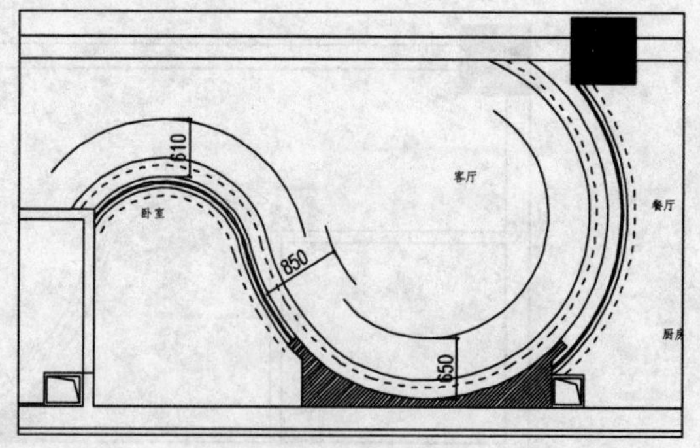

图 8-87 偏移圆弧

11 使用夹点功能，连接圆弧，效果如图 8-88 所示。

12 调用 ARC/A 命令和 OFFSET/O 命令，绘制左侧圆弧吊顶造型，效果如图 8-89 所示。

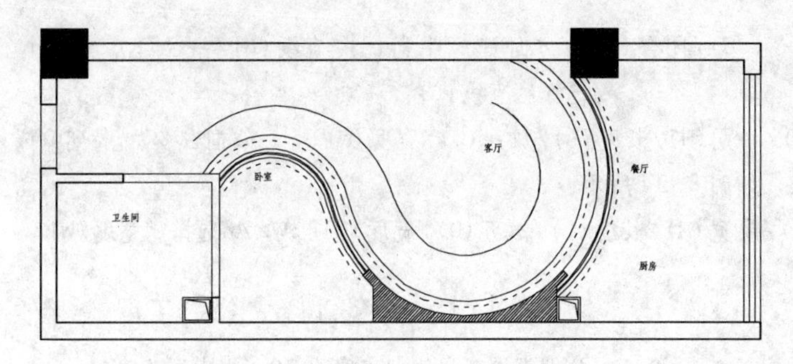

图 8-88　连接圆弧

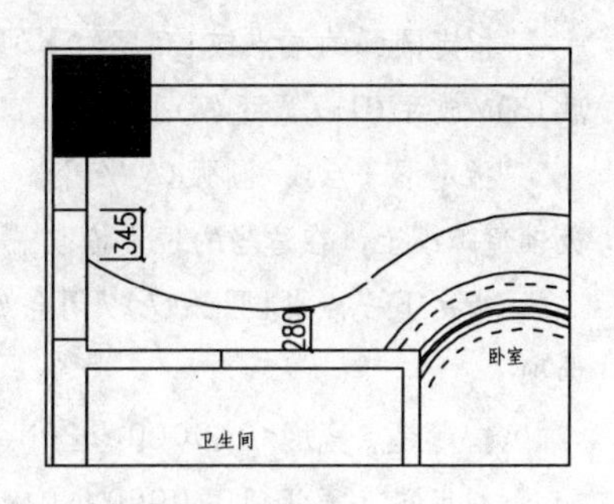

图 8-89　绘制圆弧

13 调用 LINE/L 命令，绘制如图 8-90 所示线段。

14 绘制窗帘。在圆弧吊顶造型中设置了窗帘轨道，需要在轨道中绘制窗帘图形。

15 窗帘平面图形如图 8-91 所示，主要使用 PLINE/PL 命令绘制，命令行操作如下：

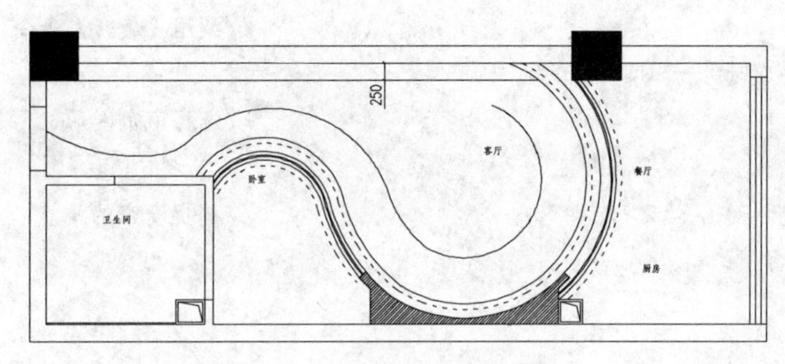

图 8-90　绘制线段

图 8-91　窗帘图形

命令:PLINE↙　　//调用【多段线】命令

指定起点:　　//在任意位置拾取一点，确定多段线的起点

当前线宽为 0.0000

指定下一个点或[圆弧(A)/半宽(H)/长度(L)/放弃(U)/宽度(W)]:

//向右移动光标到 0° 极轴追踪线上，在适当位置拾取一点，确定多段线的第二点

指定下一个点或[圆弧(A)/半宽(H)/长度(L)/放弃(U)/宽度(W)]:A↙ //选择“圆弧(A)”选项

指定圆弧的端点或[角度(A)/圆心(CE)/方向(D)/半宽(H)/直线(L)/半径(R)/第二个点(S)/放弃(U)/宽度(W)]:A↙　　//选择“角度(A)”选项

指定包含角:180↙　　//设置圆弧角度为 180°

指定圆弧的端点或[圆心(CE)/半径(R)]:30↙ //向右移动光标到 0° 极轴追踪线上，输入 30，并按回车键，确定圆弧端点，如图 8-92 所示

指定圆弧的端点或[角度(A)/圆心(CE)/闭合(CL)/方向(D)/半宽(H)/直线(L)/半径(R)/第二个点(S)/放弃(U)/宽度(W)]:30↙　　//使光标在 0° 极轴追踪线上，输入 30 并回车，确定第二个圆弧端点

……　　//重复上述操作，绘制出若干个圆弧，如图 8-93 所示

图 8-92　确定圆弧端点

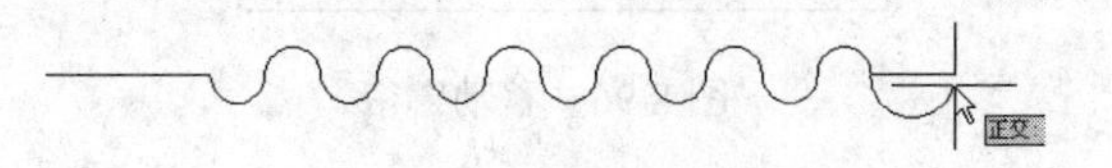

图 8-93　绘制圆弧

```
指定圆弧的端点或[角度(A)/圆心(CE)/闭合(CL)/方向(D)/半宽(H)/直线(L)/半径(R)/第二个点(S)/放弃(U)/宽度(W)]:L↙                //选择“直线(L)”选项
指定下一点或[圆弧(A)/闭合(C)/半宽(H)/长度(L)/放弃(U)/宽度(W)]:  //向右移动光标到 0°极轴追踪线上，在适当的位置拾取一点，如图 8-94 所示
指定下一点或[圆弧(A)/闭合(C)/半宽(H)/长度(L)/放弃(U)/宽度(W)]:W↙//选择“宽度(W)”选项
指定起点宽度<0.0000>:20
指定端点宽度<10.0000>:0.1                //分别设置多段线起点宽为 20，端点宽为 0.1
指定下一点或[圆弧(A)/闭合(C)/半宽(H)/长度(L)/放弃(U)/宽度(W)]:  //在适当的位置拾取一点，完成窗帘绘制
指定下一点或[圆弧(A)/闭合(C)/半宽(H)/长度(L)/放弃(U)/宽度(W)]:↙ //按空格键退出命令
```

16 对绘制完后的窗帘图形进行旋转。调用 ROTATE/RO 命令，命令行操作如下：

```
命令: ROTATE↙                                          //调用【旋转】命令
UCS 当前的正角方向:  ANGDIR=逆时针   ANGBASE=0
找到 1 个                                              //选择窗帘图形
指定基点:
指定旋转角度，或 [复制(C)/参照(R)] <52>:  52↙          //捕捉窗帘的端点，输入旋转角度 52°，效果如图 8-95 所示
```

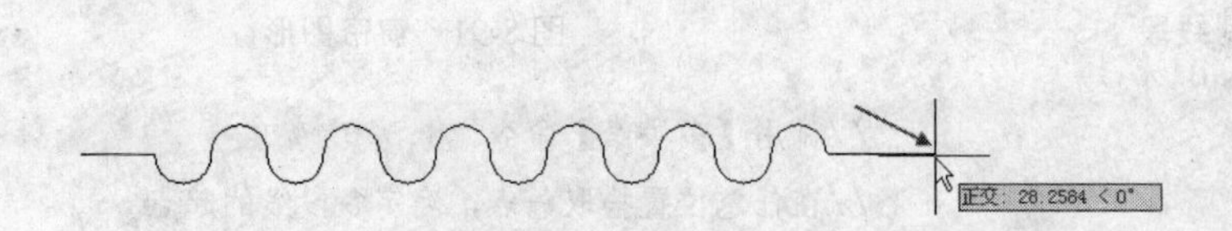

图 8-94　指定多段线端点

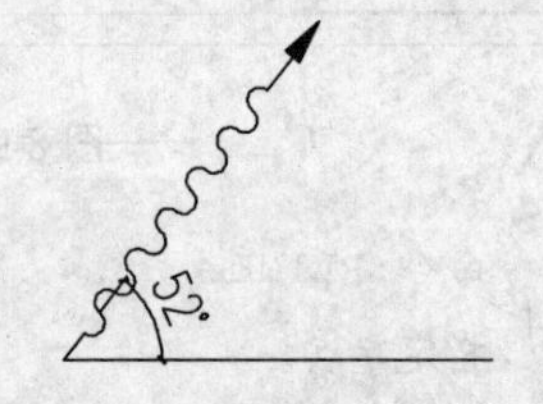

图 8-95　旋转窗帘

17 调用 MOVE/M 命令，将窗帘图形移动到窗帘轨道中，如图 8-96 所示。

18 调用 MIRROR/MI 命令，对窗帘图形进行镜像，得到另一侧的窗帘图形，效果如图 8-97 所示。

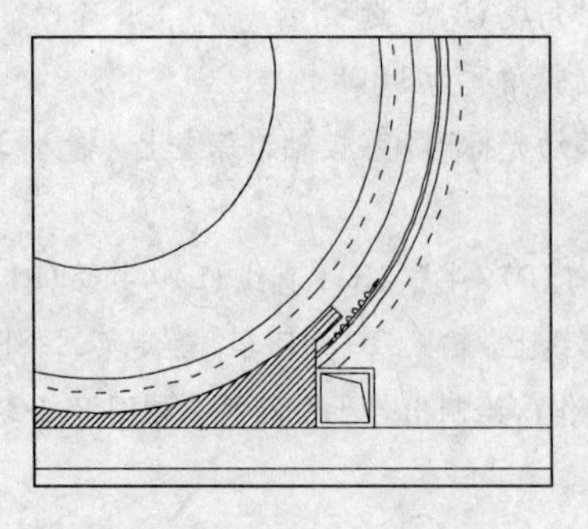

图 8-96　移动窗帘

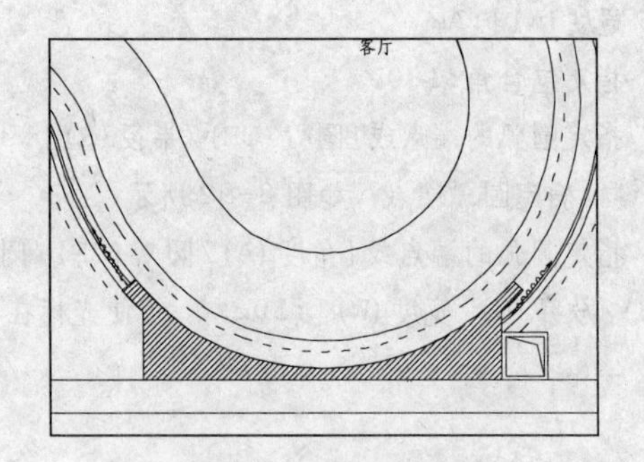

图 8-97　镜像窗帘

19 标注标高。此时标出标高可以方便后面的相关操作，比如可以比较直观地分辨吊顶的层次关系。标注标高可以直接调用 INSERT/I 命令插入“标高”图块，如图 8-98 所示。

20 使用同样的方法，对其他区域进行标注标高，效果如图 8-99 所示。

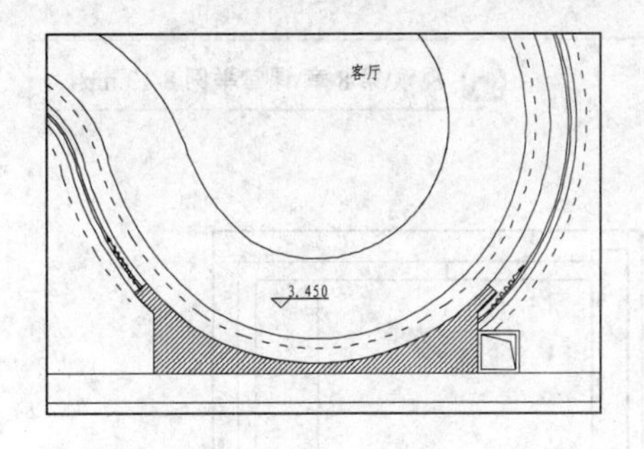

图 8-98　插入标高　　　图 8-99　标注其他区域标高

21 布置灯具。打开配套光盘提供的“第 8 章\家具图例.dwg”文件，将灯具图例复制到客厅和卧室顶棚图中，效果如图 8-100 所示。

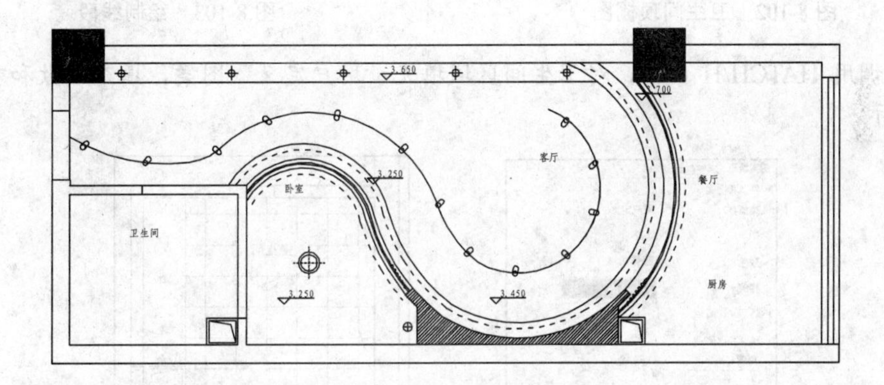

图 8-100　复制灯具图例

22 填充顶面。调用 HATCH/H 命令，对吊顶区域填充 ANSI32 图案，填充参数和效果如图 8-101 所示。

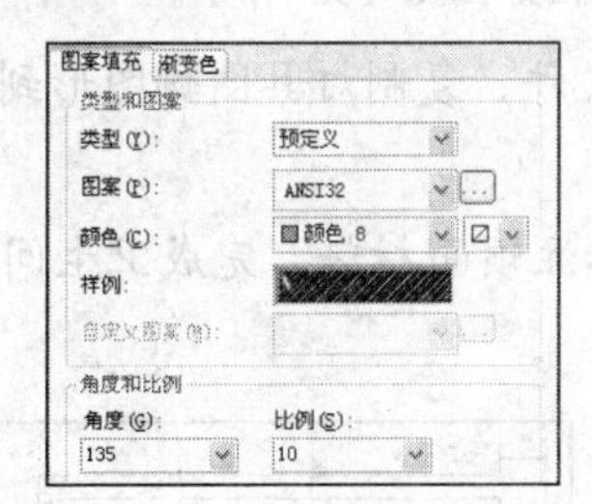

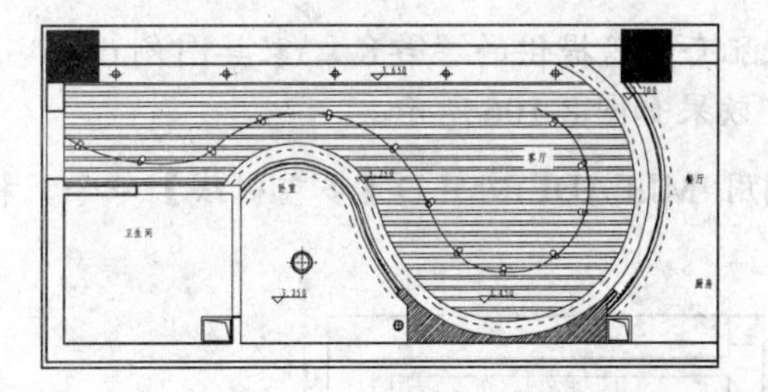

图 8-101　填充吊顶区域

23 文字说明。调用 MTEXT/MT 命令和 MLEADER/MLD 命令，标注顶面材料，效果如图 8-77 所示。

8.6.2　绘制卫生间顶棚图

卫生间顶棚为铝扣板吊顶，属于无造型顶面。由于没有造型，可以直接用图案表示顶面的材料和分格，并布置灯具、标注标高和文字说明，如图 8-102 所示。

课堂举例 8-13：绘制卫生间顶棚图

视频\第 8 章\课堂举例 8-13.mp4

01 调用 LINE/L 命令，绘制如图 8-103 所示线段。

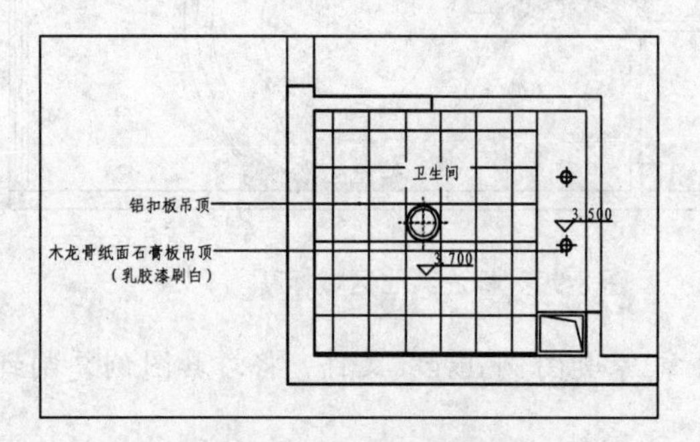

图 8-102 卫生间顶棚图

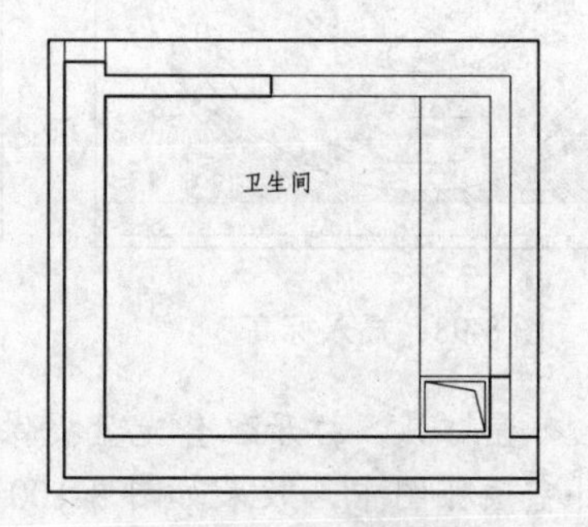

图 8-103 绘制线段

02 调用 HATCH/H 命令，对卫生间区域填充“用户定义”图案，填充参数和效果如图 8-104 所示。

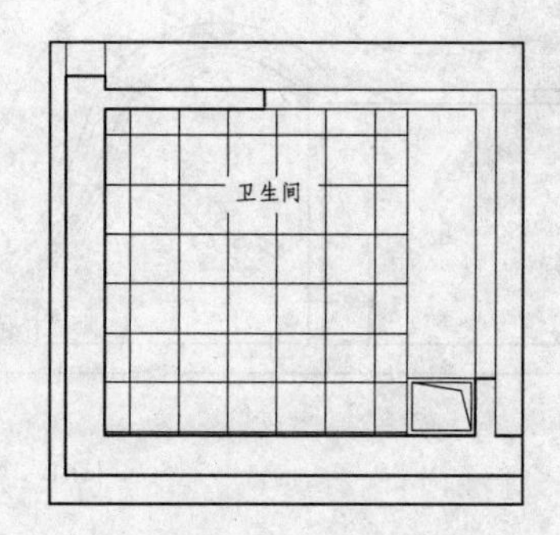

图 8-104 填充参数和效果

03 调用 INSERT/I 命令，插入“标高”图块，效果如图 8-105 所示。

04 从配套光盘提供的“第 8 章\家具图例.dwg”文件，复制灯具图例图形到顶棚图中的相应位置，效果如图 8-106 所示。

05 调用 MLEADER/MLD【多重引线】命令，标注顶面材料，完成卫生间顶棚图的绘制。

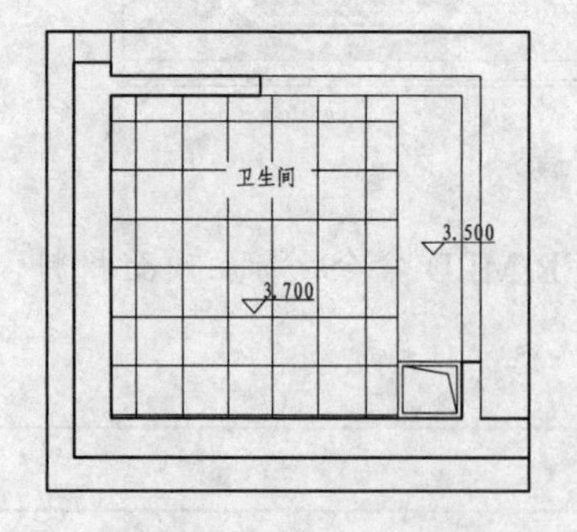

图 8-105 插入“标高”

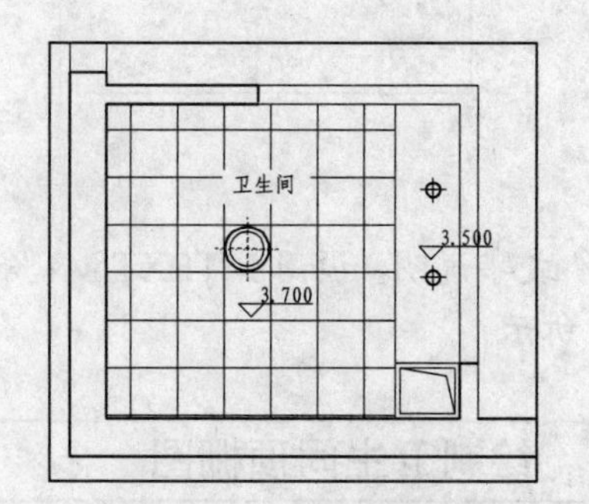

图 8-106 复制灯具图例

8.7 绘制小户型立面图

立面图所要表达的内容有 4 个面（左右墙、地面和顶面）所围合成的垂直界面的轮廓和轮廓里面的内容，包括正投影原理能够投影到画面上的所有构配件，如门、窗、隔断、窗帘、壁饰、灯具、家具、设备和陈设等。

8.7.1 绘制客厅和餐厅 B 立面图

客厅和餐厅 B 立面图如图 8-107 所示。需要表现的内容有装饰柱的做法、鞋柜、搁板、电视柜及橱柜的造型做法。

课堂举例 8-14：绘制客厅和餐厅 B 立面图

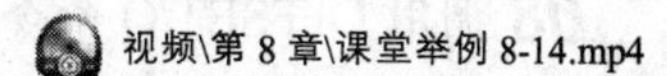
视频\第 8 章\课堂举例 8-14.mp4

01 复制图形。调用 COPY/CO 命令，复制小户型平面布置图上客厅和餐厅 B 立面的平面部分。

02 绘制立面基本轮廓。设置“LM_立面”图层为当前图层。

03 调用 LINE/L 命令，绘制 B 立面左、右侧墙体和地面轮廓线，如图 8-108 所示。

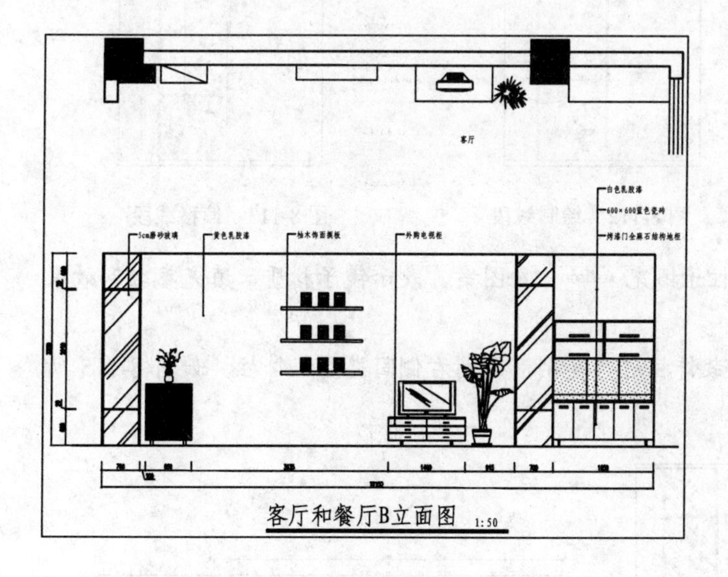

图 8-107　客厅和餐厅 B 立面图

图 8-108　绘制墙体和地面轮廓线

04 根据顶棚图客厅和餐厅的标高，调用 OFFSET/O 命令，向上偏移地面的轮廓线，偏移高度为 3250，如图 8-109 所示。

05 调用 TRIM/TR 命令，修剪多余线段，并将立面轮廓转换至“QT_墙体”图层，如图 8-110 所示。

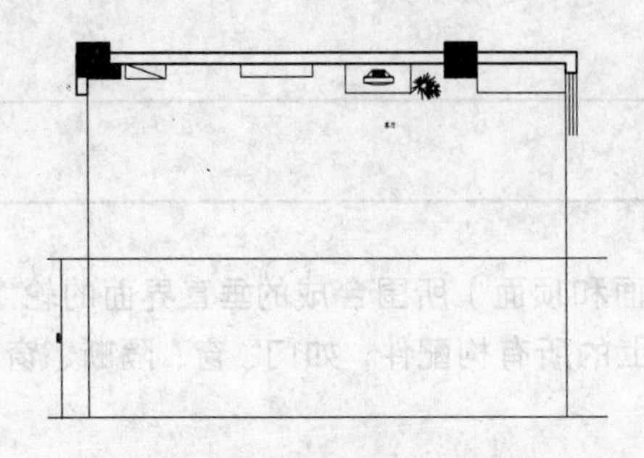

图 8-109　偏移地面轮廓线

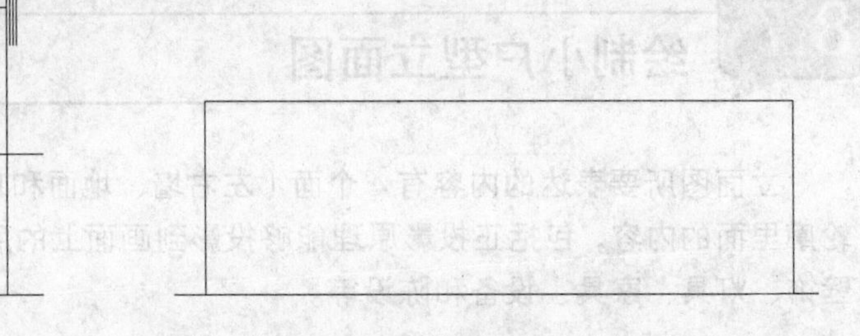

图 8-110　修剪线段

06 绘制装饰柱。调用 OFFSET/O 命令，偏移左侧墙体线，偏移距离为 20、660 和 20，并将偏移后的线段转换至“LM_立面”图层，如图 8-111 所示。

07 调用 LINE/L 命令，绘制如图 8-112 所示线段。

08 调用 OFFSET/O 命令，将线段向下偏移，效果如图 8-113 所示。

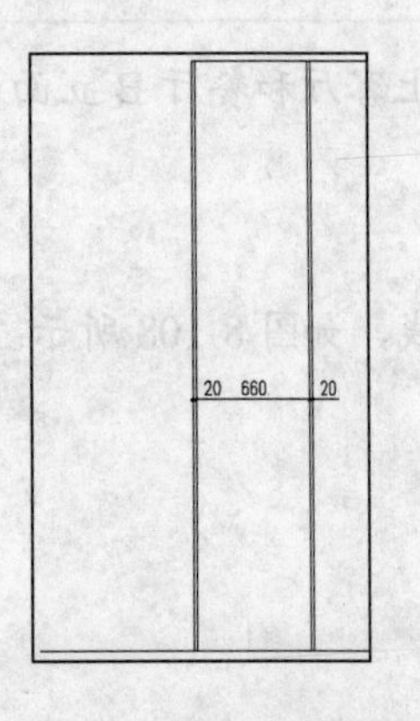

图 8-111　偏移线段

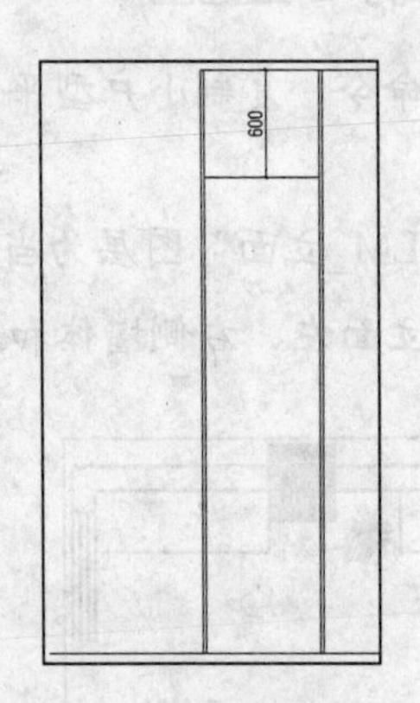

图 8-112　绘制线段

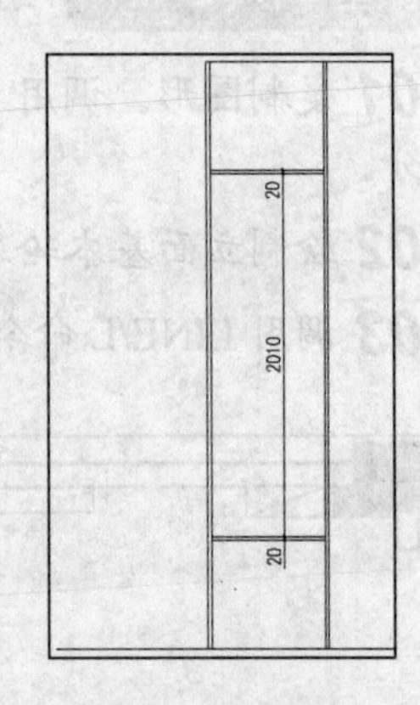

图 8-113　偏移线段

09 调用 HATCH/H 命令，对柱子填充 AR-RROOF 图案，表示镜子材质，填充参数和效果如图 8-114 所示。

10 调用 COPY/CO 命令，对装饰柱进行复制，得到右侧同类型装饰柱，如图 8-115 所示。

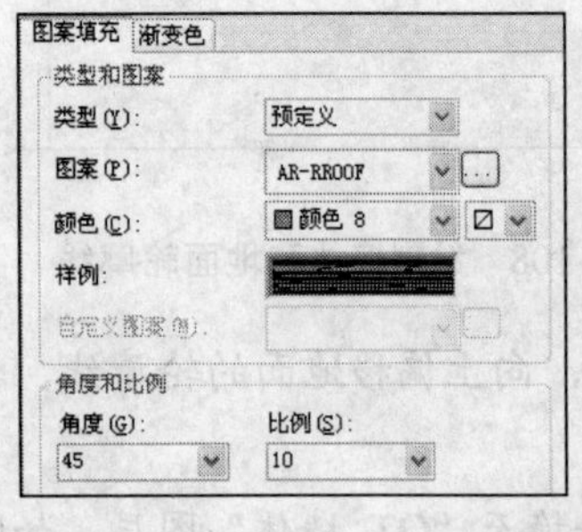

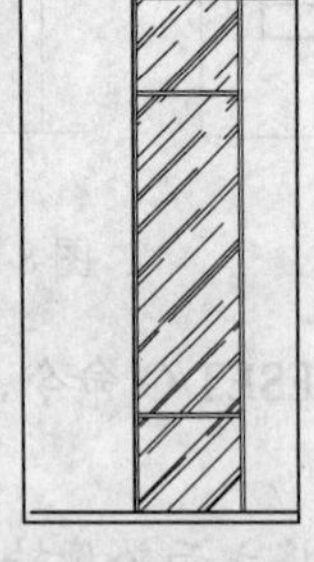

图 8-114　填充参数和效果

图 8-115　复制装饰柱

11 绘制鞋柜。调用 RECTANG/REC 命令，绘制尺寸为 850×940 的矩形，如图 8-116 所示。

12 调用 RECTANG/REC 命令，在矩形内绘制尺寸为 350×180 的矩形，如图 8-117 所示。

13 调用 LINE/L 命令，绘制如图 8-118 所示线段。

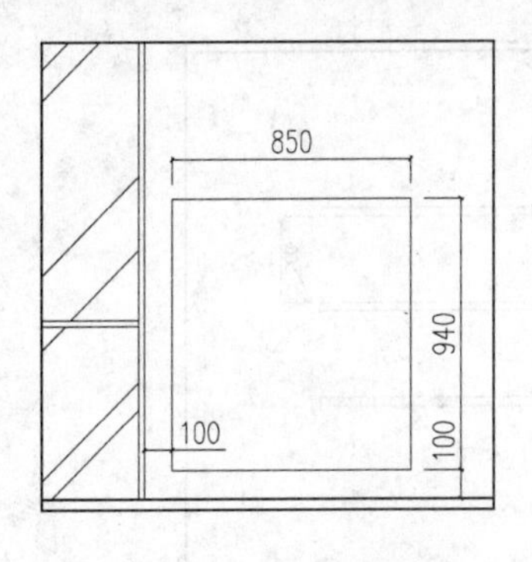

图 8-116　绘制矩形

图 8-117　绘制矩形

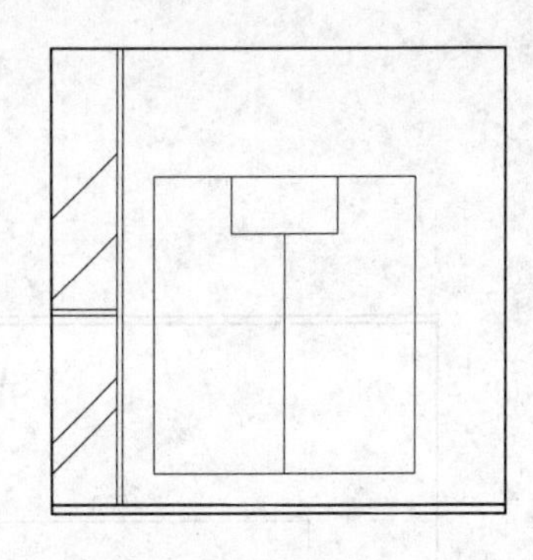

图 8-118　绘制线段

14 调用 OFFSET/O 命令，将矩形向内偏移 50，如图 8-119 所示。

15 调用 CIRCLE/C 命令和 COPY/CO 命令，绘制鞋柜柜门拉手，如图 8-120 所示。

16 调用 HATCH/H 命令，对鞋柜填充 ANSI31 图案，效果如图 8-121 所示。

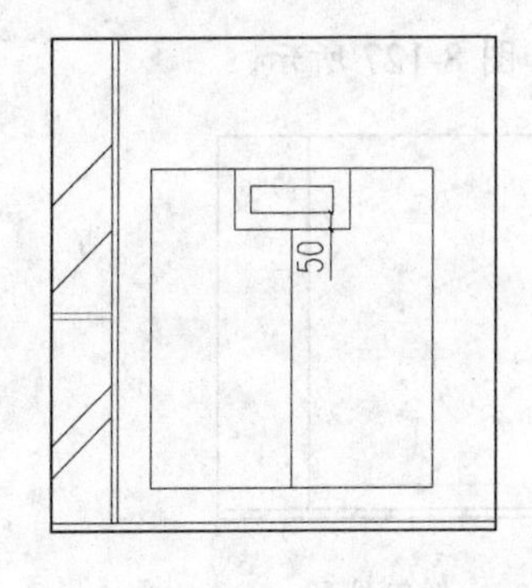

图 8-119　偏移矩形

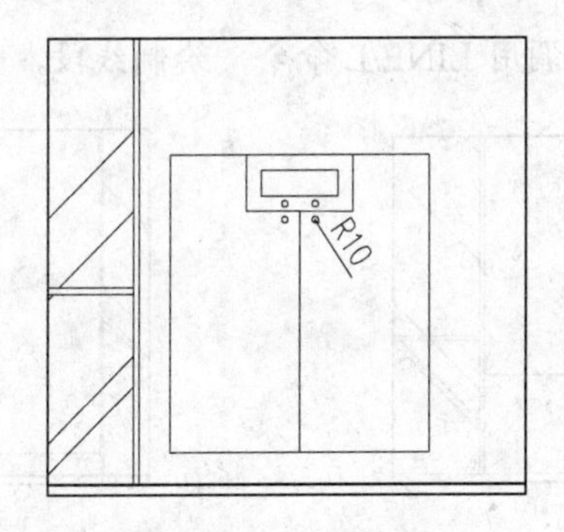

图 8-120　绘制拉手

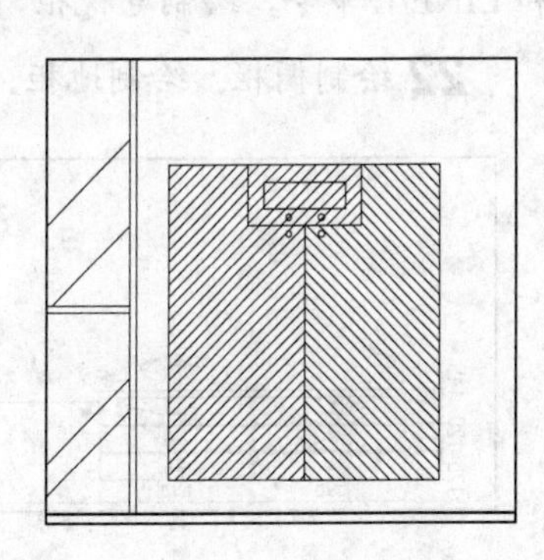

图 8-121　填充图案

17 调用 RECTANG/REC 命令，绘制鞋柜柜脚，如图 8-122 所示。

18 绘制搁板。绘制辅助线。调用 OFFSET/O 命令，通过偏移得到辅助线，如图 8-123 所示。

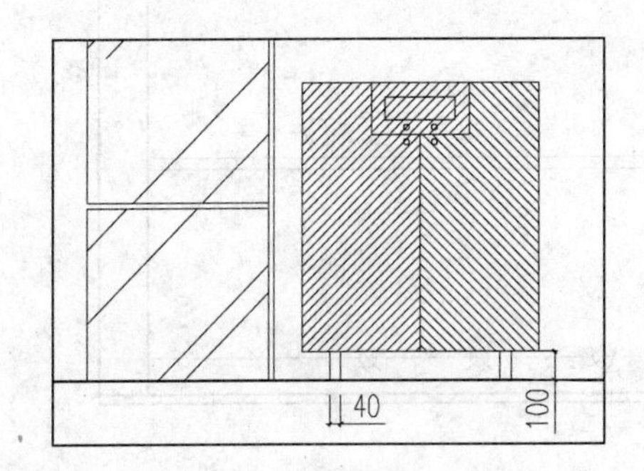

图 8-122　绘制鞋柜柜脚

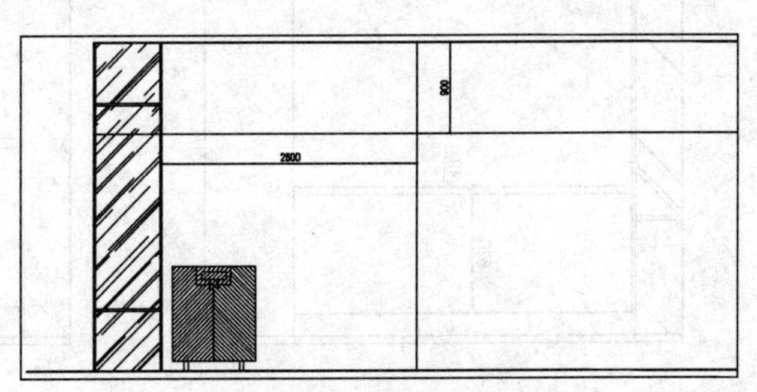

图 8-123　绘制辅助线

19 调用 RECTANG/REC 命令，以辅助线的交点为矩形的第一个角点，绘制尺寸为 1500 × 50 的矩形，然后删除辅助线，如图 8-124 所示。

20 调用 COPY/CO 命令，将矩形向下复制，效果如图 8-125 所示。

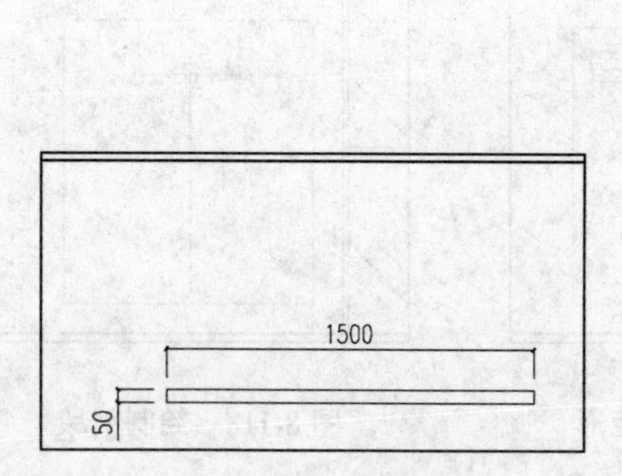

图 8-124　绘制矩形

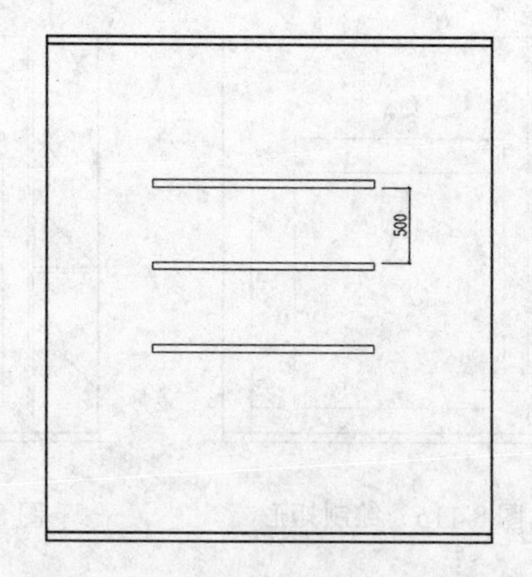

图 8-125　复制结果

21 绘制电视柜。电视柜的造型比较简单，调用 RECTANG/REC 命令、COPY/CO 命令和 LINE/L 命令，绘制电视柜，在这里就不做详细的讲解，电视柜的尺寸如图 8-126 所示。

22 绘制橱柜。绘制地柜。调用 LINE/L 命令，绘制线段，如图 8-127 所示。

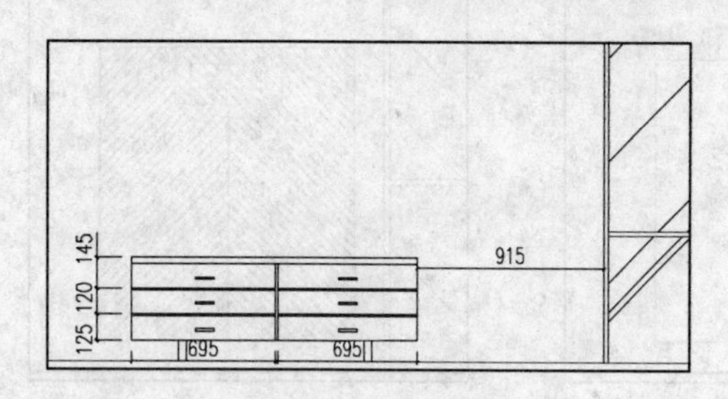

图 8-126　绘制电视柜

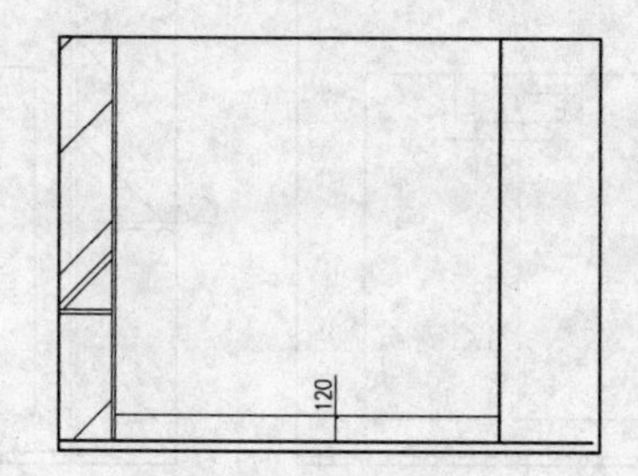

图 8-127　绘制线段

23 调用 OFFSET/O 命令，将线段向上偏移 620 和 40，如图 8-128 所示。

24 调用 DIVIDE/DIV 命令，将线段等为为 5 份，如图 8-129 所示。

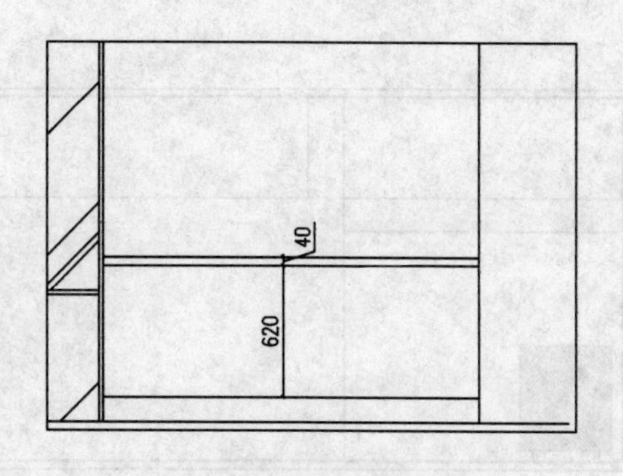

图 8-128　偏移线段

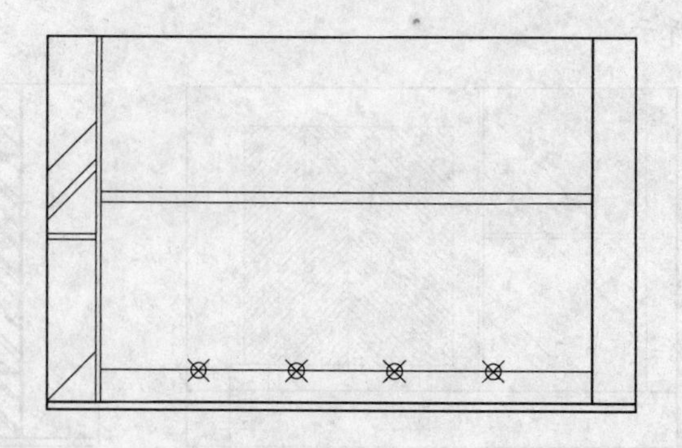

图 8-129　定数等分

提示　如果看不到等分点，只需执行【格式】|【点样式】命令，在打开的“点样式”对话框中选择一种特殊的点样式即可，如图 8-130 所示。

25 调用 LINE/L 命令，绘制线段，然后删除等分点，如图 8-131 所示。

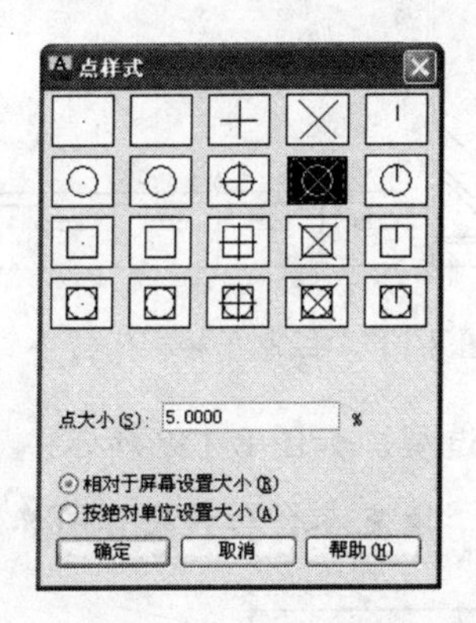

图 8-130　“点样式”对话框

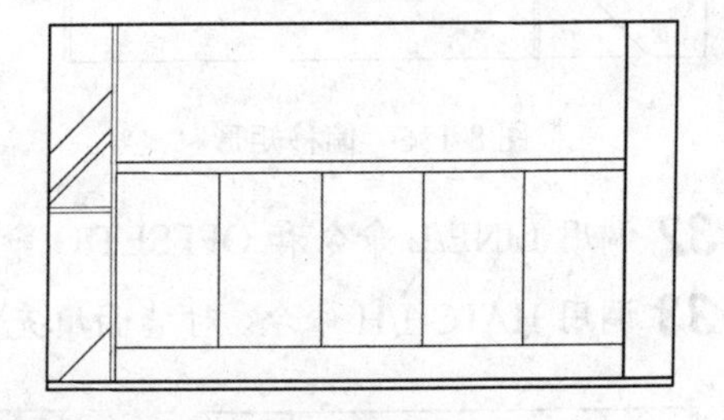

图 8-131　绘制线段

26 调用 RECTANG/REC 命令和 COPY/CO 命令，绘制柜门拉手，如图 8-132 所示。

27 调用 PLINE/PL 命令和 MIRROR/MI 命令，绘制地柜柜脚，如图 8-133 所示。

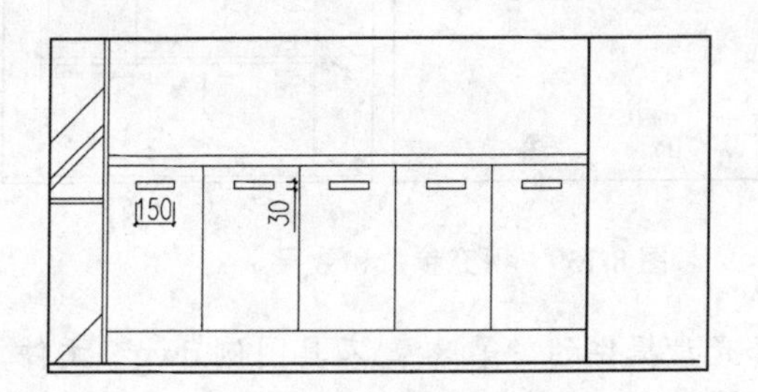

图 8-132　绘制柜门拉手

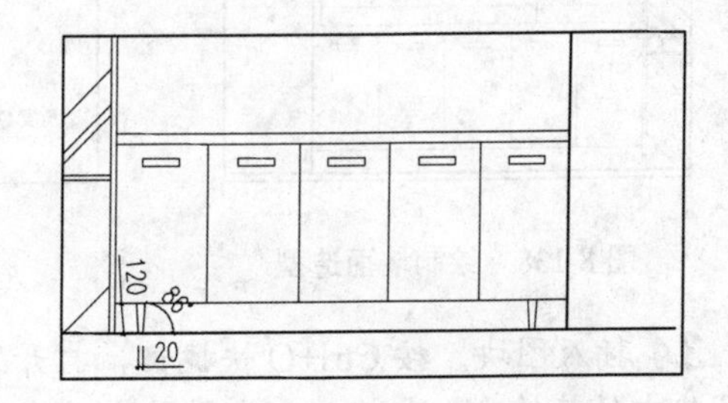

图 8-133　绘制地柜柜脚

28 绘制吊柜。调用 OFFSET/O 命令，将地柜台面线段向上偏移 700 和 650，如图 8-134 所示。

29 调用 LINE/L 命令，划分吊柜，如图 8-135 所示。

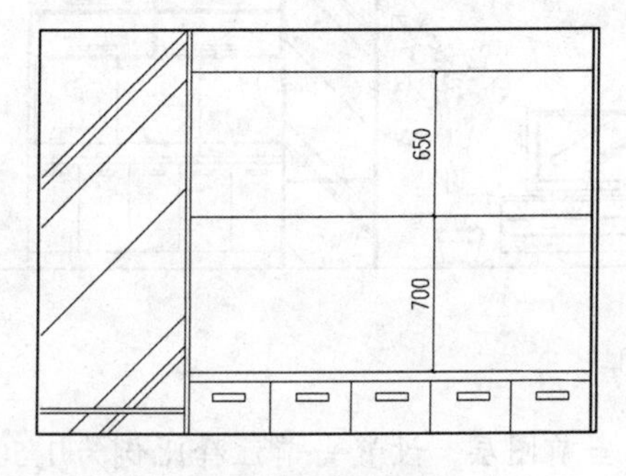

图 8-134　偏移线段

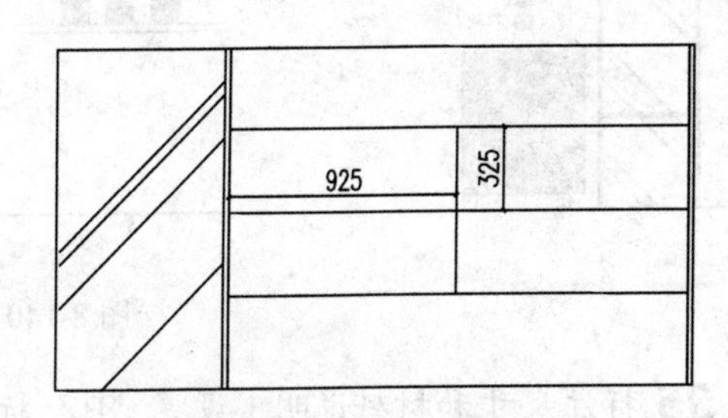

图 8-135　划分吊柜

30 调用 RECTANG/REC 命令，绘制矩形，并将矩形向内偏移 15，如图 8-136 所示。

31 调用 RECTANG/REC 命令和 COPY/CO 命令，绘制吊柜柜门拉手，如图 8-137 所示。

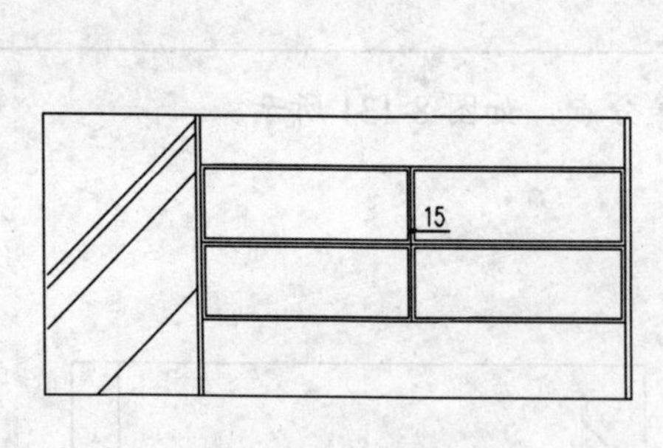

图 8-136　偏移矩形

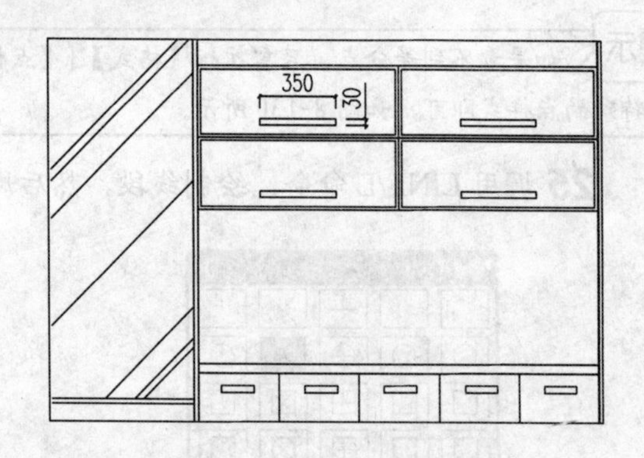

图 8-137　绘制吊柜柜门拉手

32 调用 LINE/L 命令和 OFFSET/O 命令，绘制墙面造型，如图 8-138 所示。

33 调用 HATCH/H 命令，对墙面填充 DOTS 图案，填充参数和效果如图 8-139 所示。

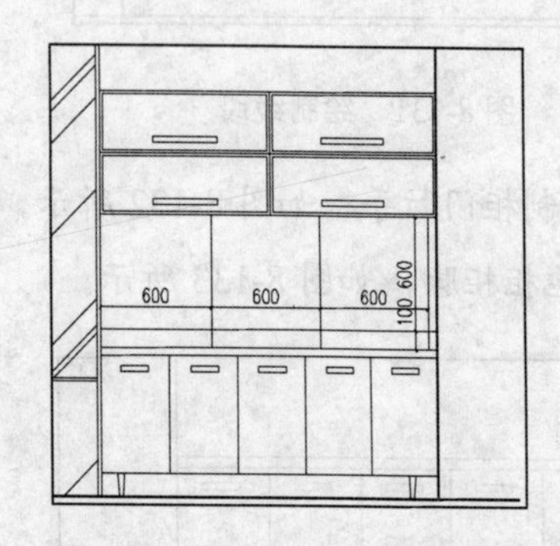

图 8-138　绘制墙面造型

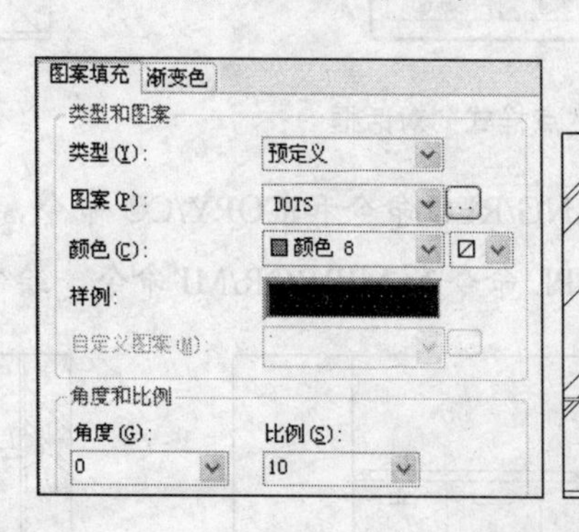

图 8-139　填充参数和效果

34 插入图块。按 Ctrl+O 快捷键，打开配套光盘提供的“第 8 章\家具图例.dwg”文件，选择其中的装饰品、电视、盆栽等图块，将其复制至立面区域，如图 8-140 所示。

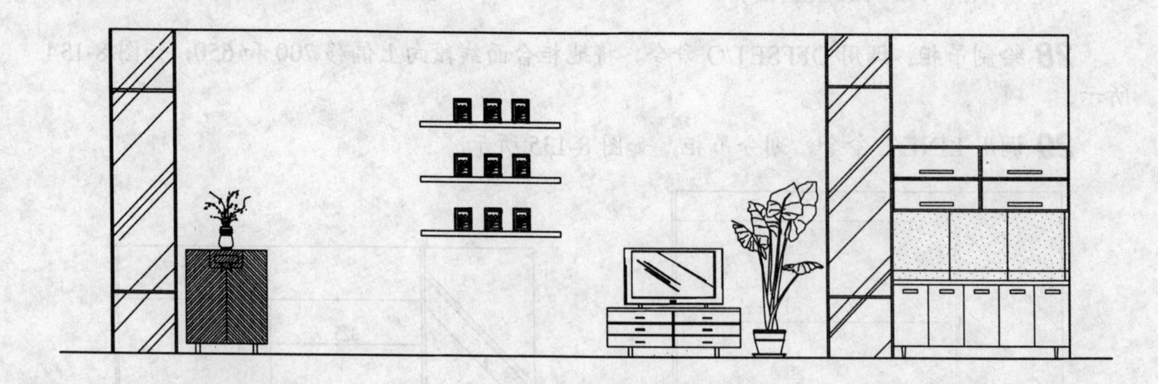

图 8-140　插入图块

35 标注尺寸和材料说明。设置“BZ_标注”为当前图层。设置当前注释比例为 1:50。

36 调用 DIMLINEAR/DLI 命令或执行【标注】|【线性】命令标注尺寸，本图应该在垂直方向和水平方向分别进行标注，标注结果如图 8-141 所示。

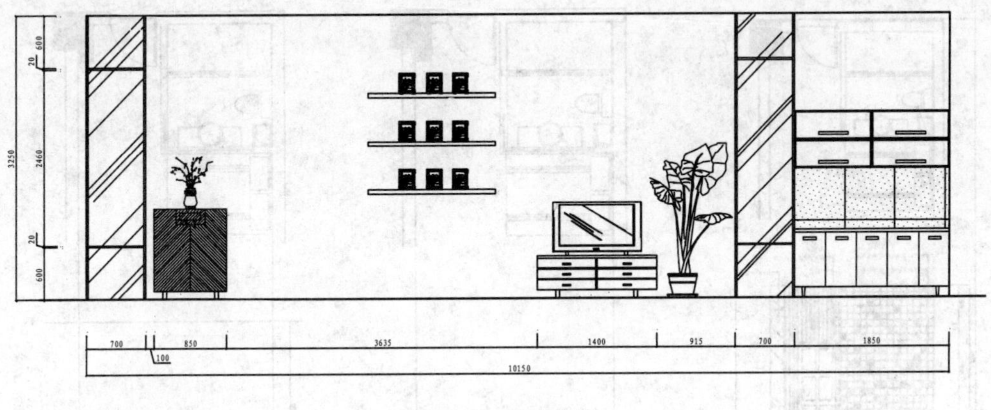

图 8-141　尺寸标注

37 调用 MLEADER/MLD 命令标注材料说明，标注结果如图 8-142 所示。

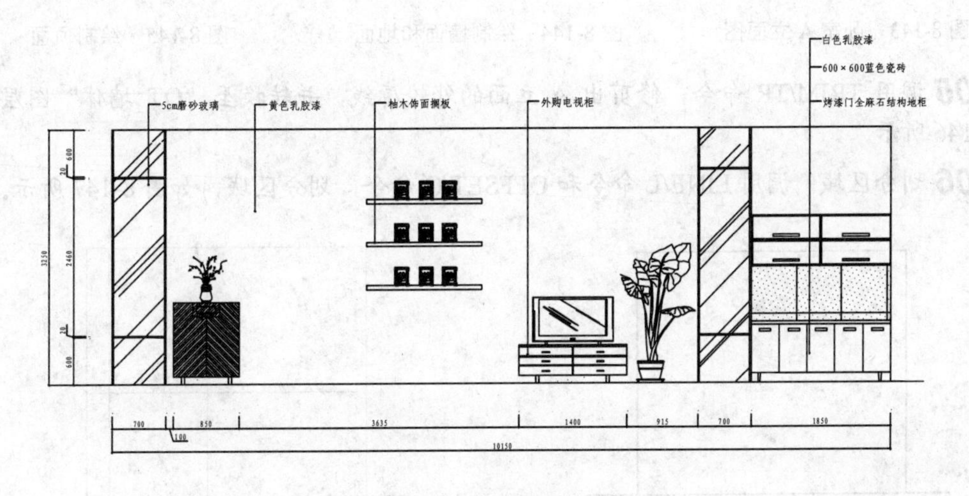

图 8-142　材料说明

38 调用 INSERT/I 命令，插入“图名”图块，设置 B 立面图名称为“客厅和餐厅 B 立面图”，客厅和餐厅 B 立面图绘制完成。

8.7.2　绘制卧室 A 立面图

卧室 A 立面图是床和入口门所在的立面，如图 8-143 所示，下面讲解其绘制方法。

课堂举例 8-15：绘制卧室 A 立面图

视频\第 8 章\课堂举例 8-15.mp4

01 绘制立面外轮廓。设置“LM_立面”图层为当前图层。

02 立面图绘制常借助于平面布置图。复制小户型平面布置图上 A 立面的平面部分，并对图形进行旋转。

03 调用 LINE/L 命令，应用投影法绘制小户型卧室 A 立面左、右侧轮廓和地面，结果如图 8-144 所示。

04 调用 OFFSET/O 命令，向上偏移地面线 3250，得到顶面，如图 8-145 所示。

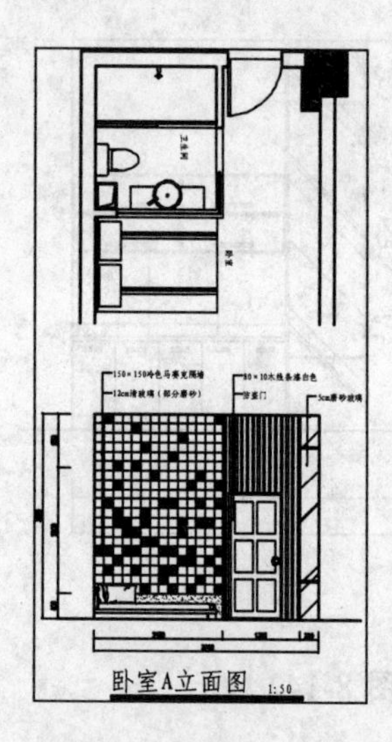

图 8-143　卧室 A 立面图

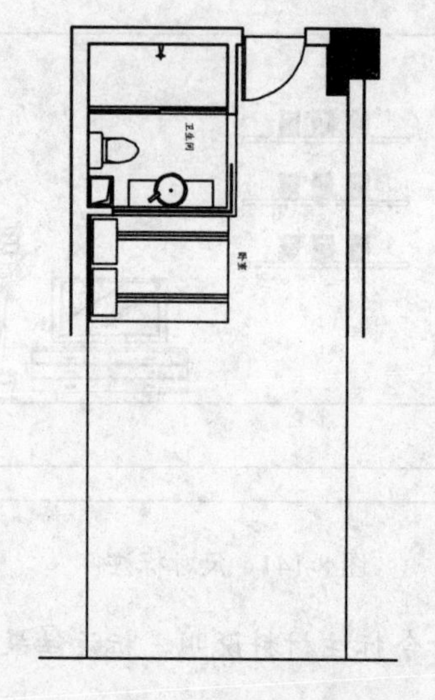

图 8-144　绘制墙面和地面

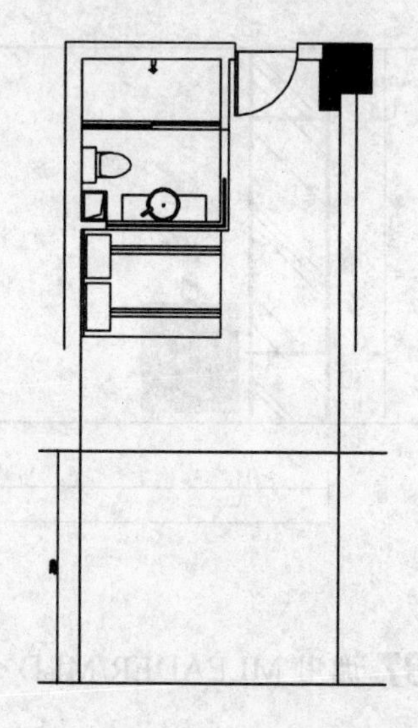

图 8-145　绘制顶面

05 调用 TRIM/TR 命令，修剪出 A 立面的外轮廓线，并转换至“QT_墙体”图层，如图 8-146 所示。

06 划分区域。调用 LINE/L 命令和 OFFSET/O 命令，划分区域，如图 8-147 所示。

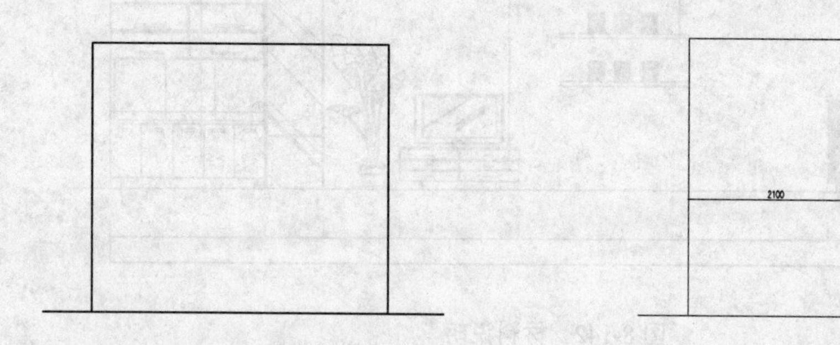

图 8-146　修剪立面外轮廓

图 8-147　划分区域

07 绘制装饰柱。调用 LINE/L 命令、OFFSET/O 命令和 HATCH/H 命令，绘制装饰柱，效果如图 8-148 所示。

08 绘制卧室所在墙面造型。调用 LINE/L 命令，绘制如图 8-149 所示线段。

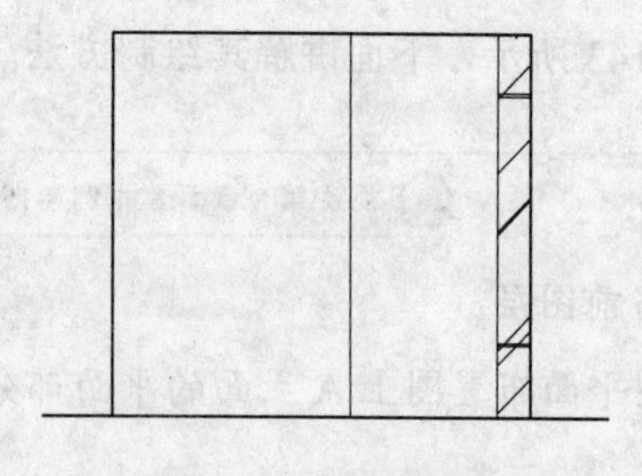

图 8-148　绘制装饰柱

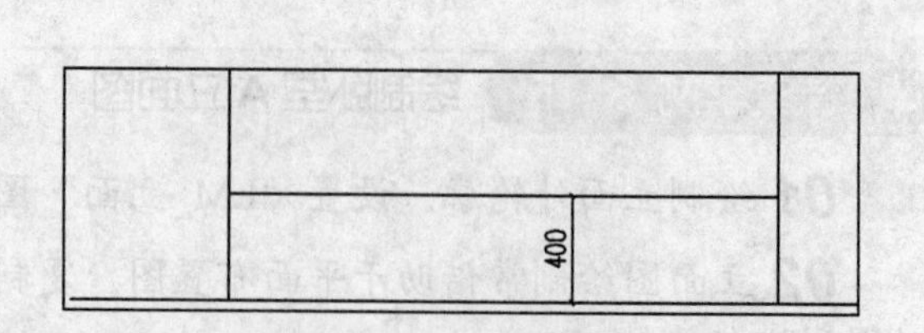

图 8-149　绘制线段

09 调用 HATCH/H 命令，对线段下方填充 AR-SAND 图案，填充参数和效果如图 8-150 所示。

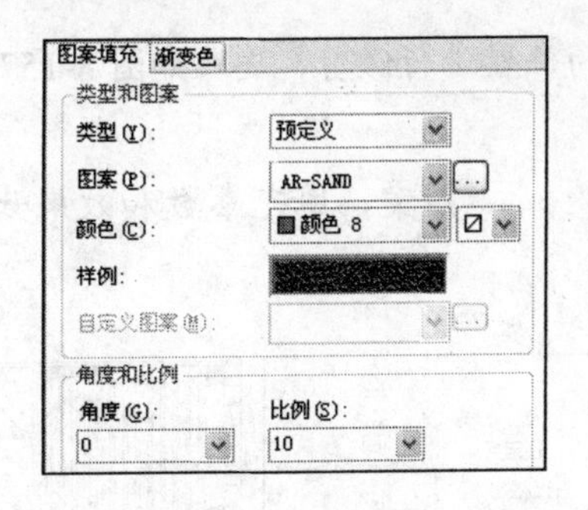

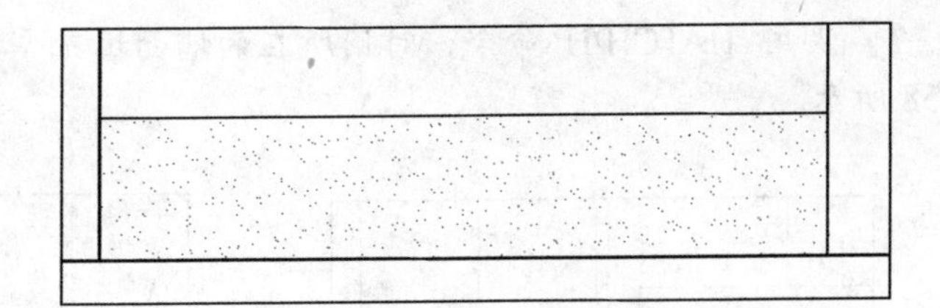

图 8-150　填充参数和效果

10 调用 LINE/L 命令和 OFFSET/O 命令，绘制线段上方墙面造型，如图 8-151 所示。

11 调用 HATCH/H 命令，在造型内填充 SOLID 图案，填充效果如图 8-152 所示。

12 绘制入户门和门所在的墙面造型。调用 RECTANG/REC 命令，绘制门的外轮廓，如图 8-153 所示。

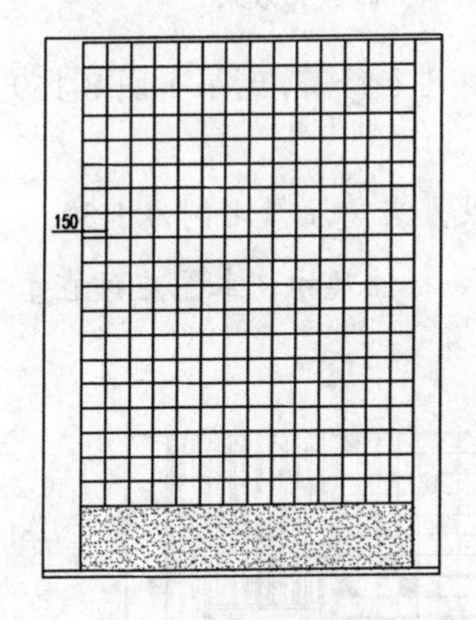

图 8-151　绘制墙面造型

图 8-152　填充参数和效果

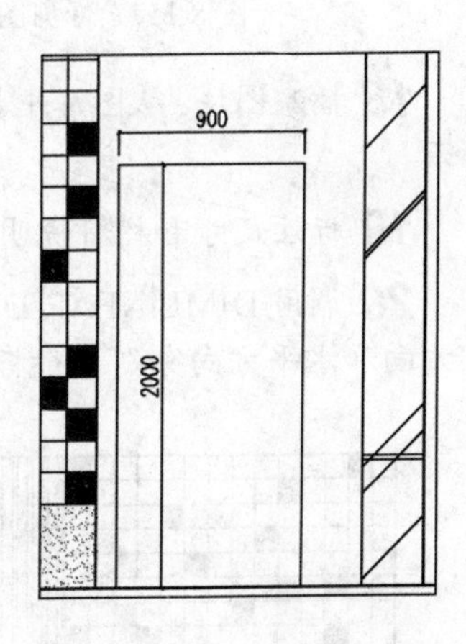

图 8-153　绘制门的外轮廓

13 调用 OFFSET/O 命令，将矩形向内偏移 30，表示门套，如图 8-154 所示。

14 调用 RECTANG/REC 命令和 COPY/CO 命令，绘制门板造型，如图 8-155 所示。

15 调用 CIRCLE/C 命令和 OFFSET/O 命令，绘制门把手，如图 8-156 所示。

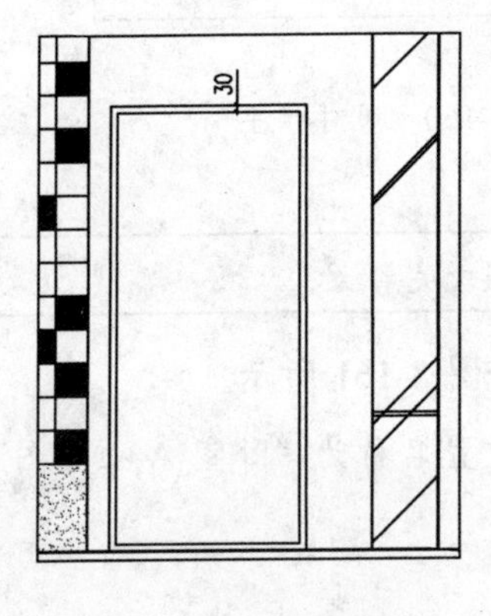

图 8-154　绘制门套

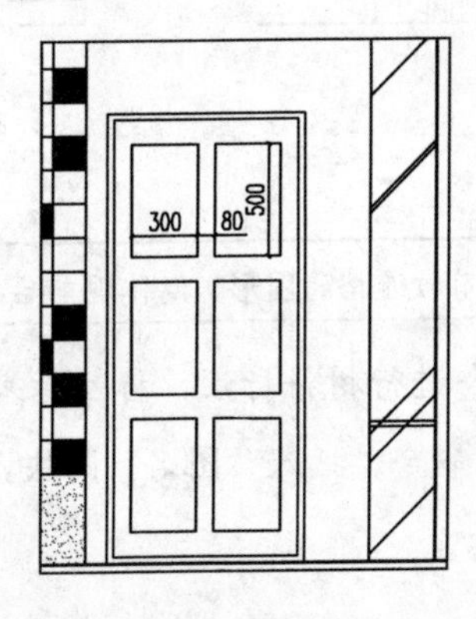

图 8-155　绘制门板造型

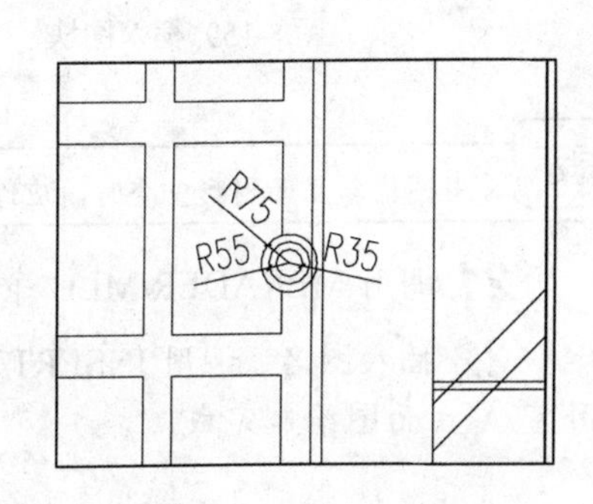

图 8-156　绘制门把手

16 调用 TRIM/TR 命令，对门板造型和门把手相交的位置进行修剪，效果如图 8-157 所示。

17 调用 HATCH/H 命令，对门所在的墙面填充 ANSI32 图案，填充参数和效果如图 8-158 所示。

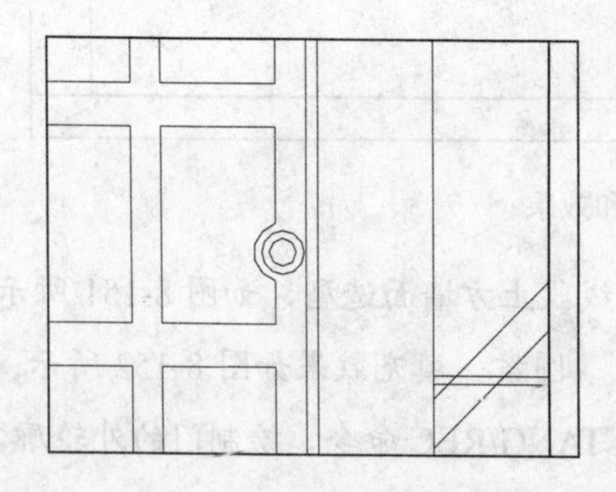

图 8-157　修剪图形

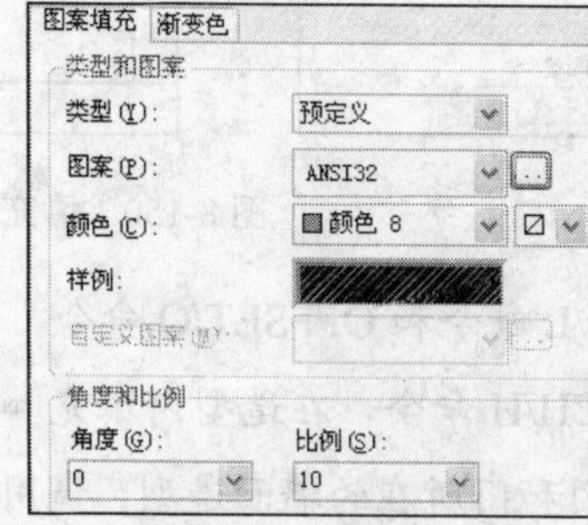

图 8-158　填充参数和效果

18 插入图块。从图库中插入床图形，将其复制至立面区域，并进行修剪，结果如图 8-159 所示。

19 标注尺寸和材料说明。设置“BZ_标注”为当前图层。设置当前注释比例为 1:50。

20 调用 DIMLINEAR/DLI 命令或执行【标注】|【线性】命令标注尺寸，本图应该在垂直方向和水平方向分别进行标注，标注结果如图 8-160 所示。

图 8-159 插入图块

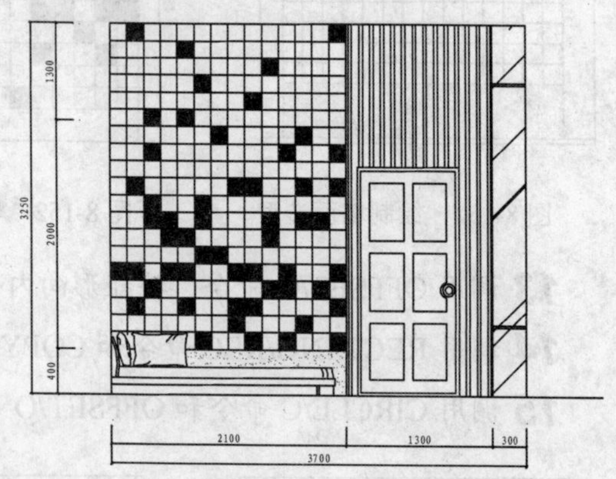

图 8-160　尺寸标注

> **提示** 当图块与立面图形重叠时，应修剪被遮挡的图形，以体现前后的层次关系。

21 调用 MLRADER/MLD 命令进行材料标注，标注结果如图 8-161 所示。

22 插入图名。调用 INSERT/I 命令，插入“图名”图块，设置名称为“卧室 A 立面图”。卧室 A 立面图绘制完成。

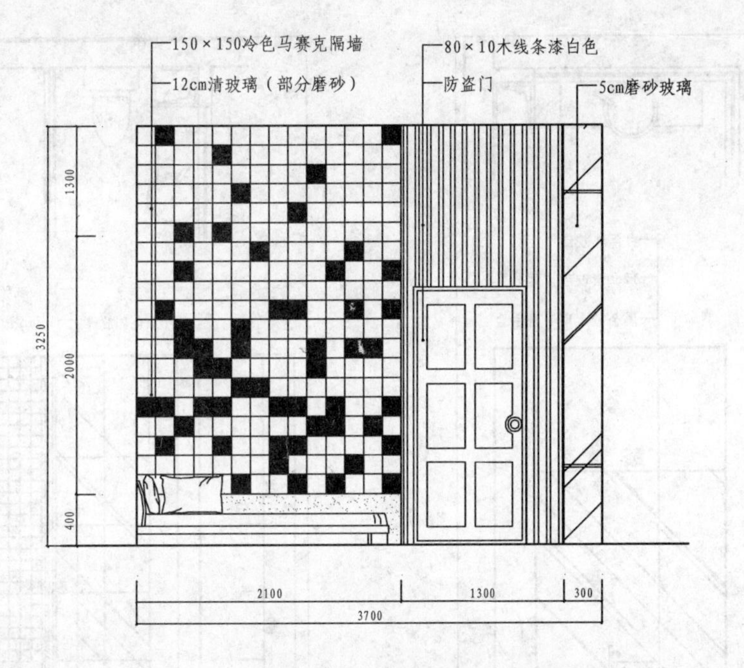

图 8-161　材料标注

8.7.3　绘制其他立面图

卧室、客厅和厨房 B 立面图、卫生间 C 立面图和卫生间 D 立面图如图 8-162～图 8-164 所示，其绘制方法比较简单，请读者参考前面讲解的方法进行绘制。

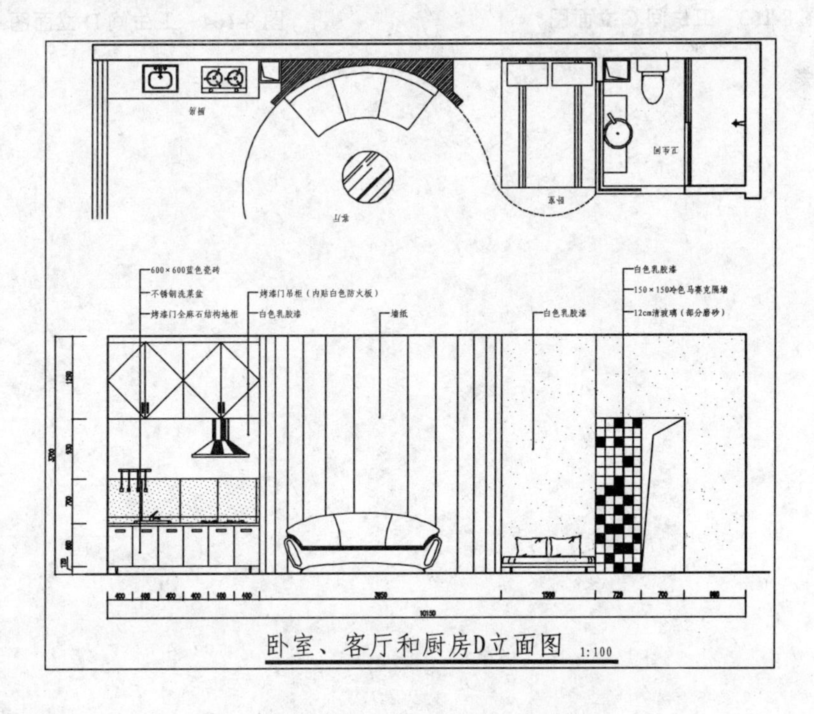

图 8-162　卧室、客厅和厨房 D 立面图

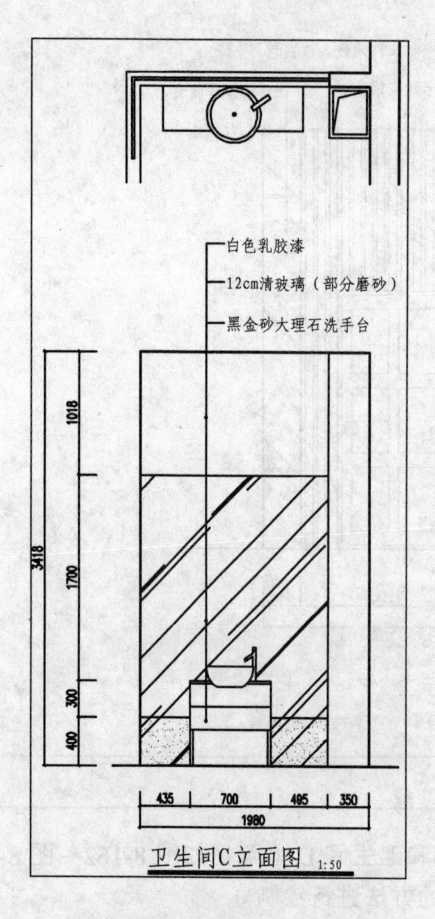

图 8-163　卫生间 C 立面图

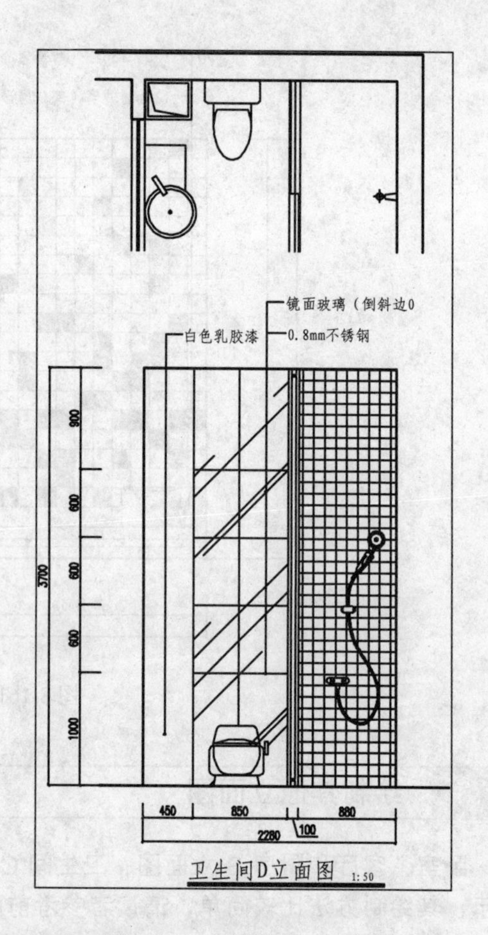

图 8-164　卫生间 D 立面图

第 9 章 现代风格两居室室内设计

本章导读

现代设计，追求的是空间的实用性和灵活性。居住空间是根据相互间的功能关系组合而成的，而且功能空间相互渗透，空间的利用率更高。

本章重点

★ 调用样板新建文件
★ 绘制两居室原始户型图
★ 墙体改造
★ 绘制两居室平面布置图
★ 绘制两居室地材图
★ 绘制两居室顶棚图
★ 绘制两居室立面图

现代风格的居室重视个性和创造性的表现，不主张追求高档豪华，而着力表现区别于其他住宅的东西。住宅小空间多功能是现在室内设计的重要特征。与主人兴趣爱好相关联的功能空间包括家庭视听中心、迷你酒吧、健身角和家庭电脑工作室等。这些个性化功能空间完全可以按主人的个人喜好进行设计，从而表现出与众不同的效果。如图 9-1 和图 9-2 所示。

图 9-1　迷你酒吧

图 9-2　家庭电脑工作室

9.1 调用样板新建文件

本书第 6 章创建了室内装潢施工图样板，该样板已经设置了相应的图形单位、样式、图层和图块等，原始户型图可以直接在此样板的基础上进行绘制。

课堂举例 9-1：新建两居室室内设计文件

视频\第 9 章\课堂举例 9-1.mp4

01 执行【文件】|【新建】命令，打开“选择文件”对话框。

02 单击使用样板按钮，选择“室内装潢施工图模板”，如图 9-3 所示。

03 单击【打开】按钮，以样板创建图形，新图形中包含了样板中创建的图层、样式和图块等内容。

04 选择【文件】|【保存】命令，打开“图形另存为”对话框，在“文件名”框中输入文件名，单击【保存】按钮保存图形。

9.2 绘制两居室原始户型图

两居室的原始户型图需要绘制的内容有房屋平面的形状、大小、墙、柱子的位置和尺寸，门窗的类型和位置等。如图 9-4 所示为两居室原始户型图，下面讲解绘制方法。

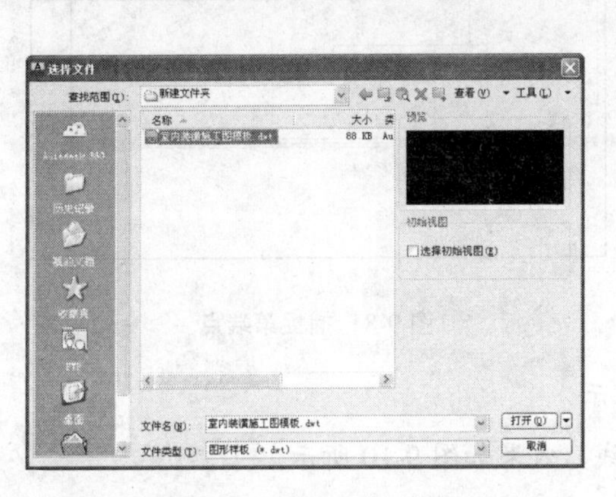

图 9-3　“选择文件”对话框

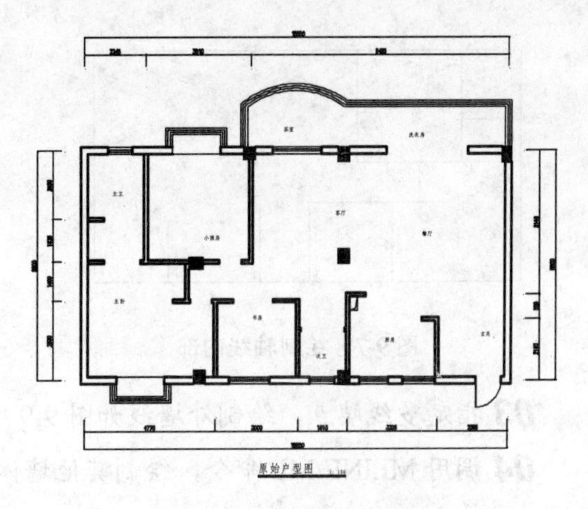

图 9-4　原始户型图

9.2.1　绘制轴线

如图 9-5 所示为绘制完成的轴网，下面讲解使用 PLINE/PL 命令绘制轴线的方法。

课堂举例 9-2：绘制两居室原始户型图轴线

视频\第 9 章\课堂举例 9-2.mp4

01 设置“ZX_轴线”图层为当前图层。

02 调用 PLINE/PL 命令，绘制轴线的外轮廓，如图 9-6 所示。

03 调用 PLINE/PL 命令，绘制轴线内部，如图 9-7 所示。

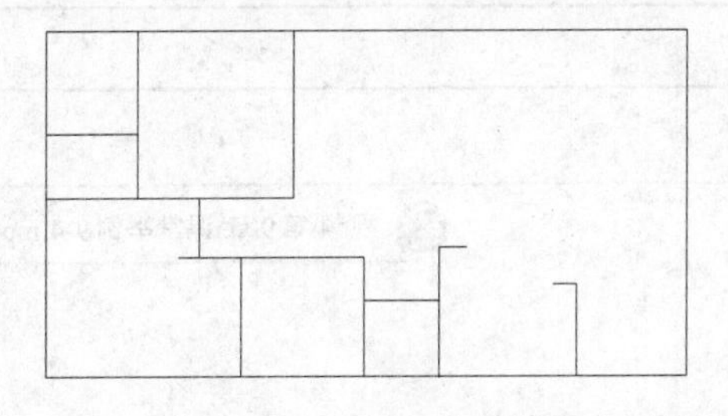

图 9-5　完整的轴网

图 9-6　绘制轴线外轮廓

9.2.2　多线绘制墙体

两居室有区分明确的客厅、卧室、厨房、卫生间等功能空间，墙线较为复杂，这里使用【多线】命令进行绘制。

课堂举例 9-3：绘制两居室墙体

视频\第 9 章\课堂举例 9-3.mp4

01 设置“QT_墙体”图层为当前图层。

02 调用 MLINE/ML 命令，设置多线比例为 240，选择“对正(J)”选项和“无(Z)”选项，然后捕捉端点绘制墙体，效果如图 9-8 所示。

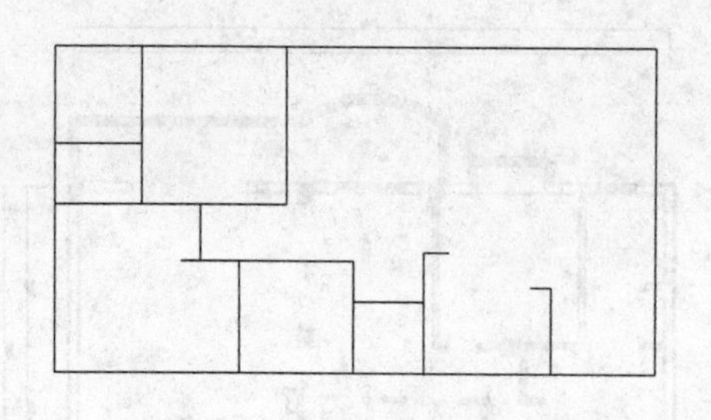

图 9-7　绘制轴线内部

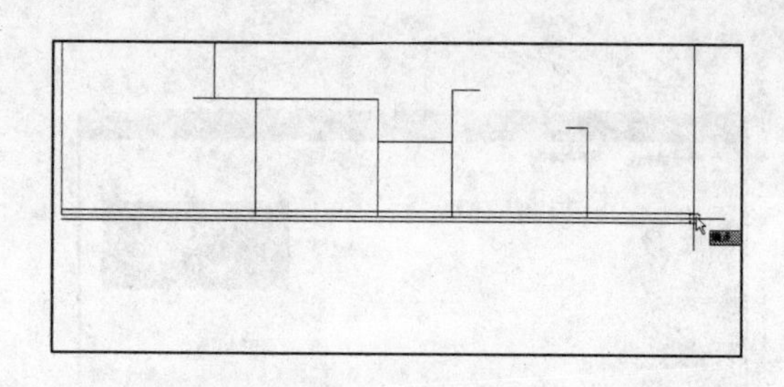

图 9-8　捕捉第端点

03 指定多线端点，绘制外墙线如图 9-9 所示。

04 调用 MLINE/ML 命令，绘制其他墙体线，效果如图 9-10 所示。

图 9-9　绘制外墙线

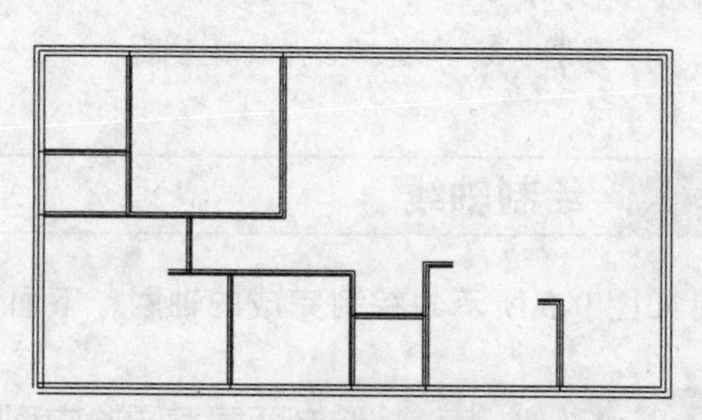

图 9-10　绘制其他墙体线

> **提示**　内墙线的宽度为 120，在绘制时需要设置多线比例为 120。

9.2.3 修剪墙体

课堂举例 9-4：修剪两居室墙体

视频\第 9 章\课堂举例 9-4.mp4

01 隐藏 "ZX_轴线" 图层。

02 调用 EXPLODE/X 命令，分解多线。

03 多线分解之后，即可调用 TRIM/TR 命令和 CHAMFER/CHA 命令进行修剪，效果如图 9-11 所示。

04 调用 LINE/L 命令，绘制线段封闭墙体，如图 9-12 所示。

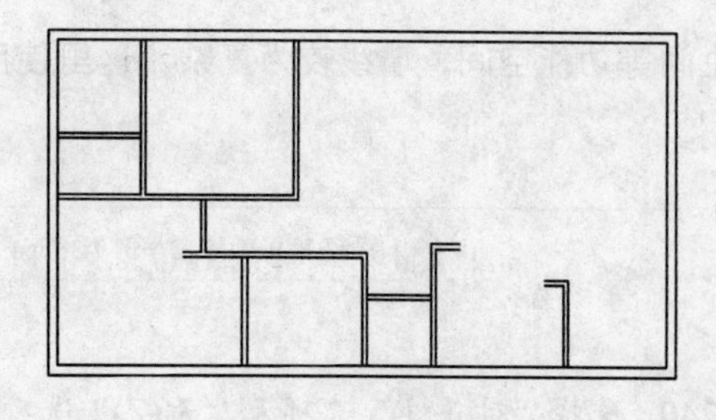

图 9-11　修剪线段

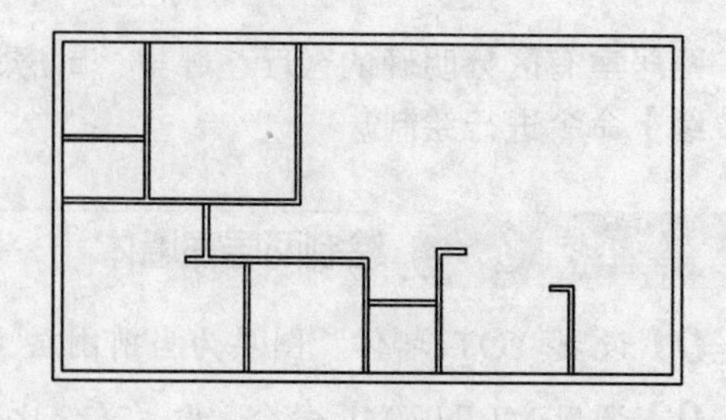

图 9-12　绘制线段

9.2.4 尺寸标注

课堂举例 9-5：标注两居室尺寸

视频\第 9 章\课堂举例 9-5.mp4

01 设置“BZ_标注”图层为当前图层。

02 调用 RECTANG/REC 命令，绘制一个比图形稍大的矩形，如图 9-13 所示。

03 调用 DIMLINEAR/DLI 命令标注尺寸，标注尺寸后删除矩形，结果如图 9-14 所示。

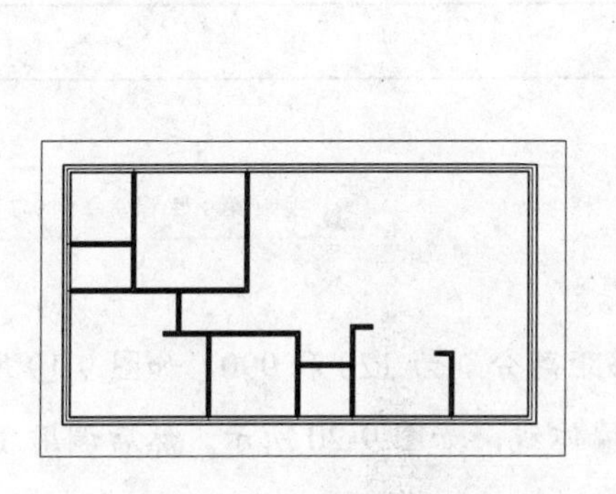

图 9-13　绘制矩形

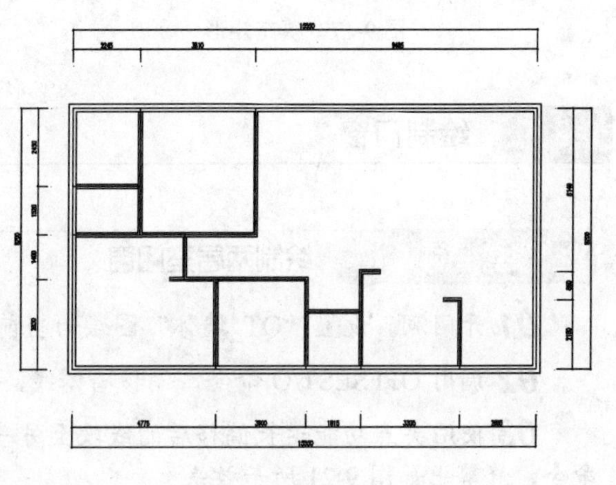

图 9-14　标注尺寸

9.2.5 绘制柱子

课堂举例 9-6：绘制两居室墙柱

视频\第 9 章\课堂举例 9-6.mp4

01 隐藏“ZX_轴线”图层。

02 设置“ZZ_柱子”图层为当前图层。

03 调用 RECTANG/REC 命令，绘制尺寸为 370 × 545 的矩形，如图 9-15 所示。

04 调用 TRIM/TR 命令，修剪矩形内的线段，如图 9-16 所示。

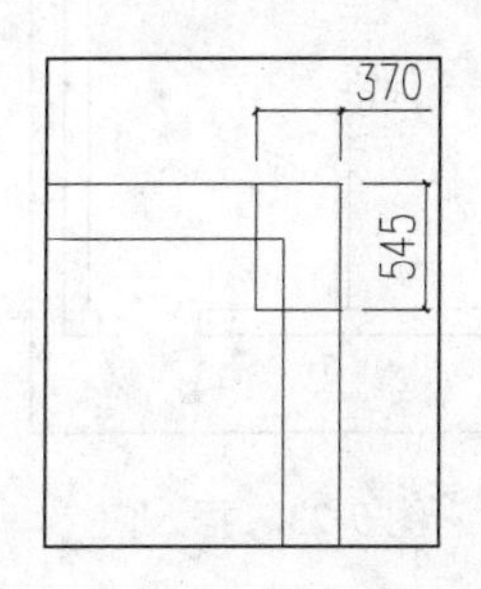

图 9-15　绘制矩形

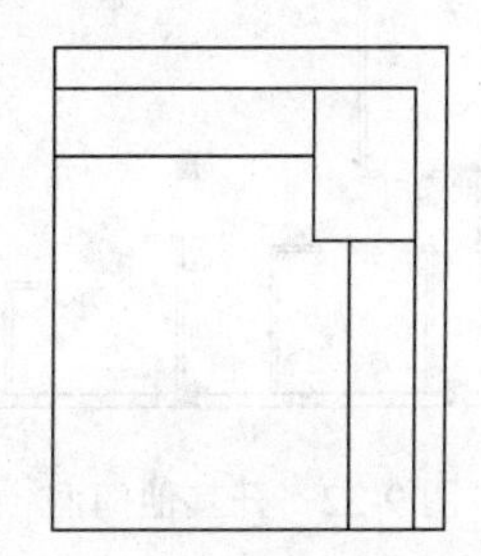

图 9-16　修剪线段

05 调用 HATCH/H 命令，对柱子内填充 SOLID 图案，填充效果如图 9-17 所示。

06 调用 RECTANG/REC 命令、HATCH/H 命令和 COPY/CO 命令，绘制其他柱子，效果如图 9-18 所示。

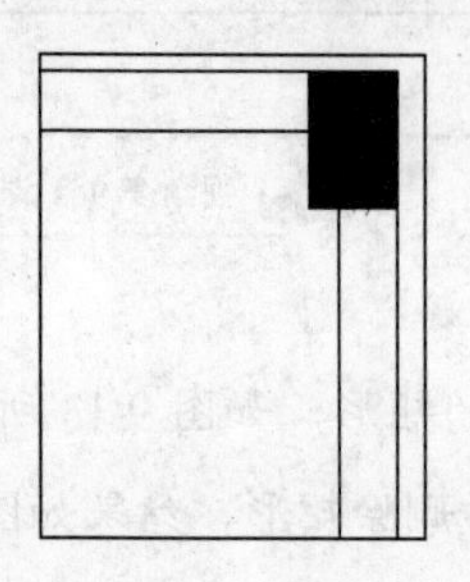

图 9-17　填充矩形

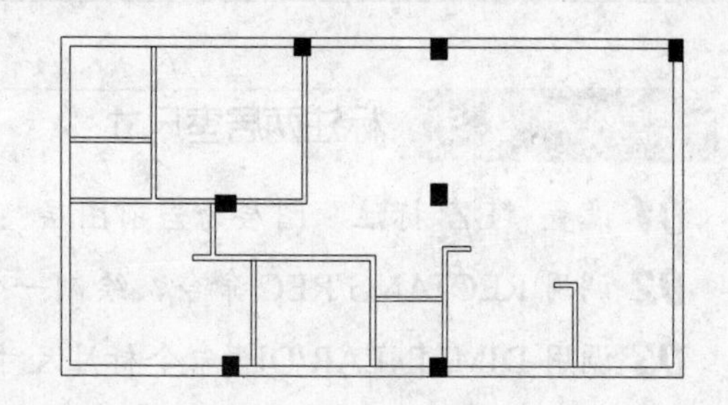

图 9-18　绘制其他矩形

9.2.6 绘制门窗

课堂举例 9-7：绘制两居室门窗

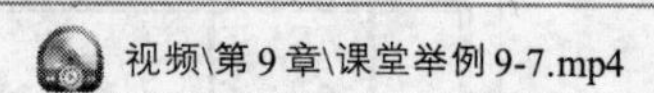

视频\第 9 章\课堂举例 9-7.mp4

01 开门洞。设置“QT_墙体”图层为当前图层。

02 调用 OFFSEST/O 命令，偏移墙体线，偏移距离分别为 120 和 990，如图 9-19 所示。

03 使用夹点功能延长偏移后的线段至另一侧墙体线，如图 9-20 所示。然后调用 TRIM 命令，修剪出如图 9-21 所示效果。

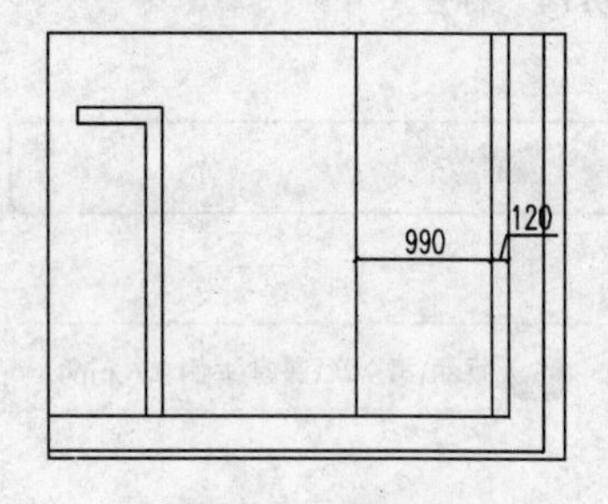

图 9-19　偏移线段

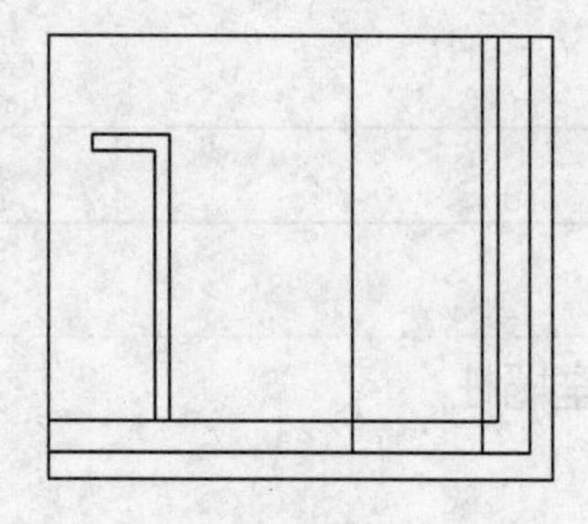

图 9-20　延长线段

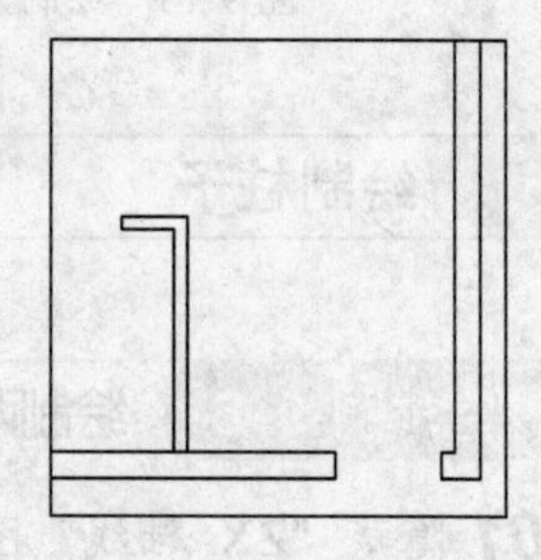

图 9-21　修剪门洞

04 使用相同的方法开其他门洞，效果如图 9-22 所示。

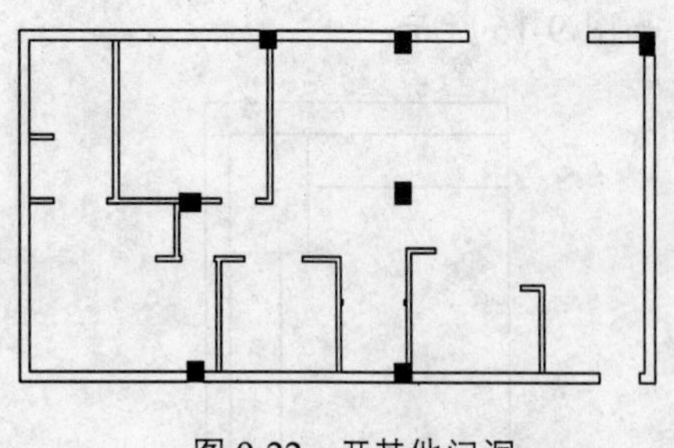

图 9-22　开其他门洞

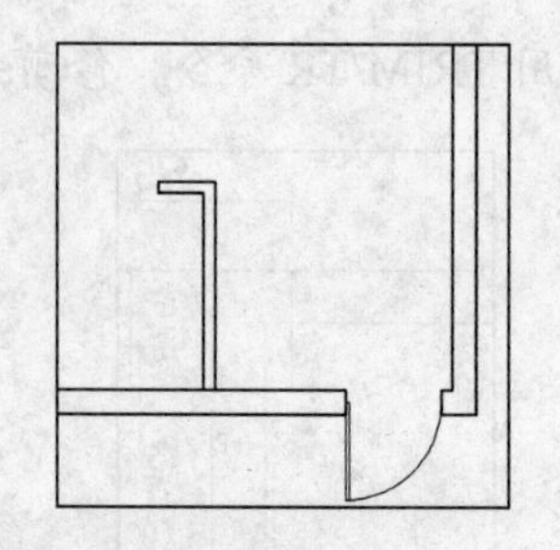

图 9-23　插入门

05 绘制门。设置“M_门”图层为当前图层。

06 调用 INSERT/I 命令，插入门图块，效果如图 9-23 所示。

07 绘制窗。调用 OFFSET/O 命令和 TRIM/TR 命令，开窗洞，如图 9-24 所示。

08 绘制平开窗。调用 INSERT/I 命令，插入窗图块，如图 9-25 所示。

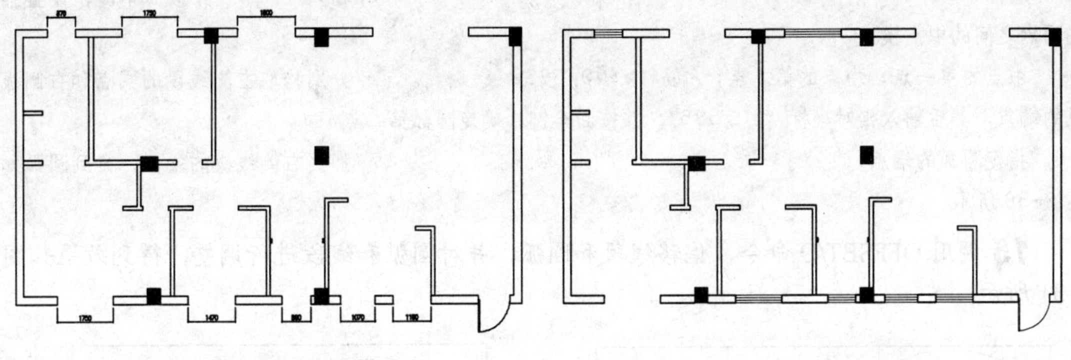

图 9-24　开窗洞　　　　图 9-25　插入窗图块

09 绘制飘窗。调用 LINE/L 命令，绘制如图 9-26 所示线段。

10 调用 PLINE/PL 命令，绘制多段线，如图 9-27 所示。

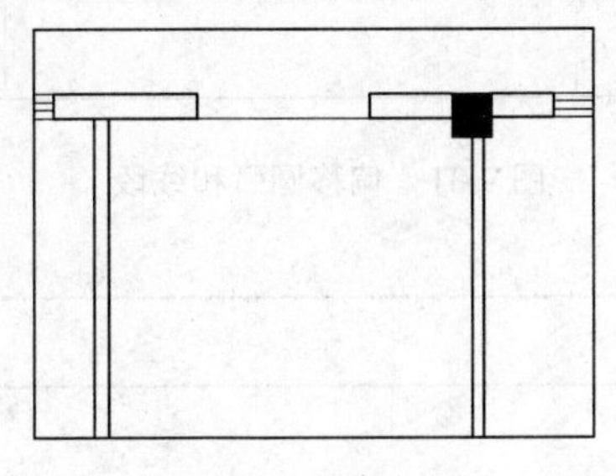

图 9-26　绘制线段

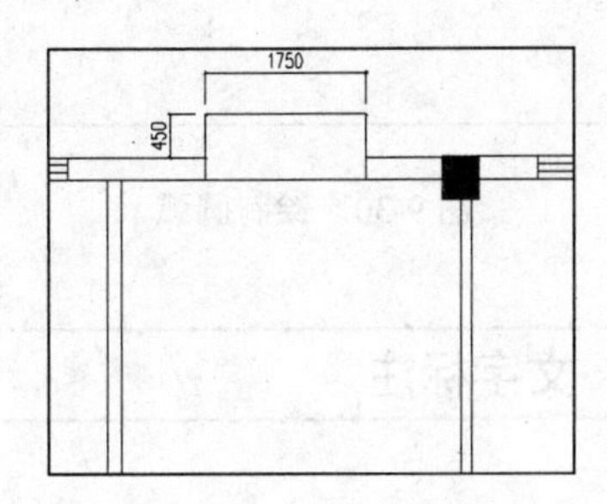

图 9-27　绘制多段线

11 调用 OFFSET/O 命令，将多段线向外偏移 80，偏移 3 次，得到飘窗，如图 9-28 所示。

12 使用同样的方法绘制其他飘窗。

13 绘制弧形窗。调用 PLINE/PL 命令，绘制如图 9-29 所示线段。

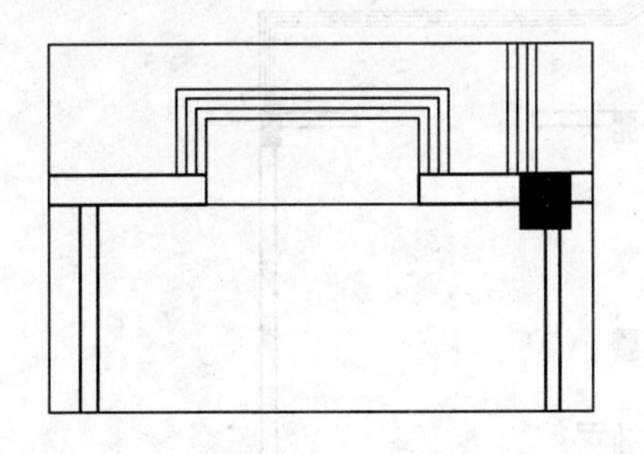

图 9-28　偏移多段线

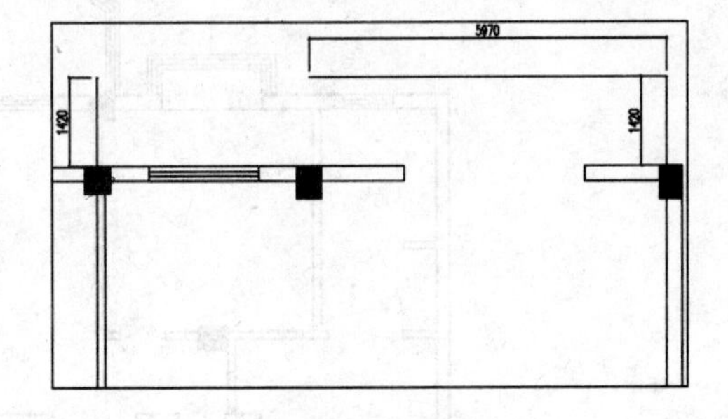

图 9-29　绘制线段

14 调用 ARC/A 命令，命令选项如下：

```
命令：ARC ↙                                //调用绘制圆弧命令
指定圆弧的起点或 [圆心(C)]：                //捕捉并单击左侧线段的端点作为圆弧的起点
```

指定圆弧的第二个点或 [圆心(C)/端点(E)]: from↙ //输入"from"并回车，进入指定基点方式

基点: m2p↙ //输入"m2p"并按回车键，设置捕捉两点之间的中点模式

中点的第一点: 中点的第二点: <偏移>:@0,585↙ //分别拾取左侧线段的端点和右侧线段的端点，然后输入相对坐标"@0,585"，并按回车键，确定圆弧第二点

指定圆弧的端点: //捕捉右侧线段的端点，得到圆弧如图 9-30 所示

15 调用 OFFSET/O 命令，偏移线段和圆弧，并对圆弧和线段进行调整，得到效果如图 9-31 所示。

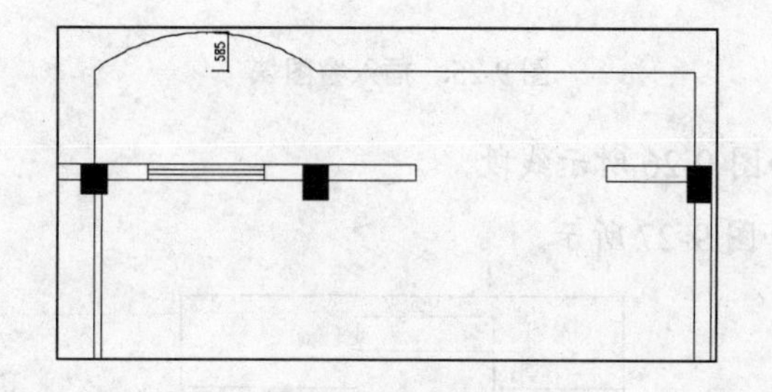

图 9-30　绘制圆弧

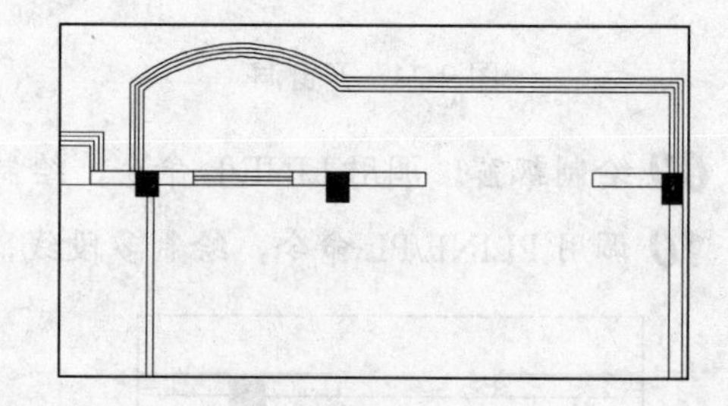

图 9-31　偏移圆弧和线段

9.2.7 文字标注

课堂举例 9-8: 标注两居室功能空间

视频\第 9 章\课堂举例 9-8.mp4

01 调用 MTEXT/MT 命令，对某一房间空间类型。

02 调用 COPY【复制】命令，将文字复制到其他功能空间，并修改文字内容，最终效果如图 9-32 所示。

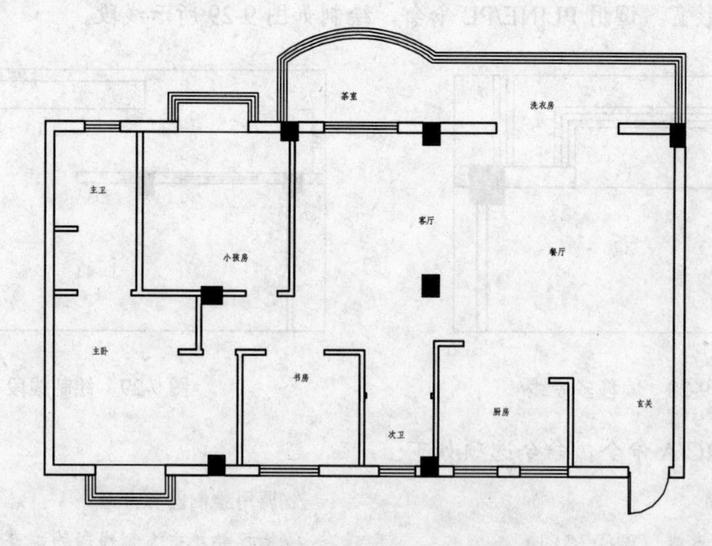

图 9-32　文字标注

9.2.8 绘制图名和管道

课堂举例 9-9：绘制两居室图名称管道　　视频\第 9 章\课堂举例 9-9.mp4

01 调用 INSERT/I 命令，插入“图名”图块，需要注意的是，应将当前的注释比例设置为 1:100，使之与整个注释比例相符。

02 绘制厨房的管道图形，完成两居室原始户型图的绘制。

9.3 墙体改造

在进行室内设计时，很多住户都会对房屋墙体进行一些改造，以便增强房间的功能性和追求设计的艺术性。冲破视觉的阻隔，扩大居室的视觉范围，以便在同等面积内获得更为宽阔的空间体验。

本例两居室墙体改造的位置在客厅、餐厅、小孩房和主卧位置，如图 9-33 所示为墙体改造后的效果，下面讲解绘制方法。

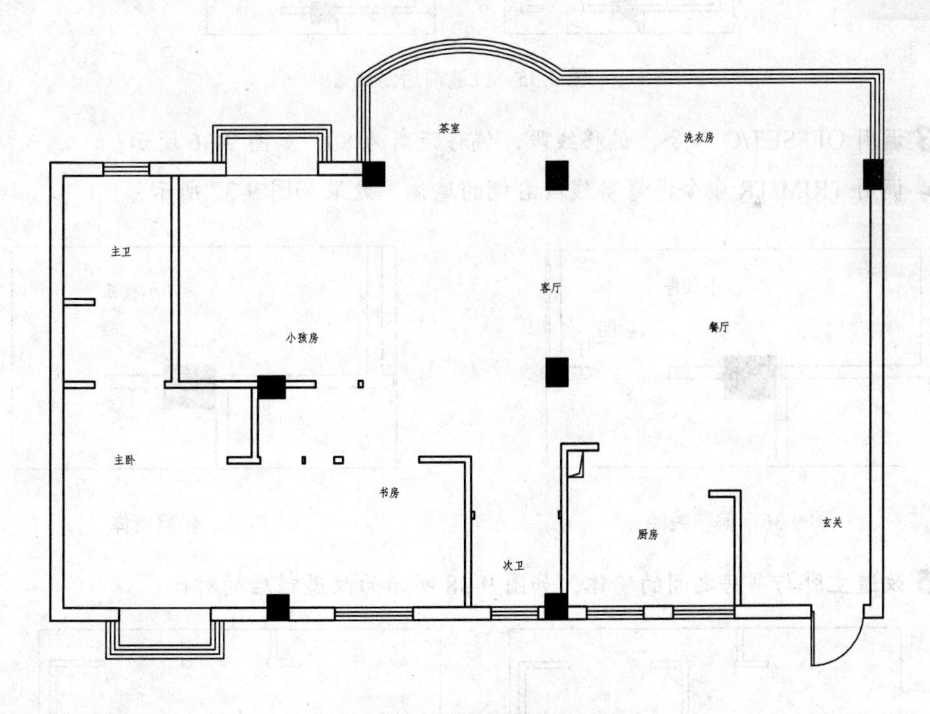

图 9-33　墙体改造前后对比

课堂举例 9-10：两居室墙体改造　　视频\第 9 章\课堂举例 9-10.mp4

01 改造客厅、餐厅与茶室、洗衣房之间的墙体。如图 9-34 所示为改造前后的对比，选择需要删除的墙体，按 Delete 键即可。

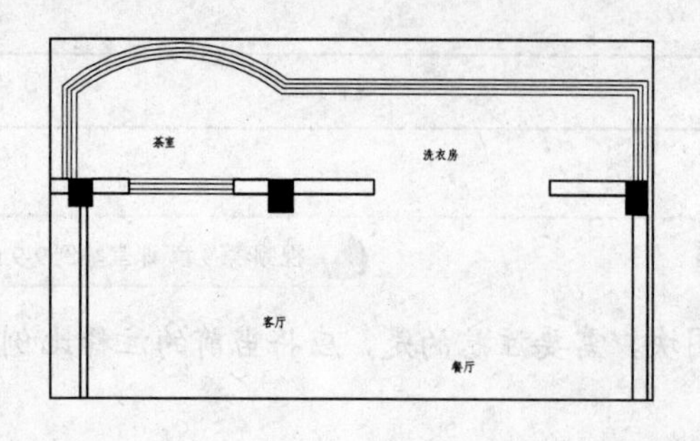

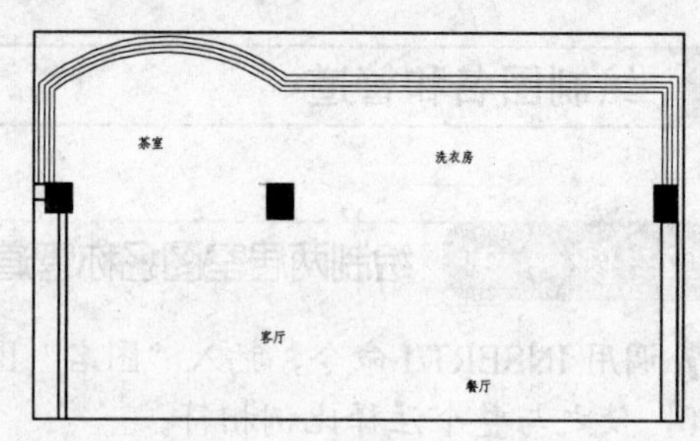

图 9-34　改造前后对比

02 改造小孩房。小孩房的右侧墙体被改造，用来做衣柜和书柜，如图 9-35 所示为改造前后的对比。

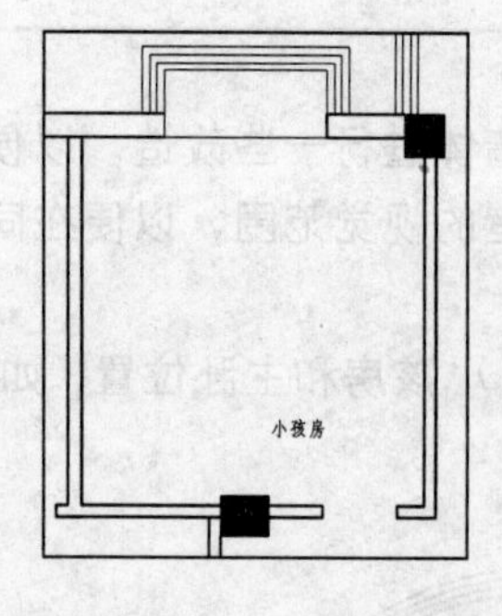

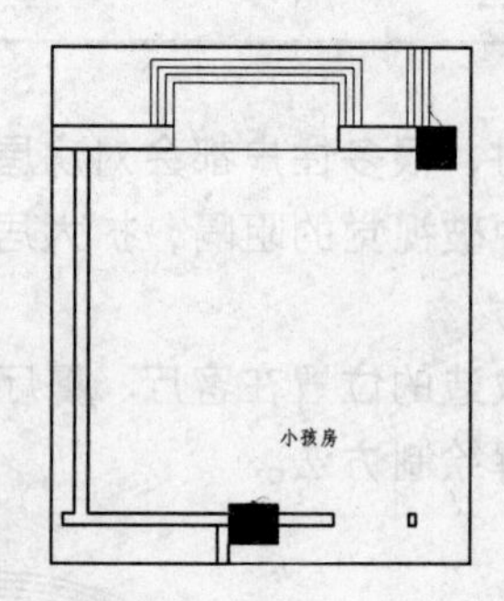

图 9-35　改造前后对比

03 调用 OFFSET/O 命令，偏移线段，偏移距离为 80，如图 9-36 所示。

04 调用 TRIM/TR 命令，修剪线段右侧的墙体，效果如图 9-37 所示。

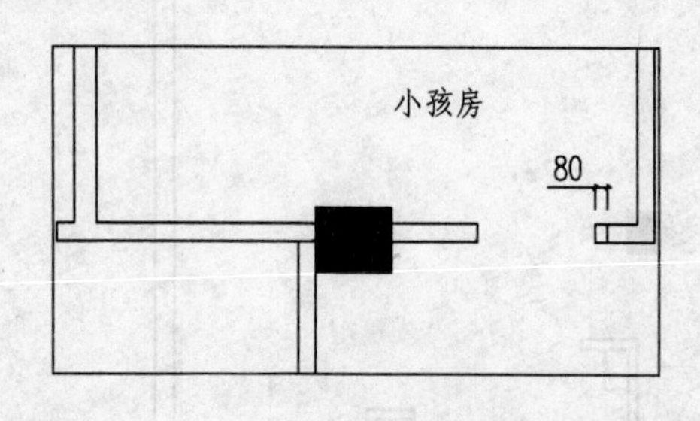

图 9-36　偏移线段

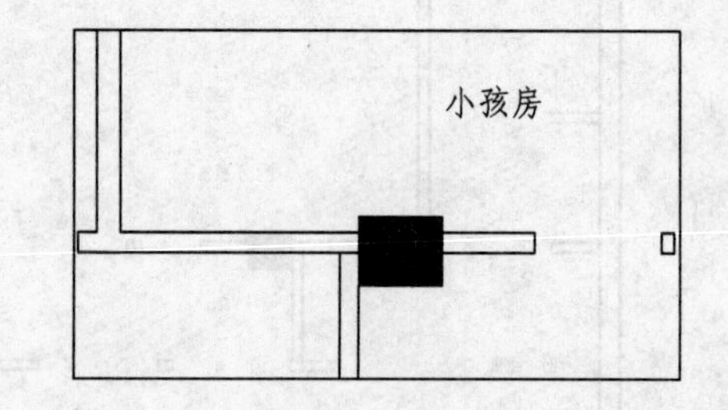

图 9-37　修剪墙体

05 改造主卧与书房之间的墙体。如图 9-38 所示为改造前后的对比。

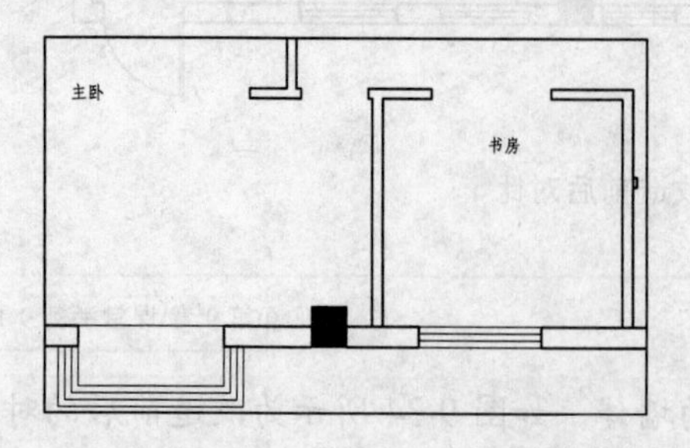

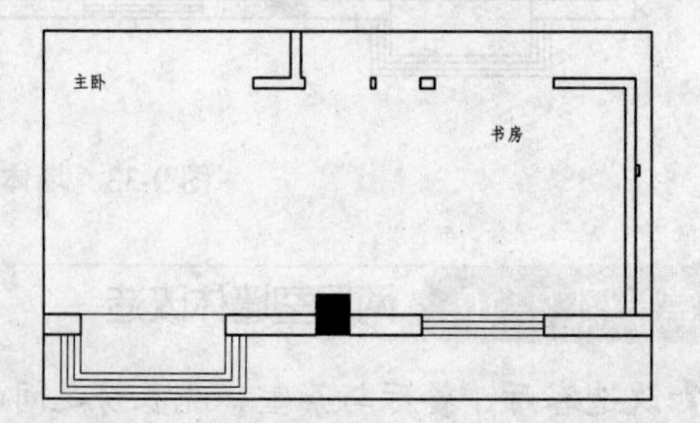

图 9-38　改造前后对比

06 调用 OFFSET/O 命令，偏移线段，偏移的距离分别为 50 和 540，如图 9-39 所示。

07 调用 TRIM/TR 命令，修剪多余的线段，效果如图 9-40 所示。

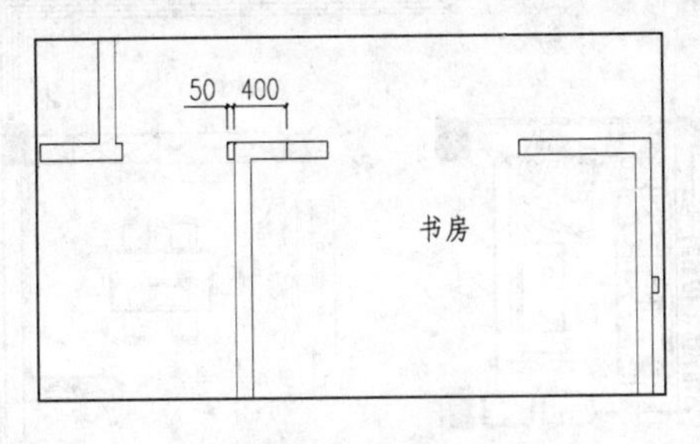

图 9-39　偏移线段

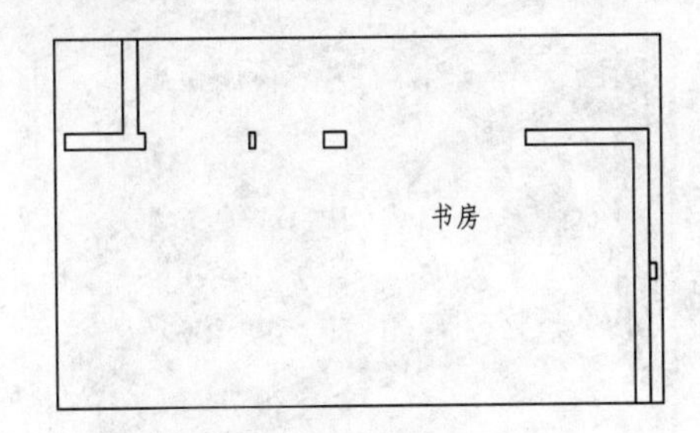

图 9-40　修剪多余线段

9.4 绘制两居室平面布置图

本节将采用各种方法，逐步完成本例两居室平面布置图的绘制，绘制完成的平面布置图如图 9-41 所示。

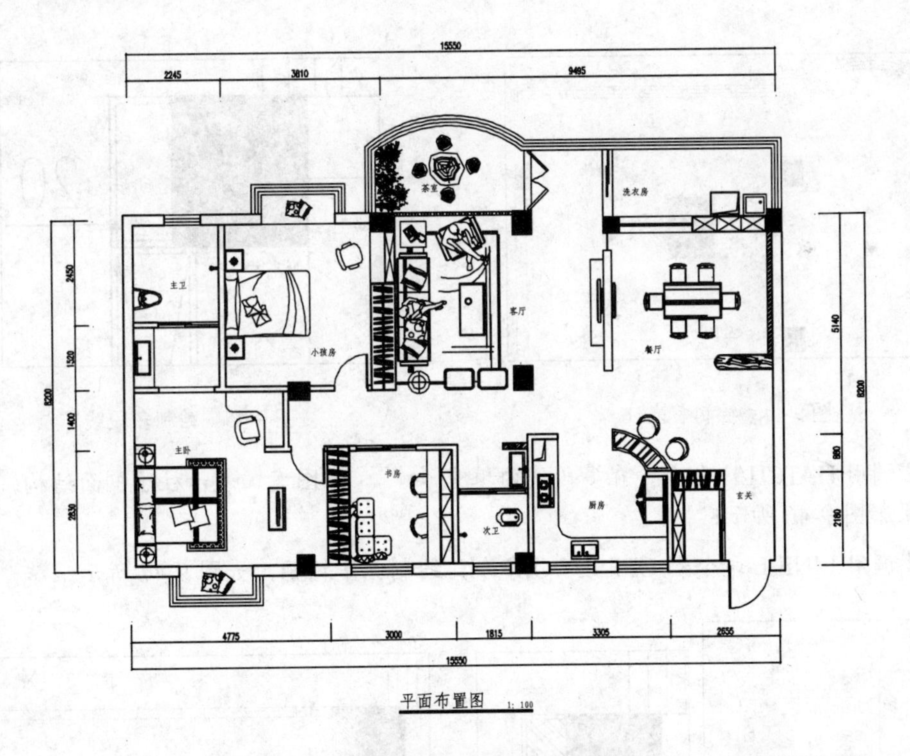

图 9-41　平面布置图

9.4.1 绘制客厅和餐厅平面布置图

本例将客厅和餐厅布置在同一空间，采用电视背景墙作为分隔，这样布置的优点是缩短就座进餐的交通路线，如图 9-42 所示。

如图 9-43 所示为客厅和餐厅平面布置图，下面讲解绘制方法。

图 9-42　餐厅

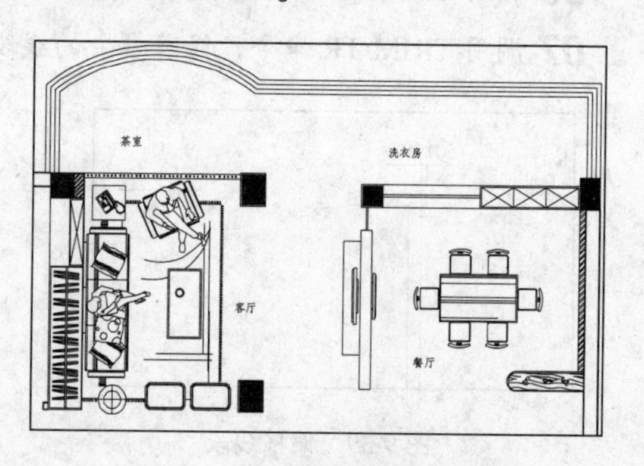

图 9-43　客厅和餐厅平面布置图

课堂举例 9-11：绘制客厅和餐厅平面布置图

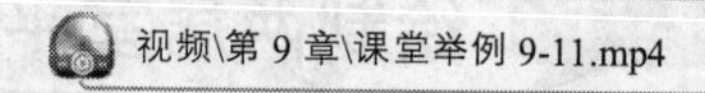

01 绘制装饰柱。调用 OFFSET/O 命令，将柱子轮廓向外偏移 20，如图 9-44 所示。

02 绘制分隔珠帘。调用 PLINE/PL 命令，绘制如图 9-45 所示多段线，并对多段线进行偏移。

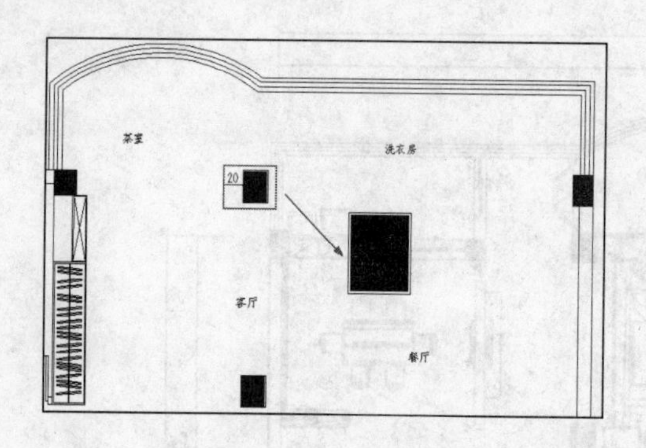

图 9-44　绘制装饰柱

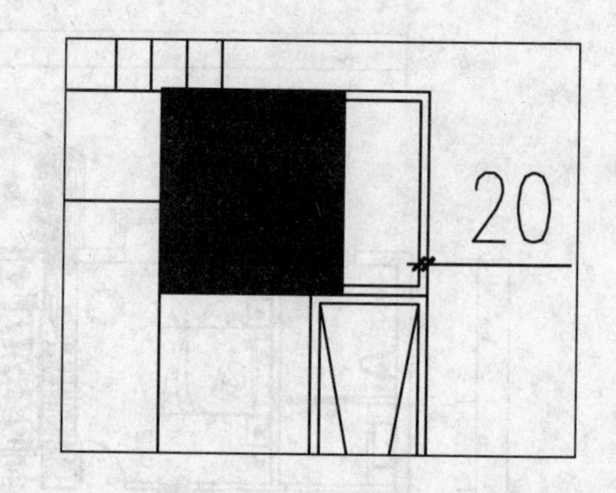

图 9-45　绘制多段线

03 调用 HATCH/H 命令，在多段线内填充 STEEL 图案，表示柱子剖面结构，填充参数和效果如图 9-46 所示。

04 调用 LINE/L 命令和 OFFSET/O 命令，绘制珠帘轮廓，如图 9-47 所示。

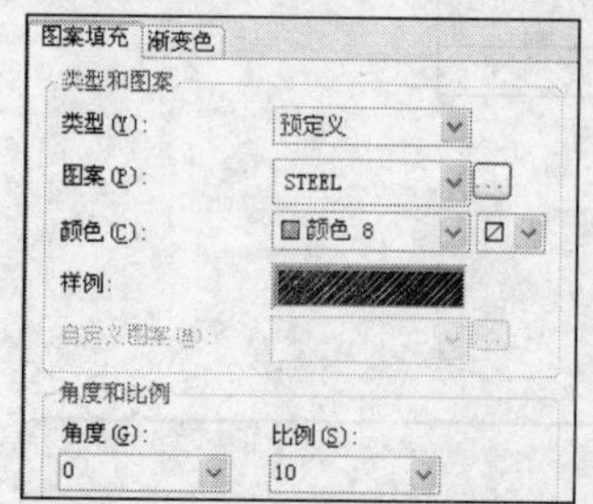

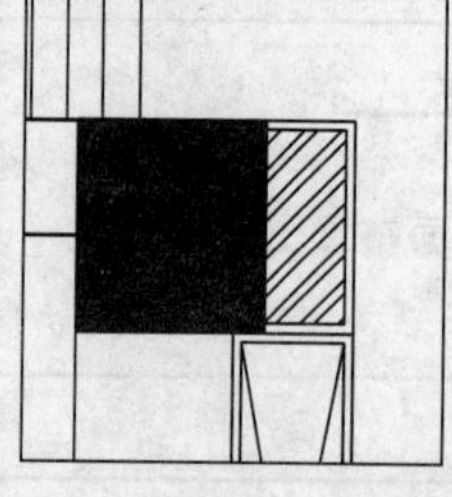

图 9-46　填充参数和效果

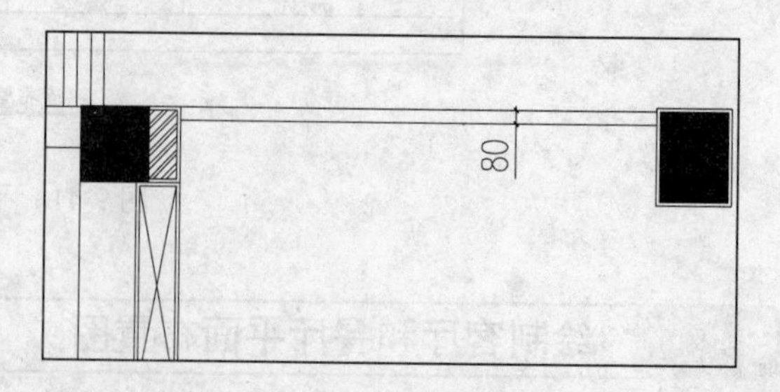

图 9-47　绘制珠帘轮廓

05 调用 CIRCLE/C 命令，绘制半径为 11.5 的圆，如图 9-48 所示。

06 调用 ARRAY/AR 命令，对圆进行阵列，阵列结果如图 9-49 所示。

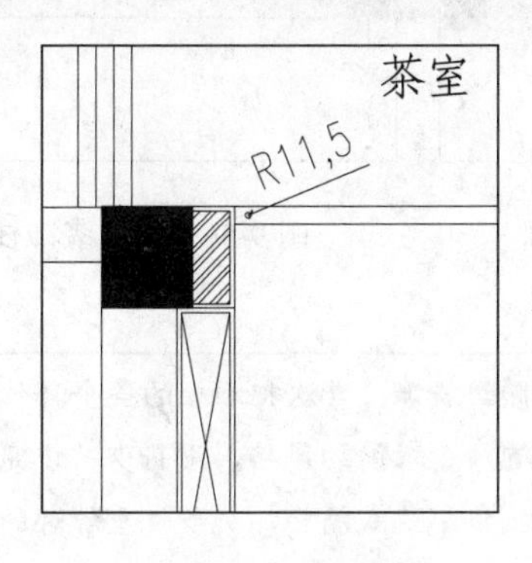

图 9-48　绘制圆

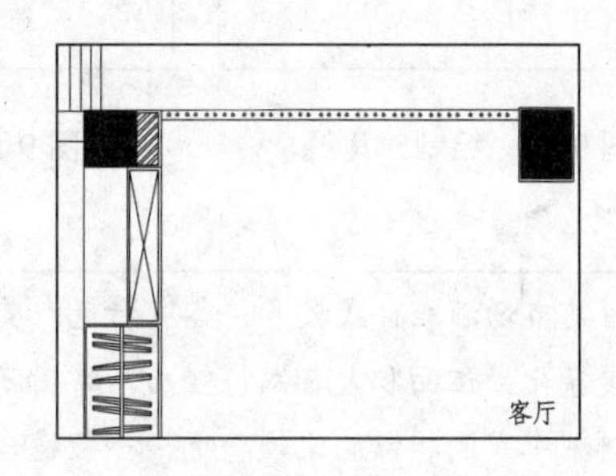

图 9-49　阵列结果

07 绘制酒柜和玻璃隔断。调用 RECTANG/REC 命令，绘制酒柜轮廓，如图 9-50 所示。

08 调用 OFFESET/O 命令，将轮廓向内偏移 20，如图 9-51 所示。

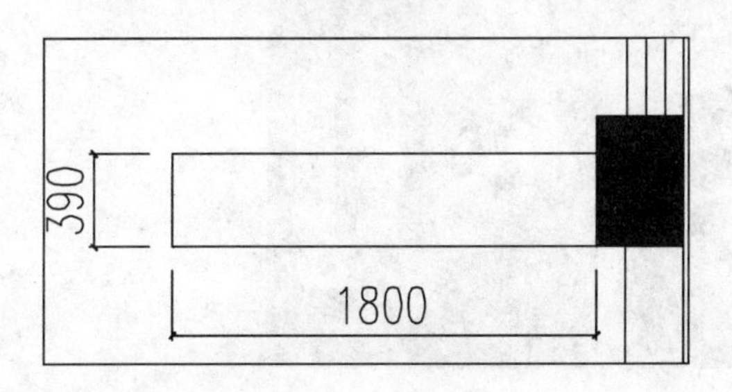

图 9-50　绘制矩形

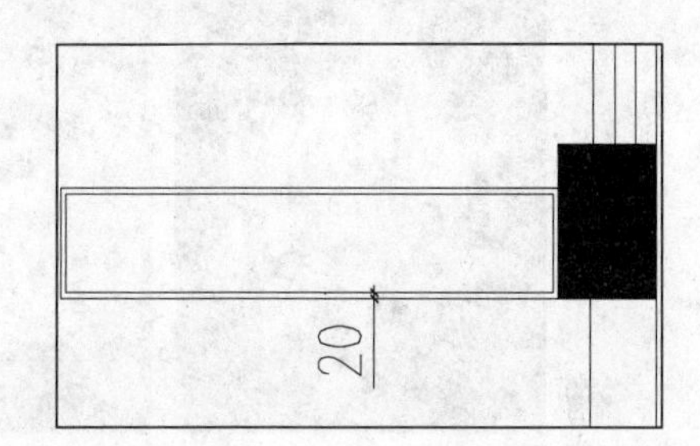

图 9-51　偏移矩形

09 调用 EXPLODE/X 命令，分解矩形。

10 调用 DIVIDE/DIV 命令，将分解后的线段分成三等份，如图 9-52 所示。

11 调用 LINE/L 命令，绘制线段，然后删除等分点，如图 9-53 所示。

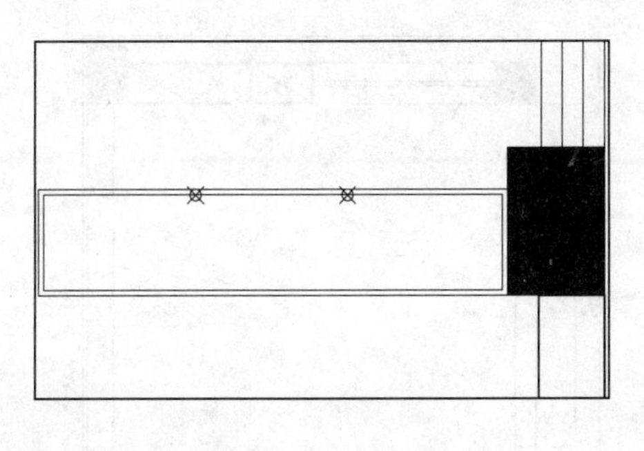

图 9-52　定数等分

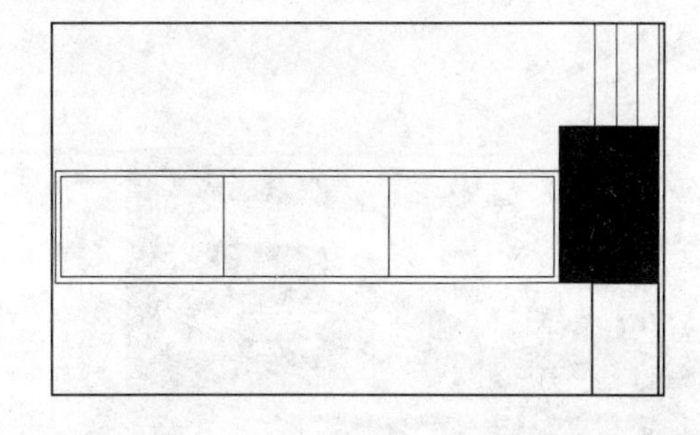

图 9-53　绘制线段

12 调用 LINE/L 命令，在矩形内绘制对角线，如图 9-54 所示。

13 调用 RECTANG/REC 命令，绘制玻璃隔断，如图 9-55 所示。

14 调用 RECTANG/REC 命令、OFFSET/O 命令和 HATCH/H 命令，绘制装饰柱，如图 9-56 所示。

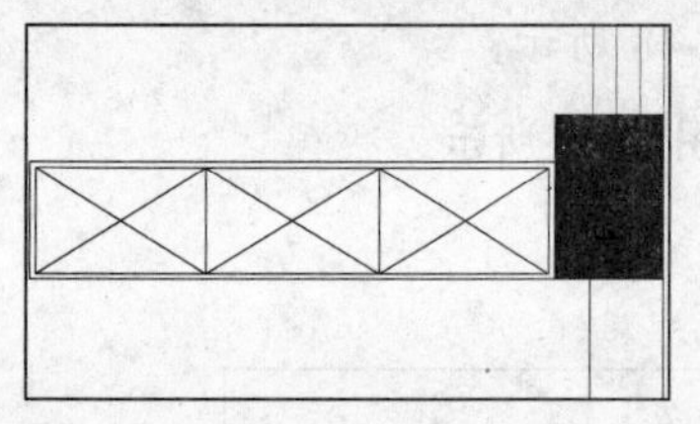
图 9-54　绘制对角线

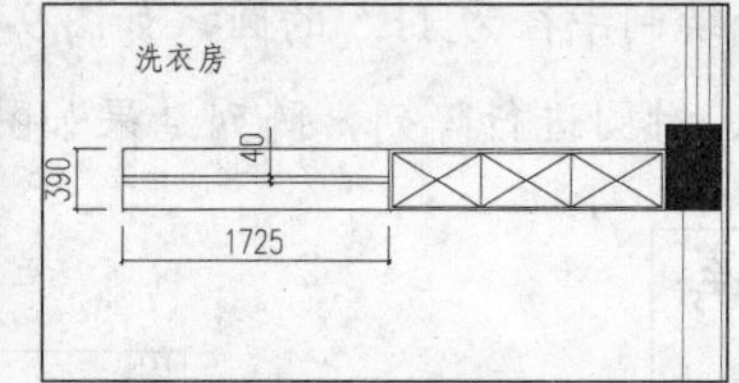

图 9-55　绘制玻璃隔断

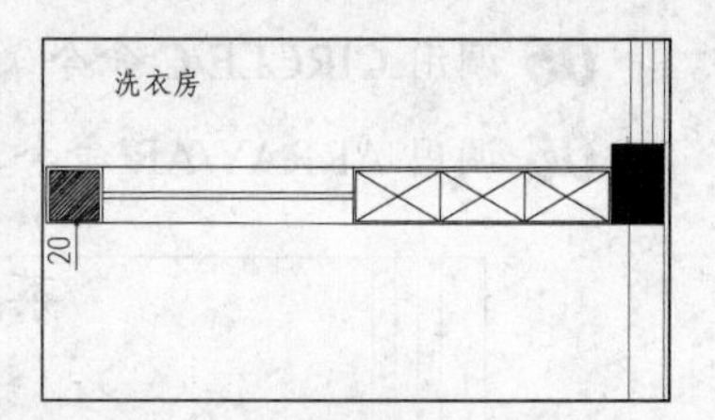

图 9-56　绘制装饰柱

提示　目前市场酒柜样式较多，各有特色。美式酒柜大多讲究侧面装饰，喜欢把酒柜的各个部位细化、美化和复杂化。但面积大都做得轻巧，常用不锈钢和玻璃等材质。追求简约风格，用料少，讲究外部线条和装饰。中式酒柜做的比较隆重，一般适合较大面积的居室。豪华欧式酒柜，更多注重外部的装饰，外观追求宫廷式华贵，比如，线条的考究、金粉的涂抹，来增加华贵的感觉，不管使用哪种酒柜，都应以实用为主，如图 9-57 所示。

图 9-57　酒柜

15 绘制电视柜背景墙和电视柜。电视背景墙是最能反映客厅装饰风格的部位，是家庭装饰中的重点，如图 9-58 所示。

16 调用 RECTANG/REC 命令，绘制尺寸为 200 × 2805 的矩形，如图 9-59 所示。

图 9-58　电视背景墙

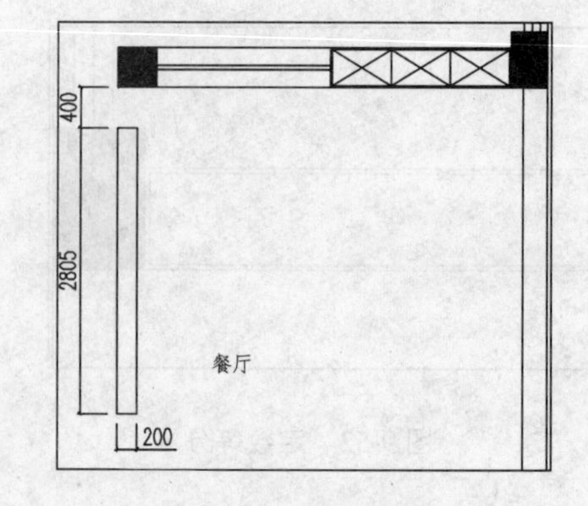

图 9-59　绘制矩形

17 调用 LINE/L 命令和 OFFSET/O 命令，绘制如图 9-60 所示线段。

18 调用 PLINE/PL 命令，绘制多段线表示电视背景墙，如图 9-61 所示。

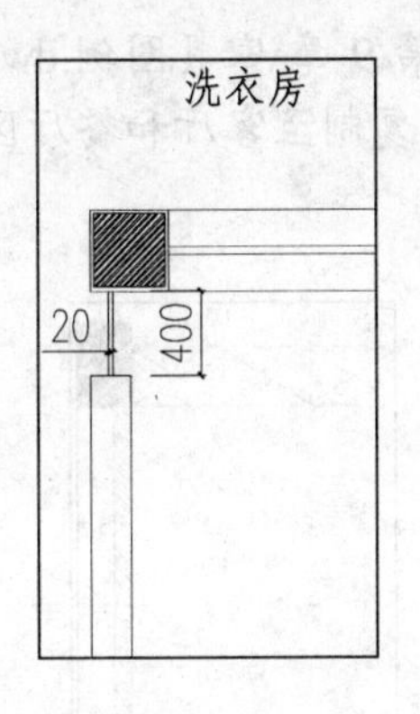

图 9-60　绘制线段

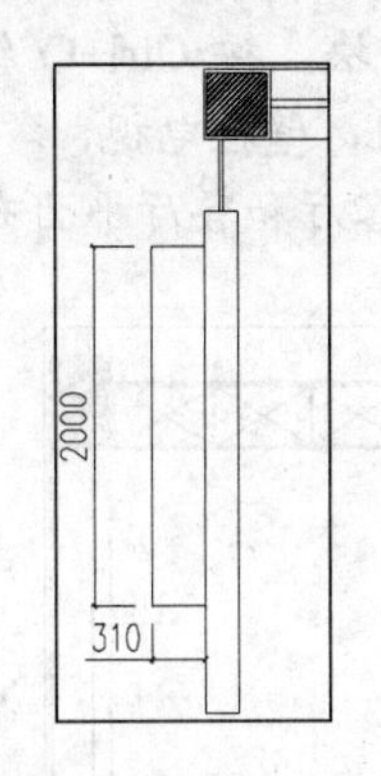

图 9-61　绘制多段线

19 绘制水族箱。调用 LINE/L 命令和 OFFSET/O 命令，绘制如图 9-62 所示线段。

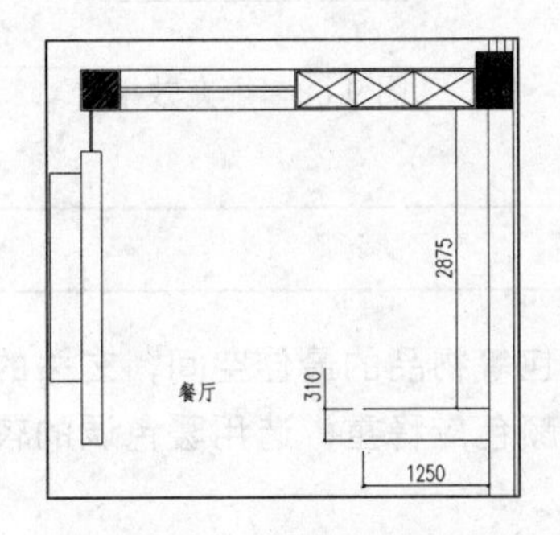

图 9-62　绘制线段

图 9-63　水族箱

> **提示** 水族箱是室内重要的观赏品，具有良好的观赏性。对于大居室，可选择高度在 70～90cm、宽度在 1.5m 以上的水族箱，这种尺寸的水族箱具有宽大的可视面，能够产生较强的视觉冲击，如图 9-63 所示。

20 调用 CIRCLE/C 命令，以两条线段之间的中点为圆心，绘制圆，如图 9-64 所示。

21 调用 TRIM/TR 命令，修剪多余的部分，如图 9-65 所示。

22 调用 OFFSET/O 命令，将线段和半圆向外偏移 20，如图 9-66 所示，水族箱绘制完成。

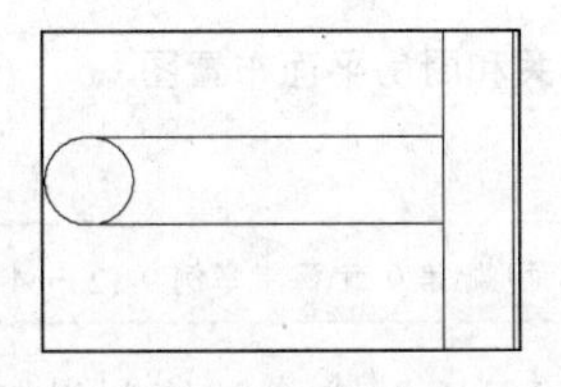

图 9-64　绘制圆

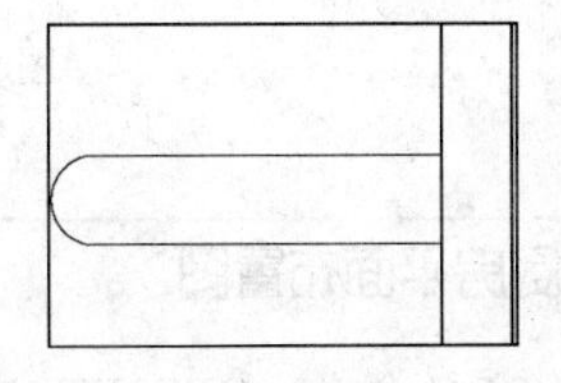

图 9-65　修剪圆

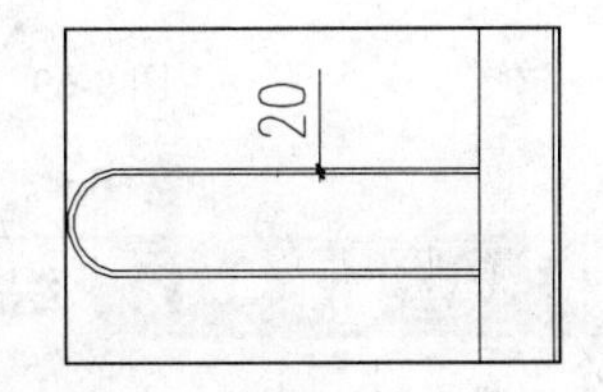

图 9-66　偏移线段和半圆

23 绘制餐厅墙面造型。调用 LINE/L 命令，绘制如图 9-67 所示线段。

24 调用 HATCH/H 命令，在线段右侧填充 STEEL 图案，填充效果如图 9-68 所示。

25 插入图块。按 Ctrl+O 键，打开配套光盘提供的“第 9 章\家具图例.dwg”文件，选择其中的沙发组、壁挂电视、餐桌椅和水族箱等图块，将其复制至客厅和餐厅区域，效果如图 9-43 所示，客厅和餐厅平面布置图绘制完成。

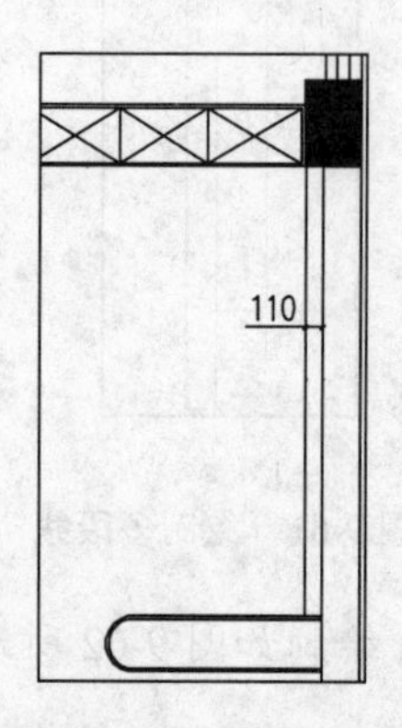

图 9-67　绘制线段

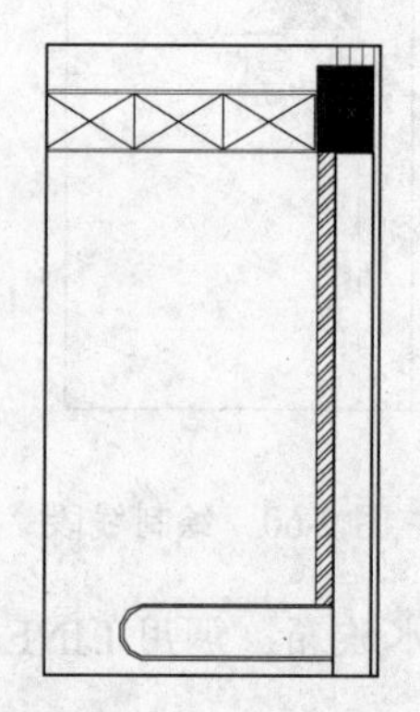

图 9-68　填充效果

9.4.2　绘制玄关和厨房平面布置图

玄关是换鞋之处，也是挂外衣、放置鞋、伞和提包等物品的最佳空间，玄关的大小要根据住房的面积和家庭人口而定。玄关所选择的材料和颜色应稳重，选用暖色调的较为合适，如图 9-69 所示。

如图 9-70 所示为玄关和厨房平面布置图，本例玄关空间比较大，设置了鞋柜和衣柜等家具。厨房采用的是开放式厨房，并布置了吧台，下面讲解绘制方法。

图 9-69　玄关

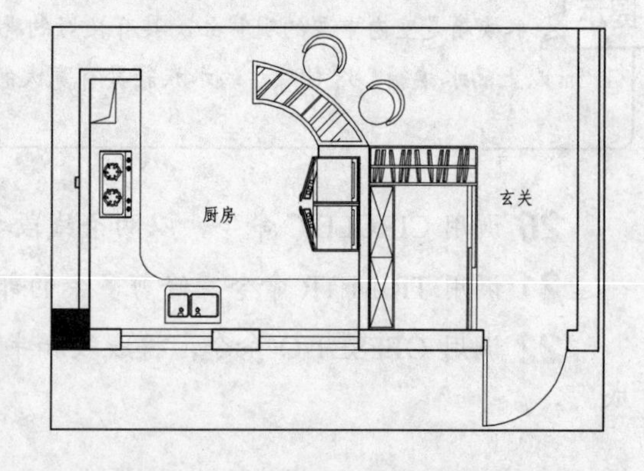

图 9-70　玄关和厨房平面布置图

课堂举例 9-12：绘制玄关和厨房平面布置图

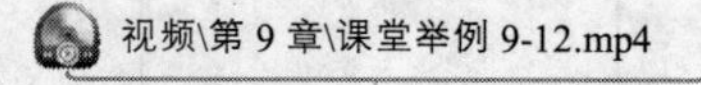

01 绘制鞋柜。调用 RECTANG/REC 命令、OFFSET/O 命令和 LINE/L 命令，绘制鞋柜，如图 9-71 所示。

02 绘制衣柜。调用 RECTANG/REC 命令，绘制衣柜和挂衣杆，如图 9-72 所示。

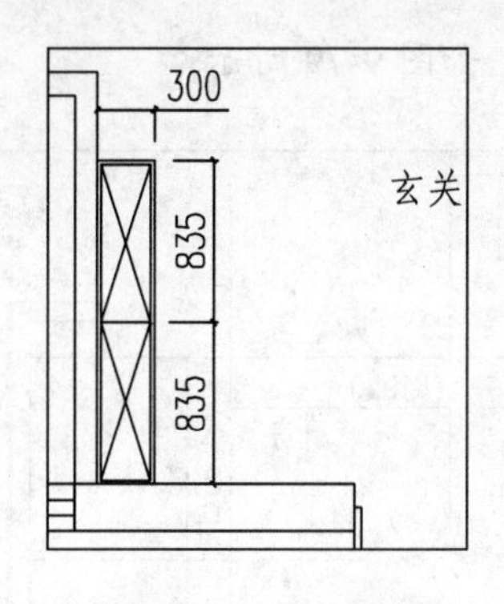

图 9-71　绘制鞋柜

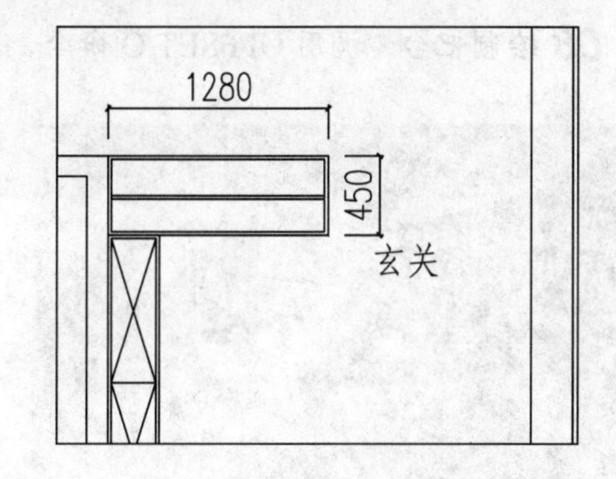

图 9-72　绘制衣柜和挂衣杆

03 绘制推拉门。调用 LINE/L 命令和 OFFSET/O 命令，绘制门槛线，如图 9-73 所示。

04 调用 RECTANG/REC 命令，绘制尺寸为 40 × 950 的矩形，如图 9-74 所示。

05 调用 MIRROR/MI 命令，对矩形进行镜像，如图 9-75 所示。

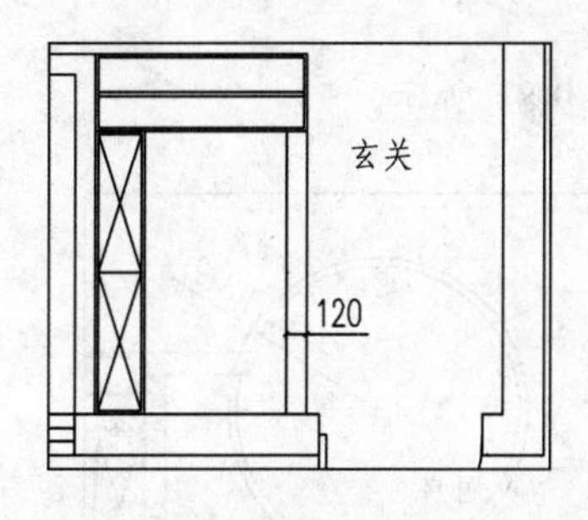

图 9-73　绘制门槛线

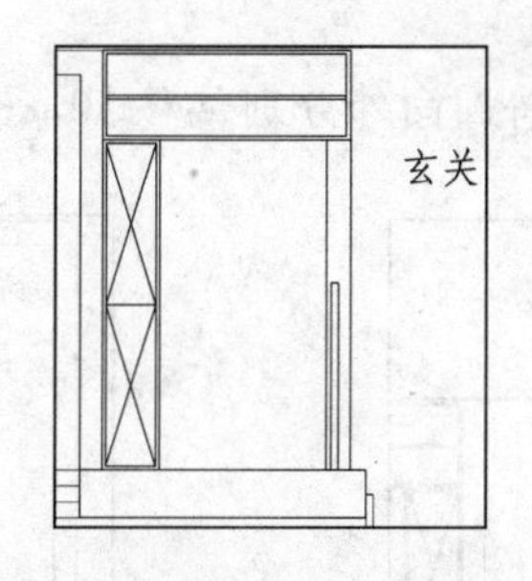

图 9-74　绘制矩形

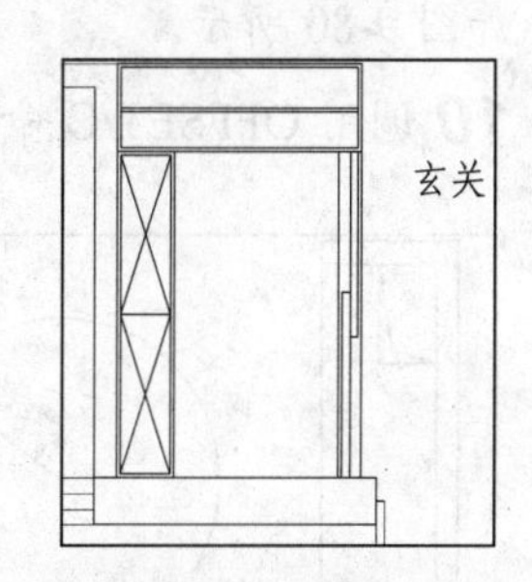

图 9-75　镜像矩形

06 绘制橱柜。调用 PLINE/PL 命令，绘制多段线，如图 9-76 所示。

07 调用 FILLET/F 命令，进行圆角，圆角半径为 330，如图 9-77 所示。

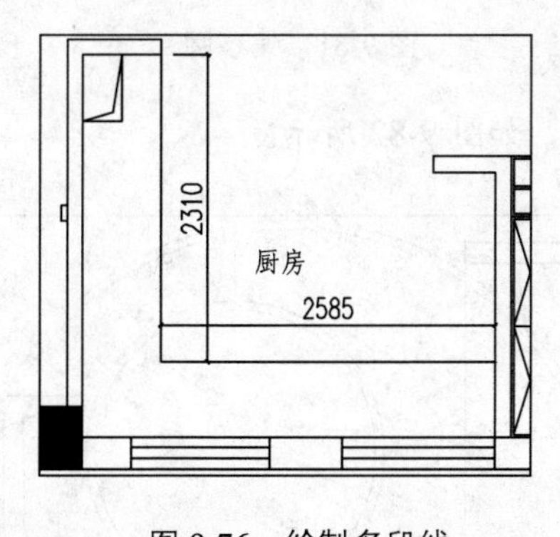

图 9-76　绘制多段线

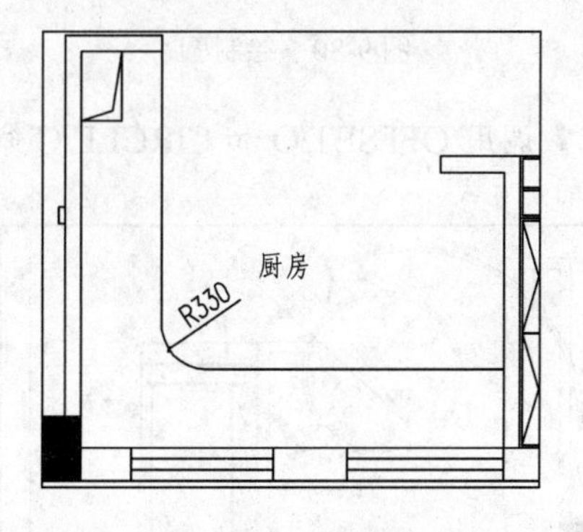

图 9-77　圆角结果

提示　本例采用的是开放式厨房，并在厨房的一角设置了吧台。吧台座不受材质限制，木质、混凝土、玻璃砖、石材和贴皮都可以互相运用，原则是尽量使吧台看起来轻盈一些，并且与空间风格相吻合，如图 9-78 所示。

08 绘制吧台。调用 OFFSET/O 命令，绘制辅助线，如图 9-79 所示。

图 9-78　吧台

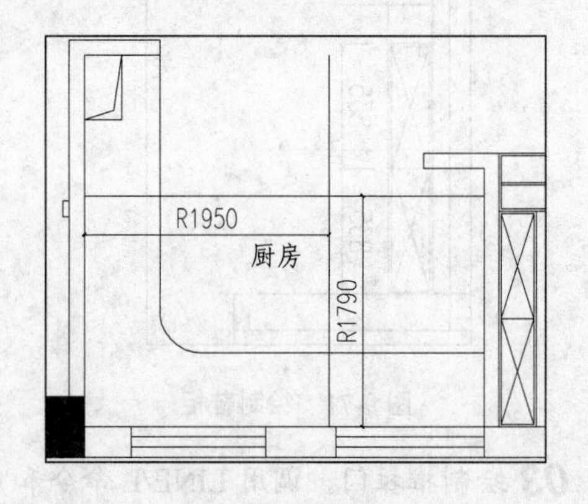

图 9-79　绘制辅助线

09 调用 CIRCLE/C 命令，以辅助线的中点为圆心绘制半径为 822 的圆，然后删除辅助线，如图 9-80 所示。

10 调用 OFFSET/O 命令，将圆向外分别偏移 50，如图 9-81 所示。

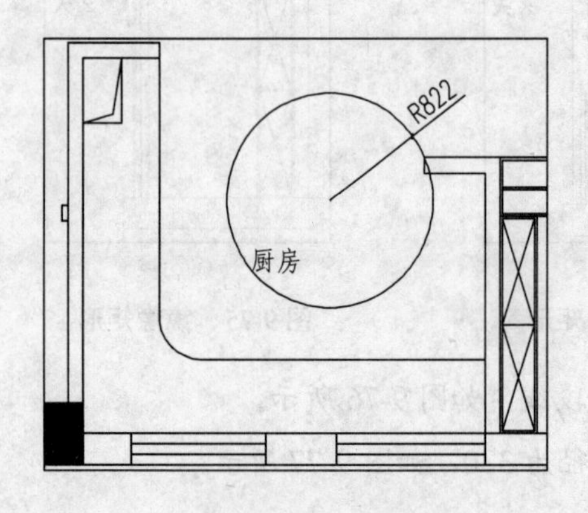

图 9-80　绘制圆

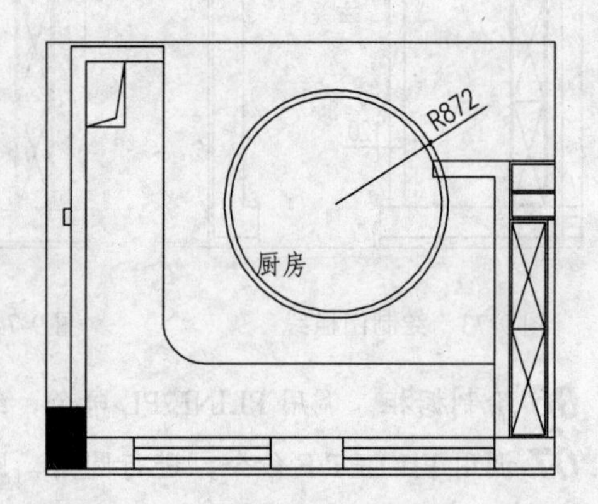

图 9-81　偏移圆

11 调用 OFFSET/O 和 CIRCLE/C 命令，绘制圆，如图 9-82 所示。

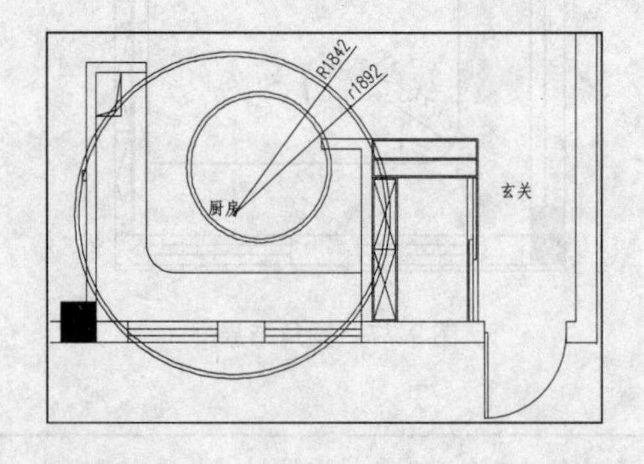

图 9-82　绘制圆

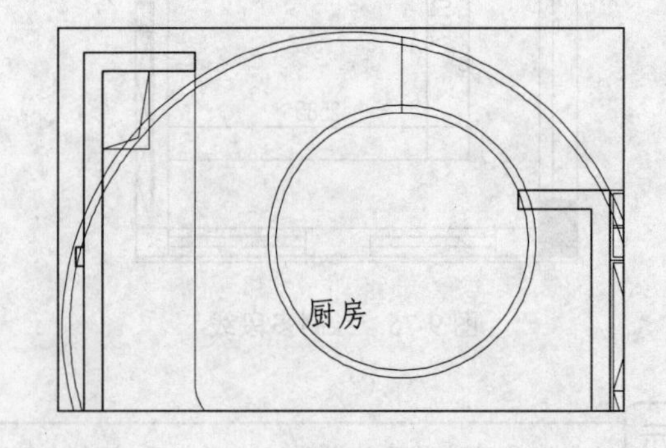

图 9-83　绘制线段

12 调用 LINE/L 命令，以圆的顶点为起点，绘制线段，如图 9-83 所示。调用 OFFSET/O 命令，将线段向左侧偏移 35，向右侧偏移 15 并对线段进行调整，然后删除前面绘制的线段，效果如图 9-84 所示。

13 调用 OFFSET/O 命令，偏移右下侧墙体线，偏移距离为 50，并将偏移后的线段转换至“JJ_家具”图层，如图 9-85 所示。

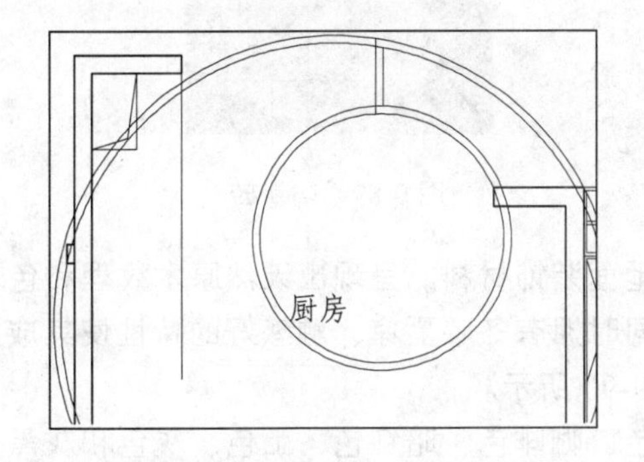

图 9-84　偏移线段

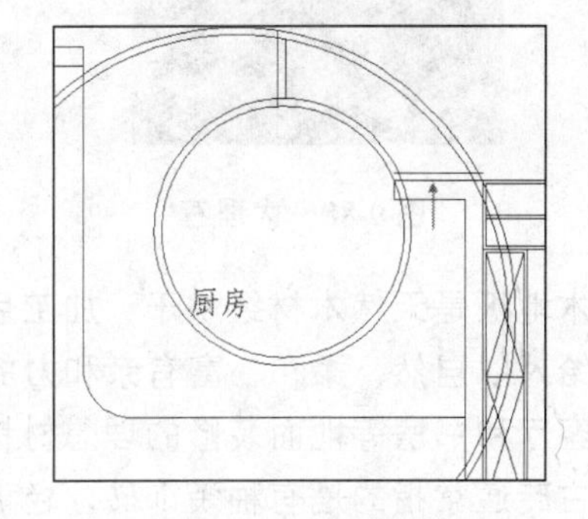

图 9-85　偏移线段

14 调用 TRIM/TR 命令，对圆进行修剪，并进行调整，效果如图 9-86 所示。

15 调用 HATCH/H 命令，对吧台填充 AR-RROOF 图案，填充参数和效果如图 9-87 所示。

16 插入图块。厨房中的燃气灶、洗菜盆、冰箱和吧椅图形，可以从本书光盘中的“第 9 章\家具图例.dwg”文件中直接调用，完成后的效果如图 9-70 所示，玄关和厨房平面布置图绘制完成。

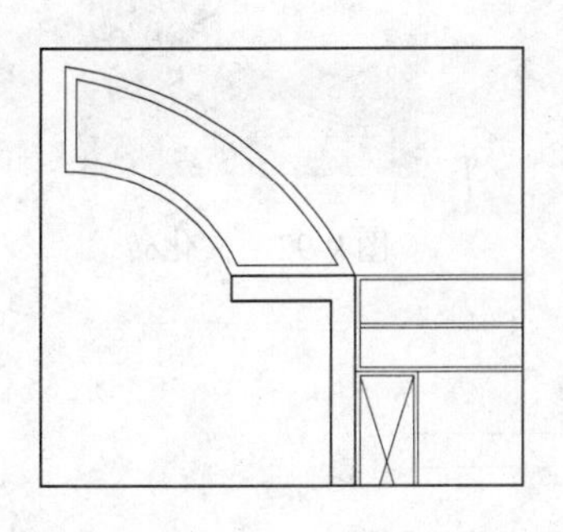

图 9-86　修剪圆

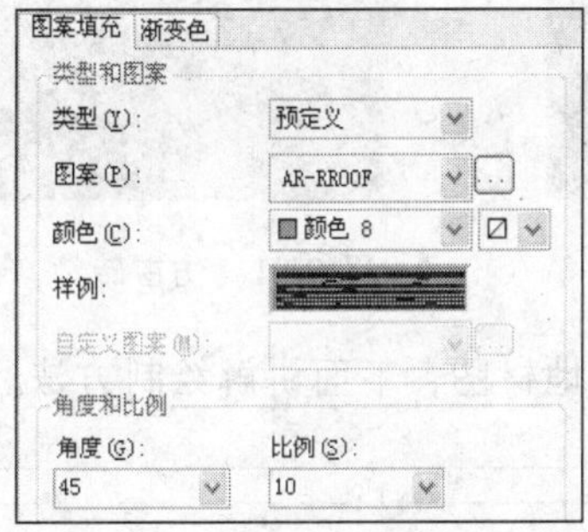

厨房

图 9-87　填充参数和效果

9.5 绘制两居室地材图

本例两居室的地面使用了大理石、防滑砖、实木地板、仿古砖和文化砖。

大理石是指一切有各种颜色花纹的，用来做建筑装饰材料的石灰岩。主要用于加工成各种型材、板材和建筑物的墙面、地面、台、柱，是家具镶嵌的珍贵材料，如图 9-88 所示。

防滑砖是一种陶瓷地板砖，正面有褶皱条纹或凹凸点，以增加地板砖面与人体脚底或鞋底的摩擦力，防止打滑摔倒。多用于铺设卫生间与厨房的地板，如图 9-89 所示。

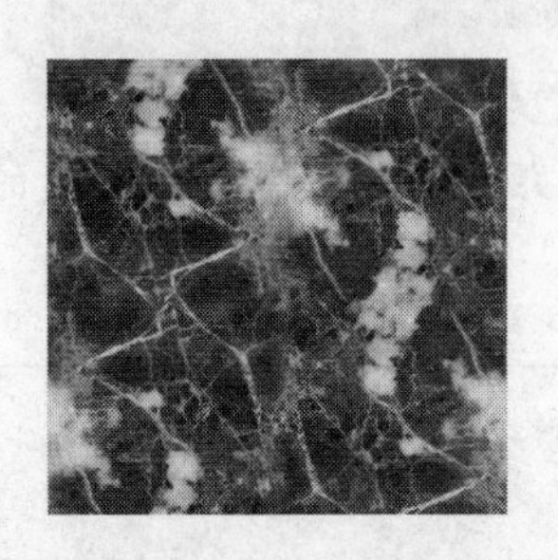

图 9-88　大理石

图 9-89　防滑砖

实木地板是天然木材经烘干、加工后形成的地面装饰材料。呈现出天然原木纹理和色彩图案，给人以自然、柔和、富有亲和力的质感，同时拥有冬暖夏凉、触感好的特性使其成为卧室、客厅和书房等地面装修的理想材料，如图 9-90 所示。

仿古砖通常指的是有釉装饰砖，色调则以黄色、咖啡色、暗红色、土色、灰色和灰黑色等为主。通过样式、颜色、图案，营造出怀旧的氛围，如图 9-91 所示。

文化砖，顾名思义就是砖具有文化内涵和艺术性。现代新型装饰砖，砖面都作了艺术仿真处理。不论仿天然还是仿古、仿洋，都达到了极高的逼真性，使砖在某种程度上已经变成了可供人欣赏的艺术品，如图 9-92 所示。

图 9-90　实木地板

图 9-91　仿古砖

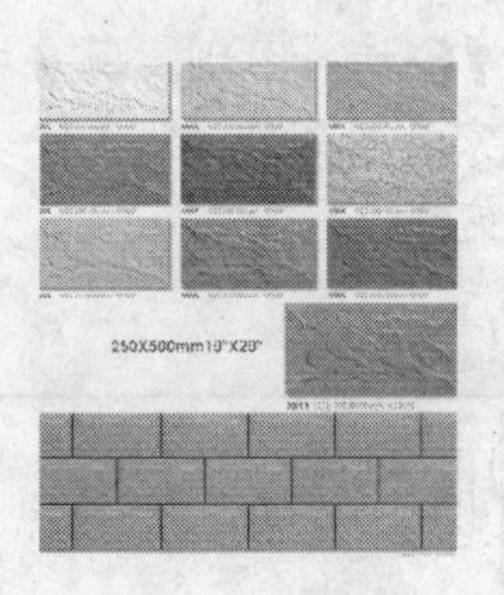

图 9-92　文化砖

如图 9-93 所示为两居室地材图，下面讲解绘制方法。

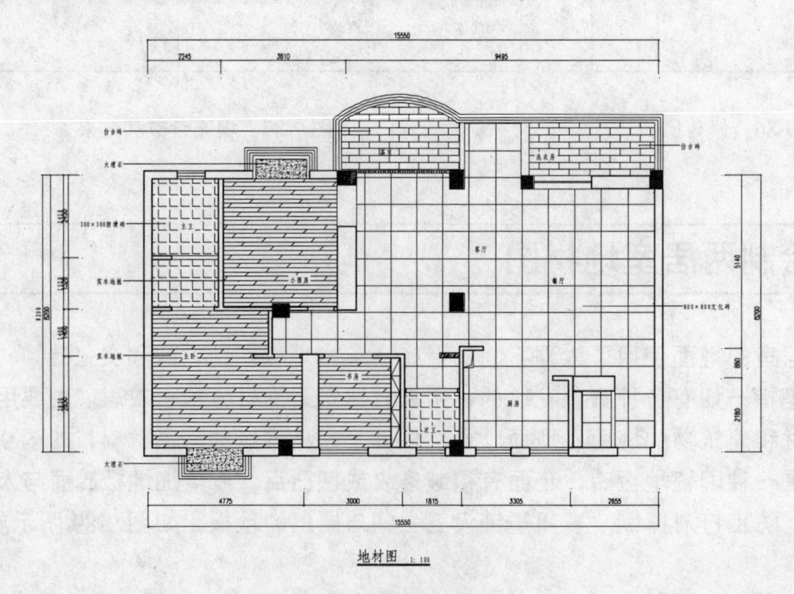

图 9-93　两居室地材图

课堂举例 9-13：绘制两居室地材图

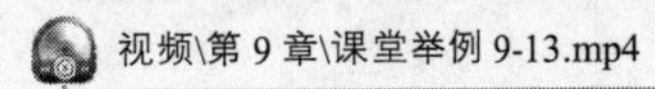

视频\第 9 章\课堂举例 9-13.mp4

01 复制图形。地材图可以在平面布置图的基础上进行绘制，调用 COPY/CO 命令，将平面布置图复制一份。

02 删除平面布置图中与地材图无关的图形，结果如图 9-94 所示。

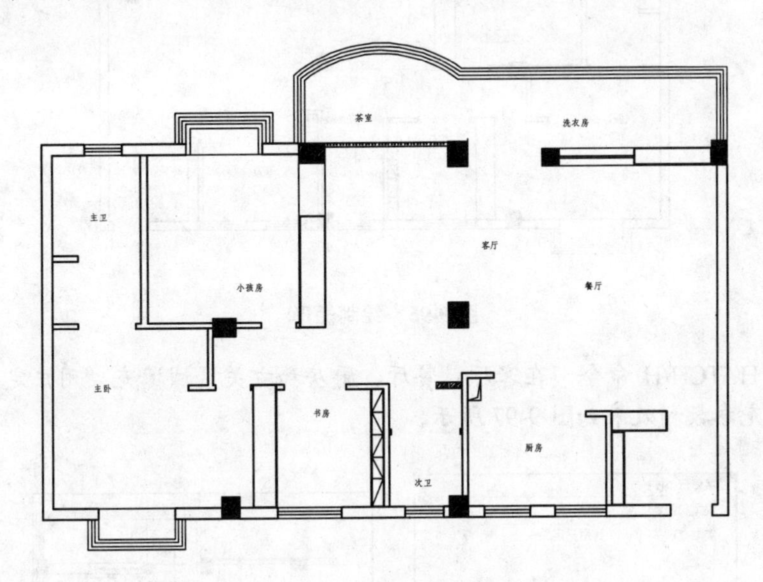

图 9-94 整理图形

03 绘制门槛线。设置“DM_地面”图层为当前图层。

04 调用 LINE/L 命令和 OFFSET/O 命令，在门洞处绘制门槛线，如图 9-95 所示。

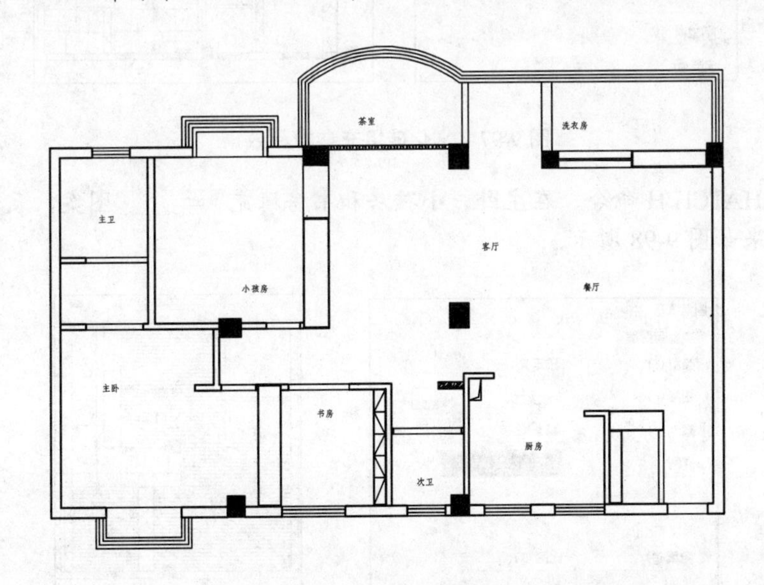

图 9-95 绘制门槛线

05 绘制地面材质图例。为了使填充的图案与文字不会重叠交叉，调用 RECTANG/REC 命令，绘制矩形框住文字，如图 9-96 所示。

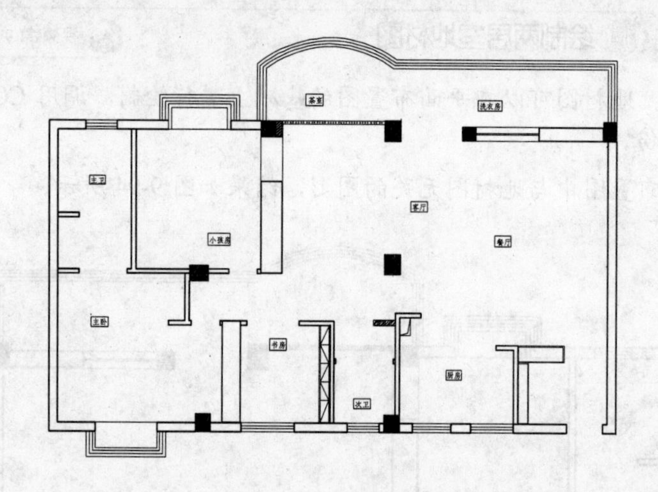

图 9-96 绘制矩形

06 调用 HATCH/H 命令，在客厅、餐厅、厨房和玄关区域填充“用户定义”图案，表示文化砖，填充参数和效果如图 9-97 所示。

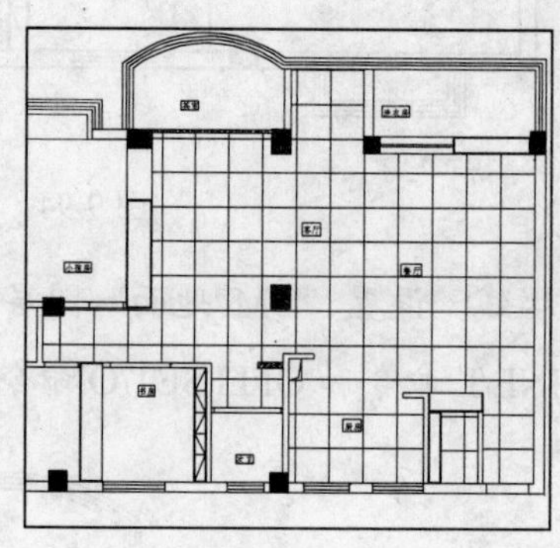

图 9-97 文化砖填充参数和效果

07 调用 HATCH/H 命令，在主卧、小孩房和书房填充 DOLMIT 图案，表示实木地板，填充参数和效果如图 9-98 所示。

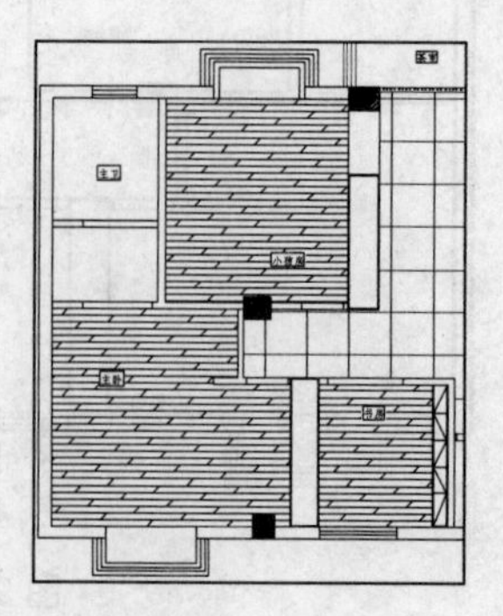

图 9-98 实木地板填充参数和效果

08 在主卫和次卫填充 ANGLE 图案，表示防滑砖，填充参数和效果如图 9-99 所示。

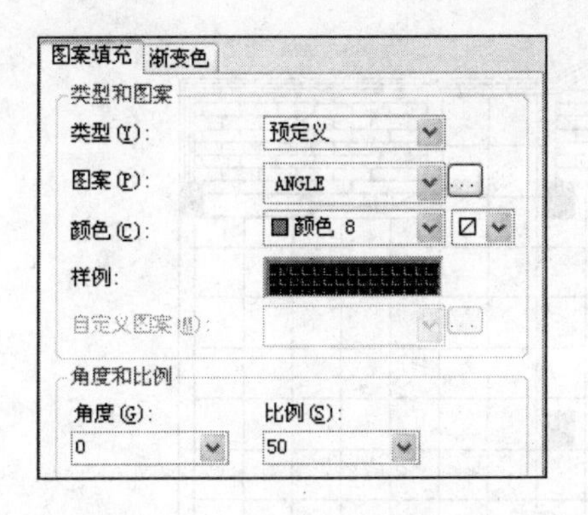

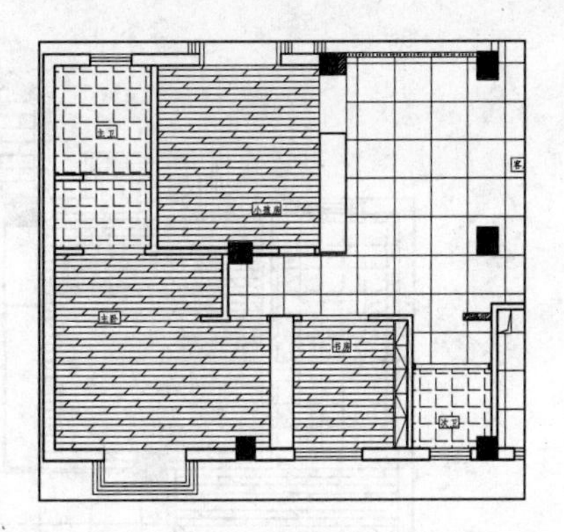

图 9-99　防滑砖填充参数和效果

09 在茶室和洗衣房填充 AR-BRSTD 图案，表示仿古砖，填充参数和效果如图 9-100 所示。

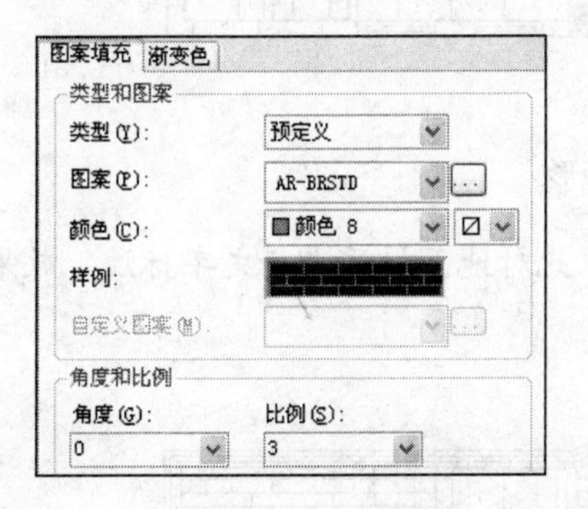

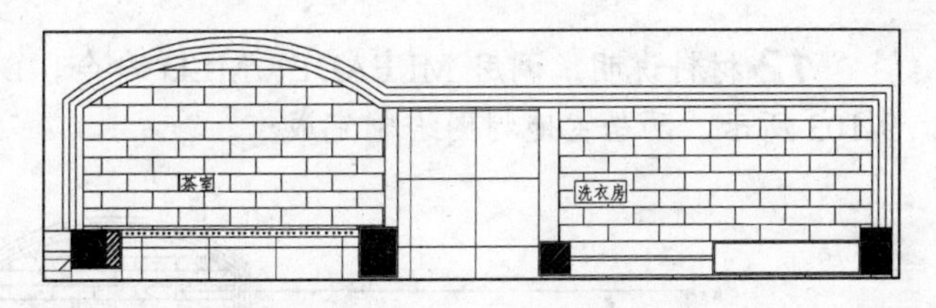

图 9-100　仿古砖填充参数和效果

10 在飘窗窗台位置填充 AR-CONC 图案，表示大理石，填充参数和效果如图 9-101 所示。

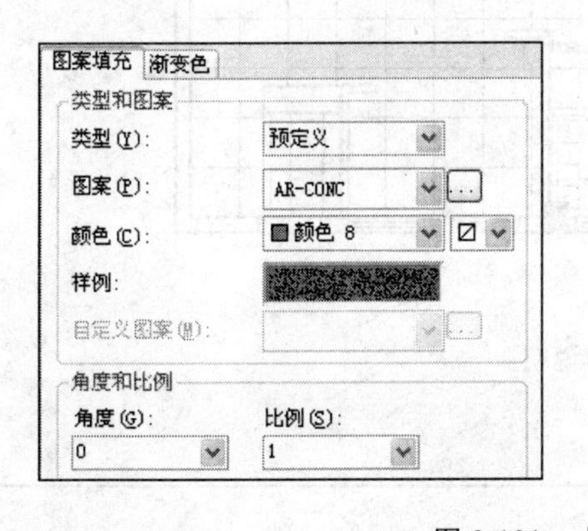

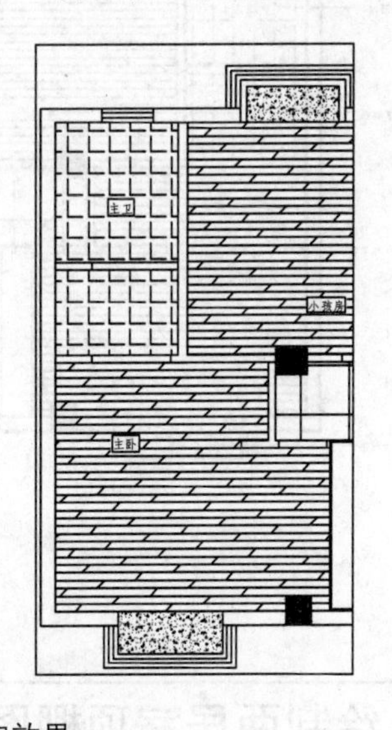

图 9-101　大理石填充参数和效果

11 填充完成后，删除前面绘制的框住文字的矩形，如图 9-102 所示。

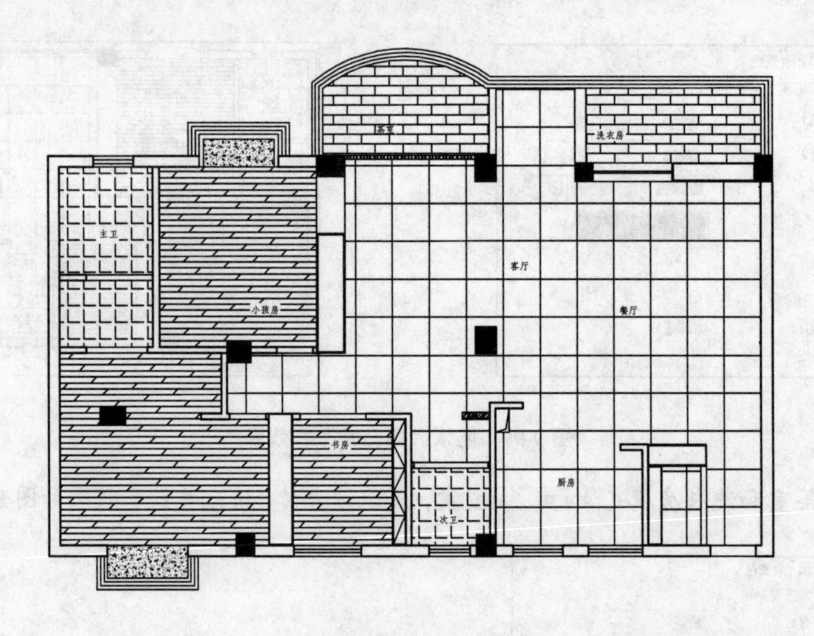

图 9-102　删除矩形

12 材料说明。调用 MLEADER/MLD 命令，以此对地面材质进行文字标注，效果如图 9-103 所示，两居室地材图绘制完成。

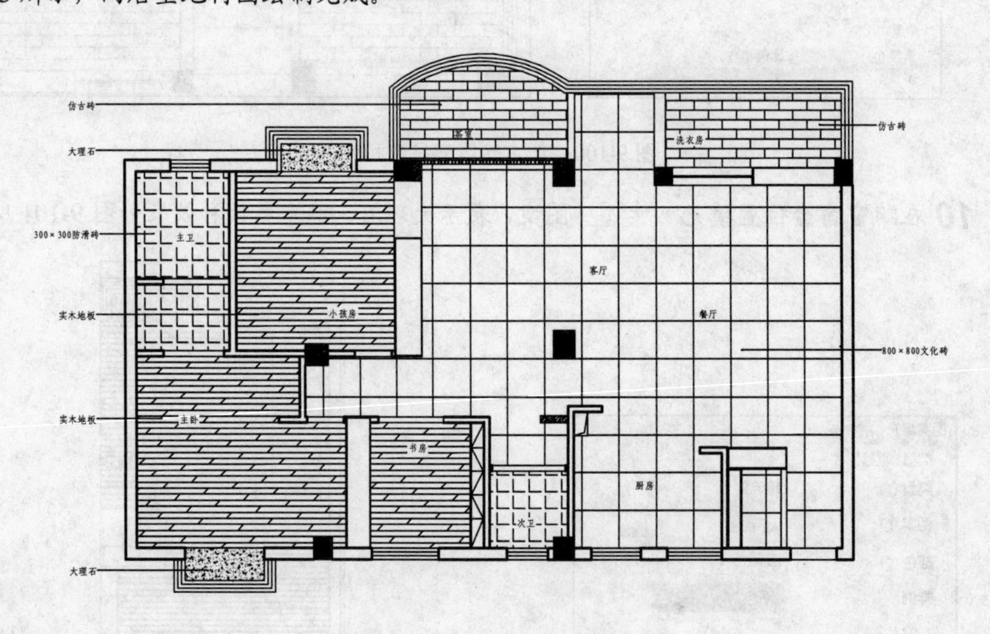

图 9-103　材料说明

9.6 绘制两居室顶棚图

如图 9-104 所示为两居室顶棚图，下面讲解绘制方法。

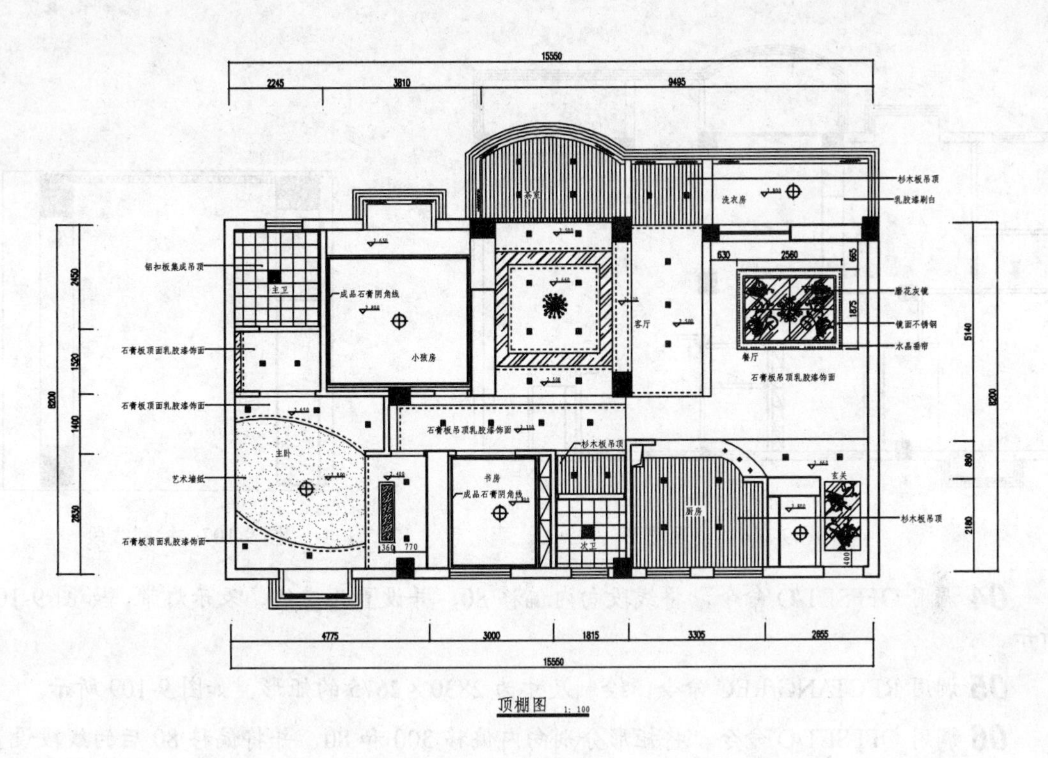

图 9-104　顶棚图

9.6.1 绘制客厅和餐厅顶棚图

如图 9-105 所示为客厅和餐厅顶棚图。

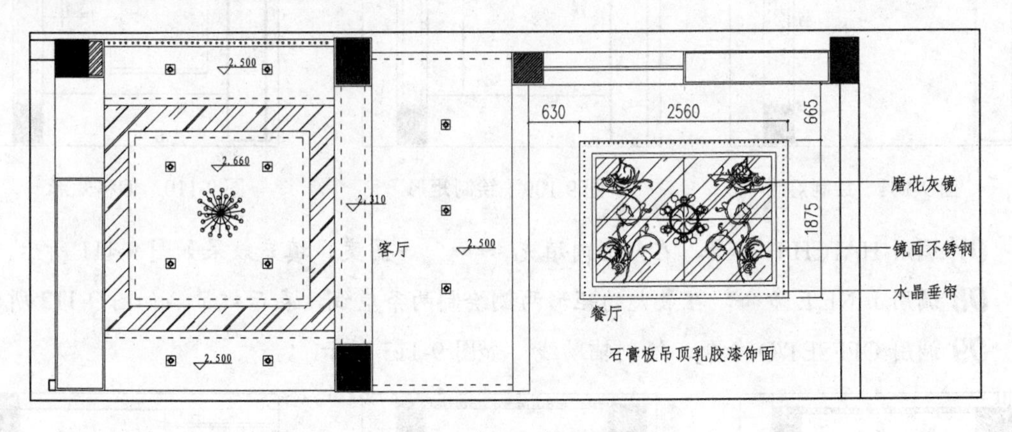

图 9-105　客厅和餐厅顶棚图

课堂举例 9-14：绘制客厅和餐厅顶棚图

视频\第 9 章\课堂举例 9-14.mp4

01 复制图形。顶棚图可在平面布置图的基础上绘制，复制两居室平面布置图，删除与顶面无关的图形。并在门洞处绘制墙体线，如图 9-106 所示。

02 绘制吊顶造型。设置“DD_吊顶”图层为当前图层。

03 调用 LINE/L 命令，绘制线段，如图 9-107 所示。

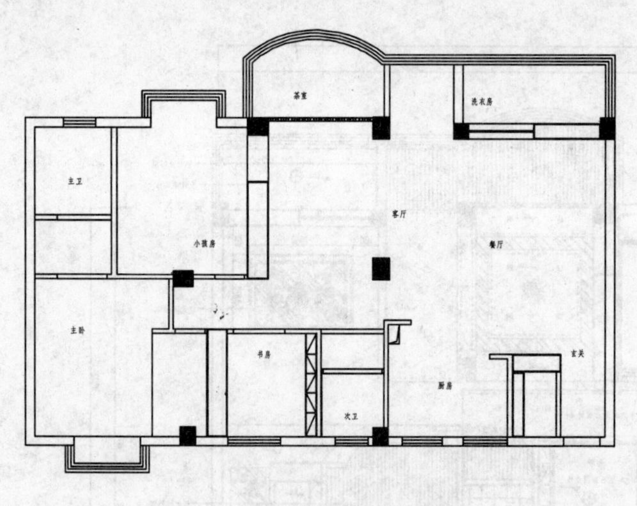

图 9-106　整理图形

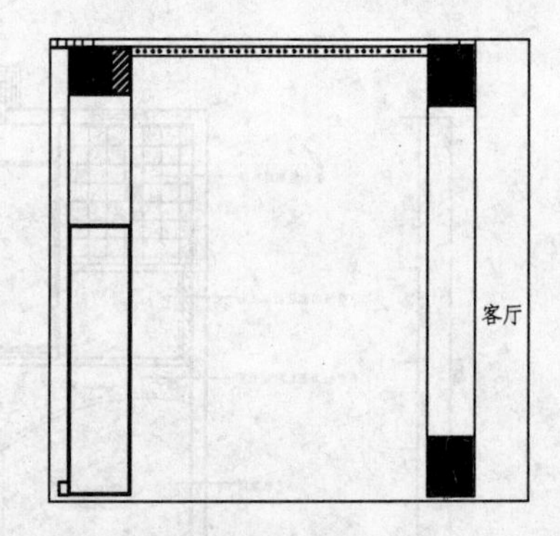

图 9-107　绘制线段

04 调用 OFFSET/O 命令，将线段向内偏移 80，并设置为虚线，表示灯带，如图 9-108 所示。

05 调用 RECTANG/REC 命令，绘制尺寸为 2830×2675 的矩形，如图 9-109 所示。

06 调用 OFFSET/O 命令，将矩形分别向内偏移 300 和 80，并将偏移 80 后的线段设置为虚线，表示灯带，如图 9-110 所示。

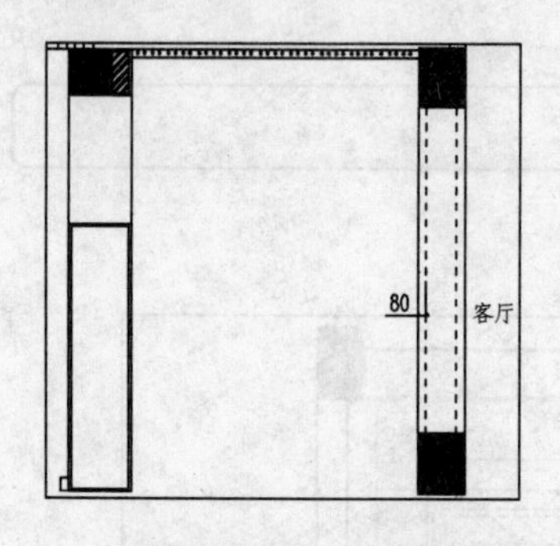

图 9-108　绘制灯带

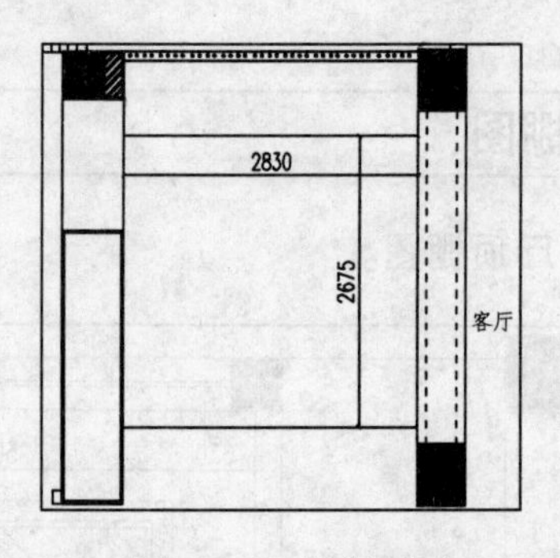

图 9-109　绘制矩形

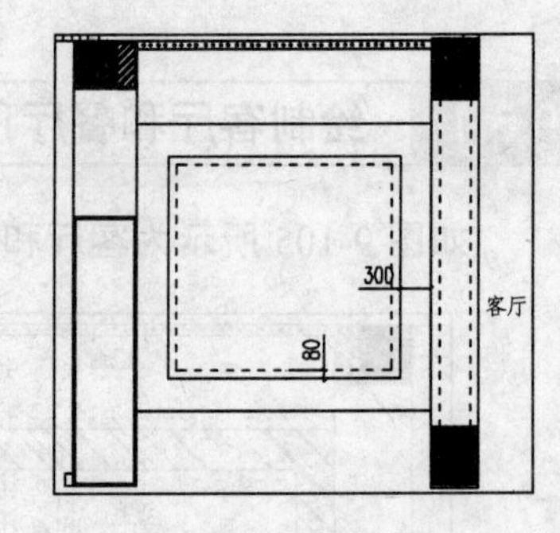

图 9-110　偏移矩形

07 调用 HATCH/H 命令，在矩形内填充 AR-RROOF 图案，填充效果如图 9-111 所示。

08 调用 LINE/L 命令，在最大的矩形两侧绘制两条虚线，表示灯带，如图 9-112 所示。

09 调用 OFFSET/O 命令，绘制辅助线，如图 9-113 所示。

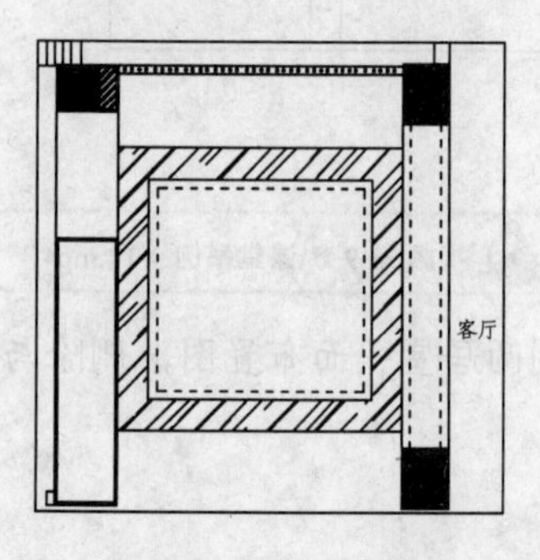

图 9-111　填充图案

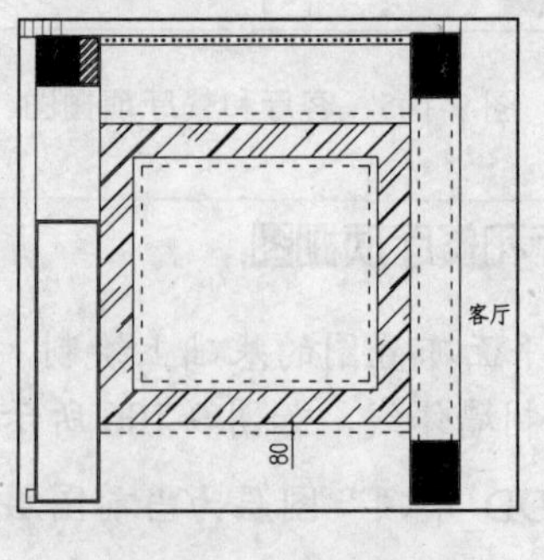

图 9-112　绘制灯带

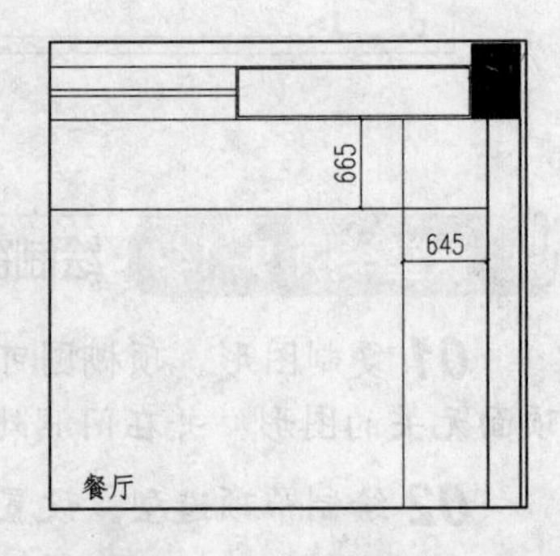

图 9-113　绘制辅助线

10 调用 RECTANG/REC 命令，以辅助线的交点为矩形的第一个角点，绘制尺寸为 2560 × 1875 的矩形，然后删除辅助线，如图 9-114 所示。

11 调用 OFFSET/O 命令，将矩形向内偏移 150 和 50，如图 9-115 所示。

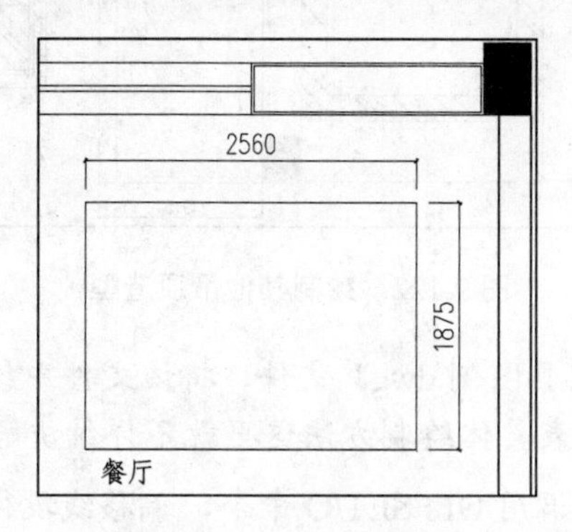

图 9-114　绘制矩形

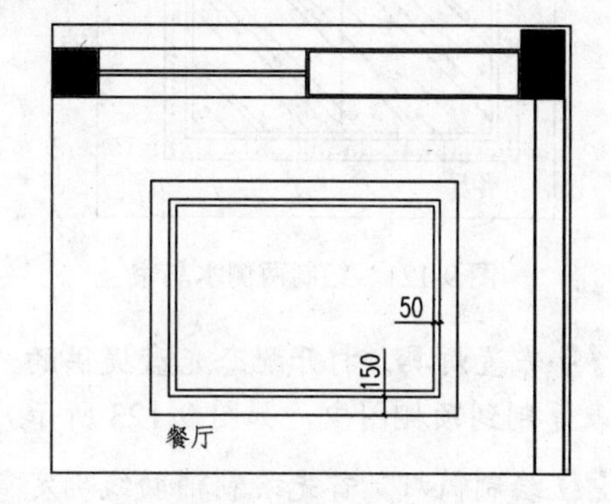

图 9-115　偏移矩形

12 调用 LINE/L 命令，绘制线段，如图 9-116 所示。

13 调用 HATCH/H 命令，在矩形内填充 AR-RROOF 图案，填充效果如图 9-117 所示。

14 绘制水晶帘。调用 CIRCLE/C 命令，在如图 9-118 所示位置绘制半径为 6 的圆。

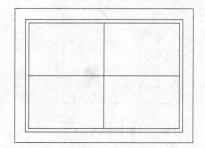

图 9-116　绘制线段

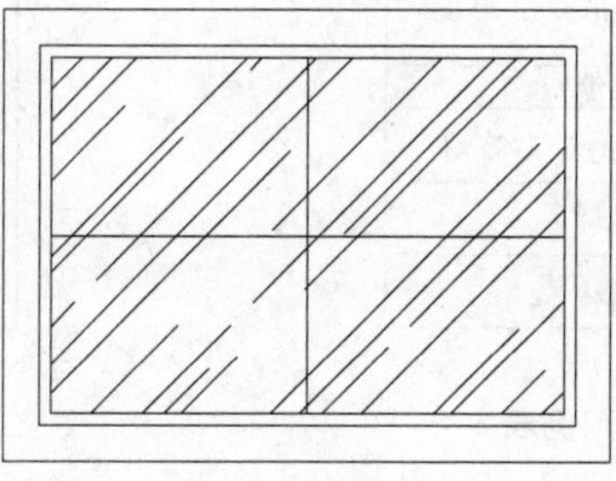

图 9-117　填充图案

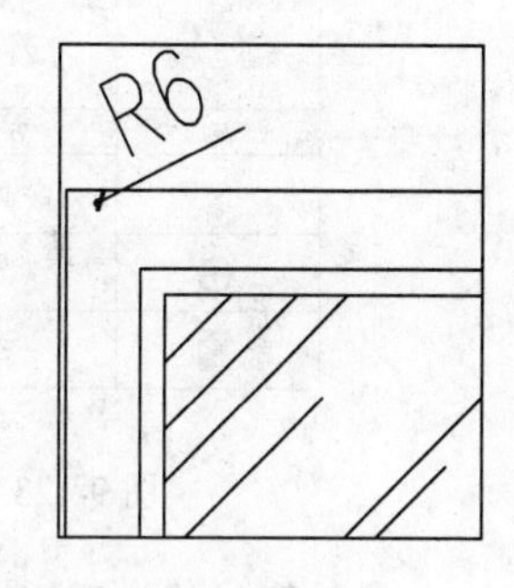

图 9-118　绘制圆

15 调用 ARRAY/AR 命令，对圆进行阵列，如图 9-119 所示。

16 调用 COPY/CO 命令，将圆图形复制到矩形的下方，如图 9-120 所示。

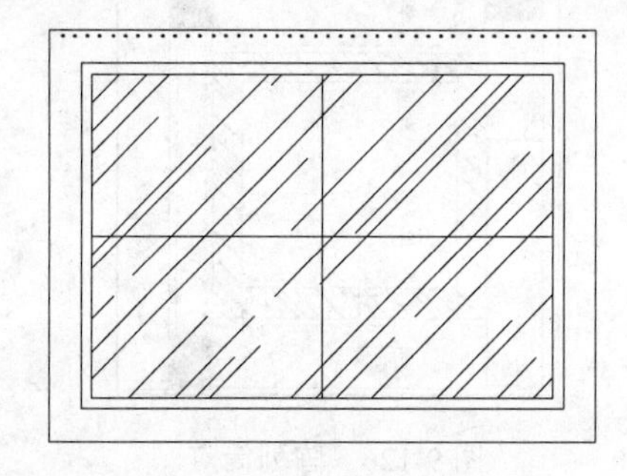

图 9-119　阵列圆

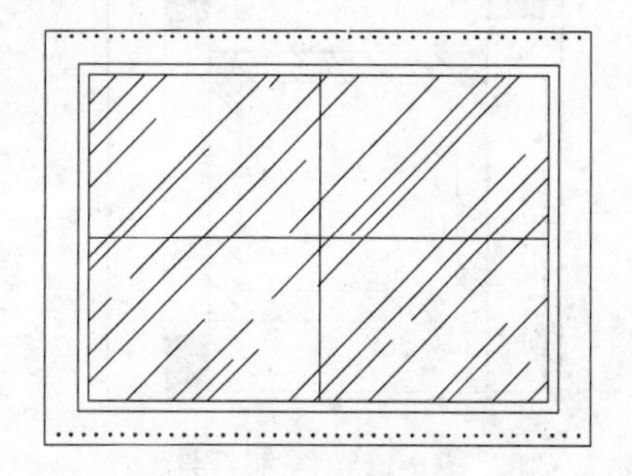

图 9-120　复制圆

17 使用同样的方法绘制两侧的水晶帘图形，如图 9-121 所示。

18 调用 LINE/L 命令和 OFFSET/O 命令，绘制其他吊顶造型，如图 9-122 所示。

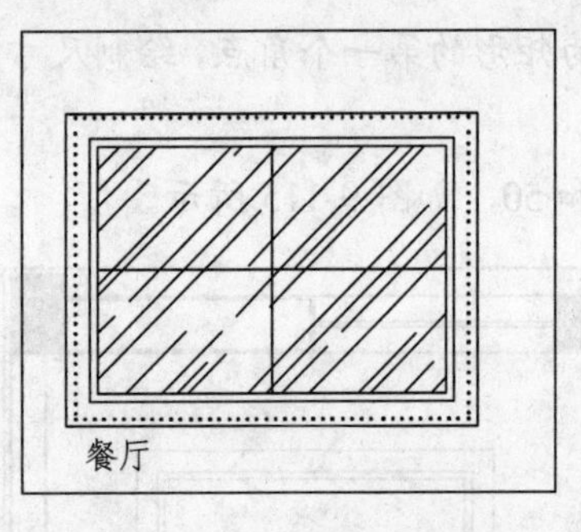

图 9-121　绘制两侧水晶帘

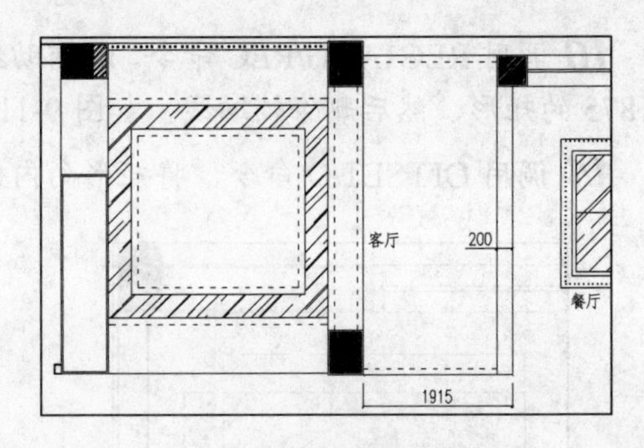

图 9-122　绘制其他吊顶造型

19 布置灯具。打开配套光盘提供的“第 9 章\家具图例.dwg”文件，将该文件中绘制的图例表复制到顶棚图中，如图 9-123 所示。灯具图例表具体绘制方法这里就不详细讲解了。

20 绘制筒灯。首先绘制辅助线确定筒灯位置。调用 OFFSET/O 命令，偏移线段得到辅助线，辅助线的交点即筒灯位置，如图 9-124 所示。

图标	名称
	水晶吊垂灯
	艺术吊灯
	方形筒灯
	嵌入式双头筒灯
	吸顶灯
	浴霸

图 9-123　图例表

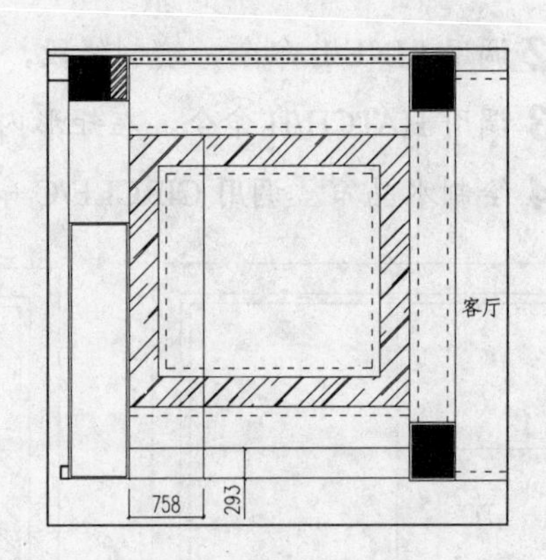

图 9-124　绘制辅助线

21 复制筒灯图形。调用 COPY/CO 命令，将筒灯图形复制到筒灯位置，然后删除辅助线，如图 9-125 所示。

22 调用 ARRAY/AR 命令，对筒灯图形进行阵列，如图 9-126 所示。

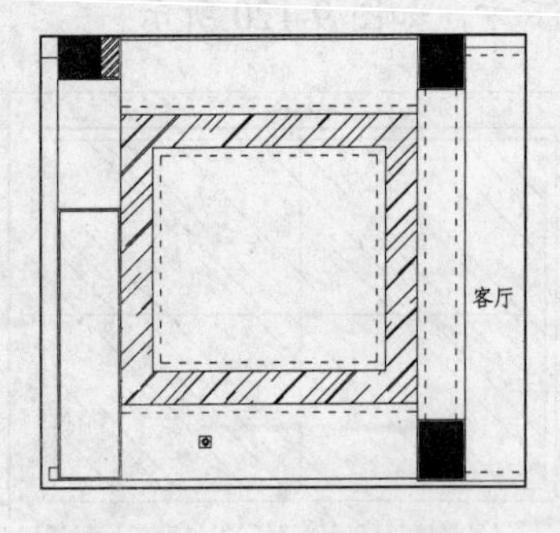

图 9-125　复制灯具

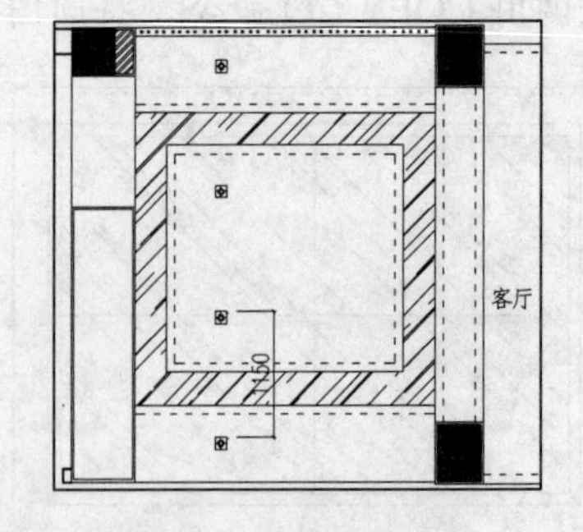

图 9-126　阵列筒灯

23 调用 COPY/CO 命令，通过复制得到右侧的筒灯，如图 9-127 所示。

24 绘制客厅吊灯。为了将客厅吊灯位置于客厅矩形区域的中心，需要绘制一条辅助线，调用 LINE/L 命令，绘制客厅吊灯所在矩形区域的对角线，如图 9-128 所示。

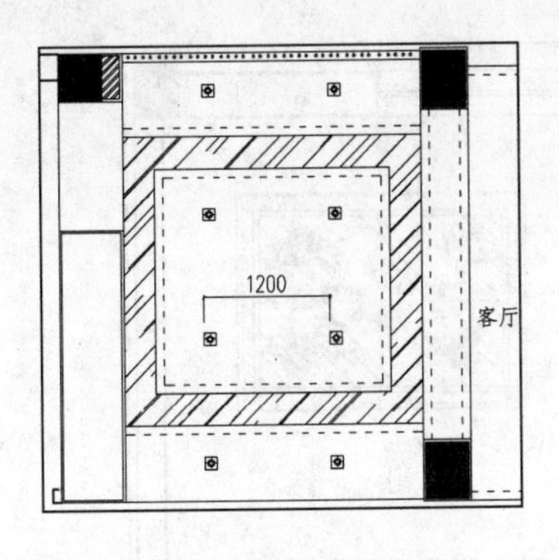

图 9-127　复制灯具

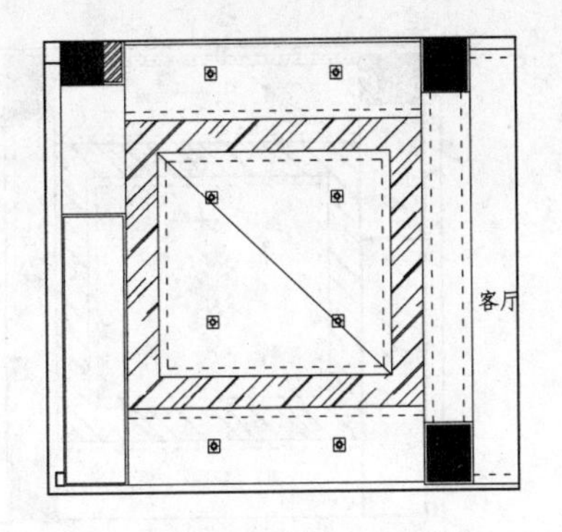

图 9-128　绘制对角线

25 调用 COPY/CO 命令，复制吊灯图形到客厅吊灯位置，吊灯中心点与辅助线的中点对齐，如图 9-129 所示。

26 删除辅助线。

27 使用同样的方法，从图例表中复制灯具图形，并根据设计要求放置到客厅和餐厅顶棚适当位置，结果如图 9-130 所示。

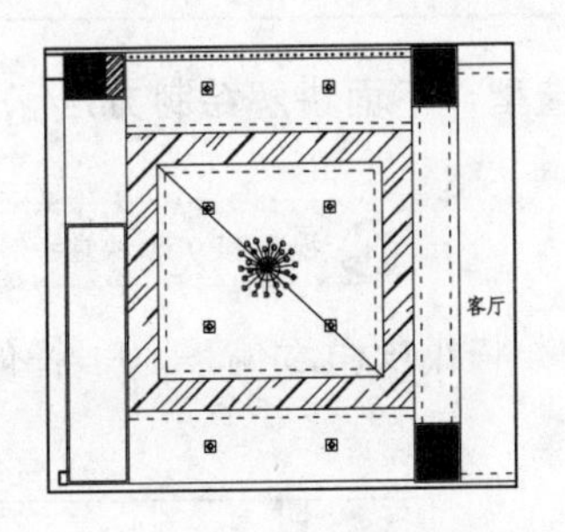

图 9-129　复制吊灯图例

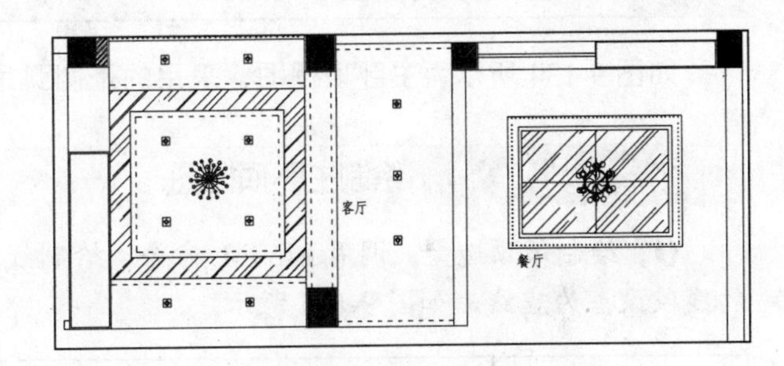

图 9-130　布置灯具

28 插入图块。从图库中插入雕花图案到餐厅顶棚位置，如图 9-131 所示。

29 标注标高。调用 INSERT/I 命令，插入标高图块，如图 9-132 所示。

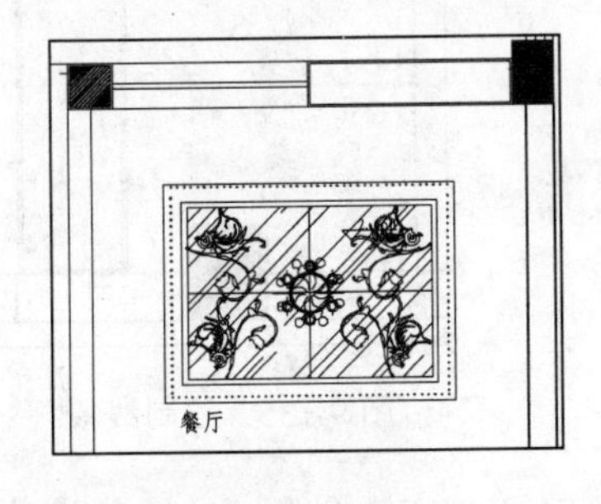

图 9-131　插入图块

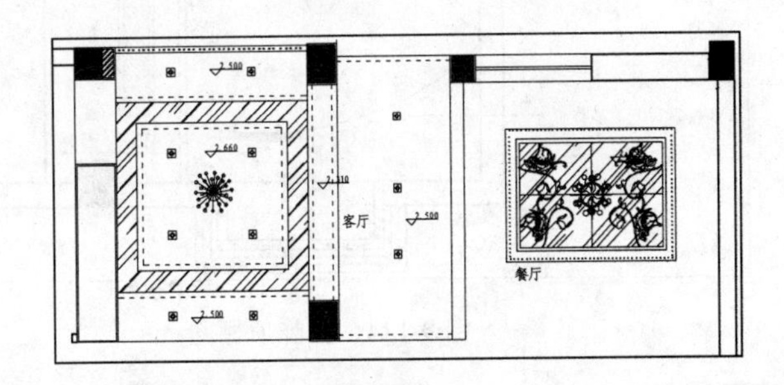

图 9-132　插入标高

30 标注尺寸和文字标注。设置“BZ_标注”图层为当前图层，设置当前注释比例为 1:100。

31 调用 DIMLINEAR/DLI 命令进行尺寸标注，效果如图 9-133 所示。

32 调用 MLEADER/MLD 命令和 MTEXT/MT 命令，标注顶棚材料说明，完成后的效果如图 9-105 所示。

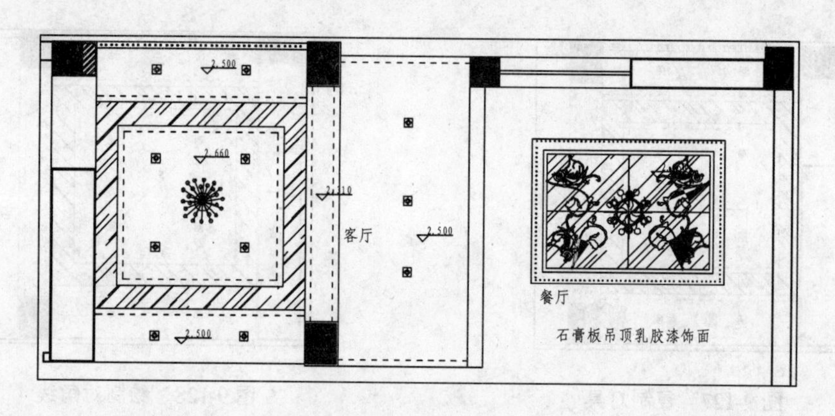

图 9-133　尺寸标注

提示 顶棚图的尺寸和文字说明应标注清楚，以方便施工人员施工，其中说明文字用于说明顶棚的用材和做法。

9.6.2 绘制主卧顶棚图

如图 9-134 所示为主卧顶棚图，采用的是圆弧吊顶造型，下面讲解绘制方法。

课堂举例 9-15：绘制主卧顶棚图

视频\第 9 章\课堂举例 9-15.mp4

01 绘制吊顶造型。调用 LINE/L 命令，绘制线段，并将线段向右偏移 80，将偏移 80 后的线段设置为虚线，如图 9-135 所示。

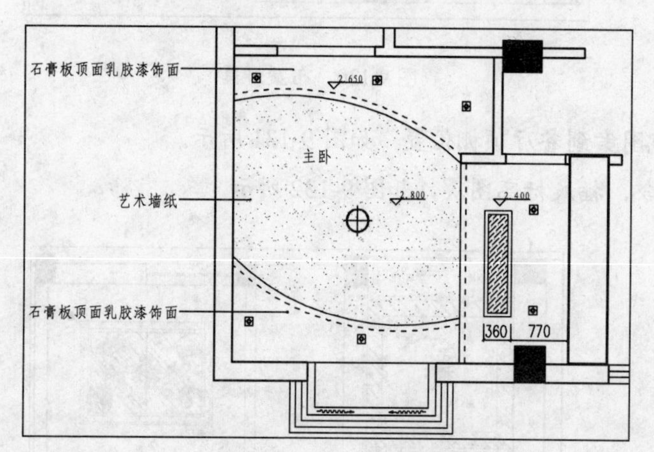

图 9-134　主卧顶棚图

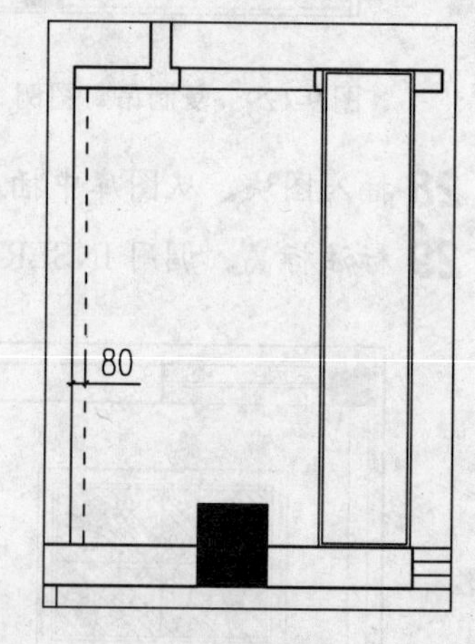

图 9-135　绘制线段

02 调用 OFFSET/O 命令，绘制辅助线，调用 RECTANG/REC 命令，以辅助线的交点为矩形的第一个角点，绘制尺寸为 360 × 1400 的矩形，然后删除辅助线，如图 9-136 所示。

03 调用 OFFSET/O 命令，将矩形向内偏移 50，如图 9-137 所示。

04 调用 HATCH/H 命令，在矩形内填充 ANSI36 图案，填充效果如图 9-138 所示。

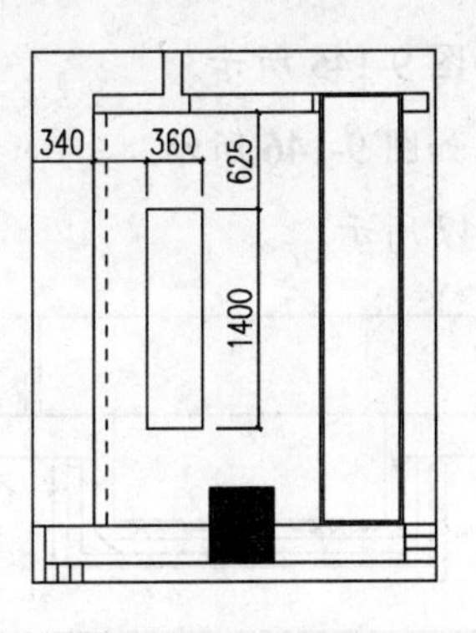

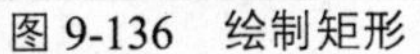
图 9-136　绘制矩形

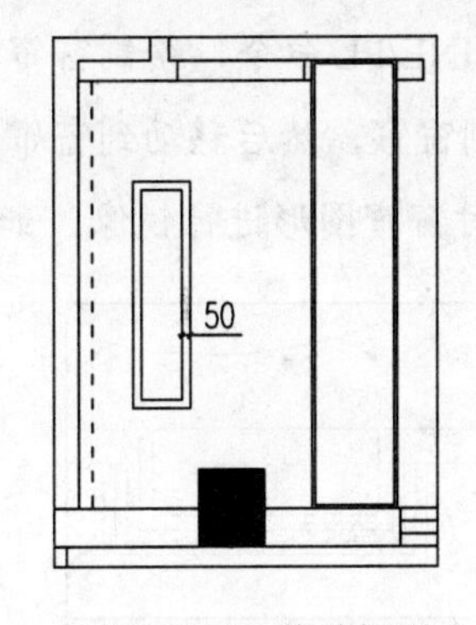

图 9-137　偏移矩形

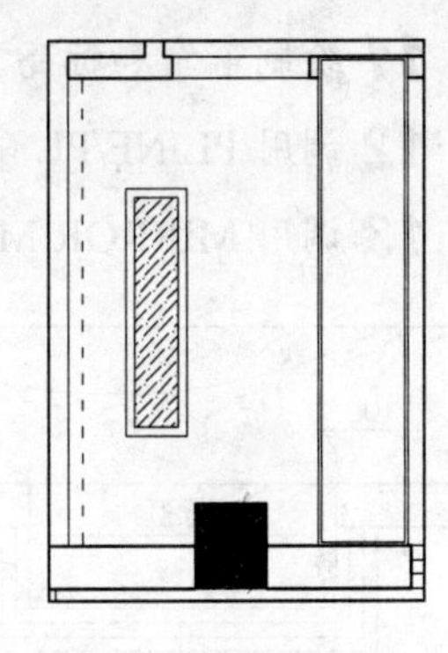

图 9-138　填充图案

05 调用 OFFSET/O 命令，绘制辅助线，如图 9-139 所示。

06 调用 CIRCLE/C 命令，以辅助线的交点为圆心绘制半径为 3390 的圆，然后删除辅助线，如图 9-140 所示。

07 调用 OFFSET/O 命令，将圆向外偏移 100，如图 9-141 所示。

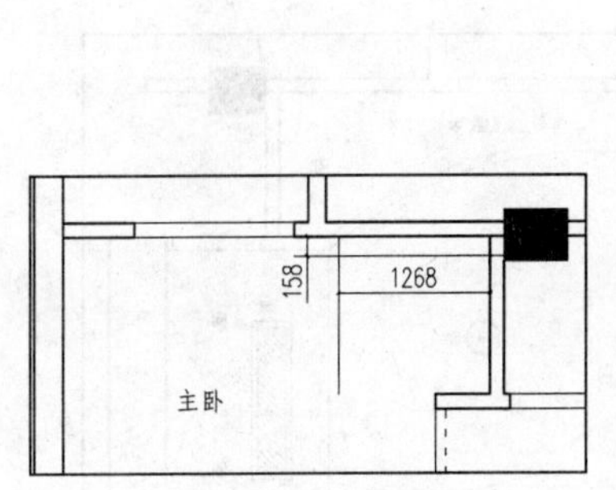

图 9-139　绘制辅助线

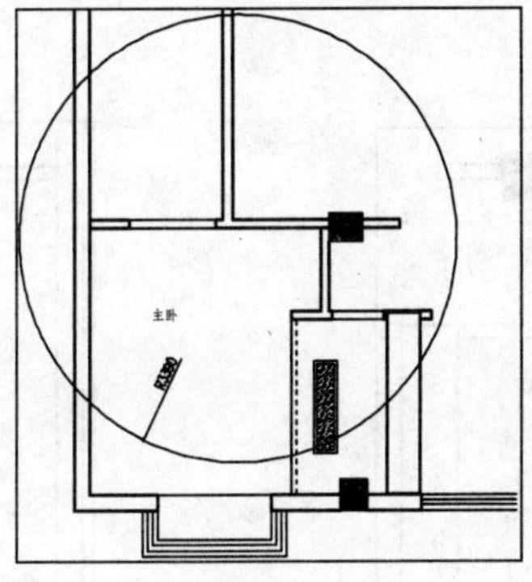

图 9-140　绘制圆

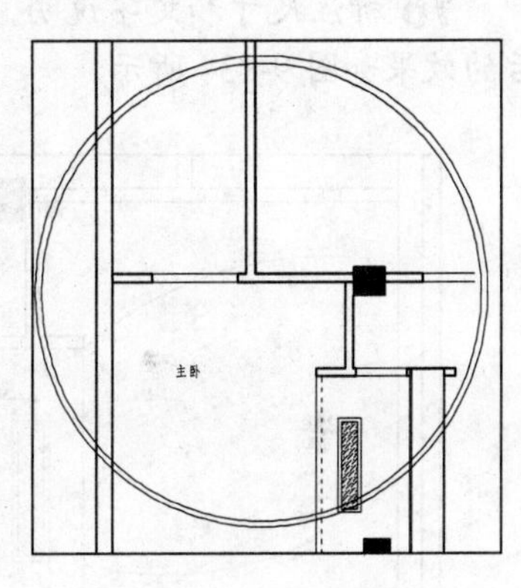

图 9-141　偏移圆

08 调用 TRIM/TR 命令，对圆进行修剪，再将外侧的圆弧设置为虚线，如图 9-142 所示。

09 使用同样的方法绘制下方同样类型的圆弧，效果如图 9-143 所示。

10 调用 HATCH/H 命令，在圆弧内填充 AR-SAND 图案，填充效果如图 9-144 所示。

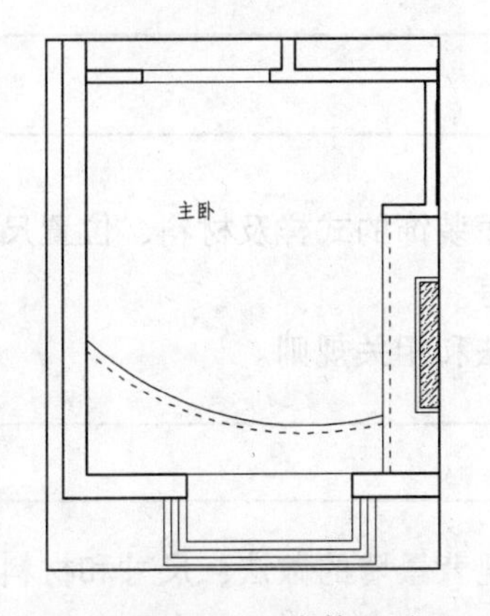

图 9-142　修剪圆弧

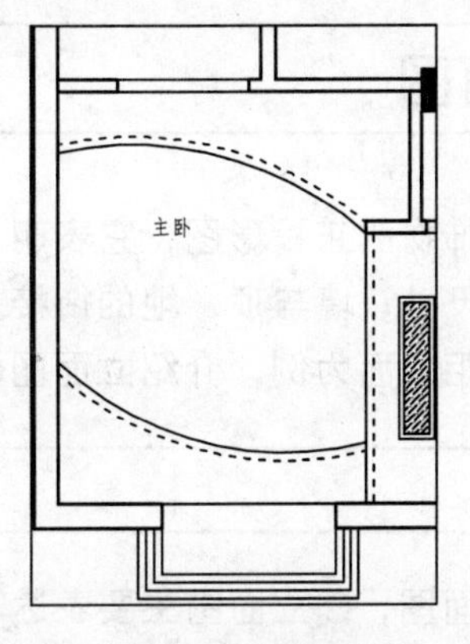

图 9-143　绘制圆弧

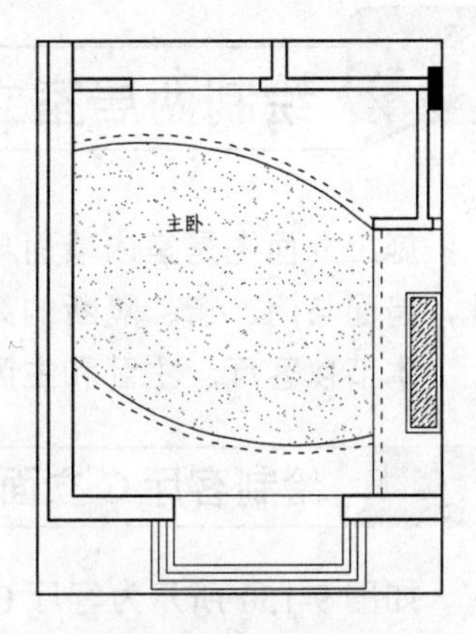

图 9-144　填充图案

11 绘制窗帘和标高。调用 PLINE/PL 命令，绘制窗帘盒，如图 9-145 所示。

12 调用 PLINE/PL 命令，绘制窗帘，然后移动到窗帘盒内，如图 9-146 所示。

13 调用 MIRROR/MI 命令，对窗帘图形进行镜像，如图 9-147 所示。

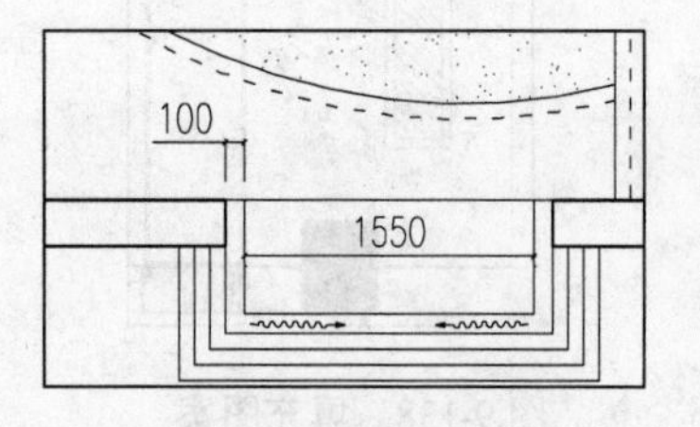

图 9-145　绘制窗帘盒

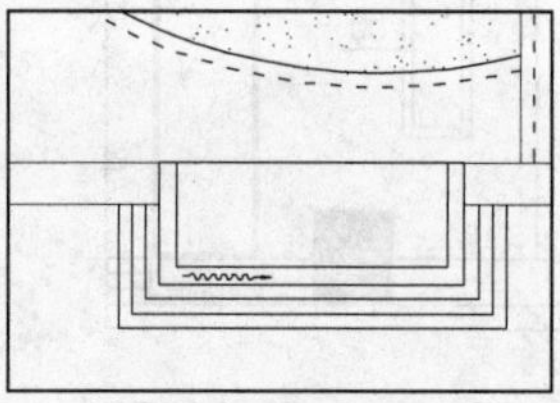

图 9-146　绘制窗帘

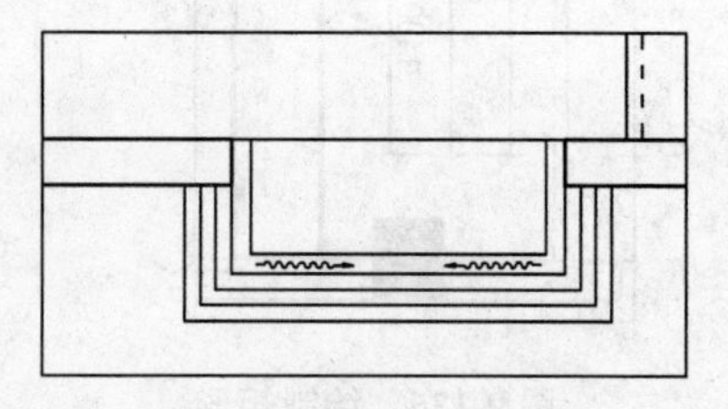

图 9-147　镜像窗帘图形

14 调用 INSERT/I 命令，插入标高图块创建标高，如图 9-148 所示。

15 布置灯具。调用 COPY/CO 命令，从灯具图例表中复制灯具图形到顶棚图中，如图 9-149 所示。

16 标注尺寸和文字说明。标注尺寸和文字说明的方法与客厅、餐厅顶棚图相同，完成后的效果如图 9-134 所示。

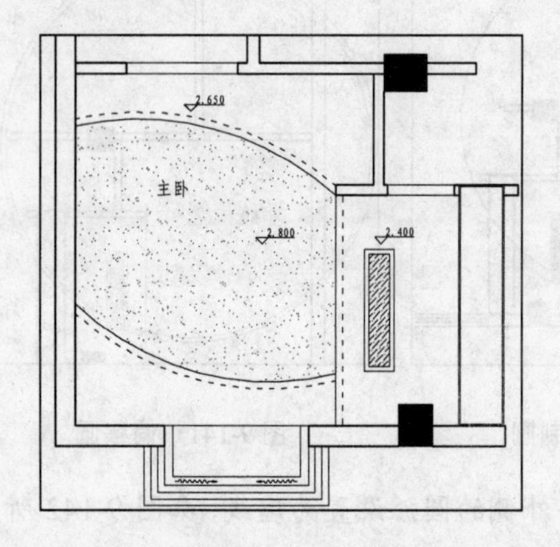

图 9-148　插入标高

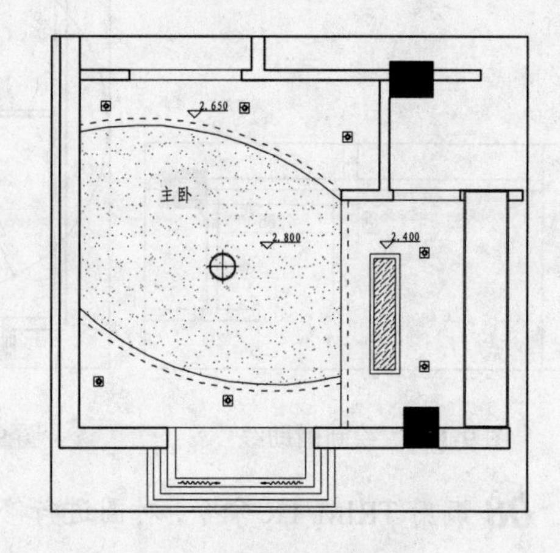

图 9-149　复制灯具图形

9.7 绘制两居室立面图

施工立面图是室内墙面与装饰物的正投影图，它表明了墙面装饰的式样及材料、位置尺寸，墙面与门、窗、隔断的高度尺寸，墙与顶、地的衔接方式等。

本节以客厅、主卧和主卧衣柜立面为例，介绍立面图的画法和相关规则。

9.7.1 绘制客厅 C 立面图

如图 9-150 所示为客厅 C 立面图，C 立面图主要表达了电视背景墙的做法、尺寸和材料等，下面讲解绘制方法。

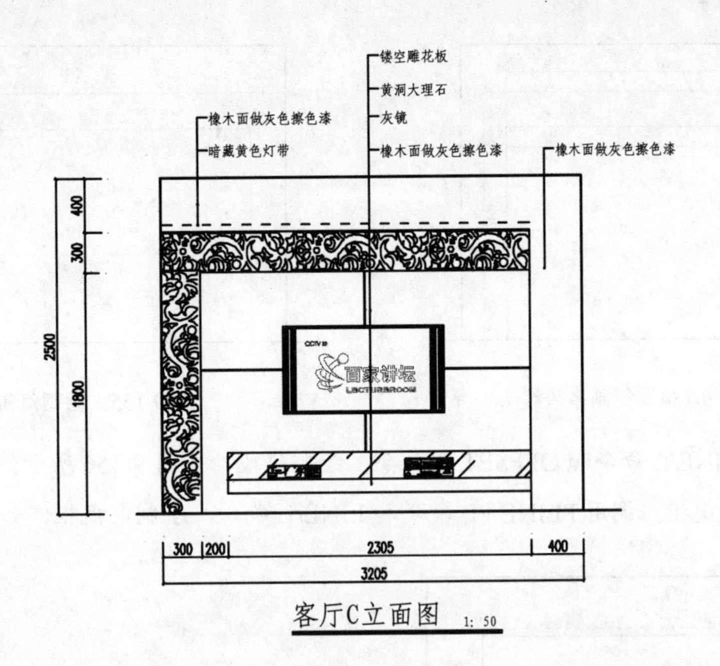

图 9-150　客厅 C 立面图

课堂举例 9-16：绘制客厅 C 立面图

视频\第 9 章\课堂举例 9-16.mp4

01 绘制立面轮廓。调用 COPY/CO 命令，复制平面布置图上客厅 C 立面图的平面部分，并对图形进行旋转。

02 调用 LINE/L 命令，绘制客厅 C 立面的投影线，并在投影线的下方绘制一条水平线段表示地面，如图 9-151 所示。调用 OFFSET/O 命令，向上偏移地面，得到标高为 2500 的顶面轮廓。如图 9-152 所示。

03 调用 TRIM/TR 命令，修剪得到客厅 C 立面外轮廓，并转换至“QT_墙体”图层，如图 9-153 所示。

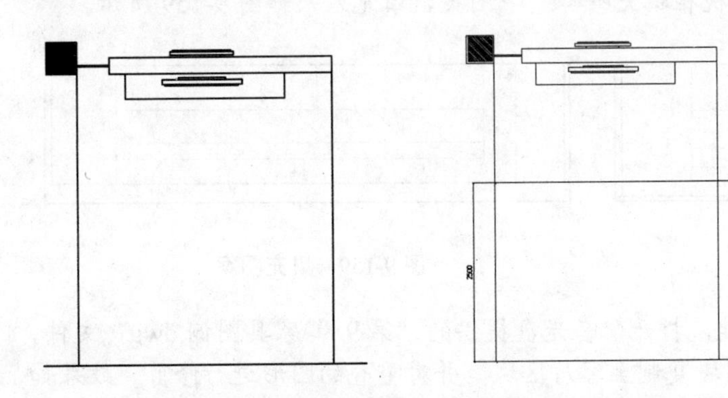

图 9-151　绘制墙体和地面　　图 9-152　绘制顶面　　图 9-153　修剪立面外轮廓

04 绘制背景墙。调用 PLINE/PL 命令，绘制如图 9-154 所示多段线。

05 调用 LINE/L 命令，在多段线上方绘制线段，并设置为虚线，表示灯带，如图 9-155 所示。

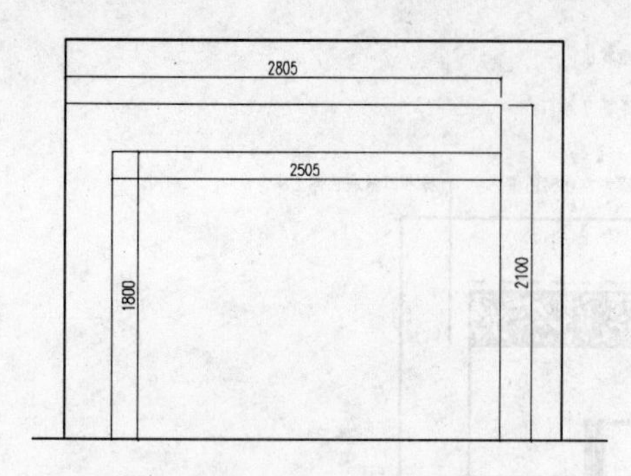

图 9-154　绘制多段线

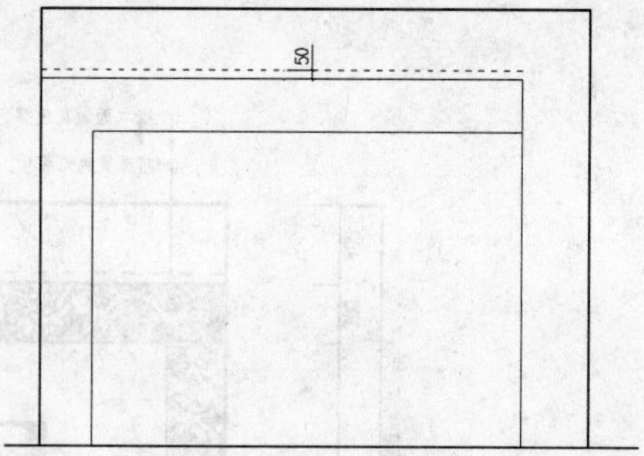

图 9-155　绘制灯带

06 调用 LINE/L 命令和 OFFSET/O 命令，绘制线段，如图 9-156 所示。

07 绘制电视柜。调用 PLINE/PL 命令和 LINE/L 命令，绘制电视柜，如图 9-157 所示。

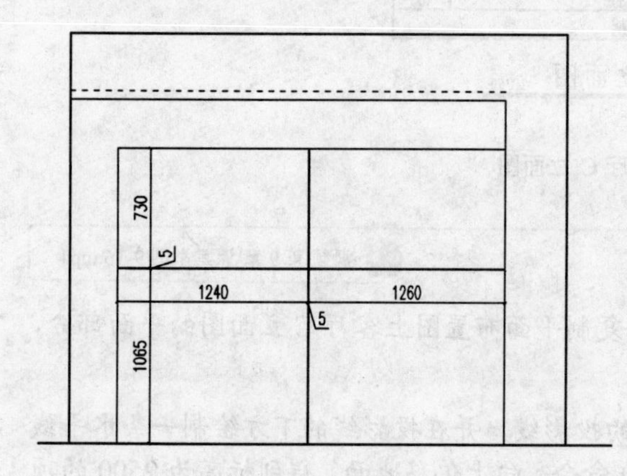

图 9-156　绘制线段

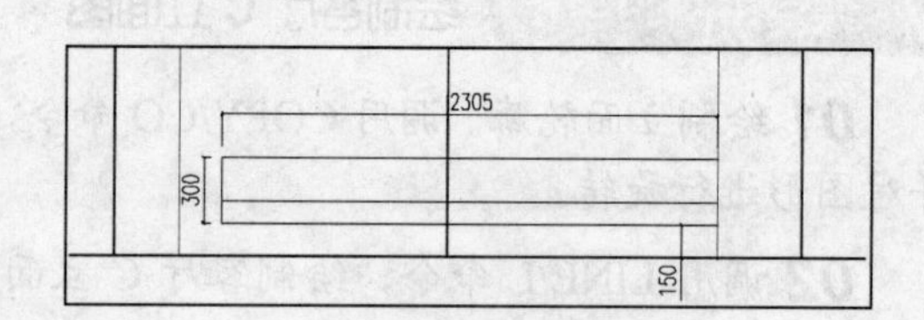

图 9-157　绘制电视柜

08 调用 TRIM/TR 命令，对电视柜与电视背景墙相交的位置进行修剪，如图 9-158 所示。

09 调用 HATCH/H 命令，在电视柜填充 AR-RROOF 图案，填充效果如图 9-159 所示。

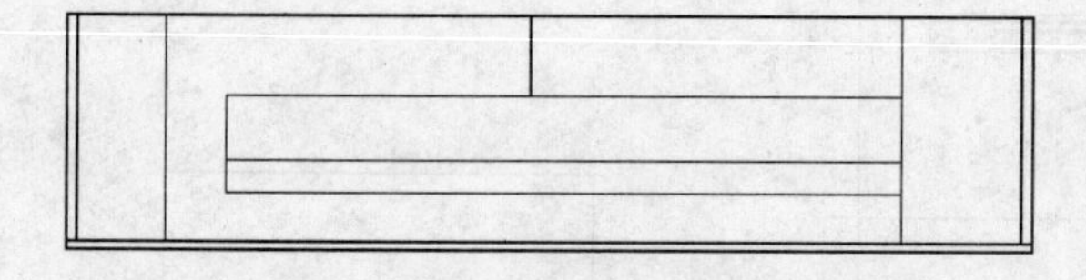

图 9-158　修剪线段

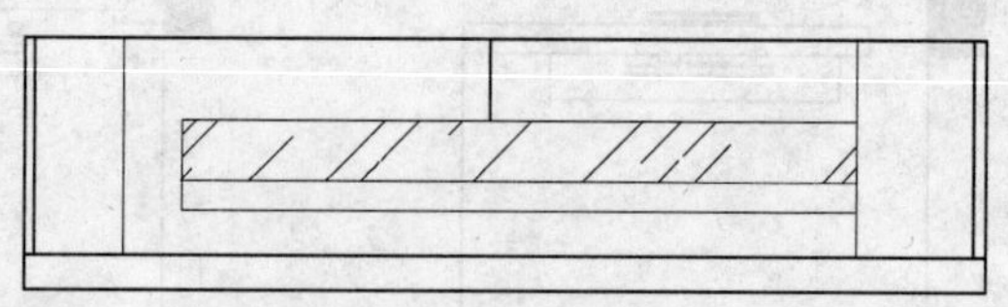

图 9-159　填充图案

10 插入图块。按 Ctrl+O 快捷键，打开配套光盘提供的“第 9 章\家具图例.dwg”文件，选择其中的雕花、电视和影碟机等图块复制至客厅区域，并对重叠的图形进行修剪，效果如图 9-160 所示。

11 尺寸标注。设置“BZ_标注”图层为当前图层，设置当前注释比例为 1：50。

12 调用 DIMLINEAR/DLI 命令或执行【标注】|【线性】命令标注尺寸，如图 9-161 所示。

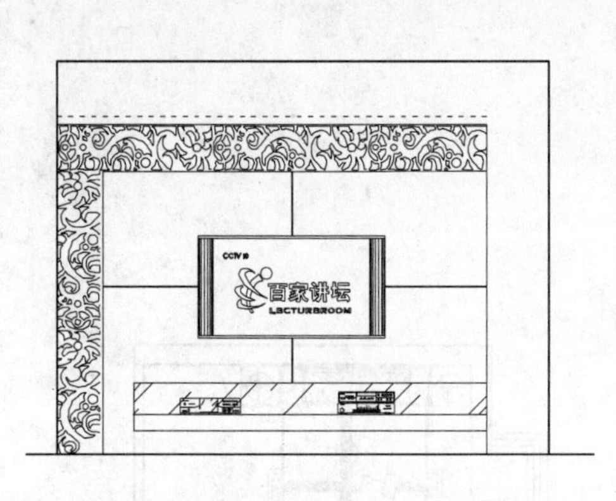

图 9-160　插入图块

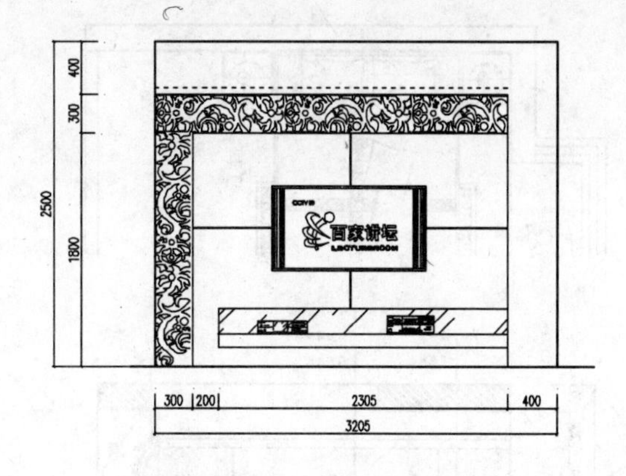

图 9-161　尺寸标注

13 调用 MLEADER/MLD 命令进行材料标注，标注结果如图 9-162 所示。

14 插入图名。调用 INSERT/I 命令，插入“图名”图块，设置名称为“客厅 C 立面图”，客厅 C 立面图绘制完成。

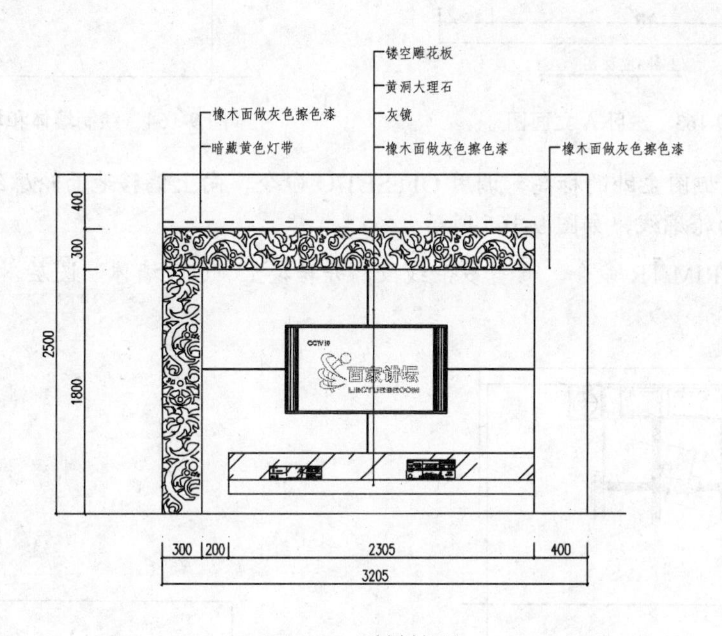

图 9-162　材料标注

9.7.2　绘制主卧 A 立面图

主卧 A 立面图如图 9-163 所示，主要表达了床所在墙面的做法，下面讲解绘制方法。

课堂举例 9–17：绘制主卧 A 立面图

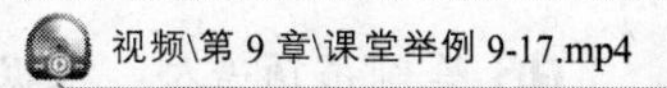

01 复制图形。复制两居室平面布置图上主卧 A 立面图的平面部分，并对图形进行旋转。

02 绘制立面基本轮廓。设置“LM_立面”图层为当前图层。

03 调用 LINE 命令，绘制 A 立面左、右侧墙体和地面轮廓线，如图 9-164 所示。

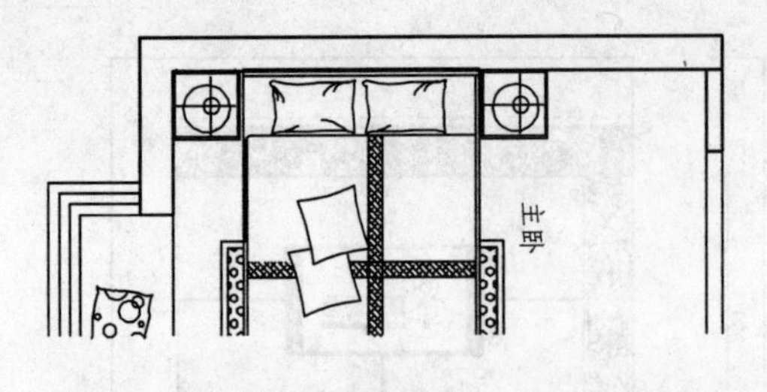

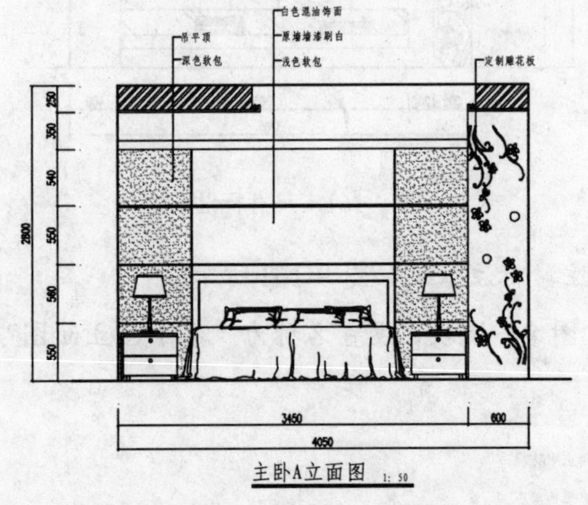

图 9-163 主卧 A 立面图

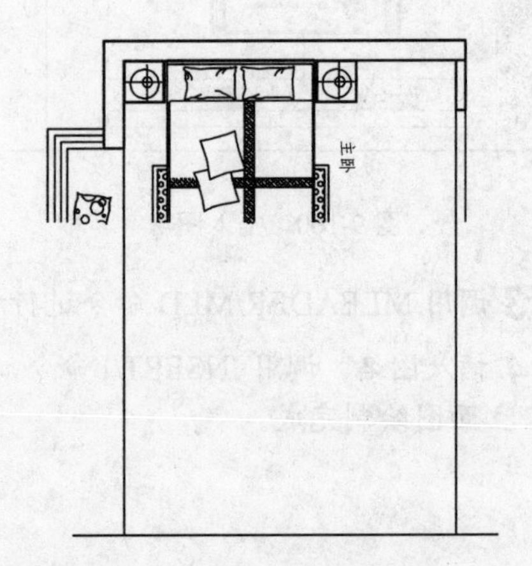

图 9-164 绘制墙体和地面

04 根据顶棚图主卧的标高，调用 OFFSET/O 命令，向上偏移地面轮廓线，偏移距离为 2800，得到顶面轮廓线，如图 9-165 所示。

05 调用 TRIM/TR 命令，修剪多余线段，并转换至“QT_墙体”图层，结果如图 9-166 所示。

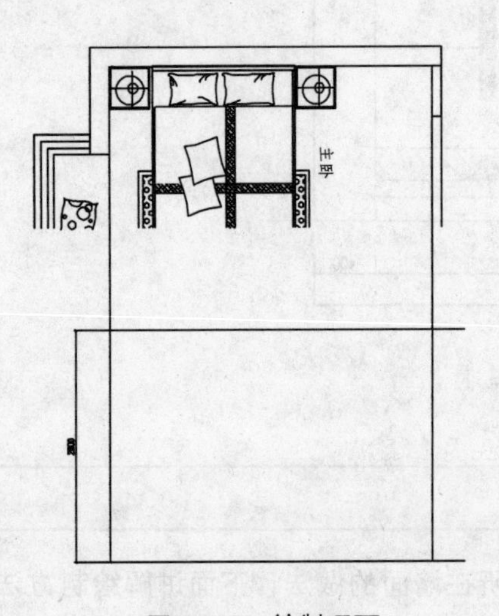

图 9-165 绘制顶面

图 9-166 立面外轮廓

06 绘制吊顶造型。根据顶棚图吊顶的高度，调用 PLINE 命令，绘制主卧吊顶轮廓，如图 9-167 所示。

07 调用 HATCH/H 命令，对吊顶内填充 STEEL 图案，表示剖面结构，效果如图 9-168 所示。

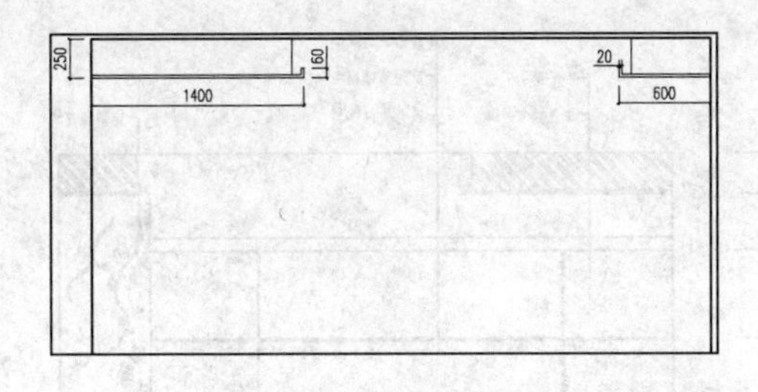

图 9-167　绘制吊顶轮廓

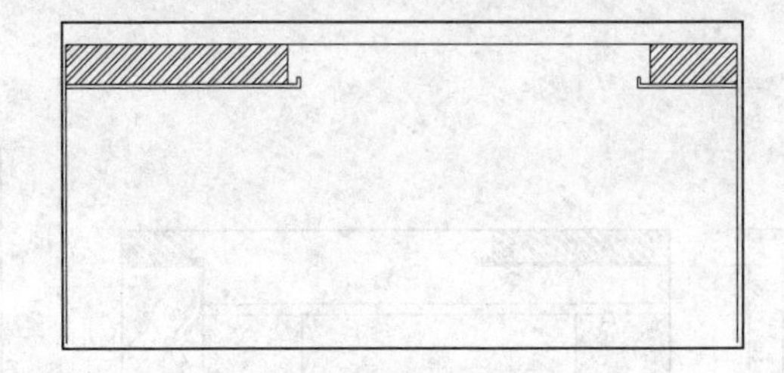

图 9-168　填充吊顶图案

08 绘制床背景墙面造型。调用 LINE/L 命令，绘制如图 9-169 所示线段。

09 调用 LINE/L 命令和 OFFSET/O 命令，绘制软包造型，如图 9-170 所示。

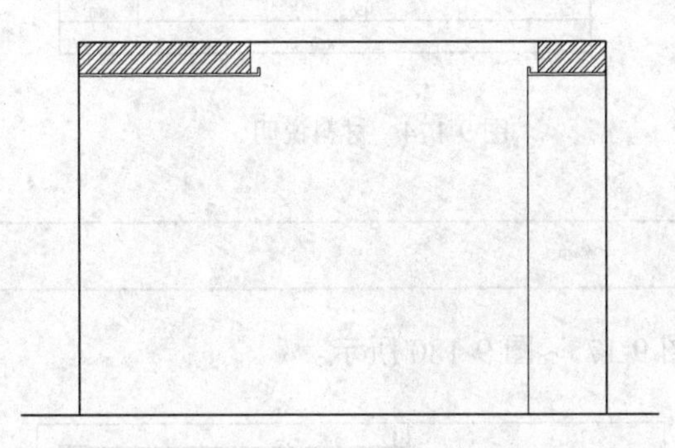

图 9-169　绘制线段

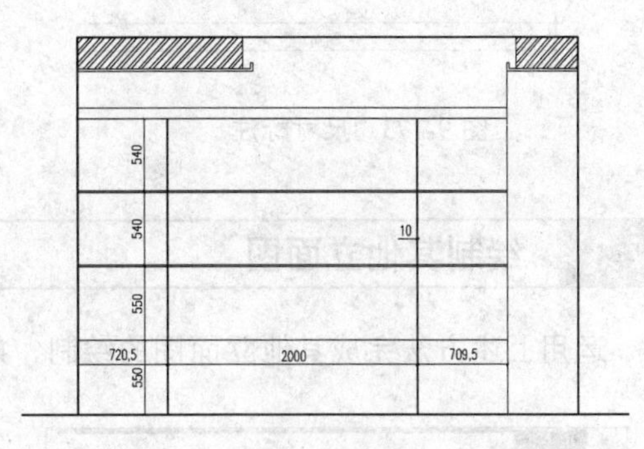

图 9-170　绘制软包造型

10 插入图块。床、台灯、床头柜、灯管和雕花板等图形可直接从图库中调用，并对图形重叠的位置进行修剪，效果如图 9-171 所示。

11 填充软包造型。调用 HATCH/H 命令，对两侧软包造型填充 AR-SAND 图案，效果如图 9-172 所示。

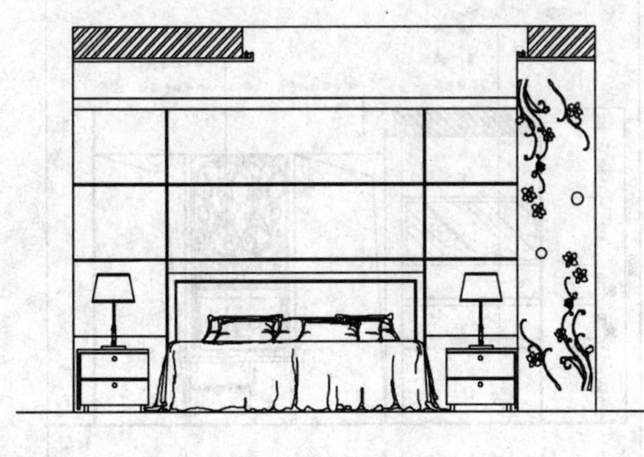

图 9-171　插入图块

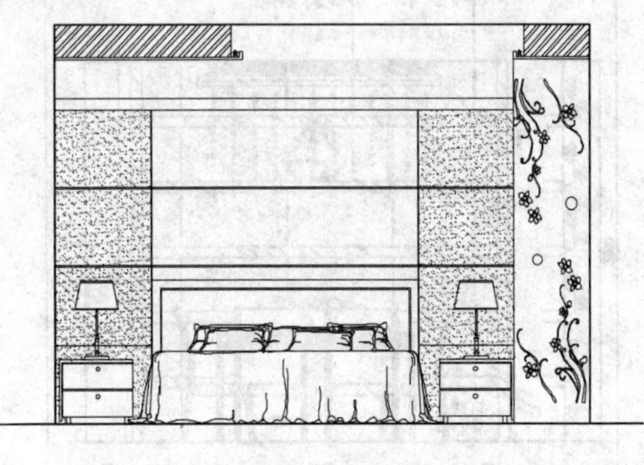

图 9-172　填充图案

12 标注尺寸、材料说明。设置“BZ_标注”为当前图层，设置当前注释比例为 1：50。调用线性标注命令 DIMLINEAR/DLI 进行尺寸标注，如图 9-173 所示。

13 调用多重引线命令对材料进行标注，结果如图 9-174 所示。

14 插入图名。调用插入图块命令 INSERT/I，插入“图名”图块，设置 A 立面图名称为“主卧 A 立面图”。

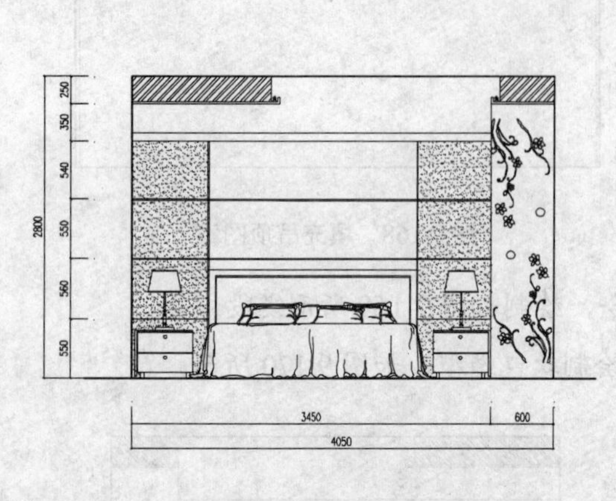

图 9-173　尺寸标注

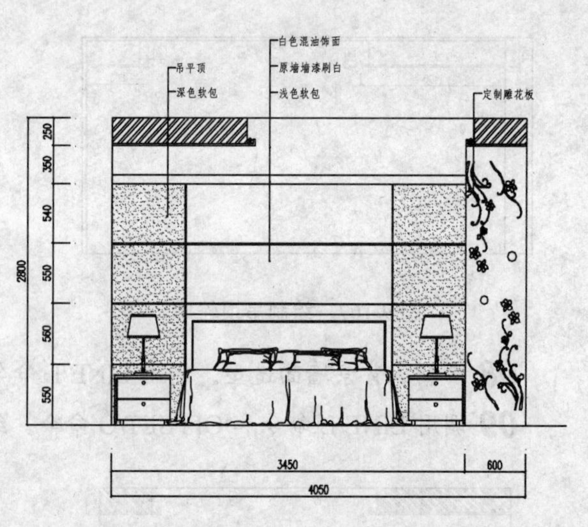

图 9-174　材料说明

9.7.3 绘制其他立面图

运用上述方法完成其他立面图的绘制，如图 9-175 ~图 9-180 所示。

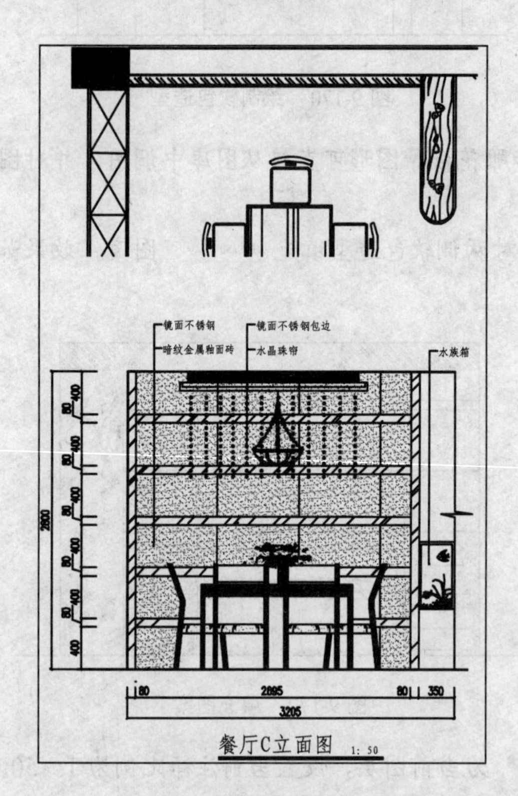

图 9-175　餐厅 C 立面图

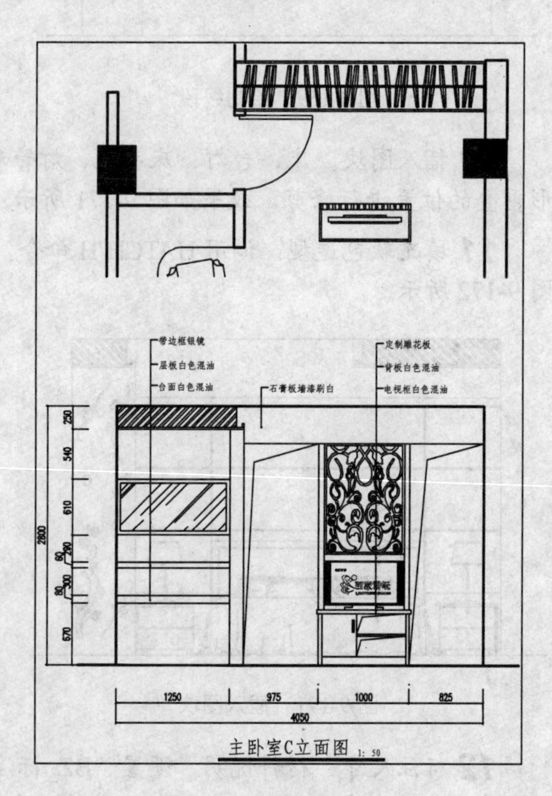

图 9-176　主卧 C 立面图

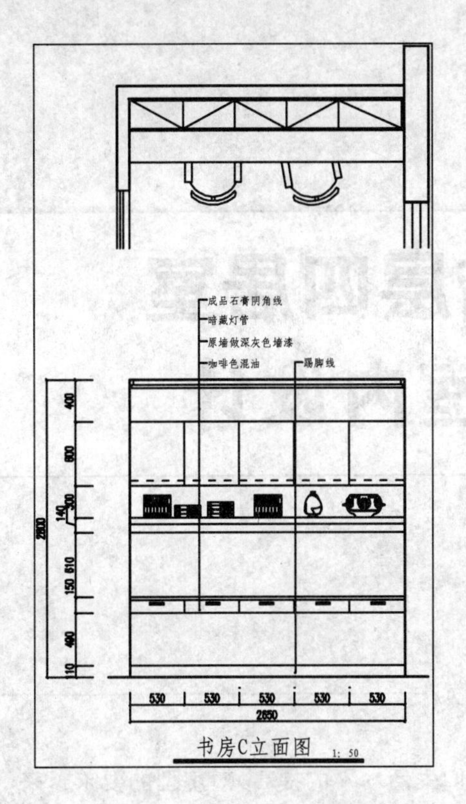

图 9-177　书房 C 立面图

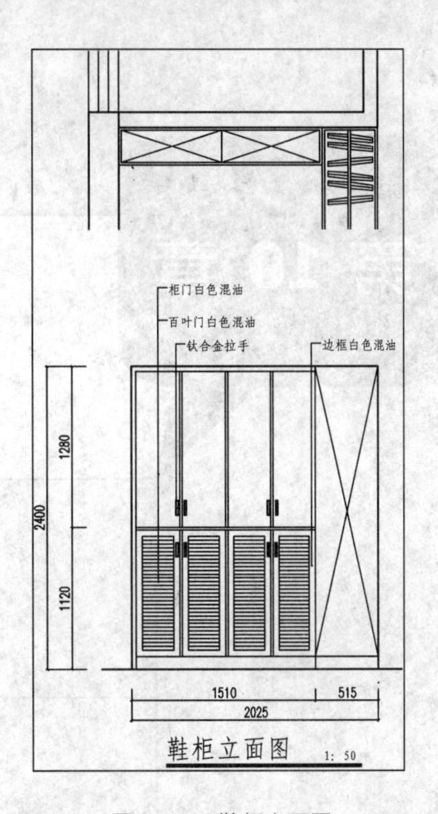

图 9-178　鞋柜立面图

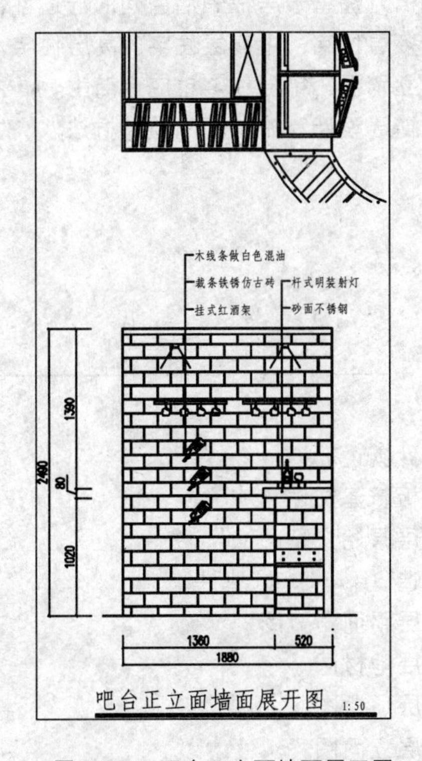

图 9-179　吧台正立面墙面展开图

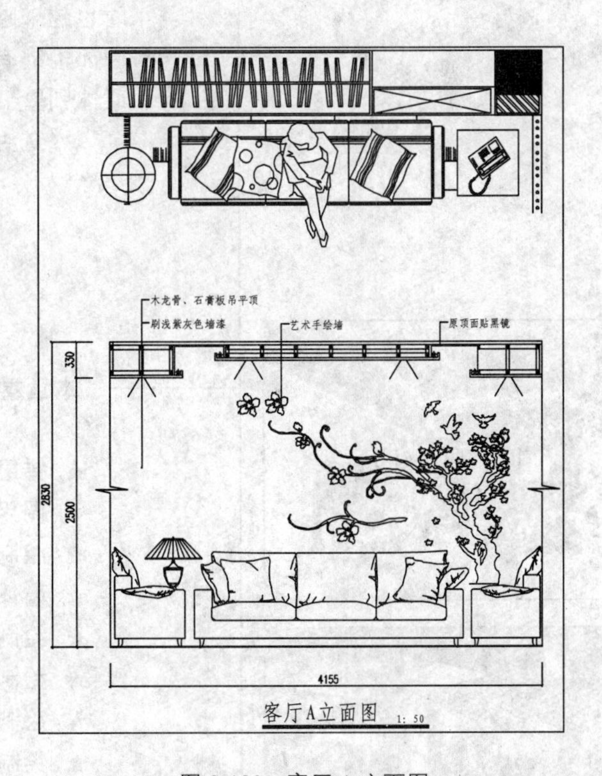

图 9-180　客厅 A 立面图

第 10 章 错层四居室室内设计

本章导读

随着人们生活水平的提高，对房型的要求越来越挑剔，精明的开发商摸透消费者的心理，在建房时也越来越把精力注重于居住生活空间的舒适性，因而相继有了多层住宅、中高层住宅、高层住宅，联体别墅、独立别墅，错层住宅也应运而生。

本章讲解错层设计和施工图的绘制方法。

本章重点

★ 错层设计概述
★ 调用样板新建文件
★ 绘制错层原始户型图
★ 墙体改造
★ 绘制错层平面布置图
★ 绘制错层地材图
★ 绘制错层顶棚图
★ 绘制错层立面图

10.1 错层设计概述

错层是指其不同使用功能不在同一平面层上，形成多个不同标高平面的使用空间和变化的视觉效果。住宅室内环境错落有致，极富韵律感。通常进门的第一层面为公共区域，往里上几级楼梯形成第二区域，不同的错层形成了不同的功能区。

错层不同于现在流行的复式或跃层式住宅。虽然错开了住宅的层次，但可以合理有效地控制单套住宅的面积，错层房屋丰富了居家生活的画面层次，在动静分区、私密性，舒适性方面有了提高和完善。

10.1.1 错层住宅的错层方式

- ❑ 左右错层

即东西错层，一般为起居室和卧室错层。

- ❑ 前后错层

即南北错层，一般为客厅和餐厅的错层。利用平面上的错层，是静与动、食寝、会客与餐厅的功能分区布置，避免相互干扰，有利形成具有个性的室内环境，如图 10-1 所示。

10.1.2 错层设计原则

- ❑ 设计上

目前比较流行的装修风格主要有三种：第一种是可以采用铁艺栏杆装饰错层，这种风格感觉大方，且不占用空间和影响采光；第二种是采用玻璃隔断、地柜或者楼梯栏杆，这种风格比较实用；第三种是设计一个小吧台，这种设计时尚感强。

- ❑ 色彩上

大部分错层的处于居室的中心位置，很多情况下起到了客厅与餐厅隔断的作用。因此，错层的色彩应该与客厅保持协调一致，这样居室的整体效果会好一些。错层的设计不妨别致一些，让这一块空间成为住宅的一个亮点。比如，可以考虑将这部分空间做绿化处理，在错层附近摆放一些绿色植物，这样可以把视觉吸引到空间上而不是仅限于地面，如图 10-2 所示。

图 10-1 前后错层示例

图 10-2 错层示例

❑ 安全上

首先从材料上讲无论是选用木质的、玻璃的还是铁质的，都不能忽略材料的安全性，其安全性主要指是否有污染和材料是否光滑，其次，如家里有老人和孩子，一定要注意他们上下错层时的安全问题，如图 10-3 所示。

10.1.3 错层的上下尺度

➢ 错层上下尺度以 30~60mm 为宜。因为目前住宅通常层高 2.8m，净高 2.62m 左右，错层若大于 60mm，要注意上楼板结构梁或板底的相对高度关系，避免碰头或产生压迫感。
➢ 错层上下高差较大时，可采用其他错层形式，如“L”和“冂”形。

10.2 调用样板新建文件

本书第 6 章创建了室内装潢施工图样板，该样板已经设置了相应的图形单位、样式、图层和图块等，原始户型图可以直接在此样板的基础上进行绘制。

课堂举例 10-1：新建错层室内设计文件

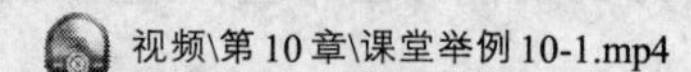

01 执行【文件】|【新建】命令，打开“选择文件”对话框。

02 单击使用样板按钮，选择“室内装潢施工图”模板，如图 10-4 所示。

图 10-3　错层示例

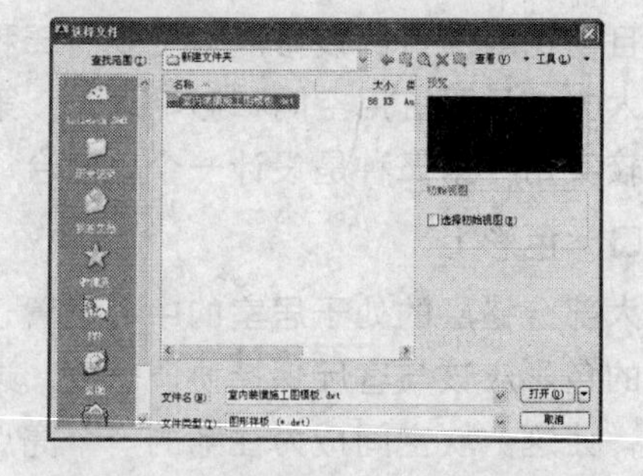

图 10-4　“选择文件”对话框

03 单击【打开】按钮，以样板创建图形，新图形中包含了样板中创建的图层、样式和图块等内容。

04 选择【文件】|【保存】命令，打开“图形另存为”对话框，在“文件名”框中输入文件名，单击【保存】按钮保存图形。

10.3 绘制错层原始户型图

如图 10-5 所示为错层的原始户型图，房间各功能空间划分为客厅、餐厅、厨房、主卧、儿童房、书房、卫生间、阳台、休闲区、储物间和客房，请使用前面讲解的方法绘制。

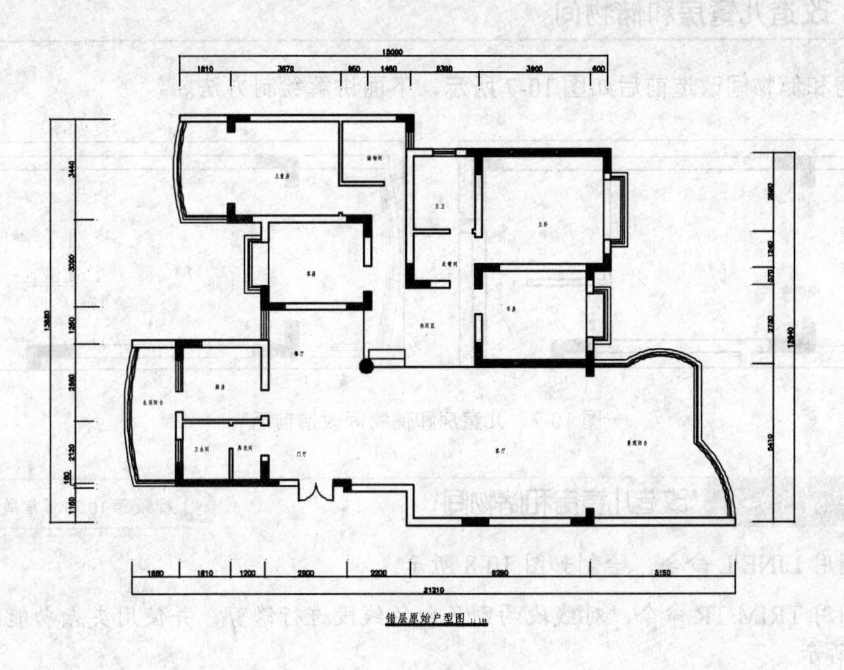

图 10-5 原始户型图

10.4 墙体改造

本例进行墙体改造后的空间如图 10-6 所示，其改造的空间有儿童房、储物间、主卧、厨房和卫生间，下面依次讲解如何进行墙体改造。

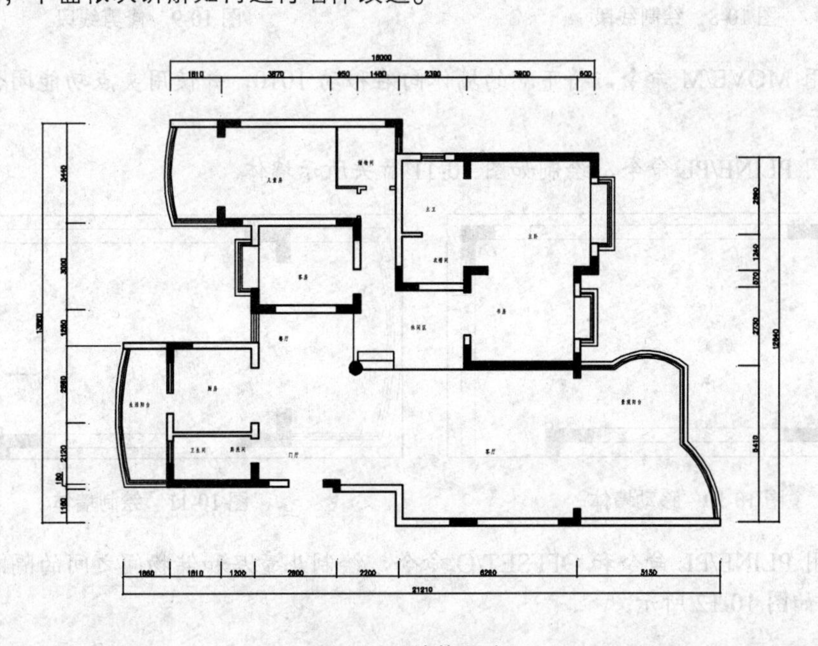

图 10-6 墙体改造

10.4.1 改造儿童房和储物间

儿童房和储物间改造前后如图 10-7 所示，下面讲解绘制方法。

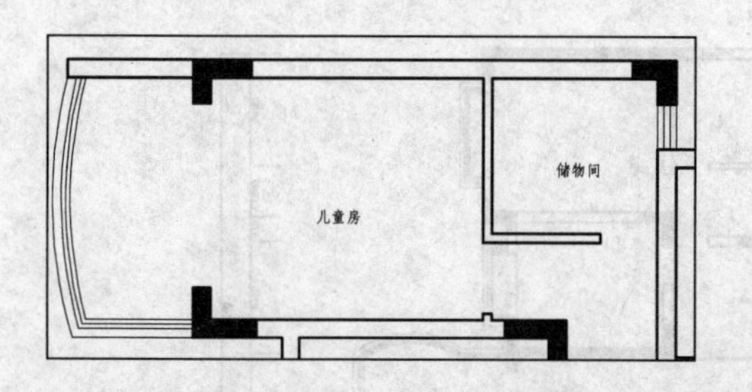

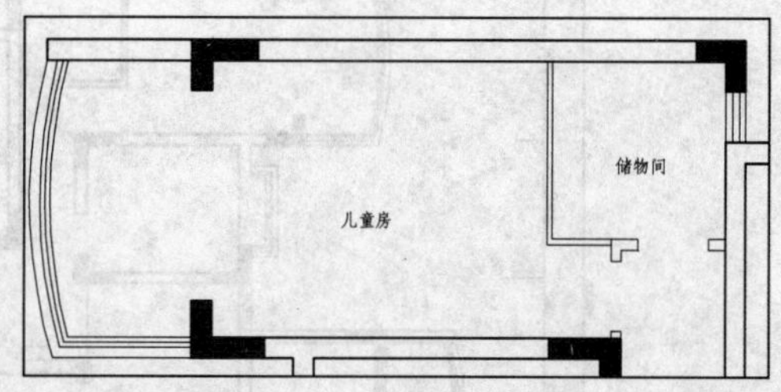

图 10-7　儿童房和储物间改造前后

课堂举例 10-2：改造儿童房和储物间　　视频\第 10 章\课堂举例 10-2.mp4

01 调用 LINE/L 命令，绘制如图 10-8 所示。

02 调用 TRIM/TR 命令，对线段两则多余的线段进行修剪，并使用夹点功能闭合线段，如图 10-9 所示。

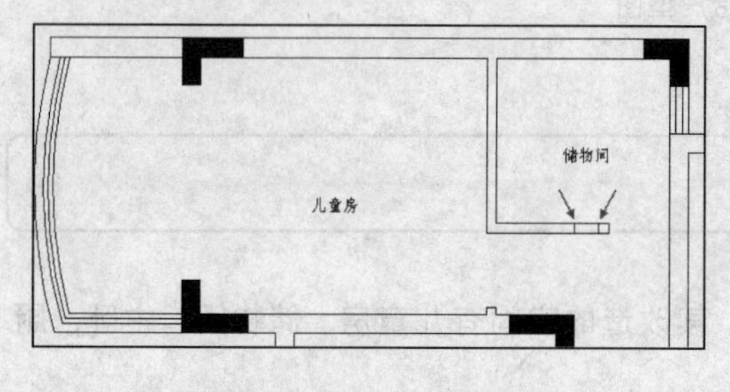

图 10-8　绘制线段

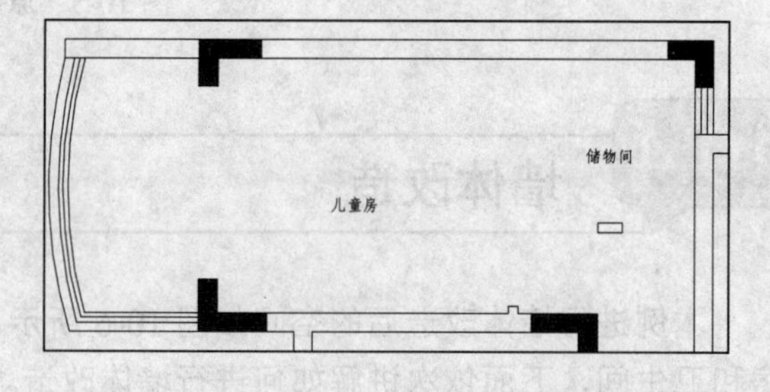

图 10-9　修剪线段

03 调用 MOVE/M 命令，将下端的墙体向右移动 1010，并使用夹点功能闭合线段，如图 10-10 所示。

04 调用 PLINE/PL 命令，绘制如图 10-11 箭头所示墙体。

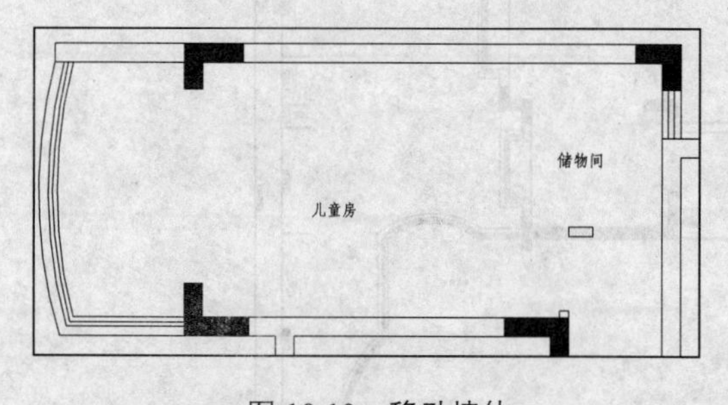

图 10-10　移动墙体

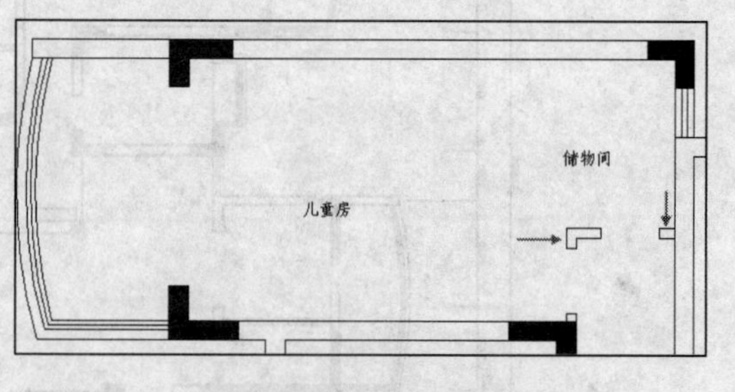

图 10-11　绘制墙体

05 调用 PLINE/PL 命令和 OFFSET/O 命令，绘制儿童房和储物间之间的隔断，隔断的宽度为 60，如图 10-12 所示。

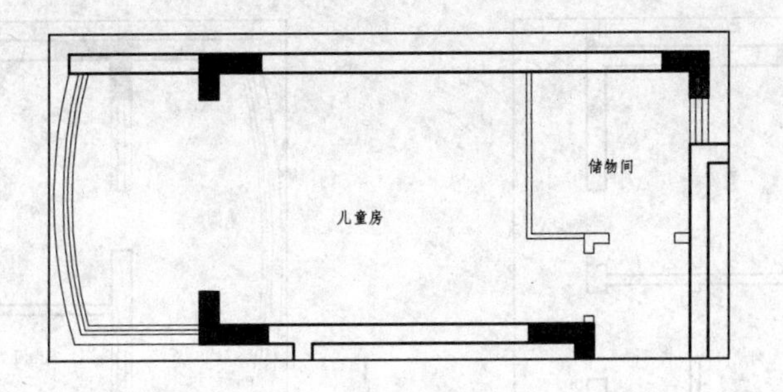

图 10-12 绘制隔断

10.4.2 改造主卧

主卧改造前后如图 10-13 所示，下面讲解绘制方法。

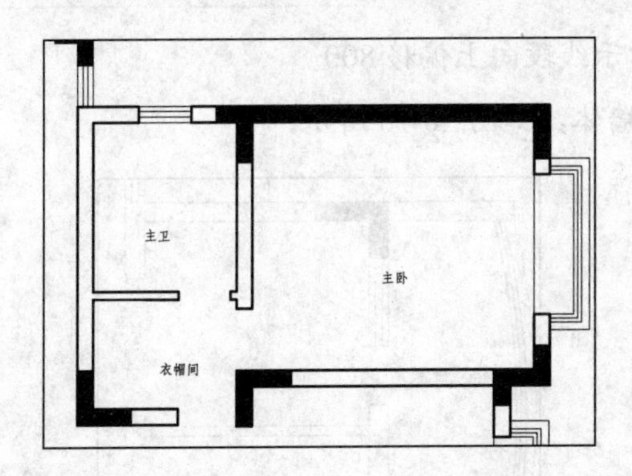

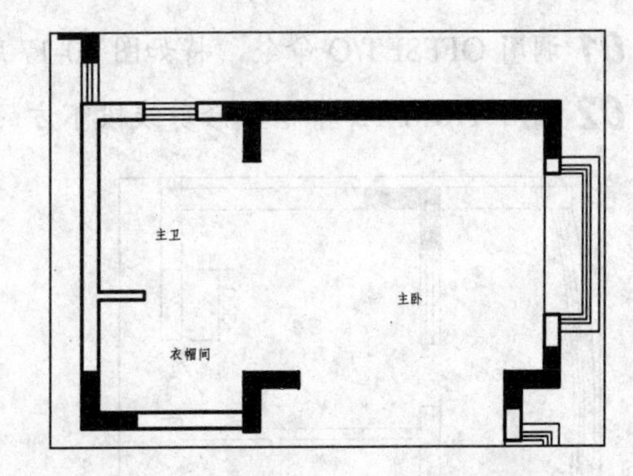

图 10-13 主卧改造前后

课堂举例 10-3：改造主卧空间

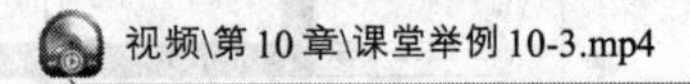
视频\第 10 章\课堂举例 10-3.mp4

01 使用夹点功能延长衣帽间下端的墙体，并删除多余的线段，如图 10-14 所示。

02 调用 TRIM/TR 命令，对主卧中的墙体进行修剪，效果如图 10-15 所示。

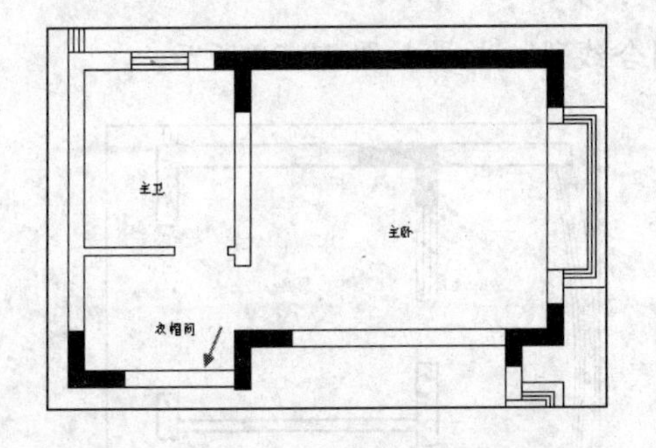

图 10-14 延长线段

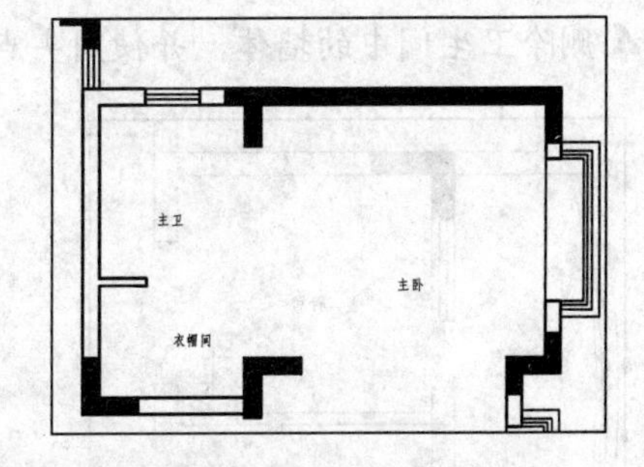

图 10-15 修剪线段

10.4.3 改造厨房和卫生间

厨房和卫生间改造前后如图 10-16 所示，下面讲解绘制方法。

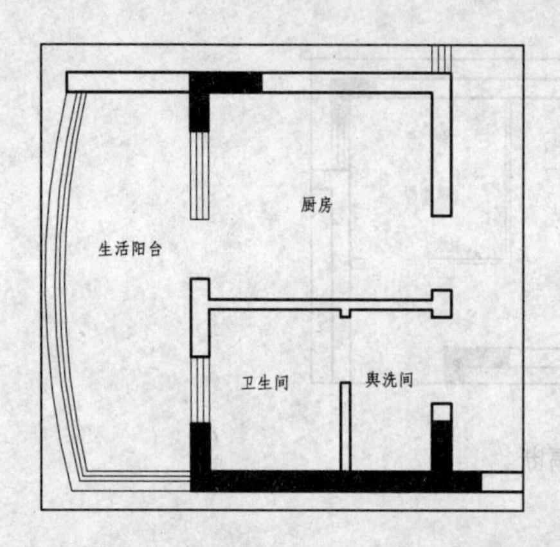

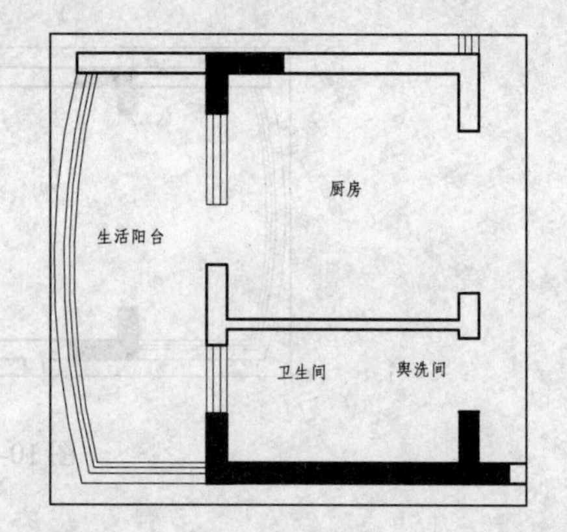

图 10-16　厨房和卫生间改造前后

课堂举例 10-4：改造厨房和卫生间

视频\第 10 章\课堂举例 10-4.mp4

01 调用 OFFSET/O 命令，将如图 10-17 所示线段向上偏移 800。

02 调用 TRIM/TR 命令，修剪线段下方的墙体，如图 10-18 所示。

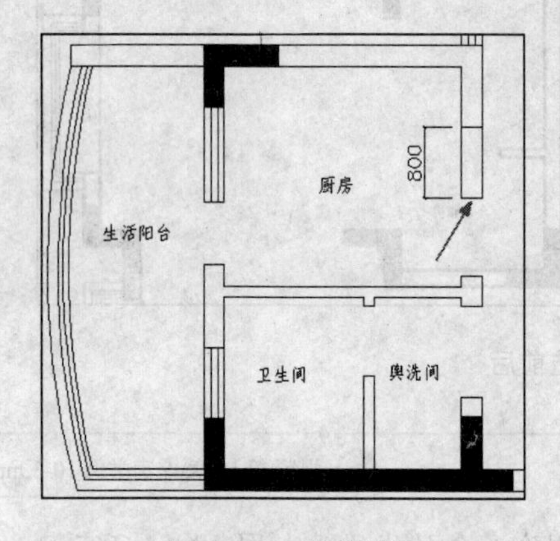

图 10-17　偏移线段

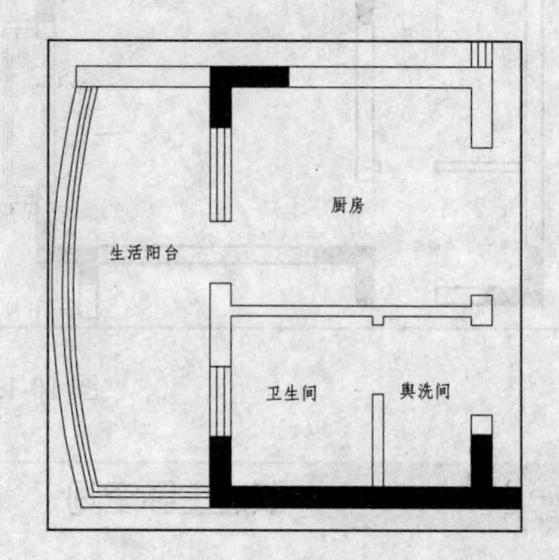

图 10-18　修剪线段

03 使用同样的方法改造另一端的墙体，效果如图 10-19 所示。

04 删除卫生间中的墙体，并使用夹点功能闭合线段，效果如图 10-20 所示。

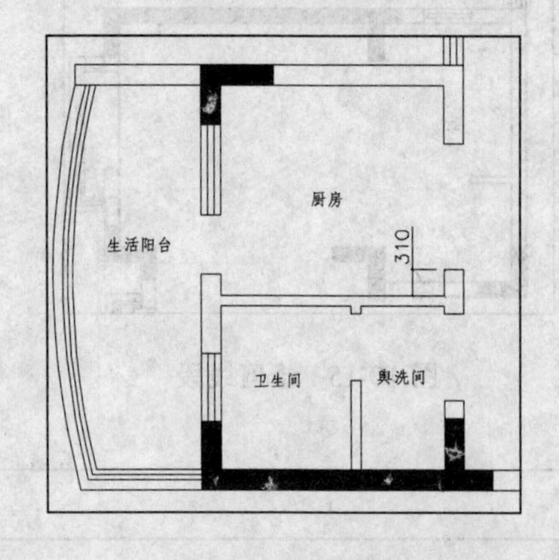

图 10-19　改造墙体

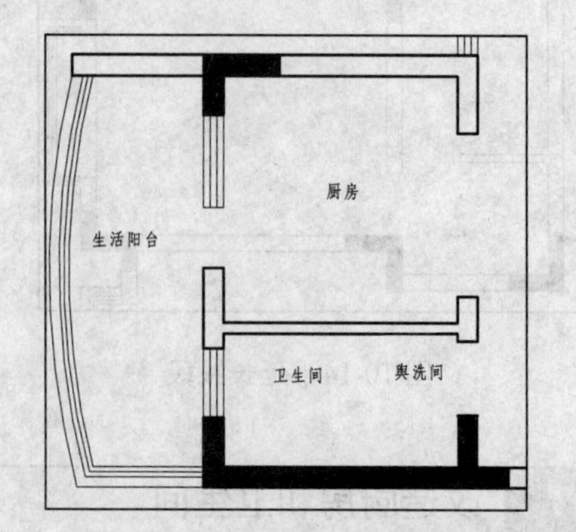

图 10-20　删除墙体

10.5 绘制错层平面布置图

本例错层平面布置图如图 10-21 所示，下面讲解错层平面布置图的绘制方法。

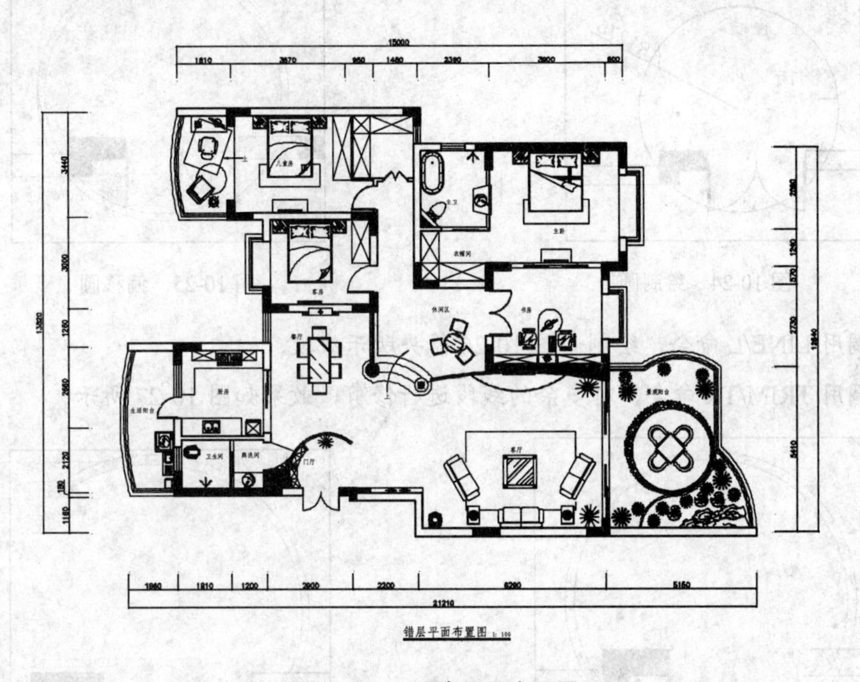

图 10-21　四居室平面布置图

10.5.1 绘制门厅平面布置图

如图 10-22 所示为门厅平面布置图，门厅采用的形式是弧形，并在门厅处设置了装饰柜，充分地利用了空间。

课堂举例 10-5：绘制门厅平面布置图　　视频\第 10 章\课堂举例 10-5.mp4

01 设置“JJ_家具”图层为当前图层。

02 调用 LINE/L 命令，绘制如图 10-23 所示辅助线。

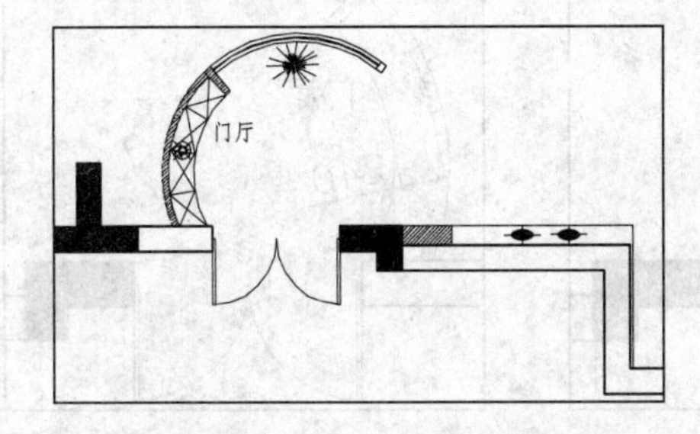

图 10-22　门厅平面布置图

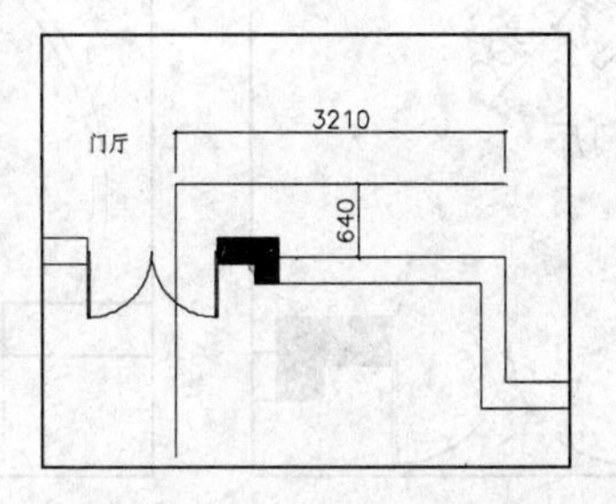

图 10-23　绘制辅助线

03 调用 CIRCLE/C 命令，以辅助线的交点为圆心绘制一个半径为 1275 的圆，然后删除辅助线，如图 10-24 所示。

04 调用 OFFSET/O 命令，将圆向外偏移 80，如图 10-25 所示。

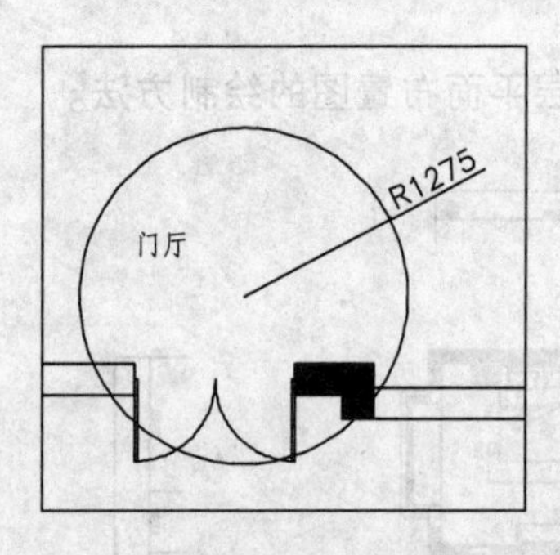

图 10-24　绘制圆

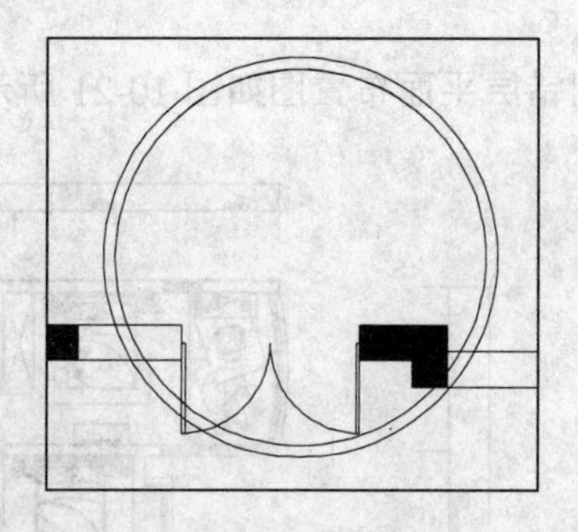
图 10-25　偏移圆

05 调用 LINE/L 命令，绘制如图 10-26 箭头所示线段。

06 调用 TRIM/TR 命令，对多余的线段进行修剪，效果如图 10-27 所示。

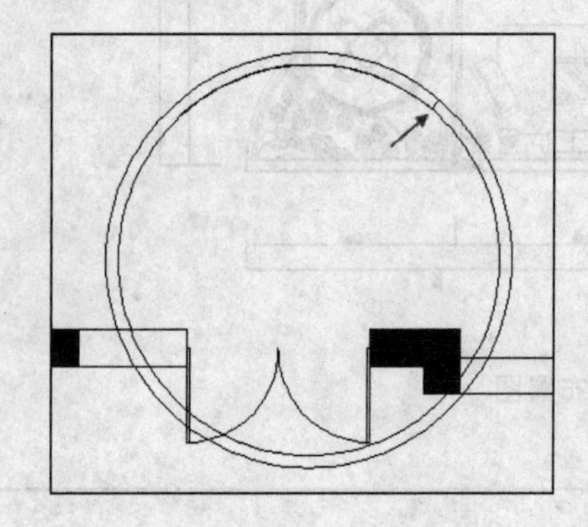
图 10-26　绘制线段

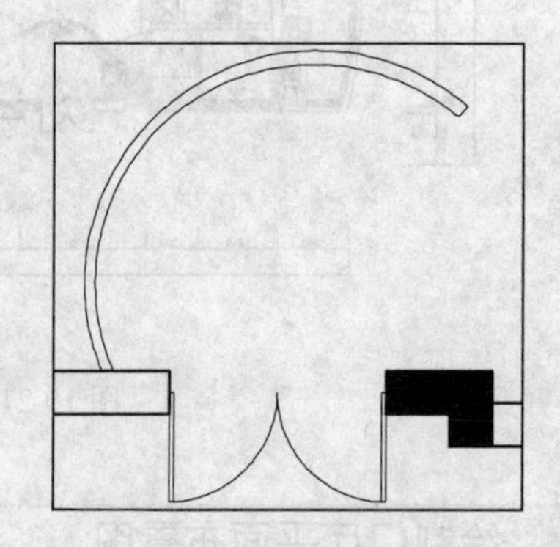
图 10-27　修剪线段

07 调用 LINE/L 命令，以圆心为起点绘制一条线段。

08 调用 OFFSET/O 命令和 TRIM/TR 命令，得到如图 10-28 所示图形。

09 调用 TRIM/TR 命令，对弧线与多段线相交的位置进行修剪，效果如图 10-29 所示。

10 调用 OFFSET/O 命令，将下端弧线向右偏移 245，如图 10-30 所示。

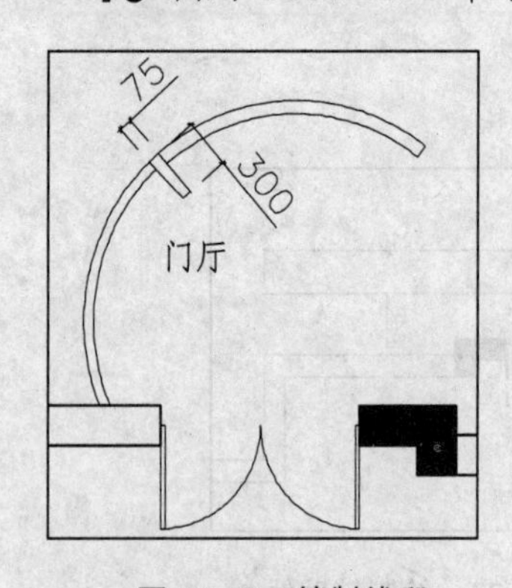

图 10-28　绘制线段

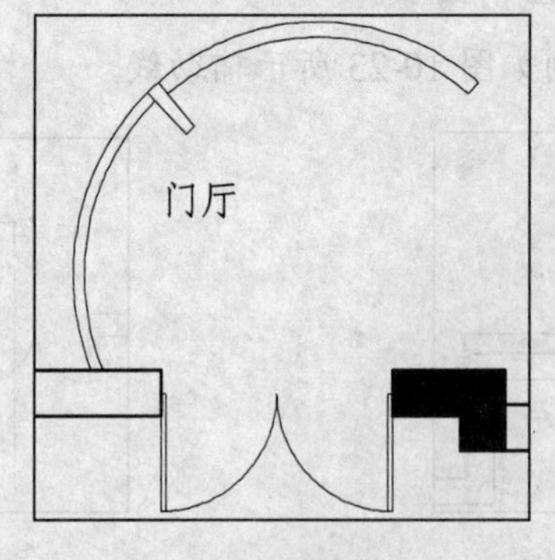

图 10-29　修剪线段

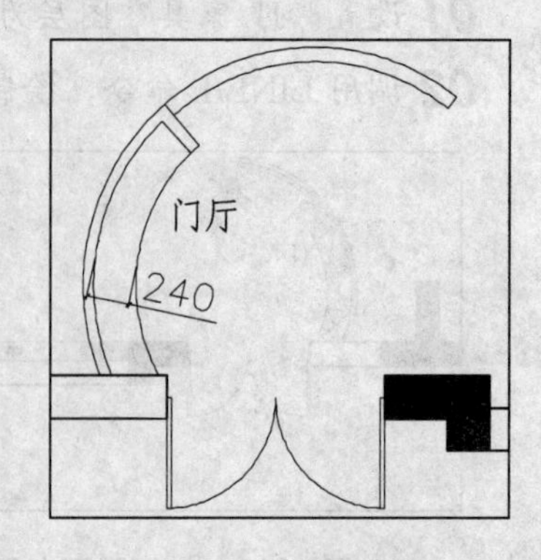

图 10-30　偏移弧线

11 调用 DIVIDE/DIV 命令，将弧线分成 4 等份，如图 10-31 所示。

12 调用 LINE/L 命令绘制直线，并删除等分点，效果如图 10-32 所示。

13 调用 LINE/L 命令，绘制对角线，效果如图 10-33 所示。

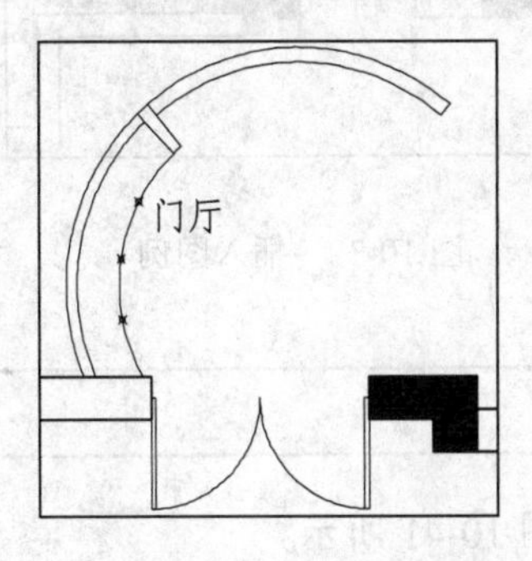

图 10-31　等分弧线

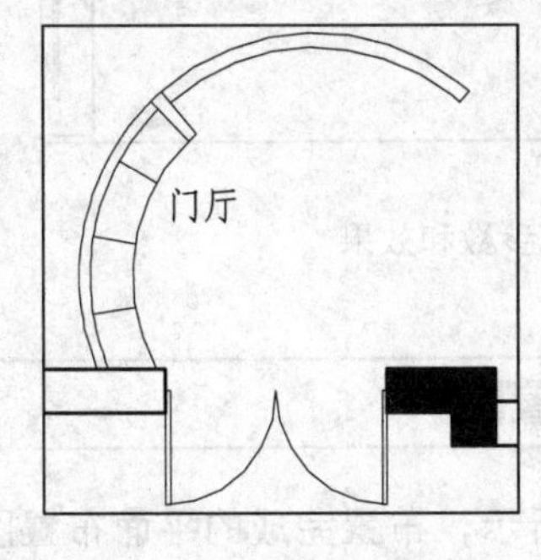

图 10-32　绘制线段

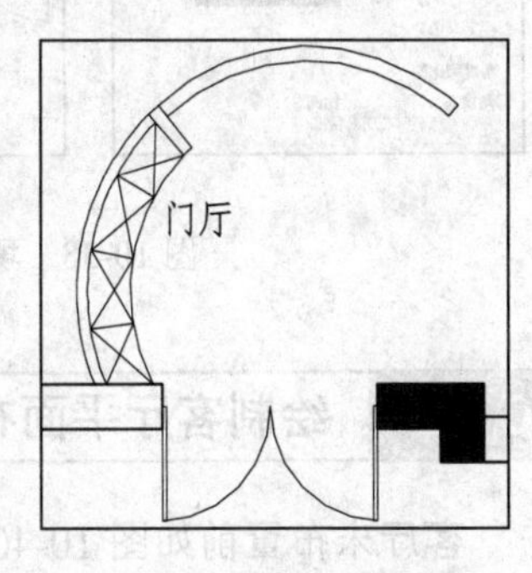

图 10-33　绘制对角线

14 调用 HATCH/H 命令，对弧线内填充 ANSI33 图案，填充参数和效果如图 10-34 所示。

15 调用 OFFSET/O 命令，偏移上端弧线，向内偏移 35 和 10，如图 10-35 所示。

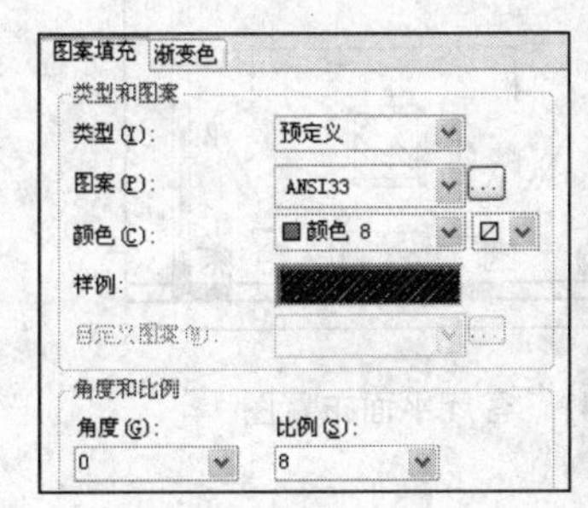

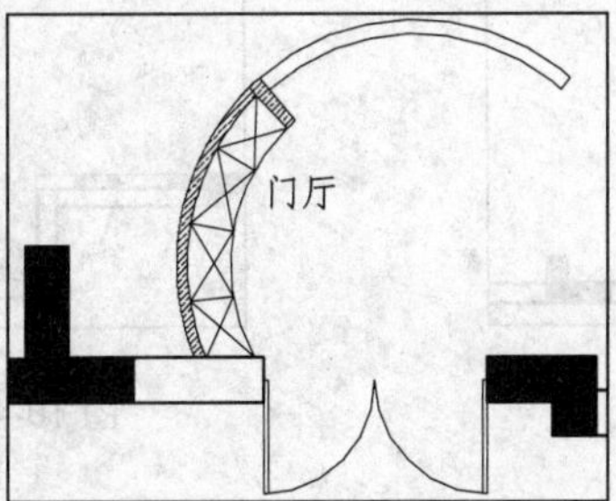

图 10-34　填充参数和效果

图 10-35　偏移弧线

16 调用 LINE/L 命令和 TRIM/TR 命令，细化门厅隔断结构，效果如图 10-36 所示。

17 绘制门厅右侧图形。调用 PLINE/PL 命令，绘制如图 10-37 所示多段线。

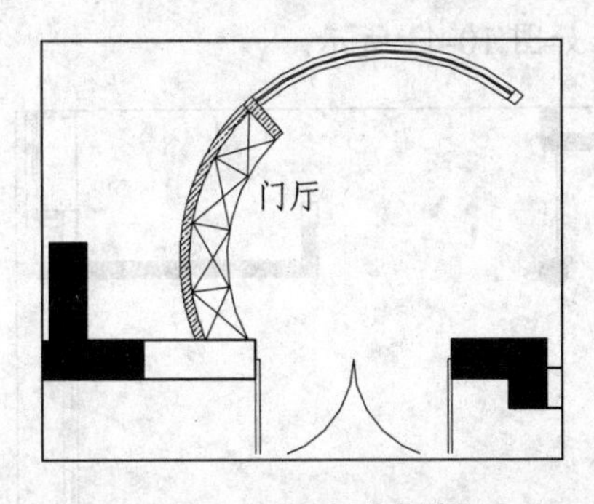

图 10-36　细化隔断

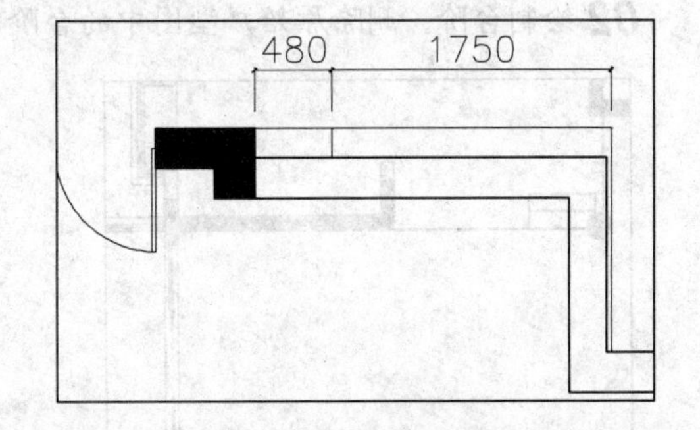

图 10-37　绘制多段线

18 调用 HATCH/H 命令，对图形内填充 ANSI33 图案，填充参数和效果如图 10-38 所示。

19 从图库中插入门厅中需要的图块，效果如图 10-39 所示，门厅平面布置图绘制完成。

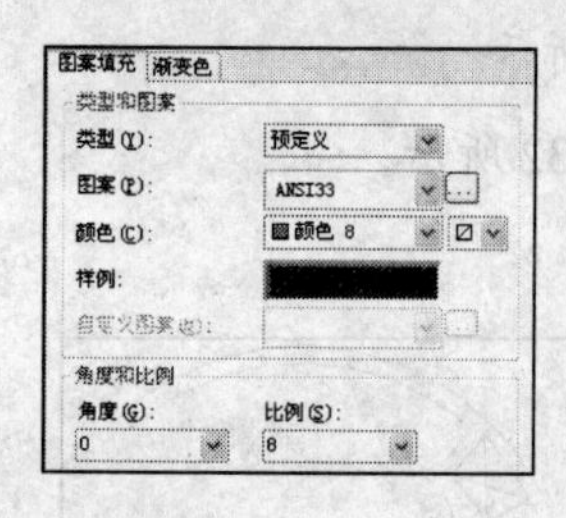

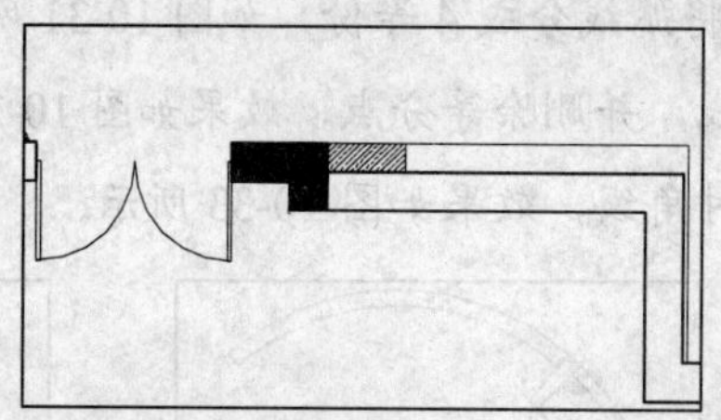

图 10-38　填充参数和效果

图 10-39　插入图例

10.5.2 绘制客厅平面布置图

客厅未布置前如图 10-40 所示，布置完成的平面布置图如图 10-41 所示。

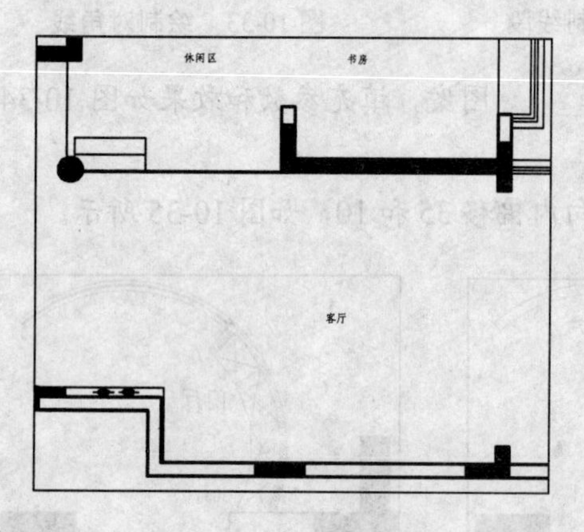

图 10-40　客厅未布置前

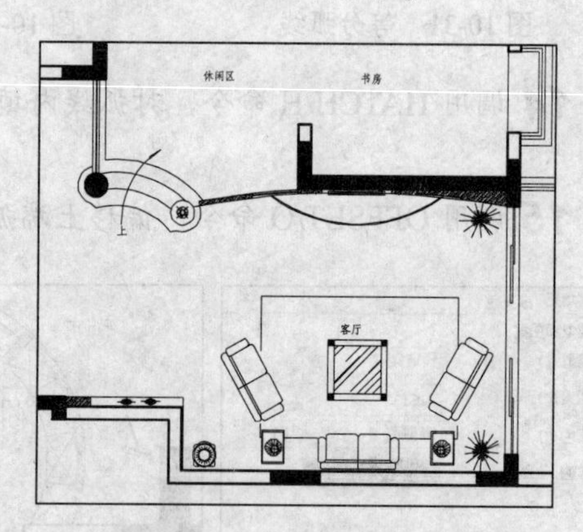

图 10-41　客厅平面布置图

课堂举例 10-6：绘制客厅平面布置图

视频\第 10 章\课堂举例 10-6.mp4

01 绘制推拉门。推拉门的绘制方法在前面的章节已经讲解过了，请读者自行完成，效果如图 10-42 所示。

02 绘制台阶。删除原始户型图中的台阶，效果如图 10-43 所示。

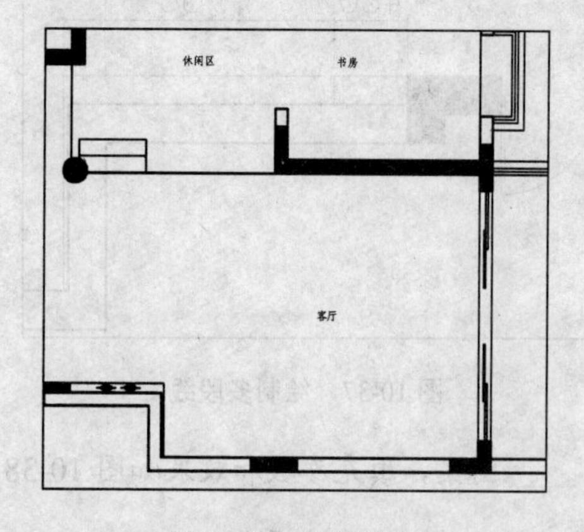

图 10-42　绘制推拉门

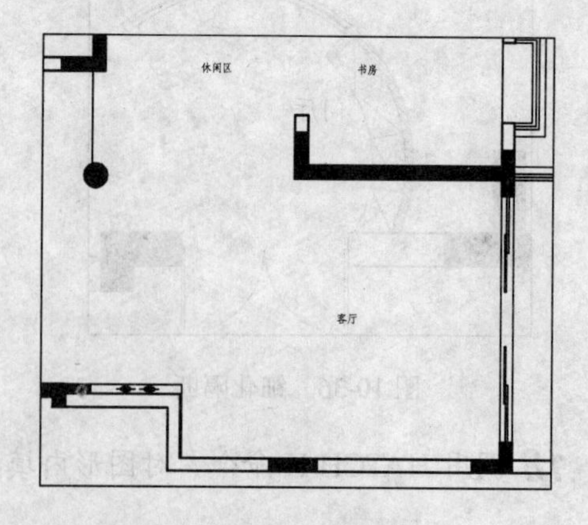

图 10-43　删除原有台阶

03 调用 OFFSET/O 命令，将如图 10-44 所示线段依次向右偏移 60、15、45 和 120。

04 调用 CIRCLE/C 命令，绘制一个半径为 225 的圆，并移动到相应的位置，如图 10-45 所示。

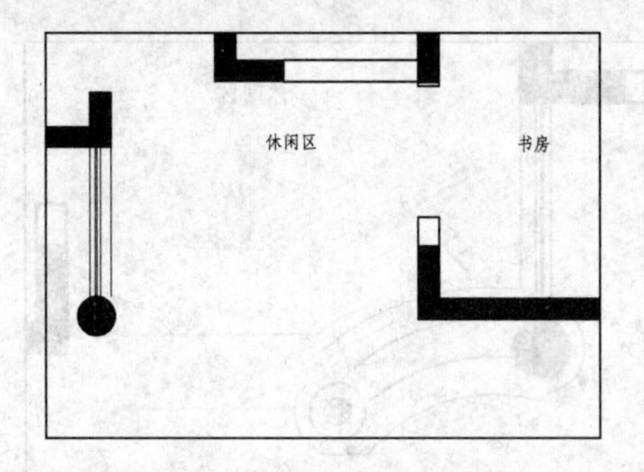

图 10-44 偏移线段

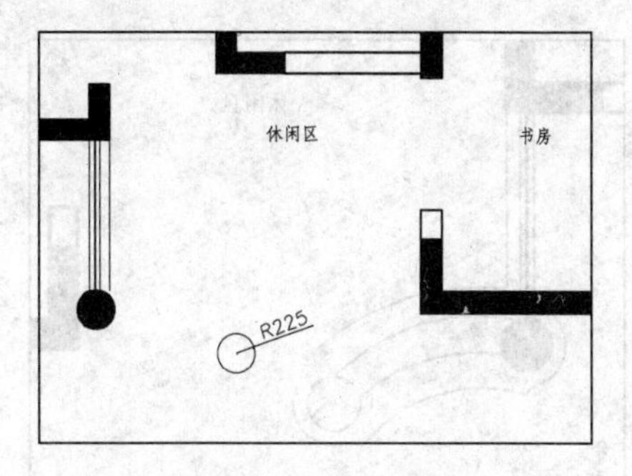

图 10-45 绘制圆

05 调用 LINE/L 命令，绘制如图 10-46 所示辅助线。

06 调用 CIRCLE/C 命令，以辅助线的交点为圆心绘制一个半径为 1630 的圆，并删除辅助线，如图 10-47 所示。

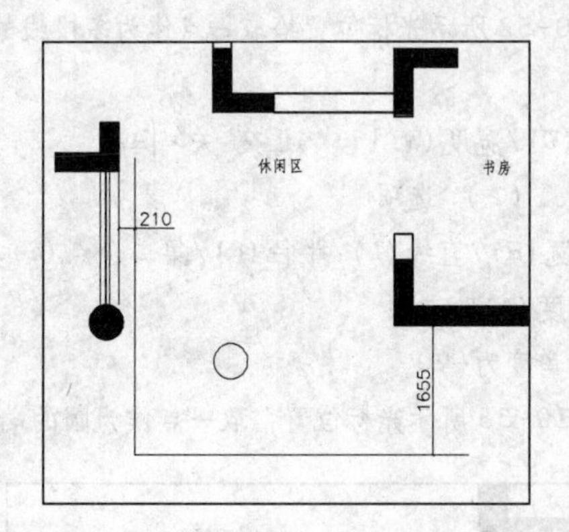

图 10-46 绘制辅助线

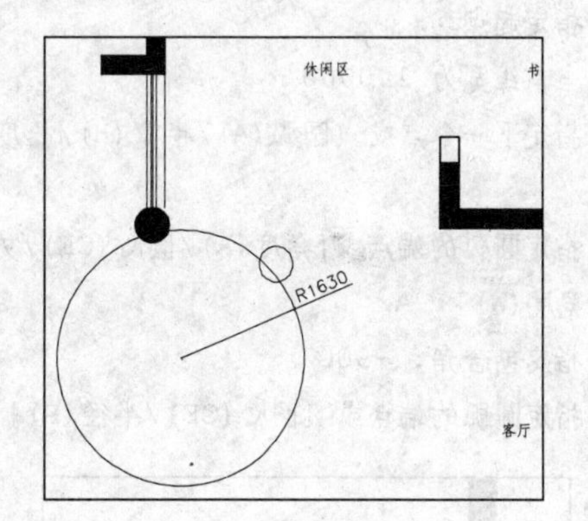

图 10-47 绘制圆

07 调用 TRIM/TR 命令，对圆进行修剪，效果如图 10-48 所示。

08 调用 OFFSET/O 命令，将圆弧向下偏移 300，向上偏移 300 和 240，并使用夹点功能对圆弧进行调整，效果如图 10-49 所示。

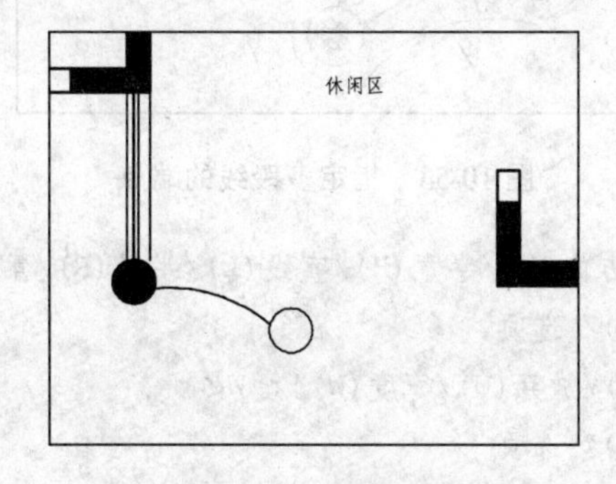

图 10-48 修剪圆

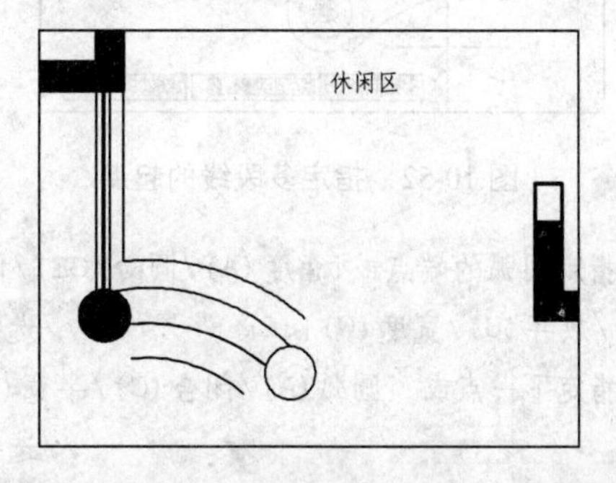

图 10-49 偏移圆弧

09 调用CIRCLE/C命令、LINE/L命令和TRIM/TR命令，绘制台阶两侧的圆弧，效果如图10-50所示。

10 从图库中插入灯具到图形中，效果如图10-51所示。

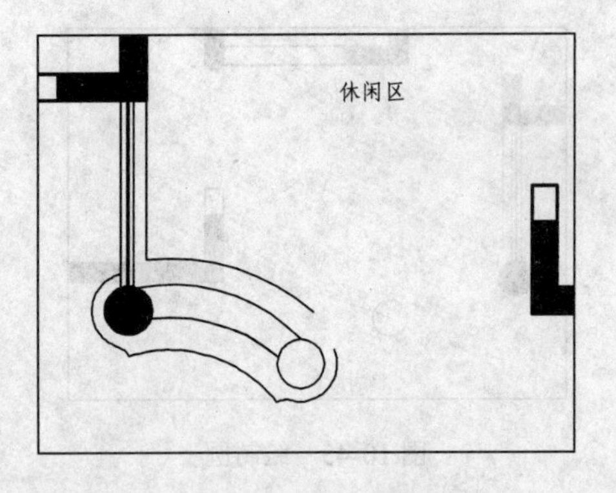

图10-50 绘制圆弧

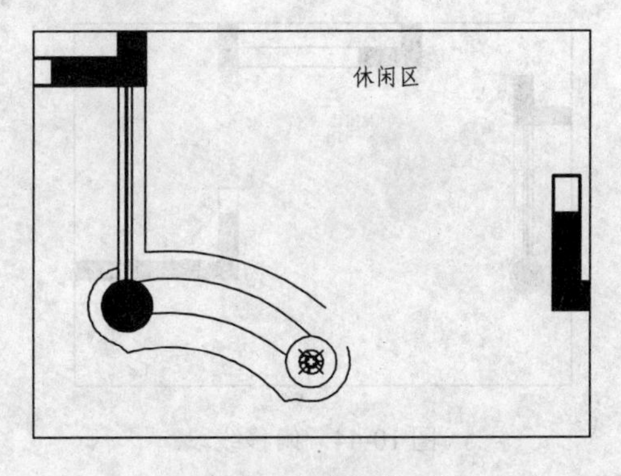

图10-51 插入灯具

11 绘制指向箭头和说明文字。调用PLINE命令绘制台阶的指向箭头，命令选项如下。

```
命令:PLINE↙                              //调用【多段线】命令
指定起点:                                 //在如图10-52所示光标位置拾取一点作为多段线的起点
当前线宽为 1.0000
指定下一个点或 [圆弧(A)/半宽(H)/长度(L)/放弃(U)/宽度(W)]: <正交 关> A↙
                                          //选择"圆弧(A)"选项
指定圆弧的端点或[角度(A)/圆心(CE)/方向(D)/半宽(H)/直线(L)/半径(R)/第二个点(S)/放弃
(U)/宽度(W)]: A↙                         //选择"角度(A)"选项
指定包含角: -90↙                          //设置弧形角度为-90
指定圆弧的端点或 [圆心(CE)/半径(R)]://在如图10-53所示光标位置拾取一点作为圆的端点
```

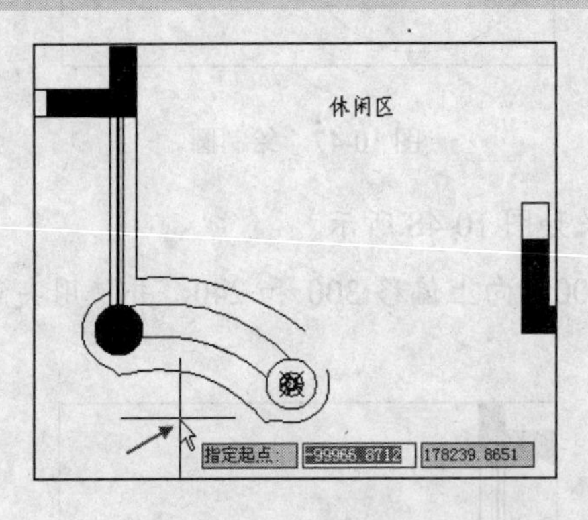

图10-52 指定多段线的起点

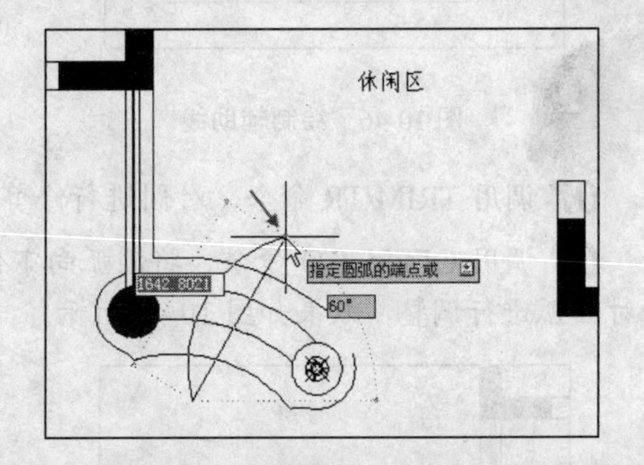

图10-53 指定多段线的端点

```
指定圆弧的端点或[角度(A)/圆心(CE)/闭合(CL)/方向(D)/半宽(H)/直线(L)/半径(R)/第二个
点(S)/放弃(U)/宽度(W)]:L↙          //选择"直线(L)"选项
指定下一点或 [圆弧(A)/闭合(C)/半宽(H)/长度(L)/放弃(U)/宽度(W)]: W↙
                                    //选择"宽度(W)"选项
指定起点宽度 <1.0000>: 30↙
指定端点宽度 <30.0000>: 0↙     //分别设置多段线起点宽为30，端点宽为0，得到箭头效果
```

指定下一点或 [圆弧(A)/闭合(C)/半宽(H)/长度(L)/放弃(U)/宽度(W)]: //在适当位置拾取一点，得到多段线如图 10-54 所示

指定下一点或 [圆弧(A)/闭合(C)/半宽(H)/长度(L)/放弃(U)/宽度(W)]: ↙ //按空格键或回车键退出命令

12 调用 MTEXT/MT 命令编写文字说明，效果如图 10-55 所示。

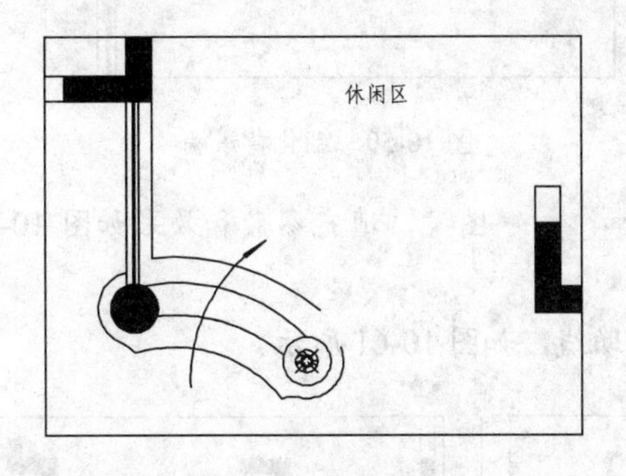

图 10-54　绘制多段线

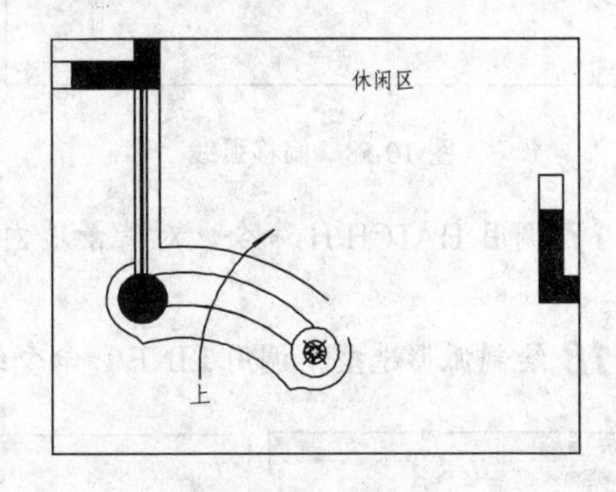

图 10-55　文字说明

13 绘制电视背景墙。调用 LINE/L 命令，绘制如图 10-56 所示辅助线。

14 调用 ARC/A 命令，绘制背景墙圆弧，命令行操作如下。

命令: A↙ //调用【圆弧】命令

指定圆弧的起点或 [圆心(C)]: 220↙ //捕捉如图 10-56 所示点 1，垂直向下移动光标到 270° 极轴追踪线上，输入 220，确定圆弧起点

指定圆弧的第二个点或 [圆心(C)/端点(E)]: m2p↙ //输入"_m2p"，设置当前捕捉点为"两点之间的中点"

中点的第一点: 中点的第二点: //分别拾取如图 10-56 所示点 1 和点 2，系统将自动取这两个点的中点作为圆弧的第二个点

指定圆弧的端点: 220↙ //捕捉如图 10-56 所示点 2，垂直向下移动光标到 270° 极轴追踪线上，输入 220，确定圆弧端点，然后删除辅助线，结果如图 10-57 所示。

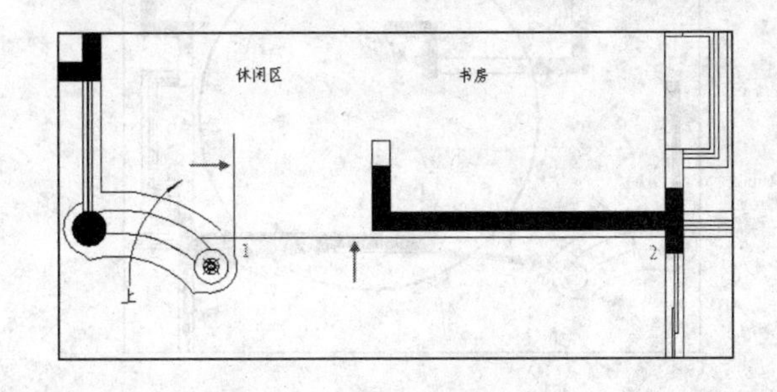

图 10-56　绘制线段

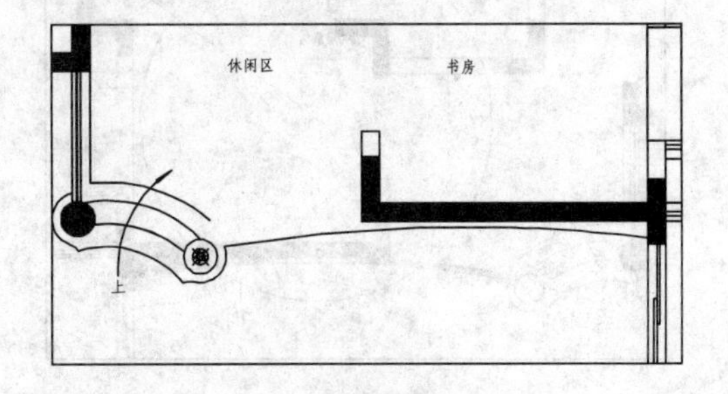

图 10-57　绘制弧线

15 调用 OFFSET/O 命令，将弧线向上偏移 80，如图 10-58 所示。

16 调用 LINE/L 命令和 OFFSET/O 命令，细化背景墙，并调用 TRIM/TR 命令进行修剪，效果如图 10-59 所示。

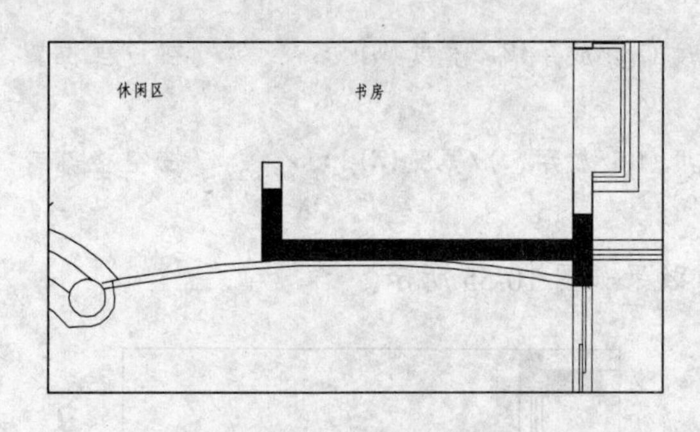

图 10-58　偏移弧线

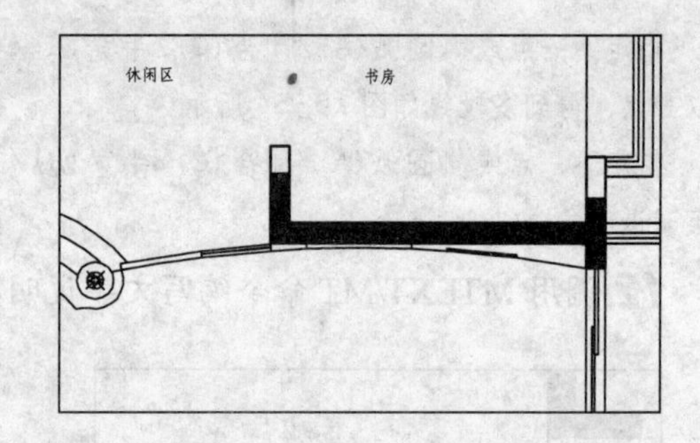

图 10-59　细化背景墙

17 调用 HATCH/H 命令，对背景墙内填充 ANSI33 图案，填充参数和效果如图 10-60 所示。

18 绘制弧形造型。调用 LINE/L 命令绘制辅助线，如图 10-61 所示。

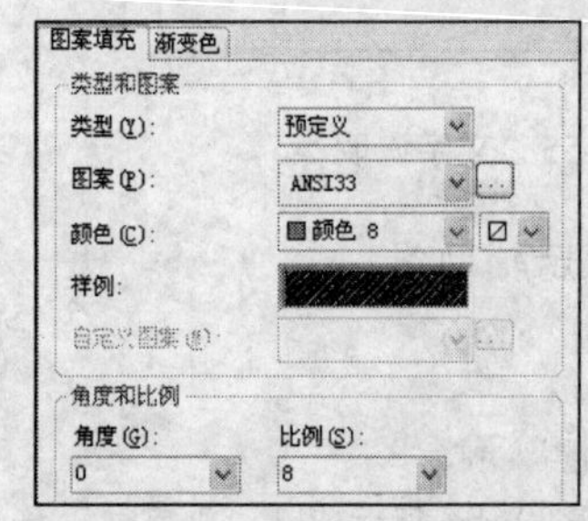

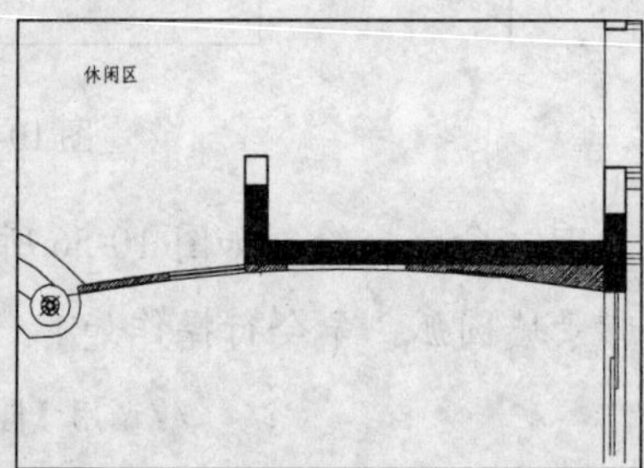

图 10-60　填充参数和效果

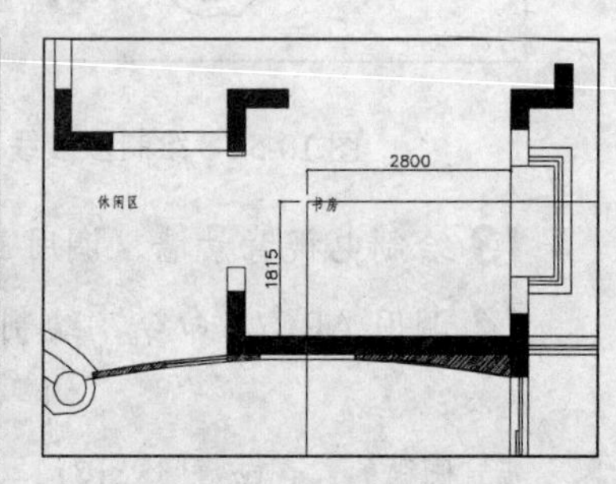

图 10-61　绘制辅助线

19 调用 CIRCLE/C 命令，以辅助线的交点为圆心绘制一个半径为 2695 的圆，然后删除辅助线，如图 10-62 所示。

20 调用 OFFSET/O 命令，将圆向外偏移 20，效果如图 10-63 所示。

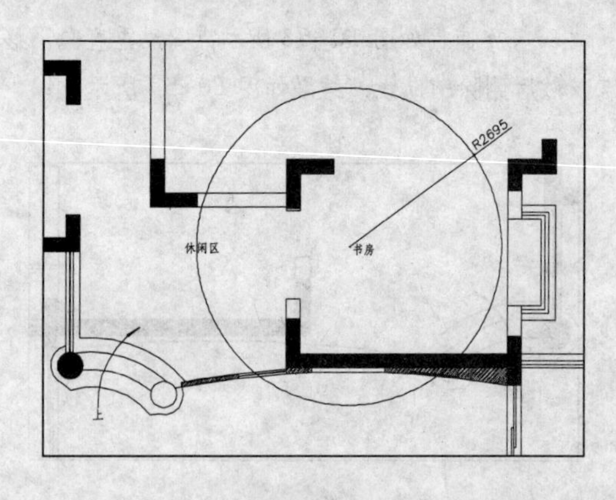

图 10-62　绘制圆

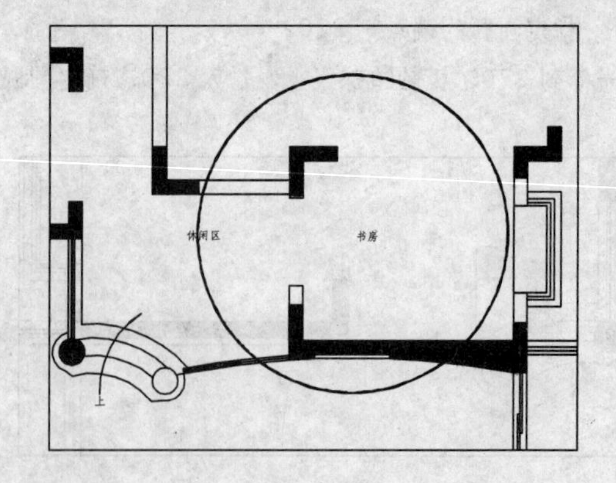

图 10-63　偏移圆

21 调用 TRIM/TR 命令，对圆进行修剪，效果如图 10-64 所示。

22 插入图块。按 Ctrl+O 快捷键，打开配套光盘提供的“第 10 章\家具图例.dwg”文件，选择其中的沙发组、植物和电视等图块，将其复制至客厅区域，如图 10-65 所示，客厅平面布置图绘制完成。

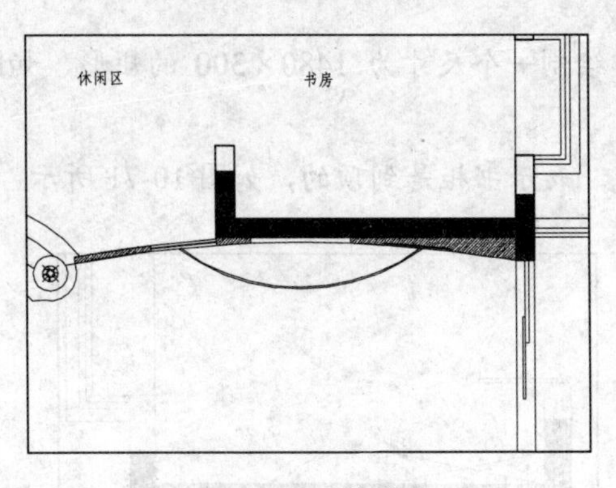

图 10-64 修剪圆

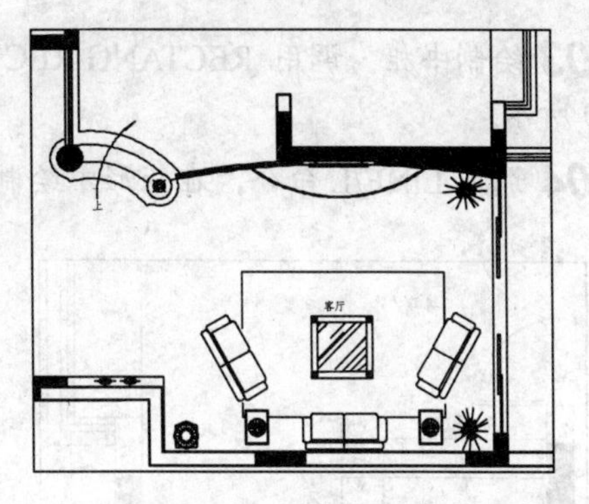

图 10-65 插入图块

10.5.3 绘制书房、主卧、衣帽间和主卫平面布置图

书房、主卧、衣帽间和主卫未布置前如图 10-66 所示，布置完成的平面布置图如图 10-67 所示。

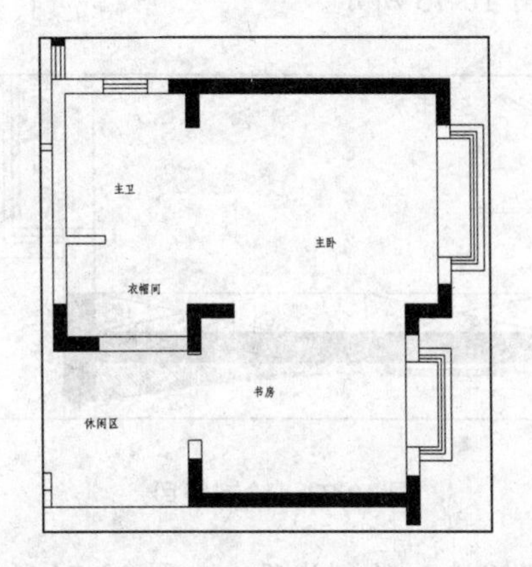

图 10-66 书房、主卧、衣帽间和主卫未布置前

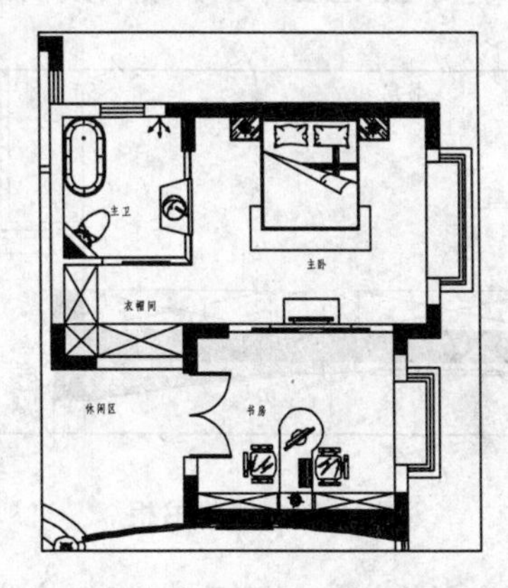

图 10-67 书房、主卧、衣帽间和主卫平面布置图

课堂举例 10-7：绘制书房、主卧和主卫平面布置图

01 绘制书房双开门。调用 INSERT/I 命令，插入门图块，如图 10-68 所示。

02 调用 MIRROR/MI 命令，镜像单开门得到双开门，如图 10-69 所示。

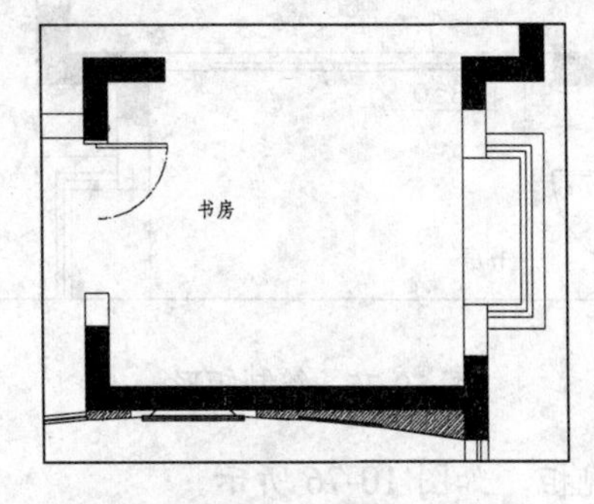

图 10-68 插入门

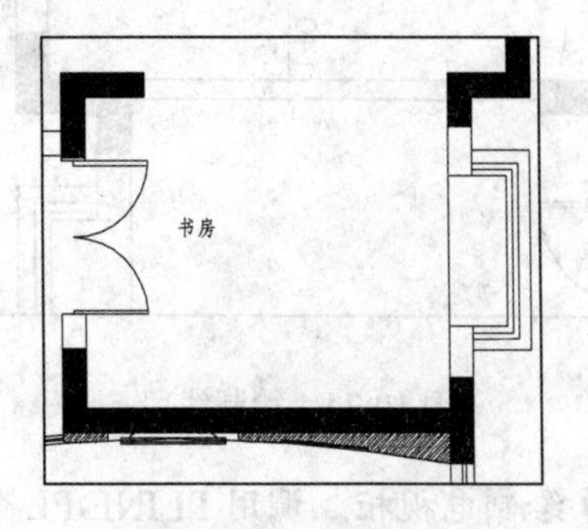

图 10-69 镜像门

03 绘制书柜。调用 RECTANG/REC 命令，绘制一个尺寸为 1480×300 的矩形，如图 10-70 所示。

04 调用 LINE/L 命令，在矩形中绘制对角线，表示书柜是到顶的，如图 10-71 所示。

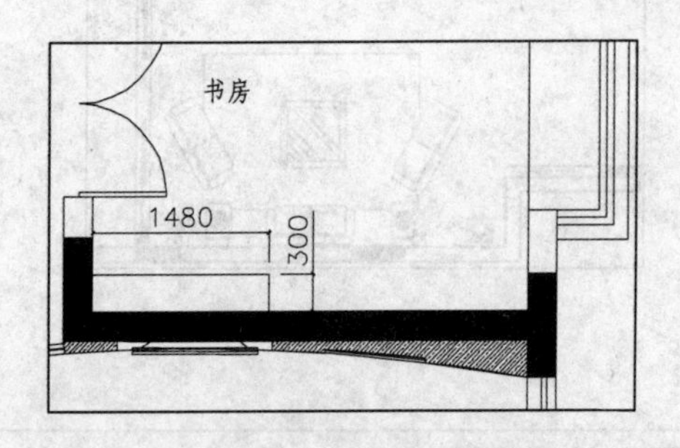

图 10-70　绘制矩形

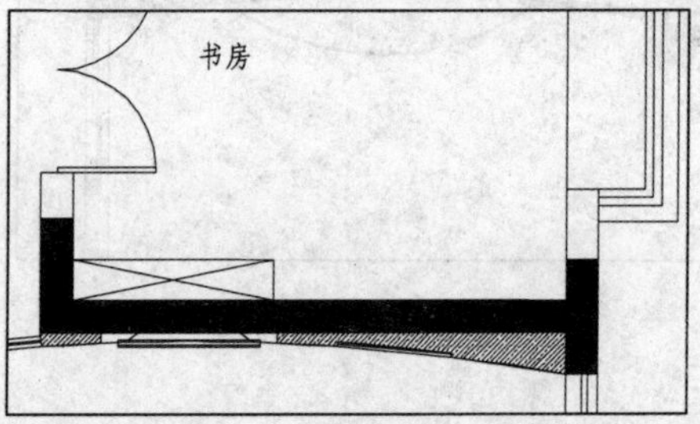

图 10-71　绘制对角线

05 调用 MIRROR/MI 命令，将书柜镜像到另一侧，如图 10-72 所示。

06 调用 LINE/L 命令，绘制线段连接书柜，如图 10-73 所示。

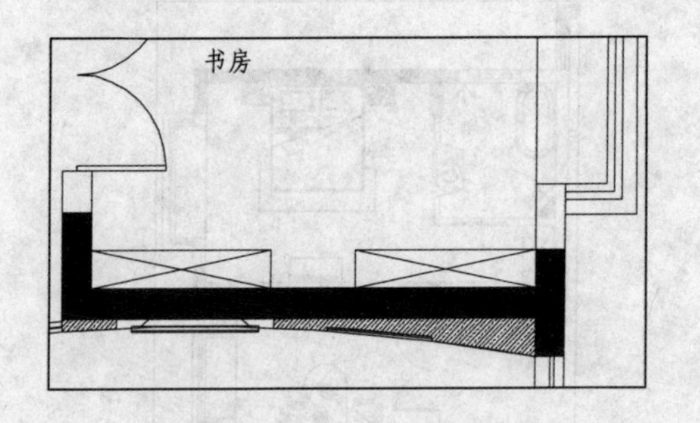

图 10-72　镜像书柜

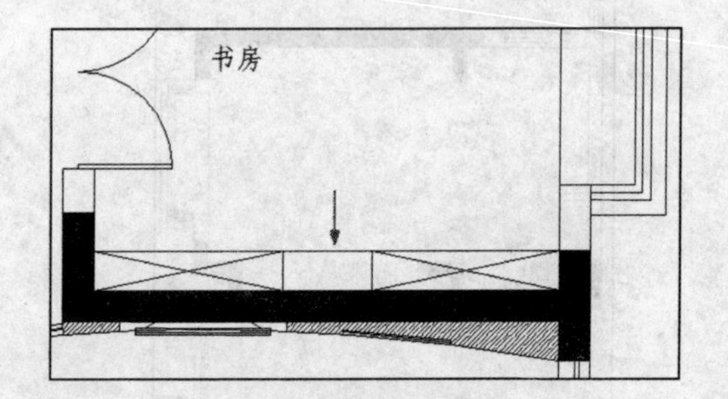

图 10-73　绘制线段

07 绘制推拉门。调用 LINE/L 命令和 OFFSET/O 命令，绘制线段，如图 10-74 所示。

08 调用 RECTANG/REC 命令和 COPY/CO 命令，绘制矩形表示推拉门，如图 10-75 所示。

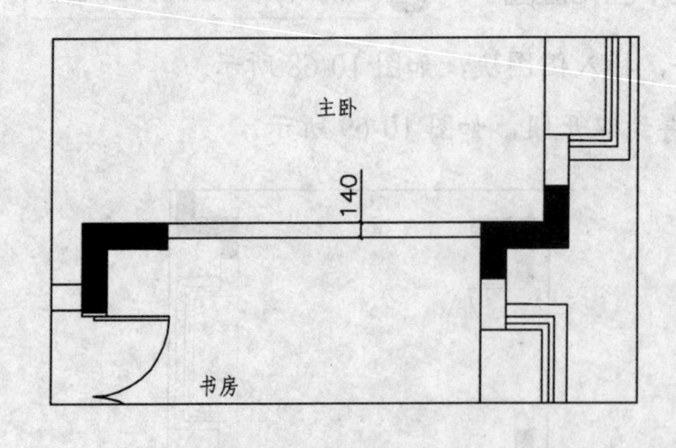

图 10-74　绘制线段

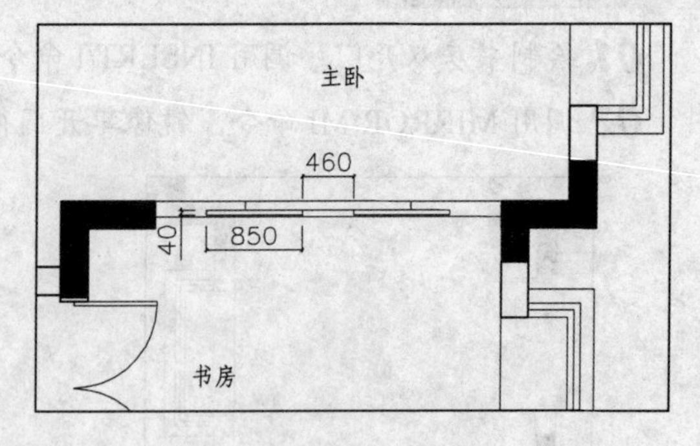

图 10-75　绘制矩形

09 绘制电视柜。调用 PLINE/PL 命令，绘制电视柜，如图 10-76 所示。

10 绘制衣帽间。调用 PLINE/PL 命令，绘制多段线，如图 10-77 所示。

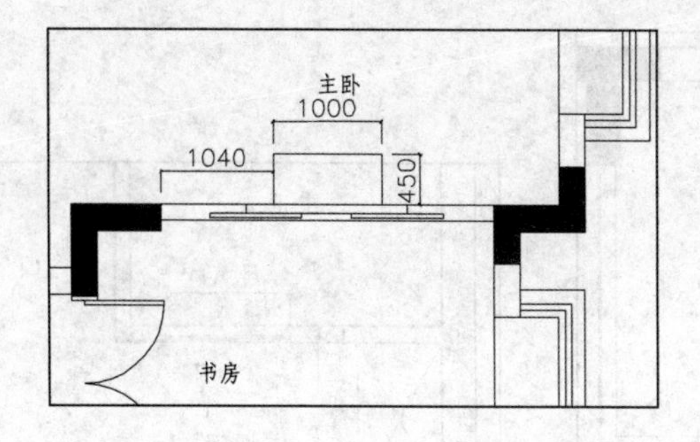

图 10-76 绘制电视柜

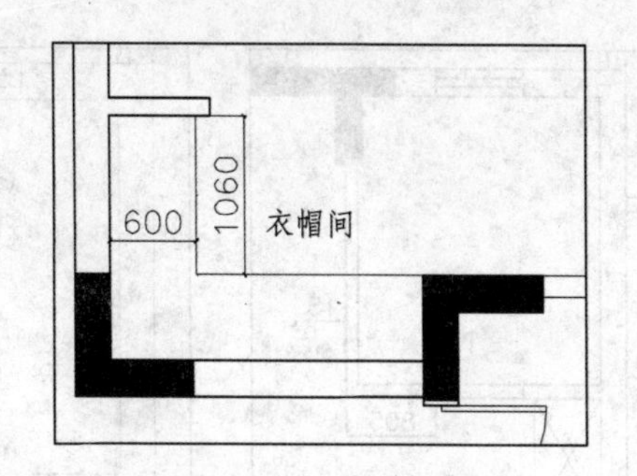

图 10-77 绘制多段线

11 调用 LINE/L 命令，绘制线段划分衣柜，如图 10-78 所示。

12 调用 LINE/L 命令，绘制对角线，如图 10-79 所示。

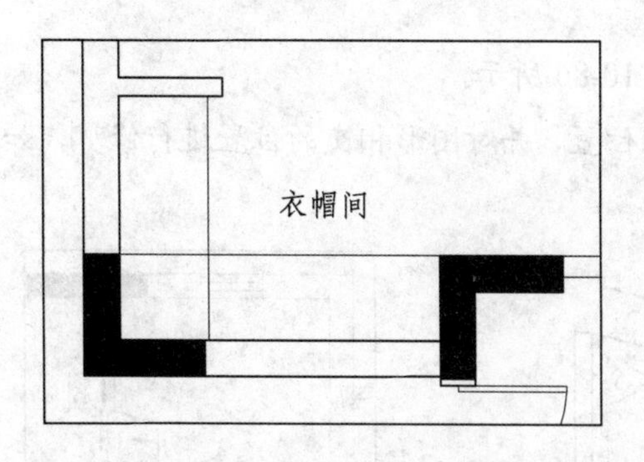

图 10-78 绘制线段

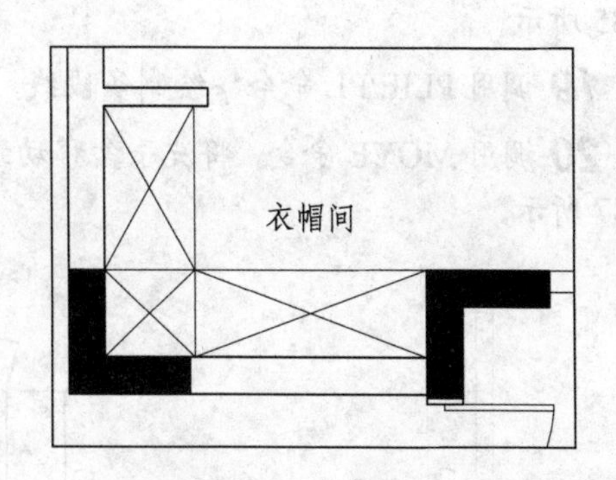

图 10-79 绘制对角线

13 绘制主卫门和隔断墙。调用 PLINE/PL 命令，绘制多段线，如图 10-80 所示。

14 调用 OFFSET/O 命令，将多段线向外偏移 120，如图 10-81 所示。

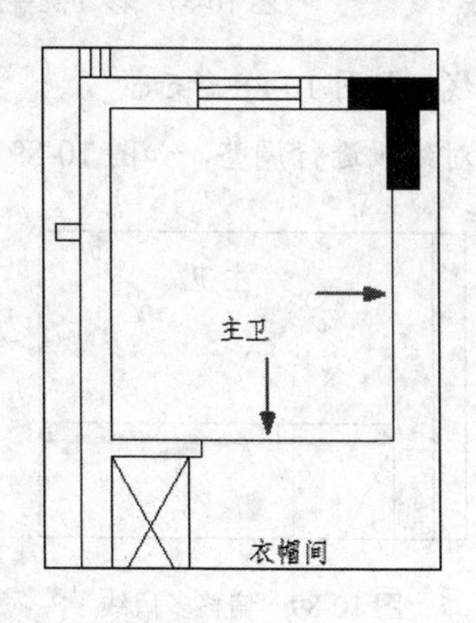

图 10-80 绘制多段线

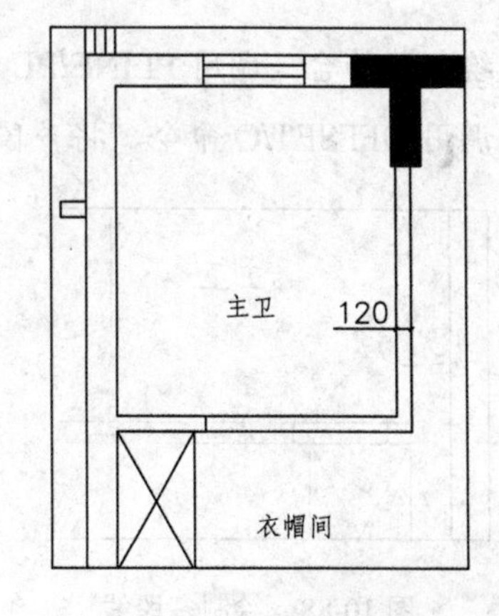

图 10-81 偏移线段

15 调用 LINE/L 命令和 PLINE/PL 命令，绘制线段，如图 10-82 所示。

16 调用 LINE/L 命令，绘制一条对角线，如图 10-83 所示。

17 调用 RECTANG/REC 命令，绘制一个尺寸为 850×15 的矩形，如图 10-84 所示。

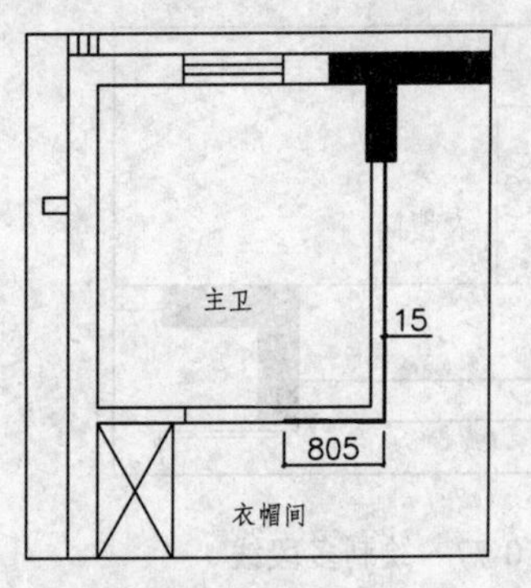

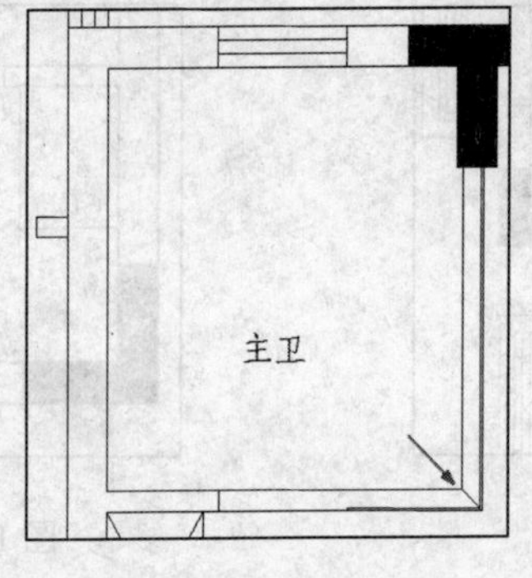

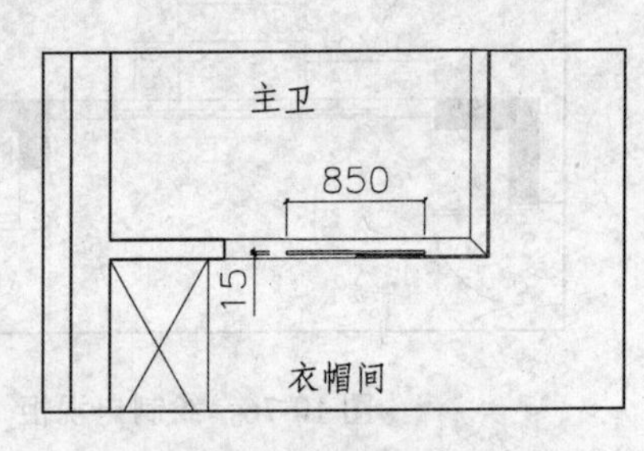

图 10-82　绘制线段　　　图 10-83　绘制对角线　　　图 10-84　绘制矩形

18 绘制洗手盆。调用 RECTANG/REC 命令，绘制一个尺寸为 60×1000 的矩形，如图 10-85 所示。

19 调用 PLIE/PL 命令，绘制多段线，如图 10-86 所示。

20 调用 MOVE 命令，将洗手盆移动到相应位置，并对图形相交的位置进行修剪，如图 10-87 所示。

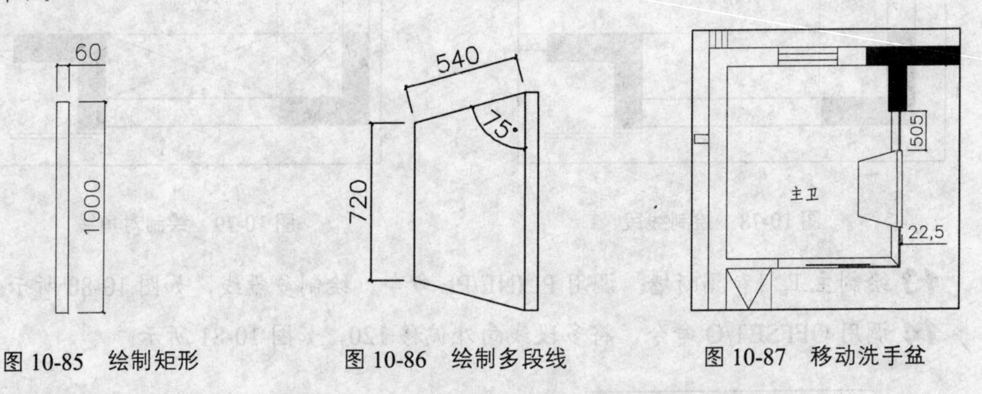

图 10-85　绘制矩形　　　图 10-86　绘制多段线　　　图 10-87　移动洗手盆

21 绘制装饰台。调用 PLINE/PL 命令，绘制多段线，如图 10-88 所示。

22 调用 OFFSET/O 命令，将多段线偏移 150，并对线段进行调整，如图 10-89 所示。

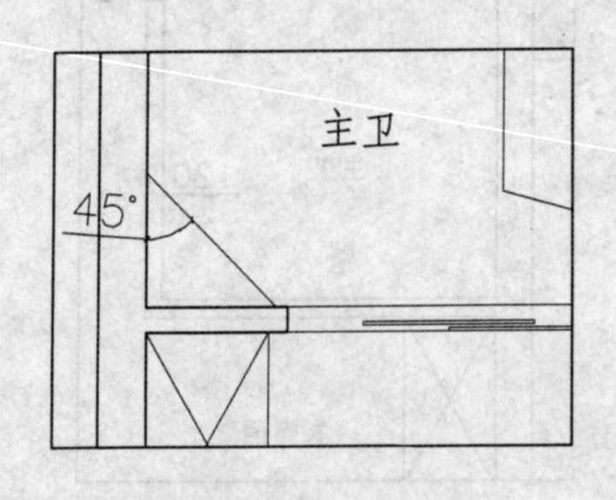

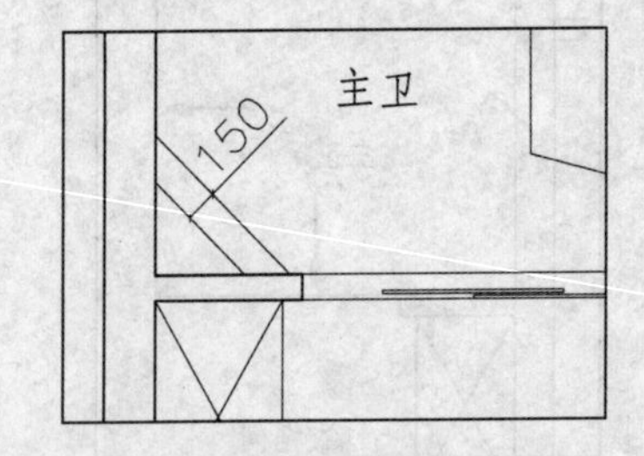

图 10-88　绘制多段线　　　图 10-89　偏移多段线

23 调用 CIRCLE/C 命令，绘制半径为 55 的圆表示下水管道，如图 10-90 所示。

24 调用 HATCH/H 命令，对装饰台填充 ANSI33 图案，填充效果如图 10-91 所示。

25 插入图块。按 Ctrl+O 快捷键，打开配套光盘提供的“第 10 章\家具图例.dwg”文件，选择其中的沙发组、植物和电视等图块，将其复制至客厅区域，如图 10-67 所示，书房、主卧、衣帽间和主卫平面布置图绘制完成。

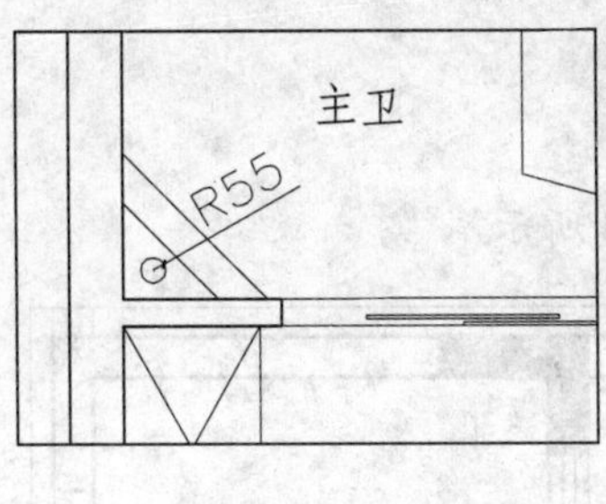

图 10-90 绘制圆

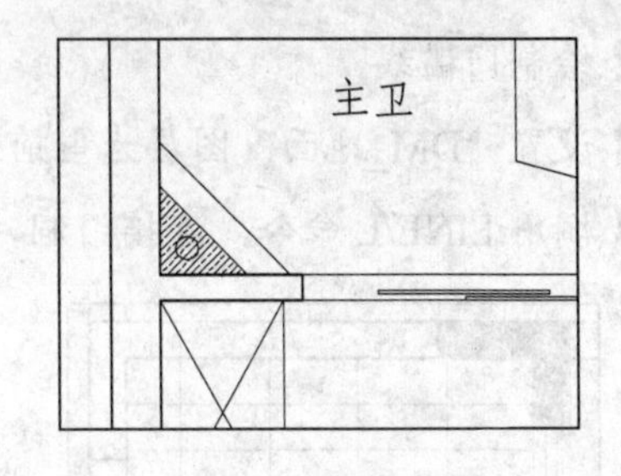

图 10-91 填充效果

10.6 绘制错层地材图

错层地材图如图 10-92 所示，使用了实木地板、玻化砖、亚光砖、防滑砖和仿古砖等地面材料。

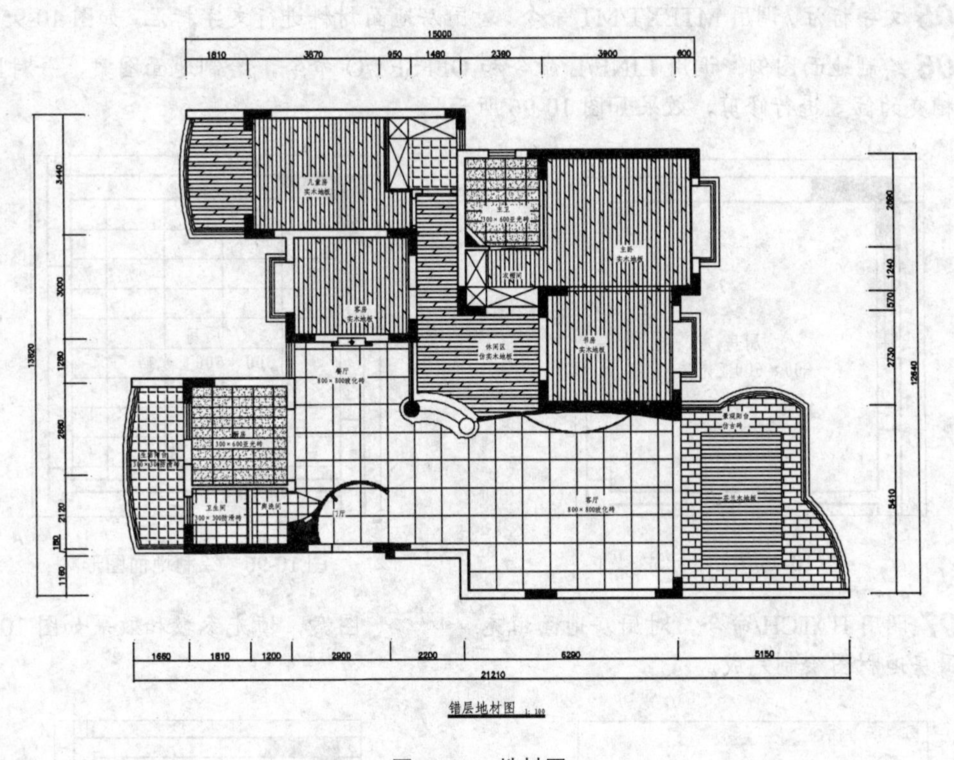

图 10-92 地材图

10.6.1 绘制厨房地材图

厨房地材图如图 10-93 所示，采用的地面材料是亚光砖，下面介绍其绘制方法。

课堂举例 10-8：绘制厨房地材图

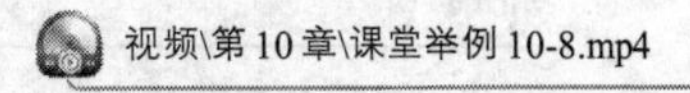
视频\第 10 章\课堂举例 10-8.mp4

01 复制图形。复制错层的平面布置图并且删除里面的家具。

02 绘制门槛线。

03 设置“DM_地面”图层为当前图层。

04 调用 LINE/L 命令，连接门洞，效果如图 10-94 所示。

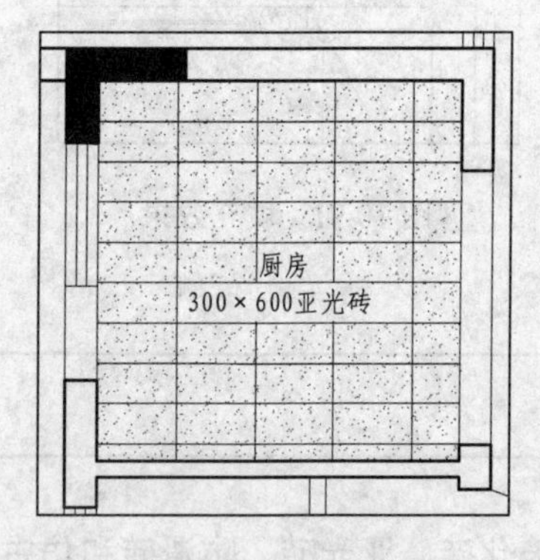

图 10-93　厨房地材图

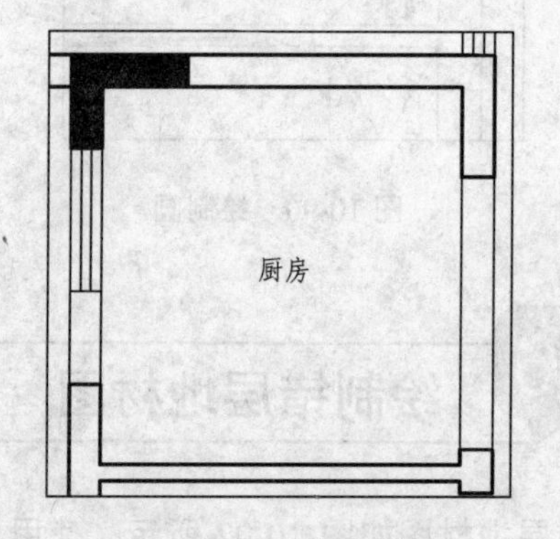

图 10-94　绘制门槛线

05 文字标注。调用 MTEXT/MT 命令，对厨房地面材料进行文字标注，如图 10-95 所示。

06 绘制地面图例。调用 LINE/L 命令和 OFFSET/O 命令，绘制地面图案，并对图形与文字相交的位置进行修剪，效果如图 10-96 所示。

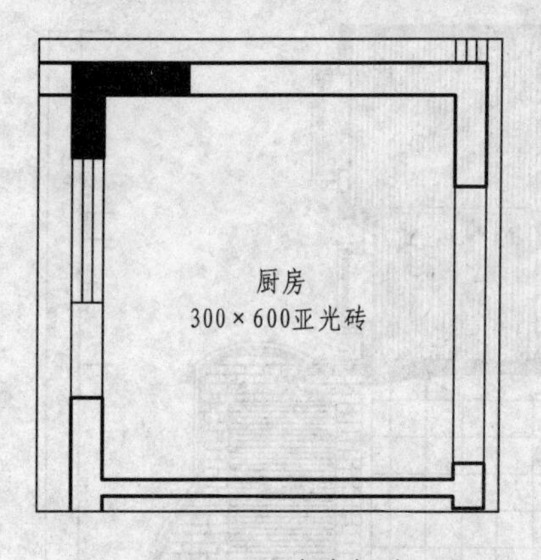

图 10-95　文字标注

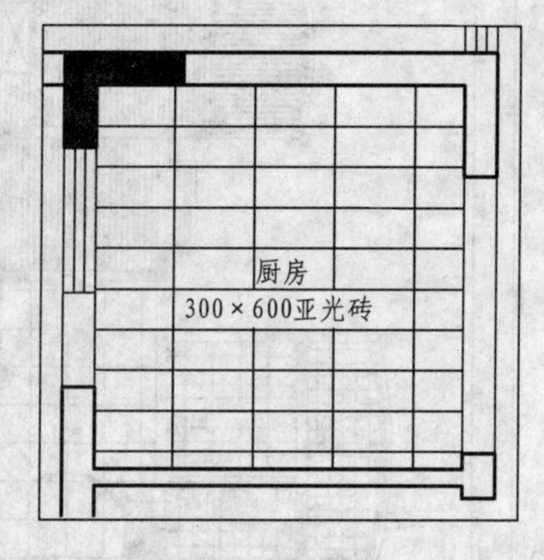

图 10-96　绘制地面图形

07 调用 HATCH/命令，对厨房地面填充 AR-SAND 图案，填充参数和效果如图 10-97 所示，厨房地材图绘制完成。

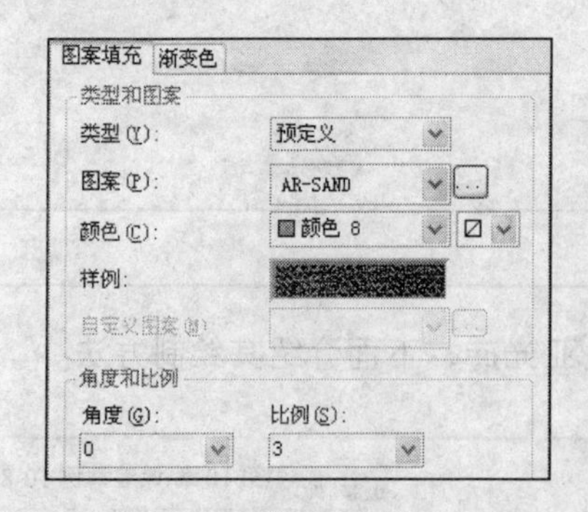

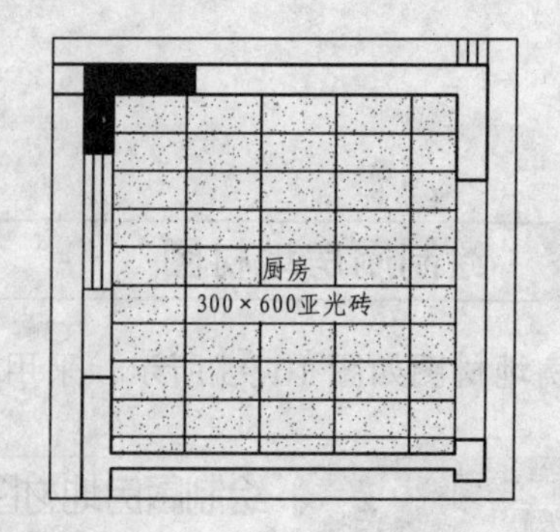

图 10-97　填充参数和效果

10.6.2 绘制景观阳台地材图

景观阳台地材图如图 10-98 所示，采用的地面材料有仿古砖和木地板。

课堂举例 10-9：绘制景观阳台地材图

视频\第 10 章\课堂举例 10-9.mp4

01 文字标注。调用 MTEXT/MT 命令，对阳台地面材料进行文字标注，如图 10-99 所示。

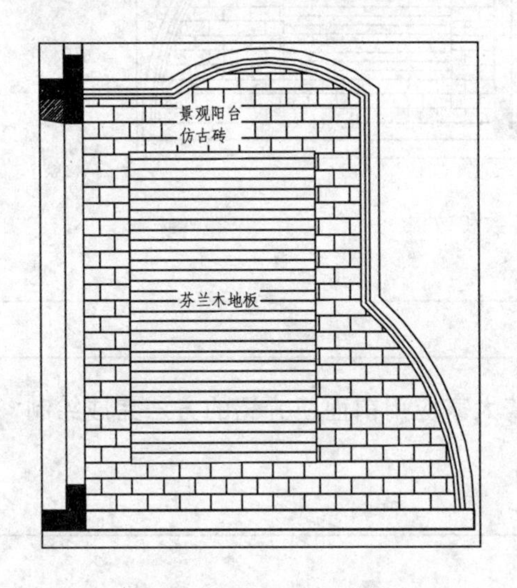

图 10-98 景观阳台地材图

图 10-99 文字标注

02 绘制地面图例。调用 RECTANG/REC 命令，绘制一个尺寸为 2400×3900 的矩形，并移动到相应的位置，如图 10-100 所示。

03 调用 HATCH/H 命令，对矩形内填充 LINE 图案，填充参数和效果如图 10-101 所示。

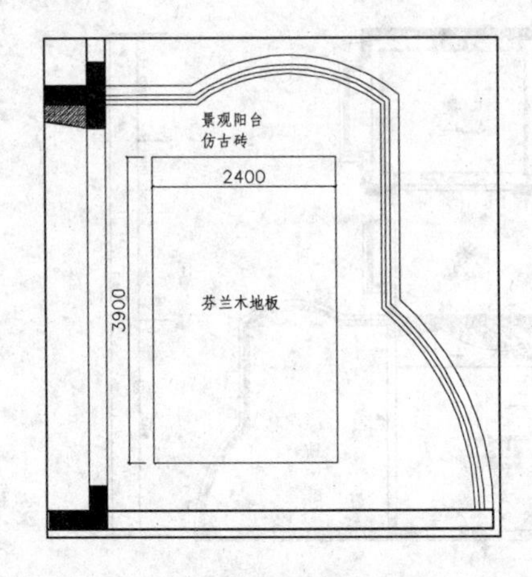

图 10-100 绘制矩形

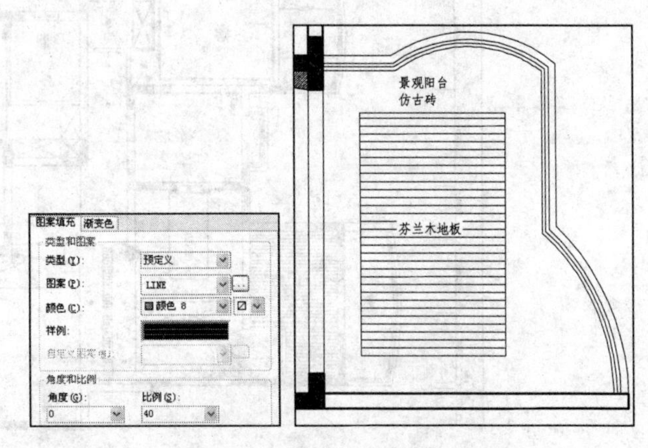

图 10-101 填充参数和效果

04 调用 HATCH/H 命令，对矩形外区域填充 AR-B816 图案，填充参数和效果如图 10-102 所示，景观阳台地材图绘制完成。

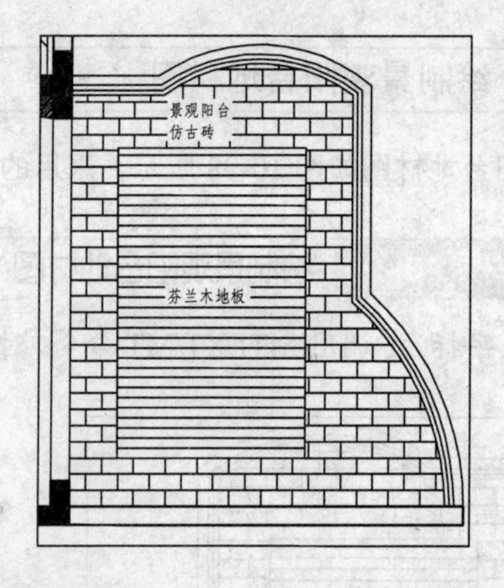

图 10-102　填充参数和效果

10.6.3 绘制其他房间地材图

其他的房间如客厅、餐厅、卧室和书房等，请大家应用前面所介绍的方法完成绘制，此处就不再详细讲解了。

10.7 绘制错层顶棚图

错层顶棚图如图 10-103 所示，在本节中以客厅和卧室为例讲解错层顶棚图的绘制方法。

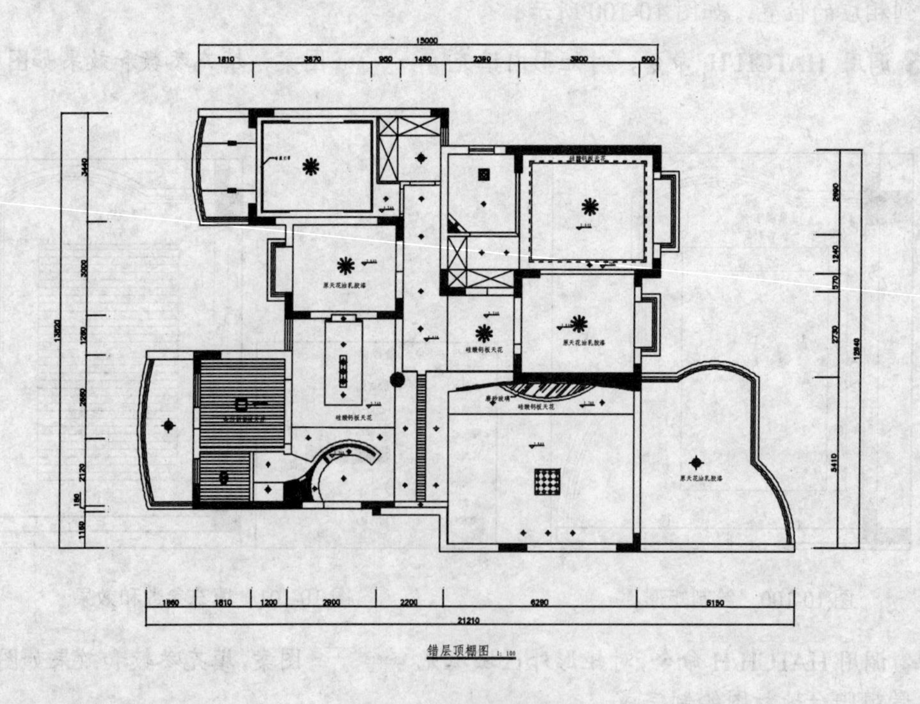

图 10-103　错层顶棚图

10.7.1 绘制客厅顶棚图

客厅顶棚图如图 10-104 所示，该顶棚在电视上方采用了磨砂玻璃吊顶，既简洁又时尚。

课堂举例 10–10：绘制错层顶棚图　视频\第 10 章\课堂举例 10-10.mp4

01 复制图形。顶棚图可以在平面布置图的基础上绘制，复制错层的平面布置图，并删除与顶棚图无关的图形，并在门洞处绘制墙体线。

02 绘制吊顶造型。设置“DD_吊顶”图层为当前图层。

03 调用 LINE/L 命令绘制辅助线，如图 10-105 所示。

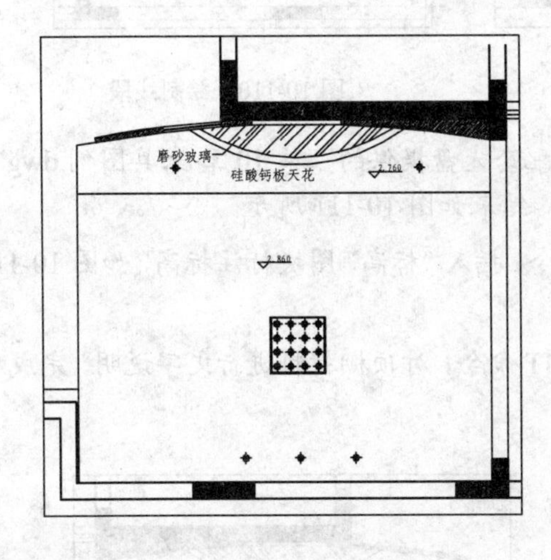

图 10-104　客厅顶棚图

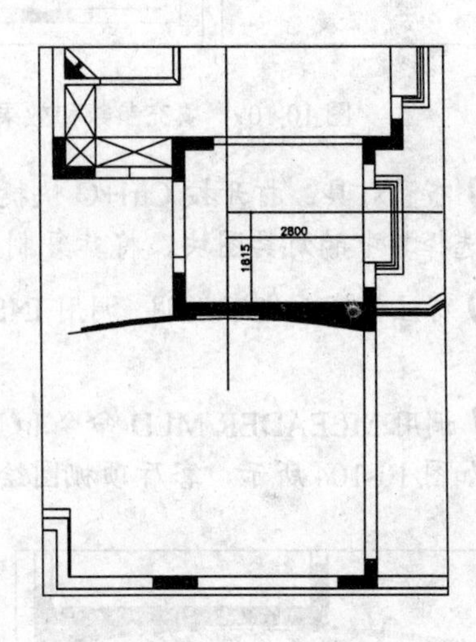

图 10-105　绘制辅助线

04 调用 CIRCLE/C 命令，以辅助线的交点为圆心绘制一个半径为 2590 的圆，然后删除辅助线,，如图 10-106 所示。

05 调用 OFFSET 命令，将圆向外偏移 100，效果如图 10-107 所示。

06 调用 TRIM/TR 命令，对圆进行修剪，效果如图 10-108 所示。

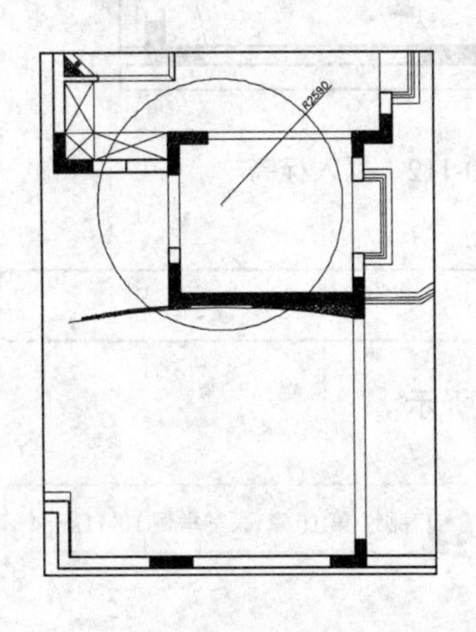

图 10-106　绘制圆

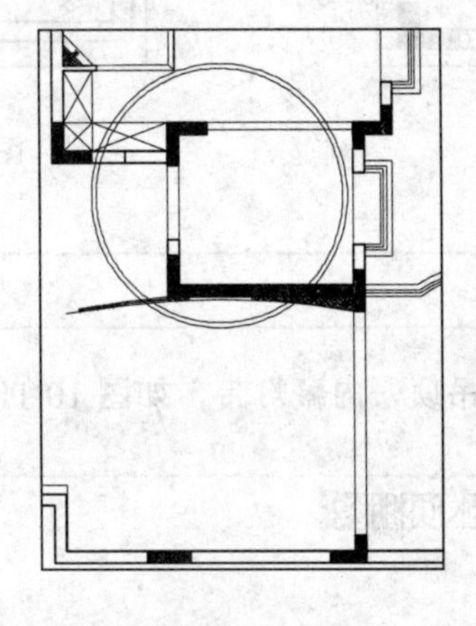

图 10-107　偏移圆

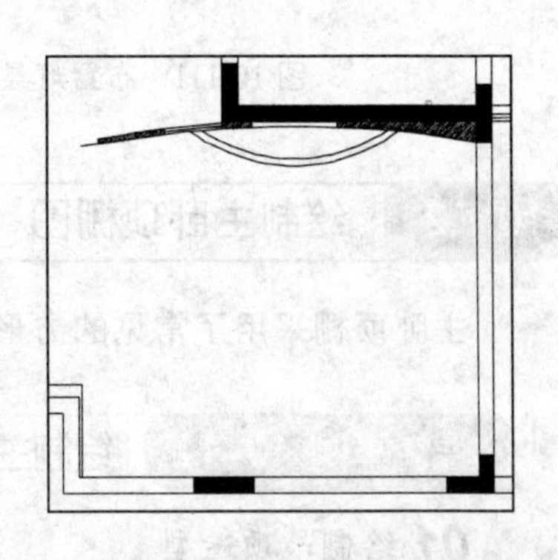

图 10-108　修剪圆

07 调用 HATCH/H 命令，对圆弧内填充 AR-RROOF 图案，填充参数和效果如图 10-109 所示。

08 调用 PLINE/PL 命令，绘制如图 10-110 所示多段线。

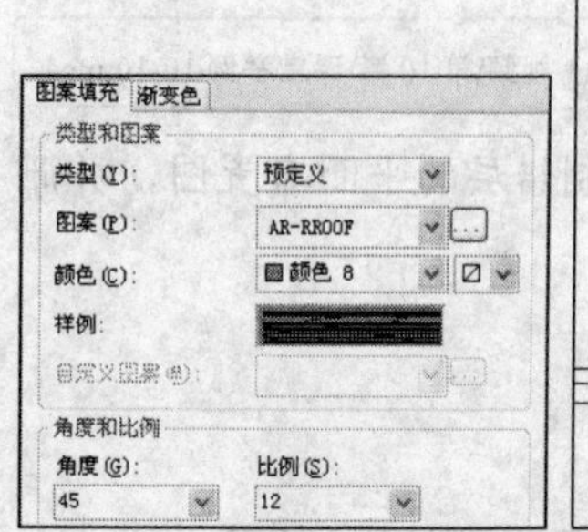

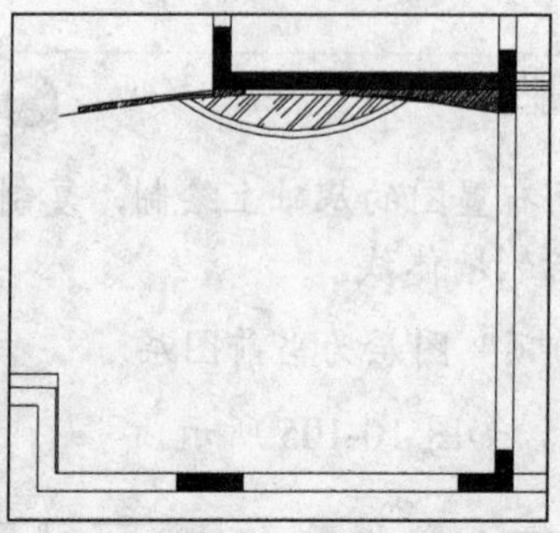

图 10-109　填充参数和效果

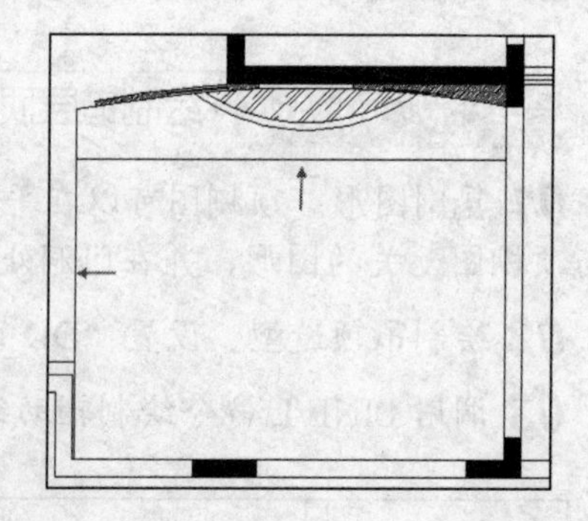

图 10-110　绘制线段

09 布置灯具。打开按 Ctrl+O 快捷键，打开配套光盘提供的“第 10 章\家具图例.dwg”文件，选择其中的灯具图块，将其复制至顶棚内，结果如图 10-111 所示。

10 标注标高和文字说明。调用 INSERT/I 命令，插入“标高”图块标注标高，如图 10-112 所示。

11 调用 MLEADER/MLD 命令和 MTEXT/MT 命令，对顶棚材料进行文字说明，完成后的效果如图 10-104 所示，客厅顶棚图绘制完成。

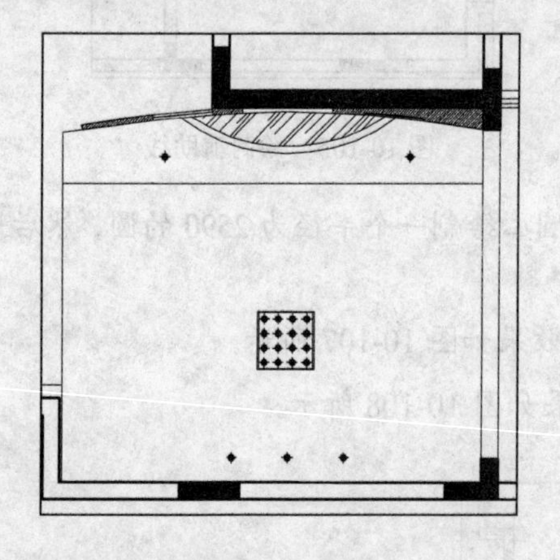

图 10-111　布置灯具

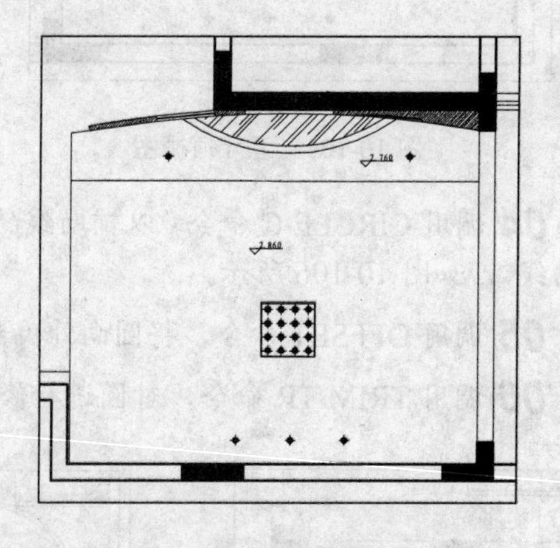

图 10-112　插入标高

10.7.2　绘制主卧顶棚图

主卧顶棚采用了常见的方形吊顶，内藏灯带，如图 10-113 所示。

课堂举例 10-11：绘制主卧顶棚图

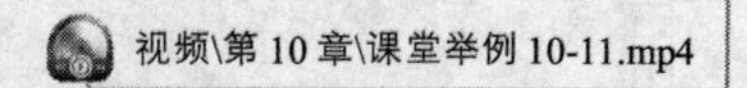

01 绘制吊顶造型。

02 调用 LINE/L 命令，绘制如图 10-114 所示线段，表示线段两侧高度不同。

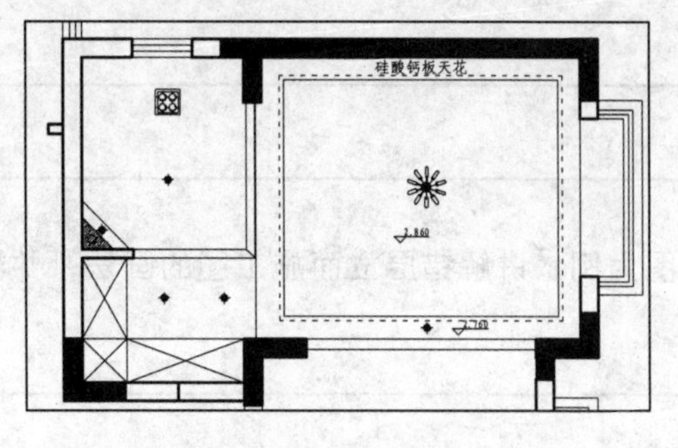

图 10-113　主卧顶棚图

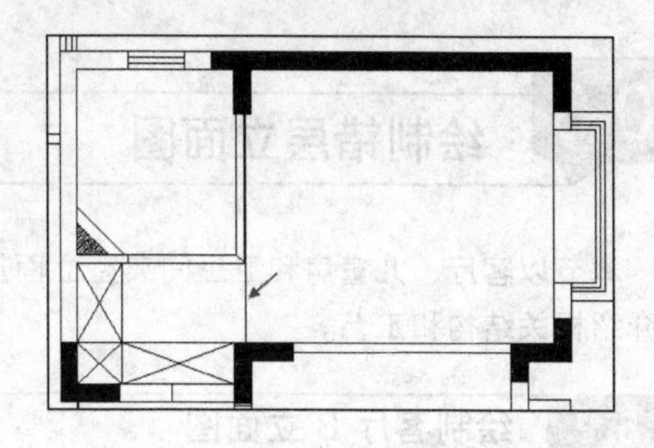

图 10-114　绘制线段

03 调用 RECTANG/REC 命令，绘制一个尺寸为 3660×3090 的矩形，并移动到相应的位置，效果如图 10-115 所示。

04 调用 OFFSET/O 命令，将矩形向外偏移 60，并设置为虚线，表示灯带，效果如图 10-116 所示。

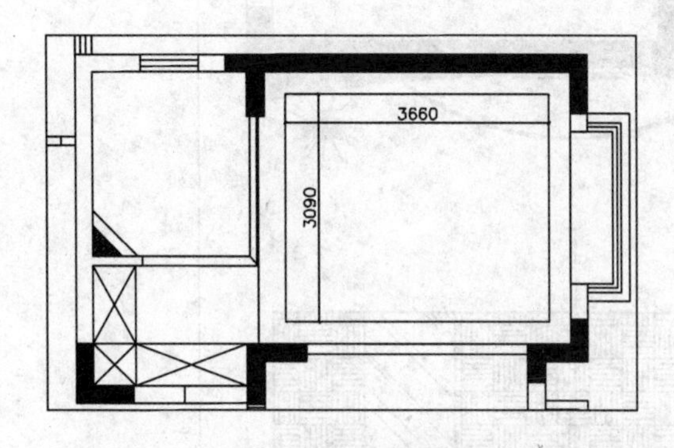

图 10-115　绘制矩形

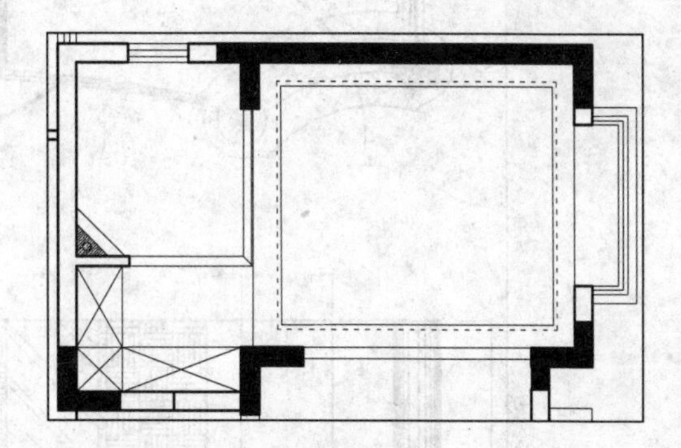

图 10-116　绘制灯带

05 布置灯具。主卧中的灯具由吊灯和灯带产生照明，吊灯图形从图库中调用，主卧中的主卫和衣帽间采用的是直接式顶棚，直接调入灯具即可，完成后的效果如图 10-117 所示。

06 标注标高和文字说明。调用 INSERT/I 命令，插入“标高”图块标注标高，如图 10-118 所示。

07 调用 MTEXT/MT 命令，对顶棚材料进行文字说明，完成后的效果如图 10-113 所示，主卧顶棚图绘制完成。

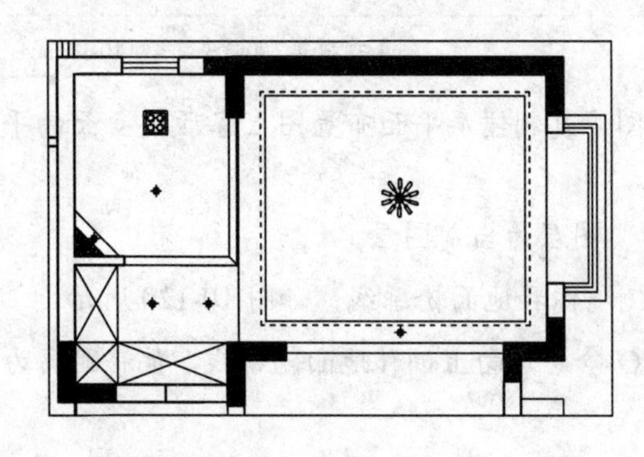

图 10-117　布置灯具

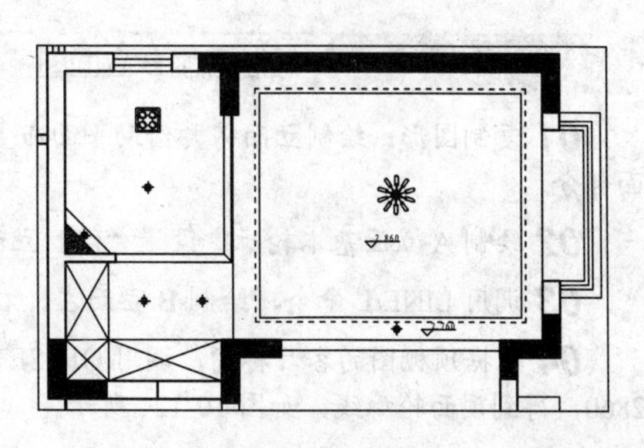

图 10-118　标注标高

10.8 绘制错层立面图

本节以客厅、儿童房和卫生间典型立面施工图为例，讲解错层立面施工图的画法，并简单介绍相关结构和工艺。

10.8.1 绘制客厅 B 立面图

客厅 B 立面图是客厅装饰的重点，该立面是电视所在墙面，如图 10-119 所示。

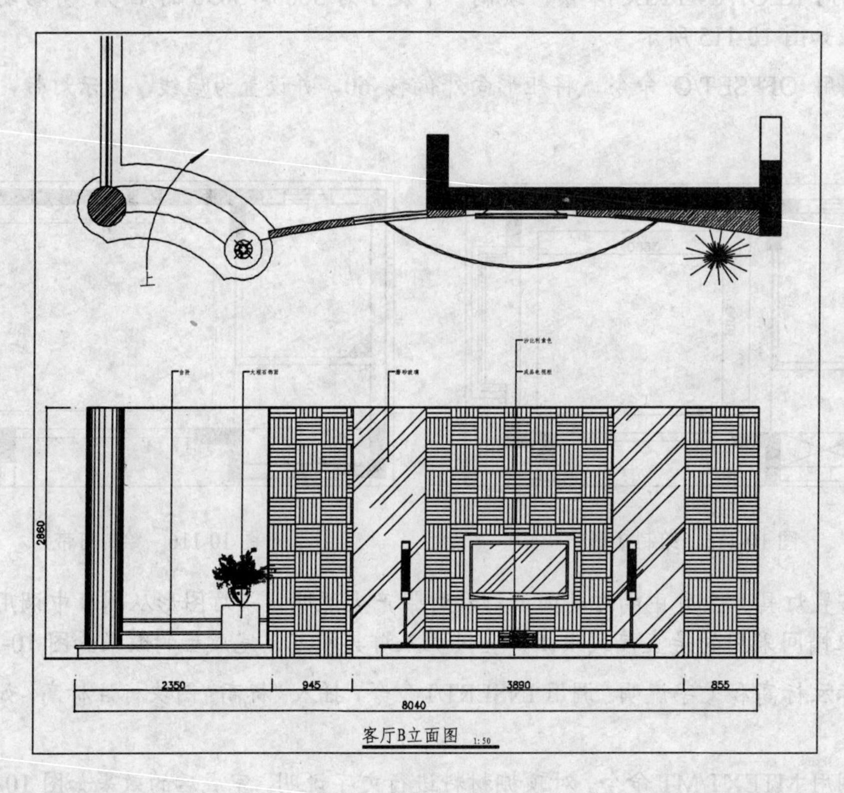

图 10-119 客厅 B 立面图

课堂举例 10-12：绘制客厅 B 立面图 视频\第 10 章\课堂举例 10-12.mp4

01 复制图形。绘制立面需要借助平面布置图，复制错层平面布置图上客厅 B 立面的平面部分。

02 绘制 A 立面基本轮廓。设置“LM_立面”图层为当前图层。

03 调用 LINE/L 命令，绘制 B 立面左、右侧墙体和地面轮廓线，如图 10-120 所示。

04 根据顶棚图的客厅标高，调用 OFFSET/O 命令，向上偏移地面轮廓线，偏移距离为 2860，得到顶面轮廓线，如图 10-121 所示。

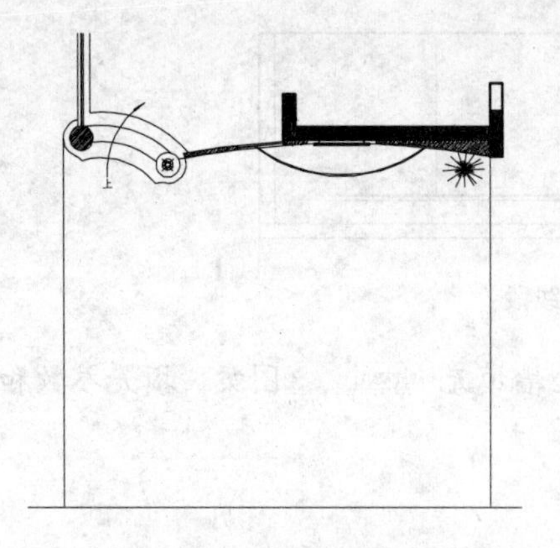

图 10-120 绘制墙体和地面

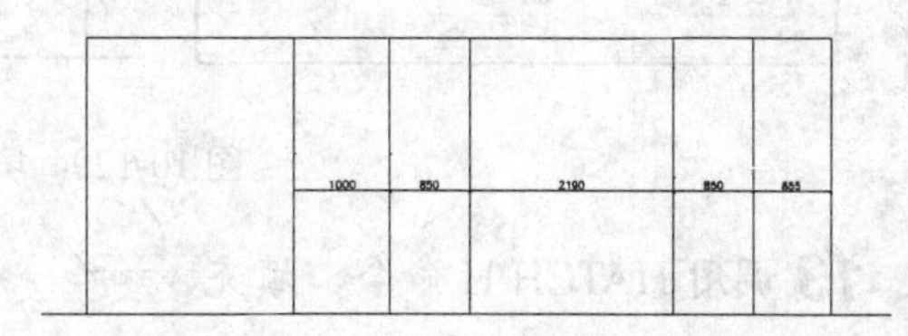

图 10-121 绘制顶棚

05 调用 TRIM/TR 命令修剪立面轮廓，并将立面外轮廓转换至“QT_墙体”图层，如图 10-122 所示。

06 绘制造型墙。根据造型尺寸，调用 LINE/L 命令，划分墙面区域，结果如图 10-123 所示。

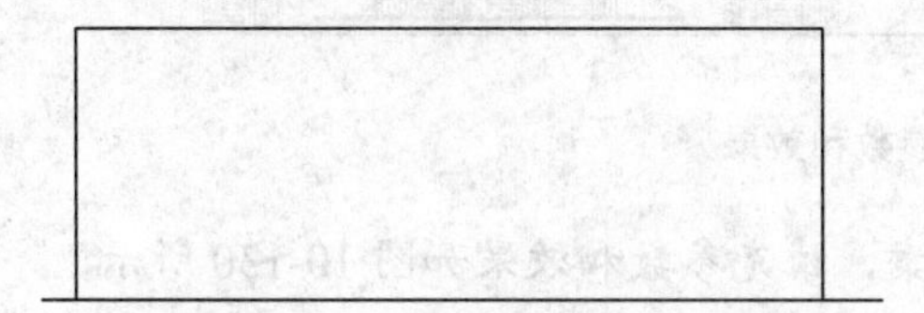

图 10-122 修剪立面外轮廓

图 10-123 划分墙面区域

07 绘制电视柜。调用 RECTANG/REC 命令，在多段线的上方绘制一个尺寸为 3260×30 的矩形，如图 10-124 所示。

08 调用 TRIM/TR 命令，对矩形下方的线段进行修剪，如图 10-125 所示。

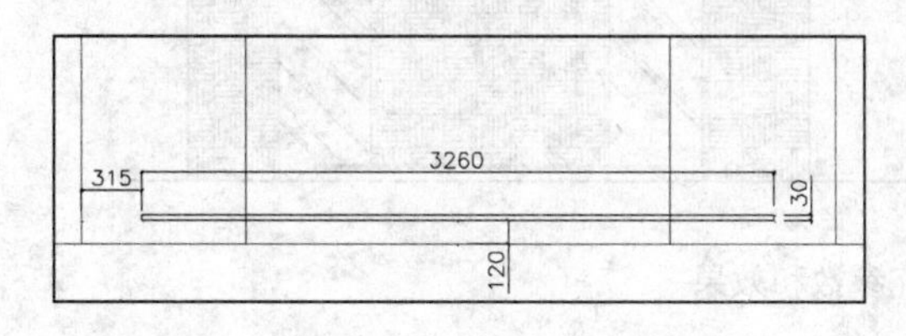

图 10-124 绘制矩形

图 10-125 修剪线段

09 调用 LINE/L 命令和 OFFSET/O 命令，在矩形下方绘制线段，如图 10-126 所示。

10 调用 CHAMFER/CHA 命令，对矩形进行倒角，如图 10-127 所示。

图 10-126 绘制线段

图 10-127 倒角矩形

11 调用 LINE/L 命令，绘制线段，如图 10-128 所示。

图 10-128　绘制线段

12 填充造型墙。调用 HATCH/H 命令，对造型墙填充 AR-PARQ1 图案，填充参数和效果如图 10-129 所示。

图案填充 渐变色
类型和图案
类型(Y): 预定义
图案(P): AR-PARQ1
颜色(C): 颜色 8
样例:
自定义图案(M):
角度和比例
角度(G): 0
比例(S): 1

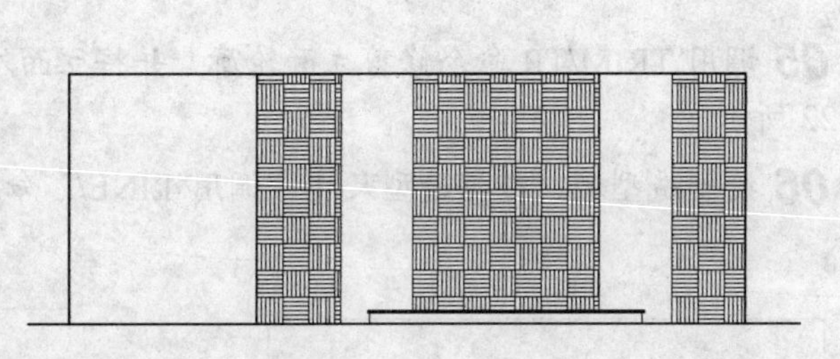

图 10-129　填充参数和效果

13 调用 HATCH/H 命令，填充 AR-RROOF 图案，填充参数和效果如图 10-130 所示。

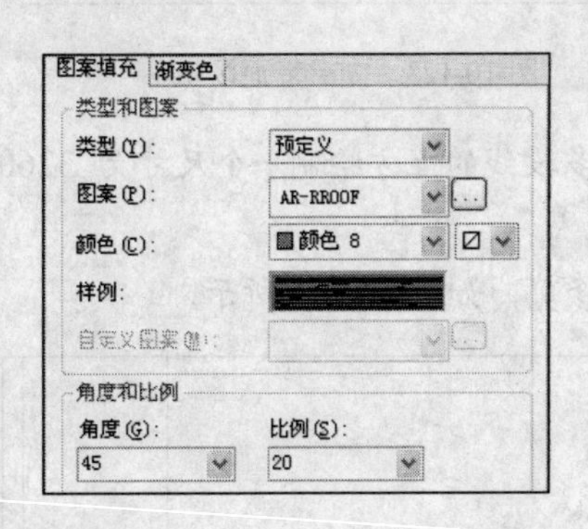

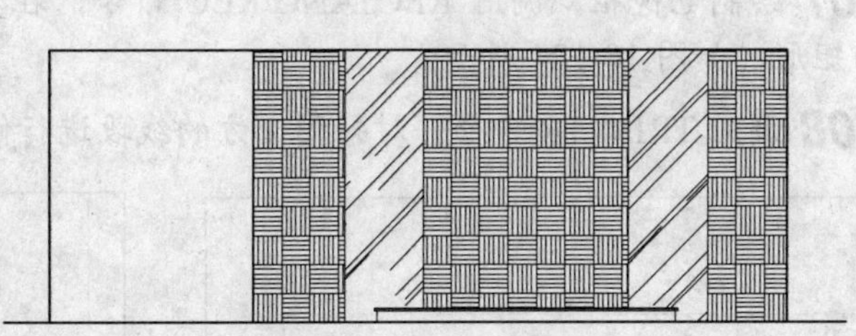

图 10-130　填充参数和效果

14 绘制台阶和圆柱。调用 RECTANG/REC 命令，绘制一个尺寸为 2315 × 120 的矩形表示一级台阶，如图 10-131 所示。

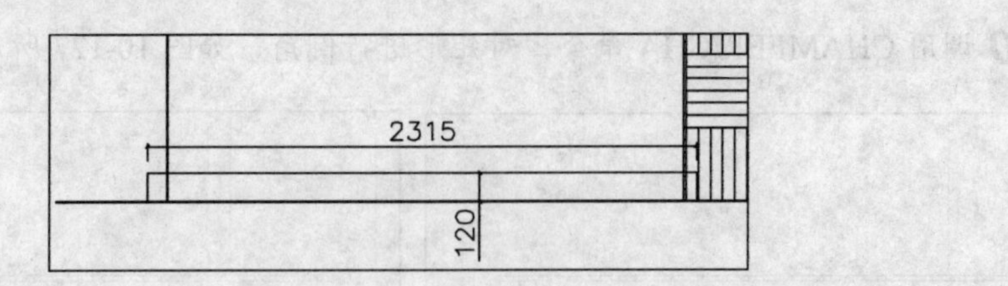

图 10-131　绘制矩形

15 调用 PLINE/PL 和 CHAMFER/CHA 命令，绘制台阶的台面，效果如图 10-132 所示。

16 调用 TRIM/TR 命令，修剪掉多余的线段，如图 10-133 所示。

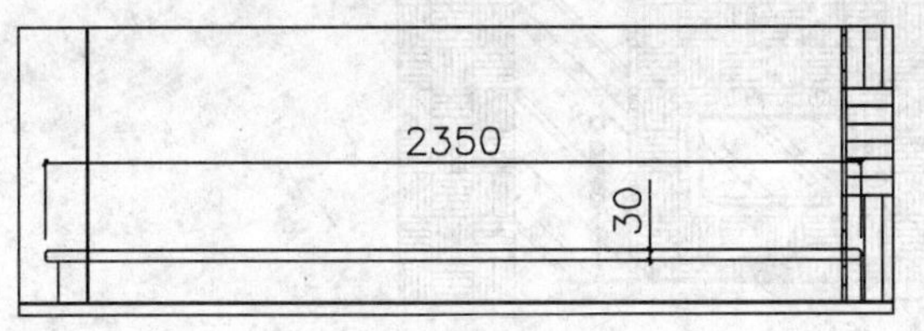

图 10-132 绘制台面

图 10-133 修剪线段

17 绘制圆柱。调用 LINE/L 命令，绘制圆柱的投影线，再调用 TRIM/TR 命令，进行修剪，效果如图 10-134 所示。

18 调用 LINE/L 命令和 OFFSET/O 命令，细化圆柱，效果如图 10-135 所示。

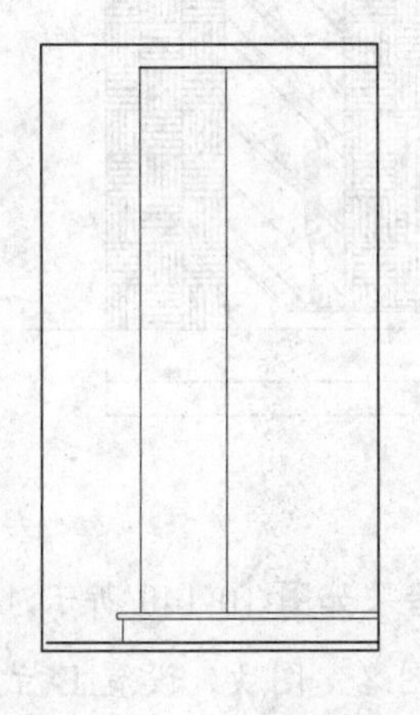

图 10-134 绘制圆柱轮廓

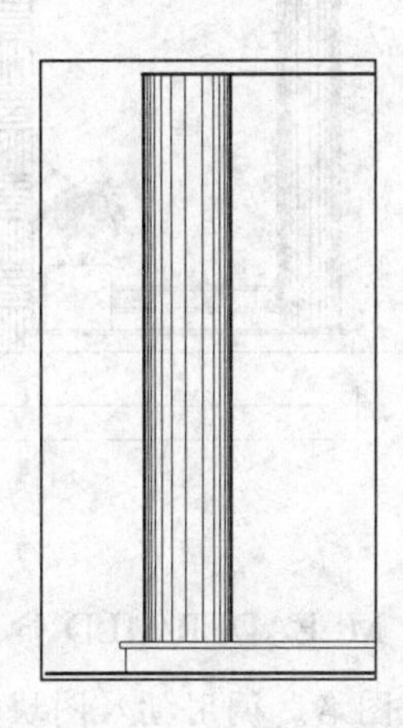

图 10-135 细化圆柱

19 调用 RECTANG/REC 命令，绘制一个边长为 450 的矩形，效果如图 10-136 所示。

20 调用 LINE/L 命令、PLINE/PL 命令和 TRIM/TR 命令，绘制二、三级台阶，效果如图 10-137 所示。

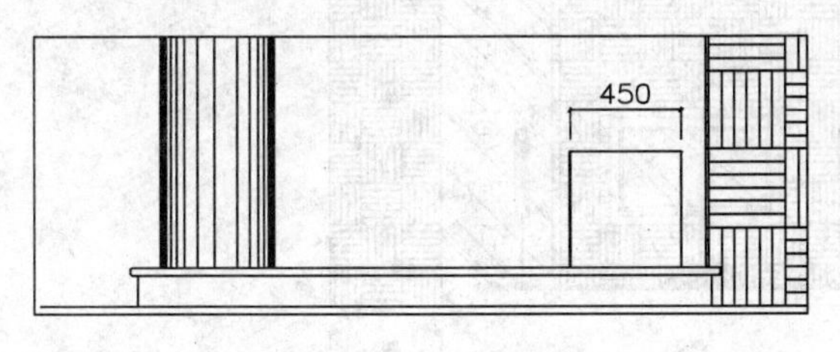

图 10-136 绘制矩形

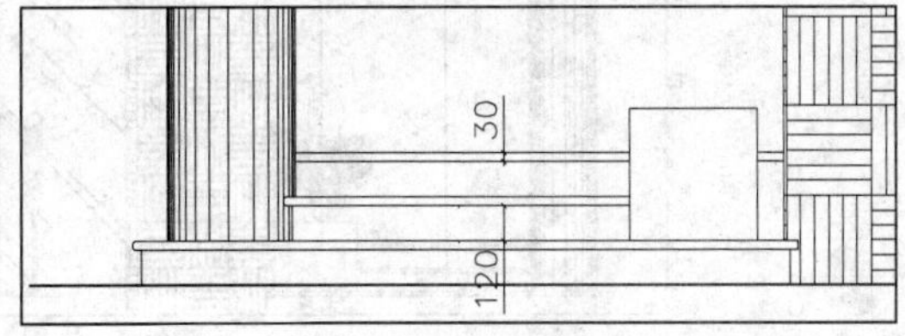

图 10-137 绘制台阶

21 插入图块。按 Ctrl+O 快捷键，打开配套光盘提供的“第 10 章\家具图例.dwg”文件，选择其中的电视、电视柜、陈设品和音响等图块，将其复制至客厅立面内，并将与前面所绘制的图形相交的位置进行修剪，结果如图 10-138 所示。

22 标注尺寸和材料说明。设置“BZ_标注”图层为当前图层，设置注释比例为 1：50。

图 10-138　插入图块

23 调用 DIMLINEAR/DLI 命令或执行【标注】|【线型】命令标注尺寸，结果如图 10-139 所示。

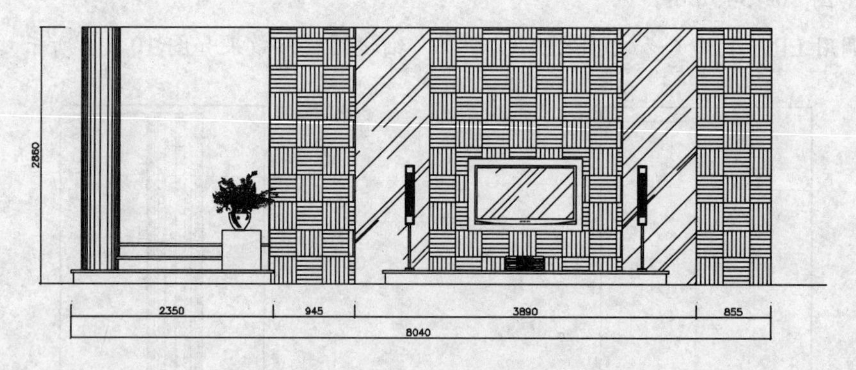

图 10-139　尺寸标注

24 调用 MLEADER/MLD 命令进行材料标注，标注结果如图 10-140 所示。

25 插入图名。调用插入图块命令 INSERT/I，插入“图名”图块，设置 B 立面图名称为“客厅 B 立面图”，客厅 B 立面图绘制完成。

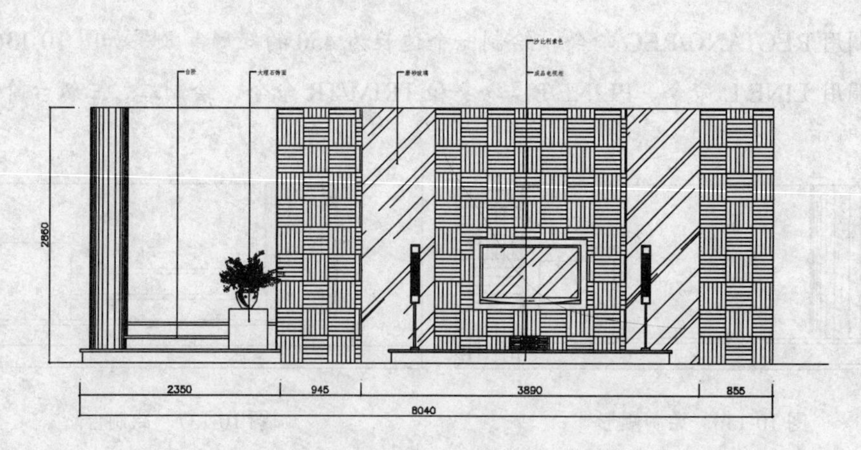

图 10-140　材料标注

10.8.2　绘制儿童房 B 立面图

儿童房立面图如图 10-141 所示，儿童房的书桌是布置在阳台，其立面反映了各空间的位置关系和过渡方式。

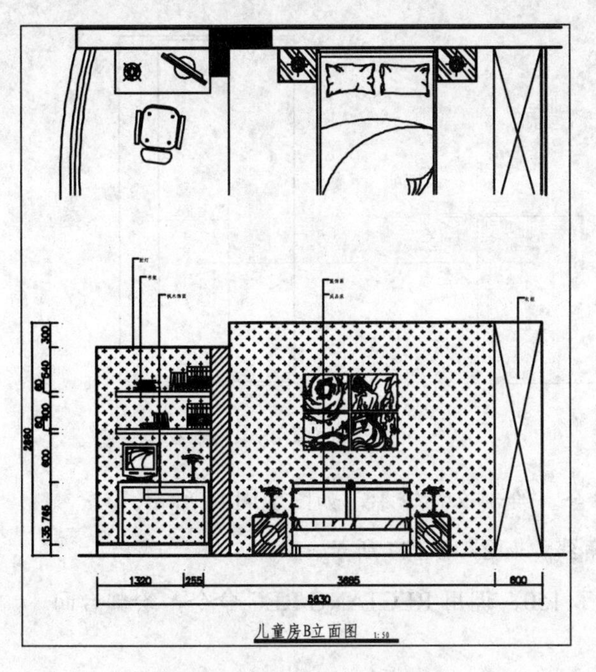

图 10-141 儿童房 B 立面图

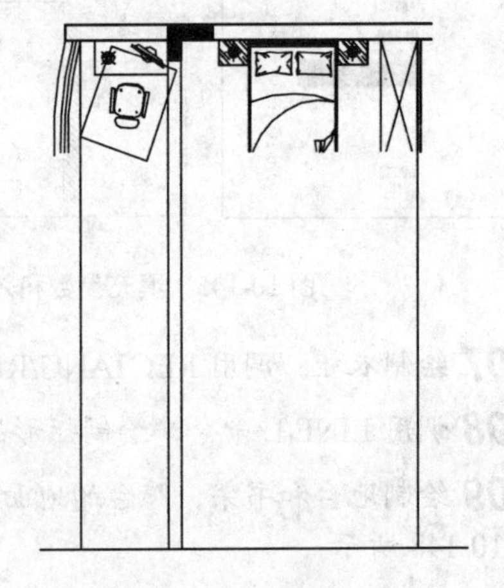

图 10-142 绘制墙体和地面

课堂举例 10-13: 绘制儿童房 B 立面图

视频\第 10 章\课堂举例 10-13.mp4

01 复制图形。复制错层平面布置图上儿童房 B 立面的平面部分。

02 绘制基本轮廓。设置“LM_立面”图层为当前图层。

03 调用 LINE/L 命令，绘制儿童房墙体投影线和地面轮廓，如图 10-142 所示。

04 根据吊顶标高，调用 OFFSET/O 命令，向上偏移地面轮廓线，偏移距离分别为 2860 和 2560，结果如图 10-143 所示。

05 调用 TRIM/TR 命令，修剪多余线段，得到儿童房基本轮廓，并转换至“QT_墙体”图层，如图 10-144 所示。

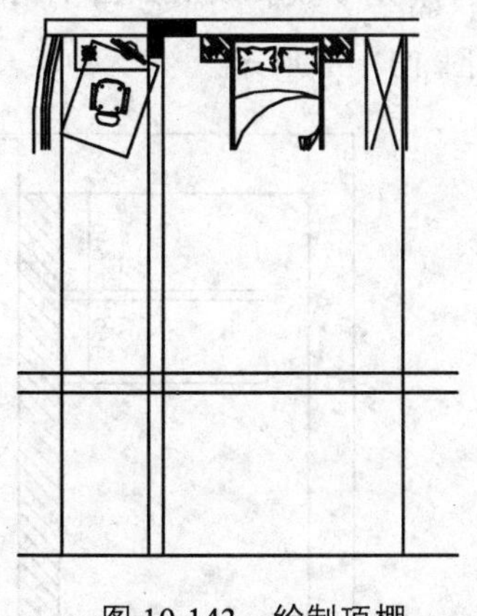

图 10-143 绘制顶棚

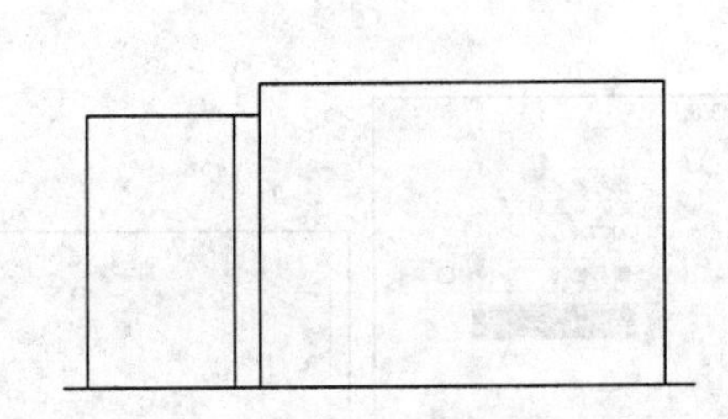

图 10-144 立面基本轮廓

06 填充墙体。调用 HATCH/H 命令，对墙体填充 ANSI31 图案，填充参数和效果如图 10-145 所示。

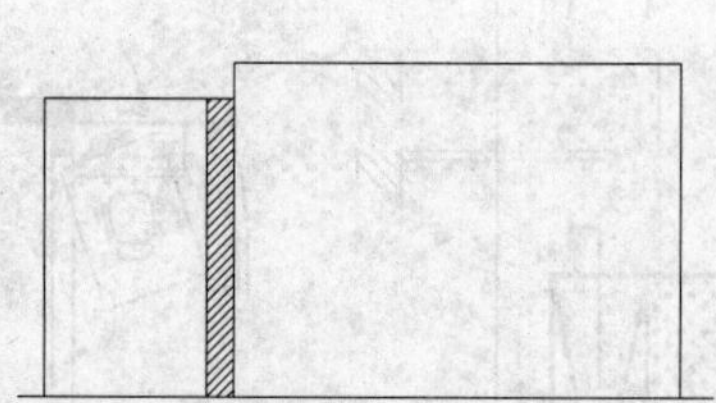

图 10-145　填充参数和效果

图 10-146　绘制衣柜轮廓

07 绘制衣柜。调用 RECTANG/REC 命令，绘制衣柜轮廓，如图 10-146 所示。

08 调用 LINE/L 命令，绘制矩形的对角线，如图 10-147 所示。

09 绘制地台和书架。阳台的地面抬高了 150，调用 RECTANG/REC 命令，绘制台面，如图 10-148 所示。

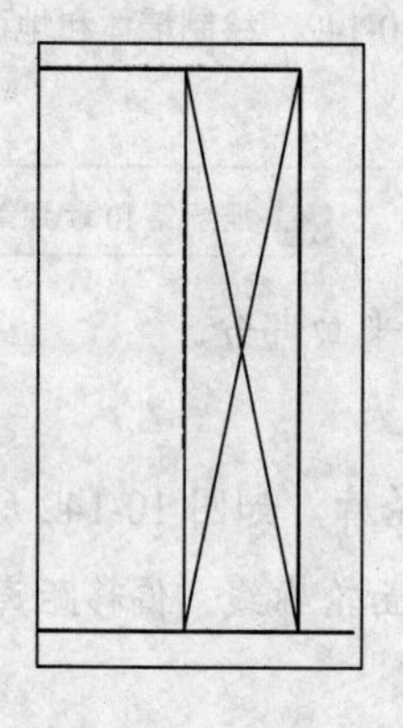

图 10-147　绘制对角线

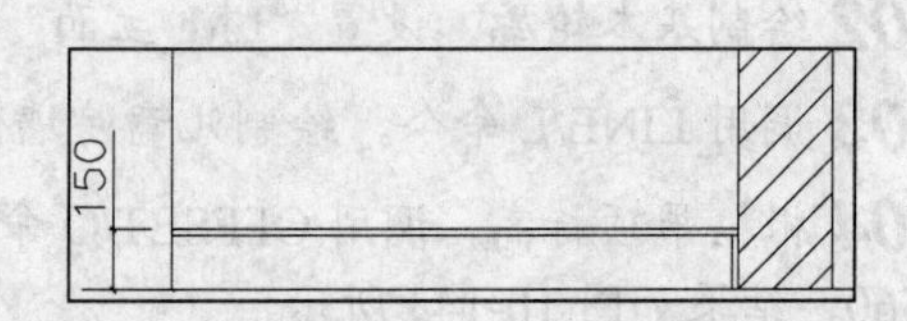

图 10-148　绘制台面

10 调用 HATCH/H 命令，对台面填充 ANSI38 图案，填充参数和效果如图 10-149 所示。

11 调用 RECTANG/REC 命令，绘制书架，效果如图 10-150 所示。

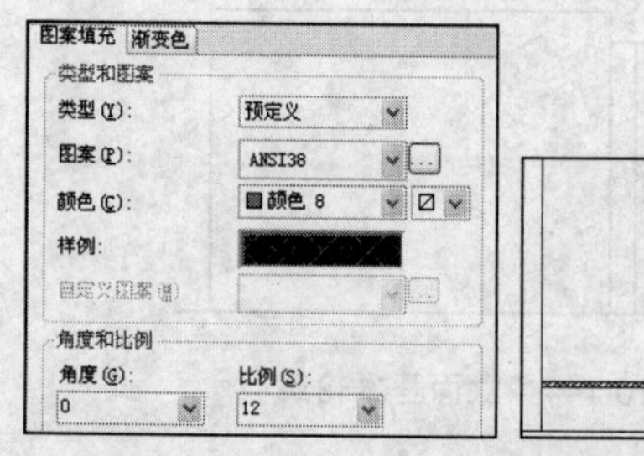

图 10-149　填充参数和效果

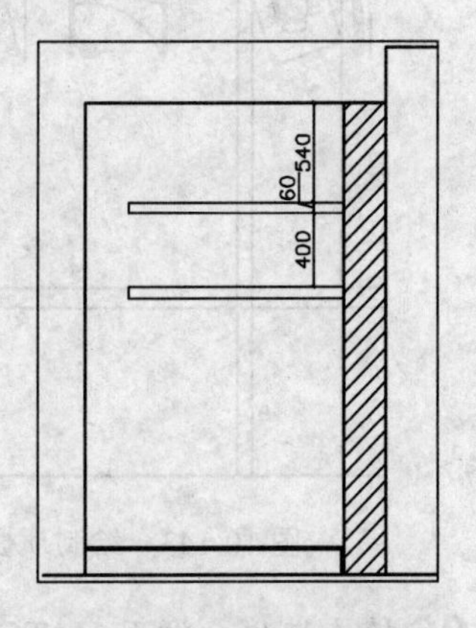

图 10-150　绘制书架

12 绘制墙面。儿童房墙面使用的是墙纸，直接填充图案即可，调用 HATCH/REC 命令，对儿童房墙面填充 CROSS 图案，填充参数和效果如图 10-151 所示。

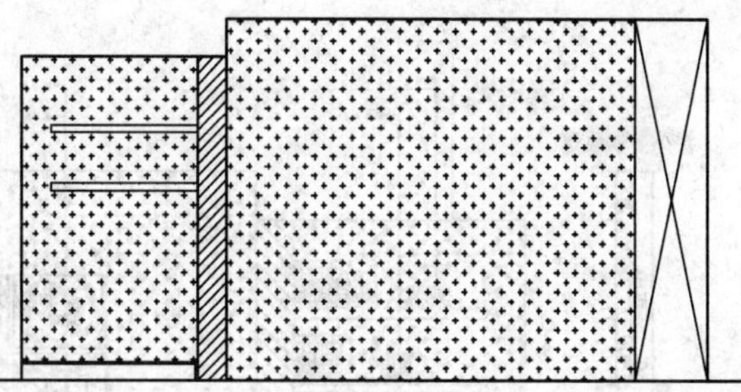

图 10-151 填充墙面

13 插入图块。从图块中调入相关图形，包括装饰画、床、床头柜、书本、书桌和台灯等图形，并进行修剪，结果如图 10-152 所示。

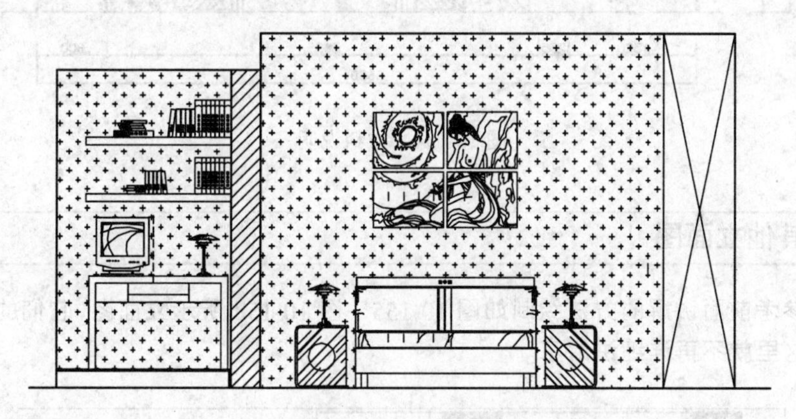

图 10-152 插入图块

14 标注尺寸、材料说明。设置“BZ_标注”为当前图层，设置当前注释比例为 1 ∶ 50。调用线性标注命令 DIMLINEAR/DLI 进行尺寸标注，如图 10-153 所示。

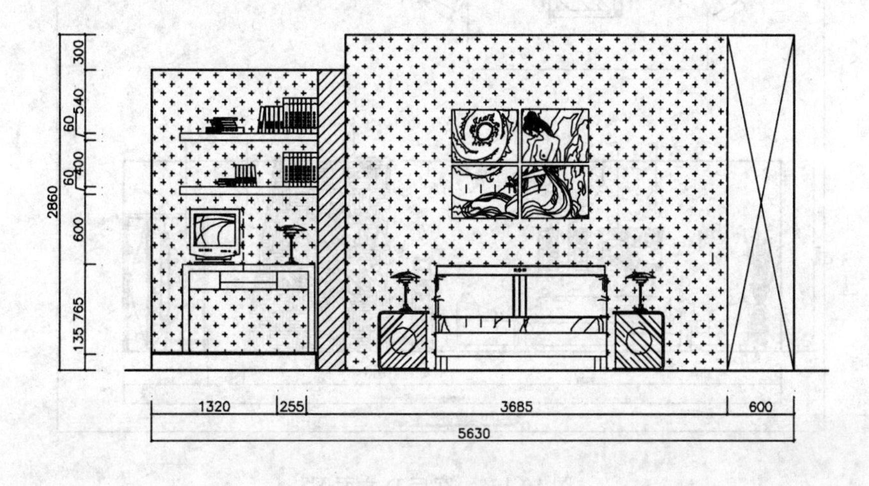

图 10-153 尺寸标注

15 调用多重引线命令对材料进行标注，结果如图 10-154 所示。

16 插入图名。调用插入图块命令 INSERT/I，插入“图名”图块，设置 B 立面图名称为“儿童房 B 立面图”。儿童房 B 立面图绘制完成。

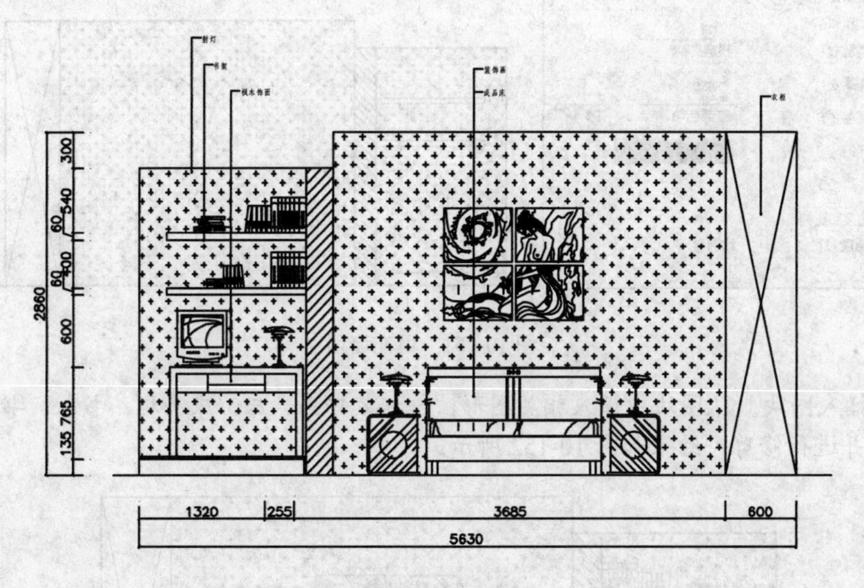

图 10-154　材料说明

10.8.3　其他立面图

请读者参考前面讲解的方法绘制如图 10-155～图 10-158 所示立面图，它们的绘制方法都比较简单，这里就不再详细讲解了。

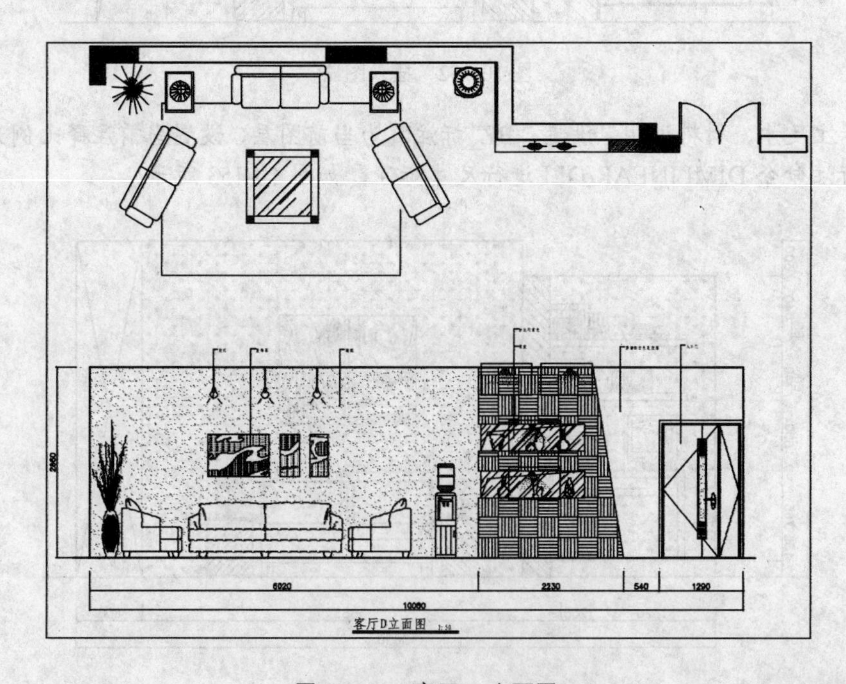

图 10-155　客厅 D 立面图

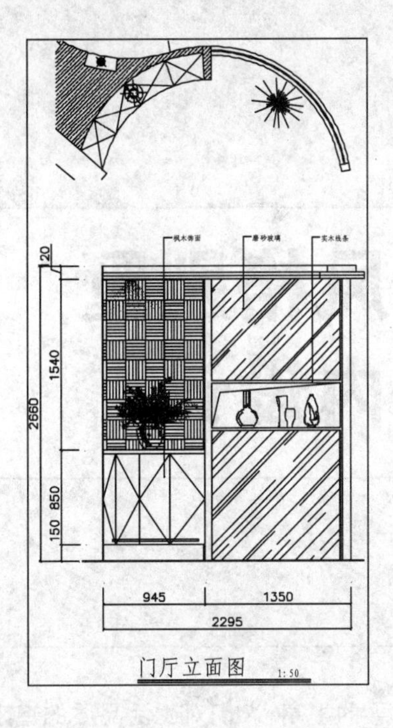

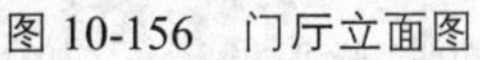

图 10-156 门厅立面图

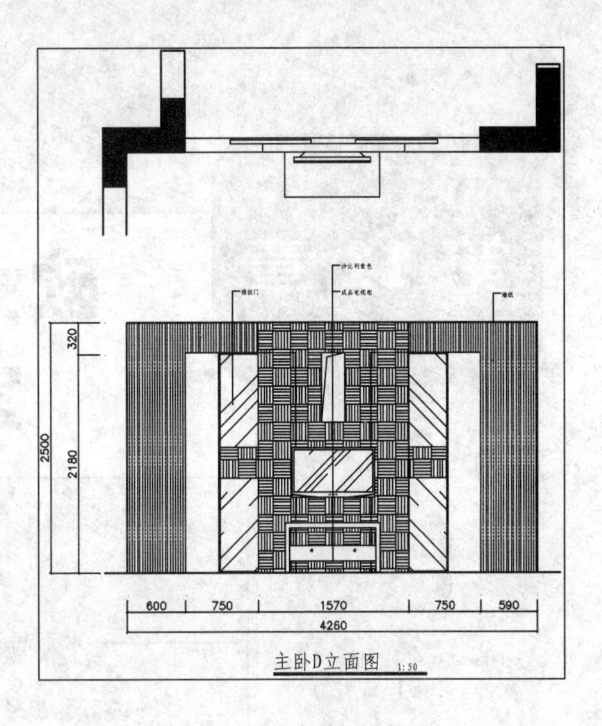

图 10-157 主卧 D 立面图

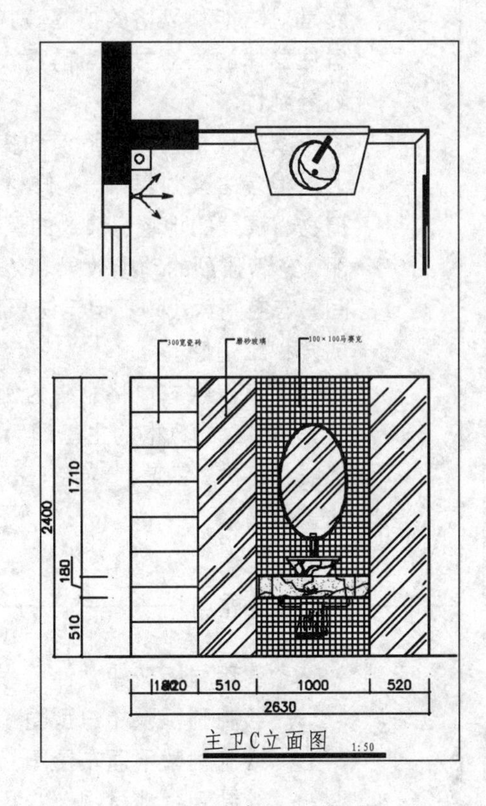

图 10-158 主卫 C 立面图

第 11 章

欧式风格别墅室内设计

本章导读

随着经济水平的提高,人们对生活品质的追求也越来越高,购买别墅的业主越来越多,别墅设计的重点是对功能和风格的把握。别墅设计首先以理解别墅居住群体的生活方式为前提,才能够真正将空间功能划分到位。

欧式风格强调线形流动变化,色彩华丽。在形式上以浪漫主义为基础,装修材料常用大理石、多彩的植物、精美的地毯、精致的壁挂,整个风格豪华、富丽,充满强烈的动感效果。欧式风格最适合大面积房间,若空间太小,不但无法展现其风格气势,反而造成一种压迫感。

本章以欧式风格别墅为例,介绍别墅施工图的绘制方法。欧式风格的主基调为白色,主要的用材为石膏线、石材、铁艺、玻璃、壁纸和涂料等体现出欧式的美感。

本章重点

★ 调用样板新建文件
★ 绘制别墅原始户型图
★ 绘制别墅平面布置图
★ 绘制别墅地材图
★ 绘制别墅顶棚图
★ 绘制别墅立面图

11.1 调用样板新建文件

本书第 6 章创建了室内装潢施工图样板，该样板已经设置了相应的图形单位、样式、图层和图块等，原始户型图可以直接在此样板的基础上进行绘制。

课堂举例 11-1：新建别墅室内设计文件　视频\第 11 章\课堂举例 11-1.mp4

01 执行【文件】|【新建】命令，打开“选择文件”对话框。

02 单击使用样板按钮，选择“室内装潢施工图模板”，如图 11-1 所示。

03 单击【打开】按钮，以样板创建图形，新图形中包含了样板中创建的图层、样式和图块等内容。

04 选择【文件】|【保存】命令，打开“图形另存为”对话框，在“文件名”框中输入文件名，单击【保存】按钮保存图形。

11.2 绘制别墅原始户型图

别墅的原始户型图需要绘制的内容有房屋平面的形状、大小、墙的位置和尺寸、楼梯、门窗的类型和位置以及下水道的位置等。

如图 11-2 所示为本例别墅一层原始户型图，下面以一层原始户型图为例，介绍别墅原始户型图的方法。

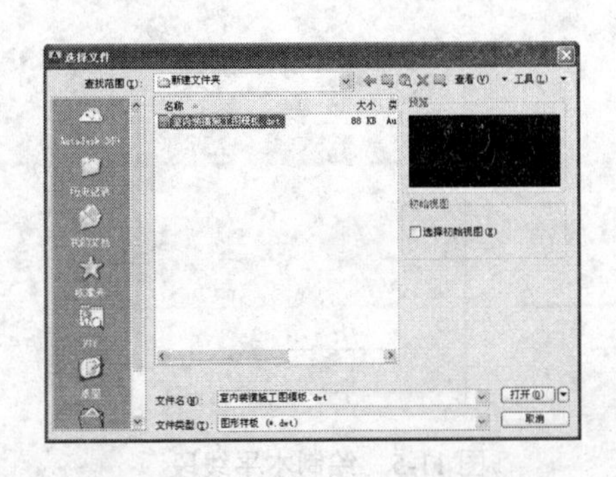

图 11-1　“选择文件”对话框

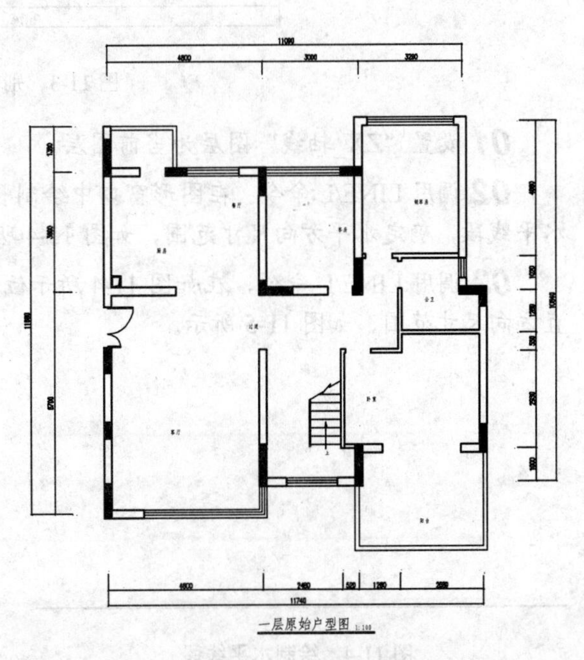

图 11-2　一层原始户型图

11.2.1 绘制轴线

如图 11-3 所示为绘制完成的轴线，下面讲解使用 OFFSET/O 命令绘制轴线的方法。

课堂举例 11-2: 绘制别墅户型图轴线

视频\第 11 章\课堂举例 11-2.mp4

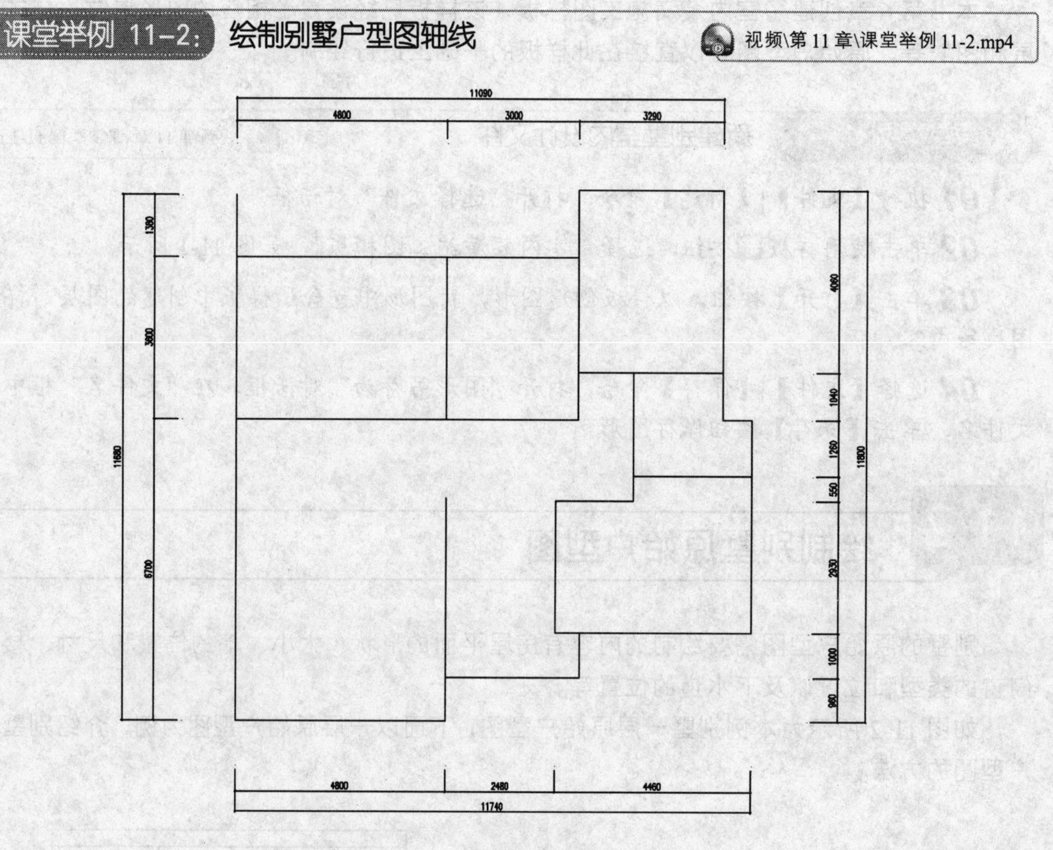

图 11-3 别墅轴网

01 设置“ZX_轴线”图层为当前图层。

02 调用 LINE/L 命令。在图形窗口中绘制长度为 13000（略大于原始平面最大尺寸）的水平线段，确定水平方向尺寸范围，如图 11-4 所示。

03 调用 LINE/L 命令，在如图 11-4 所示位置绘制一条长约 13000 的垂直线段，确定垂直方向尺寸范围，如图 11-5 所示。

图 11-4 绘制水平线段　　图 11-5 绘制水平线段

04 调用 OFFSET/O 命令，根据轴网尺寸，依次向右偏移上开间、下开间墙体的垂直线段和依次向上偏移上进深、下进深墙体水平线段，结果如图 11-6 所示。

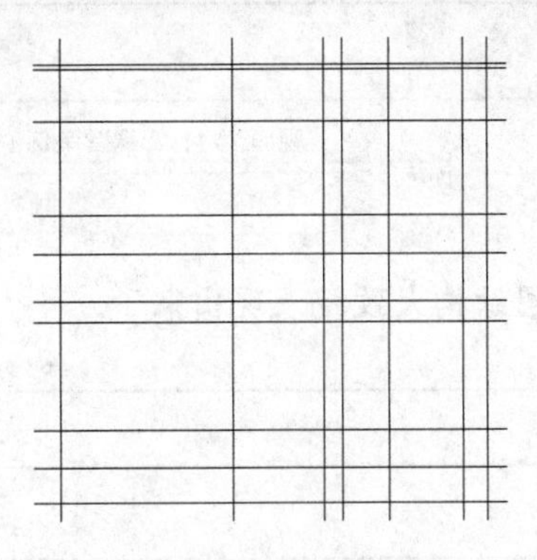

图 11-6　偏移线段

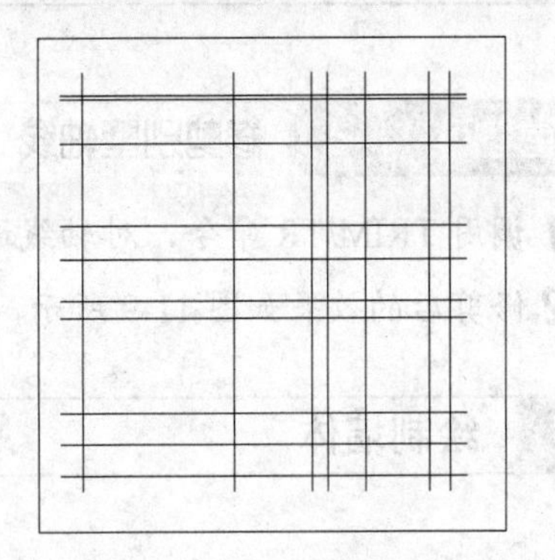

图 11-7　绘制矩形

11.2.2 标注尺寸

课堂举例 11-3：标注轴线尺寸

视频\第 11 章\课堂举例 11-3.mp4

01 设置“BZ_标注”图层为当前图层，设置当前注释比例为 1:100。

02 调用 RECTANG/REC 命令，绘制一个比图形稍大的矩形，如图 11-7 所示。

03 调用 DIMLINEAR/DLI 命令和 DIMCONTINUE/DCO 命令，进行尺寸标注，然后删除前面绘制的矩形，结果如图 11-8 所示。

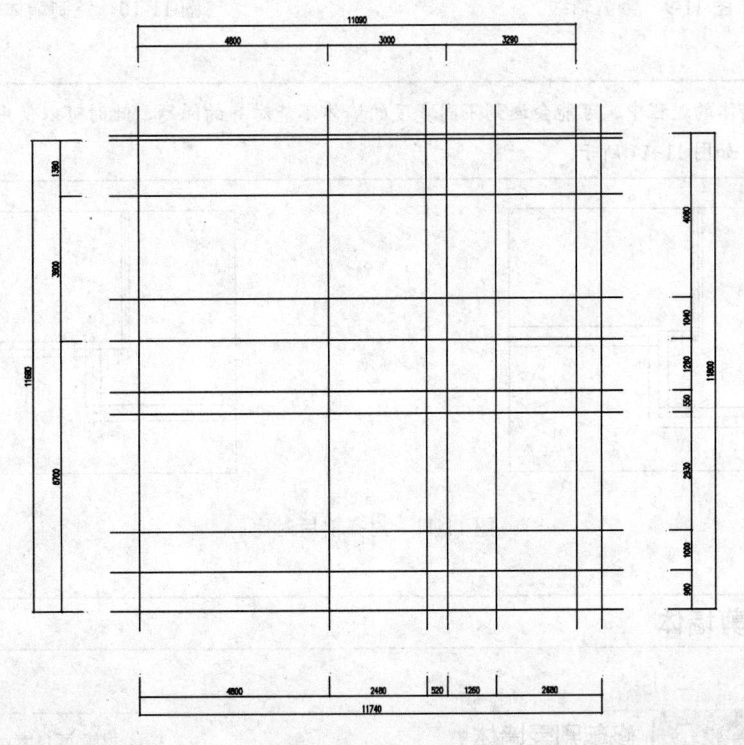

图 11-8　尺寸标注

11.2.3 修剪轴线

课堂举例 11-4：修剪别墅轴线

视频\第 11 章\课堂举例 11-4.mp4

01 调用 TRIM/TR 命令，对轴线进行修剪。

02 修剪后的效果如图 11-9 所示，别墅一层的空间结构大致就表现出来了。

11.2.4 绘制墙体

课堂举例 11-5：绘制别墅墙体

视频\第 11 章\课堂举例 11-5.mp4

01 调用 OFFSET/O 命令，墙体的宽度是 240 和 120，将轴线向两侧偏移。

02 将偏移后的线段转换为“QT_墙体”图层，即可得到墙体，效果如图 11-10 所示。

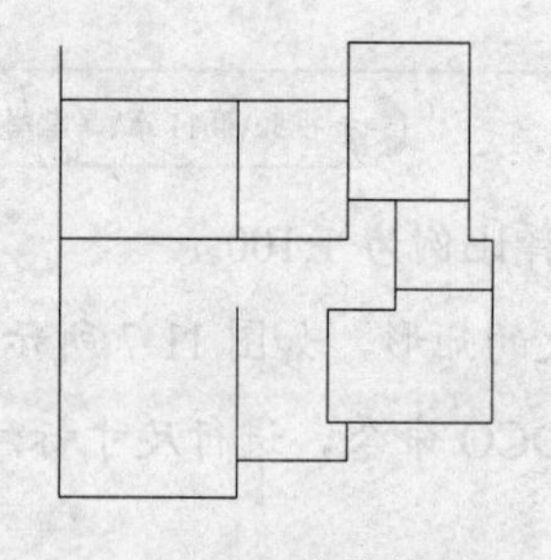

图 11-9 修剪轴线

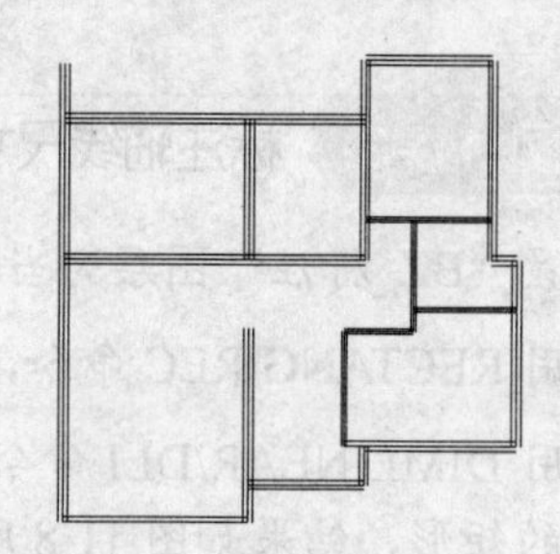

图 11-10 绘制墙体

提示 在绘制墙体的过程中，可能会遇到不同宽度的墙体不能对齐的问题，此时可以使用 MOVE 命令手动将墙体线对齐，如图 11-11 所示。

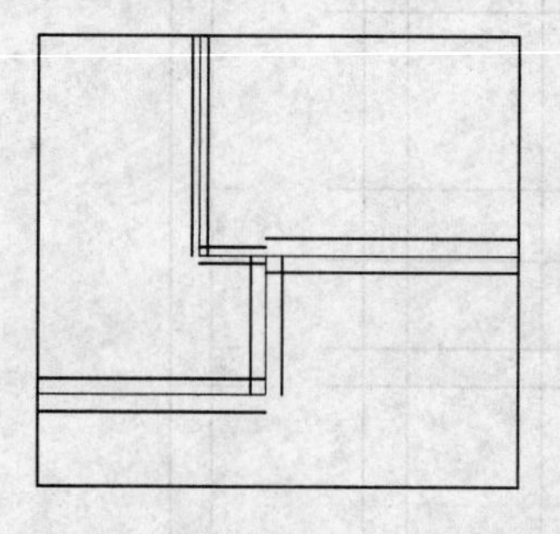

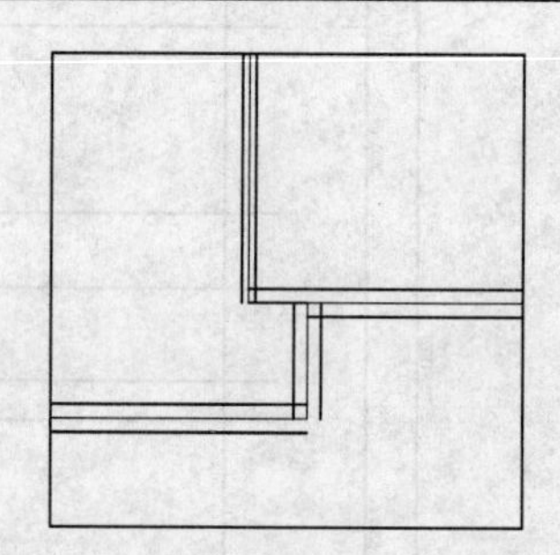

图 11-11 对齐前后对比

11.2.5 修剪墙体

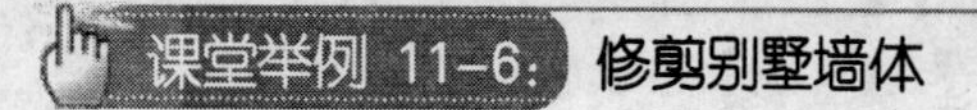

课堂举例 11-6：修剪别墅墙体

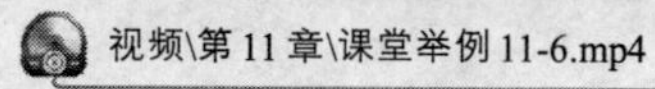

视频\第 11 章\课堂举例 11-6.mp4

01 隐藏“ZX_轴线”图层。

02 调用 TRIM/TR 命令和 CHAMFER/CHA 命令，修剪墙体，效果如图 11-12 所示。

03 调用 LINE/L 命令，绘制线段封闭墙体，如图 11-13 所示。

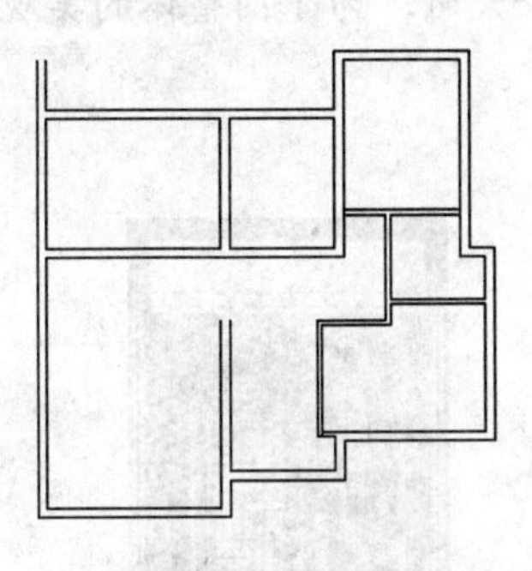

图 11-12 修剪墙体

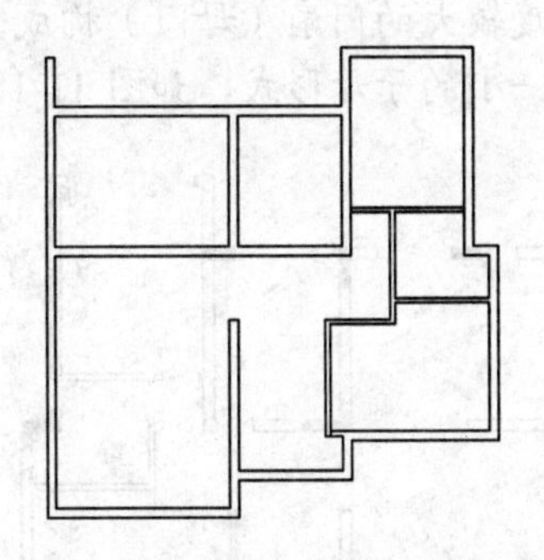

图 11-13 封闭墙体

11.2.6 绘制承重墙

承重墙是建筑的承重结构，在室内装修时，不能进行任何的改造，所以在原始户型图中应将其准确地标出。

课堂举例 11-7：绘制别墅承重墙

视频\第 11 章\课堂举例 11-7.mp4

01 调用 LINE/L 命令，封闭承重墙区域，如图 11-14 所示。

02 调用 HATCH/H 命令，在封闭的区域内填充 SOLID 图案，填充效果如图 11-15 所示。

03 使用同样的方法绘制其他承重墙，效果如图 11-16 所示。

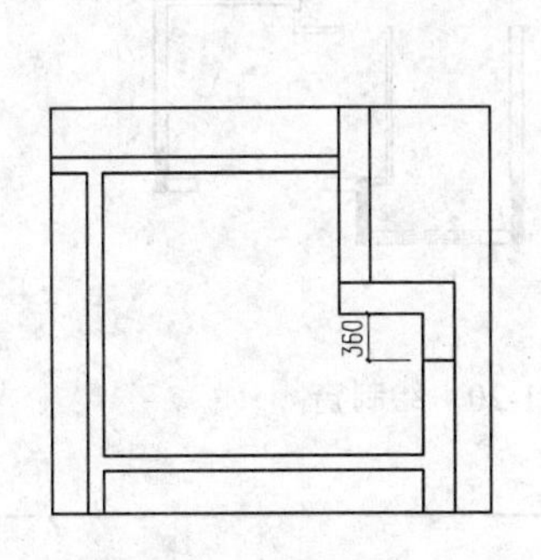

图 11-14 封闭承重墙区域

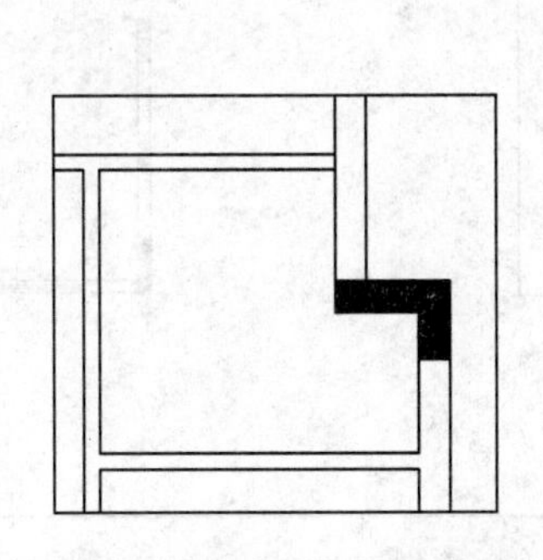

图 11-15 填充承重墙区域

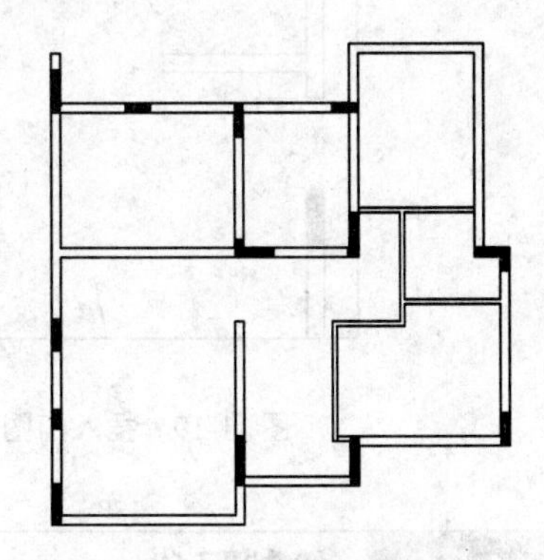

图 11-16 绘制其他承重墙

11.2.7 绘制门窗

课堂举例 11-8：绘制别墅门窗

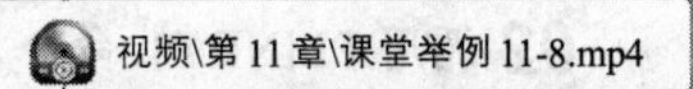

01 开门洞和窗洞。调用 OFFSET/O 命令和 TRIM/TR 命令，开门洞和窗洞，效果如图 11-17 所示。

02 绘制子母门。子母门是一种特殊的双门扇对开门，由一个宽度较小的门扇（子门）与一个宽度较大的门扇（母门）构成。一般在门洞宽度较大时，为了门整体的美观，门扇设计成一大一小的子母形式，如图 11-18 所示。

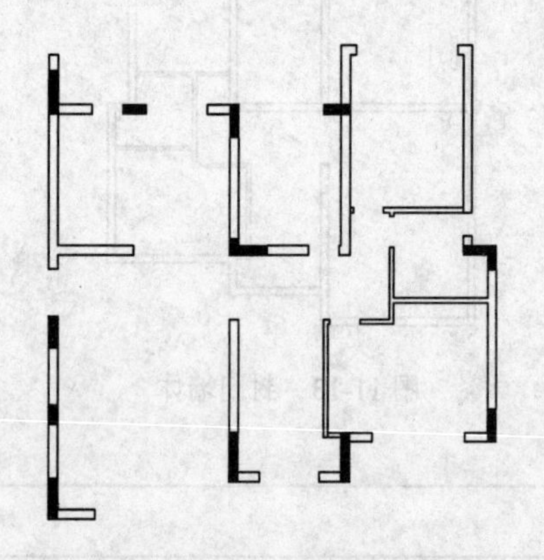

图 11-17　开门洞和窗洞

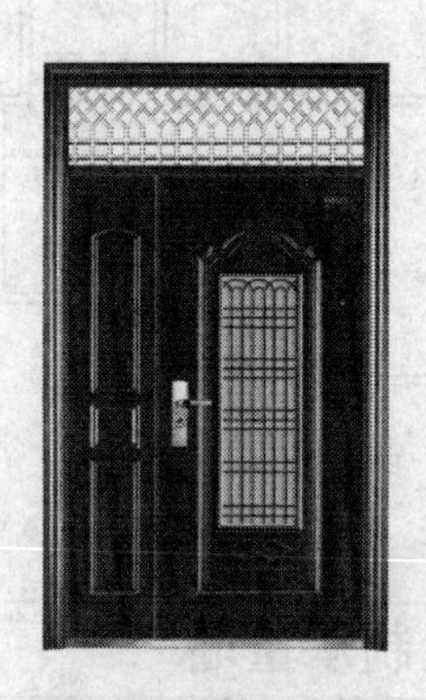

图 11-18　子母门

03 调用 INSERT/I 命令，插入门图块，如图 11-19 所示。

04 绘制窗。调用 OFFSET/O 命令、LINE/L 命令和 PLINE/PL 命令，绘制窗，效果如图 11-20 所示。

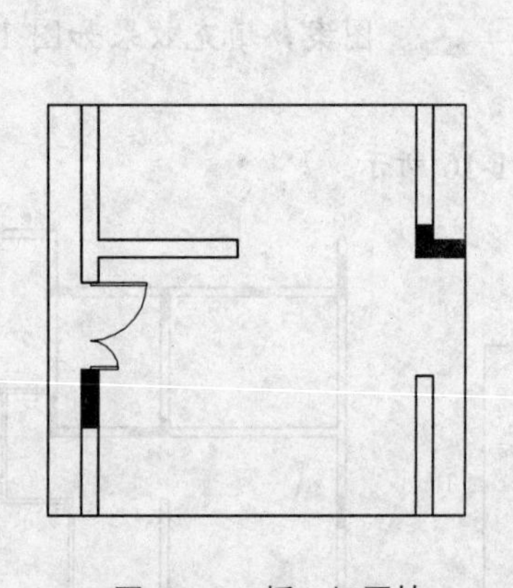

图 11-19　插入门图块

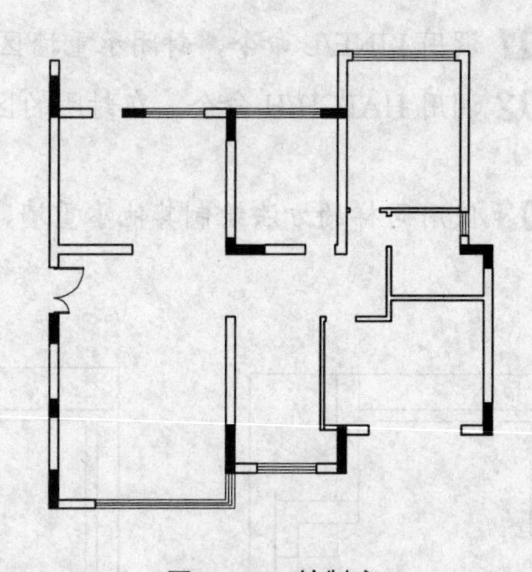

图 11-20　绘制窗

11.2.8 绘制阳台

课堂举例 11-9：绘制阳台

视频\第 11 章\课堂举例 11-9.mp4

01 设置“C_窗”图层为当前图层。

02 调用 PLINE/PL 命令，绘制多段线，如图 11-21 所示。

03 调用 OFFSET/O 命令，将多段线向内偏移 120，如图 11-22 所示。

04 使用同样的方法绘制其他同类型阳台，如图 11-23 所示。

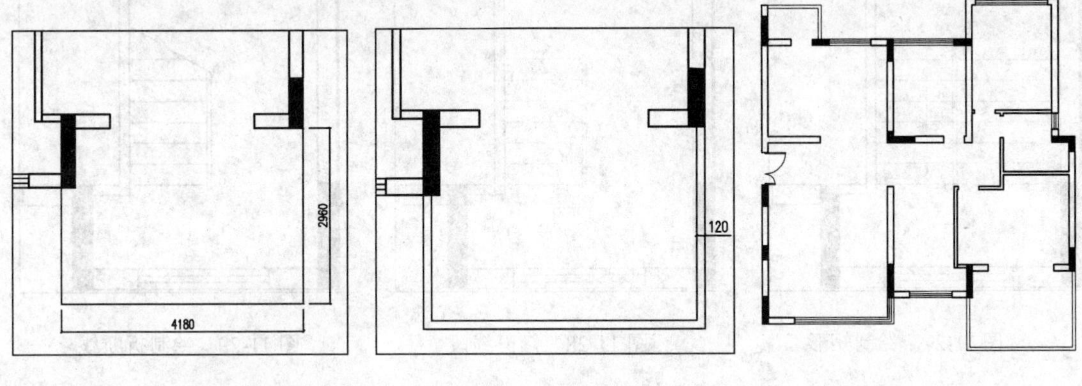

图 11-21　绘制多段线　　图 11-22　偏移多段线　　图 11-23　绘制阳台

11.2.9 绘制楼梯

楼梯平面图是各层楼梯的水平剖面图，水平剖面图应通过每层上行第一梯段，因此通向二层的楼梯应被断开，而通向底层的楼梯段应绘制完整，如图 11-24 所示。

楼梯尺寸如图 11-24 所示，下面介绍绘制方法。

课堂举例 11-10：绘制楼梯

视频\第 11 章\课堂举例 11-10.mp4

01 设置“LT_楼梯”图层为当前图层。

02 调用 LINE/L 命令，绘制一层楼板边界线，如图 11-25 所示。

03 调用 OFFSET/O 命令，向上偏移刚才绘制的线段，偏移距离为 250（每一踏面宽为 250mm），偏移次数为 7，得到踏步平面图如图 11-26 所示。

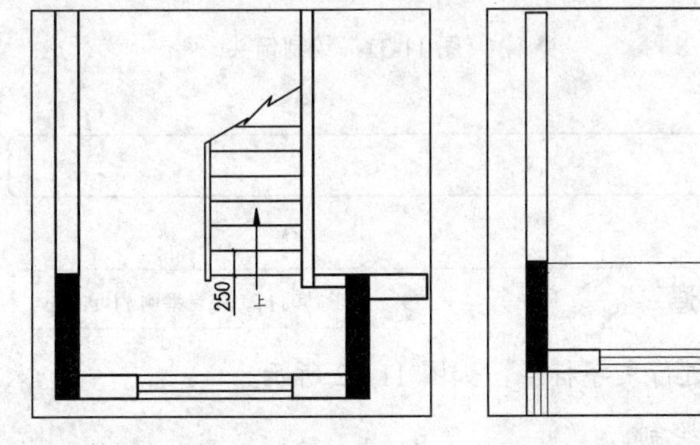

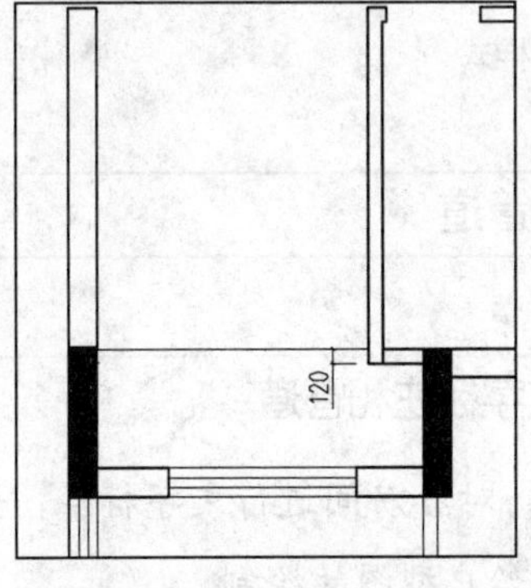

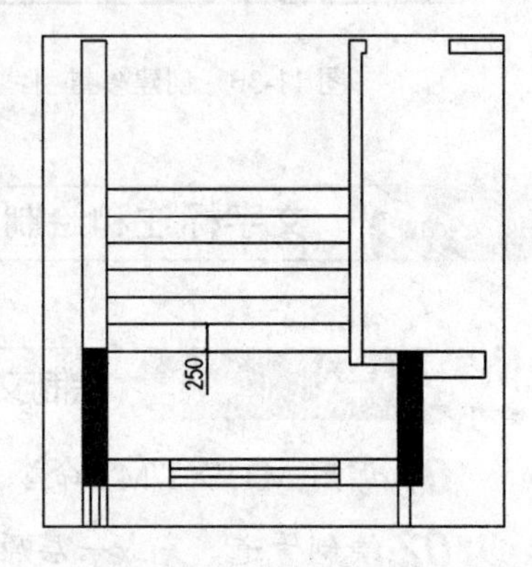

图 11-24　一层楼梯平面图　　图 11-25　绘制楼板边界线　　图 11-26　偏移线段

04 调用 RECTANG/REC 命令，在踏步中心线上绘制扶手，如图 11-27 所示。

05 调用 TRIM/TR 命令，修剪矩形内和左侧的踏步线，得到效果如图 11-28 所示。

06 调用 PLINE/PL 命令，绘制折断线，调用 TRIM/TR 命令，进行修剪，得到如图 11-29 所示效果。

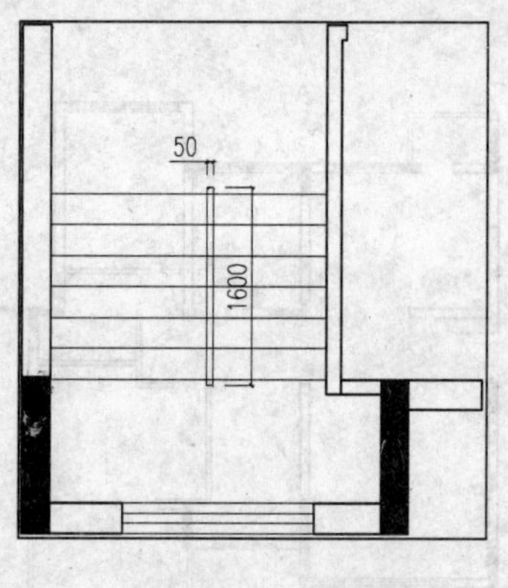

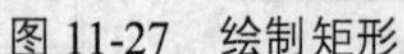
图 11-27 绘制矩形

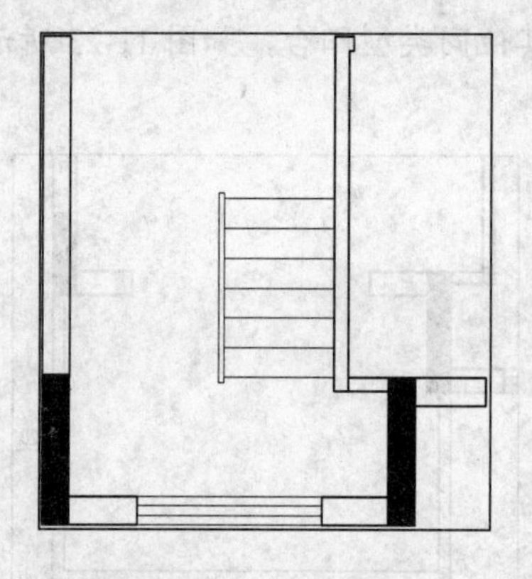

图 11-28 修剪线段

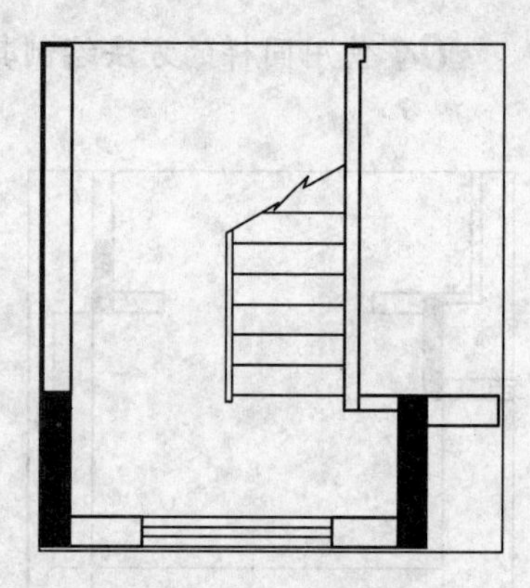

图 11-29 绘制折断线

07 为了区分上、下梯段，需要标注箭头注释。需要创建一个新的多重引线样式，调用 MLEADERSTYLE/MLS 命令，创建“箭头”多重引线样式，设置箭头符号为“实心闭合”，如图 11-30 所示。

08 设置当前多重引线样式为“箭头”，绘制一层楼梯平面箭头注释，如图 11-31 所示，一层楼梯绘制完成。

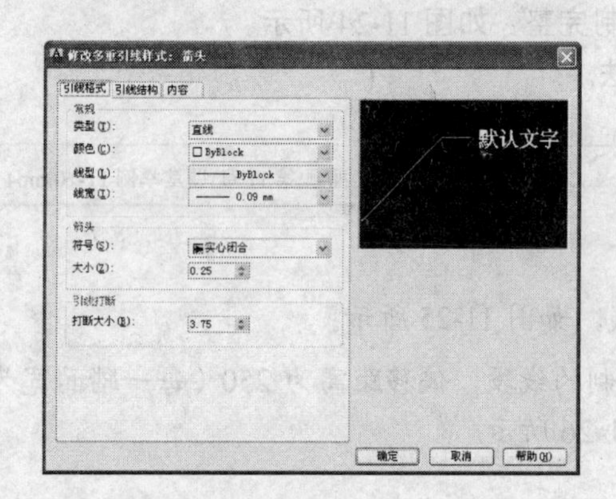

图 11-30 创建多重引线样式

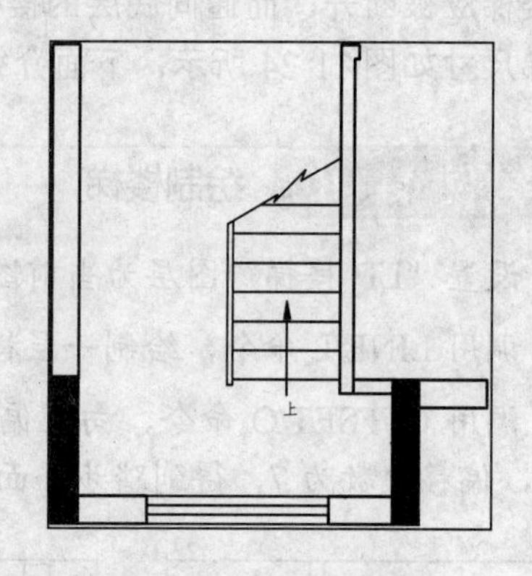

图 11-31 绘制箭头

11.2.10 文字标注和绘制管道

课堂举例 11-11：绘制文字标注和管道

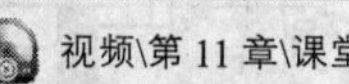
视频\第 11 章\课堂举例 11-11.mp4

01 调用 MTEXT/MT 命令，对各房间进行文字标注，如图 11-32 所示。

02 绘制管道，完成一层原始户型图的绘制。

11.2.11 绘制其他层原始户型图

用上述方法绘制别墅二层和三层原始户型图，绘制完成的效果如图 11-33 和图 11-34 所示。

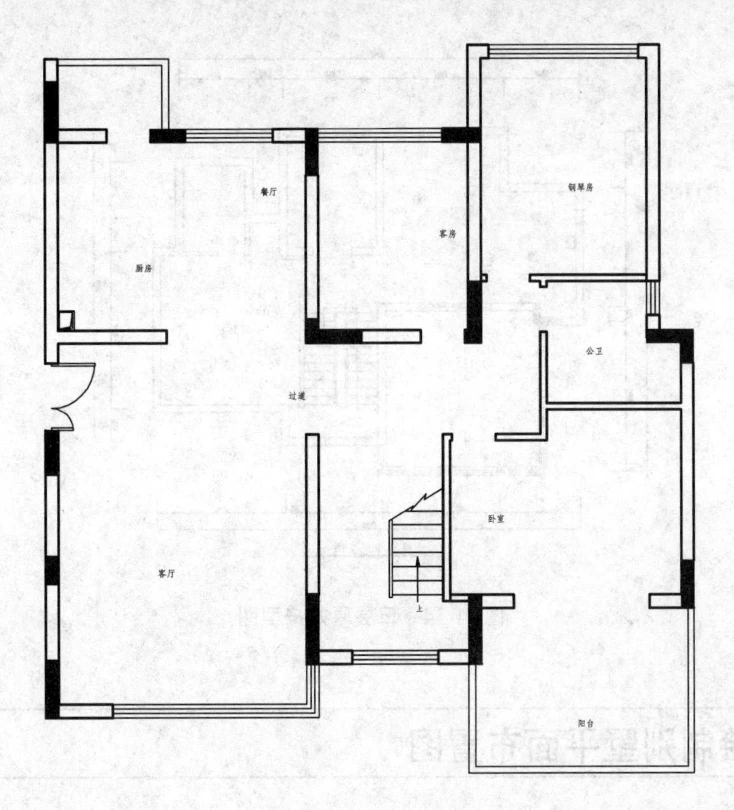

图 11-32 文字标注

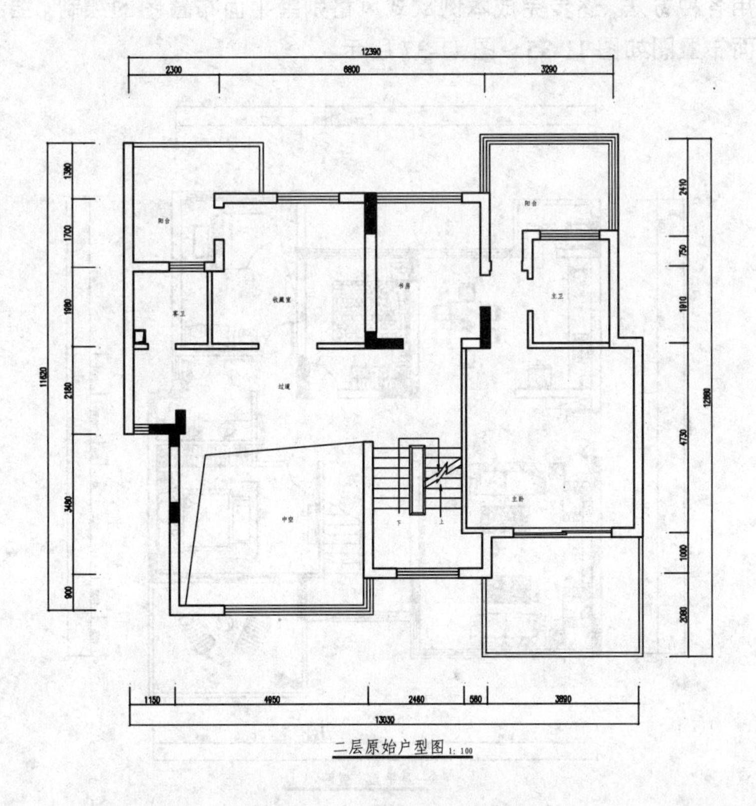

图 11-33 二层原始户型图

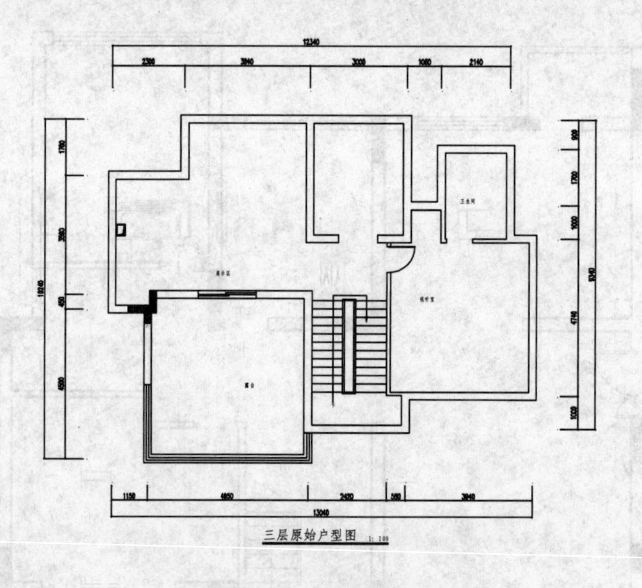

图 11-34　三层原始户型图

11.3 绘制别墅平面布置图

本节将采用各种方法，逐步完成本例欧式风格别墅平面布置图的绘制。绘制完成的一层、二层和三层平面布置图如图 11-35～图 11-37 所示。

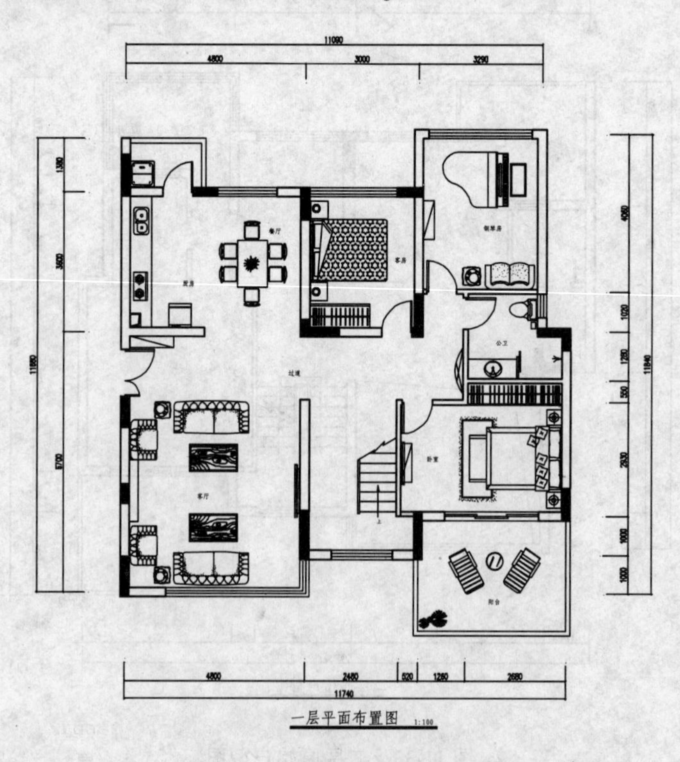

图 11-35　一层平面布置图

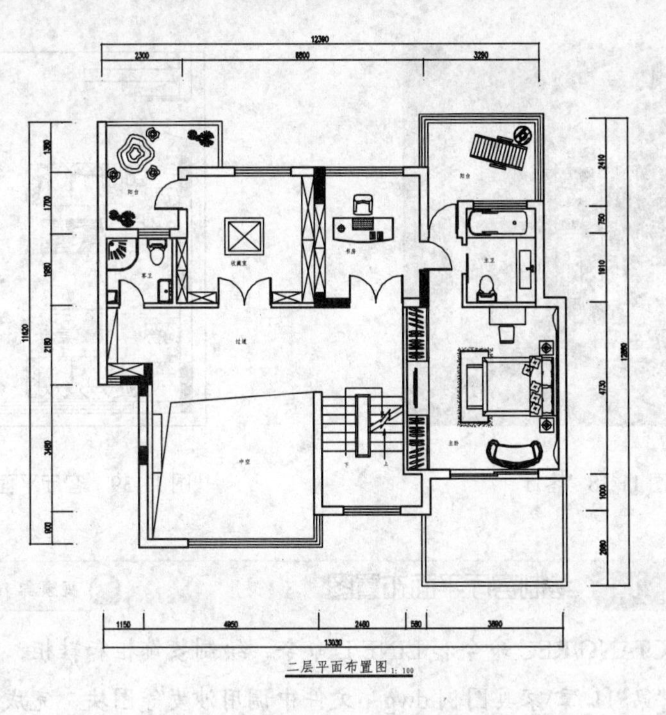

图 11-36 二层平面布置图

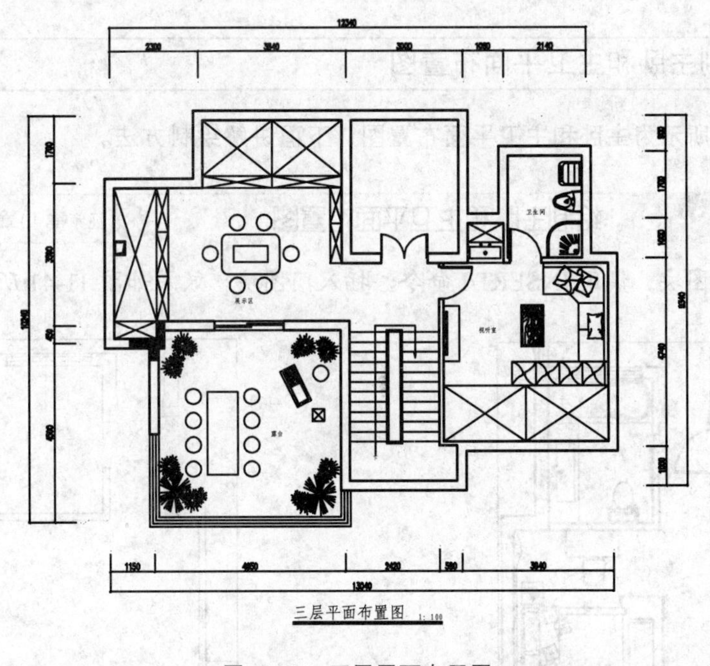

图 11-37 三层平面布置图

11.3.1 绘制客厅平面布置图

客厅是指专门接待客人的地方，往往最能体现一个人的个性和品位。本例采用的是欧式风格，在客厅中设置了壁炉，如图 11-38 所示。如图 11-39 所示为最终完成的客厅平面布置图。

图 11-38　客厅

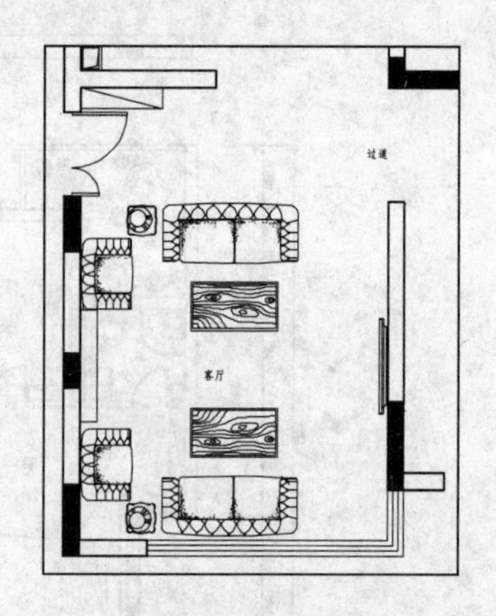

图 11-39　客厅平面布置图

课堂举例 11-12： 绘制客厅平面布置图

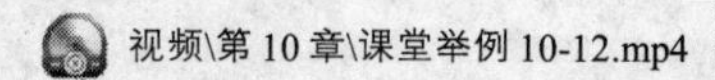

01 调用 RECTANG/REC 命令和 LINE/L 命令。绘制装饰柜和鞋柜。

02 从光盘“第 11 章\家具图例.dwg”文件中调用沙发等图块，完成客厅平面布置图的绘制。

11.3.2 绘制主卧和主卫平面布置图

如图 11-40 所示为主卧和主卫平面布置图，下面讲解绘制方法。

课堂举例 11-13： 绘制主卧和主卫平面布置图　　视频\第 10 章\课堂举例 10-13.mp4

01 插入门图块。调用 INSERT/I 命令，插入门图块，效果如图 11-41 所示。

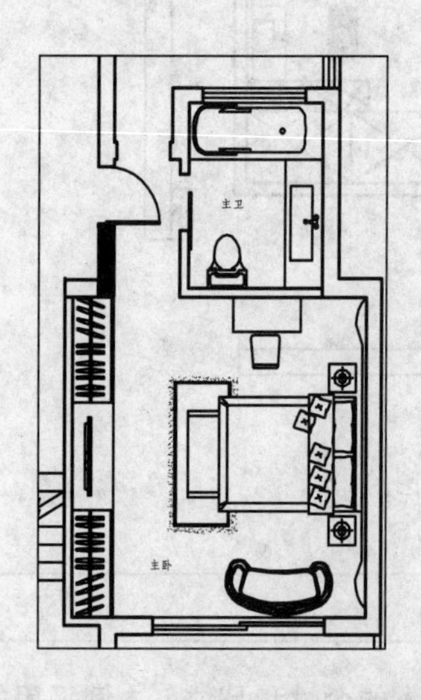

图 11-40　主卧和主卫平面布置图

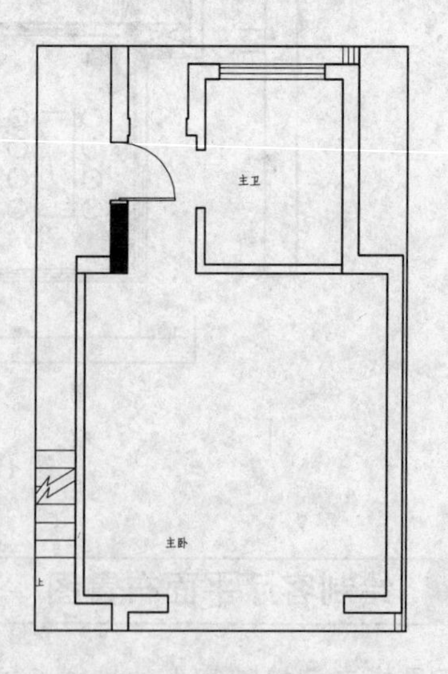

图 11-41　插入门图块

02 绘制推拉门。设置“M_门”图层为当前图层。

03 调用 LINE/L 命令，绘制线段表示门槛线，如图 11-42 所示。

04 调用 RECTANG/REC 命令，绘制一个尺寸为 1350 × 50 的矩形，如图 11-43 所示。

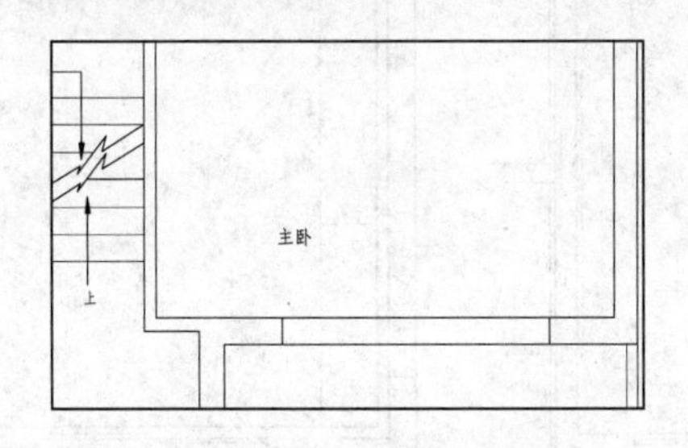

图 11-42 绘制门槛线

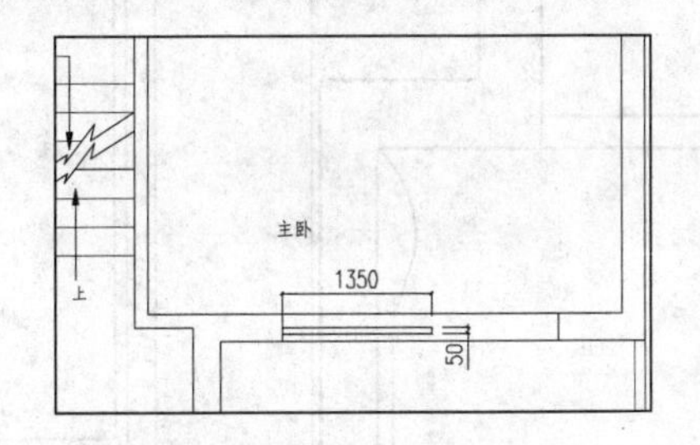

图 11-43 绘制矩形

05 调用 MIRROR/MI 命令，对矩形进行镜像，如图 11-44 所示。

06 绘制床背景墙。调用 LINE/L 命令和 OFFSET/O 命令，绘制辅助线，如图 11-45 所示。

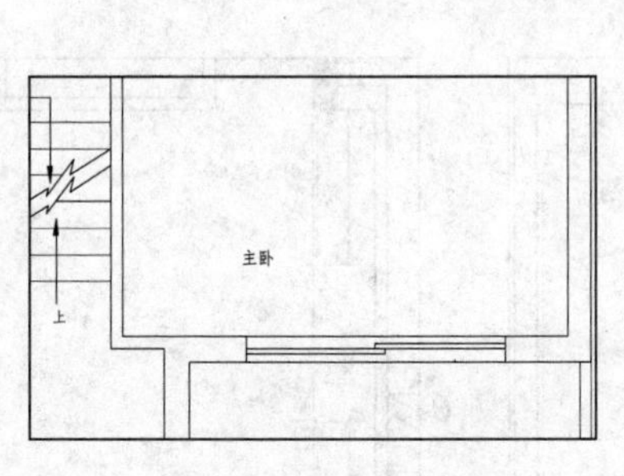

图 11-44 镜像矩形

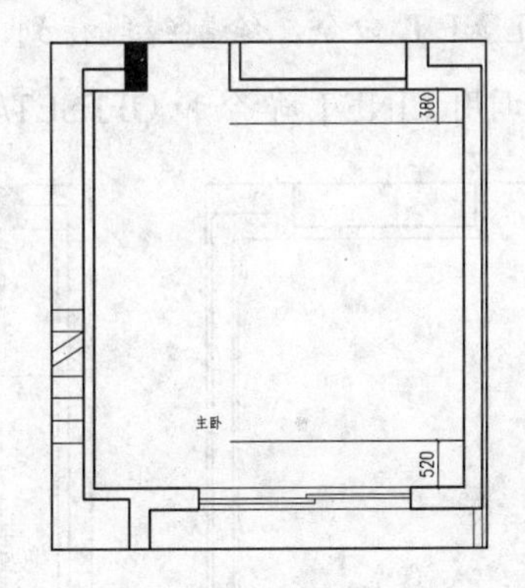

图 11-45 绘制辅助线

07 调用 PLIN/PL 命令，绘制多段线，然后删除辅助线，如图 11-46 所示。

08 调用 LINE/L 命令和 OFFSET/O 命令，绘制辅助线，如图 11-47 所示。

09 调用 CIRCLE/C 命令，以辅助线的交点为圆心绘制半径为 460 的圆，然后删除辅助线，如图 11-48 所示。

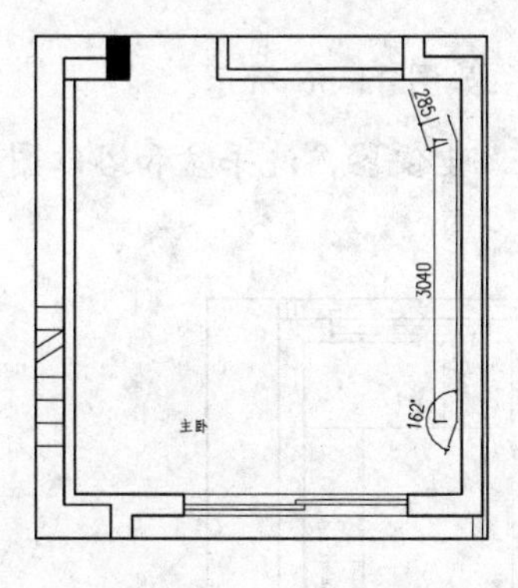

图 11-46 绘制多段线

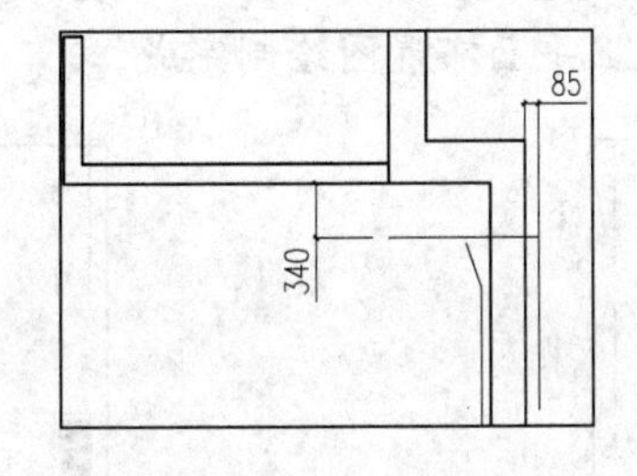

图 11-47 绘制辅助线

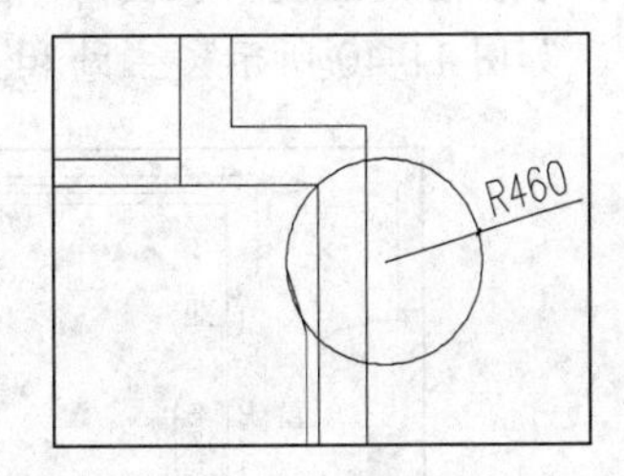

图 11-48 绘制圆

10 调用 TRIM/TR 命令，对圆进行修剪，如图 11-49 所示。

11 调用 MIRROR/MI 命令，将圆弧镜像到下方，如图 11-50 所示。

12 绘制衣柜。调用 LINE/L 命令，绘制线段，如图 11-51 所示。

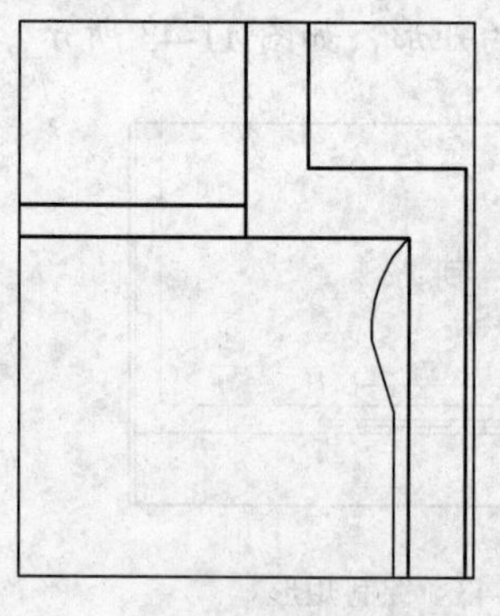

图 11-49　修剪圆

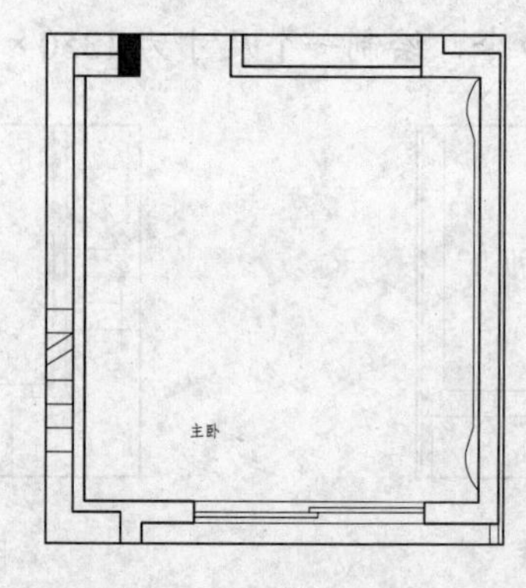

图 11-50　镜像圆弧

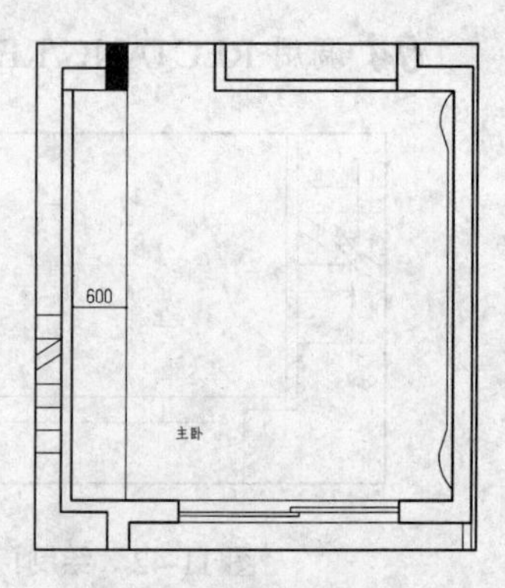

图 11-51　绘制线段

13 调用 LINE/L 命令和 OFFSET/O 命令，绘制线段，如图 11-52 所示。

14 LINE/L 命令，绘制线段得到衣柜门板厚度，如图 11-53 所示。

15 调用 LINE/L 命令和 OFFSET/O 命令，绘制线段表示挂衣杆，如图 11-54 所示。

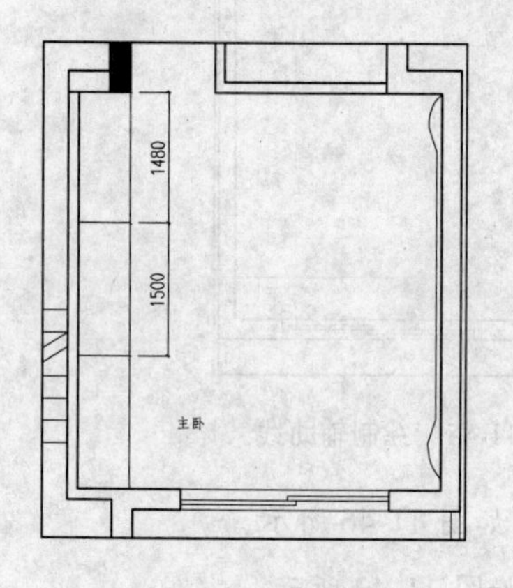

图 11-52　绘制线段

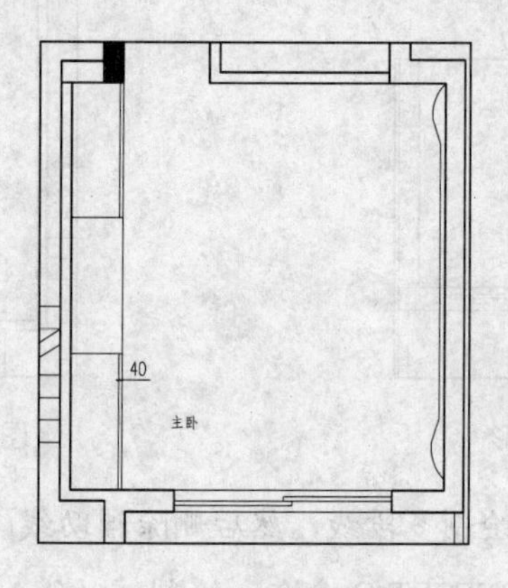

图 11-53　绘制线段

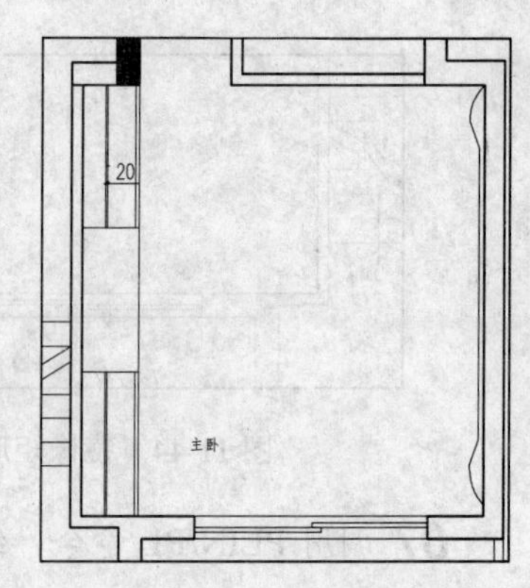

图 11-54　绘制挂衣杆

16 绘制主卫门。调用 RECTANG/REC 命令，绘制一个尺寸为 40 × 800 的矩形表示门，如图 11-55 所示。

17 调用 LINE/L 命令，绘制线段表示洗手台面和浴缸台面，如图 11-56 所示。

18 插入图块。从图库中插入电视、沙发、床、书桌、衣架、坐便器、洗手盆和浴缸图块，如图 11-40 所示，主卧和主卫平面布置图绘制完成。

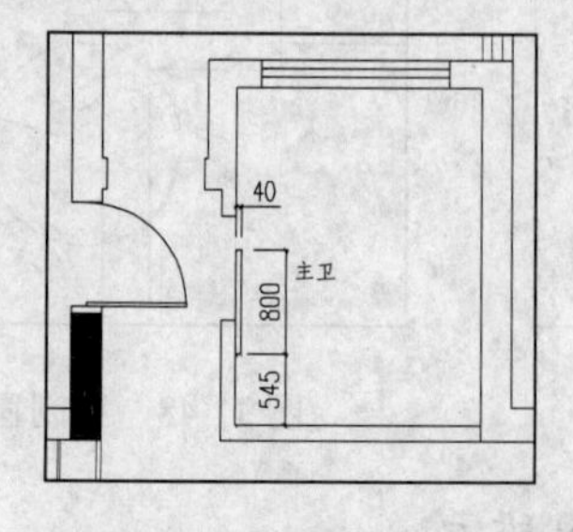

图 11-55　绘制矩形

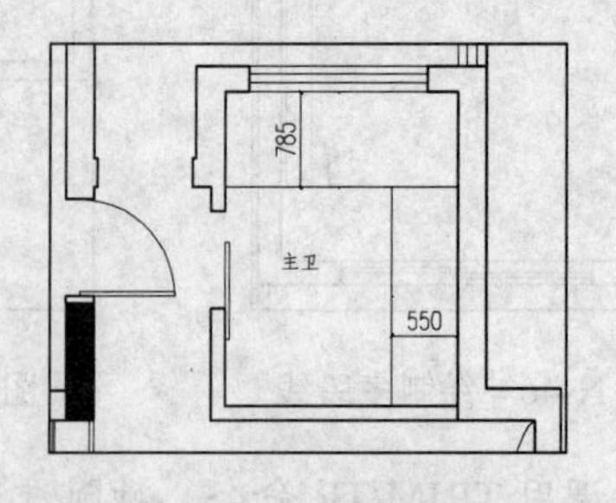

图 11-56　绘制台面

11.3.3 绘制视听室平面布置图

视听室可以称作家庭影院，在设计的时候需要注意隔音，常在墙体中填入吸音棉，达到隔音效果，如图 11-57 所示。

如图 11-58 所示为别墅三层视听室的平面布置图，下面介绍绘制方法。

图 11-57 视听室

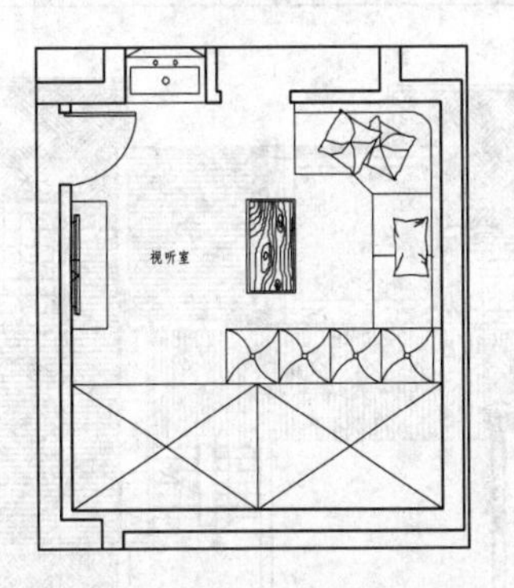

图 11-58 视听室平面布置图

课堂举例 11-14：绘制视听室平面布置图 视频\第 11 章\课堂举例 11-14.mp4

01 调用 INSERT/I 命令，插入门图块，如图 11-59 所示。

02 调用 RECTANG/REC 命令，绘制高柜和电视柜，如图 11-60 所示。

03 从图库中插入电视、茶几和沙发组图块，如图 11-58 所示，视听室平面布置图绘制完成。

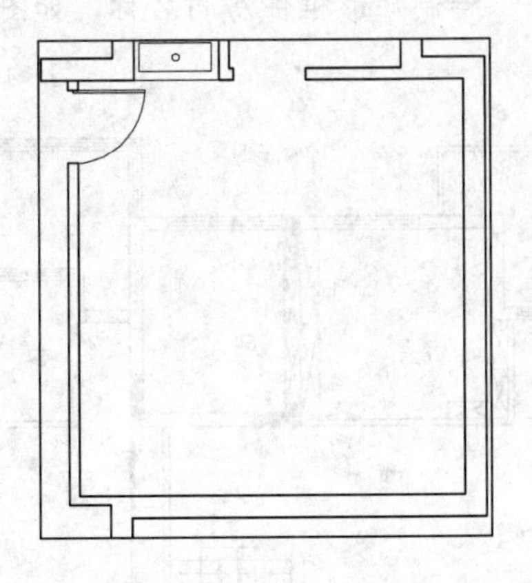

图 11-59 插入门图块

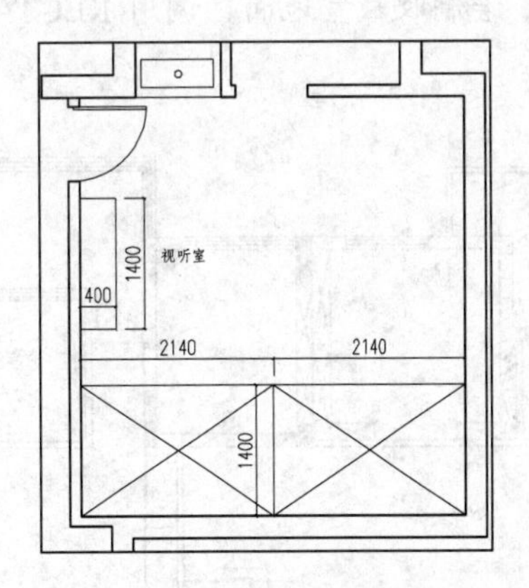

图 11-60 绘制高柜和电视柜

11.4 绘制别墅地材图

本例别墅地面使用了大理石、防滑砖、实木地板、防腐木地板和地毯。如图 11-61 所示为绘制完成的别墅二层地材图，下面讲解绘制方法。

课堂举例 11-15：绘制别墅地材图

视频\第 11 章\课堂举例 11-15.mp4

01 复制图形。地材图在平面布置图的基础上进行绘制，因此调用 COPY/CO 命令，将平面布置图复制一份。

02 删除平面布置图中与地材图无关的图形，结果如图 11-62 所示。

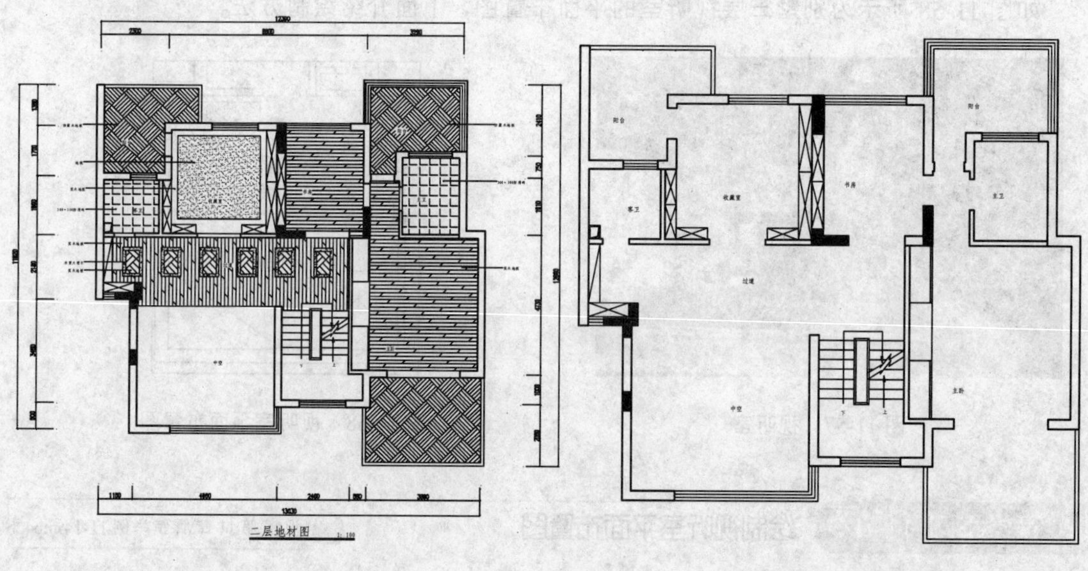

图 11-61　二层地材图　　图 11-62　整理图形

03 绘制门槛线。设置“DM_地面”图层为当前图层。

04 调用 LINE/L 命令，在门洞处绘制门槛线，如图 11-63 所示。

05 绘制收藏室地面。调用 RECTANG/REC 命令，绘制矩形框住房间名称，如图 11-64 所示。

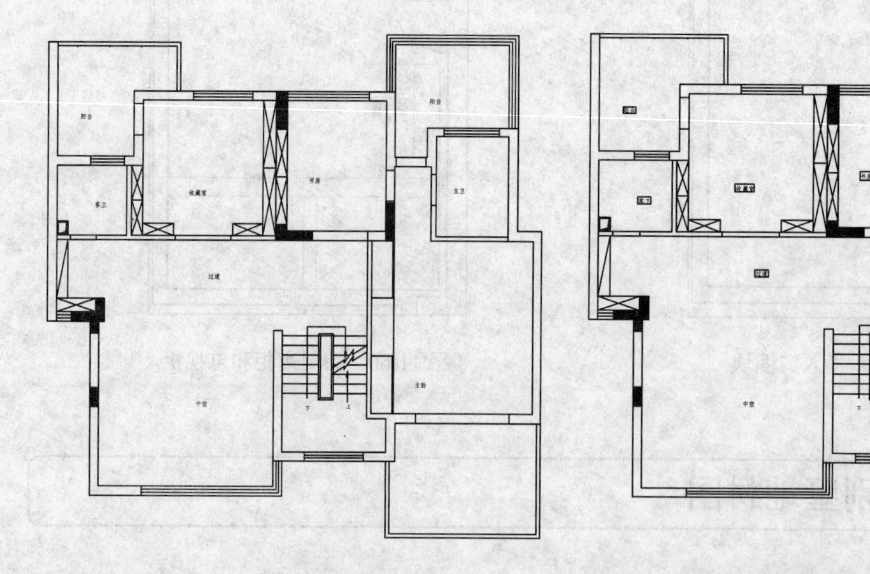

图 11-63　绘制门槛线　　图 11-64　绘制矩形

06 调用 RECTANG/REC 命令，捕捉收藏室各墙角顶点，绘制矩形，如图 11-65 所示。

07 调用 OFFSET/O 命令，将矩形向内偏移 200，然后删除前面绘制的矩形，如图 11-66 所示。

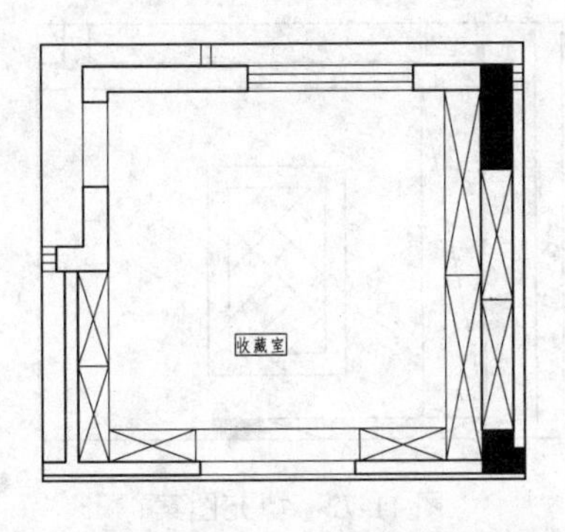

图 11-65 绘制矩形

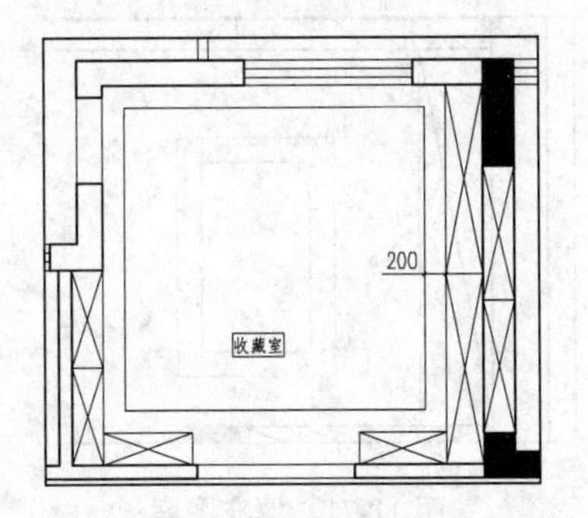

图 11-66 偏移矩形

08 调用 HATCH/H 命令，在矩形内填充 AR-SAND 图案，表示地毯，效果如图 11-67 所示。

09 绘制过道地面。调用 OFFSET/O 命令，绘制辅助线，如图 11-68 所示。

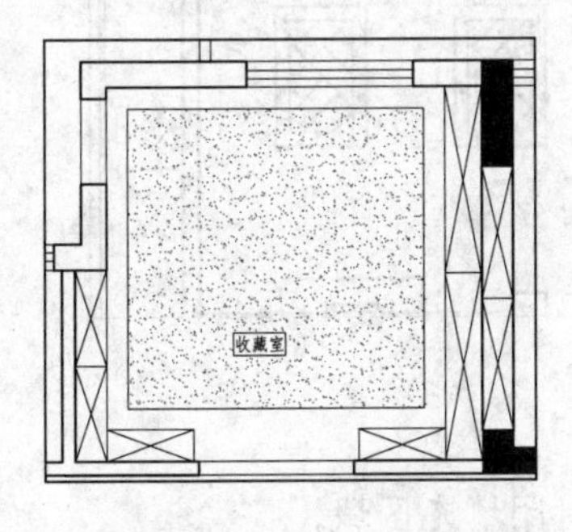

图 11-67 填充收藏室地面

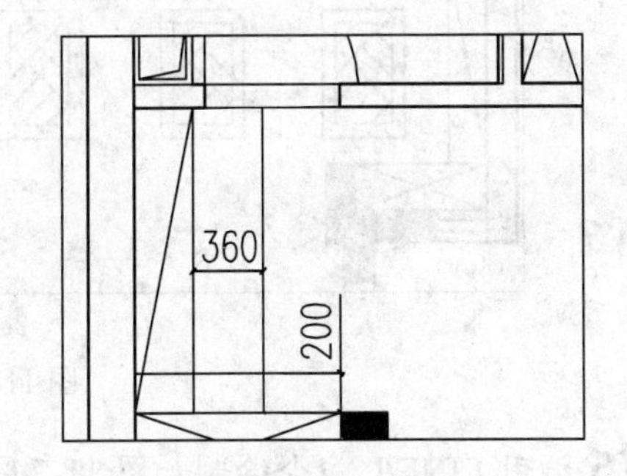

图 11-68 绘制辅助线

10 调用 RECTANG/REC 命令，以辅助线的交点为矩形的第一个角点，绘制尺寸为 660 × 970 的矩形，然后删除辅助线，如图 11-69 所示。

11 调用 OFFSET/O 命令，将矩形向内偏移 100，如图 11-70 所示。

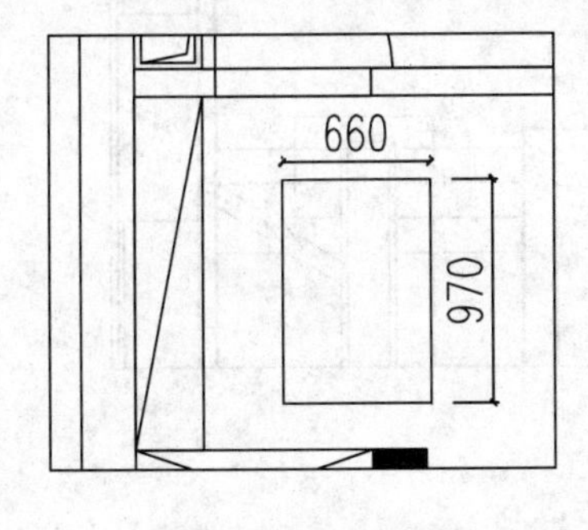

图 11-69 绘制矩形

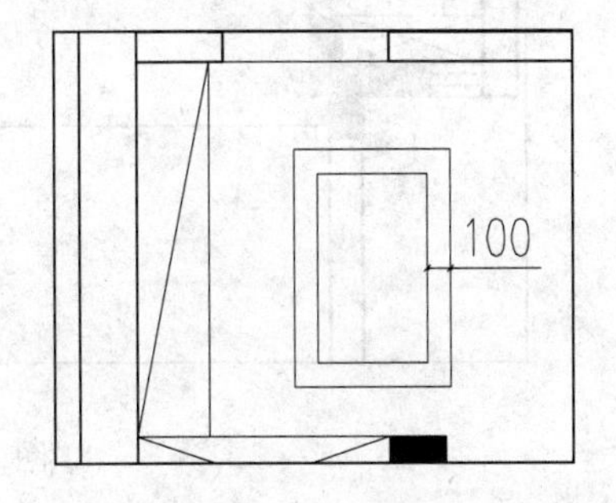

图 11-70 偏移矩形

12 调用 HATCH 命令，在两个矩形之间的区域填充 AR-CONC 图案，表示大理石，效果如图 11-71 所示。

13 调用 HATCH 命令，在矩形内填充 AR-PARQ1 图案，表示实木地板，效果如图 11-72 所示。

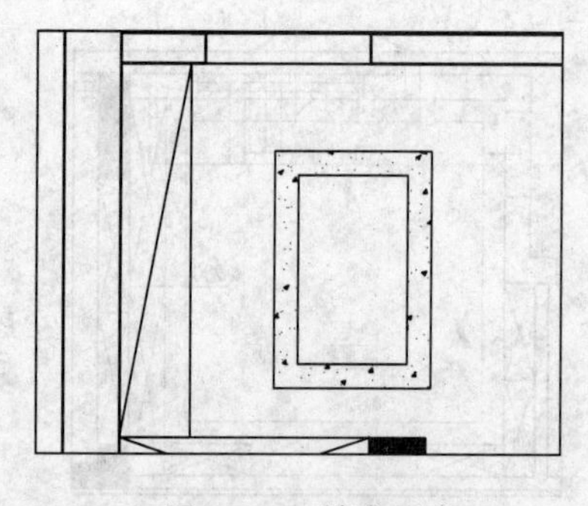

图 11-71　填充图案

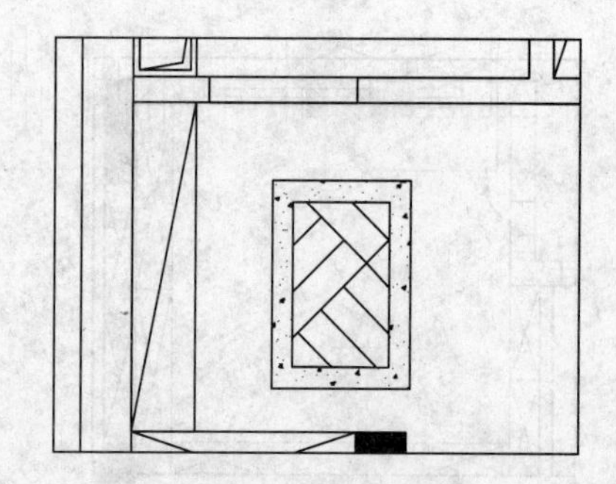

图 11-72　填充图案

14 调用 ARRAY/AR 命令，对绘制的图形进行阵列，效果如图 11-73 所示。

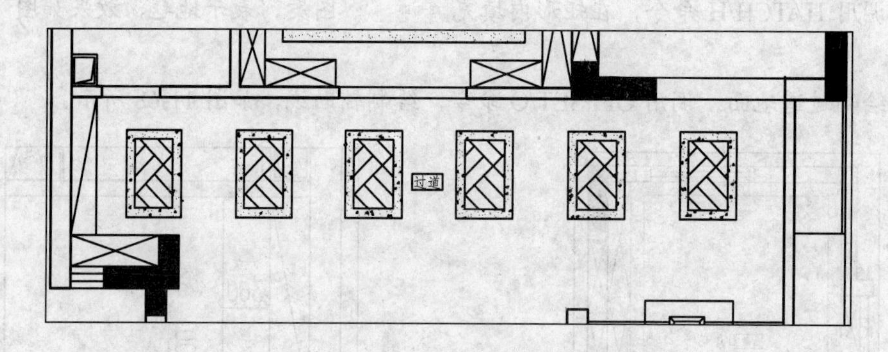

图 11-73　阵列结果

15 调用 LINE/L 命令绘制如图 11-74 所示线段，封闭填充区域。

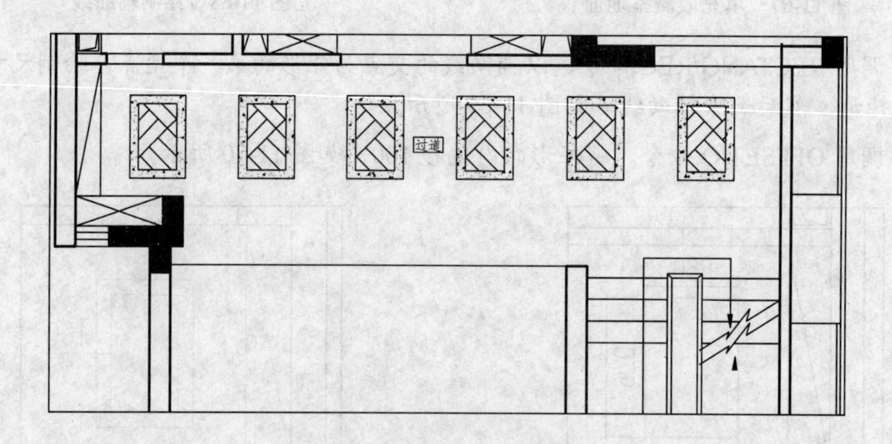

图 11-74　阵列结果

16 调用 HATCH/H 命令，对过道其他区域填充 DOLMIT 图案，表示实木地板，效果如图 11-75 所示。

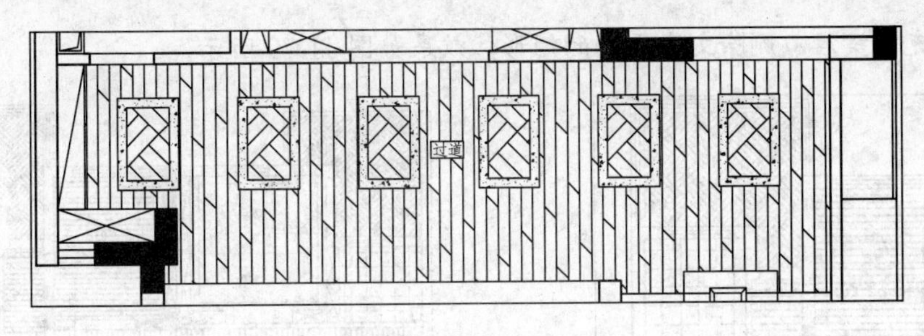

图 11-75 填充过道地面

17 填充其他房间地面。调用 HATCH/H 命令，在阳台和主卧露台区域填充 AR-PARQ1 图案，表示防腐木地板，效果如图 11-76 所示。

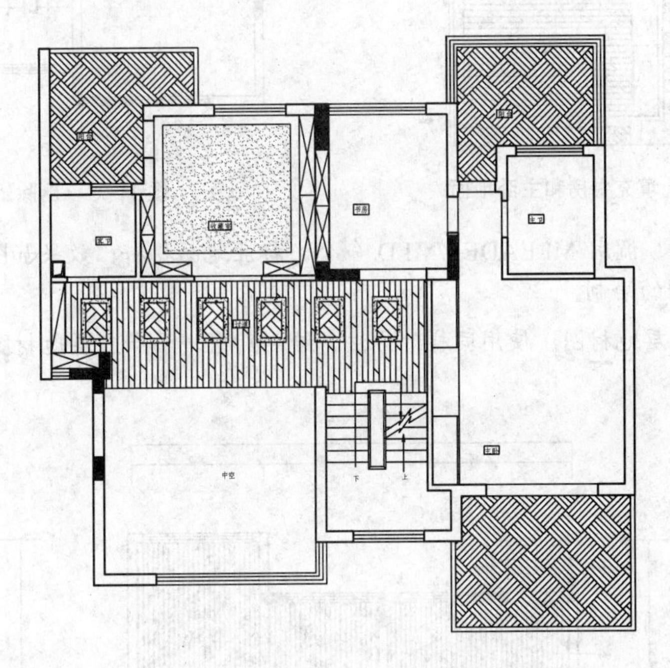

图 11-76 填充阳台和露台地面

18 调用 HATCH/H 命令，在主卫和客卫区域填充 ANGLE 图案，表示防滑砖，效果如图 11-77 所示。

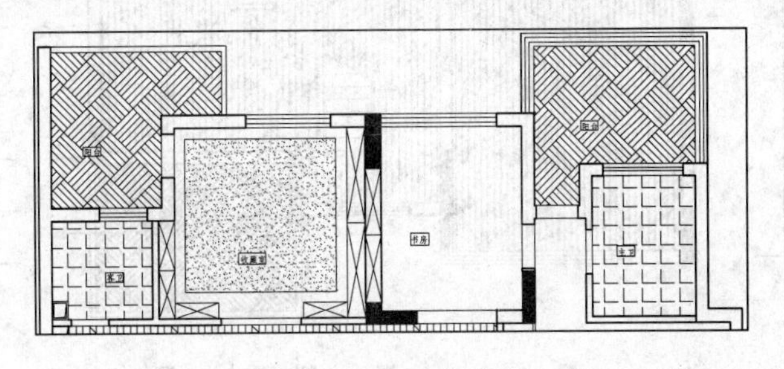

图 11-77 填充主卫和客卫地面

19 调用 HATCH/H 命令，在书房和主卧区域填充 DOLMIT 图案，表示实木地板，效果如图 11-78 所示。

20 填充图案后，删除文字周围的矩形，效果如图 11-79 所示。

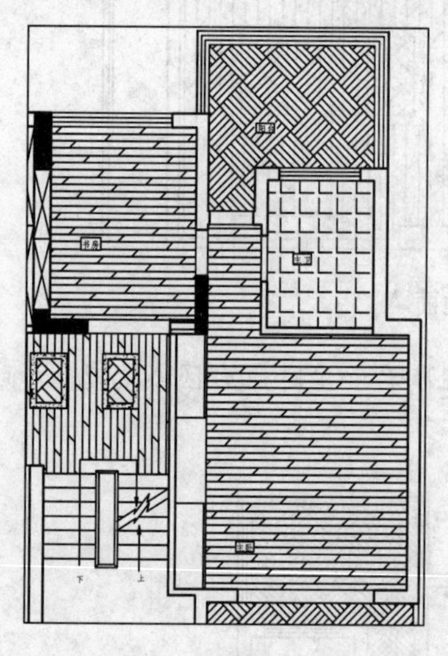

图 11-78　填充书房和主卧地面

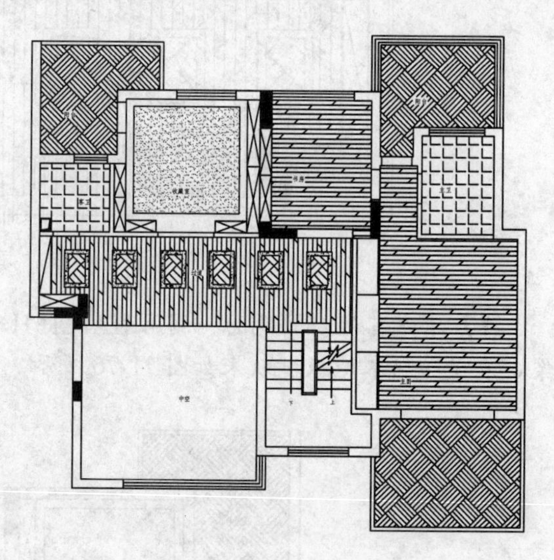

图 11-79　删除矩形

21 材料说明。调用 MLEADER/MLD 命令，标注地面材料，效果如图 11-61 所示，完成别墅二层地材图的绘制。

22 绘制其他层地材图。使用同样的方法，绘制别墅一层和三层地材图，如图 11-80 和图 11-81 所示。

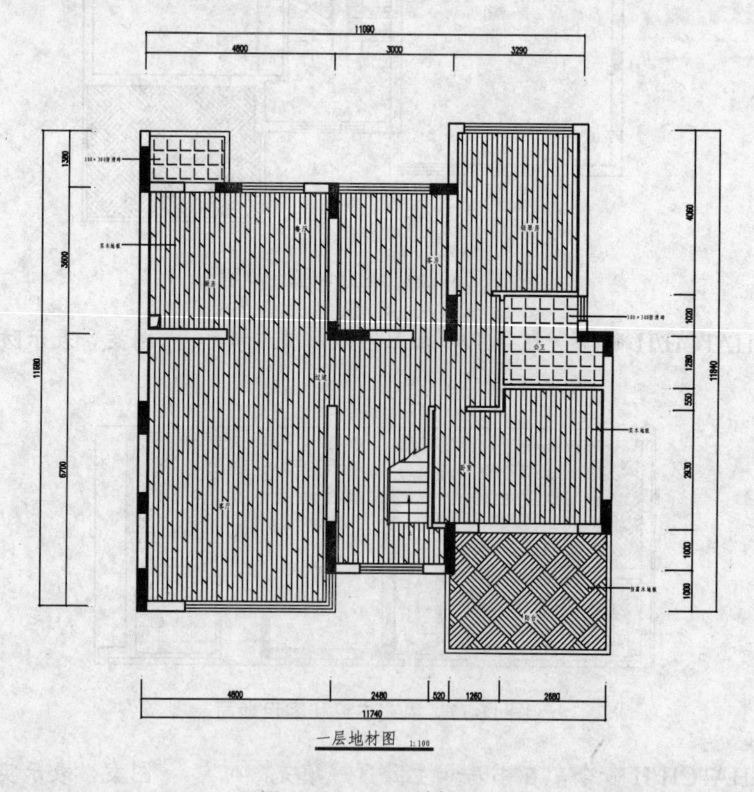

图 11-80　一层地材图

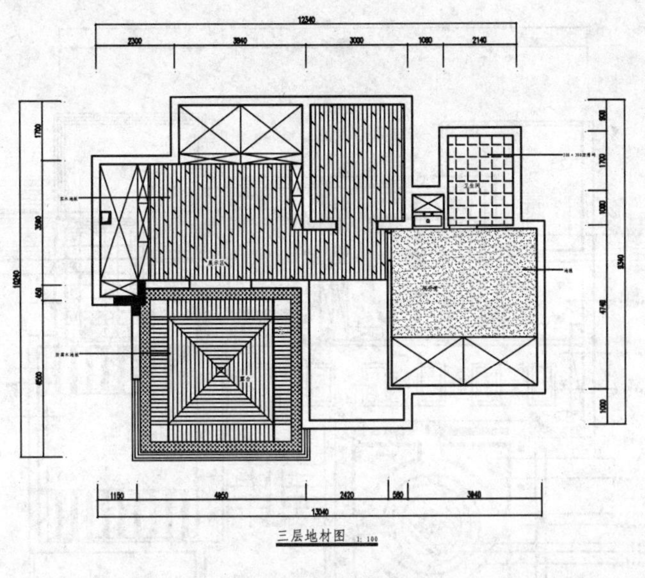

图 11-81 三层地材图

11.5 绘制别墅顶棚图

欧式风格家具顶棚设计一般较为复杂，常用大型灯池，并用华丽的吊灯营造气氛。如图 11-82～图 11-84 所示为本例别墅绘制完成的顶棚图，下面讲解具体绘制方法。

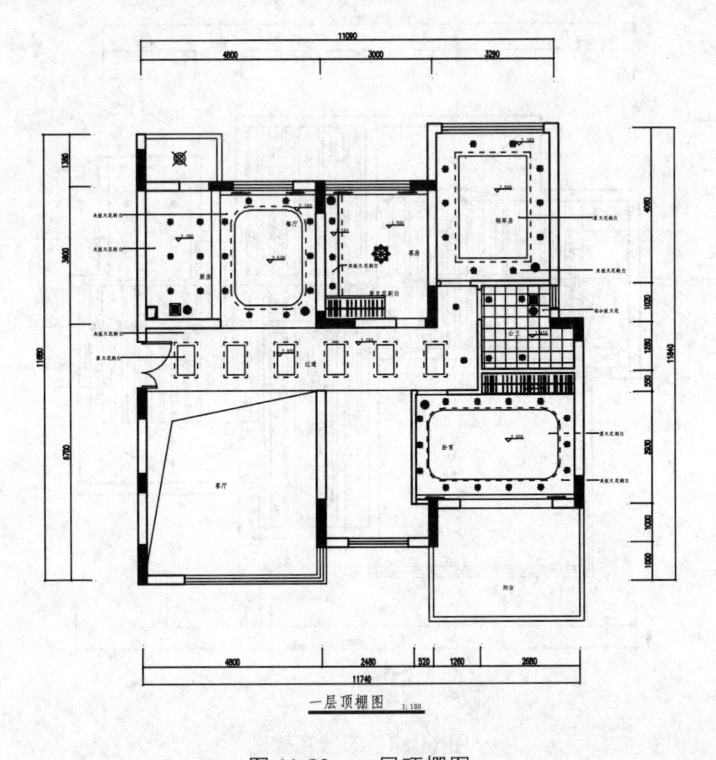

图 11-82 一层顶棚图

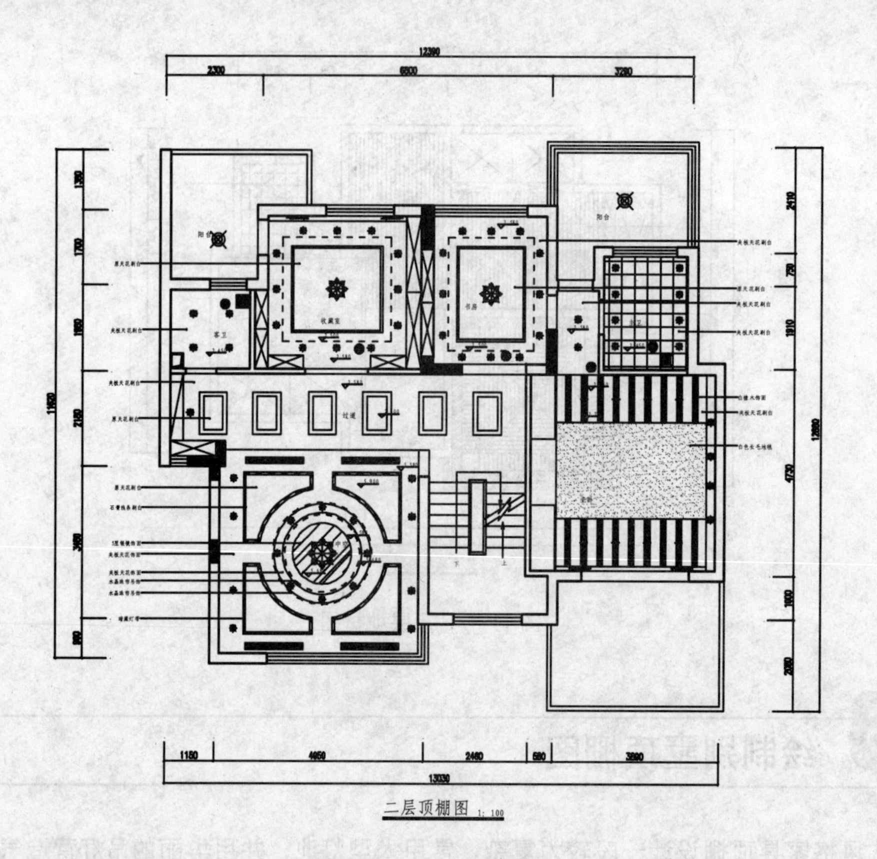

图 11-83　二层顶棚图

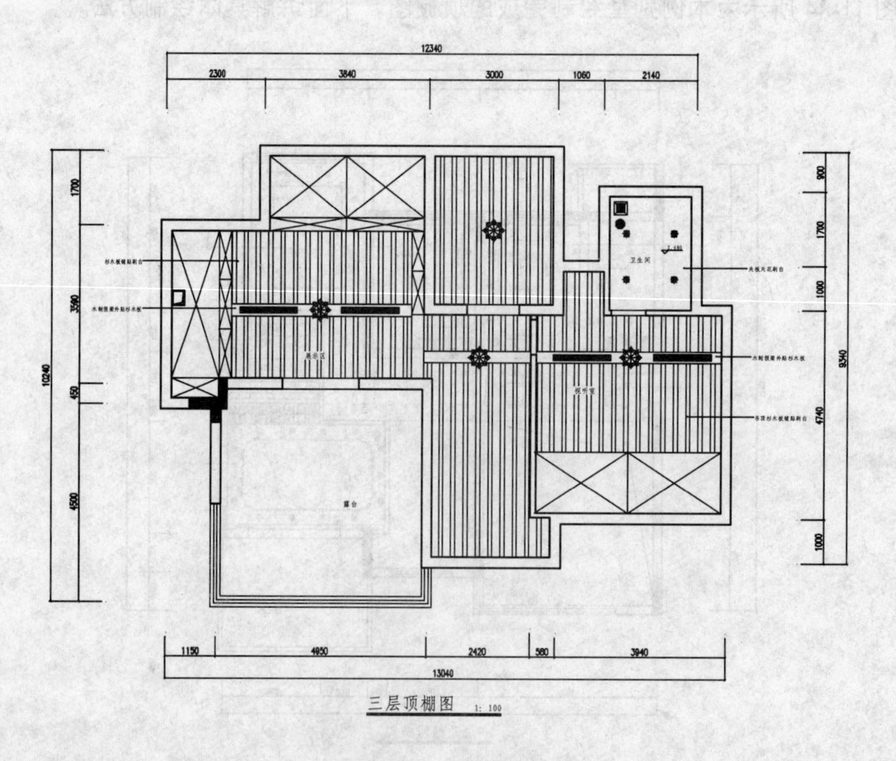

图 11-84　三层顶棚图

11.5.1 绘制客厅中空顶棚图

如图 11-85 所示为客厅中空顶棚图，下面讲解绘制方法。

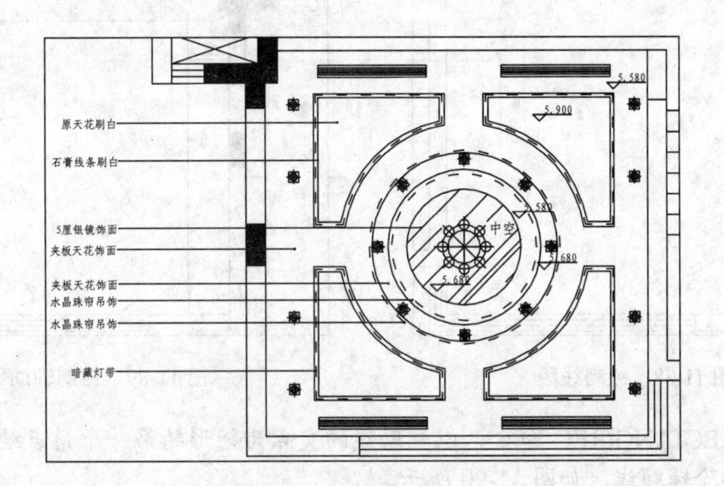

图 11-85　客厅中空顶棚图

课堂举例 11-16：绘制客厅中空顶棚图

视频\第 11 章\课堂举例 11-16.mp4

01 复制图形。顶棚图可在平面布置图的基础上进行绘制，复制平面布置图，删除与顶棚图无关的图形，如图 11-86 所示。

02 绘制墙体线。设置“DM_地面”图层为当前图层。

03 调用 LINE/L 命令，绘制墙体线，如图 11-87 所示。

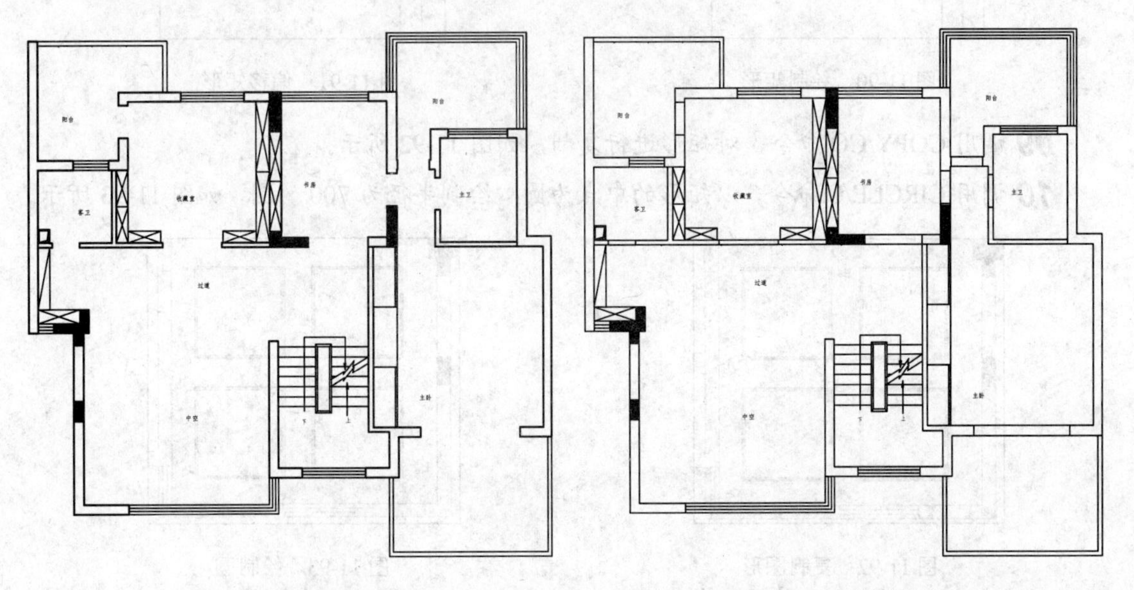

图 11-86　整理图形　　　　图 11-87　绘制墙体线

04 绘制吊顶造型。设置“DD_吊顶”图层为当前图层。

05 调用 LINE/L 命令，绘制如图 11-88 所示线段。

06 调用 OFFSET/O 命令，绘制辅助线，如图 11-89 所示。

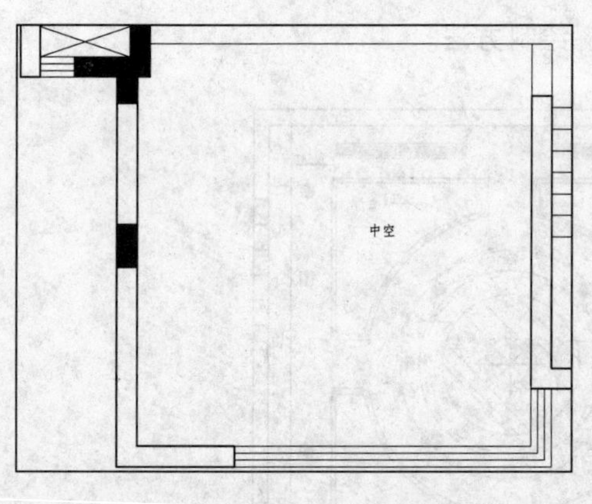

图 11-88　绘制线段

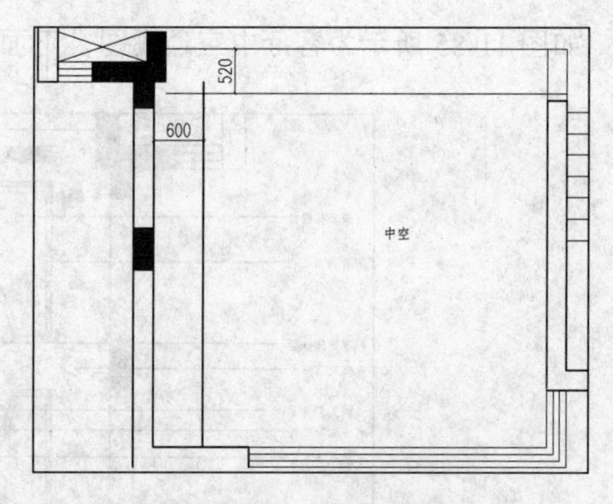

图 11-89　绘制辅助线

07 调用 RECTANG/REC 命令，以辅助线的交点为矩形的第一个角点绘制边长为 1610 的矩形，然后删除辅助线，如图 11-90 所示。

08 调用 OFFSET/O 命令，将矩形向内偏移 20 和 30，如图 11-91 所示。

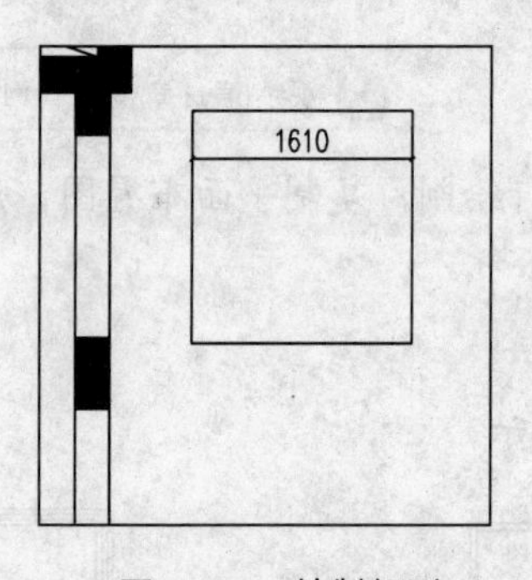

图 11-90　绘制矩形

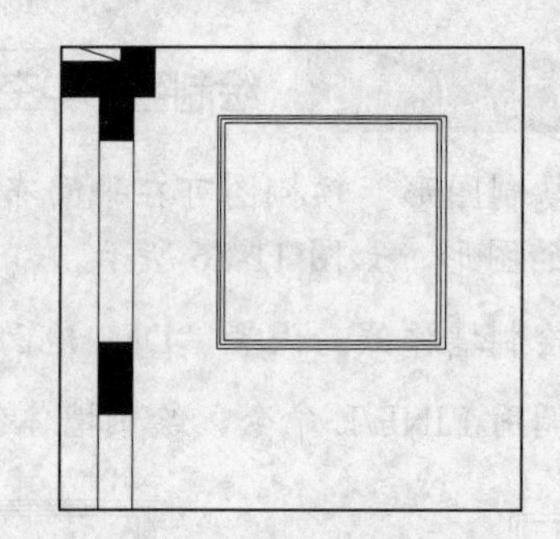

图 11-91　偏移矩形

09 调用 COPY/CO 命令，对矩形进行复制，如图 11-92 所示。

10 调用 CIRCLE/C 命令，以矩形的中点为圆心绘制半径为 700 的圆，如图 11-93 所示。

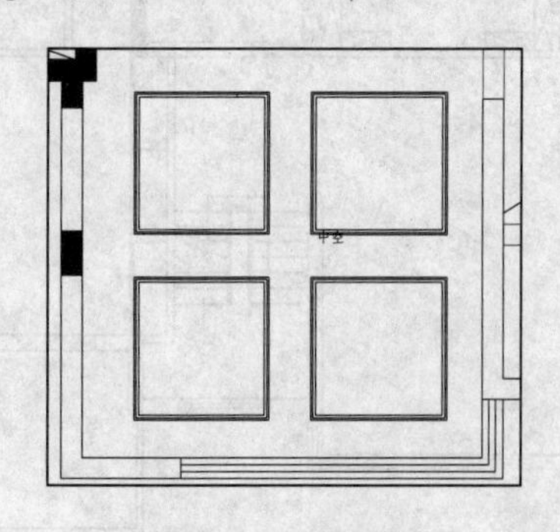

图 11-92　复制图形

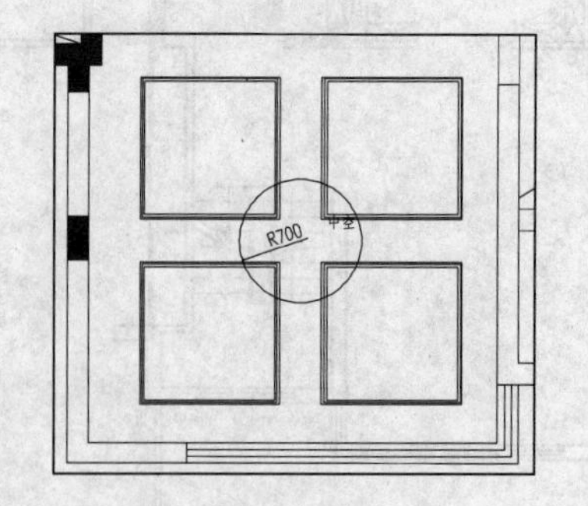

图 11-93　绘制圆

11 调用 OFFSET/O 命令，将圆依次向外偏移 180、240、440、470、790、820 和 880，如图 11-94 所示。

12 调用 TRIM/TR 命令，对圆和线段进行修剪，如图 11-95 所示。

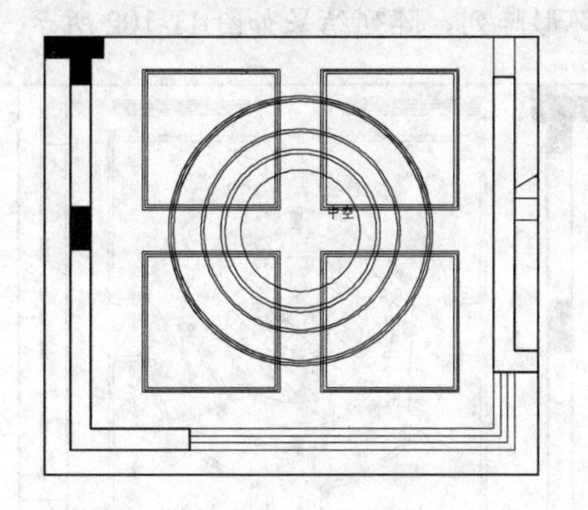

图 11-94 偏移圆

图 11-95 修剪线段

13 将吊顶造型中的灯带图形设置为虚线，如图 11-96 所示。

14 调用 HATCH/H 命令，在最小的圆内填充 AR-RROOF 图案，效果如图 11-97 所示。

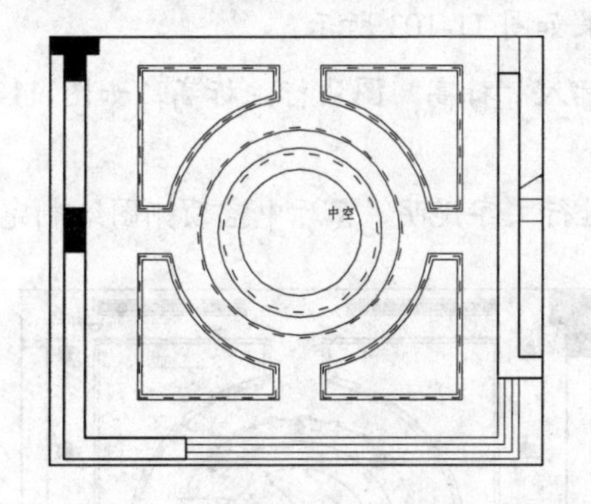

图 11-96 设置线型

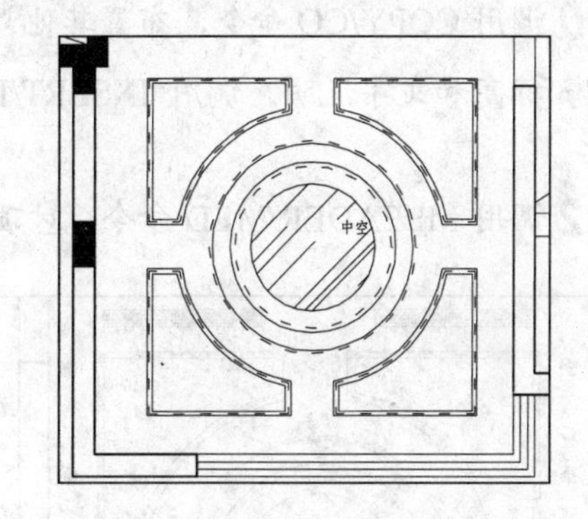

图 11-97 填充图案

15 绘制空调出风口。调用 OFFSET/O 命令、RECTANG/REC 命令、HATCH/H 命令和 COPY/CO 命令，绘制空调出风口，如图 11-98 所示。

16 布置灯具。调用 COPY/CO 命令，复制灯具图例表到图形中，如图 11-99 所示。

17 调用 COPY/CO 命令，将吊灯图形复制到吊顶中，如图 11-100 所示。

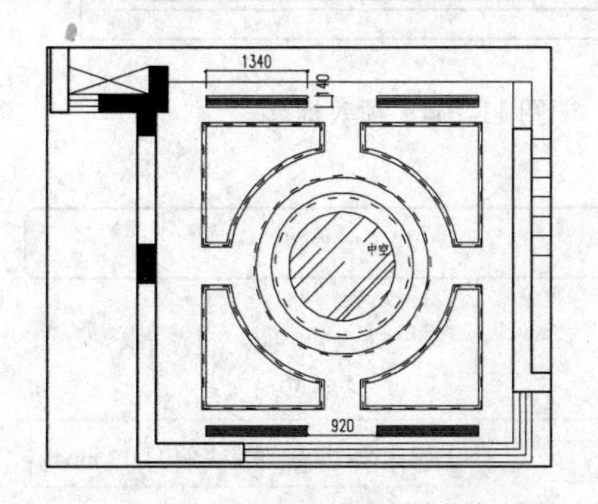

图 11-98 绘制空调出风口

图例	名称
	吊灯
	吸顶灯
	天花暗藏音响
	筒灯
	排气扇

图 11-99 图例表

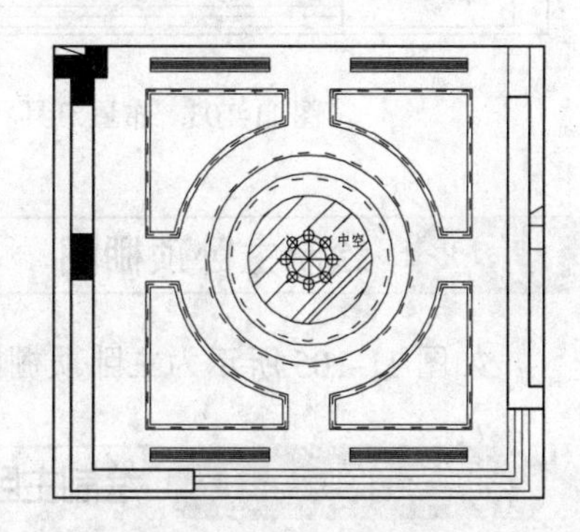

图 11-100 复制吊灯图形

18 调用 COPY/CO 命令，将灯具复制到吊顶中，如图 11-101 所示。

19 调用 ARRAY/AR 命令，对灯具图形进行环形阵列，阵列结果如图 11-102 所示。

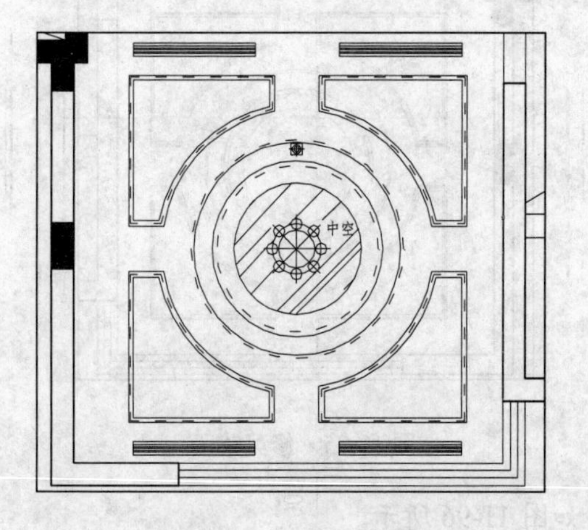

图 11-101　复制灯具图形

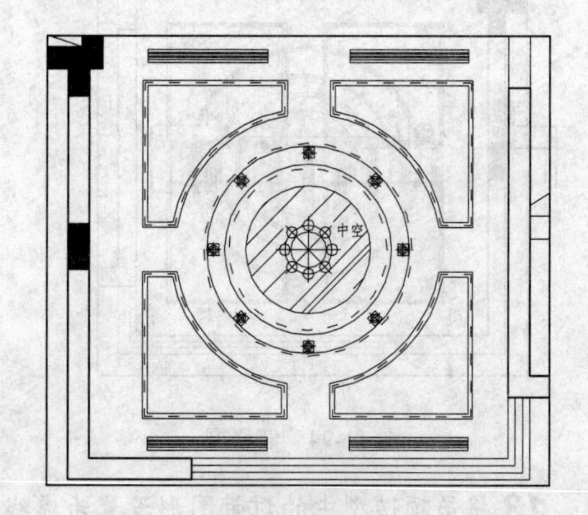

图 11-102　阵列结果

20 调用 COPY/CO 命令，布置其他灯具，结果如图 11-103 所示。

21 标高和文字说明。调用 INSERT/I 命令，插入“标高”图块标注标高，如图 11-104 所示。

22 调用 MLEADER/MLD 命令，对顶棚材料进行文字说明，客厅中空顶棚图绘制完成。

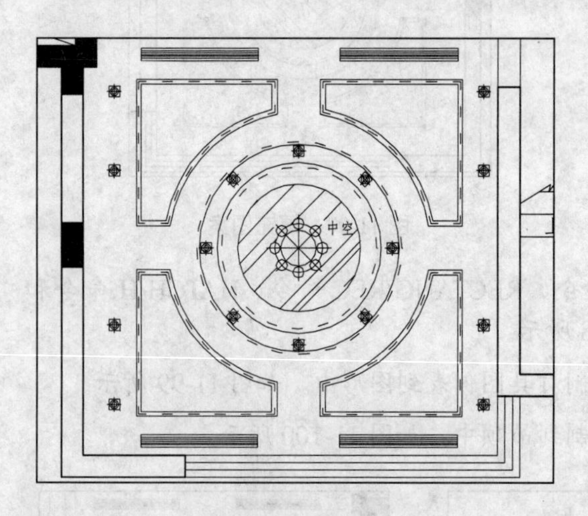

图 11-103　布置灯具

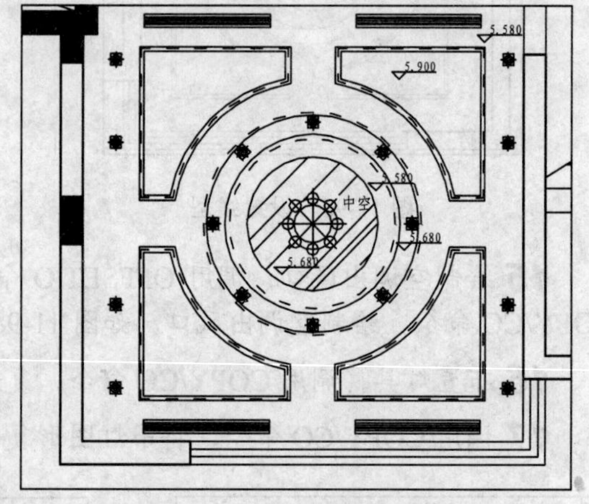

图 11-104　插入标高

11.5.2 绘制主卧顶棚图

如图 11-105 所示为主卧顶棚图，下面讲解绘制方法。

课堂举例 11-17：绘制主卧顶棚图

视频\第 11 章\课堂举例 11-17.mp4

01 绘制主卧吊顶造型。调用 LINE/L 命令和 OFFSET/O 命令，绘制如图 11-106 所示线段。

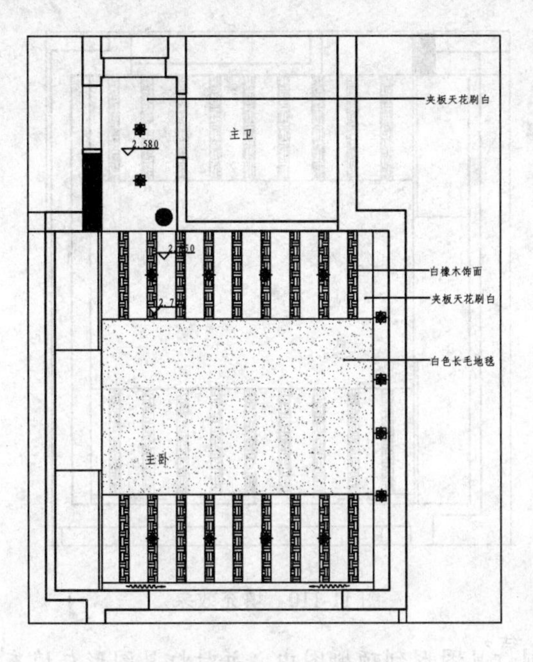

图 11-105 主卧顶棚图

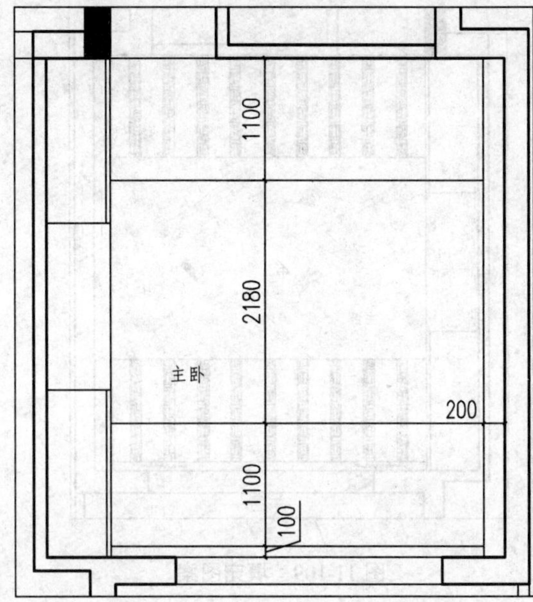

图 11-106 绘制线段

02 调用 LINE/L 命令和 OFFSET/O 命令，绘制吊顶造型，如图 11-107 所示。

03 调用 PLINE/PL 命令，绘制窗帘，并调用 MIRROR/MI 命令和 MOVE/M 命令，将窗帘放置在窗帘盒中，如图 11-108 所示。

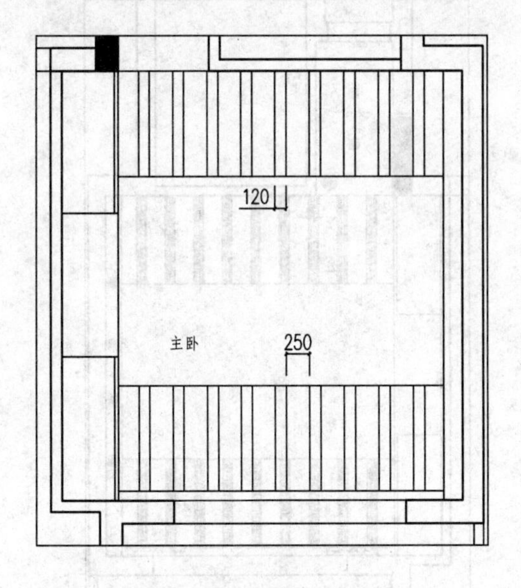

图 11-107 绘制吊顶造型

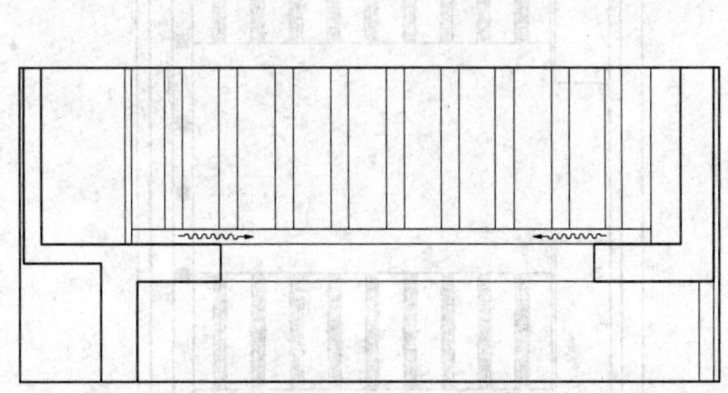

图 11-108 放置窗帘

04 填充吊顶图案。调用 HATCH/H 命令，在两侧吊顶区域填充 EARTH 图案，填充效果如图 11-109 所示。

05 调用 HATCH/H 命令，在中间吊顶区域填充 EARTH 图案，填充效果如图 11-110 所示。

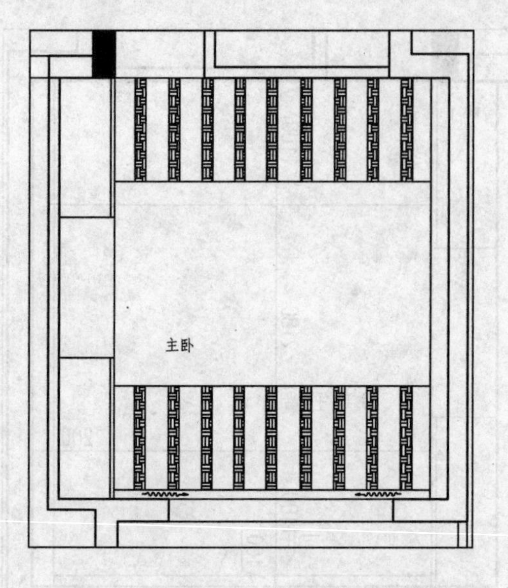

图 11-109　填充图案

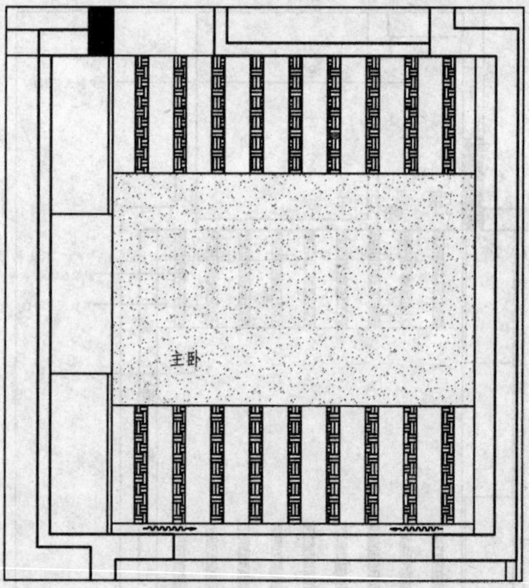

图 11-110　填充效果

06 布置灯具。调用 COPY/CO 命令，复制灯具图形到顶棚图中，并对灯具图形与填充图案相交的位置进行修剪，如图 11-111 所示。

07 标高和说明文字。调用 INSERT/I 命令，插入“标高”图块标注标高，如图 11-112 所示。

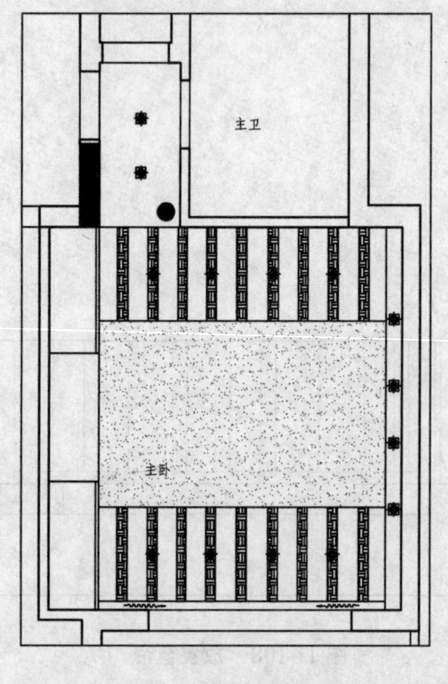

图 11-111　复制灯具

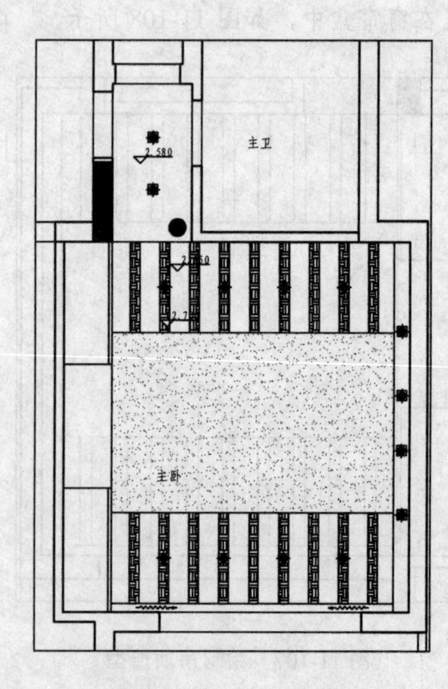

图 11-112　插入标高图块

08 调用 MLEADER/MLD 命令，对顶棚材料进行文字说明，主卧顶棚图绘制完成。

09 其他空间的顶棚图可以使用上述方法进行绘制，这里就不一一讲解了。

11.6 绘制别墅立面图

欧式强调线性流动的变化，顶、壁和门窗等装饰角线丰富复杂，工艺繁杂。本节选择了客厅、餐厅和主卫典型立面施工图，详细讲解欧式立面施工图的画法。

11.6.1 绘制客厅 C 立面图

如图 11-113 所示为客厅 C 立面图，C 立面图表达了电视所在墙面和壁炉的做法，下面讲解绘制方法。

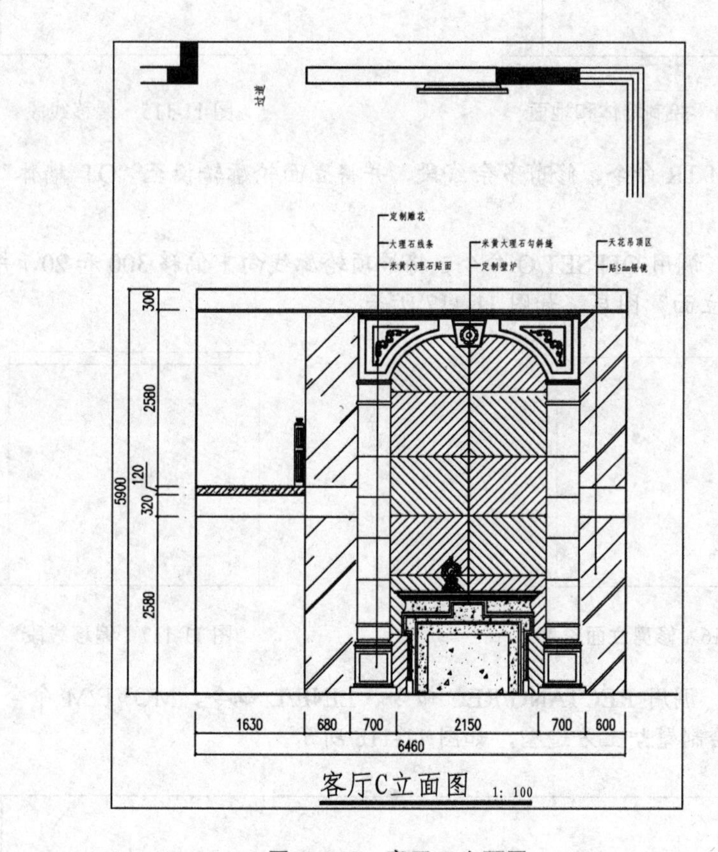

图 11-113 客厅 C 立面图

课堂举例 11-18：绘制客厅 C 立面图 视频\第 11 章\课堂举例 11-18.mp4

01 复制图形。调用 COPY/CO 命令，复制别墅平面布置图上客厅 C 立面的平面部分，并对图形进行旋转。

02 绘制 C 立面基本轮廓。设置“LM_立面”图层为当前图层。

03 调用 LINE/L 命令，绘制 C 立面左、右侧墙体和地面轮廓线，如图 11-114 所示。

04 根据顶棚图客厅的标高，调用 OFFSET/O 命令，向上偏移地面轮廓线，偏移高度为 5900，如图 11-115 所示。

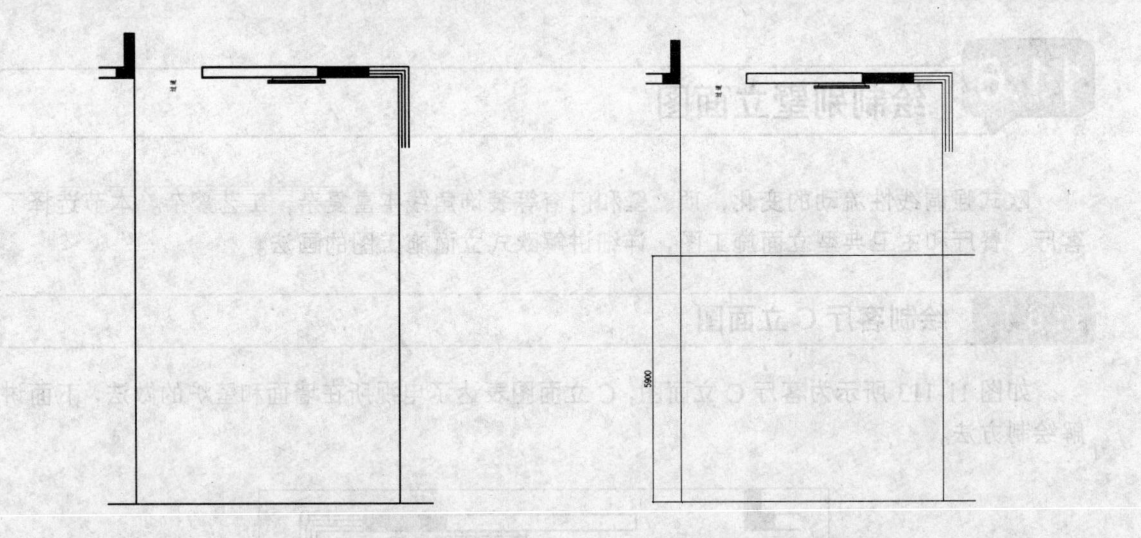

图 11-114　绘制墙体和地面　　图 11-115　偏移线段

05 调用 TRIM/TR 命令，修剪多余线段，并将立面轮廓转换至“QT_墙体”图层，如图 11-116 所示。

06 绘制吊顶。调用 OFFSET/O 命令，将吊顶轮廓线向下偏移 300 和 20，并将偏移后的线段转换至“LM_立面”图层，如图 11-117 所示。

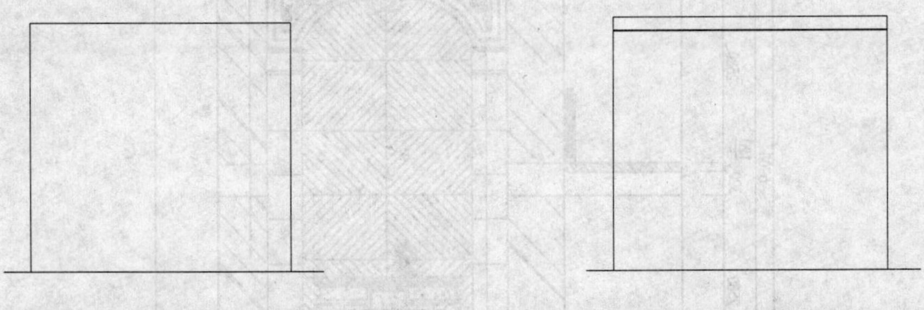

图 11-116　修剪立面轮廓　　图 11-117　偏移线段

07 绘制壁炉。调用 RECTANG/REC 命令、LINE/L 命令、MOVE/M 命令、ARC/A 和 COPY/CO 命令，绘制壁炉上方造型，如图 11-118 所示。

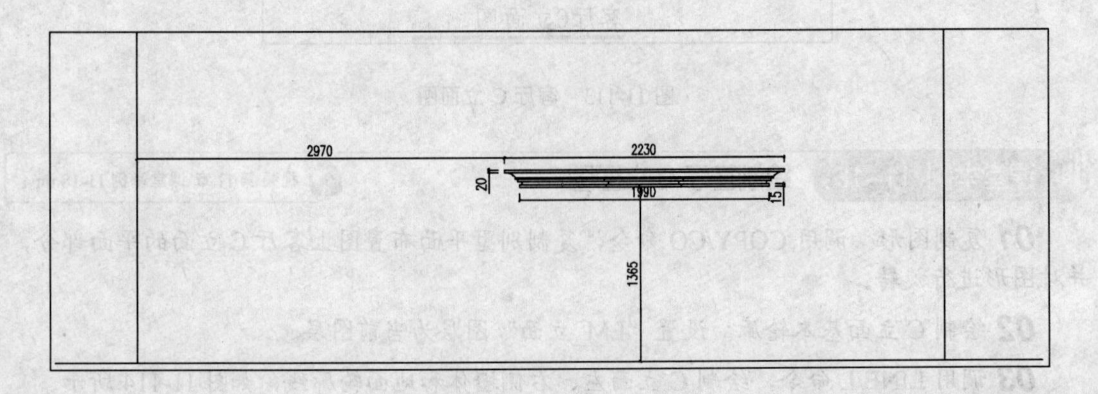

图 11-118　绘制壁炉上方造型

提示 壁炉是在室内靠墙砌的生火取暖的设备。根据不同国家的文化特点分为：美式壁炉、英式壁炉、法式壁炉等，造型因此各异，如图 11-119 所示。

08 调用 LINE/L 命令，绘制多段线，如图 11-120 所示。

图 11-119 壁炉

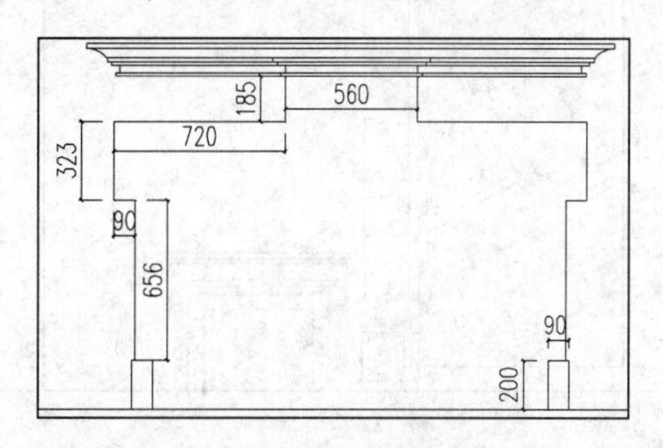

图 11-120 绘制多段线

09 调用 ARC/A 命令和 PLINE/PL 命令，绘制圆弧和多段线连接图形，如图 11-121 所示。

10 调用 OFFSET/O 命令，将多段线向内偏移两次 30，如图 11-122 所示。

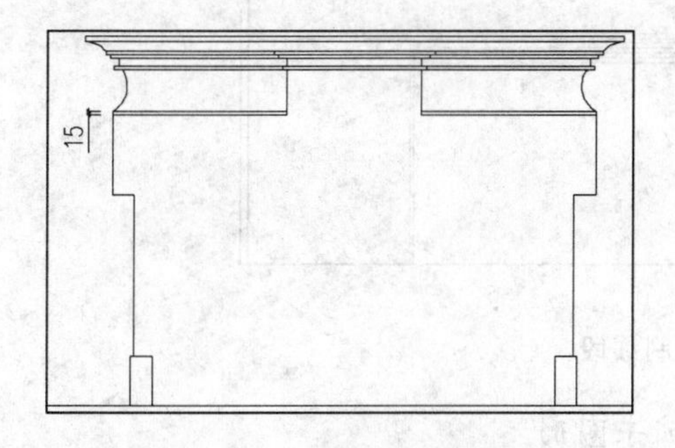

图 11-121 绘制圆弧和多段线

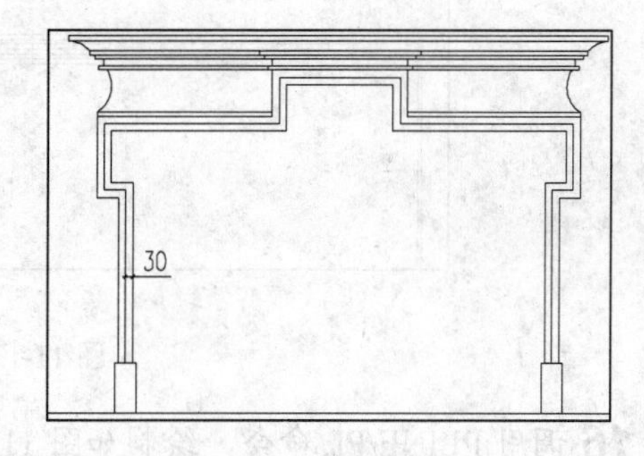

图 11-122 偏移多段线

11 调用 PLINE/PL 命令，绘制壁炉下方造型，如图 11-123 所示。

12 调用 HATCH/H 命令，在壁炉内填充 AR-CONC 图案，填充效果如图 11-124 所示。

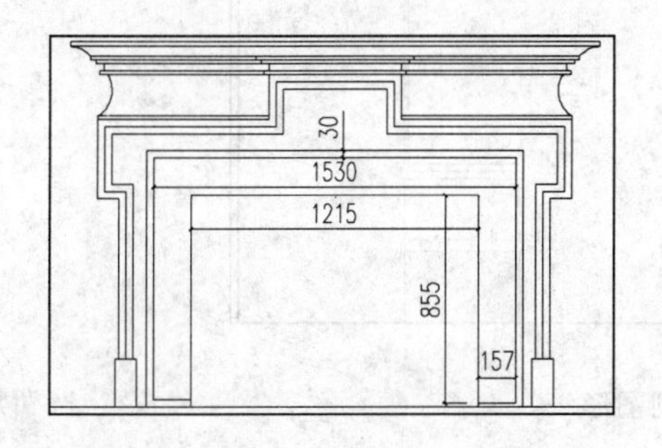

图 11-123 绘制壁炉下方造型

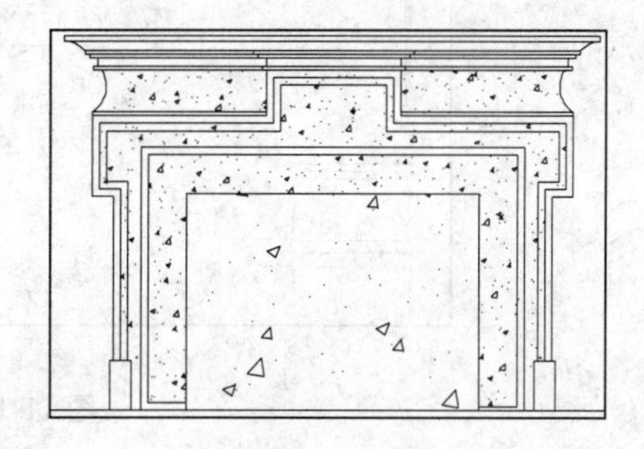

图 11-124 填充壁炉

13 绘制墙面装饰造型。调用 RECTANG/REC 命令、LINE/L 命令和 OFFSET/O 命令，绘制如图 11-125 所示造型。

14 调用 COPY/CO 命令，对图形进行复制，如图 11-126 所示。

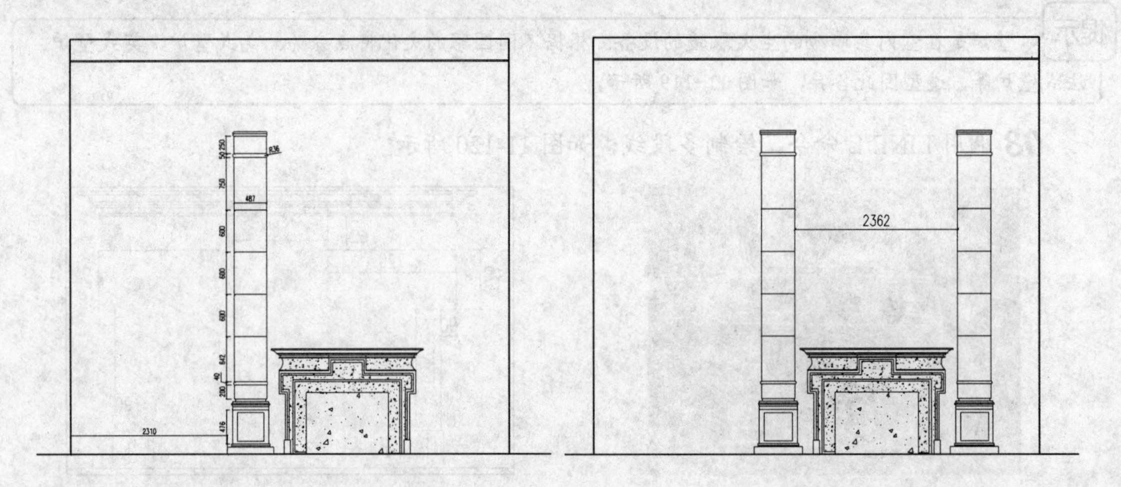

图 11-125　绘制墙面造型　　　　图 11-126　复制图形

15 调用 LINE/L 命令和 OFFSET/O 命令，绘制如图 11-127 所示线段。

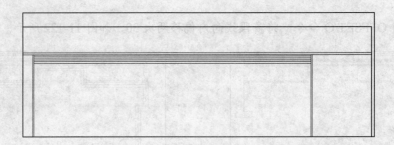

图 11-127　绘制线段

16 调用 PLINE/PL 命令，绘制如图 11-128 所示图形。

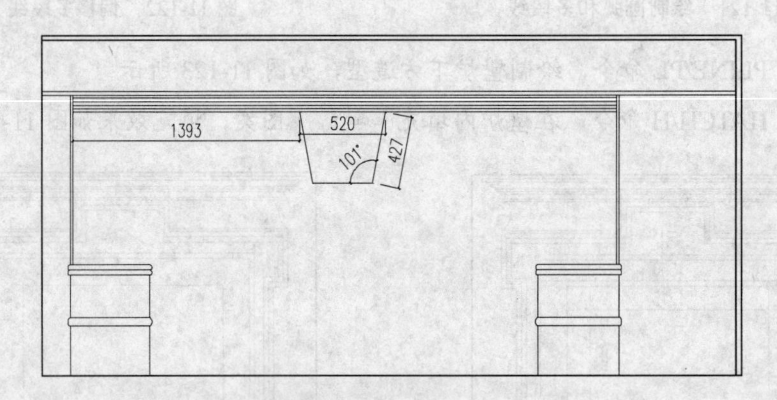

图 11-128　绘制图形

17 调用 OFFSET/O 命令，将图形向内偏移两次 10，如图 11-129 所示。

18 调用 LINE/L 命令和 OFFSET/O 命令，在图形内绘制线段，并对线段进行调整，如图 11-130 所示。

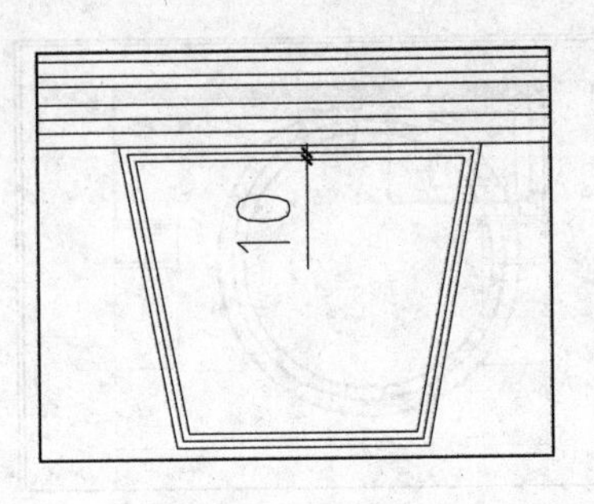

图 11-129 偏移

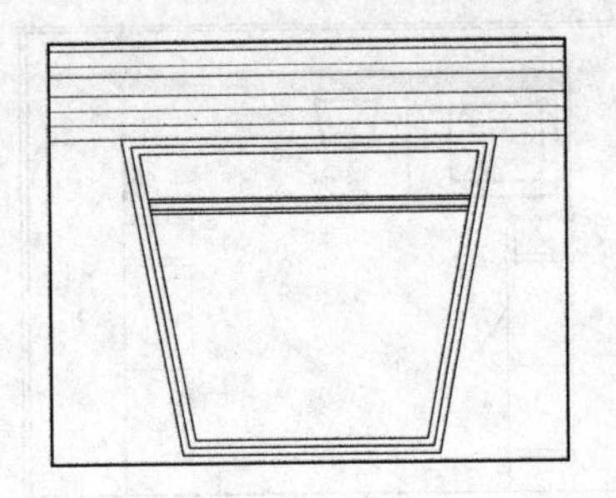

图 11-130 绘制线段

19 调用 RECTANG/REC 命令，绘制如图 11-131 所示矩形。

20 调用 OFFSET/O 命令，对矩形偏移 15，如图 11-132 所示。

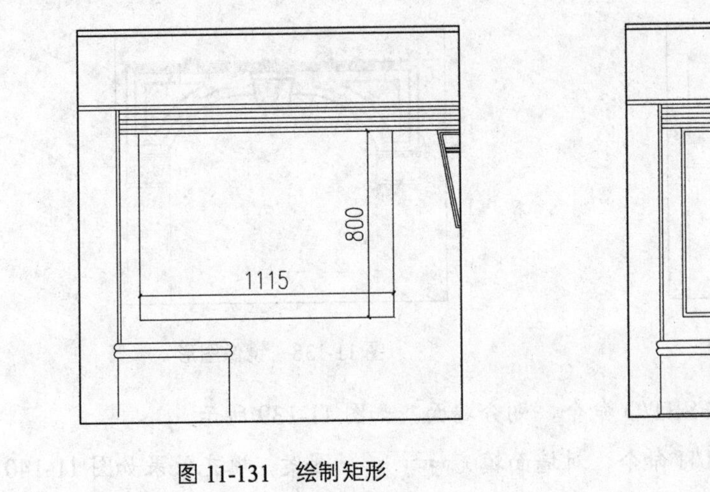

图 11-131 绘制矩形

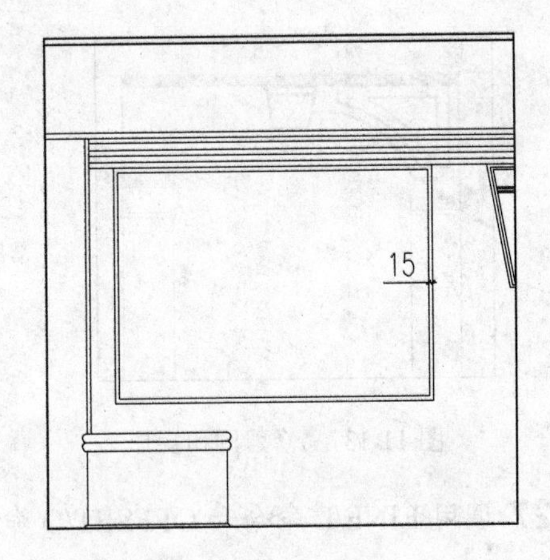

图 11-132 偏移矩形

21 调用 RECTANG/REC 命令、OFFSET/O 命令和 MOVE/M 命令，在矩形内绘制如图 11-133 所示图形。

22 调用 OFFSET/O 命令，绘制辅助线，如图 11-134 所示。

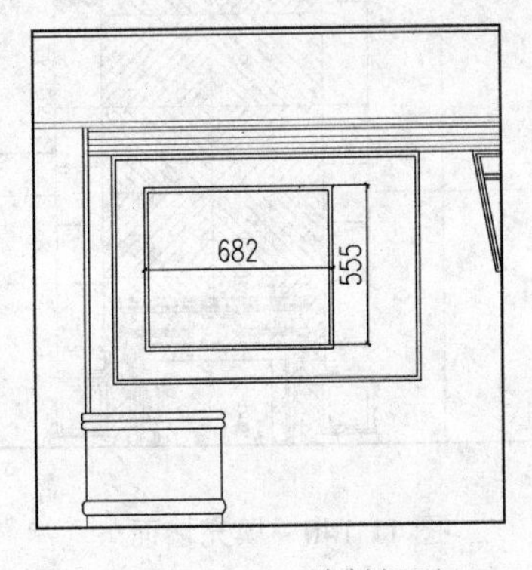

图 11-133 绘制矩形

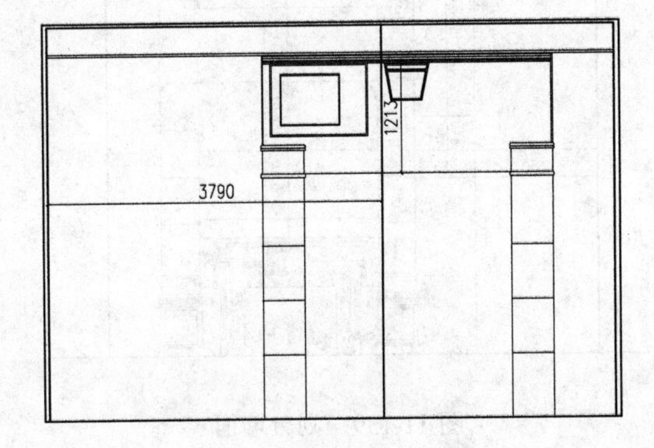

图 11-134 绘制辅助线

23 调用 CIRCLE/C 命令，绘制半径为 955 的圆，如图 11-135 所示。

24 调用 OFFSET/O 命令，将圆向外偏移 15、80、15、100 和 15，如图 11-136 所示。

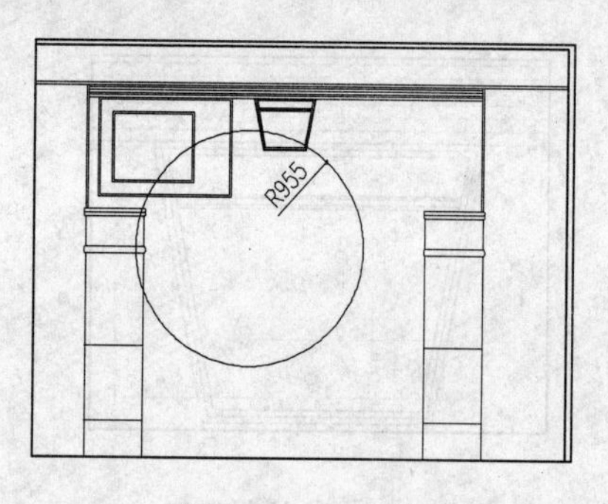

图 11-135　绘制圆

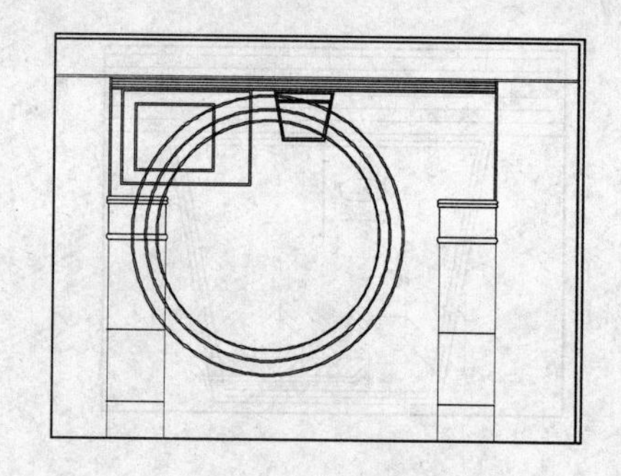

图 11-136　偏移圆

25 调用 TRIM/TR 命令，对圆和矩形进行修剪，效果如图 11-137 所示。

26 调用 MIRROR/MI 命令，对图形进行镜像，如图 11-138 所示。

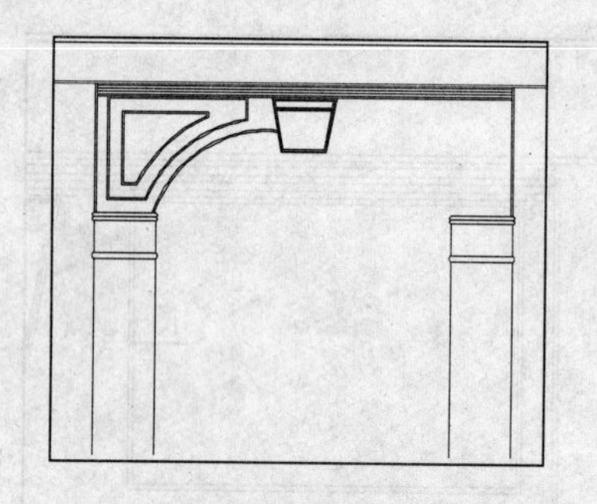

图 11-137　修剪圆和矩形

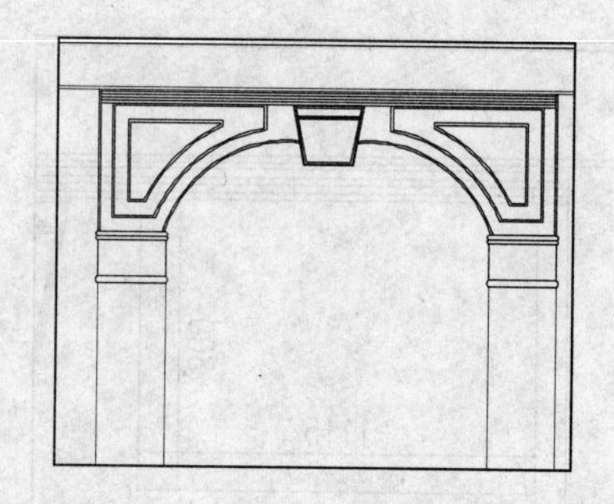

图 11-138　镜像图形

27 调用 LINE/L 命令和 OFFSET/O 命令，划分墙面，如图 11-139 所示。

28 填充墙面。调用 HATCH/H 命令，对墙面填充 ANSI31 图案，填充效果如图 11-140 所示。

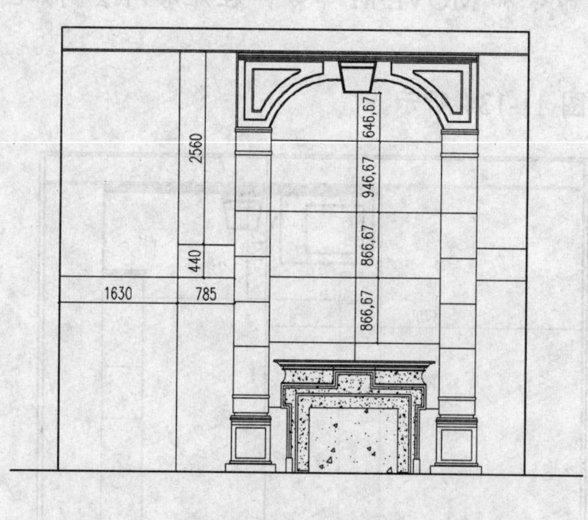

图 11-139　划分墙面

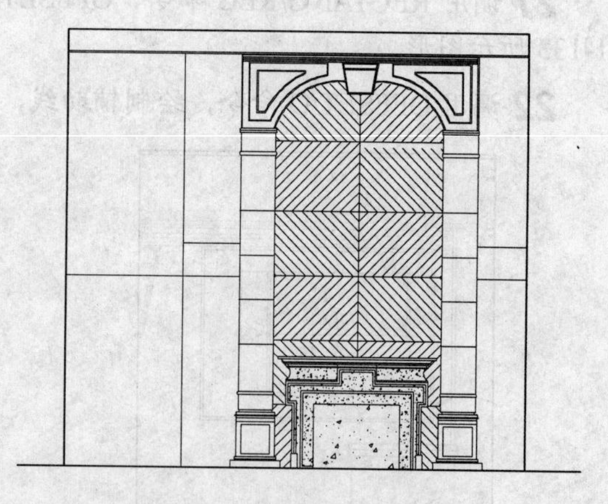

图 11-140　填充墙面

29 调用 HATCH/H 命令，对两侧墙面填充 AR-RROOF 图案，填充效果如图 11-141 所示。

30 绘制墙体。设置“QT_墙体”图层为当前图层。

31 调用 LINE/L 命令和 OFFSET/O 命令，绘制如图 11-142 所示线段。

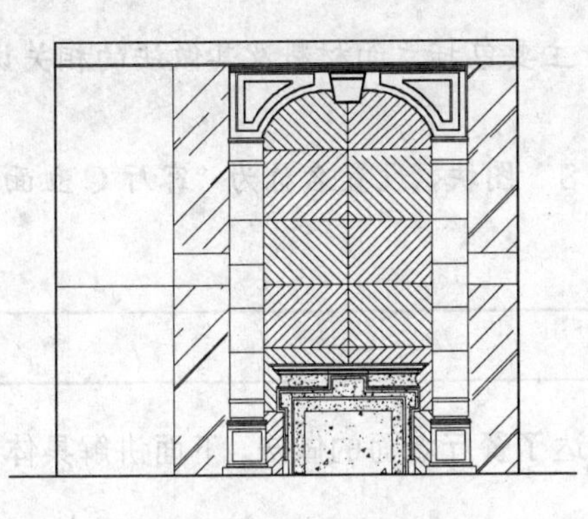

图 11-141 填充墙面

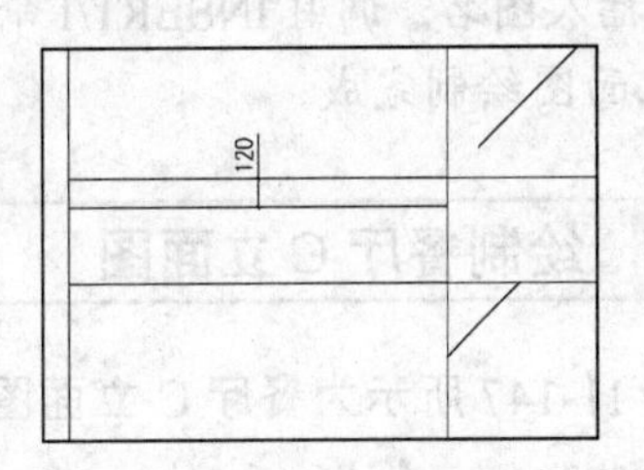

图 11-142 绘制线段

32 调用 HATCH/H 命令，在线段内填充 AR-CONC 图案和 ANSI31 图案，效果如图 11-143 所示。

33 插入图块。从图库中调入相关图块，包括楼梯扶手、雕花和装饰品等，结果如图 11-144 所示。

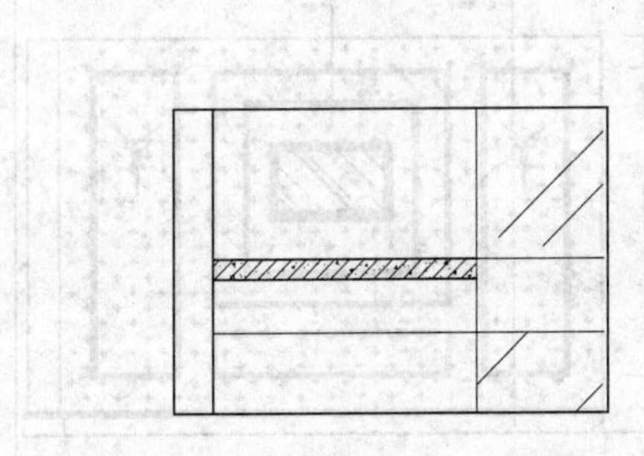

图 11-143 填充图案

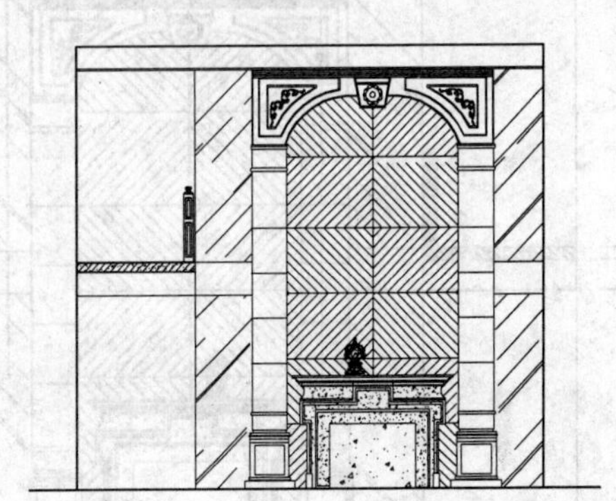

图 11-144 插入图块

34 标注尺寸和材料说明。因为客厅 C 立面表达的是两层，需将比例设置大一些，这里设置比例为 1:100。

35 调用 DIMLINEAR/DLI 命令标注尺寸，如图 11-145 所示。

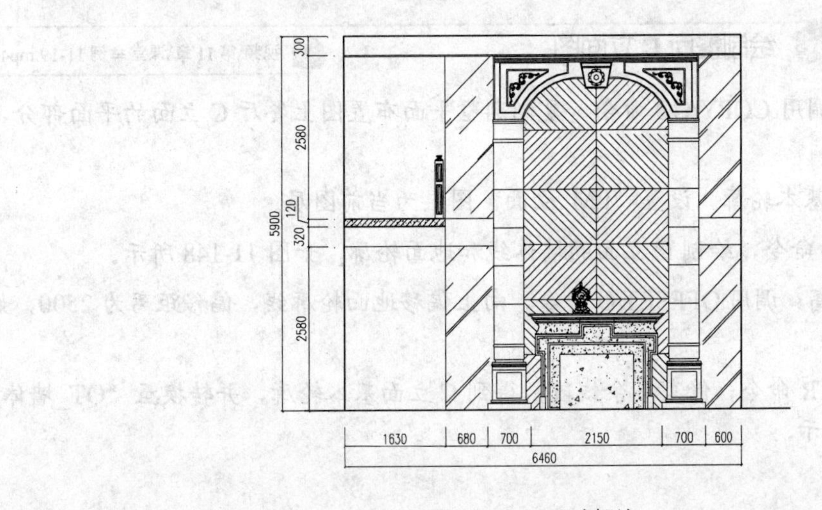

图 11-145 尺寸标注

36 调用 MLEADER/MLD 命令进行文字说明，主要包括立面材料及其做法的相关说明，效果如图 11-146 所示。

37 插入图名。调用 INSERT/I 命令，插入“图名”图块，设置名称为“客厅 C 立面图”。客厅 C 立面图绘制完成。

11.6.2 绘制餐厅 C 立面图

如图 11-147 所示为餐厅 C 立面图，C 立面图表达了餐厅墙面的做法，下面讲解具体绘制方法。

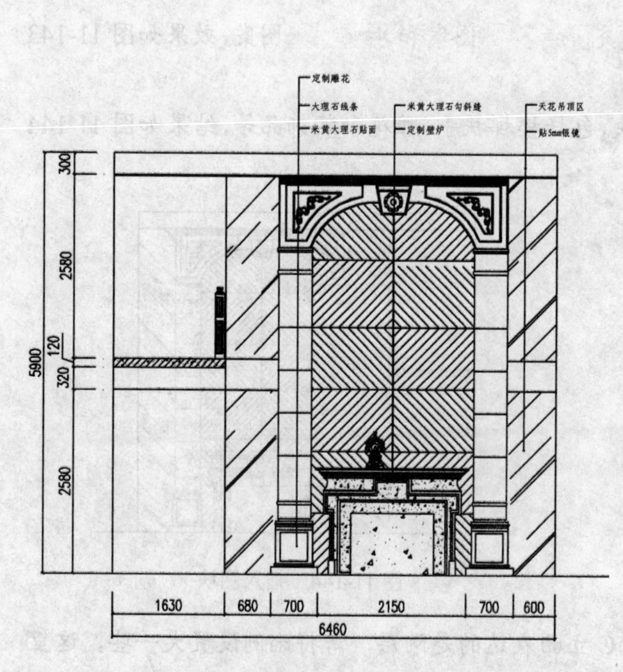

图 11-146 文字说明

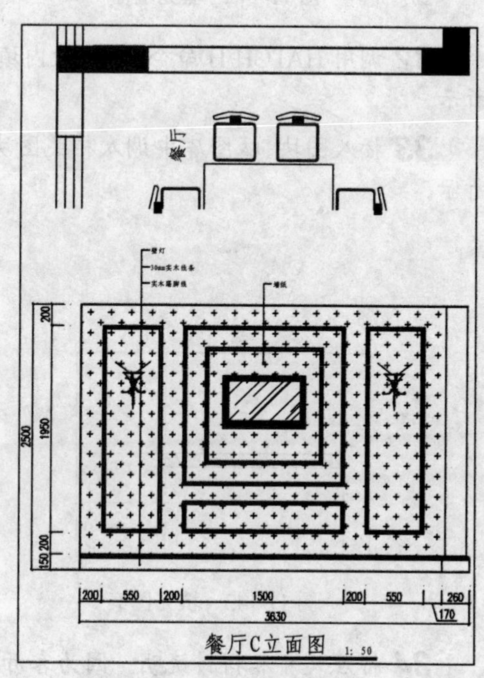

图 11-147 餐厅 C 立面图

课堂举例 11-19：绘制餐厅 C 立面图

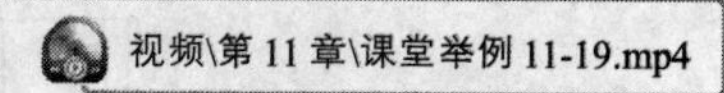

视频\第 11 章\课堂举例 11-19.mp4

01 复制图形。调用 COPY/CO 命令，复制别墅平面布置图上餐厅 C 立面的平面部分，并对图形进行旋转。

02 绘制 C 立面基本轮廓。设置“LM_立面”图层为当前图层。

03 调用 LINE/L 命令，绘制 C 立面的墙体线和地面轮廓，如图 11-148 所示。

04 根据吊顶标高，调用 OFFSET/O 命令，向上偏移地面轮廓线，偏移距离为 2500，如图 11-149 所示。

05 调用 TRIM/TR 命令，修剪多余线段，得到 C 立面基本轮廓，并转换至“QT_墙体”图层，如图 11-150 所示。

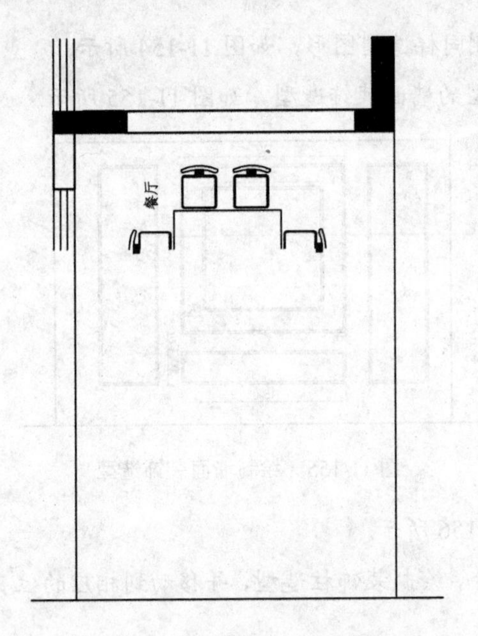

图 11-148 绘制墙体和地面

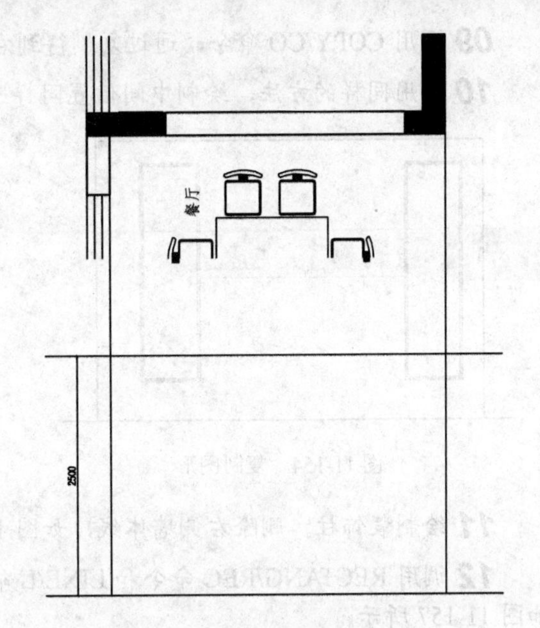

图 11-149 绘制顶面

06 绘制墙面装饰造型。调用 OFFSET/O 命令，绘制辅助线，如图 11-151 所示。

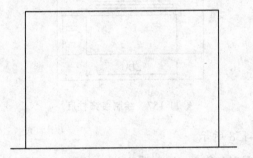

图 11-150 修剪立面轮廓

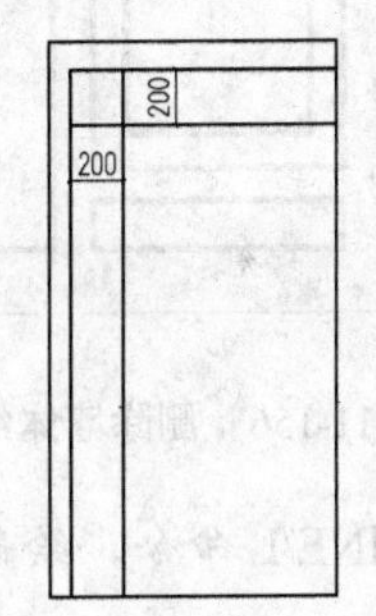

图 11-151 绘制辅助线

07 调用 RECTANG/REC 命令，以辅助线的交点为矩形的第一个角点，绘制尺寸为 550 × 1950 的矩形，然后删除辅助线，如图 11-152 所示。

08 调用 OFFSET/O 命令，将矩形向内偏移 8、14 和 8，如图 11-153 所示。

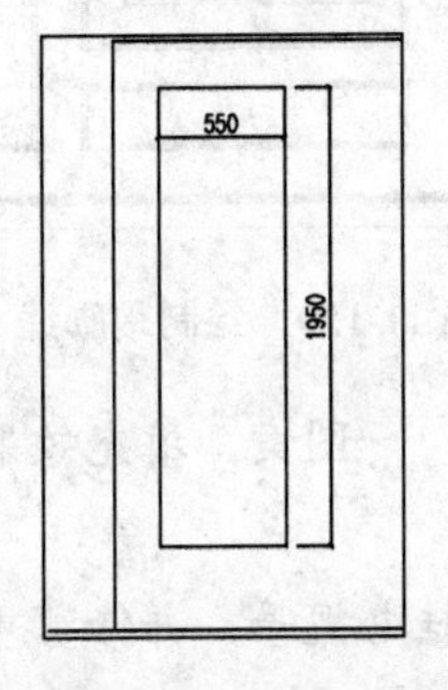

图 11-152 绘制矩形

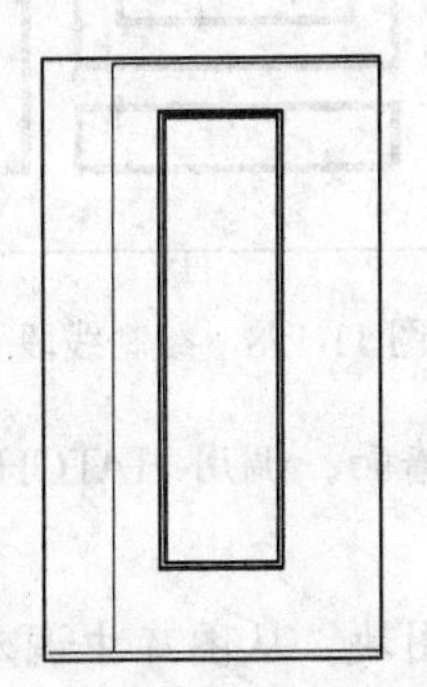

图 11-153 偏移矩形

09 调用 COPY/CO 命令，通过复制得到右侧同样造型图形，如图 11-154 所示。

10 使用同样的方法，绘制中间位置同样造型的墙面装饰造型，如图 11-155 所示。

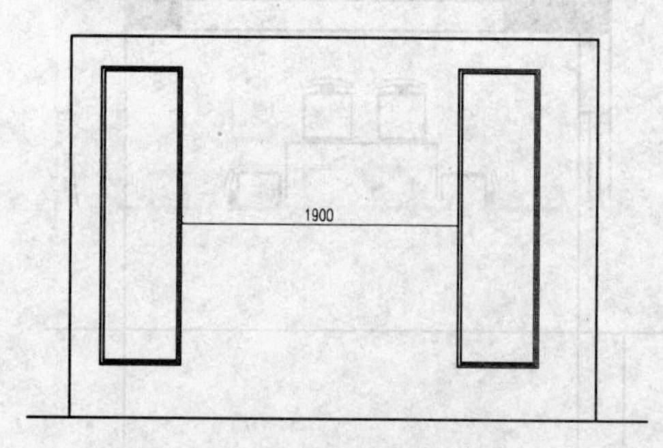

图 11-154　复制图形

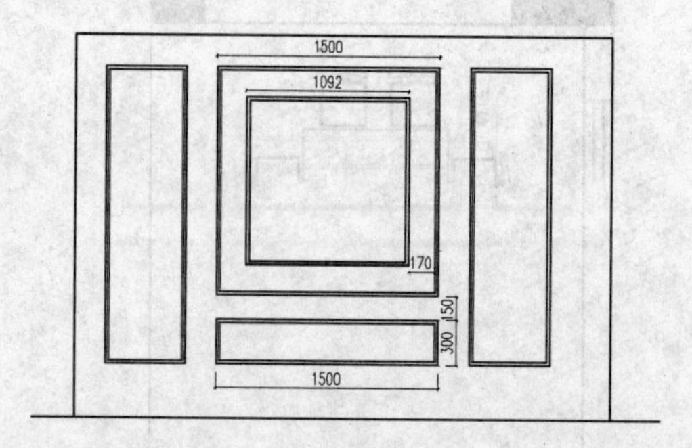

图 11-155　绘制墙面装饰造型

11 绘制装饰柱。删除右侧墙体线，如图 11-156 所示。

12 调用 RECTANG/REC 命令和 LINE/L 命令，绘制装饰柱造型，并移动到相应的位置，如图 11-157 所示。

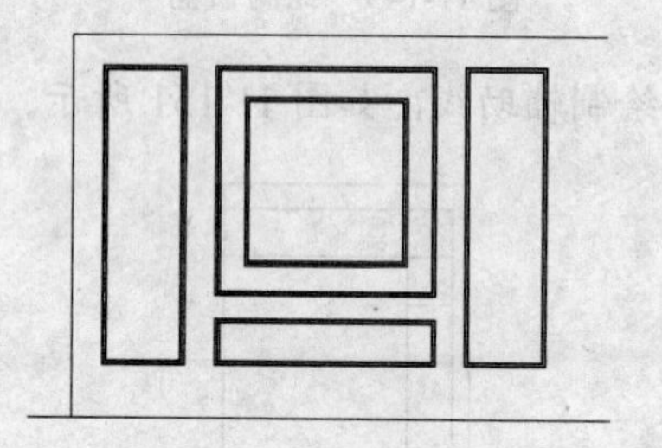

图 11-156　删除墙体线

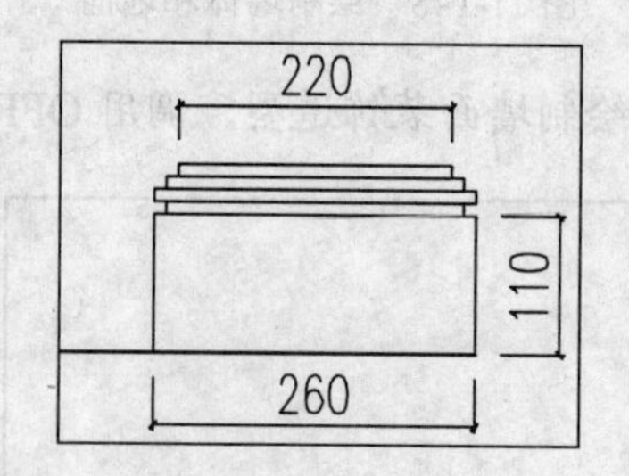

图 11-157　绘制装饰柱底

13 调用 LINE/L 命令，绘制线段，如图 11-158 所示。

14 绘制踢脚线。调用 LINE/L 命令和 OFFSET/O 命令，绘制踢脚线，如图 11-159 所示。

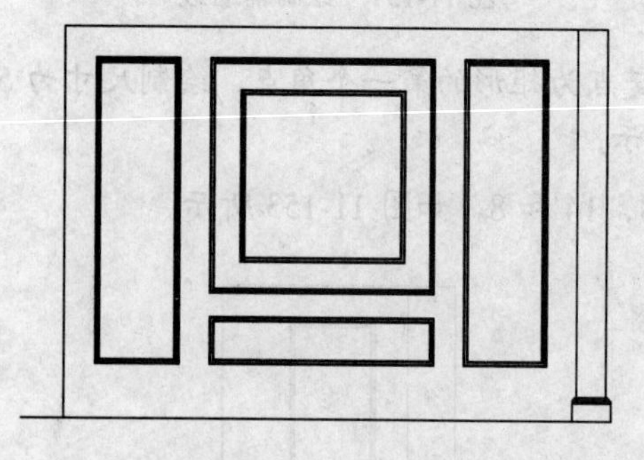

图 11-158　绘制线段

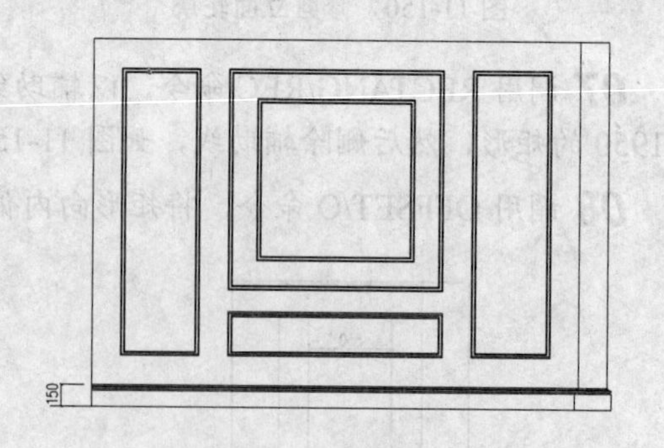

图 11-159　绘制踢脚线

15 填充墙面。调用 HATCH/H 命令，对墙面填充 CROSS 图案，填充效果如图 11-160 所示。

16 插入图块。从图库中调入相关图块，包括壁灯和壁挂电视等，并修剪重叠部分，结果如图 11-161 所示。

17 标注尺寸和说明文字。设置“BZ_标注”图层为当前图层。

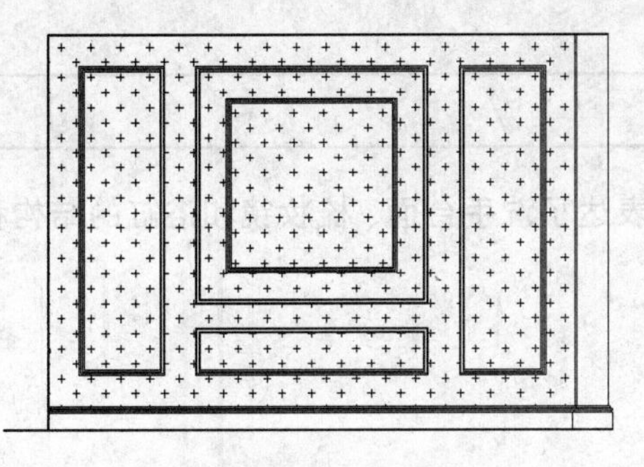

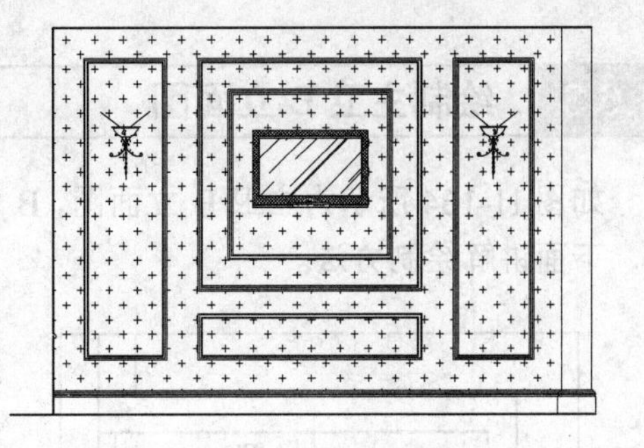

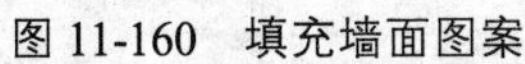

图 11-160 填充墙面图案　　图 11-161 插入图块

18 调用 DIMLINEAR/DLI 命令标注尺寸，如图 11-162 所示。

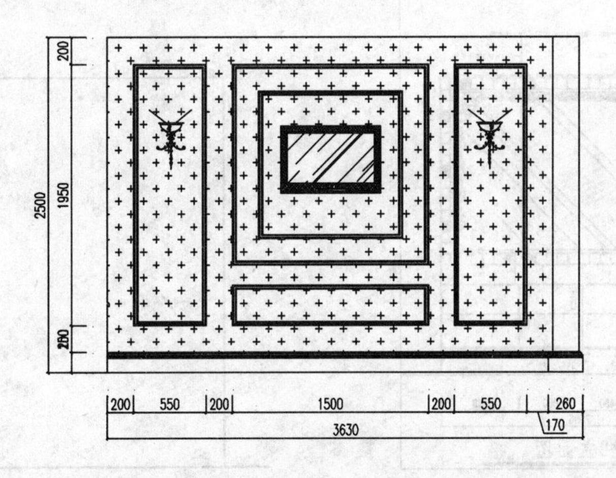

图 11-162 尺寸标注

19 调用 MLEADER/MLD 命令进行文字说明，主要包括里面材料及其做法的相关说明，效果如图 11-163 所示。

20 插入图名。调用 INSERT/I 命令，插入“图名”图块，设置名称为“餐厅 C 立面图”。餐厅 C 立面图绘制完成。

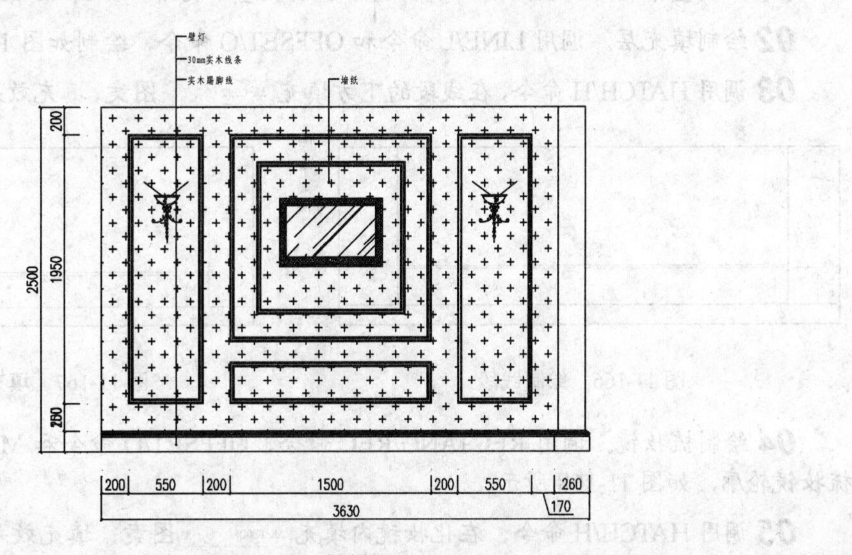

图 11-163 材料说明

11.6.3 绘制主卫 B 立面图

如图 11-164 所示为主卫 B 立面图，B 立面图表达了洗手台面、梳妆镜和浴缸的结构和做法，下面讲解绘制方法。

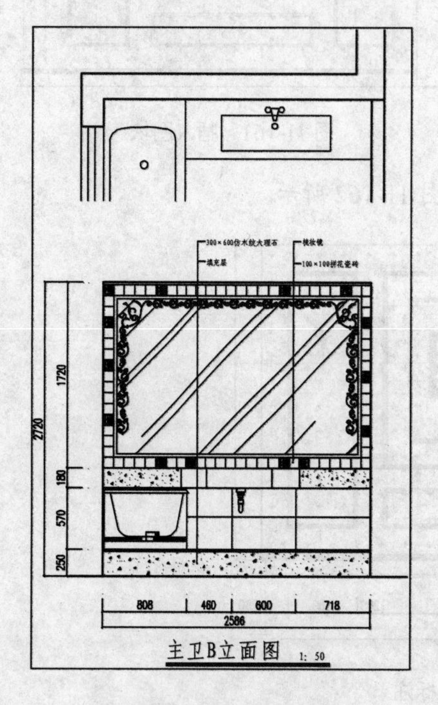

图 11-164 主卫 B 立面图

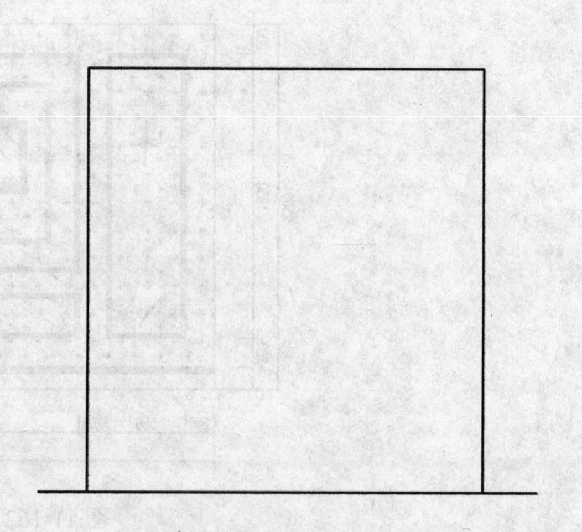

图 11-165 绘制基本轮廓

课堂举例 11-20：绘制主卫 B 立面图

视频\第 11 章\课堂举例 11-20.mp4

01 绘制基本轮廓。使用前面讲解的方法绘制基本轮廓，如图 11-165 所示。

02 绘制填充层。调用 LINE/L 命令和 OFFSET/O 命令，绘制如图 11-166 所示线段。

03 调用 HATCH/H 命令，在线段的下方填充 AR-CONC 图案，填充效果如图 11-167 所示。

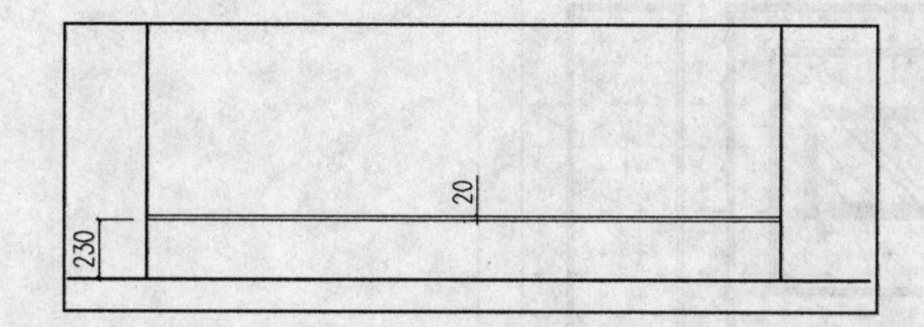

图 11-166 绘制线段

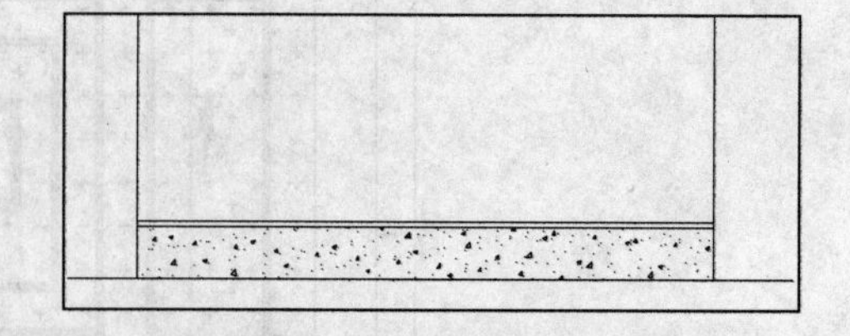

图 11-167 填充图案

04 绘制梳妆镜。调用 RECTANG/REC 命令、OFFSET/O 命令和 MOVE/M 命令，绘制梳妆镜轮廓，如图 11-168 所示。

05 调用 HATCH/H 命令，在化妆镜内填充 AR-RROOF 图案，填充效果如图 11-169 所示。

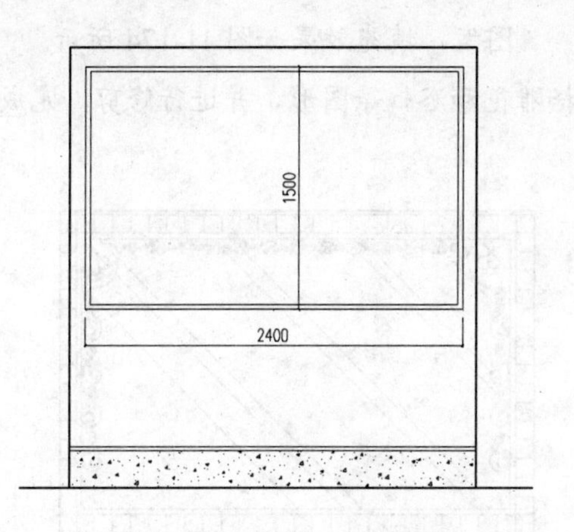

图 11-168 绘制化妆镜轮廓

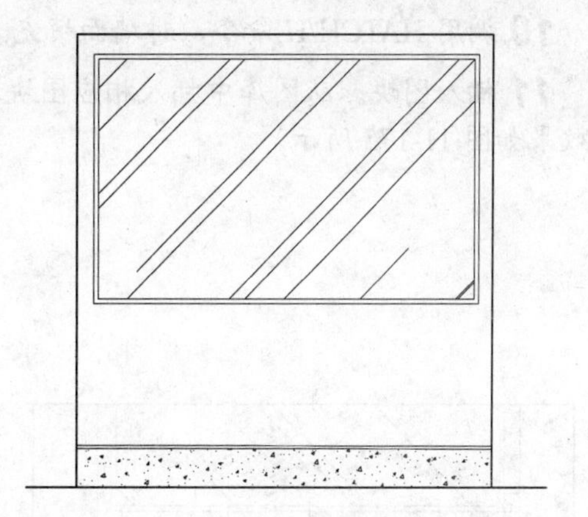

图 11-169 填充图案

06 绘制墙面图案。调用 LINE/L 命令和 OFFSET/O 命令，绘制墙面图案，如图 11-170 所示。

07 调用 HATCH/H 命令，对墙面填充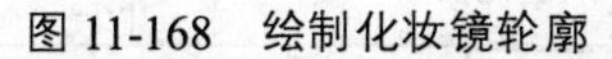图案，填充效果如图 11-171 所示。

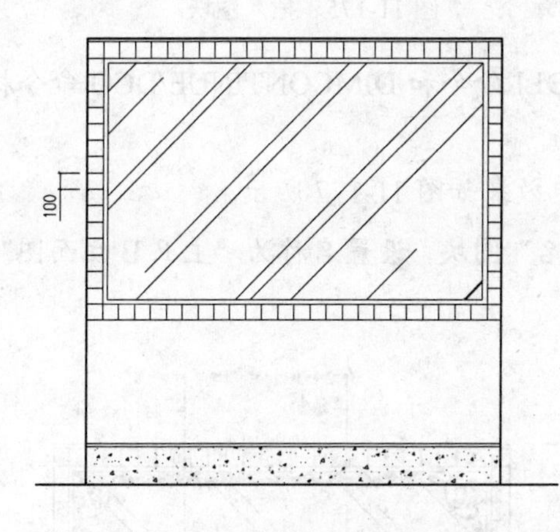

图 11-170 绘制墙面图案

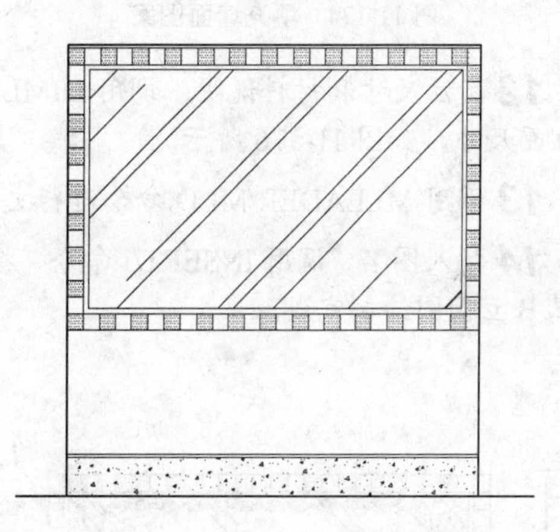

图 11-171 填充墙面图案

08 绘制洗手台面。调用 RECTANG/REC 命令和 LINE/L 命令，绘制洗手盆台面，如图 11-172 所示。

09 调用 LINE/L 命令和 OFFSET/O 命令，划分洗手盆台面所在的墙面，如图 11-173 所示。

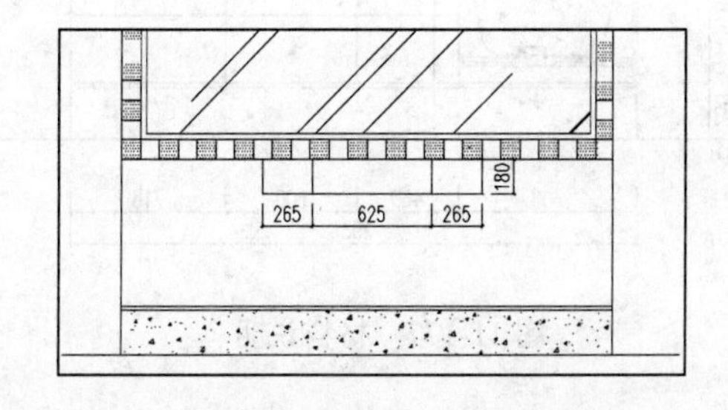

图 11-172 绘制洗手盆台面

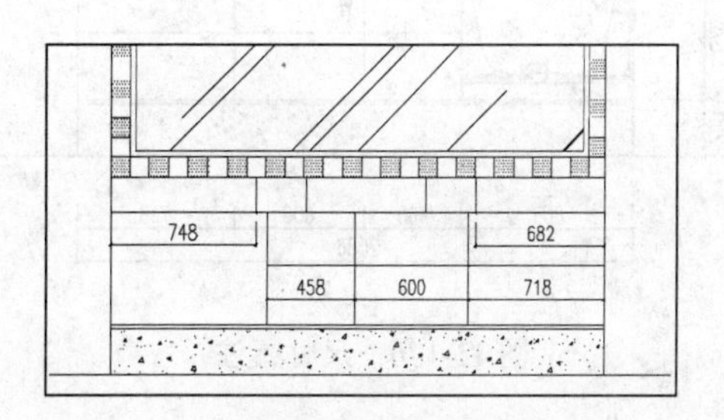

图 11-173 划分墙面

10 调用 HATCH/H 命令，对墙面填充 AR-CONC 图案，填充效果如图 11-174 所示。

11 插入图块。从图库中插入相应图块，包括雕花和浴缸等图形，并进行修剪，完成后的效果如图 11-175 所示。

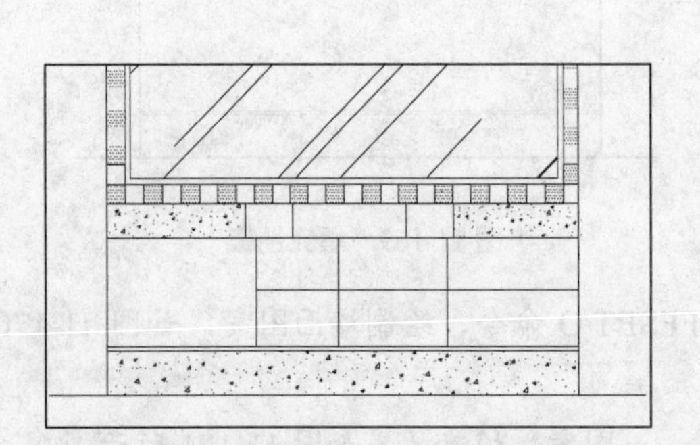

图 11-174　填充墙面图案

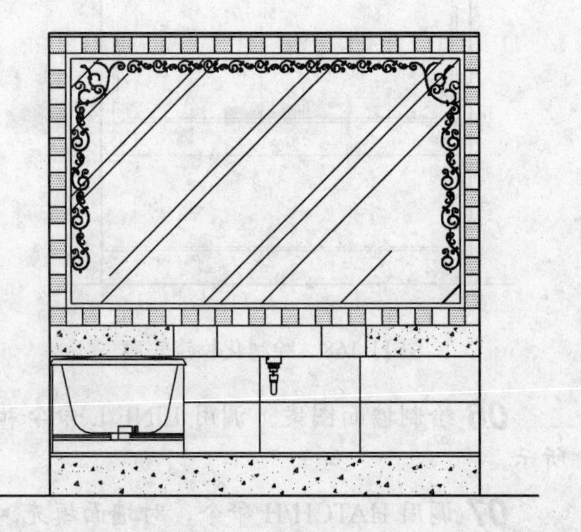

图 11-175　插入图块

12 标注尺寸和材料说明。调用 DIMLINEAR/DLI 命令和 DIMCONTINUE/DCO 命令标注立面尺寸，如图 11-176 所示。

13 调用 MLEADER/MLD 命令进行文字标注，效果如图 11-177 所示。

14 插入图名。调用 INSERT/I 命令，插入“图名”图块，设置名称为“主卫 B 立面图”。主卫 B 立面图绘制完成。

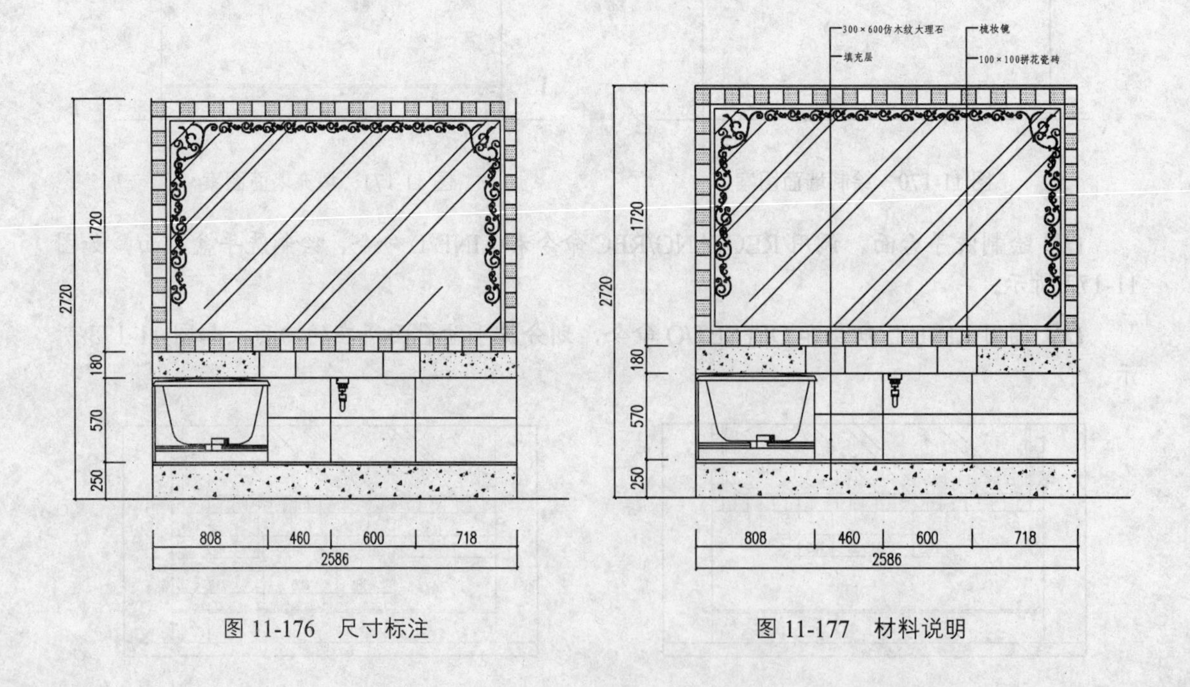

图 11-176　尺寸标注

图 11-177　材料说明

11.6.4 绘制其他立面图

使用上述方法绘制客厅 A 立面图、厨房 A 立面图、主卧 C 立面图、书房 A 立面图和主卫 D 立面图，如图 11-178～图 11-182 所示。

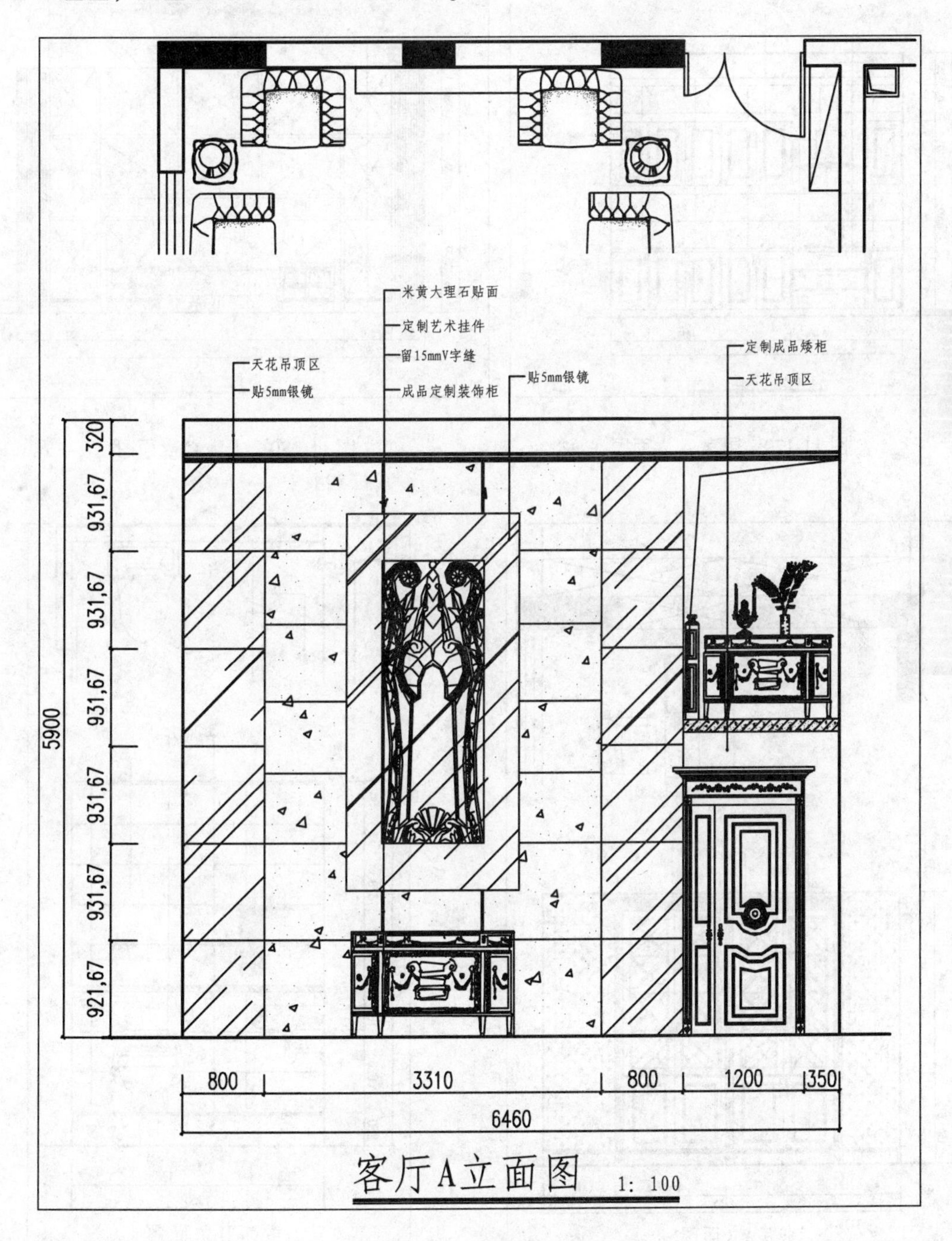

图 11-178　客厅 A 立面图

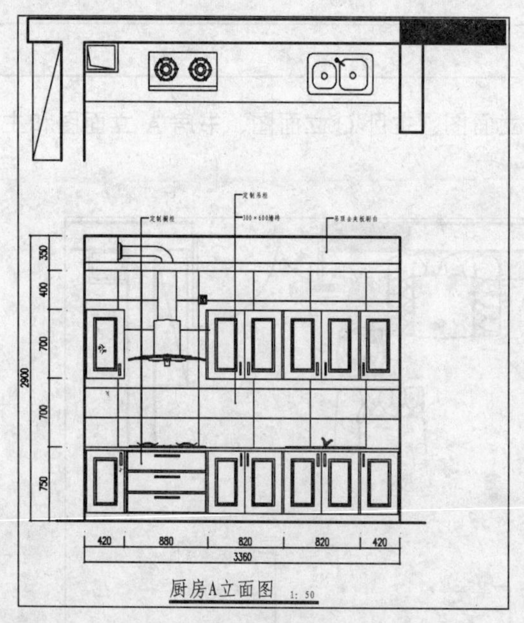

图 11-179 厨房 A 立面图

图 11-180 主卧 C 立面图

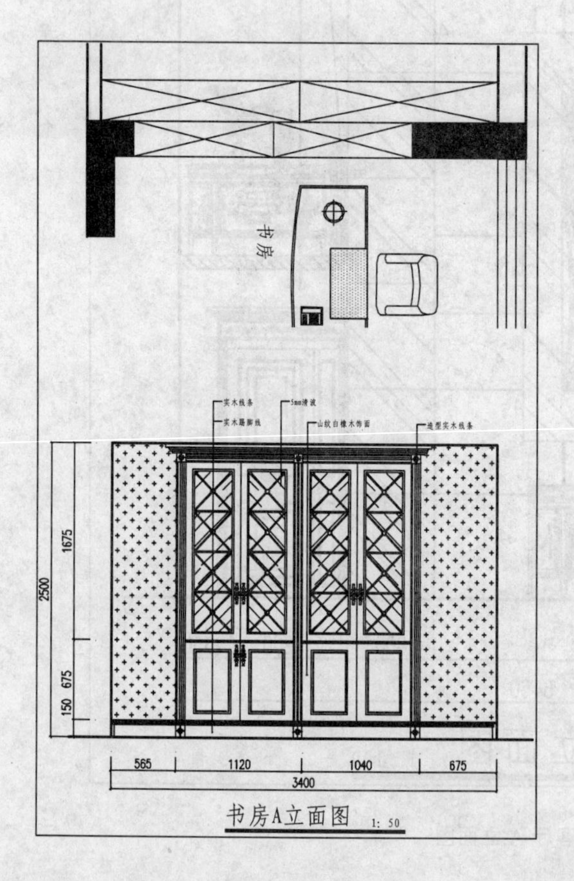

图 11-181 书房 A 立面图

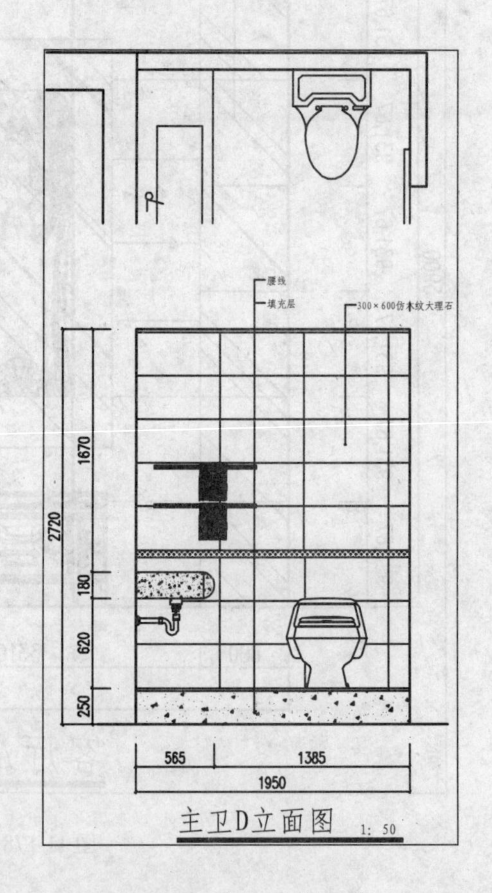

图 11-182 主卫 D 立面图

第3篇 公装篇

第12章 办公空间室内设计

本章导读

本章以某建筑设计事物所办公室室内设计为例，进一步讲解 AutoCAD 2013 在公装室内设计中的应用，同时也让读者对不同建筑类型的室内设计有更多地了解。本章所绘制的室内设计图有办公室建筑平面图、平面布置图、顶面布置图、立面图及详图。

本章重点

★ 办公空间室内设计概述
★ 调用样板新建文件
★ 绘制办公空间平面布置图
★ 绘制办公空间地材图
★ 绘制办公空间顶棚图
★ 绘制办公空间立面图

12.1 办公空间室内设计概述

好的办公环境能够提升企业的整体形象、提高办公的效率，本节将从办公空间的设计内容和要点方面对办公空间室内设计的基本知识作简单介绍。

12.1.1 办公空间设计内容

现代办公空间一般由接待区、会议室、总经理办公室、财务室、员工办公区、机房、贮藏室、茶水间等部分组成。办公空间设计主要包括以下内容：

1. 布局

办公空间布局要根据办公机构设置与人员配备的情况来合理划分、布置办公室区域。一般要把接待室、会议室、秘书办公室等安排在靠近决策层人员办公室的位置。如果需要单独设置一间总经理办公室，一般安排在平面结构最深处，目的就是创造一个安静、安全、少受打扰的环境。

对于一般管理人员和行政人员，许多现代化的企业常要用大办公室、集中办公的方式，如图 12-1 所示。其优点是可以增加沟通、节省空间、便于监督、提高效率，缺点是相互干扰较大。解决方法有两种：一是按部门或小部门分区，同一部门的人员一般集中在一个区域；二是采用低隔断，高度控制在 1.2~1.5m 的范围，为的是给每一名员工创造相对封闭和独立的工作空间，减少相互间的干扰。

在布局时应设置专门的接待区和休息区，不致因为一位客户的来访而破坏了其他人的安静工作，如图 12-1 所示。

图 12-1　集成办公空间

2. 通风采光

办公室通风采光设计应使天然采光和自然通风、自然采光相结合，以改善室内空间与自然的隔离状况。

3. 色调

办公室色调要干净明亮，明快的装饰色调可给人一种愉快心情和洁净之感，同时，明快

的色调也可在白天增加室内的采光度。

4. 人流路线

在办公设计中必须要注意人流路线。由于办公空间地位的特殊性，必须注意不能让通过空间的路线太少，也不要让这些路线被其他墙或布置所阻隔，也就是说，这些路线必须是可视的、尽量直接的。可以让办公空间成为整个空间的中心，让周边房间的正面朝向办公空间，以便人流来往时更加方便。

办公平面工作位置的设置，按功能需要可整间统一安排，也可组团分区布置（通常 5~7 人为一组团或根据实际需要安排），各工作位置之间、组团内部及组团之间既要联系方便，又要避免过多地穿插，减少人员走动时干扰办公工作，

12.1.2 办公空间设计要点

办公空间设计需要考虑多方面的问题，涉及科学、技术、人文、艺术等诸多因素，应以人为本，以创造一个舒适、方便、卫生、安全、高效的工作环境为目标。其中“舒适”涉及建筑声学、建筑光学、建筑热工学、环境心理学、人类工效学等方面的学科；“方便”涉及功能流线分析，人类工效学等方面的内容；“卫生”涉及绿色材料、卫生学、给排水工程等方面的内容；“安全”问题则涉及建筑防灾，装饰构造等方面的内容。

办公空间的装饰设计要突出现代、高效、简洁的特点，同时从整体的风格设计、布局和装饰细节上体现出公司独特的文化。

办公空间的设计，还必须注意平面空间的实用效率，对平面空间的使用应该有一定的预想，以发展的眼光来看待商务办公功能、规模的变化。在装修过程中，尽量对空间采取灵活的分割，对柱的位置、柱外空间要有明确的认识和使用目的。

重视个人环境兼顾集体空间，借以活跃人们的思维，提高办公效率。

办公室的布局、通风、采光、人流线路、色调等的设计适当与否，对工作人员的精神状态及工作效率影响很大。

12.1.3 布置分类

小单间办公室：即较为传统的间隔式办公室，一般面积不大，空间相对封闭。小单间办公室室内环境宁静，少干扰，办公人员具有安定感，同室办公人员之间易于建立较为密切的人际关系。缺点是空间不够开畅，办公人员与相关部门及办公组团之间的联系不够直接和方便，受室内面积限制，通常配置的办公设施也比较简单，如图 12-2 所示。

大空间办公室：大空间办公室亦称开敞式或开放式办公室。大空间办公室有利于办公人员、办公组团之间的联系，提高办公设施、设备的利用，相对于间隔式的小单间办公室而言，大空间办公室减少了公共交通和结构面积，缩小了人均办公面积，从而提高了办公建筑主要使用功能面积率，如图 12-3 所示。

单元型办公室：单元型办公室在办公楼中，除晒图、文印、资料展示等服务用房为公共使用之外，单元型办公室家具具有相对独立的办公功能。通常单元型办公室内部空间分隔为接待会客、办公（包括高级管理人员的办公）等空间，根据功能需要和建筑设施的可能性，单元型办公室还可设置会议室和卫生间等用房，如图 12-4 所示。

图 12-2　小单间办公室

图 12-3　大空间办公室

12.2 调用样板新建文件

本书第 6 章创建了室内装潢施工图样板，该样板已经设置了相应的图形单位、样式、图层和图块等，建筑平面图可以直接在此样板的基础上进行绘制。

课堂举例 12-1：调用样板新建文件

视频\第 12 章\课堂举例 12-1.mp4

01 执行【文件】|【新建】命令，打开“选择文件”对话框。

02 单击使用样板按钮，选择“室内装潢施工图模板”，如图 12-5 所示。

图 12-4　单元型办公室

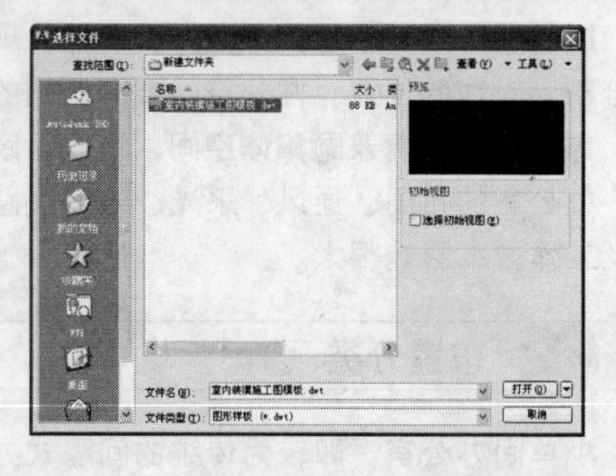

图 12-5　“选择文件”对话框

03 单击【打开】按钮，以样板创建图形，新图形中包含了样板中创建的图层、样式和图块等内容。

04 选择【文件】|【保存】命令，打开“图形另存为”对话框，在“文件名”框中输入文件名，单击【保存】按钮保存图形。

12.3 绘制办公空间平面布置图

本节首先介绍办公空间的布局情况，然后依次讲解各空间平面布置图绘制方法，办公空间平面布置图如图 12-6 所示。

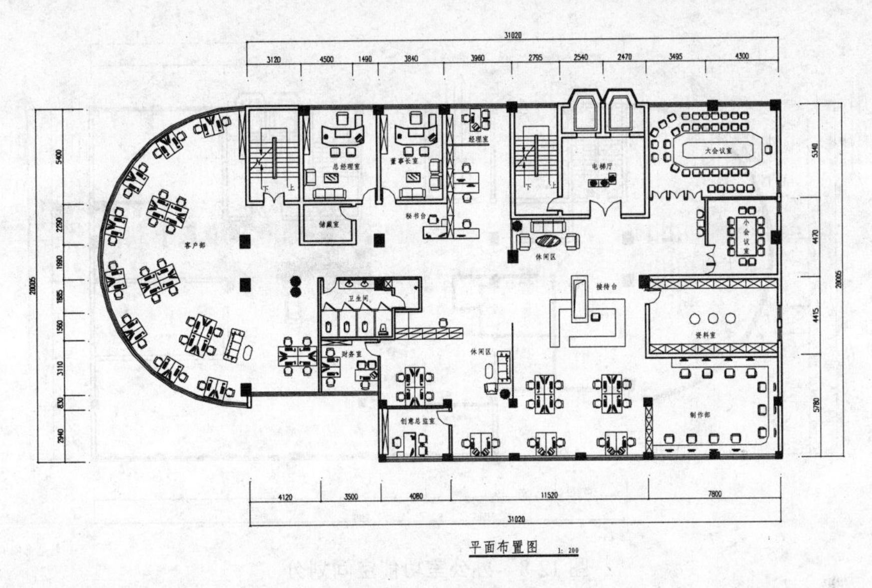

图 12-6　平面布置图

12.3.1　办公空间平面功能空间分析

本章选取了某广告公司办公空间作为教学实例，其建筑平面图如图 12-7 所示，本书配套光盘提供了该图形。

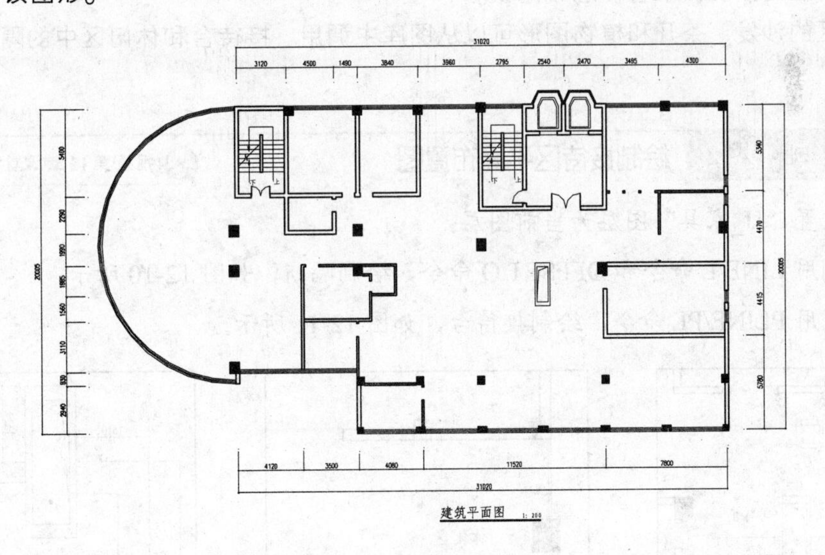

图 12-7　建筑平面图

办公区一般由进厅、办公室和会议室三个主要部分组成，另外附带卫生间、资料室、储藏室、财务室等辅助房间。经营范围、性质各异的办公室存在不同的使用要求，设计师必须对服务对象进行深入、理性的功能分析和调查，进而创造出符合企业实际情况的办公空间。

根据公司需要及行业性质和特点，本例将办公空间划分为总经理办公室、董事长办公室、开敞办公区、储藏室、接待区、休闲区、大会议室、小会议室、资料室、财务室、创意总监室、制作部、秘书室和卫生间等功能空间。各功能空间相通、相融，如图 12-8 所示。

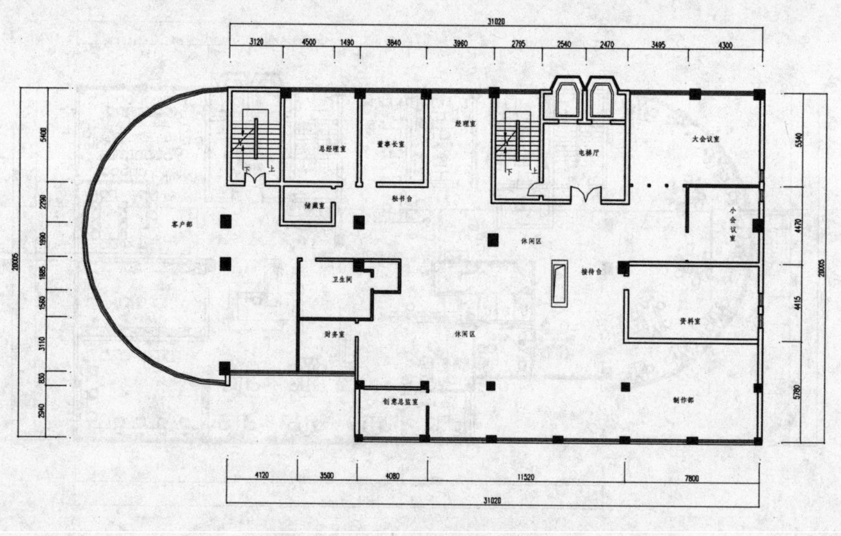

图 12-8　办公室功能空间划分

12.3.2　接待区平面布置

接待区是每个公司的门面，是给客户的第一印象，其空间设计要反映出一个企业的行业特征和企业管理文化。接待区包括接待台和休闲区。如图 12-9 所示为本例办公室接待区平面布置图，布置的沙发供来客休息或洽谈。

休闲区的沙发、茶几和植物图形可以从图库中调用。接待台和休闲区中的隔断需要手工绘制。

课堂举例 12-2：绘制接待区平面布置图

视频\第 12 章\课堂举例 12-2.mp4

01 设置“JJ_家具”图层为当前图层。

02 调用 LINE/L 命令和 OFFSET/O 命令，绘制隔断，如图 12-10 所示。

03 调用 PLINE/PL 命令，绘制接待台，如图 12-11 所示。

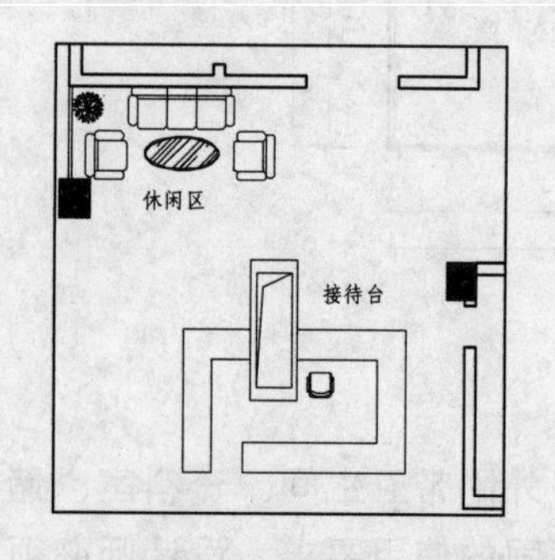

图 12-9　接待区平面布置图

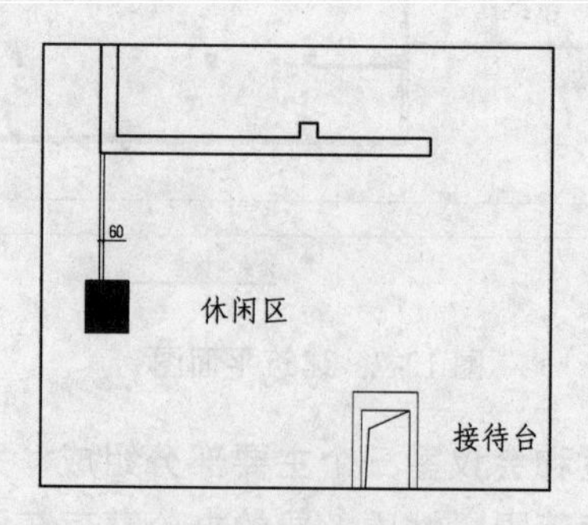

图 12-10　绘制隔断

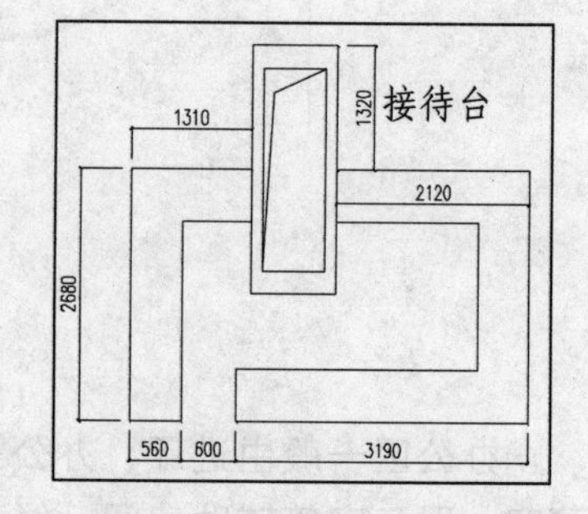

图 12-11　绘制接待台

12.3.3　普通办公区和办公室平面布置

这里所说的普通办公区是指普通办公空间，如客户部、制作部和经理室等区域，这是一

种开放式的布局方式。

办公桌组合式的排列方式不但有效利用了空间，同时也使信息的交流更加方便快捷。

普通办公区家具有办公桌椅、文件柜、电脑和休闲沙发等，如图 12-12 所示为普通办公区平面布置图，家具均可分别从图库中调用。

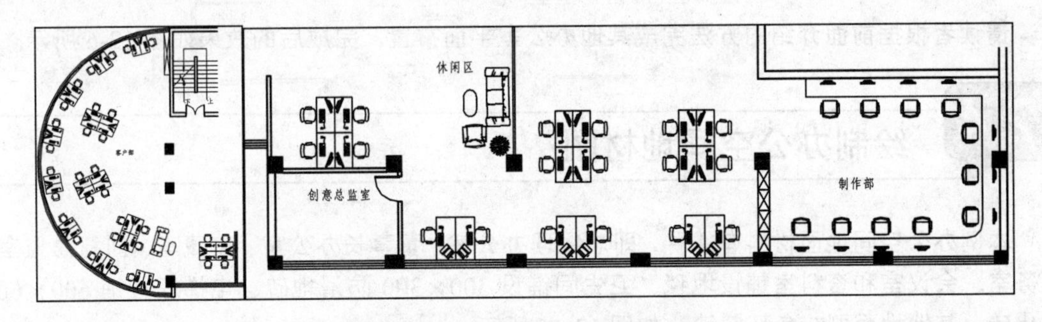

图 12-12　普通办公区平面布置图

12.3.4　董事长办公室平面布置

董事长办公室属于独立的、私密的办公空间，各种办公功能齐全，工作时不易受到外界干扰。董事长办公室按功能可分为办公区和接待区，在设计上强调庄重、高雅和舒适。

本例董事长办公室平面布置图如图 12-13 所示，并配有专门的秘书台。办公区有文件柜、办公桌椅和电脑等家具和办公用品。

董事长办公室大部分家具可以从图库中调入，文件柜可使用 RECTANG/REC 命令和 LINE/L 命令绘制。

12.3.5　会议室平面布置

会议室是供开会用的房间。现在会议室的种类又发生了很多变化，比如剧院形式的，还有回字形的，U 字形等。不过一般会议室的规模不超过 50 人。

大会议室平面布置图如图 12-14 所示。

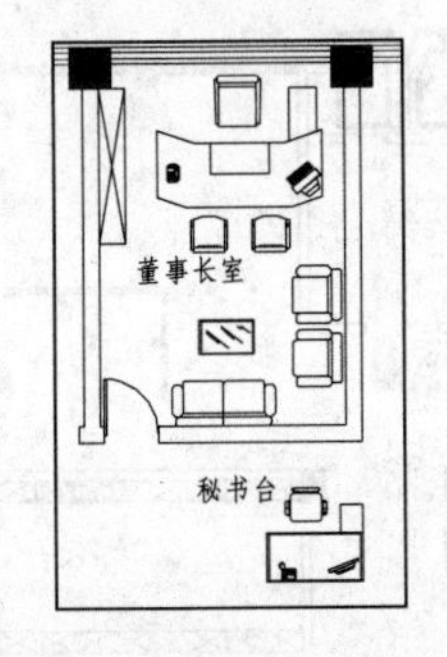

图 12-13　董事长室平面布置图

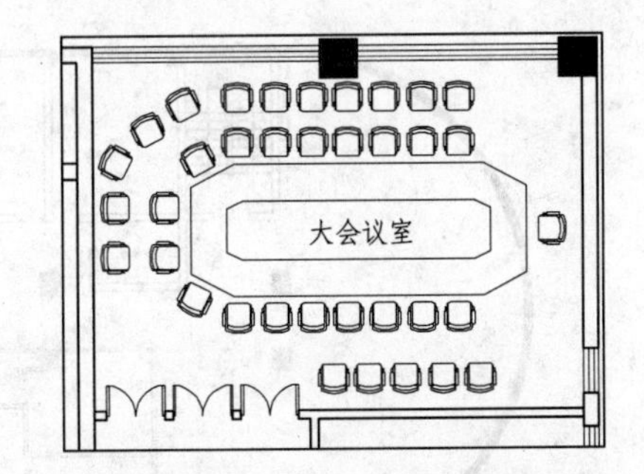

图 12-14　大会议室平面布置图

12.3.6　财务室平面布置

财务室属于机密部门，是控制着公司经济命脉的地方，所以在设计时需要将财务室布置在公司的偏僻一点的空间，避免人流多的位置。

财务室平面布置图如图 12-15 所示。

12.3.7 其他办公室平面布置

请读者根据前面介绍的方法完成其他办公室平面布置，完成后的效果如图 12-6 所示。

12.4 绘制办公空间地材图

本例办公空间地面材料有 4 种，即总经理办公室、董事长办公室、储藏室、创意总监室、财务室、会议室和资料室铺设地毯、卫生间铺设 300×300 防滑地砖、电梯厅斜铺 600×600 玻化砖，其他地面刷灰色环氧漆，如图 12-16 所示。

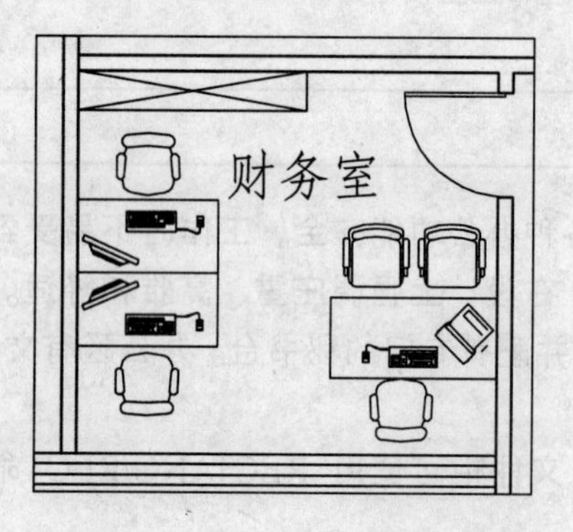

图 12-15 财务室平面布置图

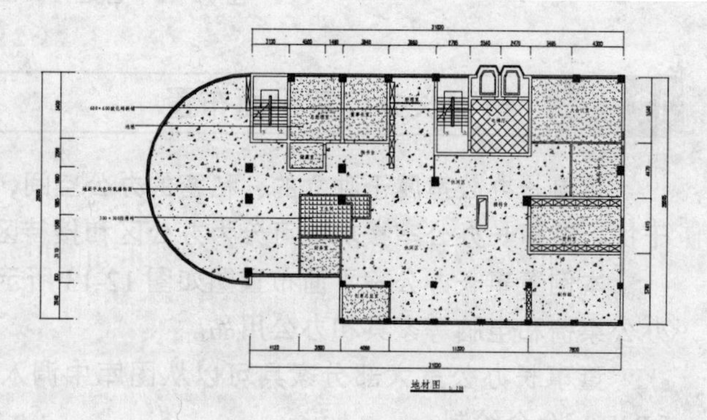

图 12-16 办公空间地材图

课堂举例 12-3: 绘制办公空间地材图 视频\第 12 章\课堂举例 12-3.mp4

01 复制图形。调用 COPY/CO 命令，复制办公空间平面布置图，删除所有的家具图形（柜子除外），结果如图 12-17 所示。

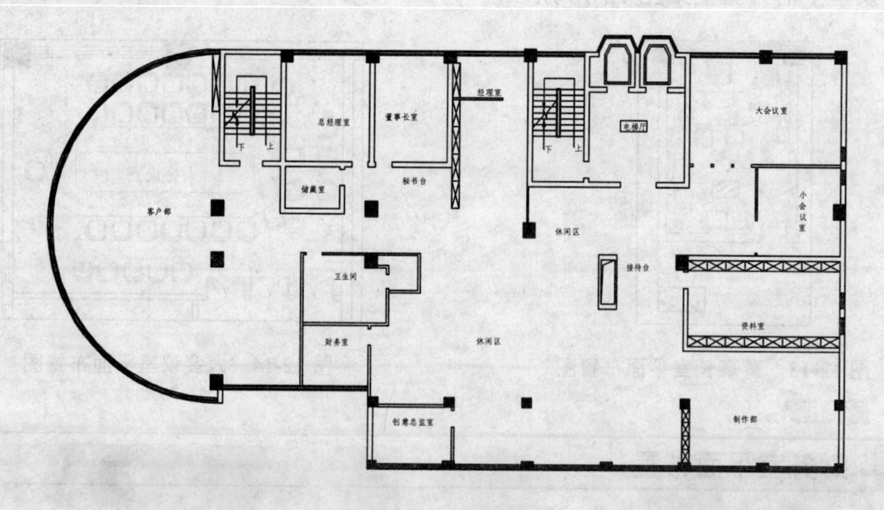

图 12-17 整理图形

02 绘制门槛线。设置“DM_地面”图层为当前图层。

03 调用 LINE/L 命令，绘制门槛线，如图 12-18 所示。

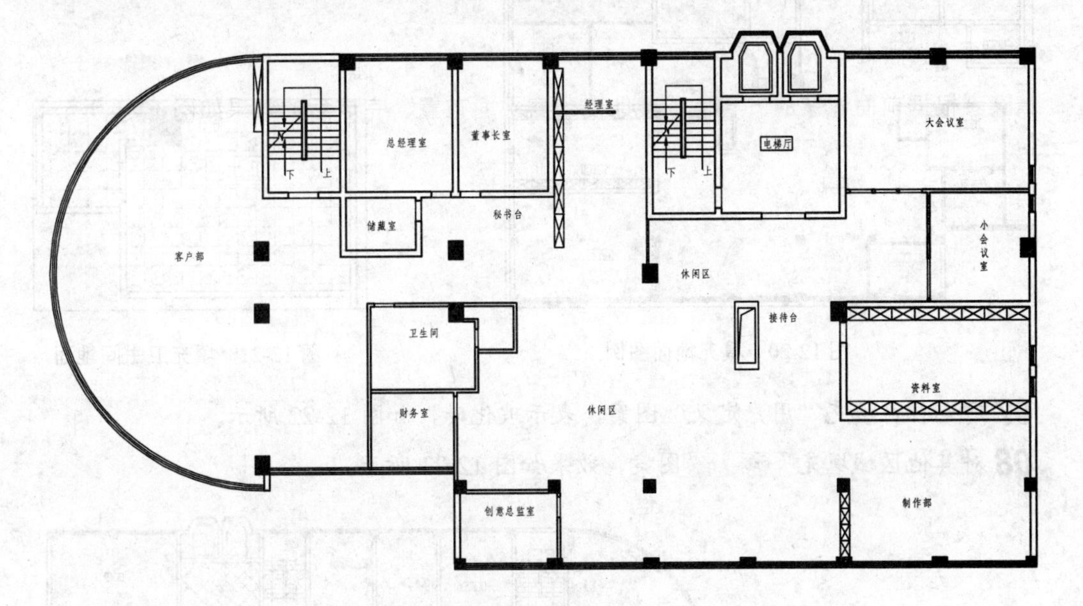

图 12-18　绘制门槛线

04 调用 RECTANG/REC 命令，绘制矩形框住各空间名称，如图 12-19 所示。

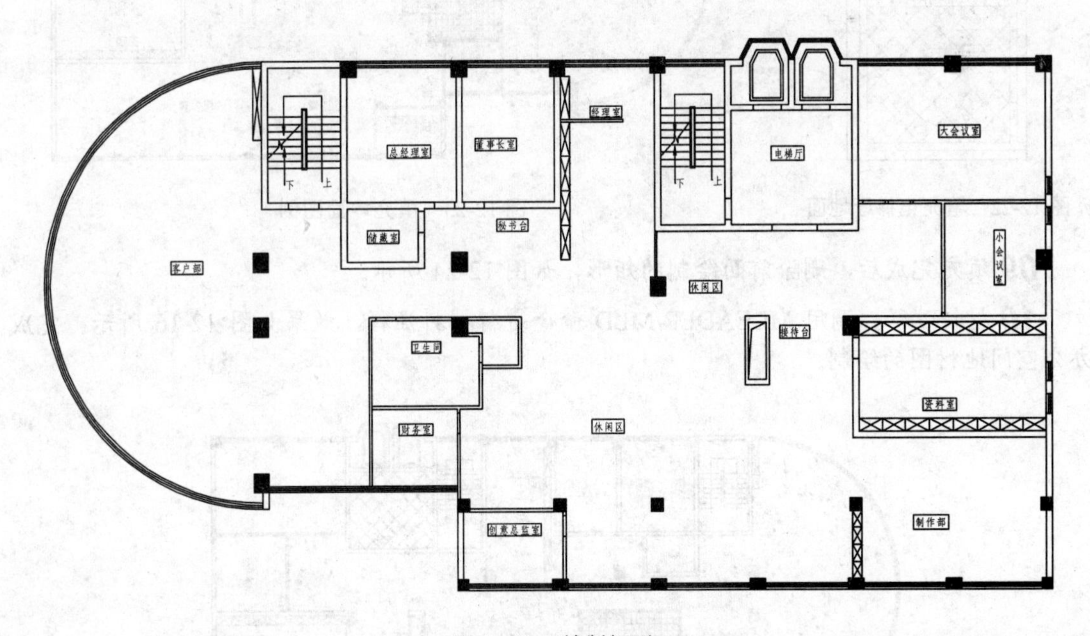

图 12-19　绘制矩形

05 填充地面图例。调用 HATCH/H 命令，对总经理办公室、董事长办公室、储藏室、创意总监室、财务室、会议室和资料室填充 AR-SAND 图案，表示地毯，如图 12-20 所示。

06 对卫生间填充 ANGLE 图案，表示防滑砖，如图 12-21 所示。

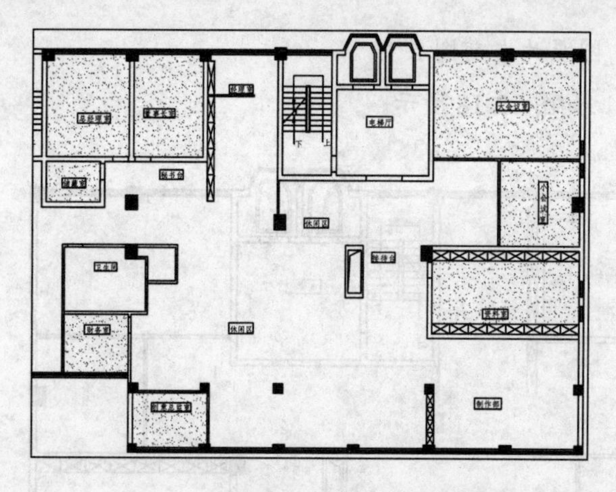

图 12-20　填充地面图例

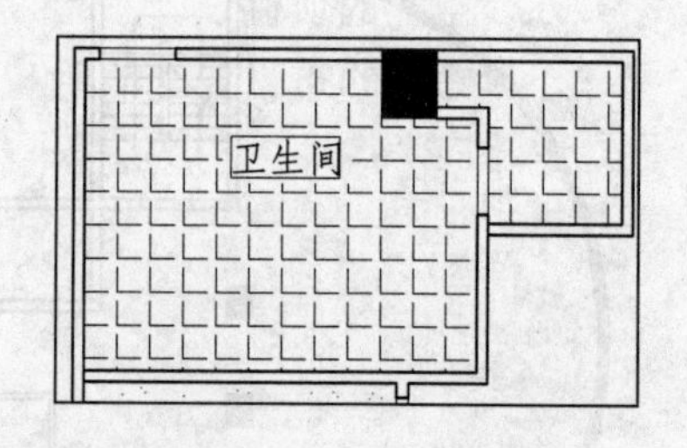

图 12-21　填充卫生间地面

07 对电梯厅填充“用户定义”图案，表示玻化砖，如图 12-22 所示。

08 对其他区域填充 AR-CONC 图案，效果如图 12-23 所示。

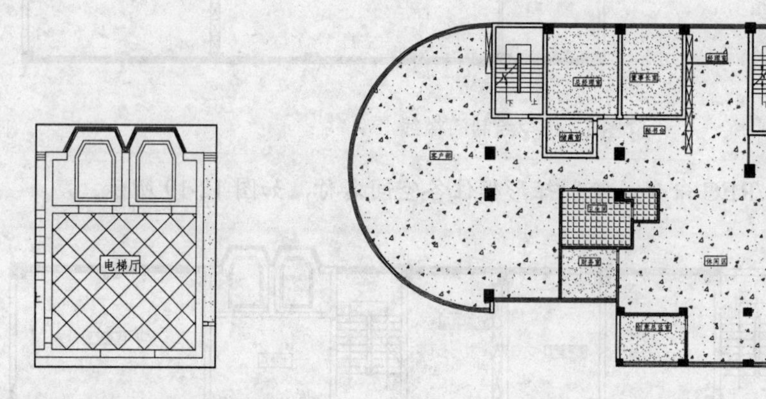

图 12-22　填充电梯厅地面　　图 12-23　填充地面图例

09 填充完成后，删除前面绘制的矩形，如图 12-24 所示。

10 材料注释。调用 MLEADER/MLD 命令进行材料注释，效果如图 12-16 所示。完成办公空间地材图的绘制。

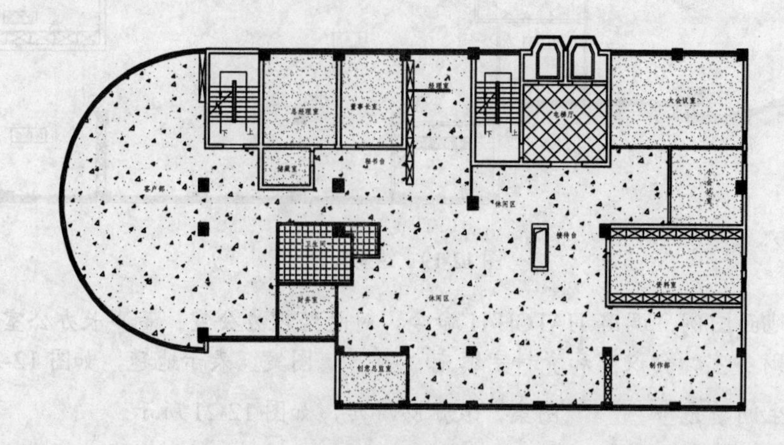

图 12-24　删除矩形

12.5 绘制办公空间顶棚图

办公空间的顶棚设计不宜太复杂，除总经理室、董事长室和会议室之外，多数情况采用平吊，顶棚中的布光要求照明高，本例中主要使用工矿灯，局部配合使用射灯。此外，顶棚设计中还应考虑通风、恒温和防火。顶棚材料多数采用轻钢龙骨石膏板或铝龙骨棉板和轻钢龙骨铝扣板等，这些材料具有较好的防火性。

本例办公空间采用轻钢龙骨石膏板吊顶，未吊顶区域刷白色乳胶漆，卫生间和电梯厅采用铝扣板吊顶。绘制完成的办公空间顶棚图如图 12-25 所示，下面以会议室为例介绍绘制方法。

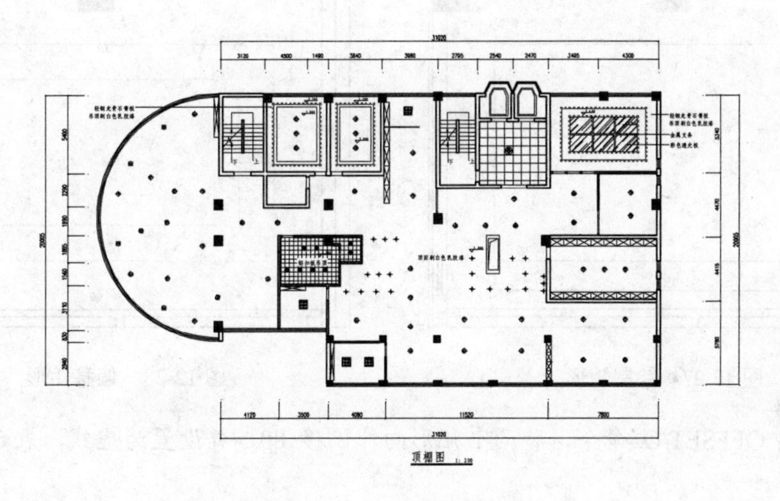

图 12-25　办公空间顶棚图

12.5.1 绘制会议室顶棚图

会议室采用轻钢龙骨石膏板吊顶，如图 12-26 所示。下面以该顶棚区域为例讲解绘制方法。

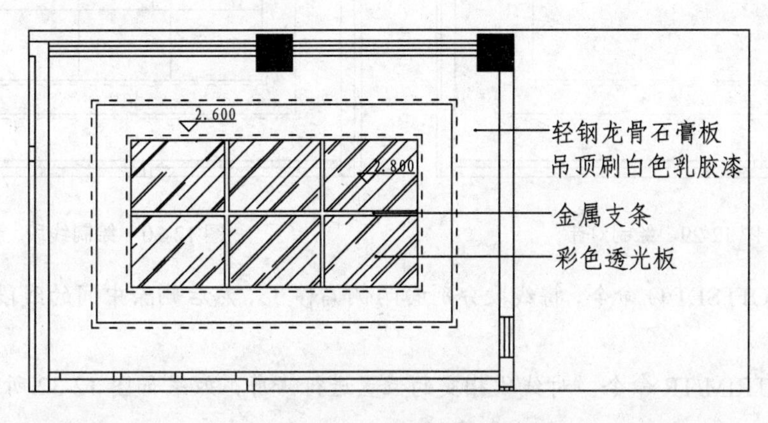

图 12-26　会议室顶棚图

课堂举例 12-4：绘制会议室顶棚图

视频\第 12 章\课堂举例 12-4.mp4

01 整理图形。调用 COPY/CO 命令，复制办公空间顶棚图，并删除与顶棚图无关图形。

02 设置"DM_地面"图层为当前图层。

03 调用 LINE/L 命令，绘制墙体线。

04 绘制吊顶造型。设置"DD_吊顶"图层为当前图层。

05 调用 RECTANG/REC 命令，绘制尺寸为 5955×3560 的矩形，并移动到相应的位置，如图 12-27 所示。

06 调用 OFFSET/O 命令，将矩形向内偏移 580，如图 12-28 所示。

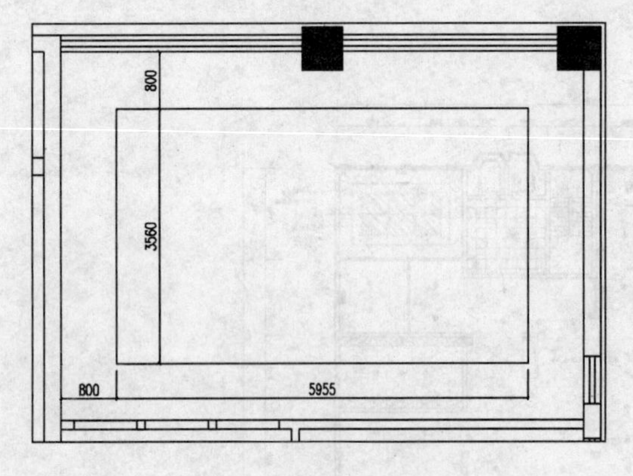

图 12-27　绘制矩形

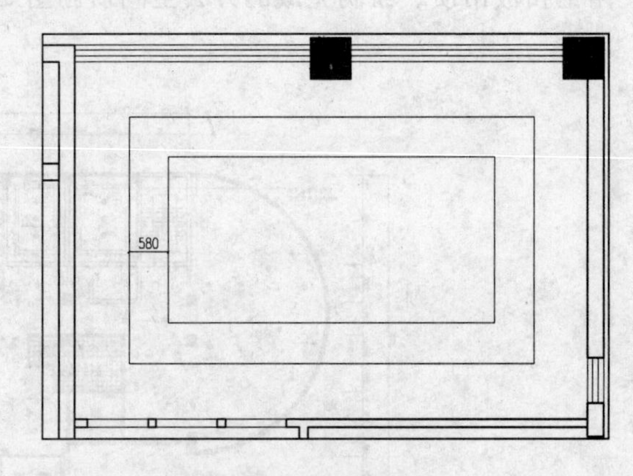

图 12-28　偏移矩形

07 调用 OFFSET/O 命令，将两个矩形向外偏移 80，并设置为虚线，表示灯带，如图 12-29 所示。

08 调用 LINE/L 命令和 OFFSET/O 命令，绘制如图 12-30 所示线段。

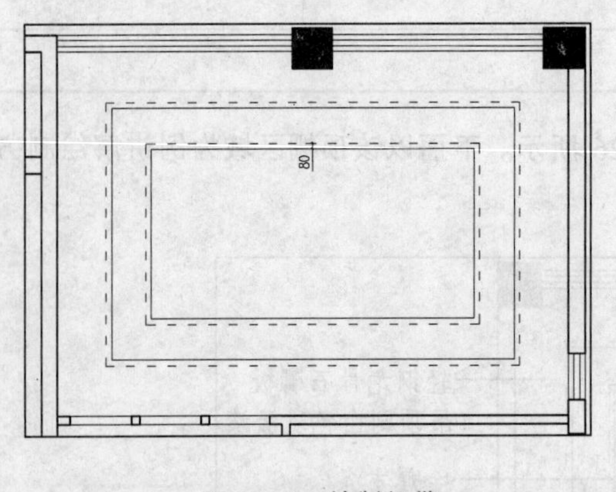

图 12-29　绘制灯带

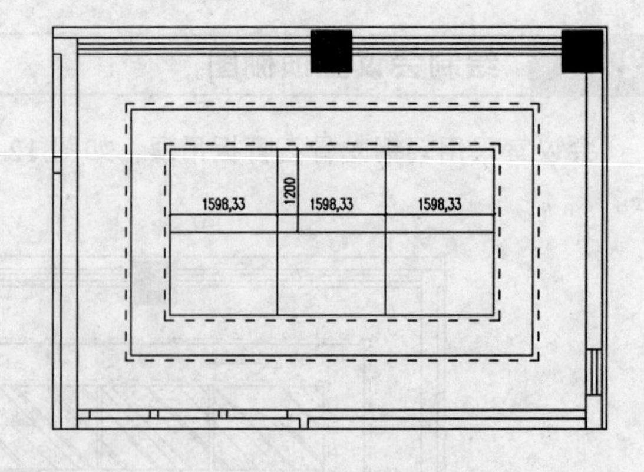

图 12-30　绘制线段

09 调用 OFFSET/O 命令，将线段分别向两侧偏移 35，然后删除中间的线段，如图 12-31 所示。

10 调用 TRIM/TR 命令，对线段相交的位置进行修剪，效果如图 12-32 所示。

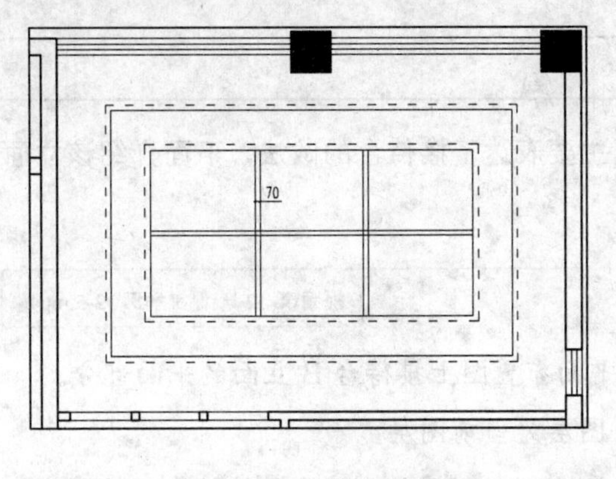

图 12-31　偏移线段

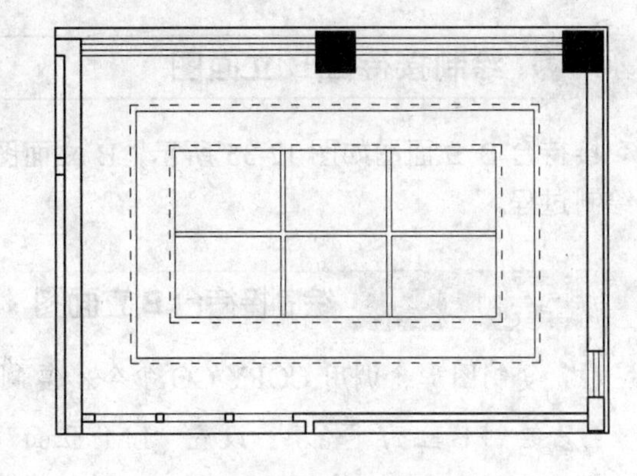

图 12-32　修剪线段

11 调用 HATCH/H 命令，对吊顶区域填充 AR-RROOF 图案，填充效果如图 12-33 所示。

12 绘制标高和材料说明。调用 INSERT/I 命令，插入“标高”图块，效果如图 12-34 所示。

13 调用 MLEADER/MLD 命令，对顶面材料进行文字说明，效果如图 12-26 所示，完成会议室顶棚图的绘制。

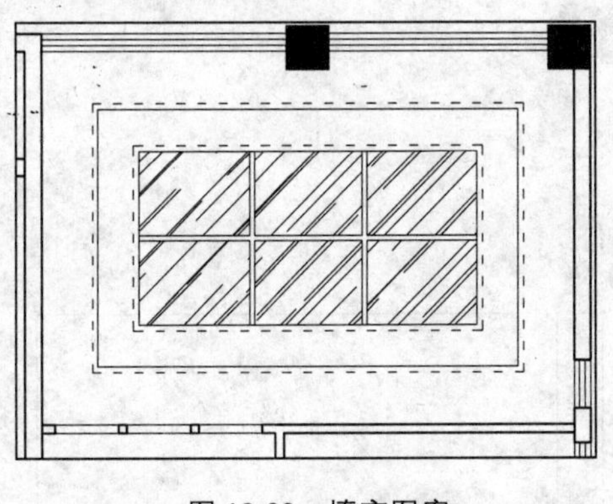

图 12-33　填充图案

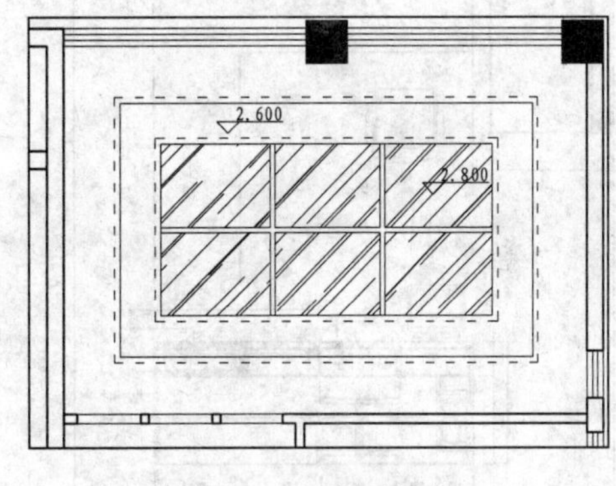

图 12-34　插入标高

12.5.2 绘制其他顶棚图

办公空间其他顶棚设计都比较简单，请读者参考前面的方法绘制，完成后的效果如图 12-25 所示。

12.6 绘制办公空间立面图

办公环境从性质上讲属于一种理性空间，应显出其严谨、沉稳的特点。办公室在装饰处理上不宜堆砌过多的材料，画龙点睛的设计方法常能达到营造良好办公气氛效果。办公室墙面常用乳胶漆和墙纸，也可利用材质的拼接进行有规律、有模数的分割。

下面以接待台、制作部和总经理办公室为例介绍办公空间立面图的绘制方法。

12.6.1 绘制接待台 B 立面图

接待台 B 立面图如图 12-35 所示，B 立面图主要表达了接待台的做法，下面介绍该立面的绘制过程。

课堂举例 12-5：绘制接待台 B 立面图　　视频\第 12 章\课堂举例 12-5.mp4

01 复制图形。调用 COPY/CO 命令，复制平面布置图上接待台 B 立面的平面部分。

02 绘制 B 立面外轮廓。设置"LM_立面"图层为当前图层。

03 调用 RECTANG/REC 命令，绘制尺寸为 2120×780 的矩形，表示接待台的轮廓，如图 12-36 所示。

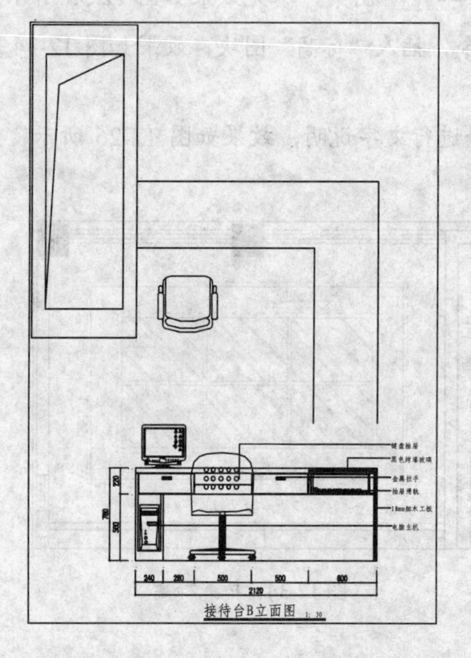

图 12-35　接待台 B 立面图

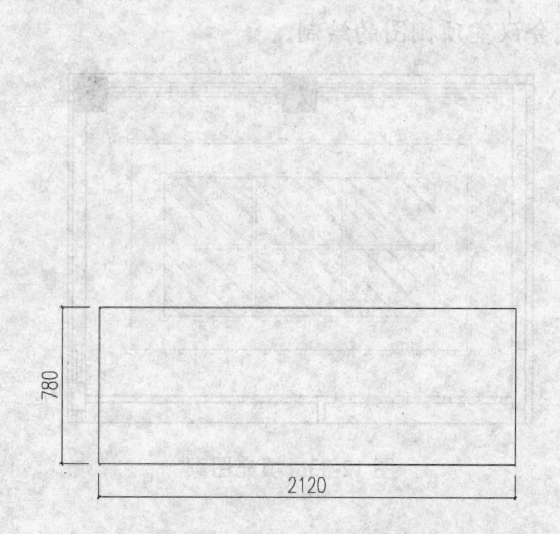

图 12-36　绘制接待台轮廓

04 绘制接待台。调用 LINE/L 命令、RECTANG/REC 命令和 OFFSET/O 命令，绘制抽屉结构，如图 12-37 所示。

05 调用 LINE/L 命令和 OFFSET/O 命令，绘制右侧抽屉结构轮廓，如图 12-38 所示。

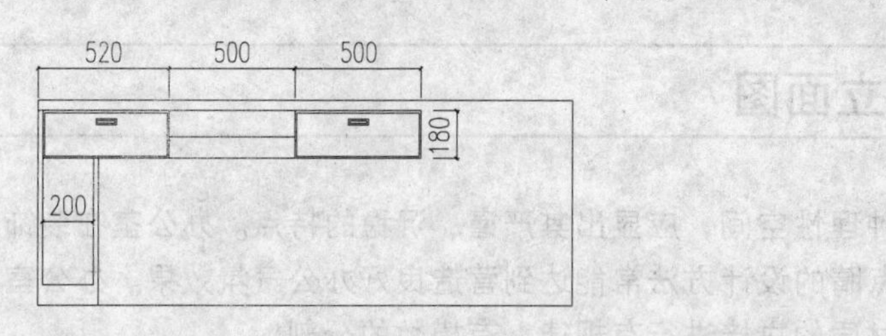

图 12-37　绘制抽屉

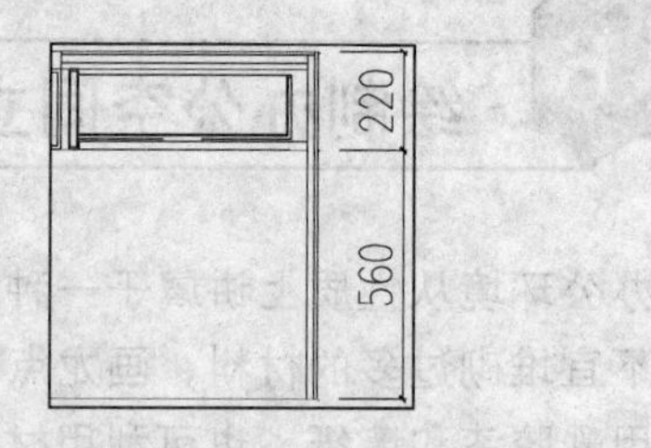

图 12-38　绘制抽屉结构

06 调用 HATCH/H 命令，对抽屉填充 CORK 图案，填充效果如图 12-39 所示。

07 插入图块。按 Ctrl+O 快捷键，打开配套光盘提供的“第 12 章\家具图例.dwg”文件，选择其中的电脑椅、显示器、机箱和抽屉滑轨图块，将其复制至接待台区域，效果如图 12-40 所示。

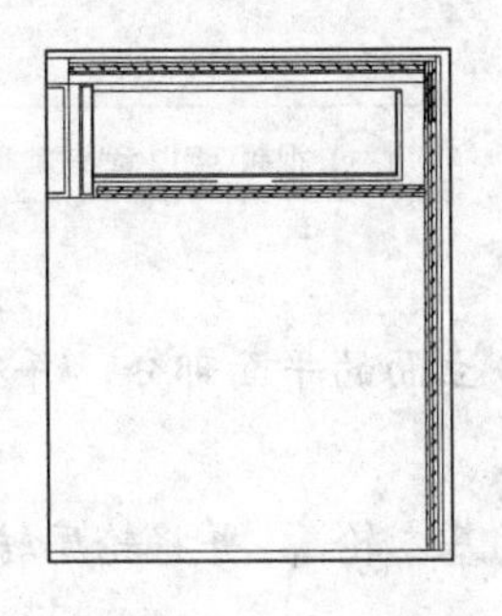

图 12-39　填充抽屉

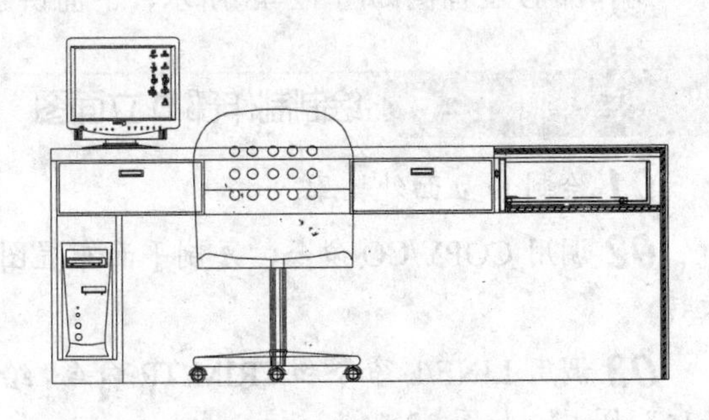

图 12-40　插入图块

08 标注尺寸和文字说明。设置“BZ_标注”图层为当前图层，设置当前注释比例为 1:50，调用 DIMLINEAR/DLI 命令和 DIMCONTINUE/DCO 命令，标注尺寸，效果如图 12-41 所示。

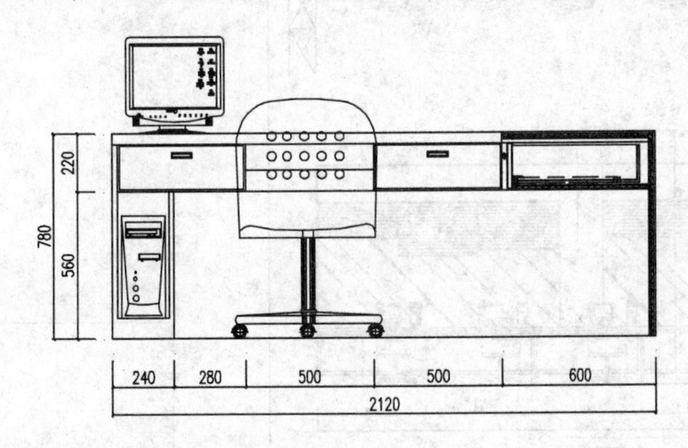

图 12-41　尺寸标注

09 调用 MLEADER/MLD 命令，对立面材料进行文字说明，效果如图 12-42 所示。

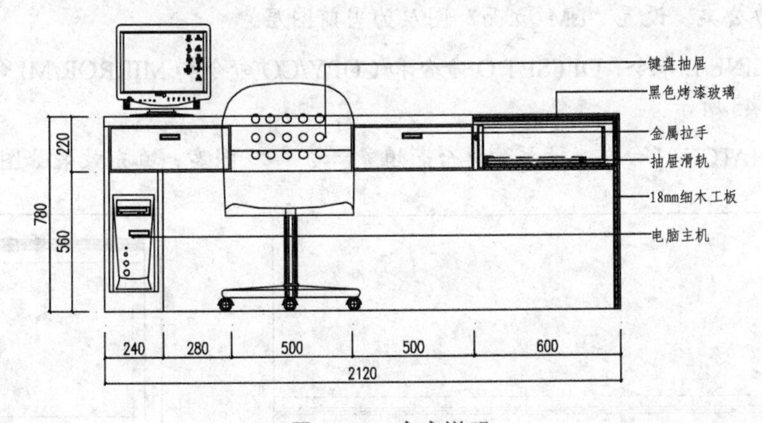

图 12-42　文字说明

10 插入图名。调用 INSERT/I 命令，插入“图名”图块，设置图名为“接待台 B 立面图”，接待台 B 立面图绘制完成。

12.6.2 绘制制作部 D 立面图

制作部 D 立面图如图 12-43 所示，下面讲解绘制方法。

课堂举例 12-6：绘制制作部 D 立面图

视频\第 12 章\课堂举例 12-6.mp4

01 绘制 D 立面外轮廓。

02 调用 COPY/CO 命令，复制平面布置图上制作部 D 立面的平面部分，并对图形进行旋转。

03 调用 LINE/L 命令和 TRIM/TR 命令，绘制 D 立面的基本轮廓，并将轮廓转换至“QT_墙体”图层，如图 12-44 所示。

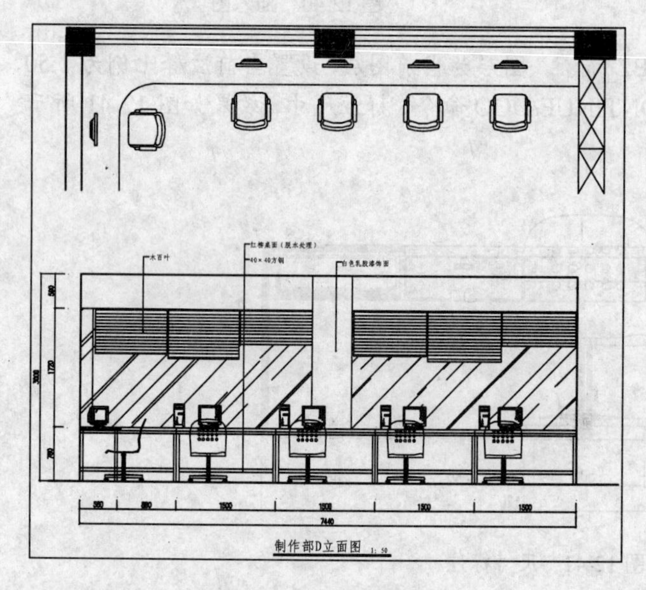

图 12-43　制作部 D 立面图

图 12-44　绘制 D 立面轮廓

04 绘制办公桌。设置“LM_立面”图层为当前图层。

05 调用 LINE/L 命令、OFFSET/O 命令和 COPY/CO 命令和 MIRROR/MI 命令，绘制办公桌，如图 12-45 所示。

06 调用 HATCH/H 命令，对电脑桌台面填充 CORK 图案，填充效果如图 12-46 所示。

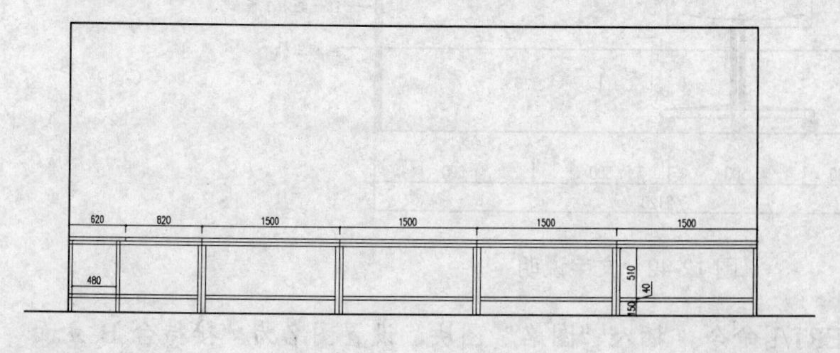

图 12-45　绘制办公桌

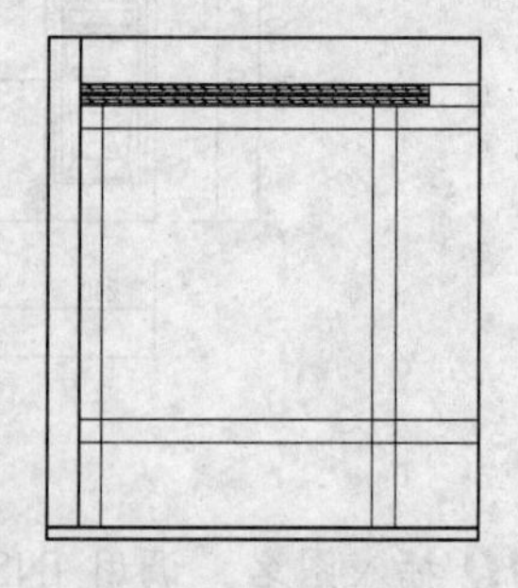

图 12-46　填充桌面

07 插入图块。从图库中插入电脑、电脑椅和主机图块，效果如图 12-47 所示。

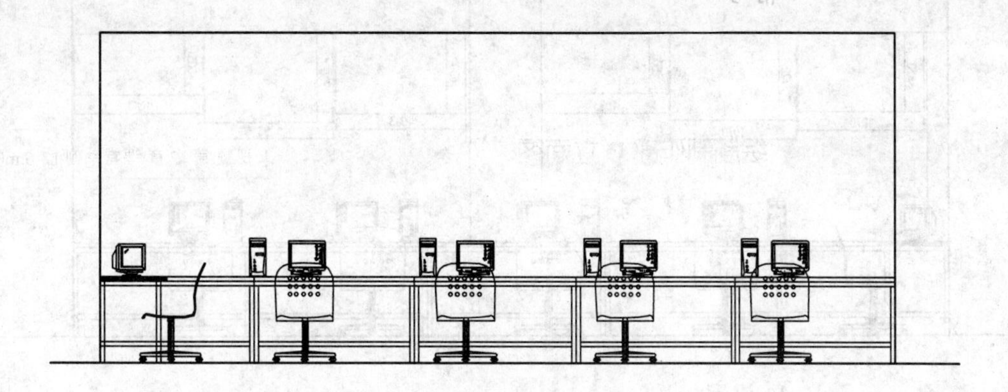

图 12-47　插入图块

08 绘制柱子。调用 LINE/L 命令和 OFFSET/O 命令，绘制线段表示柱子，如图 12-48 所示。

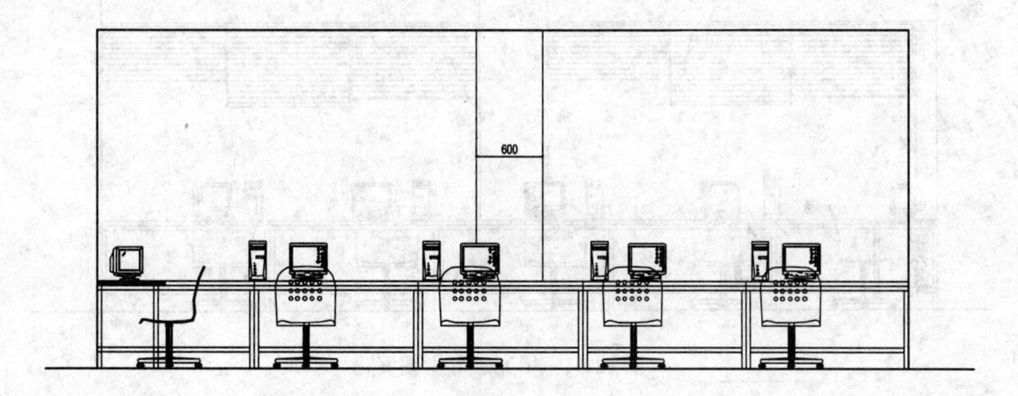

图 12-48　绘制柱子

09 绘制窗。调用 LINE/L 命令，绘制窗的轮廓，如图 12-49 所示。

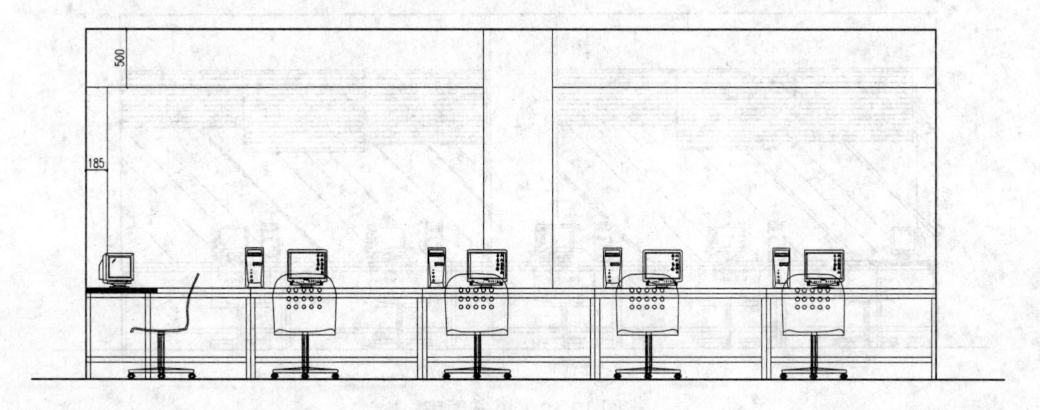

图 12-49　绘制窗的轮廓

10 调用 PLINE/PL 命令，绘制百叶窗轮廓，如图 12-50 所示。

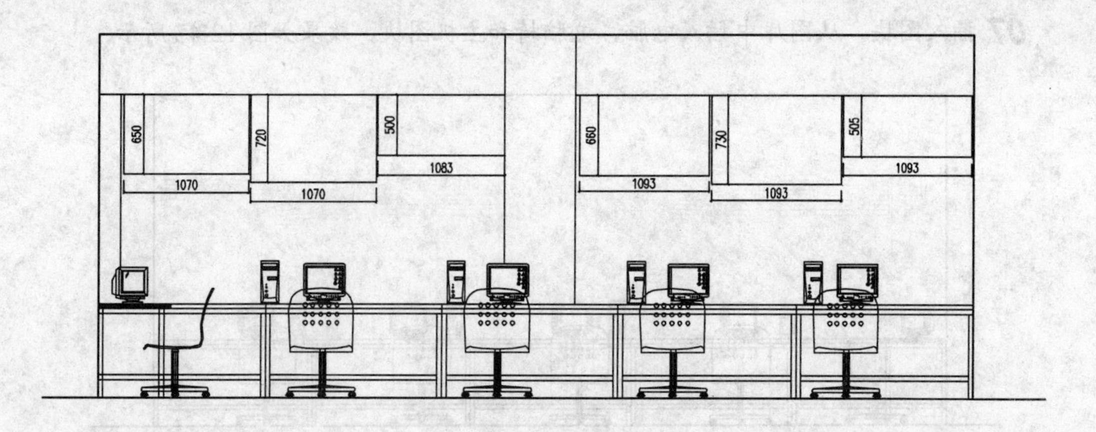

图 12-50　绘制百叶窗轮廓

11 调用 HATCH/H 命令，对百叶窗图形填充 LINE 图案，填充效果如图 12-51 所示。

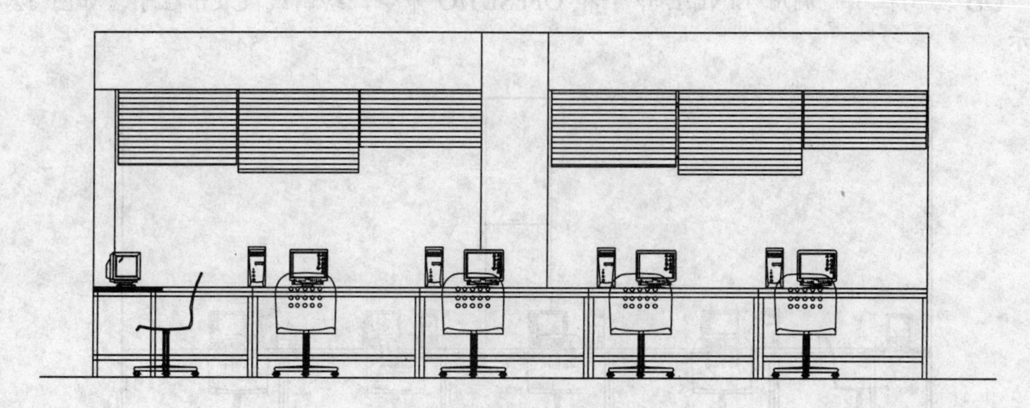

图 12-51　填充百叶窗图案

12 调用 HATCH/H 命令，对窗图形填充 AR-RROOF 图案，表示玻璃，填充效果如图 12-52 所示。

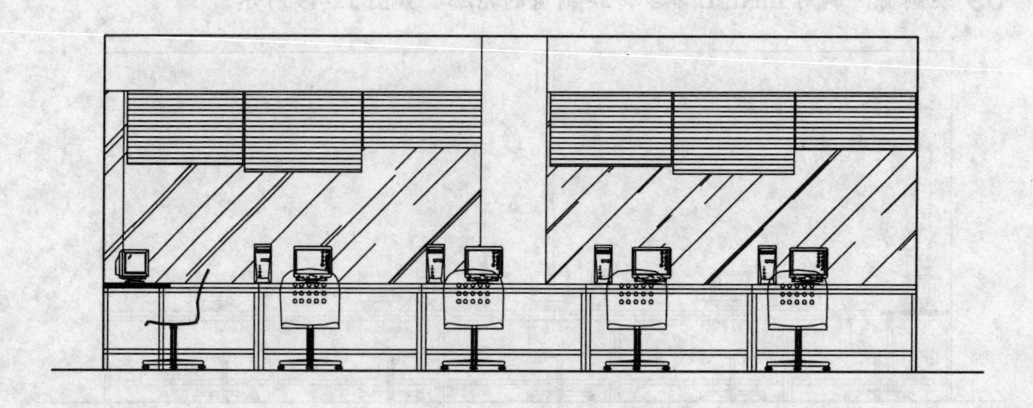

图 12-52　填充图案

13 尺寸标注和文字标注。设置“BZ_标注”图层为当前图层。

14 调用 DIMLINEAR/DLI 命令和 DIMCONTINUE/DCO 命令，对立面图形进行尺寸标

注，效果如图 12-53 所示。

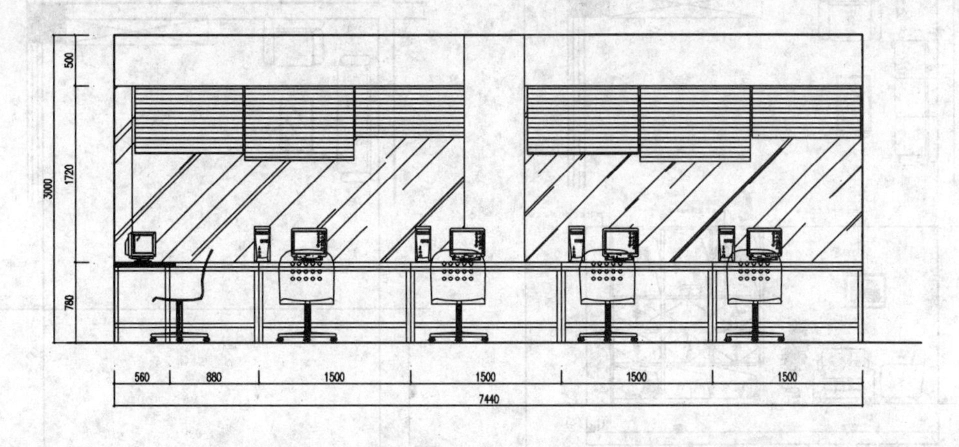

图 12-53　尺寸标注

15 调用 MLEADER/MLD 命令，进行文字标注，效果如图 12-54 所示。

16 插入图名。调用 INSERT/I 命令，插入“图名”图块，设置图名名称为“制作部 D 立面图”，完成制作部 D 立面图的绘制。

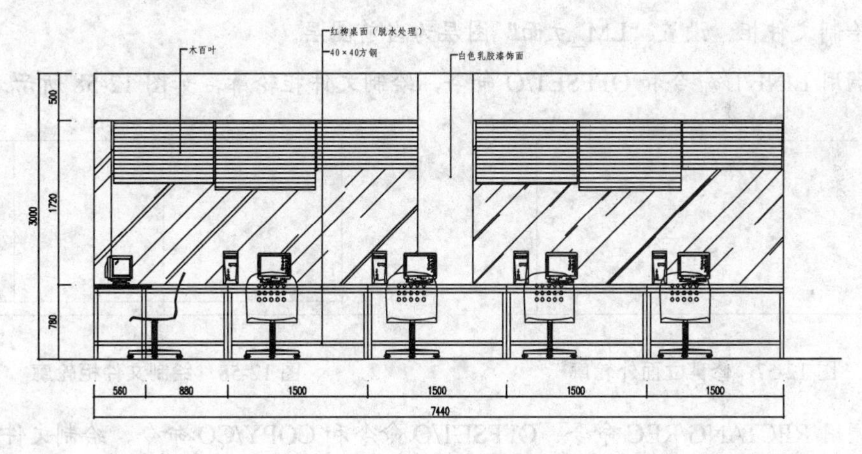

图 12-54　文字标注

12.6.3　绘制总经理室 A 立面图

如图 12-55 所示为总经理室 A 立面图，A 立面图是休闲沙发和文件柜所在的墙面，下面讲解绘制方法。

课堂举例 12-7：绘制总经理室 A 立面图

视频\第 12 章\课堂举例 12-7.mp4

01 绘制 A 立面轮廓。

02 调用 COPY/CO 命令，复制办公空间平面布置图上总经理室 A 立面的平面部分，并对图形进行旋转。

03 借助平面图，绘制顶面、地面和墙体的投影线，如图 12-56 所示。

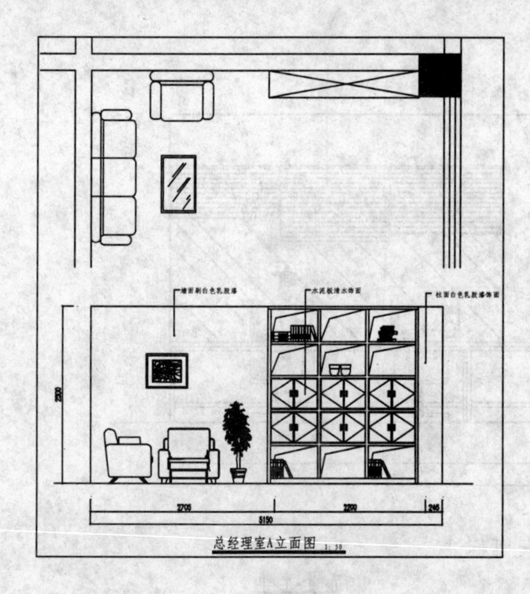

图 12-55　总经理室 A 立面图

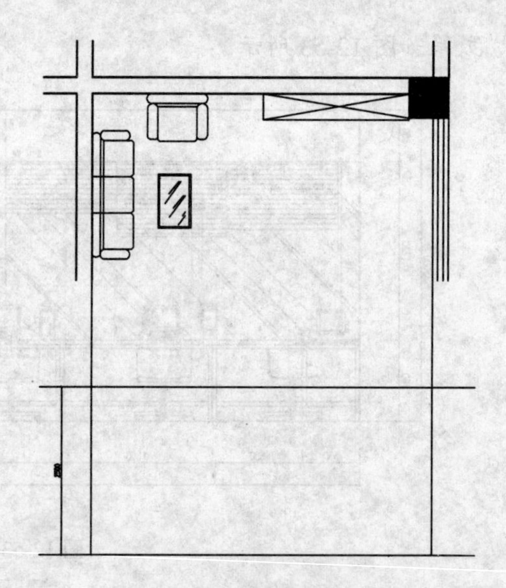

图 12-56　绘制投影线

04 调用 TRIM/TR 命令，修剪出立面外轮廓，并将立面外轮廓转换至“QT_墙体”图层，如图 12-57 所示。

05 绘制文件柜。设置“LM_立面”图层为当前图层。

06 调用 LINE/L 命令和 OFFSET/O 命令，绘制文件柜轮廓，如图 12-58 所示。

图 12-57　修剪立面外轮廓

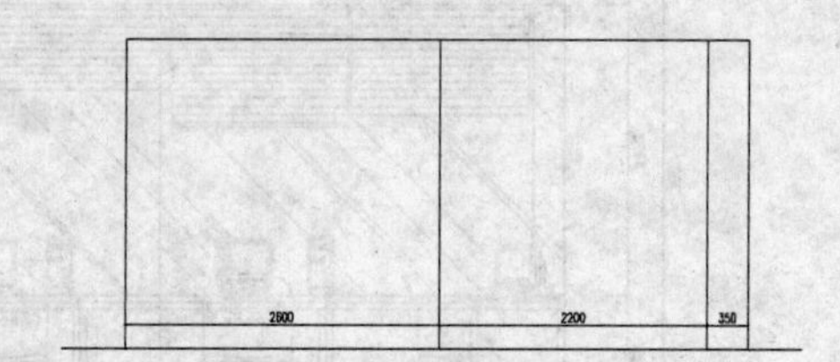

图 12-58　绘制文件柜轮廓

07 调用 RECTANG/REC 命令、OFFSET/O 命令和 COPY/CO 命令，绘制文件柜，如图 12-59 所示。

08 调用 LINE/L 命令，绘制折线，表示是空的，如图 12-60 所示。

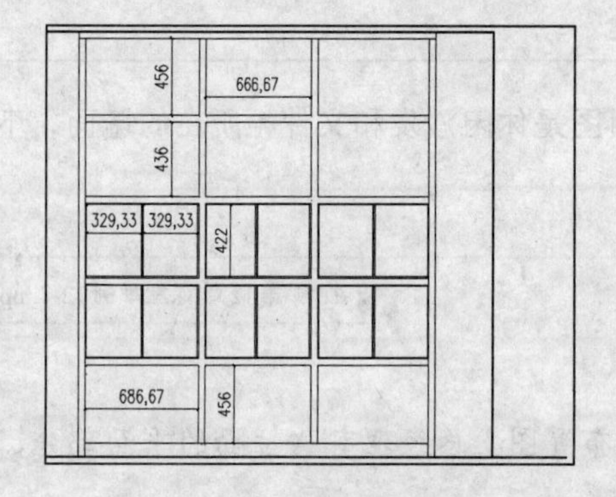

图 12-59　绘制文件柜

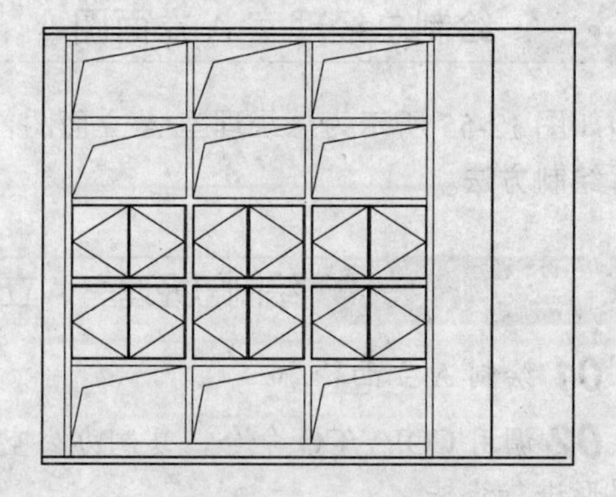

图 12-60　绘制折线

09 调用 PLINE/PL 命令，绘制线段，表示柜门开启方向，如图 12-61 所示。

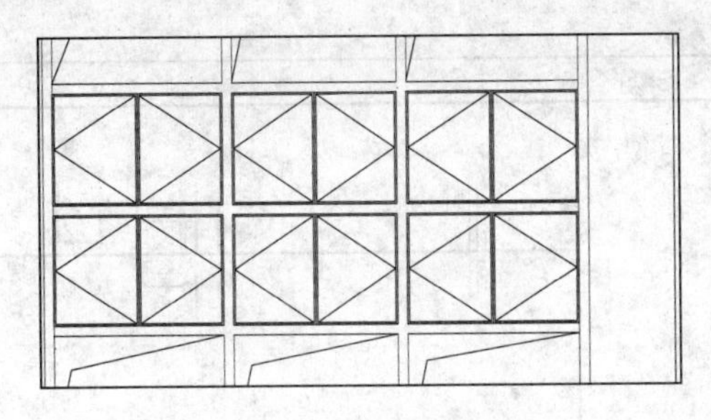

图 12-61　绘制线段

10 调用 RECTANG/REC 命令、OFFSET/O 命令和 COPY/CO 命令，绘制柜门拉手，如图 12-62 所示。

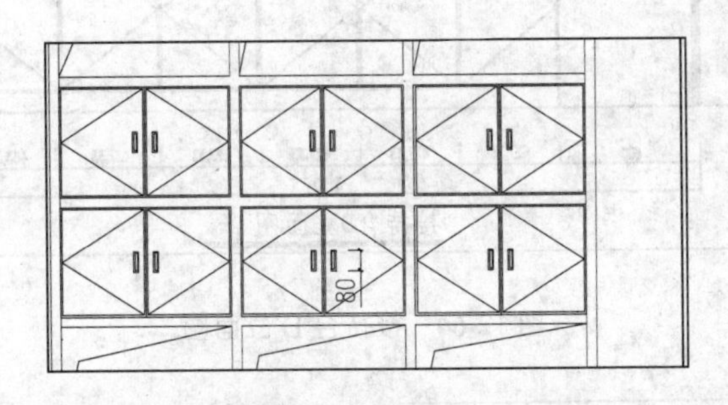

图 12-62　绘制柜门拉手

11 插入图块。从图库中插入立面图中所需要的休闲沙发、书本、装饰画、植物和陈设品，如图 12-63 所示。

12 标注。立面图绘制完成之后，就可以进行标注了，包括尺寸标注、文字标注和图名等，总经理室 A 立面图绘制完成。

图 12-63　插入图块

12.6.4　绘制其他立面图

请读者参考前面讲解的方法绘制完成接待台 D 立面图、董事长室 C 立面图和过道 C 立面图，如图 12-64～图 12-66 所示。

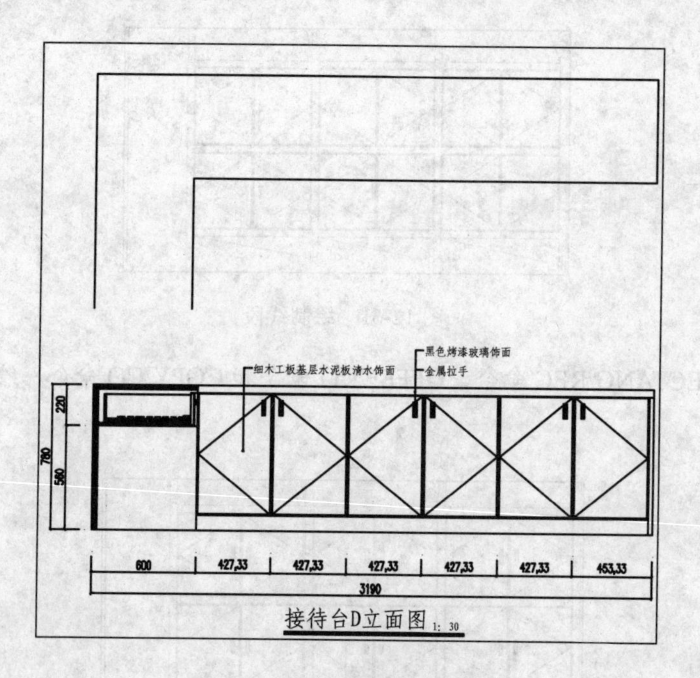

图 12-64　接待台 D 立面图

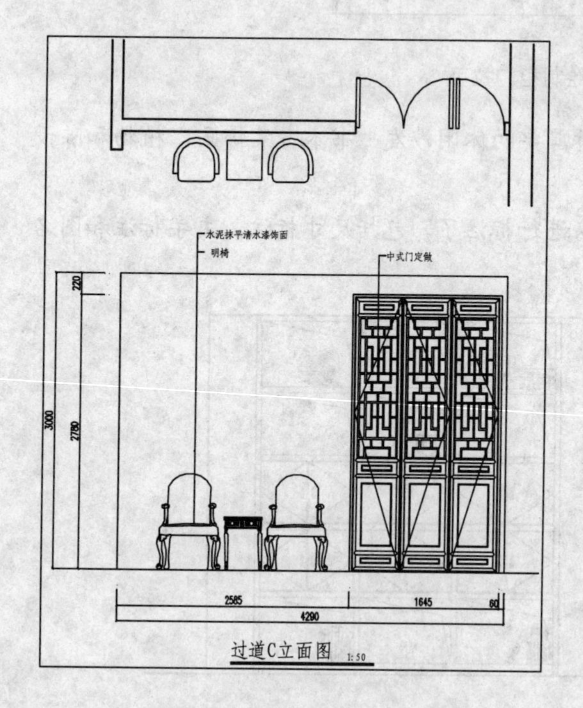

图 12-65　董事长室 C 立面图

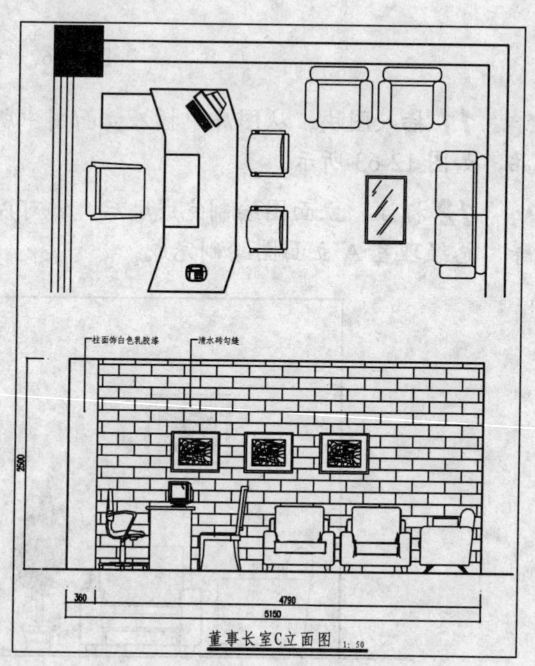

图 12-66　过道 C 立面图

第 13 章 酒店大堂和客房室内设计

本章导读

大堂是指酒店主入口处的大厅,它包括一般门厅和与之相连的总台、休息厅、餐饮、楼梯及电梯厅、小商店以及其他相关的辅助设施。大堂是宾客接触的第一站,是重要枢纽和服务空间,可以充分体现酒店的品位和特色。

本章系统介绍了某酒店大堂部分的室内设计图绘制,包括大堂建筑平面图、平面布置图、顶面布置图、地面布置图、立面图和详图,其中省去了大量繁琐的绘制步骤,重点介绍设计方法及相关的注意事项。

本章重点

★ 酒店大堂设计概述
★ 调用样板新建文件
★ 绘制首层大堂平面布置图
★ 绘制酒店大堂地材图
★ 绘制酒店大堂顶棚图
★ 绘制酒店大堂立面图
★ 绘制客房平面布置图
★ 绘制客房地材图
★ 绘制客房顶棚图
★ 绘制客房立面图

13.1 酒店大堂设计概述

酒店大堂是酒店前厅部的主要厅室，一般设在底层。大堂是客人获得第一印象和最后印象的主要场所，是酒店的窗口。因此大多数酒店均把大堂作为室内装饰的重点，集空间、家具、陈设、绿化、照明和材料等精华于一体，如图 13-1 所示。

大堂内部主要有：

- 总服务台：一般设在入口附近，在大堂较明显的地方，使客人入厅就能看到。总服务台的主要设施有：房间状况控制盘、留言及钥匙存放架、保险箱和资料夹等。
- 大堂副理办公桌：布置在大堂一角，以处理前厅业务。
- 休息座：作为客人进店、结账、接待和休息之用。常选择方便登记、不受干扰、有良好的环境之处。
- 供应酒水和小卖部，有时和休息区相结合布置。
- 钢琴或有关的娱乐设施。

大堂设计在空间上宜比一般厅室要高大开敞，以显示其建筑的核心作用，并留有一定的墙面作为重点装饰之用（如绘画、浮雕等），同时考虑必要的具有一定含义的陈设位置（如大型古玩、珍奇品等），在选择材料上，应以高档天然材料为佳，如花岗石、大理石、高级木材和石材，可起到庄重、华贵的作用。

13.2 调用样板新建文件

本书第 6 章创建了室内装潢施工图样板，该样板已经设置了相应的图形单位、样式、图层和图块等，建筑平面图可以直接在此样板的基础上进行绘制。

课堂举例 13-1：调用样板新建文件

视频\第 13 章\课堂举例 13-1.mp4

01 执行【文件】|【新建】命令，打开“选择样板”对话框。

02 单击使用样板按钮，选择“室内装潢施工图模板”，如图 13-2 所示。

03 单击【打开】按钮，以样板创建图形，新图形中包含了样板中创建的图层、样式和图块等内容。

图 13-1　酒店大堂

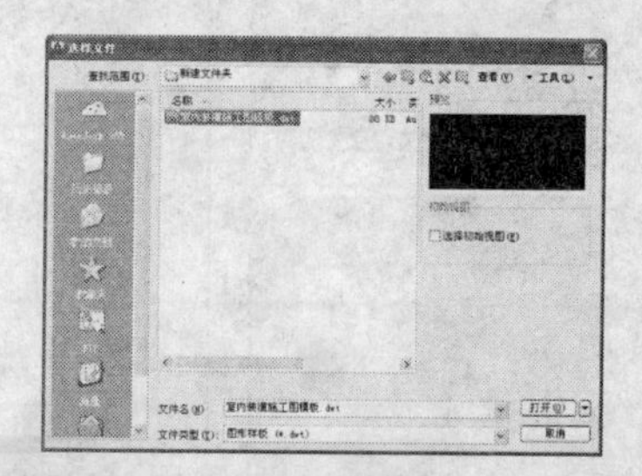

图 13-2　“选择样板”对话框

04 选择【文件】|【保存】命令，打开“图形另存为”对话框，在“文件名”框中输入文件名，单击【保存】按钮保存图形。

13.3 绘制首层大堂平面布置图

如图 13-3 所示为本例首层大堂平面布置图，下面分别对大堂各部分平面布局设计要点进行简单介绍。

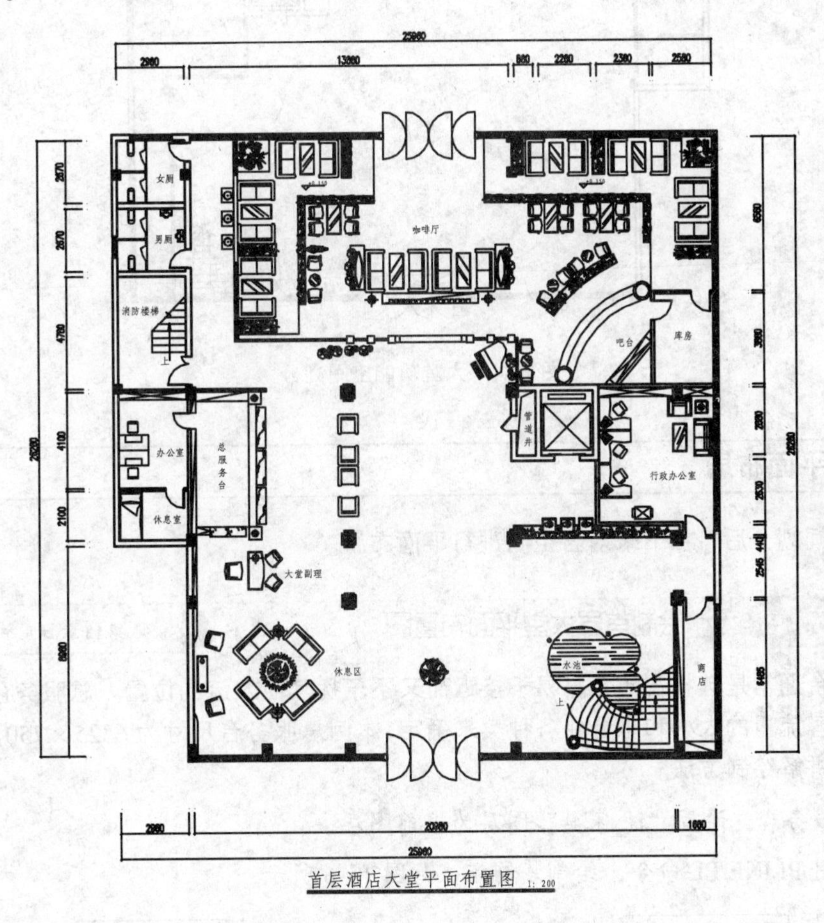

图 13-3 首层酒店大堂平面布置图

13.3.1 大堂布局分析

大堂一般包括主入口处的门厅和与之相连的总台、休息厅、餐饮、楼梯及电梯厅、小商店以及其他相关的辅助设施。设计大堂布局时，各部分功能区要合理，交通流线互不干扰。通常将总服务台和休息区分设在入口大门区的两侧，楼梯、电梯位于入口对面，或电梯厅、休息区分列两侧，总服务台正对入口。这种布局方式功能区明确、路线简介，对休息区干扰较少。

通过对大堂的功能及流线分析，本例大堂功能空间划分如图 13-4 所示。

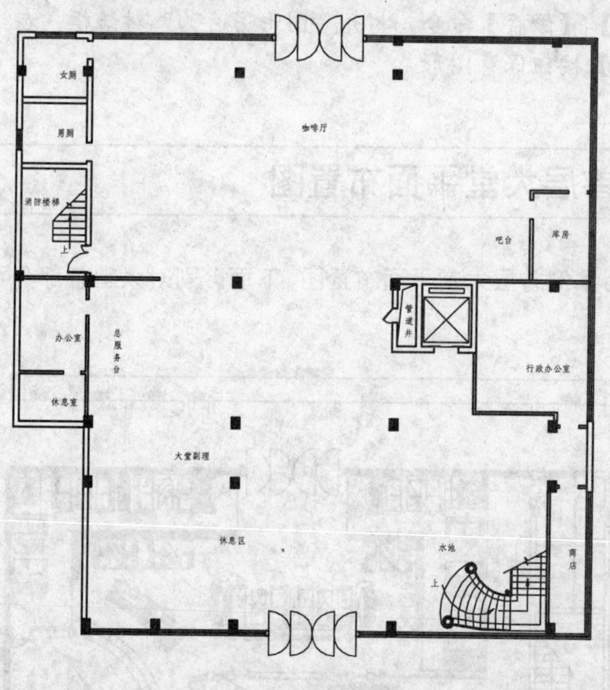

图 13-4 大堂功能空间划分

13.3.2 平面布局

功能空间划分后，接下来对各空间进行平面布置。

课堂举例 13-2：绘制首层大堂平面布置图

视频\第 13 章\课堂举例 13-2.mp4

总服务台通常是选择在醒目、易于接近而又不干扰其他人流的位置。总服务台所占的面积需要根据客流量的大小和总台业务种类来确定，本例总服务台尺寸为 6325×750，如图 13-5 所示，下面讲解绘制方法。

01 总服务台。设置“JJ_家具”图层为当前图层。

02 调用 PLINE/PL 命令，绘制装饰柜，如图 13-6 所示。

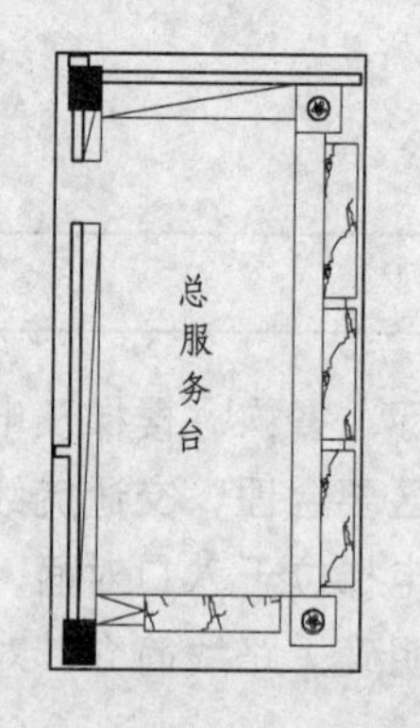

图 13-5 总服务台平面布置图

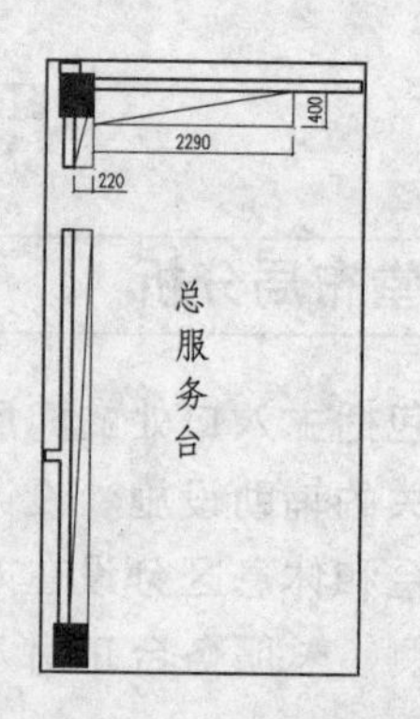

图 13-6 绘制装饰柜

03 调用 PLINE/PL 命令，绘制多段线，如图 13-7 所示。

04 调用 RECTANG/REC 命令，绘制如图 13-8 所示矩形。

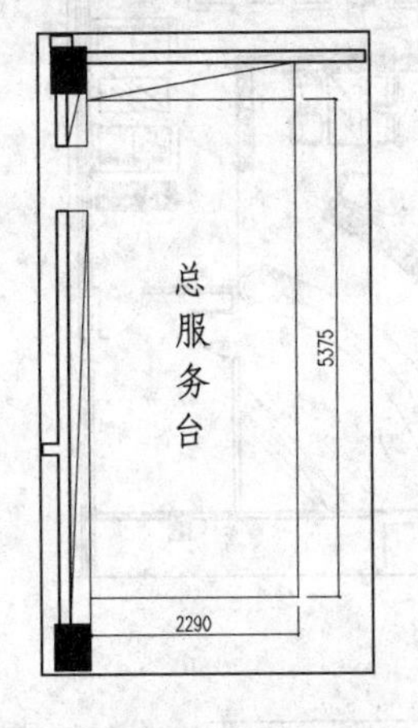

图 13-7 绘制多段线

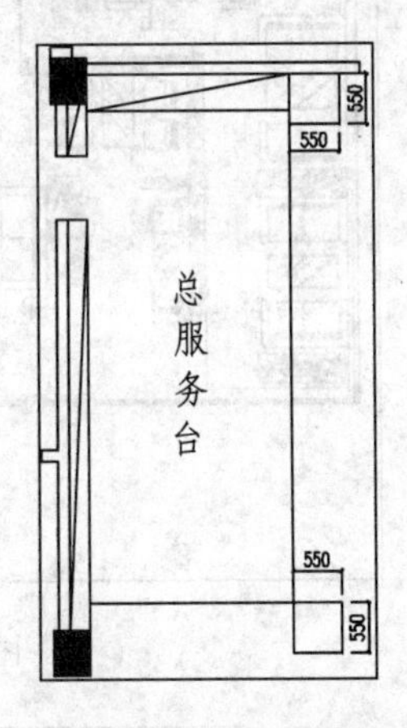

图 13-8 绘制矩形

05 调用 LINE/L 命令，绘制线段连接矩形，如图 13-9 所示。

06 调用 PLINE/PL 命令，绘制如图 13-10 所示图形。

07 调用 LINE/L 命令，绘制线段，如图 13-11 所示。

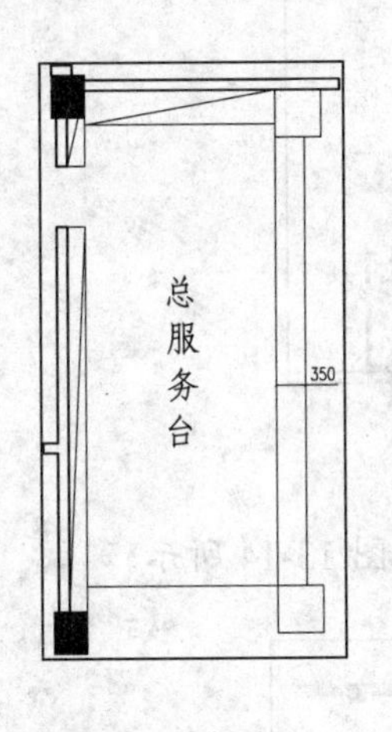

图 13-9 绘制线段

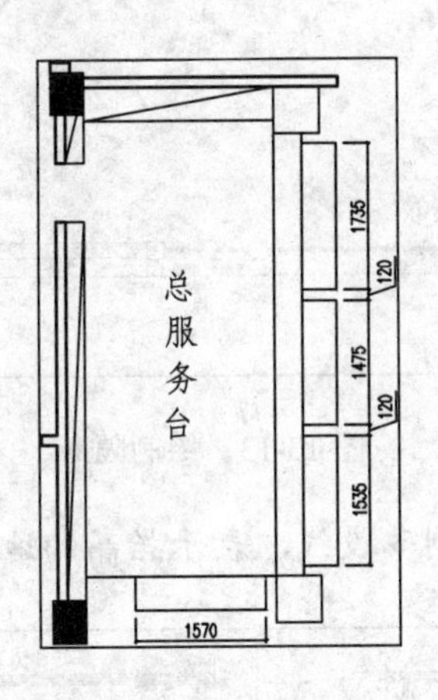

图 13-10 绘制多段线

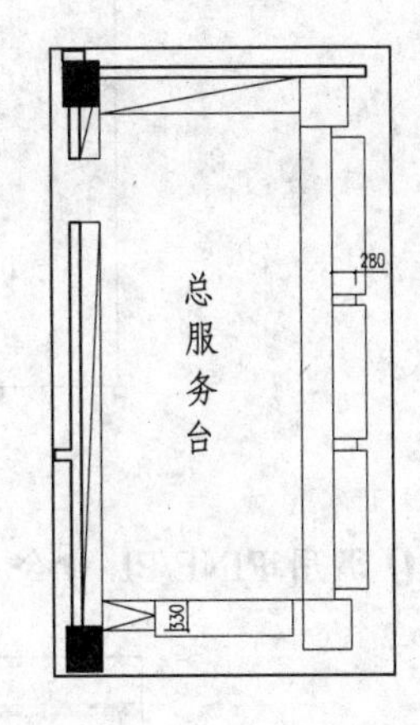

图 13-11 绘制线段

08 从图库中插入服务台需要的装饰品和装饰图案，效果如图 13-5 所示，完成总服务台平面布置图的绘制。

咖啡厅附设在大堂右侧，面积一般不太大，空间设计要求要紧凑，咖啡厅的吧台通常在空间中占有显要的位置，其形式有直线形、O 形、U 形、L 形和弧形等，台面高度在 1000~1100mm。由于不是进行正餐，坐席较小，一般采用舒适的休闲沙发。

本例咖啡厅平面布置图如图 13-12 所示。下面讲解绘制方法。

09 调用 LINE/L 命令、OFFSET/O 命令、RECTANG/REC 命令和 COPY/CO 命令，绘制隔断，如图 13-13 所示。

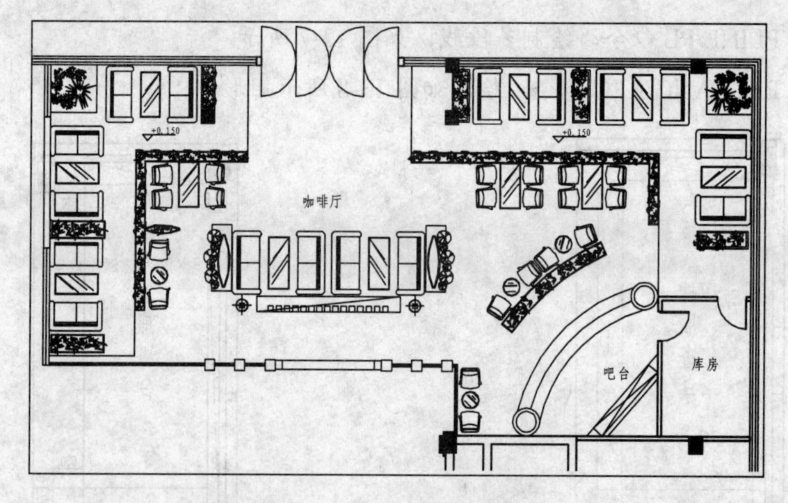

图 13-12　咖啡厅平面布置图

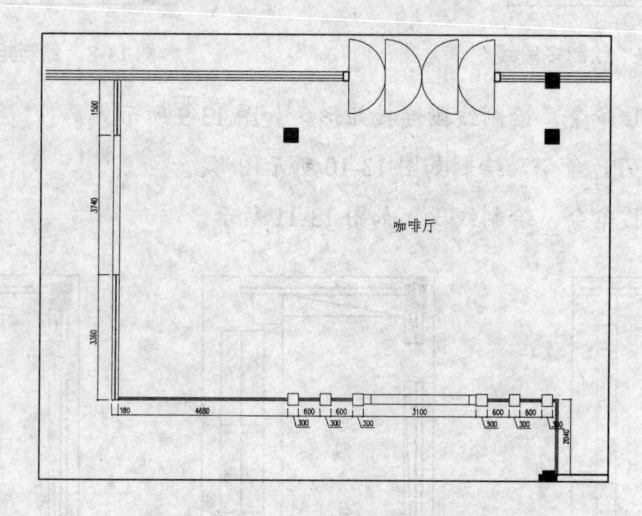

图 13-13　绘制隔断

10 调用 PINE/PL 命令，绘制多段线，表示抬高的地面，如图 13-14 所示。

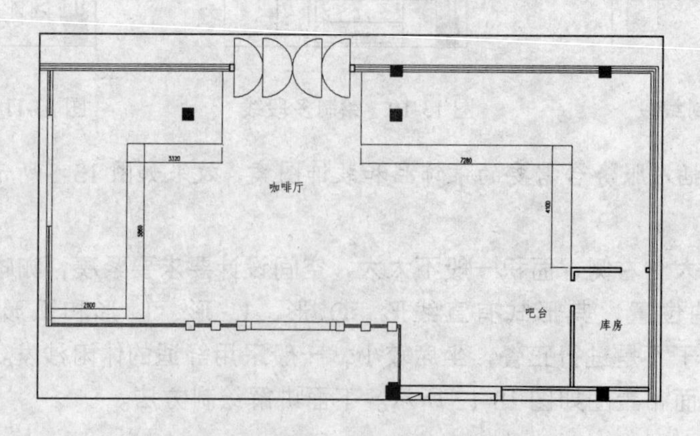

图 13-14　绘制多段线

11 调用 PLINE/PL 命令、OFFSET/O 命令、ARC/A 命令、RECTANG/REC 命令和 ARRAY/AR 命令，绘制花座，如图 13-15 所示。

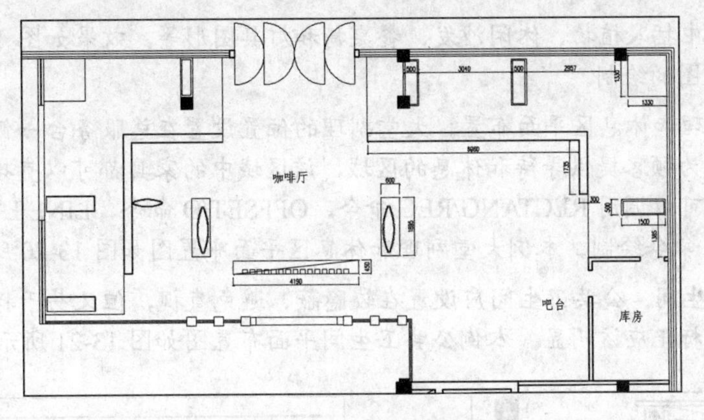

图 13-15 绘制花座

12 调用 PLINE/PL 命令，绘制酒柜，如图 13-16 所示。

13 调用 CIRCLE/C 命令、OFFSET/O 命令和 TRIM/TR 命令，绘制弧形吧台，如图 13-17 所示。

14 调用 OFFSET/O 命令、PINE/PL 命令和 TRIM/TR 命令，绘制弧形花座，如图 13-18 所示。

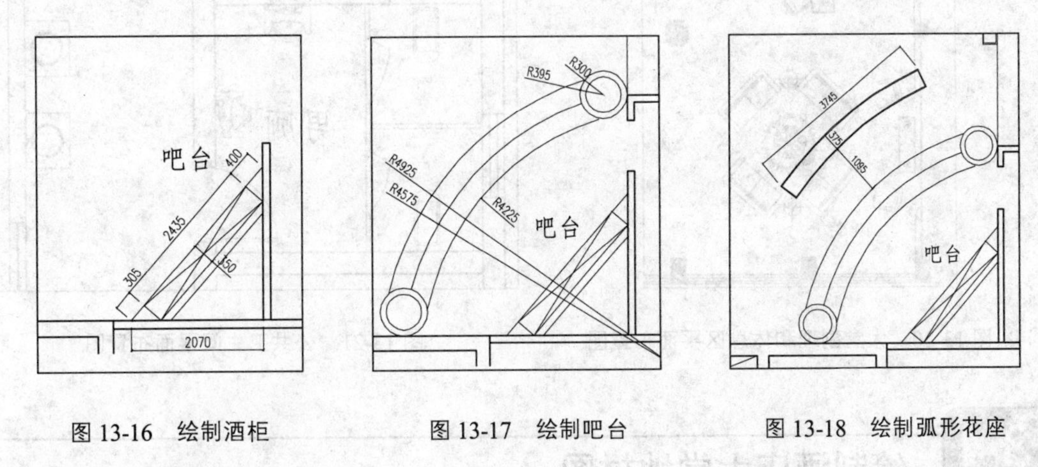

图 13-16 绘制酒柜　　图 13-17 绘制吧台　　图 13-18 绘制弧形花座

15 调用 INSERT/I 命令，插入“标高”图块，表示抬高的地面高度，如图 13-19 所示。

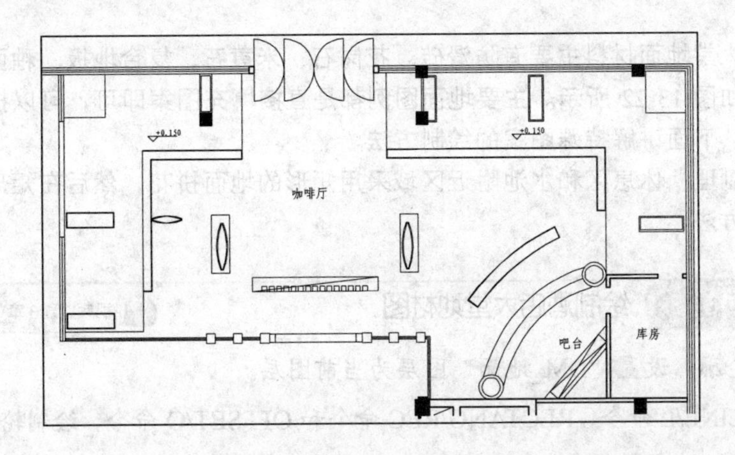

图 13-19 插入标高图块

16 从图库中插入植物、休闲沙发、餐桌椅和灯具图形等，效果如图 13-12 所示，完成咖啡厅平面布置图的绘制。

17 大堂副理和休息区平面布置。大堂副理的位置设置在总服务台一侧，以便处理前厅业务。休息区是为顾客提供等待和休息的区域，该区域中的家具都可以直接从图库中调用，装饰墙和装饰柜可以调用 RECTANG/REC 命令、OFFSET/O 命令、LINE/L 命令、ARC/A 命令和 MIRRIR/M 命令绘制。本例大堂副理和休息区平面布置图如图 13-20 所示。

18 公共卫生间。公共卫生间应设置在较隐蔽、避免直视，但又易于找到的位置。男女卫生间，其区分标记应该明显。本例公共卫生间平面布置图如图 13-21 所示。

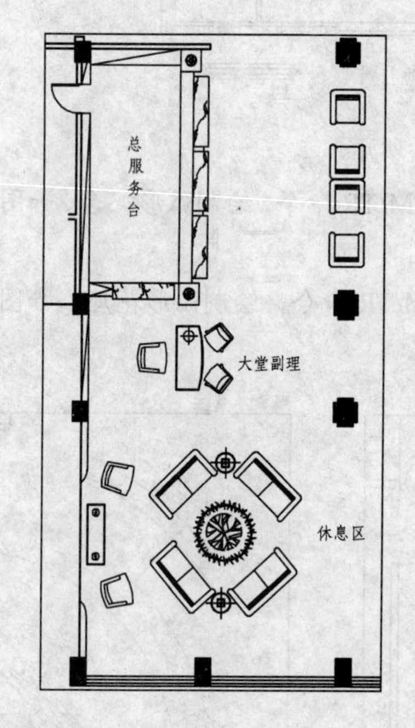

图 13-20　大堂副理和休息区平面布置图

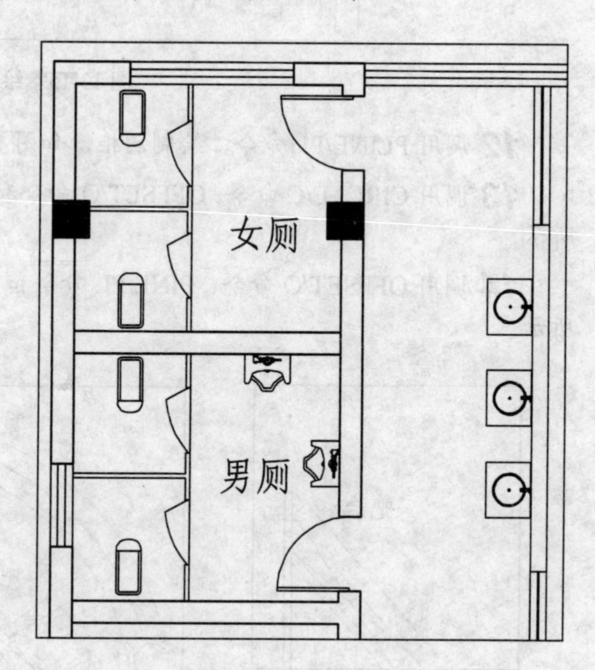

图 13-21　公共卫生间平面布置图

13.4 绘制酒店大堂地材图

本例酒店大堂地面材料主要有防滑砖、花岗石、米黄石、复合地板、釉面仿古砖、鹅卵石和石材等，如图 13-22 所示。主要地面图例都是直接填充图案即可，可以按照前面章节介绍的方法绘制，下面讲解特殊图案的绘制方法。

本例大堂副理、休息区和水池附近区域采用矩形的地面拼花，然后在矩形中填充图案，下面讲解绘制方法。

课堂举例 13-3：绘制酒店大堂地材图　　视频\第 13 章\课堂举例 13-3.mp4

01 绘制轮廓。设置“DM_地面”图层为当前图层。

02 调用 LINE/L 命令、RECTANG/REC 命令和 OFFSET/O 命令，绘制轮廓，如图 13-23 所示。

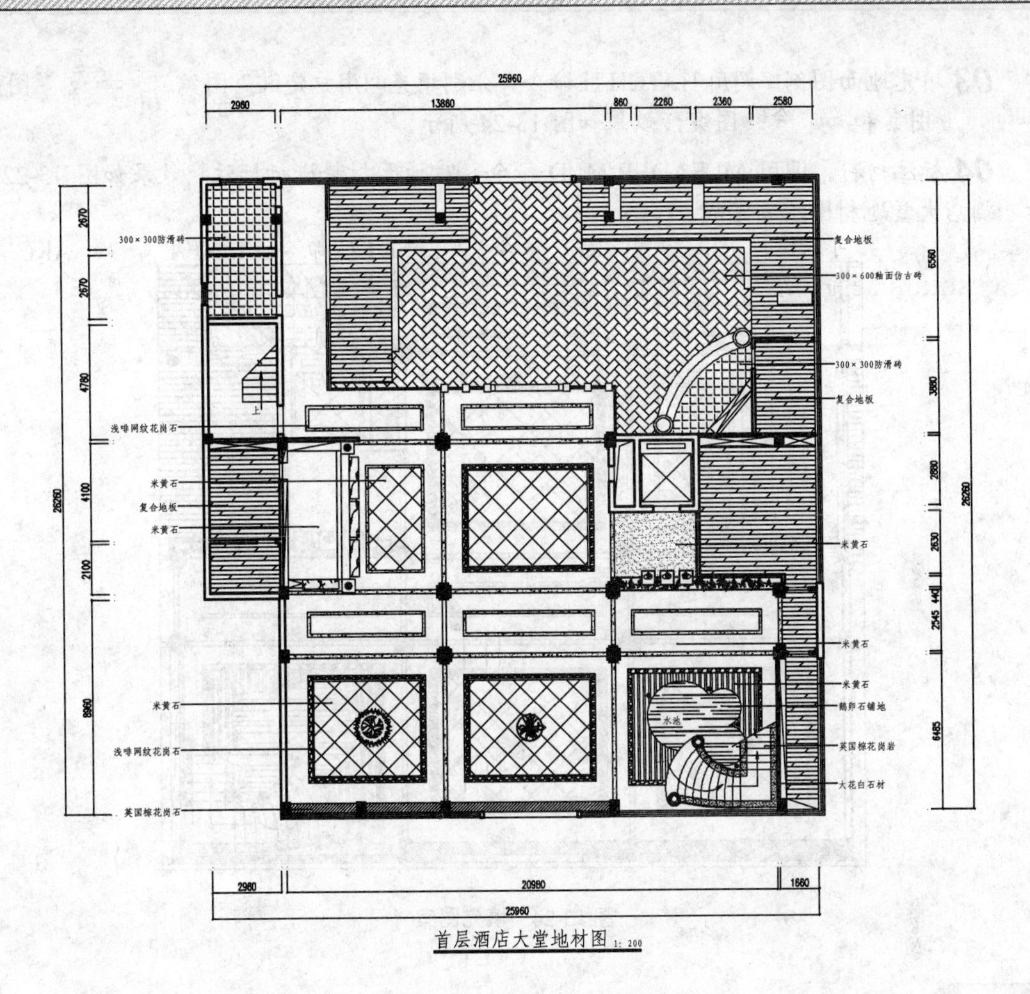

图 13-22 首层大堂地材图

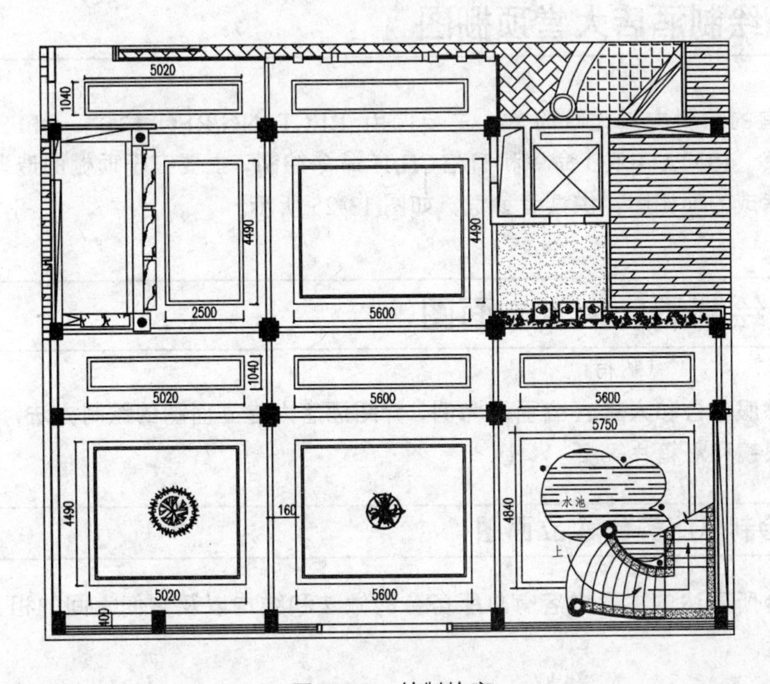

图 13-23 绘制轮廓

03 填充地面图例。调用 HATCH/H 命令，分别填充“用户定义”图案、AR-CONC图案、GRASS图案和STEEL图案，效果如图 13-24 所示。

04 标注材料。调用 MLEADER/MLD 命令，对地面材料进行标注，效果如图 13-22 所示，酒店大堂地材图绘制完成。

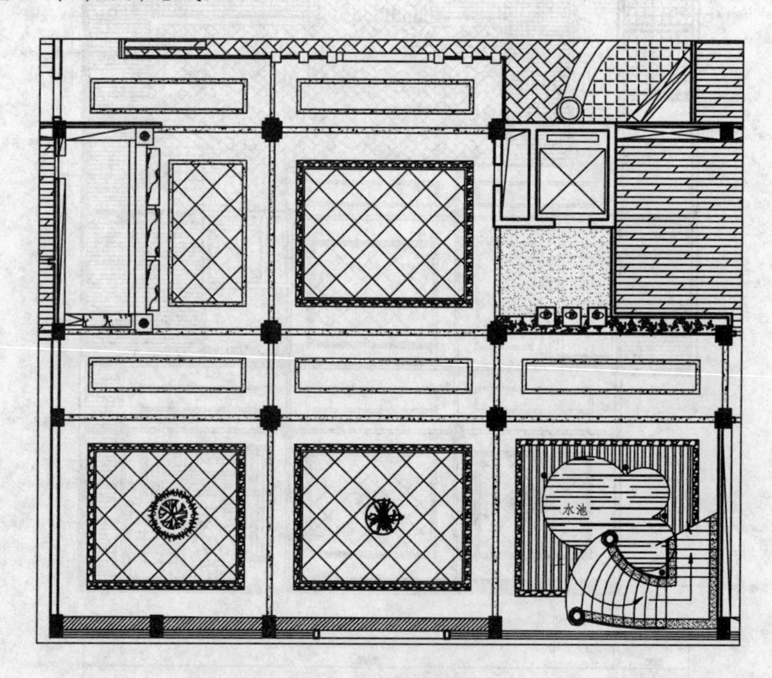

图 13-24 填充图案

13.5 绘制酒店大堂顶棚图

酒店大堂的绘制方法比较简单，主要调用 RECTANG/REC 命令、OFFSET/O 命令、TRIM/TR 命令、ROTATE/RO 命令和 HATCH/H 命令绘制，主要在于顶棚的造型和灯光设计，这里给出已完成的顶棚图，供读者参考，如图 13-25 所示。

13.6 绘制酒店大堂立面图

本节以总服务台和大堂 A 立面图为例，介绍酒店大堂立面图的绘制方法，主要用到的材料有石材、银镜和灯箱片等。

13.6.1 绘制总服务台 A 立面图

总服务台所表达的主要内容有总服务台的做法和结构以及它们之间的相互关系，如图 13-26 所示。

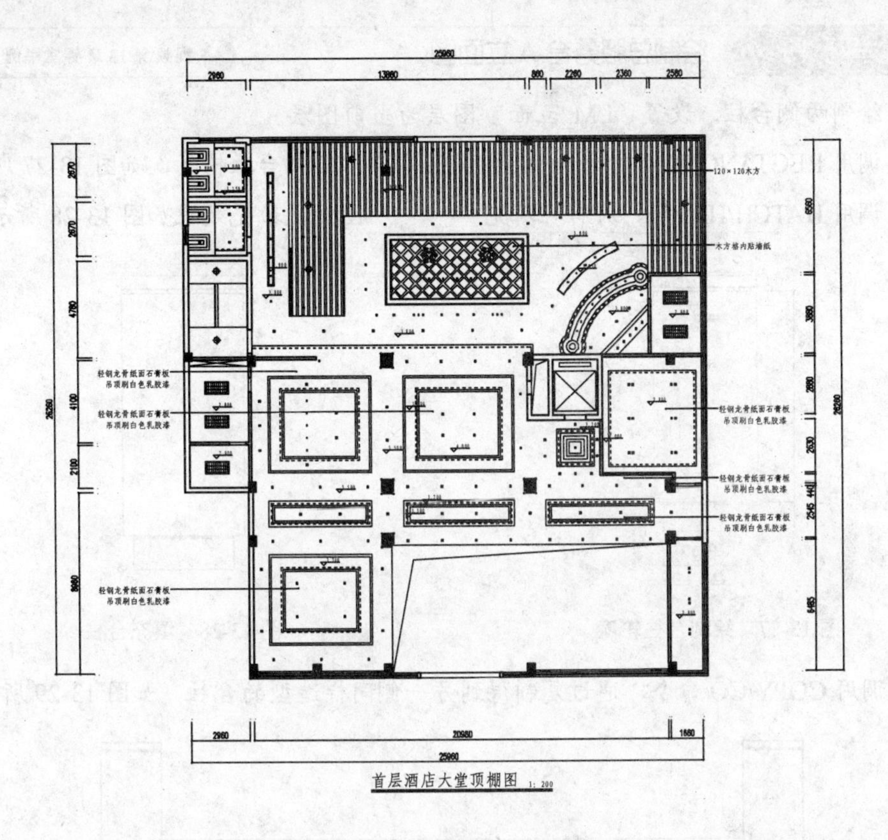

图 13-25 首层酒店大堂顶棚图

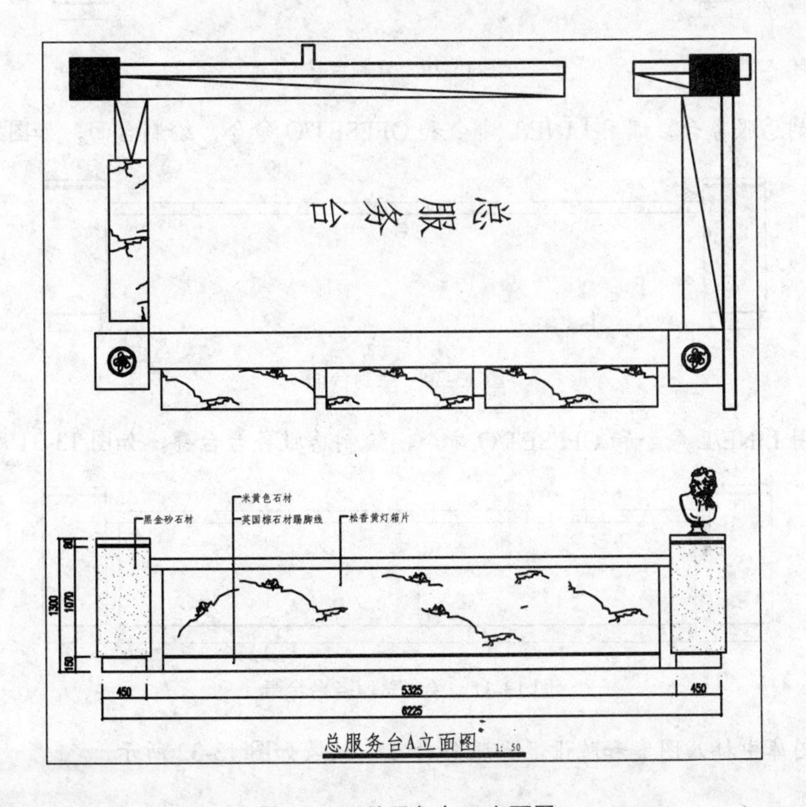

图 13-26 总服务台 A 立面图

课堂举例 13-4： 绘制总服务台 A 立面图

视频\第 13 章\课堂举例 13-4.mp4

01 绘制两侧台柱。设置“LM_立面”图层为当前图层。

02 调用 RECTANG/REC 命令和 PLINE/PL 命令，绘制台柱轮廓，如图 13-27 所示。

03 调用 HATCH/H 命令，对台柱填充 CORK 图案，填充效果如图 13-28 所示。

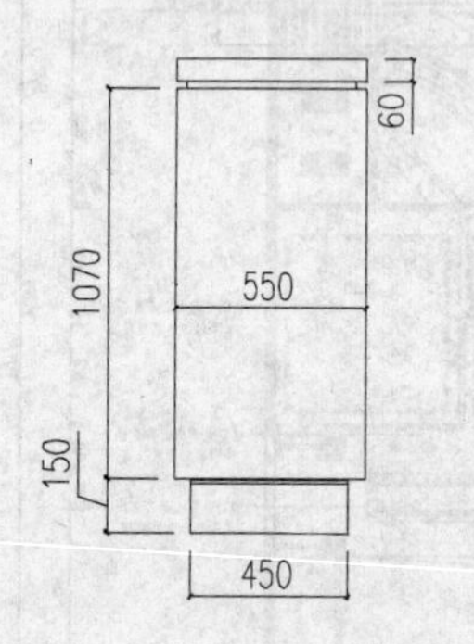

图 13-27 绘制台柱轮廓

图 13-28 填充台柱

04 调用 COPY/CO 命令，通过复制得到另一侧同样造型的台柱，如图 13-29 所示。

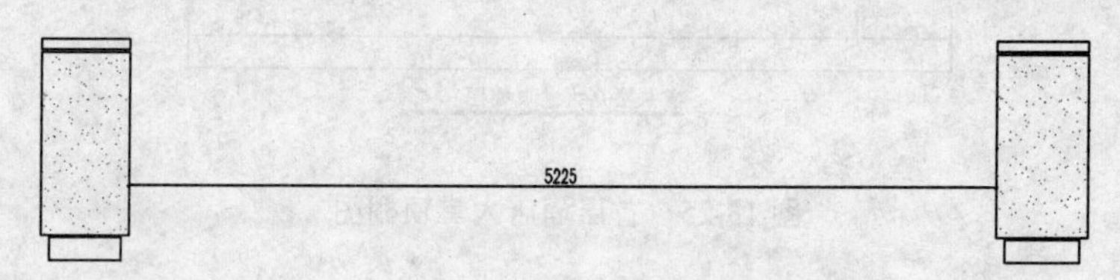

图 13-29 复制台柱

05 绘制总服务台。调用 LINE/L 命令和 OFFSET/O 命令，绘制台面，如图 13-30 所示。

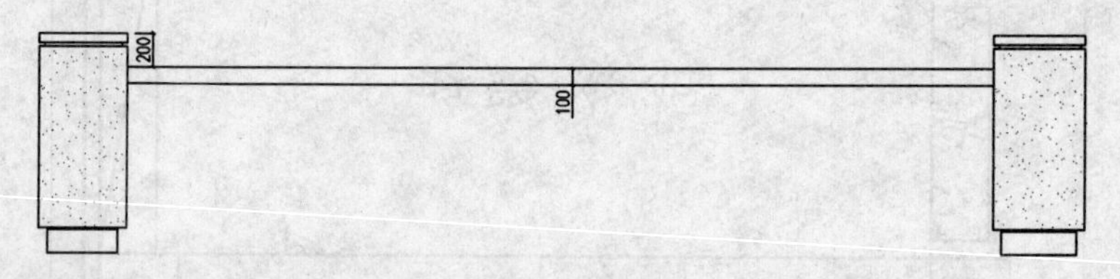

图 13-30 绘制台面

06 调用 LINE/L 命令和 OFFSET/O 命令，绘制总服务台台身，如图 13-31 所示。

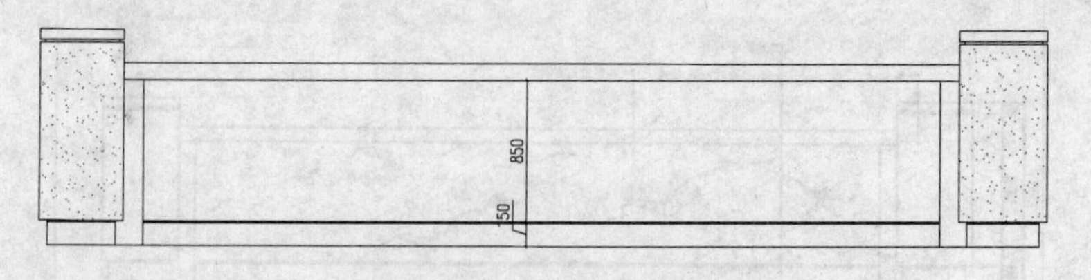

图 13-31 绘制总服务台台身

07 从图库中插入图案和陈设品到服务台上，效果如图 13-32 所示。

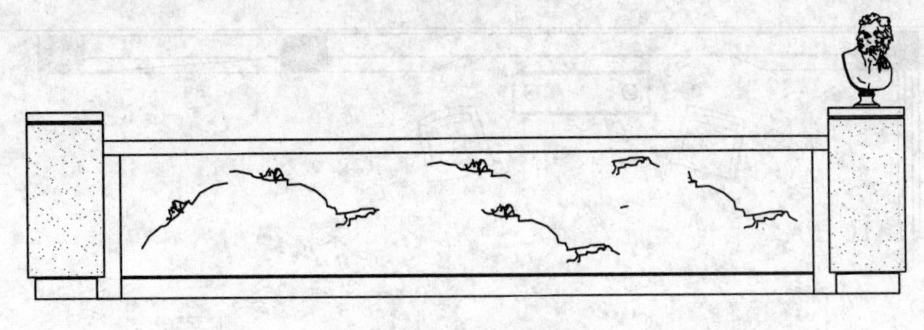

图 13-32 插入图块

08 尺寸标注和材料说明。设置“BZ_标注”图层为当前图层，设置当前注释比例为 1∶50。

09 调用 DIMLINEAR/DLI 命令或执行【标注】|【线性】命令标注尺寸，如图 13-33 所示。

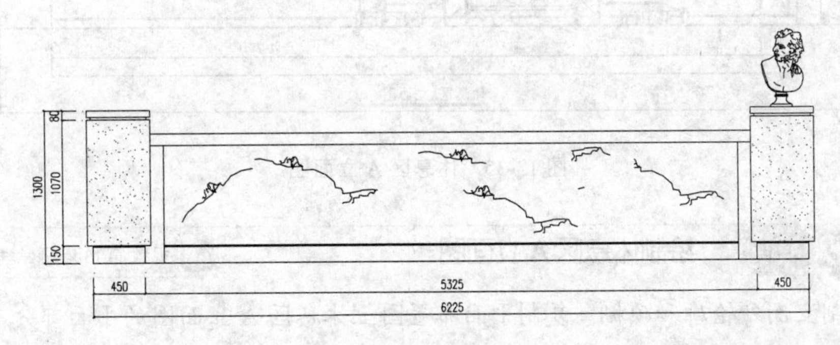

图 13-33 尺寸标注

10 调用 MLEADER/MLD 命令进行材料标注，标注结果如图 13-34 所示。

11 调用 INSERT/I 命令，插入“图名”图块，设置名称为“总服务台 A 立面图”，总服务台 A 立面图绘制完成。

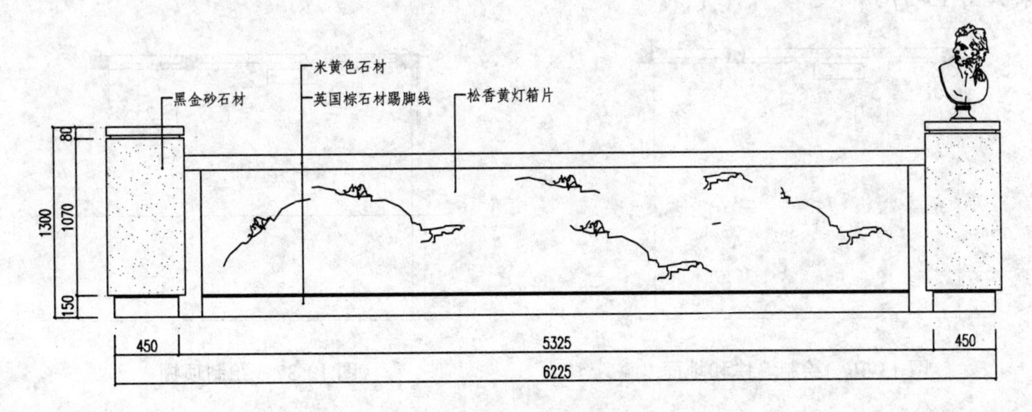

图 13-34 材料说明

13.6.2 绘制休息区 A 立面图

休息区 A 立面图是休息区所在的墙面，墙面主要采用石材，如图 13-35 所示。

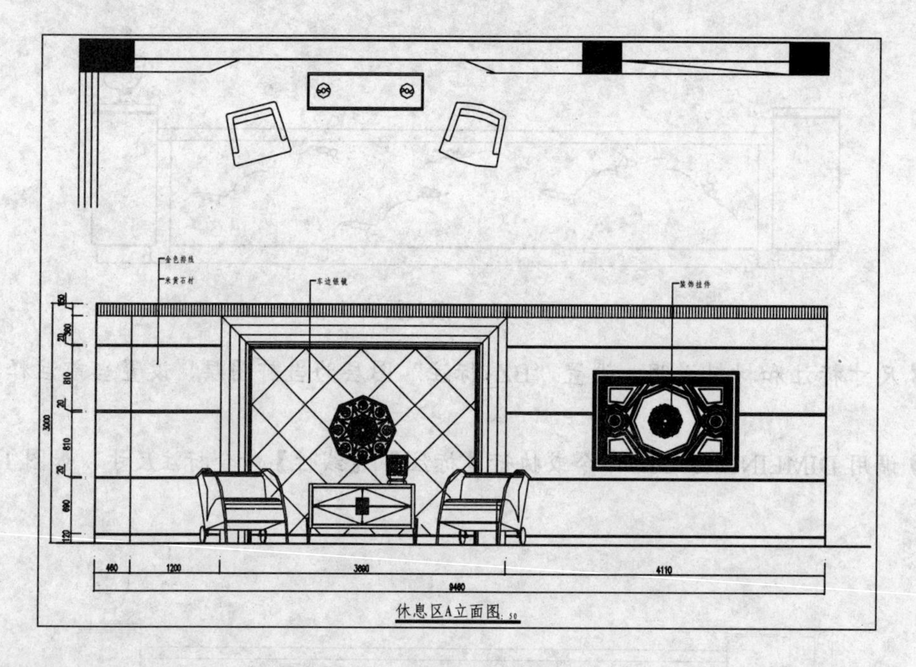

图 13-35　休息区 A 立面图

课堂举例 13-5：绘制休息区 A 立面图

视频\第 13 章\课堂举例 13-5.mp4

01 绘制立面外轮廓和顶棚。复制平面布置图上休息区 A 立面图的平面部分，并对图形进行旋转。

02 调用 LINE/L 命令，利用投影法绘制休息区 A 立面图左右侧轮廓和地面，如图 13-36 所示。

03 调用 LINE/L 命令，根据吊顶的标高在立面图内绘制水平线段，确定吊顶的位置，结果如图 13-37 所示。

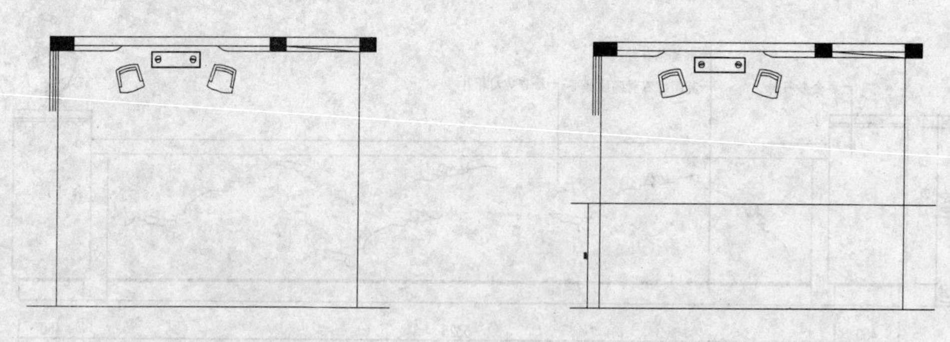

图 13-36　绘制墙体和地面　　　　图 13-37　绘制顶棚

04 调用 TRIM/TR 命令，修剪出立面轮廓，并将外轮廓线转换至“QT_墙体”图层，如图 13-38 所示。

05 绘制顶角线。设置“LM_立面”图层为当前图层。

06 调用 LINE/L 命令，绘制如图 13-39 所示线段。

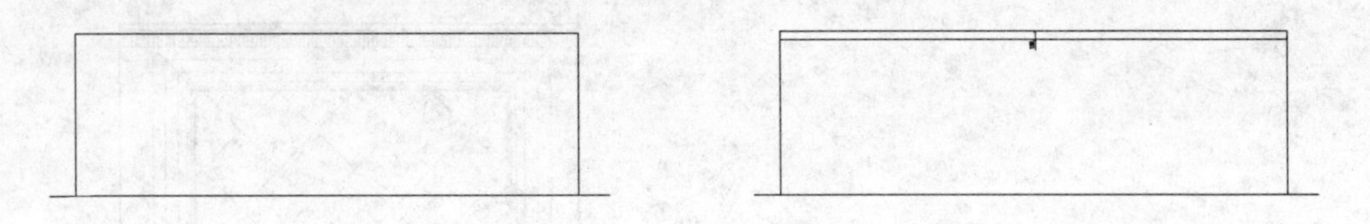

图 13-38 修剪立面轮廓　　　　图 13-39 绘制线段

07 调用 HATCH/H 命令，在线段上方填充 LINE 图案，填充效果如图 13-40 所示。

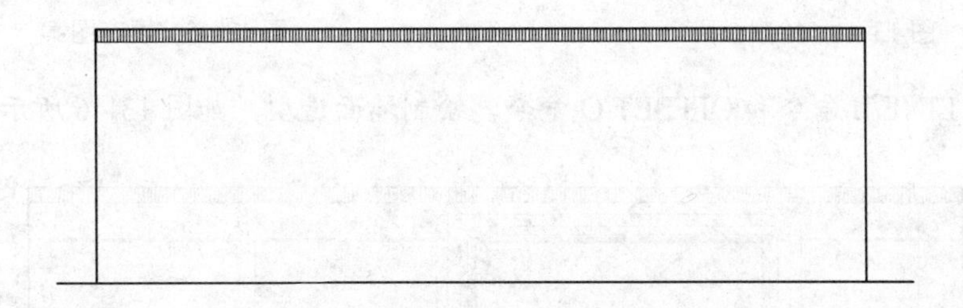

图 13-40 填充图案

08 绘制墙面造型。调用 PLINE/PL 命令，绘制多段线，如图 13-41 所示。

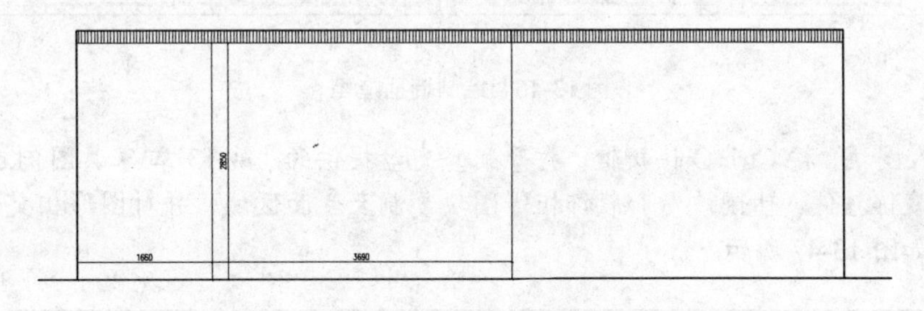

图 13-41 绘制多段线

09 调用 OFFSET/O 命令，将多段线向内依次偏移 115、120、85、35、20 和 15，如图 13-42 所示。

10 调用 LINE/L 命令，绘制线段连接多段线，如图 13-43 所示。

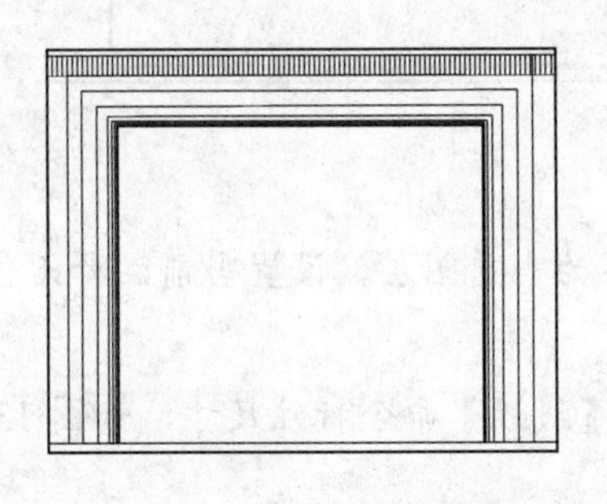

图 13-42 偏移多段线

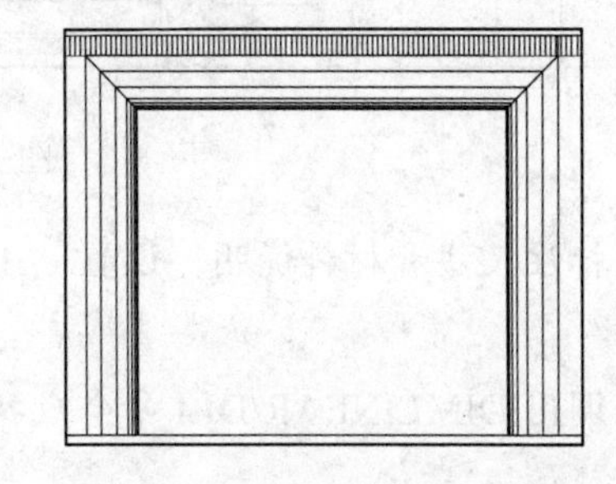

图 13-43 绘制线段

11 调用 LINE/L 和 OFFSET/O 命令，绘制如图 13-44 所示线段。

12 调用 HATCH/H 命令，在线段上方填充"用户定义"图案，效果如图 13-45 所示。

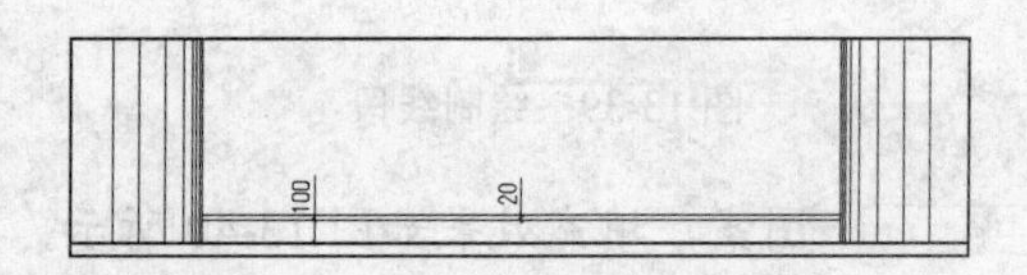

图 13-44　绘制线段

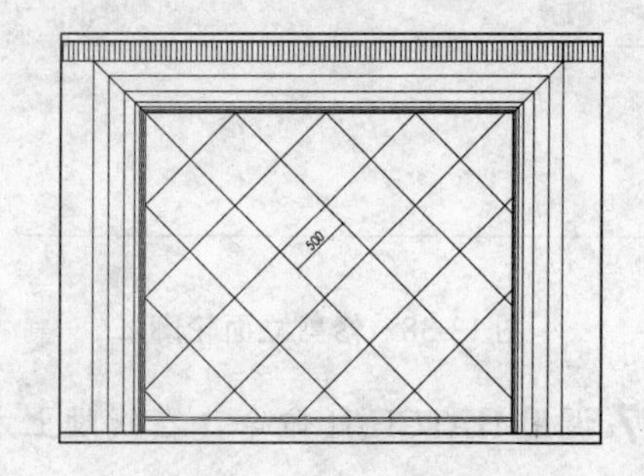

图 13-45　填充图案

13 调用 LINE/L 命令和 OFFSET/O 命令，绘制墙面造型，如图 13-46 所示。

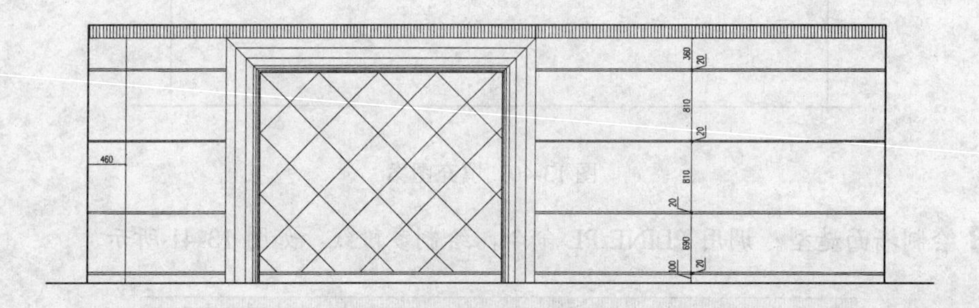

图 13-46　绘制墙面造型

14 插入图块。按 Ctrl+O 快捷键，打开配套光盘提供的“第 13 章\家具图例.dwg”文件，选择其中的装饰挂件、休闲沙发和装饰柜等图块复制至立面区域，并对图形相交的位置进行修剪，效果如图 13-47 所示。

图 13-47　插入图块

15 标注尺寸和材料说明。设置“BZ_标注”图层为当前图层，设置当前注释比例为 1:50。

16 调用 DIMLINEAR/DLI 命令或执行【标注】|【线性】命令标注尺寸，如图 13-48 所示。

17 调用 MLEADER/MLD 命令进行材料标注，标注结果如图 13-49 所示。

18 调用 INSERT/I 命令，插入“图名”图块，设置名称为“休息区 A 立面图”，休息区 A 立面图绘制完成。

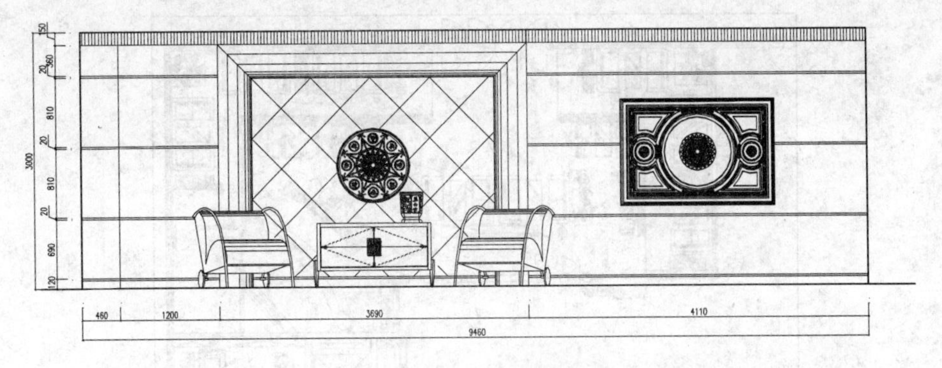

图 13-48 尺寸标注

图 13-49 材料说明

13.6.3 绘制其他立面图

如图 13-50～图 13-53 所示为咖啡厅 B 立面图、大堂 B 立面图、行政办公 A 立面图和行政办公室 B 立面图，其绘制方法比较简单，请读者参考前面介绍的方法进行绘制。

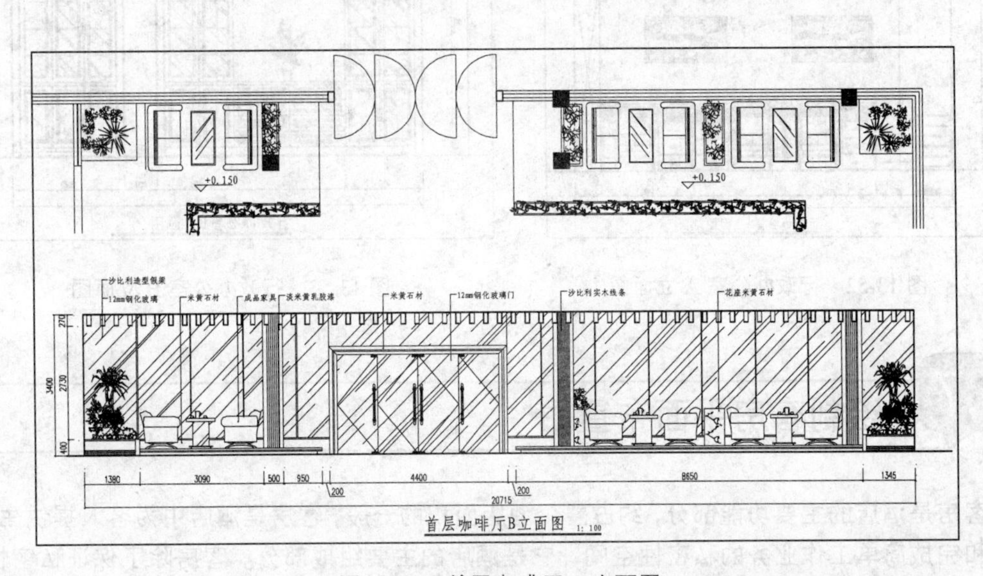

图 13-50 首层咖啡厅 B 立面图

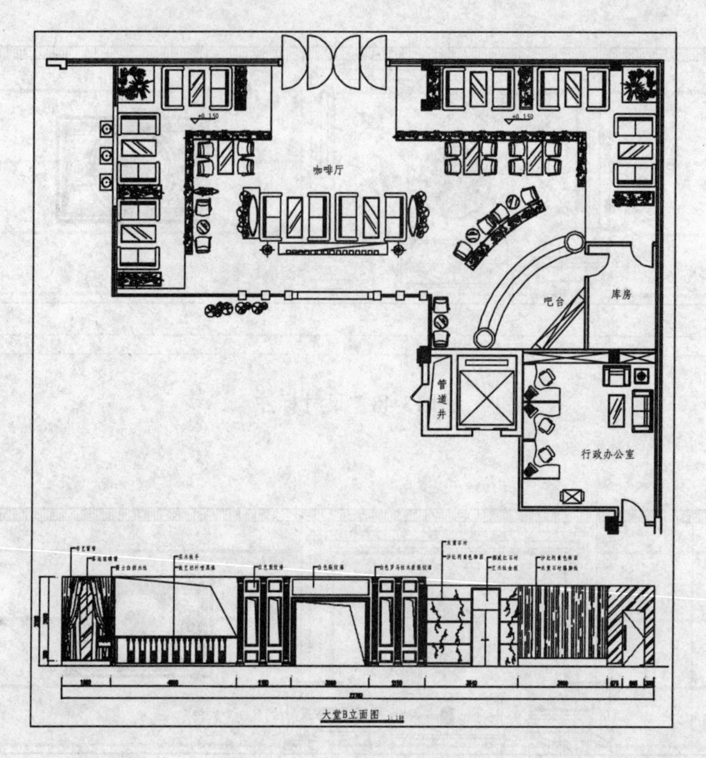

图 13-51　大堂 B 立面图

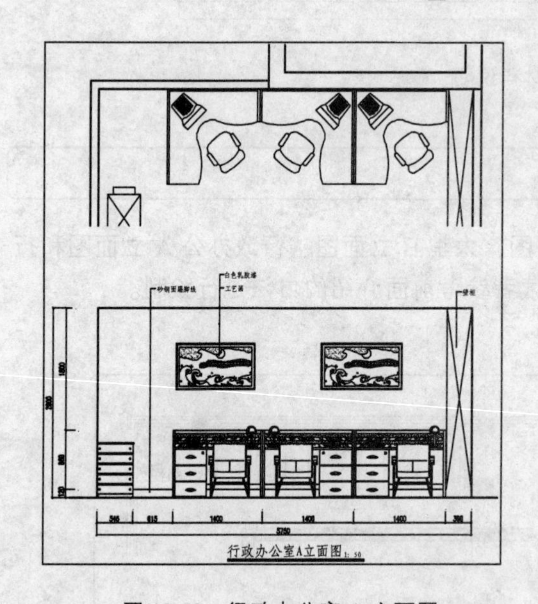

图 13-52　行政办公室 A 立面图

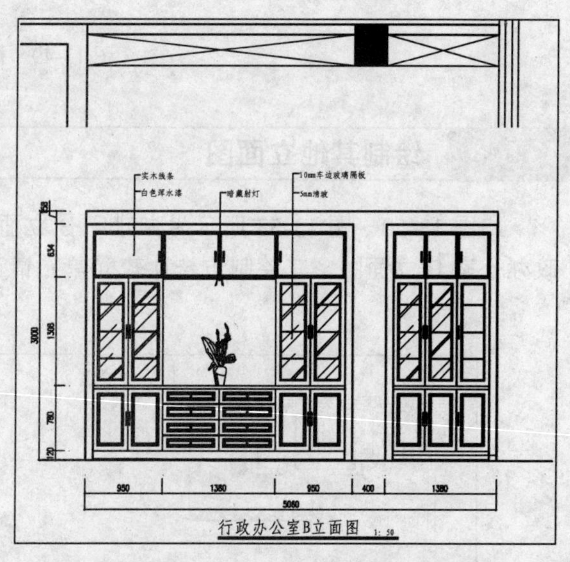

图 13-53　行政办公室 B 立面图

13.7 绘制客房平面布置图

客房是酒店的主要功能部分，约占整个酒店面积的一般，客房是酒店中为客人提供生活、休息和完成简单工作业务的私密性空间，它是酒店的主要组成部分。客房除了保证私密性之外，还有具有舒适、亲切、安静和卫生等特点，它也是体现酒店档次的重要因素，如图 13-54 所示。

图 13-54 客房

本节以酒店的第六层客房为例，简单介绍酒店客房室内施工图的绘制方法。

客房根据其服务对象、经营特点、等级的不同，一般分为单间、标准间和套房。标准间是指客房内设有两张单人床，是最普通的客房类型。套间是指两间以上的房间组成的一套类似住宅的客房，通常是在单间的基础上增加了客厅、厨房、书房和餐厅等空间。

如图 13-55 所示为本例第六层客房平面布置图。

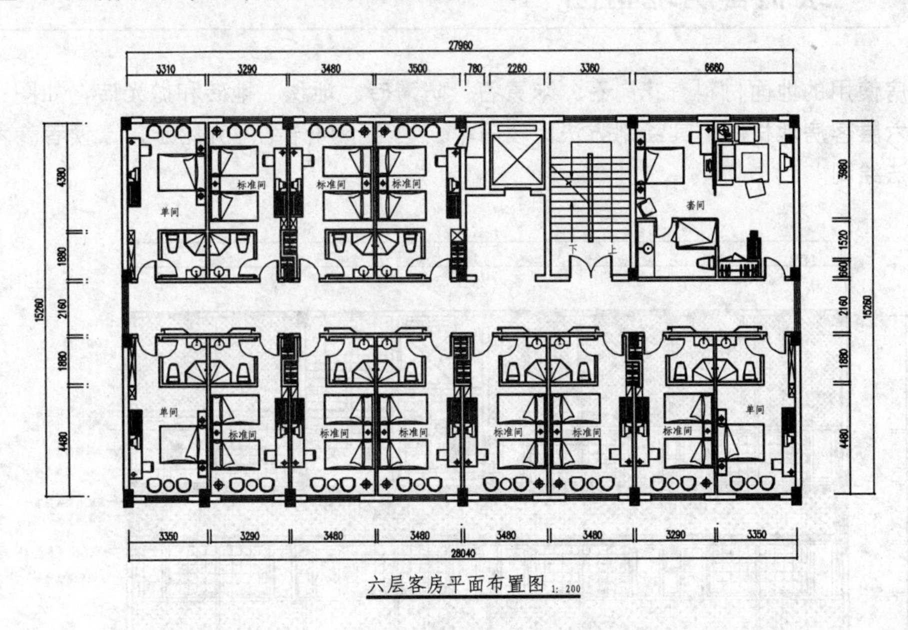

图 13-55 客房平面布置图

13.7.1 套间平面布置

客房的基本功能是为客人提供睡眠、休息、沐浴、梳妆、会客、娱乐等服务。因此，套间主要由睡眠、起居、盥洗、阅读书写和贮藏等功能空间构成，如图 13-56 所示为套间平面布置图。

13.7.2 标准间平面布置

标准间房内摆放两个床，应有中央空调、冰箱、台灯、落地灯、沙发椅和衣柜等，卫生间须有马桶、大号浴池、淋浴喷头和洗脸池等设施。如图 13-57 所示为本例标准间平面布置图。

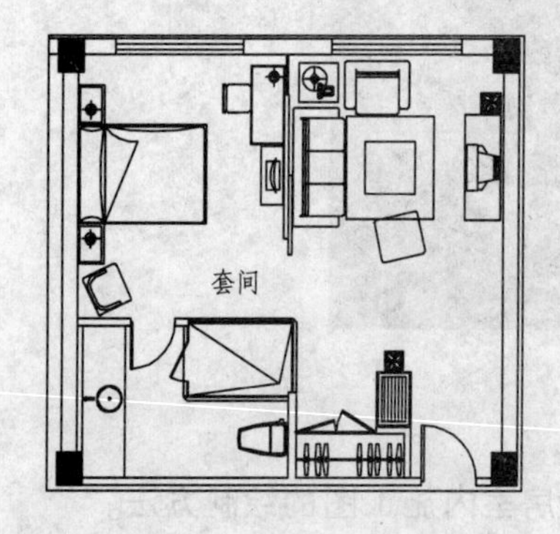

图 13-56　套间平面布置图

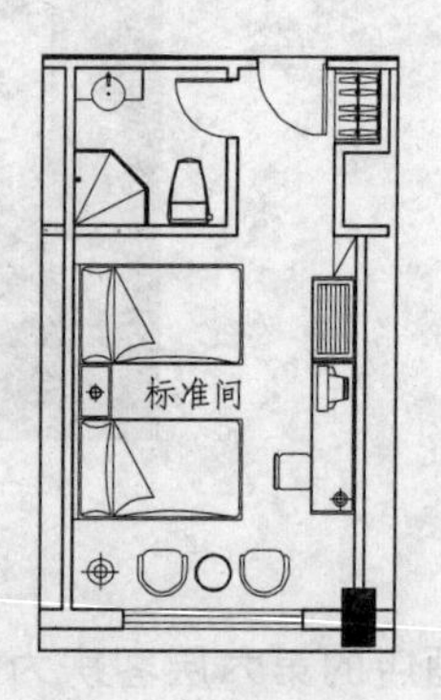

图 13-57　标准间平面布置图

13.8 绘制客房地材图

客房使用的地面材料有花岗石、米黄石、防滑砖、地毯、地砖和抛光砖，如图 13-58 所示为第六层客房地材图，其绘制方法比较简单，这里不再详细地介绍了，请读者参考前面讲解的方法绘制。

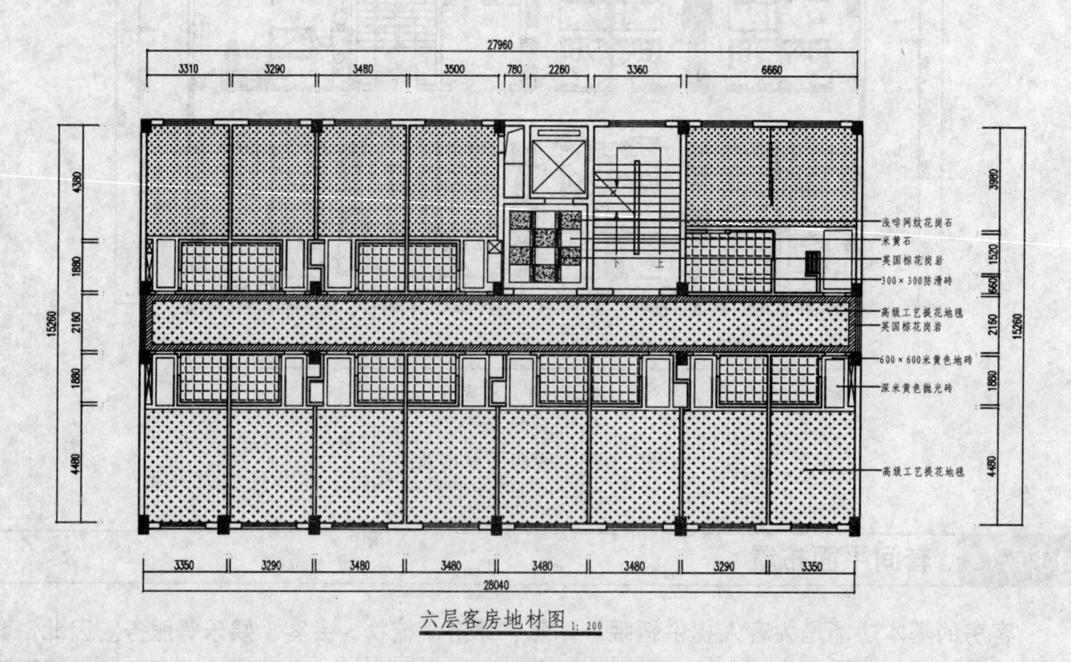

图 13-58　六层客房地材图

13.9 绘制客房顶棚图

客房的顶棚设计比较简单，没有做吊顶造型，只有周边走角线，卫生间的顶面采用的材料是 300×300 铝扣板，如图 13-59 所示为客房顶棚图，其绘制方法比较简单，这里不再详细介绍了，请读者参考前面讲解的方法绘制。

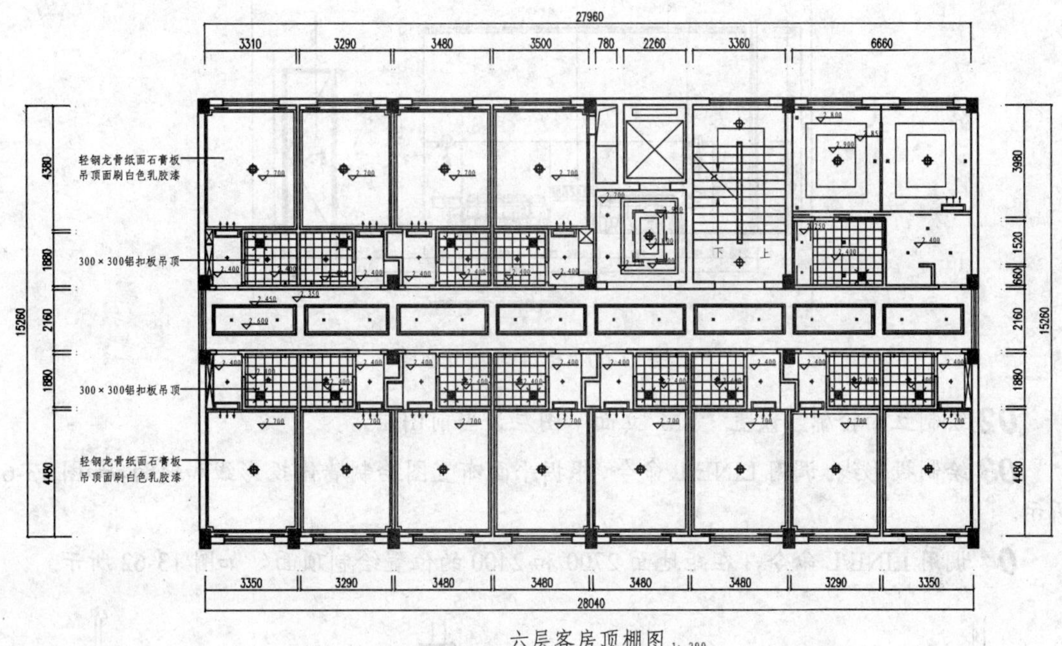

图 13-59 客房顶棚图

13.10 绘制客房立面图

本节以标准间为例，简单介绍标准间 A 立面图和卫生间 D 立面图的绘制方法，通过本节的学习，可以详细了解酒店客房立面的装饰手法和施工图绘制方法。

13.10.1 绘制标准间 A 立面图

如图 13-60 所示为标准间 A 立面图，A 立面图是床和卫生间门所在的立面，下面讲解绘制方法。

课堂举例 13-6：绘制标准间 A 立面图 视频\第 13 章\课堂举例 13-6.mp4

01 复制图形。复制平面布置图上单间 A 立面的平面部分，并对图形进行旋转。

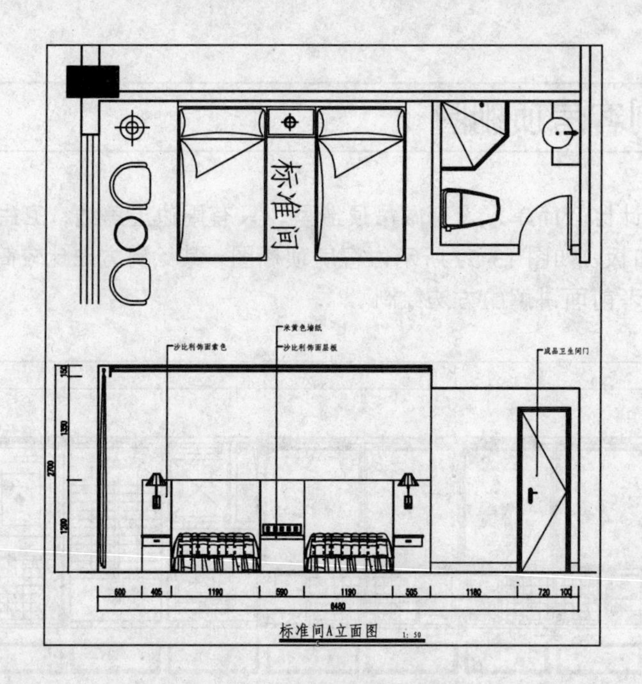

图 13-60　标准间 A 立面图

02 绘制立面轮廓。设置“LM_立面”图层为当前图层。

03 绘制投影线。调用 LINE/L 命令，根据平面布置图绘制墙体投影线和地面，如图 13-61 所示。

04 调用 LINE/L 命令，在距地面 2700 和 2400 的位置绘制顶面，如图 13-62 所示。

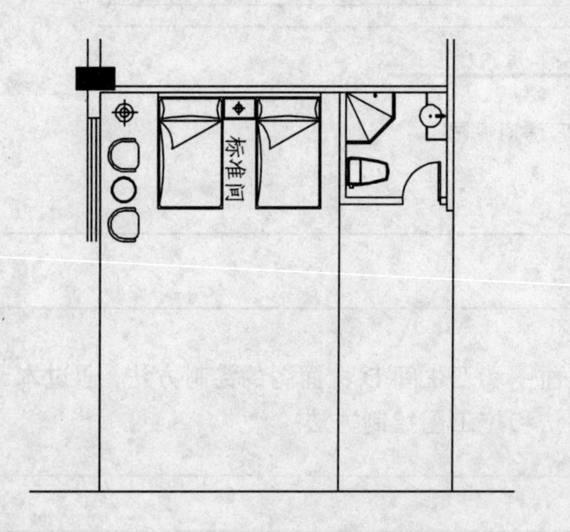

图 13-61　绘制墙体投影线和地面

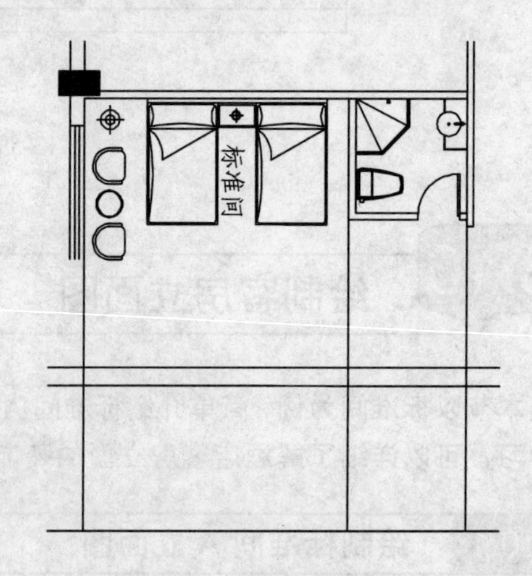

图 13-62　绘制顶面

05 调用 TRIM/TR 命令修剪出立面外轮廓，如图 13-63 所示，并将外轮廓线段转换至“QT_墙体”图层。

06 绘制角线。调用 PLINE/PL 命令、ARC/A 命令和 HATCH/H 命令，绘制角线截面，如图 13-64 所示。

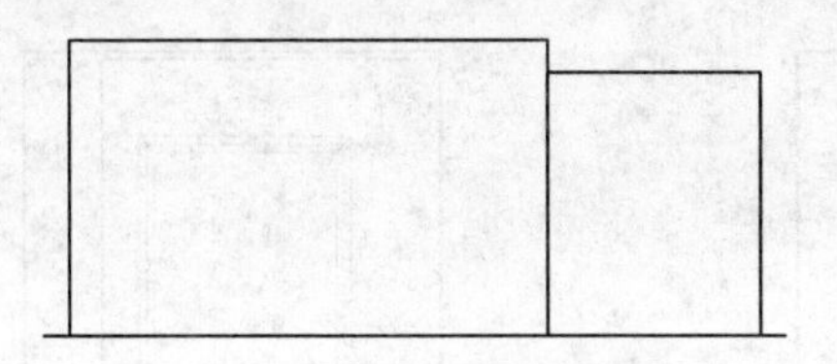

图 13-63 修剪立面轮廓

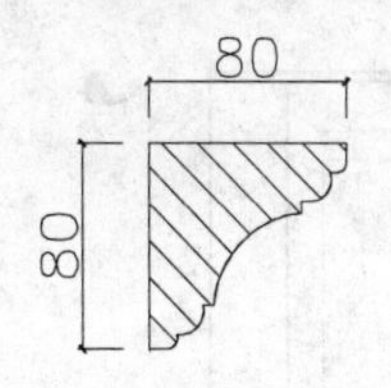

图 13-64 角线截面

07 调用 MIRROR/MI 命令和 MOVE/M 命令，将角线图形镜像到另一侧，如图 13-65 所示。

08 调用 LINE/L 命令，绘制线段连接角线顶点，如图 13-66 所示。

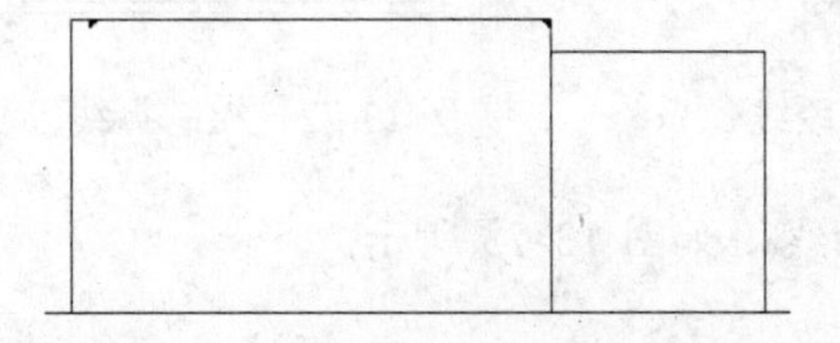

图 13-65 镜像图形

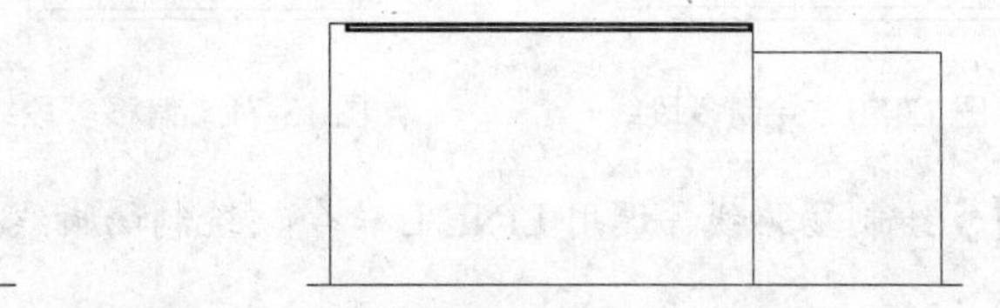

图 13-66 绘制线段

09 调用 RECTANG/REC 命令，绘制面板，如图 13-67 所示。

10 绘制床背景造型。调用 PLINE/PL 命令和 OFFSET/O 命令，绘制床背景造型，如图 13-68 所示。

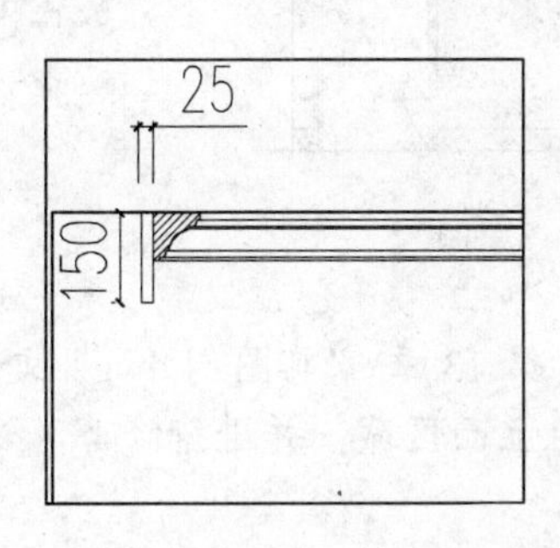

图 13-67 绘制面板

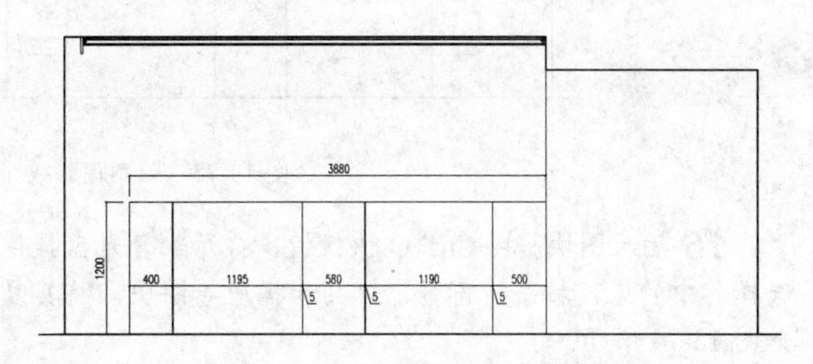

图 13-68 绘制床背景造型

11 绘制床头柜。调用 LINE/L 命令、OFFSET/O 命令、PLINE/PL 命令、RECTANG/REC 命令和 COPY/CO 命令，绘制床头柜，如图 13-69 所示。

12 绘制卫生间的门。调用 PLINE/PL 命令，绘制多段线，如图 13-70 所示。

13 调用 OFFSET/O 命令，将多段线向内偏移 2 次 25，得到门套，并调用 LINE/L 命令，绘制线段连接多段线的交角处，如图 13-71 所示。

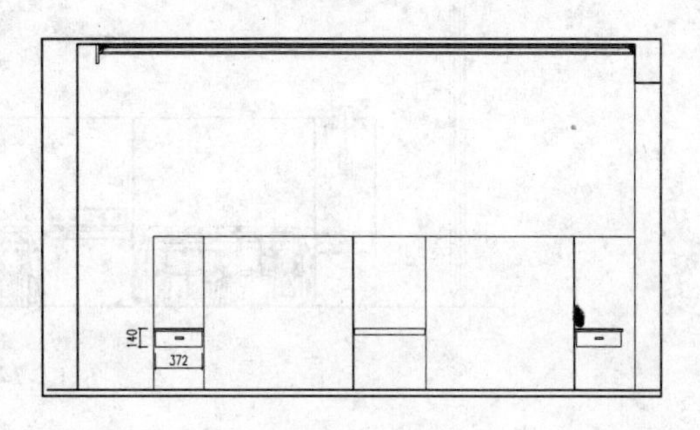

图 13-69 绘制床头柜

14 调用 LINE/L 命令，绘制折线，如图 13-72 所示。

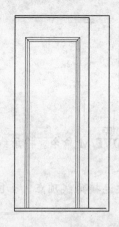

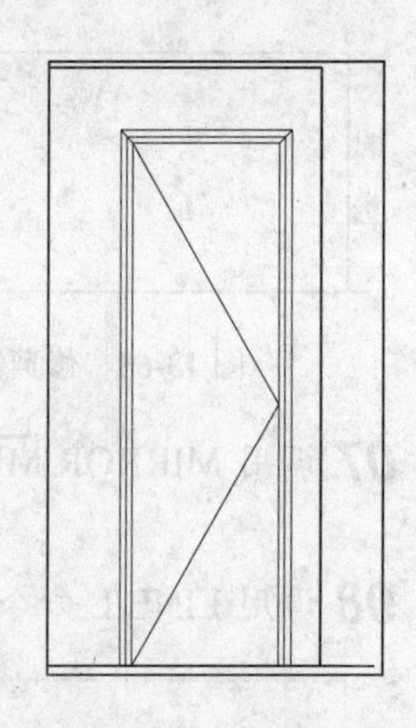

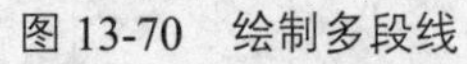

图 13-70　绘制多段线　　图 13-71　偏移多段线　　图 13-72　绘制折线

15 绘制踢脚线。调用 LINE/L 命令，绘制踢脚线，如图 13-73 所示。

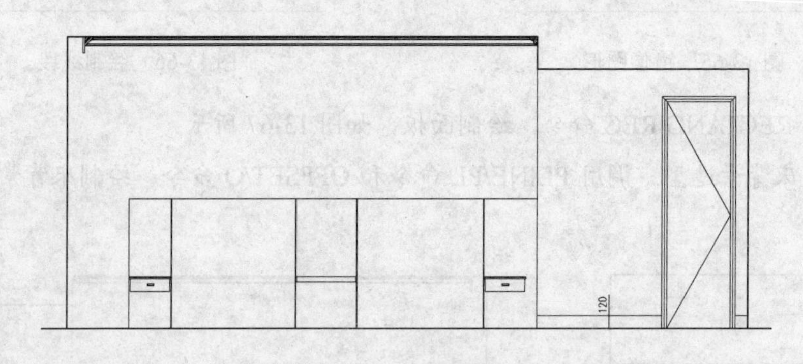

图 13-73　绘制踢脚线

16 插入图块。按 Ctrl+O 快捷键，打开配套光盘提供的“第 13 章\家具图例.dwg”文件，选择其中的床、拉手、窗帘、灯具和插座等图块，将其复制至立面区域，并进行修剪，效果如图 13-74 所示。

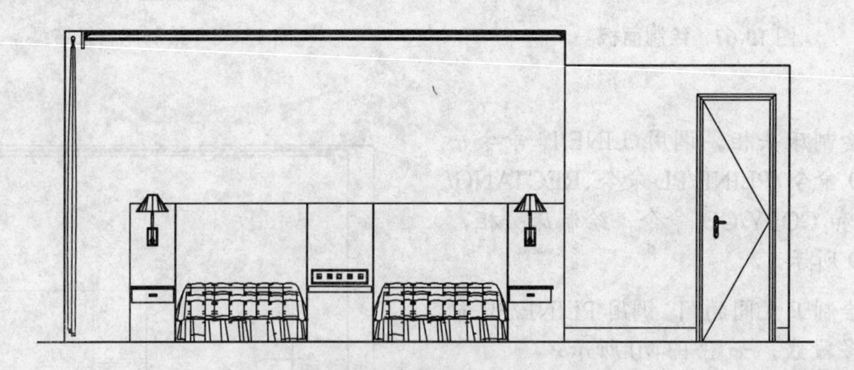

图 13-74　插入图块

17 尺寸标注和文字注释。设置“BZ_标注”图层为当前图层。调用标注命令 DIMLINEAR/DLI 标注尺寸，结果如图 13-75 所示。

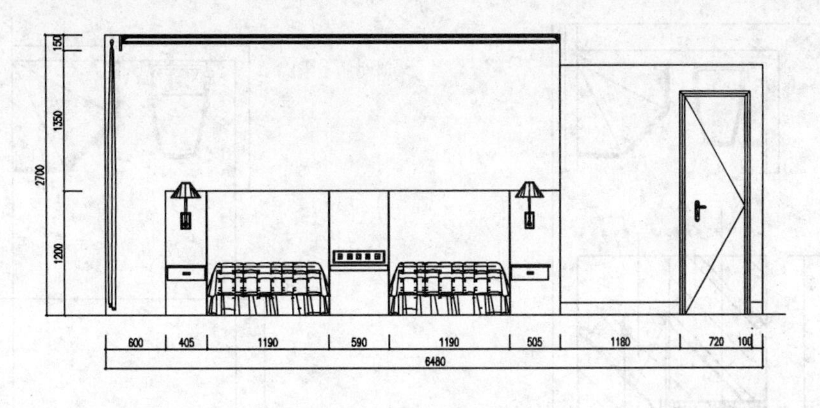

图 13-75　标注尺寸

18 调用 MLEADER/MLD 命令，标注立面材料名称，效果如图 13-76 所示。

19 插入图名。调用 INSERT/I 命令插入“图名”图块，设置图名为“标准间 A 立面图”，标准间 A 立面图绘制完成。

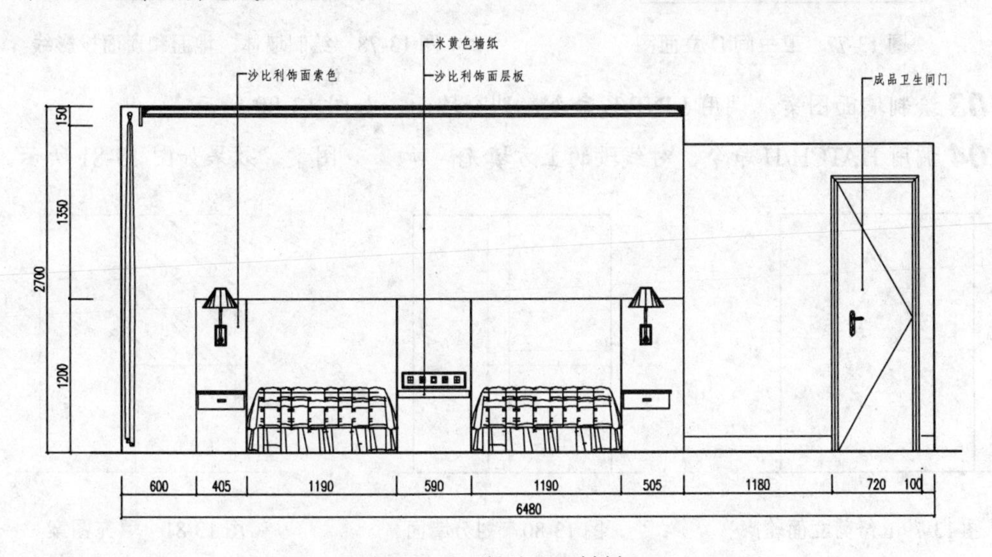

图 13-76　标注立面材料

13.10.2　绘制卫生间 D 立面图

如图 13-77 所示为卫生间 D 立面图，D 立面图是淋浴房和座便器所在的立面，下面讲解绘制方法。

课堂举例 13-7：绘制卫生间 D 立面图

视频\第 13 章\课堂举例 13-7.mp4

01 绘制立面轮廓。调用 LINE/L 命令，绘制墙体、地面和顶面墙体投影线，如图 13-78 所示。

02 调用 TRIM/TR 命令，通过修剪得出立面轮廓，并转换至“QT_墙体”图层，效果如图 13-79 所示。

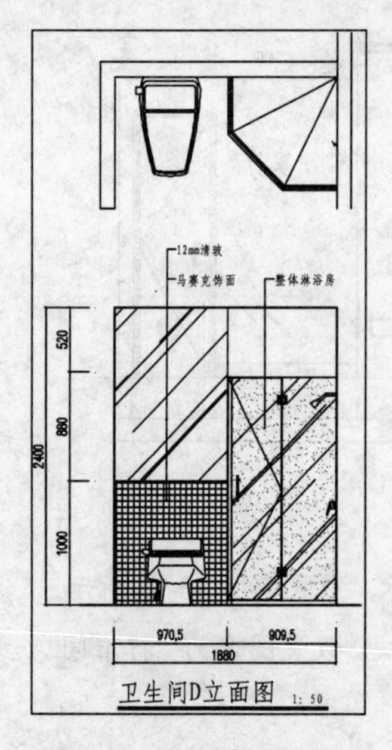

图 13-77 卫生间 D 立面图

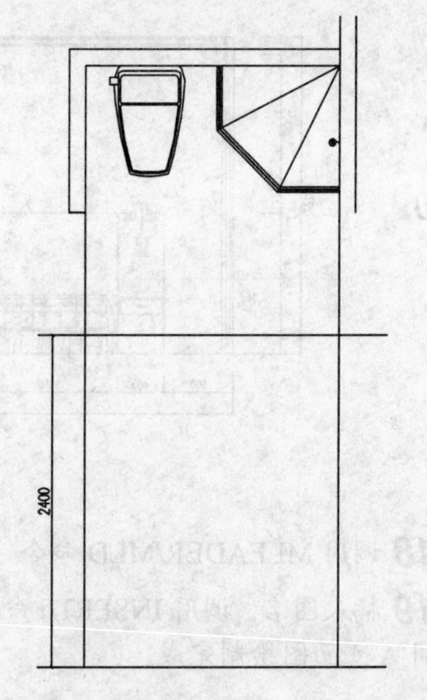

图 13-78 绘制墙体、地面和顶面投影线

03 绘制墙面图案。调用 LINE/L 命令，划分墙面，如图 13-80 所示。

04 调用 HATCH/H 命令，对线段的上方填充AR-RROOF图案，效果如图 13-81 所示。

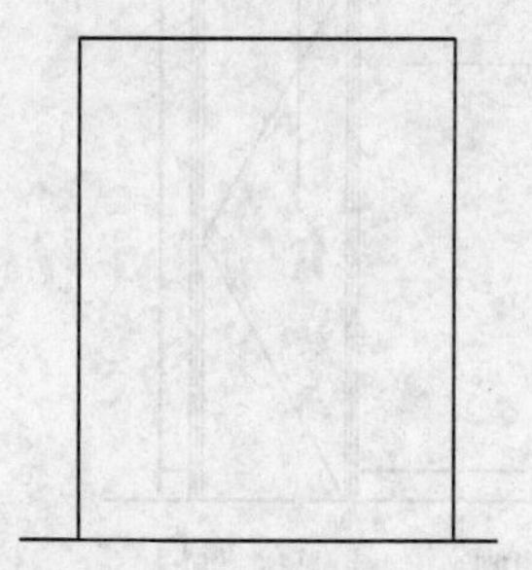

图 13-79 修剪立面轮廓

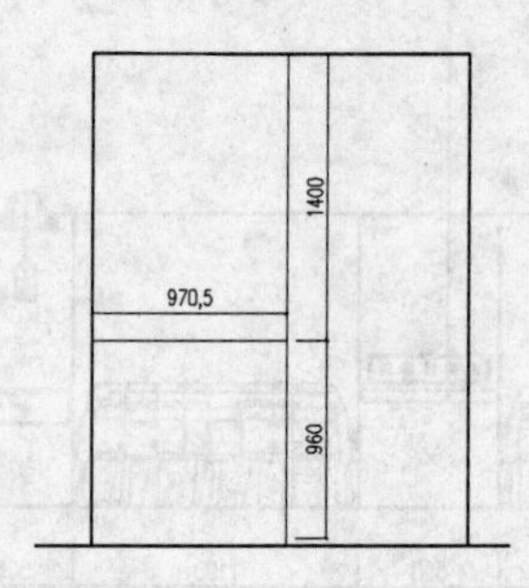

图 13-80 划分墙面

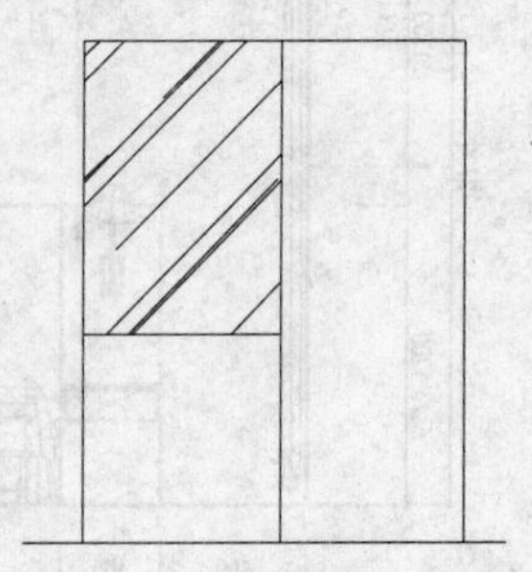

图 13-81 填充图案

05 调用 HATCH/H 命令，对线段的下方填充“用户定义”图案，如图 13-82 所示。

06 调用 PLINE/PL 命令、RECTANG/REC 命令和 OFFSET/O 命令，绘制淋浴房，如图 13-83 所示。

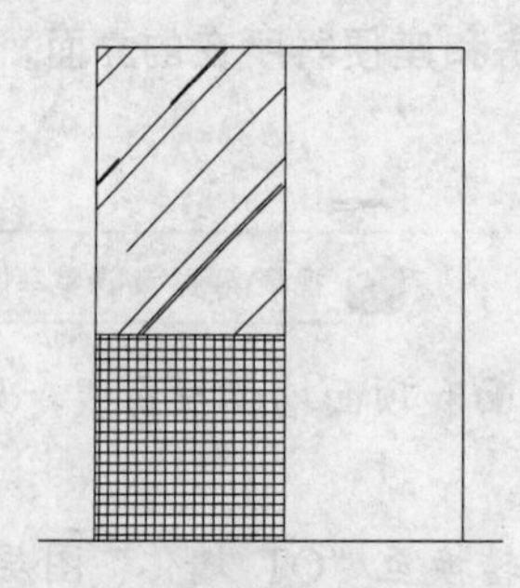

图 13-82 填充图案

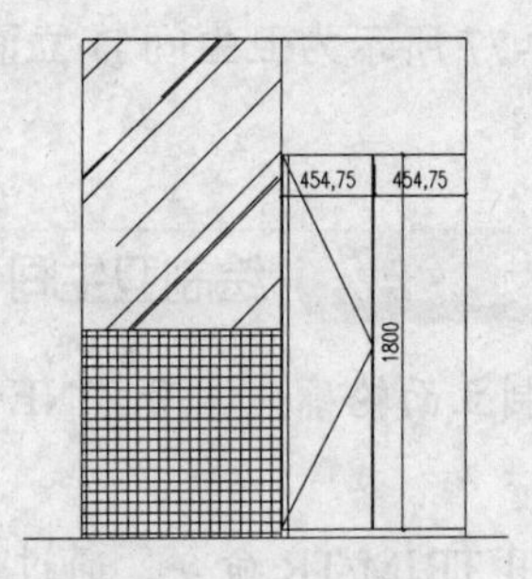

图 13-83 绘制淋浴房

07 调用 HATCH/H 命令，对淋浴房填充 AR-RROOF 图案和 AR-SAND 图案，效果如图 13-84 所示。

08 从图库中插入坐便器、淋浴头和拉手等图块，并进行修剪，如图 13-85 所示。

09 标注尺寸、文字说明和插入图名，完成卫生间 D 立面图的绘制。

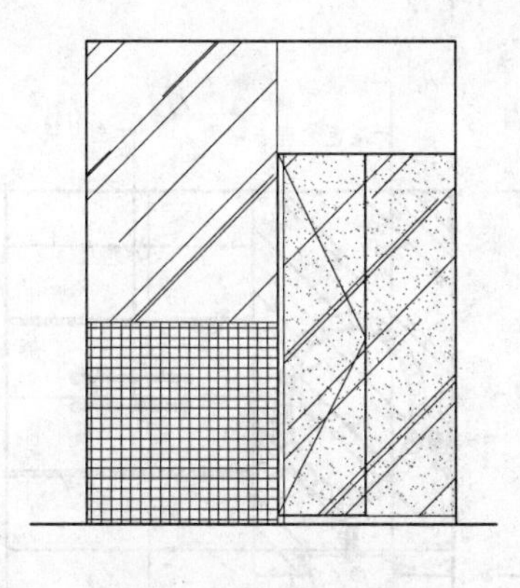

图 13-84 填充淋浴房

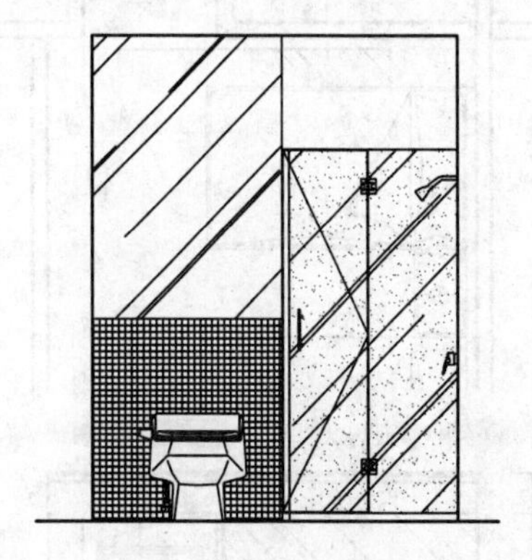

图 13-85 插入图块

13.10.3 绘制其他立面图

使用前面讲述的方法完成标准间 B 立面图、标准间 C 立面图和卫生间 B 立面图的绘制，绘制完成的结果如图 13-86～图 13-88 所示。

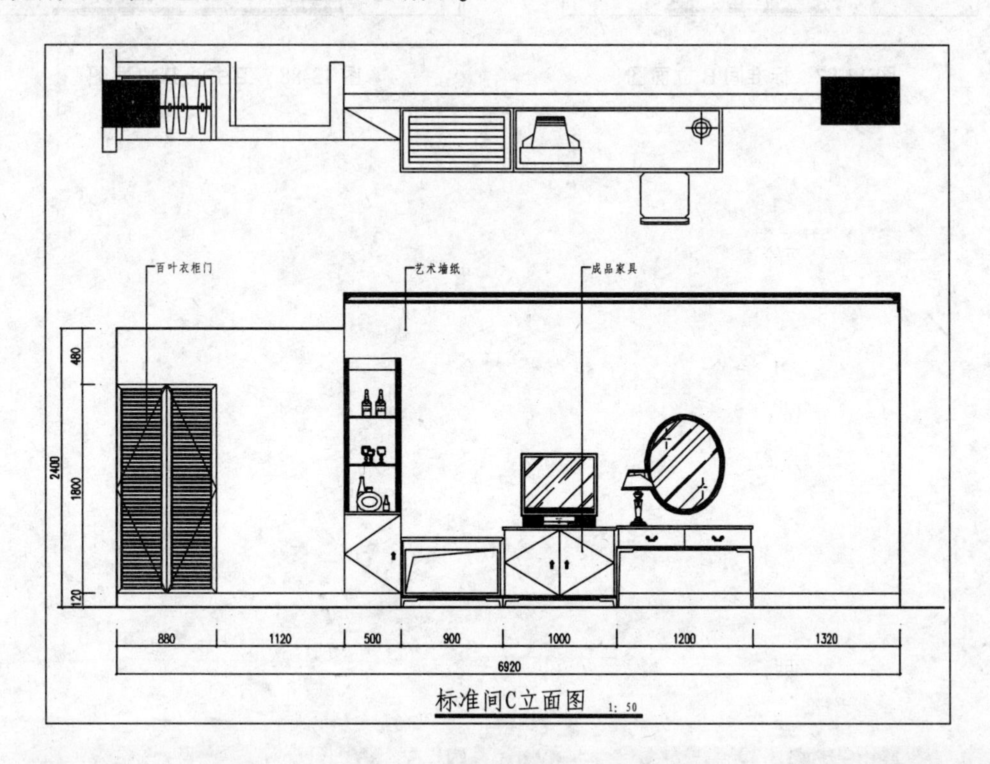

图 13-86 绘制标准间 C 立面图

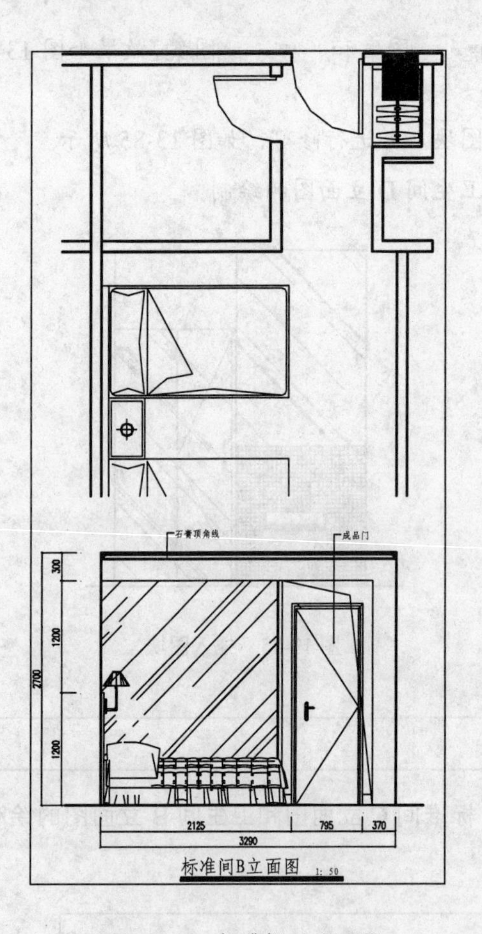

图 13-87 标准间 B 立面图

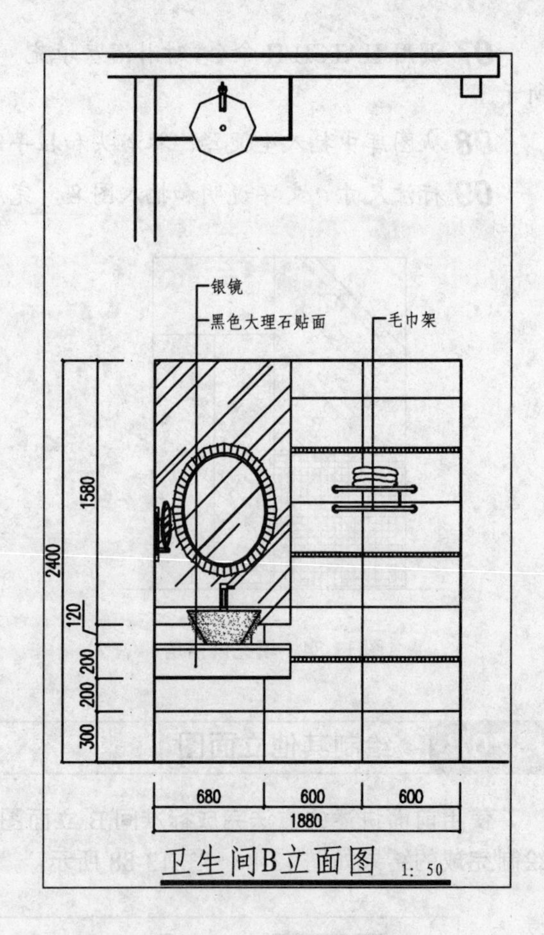

图 13-88 卫生间 B 立面图

第 14 章 舞厅室内设计

本章导读

随着物质生活的提高、文化生活的丰富，能够给人们提供的休闲娱乐场所也越来越多。舞厅就是常用的一种娱乐场所。

本章重点

★ 调用样板新建文件
★ 绘制舞厅平面布置图
★ 绘制舞厅地材图
★ 绘制舞厅顶棚图
★ 绘制舞厅立面图

舞厅的主要设备有舞池、演奏乐台、休息座和音控室等。常以举行交谊舞、迪斯科舞等群众性娱乐为主。舞厅布置一般把休息座围绕舞池周围布置，舞池地面可略低歌舞厅，这样有明确的界限，互不干扰。地面也可按不同需要铺设地面材料。舞厅一般照明只需要较低的照度，灯光常采用专用照明灯具设备，以配合音乐旋律的光色闪烁变幻，如图 14-1 所示。

舞厅中的包厢为家庭或少数亲朋好友自唱自娱之用，如图 14-1 所示。

图 14-1 舞厅

14.1 调用样板新建文件

本书第 6 章创建了室内装潢施工图样板，该样板已经设置了相应的图形单位、样式、图层和图块等，建筑平面图可以直接在此样板的基础上进行绘制。

课堂举例 14-1：调用样板新建文件

视频\第 14 章\课堂举例 14-1.mp4

01 执行【文件】|【新建】命令，打开“选择文件”对话框。

02 单击使用样板按钮，选择“室内装潢施工图模板”，如图 14-2 所示。

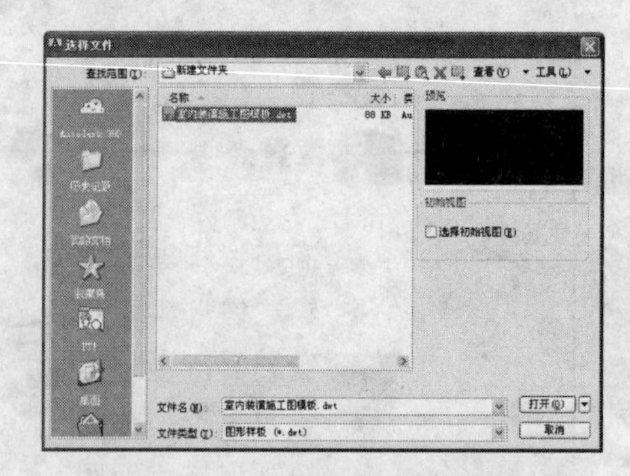

图 14-2 “选择文件”对话框

03 单击【打开】按钮，以样板创建图形，新图形中包含了样板中创建的图层、样式和图块等内容。

04 选择【文件】|【保存】命令，打开“图形另存为”对话框，在“文件名”框中输入文件名，单击【保存】按钮保存图形。

14.2 绘制舞厅平面布置图

如图 14-3 和图 14-4 所示为舞厅一层和二层平面布置图，下面以舞厅的舞池、舞台平面布置图和吧台平面布置图以及包厢平面布置图为例，讲解舞厅平面布置图的绘制方法。

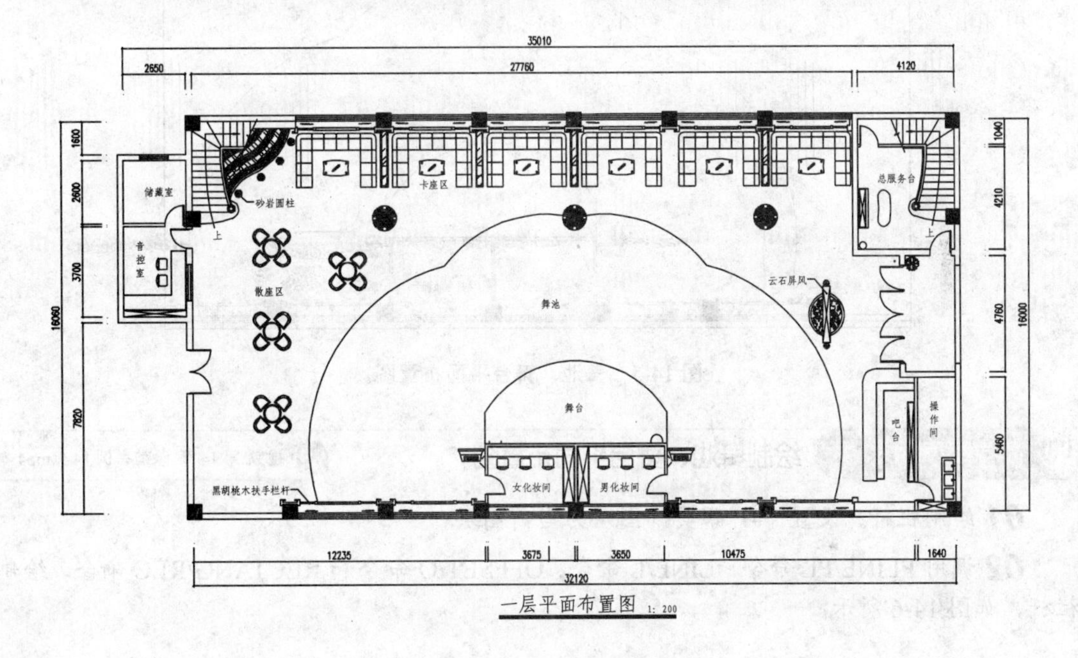

图 14-3　一层平面布置图

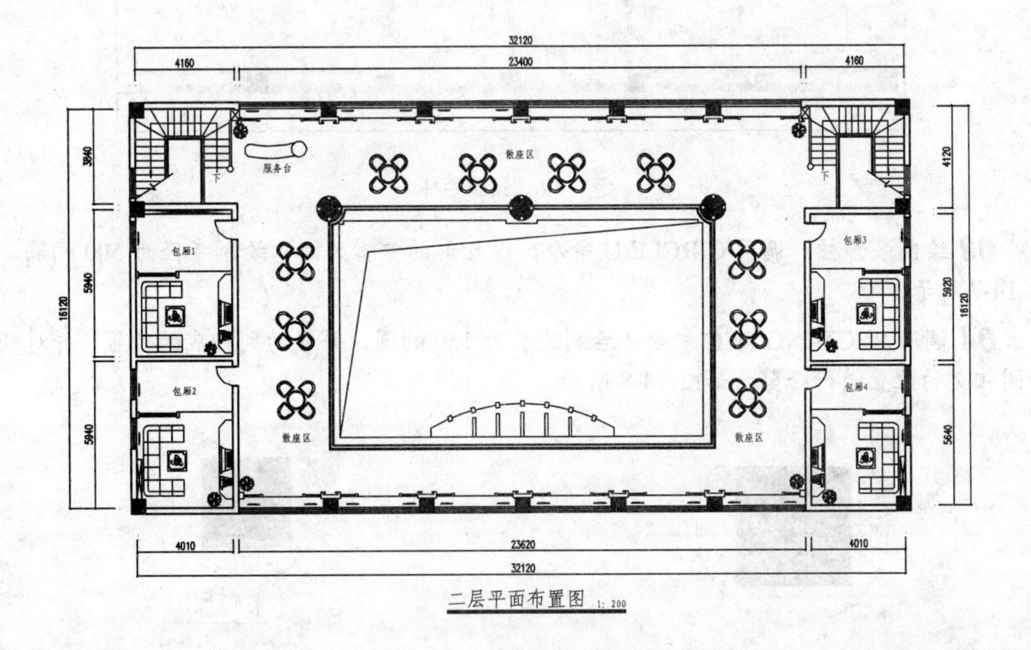

图 14-4　二层平面布置图

14.2.1 绘制舞池、舞台平面布置图

如图 14-5 所示为舞池、舞台平面布置图，需要绘制的图形有装饰柱栏杆、舞台和舞池的形状。

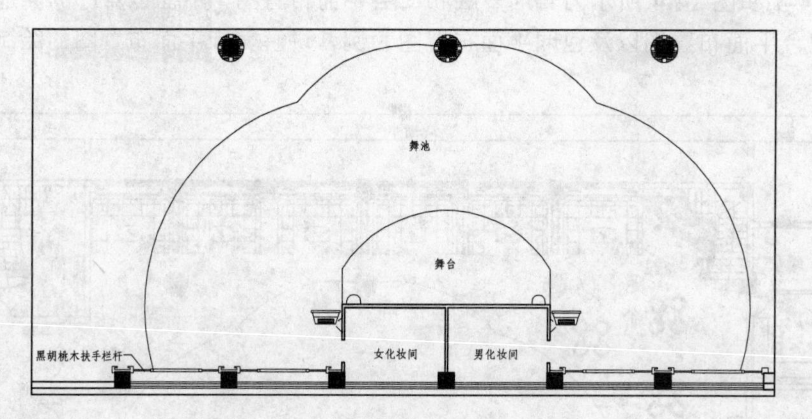

图 14-5 舞池、舞台平面布置图

课堂举例 14-2：绘制舞池、舞台平面布置图

视频\第 14 章\课堂举例 14-2.mp4

01 绘制栏杆。设置“JJ_家具”图层为当前图层。

02 调用 PLINE/PL 命令、LINE/L 命令、OFFSET/O 命令和 RECTANG/REC 命令，绘制栏杆，如图 14-6 所示。

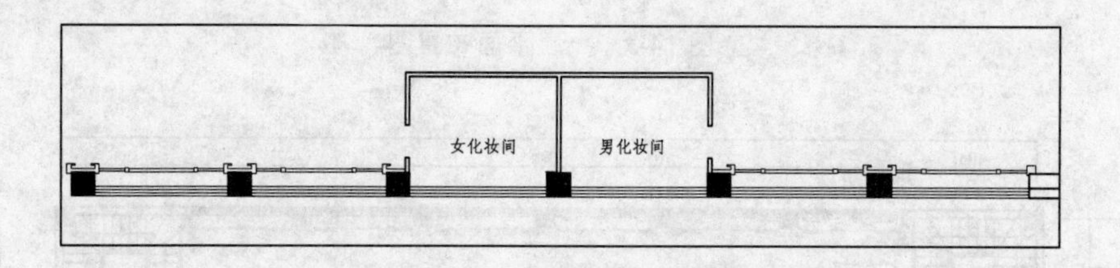

图 14-6 绘制栏杆

03 绘制装饰柱。调用 CIRCLE/C 命令，以矩形的中心为圆心绘制半径为 500 的圆，如图 14-7 所示。

04 调用 RECTANG/REC 命令，绘制边长为 150 的圆，并移动到相应的位置，并对矩形和圆相交的位置进行修剪，如图 14-8 所示。

图 14-7 绘制圆

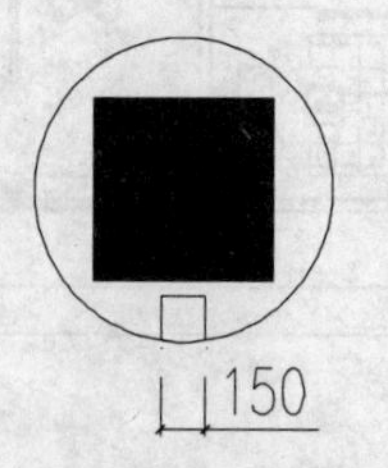

图 14-8 绘制图形

05 调用 MIRROR/MI 命令和 ROTATE/RO 命令，得到如图 14-9 所示图形。

06 调用 HATCH/H 命令，在圆内填充 CORK 图案，效果如图 14-10 所示。

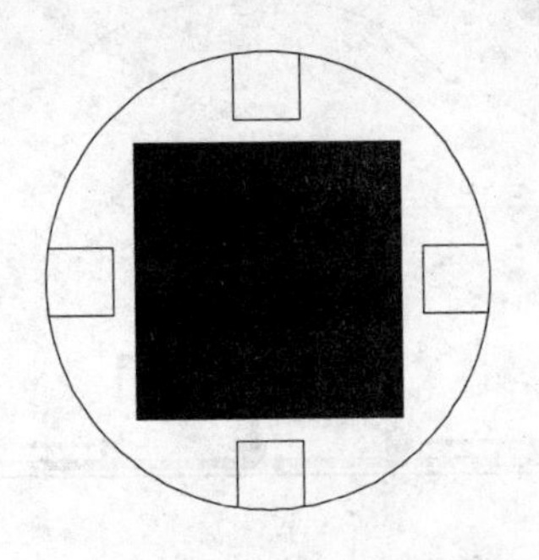

图 14-9　旋转和镜像图形

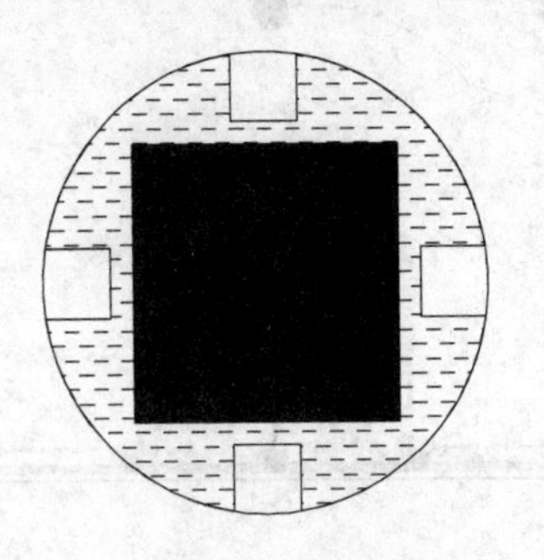

图 14-10　填充图案

07 调用 COPY/CO 命令，复制装饰柱造型到其他位置，效果如图 14-11 所示。

08 绘制舞池和舞台。绘制舞池。调用 OFFSET/O 命令和 LINE/L 命令，绘制辅助线，如图 14-12 所示。

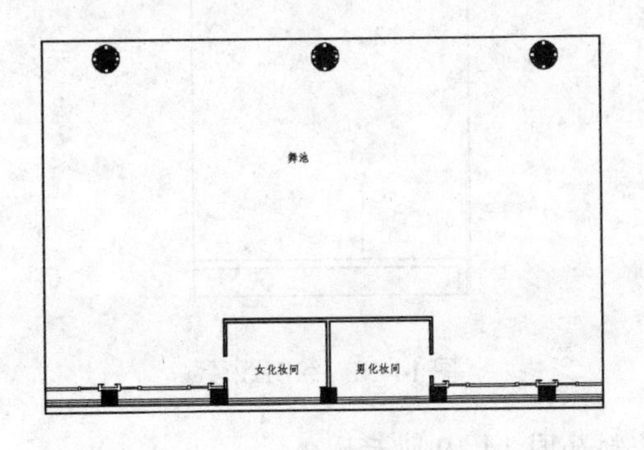

图 14-11　复制装饰柱

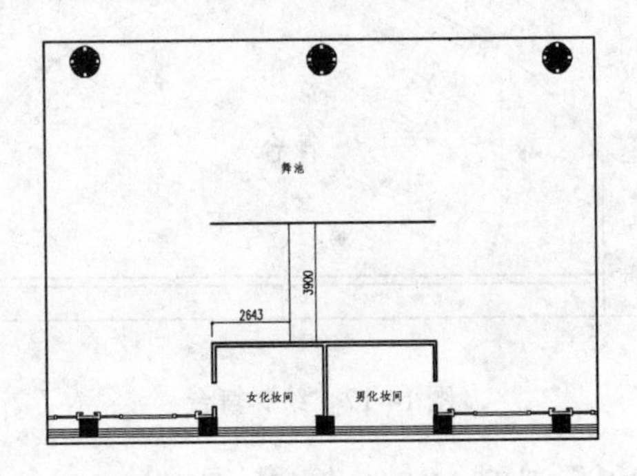

图 14-12　绘制辅助线

09 调用 CIRCLE/C 命令，以辅助线的交点为圆心绘制半径为 5500 的圆，然后删除辅助线，如图 14-13 所示。

10 使用相同的方法绘制另一个圆，圆的半径为 7630，如图 14-14 所示。

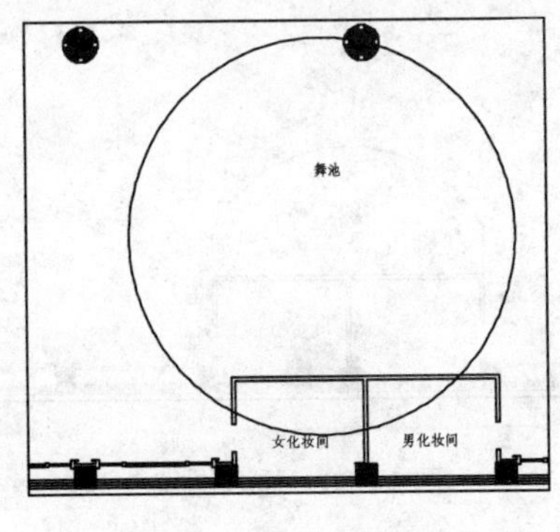

图 14-13　绘制圆

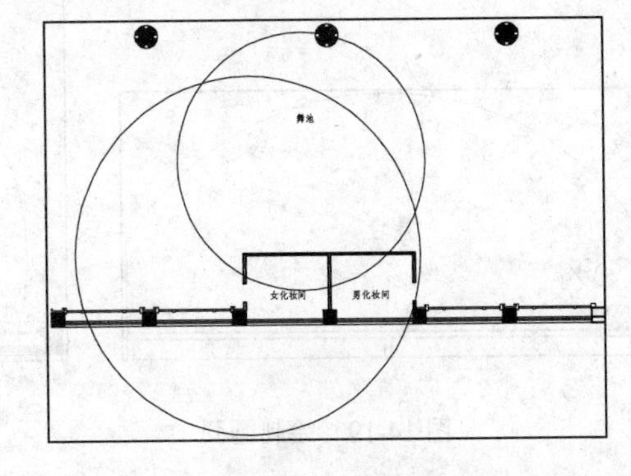

图 14-14　绘制圆

11 调用 TRIM/TR 命令，对两个圆相交的位置进行修剪，效果如图 14-15 所示。

12 调用 MIRROR/MI 命令，通过镜像得到另一侧同类图形，如图 14-16 所示。

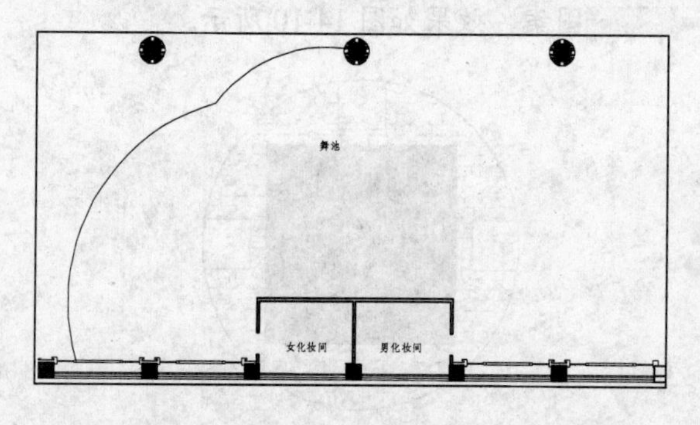

图 14-15　修剪圆

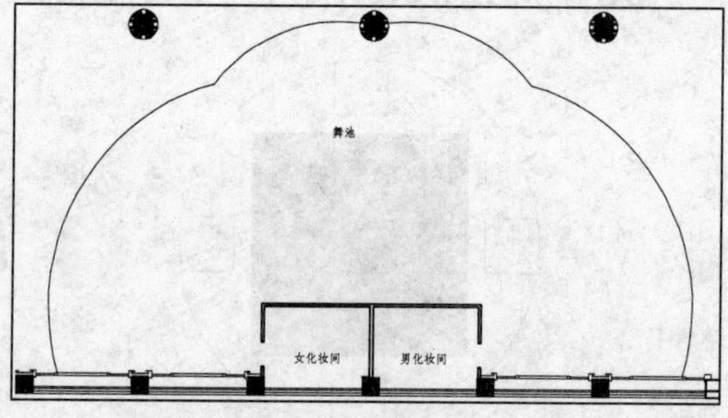

图 14-16　镜像图形

13 绘制舞台。调用 LINE/L 命令和 ARC/A 命令，绘制舞台，如图 14-17 所示。

14 绘制台柱。调用 LINE/L 命令，绘制如图 14-18 所示线段。

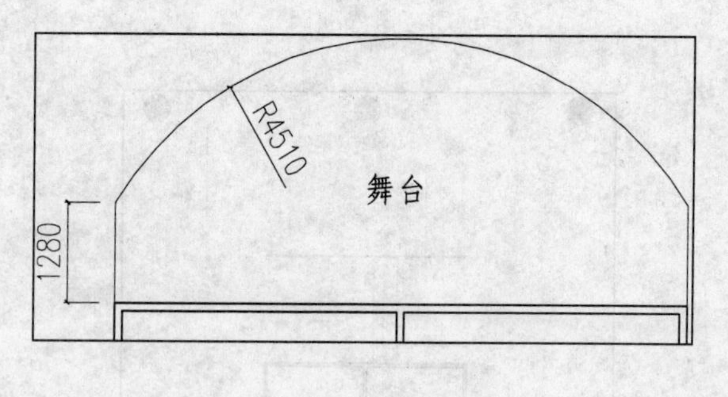

图 14-17　绘制舞台

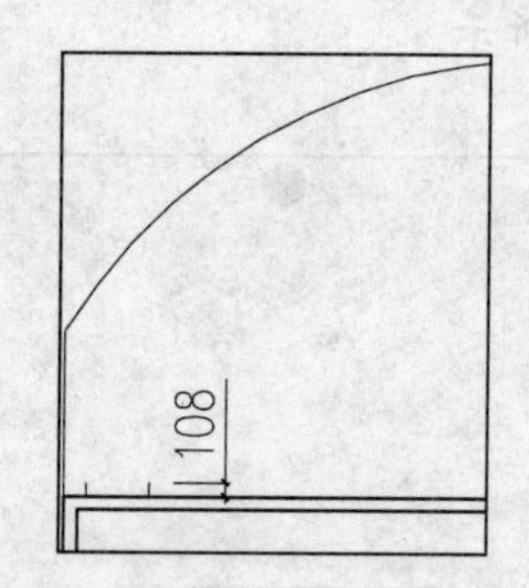

图 14-18　绘制线段

15 调用 ARC/A 命令和 COPY/CO 命令，绘制如图 14-19 所示圆弧。

16 插入图块。按 Ctrl+O 快捷键，打开配套光盘提供的“第 14 章\家具图例.dwg”文件，选择其中的背投电视图块，将其复制至舞池、舞台区域，如图 14-20 所示。

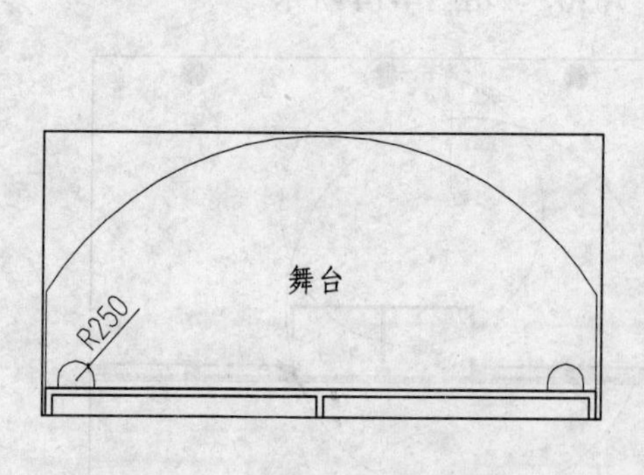

图 14-19　绘制圆弧

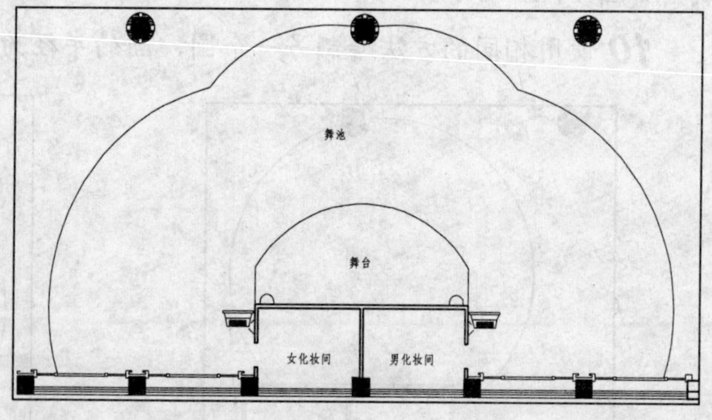

图 14-20　插入图块

17 标注文字。调用 MLEADER/MLD 命令，对栏杆进行文字标注，如图 14-21 所示。

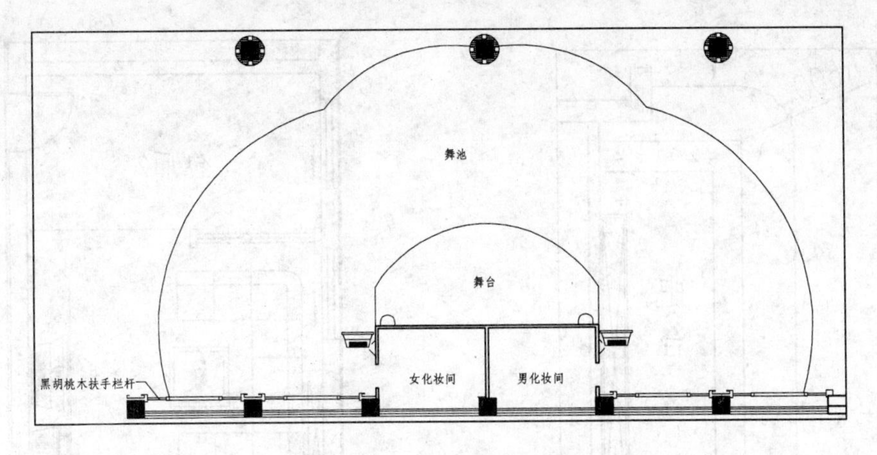

图 14-21　文字标注

14.2.2　绘制吧台平面布置图

如图 14-22 所示为吧台平面布置图，下面讲解绘制方法。

课堂举例 14-3：绘制吧台平面布置图

视频\第 14 章\课堂举例 14-3.mp4

01 调用 RECTANG/REC 命令、LINE/L 命令和 OFFSET/O 命令，绘制酒柜，如图 14-23 所示。

02 调用 PLINE/PL 命令，绘制多段线，如图 14-24 所示。

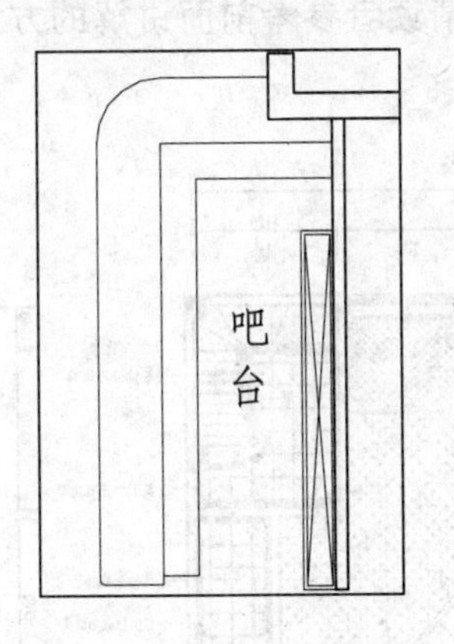

图 14-22　吧台平面布置图

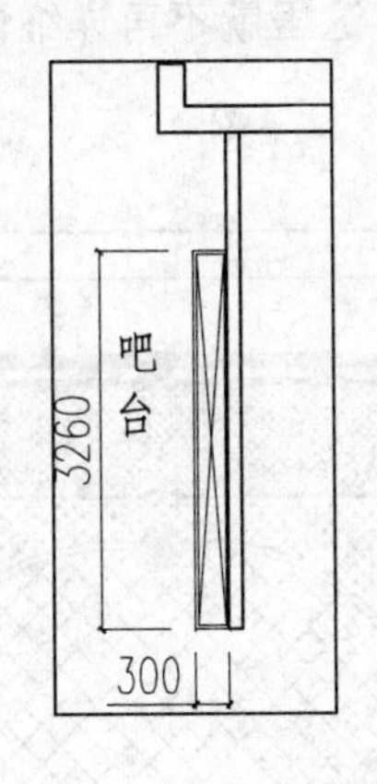

图 14-23　绘制酒柜

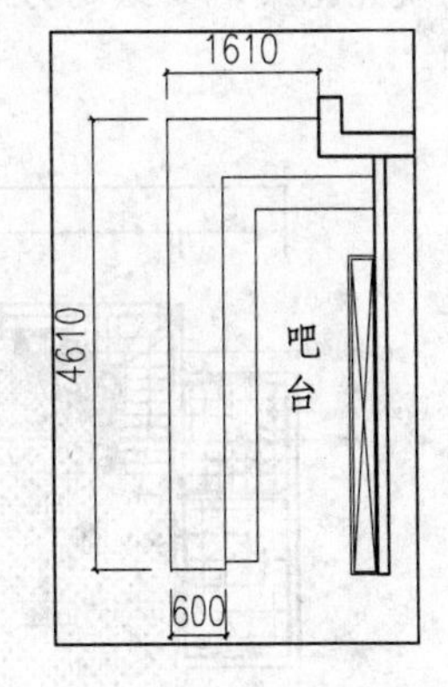

图 14-24　绘制多段线

03 调用 FILLET/F 命令，对多段线进行圆角，效果如图 14-25 所示。

14.2.3　绘制包厢平面布置图

如图 14-26 所示为包厢平面布置图。

装饰柜调用 LINE 命令绘制，隔断调用 PLINE/PL 命令和 OFFSET/O 命令，电视柜调用 PLINE 命令绘制，其他家具可以从图库中直接调用。

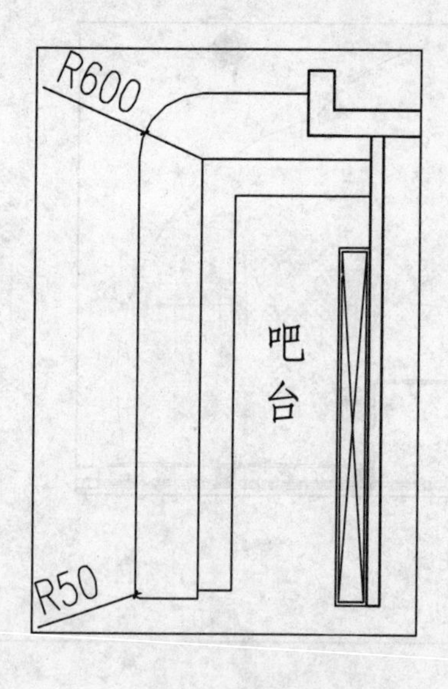

图 14-25　圆角

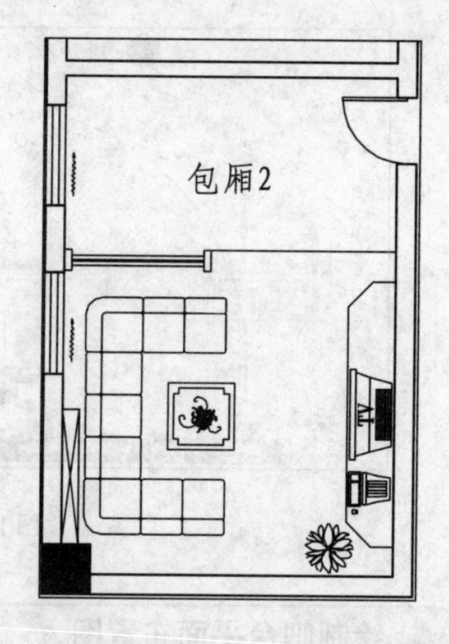

图 14-26　包厢平面布置图

14.3 绘制舞厅地材图

舞池地面常用材料有花岗石、打蜡嵌木地板，也有用镭射玻璃的。休息座可采用木地板或铺设地毯。如图 14-27 和图 14-28 所示为本例舞厅一层和二层地材图，大多采用 HATCH 命令填充图案，其绘制方法比较简单，这里就不再详细讲解了，请读者参考前面讲解的方法绘制。

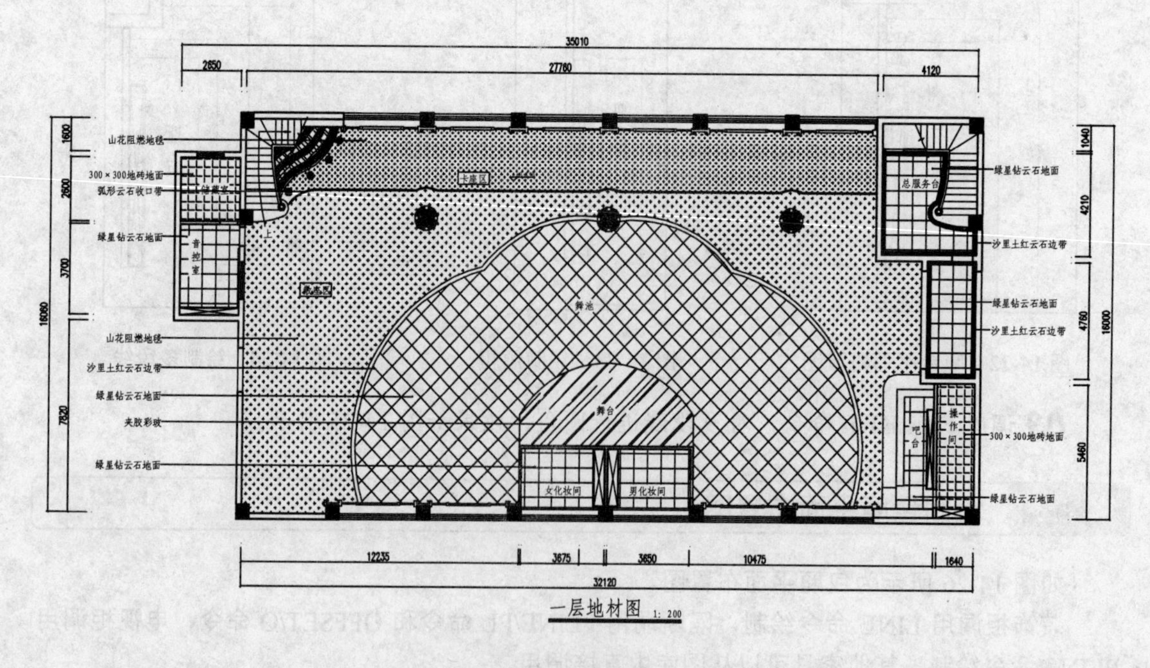

图 14-27　一层地材图

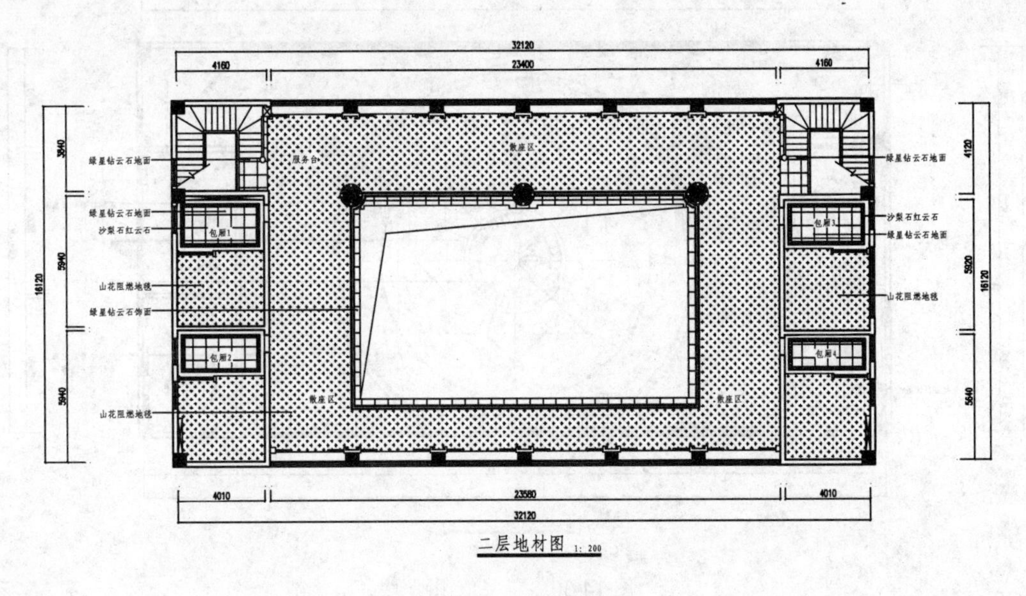

图 14-28　二层地材图

14.4 绘制舞厅顶棚图

如图 14-29 和图 14-30 所示为舞厅顶棚图。舞厅中舞池上方的吊顶造型设计较为复杂，本节主要以舞池上空吊顶为例，介绍舞厅吊顶的绘制方法。

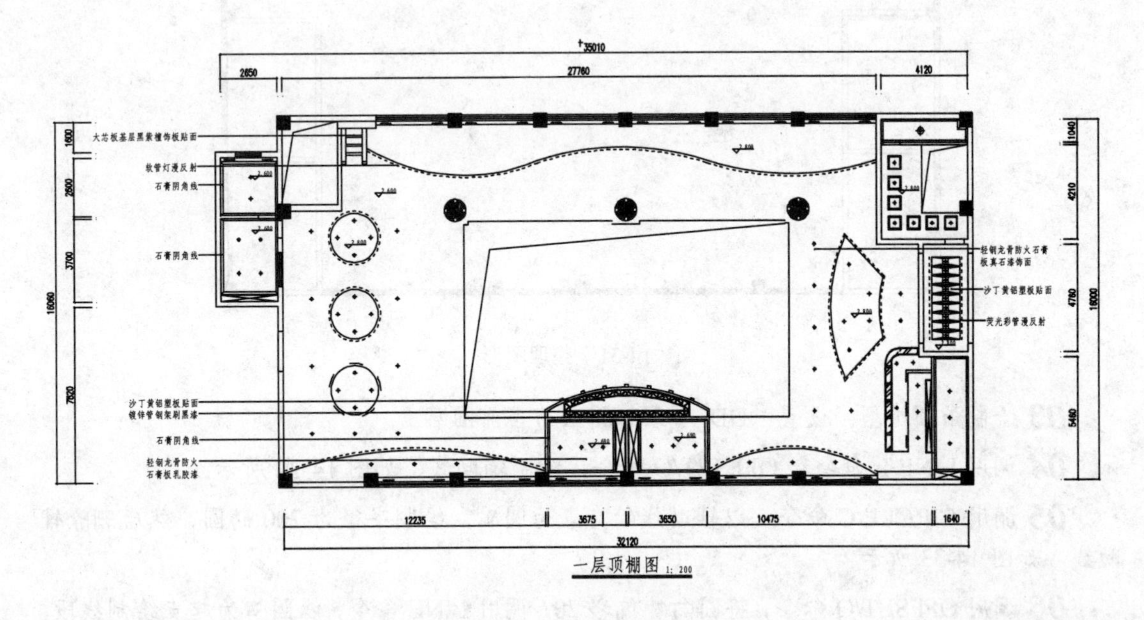

图 14-29　一层顶棚图

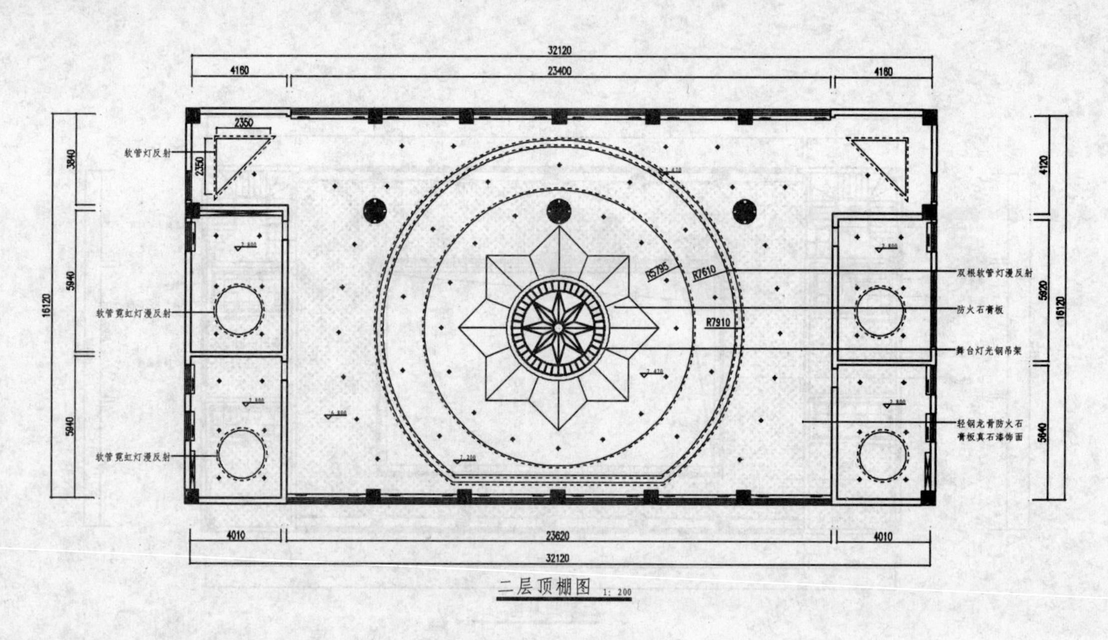

图 14-30　二层顶棚图

课堂举例 14-4：绘制舞厅顶棚图

视频\第 14 章\课堂举例 14-4.mp4

01 复制图形。调用 COPY/CO 命令，复制舞厅二层平面布置图。

02 整理图形。删除复制的平面布置图中的家具和门等图形，并在门洞位置绘制墙体线，结果如图 14-31 所示。

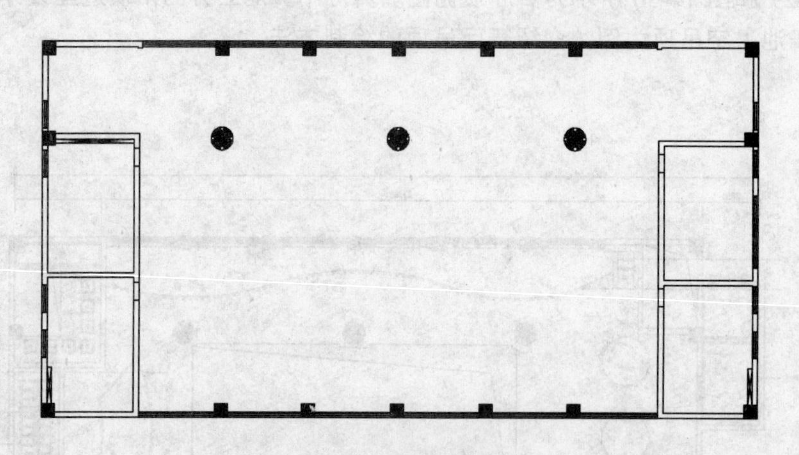

图 14-31　整理图形

03 绘制吊顶造型。设置“DD_吊顶”图层为当前图层。

04 调用 LINE/L 命令和 OFFSET/O 命令，绘制辅助线，如图 14-32 所示。

05 调用 CIRCLE/C 命令，以辅助线的交点为圆心，绘制半径为 200 的圆，然后删除辅助线，如图 14-33 所示。

06 调用 OFFSET/O 命令，将圆向外偏移 20，调用 LINE 命令，以圆心为起点绘制线段，绘制长度为 1463 的线段，如图 14-34 所示。

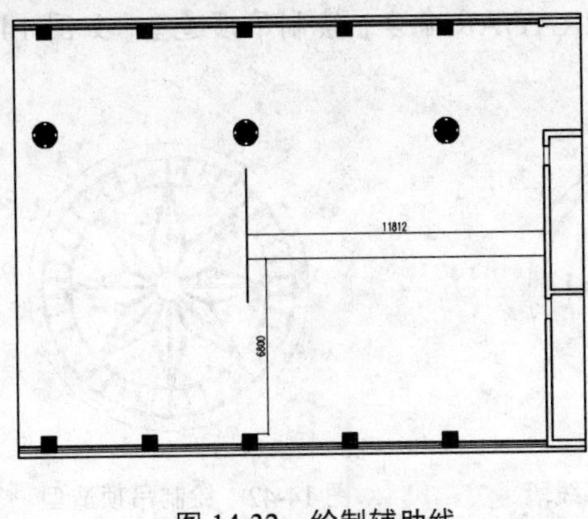

图 14-32　绘制辅助线

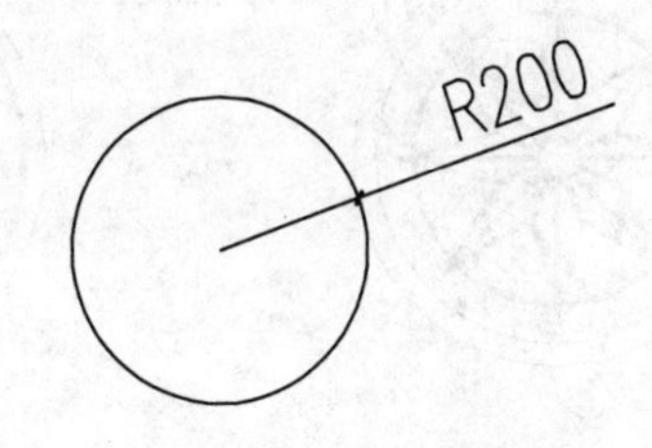

图 14-33　绘制圆

07 调用 OFFSET/O 命令，将线段向两侧偏移 20，然后删除中间的线段，如图 14-35 所示。

08 调用 PLINE/PL 命令，绘制多段线，如图 14-36 所示。

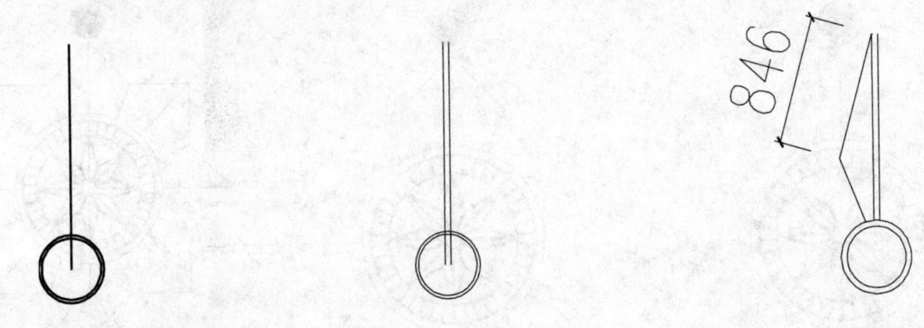

图 14-34　绘制线段　　图 14-35　偏移线段　　图 14-36　绘制多段线

09 调用 MIRROR/MI 命令，对图形进行镜像，如图 14-37 所示。

10 调用 OFFSET/O 命令，将图形向外偏移 40，如图 14-38 所示。

11 调用 ARRAY/AR 命令，对图形进行阵列，阵列结果如图 14-39 所示。

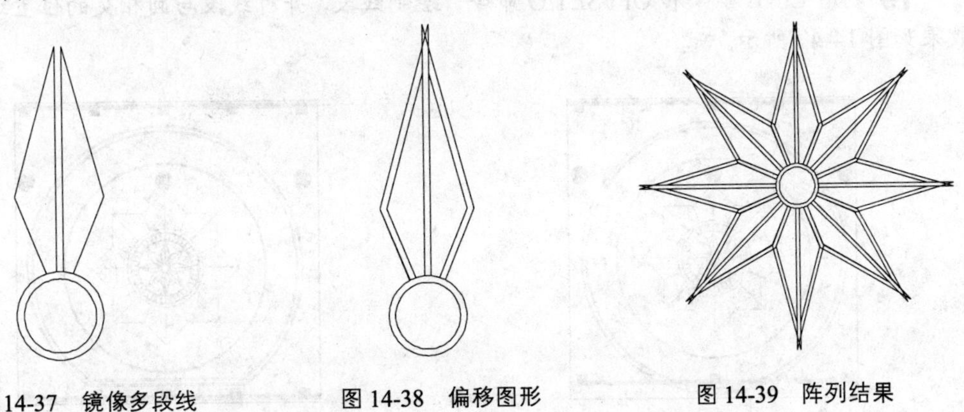

图 14-37　镜像多段线　　图 14-38　偏移图形　　图 14-39　阵列结果

12 调用 CIRCLE/C 命令，绘制半径分别为 1535、1575、1960、2000 和 2200 的圆，如图 14-40 所示。

13 调用 TRIM/TR 命令，对吊顶造型与圆相交的位置进行修剪，效果如图 14-41 所示。

14 调用 LINE/L 命令、OFFSET/O 命令和 ARRAY/AR 命令，绘制吊顶造型，如图 14-42 所示。

图 14-40　绘制圆

图 14-41　修剪线段

图 14-42　绘制吊顶造型

15 调用 LINE/L 命令，绘制如图 14-43 所示线段。

16 调用 PLINE/PL 命令，绘制如图 14-44 所示图形。

17 调用 ARRAY/AR 命令，对图形进行阵列，效果如图 14-45 所示。

图 14-43　绘制线段

图 14-44　绘制多线段

图 14-45　阵列图形

18 调用 CIRCLE/C 命令，绘制半径为 5795、5875、7610、7700、7910 和 8000 的圆，如图 14-46 所示。

19 调用 LINE 命令和 OFFSET/O 命令，绘制线段，并对线段与圆相交的位置进行修剪，效果如图 14-47 所示。

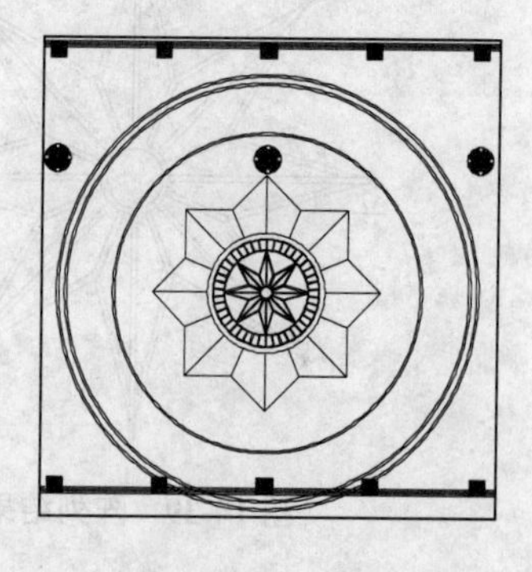

图 14-46　绘制圆

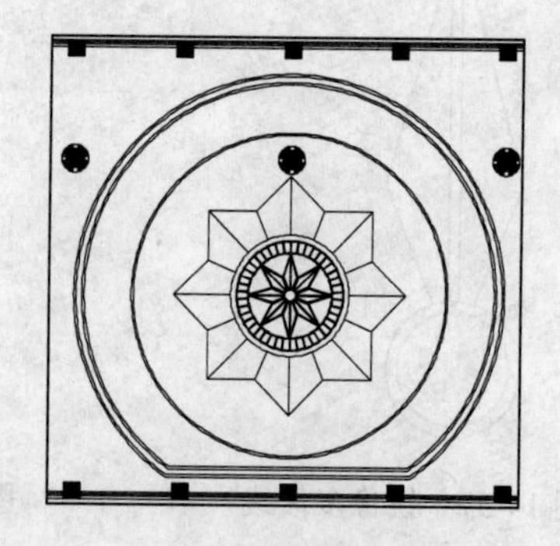

图 14-47　修剪圆与线段

20 将半径为 5875、7700 和 8000 的圆，设置为虚线表示灯带，如图 14-48 所示。

21 布置灯具。从图库中调用筒灯图形到顶棚图中，如图 14-49 所示。

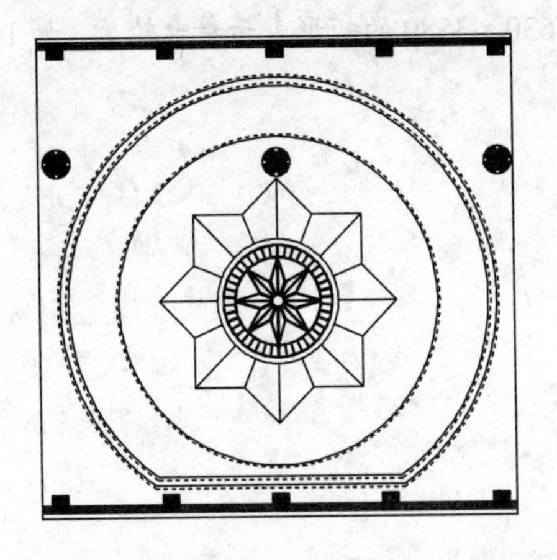

图 14-48　设置线型

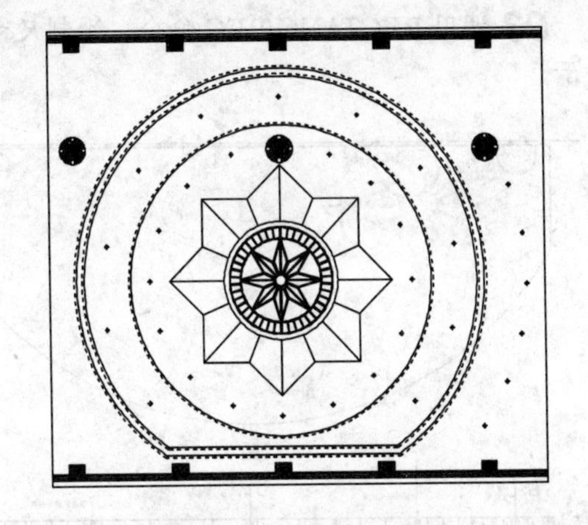

图 14-49　复制灯具图形

22 标高、标注和文字说明。调用 INSERT/I 命令，插入“标高”图块，如图 14-50 所示。

23 调用 DIMRADIUS 命令，标注圆的半径。调用 MLEADER/MLD 命令，对顶面材料进行标注，结果如图 14-51 所示，完成舞池上空顶棚图的绘制。

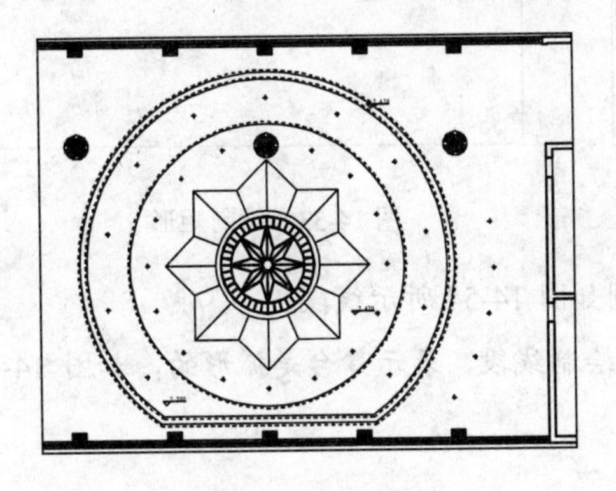

图 14-50　插入标高

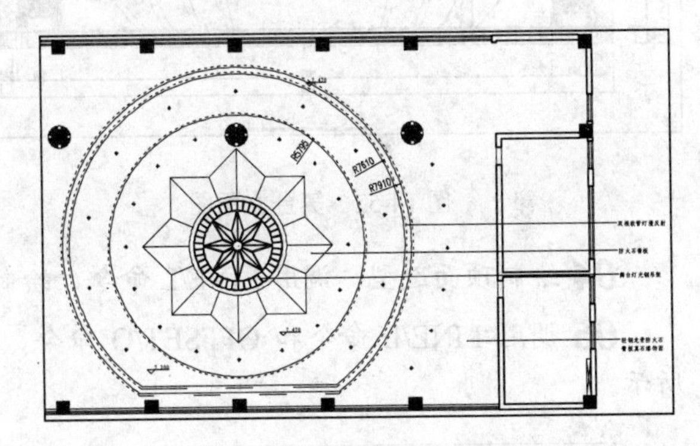

图 14-51　标注

14.5 绘制舞厅立面图

本节选择舞台立面图和吧台 C 立面图这两个具有代表性的立面，讲解舞厅立面的绘制方法。

14.5.1 绘制舞台立面图

如图 14-52 所示为舞台立面图，下面讲解绘制方法。

课堂举例 14-5：绘制舞台立面图

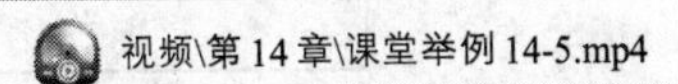
视频\第 14 章\课堂举例 14-5.mp4

01 复制图形。调用 COPY/CO 命令，复制舞台立面图的平面部分，并对图形进行旋转。

02 绘制主要轮廓线。设置“LM_立面”图层为当前图层。

03 调用 RECTANG/REC 命令，绘制尺寸为 7630×3580 的矩形表示舞台轮廓，如 14-53 所示。

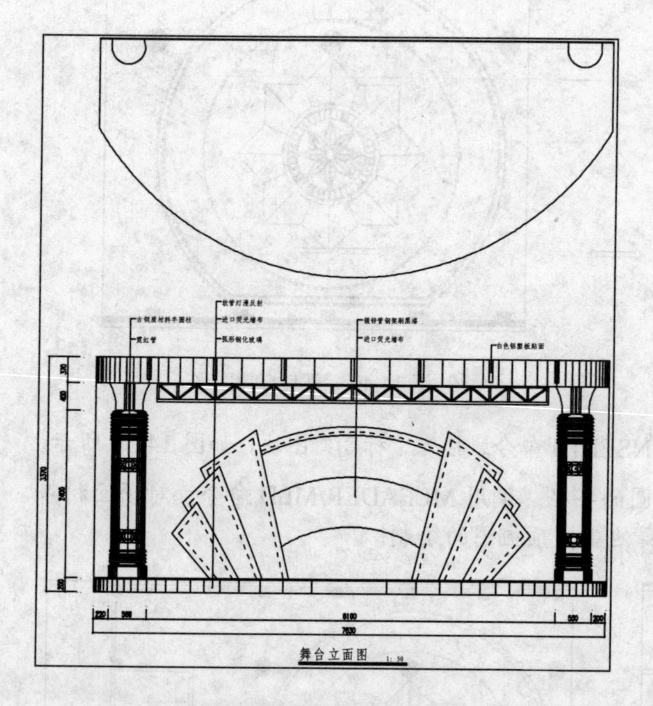

图 14-52　舞台立面图

图 14-53　绘制矩形

04 绘制顶面造型。调用 LINE/L 命令，绘制如图 14-54 所示线段。

05 调用 LINE/L 命令和 OFFSET/O 命令，绘制线段，表示舞台是弧形的，如图 14-55 所示。

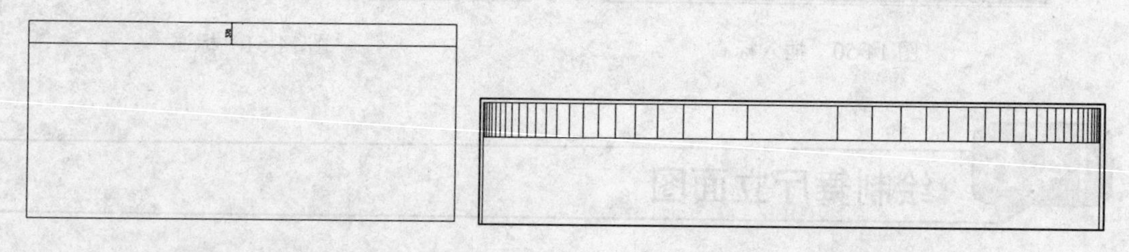

图 14-54　绘制线段　　图 14-55　绘制线段

06 调用 RECTANG/REC 命令、ARRAY/AR 命令、COPY/CO 命令和 MOVE/M 命令，绘制吊顶造型，如图 14-56 所示。

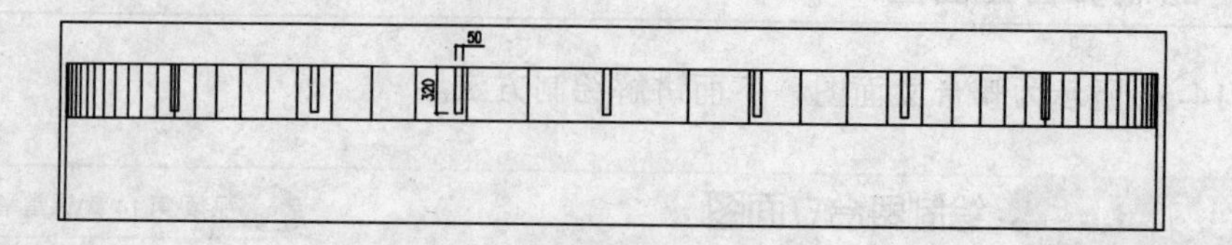

图 14-56　绘制吊顶造型

07 调用 RECTANG/REC 命令，绘制尺寸为 5850×32，半径为 16 的圆角矩形，并移动到相应的位置，如图 14-57 所示。

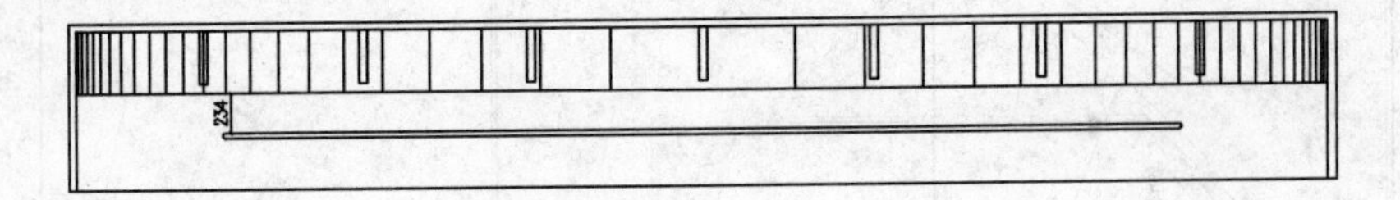

图 14-57　绘制圆角矩形

08 调用 COPY/CO 命令，将圆角矩形复制到上方，并进行修剪，效果如图 14-58 所示。

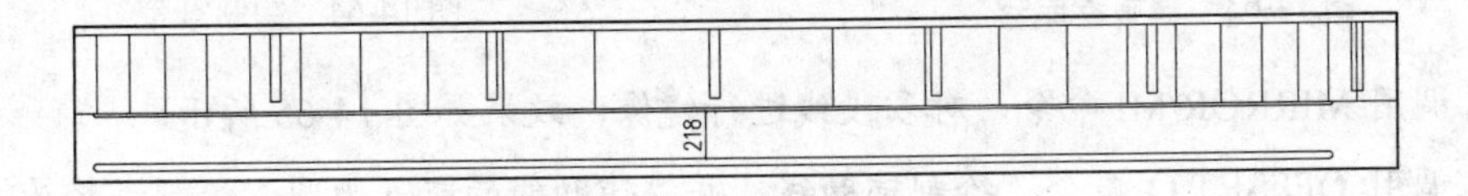

图 14-58　复制和修剪圆角矩形

09 调用 PLINE/PL 命令、MIRROR/MI 命令和 ROTATE/RO 命令，绘制如图 14-59 所示图形。

10 调用 MIRROR/MI 命令和 MOVE/M 命令，对图形进行镜像，效果如图 14-60 所示。

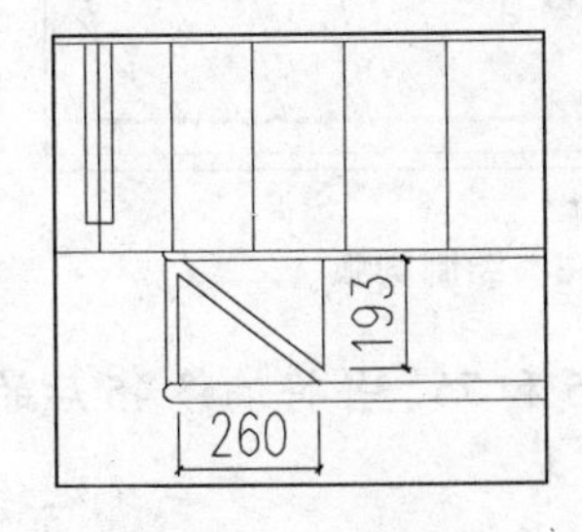

图 14-59　绘制图形

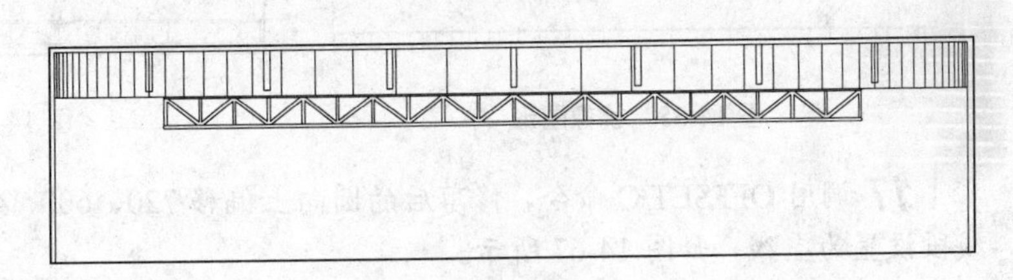

图 14-60　镜像图形

11 绘制舞台。调用 LINE/L 命令，绘制线段，如图 14-61 所示。

12 调用 COPY/CO 命令，将上方的线段复制到下方，并进行修剪，效果如图 14-62 所示。

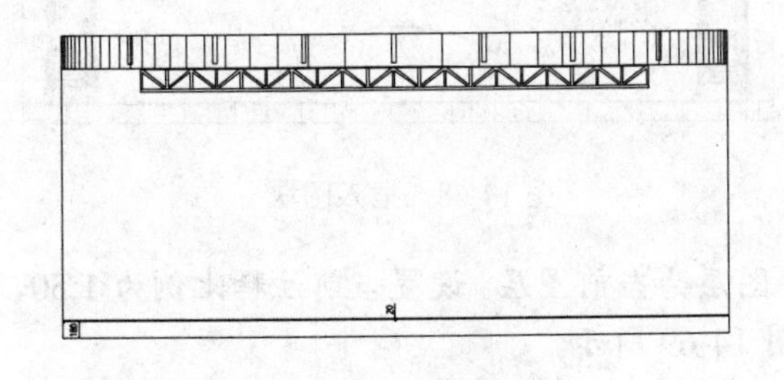

图 14-61　绘制线段

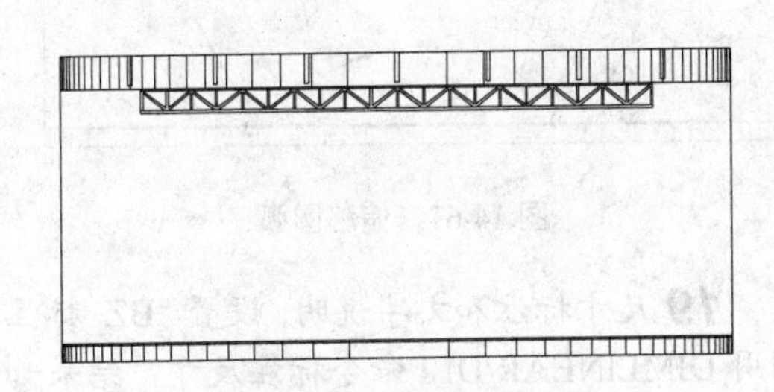

图 14-62　复制线段

13 绘制舞台背景。调用 PLINE/PL 命令，绘制多段线，如图 14-63 所示。

14 调用 OFFSET/O 命令，将多段线向内偏移 75，并设置为虚线，如图 14-64 所示。

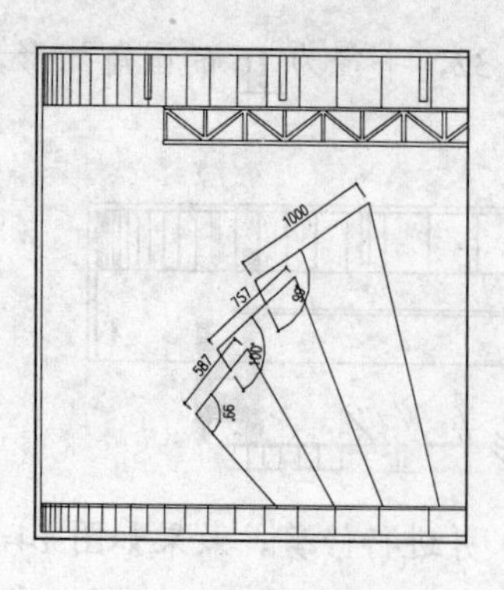

图 14-63　绘制多段线

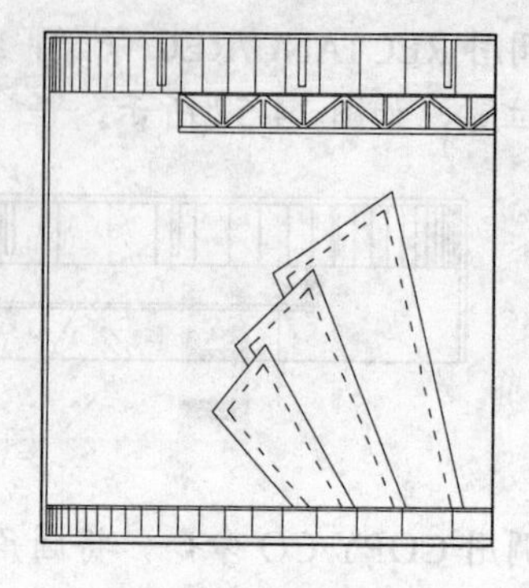

图 14-64　绘制灯带

15 调用 MIRROR/MI 命令，对多段线进行镜像，效果如图 14-65 所示。

16 调用 OFFSET/O 命令，绘制辅助线，并以辅助线的交点为圆心绘制半径为 1965 的圆，然后删除辅助线，并对圆进行修剪，效果如图 14-66 所示。

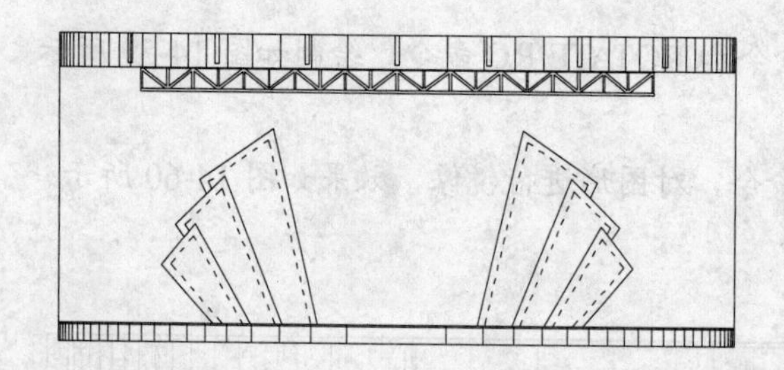

图 14-65　镜像图形

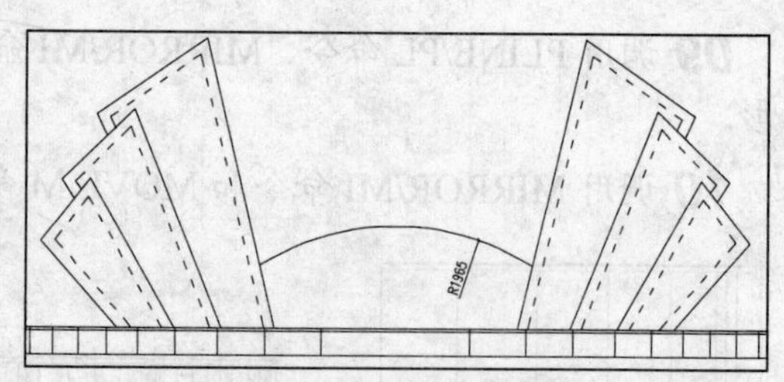

图 14-66　绘制圆弧

17 调用 OFFSET/O 命令，修剪后的圆向上偏移 720、600、45 和 75，并将偏移 45 后的线段设置为虚线，如图 14-67 所示。

18 插入图块。从图库中调用台柱图块到立面图中，效果如图 14-68 所示。

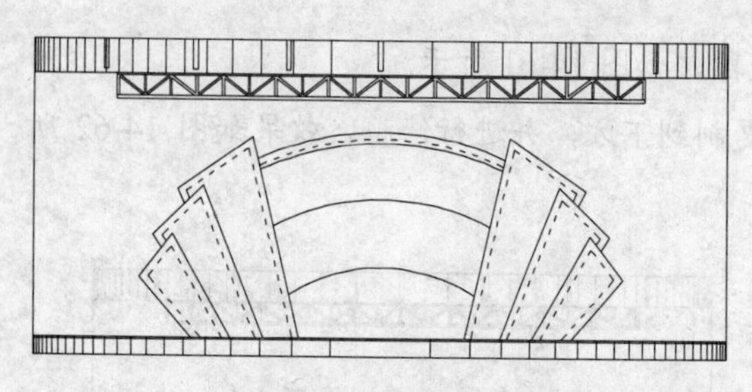

图 14-67　偏移圆弧

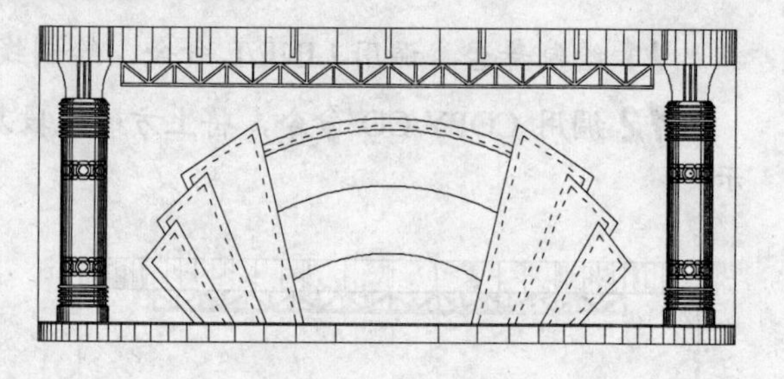

图 14-68　插入图块

19 尺寸标注和文字说明。设置“BZ_标注”图层为当前图层。设置当前注释比例为 1:50，调用 DIMLINEAR/DLI 命令标注尺寸，结果如图 14-69 所示。

20 调用 MLEADER/MLD 命令，标注材料名称，结果如图 14-70 所示。

21 插入图名。调用 INSERT/I 命令插入“图名”图块，设置图名为“舞台立面图”，舞台立面图绘制完成。

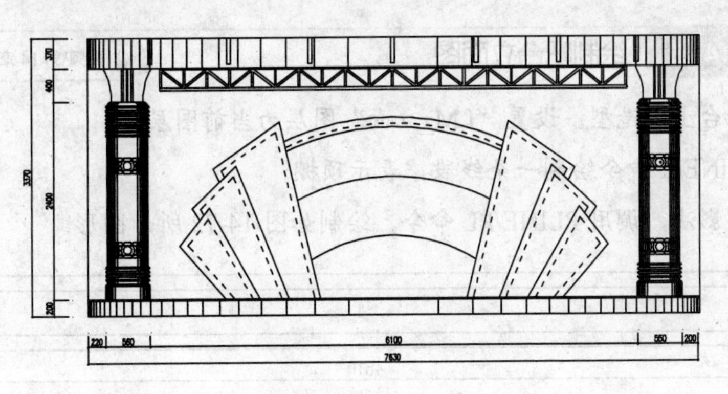

图 14-69　尺寸标注

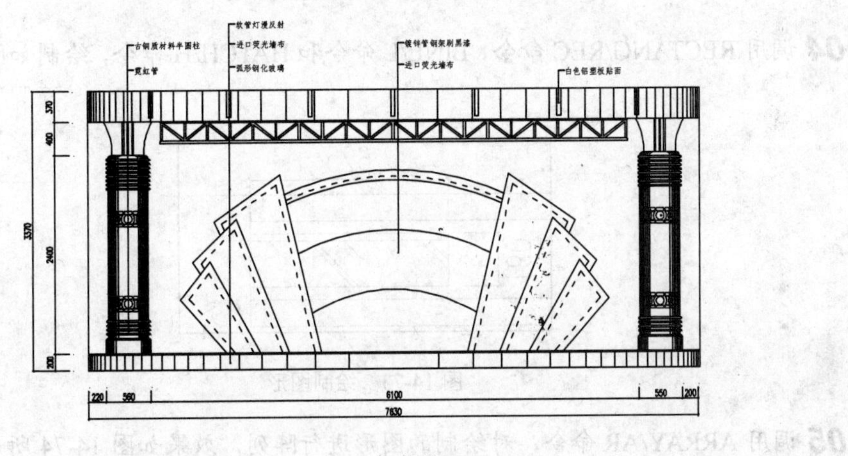

图 14-70　文字说明

14.5.2　绘制吧台立面图

如图 14-71 所示为吧台 C 立面图，下面讲解绘制方法。

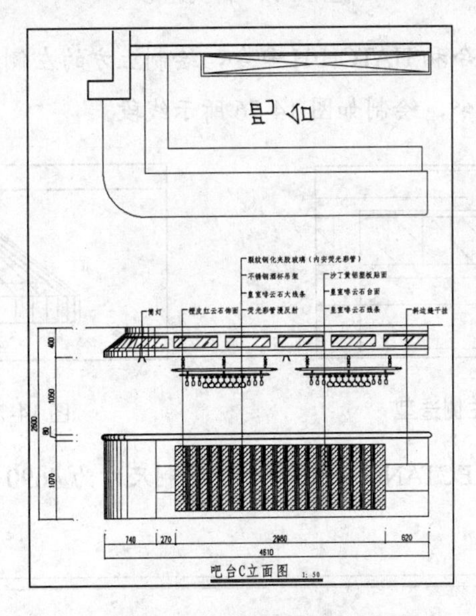

图 14-71　吧台 C 立面图

课堂举例 14-6：绘制吧台立面图

视频\第 14 章\课堂举例 14-6.mp4

01 绘制吧台上方造型。设置“LM_立面”图层为当前图层。

02 调用 LINE/L 命令绘制一条线段，表示顶棚。

03 应用投影法，调用 PLINE/PL 命令，绘制如图 14-72 所示图形。

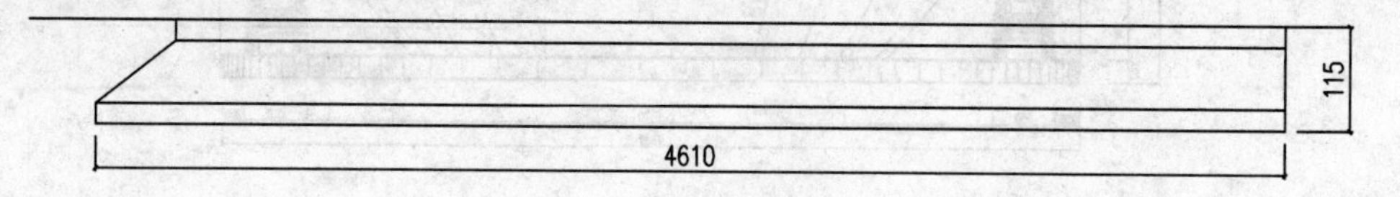

图 14-72　绘制图形

04 调用 RECTANG/REC 命令、LINE/L 命令和 HATCH/H 命令，绘制如图 14-73 所示造型。

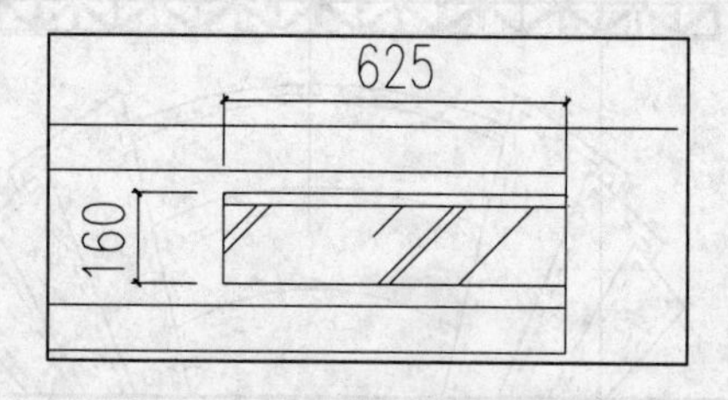

图 14-73　绘制图形

05 调用 ARRAY/AR 命令，对绘制的图形进行阵列，效果如图 14-74 所示。

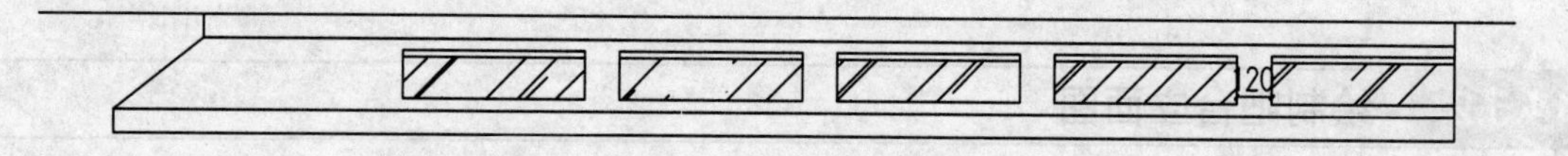

图 14-74　阵列图形

06 调用 PLINE/PL 命令和 HATCH/H 命令，绘制上方的左侧造型，如图 14-75 所示。

07 调用 PLINE/PL 命令，绘制如图 14-76 所示线段。

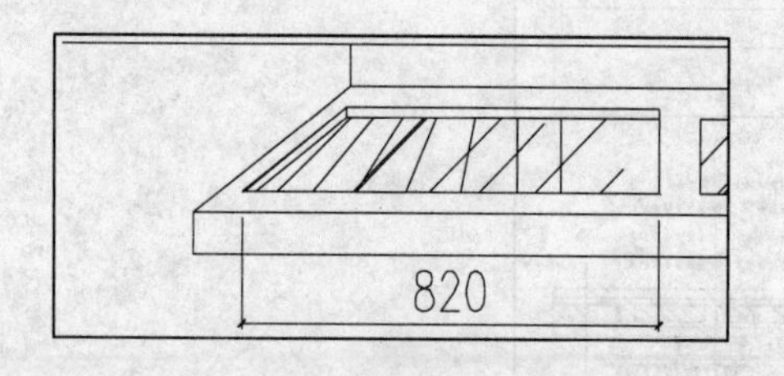

图 14-75　绘制左侧造型

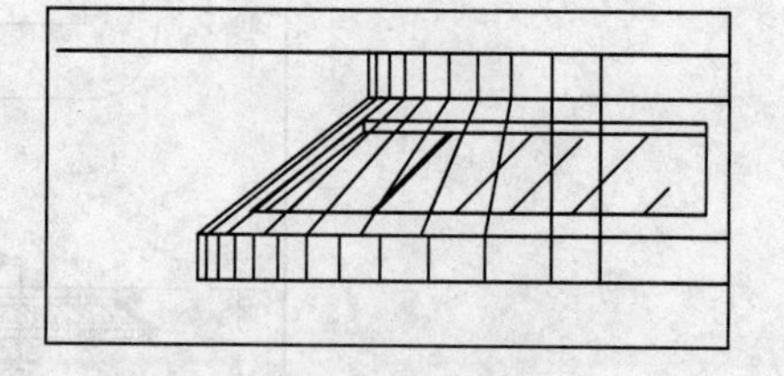

图 14-76　绘制线段

08 绘制吧台。调用 RECTANG/REC 命令，绘制尺寸为 4690 × 60，圆角半径为 30 的圆角矩形，如图 14-77 所示。

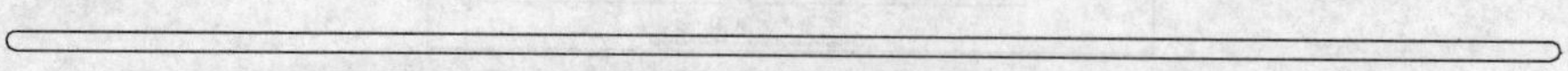

图 14-77　绘制圆角矩形

09 调用 LINE/L 命令、ARC/A 命令和 MIRROR/MI 命令，在圆角矩形上、下方绘制图形，表示台面，效果如图 14-78 所示。

10 调用 OFFSET/O 命令，对圆弧进行偏移，如图 14-79 所示。

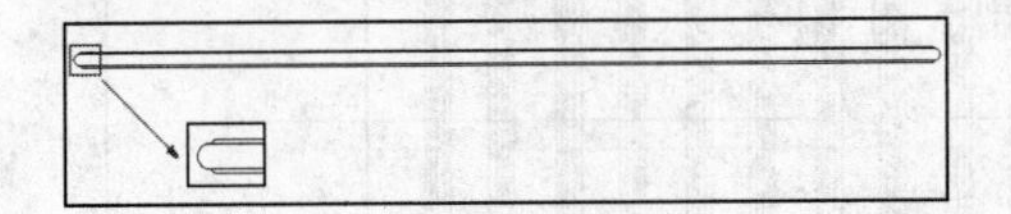

图 14-78　绘制台面

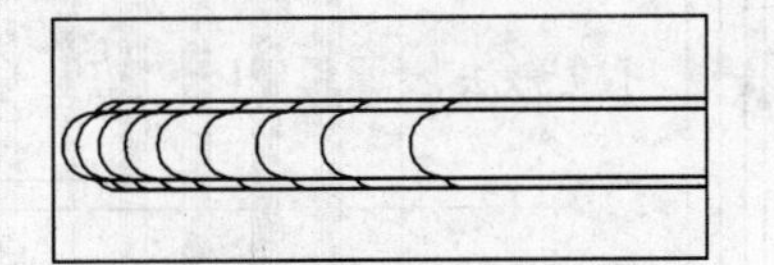

图 14-79　偏移圆弧

11 调用 PLINE/PL 命令，绘制多段线，如图 14-80 所示。

12 调用 LINE/L 命令和 OFFSET/O 命令，绘制左侧图形，如图 14-81 所示。

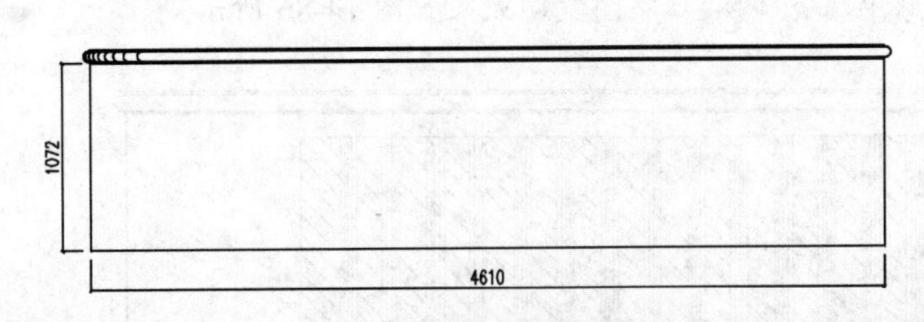

图 14-80　绘制多段线

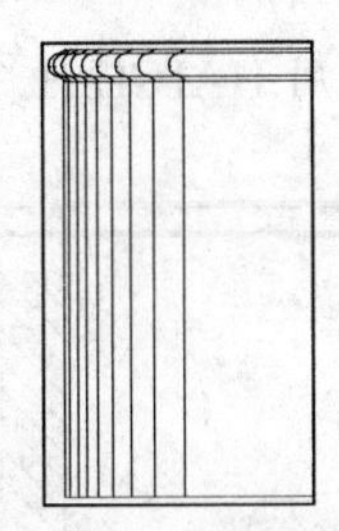

图 14-81　绘制左侧图形

13 调用 RECTANG/REC 命令，在吧台中绘制尺寸为 2980 × 890 的矩形，并移动到相应的位置，如图 14-82 所示。

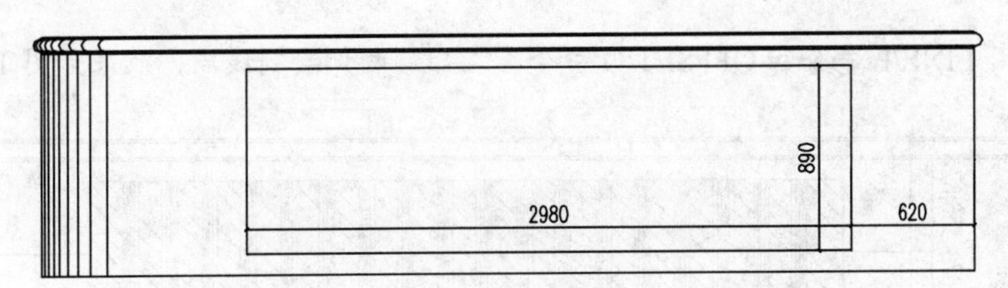

图 14-82　绘制矩形

14 调用 LINE/L 和 OFFSET/O 命令，在矩形中绘制线段，如图 14-83 所示。

15 调用 LINE/L 和 OFFSET/O 命令，绘制灯带，如图 14-84 所示。

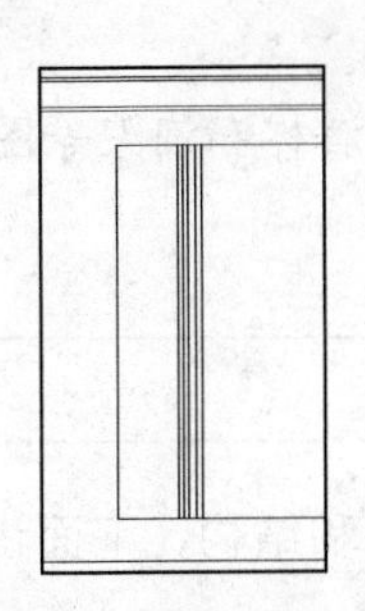

图 14-83　绘制线段

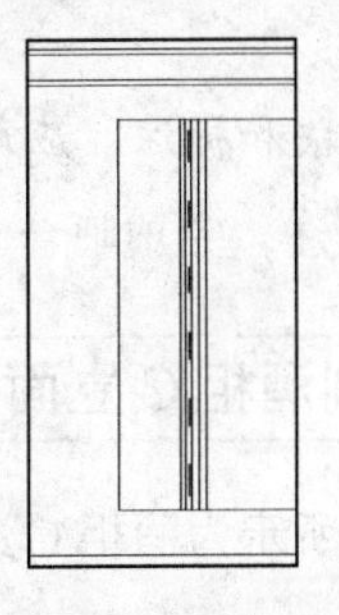

图 14-84　绘制灯带

16 调用 ARRAY/AR 命令，对线段和灯带进行阵列，效果如图 14-85 所示。

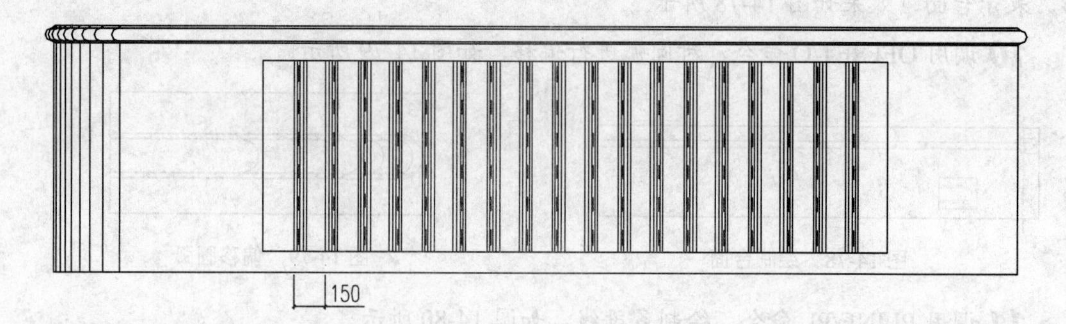

图 14-85 阵列图形

17 调用 HATCH/H 命令，在矩形中填充 SACNCR 图案，效果如图 14-86 所示。

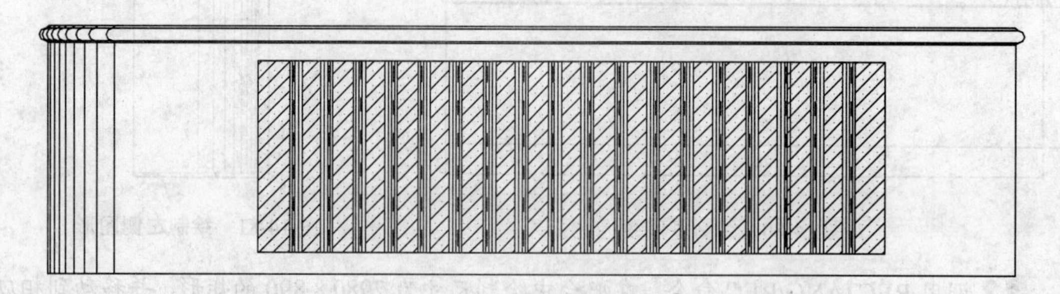

图 14-86 填充图案

18 调用 LINE/L 命令和 OFFSET/O 命令，在矩形两侧绘制线段，效果如图 14-87 所示。

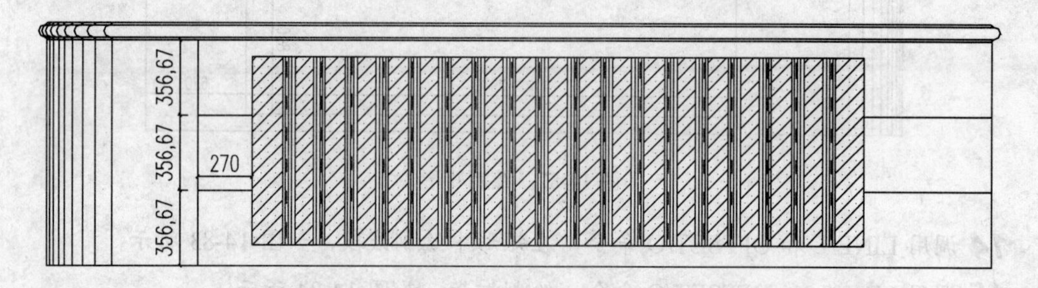

图 14-87 绘制线段

19 插入图块和标注。应用前面介绍的方法，插入射灯、酒杯和酒架等图块。最后进行标注，完成吧台 C 立面图的绘制。

14.5.3 绘制酒柜 C 立面图

如图 14-88 所示为酒柜 C 立面图，主要表达了酒柜的尺寸和结构，下面讲解绘制方法。

课堂举例 14-7：绘制酒柜 C 立面图

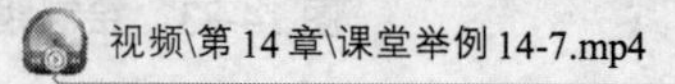
视频\第 14 章\课堂举例 14-7.mp4

01 复制图形。调用 COPY/CO 命令，复制酒柜立面图的平面部分，并对图形进行旋转。

02 绘制主要轮廓线。设置“LM_立面”图层为当前图层。

03 调用 LINE/L 命令，绘制酒柜 C 立面左右内墙面的投影线，如图 14-89 所示。

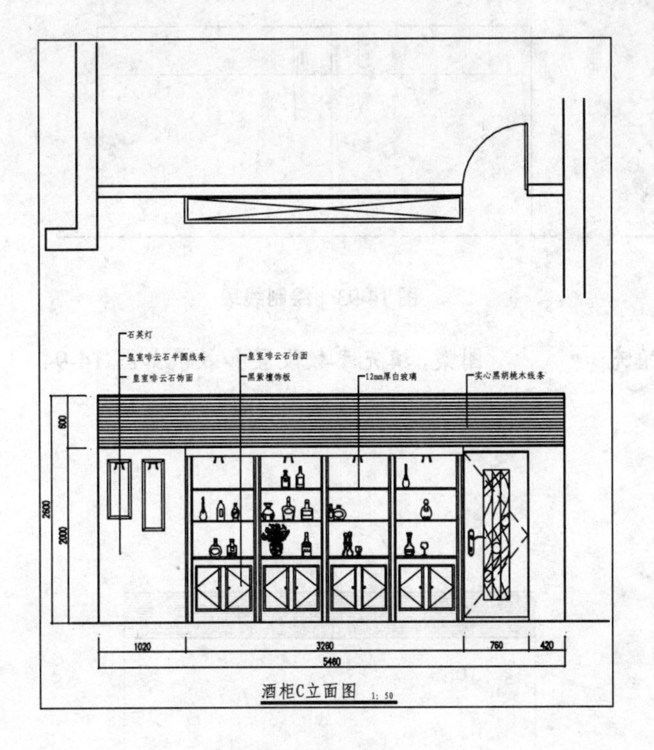

图 14-88　酒柜 C 立面图

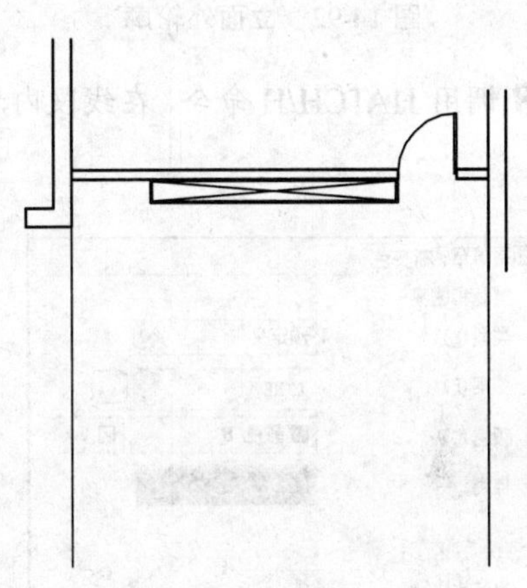

图 14-89　绘制投影线

04 绘制地面轮廓。调用 PLINE/PL 命令，在投影线下方绘制一水平线段表示地面，如图 14-90 所示。

05 根据酒柜顶棚图中的标高，调用 OFFSET/O 命令，将地面轮廓线偏移 2600，如图 14-91 所示。

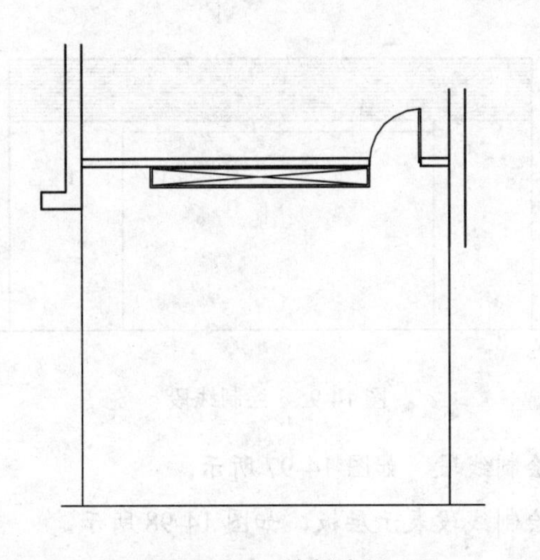

图 14-90　绘制地面

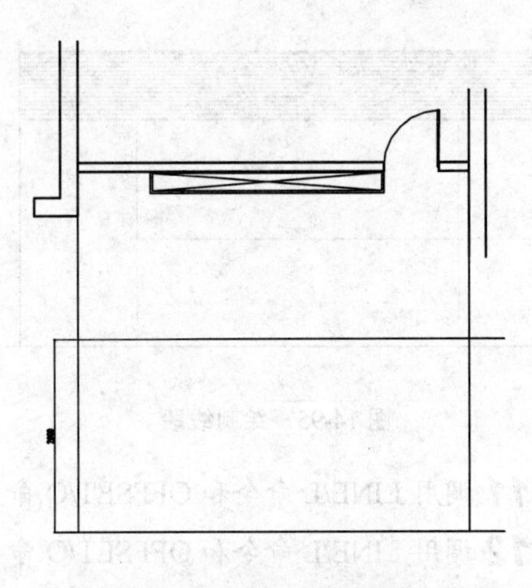

图 14-91　偏移地面轮廓线

06 调用 TRIM/TR 命令，修剪得到 C 立面的外轮廓图，并将立面外轮廓转换为“LM_立面”图层，如图 14-92 所示。

07 绘制顶棚造型。调用 LINE/L 命令，绘制线段，如图 14-93 所示。

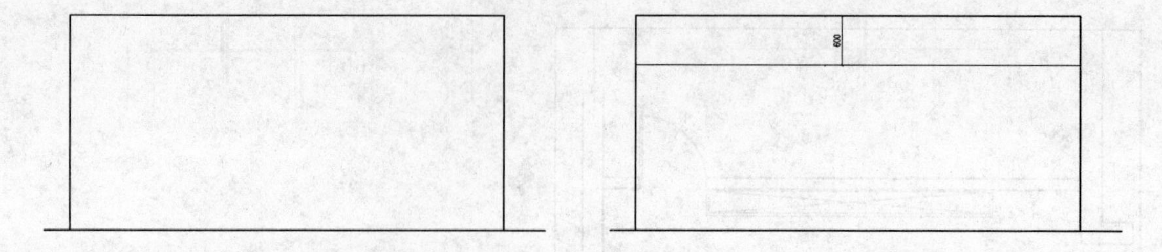

图 14-92　立面外轮廓　　　　图 14-93　绘制线段

08 调用 HATCH/H 命令，在线段内填充 LINE 图案，填充参数设置和效果如图 14-94 所示。

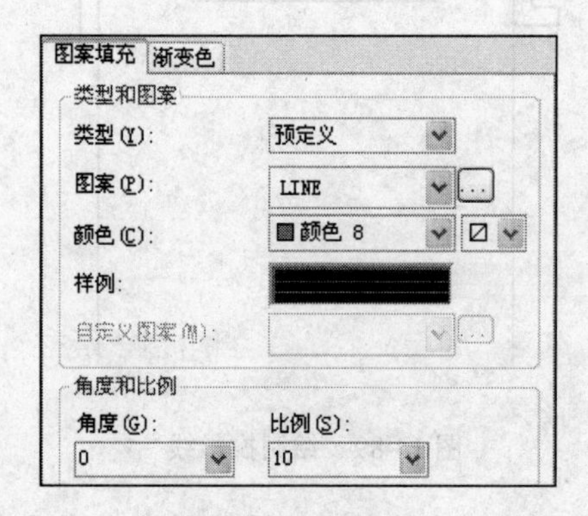

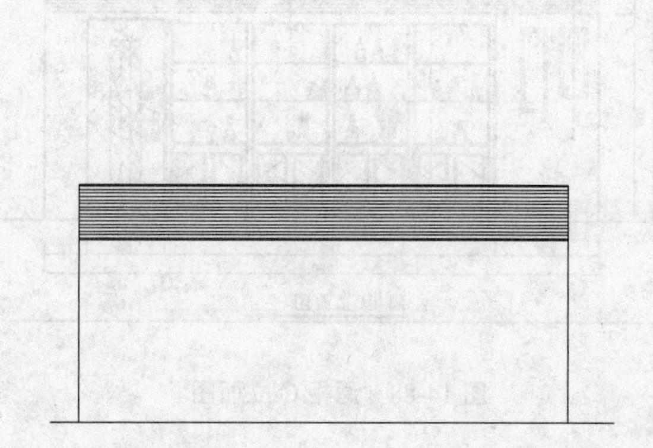

图 14-94　填充参数设置和效果

09 绘制酒柜。调用 LINE/L 命令和 OFFSET/O 命令，绘制线段，如图 14-95 所示。

10 调用 LINE/L 命令，绘制线段，如图 14-96 所示。

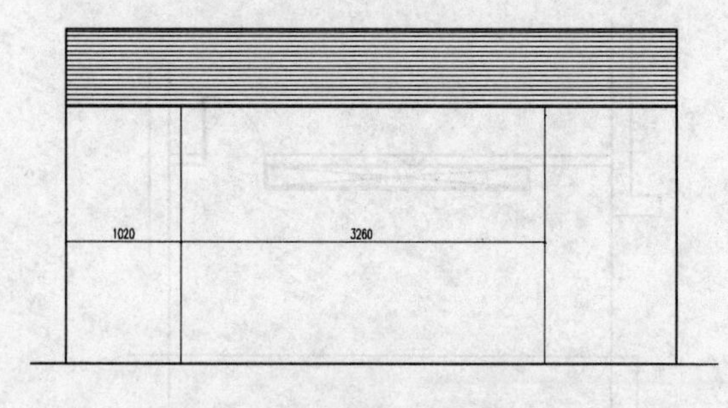

图 14-95　绘制线段　　　　图 14-96　绘制线段

11 调用 LINE/L 命令和 OFFSET/O 命令，绘制线段，如图 14-97 所示。

12 调用 LINE/L 命令和 OFFSET/O 命令，绘制线段表示层板，如图 14-98 所示。

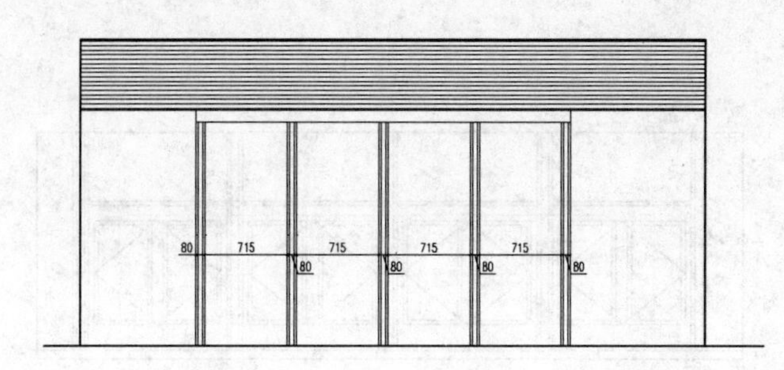

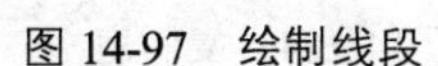
图 14-97 绘制线段

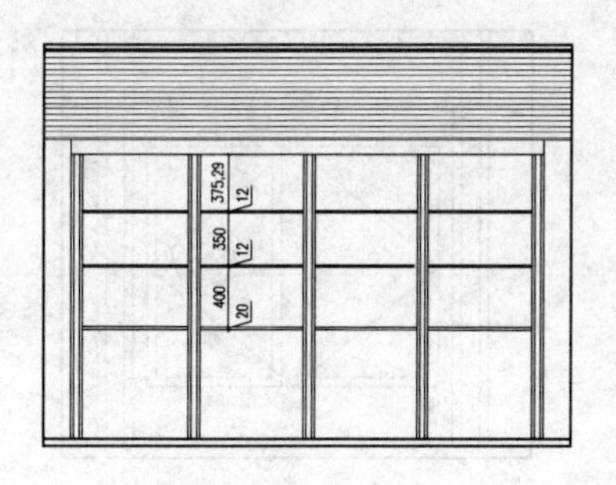

图 14-98 绘制层板

13 调用 RECTANG/REC 命令，绘制一个尺寸为 655×520 的矩形，并移动到相应的位置，如图 14-99 所示。

14 调用 LINE/L 命令和 OFFSET/O 命令，绘制线段，如图 14-100 所示。

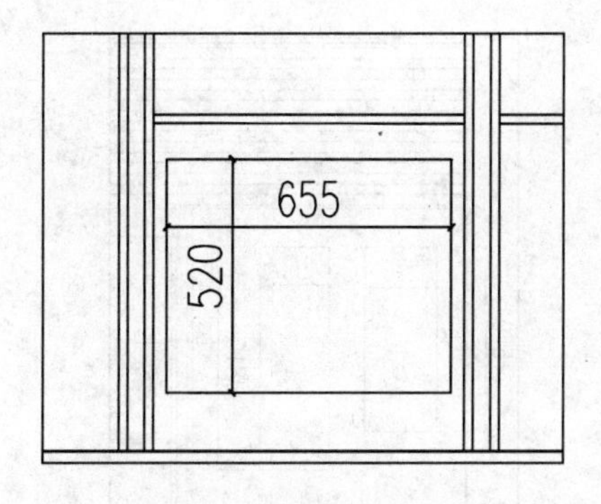

图 14-99 绘制矩形

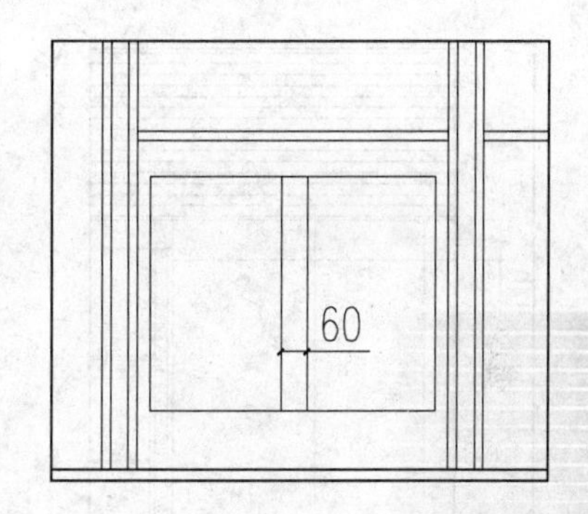

图 14-100 绘制线段

15 调用 RECTANG/REC 命令，绘制矩形，并将矩形向内偏移 20，如图 14-101 所示。

16 调用 PLINE/PL 命令，绘制对角线表示门开启方向，如图 14-102 所示。

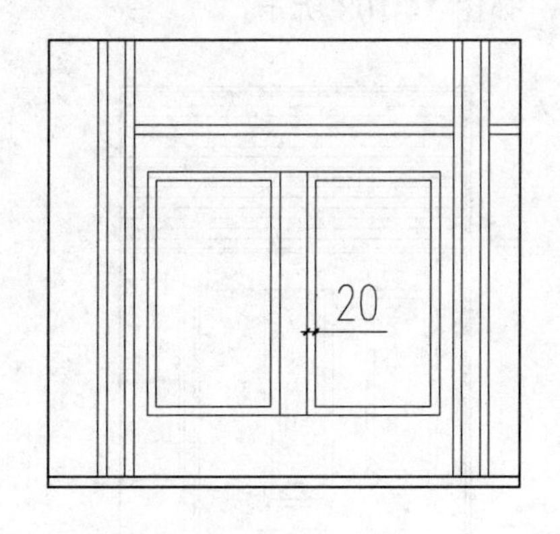

图 14-101 绘制并偏移矩形

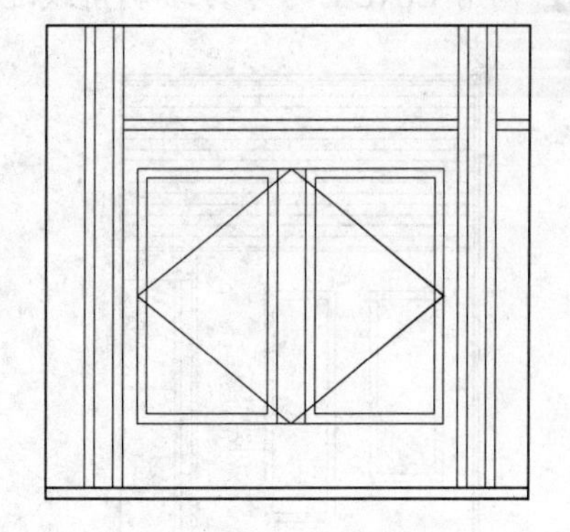

图 14-102 绘制对角线

17 调用 CIRCLE/C 命令和 COPY/CO 命令，绘制拉手，如图 14-103 所示。

18 调用 COPY/CO 命令，将底柜复制到其他位置，如图 14-104 所示。

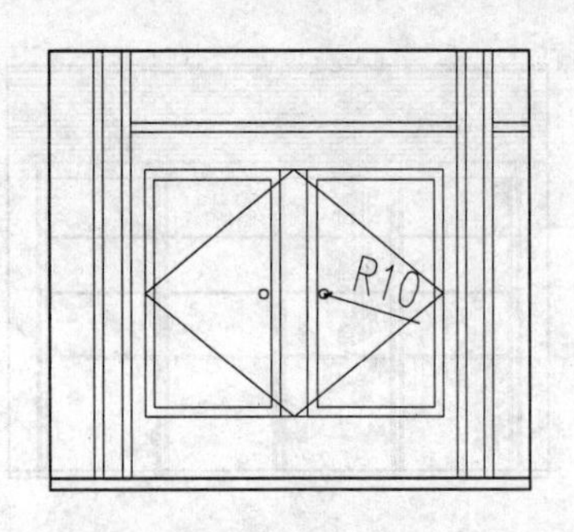

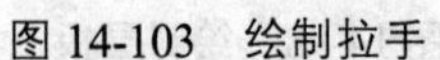
图 14-103　绘制拉手

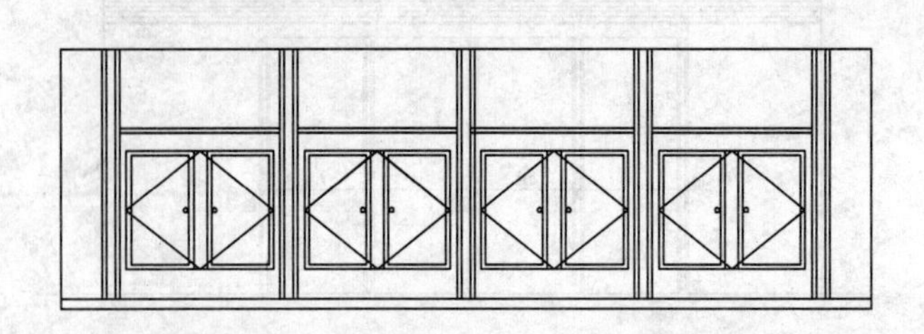
图 14-104　复制底柜

19 绘制装饰格。调用 LINE/L 命令和 OFFSET/O 命令，绘制辅助线，如图 14-105 所示。

20 调用 RECRTANG/REC 命令，绘制尺寸为 270 × 670 和 260 × 810 的矩形，如图 14-106 所示。

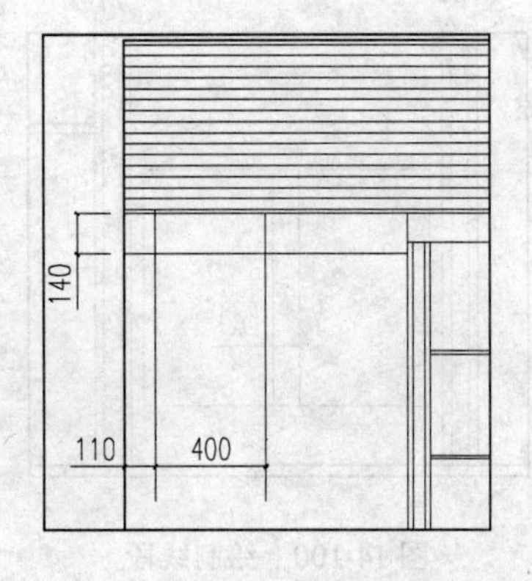

图 14-105　绘制辅助线

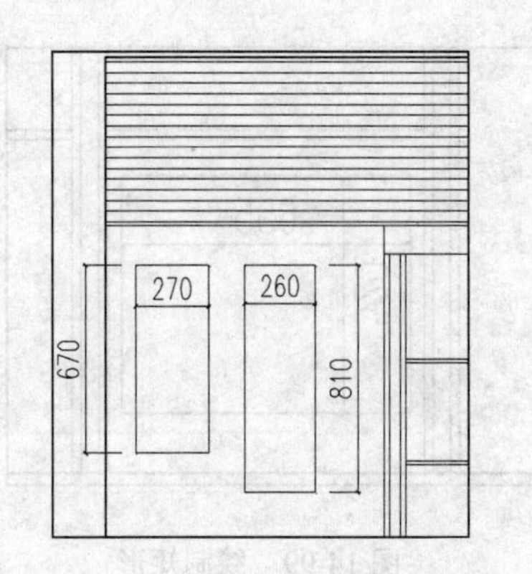

图 14-106　绘制矩形

21 调用 OFFSET/O 命令，将矩形向内偏移 30，如图 14-107 所示。

22 调用 LINE/L 命令，绘制角线连接两个矩形，如图 14-108 所示。

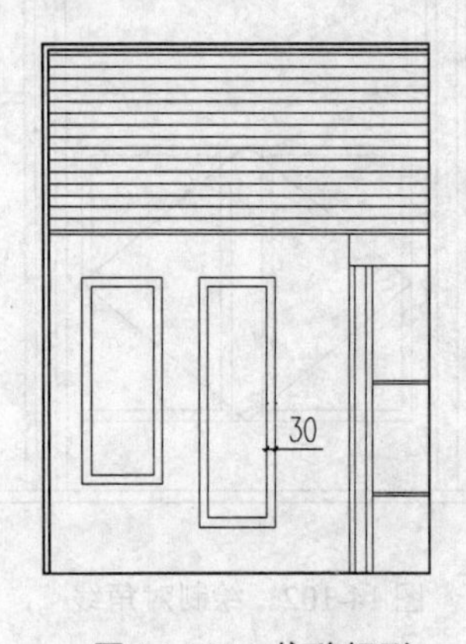

图 14-107　偏移矩形

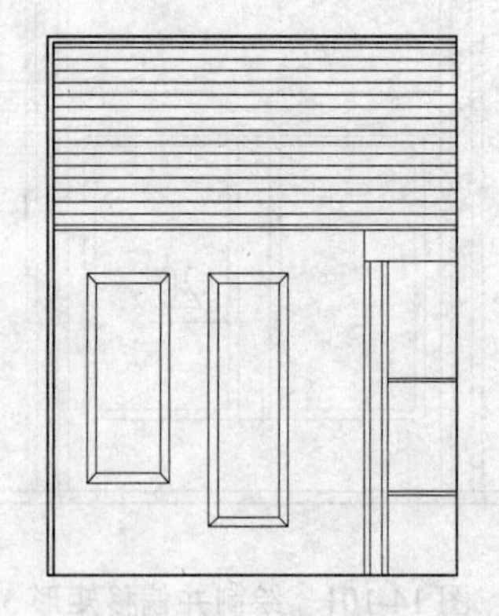
图 14-108　绘制角线

23 插入图块。从图库中调用射灯、酒瓶、门和装饰品图块到立面图中，效果如图 14-109 所示。

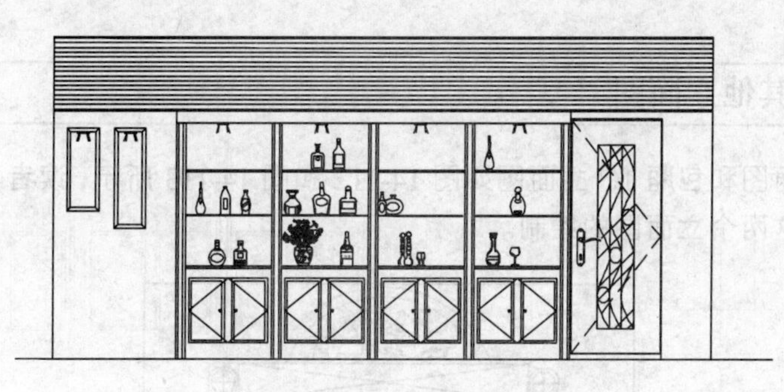

图 14-109　插入图块

24 尺寸标注和文字说明。设置“BZ_标注”图层为当前图层。设置当前注释比例为 1:50，调用 DIMLINEAR/DLI 命令标注尺寸，结果如图 14-110 所示。

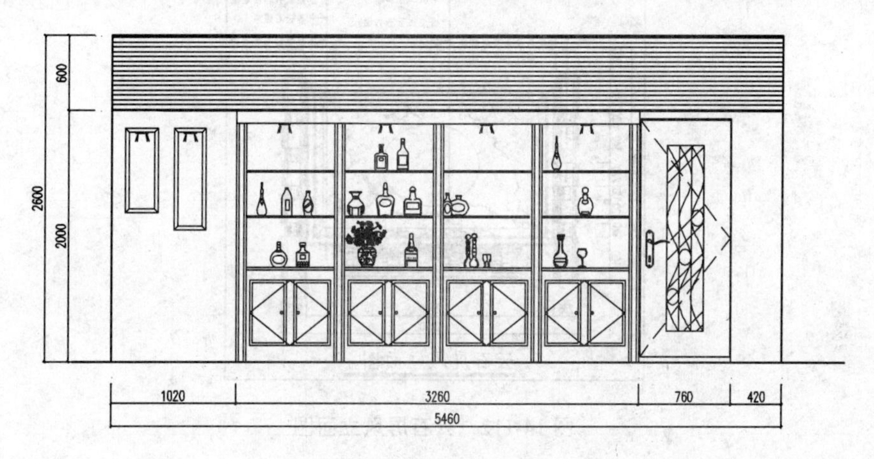

图 14-110　标注尺寸

25 调用 MLEADER/MLD 命令，标注材料名称，结果如图 14-111 所示。

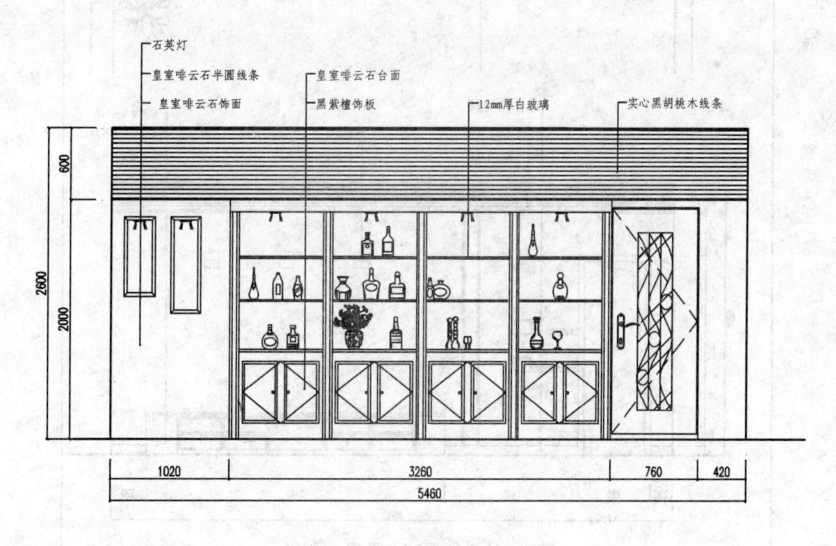

图 14-111　标注材料名称

26 插入图名。调用 INSERT/I 命令插入“图名”图块，设置图名为“酒柜 C 立面图”，酒柜 C 立面图绘制完成。

14.5.4 绘制其他立面图

云石屏风立面图和包厢 1C 立面图如图 14-112 和图 14-113 所示，读者可以应用前面介绍的绘制方法完成这两个立面图的绘制。

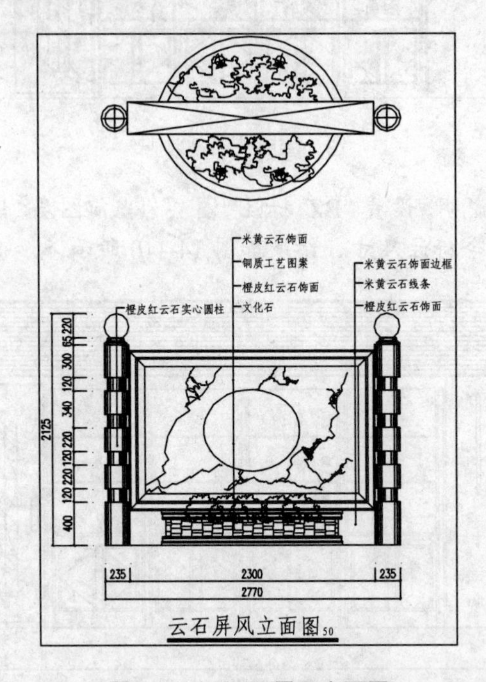

图 14-112　云石屏风立面图

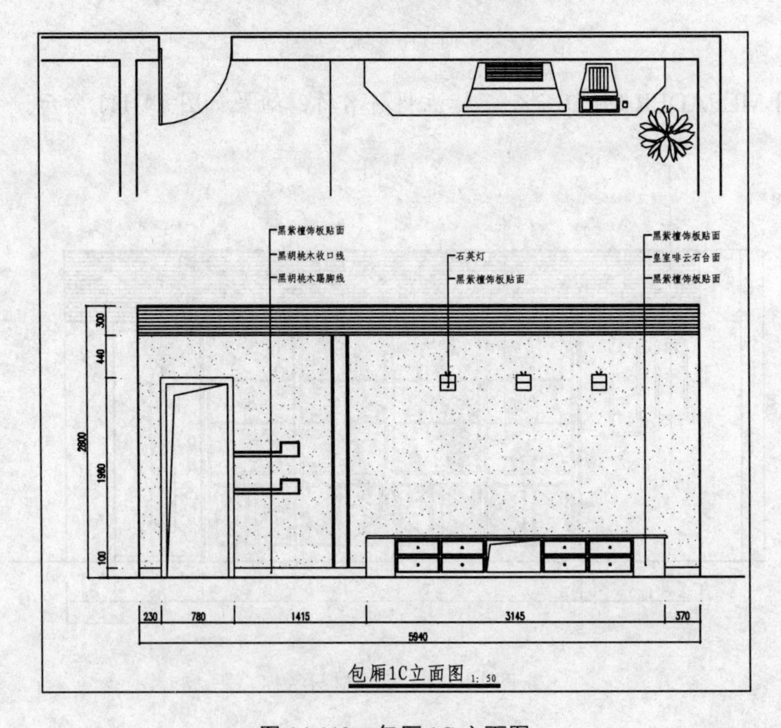

图 14-113　包厢 1C 立面图

第 15 章 中式餐厅室内设计

本章导读

中式餐厅体现了中国传统餐饮文化，需要创造出安静、温馨、美观、和谐的气氛和效果。舒适的就餐环境不仅能够增强食欲，更使得疲惫的心在这里得以彻底的松弛和释放，为生活带来些浪漫和温情。

本章选取一个中式餐厅为例，介绍餐厅的平面布置和立面设计手法。

本章重点

★ 中式餐厅设计概述
★ 调用样板新建文件
★ 绘制中式餐厅平面布置图
★ 绘制中式餐厅地面布置图
★ 绘制中式餐厅顶面布置图
★ 中式餐厅立面设计

15.1 中式餐厅设计概述

中式设计风格从很大程度上充分体现了中国人长久以来的传统习俗，中间的点点滴滴都包含着东方文化的神秘和深邃。本例以中式餐厅的一层为例，详细讲解中式餐厅的设计方法和施工图绘制技巧。

15.1.1 中式餐厅设计分析

这一类的餐厅主要是经营传统的高、中、低档次的中式菜肴和专营地方特色菜系或某种菜式的专业餐厅。在空间布置上，要求整体舒适大方，富有主题特色，具有一定的文化内涵，功能齐全，如图 15-1 所示。

图 15-1 中式餐厅示例

15.1.2 餐厅设计要点

餐厅的面积可根据餐厅的规模与级别来综合确定，一般按 1.0 ~ 1.5 ㎡/座计算。餐厅面积指标的确定要合理，指标过小，会造成拥挤；指标过大，会造成面积浪费、利用率不高和增大工作人员的劳动强度等。

营业性的餐厅应有专门的顾客出人口、休息前厅、衣帽间和卫生门。

餐厅应紧靠厨房设置，但备餐间的出入口应处理得较为隐蔽，同时还要避免厨房气味和油烟进入餐厅。

顾客就餐活动路线与送餐服务路线应分开，避免重叠，同时还要尽量避免主要流线的交叉。送餐服务路线不宜过长(最长不超过 40m)，并尽量避免穿越其他用餐空间。在大型的多功能厅或宴会厅应以配餐廊代替备餐间，以避免送餐路线过长。

在大餐厅中应以多种有效的手段(绿化、半隔断等)来划分和限定各个不同的用餐区，以保证各个区域之间的相对独立和减少相互干扰。

各种功能的餐厅应有与之相适应的餐桌椅的布置方式和相应的装饰风格。

室内色彩应建立在统一的装饰风格基础之上，如西餐厅的色彩应典雅、明快，以浅色调为主；而中餐厅则相对热烈、华贵，以较重的色调为主。除此之外，还应考虑到采用能增进食欲的暖色调，以增加舒适、欢快的心情。

应主要选用天然材质，以给人温暖、亲切的感觉。另外，地面还应选择耐污、耐磨、易于清洁的材料。

餐厅内应有宜人的空间尺度和舒适的通风、采光等物理环境。

15.1.3 中式餐厅设计元素

中式餐厅的设计，离不开桌、椅、条案和柜子这些基本元素。下面就具体介绍这些物品在中式餐厅中的位置及作用。

- 桌

中式餐厅中的桌子一般呈方形或长方形，以体现出用餐人之间的尊卑等级关系。依据大、中、小三种规格，分别称为“八仙”、“六仙”、“四仙”，“仙”指人数，取其吉祥之意。

- 椅

现在我们所见的中式椅子的形式，多为明清时代流传下来的款式，样式繁多，风格呈简约与华丽两派。餐厅因起身坐下动作频繁，因此“靠背椅”是适用的款式。单一靠背或呈梳背，雕刻精致、古朴典雅，适当的弧度符合现代人体工程学。

- 条案

形状窄而长，体积不大，适合靠墙而立。无论是“平头案”还是“翘头案”，在餐厅内依墙放置，摆上鲜花、盆景或精致的艺术品。

15.2 调用样板新建文件

本书第 6 章创建了室内装潢施工图样板，该样板已经设置了相应的图形单位、样式、图层和图块等内容，建筑平面图可以直接在此样板的基础上进行绘制。

01 执行【文件】|【新建】命令，打开“选择文件”对话框。

02 单击使用样板按钮，选择“室内装潢施工图”样板，如图 15-2 所示。

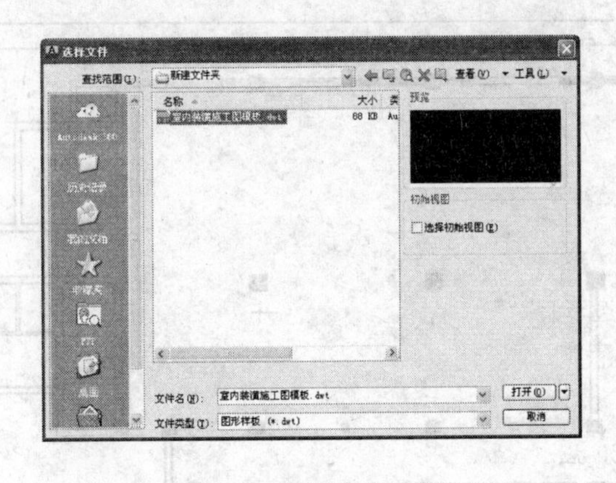

图 15-2　“选择文件”对话框

03 单击【打开】按钮，以样板创建图形，新图形中包含了样板中创建的图层、样式和图块等内容。

04 选择【文件】|【保存】命令，打开“图形另存为”对话框，在“文件名”框中输入文件名，单击【保存】按钮保存图形。

15.3 绘制中式餐厅平面布置图

本例中式餐厅平面布置图如图 15-3 所示。本节的重点是介绍中式餐厅平面空间的构成，图形的绘制与前面章节介绍的方法基本相同，下面简单介绍其绘制过程。

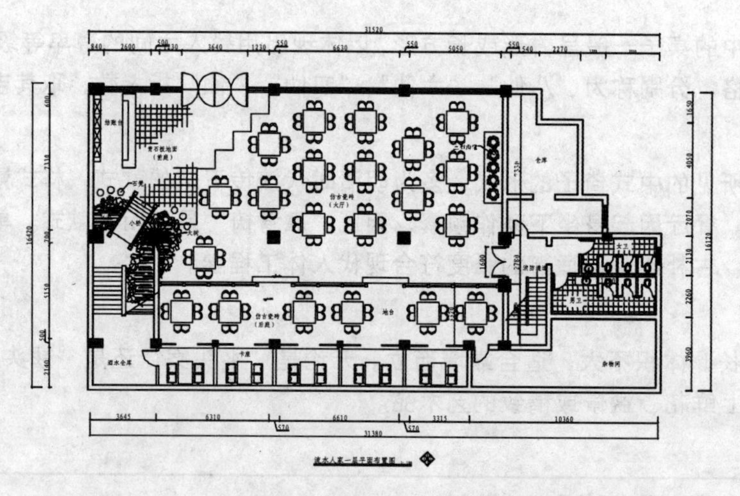

图 15-3　中式餐厅一层平面布置图

15.3.1 绘制墙体

如图 15-4 所示为中式餐厅的建筑墙体图，请读者参考本书前面章节介绍的方法完成绘制。

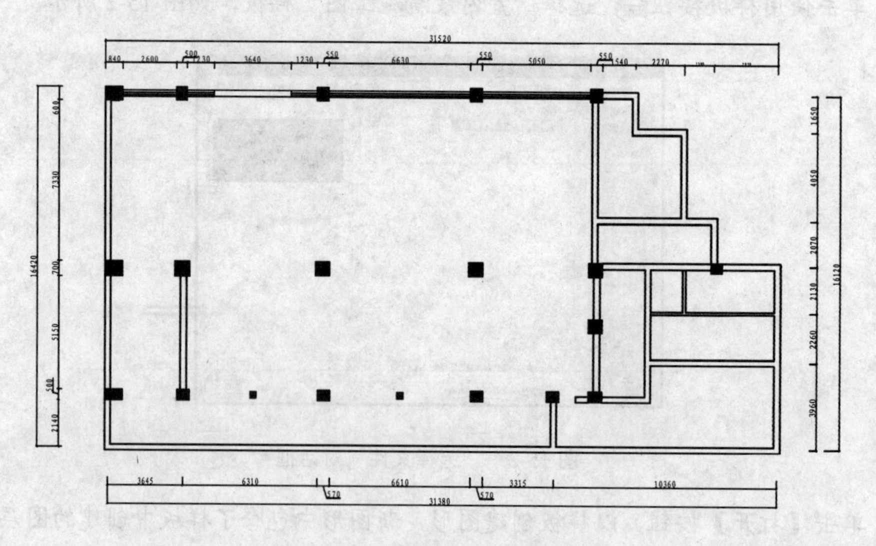

图 15-4　中式餐厅一层建筑墙体图

15.3.2 绘制楼梯、台阶

一层楼梯和台阶如图 15-5 所示，可以使用 RECTANG/REC 命令、OFFSET/O 命令和 LINE/L 等命令完成绘制。

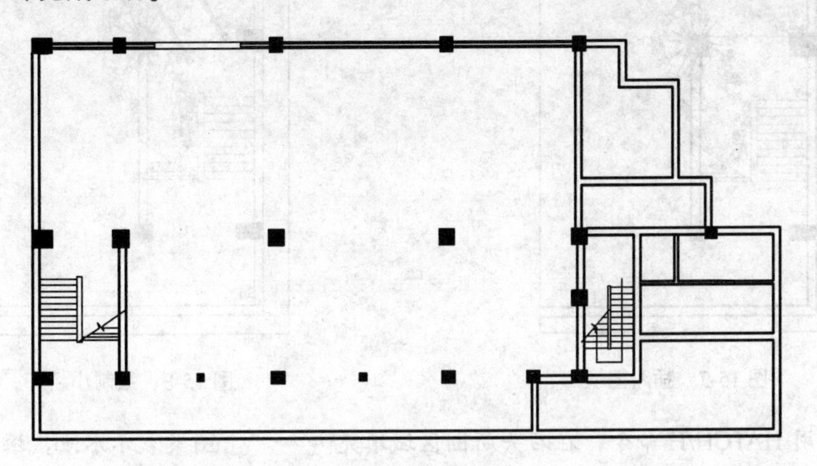

图 15-5　绘制楼梯和台阶

15.3.3 绘制隔断和门、窗

一层由结账台、前庭、后庭、卡座、酒水仓库、杂物间和卫生间等功能空间组成。

首先调用 LINE/L 等相关命令，绘制各功能空间隔墙，然后绘制出门、窗洞。并调用 INSERT/I 命令插入门、窗图块，结果如图 15-6 所示。

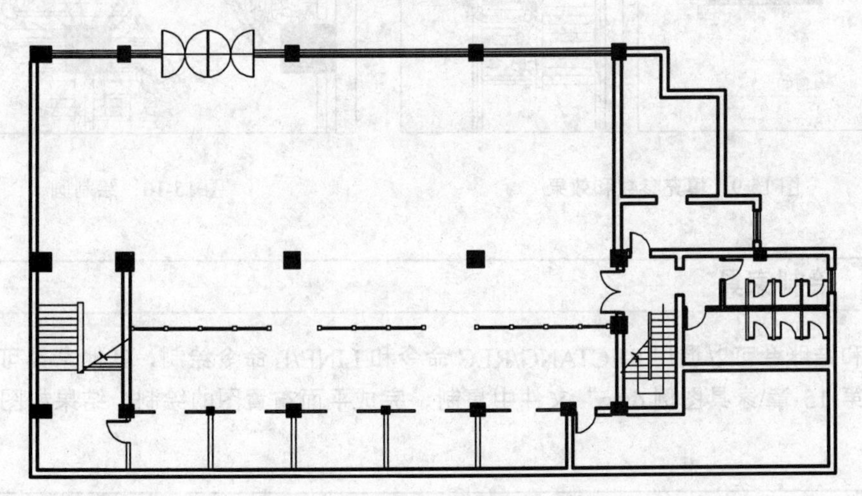

图 15-6　中式餐厅隔墙和门、窗

15.3.4 绘制小景

01 按 Ctrl+O 快捷键，打开配套光盘提供的“第 15 章\家具图例.dwg”文件，选择其中的石头、植物等图块，将其复制至前庭区域，如图 15-7 所示。

02 调用 LINE/L 命令、RECTANG/REC 命令、OFFSET/O 命令和 ROTATE/RO 等命令，绘制小桥，如图 15-8 所示。

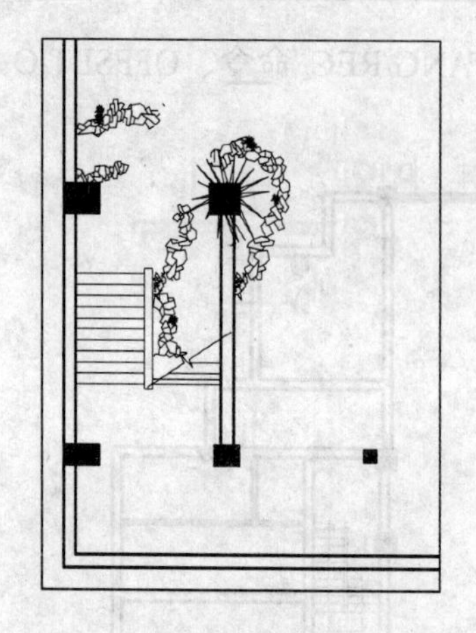

图 15-7 插入图块

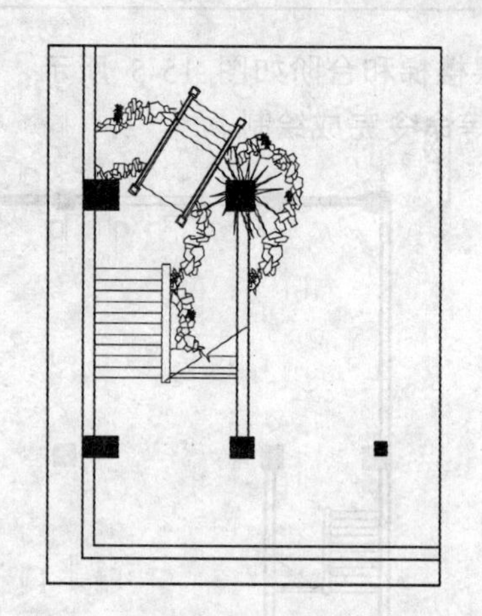

图 15-8 绘制小桥

03 调用 HATCH/H 命令，在石头所围区域填充 AR-RROOF 图案表示水池，填充参数和效果如图 15-9 所示。

04 调用 CIRCLE/C 命令，绘制半径为 175 的圆表示石凳，效果如图 15-10 所示。

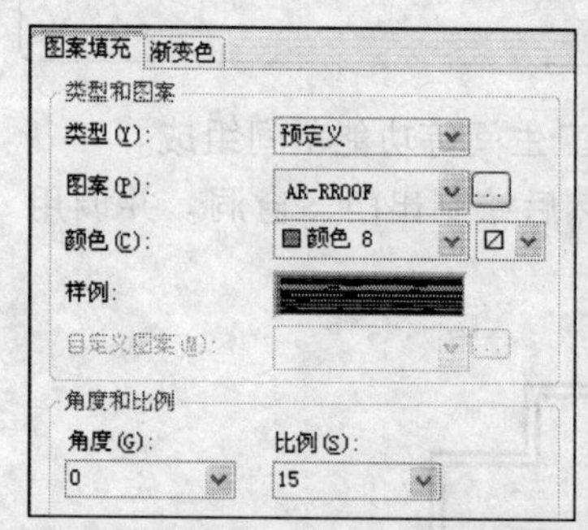

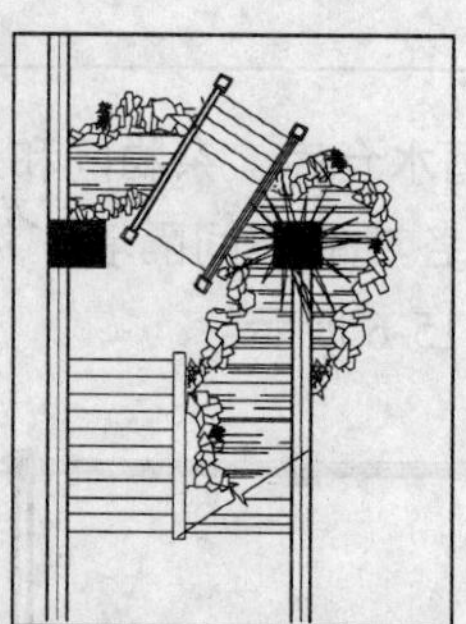

图 15-9 填充参数和效果

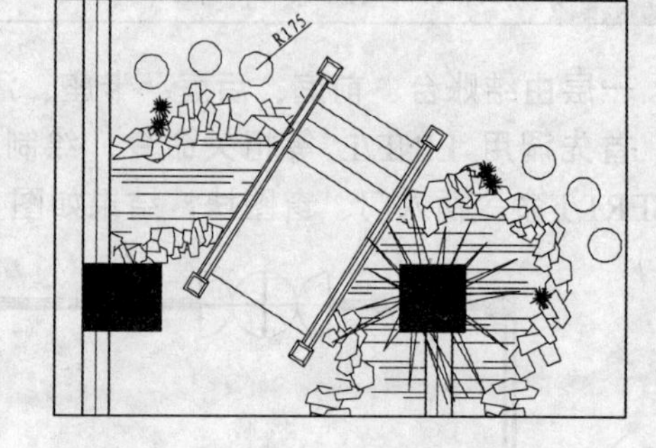

图 15-10 绘制圆

15.3.5 绘制家具

酒柜和结账台可以调用 RECTANG/REC 命令和 LINE/L 命令绘制，其他家具可以从光盘提供的“第 15 章\家具图例.dwg”文件中复制，完成平面布置图的绘制，结果如图 15-11 所示。

15.3.6 标注房间名称

调用 TEXT/T 命令，标注各个房间的名称，效果如图 15-3 所示。

15.3.7 插入图名、标高

由于需要绘制立面图，所以在插入图名后，在图名的右侧插入立面指向符，以表示立面方向，如图 15-3 所示。

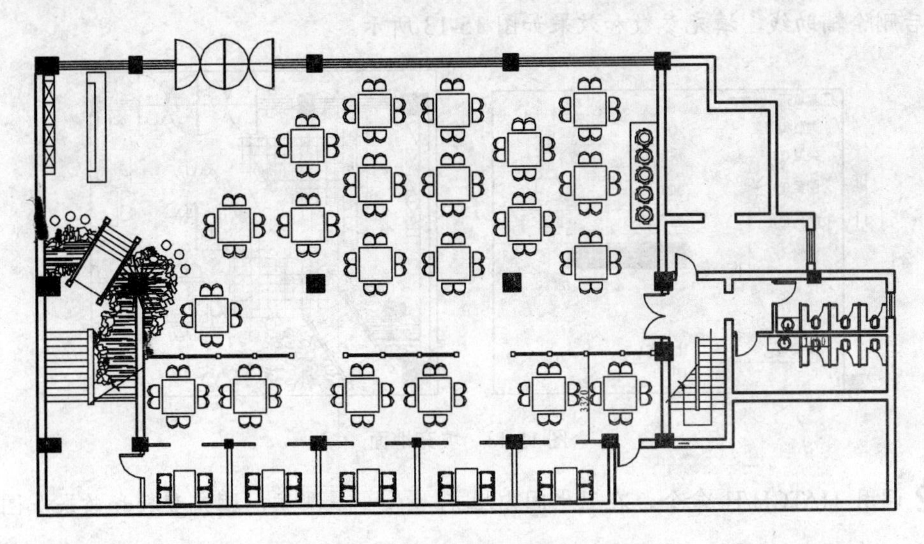

图 15-11 绘制家具

15.4 绘制中式餐厅地面布置图

中式餐厅的地面布置比较简单，我们可以直接在平面布置图上绘制。调用 LINE/L 命令，划分地面区域，如图 15-12 所示。

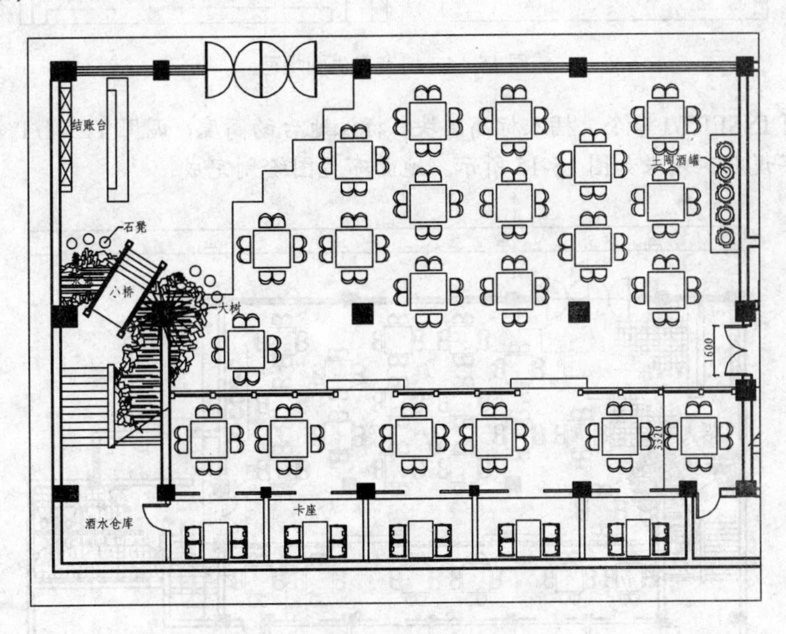

图 15-12 划分地面区域

课堂举例 15-1：绘制中式餐厅地面布置图

视频\第 15 章\课堂举例 15-1.mp4

01 调用 PLINE/PL 命令，在前庭区域，绘制辅助线并在区域内填充 NET 图案，填充图案后删除辅助线，填充参数和效果如图 15-13 所示。

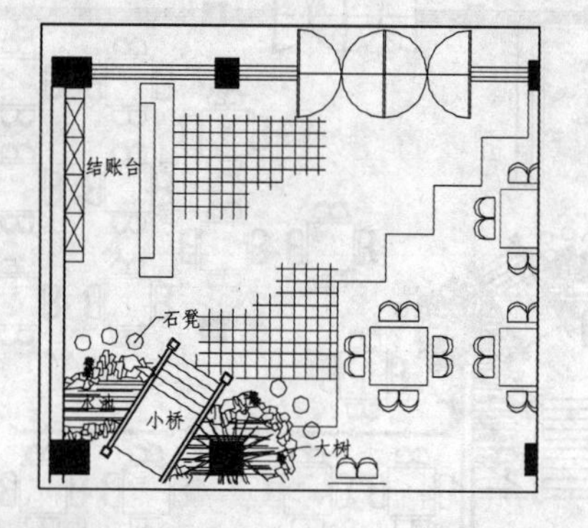

图 15-13　填充地面

02 调用 HATCH/H 命令，在卫生间内填充 ANGLE 图案，填充参数和效果如图 15-14 所示。

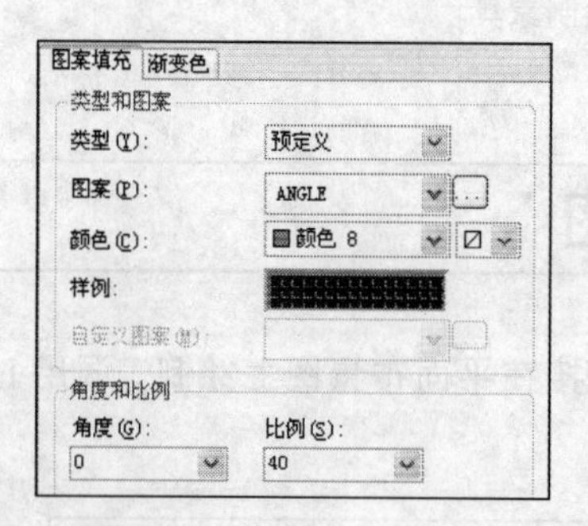

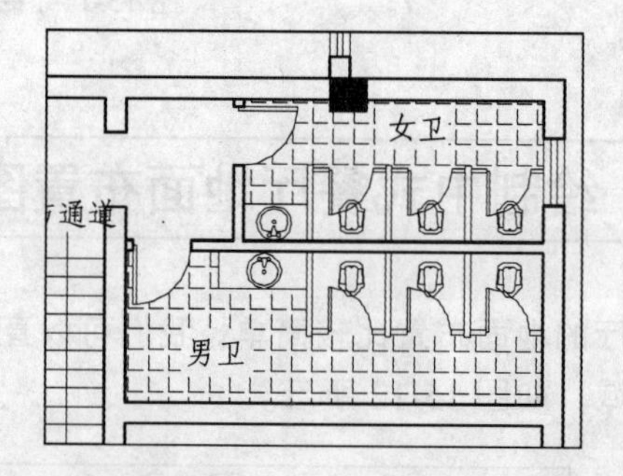

图 15-14　填充卫生间地面

03 调用 INSERT/I 命令，插入标高图块，标注地台的高度，调用 TEXT/T 命令，对地面材料进行文字说明，效果如图 15-15 所示，地面布置图绘制完成。

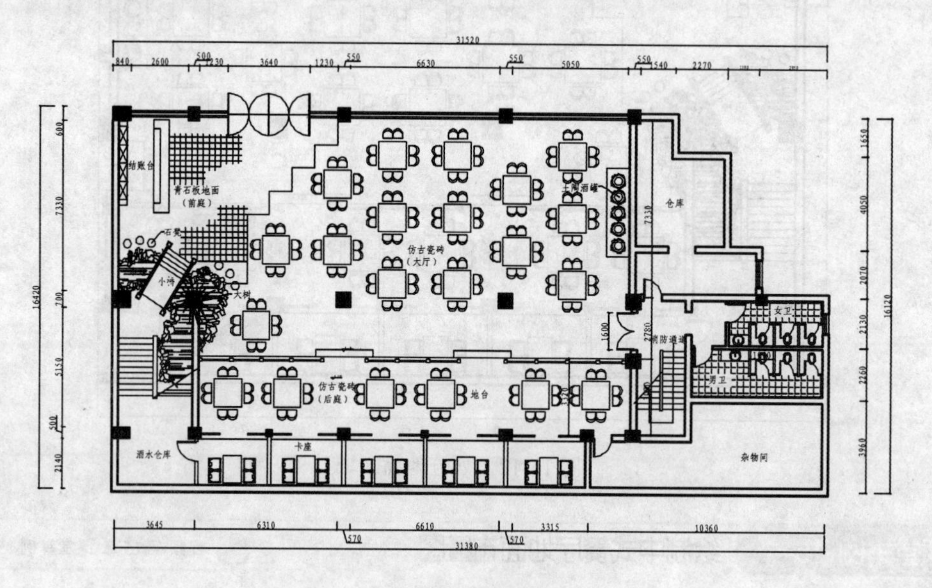

图 15-15　插入标高和标注文字

15.5 绘制中式餐厅顶面布置图

中式餐厅顶面布置图如图 15-16 所示，本节将完成该顶面布置图的绘制。

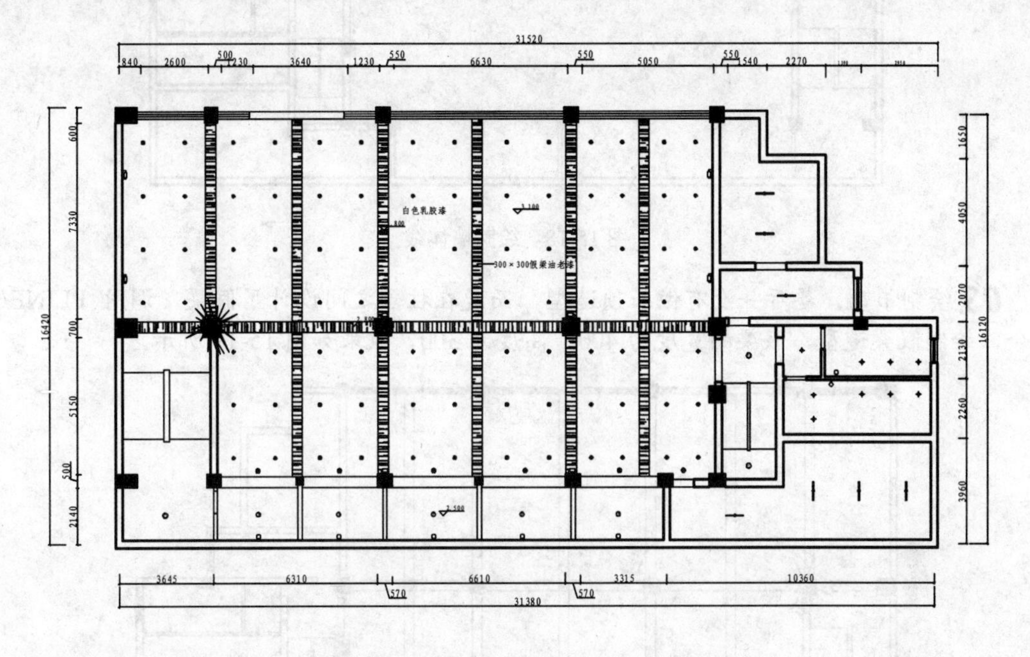

图 15-16 中式餐厅顶面布置图

课堂举例 15-2：中式餐厅顶面布置图

视频\第 15 章\课堂举例 15-2.mp4

01 复制图形。顶面布置图可以在平面布置图的基础上绘制，复制中式餐厅的平面布置图，并删除与顶面布置图无关的图形，结果如图 15-17 所示。

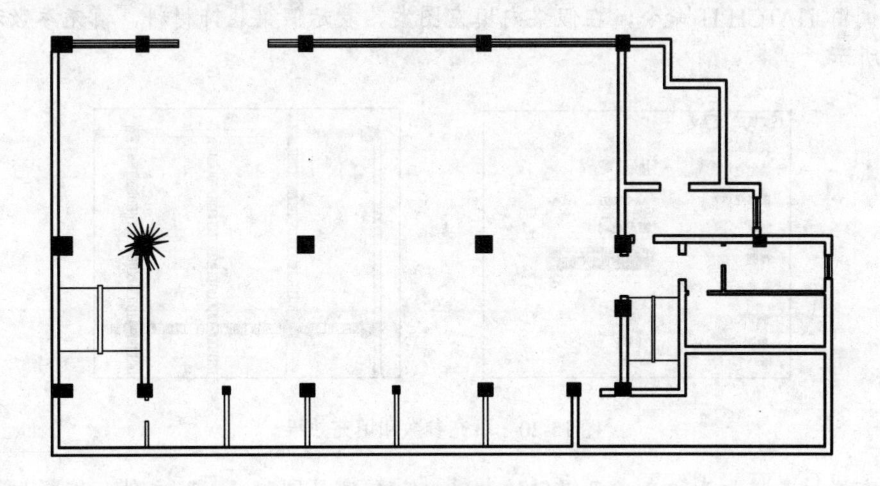

图 15-17 清理图形

02 绘制墙体线。调用 LINE/L 命令，绘制墙体线，效果如图 15-18 所示。

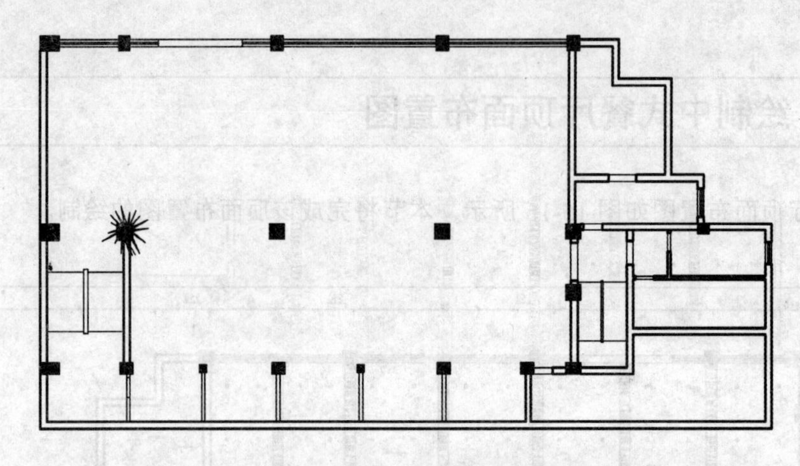

图 15-18　绘制墙体线

03 绘制吊顶。餐厅并没有做吊顶造型，而是在柱子之间设计了假梁，调用 PLINE/PL 命令，绘制假梁造型，假梁的宽度为 400，高度为 300，效果如图 15-19 所示。

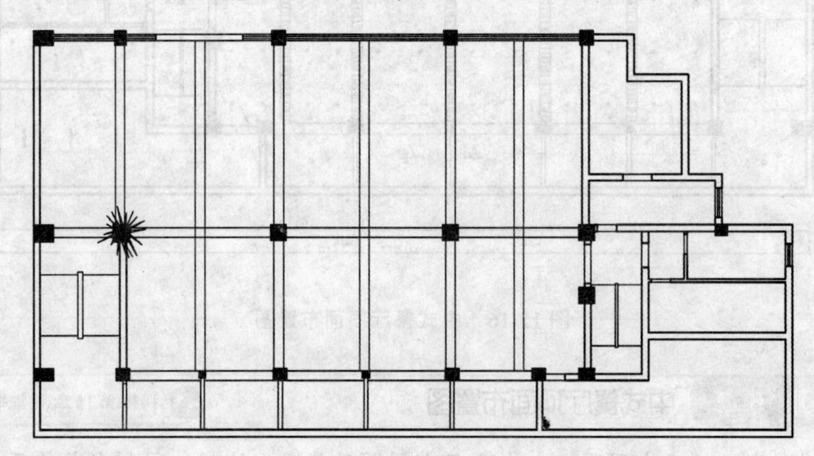

图 15-19　绘制假梁

04 调用 HATCH/H 命令，在假梁内填充图案，表示假梁装饰材料，填充参数和效果如图 15-20 所示。

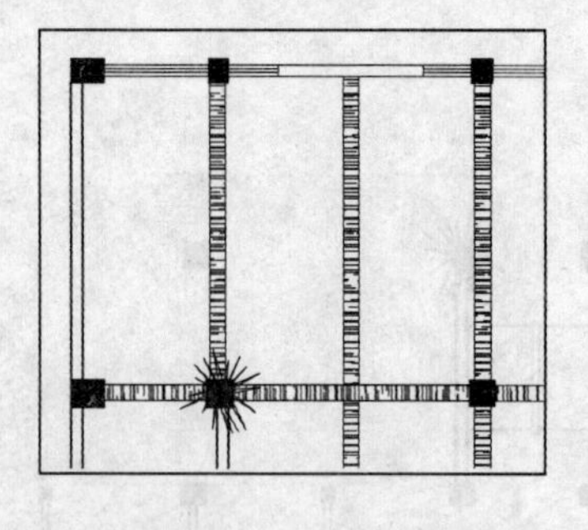

图 15-20　填充参数和填充效果

05 布置灯具。打开配套光盘提供的“第 15 章\家具图例.dwg”文件，选择灯具图块，将其布置到当前顶面布置图中，并调用 ARRAY/AR 命令，对灯具进行阵列，效果如图 15-21 所示。

06 插入图名、标高。调用 INSERT/I 命令，插入图名和标高，结果如图 15-16 所示，中式餐厅顶面布置图绘制完成。

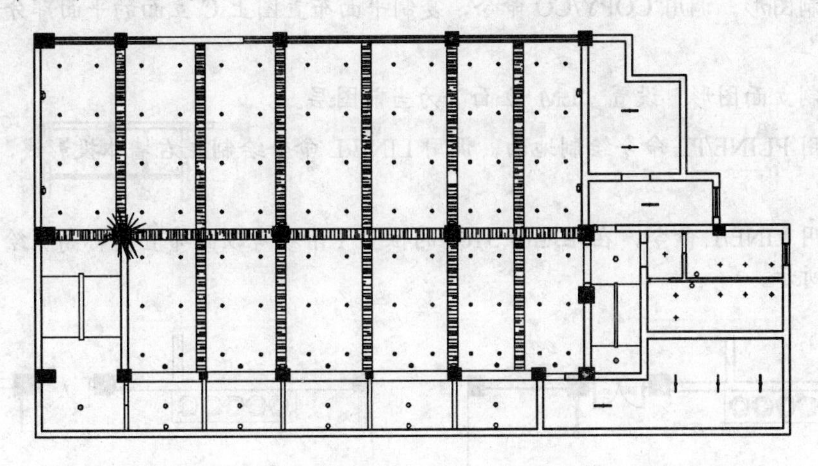

图 15-21 布置灯具

15.6 中式餐厅立面设计

本节将完成中式餐厅大厅 C 立面图的绘制，进一步掌握相关立面图的绘制方法。

15.6.1 绘制一楼大厅 C 立面图

C 立面是酒罐所在的整个墙面，该立面图如图 15-22 所示。

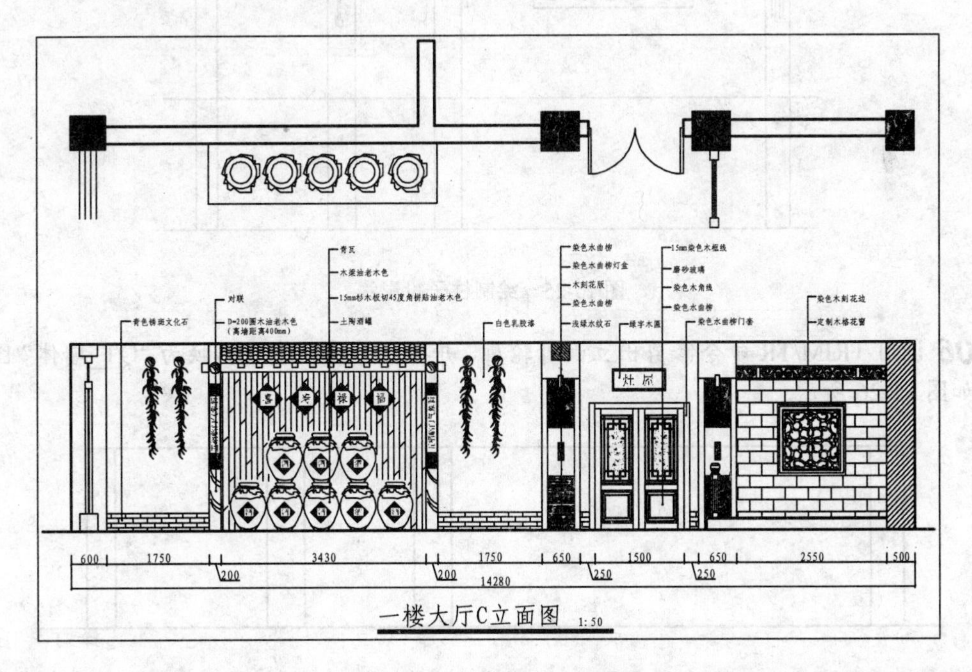

图 15-22 一楼大厅 C 立面图

课堂举例 15-3：绘制一楼大厅 C 立面图

视频\第 15 章\课堂举例 15-3.mp4

01 复制图形。调用 COPY/CO 命令，复制平面布置图上 C 立面的平面部分，并进行旋转。

02 绘制立面图形。设置“LM_立面”为当前图层。

03 调用 PLINE/PL 命令绘制地面，调用 LINE/L 命令绘制左右墙体投影线，如图 15-23 所示。

04 调用 LINE/L 命令，在距地面 3100 的位置（请参考顶面布置图标高）绘制顶棚线。如图 15-24 所示。

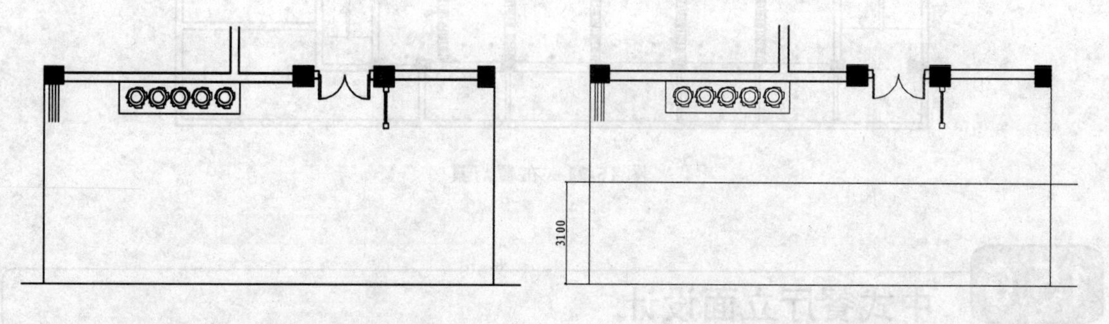

图 15-23　绘制地面和投影线　　　图 15-24　绘制顶棚线

05 调用 LINE/L 命令，绘制柱子造型投影线，如图 15-25 所示。

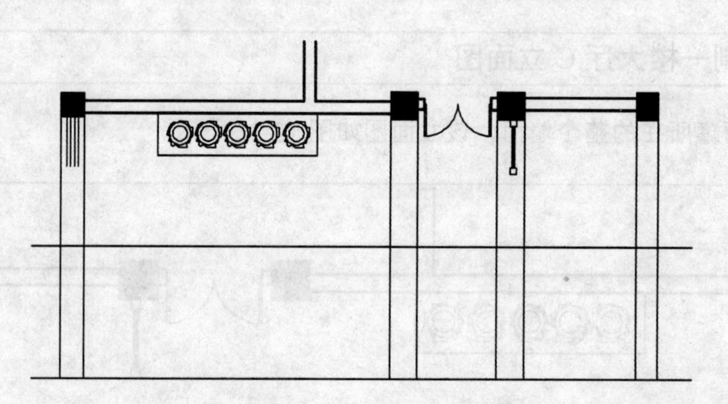

图 15-25　绘制柱子投影线

06 调用 TRIM/TR 命令修剪出立面外轮廓，并将立面外轮廓线转换为“QT_墙体”图层，结果如图 15-26 所示。

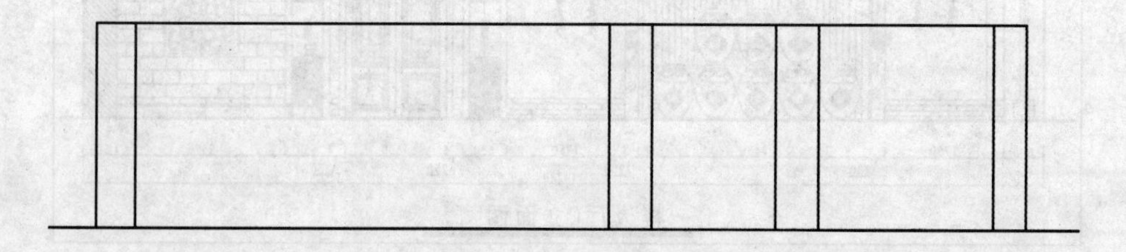

图 15-26　修剪立面外轮廓

07 调用 HATCH/H 命令，在右侧柱子内填充图案，如图 15-27 所示。

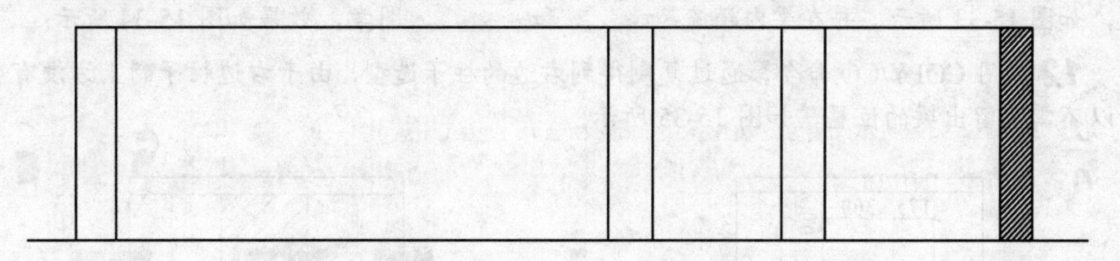

图 15-27　填充图案

08 绘制柱子造型。调用 LINE/L 命令，根据如图 15-28 所示尺寸划分柱子区域，调用 HATCH/H 命令，在柱子内填充图案，表示水纹石，如图 15-29 所示。

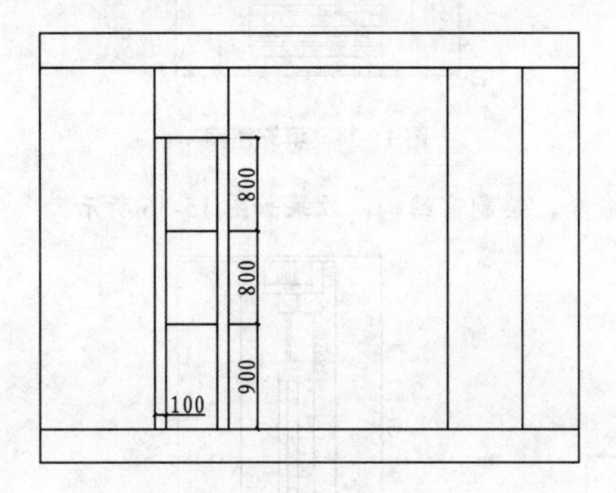

图 15-28　绘制线段

图 15-29　填充图案

09 调用 OFFSET/O 命令，绘制辅助线，如图 15-30 所示。以辅助线的交点为矩形的第一个角点，绘制一个尺寸为 95×280 的矩形，并删除辅助线，如图 15-31 所示。

10 调用 OFFSET/O 命令，将绘制的矩形向内偏移 5，并填充 AR-CONC 图案，效果如图 15-32 所示。

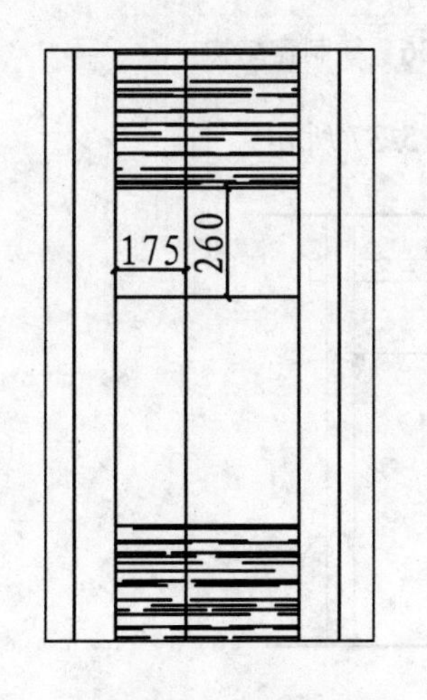

图 15-30　绘制辅助线

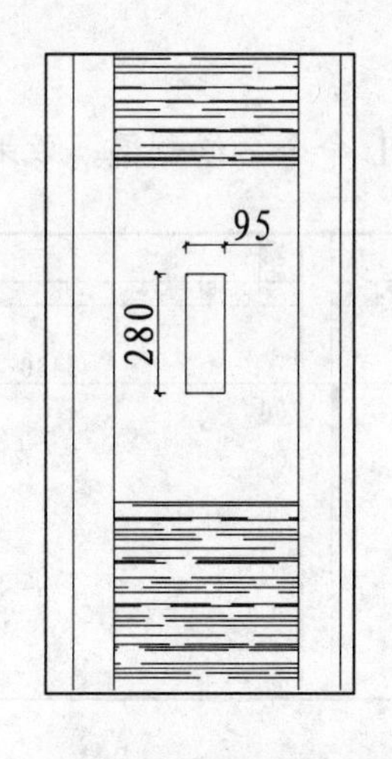

图 15-31　绘制矩形

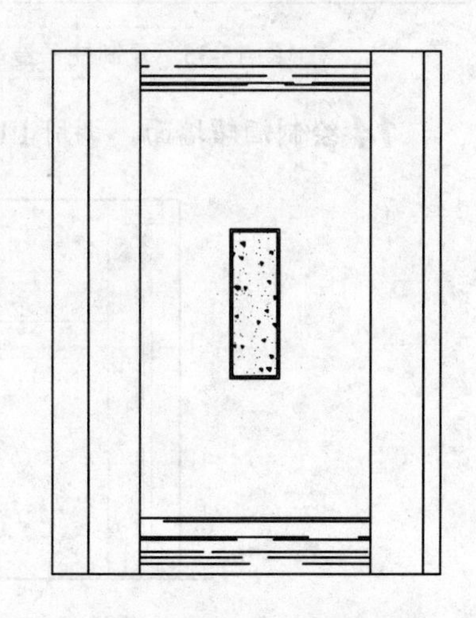

图 15-32　偏移矩形与填充图案

11 由于柱子的上方有梁，所以需要留出梁的位置，调用 PLINE/PL 命令，找到梁的位置，如图 15-33 所示，并在梁内填充 ANSI31 和 AR-CONC 图案，效果如图 15-34 所示。

12 调用 COPY/CO 命令，通过复制得到右边的柱子造型，由于右边柱子的上方没有梁，所以不需要留出梁的位置，如图 15-35 所示。

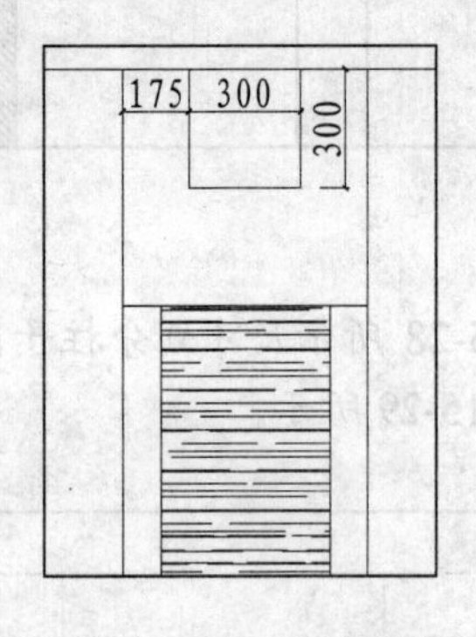

图 15-33 绘制线段

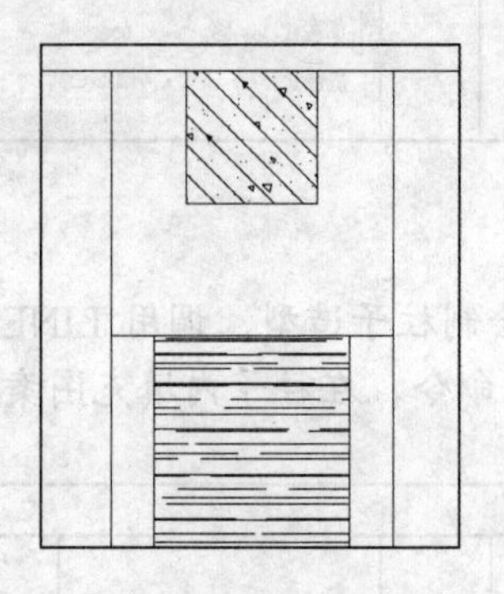

图 15-34 填充图案

13 调用 RECTANG/REC 命令和 LINE/L 命令，绘制窗结构，效果如图 15-36 所示。

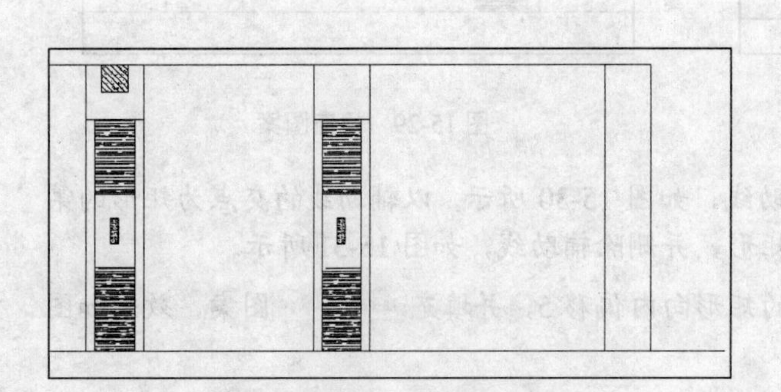

图 15-35 复制柱子造型

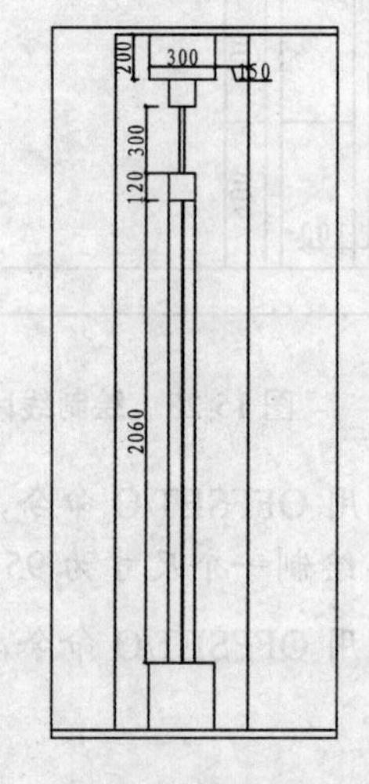

图 15-36 绘制窗结构

14 绘制酒罐墙面。调用 LINE/L 命令，绘制梁，效果如图 15-37 所示。

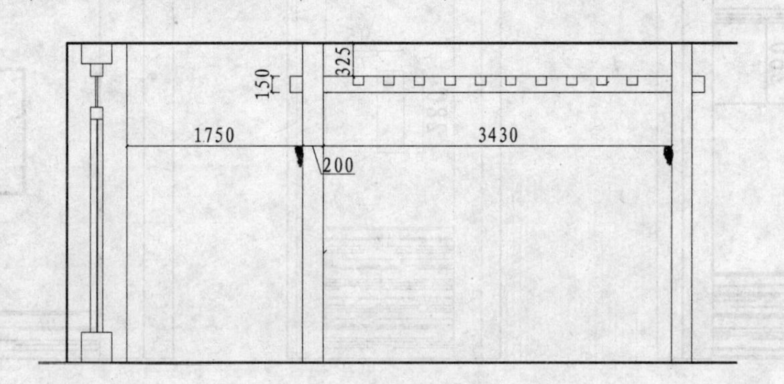

图 15-37 绘制梁

15 酒罐墙面所用材料是杉木板，调用 HATCH/H 命令，填充 DOLMIT 图案，填充参数和效果如图 15-38 所示。

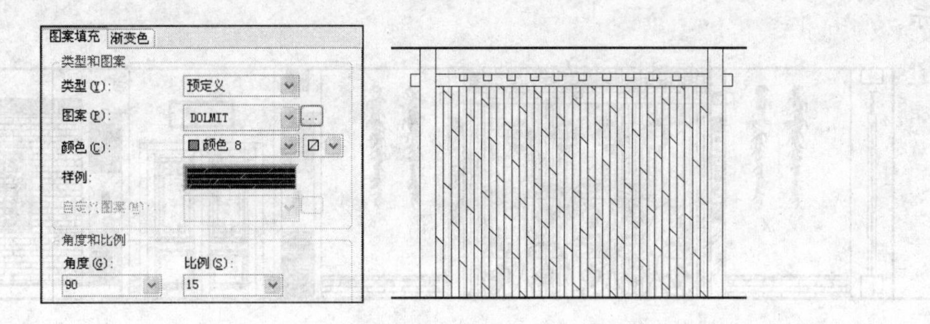

图 15-38 填充墙面

16 调用 PLINE/PL 命令，绘制楼梯台阶，并将台阶与柱子造型相交的位置进行修剪，如图 15-39 所示。

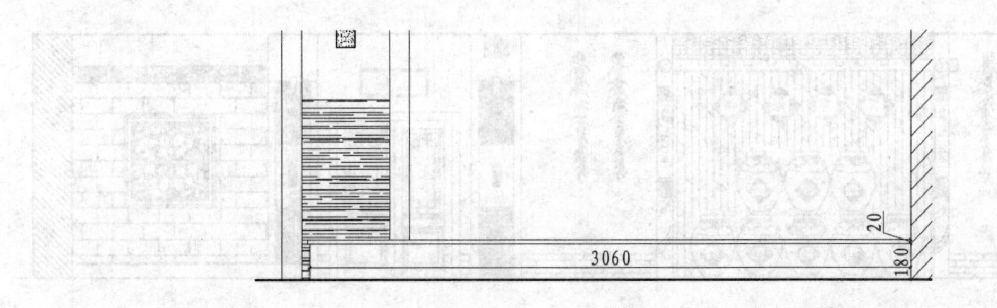

图 15-39 绘制台阶

17 填充墙面，调用 LINE/L 命令，根据墙面所用不同材料进行划分，如图 15-40 所示。

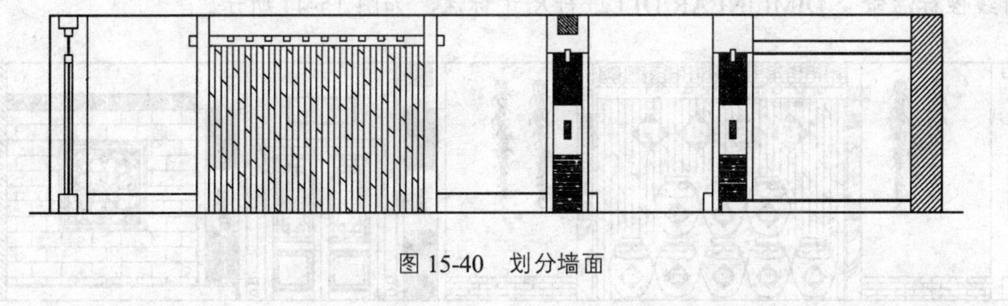

图 15-40 划分墙面

18 墙面的材料为文化砖，调用 HATCH/H 命令，在墙面填充 AR-BRSTD 图案表示文化砖，如图 15-41 所示。

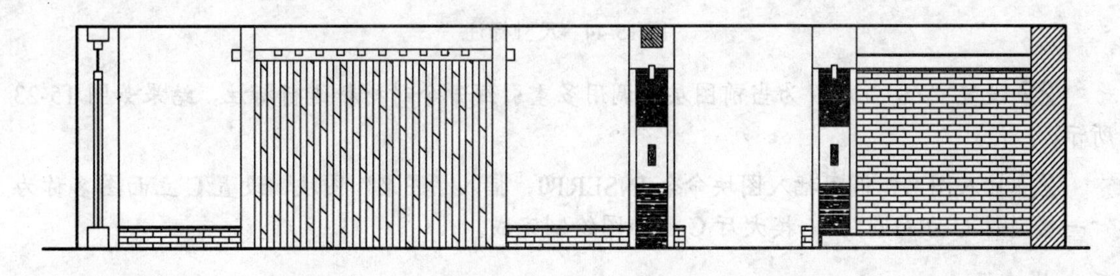

图 15-41 填充图案

19 插入图块。按 Ctrl+O 快捷键，打开配套光盘提供的“第 15 章\家具图例.dwg”文件，选择其中的装饰物、装饰画、酒罐、青瓦和门等图块，将其复制至立面区域，如图 15-42 所示。

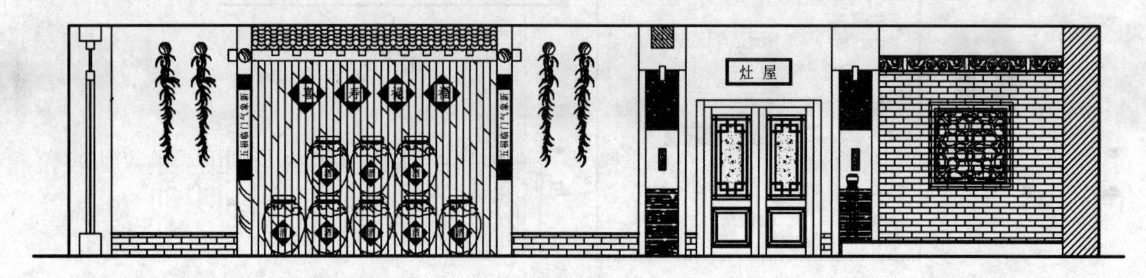

图 15-42　插入图块

20 由于插入的图块与前面绘制的图形重叠，调用 TRIM/TR 命令进行修剪，以便体现出层次关系，效果如图 15-43 所示。

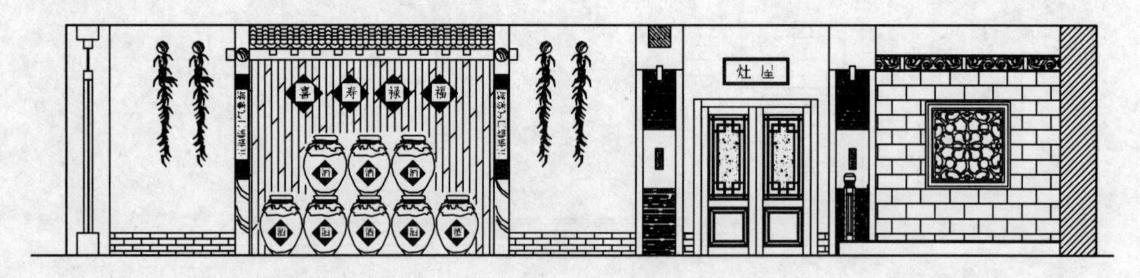

图 15-43　修剪图形

21 标注尺寸、材料说明。设置“BZ_标注”为当前图层，设置当前注释比例为 1∶50。调用线性标注命令 DIMLINEAR/DLI 进行尺寸标注，如图 15-44 所示。

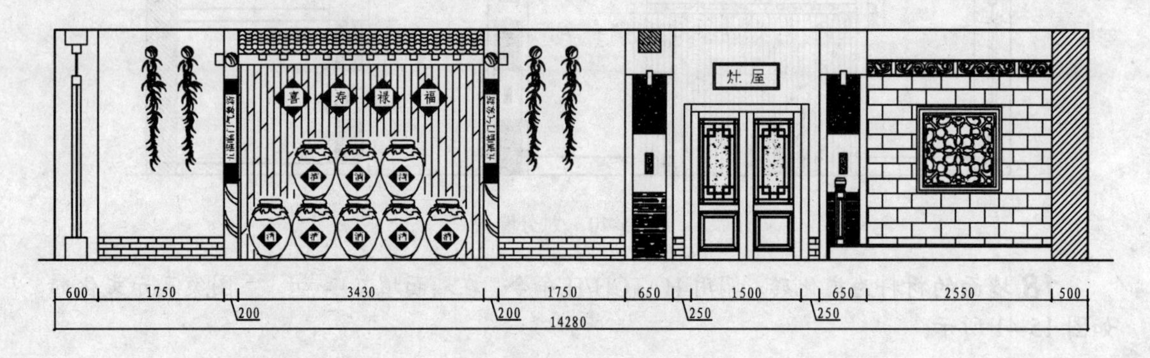

图 15-44　尺寸标注

22 设置“ZS_注释”为当前图层。调用多重引线命令对材料进行标注，结果如图 15-23 所示。

23 插入图名。调用插入图块命令 INSERT/I，插入“图名”图块，设置 C 立面图名称为“一楼大厅 C 立面图”。一楼大厅 C 立面图绘制完成。

15.6.2 绘制中式餐厅其他立面图

酒吧其他立面图包括“一楼前庭 A 立面图”和“一楼后庭 D 立面图”如图 15-45 和图 15-46 所示。这里就不再做详细的讲解，请读者参考上述方法绘制。

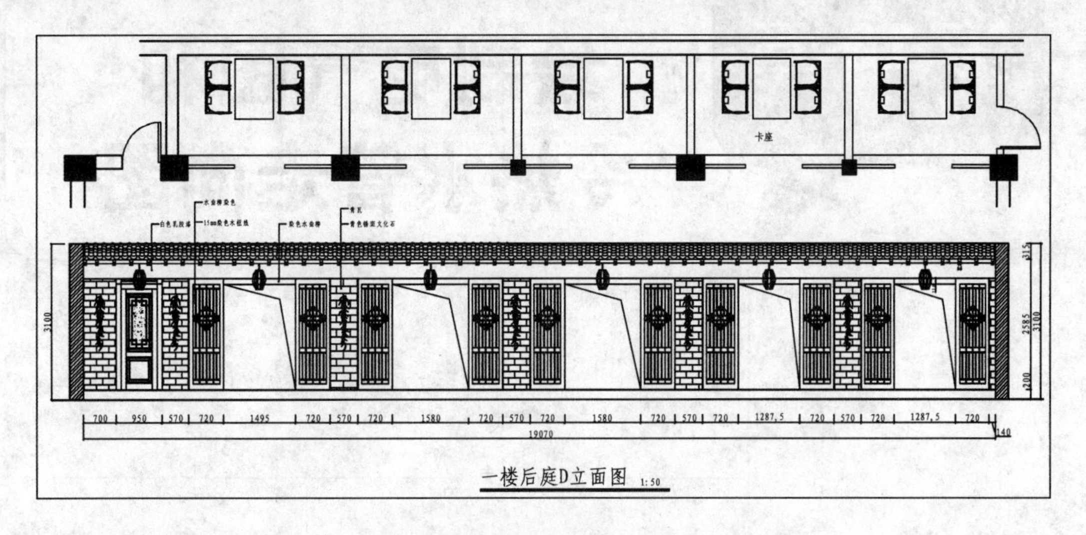

图 15-45　一楼后庭 D 立面图

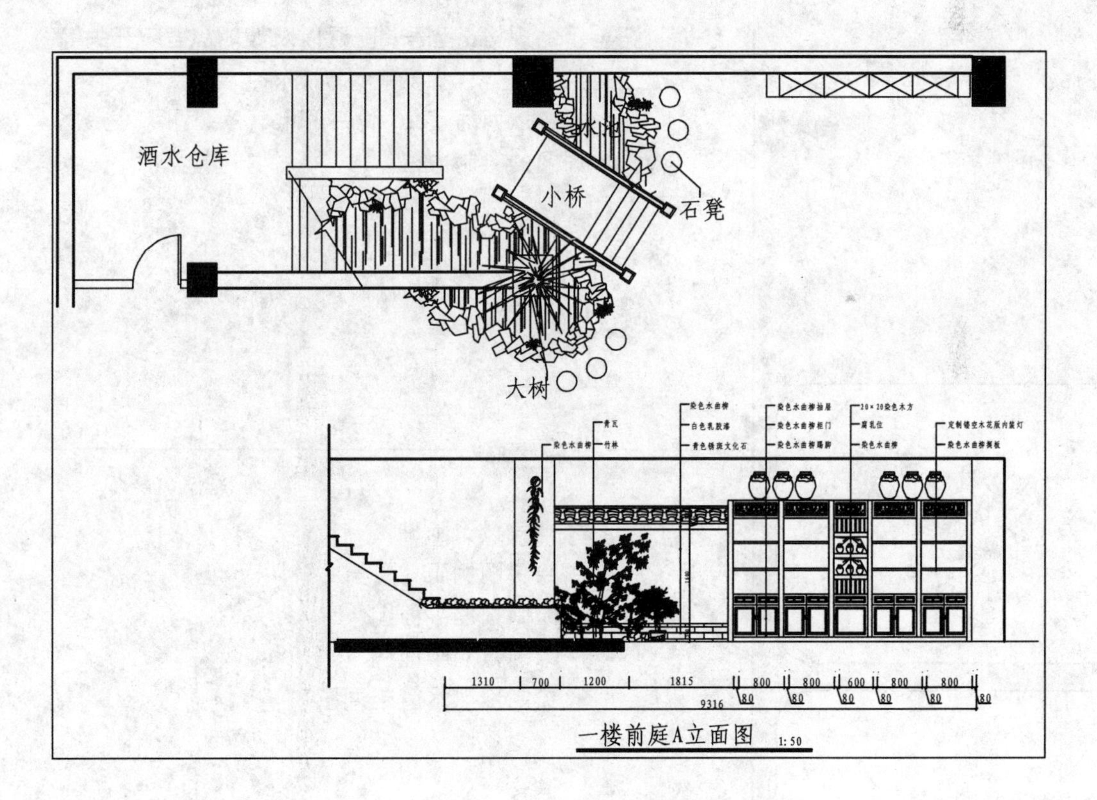

图 15-46　一楼前庭 A 立面图

第4篇　设备、详图及打印输出篇

第16章　绘制电气图和冷热水管走向图

本章导读

电气图用来反映室内装修的配电情况，也包括配电箱的规格、型号、配置以及照明、插座开关等线路的敷设方式和安装说明等。

本章以两居室为例，讲解电气系统图和冷热水管走向图的绘制方法。

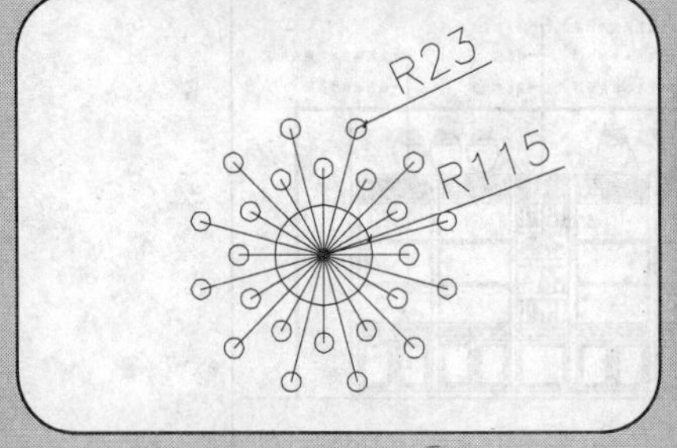

本章重点

★ 电气设计基础
★ 绘制图例表
★ 绘制插座平面图
★ 绘制照明平面图
★ 绘制冷热水管走向图

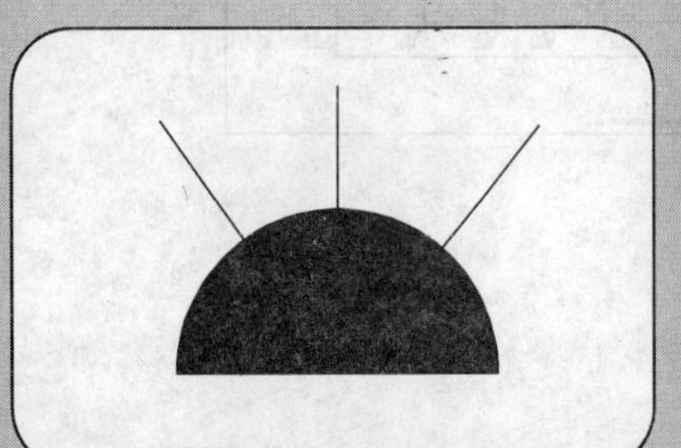

16.1 电气设计基础

室内电气设计牵涉到很多相关的电工知识，为了使没有电工基础的读者也能够理解本章的内容，这里首先简单介绍一些相关的电气基础知识。

16.1.1 强电和弱电系统

现代家庭的电气设计包括强电系统和弱电系统两大部分。强电系统指的是空调、电视、冰箱、照明等家用电器的用电系统。

弱电系统指的是有线电视、电话线、家庭影院的音响输出线路、电脑局域网等线路系统，弱电系统根据不同的用途需要采用不同的连接介质，例如电脑局域网布置一般使用五类双绞线，有线电视线路则使用同轴电缆。

16.1.2 常用电气名词解析

1. 户配电箱

现代住宅的进线处一般装有配电箱。户配电箱内一般装有总开关和若干分支回路的断路器/漏电保护器，有时也装熔断器和计算机防雷击电涌防护器。户配电箱通常自住宅楼总配电箱或中间配电箱以单相 220V 电压供电。

2. 分支回路

分支回路是指从配电箱引出的若干供电给用电设备或插座的末端线路。足够的回路数量对于现代家居生活是必不可少的。一旦某一线路发生短路或其他问题时，不会影响其他回路的正常工作。根据使用面积，照明回路可选择两路或三路，电源插座三至四路，厨房和卫生间各走一条路线，空调回路两至三路，一个空调回路最多带两部空调。

3. 漏电保护器

漏电保护器俗称漏电开关，是用于在电路或电器绝缘受损发生对地短路时防人身触电和电气火灾的保护电器，一般安装于每户配电箱的插座回路上和全楼总配电箱的电源进线上，后者专用于防电气火灾。

4. 电线截面与载流量

在家庭装潢中，因为铝线极易氧化，因此常用的电线为 BV 线（铜芯聚乙烯绝缘电线）。电线的截面指的是电线内铜芯的截面。住宅内常用的电线截面有 $1.5mm^2$、$2.5mm^2$、$4mm^2$ 等。导线截面越大，它所能通过的电流也越大。

截流量指的是电线在常温下持续工作并能保证一定使用寿命（如 30 年）的工作电流大小。电线截流量的大小与其截面积的大小有关，即导线截面越大，它所能通过的电流也越大。如果线路电流超过载流量，使用寿命就相应缩短，如不及时换线，就可能引起种种电气事故。

16.1.3 电线与套管

强电电气设备虽然均为 220V 供电，但仍需根据电器的用途和功率大小，确定室内供电的回路划分，采用何种电线类型，例如柜式空调等大型家用电气供电需设置线径大于 $2.5mm^2$ 的动力电线，插座回路应采用截面不小于 $2.5mm^2$ 的单股绝缘铜线，照明回路应采用截面不小于 $1.5mm^2$ 的单股绝缘铜线。如果考虑到将来厨房及卫生间电器种类和数量的激增，厨房和卫生间的回路建议也使用 $4mm^2$ 电线。

此外，为了安全起见，塑料护套线或其他绝缘导线不得直接埋设在水泥或石灰粉刷层内，必须穿管(套管)埋设。套管的大小根据电线的粗细进行选择。

16.2 绘制图例表

图例表用来说明各种图例图形的名称、规格以及安装形式等，在绘制电气图之前需要绘制图例表。图例表由图例图形、图例名称以及安装说明等几个部分组成，如图 16-1 所示为本章绘制的图例表。

图标	名称	图标	名称
	单联开关		水晶垂吊灯
	双联开关		
	三联开关		艺术吊灯
	方形筒灯		
	嵌入式双头筒灯	Ⓗ	电话线口
	吸顶灯	Ⓣ	电视线口
	浴霸	Ⓦ	宽带网线
	配电箱		单相二、三孔插座

图 16-1 图例表

电气图按照其类别可分为开关类图例、灯具类图例、插座类图例和其他类图例，下面按照图例类型分别介绍绘制方法。

16.2.1 绘制开关类图例

开关类图例画法基本相同，先画出其中的一个，通过复制和修改即可完成其他图例的绘制。下面以绘制“双联开关”图例图形为例，介绍开关类图例图形的画法，其尺寸如图 16-2 所示。

课堂举例 16-1：绘制开关类图例 视频\第 16 章\课堂举例 16-1.mp4

01 设置“DQ_电气”图层为当前图层。

02 调用 LINE/L 命令，绘制如图 16-3 所示线段。

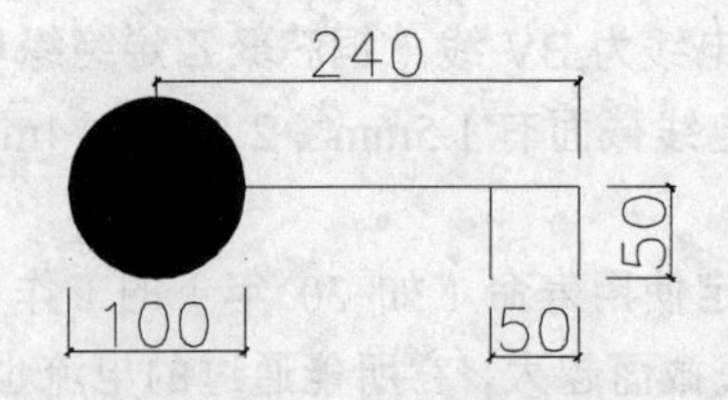

图 16-2 双联开关尺寸

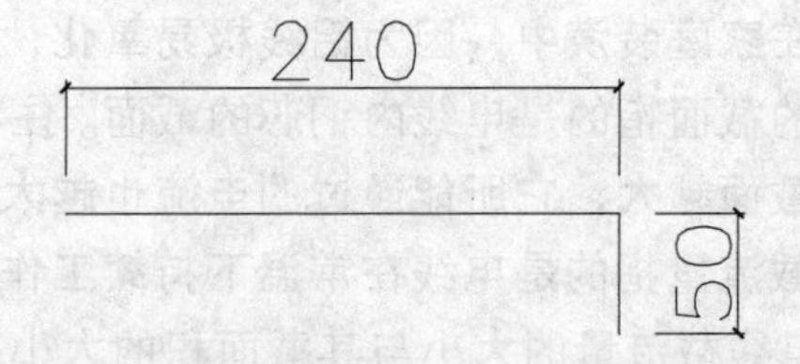

图 16-3 绘制线段

03 调用 OFFSET/O 命令，偏移线段，如图 16-4 所示。

04 调用 DONUT/DO 命令，绘制填充圆环，设置圆环的内径为 0，外径为 100，效果如图 16-5 所示。

图 16-4 偏移线段　　图 16-5 绘制填充圆环

05 调用 ROTATE/RO 命令，旋转绘制的图形，效果如图 16-6 所示，“双联”开关绘制完成。

06 调用 COPY/CO 命令，复制“双联开关”，再使用 TRIM/TR 命令修改得到单联开关，如图 16-7 所示。

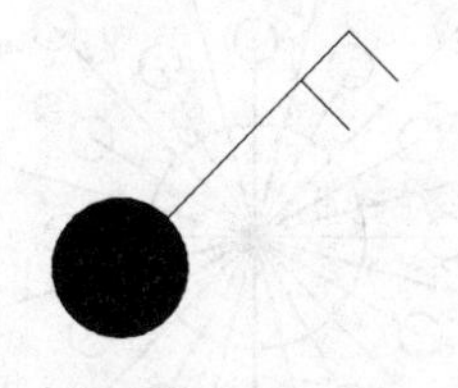

图 16-6 旋转图形

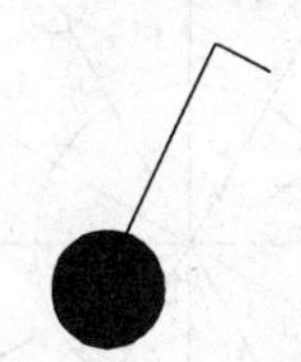

图 16-7 单联开关

16.2.2 绘制灯具类图例

灯具类图例包括射灯、吸顶灯、吊灯、防油烟灯、镜前灯和豪华吊灯等，在绘制顶棚图时，我们直接调用了图库中的图例，为了提高大家的绘图技能，这里以水晶垂吊灯为例，介绍灯具图形的绘制方法，如图 16-8 所示为豪华吊灯图例及尺寸。

课堂举例 16-2：绘制灯具类图例

视频\第 16 章\课堂举例 16-2.mp4

01 调用 CIRCLE/C 命令，绘制半径为 115 的圆，如图 16-9 所示。

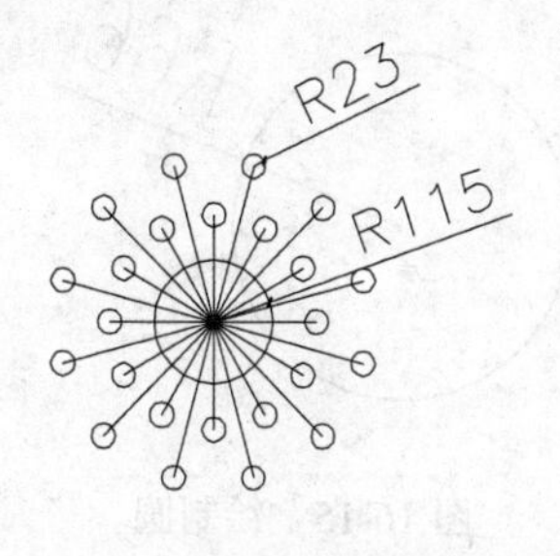

图 16-8 水晶垂吊灯图例尺寸

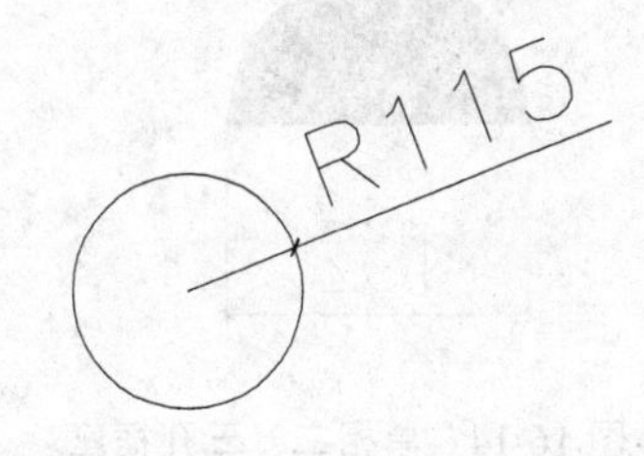

图 16-9 绘制圆

02 调用 LINE/L 命令，通过圆的圆心绘制一条垂直线段，线段的长度为 200，如图 16-10 所示。

03 调用 LINE/L 命令，以绘制的线段端点为圆心，绘制半径为 23 的圆，如图 16-11 所示。

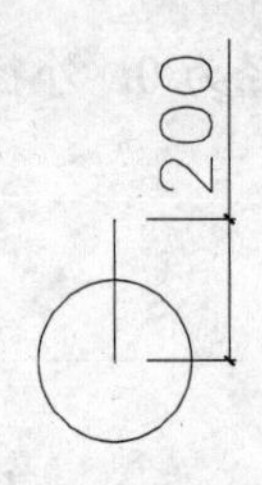

图 16-10　绘制线段

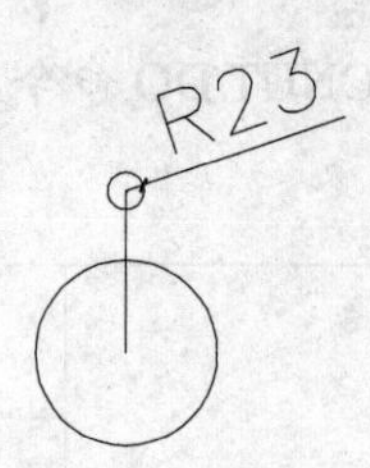

图 16-11　绘制圆

04 调用 ARRAY/AR 命令，对线段和圆进行环形阵列，阵列结果如图 16-12 所示。

05 调用 LINE/L 命令、CIRCLE/C 命令和 ARRAY/AR 命令，绘制外圈吊灯造型，如图 16-13 所示，完成水晶垂吊灯的绘制。

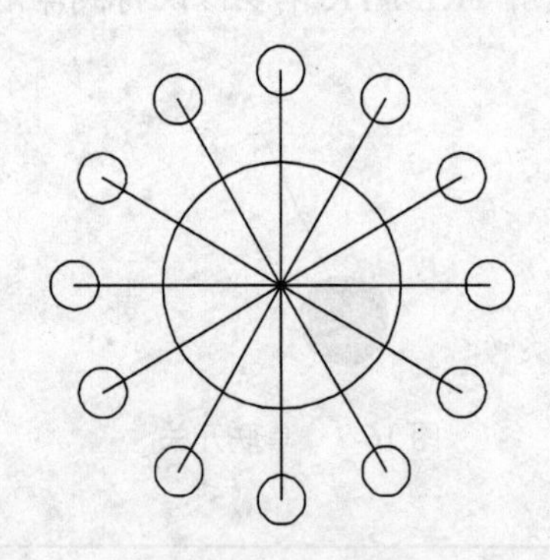

图 16-12　阵列结果

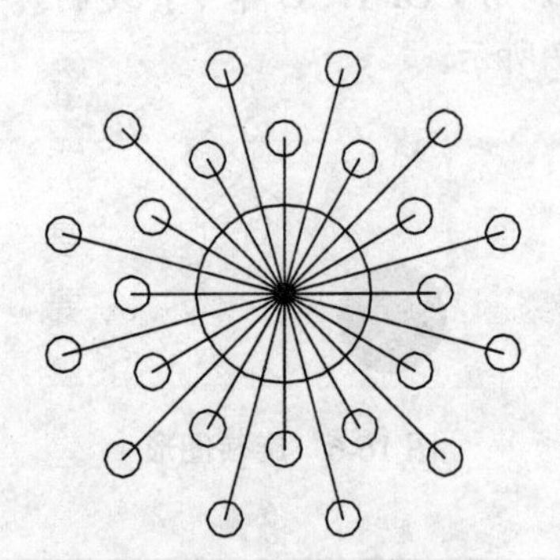

图 16-13　绘制结果

16.2.3　绘制插座类图例

下面以“单相二、三孔插座”图例图形为例，介绍插座类图例图形的画法，其尺寸如图 16-14 所示。

图 16-14　单相二、三孔插座

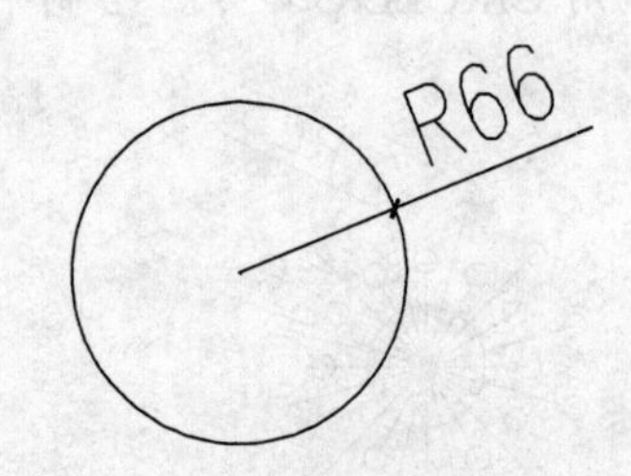

图 16-15　绘制圆

课堂举例 16-3：绘制插座类图例

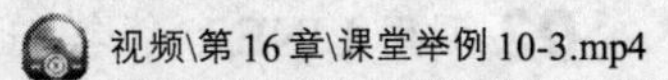

01 调用 CIRCLE/C 命令，绘制半径为 175 的圆，如图 16-15 所示。并通过圆心绘制一条线段。

02 调用 TRIM/TR 命令，修剪圆的下半部分，得到一个半圆，如图 16-16 所示。

03 调用 LINE/L 命令，在半圆上方绘制线段，如图 16-17 所示。

04 调用 HATCH/H 命令，在圆内填充 SOLID 图案，效果如图 16-18 所示，“单相二、三孔插座”图例绘制完成。

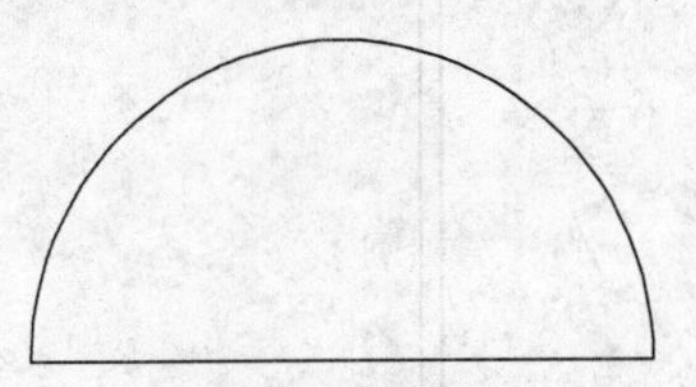

图 16-16　修剪圆

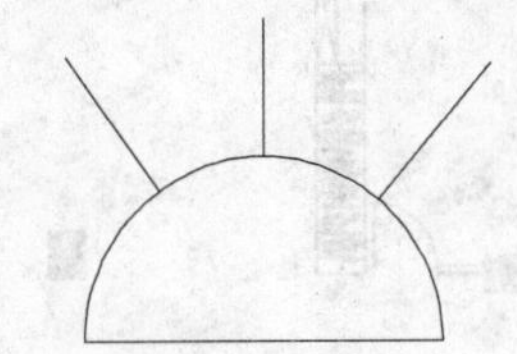

图 16-17　绘制线段

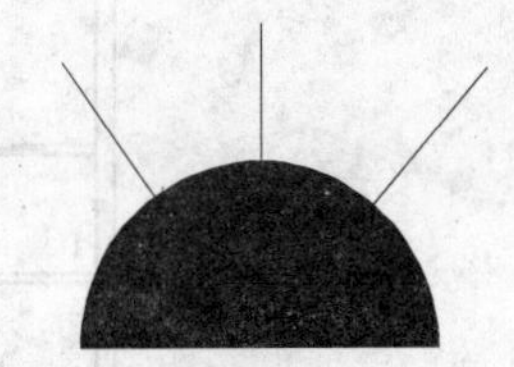

图 16-18　填充效果

16.3 绘制插座平面图

在电气图中，插座平面图上主要反映了插座的安装位置、数量和连线情况。插座平面图在平面布置图基础上进行绘制，主要由插座、连线和配电箱等部分组成，下面讲解绘制方法。

16.3.1 绘制插座和配电箱

课堂举例 16-4：绘制插座和配电箱

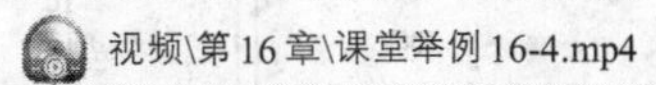

视频\第 16 章\课堂举例 16-4.mp4

01 打开光盘中“第 9 章\两居室平面布置图.dwg”文件，如图 16-19 所示。

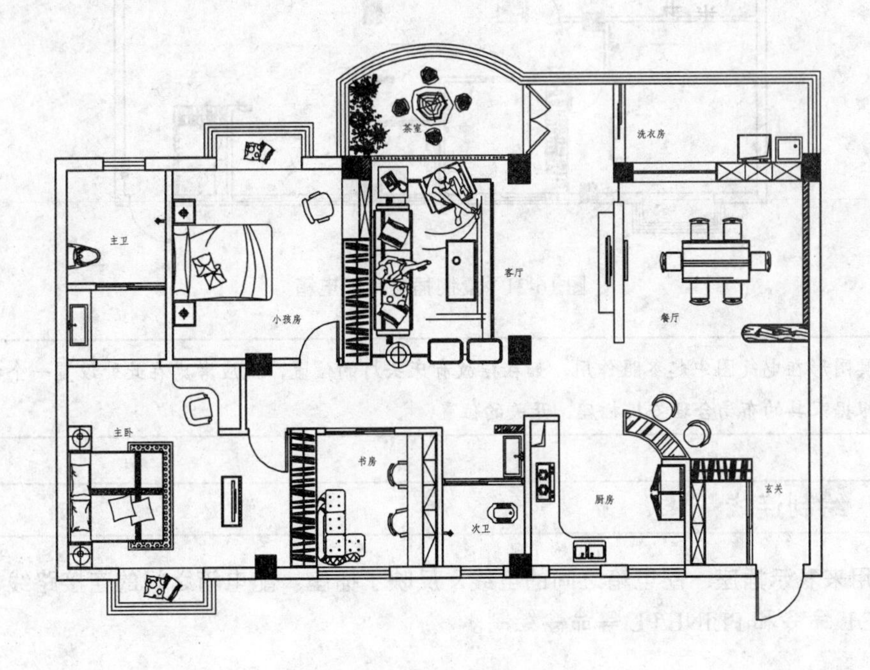

图 16-19　打开图形

02 删除平面布置图中的一些家具图形，得到结果如图 16-20 所示。

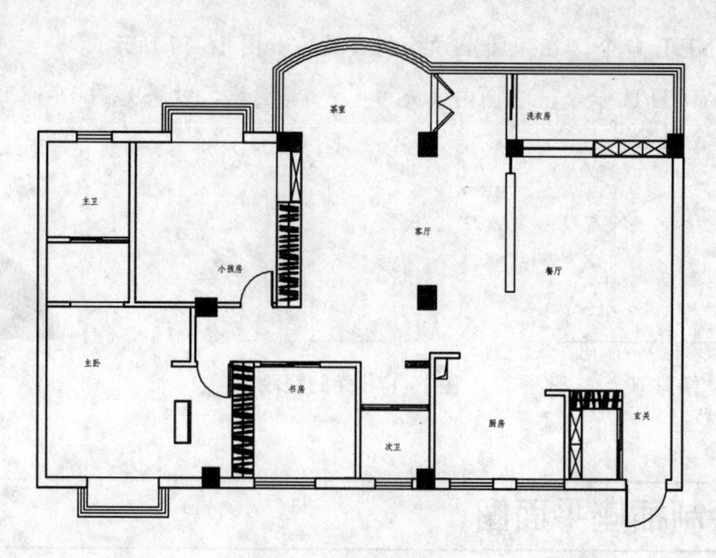

图 16-20　整理图形

03 复制图例表中的插座、配电箱等图例到平面图中，如图 16-21 所示。

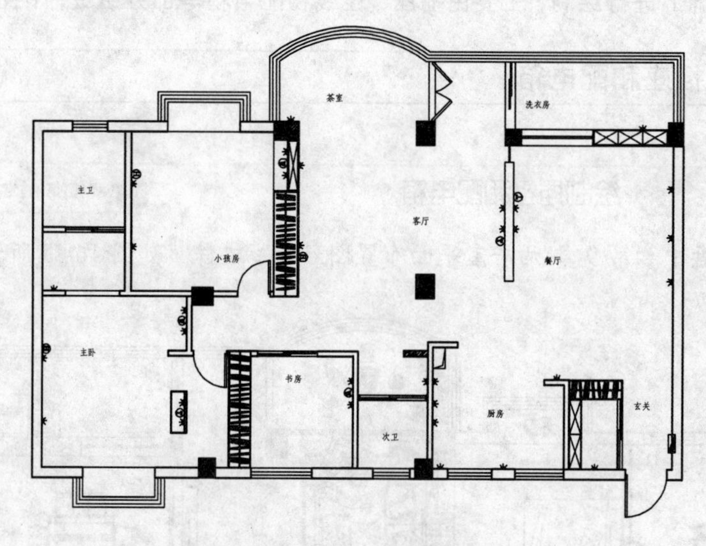

图 16-21　复制插座和配电箱

> **提示**　家具图形在电气图中起参照作用，如在摆放有床头灯的位置，就应考虑在此处设置一个插座，此外还可以根据家具的布局合理安排插座、开关的位置。

16.3.2　绘制连线

连线用来表示插座、配电箱之间的电线，反映了插座、配电箱之间的连接路线，连线可使用 LINE/L 命令和 PLINE/PL 等命令绘制。

课堂举例 16-5：绘制连线

视频\第 16 章\课堂举例 16-5.mp4

01 调用 LINE/L 命令，从配电箱引出一条连线到餐厅水族箱位置，如图 16-22 所示。

02 调用 LINE/L 命令，连接插座，结果如图 16-23 所示。

03 调用 MTEXT/MT 命令，在连线上输入回路编号，如图 16-24 所示。

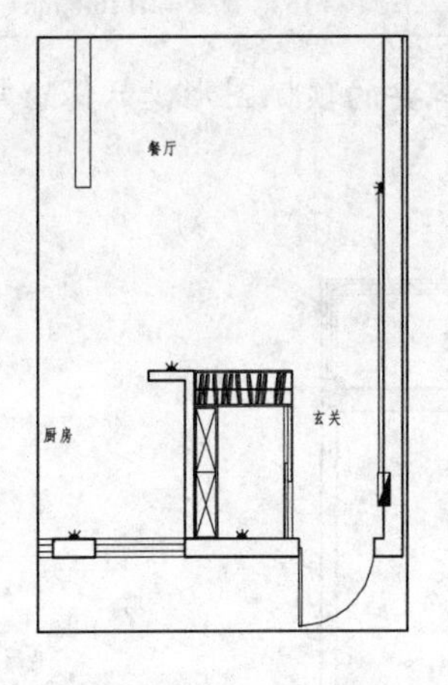

图 16-22　引出连线

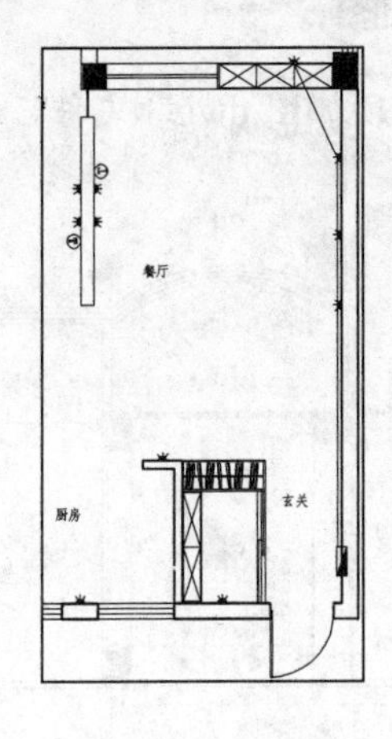

图 16-23　连接插座

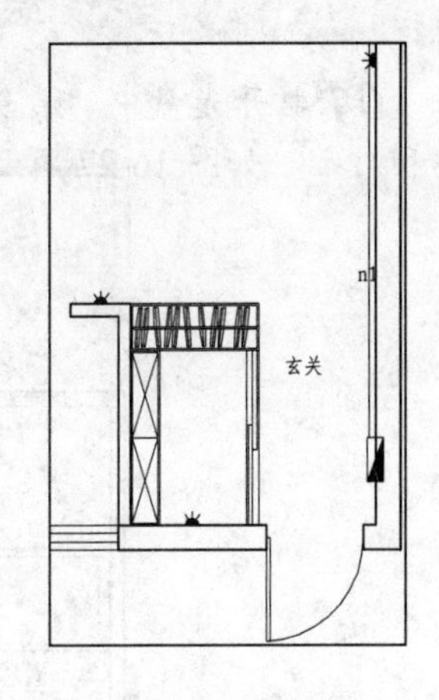

图 16-24　输入回路编号

04 回路编号与连线重叠，调用 TRIM/TR 命令，对编号与连线重叠的位置进行修剪，效果如图 16-25 所示。

05 使用同样的方法，完成其他插座连线的绘制，效果如图 16-26 所示，完成插座平面图的绘制。

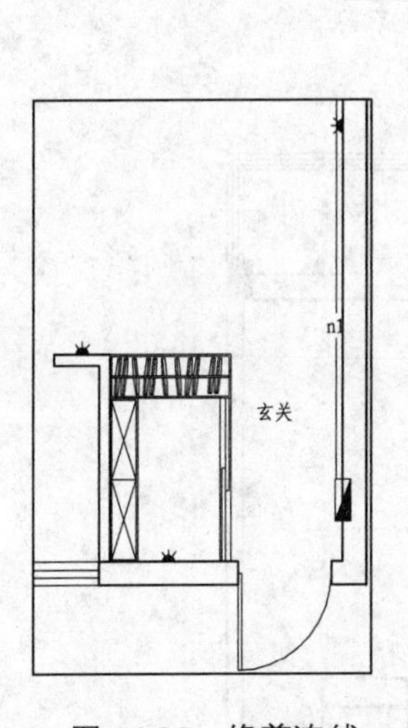

图 16-25　修剪连线

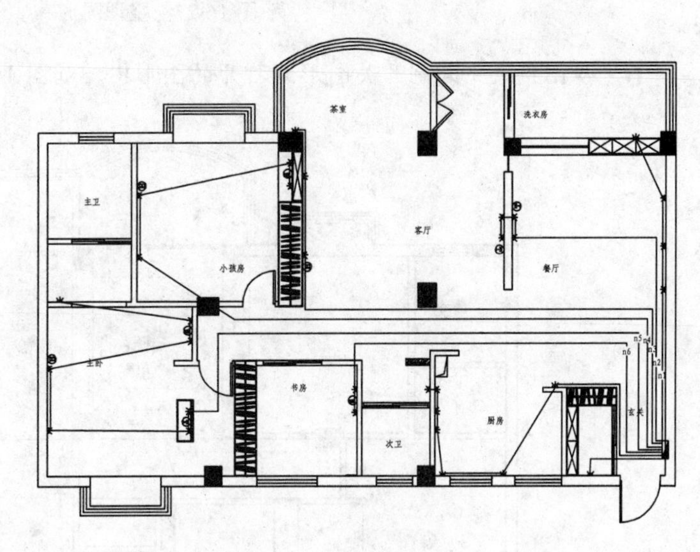

图 16-26　绘制连线

16.4 绘制照明平面图

照明平面图反映了灯具、开关的安装位置、数量和连线的走向，是电气施工不可缺少的图样，同时也是将来电气线路检修和改造的主要依据。

照明平面图在顶棚图的基础上绘制，主要由灯具、开关以及它们之间的连线组成，绘制方法与插座平面图基本相同，下面以两居室顶棚图为例，介绍照明平面图的绘制方法。

课堂举例 16-6：绘制照明平面图

视频\第 16 章\课堂举例 16-6.mp4

01 打开光盘中“第 9 章\两居室顶棚图.dwg”文件，删除不需要的顶棚图形，只保留灯具和灯带，如图 16-27 所示。

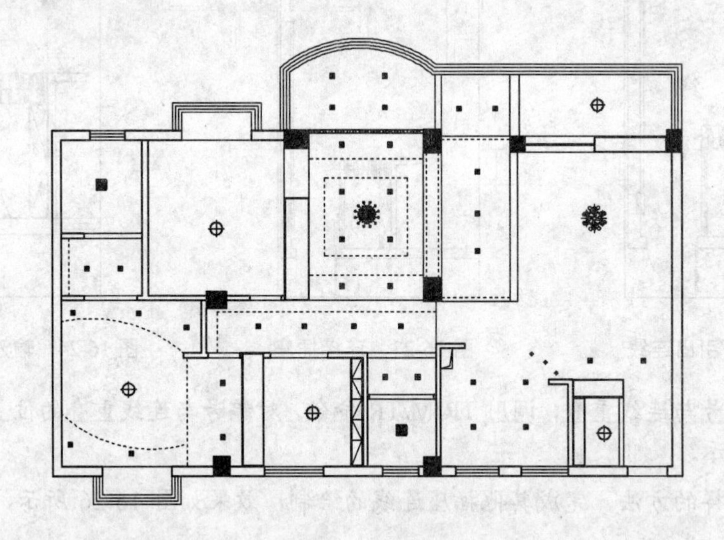

图 16-27　整理图形

02 从图例表中复制开关图形到打开的图形中，如图 16-28 所示。

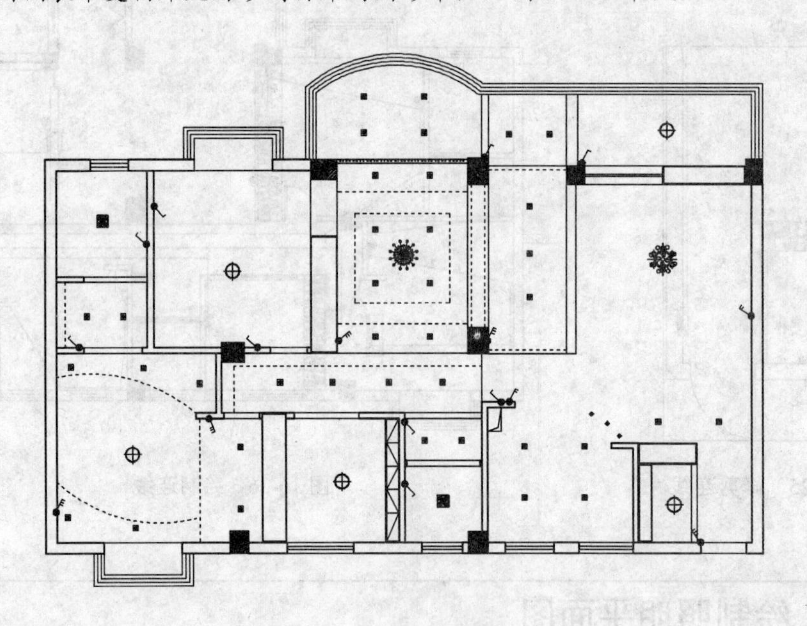

图 16-28　复制开关图形

03 调用 ARC/A 命令，绘制连线，如图 16-29 所示。

04 调用 ARC/A 命令，绘制其他连线，结果如图 16-30 所示。

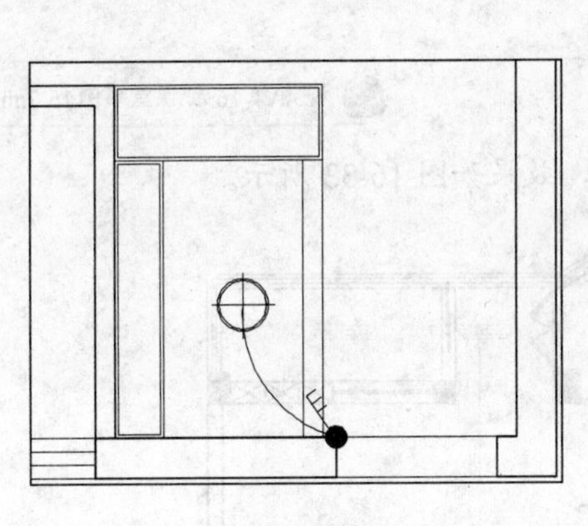

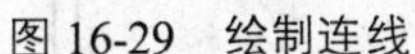

图 16-29 绘制连线

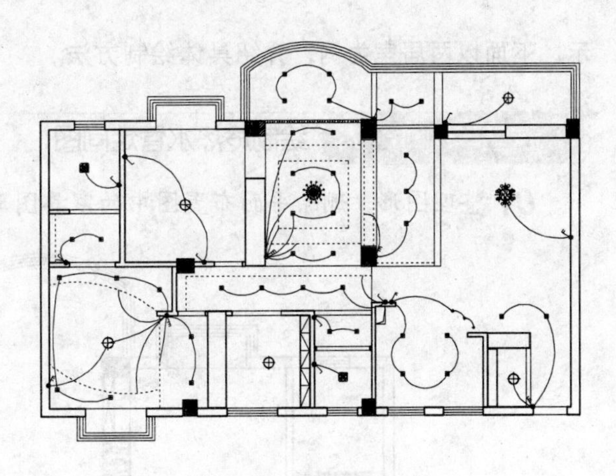

图 16-30 绘制连线

05 在主卧中，连线有相交的位置，调用 CIRCLE/C 命令，绘制半径为 60 的圆，并对圆内的弧线进行修剪，然后删除圆，效果如图 16-31 所示，完成照明平面图的绘制。

16.5 绘制冷热水管走向图

冷热水管走向图反映了住宅水管的分布走向，指导水电施工，冷热水管走向图需要绘制的内容主要为冷、热水管和出水口。

16.5.1 绘制图例表

冷热水管走向图需要绘制冷、热水管及出水口图例，如图 16-32 所示，由于图形比较简单，请读者运用前面所学知识自行完成，这里就不再详细讲解了。

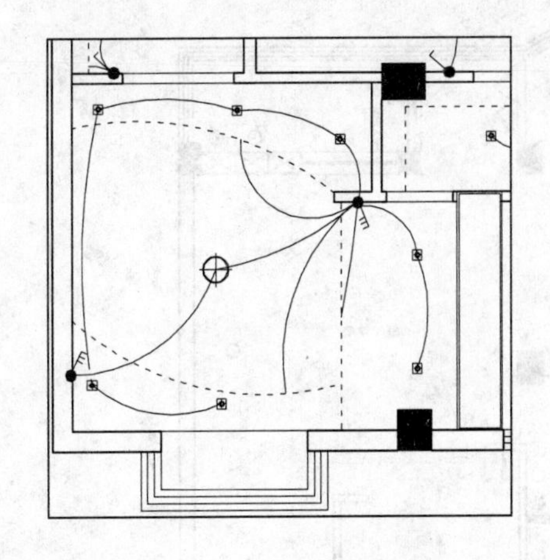

图 16-31 修剪连线

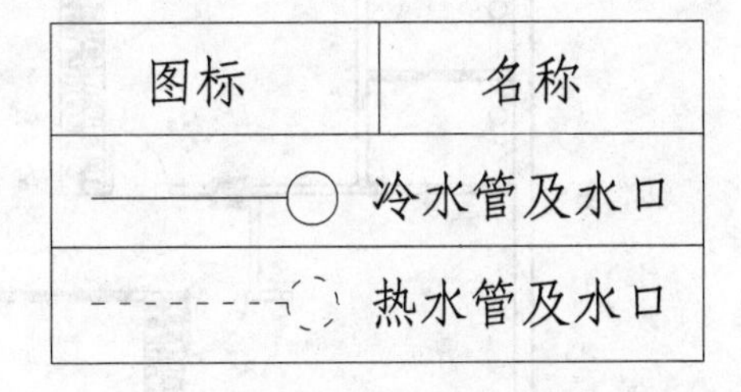

图标	名称
	冷水管及水口
	热水管及水口

图 16-32 冷热水管走向图图例表

16.5.2 绘制冷热水管走向图

冷热水管走向图主要绘制冷、热水管和出水口，其中冷、热水管分别使用实线和虚线表示，下面以两居室为例，介绍具体绘制方法。

课堂举例 16-7：绘制冷热水管走向图

视频\第16章\课堂举例16-7.mp4

01 整理图形。删除平面布置图中的家具图形，效果如图16-33所示。

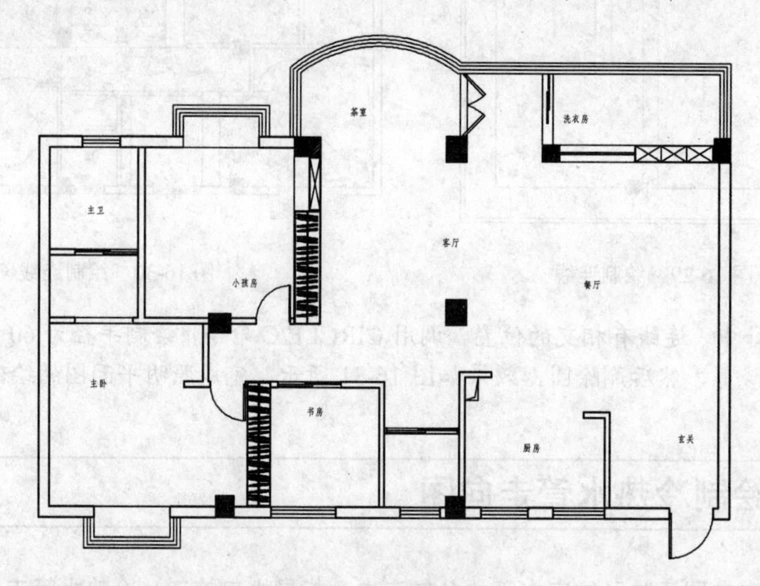

图16-33 整理图形

02 绘制出水口。创建一个新图层"SG_水管"图层，并设置为当前图层。

03 根据平面布置图中的洗脸盆、洗菜盆、洗衣机、水族箱和淋浴花洒以及其他出水口的位置，绘制出水口图形（用圆形表示），如图16-34所示，其中虚线表示接热水管，实线表示接冷水管。

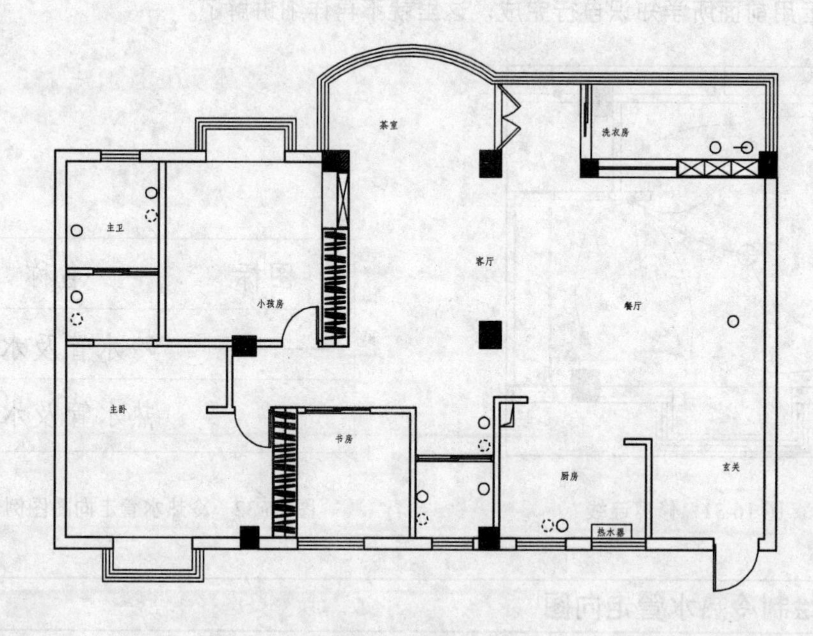

图16-34 绘制出水口

04 绘制热水器和水管。调用 PLINE/PL 命令和 MTEXT/MT 命令，绘制热水器，如图 16-35 所示。

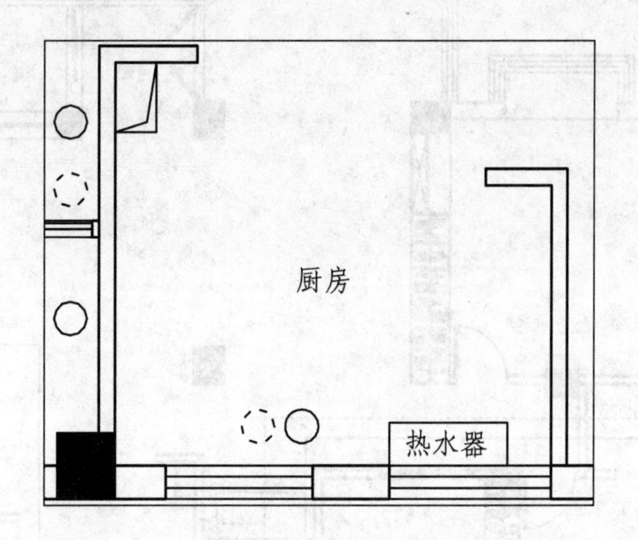

图 16-35 绘制热水器

05 调用 PLINE/PL 命令，绘制线段，表示冷水管，如图 16-36 所示。

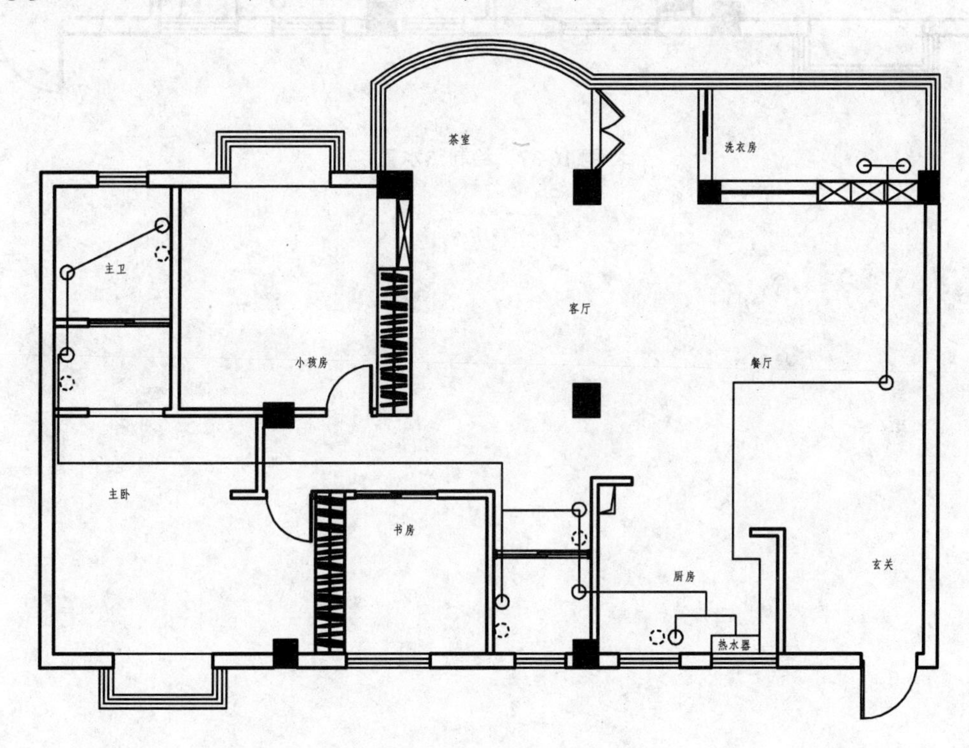

图 16-36 绘制冷水管

06 调用 PLINE/PL 命令，将热水管连接至各个热水出水口，注意热水管使用虚线表示，如图 16-37 所示，两居室冷热水管走向图绘制完成。

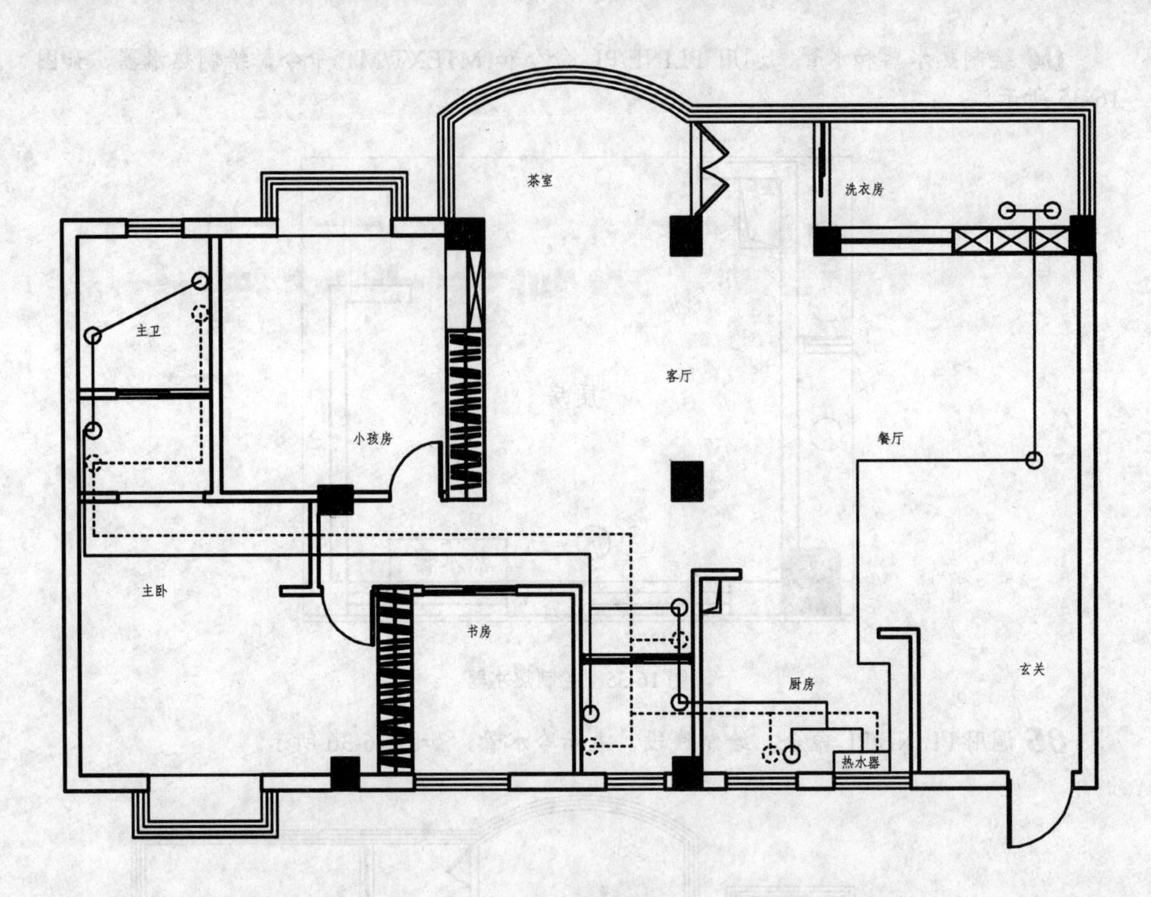

图 16-37　绘制热水管

第 17 章 绘制室内装潢中剖面图和详图

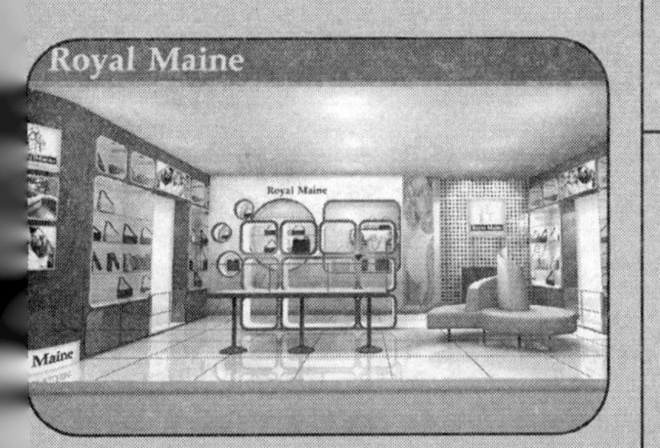

本章导读

剖面图是将装饰面剖切，以表达结构构成的方式、材料的形式和主要支承构件的相互关系等。剖面图标注有详细尺寸，工艺做法及施工要求。

详图是表示装修做法中局部构造的一种大样图，它是平、立、剖等基本图样的有效补充，以清楚、明确地反映出装饰每一个细部的详细构造和尺寸。详图的绘制方法并不难，关键在于绘图者需要

本章重点

★ 绘制电视背景墙造型剖面图
★ 绘制衣柜剖面图
★ 绘制顶棚图剖面图
★ 绘制舞厅吧台剖面图和大样图

17.1 绘制电视背景墙造型剖面图

剖面图是室内施工图中不可缺少的部分，因为任何平面图形，不可能把所有的装饰装修结构、细节、尺寸表达得非常清楚。下面讲解电视背景墙造型剖面图的绘制方法。

17.1.1 插入剖切索引符号

调用 INSERT/I 命令，插入图块“剖切索引_02”到立面图中，然后适当调整图块上的动态控制点，使其指向正确的剖切位置，电视背景墙剖面索引如图 17-1 所示。

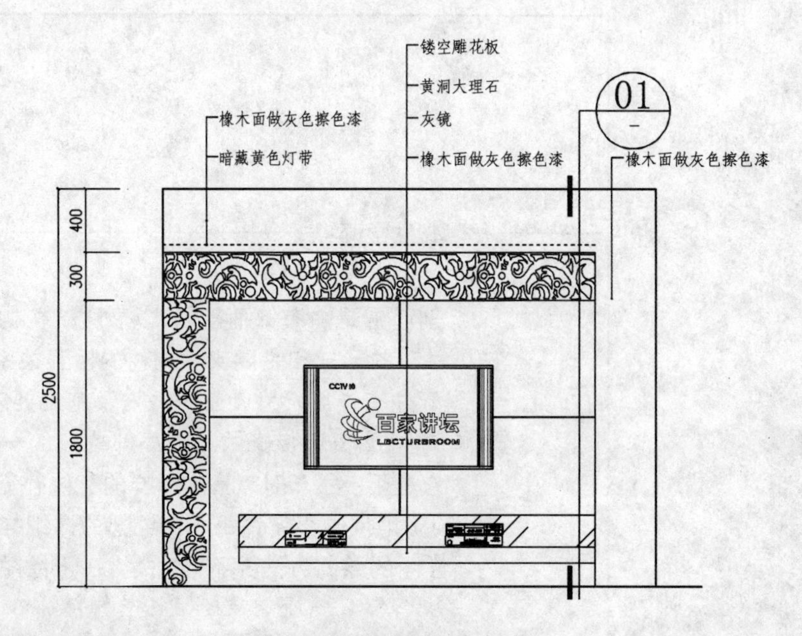

图 17-1　插入剖切索引符号

课堂举例 17-1：插入剖切索引符号　视频\第 17 章\课堂举例 17-1.mp4

01 调用 INSERT/I 命令，打开“插入”对话框，在“名称”列表中选择图块“剖切索引_02”，如图 17-2 所示。

02 单击【确定】按钮，然后按系统提示操作：

```
命令:INSERT↙                                    //调用 INSERT 命令
指定插入点或 [基点(B)/比例(S)/旋转(R)]:          //在剖切位置的附近拾取一点，确定图块位置
输入属性值
输入被索引图号: <->:↙         //按空格键，默认索引图号为“-”
输入索引编号: <01>:01↙        //输入索引编号“01”，表示在图纸“01”中编号为 01 的节点图
```

03 完成上面的操作后，即可得到如图 17-3 所示剖切索引符号。

04 选择插入的剖切索引符号，调整其控制点，使其效果如图 17-1 所示。

图 17-2 “插入”对话框

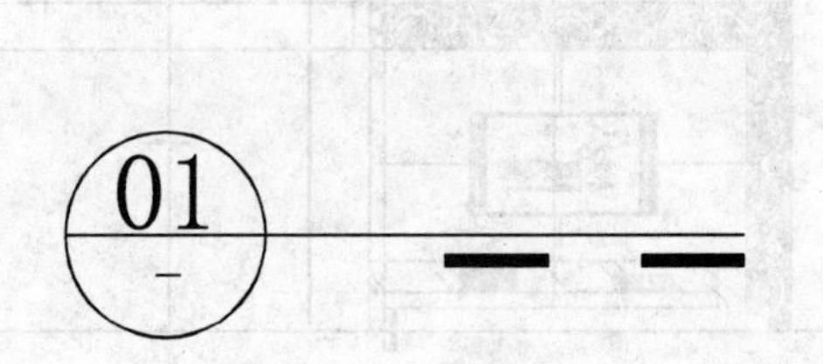

图 17-3 剖切索引符号

17.1.2 绘制电视背景墙剖面图

如图 17-4 所示为01剖面图，该剖面图详细表达了客厅电视背景墙的立面关系以及结构。

课堂举例 17-2：绘制电视背景墙剖面图

视频\第 17 章\课堂举例 17-2.mp4

01 设置“JD_节点”图层为当前图层。

02 调用 LINE/L 命令，根据 C 立面图绘制投影线，如图 17-5 所示。

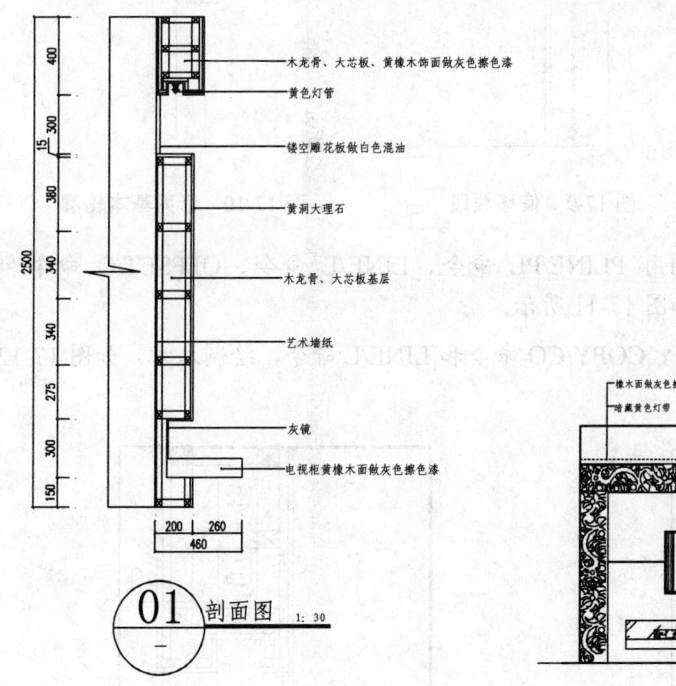

图 17-4 01剖面图

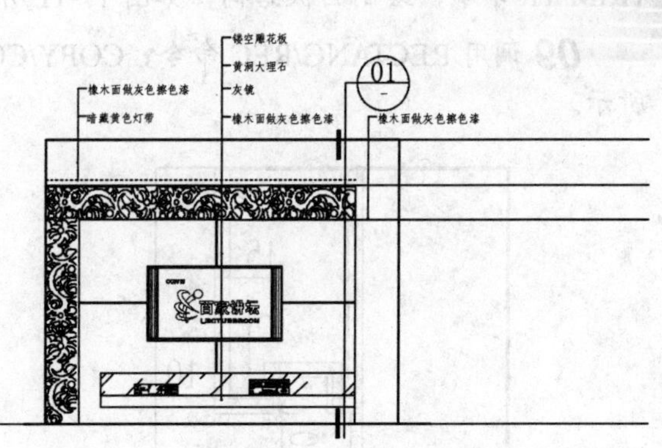

图 17-5 绘制投影线

03 调用 PLINE/PL 命令，绘制折断线，如图 17-6 所示。

04 调用 LINE/L 命令，在折断线的右侧绘制一条线段，如图 17-7 所示。

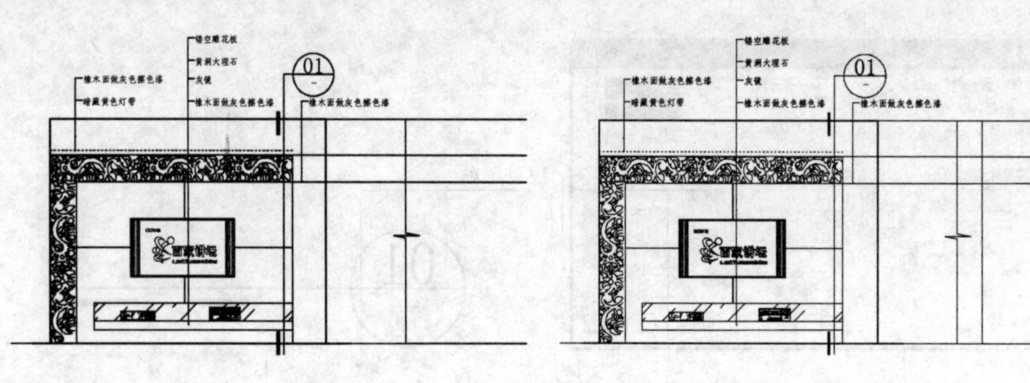

图 17-6　绘制折断线　　　　图 17-7　绘制线段

05 调用 TRIM/TR 命令，修剪掉多余的线段，如图 17-8 所示。

06 调用 OFFSET/O 命令，向右偏移线段，偏移距离分别为 200、250 和 20，如图 17-9 所示。

07 调用 TRIM/TR 命令，修剪多余的线段，得到如图 17-10 所示基本轮廓。

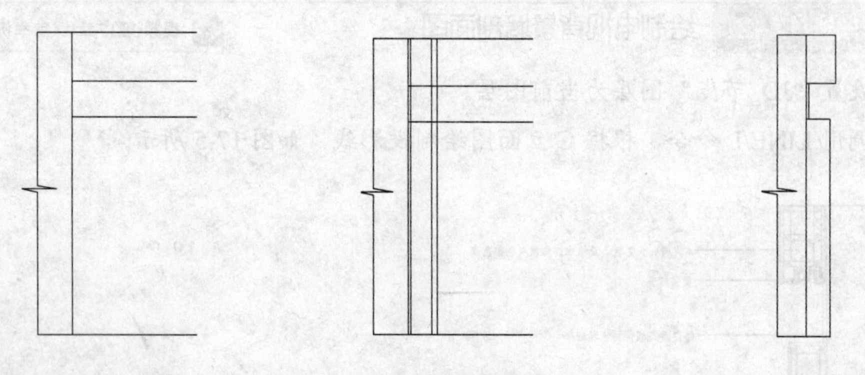

图 17-8　修剪线段　　　　图 17-9　偏移线段　　　　图 17-10　修剪基本轮廓

08 绘制背景墙上方造型。调用 PLINE/PL 命令、LINE/L 命令、OFFSET/O 命令和 TRIM/TR 命令，绘制面板结构，如图 17-11 所示。

09 调用 RECTANG/REC 命令、COPY/CO 命令和 LINE/L 命令，绘制木方，如图 17-12 所示。

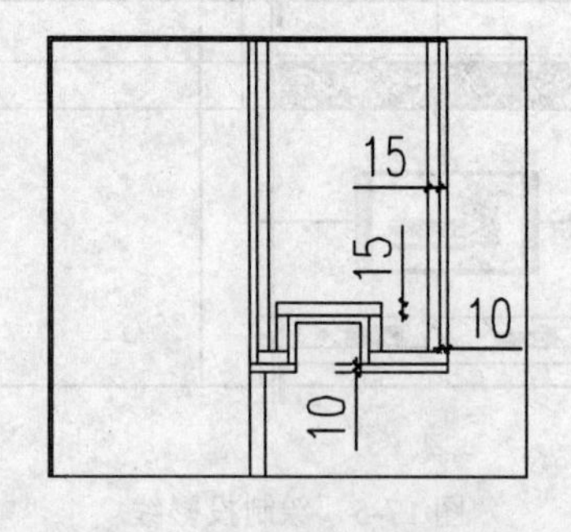

图 17-11　绘制面板结构

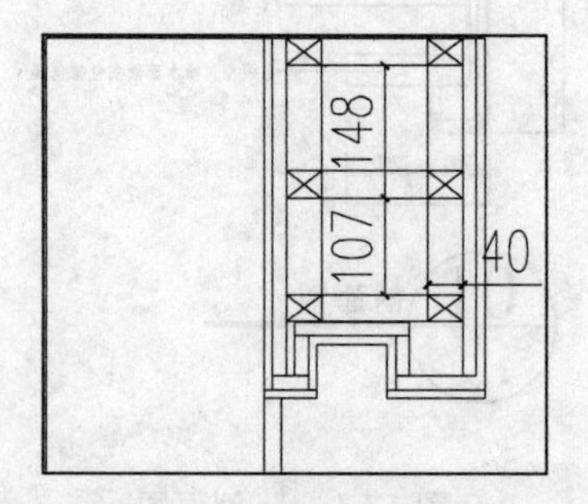

图 17-12　绘制木方

10 调用 RECTANG/REC 命令、LINE/L 命令、COPY/CO 命令和 OFFSET/O 命令，绘制下方造型，如图 17-13 所示。

11 调用 RECTANG/REC 命令，绘制尺寸为 400×100 的矩形表示电视柜，并移动到相应的位置，如图 17-14 所示。

12 调用 TRIM/TR 命令，对矩形内的线段进行修剪，如图 17-15 所示。

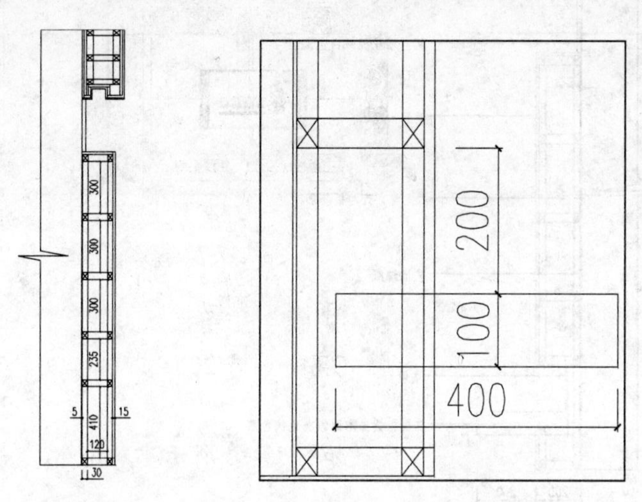

图 17-13　绘制下方造型　　图 17-14　绘制矩形　　图 17-15　修剪线段

13 调用 LINE/L 命令和 TRIM/TR 命令，绘制面板，效果如图 17-16 所示。

14 从图库中插入灯管图块到剖面图中，如图 17-17 所示。

15 设置"BZ_标注"图层为当前图层，设置当前注释比例为 1:30。调用 DIMLINEAR/DLI 命令和 DIMCONTINUE/DCO 命令，进行尺寸标注，结果如图 17-18 所示。

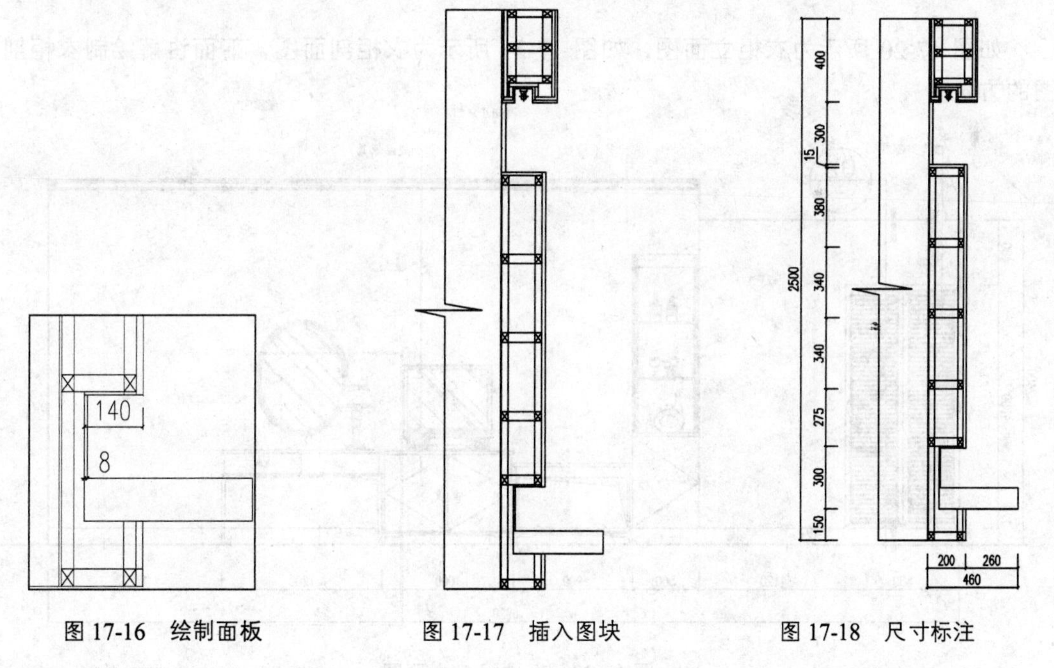

图 17-16　绘制面板　　图 17-17　插入图块　　图 17-18　尺寸标注

16 调用 MLEADER/MLD 命令，对剖面进行文字标注，效果如图 17-19 所示。

17 调用 INSERT/I 命令，插入"图名"图块和"剖切索引"符号图块到剖面图的下方，完后01剖面图的绘制。

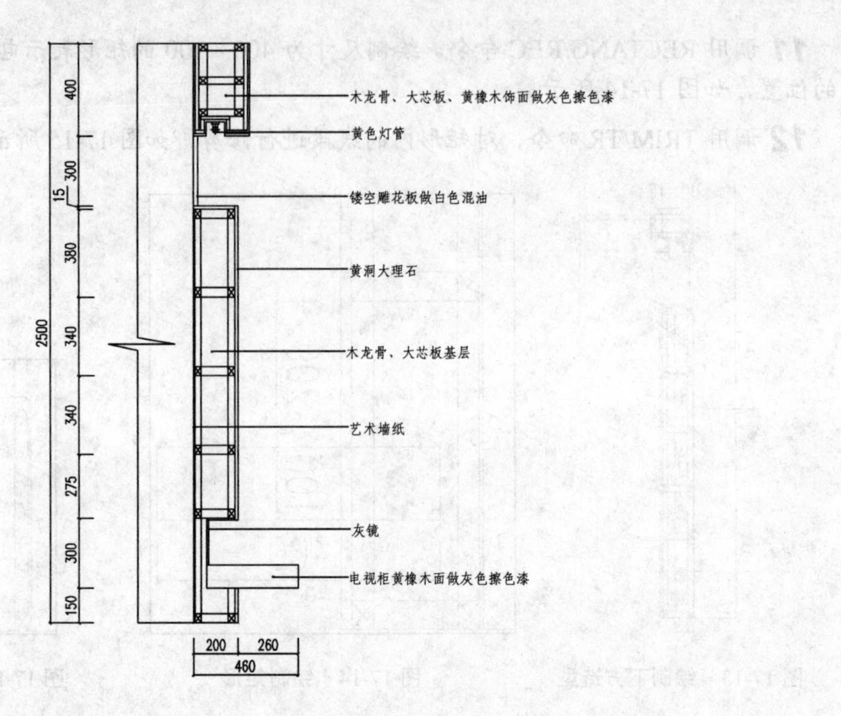

图 17-19 文字标注

17.2 绘制衣柜剖面图

如图 17-20 所示为衣柜立面图，如图 17-21 所示为衣柜剖面图，下面讲解绘制衣柜剖面图的方法。

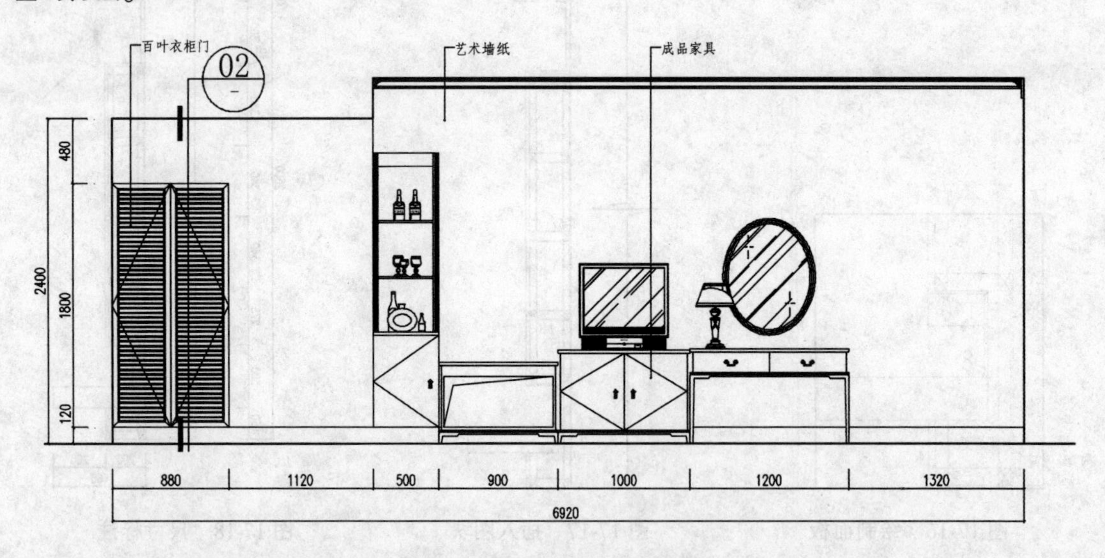

图 17-20 标准间 C 立面图

课堂举例 17-3：绘制衣柜剖面图

视频\第 17 章\课堂举例 17-3.mp4

01 调用 PLINE/PL 命令，绘制衣柜面板，如图 17-22 所示。

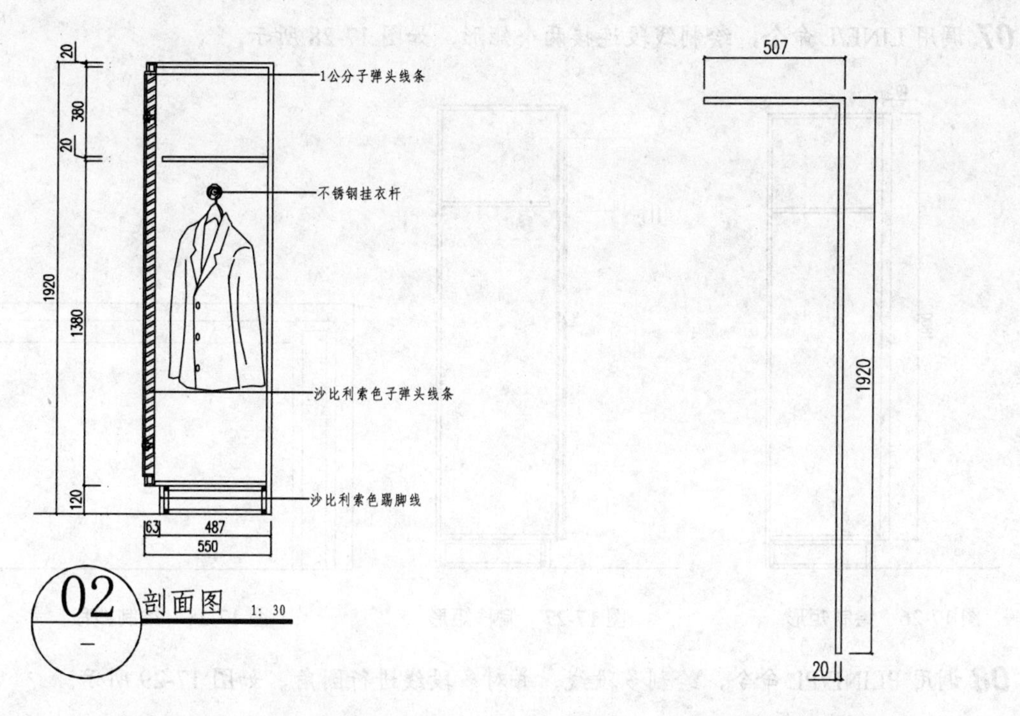

图 17-21 衣柜剖面图　　图 17-22 绘制面板

02 调用 LINE/L 命令，在衣柜下端绘制一条线段，表示地面，如图 17-23 所示。

03 调用 PLINE/PL 命令和 COPY/CO 命令，绘制搁板，如图 17-24 所示。

04 调用 LINE/L 命令、OFFSET/O 命令和 RECTANG/REC 命令，绘制衣柜下端结构，如图 17-25 所示。

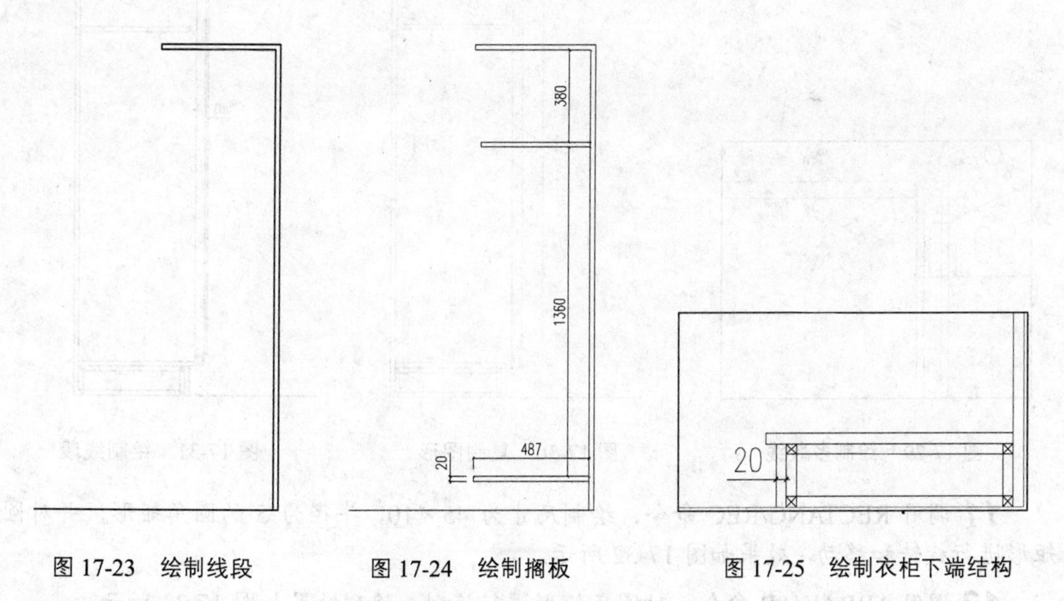

图 17-23 绘制线段　　图 17-24 绘制搁板　　图 17-25 绘制衣柜下端结构

05 调用 RECTANG/REC 命令，绘制尺寸为 40×1800 的矩形，表示柜门，如图 17-26 所示。

06 调用 OFFSET/O 命令，将矩形向内偏移 9，如图 17-27 所示。

07 调用 LINE/L 命令，绘制线段连接两个矩形，如图 17-28 所示。

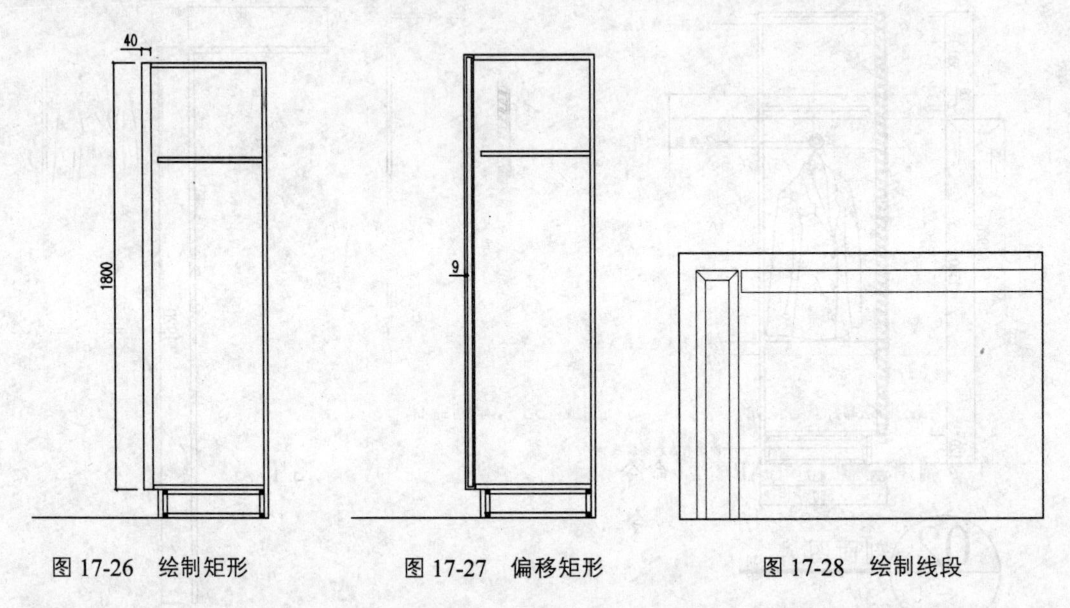

图 17-26　绘制矩形　　图 17-27　偏移矩形　　图 17-28　绘制线段

08 调用 PLINE/PL 命令，绘制多段线，并对多段线进行圆角，如图 17-29 所示。

09 调用 COPY/CO 命令，将刚才绘制的图形复制到下方，并修剪多余的线线段，如图 17-30 所示。

10 调用 LINE/L 命令，绘制线段如图 17-31 所示。

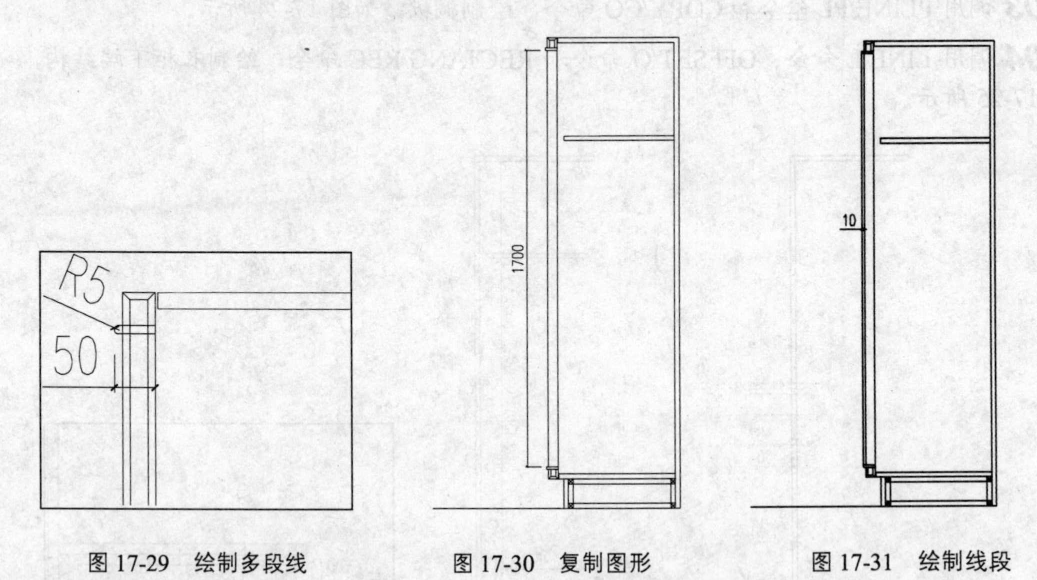

图 17-29　绘制多段线　　图 17-30　复制图形　　图 17-31　绘制线段

11 调用 RECTANG/REC 命令，绘制尺寸为 45×10，半径为 5 的圆角矩形，并对圆角矩形进行旋转和移动，效果如图 17-32 所示。

12 调用 ARRAY/AR 命令，对圆角矩形进行阵列，阵列结果如图 17-33 所示。

13 从图库中复制衣服、挂衣杆和合页等图块将其复制至衣柜剖面图中，如图 17-34 所示。

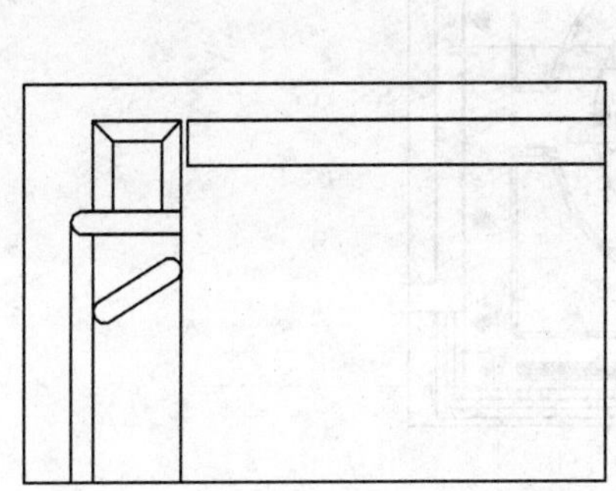

图 17-32 绘制圆角矩形

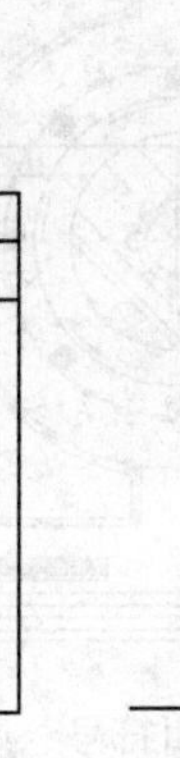

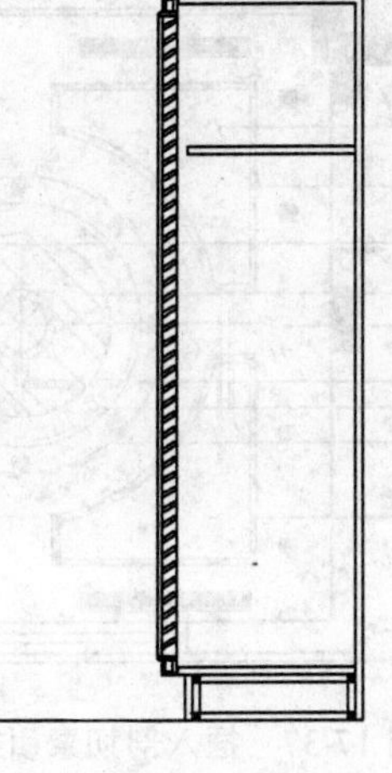

图 17-33 阵列结果

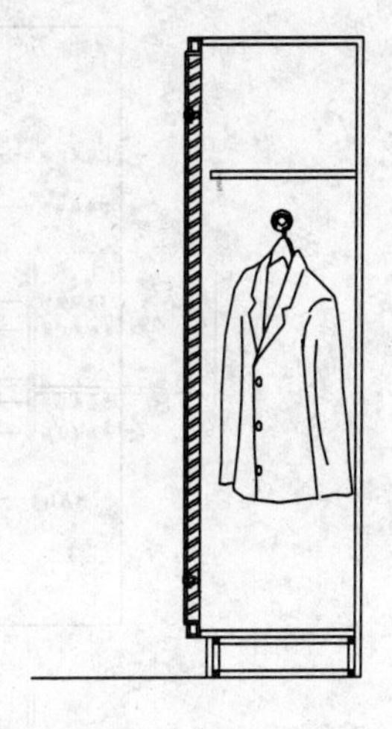

图 17-34 复制图块

14 调用 DIMLINEAR/DLI 命令，进行尺寸标注，结果如图 17-35 所示。

15 调用 MLEADER/MLD 命令，进行材料标注，效果如图 17-36 所示。

16 调用 INSERT/I 命令，插入“图名”图块和“剖切索引”符号图块到剖面图的下方，完后02剖面图的绘制。

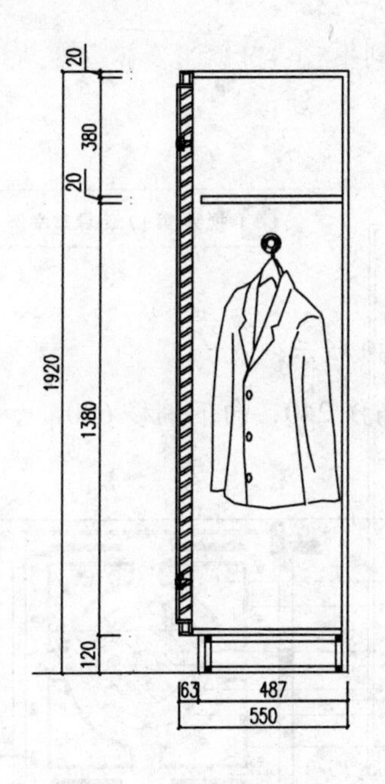

图 17-35 尺寸标注

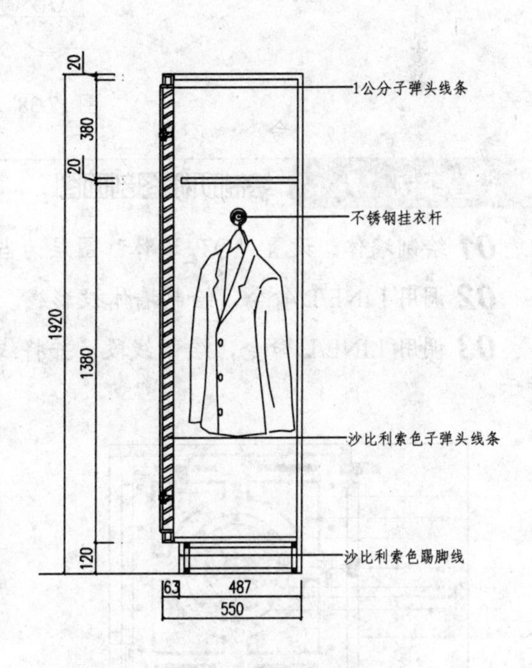

图 17-36 材料标注

17.3 绘制顶棚图剖面图

如图 17-37 和图 17-38 所示为顶棚图和剖面图，下面讲解绘制方法。

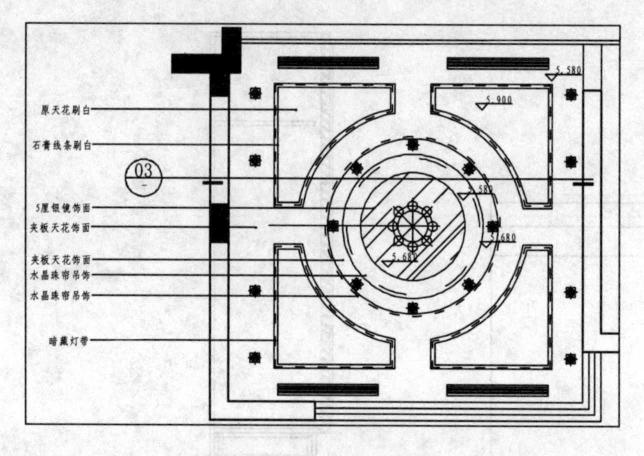

图 17-37　插入剖切索引符号

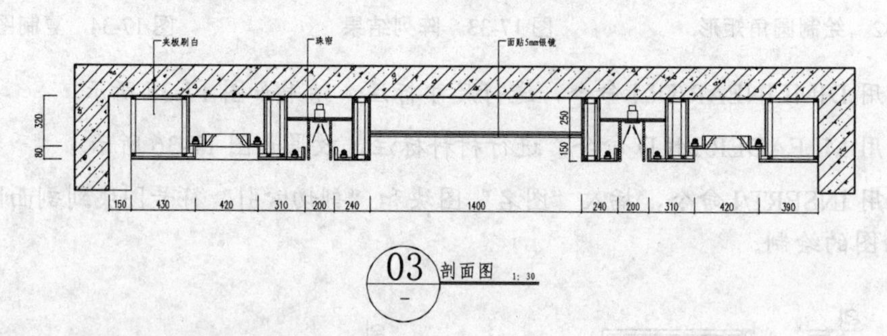

图 17-38　剖面图

课堂举例 17-4：绘制顶棚图剖面图

视频\第 17 章\课堂举例 17-4.mp4

01 绘制墙体。设置“QT_墙体”图层为当前图层。

02 调用 LINE/L 命令，绘制墙体投影线，如图 17-39 所示。

03 调用 LINE/L 命令，绘制线段，并将线段向上偏移 240、向下偏移 600，如图 17-40 所示。

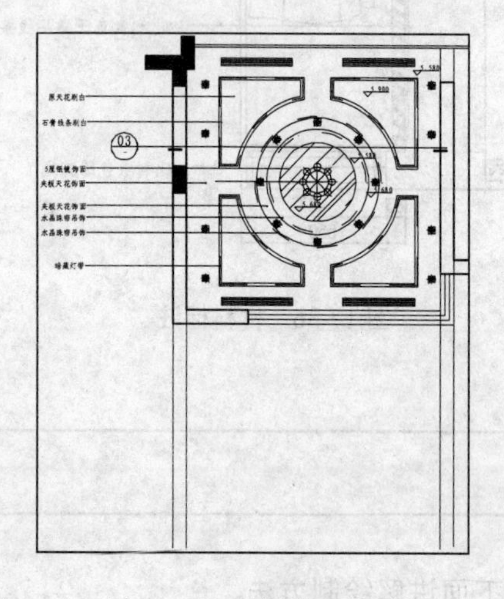

图 17-39　绘制墙体投影线

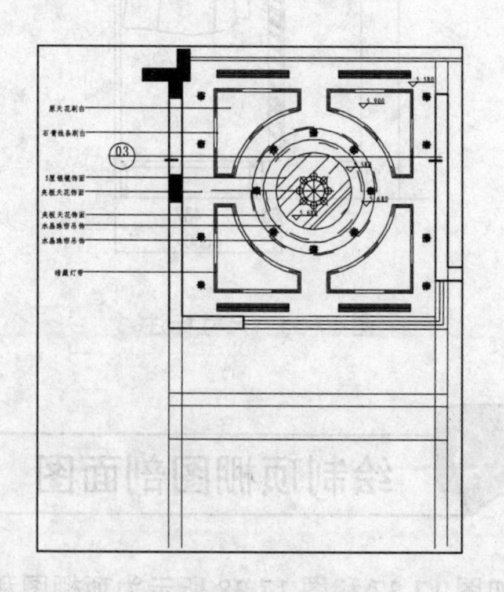

图 17-40　偏移线段

04 调用 TRIM/TR 命令，对线段进行修剪，效果如图 17-41 所示。

05 填充墙体。调用 HATCH/H 命令，对墙体填充 ANSI31 图案和 AR-CONC 图案，表示钢筋混凝土，效果如图 17-42 所示。

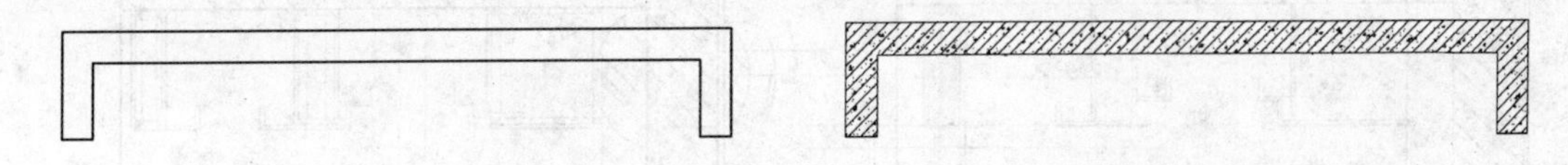

图 17-41　修剪线段　　　　图 17-42　填充墙体

06 绘制基本轮廓。调用 LINE/L 命令，根据剖切的位置绘制剖切面的投影线，如图 17-43 所示。

07 调用 LINE/L 命令，在投影线下方位置绘制一条水平线段，如图 17-44 所示。

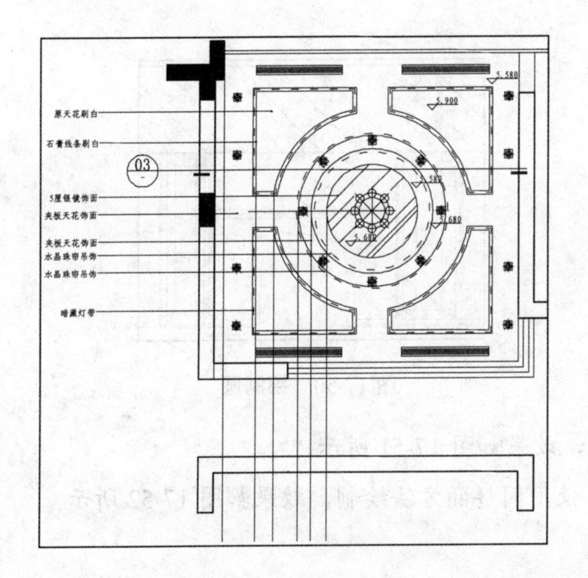

图 17-43　绘制投影线

图 17-44　绘制线段

08 调用 OFFSET/O 命令，依次向上偏移水平线段 200，如图 17-45 所示。

09 调用 TRIM/TR 命令，得到吊顶面层轮廓如图 17-46 所示。

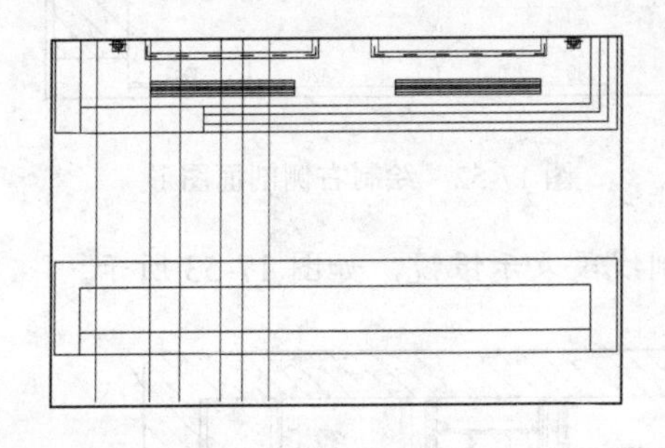

图 17-45　偏移线段

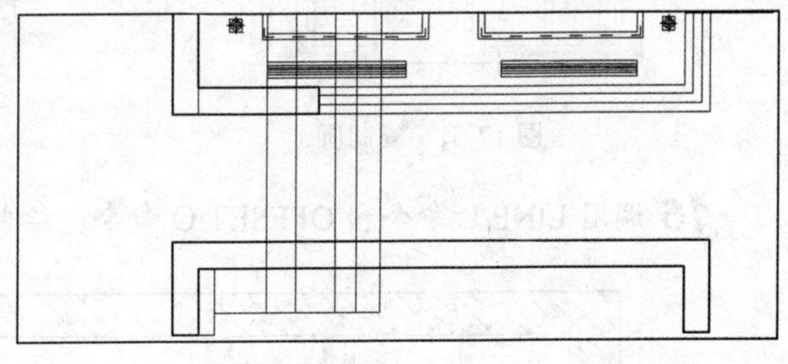

图 17-46　修剪线段

10 绘制面板。调用 LINE/L 命令、OFFSET/O 命令、TRIM/TR 命令，绘制石膏板，然后删除投影线，如图 17-47 所示。

11 调用 RECTANG/REC 命令、LINE/L 命令和 COPY/CO 命令，绘制木方，如图 17-48 所示。

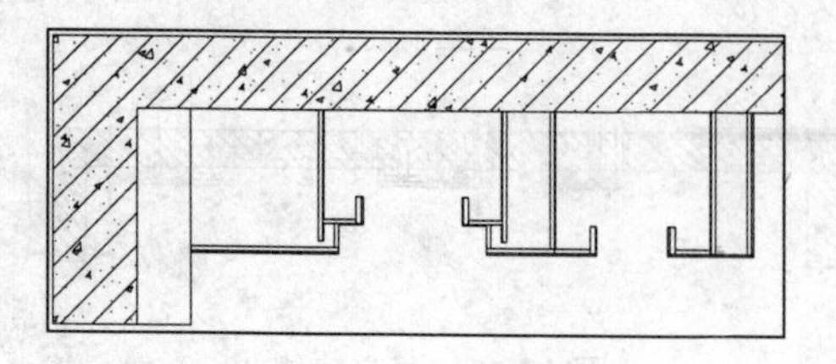

图 17-47　绘制石膏板

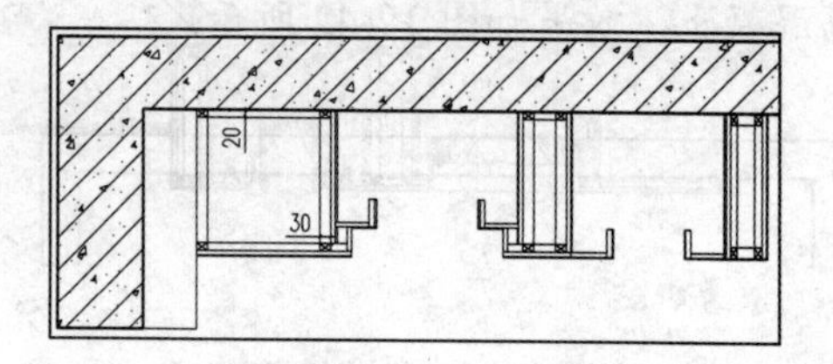

图 17-48　绘制木方

12 调用 LINE/L 命令和 OFFSET/O 命令，绘制如图 17-49 所示造型。

13 绘制珠帘。调用 CIRCLE/C 命令，绘制半径为 8 的圆，并移动到相应的位置如图 17-50 所示。

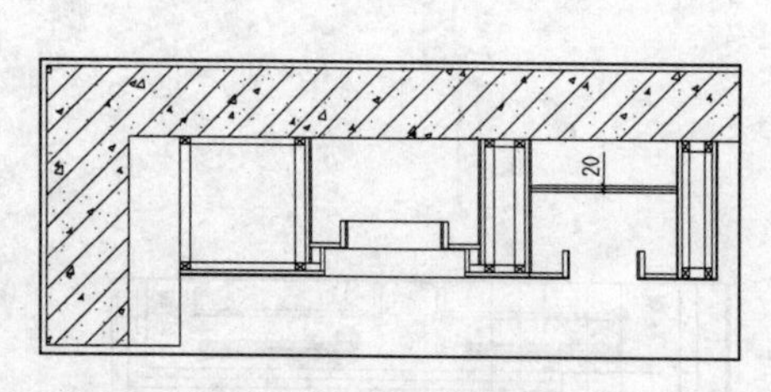

图 17-49　绘制线段

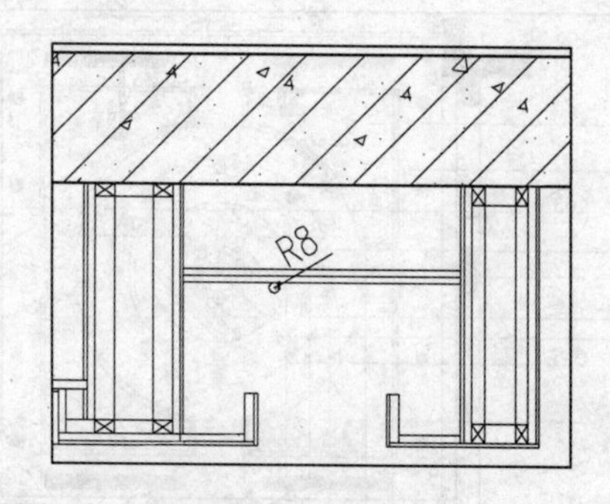

图 17-50　绘制圆

14 调用 COPY/CO 命令，对圆进行复制，效果如图 17-51 所示。

15 右侧剖面图形与左侧图形基本一致，使用同样的方法绘制，效果如图 17-52 所示。

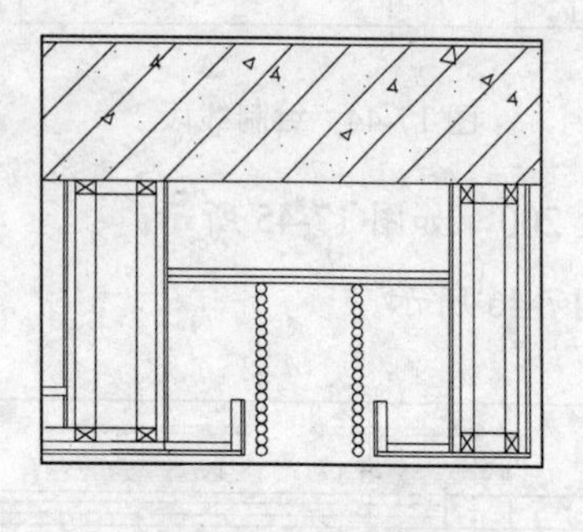

图 17-51　复制圆

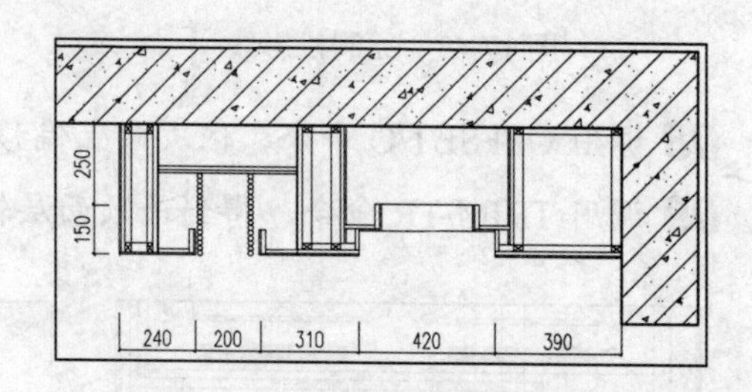

图 17-52　绘制右侧剖面图形

16 调用 LINE/L 命令和 OFFSET/O 命令，绘制线段表示银镜，如图 17-53 所示。

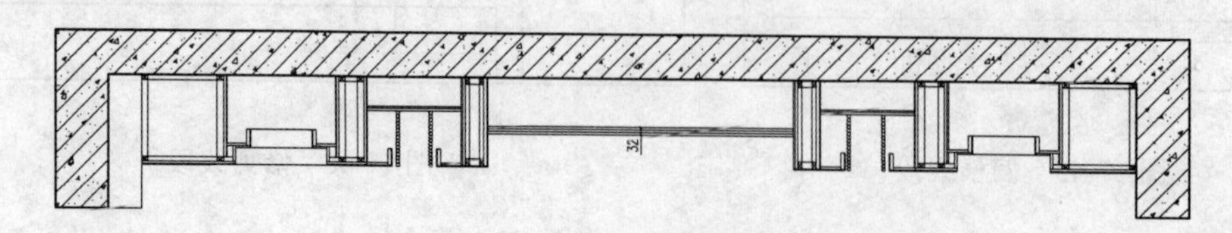

图 17-53　绘制银镜

17 从图块中插入角线截面、灯管和射灯等图块到剖面图中，效果如图 17-54 所示。

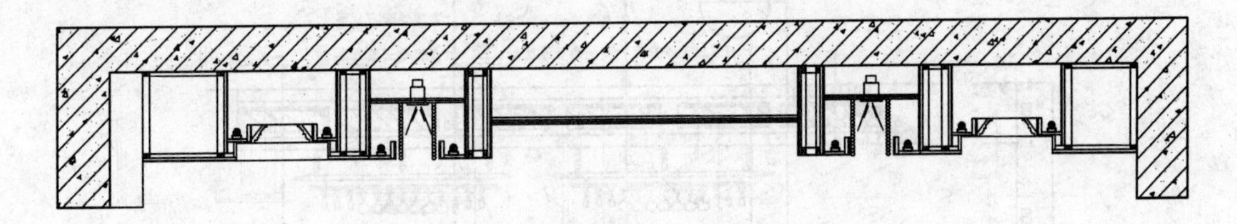

图 17-54 插入图块

18 设置“BZ_标注”图层为当期图层，调用 DIMLINEAR/DLI 命令进行尺寸标注，结果如图 17-55 所示。

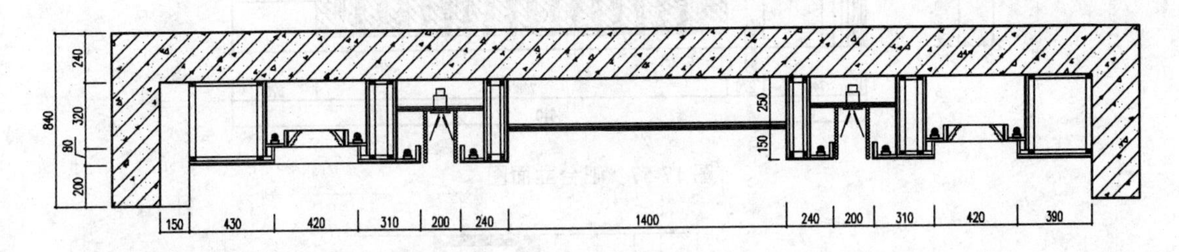

图 17-55 尺寸标注

19 调用 MLEADER/MLD 命令，对剖面进行文字标注，效果如图 17-56 所示。

20 调用 INSERT/I 命令，插入“图名”图块和“剖切索引”图块到剖面图的下方，完成03剖面图的绘制。

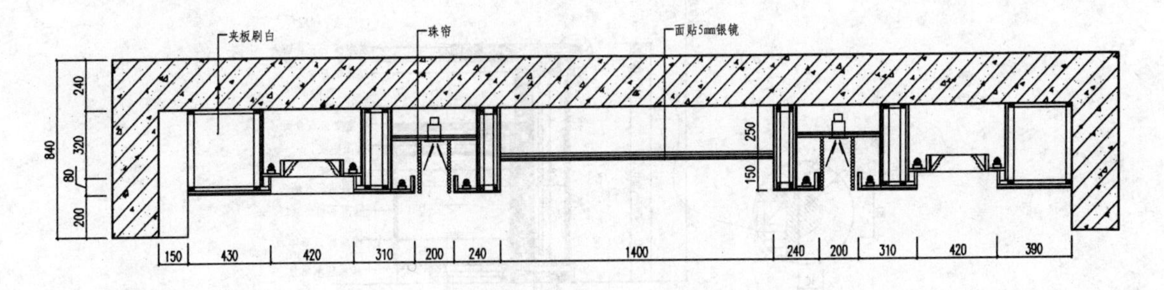

图 17-56 文字标注

17.4 绘制舞厅吧台剖面图和大样图

图 17-57 所示为吧台立面图。图 17-58 所示为吧台剖面图和大样图，下面讲解吧台剖面图和大样图的绘制方法。

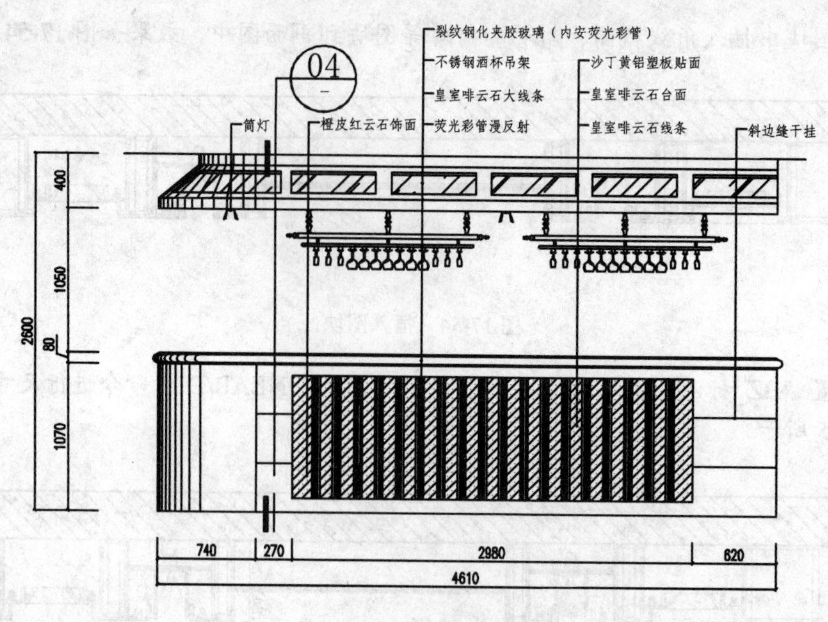

图 17-57　吧台立面图

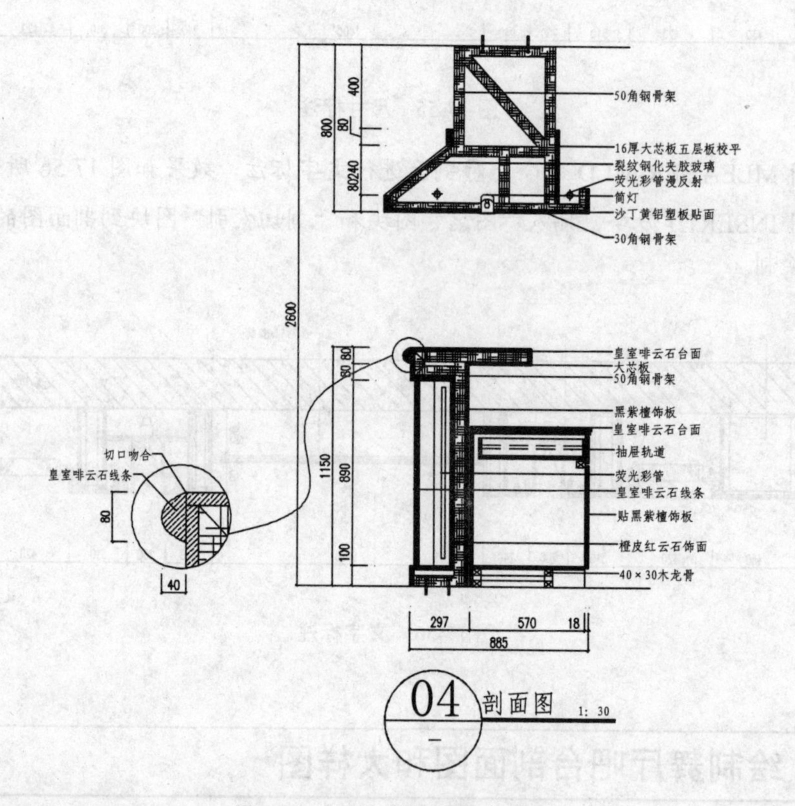

图 17-58　吧台剖面图和大样图

课堂举例 17-5：绘制舞厅吧台剖面图和大样图

视频\第 17 章\课堂举例 17-5.mp4

01 绘制剖面图。绘制吧台上方剖面。调用 PLINE/PL 命令、RECTANG/REC 命令、MOVE/M 命令和 TRIM/TR 命令，绘制剖面轮廓，如图 17-59 所示。

02 调用 HATCH/H 命令，对剖面填充 HOUND 图案和 CORK 图案，效果如图 17-60 所示。

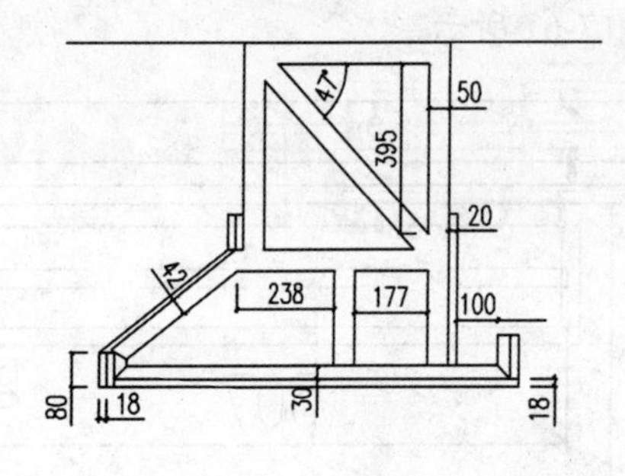

图 17-59 绘制基本轮廓

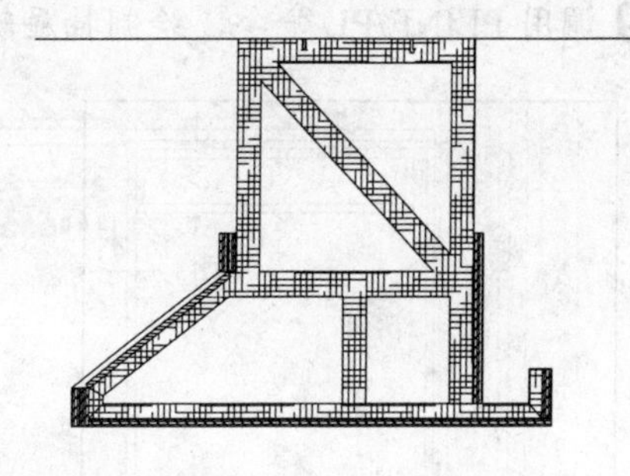

图 17-60 填充图案

03 绘制吧台。调用 PLINE/PL 命令、OFFSET/O 命令、RECTANG/REC 命令和 TRIM/TR 命令，绘制吧台基本结构，如图 17-61 所示。

04 调用 LINE/L 命令，绘制如图 17-62 所示线段。

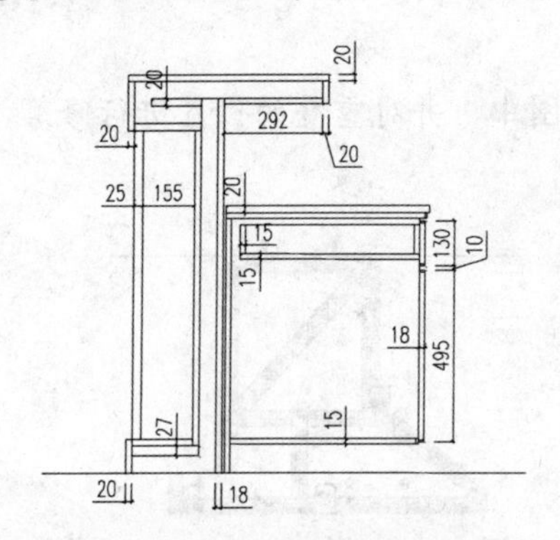

图 17-61 绘制吧台基本结构

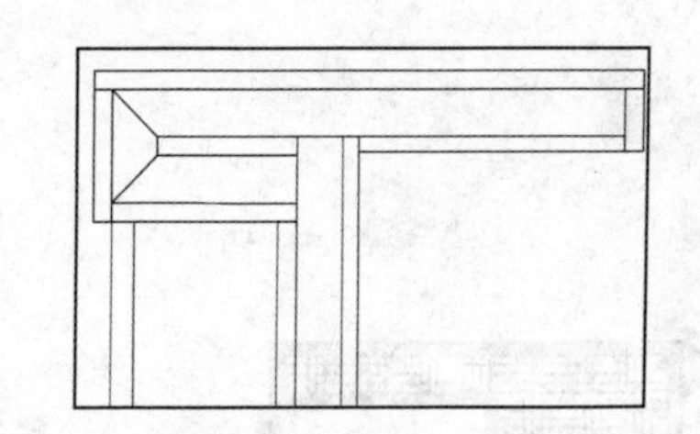

图 17-62 绘制线段

05 调用 FILLET/F 命令，对台面进行圆角，效果如图 17-63 所示。

06 调用 CIRCL/C 命令、LINE/L 命令、TRIM/TR 命令和 ARC/A 命令，绘制如图 17-64 所示造型。

07 调用 LINE/L 命令和 RECTANG/REC 命令，绘制彩管，如图 17-65 所示。

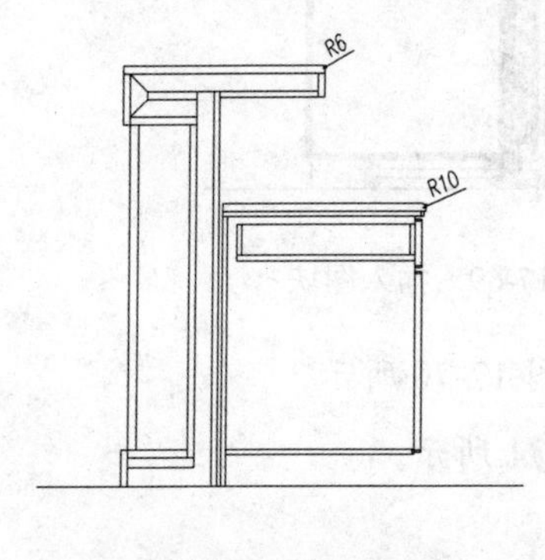

图 17-63 圆角

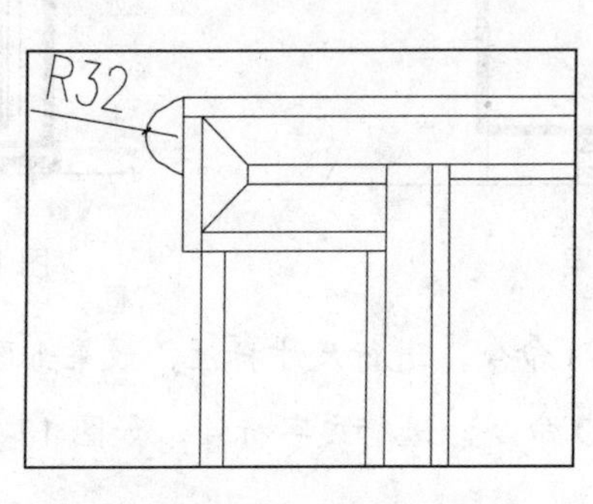

图 17-64 绘制剖面造型

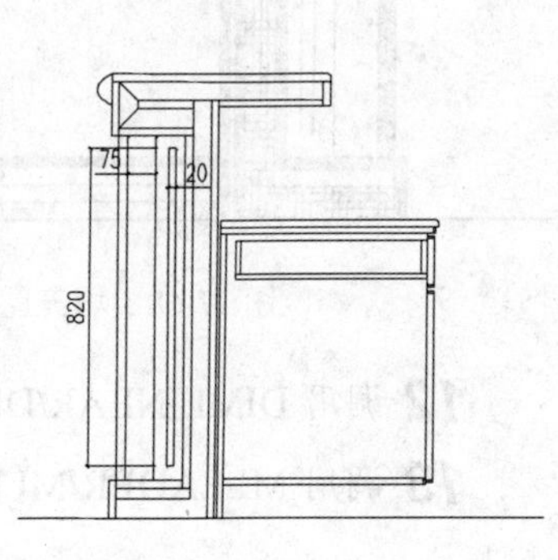

图 17-65 绘制彩管

08 调用 RECTANG/REC 命令、LINE/L 命令和 COPY/CO 命令，绘制木龙骨，如图 17-66 所示。

09 调用 PLINE/PL 命令，绘制抽屉轨道，如图 17-67 所示。

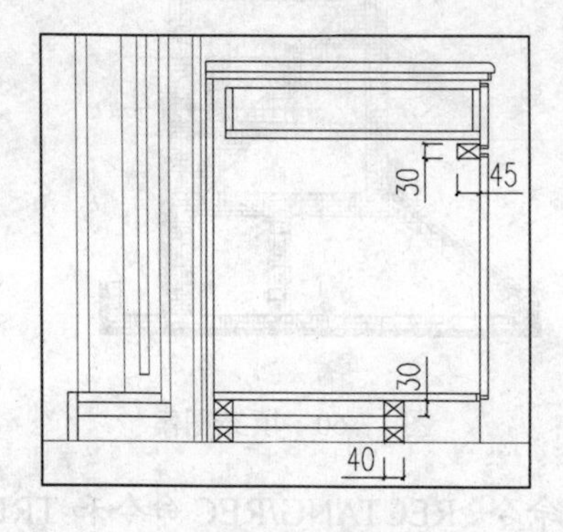

图 17-66　绘制木龙骨

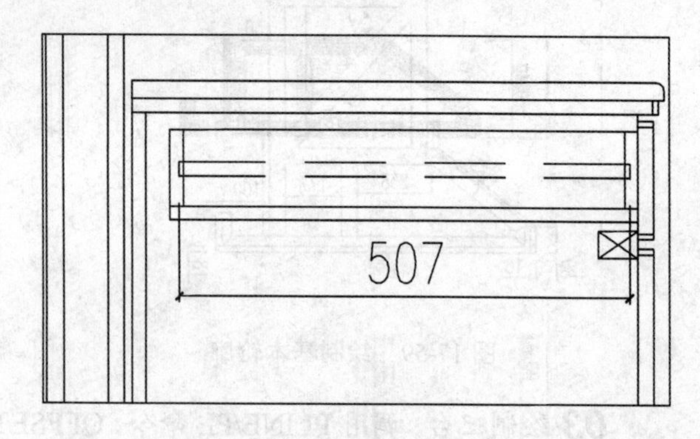

图 17-67　绘制抽屉轨道

10 调用 HATCH/H 命令，对吧台剖面填充 ANSI33 图案、HOUND 图案和 CORK 图案，效果如图 17-68 所示。

11 从图库中插入彩管、螺丝和筒灯图块到剖面图中，并对重叠的位置进行修剪，效果如图 17-69 所示。

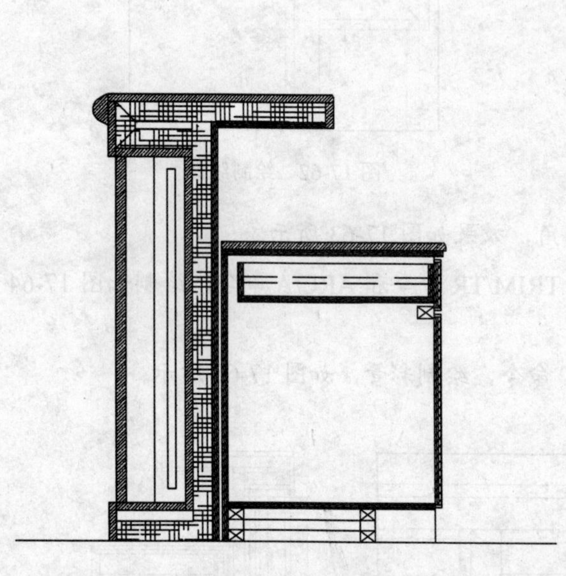

图 17-68　填充图案

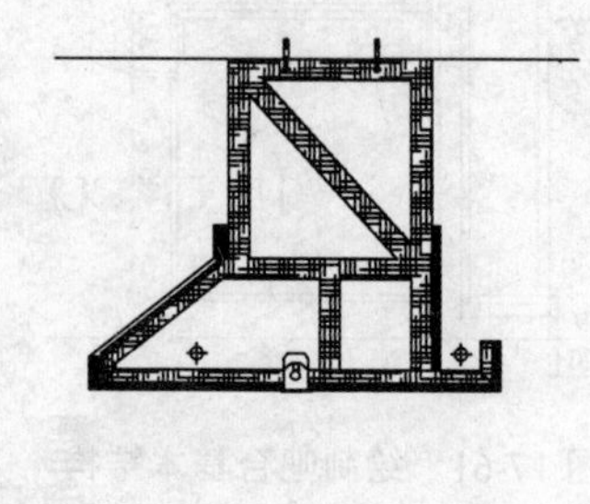

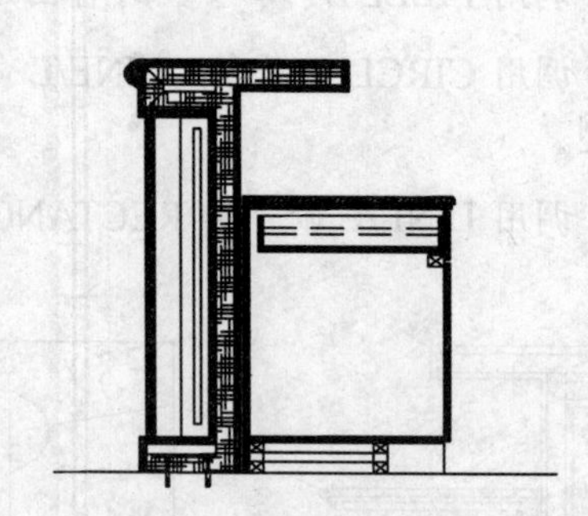

图 17-69　插入图块

12 调用 DIMLINEAR/DLI 命令，进行尺寸标注，效果如图 17-70 所示。

13 调用 MLEADER/MLD 命令，进行文字标注，如图 17-71 所示。

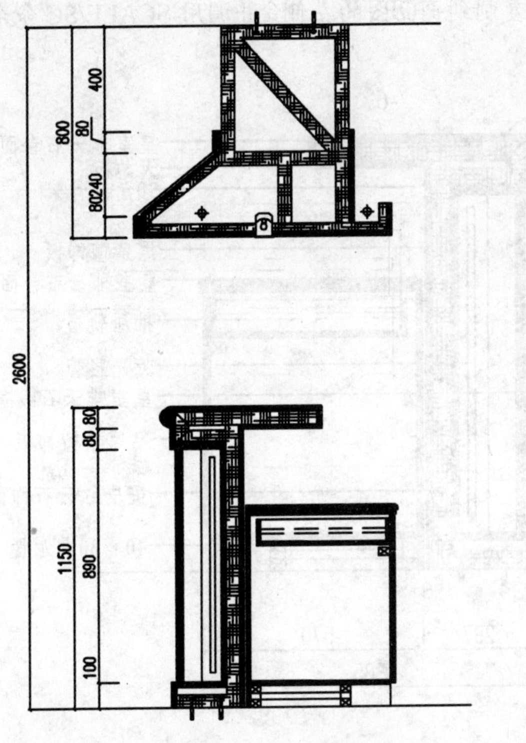

图 17-70 尺寸标注

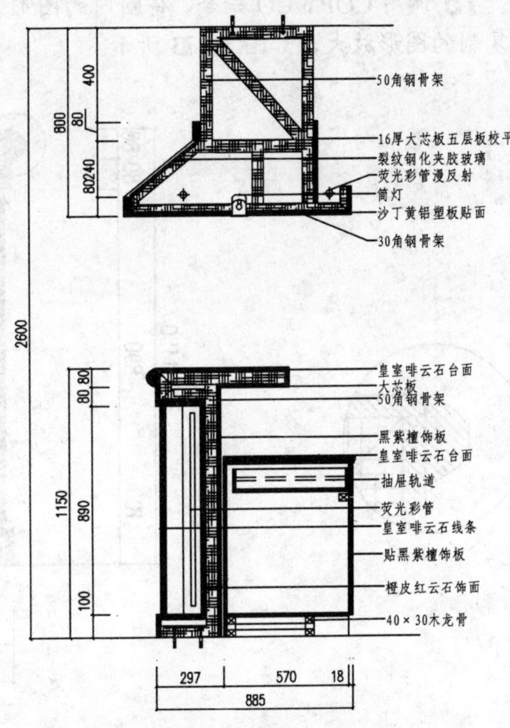

图 17-71 文字标注

14 绘制大样图。调用 CIRCLE/C 命令，在剖面图中需要放大的位置绘制圆，表示放大的区域，如图 17-72 所示。

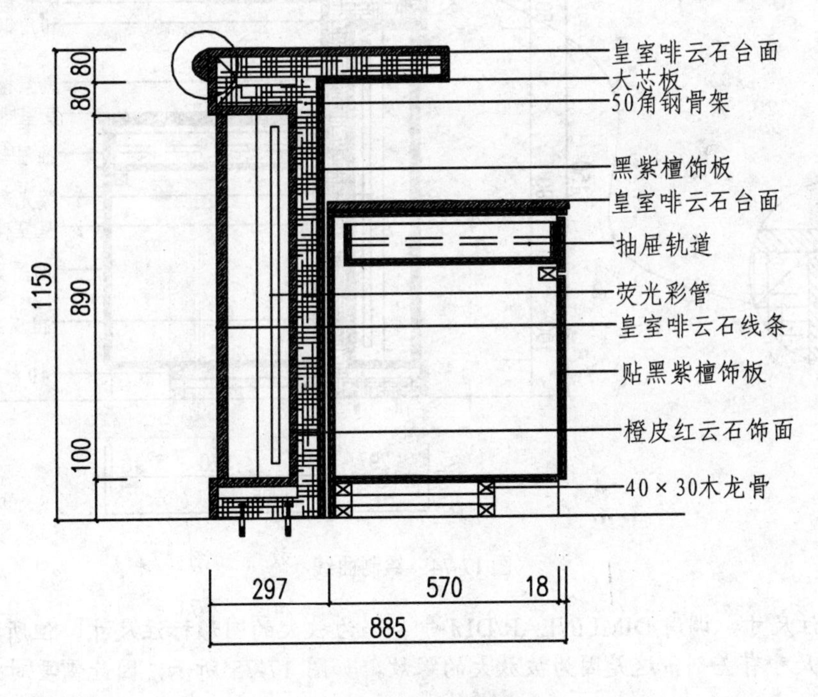

图 17-72 绘制圆

15 调用 COPY/CO 命令，将圆内的图形复制到剖面图的左侧，并调用 SCALE/SC 命令，将复制的图形放大，如图 17-73 所示。

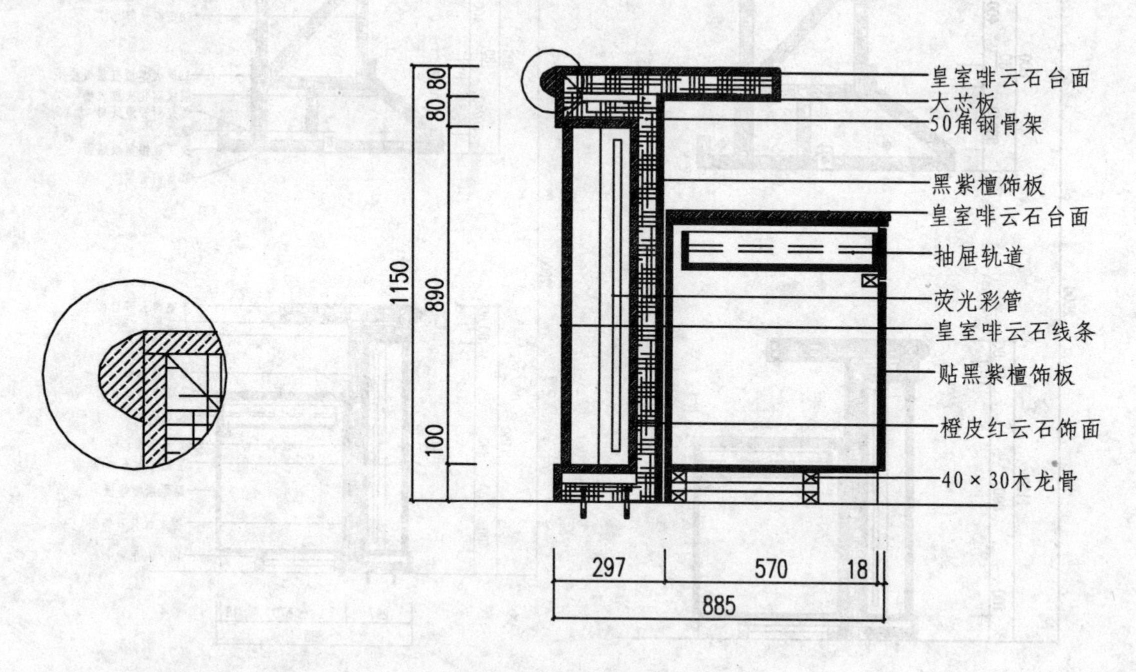

图 17-73　放大图形

16 调用 SPLINE/SPL 命令，绘制曲线连接两个圆，如图 17-74 所示。

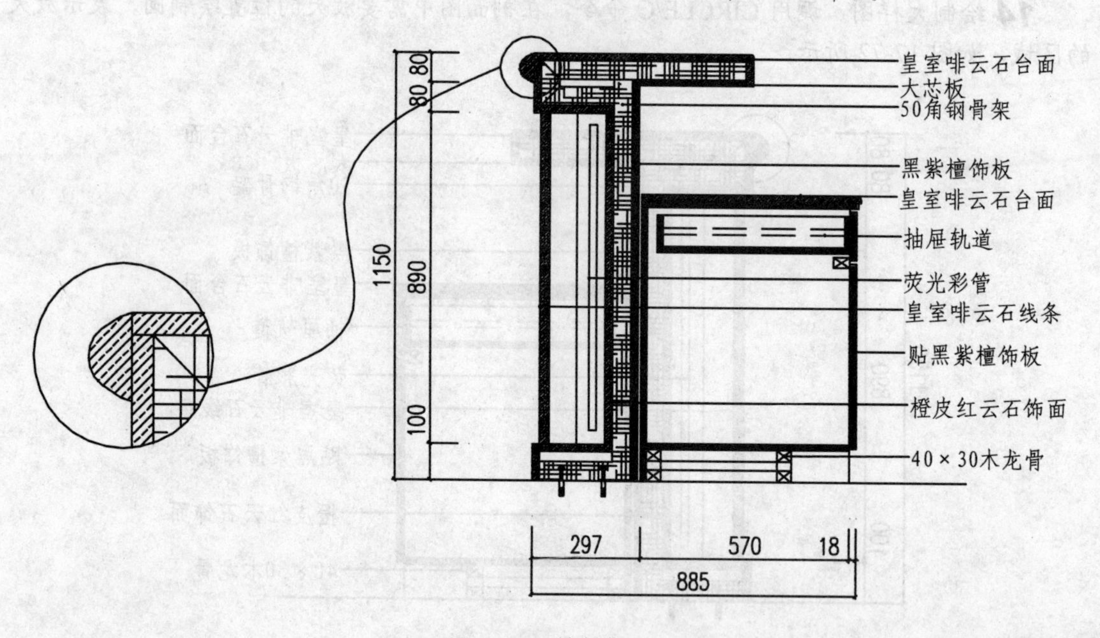

图 17-74　绘制曲线

17 标注尺寸。调用 DIMLINEAR/DLI 命令，为放大的图形标注尺寸，但所需标注的尺寸会与实际尺寸有差别，这是因为被放大的缘故，如图 17-75 所示，因此需要对尺寸文字进行修改。

18 调用 DDEDIT/ED 命令，单击尺寸文字，对其进行修改，结果如图 17-76 所示。

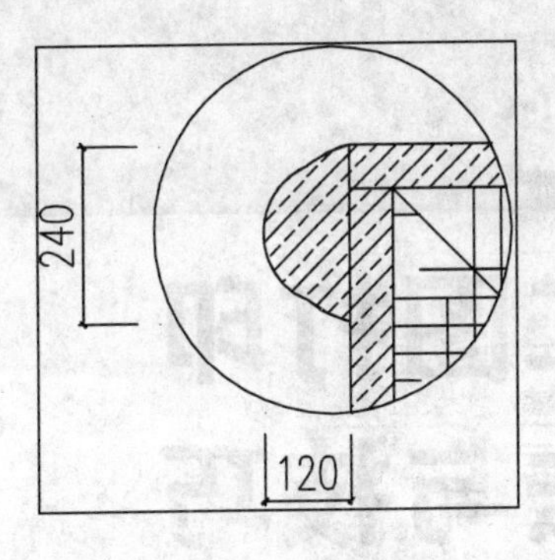

图 17-75 标注尺寸

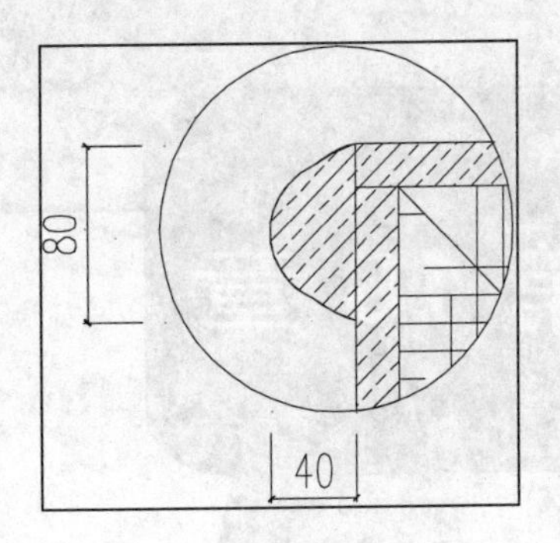

图 17-76 修改尺寸

19 绘制材料说明。调用 MLEADER/MLD 命令，标注文字说明，结果如图 17-77 所示。

20 调用 INSERT/I 命令，插入“图名”图块和“剖切索引”图块到剖面图的下方，完成04剖面图和大样图的绘制。

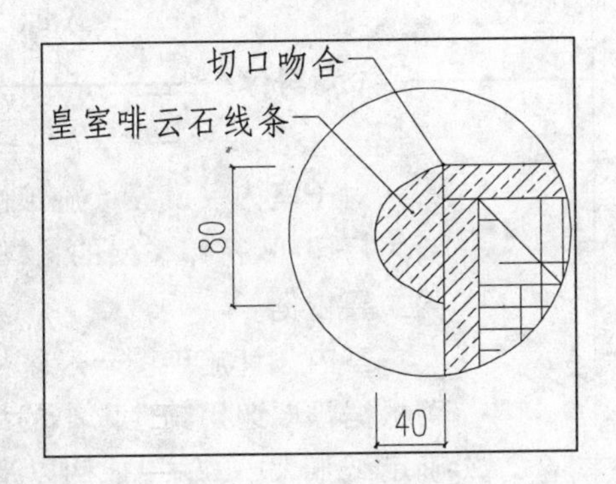

图 17-77 标注文字

第 18 章 施工图打印方法与技巧

本章导读

对于室内装潢设计施工图而言，其输出对象主要为打印机，打印输出的图样将成为施工人员施工的主要依据。

室内设计施工图一般采用 A3 纸进行打印，也可根据需要选用其他大小的纸张。在打印时，需要确定纸张大小、输出比例以及打印线宽、颜色等相关内容。对于图形的打印线宽、颜色等属性，均可通过打印样式进行控制。

在最终打印输出之前，需要对图形进行认真检查、核对，在确定正确无误之后方可进行打印。

本章重点

★ 模型空间打印

★ 图纸空间打印

18.1 模型空间打印

打印有模型空间打印和图纸空间打印两种方式。模型空间打印指的是在模型窗口进行相关设置并进行打印；图纸空间打印是指在布局窗口中进行相关设置并进行打印。

当打开或新建 AutoCAD 文档时，系统默认显示的是模型窗口。但如果当前工作区已经以布局窗口显示，可以单击状态栏“模型”标签（AutoCAD“二维草图与注释”工作空间），或绘图窗口左下角“模型”标签（“AutoCAD 经典”工作空间），从布局窗口切换到模型窗口。

本节以两居室平面布置图为例，介绍模型空间的打印方法。

18.1.1 调用图签

课堂举例 18-1：单比例打印调用图签

视频\第 18 章\课堂举例 18-1.mp4

01 打开本书第 9 章绘制的“平面布置图.dwg”文件。

02 施工图在打印输出时，需要为其加上图签。图签在创建样板时就已经绘制好，并创建为图块，这里直接调用即可。调用 INSERT/I 命令，插入“A3 图签”图块到当前图形，如图 18-1 所示。

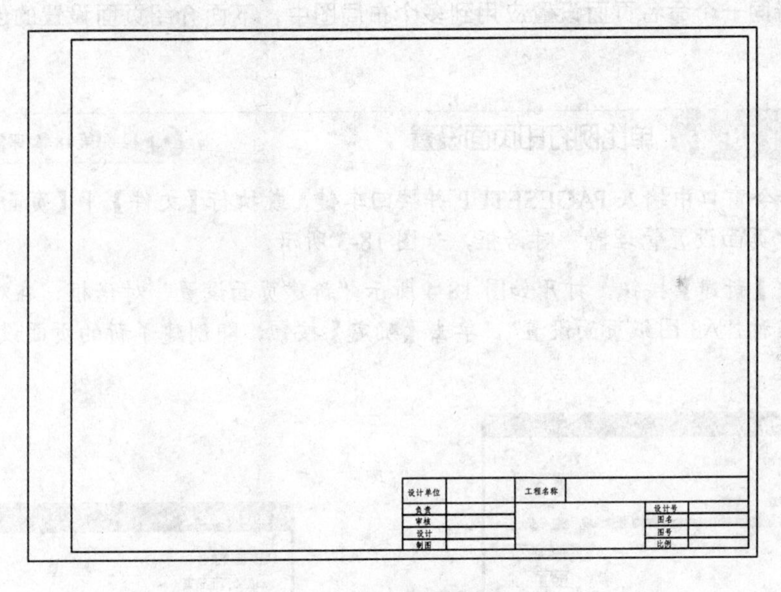

图 18-1 插入的图签

03 由于样板中的图签是按 1:1 的比例绘制的，即图签图幅大小为 420 × 297（A3 图纸），而平面布置图的绘图比例同样是 1:1，其图形尺寸约为 16000 × 9000。为了使图形能够打印在图签之内，需要将图签放大，或者将图形缩小，缩放比例为 1∶75（与该图的尺寸标注比例相同）。为了保持图形的实际尺寸不变，这里将图签放大，放大比例为 75 倍。

04 调用 SCALE/SC 命令将图签放大 75 倍。

05 图签放大之后，便可将图形置于图签之内。调用 MOVE/M 命令，移动图签至平面布置图上方，如图 18-2 所示。

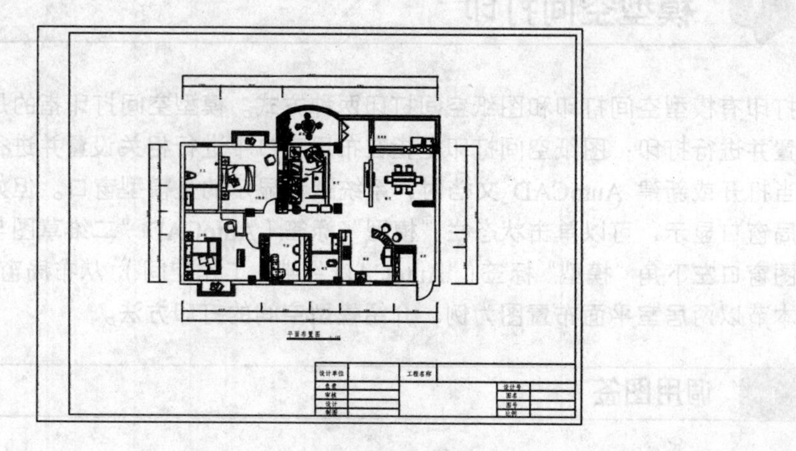

图 18-2　加入图签后的效果

18.1.2　页面设置

页面设置是出图准备过程中的最后一个步骤。页面设置是包括打印设备、纸张、打印区域、打印样式、打印方向等影响最终打印外观和格式的所有设置的集合。页面设置可以命名保存，可以将同一个命名页面设置应用到多个布局图中，下面介绍页面设置的创建和设置方法。

课堂举例 18-2：单比例打印页面设置

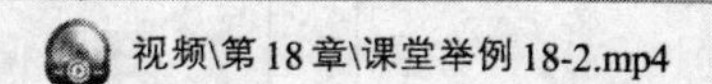

视频\第 18 章\课堂举例 18-2.mp4

01 在命令窗口中输入 PAGESETUP 并按回车键，或执行【文件】|【页面设置管理器】命令，打开“页面设置管理器”对话框，如图 18-3 所示。

02 单击【新建】按钮，打开如图 18-4 所示“新建页面设置”对话框，在对话框中输入新页面设置名称“A3 图纸页面设置”，单击【确定】按钮，即创建了新的页面设置“A3 图纸页面设置”。

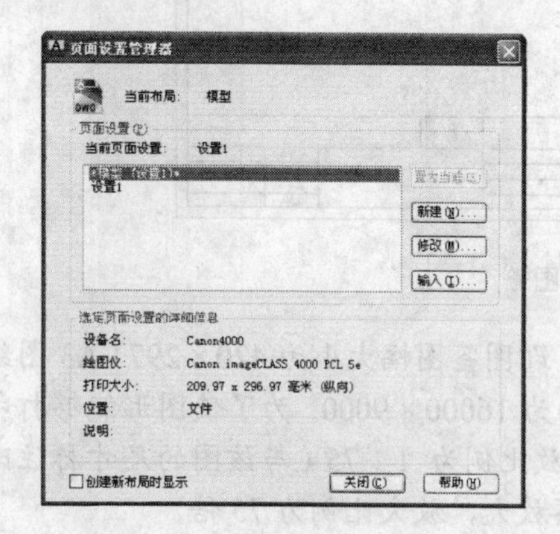

图 18-3　“页面设置管理器”对话框

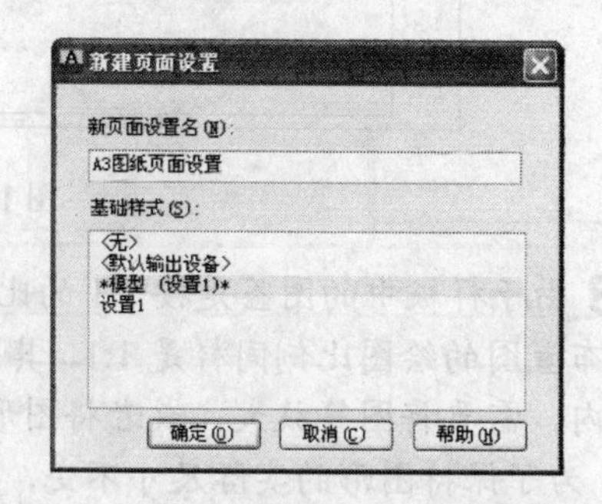

图 18-4　“新建页面设置”对话框

03 系统弹出“页面设置”对话框，如图 18-5 所示。在“页面设置”对话框“打印机/绘图仪”选项组中选择用于打印当前图纸的打印机。在“图纸尺寸”选项组中选择 A3 类图纸。

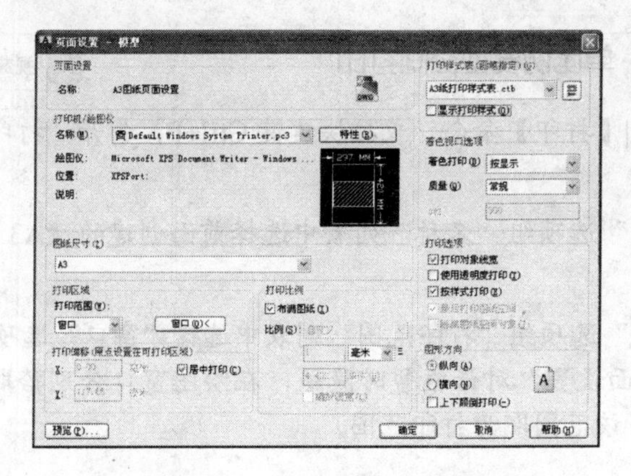

图 18-5 “页面设置”对话框

04 在“打印样式表”列表中选择样板中已设置好的打印样式“A3 纸打印样式表”，如图 18-6 所示。在随后弹出的“问题”对话框中单击【是】按钮，将指定的打印样式指定给所有布局。

05 勾选“打印选项”选项组“按样式打印”复选框，如图 18-5 所示，使打印样式生效，否则图形将按其自身的特性进行打印。

06 勾选“打印比例”选项组“布满图纸”复选框，图形将根据图纸尺寸缩放打印图形，使打印图形布满图纸。

07 在“图形方向”栏设置图形打印方向为横向。

08 设置完成后单击【预览】按钮，检查打印效果。

09 单击【确定】按钮返回“页面设置管理器”对话框，在页面设置列表中可以看到刚才新建的页面设置“A3 图纸页面设置”，选择该页面设置，单击【置为当前】按钮，如图 18-7 所示。

10 单击【关闭】按钮关闭对话框。

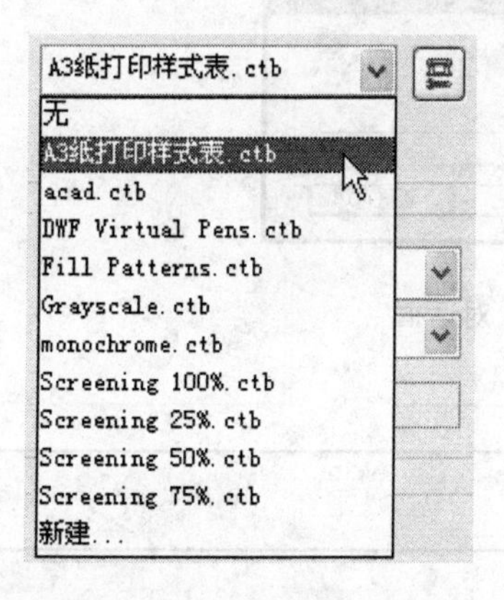

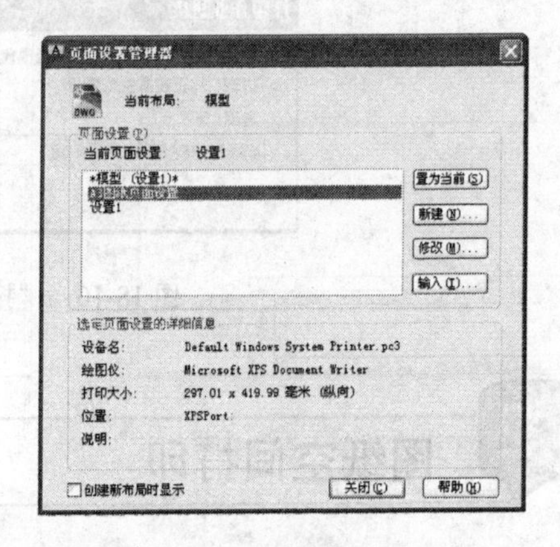

图 18-6 选择打印样式

图 18-7 指定当前页面设置

18.1.3 打印

课堂举例 18-3：单比例模型空间打印

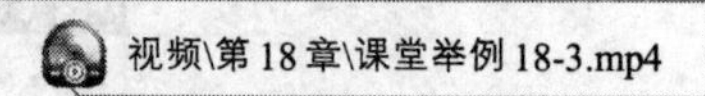

01 执行【文件】|【打印】命令，或按快捷键 Ctrl+P，打开“打印”对话框，如图 18-8 所示。

02 在“页面设置”选项组“名称”列表中选择前面创建的“A3 图纸页面设置”，如图 18-8 所示。

03 在“打印区域”选项组“打印范围”列表中选择“窗口”选项，如图 18-9 所示。单击【窗口】按钮，“页面设置”对话框暂时隐藏，在绘图窗口分别拾取图签图幅的两个对角点确定一个矩形范围，该范围即为打印范围。

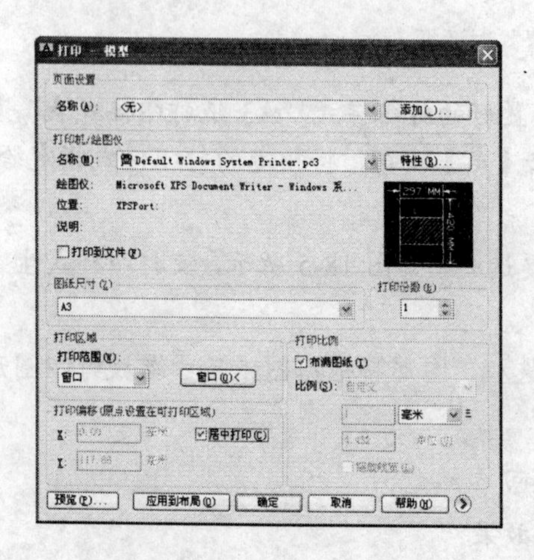

图 18-8 “打印”对话框

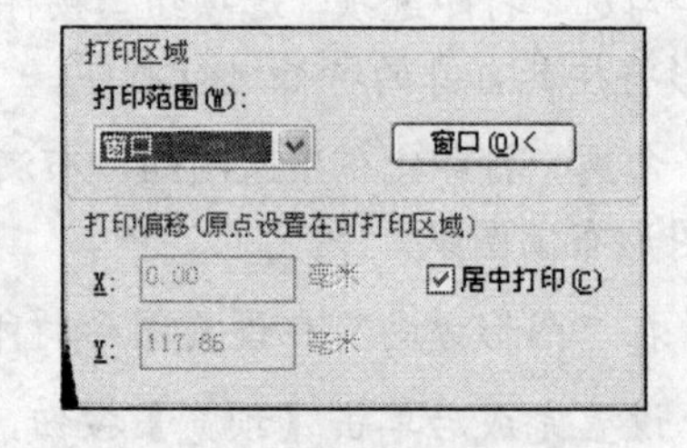

图 18-9 设置打印范围

04 完成设置后，确认打印机与计算机已正确连接，单击【确定】按钮开始打印。打印进度显示在打开的“打印作业进度”对话框中，如图 18-10 所示。

图 18-10 “打印作业进度”对话框

18.2 图纸空间打印

模型空间打印方式只适用于单比例图形打印，当需要在一张图纸中打印输出不同比例的

图形时，可使用图纸空间打印方式。本节以剖面图及大样图为例，介绍图纸空间的视口布局和打印方法。

18.2.1 进入布局空间

课堂举例 18-4：进入布局空间

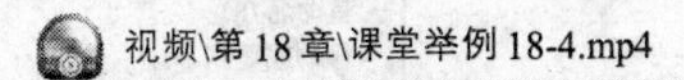
视频\第 18 章\课堂举例 18-4.mp4

01 按 Ctrl+O 键，打开本书第 15 章绘制的“绘制室内常见剖面图和详图.dwg”文件，删除其他图形只留下吧台剖面图及大样图和衣柜剖面图。

02 要在图纸空间打印图形，必须在布局中对图形进行设置。在“AutoCAD 经典”工作空间下，单击绘图窗口左下角的“布局 1”或“布局 2”选项卡即可进入图纸空间。在任意“布局”选项卡上单击鼠标右键，从弹出的快捷菜单中选择“新建布局”命令，可以创建新的布局。

03 单击图形窗口左下角的“布局 1”选项卡进入图纸空间。当第一次进入布局时，系统会自动创建一个视口，该视口一般不符合我们的要求，可以将其删除，删除后的效果如图 18-11 所示。

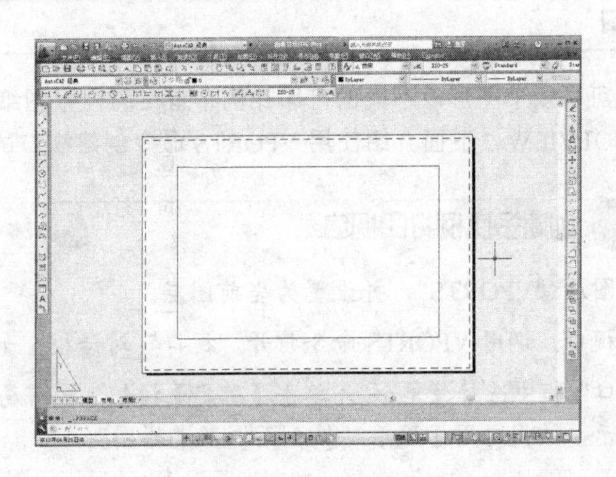

图 18-11 布局空间

18.2.2 页面设置

在图纸空间打印，需要重新进行页面设置。

课堂举例 18-5：多比例打印页面设置

视频\第 18 章\课堂举例 18-5.mp4

01 在“布局 1”选项卡上单击鼠标右键，从弹出的快捷菜单中选择【页面设置管理器】命令，如图 18-12 所示。在弹出的“页面设置管理器”对话框中单击【新建】按钮创建“A3 图纸页面设置-图纸空间”新页面设置。

02 进入“页面设置”对话框后，在“打印范围”列表中选择“布局”，在“比例”列表中选择“1：1”，其他参数设置如图 18-13 所示。

03 设置完成后单击【确定】按钮关闭“页面设置”对话框，在“页面设置管理器”对话框中选择新建的“A3 图纸页面设置-图纸空间”页面设置，单击【置为当前】按钮，将该页面设置应用到当前布局。

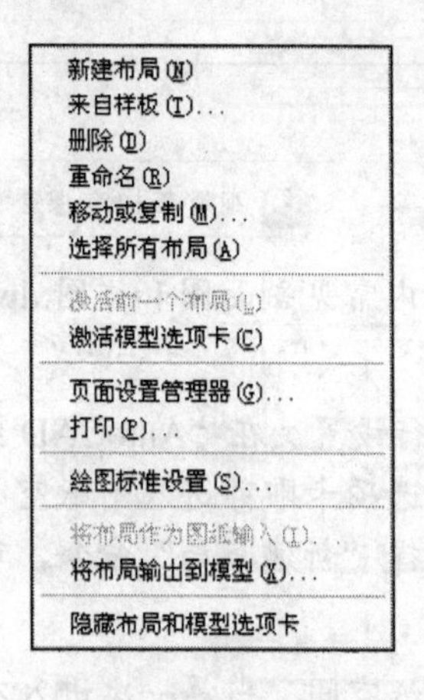

图 18-12　弹出菜单

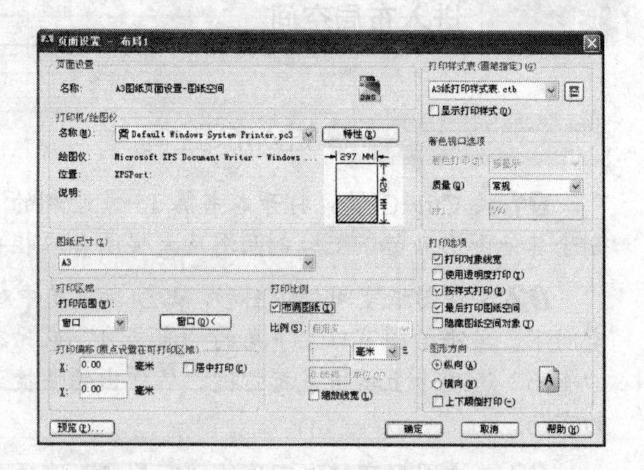

图 18-13　“页面设置”对话框

18.2.3 创建视口

通过创建视口，可将多个图形以不同的打印比例布置在同一张图纸空间中。创建视口的命令有 VPORTS 和 SOLVIEW，下面介绍使用 VPORTS 命令创建视口的方法。

课堂举例 18-6：创建多比例打印视口

视频\第 18 章\课堂举例 18-6.mp4

01 创建一个新图层“VPORTS”，并设置为当前图层。

02 创建第一个视口。调用 VPORTS 命令打开“视口”对话框，如图 18-14 所示。

03 在“标准视口”框中选择“单个”，单击【确定】按钮，在布局内拖动鼠标创建一个视口，如图 18-15 所示，该视口用于显示“④剖面图及大样图”。

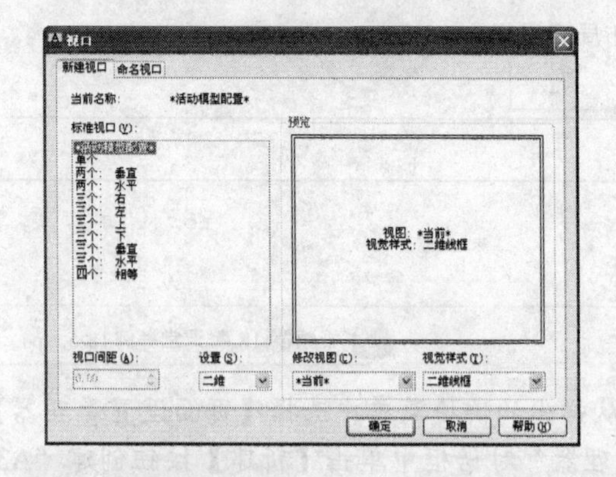

图 18-14　“视口”对话框

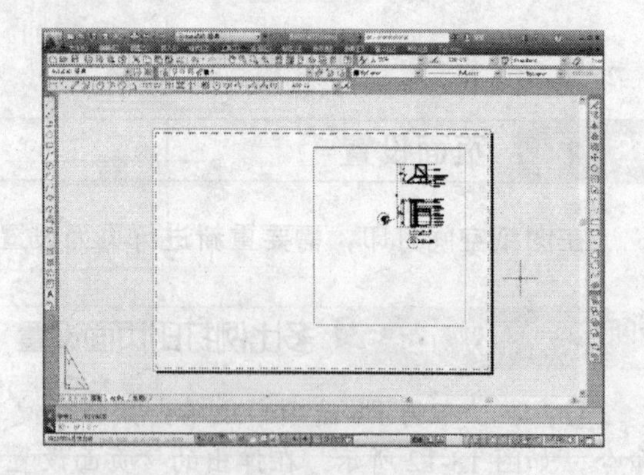

图 18-15　创建视口

04 在创建的视口中双击鼠标，进入模型空间，或在命令窗口中输入 MSPACE/MS 并按回车键。处于模型空间的视口边框以粗线显示。

05 在状态栏右下角设置当前注释比例为 1∶30，如图 18-16 所示。调用 PAN 命令平移视图，使“04剖面图及大样图”在视口中显示出来。注意，视口的比例应根据图纸的尺寸适当设置，在这里设置为 1∶30 以适合 A3 图纸，如果是其他尺寸图纸，则应做相应调整。

图 18-16 设置比例

视口比例应与该视口内的图形（即在该视口内打印的图形）的尺寸标注比例相同，这样在同一张图纸内就不会有不同大小的文字或尺寸标注出现（针对不同视口）。

AutoCAD 从 2008 版开始新增了一个自动匹配的功能，即视口中的“可注释性”对象（如文字、尺寸标注等）可随视口比例的变化而变化。假如图形尺寸标注比例为 1∶50，当视口比例设置为 1∶30 时，尺寸标注比例也自动调整为 1∶30。要实现这个功能，只需要单击状态栏右下角的按钮使其亮显即可，如图 18-17 所示。启用该功能后，就可以随意设置视口比例，而无须手动修改图形标注比例（前提是图形标注为“可注释性”）。

图 18-17 开启添加比例功能

06 在视口外双击鼠标，或在命令窗口中输入 PSPACE/PS 并按回车键，返回到图纸空间。

07 选择视口，使用夹点法适当调整视口大小，使视口内只显示“04剖面图及大样图”，结果如图 18-18 所示。

08 创建第二个视口。选择第一个视口，调用 COPY/CO 命令复制出第二个视口，该视口用于显示“02剖面图””，输出比例为 1∶30，调用 PAN/P 命令平移视口（需要双击视口或使用 MSPACE/MS 命令进入模型空间），使“02剖面图”在视口中显示出来，并适当调整视口大小，结果如图 18-19 所示。

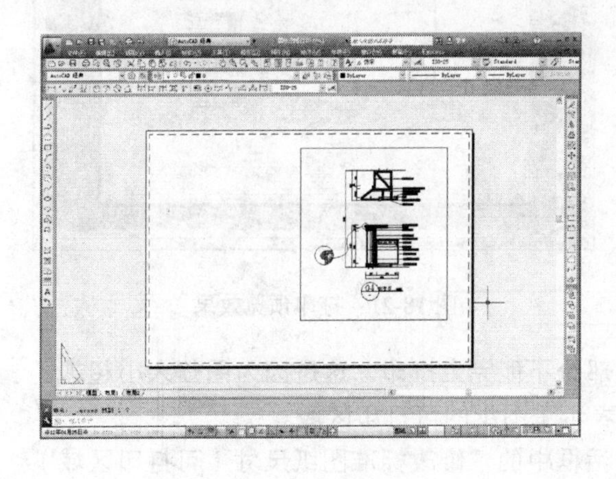

图 18-18 调整视口

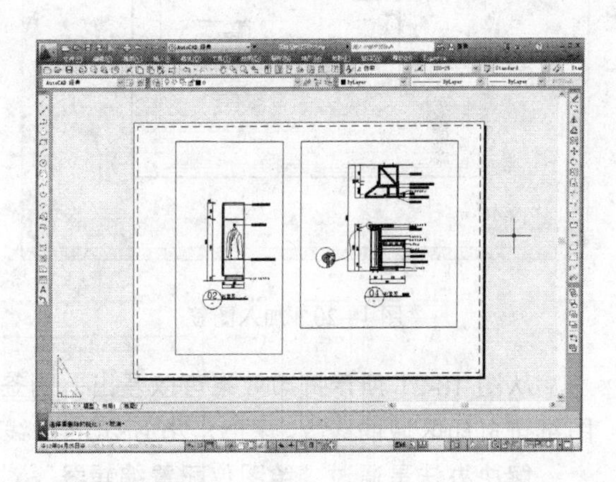

图 18-19 创建第二个视口

提示 在图纸空间中，可使用 MOVE 命令调整视口的位置。

视口创建完成。“02和04剖面图”将以 1∶30 的比例进行打印。

注意 设置好视口比例之后，在模型空间内应不宜使用 ZOOM 命令或鼠标中键改变视口显示比例。

18.2.4 加入图签

在图纸空间中，同样可以为图形加上图签，方法很简单，调用 INSERT 命令插入图签图块即可。

课堂举例 18-7：添加多比例打印图签

视频\第 18 章\课堂举例 18-7.mp4

01 调用 PSPACE/PS 命令进入图纸空间。

02 调用 INSERT/I 命令，在打开的“插入”对话框中选择图块“A3 图签”，单击【确定】按钮关闭“插入”对话框，在图形窗口中拾取一点确定图签位置，插入图签后的效果如图 18-20 所示。

提示 图签是以 A3 图纸大小绘制的，它与当前布局的图纸大小相符。

18.2.5 打印

创建好视口并加入图签后，接下来就可以开始打印了。在打印之前，执行【文件】|【打印预览】命令预览当前的打印效果，如图 18-21 所示。

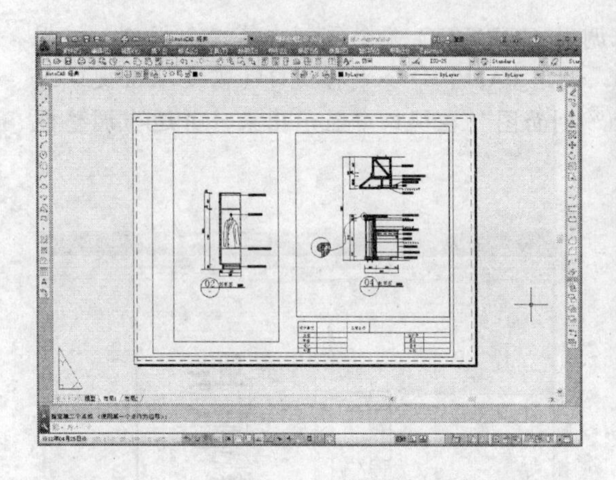

图 18-20 加入图签

图 18-21 打印预览效果

从图 18-21 所示打印效果可以看出，图签部分不能完全打印，这是因为图签大小超越了图纸可打印区域的缘故。图 18-20 所示的虚线表示了图纸的可打印区域。

解决办法是通过“绘图仪配置编辑器”对话框中的“修改标准图纸尺寸（可打印区域）”选项重新设置图纸的可打印区域。

课堂举例 18-8：多比例打印输出

视频\第 10 章\课堂举例 10-8.mp4

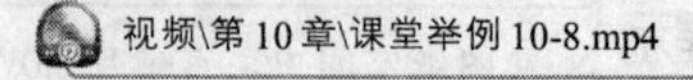

01 执行【文件】|【绘图仪管理器】命令，打开“Plotters”文件夹，如图 18-22 所示。

02 在对话框中双击当前使用的打印机名称（即在“页面设置”对话框“打印选项”选项卡中选择的打印机），打开“绘图仪配置编辑器”对话框。选择“设备和文档设置”选项卡，在上方的树型结构目录中选择“修改标准图纸尺寸（可打印区域）”选项，如图 18-23 所示光标所在位置。

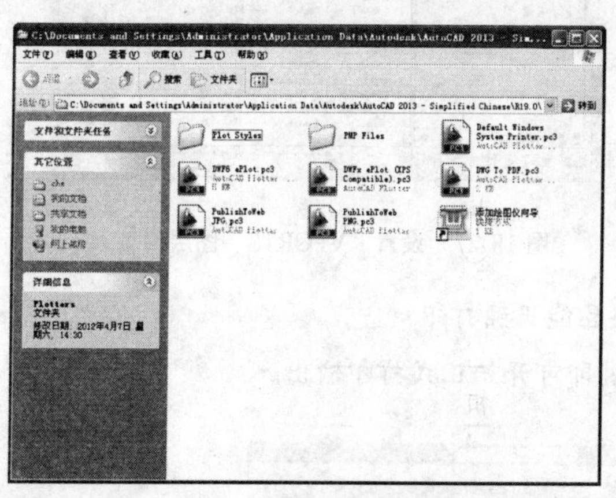

图 18-22 “Plotters”文件夹

图 18-23 绘图仪配置编辑器

03 在“修改标准图纸尺寸”栏中选择当前使用的图纸类型（即在“页面设置”对话框中的“图纸尺寸”列表中选择的图纸类型），如图 18-24 所示光标所在位置（不同打印机有不同的显示）。

04 单击【修改】按钮弹出“自定义图纸尺寸”对话框，如图 18-25 所示，将上、下、左、右页边距分别设置为 2、2、10、2（使可打印范围略大于图框即可），单击两次【下一步】按钮，再单击【完成】按钮，返回“绘图仪配置编辑器”对话框，单击【确定】按钮关闭对话框。

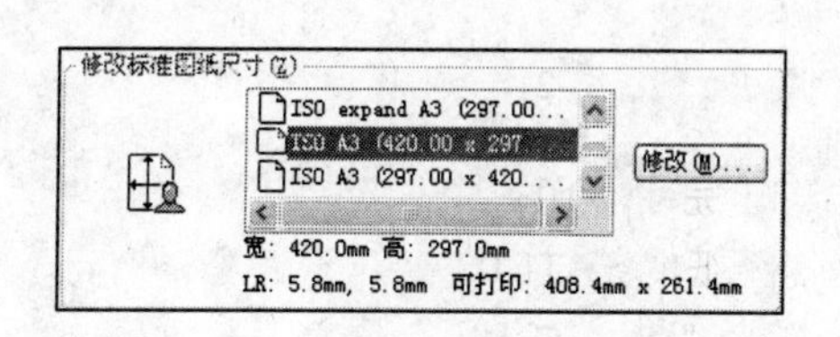

图 18-24 选择图纸类型

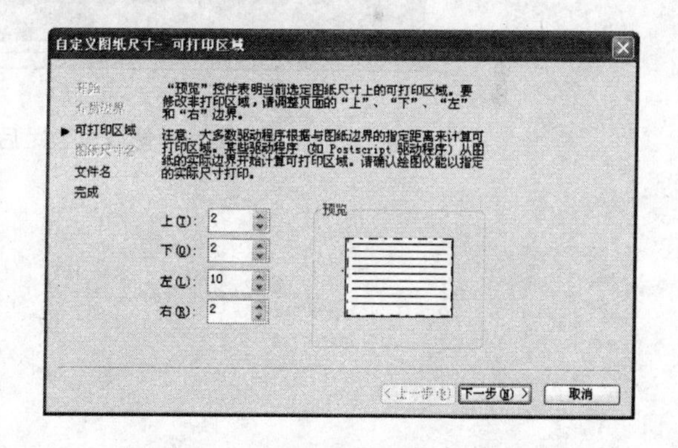

图 18-25 “自定义图纸尺寸”对话框

05 修改图纸可打印区域之后，此时布局如图 18-26 所示（虚线内表示可打印区域）。

06 调用 LAYER/LA 命令打开“图层特性管理器”对话框，将图层“VPORTS”设置为不可打印，如图 18-27 所示，这样视口边框将不会打印。

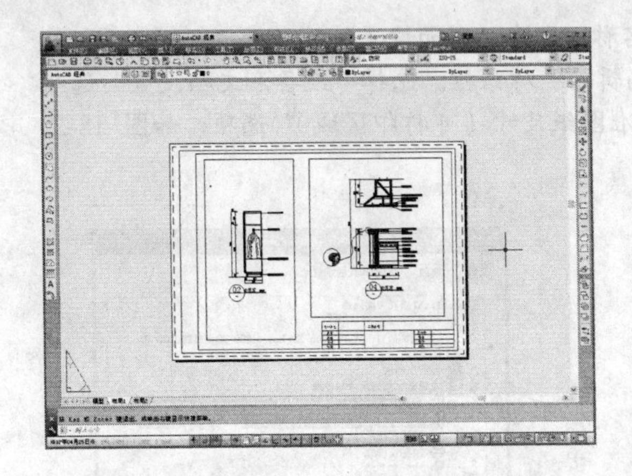

图 18-26 布局效果

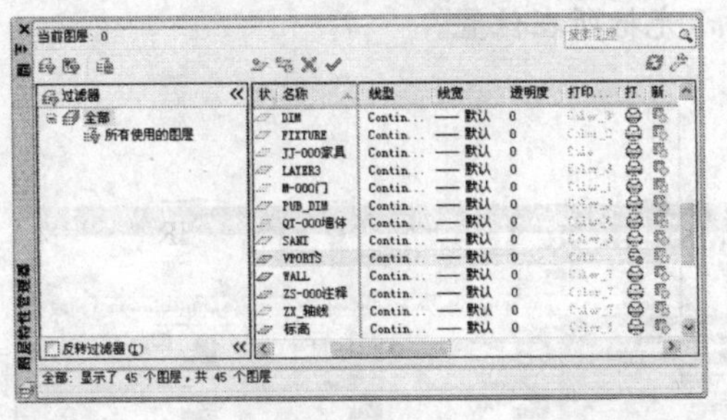

图 18-27 设置“VPORTS”图层属性

07 预览打印效果，如图 18-28 所示，图签已能正确打印。

08 如果满意当前的预览效果，按 Ctrl+P 键即可开始正式打印输出。

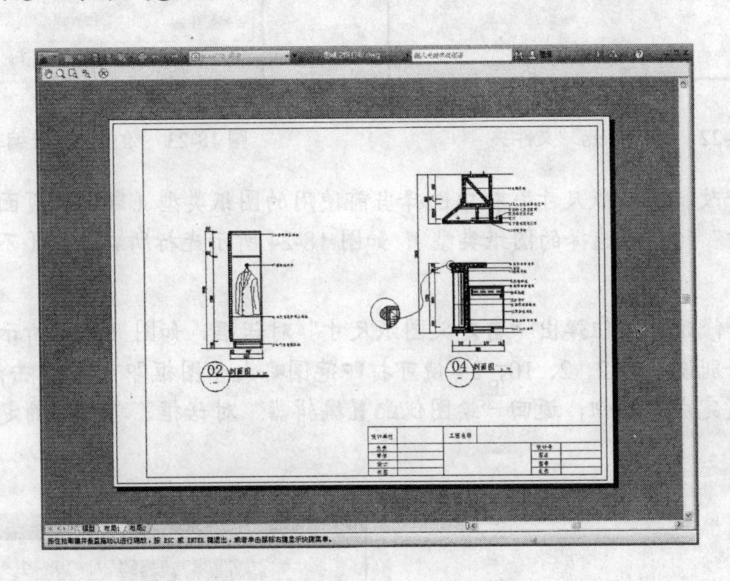

图 18-28 修改页边距后的打印预览效果

附录 1　AutoCAD 2013 常用命令快捷键

快捷键	执行命令	命令说明
A	ARC	圆弧
ADC	ADCENTER	AutoCAD 设计中心
AA	AREA	区域
AR	ARRAY	阵列
AL	ALIGN	对齐对象
AP	APPLOAD	加载或卸载应用程序
ATE	ATTEDIT	改变块的属性信息
ATT	ATTDEF	创建属性定义
ATTE	ATTEDIT	编辑块的属性
B	BLOCK	创建块
BH	BHATCH	绘制填充图案
BC	BCLOSE	关闭块编辑器
BE	BEDIT	块编辑器
BO	BOUNDARY	创建封闭边界
BR	BREAK	打断
BS	BSAVE	保存块编辑
C	CIRCLE	圆
CH	PROPERTIES	修改对象特征
CHA	CHAMFER	倒角
CHK	CHECKSTANDARD	检查图形 CAD 关联标准
CLI	COMMANDLINE	调入命令行
CO 或 CP	COPY	复制
COL	COLOR	对话框式颜色设置
D	DIMSTYLE	标注样式设置
DAL	DIMALIGNED	对齐标注
DAN	DIMANGULAR	角度标注
DBA	DIMBASELINE	基线式标注
DBC	DBCONNECT	提供至外部数据库的接口
DCE	DIMCENTER	圆心标记
DCO	DIMCONTINUE	连续式标注
DDA	DIMDISASSOCIATE	解除关联的标注
DDI	DIMDIAMETER	直径标注
DED	DIMEDIT	编辑标注
DI	DIST	求两点之间的距离

快捷键	执行命令	命令说明
DIV	DIVIDE	定数等分
DLI	DIMLINEAR	线性标注
DO	DOUNT	圆环
DOR	DIMORDINATE	坐标式标注
DOV	DIMOVERRIDE	更新标注变量
DR	DRAWORDER	显示顺序
DV	DVIEW	使用相机和目标定义平行投影
DRA	DIMRADIUS	半径标注
DRE	DIMREASSOCIATE	更新关联的标注
DS、SE	DSETTINGS	草图设置
DT	TEXT	单行文字
E	ERASE	删除对象
ED	DDEDIT	编辑单行文字
EL	ELLIPSE	椭圆
EX	EXTEND	延伸
EXP	EXPORT	输出数据
EXIT	QUIT	退出程序
F	FILLET	圆角
FI	FILTER	过滤器
G	GROUP	对象编组
GD	GRADIENT	渐变色
GR	DDGRIPS	夹点控制设置
H	HATCH	图案填充
HE	HATCHEDIT	编修图案填充
HI	HIDE	生成三位模型时不显示隐藏线
I	INSERT	插入块
IMP	IMPORT	将不同格式的文件输入到当前图形中
IN	INTERSECT	采用两个或多个实体或面域的交集创建复合实体或面域并删除交集以外的部分
INF	INTERFERE	采用两个或三个实体的公共部分创建三维复合实体
IO	INSERTOBJ	插入链接或嵌入对象
IAD	IMAGEADJUST	图像调整
IAT	IMAGEATTACH	光栅图像
ICL	IMAGECLIP	图像裁剪
IM	IMAGE	图像管理器
J	JOIN	合并
L	LINE	绘制直线

快捷键	执行命令	命令说明
LA	LAYER	图层特性管理器
LE	LEADER	快速引线
LEN	LENGTHEN	调整长度
LI	LIST	查询对象数据
LO	LAYOUT	布局设置
LS、LI	LIST	查询对象数据
LT	LINETYPE	线型管理器
LTS	LTSCALE	线型比例设置
LW	LWEIGHT	线宽设置
M	MOVE	移动对象
MA	MATCHPROP	线型匹配
ME	MEASURE	定距等分
MI	MIRROR	镜像对象
ML	MLINE	绘制多线
MO	PROPERTIES	对象特性修改
MS	MSPACE	切换至模型空间
MT	MTEXT	多行文字
MV	MVIEW	浮动视口
O	OFFSET	偏移复制
OP	OPTIONS	选项
OS	OSNAP	对象捕捉设置
P	PAN	实时平移
PA	PASTESPEC	选择性粘贴
PE	PEDIT	编辑多段线
PL	PLINE	绘制多段线
PLOT	PRINT	将图形输入到打印设备或文件
PO	POINT	绘制点
POL	POLYGON	绘制正多边形
PR	OPTIONS	对象特征
PRE	PREVIEW	输出预览
PRINT	PLOT	打印
PRCLOSE	PROPERTIESCLOSE	关闭“特性”选项板
PARAM	BPARAMETRT	编辑块的参数类型
PS	PSPACE	图纸空间
PU	PURGE	清理无用的空间
QC	QUICKCALC	快速计算器
R	REDRAW	重画
RA	REDRAWALL	所有视口重画

快捷键	执行命令	命令说明
RE	REGEN	重生成
REA	REGENALL	所有视口重生成
REC	RECTANGLE	绘制矩形
REG	REGION	2D 面域
REN	RENAME	重命名
RO	ROTATE	旋转
S	STRETCH	拉伸
SC	SCALE	比例缩放
SE	DSETTINGS	草图设置
SET	SETVAR	设置变量值
SN	SNAP	捕捉控制
SO	SOLID	填充三角形或四边形
SP	SPELL	拼写
SPE	SPLINEDIT	编辑样条曲线
SPL	SPLINE	样条曲线
SSM	SHEETSET	打开图纸集管理器
ST	STYLE	文字样式
STA	STANDARDS	规划 CAD 标准
SU	SUBTRACT	差集运算
T	MTEXT	多行文字输入
TA	TABLET	数字化仪
TB	TABLE	插入表格
TH	THICKNESS	设置当前三维实体的厚度
TI、TM	TILEMODE	图纸空间和模型空间的设置切换
TO	TOOLBAR	工具栏设置
TOL	TOLERANCE	形位公差
TR	TRIM	修剪
TP	TOOLPALETTES	打开工具选项板
TS	TABLESTYLE	表格样式
U	UNDO	撤销命令
UC	UCSMAN	UCS 管理器
UN	UNITS	单位设置
UNI	UNION	并集运算
V	VIEW	视图
VP	DDVPOINT	预设视点
W	WBLOCK	写块
WE	WEDGE	创建楔体
X	EXPLODE	分解

快捷键	执行命令	命令说明
XA	XATTACH	附着外部参照
XB	XBIND	绑定外部参照
XC	XCLIP	剪裁外部参照
XL	XLINE	构造线
XP	XPLODE	将复合对象分解为其组件对象
XR	XREF	外部参照管理器
Z	ZOOM	缩放视口
3A	3DARRAY	创建三维阵列
3F	3DFACE	在三维空间中创建三侧面或四侧面的曲面
3DO	3DORBIT	在三维空间中动态查看对象
3P	3DPOLY	在三维空间中使用“连续”线型创建由直线段构成的多段线

附录 2　重要的键盘功能键速查

快捷键	命令说明	快捷键	命令说明
Esc	Cancel<取消命令执行>	Ctrl + G	栅格显示<开或关>，功能同 F7
F1	帮助 HELP	Ctrl + H	Pickstyle<开或关>
F2	图形/文本窗口切换	Ctrl + K	超链接
F3	对象捕捉<开或关>	Ctrl + L	正交模式，功能同 F8
F4	数字化仪作用开关	Ctrl + M	同 Enter 功能键
F5	等轴测平面切换<上/右/左>	Ctrl + N	新建
F6	坐标显示<开或关>	Ctrl + O	打开旧文件
F7	栅格显示<开或关>	Ctrl + P	打印输出
F8	正交模式<开或关>	Ctrl + Q	退出 AutoCAD
F9	捕捉模式<开或关>	Ctrl + S	快速保存
F10	极轴追踪<开或关>	Ctrl + T	数字化仪模式
F11	对象捕捉追踪<开或关>	Ctrl + U	极轴追踪<开或关>，功能同 F10
F12	动态输入<开或关>	Ctrl + V	从剪贴板粘贴
窗口键 + D	Windows 桌面显示	Ctrl + W	对象捕捉追踪<开或关>
窗口键 + E	Windows 文件管理	Ctrl + X	剪切到剪贴板
窗口键 + F	Windows 查找功能	Ctrl + Y	取消上一次的 Undo 操作
窗口键 + R	Windows 运行功能	Ctrl + Z	Undo 取消上一次的命令操作
Ctrl + 0	全屏显示<开或关>	Ctrl + Shift + C	带基点复制
Ctrl + 1	特性 Properties<开或关>	Ctrl + Shift + S	另存为
Ctrl + 2	AutoCAD 设计中心<开或关>	Ctrl + Shift + V	粘贴为块
Ctrl + 3	工具选项板窗口<开或关>	Alt + F8	VBA 宏管理器
Ctrl + 4	图纸管理器<开或关>	Alt + F11	AutoCAD 和 VAB 编辑器切换
Ctrl + 5	信息选项板<开或关>	Alt + F	【文件】POP1 下拉菜单
Ctrl + 6	数据库链接<开或关>	Alt + E	【编辑】POP2 下拉菜单
Ctrl + 7	标记集管理器<开或关>	Alt + V	【视图】POP3 下拉菜单
Ctrl + 8	快速计算机<开或关>	Alt + I	【插入】POP4 下拉菜单
Ctrl + 9	命令行<开或关>	Alt + O	【格式】POP5 下拉菜单
Ctrl + A	选择全部对象	Alt + T	【工具】POP6 下拉菜单
Ctrl + B	捕捉模式<开或关>，功能同 F9	Alt + D	【绘图】POP7 下拉菜单
Ctrl + C	复制内容到剪贴板	Alt + N	【标注】POP8 下拉菜单
Ctrl + D	坐标显示<开或关>，功能同 F6	Alt + M	【修改】POP9 下拉菜单
Ctrl + E	等轴测平面切换<上/左/右>	Alt + W	【窗口】POP10 下拉菜单
Ctrl + F	对象捕捉<开或关>，功能同 F3	Alt + H	【帮助】POP11 下拉菜单

附录 3　客厅设计要点及常用尺度

1 客厅的处理要点

1. 客厅是人们日间的主要活动场所，平面布置应按会客、娱乐、学习等功能进行区域划分。

2. 功能区的划分与通道应避免干扰。

2 客厅常用人体尺度

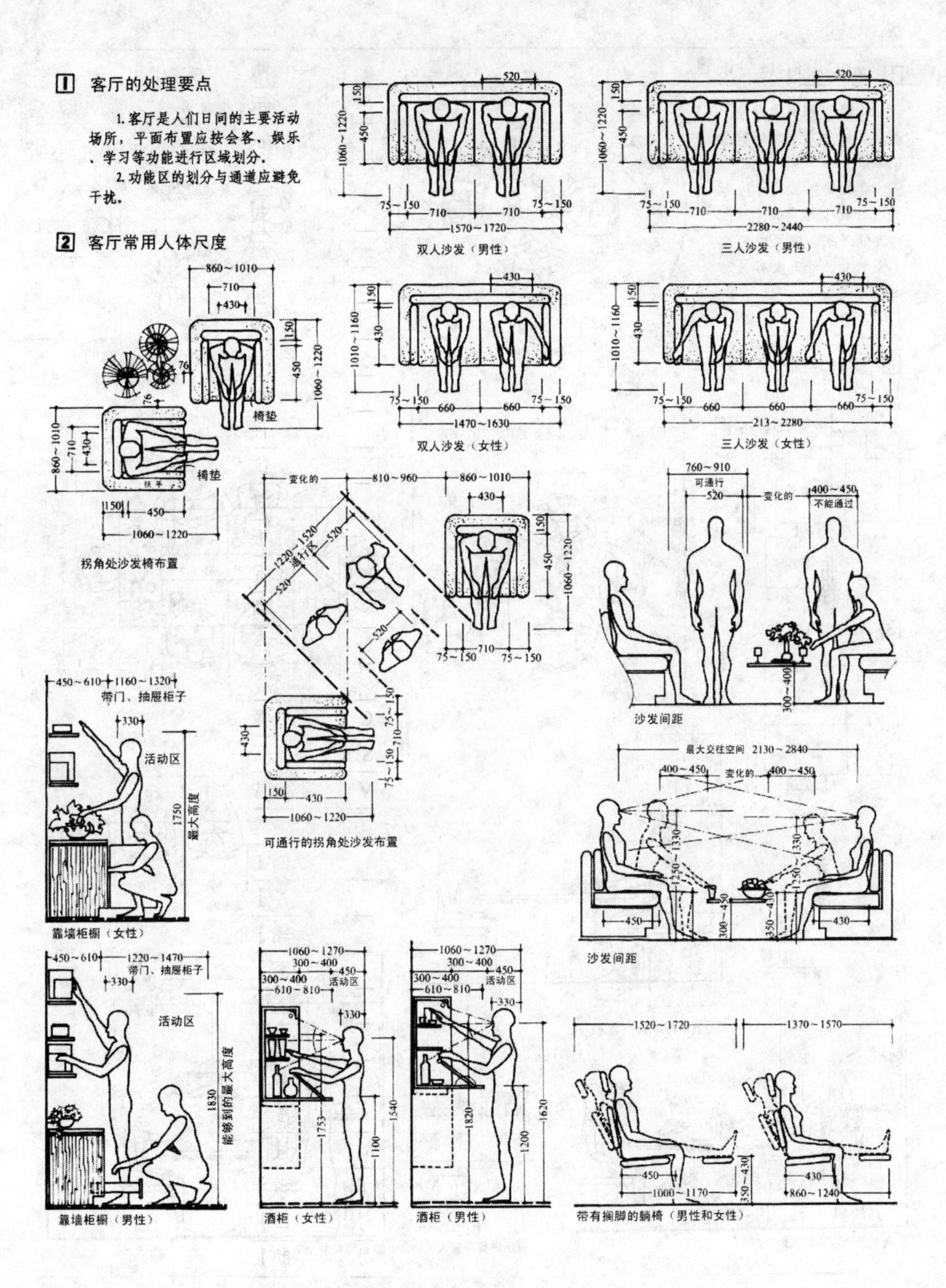

附录 4　餐厅设计要点及常用尺度

1 餐厅的处理要点

1.餐厅可单独设置，也可设在起居室靠近厨房的一隅。

2.就餐区域尺寸应考虑人的来往、服务等活动。

3.正式的餐厅内应设有备餐台、小车及餐具贮藏柜等设备。

2 餐厅的功能分析

3 餐厅常用人体尺寸

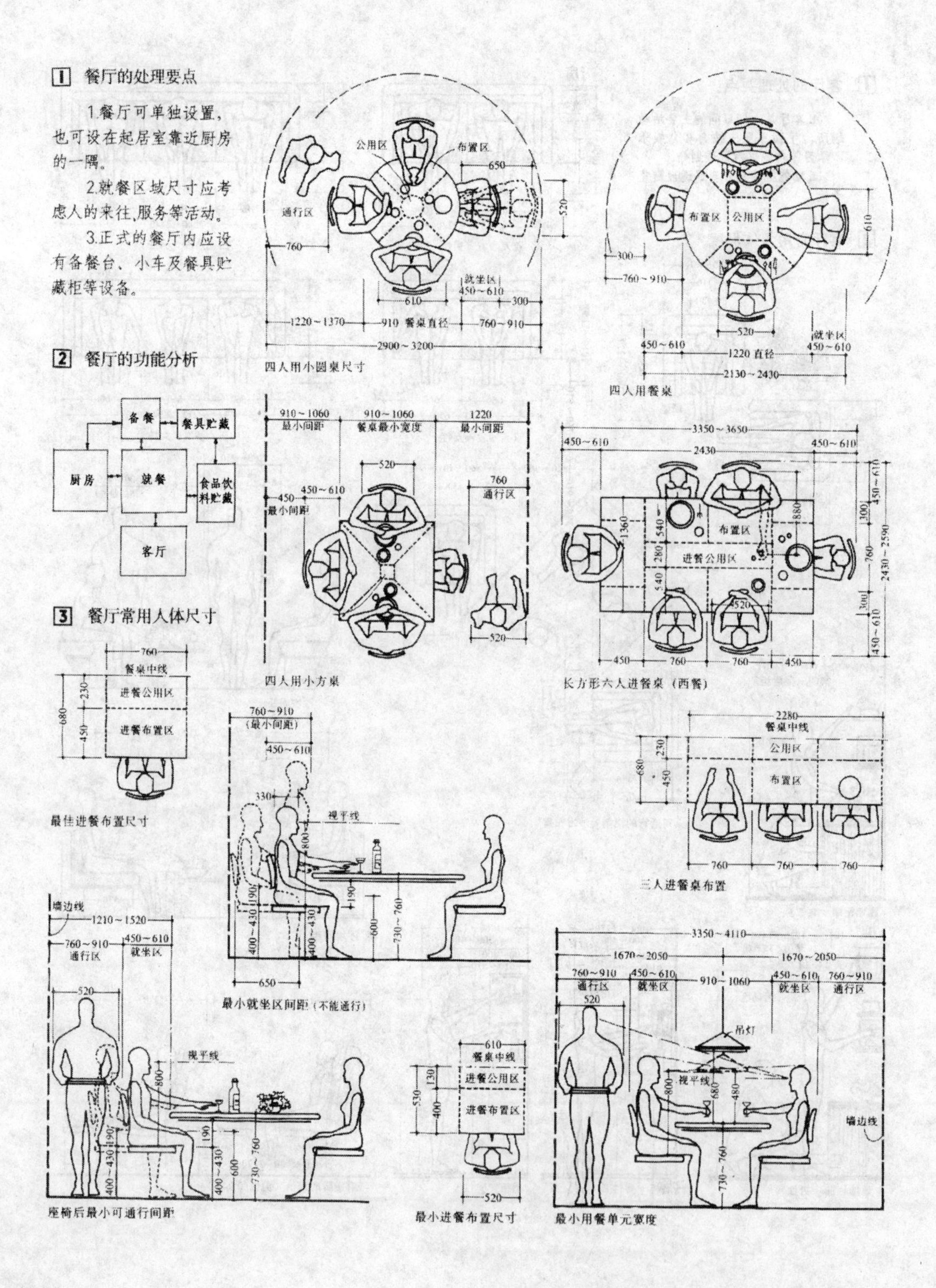

附录5 厨房设计要点及常用尺度

1 厨房处理要点

1.厨房设备及家具的布置应按照烹调操作顺序来布置，以方便操作，避免走动过多。

2.平面布置除考虑人体和家具尺寸外，还应考虑家具的活动。

2 厨房功能分析

3 厨房常用人体尺寸

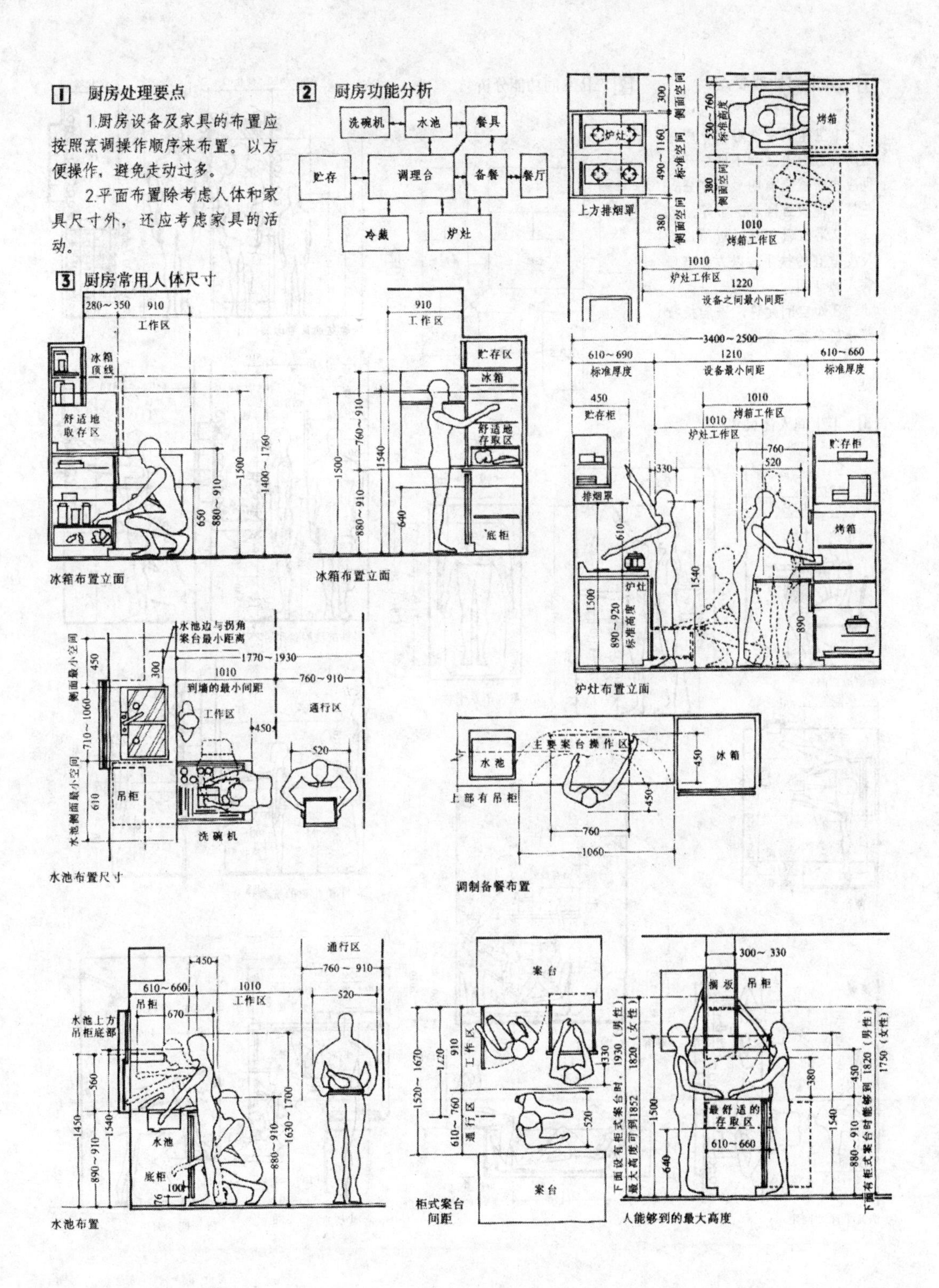

附录6 卫生间设计要点及常用尺度

1 卫生间处理要点

1.卫生间中洗浴部分应与厕所部分分开。如不能分开，也应在布置上有明显的划分。并尽可能设置隔屏、帘等。

2.浴缸及便池附近应设置尺度适宜的扶手，以方便老弱病人的使用。

3.如空间允许，洗脸梳妆部分应单独设置。

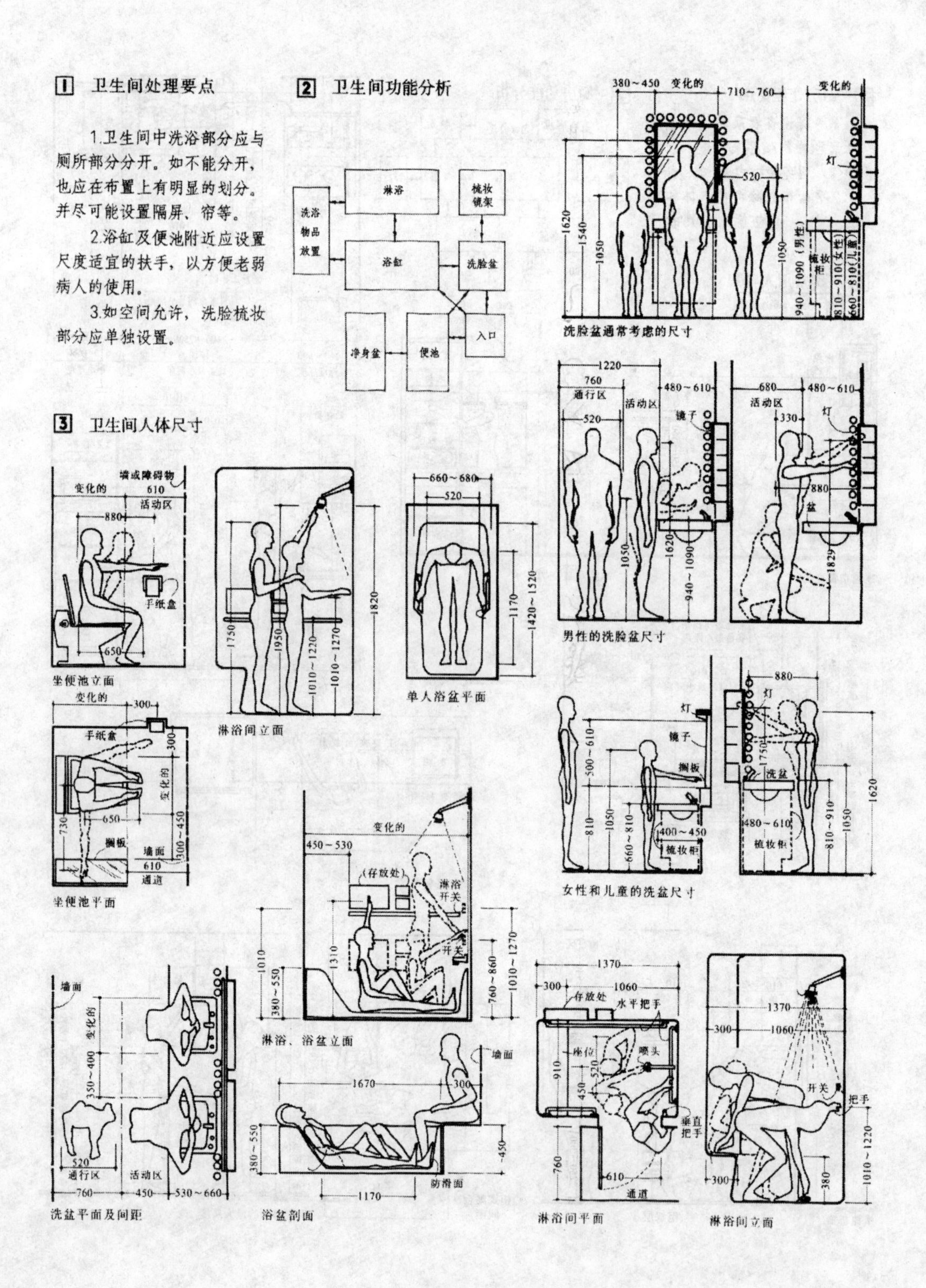

附录 7　卧室设计要点及常用尺度

1 卧室的处理要点

卧室的功能布局应有睡眠、贮藏、梳妆及阅读等部分。平面布局应以床为中心。睡眠区的位置应相对比较安静。

2 卧室常用人体尺度

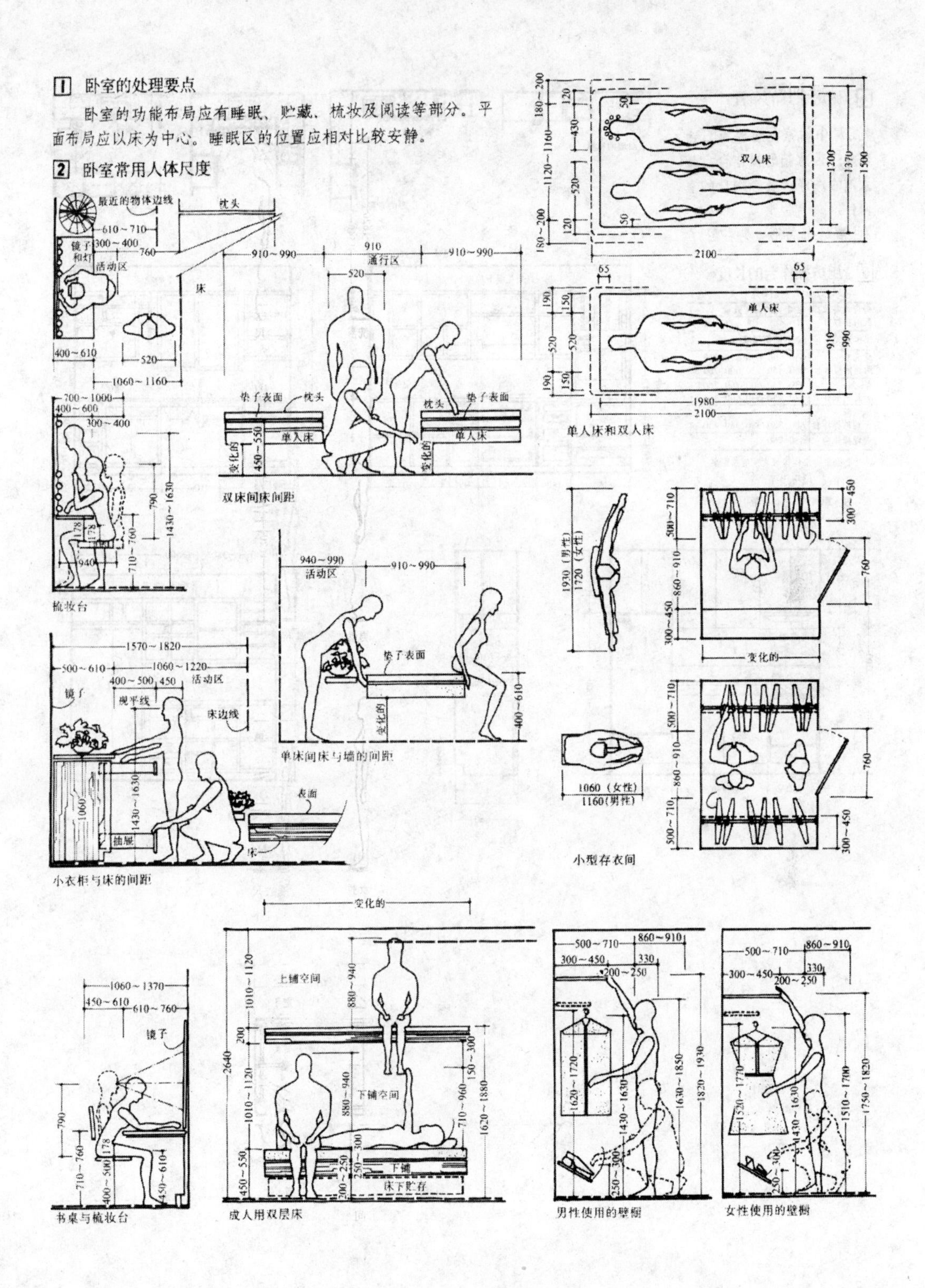

梳妆台

双床间床间距

单人床和双人床

单床间床与墙的间距

小衣柜与床的间距

小型存衣间

书桌与梳妆台

成人用双层床

男性使用的壁橱

女性使用的壁橱

附录 8 厨房设计要点及常用尺度

4 厨房家具的布置

1.厨房中的家具主要有三大部分：带冰箱的操作台、带水池的洗涤台及带炉灶的烹调台。

2.主要的布局形式见右图。

5 厨房操作台的长度

厨房设备及相配的操作台	住宅内的卧室数量				
	0	1	2	3	4
工作区域	最小正面尺度(mm)				
清洗池	450	600	600	810	810
两边的操作台	380	450	530	600	760
炉 灶	530	530	600	760	760
一边的操作台	380	450	530	600	
冰 箱	760	760			
一边的操作台	380	380	380	380	450
调理操作台	530	760			

注：三个主要工作区域之间的总距离：

A+B+C（见右图）

最大距离=6.71m，最小=3.66m

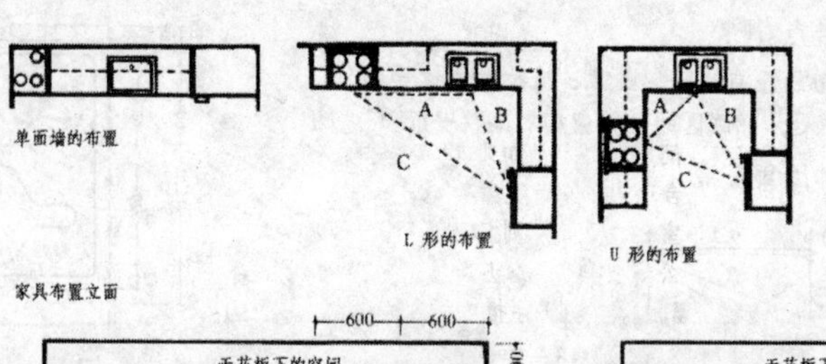

单面墙的布置　L 形的布置　U 形的布置　通道式的布置

家具布置立面

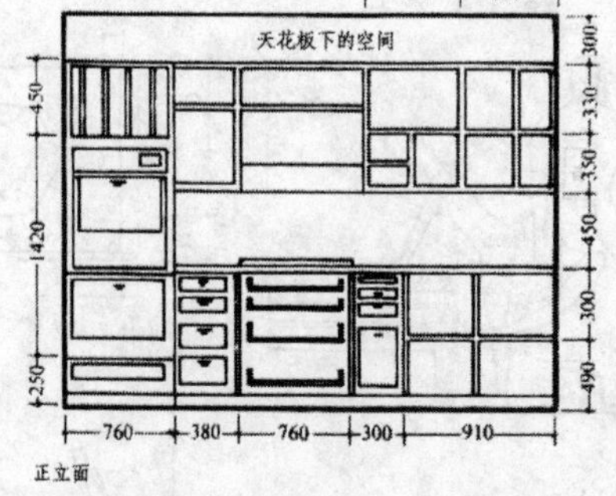

正立面

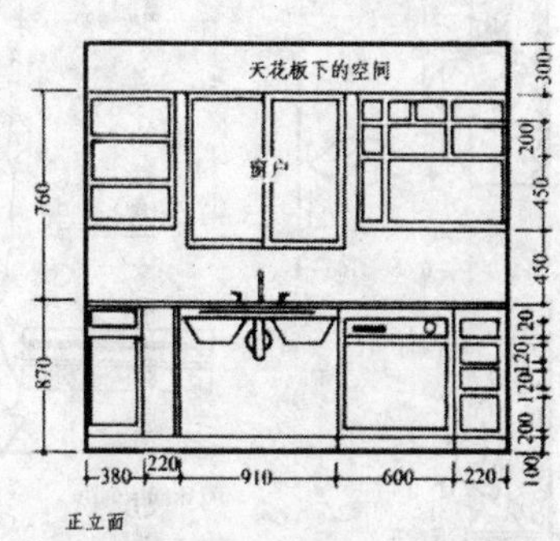

正立面

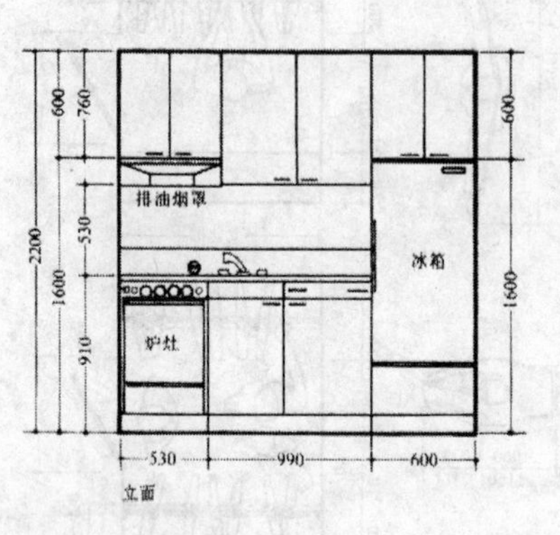

立面

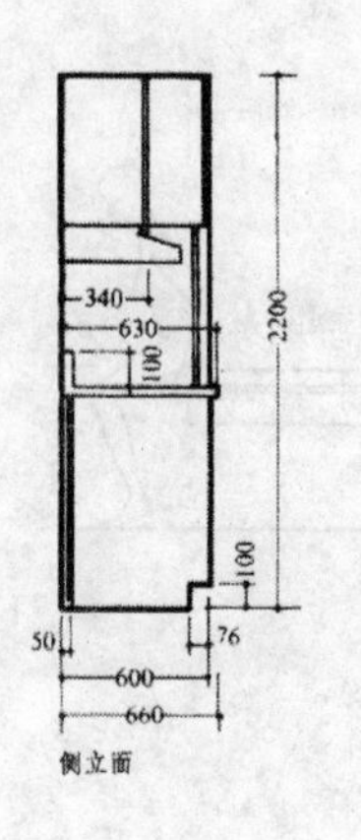

侧立面

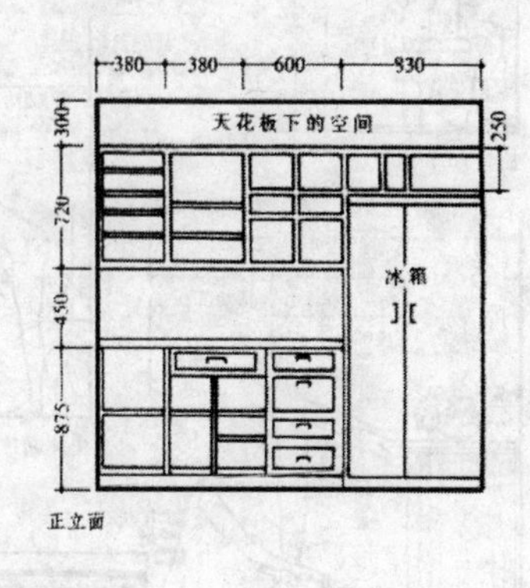

正立面

附录9 办公室设计要点及常用尺度

1 普通办公室处理要点

1.传统的普通办公室空间比较固定，如为个人使用则主要考虑各种功能的分区，既要分区合理又应避免过多走动。

2.如为多人使用的办公室，在布置上则首先应考虑按工作的顺序来安排每个人的位置及办公设备的位置。应避免相互的干扰。其次，室内的通道应布局合理，避免来回穿插及走动过多等问题出现。

2 普通办公室功能分析

3 普通办公室常用人体尺度

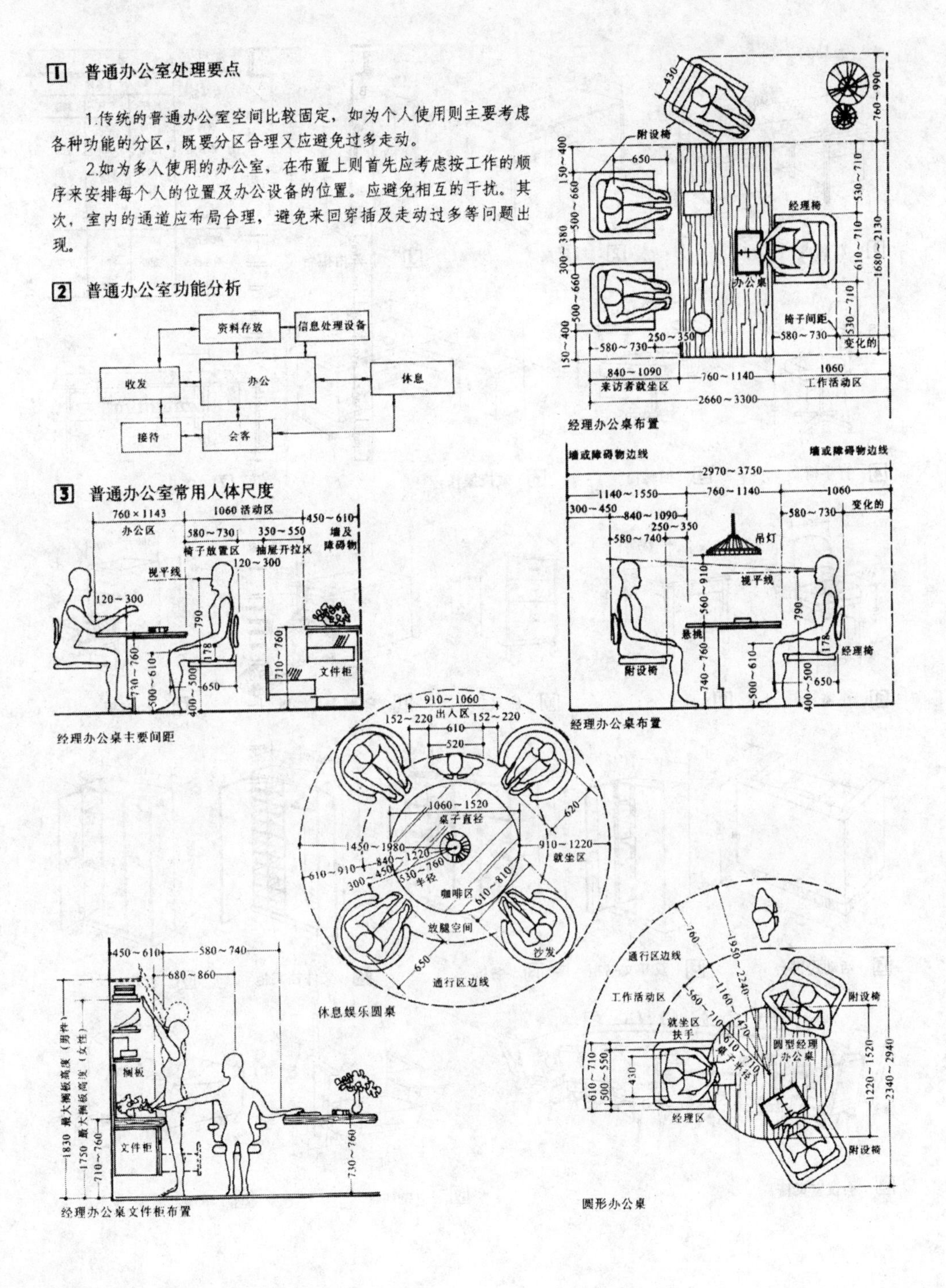

经理办公桌主要间距

经理办公桌布置

经理办公桌布置

休息娱乐圆桌

经理办公桌文件柜布置

圆形办公桌

附录10 常用办公家具尺寸

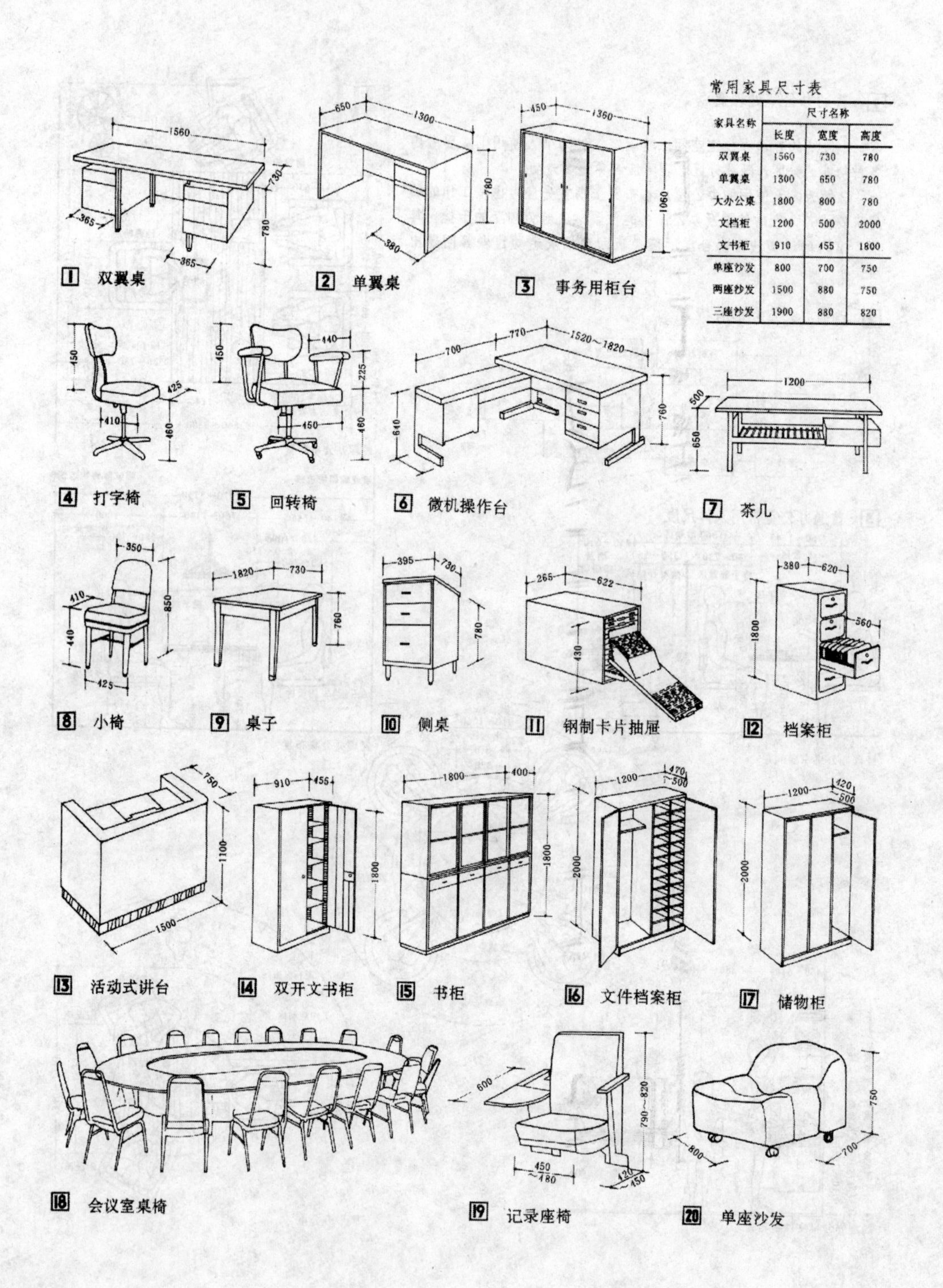

常用家具尺寸表

家具名称	尺寸名称		
	长度	宽度	高度
双翼桌	1560	730	780
单翼桌	1300	650	780
大办公桌	1800	800	780
文档柜	1200	500	2000
文书柜	910	455	1800
单座沙发	800	700	750
两座沙发	1500	880	750
三座沙发	1900	880	820

附录 11 常用家具尺寸

400~450
260~320
400~450
230~300
400~500
920~1100
400~500
600~700
380~420
340~460
1100~1200
350
350
800~870
350~380
400~430
780~850
500~550
600~640
800~870
350~380
400~430
800~870
500~560
420~480
760~840
660~780
560~780
850~900
580~850
950~1100
850~950
520~600
560~650
750~820
680~860
850~880
750~820
1600~1850
850~880
850~950
1900~2100
780~880
800~980
650~750
1050~1200
750~780
800~1250
550~650
1100~1300
1400~1600
600~650
760~800
700~900
700~900
760~800
φ700~1500
750~780
800~1250
550~650
750~780
1000~1300
600~700
780~800
1300~1600
750~900
1050~1200
700~1000
250~300
650~720
2000~2200
400~450
800~1000
1100~1500
430~450
1800~1900
950~1200
550~600
1800~1900
1300~1500
550~600
1800~2400
2400~3600
450~550
800~950
2000
850~1000
800~950
2000
1350~1500

附录12 休闲娱乐设备尺寸

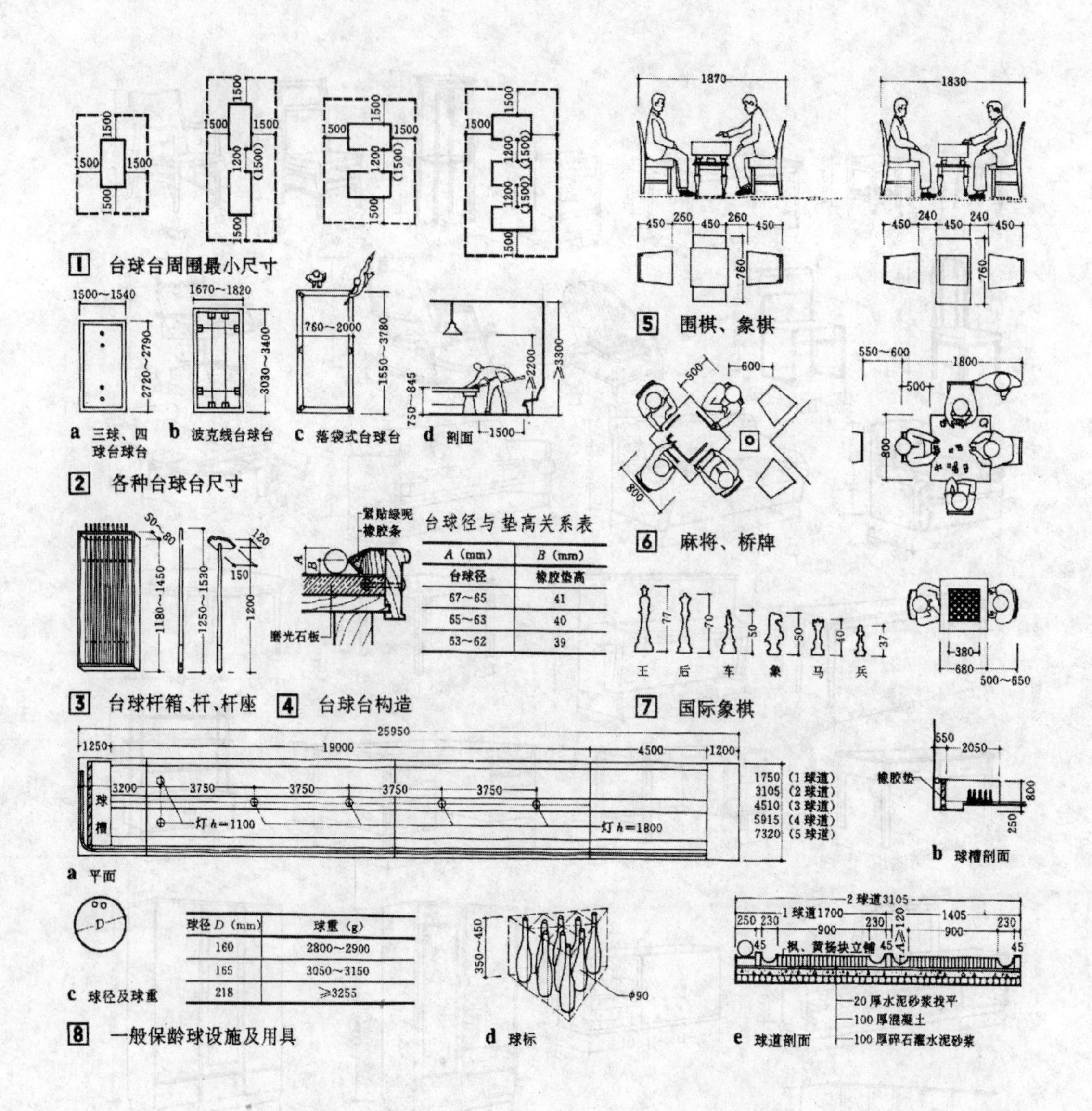

台球径与垫高关系表

A (mm) 台球径	B (mm) 橡胶垫高
67～65	41
65～63	40
63～62	39

球径 D (mm)	球重 (g)
160	2800～2900
165	3050～3150
218	≥3255